AF532545

Strategien agil umsetzen

mit adaptivem Projektmanagement

vdf Hochschulverlag AG an der ETH Zürich

Das Wissen für agile Leader und ihre Teams

STRATEGIEN AGIL UMSETZEN

MIT ADAPTIVEM PROJEKTMANAGEMENT

BRUNO JENNY

Bibliografische Information der Deutschen Nationalbibliothek

Die Deutsche Nationalbibliothek verzeichnet diese Publikation in der Deutschen Nationalbibliografie; detaillierte bibliografische Daten sind im Internet über http://dnb.dnb.de abrufbar.

ISBN 978-3-7281-4107-1

Auch als E-Book erhältlich (www.vdf.ch)
ISBN 978-3-7281-4108-8 / DOI 10.3218/4108-8

www.vdf.ch
verlag@vdf.ethz.ch

Geleitwort

Die Komplexität der Geschäftswelt hat in den letzten Jahren kontinuierlich zugenommen. Neben Globalisierung, Vernetzung, Konnektivität und New Work hat die fortschreitende Digitalisierung grosse Auswirkungen auf unsere IT-Systeme. Insbesondere die immer grössere Vernetzung, ob privat oder geschäftlich, bringt die unterschiedlichsten (IT-)Systeme immer näher zueinander und führt zu gegenseitigen Abhängigkeiten. Die steigende Komplexität und Abhängigkeiten wirken sich ebenso darauf aus, wie (IT-)Projekte geplant und realisiert werden.

Verfolgte man früher bei der Realisierung von Projekten eine streng sequenzielle Abfolge von genau definierten und abgeschlossenen Phasen, erreicht man heute mit einem solchen Vorgehen die Projektziele in der Regel nicht in der benötigten Ausprägung. Dies liegt vor allem daran, dass sich unter anderem die Anforderungen während der Projektlaufzeit ändern, die Kunden neue Bedürfnisse entdecken oder sich die Rahmenbedingungen eines beteiligten (IT-)Systems wandeln. Diese Einflüsse sind bei Projekten mit einer Laufzeit von wenigen Monaten deutlich geringer und erlauben auch heute noch ein wasserfallartiges Vorgehen. Sind die Vorhaben umfangreicher, muss ein iterativer Ansatz gewählt werden, der ein schrittweises Vorgehen unterstützt, den regelmässigen Einbezug der zukünftigen Benutzer oder Kunden erlaubt und die Reaktion auf ändernde Rahmenbedingungen ermöglicht. Innerhalb der einzelnen Iterationen, welche je nach Vorgehensmodell von einigen Tagen bis wenige Wochen dauern, werden definierte Arbeitspakete bearbeitet und lauffähige Prototypen resp. Teilsysteme erstellt, welche vor der nächsten Iteration validiert werden. Innerhalb einer Iteration verfolgt man noch heute mehrheitlich ein schrittweises Vorgehen, welches mit dem Wasserfallmodell vergleichbar ist.

Diese neuen Methoden führen zu mehr Flexibilität und Agilität bei der Realisierung von Projekten, was sich meistens positiv auf die Projektresultate und den Mehrwert des Unternehmens auswirkt. Die Veränderungen haben wiederum positive Auswirkungen auf die Ablauf- und Organisationsstruktur eines Unternehmens. Es zwingt die Unternehmen, die traditionell etwas schwerfälligen Planungs-, Rapportierungs- und Finanzprozesse umzustellen. Die kurzen Laufzeiten und die agile Planung/Umsetzung der Vorhaben führen in der Regel auch zu grösseren Anpassungen bei den Unternehmenssupportprozessen.

Hat ein Unternehmen die Möglichkeit, sich vollständig auf eine agile Methode auszurichten, so wird diese Kultur in allen Bereichen präsent sein und in der DNA des Unternehmens verankert. Die gesamte Aufbau- und Ablauforganisation ist entsprechend flexibel konstruiert und unterstützt die Agilität in allen Bereichen.

Dieser Ansatz ist bei vielen Unternehmen jedoch nicht möglich, da diese schon länger mit bestehenden Produkten und Verpflichtungen gegenüber Kunden im Markt sind. In dieser Situation stellt sich die Herausforderung, dass der Bestand weiter gepflegt werden muss und dieser teilweise gar nicht abgelöst oder in einen neuen Prozess überführt werden kann. Gleichzeitig sollen bei neuen Vorhaben die agilen Möglichkeiten genutzt werden. Dieser Dualität muss man sich bewusst sein, damit entsprechende Entscheidungen gefällt werden können und diese nicht gegeneinander ausgespielt werden. Dies bezieht sich nicht nur auf Entscheidungen im direkten Projektumfeld, sondern mindestens im selben Masse auf Entscheidungen der Unternehmensebene. Das konstruktive Miteinander wird es den Unternehmungen ermöglichen, die neuen Methoden adaptiv zu nutzen und zu integrieren, ohne das Bestehende zu vernachlässigen – und so weiterhin erfolgreich zu sein.

Die Basis bilden Mitarbeitende, welche die unterschiedlichen Anforderungen verstehen und in der Lage sind, diese adaptiv mit agilen Methoden zu kombinieren. Neben umfassenden Grundkenntnissen müssen die vielfältigen Auswirkungen erkannt und bei den Entscheidungen berücksichtigt werden, um in allen (Unternehmens-)Dimensionen gute Resultate zu erzielen. Der Projekterfolg bleibt das wesentliche, aber im Unternehmenskontext nicht mehr das einzige Entscheidungskriterium.

Bruno Jenny beschreibt in diesem Buch sehr umfassend und detailliert die verschiedenen Ebenen des adaptiven Projektmanagementsystems und gibt Hilfestellungen und praktische Hinweise für die konkrete Anwendung. Damit wird es zu einem wichtigen Begleiter für Personen, welche die Vorteile von agilen Methoden in ihrem Unternehmen nutzen möchten.

Prof. Dr. René Hüsler

Direktor Hochschule Luzern – Informatik

Vorwort

Strategien agil umsetzen – erfolgreich mit dem Two-Speed-Konzept

Agiles Vorgehen ermöglicht den Unternehmen einen viel direkteren und somit schnelleren Weg von der Strategie zur operativen, wertsteigernden Umsetzung. Viele Unternehmen arbeiten im Projektalltag bereits erfolgreich agil und nutzen dennoch noch nicht das gesamte Potenzial, vor allem in Bezug auf die engmaschige und direkte Zusammenarbeit der Entwicklungsteams mit dem oberen Management. Im vorliegenden Buch werden Optimierungsmöglichkeiten aufgezeigt, um die Unternehmensstrategie agil noch wirkungsvoller umzusetzen.

Two-Speed-Ansatz

In den meisten Unternehmen werden neben Softwareentwicklungsprojekten eine Vielzahl anderer Projekte/Projektarten umgesetzt, die vom Management gesteuert und von der Organisation bewältigt werden müssen. Viele Unternehmen haben aufgrund ihrer IT-Vergangenheit noch grosse komplexe und stark mit anderen Applikationen vernetzte IT-Systeme, die nicht sofort abgelöst werden können, oder die Applikationen sind organisatorisch in alten Strukturen gefangen. Der Two-Speed-Ansatz zeigt im Sinne eines «Projektmanagements der zwei Geschwindigkeiten», wie das Management Projekte mit Weitsicht und Ambiguitätstoleranz realisieren kann. Neben der Agilität ist Robustheit erfolgsrelevant. Nur ein robustes Unternehmen kann agil arbeiten!

Projektleitung 5.0

Es ist ein Irrtum, dass es mit der Anwendung des agilen Vorgehens keine Projektleitung mehr braucht. Entscheidend ist, ob von einer kontinuierlich agilen oder von einer projektorientiert agilen Produktentwicklung gesprochen wird. Hierbei handelt es sich um völlig unterschiedliche Logiken in der Produktentwicklung: Bei Ersterem braucht es tatsächlich keine Projektleitung mehr, bei projektorientiert agiler Entwicklung wird eine «moderne» Projektleitung eingesetzt, die in diesem Buch Projektleitung 5.0 genannt wird. Die Projektleitung 5.0 lebt die agilen Werte, indem sie die agilen Praktiken konsequent einsetzt, und sie muss die Fähigkeit haben, alle Projektabwicklungsmodelle einzeln oder in Kombination adaptiv einsetzen zu können.

Übersetzungshilfe für die Anwendung

Das Buch soll eine Art «Übersetzungshilfe» in die agile Projektwelt sein, insbesondere für Manager und professionelle Projektleitende. In der agilen Entwicklungswelt spricht man nicht mehr von Anforderungen, sondern von User Stories, und nicht mehr von Lessons Learned, sondern von Retrospektiven. Auf den ersten Blick scheint es sich um Synonyme zu handeln, doch es gibt kleine Unterschiede, die im agilen Vorgehen relevant sind.

Agile Methoden

Der Einsatz agiler Methoden hat in den letzten Jahren in der IT-Entwicklung Oberhand gewonnen. Alte Methoden wurden teilweise «frisch angestrichen», wie z.B. das zentrale Projektbüro als «War Room», andere erlebten mit der agilen Arbeitsweise eine Art Renaissance (etwa «Kanban» und «WIP / Work in Progress» – in den 1950er-Jahren in Japan von Ohno Taiichi erfunden, einem Ingenieur bei Toyota). Methoden wie «Priority Poker« sind neu in den Entwicklungsalltag eingetreten. Dieses Buch zeigt eine grosse Anzahl agiler Praktiken und Methoden auf und wie man sie konkret auch bei hybriden und konventionell geführten Projekten einsetzen kann.

Nachschlagewerk

Da die Digitalisierung in unserer Zeit nicht wie bei gewissen PM-Frameworks ein Alleinstellungsmerkmal ist, aber doch eine grosse Dominanz einnimmt, wird in diesem Buch Grundwissen bezüglich agiler Software-Produktentwicklung vermittelt. Das heisst, es werden alle Schritte von der Definition der Anforderungen bis hin zur Produkteinführung anhand eines durchgehenden Fallbeispiels so erläutert, dass man einen umfassenden Einblick in die Vielfalt der Themen im Sinne eines Nachschlagewerks erhält.

Agile Leader

Wie im «ICB4 Agile Competence Reference Guide» sehr gut beschrieben, brauchen Unternehmen künftig kompetente agile Leader. Dabei braucht es nicht unbedingt neue Rollen: Es benötigt Personen, die in der Lage sind, andere zu inspirieren und die agile Denkweise in der Praxis erfolgreich umzusetzen. Mein persönliches Ziel ist es, für Personen, die sich hiervon angesprochen fühlen, ein Fachbuch als Unterstützung der täglichen (Projekt-)Arbeit zu schreiben.

Bruno Jenny

Dank

Ohne meine qualifizierten «Einflüster-Personen» wäre das Buch schon sechs Monate früher auf den Markt gekommen. Ich hätte eine Pendenz mehr erledigt und wieder einmal ein Wochenende frei gehabt. Da nimmt jedoch ein Beat Straub mein fantastisches Grundkonzept des modernen Projektleiters auseinander, da hinterfragt Tom Rezny die angedachte effiziente Strategieumsetzung und eine Erika Bachmann bewertet mit ihrer direkten Offenheit die angedachte Wirkung von den so detailliert beschriebenen agilen Rollen des Projektportfolio Managements. Roland Heini als absoluter Agile-Requirements-Engineer-Guru zerlegt mein perfekt erstelltes Beispiel einer Story Map, Rolf Preisig, der QS-Spezialist in Person, hinterfragt die Anwendbarkeit der agilen QS-Massnahmen. Qualifiziertes, fundiertes und konstruktives Feedback habe ich auch von den hervorragenden Fachspezialisten Johannes Felchlin, Urs Bisang, Stefan Nanzer, Andrea Tranel, Christian Stettler und Roland Haberbosch erhalten.

Weiteren Dank gilt es, den vielen Schülern, Kundinnen und Fachkollegen auszusprechen. Einige Personen, die mir ein konkretes Feedback zu einzelnen Textteilen gegeben haben, dürfen hier speziell erwähnt werden – so z.B. Tobias Ammann, Irene Christen, Rolf Peter, Nicolas Abbondanza, Thomas Steimer, Paolo Ronchin, Stefan Marty, Volker Willger, Hans Eberle, Thomas Hunziker, Roman Wyss, Daniel Peter und Daniel Zanetti.

Sie alle haben mich dank ihrer Professionalität dazu gebracht, die agilen, aber auch die robusten «alten» Werte des Projektmanagements kritisch zu hinterfragen. Sie haben mich auf diesem Transformationsprozess dazu bewogen, viel Altherkömmliches über Bord zu werfen, das agil Neue aufzunehmen und gutes Altes im Sinne der agilen Welt zu polieren, sodass es nun ein Buch zum konkreten Lernen, aber auch zum Nachschlagen und Anwenden gibt.

Ich durfte auf die Unterstützung von Corinne Hermann zählen, die mir insbesondere beim Zeichnen der Grafiken eine sehr grosse Unterstützung war. Es ist erfreulich und zugleich inspirierend, wenn man miterleben kann, wie intelligente junge Menschen in das Berufsleben einsteigen und sich in dieser komplexen Welt ergebnisorientiert zurechtfinden.

Ich möchte es nicht unterlassen, dem gesamten vdf-Team, insbesondere Ernst Schärer und Angelika Rodlauer, zu danken. Ich staune: Wie können sie nur so gelassen mit einem Projektmanagementspezialisten als Autor zusammenarbeiten, der immer die Termine verschiebt!

Und Hand aufs Herz, würden Sie einen Lebenspartner unterstützen, der samstags und am Sonntag, an den Feiertagen und in den Ferien über mehr als zwei Jahre an einem Buch herumfeilscht, und so alle Gefühle hautnah mitträgt, die ein Autor durchmacht? Meiner lieben Frau Kathrin gilt daher uneingeschränkt der grösste Dank.

Bruno Jenny

Inhaltsverzeichnis

Vorspann

- Buchaufbau
- Wissenswertes kurzgefasst

Kap. 1. Einstieg

- Einleitung
- Unternehmen im Wandel
- Agiles Unternehmen
- Projektorientierte Strategieumsetzung
- Transformation zur agilen Organisation

Kap. 2. Projektgrundlagen «kompakt»

- Wissen über Projekte
- Wissen über Agilität
- Agile Softwareentwicklungsmethoden
- Arten von Projektmanagementmethoden
- Agile Projektorganisation und Gremien
- Arten von agilen Enterprise Frameworks

Kap. 3. Szenariobasierte Strategieentwicklung (Ebene 1)

- Einleitung
- Szenariobasierte agile Strategieentwicklung
- Szenariobasierte Entwicklung der Kernstrategie
- Agile Strategieimplementierung
- Querschnittsthemen auf der Strategieebene
- Ausgewählte Praktiken & Instrumente der Strategie

Kap. 4. Adaptives Projektportfolio (Ebene 2)

- Grundlagentheorie
- Adaptiver Projektportfolioprozess
- Querschnittsthemen der Portfolioebene
- Praktiken auf der Projektportfolioebene

Kap. 5. Wichtige Themen des adaptiven Projektmanagements

- Einleitung
- Tailoring
- Wie viel Agilität darf es sein?
- Adaptives Projektabwicklungsmodell
- Adaptives Layer- und Aktivitätenmodell
- Agiles Planen bei adaptiven, agil geführten Projekten
- Produktstrategie
- Backlogmanagement
- Organisationsformen und Rollen des adaptiven Modells
- Adaptiv-agiles Tooling

Kap. 6. Themen und Praktiken der adaptiven Projektführung (Ebene 3)

- Projektstart aus Führungssicht
- Planen in agil geführten Projekten
- Adaptives Projektcontrolling
- Projekte abschliessen
- Sprintmanagement
- Querschnittsthemen der Projektführung
- Weitere agile Führungstechniken

Kap. 7. Themen und Praktiken der adaptiven Projektausführung (Ebene 4)

- Einleitung Querschnittsthemen Projektausführung
- Konzipieren
- Anforderungsentwicklung
- Iterativ-inkrementeller SW-Produktentwicklungsprozess
- Testen und Einführen
- Spezialservices und konventionelle Entwicklung
- Ausgewählte Ausführungstechniken

Kap. 8. Abspann

- Korrelationsliste zu IPMA ICB4agile
- Definitionsverzeichnis agiler Begriffe
- Abkürzungsverzeichnis
- Literaturverzeichnis

2.5 Agile Projektorganisation und Gremien . . . 127
2.5.1 Agile, crossfunktional selbststeuernde Teams . . . 127
2.5.2 Zusammensetzung eines crossfunktionalen Teams . . . 129
2.5.3 Gremien . . . 132
2.5.3.1 Projektsteuerungsgremium (PSG) . . . 133
2.5.3.2 Fachgremium . . . 134
2.6 Arten von agilen Enterprise Frameworks . . . 134

3

Szenariobasierte Strategieentwicklung . . . 141
3.1 Einleitung . . . 142
3.1.1 Strategien und Gestaltungsbereiche . . . 142
3.1.1.1 Management . . . 144
3.1.2 Digitalisierungsstrategie . . . 145
3.2 Szenariobasierter agiler Strategieentwicklungsprozess . . . 148
3.2.1 Geplante und ungeplante Strategie . . . 148
3.2.2 Rollierende strategische Planung . . . 149
3.2.3 Strategieteams . . . 151
3.3 Teil 1: Szenariobasierte Entwicklung der Kernstrategie . . . 153
3.3.1 Zielfindung (Schritt 1.1) . . . 154
3.3.2 Unternehmensanalyse (Schritt 1.2) . . . 155
3.3.3 Wahrnehmungsanalyse (Schritt 1.3) . . . 157
3.3.4 Trend- und Unsicherheitsanalyse (Schritt 1.4) . . . 158
3.3.5 Szenarien entwickeln (Schritt 1.5) . . . 161
3.3.5.1 Marktumfeldszenarien . . . 161
3.3.5.2 Strategieszenarien . . . 163
3.3.6 Vision und Unternehmensleitbild prüfen (Schritt 1.6) . . . 168
3.3.7 Strategiedefinition (Schritt 1.7) . . . 169
3.4 Teil 2: Agile Strategieimplementierung . . . 173
3.4.1 Ausrichtung und Zielfindung (Schritt 2.1) . . . 175
3.4.2 Planung und Lancierung (Schritt 2.2) . . . 178
3.4.3 Monitoring (Schritt 2.3) . . . 179
3.4.3.1 Monitoring der Marktumfeldszenarien . . . 181
3.4.3.2 Monitoring der strategischen Projekte . . . 182
3.4.4 Review und Retrospektive (Schritt 2.4) . . . 183

3.5 Querschnittsthemen auf der Strategieebene 186
3.5.1 Finanzmanagement 187
3.5.2 Ressourcenmanagement 188
3.5.3 Qualitätsmanagement 190
3.5.4 Risikomanagement (Enterprise Riskmanagement) 191
3.5.5 Architekturmanagement 194
3.5.6 Value- & Performance-Management 196
3.6 Ausgewählte Praktiken & Instrumente der Strategie 199
3.6.1 PESTEL-Analyse 200
3.6.2 Diamond Model 201
3.6.3 Hoshin Kanri (X-Matrix) 203
3.6.4 Lean Startup 204
3.6.5 Cause and Effect Diagram /Fishbone/Ishikawa 205
3.6.6 Canvas-Business-Modell 206
3.6.7 Cynefin Framework 209
3.6.8 Design Thinking 210
3.6.9 Flight-Levels-Modell 212
3.6.10 OKR-Ansatz 214
3.6.11 Szenariotechnik und -prozess 217

4 **Adaptives Projektportfolio** 223
4.1 Grundlagentheorie 224
4.1.1 Grundlage für ein adaptiv geführtes Projektportfolio bilden 225
4.1.2 Projektportfolio-Arten 227
4.1.3 Kontinuierliche oder projektorientierte Produkteentwicklung 228
4.1.3.1 Managementlenkungsmodell 231
4.1.3.2 Projektcharakter 233
4.1.4 Wichtige Rollen des Projektportfoliomanagements (PPM) 235
4.1.5 Projektportfolio-Meetings 236
4.2 Adaptiver Projektportfolioprozess 240
4.2.1 Schritt 1: Impuls 241
4.2.2 Schritt 2: Das WAS analysieren (Übersicht) 246

4.2.2.1 Schritt 2.1: Das WAS aufnehmen (Abstraktionsprüfung) 248
4.2.2.2 Schritt 2.2: «Kneten» einer Initiative 249
4.2.2.3 Schritt 2.3: Das WAS bewerten 252
4.2.2.3.1 Gesamtnutzen 253
4.2.2.3.2 Abwicklungsrisiko 255
4.2.2.3.3 Muss-Projekte bzw. Projektdringlichkeit 255
4.2.2.3.4 Finanzieller Nutzen (Wirtschaftlichkeit) 256
4.2.2.3.5 Business Value 257
4.2.3 Schritt 3: Das WIE definieren (Übersicht) 258
4.2.3.1 Schritt 3.1: Kapazitäten simulieren 260
4.2.3.2 Schritt 3.2: Planen auf Projektportfolioebene 261
4.2.3.2.1 Paketieren von Projekten 262
4.2.3.2.2 Paketieren von Program Increments (PI) 262
4.2.3.3 Schritt 3.3: Entscheiden 264
4.2.4 Schritt 4: Projekte überwachen & koordinieren 267
4.2.5 Schritt 5: Wirkung (Business Value) von Projekten bewerten 271
4.3 Querschnittsthemen der Portfolioebene 273
4.3.1 Kostenmanagement (Projektbudgetierung auf Portfoliostufe) 274
4.3.2 Ressourcenmanagement (Personalmittel) 279
4.3.3 Termin- und Abhängigkeitsmanagement 281
4.3.4 Risikomanagement 284
4.3.5 Architekturmanagement 285
4.3.6 Value Management (Wertbeitragscontrolling) 289
4.4 Praktiken auf der Projektportfolioebene 293
4.4.1 Kneten einer Initiative 293
4.4.2 Wave Planning auf der Projektportfolioebene 296
4.4.3 Portfolio-Kanban 297
4.4.4 Projekte haben eine Projektklasse 298
4.4.5 Skalieren mit der Projektklasse 300
4.4.6 Cost of Delay und WSJF für Projektpriorisierung 301

5 **Wichtige Themen des adaptiven Projektmanagements** 303
5.1 Einleitung 304
5.2 Tailoring 306
5.2.1 Festlegen der Projektart 306
5.2.2 Projektklasse und Lieferobjekte 307

5.3 Wie viel Agilität darf es sein? . . . 308
5.3.1 Projektabwicklungsarten . . . 309
5.3.2 Drei Zeitpunkte für die Wahl der Projektabwicklungsart . . . 311
5.3.3 Wahl der Abwicklungsart aufgrund der Stacey-Matrix . . . 312
5.4 Adaptives Projektabwicklungsmodell . . . 315
5.4.1 Prozessschritt 1: Projektimpuls . . . 316
5.4.2 Prozessschritt 2: Initiierung . . . 317
5.4.3 Prozessschritt 3: Projektdefinition . . . 318
5.4.4 Prozessschritt 4: Projektabwicklungskonfiguration . . . 319
5.4.5 Prozessschritt 5: Realisieren . . . 321
5.4.5.1 Prozessschritt 5.1: Agiles Realisieren . . . 321
5.4.5.2 Prozessschritt 5.2: Konventionelles Realisieren . . . 322
5.4.6 Prozessschritt 6: Einführen . . . 323
5.4.7 Prozessschritt 7: Projekt abschliessen . . . 324
5.5 Adaptives Layer- und Aktivitätenmodell . . . 325
5.5.1 Einleitung . . . 325
5.5.2 Adaptives Aktivitätenmodell . . . 329
5.5.2.1 Aktivität 1.1: Vorhabenssteckbrief erstellen . . . 330
5.5.2.2 Aktivität 2.2: Projekt, System und Inkrement abgrenzen . . . 331
5.5.2.3 Aktivität 2.3: Projektumfeld analysieren . . . 332
5.5.2.4 Aktivität 2.4: Bedürfnisse, Ziele und Anforderungen ermitteln . . . 333
5.5.2.5 Aktivität 2.5: Lösungsansatz und -weg konzipieren . . . 334
5.5.2.6 Aktivität 3.1: Business Value sowie Business- und Abwicklungsrisiken ermitteln . . . 335
5.5.2.7 Aktivität 3.2: Projekt, Release und Inkrement planen . . . 336
5.5.2.8 Aktivität 3.3: Projektinstitution vorbereiten . . . 337
5.5.2.9 Aktivität 4.1: Projektabwicklungskonfiguration erstellen . . . 338
5.5.2.10 Aktivität 4.2: Architekturkonzept und -rahmen definieren . . . 339
5.5.2.11 Aktivität 5.1: Anforderungen spezifizieren . . . 340
5.5.2.12 Aktivität 5.2: Codieren, Testen und Integrieren von Software . . . 341
5.5.2.13 Aktivität 5.3: Projekt-, Release- und Inkrement-Controlling . . . 342
5.5.2.14 Aktivität 5.4: Agiles Testen . . . 343
5.5.2.15 Aktivität 5.5: Review & Retrospektive . . . 344
5.5.2.16 Aktivität 6.1: Releasebezogener Integrations- und Systemtest . . . 345
5.5.2.17 Aktivität 6.2: Produkt/Teilprodukt freigeben . . . 346
5.5.2.18 Aktivität 6.3: Betriebsübergabe . . . 347
5.5.2.19 Aktivität 6.4: Auslieferung des Projektprodukts (Transfer) . . . 348
5.5.2.20 Aktivität 7.1: Abschluss . . . 349

5.6 Agiles Planen bei adaptiven, agil geführten Projekten . . . 350
5.6.1 Planungsansatz . . . 350
5.6.2 Planning Onion (Planungszwiebel) . . . 351
5.6.3 Wave Planning . . . 353
5.6.3.1 Progressive Elaboration . . . 356
5.7 Produktstrategie . . . 357
5.7.1 Evolutionäre Produktstrategie . . . 358
5.7.2 Produktstrategie mit rein agiler Methode umsetzen . . . 360
5.7.3 Produktstrategie mit konventioneller Methode umsetzen . . . 362
5.7.4 Minimum Viable Product versus Minimal Marketable Product . . . 364
5.8 Backlogmanagement . . . 366
5.8.1 Grundlagen der Backlogkonzeption . . . 366
5.8.2 Backlogmanagement im adaptiven Projektmanagementsystem . . . 368
5.8.3 Product Backlog Refinement/Grooming (DEEP) . . . 371
5.9 Organisationsformen und Rollen eines adaptiven Projekts . . . 374
5.9.1 Organisationsformen eines adaptiven Projekts . . . 374
5.9.2 Mögliche Rollen in einem adaptiven Projekt . . . 374
5.9.2.1 Agiles Projektteam . . . 378
5.9.2.2 Experten/Spezialisten . . . 383
5.9.2.3 Variationen der Führung von agilen Vorhaben . . . 384
5.10 Adaptiv-agiles Tooling . . . 386
5.10.1 Agile Methoden, Techniken und Instrumente im Überblick . . . 388

6

Themen und Praktiken der adaptiven Projektführung . . . 391
6.1 Einleitung . . . 392
6.2 Projektstart aus Führungssicht . . . 393
6.2.1 Prozessschritt «Initiierung» . . . 394
6.2.2 Prozessschritt «Projektdefinition» . . . 396
6.2.2.1 Business Value sowie Risiken ermitteln . . . 397
6.2.2.2 Initialprojektplan erstellen . . . 399
6.2.2.3 Projektinstitution vorbereiten . . . 400
6.3 Planen in agil geführten Projekten . . . 403
6.3.1 Einleitung . . . 403
6.3.2 Planungselemente eines initialen Projektplans . . . 405
6.3.2.1 Story Map und/oder Produktstrukturplan (01) . . . 406

6.3.2.2 Lieferobjektplanung (02) 408
6.3.2.3 Aufwandplanung (03) 409
6.3.2.4 Organisationsplanung (04) 411
6.3.2.5 Ablaufplanung «Projekt-Roadmap» als Zeitrahmen (05) 412
6.3.2.6 Kostenplanung «Budgetrahmen» (06) 414
6.3.3 Erstellen des Projekt-Releaseplans 415
6.3.3.1 Erstellen des Prüfplans (07) 416
6.3.3.2 Terminplan für die phasenbezogenen Arbeitspakete (08) 418
6.3.3.3 Produkt-Releaseplan (09) 419
6.3.3.4 Story Mapping nach Sprints und Releases zusammenstellen 421
6.4 Adaptives Projektcontrolling (Makroebene) 423
6.4.1 Einleitung 423
6.4.2 Agile operative Steuerungsinstrumente 426
6.4.3 Übergeordnete Führungsdisziplinen als effiziente Steuerungsinstrumente 429
6.4.4 Projektmonitoring bei agil geführten Projekten 431
6.4.5 Reporting in agil geführten Projekten 437
6.4.6 Agile Führungspraktiken beim Projektcontrolling 441
6.4.6.1 Sprint und Release Burn-Down-Chart 441
6.4.6.2 Burn-Up-Chart 442
6.4.6.3 Cumulative Flow Diagrams (CFD) 443
6.4.6.4 Tracking Point 445
6.4.6.5 Information Radiator 448
6.4.6.6 Escaped Defects (Fehlerreport) 449
6.4.6.7 Velocity (VC) 450
6.4.7 Projektkontrolle 456
6.4.7.1 Kontrollverfahren 456
6.4.7.2 Kontrollbereiche 457
6.4.7.3 Qualitätskonzept 458
6.5 Projekte abschliessen 459
6.5.1 Einleitung 459
6.5.2 Kundenabnahme 460
6.5.3 Abrechnung 461
6.5.4 Projektretrospektive (Gesamtretrospektive) 461
6.5.4.1 Retrospektive für Release und/oder Projekt 462
6.5.5 Projektabschlussbericht 465
6.5.6 Projektabschlussentscheid 466

6.6 Sprintmanagement . . . 466
6.6.1 Einleitung . . . 466
6.6.2 Sprint Events und Artefakte des Sprintmanagements . . . 467
6.6.2.1 Sprint Planning . . . 470
6.6.2.2 Sprintcontrolling . . . 475
6.6.2.3 Daily Stand-up Meeting . . . 477
6.6.2.3.1 Impediment Backlog führen . . . 478
6.6.2.4 Sprint Review Meeting . . . 481
6.6.2.5 Sprint-Retrospektive . . . 482
6.6.2.6 Product Backlog Refinement . . . 484
6.6.3 Sprinttheoretische Grundlagen . . . 488
6.6.3.1 Sprint-Entwicklungsvarianten . . . 488
6.6.3.2 Sprint zero . . . 489
6.6.3.3 Klärungssprints vor dem eigentlichen Projekt . . . 490
6.6.3.4 Stabilisierungssprint . . . 491
6.6.3.5 Sprintabbruch . . . 491
6.7 Querschnittsthemen der Projektführung . . . 492
6.7.1 Teammanagement (TM) . . . 493
6.7.1.1 Grundlagentheorie (Teambildungsprozess) . . . 493
6.7.1.2 Agile Aspekte des Teammanagements . . . 494
6.7.1.3 Mögliche TM-Handlungsmassnahmen im agilen Abwicklungsprozess . . . 495
6.7.1.4 Agile, autonom selbstverwaltete Teams . . . 497
6.7.1.4.1 Teamreifegrad . . . 498
6.7.1.4.2 Globale und virtuelle Organisationen (Distributed Teams) . . . 499
6.7.1.4.3 Agile Handlungskompetenz . . . 501
6.7.1.4.4 Team-Charta (Collaboration Charter) . . . 502
6.7.1.4.5 Teamkommunikation . . . 503
6.7.1.4.6 Konfliktmanagement, Team- und Motivationsmanagement, Sicherstellung guter Arbeitsbedingungen . . . 504
6.7.1.5 Servant Leadership – die moderne Art des Führens . . . 504
6.7.1.6 Agiles Coaching . . . 506
6.7.1.7 Instrumente für virtuelle crossfunktionale Projektteams . . . 507
6.7.1.8 War Room und Agile Team Space . . . 509
6.7.2 Qualitätsmanagement im agilen Vorgehen . . . 511
6.7.2.1 Grundlagentheorie . . . 511

6.7.2.2 Agile Aspekte des QM . . . 512
6.7.2.3 Mögliche QM-Handlungsmassnahmen im agilen Abwicklungsprozess . . . 513
6.7.2.4 Sprintbezogene DoR und DoD . . . 517
6.7.3 Risikomanagement . . . 519
6.7.3.1 Grundlagentheorie (Risikomanagementzyklus) . . . 519
6.7.3.2 Agile Aspekte des Risikomanagements. . . . 522
6.7.3.3 Mögliche RM-Handlungsmassnahmen im agilen Abwicklungsprozess. . . . 525
6.7.4 Ressourcenmanagement in agil geführten Projekten. . . . 527
6.7.4.1 Grundlagentheorie. . . . 527
6.7.4.2 Agile Aspekte des Ressourcenmanagements (ReM) . . . 528
6.7.4.3 Mögliche ReM-Handlungsmassnahmen im agilen Abwicklungsprozess. . . . 530
6.7.4.4 Einsatzplanung agiler Entwicklungsteam . . . 531
6.7.4.5 Vertragsmanagement. . . . 533
6.7.4.6 Kostenberechnung agiler Teams für die Budgetierung . . . 537
6.7.5 Changemanagement in agil geführten Projekten . . . 538
6.7.5.1 Grundlagentheorie. . . . 538
6.7.5.2 Agile Aspekte des CM . . . 541
6.7.5.3 Mögliche CM-Handlungsmassnahmen im agilen Abwicklungsprozess . . . 543
6.7.5.3.1 Stakeholdermanagement . . . 545
6.7.5.3.2 Informations- und Kommunikationsmanagement . . . 546
6.7.5.3.3 Projektmarketing . . . 548
6.7.6 Konfigurationsmanagement in agil geführten Projekten . . . 549
6.7.6.1 Grundlagentheorie. . . . 549
6.7.6.2 Konfigurationsmanagementsystem . . . 550
6.7.6.3 Agile Aspekte des KM . . . 551
6.7.6.4 Mögliche KM-Handlungsmassnahmen im agilen Abwicklungsprozess . . . 552
6.7.6.5 Das Änderungsmanagement bei Projekten mit vertraglichem Rahmen . . . 555
6.8 Weitere agile Führungstechniken. . . . 557
6.8.1 Timeboxing . . . 557
6.8.2 Agile Schätzmethoden . . . 558
6.8.2.1 Relatives/agiles Schätzen . . . 559
6.8.2.2 Story Points . . . 561
6.8.2.3 Planning Poker. . . . 562
6.8.2.4 T-Shirt-Schätzung (Affinity Estimating) . . . 563
6.8.2.5 Magic Estimation . . . 565

6.8.2.6 TTM-Matrix (Things that matter) . . . 566
6.8.3 Priorisierungsmethoden . . . 567
6.8.3.1 Priority Poker . . . 567
6.8.3.2 Priorisierung nach dem Kano-Modell . . . 568
6.8.3.3 Business Value Points auf der Ebene User Story . . . 569
6.8.3.4 Cost of Delay & Weightest Shortest Job First . . . 570
6.8.3.5 Priorisierung nach dem MoSCoW-Methode . . . 574

7

Themen und Praktiken der adaptiven Projektausführung . . . 575
7.1 Einleitung Querschnittsthemen Projektausführung . . . 576
7.2 Konzipieren . . . 578
7.2.1 Einleitung . . . 578
7.2.1.1 Der Weg zur verifizierten Produktvision . . . 579
7.2.2 Schritt 1: Design Thinking Process . . . 581
7.2.3 Schritt 2: Produktkonzept erstellen . . . 585
7.2.4 Schritt 3: Wirtschaftliche Analyse durchführen . . . 587
7.2.4.1 Business Case . . . 588
7.2.4.1.1 Methoden der monetären Analysen . . . 588
7.2.4.1.2 Methoden der agilen Werteanalysen(Customer Valued Prioritization) . . . 590
7.2.5 Projektabwicklungskonfiguration erstellen . . . 591
7.2.5.1 Situationsbezogene Konzeptionen . . . 592
7.2.5.2 Explorative Zwischenphase (Durchstich/Prototyp) . . . 595
7.2.5.3 Architekturrahmen und Umsetzungsstrategie definieren . . . 596
7.2.5.4 Projektabwicklungskonzeption . . . 597
7.2.5.5 Entwicklungsteam ausbauen . . . 599
7.3 Anforderungsentwicklung . . . 600
7.3.1 Agil basierte Anforderungsentwicklung . . . 600
7.3.2 Anwendungsfall (Use Case) spezifizieren . . . 603
7.3.2.1 Themes – Initiative – Needs – Epics – (Features) – User Story – Tasks . . . 608
7.3.3 User Stories spezifizieren . . . 610
7.3.3.1 Epic . . . 610
7.3.3.2 User Story . . . 611
7.3.3.3 Akzeptanzkriterien . . . 613
7.3.3.4 Constraints . . . 614
7.3.4 Praktiken und Artefakte der agilen Anforderungsentwicklung . . . 615

7.3.4.1 Impact Mapping ... 616
7.3.4.2 Story Mapping ... 619
7.3.4.3 INVEST ... 621
7.3.4.4 Spikes ... 623
7.4 Iterativ-inkrementeller SW-Produktentwicklungsprozess ... 624
7.4.1 Moderner Softwareentwicklungsprozess ... 624
7.4.1.1 Aktivität 5.1 – Anforderungen spezifizieren (Analyse und Design) ... 625
7.4.1.2 Aktivität 5.2 – Codieren, Testen & Integrieren ... 626
7.4.2 Wichtige Elemente der SW-Entwicklung ... 630
7.4.2.1 CI und CD-Pipeline ... 630
7.4.2.2 Traceability ... 632
7.4.2.3 «Nach»-Dokumentation des Systems ... 633
7.4.2.4 Refactoring, Retrospektive, Coaching ... 634
7.4.2.5 Weitere Agile Entwicklungstechniken/-Praktiken ... 637
7.5 Testen und Einführen ... 640
7.5.1 Agiler Testprozess ... 641
7.5.2 Agiles Testmanagement ... 644
7.5.2.1 Testformen und Testpfade ... 647
7.5.2.2 Agile Testpraktiken und Testverfahren ... 648
7.5.3 Einführen ... 652
7.5.3.1 Produkt/Release freigeben ... 652
7.5.3.2 Auslieferung des Projektprodukts ... 654
7.6 Spezialservices und konventionelle Entwicklung ... 656
7.6.1 Spezialservice der Projektausführung ... 656
7.6.2 Konventionelle Projektabwicklung als Serviceleistung für adaptiv geführte Projekte ... 658
7.7 Ausgewählte Ausführungstechniken ... 661
7.7.1 User-Research-Methoden ... 661
7.7.2 Personas (fiktive Charaktere) ... 662
7.7.3 Card Sorting ... 664
7.7.4 Value-based Functional Decomposition ... 665
7.7.5 Event Storming ... 666
7.7.6 Wireframes (Grobskizze) ... 667
7.7.7 Value Stream Map ... 669
7.7.8 Rapid Learning Cycles (RLC) ... 670

8

Abspann 673
8.1 Korrelationsliste zu IPMA ICB4agile 673
8.1.1 Kompetenzbereich Kontext (Perspective) 674
8.1.2 Kompetenzbereich Mensch (People) 676
8.1.3 Kompetenzbereich Praktiken (Practice) 680
8.2 Definitionsverzeichnis 687
8.3 Abkürzungsverzeichnis 708
8.4 Literaturverzeichnis 713
8.5 Register 730

Vorspann

Buchaufbau

Dieses Buch ist so konzipiert, dass es im Selbststudium in Etappen durchgelesen bzw. durchgearbeitet werden kann. Es eignet sich auch als Nachschlagewerk, unterstützt durch einen durchgehenden Farbcode, ein ausführliches Inhaltsverzeichnis sowie einen umfangreichen Index. Nicht zuletzt aber sollen Praktikerinnen und Praktiker von der Vielfalt der vorgestellten Methoden und Praktiken profitieren und diese in ihrem Berufsalltag einsetzen können.

Um den Inhalt möglichst übersichtlich zu gestalten, wurden sieben in sich abgeschlossene Kapitel plus Anhang erstellt. Dieser strukturierte Aufbau wird im Folgenden beschrieben.

Kapitel 1 – Einstieg

In diesem Kapitel wird der Rahmen erläutert, in dem sich Unternehmen bezüglich der heutigen digitalisierten, dynamischen Welt befinden. Es ist nicht einfach damit getan, einige Projekte organisatorisch zusammenzunehmen und sich zu erhoffen, dass der geplante Nutzen z.B. bezüglich Innovationen und digitaler Transformation eintreffen wird. Der projektorientierte Strategieumsetzungsprozess wird erst dann hohen Nutzen bringen, wenn die gesamte Organisation eine agile Kultur lebt und projektorientiertes Arbeiten eine Selbstverständlichkeit im Unternehmen ist. Die Grundlage dazu ist ein gut etabliertes und effizientes Projektmanagementsystem (PMS), das alle vier Leistungsebenen Strategie, Portfolio, Führung und Ausführung abdeckt. Dies muss vom Management institutionalisiert und kultiviert werden. Ein agiles Unternehmen muss auch robust sein. Ohne einen gewissen Grad an Robustheit kann keine mittlere oder grössere Unternehmung überleben. Dabei soll Robustheit nicht mit Langsamkeit verwechselt werden.

In diesem Kapitel werden wichtige Themen rund um das moderne, leistungsfähige Unternehmen wie agile Organisation, Wandlung der Unternehmung, Unternehmensherzschlag, effizientes PM-System im Unternehmen, PM-Kultur, PM-Governance sowie die Transformation zu einer Two-Speed-Organisation beschrieben.

Der Unterschied zwischen einem Projekt und «ein Projekt erfolgreich führen» ist gross!

Kapitel 2 – Projektgrundlagen «kompakt»

In den heutigen Unternehmen stehen Digitalisierung und Agilität absolut im Fokus. Es darf jedoch nicht vergessen gehen, dass Unternehmen neben der agilen Produkteentwicklung mit Software auch konventionelle oder hybride Projektvorgehen beherrschen müssen. Dies heisst wiederum nicht, dass diese Vorgehen nicht, wo sinnvoll und machbar, auch agile Prinzipien und Praktiken einsetzen.

In diesem Kapitel werden neben den kompakten Projektgrundlagen das agile Grundwissen, die agilen Softwareentwicklungsmethoden, die verschiedenen Projektmanagementmethoden sowie die agile Projektorganisation und agile Enterprise Frameworks beschrieben. Der oder die Lesende erhält einen Überblick der differenzierten Projektwelt, was das Grundverständnis des adaptiven Vorgehens fördert.

Kapitel 3 – Ebene 1: Szenariobasierte Strategieentwicklung

Die Kunst, eine erfolgreiche Strategie zu definieren, ist das eine. Dafür gibt es hoch dotierte und spezialisierte Beraterinnen und Berater sowie Fachbücher. Geht es darum, die Handlungsempfehlungen aus der definierten Strategie effizient umzusetzen, benötigt man andere Skills und Instrumente.

Um die Herausforderungen der pulsierenden VUCA-Welt richtig adaptiert entgegenzunehmen und nutzbringend umsetzen zu können, wird eine szenariobasierte agile Strategie benötigt.

In diesem Kapitel wird beispielhaft gezeigt, wie in der heutigen VUCA-Welt (Volatilität, Unsicherheit, Komplexität und Ambiguität) auf der Ebene 1 wirkungsvoll eine Strategie erstellt und kontrolliert wird. Im Weiteren wird die Verknüpfung von strategischen zu taktischen Initiativen und der operativen Umsetzungsebene aufgezeigt. Ein erfolgreiches agiles Unternehmen definiert sich auch über die qualifizierte Umsetzung von wichtigen Querschnittsthemen der Strategieebene wie Enterprise-Architektur, Value & Performance Management oder Risikomanagement. Diese werden daher kurz erläutert. Zudem werden ausgewählte Praktiken und Instrumente der Strategie gezeigt, die agile Leader kennen sollten.

Kapitel 4 – Ebene 2: Adaptives Projektportfolio

Um in einem Unternehmen alle Initiativen stringent gemäss der Strategie und aus einer Gesamtsicht zu managen, wird das adaptive Projektportfoliomanagement eingesetzt. Ohne diesen über alle Projekte erstellten adaptiven Überbau besteht die Gefahr, dass zwar jedes einzelne Projekt in sich seinen Wert erfüllt, nicht aber die gewünschte unternehmensweite Wirkung entfalten kann.

In diesem Kapitel wird erläutert, wie die strategischen Initiativen wirkungsvoll in Projekte oder aus dem rein agilen Ansatz in Programm-Increments abgeleitet werden und wie sich diese gegenüber anderen Initiativen in einem koordinierten internen Wettbewerb durchsetzen müssen.

Das adaptive Projektportfoliomanagement ist das Gaspedal und die Bremse des Projektmanagementsystems und gilt heute als strategisch zentrales Führungselement, um die Zukunft eines Unternehmens sicherzustellen. Dabei muss es alle Projektarten wie Bau, ICT, Marketing, Events etc. und die Projektabwicklungsarten agil, hybrid und konventionell aufsetzen und gemäss der szenariobasierten Strategie steuern können. Im adaptiven Projektportfolio gilt es, in Verbindung mit den strategischen Querschnittsthemen Bereiche wie Ressourcen-, IT-Architektur-, Kosten-, Risiko- oder auch Value Management im taktischen Sinn richtig einzusetzen. Wie auf der Ebene der Strategie werden hier einzelne wichtige Praktiken des adaptiven Projektportfoliomanagements aufgeführt. Denn es kann erst von einem adaptiven Projektportfolio gesprochen werden, wenn eine Organisation in der Lage ist,

a) die Ressourcen von wenig versprechenden Projekten in erfolgreiche Projekte zu verlagern,
b) die anstehenden bzw. ausgewählten Projektinitiativen gezielt mit den unterschiedlichen Abwicklungsarten skaliert auf die Projektgrösse umzusetzen, und

c) Abhängigkeiten zwischen den Projekten aufzuzeigen und daraus Risiken und Chancen abzuleiten.

Kapitel 5 – Wichtige Themen des adaptiven Projektmanagements

Ein im Unternehmen eingesetztes Projektmanagementsystem muss heute fähig sein, auf die unterschiedlichen Komplexitäten, die unterschiedlichen Bedürfnisse an die Projektwelt, die ungemein hohen Veränderungsraten der Anforderungen und die Beteiligung verschiedener Stakeholdergruppen in der Projektabwicklung reagieren zu können. Agil und/oder konventionell reicht nicht mehr aus. Es wird ein adaptiver Abwicklungsprozess im Sinne eines adaptiven Projektlebenszyklus benötigt, der flexibel reagieren kann und die Ebenen 1 und 2 mit Ebene 3 und 4 verbindet. Um dies bewerkstelligen zu können, gilt es, den gesamten Abwicklungszyklus und seine Einflussgrössen kritisch auf Flexibilität zu prüfen.

In diesem Kapitel werden acht wichtige Einflussgrössen, sprich Elemente des Projektmanagements, thematisch analysiert und methodisch so zusammengesetzt, dass eine möglichst hohe Flexibilität gewährt werden kann. Das heisst, diese Flexibilität ist die Voraussetzung für einen adaptiven Projektabwicklungszyklus, der alle Projektarten, alle Projektabwicklungsarten, alle Komplexitäten und die zwei Geschwindigkeiten von Projekten abdecken sollte.

Kapitel 6 – Ebene 3: Themen und Praktiken der adaptiven Projektführung

Projekt starten, Projekt planen, Projekt steuern, Projekt kontrollieren und Projekt abschliessen gehören zur Projektführung. Dass sich diese Aufgaben unter dem agilen Aspekt zum Teil stark verändert haben, ist nicht von der Hand zu weisen. Verstärkt übernimmt das interdisziplinär zusammengestellte Team in einem End-to-End-Ansatz die Verantwortung für sein Handeln. Trotzdem benötigen grosse, sozial und technisch komplexe Projekte eine Führung, die plakativ mit dem analogen Bild des Aussen- und Innenministers unterteilt werden kann.

Das Integrationsmanagement, wie es PMI beschreibt, und das Sprintmanagement mit all seinen agilen Prinzipien und Techniken werden in diesem Kapitel umfassend aus Führungssicht beschrieben. Dabei werden auch Querschnittsthemen respektive Steuerungsdisziplinen wie Risikomanagement, Qualitätsmanagement, Ressourcenmanagement etc. aufgezeigt, wie sie im agilen Umfeld einzusetzen sind. In diesem Kapitel wird aber auch sehr ausführlich das Sprintmanagement mit seinen agilen Techniken erläutert, sodass das Zusammenspiel von Product Owner, Scrum Master und Projektleiter 5.0 bei grossen Projekten ersichtlich wird. Zudem werden in einem separaten Unterkapitel die agilen Aufwandschätz- und Priorisierungsmethoden anhand von Beispielen aufgeführt. Zusammengefasst zeigt Kapitel 6, wie vielfältig, aber auch anspruchsvoll die Aufgaben eines Projektleiters bzw. einer Projektleiterin 5.0 sind.

Kapitel 7 – Ebene 4: Themen und Praktiken der adaptiven Projektausführung

Genau wie bei der Projektführung gibt es auf der Ebene Projektausführung klare Aufgaben, die vom Start bis zum Schluss auszuführen sind. Im Rahmen der gesamten Digitalisierungswelle, welche Unternehmen in der kommenden

Zeit verstärkt zu meistern haben, wird in diesem Kapitel das Entwickeln von Software als Beispiel in den Vordergrund gestellt. Spezielle Elemente darin sind die agile Anforderungsentwicklung, die agile SW-Entwicklung und das agile Testen. Da jedoch nicht nur agil vorgegangen werden kann, wird in diesem Kapitel auch das Two-Speed-Vorgehen erläutert. In der Projektausführung mit den fünf Querschnittsthemen und deren Praktiken gezielt umzugehen, ermöglicht ein auf die Situation abgestimmtes adaptives Verhalten. Dies bewirkt ein effizientes Abwickeln von Projekten, bei dem stets der Business Value im Zentrum steht. Dies wird mit verschiedenen agilen Praktiken aufgezeigt.

Kapitel 8 – Abspann

Neben dem Definitionsverzeichnis insbesondere von agilen Begriffen und dem Literaturverzeichnis wird in diesem Kapitel für Leserinnen und Leser, welche eine agile IPMA-Zertifizierung anstreben, eine Korrelationsliste zu den IPMA-Kompetenzfeldern aufgeführt. Ergänzende Themen wie Requirements Engineering, ausführliche Rollenbeschreibungen der agilen Rollen wie Scrum Master, Product Owner, aber auch der Projektleitung 5.0, sowie Material zur verwendeten Fallstudie etc. stehen auf der Website des Verlags www.vdf.ch zum kostenlosen Download zur Verfügung.

Fallbeispiel «3Dtravel»

Das über alle vier Ebenen gezeigte Fallbeispiel bezieht sich auf ein Projekt, das in einem grossen, in Europa verankerten Reiseunternehmen umgesetzt werden muss. Mit seinen gut 500 Mio. Umsatz im Jahr sieht sich dieses Unternehmen dem harten Wettbewerb ausgesetzt.

Um weiterhin erfolgreich zu bestehen, muss sich 3Dtravel agil aufstellen und mithilfe eines adaptiv geführten Projektportfoliomanagements die szenariobasierte Strategie stringent verfolgen bzw. sicherstellen. Das nun startende Projekt «Virtuelle Online-plattform 3Dtravel» ist ein grösseres Vorhaben – eigentlich das grösste Projekt, welches das Unternehmen bezüglich der eigenen Softwareentwicklung bisher durchgeführt hat.

Diese Situation macht dem Management etwas Sorgen. Wie kann es ein so umfangreiches, hybrid umzusetzendes Vorhaben kontrollieren? Wenn das Projekt nicht erfolgreich umgesetzt werden kann, wird das Unternehmen seine führende Rolle bei den Individualreisen verlieren. Zudem ist das Projekt dem internen Wettbewerb mit allen anderen zu startenden Initiativen und laufenden Projekten ausgesetzt.

Im Fallbeispiel geht es darum, ein digitales Geschäftsmodell aufzubauen, das wie Air-bnb Wohnungen und Ferienhäuser von Privaten vermietet. Dabei will man auch spezielle Wege gehen: So will man Hotels, Wohnungen und Sehenswürdigkeiten in einem 3D-Raum präsentieren, in dem sich der Kunde in Form eines Avatars bewegt. Mit einem Virtual-Reality-Headset kann er sich seine Reise ansehen, selbst zusammenstellen und buchen.

In der Umsetzung der strategischen Initiative geht es nicht nur darum, neue Angebote auf die Verkaufsplattform aufzuschalten, sondern gänzlich neue Ideen von Kooperationen umzusetzen. Neben vielen anderen strategischen Initiativen wird dieses Projekt mithilfe eines hybriden Ansatzes umgesetzt. Es besteht aus drei Subteams – zwei Entwicklungsteams, die in rein agilem Ansatz entwickeln, und einem Teilprojekt, das aufgrund der Produkteigenheiten wie der einzusetzenden VR-Brillen nach dem konventionellen Vorgehen umgesetzt wird. Das Beispielprojekt mit einer Grösse von rund 20–25 Personen und einer Durchlaufzeit von 24 Monaten wurde gewählt, um die in unserer verwobenen Welt vorherrschende Komplexität realitätsnah abzubilden.

Nr.	Quelle	Projekt	Start	Ende	Kosten	Vorgehen
20nn-001-B	INNO	Pauschwelt «Produkt Weltreise+»	1. Q.2023	1. Q. 2025	2'450'000.—	agil
20nn-008-A	STRA F02-03	Virtuelle 3D-Onlineplattform «3Dtravel»	1.Q. 2023	4. Q. 2024	5'530'000.—	hybrid
20nn-013-A	STRA F02-03	Digitales Produkteportfolio aufbauen	2. Q.2023	1. Q. 2024	1'650'000.—	agil
20nn-034-B	STRA K01-03	Reorganisation Digitalisierung	3.Q. 2024	1. Q. 2025	700'000.—	konvent.
20nn-042-B	REST	Reise-Flash AG Hauptsitz, Umbau	4.Q. 2023	4. Q. 2024	9'000'000.—	konvent.
20nn-035-C	BUSI	Sponsoring «EM 2024»	1.Q. 2022	3. Q. 2023	280'000.—	agil
20nn-004-C	REST	Jahreskatalog Folgejahr	1.Q. 2024	3. Q. 2024	250'000.—	agil
20nn-031-A	STRA F02-01	Rollout digitaler Client-Schalter «New OP»	1.Q. 2023	4. Q. 2024	4'650'000.—	hybrid
20nn-009-D	BUSI	Werbekampagne für Spezialreisen	2.Q. 2023	2. Q. 2024	130'000.—	agil
20nn-001-B	...	Neues Finanzmodul einführen	3.Q. 2022	2. Q. 2024	3'250'000.—	hybrid
20nn-018-B	RESTK01-02	Aufbau eines Leadership-Programms	3.Q. 2023	4. Q. 2023	180'000.—	agil
20nn-032-C	...	Reorganisation der Zentrale	3.Q. 2023	1. Q. 2024	650'000.—	konvent.
20nn-006-C	...	Neues Logo einführen	3.Q. 2022	1. Q. 2023	300'000.—	hybrid
20nn-024-A	BUSIK01-01	Produkt «Sportreisen» einführen	1.Q. 2023	2. Q. 2024	1'200'000.—	agil
20nn-013-D	BUSIF02-02	Filialnetz in Osteuropa aufbauen	1.Q. 2023	3. Q. 2025	4'200'000.—	hybrid

Abb.0.01: Kleiner Auszug aus der Projektportfolioliste, mit Vorgehensart plus Musterprojekt

Wissenswertes kurzgefasst

Farbcode

Um die Vernetztheit des Projektmanagementsystems aufzuzeigen, wurde ein klar definierter Farbcode aufgebaut, der in allen Kapiteln verwendet wird. So wurde jeder Ebene des PM-Systems und dem entsprechenden Kapitel eine eigene Farbe zugeordnet. Wird in einer Abbildung eine andere Farbe als die Kapitelfarbe verwendet, so ist dies kapitelverknüpfend, im Konsens des gesamten Projektmanagementsystems, zu verstehen.

ICB-Nummern (Individual Competence Baseline ICB4®)

Die ICB-Kriterien des «IPMA Reference Guide ICB4 in an Agile World» stellen Lernende, die ins agile Projektmanagement einsteigen möchten, nicht gerade vor eine einfache Aufgabe. Die 28 Kompetenzfelder des Guideline sind sehr umfassend. Mit der Korrelationsliste im Anhang soll das Lernen für die Zertifizierung unterstützt werden.

Icons

Für jedes Artefakt wurde ein Icon erstellt. Damit wird das schnelle bildliche Aufnehmen und Zuordnen unterstützt.

Internetunterstützung

Den Stoff zu lesen, ist das eine; ihn anwenden zu können, das andere. Deshalb wird ergänzend zu diesem Buch ein Lerninstrument zur Verfügung gestellt, mit dem das neu erarbeitete Wissen trainiert und/oder vertieft werden kann. Das Lerninstrument ist auf der Website der SPOL AG unter http://www.profipm.ch zu finden und wird laufend aktualisiert und ausgebaut.

Lernziele

Für jedes Hauptkapitel wurden Lernziele definiert. Sie sollen eine Hilfestellung geben, auf welche Punkte besonderes Augenmerk gerichtet werden sollte. Da diese Lernziele insbesondere für Dozierende wichtig sind, werden sie auf der Website des Verlags www.vdf.ch kostenlos zum Herunterladen zur Verfügung gestellt.

Begriffe des adaptiven Projektmanagements (APM)

Mit dem Adjektiv «adaptiv» soll ausgedrückt werden, dass sich das Aufsetzen von Projekten und das Steuern der Projektprozesse sehr dynamisch und flexibel an die Herausforderungen und Situationen anpassen kann. Im Begriff adaptiv ist auch agil enthalten, wobei «agil» (beweglich, dynamisch) nicht mit «lean» (schlank oder leichtgewichtig) verwechselt werden darf. Das adaptive Projektmanagement deckt sowohl die kontinuierliche wie auch die projektorientierte agile Produktentwicklung ab, aber auch das hybride Vorgehen. Abbildung 0.02 gibt einen Überblick über die agilen Begrifflichkeiten des adaptiven Projektmanagements. Die Begriffe sind in den einzelnen Kapiteln definiert.

Wichtige Begriffe und Artefakte des adaptiven Projektmanagementsystems (PMS)

Die nachfolgende Abbildung zeigt einen Überblick über die wichtigsten Lieferobjekte des im Buch erläuterten adaptiven PMS. Das adaptive Projektmanagementsystem strukturiert sich über die vier Ebenen Strategie, Lenkung, Führung und Ausführung (siehe auch Kapitel 1.3.1.1). Die Lieferobjekte werden in der agilen Sprache gerne Artefakte genannt. Sie stellen das ergebnis- und projektorientierte Arbeiten sicher.

Abb.0.02: Wichtige Begriffe des APM (Adaptive Project Management)

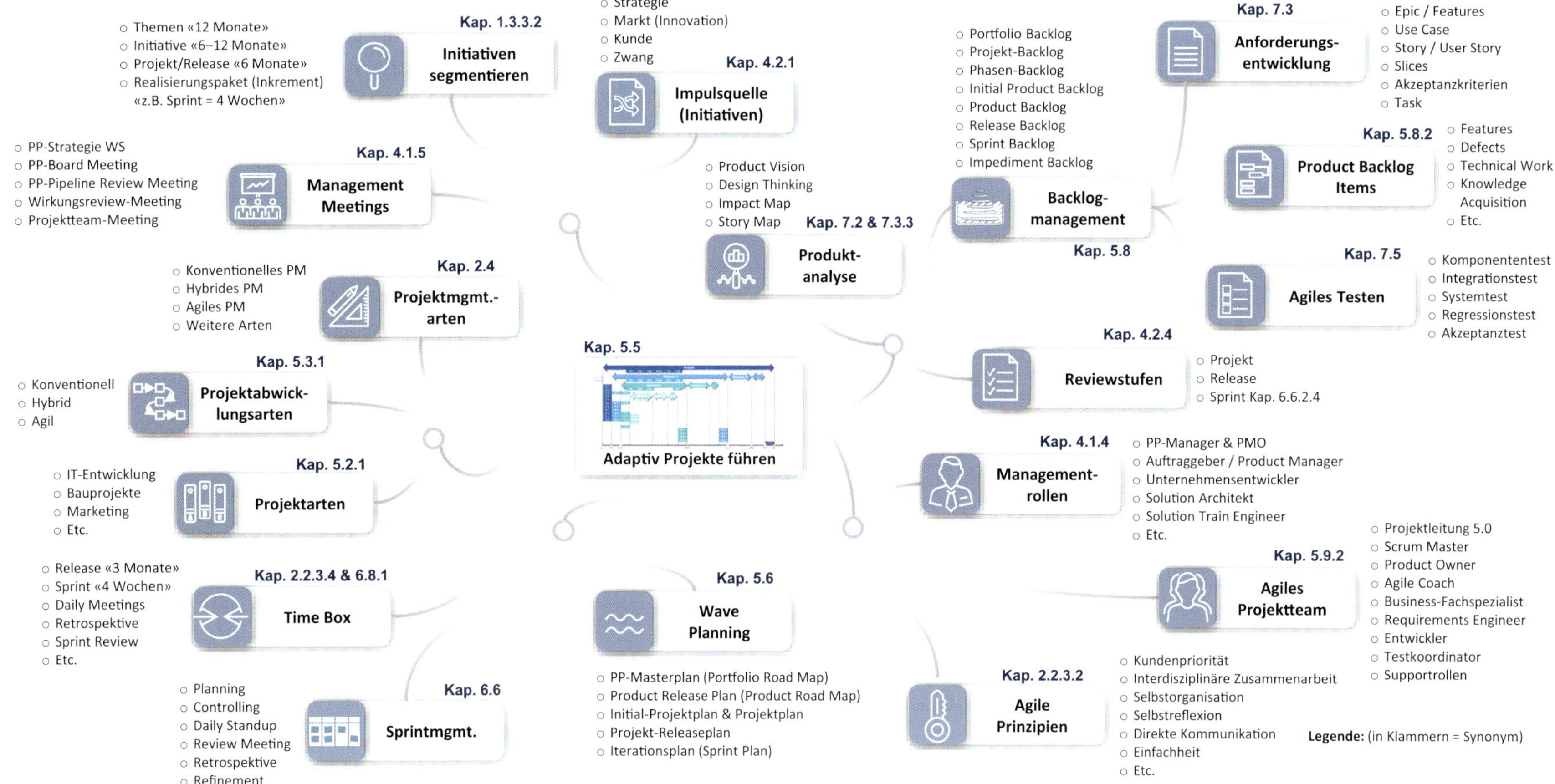

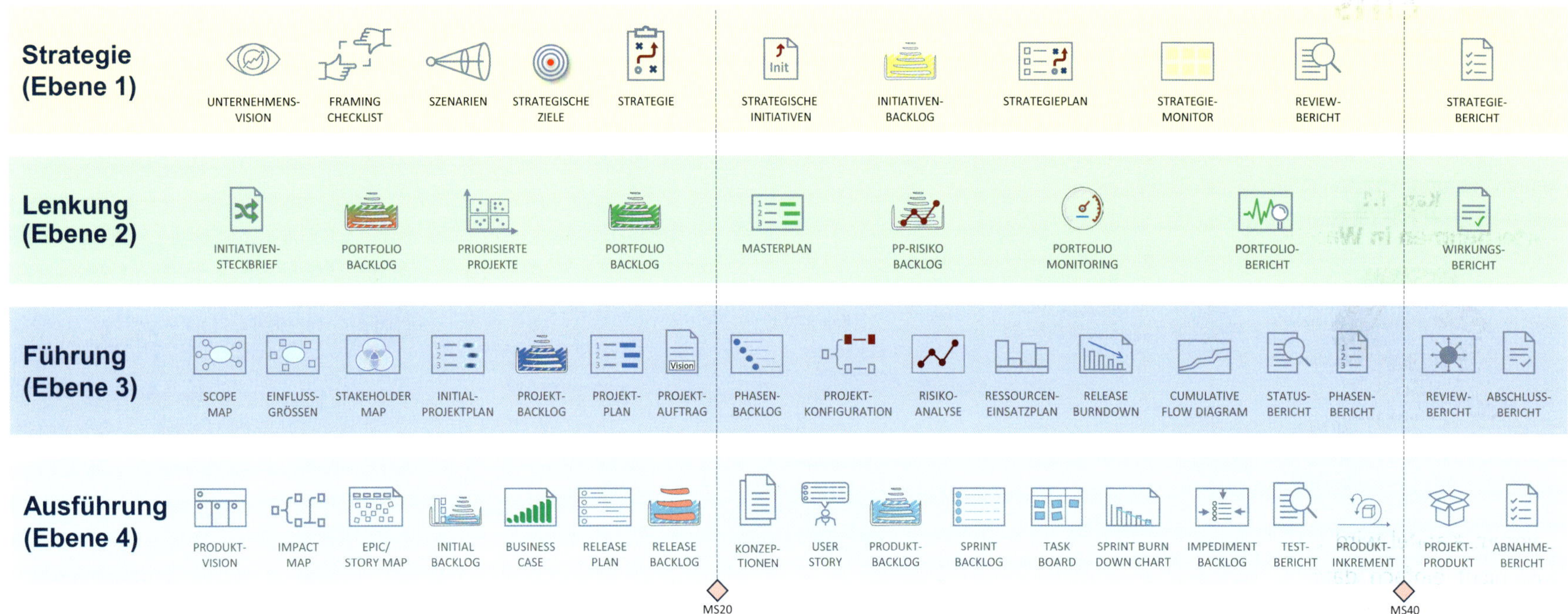

Abb.0.03: Wichtige Artefakte des adaptiven PMS

1 Einstieg

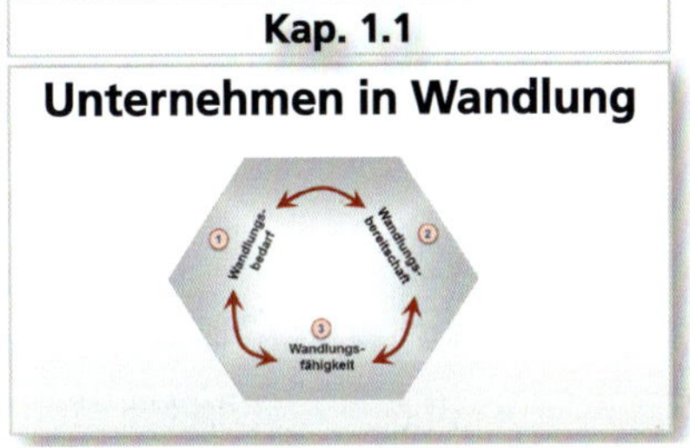

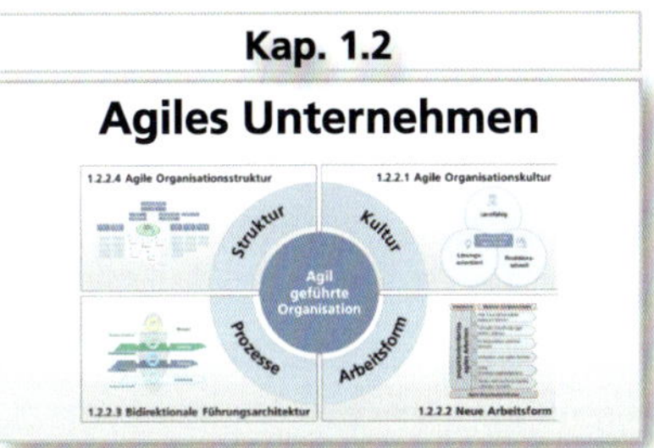

In diesem Kapitel wird der Rahmen erläutert, in dem sich Unternehmen in der heutigen digitalisierten Welt bewegen. Es ist nicht einfach damit getan, einige Projekte organisatorisch zusammenzunehmen und sich zu erhoffen, dass der geplante Nutzen z.B. bezüglich der digitalen Transformation eintreffen werde. Der projektorientierte Strategieumsetzungsprozess wird erst dann hohen Nutzen bringen, wenn die gesamte Organisation eine agile Kultur lebt und projektorientiertes Arbeiten eine Selbstverständlichkeit ist. Die Grundlage dazu ist ein gut etabliertes und effizientes Projektmanagementsystem (PMS). Dies muss vom Management institutionalisiert und kultiviert werden.

In diesem ersten Kapitel werden wichtige Themen rund um die moderne agile, aber robuste und leistungsfähige Organisation beschrieben: die permanente Wandlung der Unternehmung, agile Organisation, effizientes PM-System im Unternehmen, PM-Kultur, PM-Governance oder die Transformation zum agilen Two-Speed-Unternehmen.

1.1 Unternehmen im Wandel

1.1.1 Permanente Wandlung der Unternehmen

Niemand kann sagen, ob und wann all die angekündigten Innovationen und Disruptionen eintreffen werden und mit welcher Intensität sie ein Unternehmen oder eine gesamte Branche erfassen. Fakt ist: In den kommenden Jahren werden Unternehmen und Organisationen aufgrund externer Einflüsse einen permanent hohen Veränderungsprozess durchleben. Zusätzlich zu den technischen Initiativen kommen ein grosser Kosten- und Leistungsdruck hinzu sowie steigende Qualitäts- und Transparenzanforderungen.

Abb. 1.01: Mehrere Einflussgrössen zwingen die Unternehmen zum gezielten Wandel

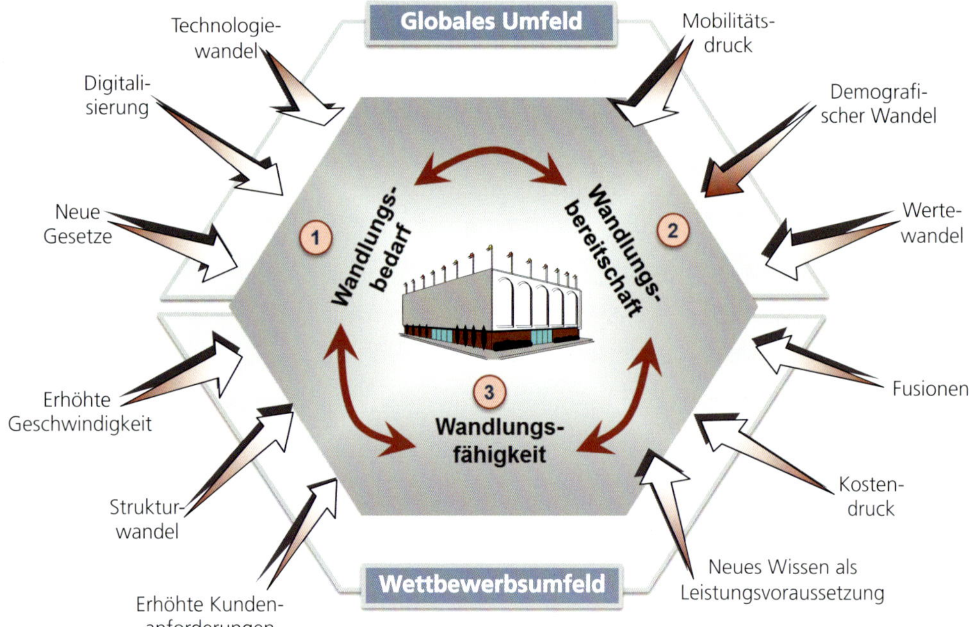

Diese äusseren Einflüsse, aber auch interne Herausforderungen wie fehlende Reaktionszeiten, mangelnde digitale Prozessdurchgängigkeit, sich schnell veränderndes Lieferantenumfeld sowie Kostendruck verlangen rasche Anpassungen und Veränderungen. Eine der Hauptaufgaben des Unternehmensmanagements ist es, den Wandlungsbedarf (1) ihres Unternehmens zu erkennen und daraus die Wandlungsbereitschaft (2) bei der Belegschaft sowie Wandlungsfähigkeit (3) bei einer spezialisierten Gruppe zu erzeugen.

Wie die Abbildung 1.01 aufzeigt, ist ein Unternehmen einer Vielzahl von externen und internen Wandlungstreibern ausgesetzt (Einflussgrössen), die eine Wandlung erforderlich machen, wenn es nicht vor der stets laufenden Evolution kapitulieren will. Der Bedarf, der vom Management z.B. im Sinne einer Strategie (Wohin will das Unternehmen sich wandeln?) vorgegeben wird, kann nur umgesetzt werden, wenn die Wandlungs-, sprich Veränderungsbereitschaft in der Belegschaft vorhanden ist. Es reicht nicht zu sagen, wohin die Reise geht: Wollen die Beteiligten und Betroffenen nicht mitmachen, läuft gar nichts. Damit eine Unternehmung ihren Wandlungsbedarf mit willigen Mitarbeitenden erfolgreich umsetzen kann, müssen die Transformationen systematisch und kontrolliert geführt werden. Das Management muss somit die notwendige agile Unternehmenskultur aufbauen, damit auch bei der Belegschaft die Bereitschaft entsteht, den nötigen Wandel schnell aufzunehmen und in agiler Form mitzutragen.

Die Fähigkeit zur systematischen Wandlung ist im weiteren Sinne nichts anderes, als professionell und effizient Projekte abzuwickeln. Ob die Projekte konventionell, agil oder hybrid umgesetzt werden, ist vordergründig zweitrangig. Wichtig ist die hohe Projektmanagementkompetenz im Unternehmen.

Die Konsequenz: Wer die Herausforderungen der permanenten Veränderung nicht meistert, wird mit existenziellen Problemen zu kämpfen haben.

1.1.2 Projektorientiertes Arbeiten als Lösungsansatz der VUCA-Welt

Der durch Digitalisierung und Industrie 4.0 aufgebaute Innovationsdruck stellt die Unternehmen heute vor grosse Herausforderungen. Führungskräfte und Unternehmer müssen immer schneller – respektive täglich – mehr oder weniger weitreichende Entscheidungen treffen. In den letzten Jahren hat sich für diese dynamische Situation und Herausforderung der Begriff VUCA (Volatility, Uncertainty, Complexity and Ambiguity) etabliert.

Der Begriff stammt ursprünglich aus dem amerikanischen Militär. Wie Waltraud Gläser auf vuca-welt.de erläutert, beschreibt das Akronym die Bedingungen des modernen Krieges (asymmetrische Kriegsführung, Selbstmordattentäter, Dschungel- oder Strassenkampf etc.). Solche existenzbedrohenden Situationen lassen sich nicht mehr mit den klaren Frontlinien vergangener Schlachten vergleichen, in denen zwei grosse Heere aufeinandertrafen. Vergleichbares widerfährt auch Unternehmen. So sind sie folgenden Aspekten ausgesetzt [Glä 2020]:

- Volatilität (Volatility) beschreibt die Schwankungsintensität über den zeitlichen Verlauf. Die Situation ist selten stabil, sondern ändert sich manchmal sehr schnell, unregelmässig und heftig.
- Unsicherheit (Uncertainty) beschreibt die Unvorhersagbarkeit von Ereignissen. Je mehr «Überraschungen» der Kontext bereithält, desto unsicherer ist dieser. Es ist unsicher, wann was passieren wird und was die Folgen davon sein werden.
- Komplexität (Complexity) wird durch die Anzahl Einflussfaktoren und deren gegenseitige Abhängigkeit und Interaktion beeinflusst. Je mehr Interdependenzen ein System enthält, desto komplexer ist es. Das heisst, die vielen Elemente und deren Vernetzung machen eine vollständige Übersicht schwierig.
- Ambiguität (Ambiguity) beschreibt die Mehrdeutigkeit einer Situation oder Information. Selbst wenn viele Informationen vorhanden sind, kann die Bewertung derselben immer noch mehrdeutig sein. Das heisst, die Situation wird, je nach Person und Sichtweise, anders beschrieben und bewertet.

Auch wenn es – in der Ableitung des militärisch definierten VUCA-Begriffs auf die betriebswirtschaftliche geführte Unternehmens- und Organisationswelt – nicht direkt um Leben und Tod geht, so kann die aktuelle Situation aufgrund der starken Volatilität, grosser Unsicherheit, hoher Komplexität und zunehmender Ambiguität von vielen Institutionen schon als existenzbedrohend empfunden werden.

Die VUCA-Welt beschreibt somit die veränderten Rahmenbedingungen, in denen Unternehmen und Führungskräfte heute agieren müssen. Es gibt nicht mehr nur den einen Weg, es gibt keine standardisierten Lösungen mehr und Prognosen sind kaum noch verlässlich. Die Rolle des Men-

Digitalisierung heisst eigentlich, den Fortschritt nutzen.

Die Konsequenz: Wer die Herausforderungen der permanenten Veränderung nicht meistert, wird mit existenziellen Problemen zu kämpfen haben.

schen im Unternehmen wird deshalb immer wichtiger. Insbesondere Führungskräfte haben mit ihren Entscheidungen einen enormen Einfluss auf die Entwicklung ihres Verantwortungsbereiches. Sie müssen gewillt sein, sich ständig neu auszurichten, stets alle Faktoren überblicken können und so ihre Organisation in der stürmischen VUCA-Welt sicher auf Erfolgskurs steuern.

In dieser VUCA-Welt geht es darum, dass die Führungskräfte sich darauf konzentrieren müssen, was möglich ist (weil alles passieren kann), und nicht darauf, was wahrscheinlich passieren wird (was durch das vorher Geschehene bestimmt wird). Das heisst, die «Revolution 4.0» zwingt die Organisationen zu einer mit dem Umfeld abgestimmten Verhaltenstransformation. Die damit verbundenen Veränderungen lassen sich mit begrenzten Ressourcen nur dann rasch realisieren, wenn das Management dafür stringente Strategien mit einer rollenden strategischen Planung entwickelt und diese wirkungsvoll um- und vor allem durchsetzt.

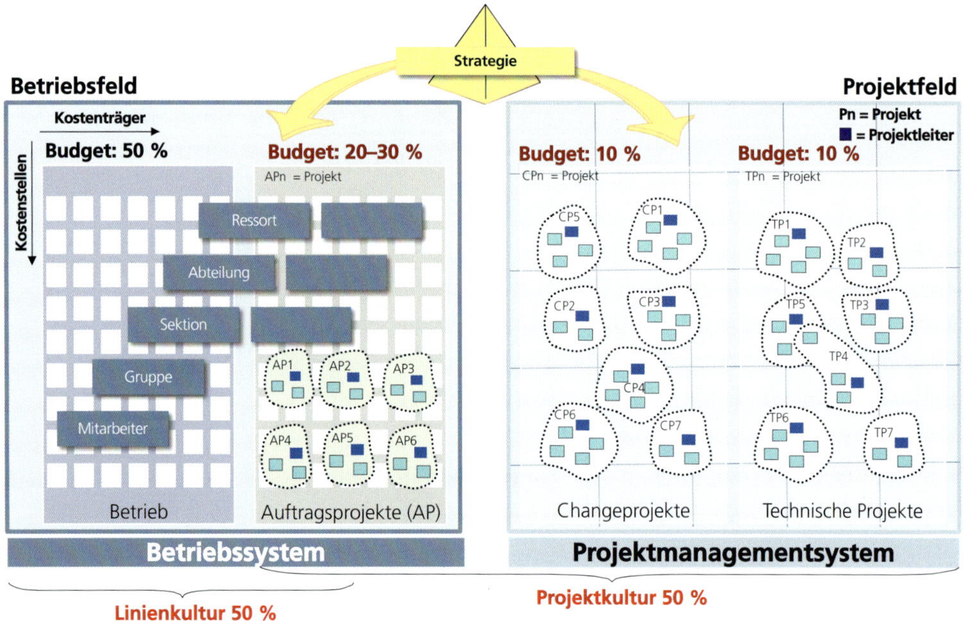

Abb. 1.02: Die Ausdehnung der projektorientierten Arbeitsform mit dualem Betriebsfeld

Aufgrund des Innovationsdrucks müssen die Unternehmen einerseits das projektbezogene Budget im «Change the Business»-Bereich von 10 % auf künftig 20 % verdoppeln. Andererseits wird im Betriebsfeld, sprich im «Run the Business»-Bereich (also bei direkten kundenbezogenen Arbeiten), vieles mehr und mehr projektorientiert erledigt. Das projektorientierte Umsetzen von komplexen Aufträgen aufgrund der VUCA-Welt wird sich auf rund 30 % erhöhen. Demzufolge werden künftig gut 50 % der Mitarbeitenden in Projekten oder projektorientiert arbeiten. Dies bewirkt, dass die klassisch hierarchischen Organisationsformen im Betriebsfeld strukturell vermehrt crossfunktionalen Teams, d.h. dem Taskforce-orientierten Arbeiten, Platz machen. Die neue Arbeitsform eines projektorientierten Arbeitens sowie eines Arbeitens in crossfunktionalen Teams bringt in vielen Unternehmen einen massiven Kulturwandel mit sich.

Fazit: Damit ein Unternehmen in der «VUCA-Welt» bestehen kann, muss es im Bereich «Run the Business» die komplexen Kundenarbeiten in Form von Auftragsprojekten erledigen. Dadurch entsteht neu ein sogenanntes duales Betriebsfeld. Ein Unternehmen wird auch, um die steigende Anzahl Innovationen aufnehmen und einführen zu können, im Bereich «Change the Business» die Anzahl Projekte verdoppeln müssen.

All dies hat massive Auswirkungen auf die traditionellen (Projekt-)Managementmethoden. Sie benötigen eine Ergänzung namens «agiles Vorgehen». Es geht hierbei nicht um die vielerorts geführte Diskussion traditionell versus agil, also nicht um ein Entweder-oder, sondern um ein Sowohl-als-auch [Kra 2010]. Wie im folgenden Kapitel erläutert, dürfen Unternehmen ohnehin nicht nur ausschliesslich agil sein, denn nur ein robuster Körper kann agil sein. So ist es wichtig hier zu erwähnen, dass die 50 % der Arbeiten, welche in der klassisch hierarchischen Form erledigt werden, oftmals die Robustheit eines Unternehmens ausmachen. Eine Buchhaltungsabteilung sollte nicht aufgrund des volatilen Geldflusses täglich den Kontenplan anpassen.

Abb. 1.03:
Was heisst Agilität in Bezug auf die zwei Bereiche?

1.2 Agiles Unternehmen

1.2.1 Agilität versus Robustheit

Schliessmann [Sch 2014] führt in seinem Buch in einer präzisen Art und Weise aus, wie Unternehmen künftig ihre Existenz- und Überlebensfähigkeit sichern. Dies ist grundsätzlich die Basisaufgabe einer jeden Unternehmung. Dabei stellt er fest, dass das Schicksal des Verfalls oftmals am Fehlen von klaren Strategien für den laufenden oder den nächsten Lebenszyklus liegt. Oftmals fehlt rechtzeitig die richtige Sicht und Einsicht für eine neue Ausrichtung.

Gemäss Schliessmann definiert sich Lebensfähigkeit aus der situativen und sensiblen Relation von Komplexität zum Produkt aus Agilität und Robustheit. Je höher die Komplexität und je geringer «Agilität x Robustheit» eines Systems sind, desto grösser werden die Risiken für die Steuerbarkeit und Lebensfähigkeit eines Unternehmens. Agilität und Robustheit stellen keine Alternativen dar, vielmehr gilt es, das Oder zu einem intelligenten Und zu verbinden.

Agilität ist die Fähigkeit eines Systems, flexibel, anpassungsfähig und initiativ mit Veränderungen und Unsicherheiten umzugehen:

Robustheit ist eine spezifische Unempfindlichkeit, Absorptionsfähigkeit oder auch Regenerationsfähigkeit gegenüber bestimmten Einflüssen, Entwicklungen und Störungen.

- Der Schlüssel der Agilität liegt viel mehr im Wesen der Organisation und nicht so sehr in dem, was sie tut.
- Agilität ist nicht mit Aktionismus zu verwechseln.
- Keineswegs sind Systeme ständig im Wandel, sondern sie suchen vielmehr immer wieder einen stabilen Sys-

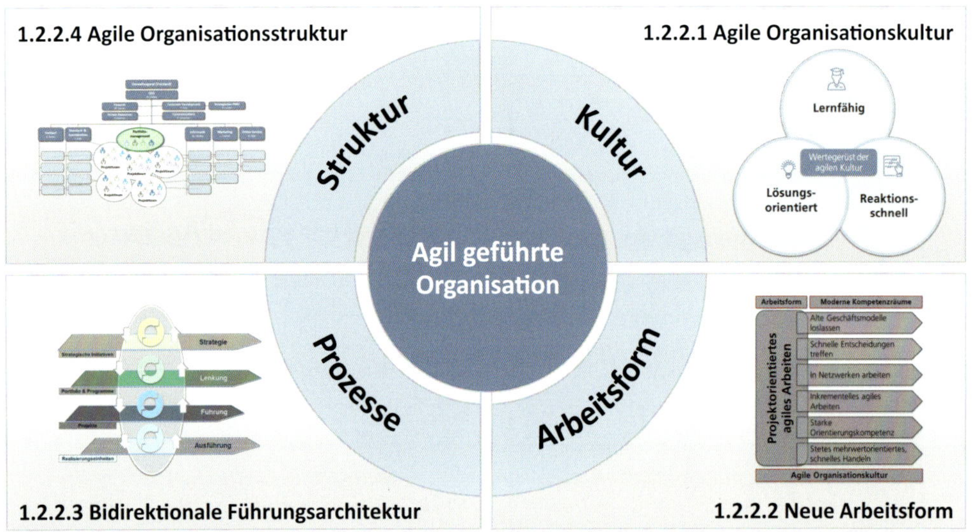

Abb. 1.04: Eine agil geführte Organisation institutionalisieren

temzustand, gegebenenfalls auf einem anderen bzw. höheren Niveau (= Lebensfähigkeit).

Robustheit bezeichnet die Fähigkeit eines Systems, Veränderungen ohne Anpassung seiner anfänglich stabilen Struktur standzuhalten [Wie 2012].

- Der Schlüssel der Robustheit eines Unternehmens liegt darin, dass die gesamte Belegschaft weiss, was robust sein muss.
- Robustheit ist nicht mit Trägheit zu verwechseln.
- Robustheit zeichnet sich beispielsweise dadurch aus, dass etwas gegen unerwünschte Einflussgrössen unempfindlich ist und somit die vorgesehene Zielsetzung sicherstellt [Sch 2014].

Eine Organisation hat Business-Agilität realisiert, wenn sie die Fähigkeiten besitzt, auf Änderungen von innen und aussen schnell und effektiv zu reagieren.

1.2.2 Vier wichtige Elemente einer agil geführten Organisation

Werden die zwei Felder Betriebs- und Projektfeld eines Unternehmens in Betracht genommen, kann trotz gegenseitiger Einflussnahmen etwas pauschal gesagt werden, dass das Betriebsfeld einer Unternehmung bis anhin für die Robustheit und das Projektfeld für die Agilität zuständig war.

Um die zukünftigen Herausforderungen meistern zu können, vermischen sich die Eigenschaften in den beiden Feldern: Einerseits muss die Agilität im Betriebsfeld ausgebaut werden und andererseits muss die Robustheit bei den Projekten erhöht werden (siehe Kapitel 1.1.2 «Projektorientiertes Arbeiten als Lösungsansatz der VUCA-Welt»).

Was jedoch klar dominiert, ist, dass sich die Kultur des Unternehmens gesamthaft verstärkt in Richtung Business-Agilität verschieben muss. Das heisst, um Strategien angesichts der hohen Veränderungsdynamik erfolgreich und zeitgemäss umzusetzen, braucht es:

- eine agile Organisationskultur,
- eine neue Arbeitsform mit modernen Kompetenzräumen,
- vier aufeinander abgestimmte, bidirektional verknüpfte Leistungsebenen und
- eine projektorientierte Organisation.

1.2.2.1 Agile Unternehmenskultur und moderner Führungsstil

Will ein Unternehmen seine Agilität steigern, bilden die gemeinsamen agilen Werte, wie sie im Kapitel 2.2.3 beschrieben sind, den Ausgangspunkt des bevorstehenden Changeprozesses. Ein agiles Unternehmen basiert auf vertrauensvoller Atmosphäre, in der viel und offen diskutiert werden kann.

Agile Kultur hat wenig mit Reglementierung und starker Strukturierung zu tun. Damit diese stabilisierenden Unternehmenseigenschaften aufgelöst werden können, müssen jedoch stellvertretend andere Eigenschaften für eine agile Kultur aufgebaut werden.

«Organisatorisch agile Kultur» beschreibt die Fähigkeit einer Organisation, sich flexibel und aktiv an wechselnde Bedingungen anzupassen, kontinuierlich zu lernen und sich als Ganzes weiterzuentwickeln.

Da in einer agilen, vernetzten Organisation mit Vertrauen und Freiräumen gearbeitet wird, sind agile Werte das Fundament einer agilen Organisation. Die aus den Werten abgeleiteten Führungsprinzipien bilden Handlungsgrundsätze und wichtige Führungsleitplanken für das Management. Sie sind die Basis für eine moderne Führung.

Nach agilen Prinzipien wertorientiert und sinnstiftend zu führen, heisst, die Entscheidungen immer an Visionen, strategischen Zielen und Werten auszurichten, die für den Kunden und das Unternehmen einen Business Value schaffen. Führungsprinzipien, die auf agilen Werten basieren, verfolgen sechs Grundsätze:

1. Vertrauenskultur mit vielen Freiräumen
2. Delegieren von Handlungs- und Entscheidungskompetenzen
3. Kommunikationsstärke aller Beteiligten
4. Strategiekompetenz – mehrwertorientierte Entscheidungskultur
5. Stetiges sowie nachhaltiges Lernen aus Fehlern
6. Das Management greift einzig in Ausnahmefällen und im strategischen Kontext direktiv ein. Ansonsten ist es «nur» noch fördernd tätig.

Abb. 1.05: Das Wertegerüst der agilen Kultur

Die Konsequenz dieser Führungsart ist, dass eine Missachtung der Fairness und des Respekts konsequent geahndet wird.

Bei der agilen Organisationskultur ist es ganz wesentlich, dass den Mitarbeitenden Freiräume und moderne Kompetenzräume zugestanden werden (siehe Kapitel 1.2.2.2), die nicht gleich wieder bei ersten Lernschlaufen oder Misserfolgen beschnitten werden. Die Mitarbeitenden sollen zur Eigenverantwortung ermuntert werden.

Agile Werte und Prinzipien sollen die Teamentwicklung so unterstützen, dass die richtige Einstellung bei den Mitarbeitenden erfolgt, so z.B., an den Kunden dauerhaft die gleiche Leistung zu erbringen, während eine kontinuierliche Verbesserung der definierten Werte erfolgt.

In einer agilen Organisation reduziert sich die Anzahl der Führungskräfte gegenüber einem traditionell geführten Unternehmen markant. Ein agiles Unternehmen zeichnet sich bezüglich der Führung durch einen entspannten und fördernden Managementstil aus, der auf viel Vertrauen und wenig Kontrolle beruht. Die Mitarbeitenden müssen verstärkt den Mut haben, im Sinne des Unternehmens eigenständig Entscheidungen zu treffen.

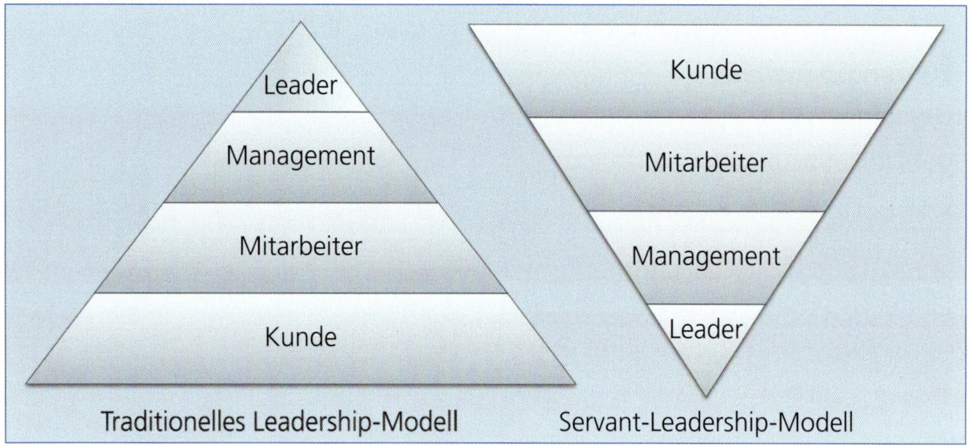

Diese Entscheidungen basieren auf einer gemeinsamen Entscheidungsfindung (partizipativer Führungsstil). Das heisst, es werden auch Fehlentscheidungen akzeptiert, solange die betroffenen Mitarbeitenden die Verantwortung für den gefällten Entscheid übernehmen und durch organisatorisches Lernen die Unternehmung dadurch weiterbringen.

Die gesamte Transformation in der Art der Führung einer agilen Organisation bewegt sich Richtung Servant Leadership. Die von Robert Greenleaf 1970 definierte Philosophie eines Servant Leadership begründet den Ansatz des dienenden Führens. Die daraus abgeleitete Führungsforschung beschreibt das Wirken von Führenden als Dienst am Geführten, mithin als dienendes Führen im Gegensatz zum beherrschenden Führen [Wiki 2021].

Die Konsequenz dieser Führungsart ist, dass keine Missachtung von Fairness und Respekt toleriert werden kann.

Abb. 1.06: Servant Leadership – eine moderne Form des Führens als Diener

1.2.2.2 Projektorientiertes Arbeiten

Um die vom Markt geforderte Flexibilität zu gewährleisten, den gewünschten Business Value zu generieren und zugleich Freude an der Arbeit zu haben, müssen sich erfolgreiche Organisationen veränderte Arbeitsformen aneignen und die agil ausgerichteten Kompetenzräume nutzen.

Organisatorische Flexibilität, basierend auf einer agilen Organisationskultur mit werteorientierter Führung, bedingt als neue Arbeitsform ein konsequentes projektorientiertes Arbeiten.

Abgesehen davon, dass beim agilen projektorientierten Arbeiten mittels inkrementellen Vorgehens die Entwicklung beschleunigt und durch gezieltes Einsetzen von Projektmanagementressourcen die Abwicklungseffizienz gesteigert werden muss, wird eine Organisation künftig nur erfolgreich sein, wenn sie …

- … fähig ist, alte Geschäftsmodelle loszulassen;
- … schnelle Entscheidungen treffen kann;
- … in Netzwerken arbeitet;
- … eine hohe Orientierungsfähigkeit besitzt;
- … stringentes inkrementelles agiles Arbeiten umsetzt;
- … stetes mehrwertorientiertes Handeln in den Mittelpunkt ihrer Tätigkeit setzt.

Das heisst, die Mitarbeitenden müssen zukünftig fähig sein, in sogenannten Kompetenzräumen zu bestehen. Da reicht das Beherrschen einer Fähigkeit, z.B. Businessanalyse erstellen oder Lifte montieren, nicht mehr aus.

Wie Abb. 1.08 aufzeigt, besteht ein Kompetenzraum aus drei Dimensionen:

- Fähigkeiten (Kompetenzen) – je grösser die Fähigkeit, desto pragmatischer kann gearbeitet werden;

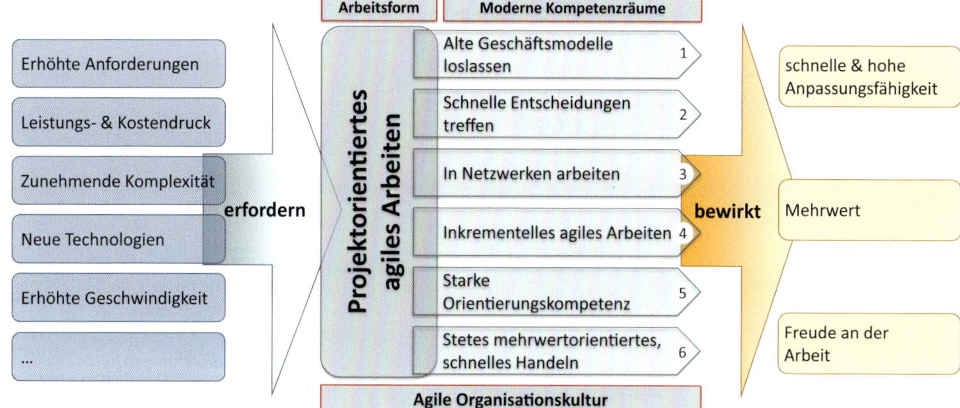

Abb. 1.07: Projektorientiertes Arbeiten als neue, agile Arbeitsform mit Kompetenzräumen

- Ermächtigung – je grösser die Ermächtigung (Freiraum für Entscheidungen), desto eigenständiger (selbstständiger) kann gearbeitet werden;
- Zeit(rahmen) – je angemessener Zeit für eine Arbeit zur Verfügung steht, desto höher ist die Chance, qualitativ hochwertige Arbeit zu liefern.

Wird dieser Kompetenzraum mit einem Leistungsziel versehen, so bewirkt dies einen effizienteren Leistungswert und verbessert das Erreichen der gewünschten Mehrwerte.

Es nützt nichts, wenn jemand eine Fähigkeit hat, doch die Ermächtigung nicht erhält, sie mehrwertorientiert umzusetzen. Dasselbe gilt, wenn eine Person die ihr zugestandenen Ermächtigungen und vorhandenen Rahmenbedingungen nicht nutzt. Es nützt auch nichts, wenn er bzw. sie die Fähigkeit und die Ermächtigung hätte, aber damit nicht umgehen kann, oder wenn er oder sie in der zur Ver-

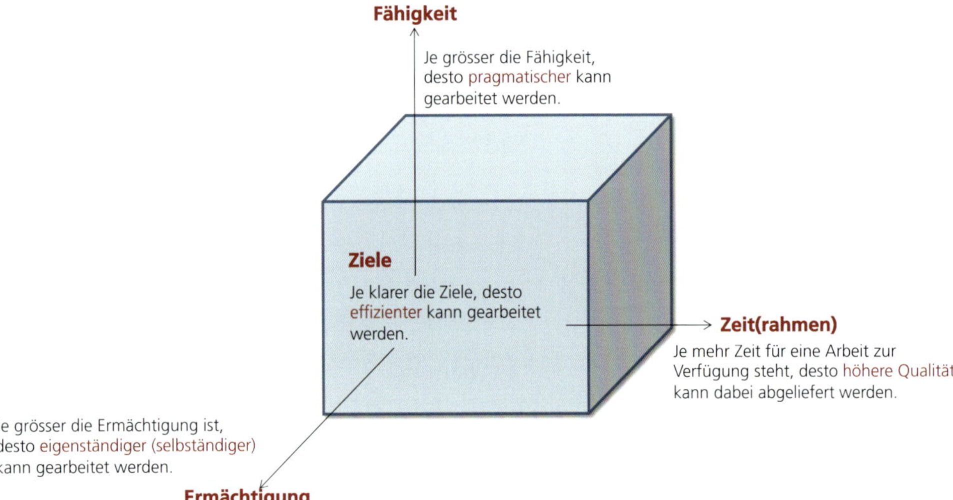

Abb. 1.08: Die vier Elemente eines Kompetenzraums

fügung gestellten Zeit nicht die gewohnte Qualität liefern kann.

Unternehmen sind einerseits dazu aufgefordert, ihre Mitarbeitenden für diese neuen, agil ausgerichteten Kompetenzräume auszubilden, und andererseits, ihnen Freiraum und Verantwortung zu geben, dies auch umzusetzen. In Zukunft werden jene Unternehmen erfolgreich sein, die fähig sind, die anstehenden Herausforderungen mithilfe der neuen Kompetenzräume umzusetzen.

Die digitale Transformation ist primär eine Verhaltenstransformation.

Eine neue, flexible – sprich agile – Arbeitsform und die Nutzung «moderner» Kompetenzräume ermöglichen der Organisation, die stetig wachsenden Herausforderungen zu meistern. Ergänzend zur neuen Arbeitsform «projektorientiertes Arbeiten» kommt eine qualifizierte agile Unternehmenskultur hinzu, die nicht von einzelnen Personen, sondern vom Grossteil der Unternehmung geprägt wird.

1.2.2.3 Agile Führungs- und Leistungsarchitektur

Eine agile Organisation benötigt klar definierte, aufeinander abgestimmte Leistungsebenen, deren primäres Ziel es ist, für Kunden und Unternehmen Mehrwert zu generieren. Sind die Fachbereiche primär für die positive Robustheit zuständig, gilt es, im Projektfeld mit einer klaren Führungsarchitektur die Agilität sicherzustellen.

Eine klare Führungsarchitektur und die bidirektionale prozessmässige Verzahnung der temporären Organisationseinheiten über alle in Abbildung 1.09 gezeigten vier Leistungsebenen hinweg ermöglichen dem Management ein proaktives, agiles und erfolgreiches Handeln.

- Strategieebene: Mit einer szenariobasierten strategischen Planung wird dem zunehmend volatilen Umfeld Rechnung getragen. Diese Art strategischer Planung stellt die notwendige Offenheit sicher, um auf ungleichmässige Veränderungen oder Schwankungen des Marktes zeitnah reagieren zu können.
- Lenkungsebene: Die Lenkungs- oder auch «Portfolioebene» stellt sicher, dass sich die eingeleiteten Initiativen konsequent an der definierten Strategie ausrichten. Mit geeigneten Instrumenten sorgt sie dafür, dass alle lancierten Projekte aufeinander abgestimmt sowie transparent und effizient abgewickelt werden.

- Projektführungsebene: Mit professioneller adaptiver PM-Kompetenz wird eine transparente Führung (Planung, Steuerung, Kontrolle) und Abwicklung der geplanten Vorhaben verfolgt. Diese Ebene stellt das Erreichen der Zeit-, Kosten-, Qualitäts- und Leistungsziele sicher.
- Projektausführungsebene: Die Projektausführung umfasst alle Aufgaben, die vom Projektteam durchzuführen sind, um die Lieferobjekte für eine oder mehrere Realisierungseinheiten effizient zu erstellen. Das konkrete agile oder konventionelle Vorgehen bei der Projektausführung hängt von der Projektart (Projektinhalt) ab.

Mit kurzen Strategierhythmen und der Umsetzung klarer strategischer Initiativen wird über die vier aufeinander abgestimmten Leistungsebenen kontinuierlich und wirkungsvoll die angestrebte Vision verfolgt (siehe Kapitel 1.3 «Projektorientierte Strategieumsetzung»).

Um die definierten strategischen Initiativen in einer agilen Form zielsicher umzusetzen, benötigt es zwingende Voraussetzungen. Diese sind:

- ein existierendes Innovationsmanagement,
- ein professionell geführter Projektportfolio-Masterplan (PP-Masterplan),
- eine transparente Businesslogik,
- ein professionelles agiles Projektmanagement und
- ein Controlling, welches die Agilität messen kann.

In einer Organisation ist es generell einfach, die Effizienz und Effektivität zu messen. Diese Messung zielt auf den Prozess ab, so z.B. auf Durchlaufzeiten, Anzahl abgearbeiteter Entwicklungseinheiten, Anzahl Fehler etc., wie aber auch Kundenzufriedenheit, Mehrwert etc.

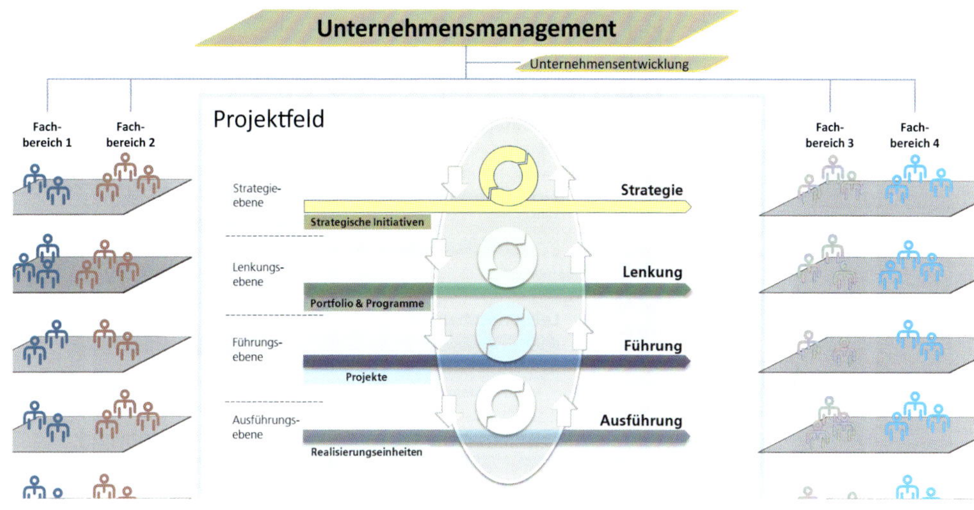

Abb. 1.09: Klar abgestimmte Führungsarchitektur mit agilen Leistungsebenen

Um die Agilität zu messen, bedarf es eines anderen Betrachtungswinkels. Hier geht es um Analysefähigkeiten, die Fähigkeit, Entscheidungen zu treffen und diese auch wirkungsvoll im Sinne des Mehrwerts durchzusetzen.

Wie in der Abbildung 1.10 schematisch aufgezeigt, lässt sich eine agile Unternehmenskultur an den Fähigkeiten der Leistungsebenen messen:

- Strategische Agilität: Wieweit ist das Management, die Organisation in der Lage, bedeutende übergeordnete Chancen rasch zu identifizieren und zu realisieren?
- Portfolioagilität: Wieweit ist man innerhalb eines Portfolios, eines Programms bereit, die Ressourcen von

Auf Basis der szenariobasierten Strategieentwicklung und mit der projektorientierten Strategieumsetzung wird sichergestellt, dass externe Trends und interne Situationen schnell antizipiert, gemäss der definierten Vision ausgerichtet und mit einer massvollen strategischen Initiative verfolgt werden. Um das projektorientierte Arbeiten in der gesamten Organisation effizient und auf Basis der agilen Unternehmenskultur umzusetzen, wird ein effizientes adaptives PM-System benötigt.

1.3.1 Adaptives Projektmanagementsystem

Ein integriertes, über alle vier Ebenen vernetztes adaptives Projektmanagementsystem (PMS) sichert der Unternehmung die Basis, um ihren strategisch definierten Wandlungsbedarf erfolgreich umzusetzen. Für den Unternehmenserfolg ist es heute unabdingbar, dass alle Projekte im Grundsatz systematisch geführt, sprich gemanagt werden. Denn einerseits sind die heutigen komplexen Anforderungen einer Veränderung von Produkten, Strukturen, Dienstleistungen, Computersystemen etc. ohne ein systematisches Vorgehen kaum noch zu realisieren. Andererseits wird die Diskrepanz von Geschwindigkeit, Standards, Art der Zielverfolgung, Arbeitskultur etc. zwischen Linienstellen und Projektorganisationen immer grösser. Insbesondere diesem zweiten Aspekt wurde in der Vergangenheit vielerorts zu wenig Beachtung geschenkt. So kam es nicht selten vor, dass ein Projekt und die Unternehmung nicht die gleiche Zielsetzung verfolgten und infolgedessen das Unterfangen trotz beiderseitiger guter Absichten scheiterte. Der kleine Schritt der Wandlung, den das Unternehmen mit diesem Vorhaben machen wollte, konnte somit nicht gemacht werden; dadurch vergrösserte sich der Wandlungsbedarf für das Unternehmen noch weiter.

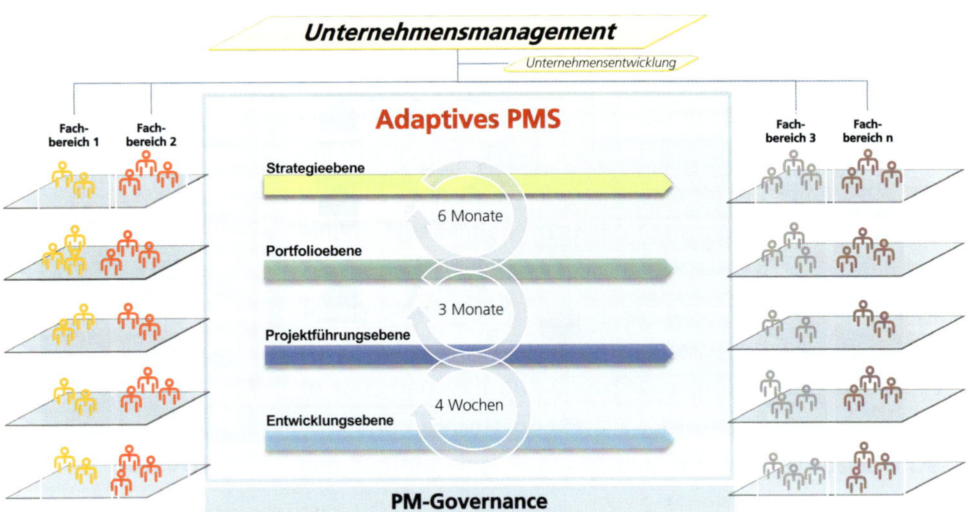

Abb. 1.14: Ein qualifiziertes PMS mit einem skalierbaren Framework ermöglicht adaptives projektorientiertes Arbeiten

> Das adaptive Projektmanagementsystem ist ein Governance-System von Richtlinien, organisatorischen Strukturen, Prozessen und Methoden, welches sich bezüglich Aufsetzen, Planen, Überwachen und Steuern von Projekten sehr dynamisch und flexibel an die Herausforderungen und den Kundenmehrwert anpassen kann.

Zur Behebung dieser Problematik wird ein an die agile Unternehmenskultur abgestimmtes, über alle vier Ebenen vernetztes und auf das einzelne Projekt anpassbares adaptives Projektmanagementsystem benötigt. Dieses basiert auf einer einfach anzuwendenden Governance. Das Wort «System» wird hier im organisatorischen Sinn gesehen.

Die Chancen eines modernen, in das Unternehmen integrierten adaptiven Projektmanagementsystem, welches gemäss der strategischen Zielsetzungen mittels eines kompetenten Projektportfolio-Boards geführten wird, liegen nicht nur im Bewältigen des Wandels an sich, sondern auch im Agieren als Wandlungspromotor. Das heisst, dass das Unternehmensmanagement mit einem adaptiven PMS nicht nur auf die Wandlung gut reagiert, sondern die Wandlung des Marktes strategisch proaktiver und somit direkter mitgestalten kann. Im Folgenden werden die vier Ebenen und die notwendige Governance ausführlicher erläutert.

1.3.1.1 Die vier Ebenen des adaptiven PMS

Wie in der Abbildung 1.09 im Kapitel 1.2.2.3 «Agile Führungs- und Leistungsarchitektur» aufgeführt, besteht das vernetzte Projektmanagementsystem aus vier Ebenen, welche jede in sich geschlossen und in Bezug zu den jeweils anderen Ebenen stimmig sein müssen. Nachfolgend werden die vier Ebenen kurz erklärt. Die einzelnen Ebenen werden zudem ausführlich in den Hauptkapiteln 3, 4 sowie 6 und 7 beschrieben.

Ebene 1: Strategie (Kapitel 3)

Die erste Ebene, die strategische Ebene, dient bewusst als Rahmen für Analysen, Strategieentwicklungen und -umsetzungen. Der Prozess respektive die darin aufgeführten Aufgaben sind sowohl von Branchen, Produkten und Funktionen als auch von aktuellen Trends unabhängig. Die erste Ebene hat jedoch aufgrund des szenariobasierten Zyklus auf wichtige externe wie interne Impulse zu reagieren. Sie ist in drei Teile aufgeteilt: Bezieht sich der erste Teil auf die Unternehmens- und Umfeldanalyse und auf das Definieren der strategischen Massnahmen, wird im zweiten Teil die Strategie konkret umgesetzt und vom Management aktiv begleitet. Der dritte Teil bezieht sich auf das Controlling der Strategie.

Die Strategieebene wurde früher nicht zum PMS gezählt. Bei dem in diesem Buch verfolgten Ansatz der «projektorientierten Strategieumsetzung» gilt sie jedoch als entscheidende integrale Ebene, welche die Entwicklungsrichtung vorgibt. Aus diesem Blickwinkel wird der Stellenwert des Projektmanagements und die vorhandene professionelle PM-Kultur für jedes Unternehmen der alles entscheidende Erfolgsfaktor.

Ebene 2: Adaptives Projektportfolio (Kapitel 4)

Um in einem Unternehmen in taktischer Hinsicht alle Initiativen respektive Projekte aus einer Gesamtsicht zu managen, wird das Projektportfolio eingesetzt. Ohne diesen über alle Projekte erstellten Überbau besteht die Gefahr, dass zwar jedes einzelne Projekt in sich seinen Wert erfüllt, sich aber nicht die gewünschte unternehmensweite Wirkung hinsichtlich Wirtschaftlichkeit, Strategiebeitrag etc. entfaltet. Das für das Projektportfolio zuständige Projektportfolio-Board bedient somit das «Gaspedal» und die

«Bremse» des Projektmanagementsystems. Es sorgt für die im Unternehmen stattfindende erfolgreiche Innovation und Wandlung.

Das globale Ziel des adaptiven Projektportfoliomanagements ist es, das richtige Projekt zur richtigen Zeit im richtigen Unternehmensbereich mit den richtigen Ressourcen zu initialisieren (Effektivität) sowie die laufenden Projekte aus Sicht des Projektportfoliomanagements qualifiziert zu unterstützen.

Mit «adaptiv» ist gemeint, dass ein Unternehmen fähig ist, unterschiedliche Projektarten (Bauprojekte, IT-Projekte, Reorganisationsprojekte etc.), unterschiedliche Projektabwicklungsarten (agil, hybrid, konventionell) und unterschiedliche Projektklassen (von einfach bis sehr komplex) erfolgreich umzusetzen.

Ebene 3: Projektführung (Kapitel 6)

Die Ebene Projektführung hat im PMS das Ziel, ein einzelnes Projekt erfolgreich abzuwickeln; es wird mittels der Rolle Projektleiter 5.0/Scrum Master und/oder Product Owner nach der Philosophie Servant Leadership geführt. Dabei ist diese Führungsrolle respektive sind deren Aufgaben, Projekte zu starten, Projekte zu planen, Projekte zu steuern und zu kontrollieren sowie Projekte abzuschliessen und das Bindeglied zwischen der Projektausführung und den Projektträgern zu sein (Auftraggeber, Projektportfolio-Board etc.).

Werden nicht nur einfache webbasierte Produkte in agiler Form, sondern z.B. grosse hard- und softwarebezogene Systeme embedded in einer Systemumwelt entwickelt, bedingt dies eine neue, ineinander abgestimmte Führungsebene. Dabei geht es darum, das konventionelle Integrationsmanagement mit dem Sprintmanagement und seinen agilen Praktiken zu verknüpfen. Daraus resultiert das moderne und zukunftsfähige agile Projektmanagement.

Ebene 4: Projektdurchführung (Kapitel 7)

Auf der vierten und untersten Ebene des PMS wird das Projektprodukt (Haus, Software, Produkt etc.) konkret umgesetzt. Ob ein rein agiles, hybrides oder auch konventionelles Vorgehen gewählt wird – die Arbeiten auf dieser Ebene werden in Phasen und wenn möglich auch noch in Sprints aufgeteilt und abgewickelt.

Die Projektphasen geben der Durchführung die äussere Form vor. Die eigentliche Projektdurchführung geschieht «im Inneren» der Phasen. Dafür werden mehr und mehr effiziente agile Gestaltungsprozesse eingesetzt. Diese erhalten derzeit grosse Aufmerksamkeit, denn mit ihnen werden die Projektdurchführungstätigkeiten methodisch fokussiert und bezüglich Customer Value umgesetzt. Das agile inkrementelle Vorgehen hat die zwei Prozessteile «strukturiertes Denken» und «strukturiertes Umsetzen» des konventionellen Vorgehens massiv optimiert, sodass möglichst schnell ein kunden- und unternehmensbezogener Mehrwert generiert werden kann. Dieses moderne Entwickeln von Produkten und das Abwickeln von Projekten bedient sich neuen und effizienten agilen Techniken bzw. Praktiken, die unter anderem in den Kapiteln 6 und 7 aufgeführt werden.

Der erfolgreiche agile Ansatz schliesst jedoch nicht aus, dass ein Vorhaben, bevor es effizient in einer agilen Form umgesetzt werden kann, zuerst einmal richtig aufgesetzt und offiziell bewilligt werden muss.

1.3.1.2 PM-Governance

Die Regelungen innerhalb des PM-Systems, sprich zwischen den vier Leistungsebenen, definieren schlussendlich die PM-Governance. Die Projektmanagement-Governance kann als rohes Gerüst des vernetzten Projektmanagementsystems aufgefasst werden. Dabei ist es wichtig zu verstehen, dass weder die PM-Governance noch das PMS in einem Unternehmen zwingend institutionalisiert werden muss. In irgendeiner Form liegen sie in allen Unternehmungen vor. Wie gut diese allerdings definiert sind, d.h., ob das PMS in sich kohärent und ob die PM-Governance im Sinne einer Unternehmenswertmaximierung ausgestaltet ist, ist eine andere Frage.

Das englische Wort «Governance» bedeutet «Beherrschung» oder «Steuerung». Auf Unternehmen bezogen, kann «Corporate Governance» mit «angemessene Unternehmensorganisation zur Optimierung der Unternehmensführung und -kontrolle» übersetzt werden. PM-Governance ist entsprechend die folgerichtige und notwendige Verfeinerung der Corporate Governance, was aus Projektsicht stark mit dem Projektportfolio und der Strategie in Zusammenhang gebracht werden kann.

Abb. 1.15: Neun PM-Governance-Basiselemente als Schlüsselfaktor für den Erfolg

Ziel einer PM-Governance ist es, sicherzustellen, dass alle Projekttätigkeiten innerhalb eines Unternehmens effektiv und effizient im Sinne einer Unternehmenswertmaximierung abgewickelt werden. Die Governance definiert hierfür den rechtlichen und organisatorischen Rahmen. Es wird daher für das Unternehmen ein formeller Rahmen für die effektive und effiziente Abwicklung von Projekten geschaffen. Grundsätzlich geht es beim konkreten PM-Governance-Ansatz in einer Unternehmung darum, im gesamten Projektfeld eine höhere Transparenz und eine stärkere Rechenschaftspflicht zu erreichen sowie strategische Grundsätze, Prinzipien, Regeln und Leitlinien für das Management einer Organisation zu definieren.

Je einfacher und klarer die benötigten Governance-Themen definiert werden, umso wirkungsvoller können sie ein- und umgesetzt werden.

Im engeren Sinn versteht man unter Projektmanagement-Governance die Beschreibung aller Prozesse und Strukturen, die für die erfolgreiche und transparente Durchführung eines Projekts erforderlich sind und die sich nach den definierten Governance-Grundsätzen ausrichten.

PM-Governance ist, bildlich gesprochen, eine Autobahn mit einfachen Regeln für alle vier Leistungsebenen, um jeweils den höchstmöglichen Effizienzgrad in der Projektarbeit zu erreichen. Die in der Abbildung 1.15 aufgeführten Basiselemente der PM-Governance ermöglichen ein modernes, einfach steuerbares PMS, das projektorientiert effizient die Strategie umsetzt.

Um die Vorteile einer projektorientierten Organisation mit ihren interdisziplinären Teams voll zur Geltung zu bringen, ist eine qualifizierte Governance der entscheidende Erfolgsfaktor.

Die wirkungsvolle moderne Projektmanagement-Governance sollte bei ihrer Einführung mit der Corporate Governance des Unternehmens abgestimmt werden. Die darin enthaltenen Grundsätze, Prinzipien und Leitlinien müssen am Anfang verifiziert und vom Management implementiert werden. Sie basieren auf dem Konzept, das sich an den Werten der agilen Kultur ausrichtet.

Einfach einmal schnell gemäss Scrum oder einem anderen agilen Vorgehen ein Vorhaben abzuwickeln, führt punktuell auch zum Erfolg. Soll jedoch die gesamte Organisation situationsbezogen in einer abgestimmten Form agil, hybrid oder konventionell Projekte abwickeln können, wird ein entsprechender Handlungsrahmen benötigt, welcher dieses notwendige adaptive Verhalten ermöglicht.

Je nach Branche, Projektart (Bau-, IT-, Event-Projekt) und Projektabwicklungsarten (konventionell, hybrid, agil), die vornehmlich in einer Unternehmung umgesetzt werden, gibt es vielzählige Unterschiede in der PM-Governance. Oder etwas klarer formuliert: Jede Unternehmung entwickelt ihre eigene PM-Governance. Selbstverständlich gibt es im Markt eine «Grundlagen-Governance» und darauf abgestimmte Frameworks, die entsprechend auf die Unternehmensbedürfnisse und die Unternehmens-PM-Kultur angepasst werden können.

1.3.2 Die Vernetzung des Projektmanagementsystems

Ein zeitgemässes Management stützt sich auf einen projektorientierten Strategieumsetzungsprozess. Dies bedingt ein über die vier im vorhergehenden Kapitel beschriebenen Leistungsebenen hinweg vernetztes Projektmanagementsystem. Dieses PMS umfasst neben einer speziellen PM-bezogenen Governance (Regelwerk) die vertikal aufeinander abgestimmten iterativen Prozesse und ein Framework, das

- eine effiziente Entwicklungsform wie auch eine agile Organisationskultur unterstützt;
- in Bezug auf Herausforderungen skalierbar ist;
- ein einfaches und effizientes Vorgehen unterstützt;
- mehrwertbezogene Lösungen fördert und
- eine schnelle Vernetzung mit allen Betroffenen (Lieferanten bis Kunden) ermöglicht.

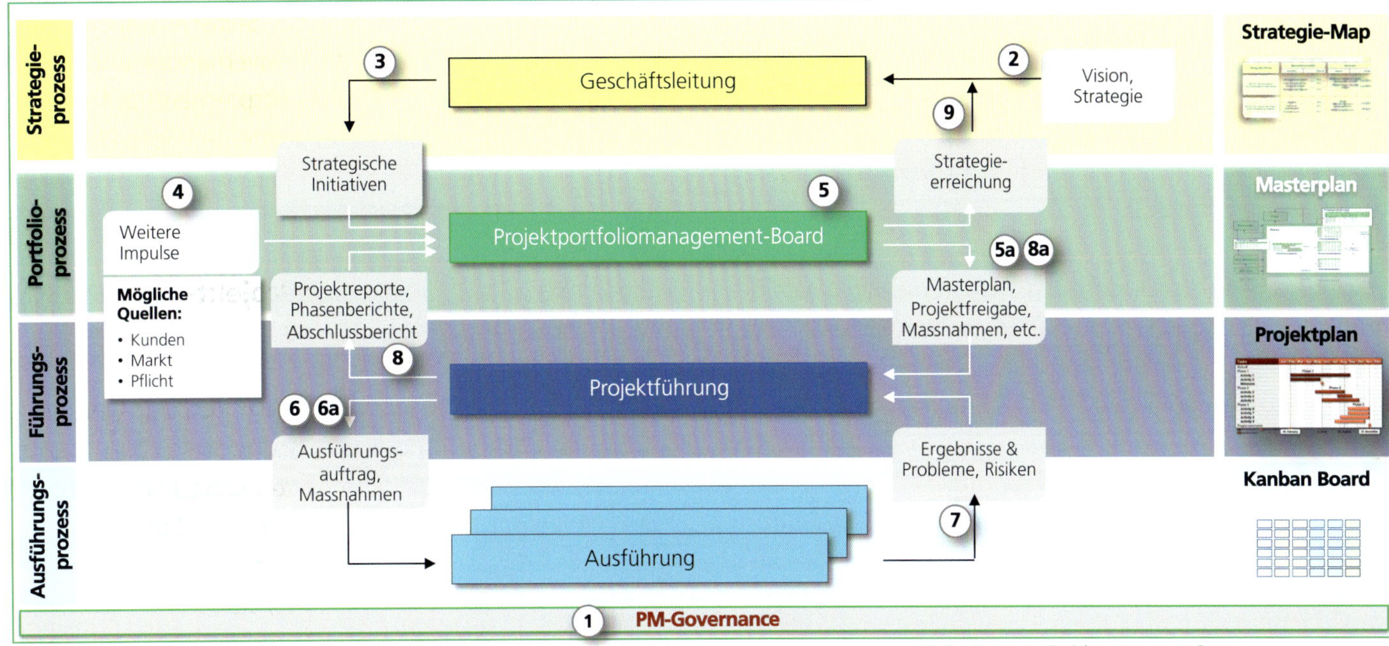

Abb. 1.16: Ein über alle Ebenen abgestimmtes vernetztes Projektmanagementsystem (PMS)

Um den vertikal aufeinander abgestimmten Prozess nachvollziehen zu können, folgt eine schrittbezogene Erläuterung:

1) Ein PMS mit seinen vier Ebenen basiert auf einer einfachen und wirkungsvollen PM-Governance (siehe Abbildung 1.16).

2) Die Geschäftsleitung definiert gemäss der erstellten Vision und der Umwelt- sowie Umfeldanalyse die entsprechende Unternehmensstrategie, die strategischen Ziele sowie die jährlich definierten projektbezogenen Rahmenbedingungen. Basierend auf einer szenariobasierenden, iterativen Strategieentwicklungsmethode werden die strategischen Ziele alle sechs Monate neu kalibriert und die darauf definierten strategischen Initiativen entsprechend angepasst.

3) Die strategischen Initiativen, welche in Form von Projekten umgesetzt werden müssen, fliessen als Inputgrösse in das Projektportfolio. Die in der Strategie definierten projektbezogenen Rahmenbedingungen sind Vorgaben des Projektportfolios. Diese in Projekten umzusetzenden strategischen Initiativen verfügen über ein strategisches Projektbudget. Sie werden mittels Kalibrierung quartalsweise überprüft und allenfalls angepasst.

4) Neben den strategischen Initiativen werden auch aus anderen Quellen – Kundenbedürfnisse, Pflichten wie z.B. gesetzliche Anpassungen, Ersatzinvestitionen etc. – weitere Initiativen an das Projektportfolio eingereicht. Diese Initiativen stehen im Umsetzungswettbewerb zu den Initiativen aus der Strategie.

5) Auf der Ebene Projektportfolio werden die Initiativen in Form eines Initiativen-Steckbriefes in den Portfolio Backlog aufgenommen, in einem PP-Masterplan visualisiert und dem Projektportfolio-Board (PPB) als Entscheid vorgelegt.

Entweder anerkennt das Management das PMS als effizientes Führungsmittel (Management by Projects) oder nicht. Etwas Halbes oder ein «Jein» gibt es in der kommenden dynamischen Unternehmenswelt nicht.

5a) Die Entscheidung des Projektportfolio-Boards, ob die Initiative als Projekt freigegeben, abgelehnt oder zurückgestellt wird, wird über das Projektmanagement-Office an das Projekt bzw. die zuständigen Personen weitergeleitet.

6) Der Projektleiter/Product Owner bereitet alles vor, sodass das Projekt, der Release oder Sprint in offizieller Form gestartet werden kann.

6a) Im Weiteren leitet der Projektleiter/Product Owner auf Basis des Product Backlogs, der Projekt-/Releaseplanung, seiner Monitoring-Analysen sowie der erstellten Ergebnisse, Probleme, Risiken etc. (07) entsprechende Ausführungsaufträge und Massnahmen für das Team ab.

7) Das Projektteam setzt den Release oder Sprint respektive die Aufgaben entsprechend um, erstellt die Ergebnisse und rapportiert Erfolge, Probleme und Risiken an den Projektleiter/Product Owner.

8) Das Projektmanagementoffice (PMO) konsolidiert die von den Projektleitern erhaltenen Berichte und erstellt monatlich zuhanden des PPM einen Bericht mit entsprechenden Anträgen, Finanzen, Ressourcen- und Risikoübersicht.

8a) Ausgehend vom PMO-Bericht und den entsprechenden Anträgen, entscheidet das PPB bezüglich der Anträge und leitet via PMO projektübergeordnete und -spezifische Massnahmen ein.

Der soziotechnische kybernetische Regelkreis der PMS-Tätigkeiten 5, 6, 7 und 8 wird so oft wiederholt, bis der Projektleiter den Projektabschlussbericht erstellt und ihn dem Projektportfolio einreicht.

9) Nach einer gewissen Zeit der abgeschlossenen Projektwirkung wird vom Projektmanagementoffice und Geschäftsbereichsverantwortlichen eine Wirkungsanalyse durchgeführt. Die erreichte oder nicht erreichte Wirkung (z.B. Strategieerreichung) wird der Geschäftsleitung rapportiert.

Ein vernetztes PMS unterstützt auf allen Leistungsebenen das Management dabei, anstehende Herausforderungen mit schlanken Prozessen zu meistern. Dabei gilt es, einen pragmatischen Ansatz mit effizienten Instrumenten zu wählen. Dem adaptiven PMS muss ein ergebnisorientierter Ansatz zugrunde gelegt werden, der dem Management, den Projektleitenden und dem gesamten Projektteam jederzeit ein zielorientiertes und somit erfolgreiches Arbeiten ermöglicht. Ein qualifiziertes PMS garantiert mit einfachen, vertikal abgestimmten Prozessen, dass die Initiativen mit der grössten Wertsteigerung umgesetzt und diese Initiativen in Form von Vorhaben respektive Projekten effizient realisiert werden. Es richtet sich an der Unternehmensstrategie aus und unterteilt sich in Projektportfolio und Projektabwicklung, die durch die Projektinstitution getragen wird. Die Projektabwicklung wiederum beinhaltet die Kernelemente Projektführung und Projektausführung.

Die systematische Integration eines solchen wirkungsvollen PMS in einem Unternehmen ist aufgrund der meistens vorherrschenden Unternehmenskomplexität nicht einfach und benötigt eine kulturelle Veränderung des gesamten Unternehmens. Die Chancen eines modernen, in das Unternehmen integrierten und über alle Ebenen vernetzten Projektmanagementsystems liegen nicht nur in der Bewältigung dieser systemischen Veränderung in rein funktioneller Hinsicht, sondern auch in der Berücksichtigung einer neuen Kultur. Dabei ist der absolute Schlüsselfaktor des Erfolgs das Management, das eine verbesserte PM-Kultur will.

1.3.2.1 Das vernetzte WAS- und WIE- Konzept

Vernetztes adaptives Projektmanagement bedeutet nicht nur, auf der Entwicklungsebene, z.B. mit der agilen Scrum-Methode, sondern auch auf Portfolio- und Projektebene iterativ und inkrementell vorzugehen. Während im klas-

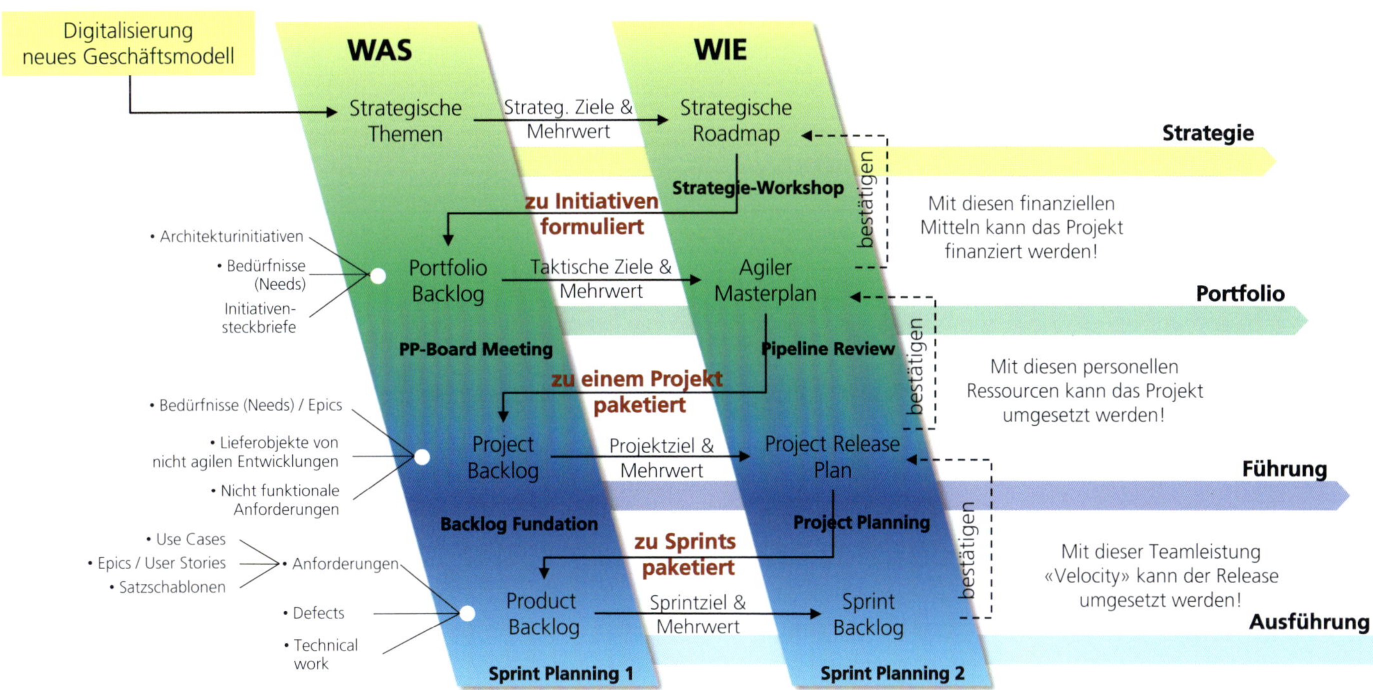

Abb. 1.17: Iteratives Arbeiten über vier Ebenen mit aktiver Rückkoppelung

sischen Projektmanagementsystem Budgets pro Jahr vergeben und Rahmen und Ziele für die Umsetzung von Projekten auf operativer Ebene vorgegeben werden, werden unter Anwendung eines adaptiven Portfoliomanagements Entscheidungen auf vier Ebenen immer in Form von Was und Wie getroffen. Dabei ist es wichtig, dass die jeweiligen Verantwortlichen der Ebenen sich bei ihren Entscheidungen immer an der Definition der strategischen Unternehmensziele ausrichten. Diese geistige Präsenz der strategischen Ziele erreicht man, indem die Personen aller drei darunterliegenden Ebenen bei der Ausgestaltung der strategischen Ziele mitwirken können.

Ganzheitlich denken – in Teilschritten realisieren

Das dynamische, agile und eigenständige iterative Arbeiten über vier Ebenen funktioniert nur, wenn, wie in Abbildung 1.17 aufgezeigt, eine aktive Rückkoppelung im Sinne einer Bestätigung der unteren Ebene erfolgt. Das heisst, wie im Kapitel 4.4 «Praktiken auf Projektportfolioebene» aufgeführt, müssen Kommunikationsrhythmen, Segmentierung der Leistungseinheiten (mit Sprints von 2–4 Wochen, Release-Iterationen (RI) von 4–6 Monaten, strategischen Zieldefinitionen von 1–2 Jahren etc.) zwingend eingehalten werden. So müssen z.B. grosse Vorhaben nach dem Balanced Score Card oder dem OKR-Prinzip aufgebrochen und die Teilvorhaben identifiziert und klar abgegrenzt werden (Kapitel 3.4). Dies heisst auch, dass die segmentierten grossen Vorhaben als Ganzes unter Kontrolle gehalten werden müssen (Gesamtsicht der ursprünglichen Idee inkl. Fortschrittskontrolle nicht aus den Augen verlieren!). Alle Ebenen gehen iterativ nach dem «PDCA (Plan – Do – Check – Act)» bzw. dem Deming-Zyklus vor (Abbildung 1.13).

1.3.3 Das Agile im adaptiven Projektmanagementsystem

1.3.3.1 Der agile Unternehmensherzschlag (Takt)

Ein inkrementell und agil ausgerichteter «Change the Business»- (CTB) und Unternehmensherzschlag ist der zentrale Erfolgsfaktor, um im Unternehmen den notwendigen Transformationsflow konsequent aufrechtzuerhalten. Dabei wird der Grundtakt von der strategischen Ebene gegeben; er definiert den stetigen Herzschlag bezüglich eines klar festgelegten Iterationsrhythmus, der so kurz wie möglich ist (z.B. alle zwei oder vier Wochen). Ein starker Herzschlag erzeugt jeweils ein im Unternehmen einsetzbares, mittels Definition of Done «DoD» geprüftes Inkrement. Ein reaktionsschneller Herzschlag erstellt bei jeder Iteration einen neuen Plan, der auf dem Feedback der vorherigen Iteration und den sich ändernden Kundenbedürfnissen basiert, nicht auf dem, was noch nicht fertiggestellt wurde (siehe OKR-Methode im Kapitel 3.6.10).

Schlussendlich gilt es, innerhalb einer Iteration jeden Tag zu einem Herzschlag zu machen, indem man mit einem Stand-up-Meeting startet und im Team kurz erläutert, was man gestern erstellt hat und welches Ergebnis heute geplant ist bzw. was erstellt werden soll [Wel 2009]. Damit dieser agile CTB-Herzschlag umgesetzt werden kann, bedarf es eines Planungs- und Entscheidungsmeetings. In Anlehnung an Felchlin sind dies [Fel 2018]:

- Projektportfolio-Strategie-Workshop (PPS-WS): ein halbjährlicher Ziel-/Strategie-/Projektabgleich, in dem auch die strategischen Ressourcen- und Projektprogrammentscheide gemäss der neu justierten Strategie gefällt werden. Ziel: Strategie-Projekt-Ressourcen-Stringenz.
- Projektportfolio-Board-Meeting (PPB-M): eine quartalsweise taktische Aufwandsplanung mit Simulationen und Priorisierungen. Ziel: die planungssichere Umsetzbarkeit aller laufenden Projekte & Releases über die nächsten drei Monate.
- Portfolio-Pipeline-Review-Meeting (PPR-M): monatliches Prüfen, welche Initiativen unter den gegebenen Rahmenbedingungen neu gestartet werden können, um möglichst effektiv die Strategie umzusetzen. Ziel: zeitnahe Entscheide von Projekten und Projekt-Releases.
- Sprint-Review-Meeting «SRM»: konkretes Überprüfen der erstellten Anforderungen und Freigabe des Inkrements am Ende eines Sprints (vierzehntäglich oder monatlich). Sprints & Inkrement DoD = «starker Herzschlag».
- Backlog-Refinement-Meeting «BRM»: wöchentliches oder vierzehntägliches Überarbeiten und Pflegen des Product Backlog, sodass in den zwei Sprint-Planning-Meetings entschieden werden kann, welche Anforderungen in der nächsten «festen» Iteration umgesetzt werden müssen.

Die Meetings werden in den Kapitel 4.1.5 und 6.6.2 detaillierter ausgeführt.

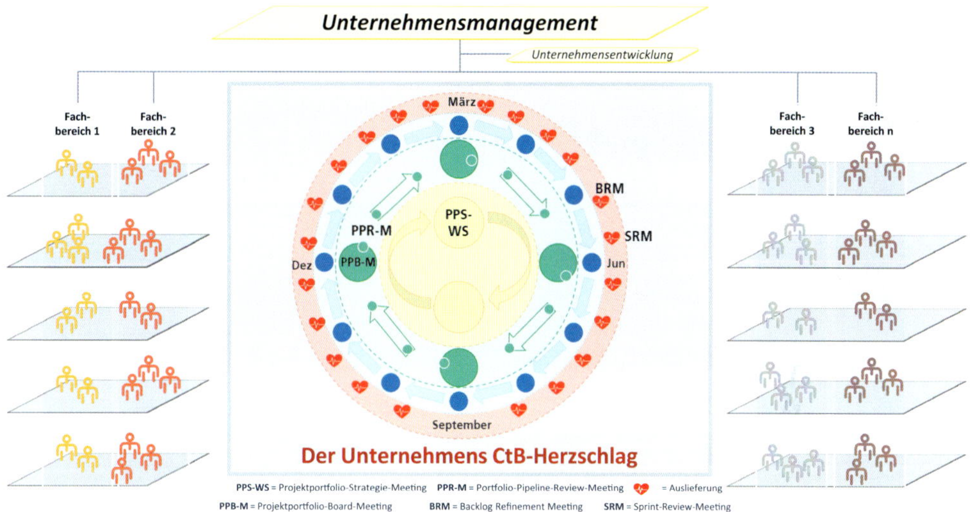

Abb. 1.18: Unternehmens-Change-the-Business (CTB)-Herzschlag in Anlehnung an [Fel 2018]

1.3.3.2 OKR-Prinzip (Segmentieren der Realisierungseinheiten)

Das Entscheidende für die Mitarbeitenden im Unternehmen ist es, dass sie den vom Management forcierten Top-down-Ansatz der projektorientierten Strategieumsetzung verstehen und somit zielgerichtet umsetzen können. Dazu wird das «Objectives and Key Results (OKR)»-Prinzip eingesetzt. Dieses sieht eine Segmentierung und Taktung der Realisierungseinheiten vor. Es werden kleine Umsetzungseinheiten gebildet, sodass möglichst früh bereits der Erfolg bzw. Mehrwert gemessen werden kann.

Strategische Themen müssen innerhalb von zwölf Monaten einen Mehrwert für den Kunden oder das Unternehmen erbringen.

Ein Unternehmen sollte sich bezüglich der Umsetzungsgeschwindigkeit der Strategie nach einer Referenzzeiteinheit ausrichten. Diese wird branchenspezifisch festgelegt. So können z.B. strategisch definierte Marktausdehnungen

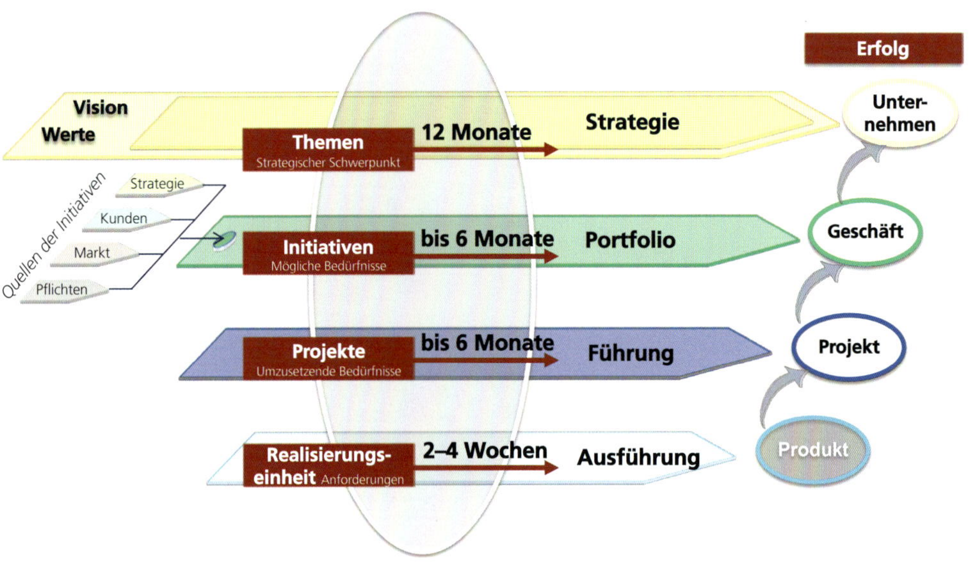

Abb. 1.19: In kurzen Referenzzeiteinheiten von der Strategie zum Erfolg

mit Bauvorhaben nicht, wie in der Abbildung 1.19 aufgezeigt, innerhalb von zwölf Monaten umgesetzt werden. Anders sieht es bei Unternehmen aus, welche verstärkt mit einer Digitalisierungsstrategie ein neues Geschäft aufbauen oder ihr bestehendes stark ausbauen wollen.

Um die softwaregestützten Produkte nach einem digitalen Produktmanagementmodell oder generell gemäss einer IT-Strategie stringent umzusetzen, muss im Unternehmen die Segmentierung der Realisierungseinheiten sowie eine branchenspezifische zeitliche Referenzeinheit für alle Segmente definiert werden (Abbildung 1.19):

- Themen: Gestützt auf die Vision und die definierten Werte, legt das Management anhand einer szenariobasierten Strategieentwicklung strategische Themen fest. Diese haben eine Referenzzeiteinheit von zwölf Monaten; sie müssen innerhalb dieser Zeitspanne umgesetzt werden können.
- Initiativen: Die Quellen von Initiativen sind prioritär von den strategischen Themen abgeleitete Aktivitäten. Hinzu kommen Initiativen, die durch den Markt (Innovationen), die Kunden (Nachfrage) und «Pflichten» (neue Regulierungen, Ersatzinvestitionen) angestossen werden. Eine Initiative mit den vom Initianten definierten Merkmalen muss auf sechs Monate «zurechtgeschnitten» werden respektive innerhalb dieses Zeitraums realisierbar sein.
- Projekte: Initiativen mit konkretisierten Merkmalen werden zu Projekten, sofern sie
  1. der strategischen Priorität entsprechen,
  2. mit den vorhandenen Ressourcen umsetzbar sind und
  3. sich inhaltlich und strukturell gut in den Ablaufplan für andere Initiativen und laufende Projekte einfügen lassen.
- Realisierungseinheiten: Projekte werden in Realisierungseinheiten von zwei bis vier Wochen aufgeteilt. Jede Realisierungseinheit (Sprint) muss einen konkret nachweisbaren Mehrwert erzielen.

Angesichts der sich schnell ändernden Marktsituation ist auch bei strategisch schwer teilbaren Themen zu erwägen, ob sie sich in Zwölf-Monats-Segmente unterteilen lassen. Dies wird im Kapitel 3.4 ausgeführt.

1.3.3.3 Agile Planungskreise (Agile Planning Cycles)

Agile Frameworks wie Scrum sind einfach und dennoch leistungsstark. Das zentrale Artefakt solch agiler Methoden wie z.B. «The Product Backlog» ist jedoch zu einfach, um die Zukunft eines komplexen Produkts zu erfassen. Ebenso reicht die Verfeinerung nicht aus, um das Gleichgewicht zwischen der strategischen Ausrichtung und den Lieferungen kurzfristig sicherzustellen. Ein einfacher Product Backlog bietet nicht genügend Transparenz, um Stakeholder auf verschiedenen Ebenen in die Zusammenarbeit rund um die Wertschöpfung einzubeziehen [Raa 2019].

Deshalb hat Søren Raaschou, basierend auf dem Onion-Prinzip von Mike Cohn [Coh 2005], einen Planung-Erstellung-Messung-Lernkreislauf definiert. Wie im vorhergehenden Kapitel etwas anders aufgezeigt, ermöglicht dieser Zyklusansatz die Verbindung der verschiedenen Leistungsebenen und macht den Product Backlog als leistungsstarkes Konzept für die darüberliegenden Ebenen nutzbar, ohne die Agilität zu beeinträchtigen. Die Schichten der Zwiebel (Onion, Abbildung 1.21) werden als verbundene Kreise gezeichnet, da jeder Kreis nicht nur unterschiedliche Kadenzen hat, sondern auch unterschiedliche iterierende Prozesse und verschiedene Artefakte.

Der Iterationskreis (hellblau) der Abbildung 1.20 basiert auf dem bekannten Scrum-Ansatz mit einem Sprint Backlog und seinen bekannten Ereignissen und Ergebnissen (Artekfakten). Das Entwicklungsteam bleibt bei Scrum möglichst konstant leistungsfähig, liefert Inkremente aus

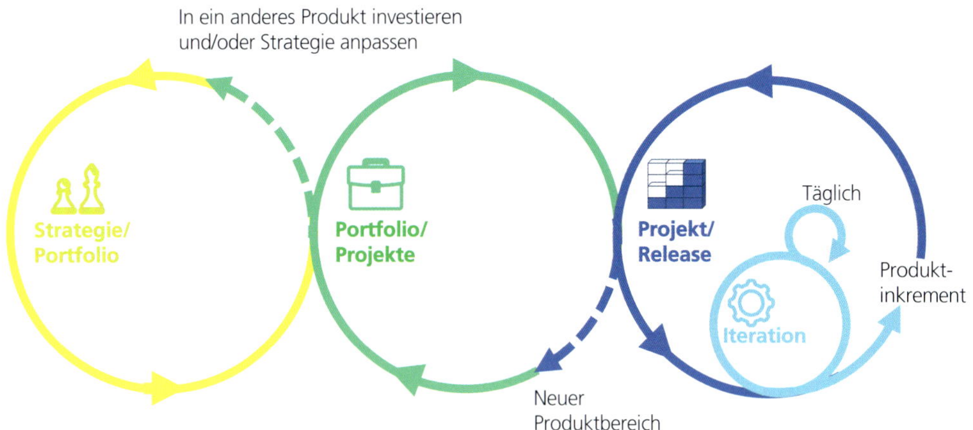

Abb. 1.20: Agile Planning Cycles [Raa 2019]

und nimmt direkt das Feedback der Benutzenden auf, um dies beim nächsten Sprint zu berücksichtigen.

Der Projekt-/Release-Kreis (dunkelblau) wird als kontinuierlicher Produkterstellungs-/Messungslernkreis operativ erstellt, um aufgrund der definierten Annahmen und

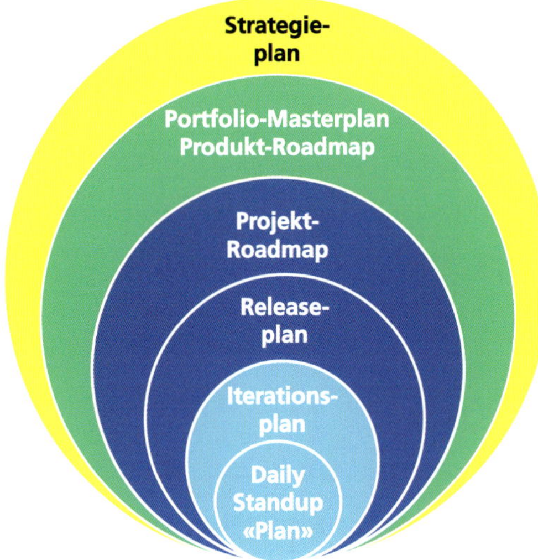

Abb. 1.21: Onion Prinzip [Coh 2005]

Hypothesen zu prüfen, ob die eingeführten Inkremente auch effektiv angewendet werden und somit Nutzen generieren. Basierend auf der Lernschleife kann entschieden werden, welche Epics bzw. User Storys im nächsten Sprint umgesetzt werden.

Der Portfolio-/Projekt-Kreis (grün) definiert, ausgehend von den ressourcen- und strategiebedingten Rahmenbedingungen, welche Initiativen, Produkte oder Produktteile umgesetzt werden können. Die Resultate des Projekt-/Release-Messung-Lernkreises werden bei der Entscheidung, was in den nächsten drei Monaten lanciert wird, berücksichtigt.

Dieser Planung-Erstellung-Messung-Lernkreislauf wird ebenso auf der Strategieebene in Verbindung mit dem Portfolio-Lernkreis vollzogen.

Der agile Ansatz erzeugt prozessmässig volle Wirkung, wenn bei den Aktivitäten im Projektportfoliomanagement die über- und untergeordneten Planungskreise entsprechend mit einbezogen werden.

1.4 Transformation zur agilen Organisation

1.4.1 Agilität ist ein Mindset

Um die Transformation zur agilen Organisation etwas besser nachzuvollziehen, gilt es, klarzustellen, dass im Kern der Agilität ein Mindset beziehungsweise eine Grundeinstellung existieren muss.

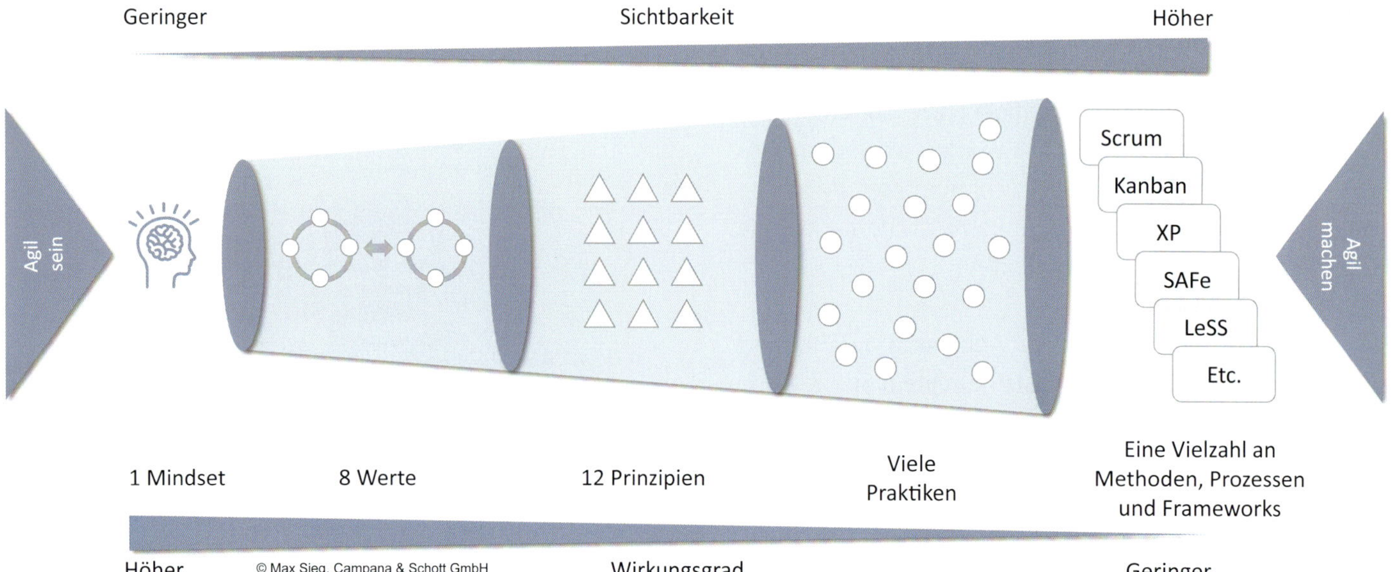

Abb. 1.22: Agil sein versus agil machen [Sig 2020]

Das agile Manifest bildet mit seinen Werten die Basis für die agile Kultur «Wir sind agil!». Dazu kommen die Prinzipien und die Praktiken, was «Wir machen agil» bedeutet.

Die Praktiken und Methoden sind nach aussen hin gut sichtbar, jedoch ist deren Wirkungsgrad hinsichtlich der Adoption von Agilität schwächer als bei einer Veränderung des agilen Mindsets und seinen Werten. Grund dafür ist, dass die blosse Anwendung agiler Praktiken, ohne diese wirklich verstanden zu haben, nicht entsprechend zielführend ist. Zusätzlich ist für Aussenstehende eher schwer sichtbar, ob die Mitarbeitenden des Unternehmens die agilen Werte und das agile Mindset verinnerlicht haben. Dies zeigt sich nur anhand ihrer Verhaltens- und Denkweise [Sig 2020].

Wann genau ein Unternehmen als agil gilt, darüber lässt sich keine allgemeingültige Aussage treffen, da jedes Unternehmen seine eigene Agilität finden muss. Es gibt nicht den optimalen agilen Endzustand, den ein Unternehmen einmalig erreicht – Agilität ist ein kontinuierlicher Prozess. Jede Organisation muss sich fortlaufend anpassen, um langfristig in der VUCA-Welt zu bestehen.

Ein Unternehmen ist agil, wenn es agil handelt. Organisationen handeln agil, indem sie kontinuierlich das agile Mindset und agile Methoden in ihrer eigenen Organisation etablieren. Schlussendlich zielt Agilität darauf ab, Antworten auf komplexe Probleme zu finden sowie sich kontinuierlich und schnell an Veränderungen anzupassen [Sig 2020].

Um eine Organisation auf Agilität umzustellen, stehen eine grosse Anzahl an Methoden, Prozessen und Frameworks zur Verfügung. Diese werden im Kapitel 2 ausführlicher beschrieben. Es gilt jedoch zu erwähnen, dass der konkrete Einsatz agiler Methoden weit über die einfache Einführung eines Frameworks hinausgeht.

1.4.2 Die Two-Speed-Organisation

Nur ein robuster Körper kann agil sein.

Wie in den vorhergehenden Kapiteln erläutert, ist es heute fast für alle Unternehmen unabdingbar, dass die ganze Organisation agiler werden muss. Wirkungsvolle Agilität bedingt einen umfassenden Wandel der Unternehmenskultur. Dabei verändern sich die Prinzipien der Zusammenarbeit fundamental.

Agile Prinzipien wie Selbstorganisation, schnelles und regelmässiges Ausliefern von Ergebnissen, Durchführen von iterationsbezogenen Retrospektiven sowie kontinuierliches Optimieren der Zusammenarbeit bedingen eine grundsätzliche Veränderung des Unternehmens. Dieser Change muss konsequent durch das Management gefordert und gefördert werden. Dabei gilt es nicht selten, unterschiedliche, zum Teil konkurrenzierende Ziele zu verfolgen. So sollten z.B. die Produkte schneller, mit höherer Qualität, mit weniger Risiken und mit zufriedeneren Mitarbeitenden auf den Markt gebracht werden. Eine Transformation zu einer neuen Kultur und zugleich derartige kausalitätsbezogene, herausfordernde Ziele zu bewältigen, gilt als höchst anspruchsvoll.

Die Unternehmen müssen agiler werden. Allerdings: Nur agil ist ab einer bestimmten Unternehmensgrösse sehr schädlich. Den rein agilen Ansatz können sich Start-ups bis zu einer gewissen Grösse leisten. Es ist dagegen zwingend, dass in

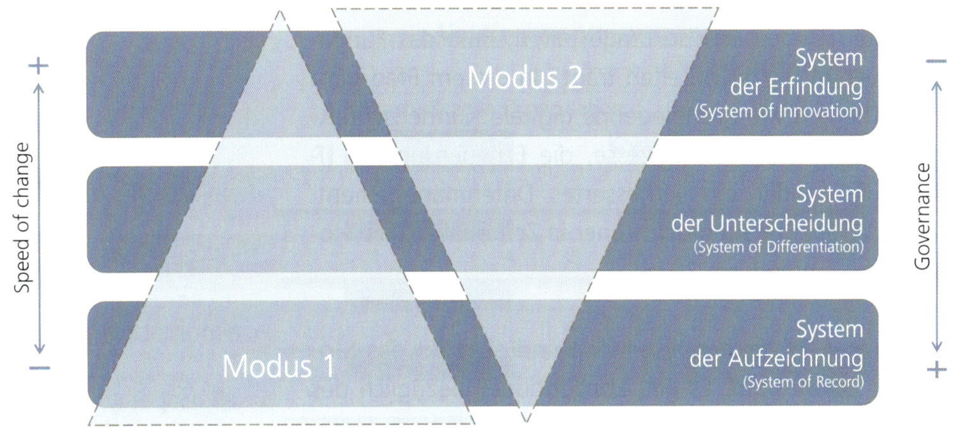

Abb. 1.24: Modus 1 und 2, die Two-Speed-Konzeption von Gardner [Anu 2016]

Dieser «Two-Speed-Approch» ist kein Wundermittel. Es gibt diesbezüglich auch sehr kritische Stimmen. So kann es kompliziert sein, eine hybride Architektur zu pflegen. Wenn die alten Systeme angepasst werden müssen, um sie für den Multi-Channel-Delivery passend zu machen, kann es gut sein, dass die Fast-Track-Softwareteams auf veraltete IT-Systeme stossen, die in Programmiersprachen gebaut wurden, welche die jungen Entwickler noch nie benutzt haben. Das heisst, viele Unternehmen, die sich für diesen Ansatz entscheiden, konzentrieren sich so sehr auf den schnellen Teil des «Two-Speed-Model», dass sie vergessen, die sich ändernden Anforderungen der Basissysteme zu berücksichtigen [Bos 2014]. Verfolgt ein Unternehmen strategisch den direkten Weg in das digitale Businessmodell mit der entsprechenden Enterprise-Architektur, wird meistens vom Greenfield-Ansatz gesprochen. Dieser bietet den Unternehmen mehrere Umsetzungsmöglichkeiten: Ein Unternehmen kann ein System von Grund auf neu bauen, sich für die besten Hardware- und Softwareprodukte entscheiden und diese selbst integrieren oder sich für eine vorintegrierte Suite entscheiden.

1.4.4 Transformation zur agilen Organisation

1.4.4.1 Transformationsprozess

Es ist unmöglich, eine Organisation als Ganzes in einem Schritt auf eine agile Kultur umzustellen. Die Erfahrung hat gezeigt, dass man mit dem Isolations- und Baustellenprinzip am erfolgreichsten ist.

Nach der anfänglichen Umstellung einer Organisationseinheit als Pilotprojekt wird die agile Kultur in einer inkrementellen, iterativen Form auf die restliche Organisation ausgeweitet. Lieber klein anfangen, dabei viel experimentieren und erste Erfahrungen sammeln, bevor der Change auf zusätzliche Organisationseinheiten übertragen wird und weitere Erfahrungen gewonnen werden können.

Will sich ein Unternehmen zur projektorientierten, agilen und leistungsfähigen Organisation weiterentwickeln sowie ein skalierbares Strategieumsetzungsframework einführen und erfolgreich praktizieren, so erfolgt dies idealerweise in Abstimmung mit der Unternehmensentwicklungsleitung in mehreren effizienten iterativen Schritten (Abbildung 1.25).

Wichtige Hauptaufgaben pro Phase sind:

Phase 1:	Hauptaufgaben
	Transparenz schaffen, die Vorteile identifizieren und eine Change Story erstellen Ziele, Scope und Vorgehen des Changeprojekts ausführlich festlegen und intern kommunizieren
Phase 2:	**Hauptaufgaben**
	Der Start des Changeprojekts bedingt den vorbehaltlosen Willen des Managements, das Unternehmen in eine agile Organisation umzuwandeln • Klären, wer sich als Agile Change Agent eignet und was seine Aufgaben sind • Kommunikationskonzept und -plan ausarbeiten • Vorhaben mit Unternehmensentwicklung und Personalverantwortlichen abstimmen
Phase 3:	**Hauptaufgaben**
	Das Veränderungsprojekt richtig zu konzipieren, ist die effektive Herausforderung. Für eine schnelle und effiziente Umsetzung bedarf es entsprechender Kompetenzen und erprobter Instrumente. • Werte und Führungsprinzipien definieren • Führungs- und Leistungsarchitektur erstellen • Basiskonfiguration und Projektmanagement-Governance erarbeiten • Mehrwertarten und «Knetphase» definieren sowie strategisches Portfolio aufbauen • Crashkurs «projektorientierte Strategieumsetzung» konzipieren & Coaching-Modell implementieren
Phase 4:	**Hauptaufgaben**
	Anhand der Konzeption gemäss Scrum-Ansatz die agile Umstellung der nächsten Organisationseinheit detailliert planen • Rahmenbedingungen für die selektierte Organisationseinheit festlegen • Sprintplanung und Taskliste für die Umstellung zur agilen Organisationseinheit erstellen • Sprintteam festlegen und Crashkurs durchführen • Strategische Initiativen bestimmen, mit denen die Organisation gemäss neuem Ansatz arbeiten muss

Phase 5:	Hauptaufgaben
	Gemäss Scrum-Ansatz mittels Change Backlog und Change Burndown Chart Kulturwechsel umsetzen • Agile Werte, Projektmanagement-Governance und Framework als «System» in der Organisationseinheit implementieren • Strukturanpassungen vornehmen und Managementtraining durchführen • Pro strategischer Initiative Projektteam zusammenstellen und dieses trainieren • Änderungsprozess durch einen Agile Coach eng begleiten
Phase 6:	**Hauptaufgaben**
	Wichtig beim agilen Vorgehen: am Ende eines Change Sprints eine Retrospektive durchführen und daraus resultierende Korrekturen auf die gesamte Organisation übertragen • Ergebnisse dokumentieren • Konkreten Mehrwert überprüfen und Erfolge feiern • Retrospektive durchführen und beim weiteren Vorgehen Feinanpassungen vornehmen

Abb. 1.25: Der Changeprozess zur projektorientierten, agilen und leistungsfähigen Organisation

Der Transformationsprozess zur projektorientierten, agilen und leistungsfähigen Organisation lässt sich am besten mit einer strategischen Initiative sowie motivierten Führungskräften und Mitarbeitenden durchführen.

2 Projektgrundlagen «kompakt»

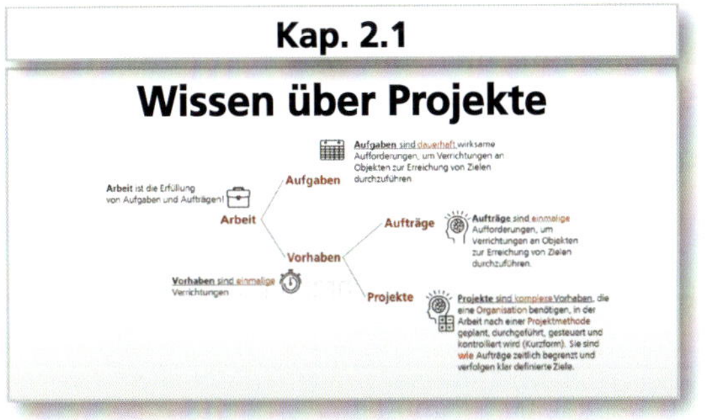

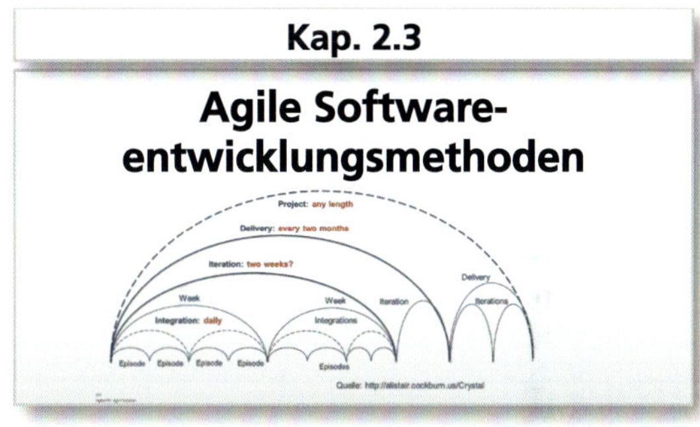

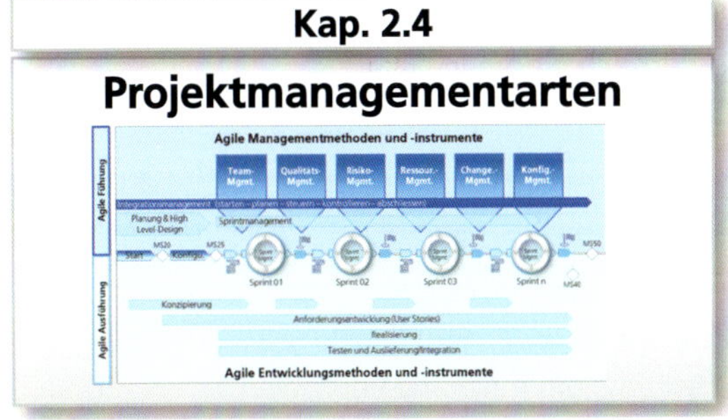

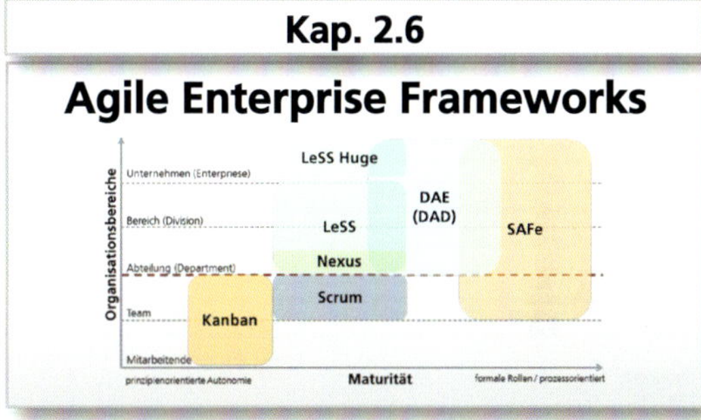

In den heutigen Unternehmen stehen Digitalisierung und Agilität absolut im Fokus. Es darf jedoch nicht vergessen gehen, dass neben der agilen Produkteentwicklung mit Software auch konventionelle oder hybride Projektvorgehen beherrscht werden müssen. Dies wiederum bedeutet nicht, dass diese Vorgehen nicht – wo sinnvoll und machbar – auch agile Prinzipien und Praktiken einsetzen. In diesem Kapitel werden neben den kompakten Projektgrundlagen die agilen Softwareentwicklungsmethoden, die verschiedenen Projektmanagementmethoden sowie die agile Projektorganisation und die agilen Enterprise Frameworks beschrieben. Der Lesende erhält einen guten Überblick über die differenzierte Projektwelt, was das Grundverständnis für das adaptive Vorgehen fördern soll.

2.1 Wissen über Projekte

Baut man einen Stausee – Kostenpunkt mehrere Milliarden Franken –, spricht man von einem Projekt. Aber auch eine Hochzeitsvorbereitung kann aufgrund der sozialen und organisatorischen Komplexität ein Projekt sein, auch wenn «nur» ein Fest für einen Tag organisiert werden muss. Die Vorbereitung für diesen speziellen Tag erreicht schnell eine Komplexität, die ohne methodisches Vorgehen kaum gehandhabt werden kann, und so erfüllt auch dieses «kleine» Vorhaben alle Punkte der Projektdefinition. Es ist jedoch offensichtlich, dass die beiden genannten Projekte ganz unterschiedliche Dimensionen aufweisen.

Das Wort «Projekt» hat für den Autor die Qualität eines professionellen, effizienten und methodischen Vorgehens und Verhaltens. Nachfolgend werden in dieser Thematik wichtige Elemente kurz erläutert. Dies ermöglicht auch Einsteigern, die Zusammenhänge besser zu verstehen.

Abb. 2.01: Projektdefinition in Abgrenzung zu Aufgaben und Aufträgen

Im agilen ICT-Entwicklungsumfeld wird ein Vorhaben oftmals mittels mehrerer «Releases» realisiert. In diesem Buch wird ein Vorhaben mit den unten aufgeführten Eigenschaften als Projekt benannt, da das Wort «Release» ein häufig benutzter technischer Begriff ist.

2.1.1 Definition eines Projektes

Als Erstes gilt es, das Wort «Projekt» zu klären. Dazu vorweg drei Definitionen von Schmidt [Sch 2014b], die zur Abgrenzung hilfreich sind:

- **Aufgaben** sind dauerhaft wirksame Aufforderungen, um Verrichtungen an Objekten zur Erreichung von Zielen durchzuführen.
- **Aufträge** sind einmalige Aufforderungen, um Verrichtungen an Objekten zur Erreichung von Zielen durchzuführen.
- **Arbeit** ist die Erfüllung von Aufgaben und Aufträgen.

In Abstimmung mit den drei Definitionen lassen sich «Projekte» wie folgt umschreiben:

> **Projekte** sind in sich geschlossene, komplexe und/oder komplizierte Vorhaben. Ihre Erfüllung bedingt eine Organisation, die für die Umsetzung der Vorhaben eine Projektmethode anwendet. Mit dieser können alle anfallenden Arbeiten geplant, gesteuert, durchgeführt und kontrolliert werden.

In der professionellen Welt hat sich auch unter dem Aspekt des agilen Vorgehens die Definition des Begriffs «Projekt» nicht verändert. Wer seine Arbeiten für die Erfüllung des Auftrags mithilfe eines speziellen Teams oder einer Organisation und einer transparenten Methode plant, steuert und kontrolliert, führt ein Projekt.

Eigenheiten eines Projektes sind:

- Jedes Projekt hat immer einen definierten Start- und Abschlusszeitpunkt. Dies gilt auch für agil umzusetzende Vorhaben.
- Projekte werden gestartet, um bestehende Istzustände in gewünschte Sollzustände zu überführen oder ganz neue Produkte, Dienstleistungen etc. zu entwickeln. Dies erfordert eine interdisziplinäre Zusammenarbeit mehrerer Verantwortungsbereiche eines Unternehmens.
- Im Vergleich zu alltäglichen Aufgaben ist ein Projekt ein einmalig zu verrichtender komplexer und/oder komplizierter Auftrag. Diese Einmaligkeit macht das Projekt sowohl interessant als auch «riskant», denn viele projektspezifische Erfahrungen können meist erst während der Projektarbeit gesammelt werden.

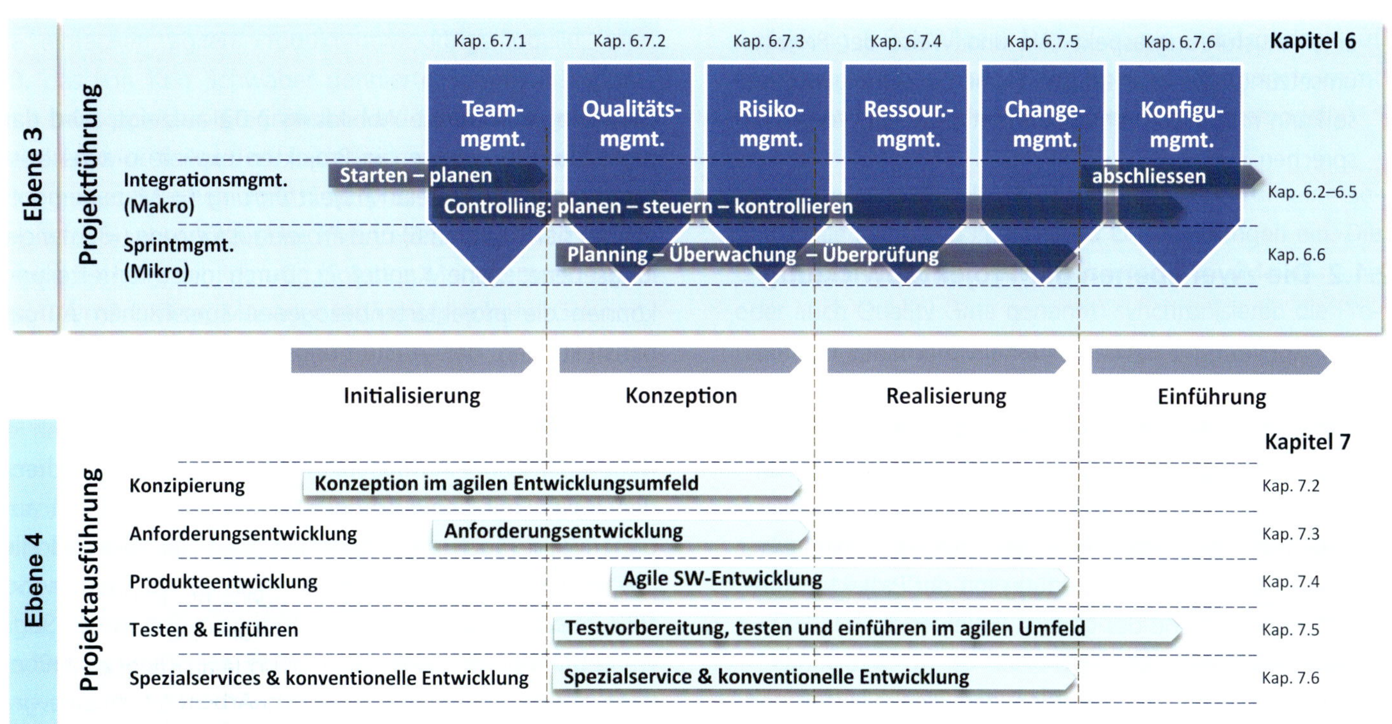

Abb. 2.02: Projektabwicklung setzt sich aus Projektführung und -ausführung zusammen

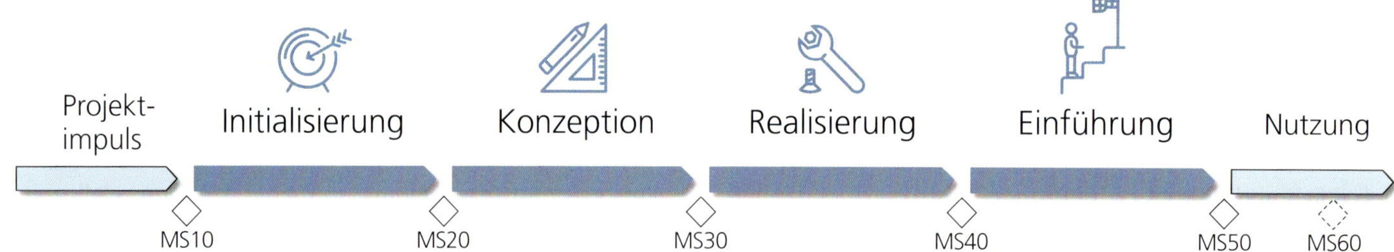

Abb. 2.03: Generisches Vier-Phasen-Modell für die Führung (Referenzphasenmodell)

Aus Modellen erwachsen Handlungsanwendungen.

- Die Lieferobjekte können mittels logisch aufgebauter Checklisten auf Vollständigkeit geprüft werden.
- Ein phasenweises Vorgehen führt das Projektteam bzw. den Projektleiter zu einer periodischen Stellungnahme.
- Das Erreichen von Zwischenzielen motiviert alle.
- Das Risiko einer Produktfehlentwicklung wird durch phasenweises Vorgehen verringert, da nach jeder Phase eine Prüfung und Freigabe stattfindet.

> Eine Projektphase ist ein zeitlicher Abschnitt eines Projektablaufs, der sachlich von anderen Abschnitten getrennt ist. Die Projektphase wird durch eine offizielle Freigabe durch alle wichtigen Stakeholder abgeschlossen (in Anlehnung an DIN 69901).

Ein heute weitverbreitetes neutrales Phasenmodell, das als ein übergeordnetes Lenkungsmodell für das Management dienen soll, beschränkt sich hauptsächlich auf vier Phasen.

Die Vorphase «Projektimpuls» sowie die Nachphase «Nutzung» sind keine eigentlichen Projektphasen. Allerdings sind sie im Kontext einer Unternehmensführung nicht zu vernachlässigen, insbesondere der Meilenstein 60. Dieser soll nach einer gewissen Zeit der Nutzung sicherstellen, dass überprüft wird, ob das abgeschlossene Projekt den zu Beginn definierten Nutzen (Business Value) tatsächlich erreicht hat. Nachfolgend eine kurze Beschreibung des Vier-Phasen-Modells.

- **Initialisierungsphase**
  Wird durch das Prüfen des Projektimpulses (Initiativen-Steckbrief) beim MS10 genügend grosser Nutzen erkannt, kann die Initialisierungsphase starten. Der Zweck der Initialisierungsphase besteht darin, die Anforderung und Bedürfnisse des Auftraggebers formal festzuhalten sowie einen Lösungsansatz zu definieren, um den konkreten offiziellen Projektauftrag zu erteilen. Im Weiteren gilt es, in dieser Phase festzustellen, ob der

Impuls wirklich zu einem Projekt reicht, ob das Bedürfnis über die normale Linie in Form eines Arbeitsauftrags abgehandelt werden kann oder ob aus der Betrachtung des Projektportfolio-Boards das Projekt überhaupt Sinn macht und genügend Business Value erzeugt.
- MS20-Entscheidung: Was wollen wir tun?

- **Konzeptionsphase**
  Der Sinn dieser Phase ist es, die im Projektauftrag formulierte Vision, die Ziele und Anforderungen zu ausführungsreifen Lösungsideen auszuformulieren und diese festzuhalten. Eigentlich könnte man diese Phase auch «Denkphase» nennen. Hier wird konkret darüber nachgedacht, wie die Lösung aussehen sollte. Die Ergebnisse dieses Nachdenkens werden in unterschiedlichen Detailplänen festgehalten. Wenn man dieser «Denkphase» zu wenig Bedeutung zumisst, kann man davon ausgehen, dass sich dies bei der Realisierung in negativer Form bemerkbar machen wird. Beim agilen Vorgehen wird diese Phase in verkürzter Form durchgeführt (siehe Abbildung 2.16). Sie ist jedoch ein wichtiger Phasenschritt (siehe Kapitel 7.2.5 «Projektabwicklungskonfiguration»).
  - MS30-Entscheidung: Wie wollen wir es tun?

- **Realisierungsphase**
  In dieser Phase werden die konzeptionellen Vorbereitungsarbeiten (Detailpläne) aus der Konzeptionsphase in die Tat umgesetzt. Das heisst, bei einem Bauprojekt wird gemäss den Plänen gebaut, bei einem Produktentwicklungsprojekt wird gemäss Spezifikation der Prototyp oder die Nullserie erstellt und bei einem Informatikprojekt werden die Use Cases oder User Stories spezifiziert und entwickelt etc. In agilen Umsetzungsmodellen werden in dieser Phase in mehreren Iterationen (Sprints) autonome Inkremente erstellt, die anschliessend in einem «Release» zusammengefasst und via Einführungsphase ausgeliefert werden (siehe Abbildung 2.16).
  - MS40-Entscheidung: Wollen wir das Realisierte so einführen?

- **Einführungsphase**
  Mit der Einführung wird das neu erstellte Produkt respektive das zu Ende erstellte Projektprodukt für den Gebrauch, Verkauf etc. freigegeben. Neben den Einführungstätigkeiten gehört auch die Projektauflösung in diese Phase. Diese Tätigkeit bestimmt den Projektabschluss respektive schliesst die Projektlebensdauer ab. Ein Projekt kann erst dann aufgelöst werden, wenn alle für den Unterhalt des Projektprodukts erforderlichen Grundlagen erstellt wurden und wenn der Auftraggeber das Projekt offiziell für abgeschlossen erklärt.
  - MS50-Entscheidung: Hat das Projekt den Leistungsauftrag erfüllt?

2.1.4 Arten von Produktentwicklungsmodellen

Je nach Sichtweise kann man in den Grundzügen von drei unterschiedlichen Produktentwicklungsmodellen sprechen:

Sequenzielles (Schleifen-)Vorgehensmodell (Wasserfallmodell)

Das sequenzielle (oder konstruktivistische) Vorgehensmodell verfolgt das Prinzip, dass die Erarbeitung einer Lösung «vom Groben ins Detail» linear vor sich gehen muss. Das heisst, man analysiert, strukturiert und definiert eine Lösung zuerst auf der obersten Ebene. Entscheidet man sich für das weitere Vorgehen, so analysiert, strukturiert und definiert man die Lösung auf der nächsttieferen Ebene. Man macht dies bis zur vollständigen Realisierung. Dieses Vorgehen hat den klaren Vorteil, dass nach einem ganzheitlichen Denkansatz gezielt auf die Lösung hingearbeitet wird. Es hat jedoch auch den Nachteil, dass spätere, auf einer tieferen Ebene gewonnene Erkenntnisse strukturell nicht ohne grösseren Aufwand berücksichtigt werden können. In diesem Vorgehensmodell wird nicht in Etappen gearbeitet. Das heisst, der Auftraggeber bekommt die gesamte Lösung in einem Projektdurchlauf. Bei einem grossen Überbauungsprojekt z.B. würde zuerst alles im Detail geplant, dann alles gebaut und schliesslich würden alle Häuser miteinander freigegeben.

Inkrementelles Vorgehensmodell

Bei umfangreicheren Vorhaben (Projektprogramm) muss der Auftraggeber zum Teil Jahre warten, bis er ein konkretes Ergebnis seiner Investition sieht. In der heutigen

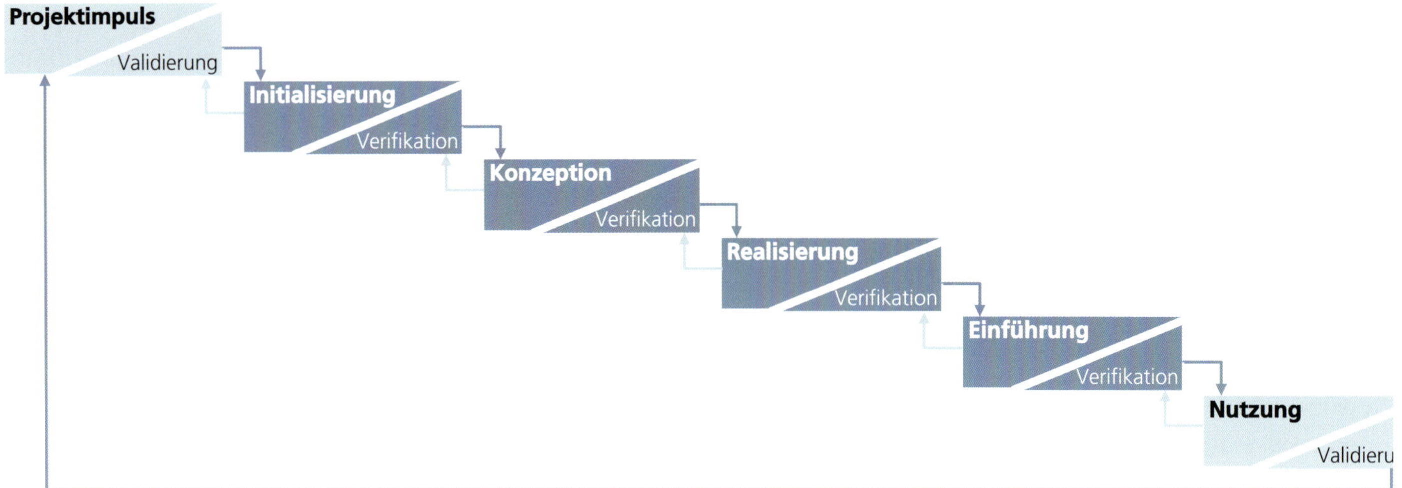

Abb. 2.04: Schleifen-Vorgehensmodell

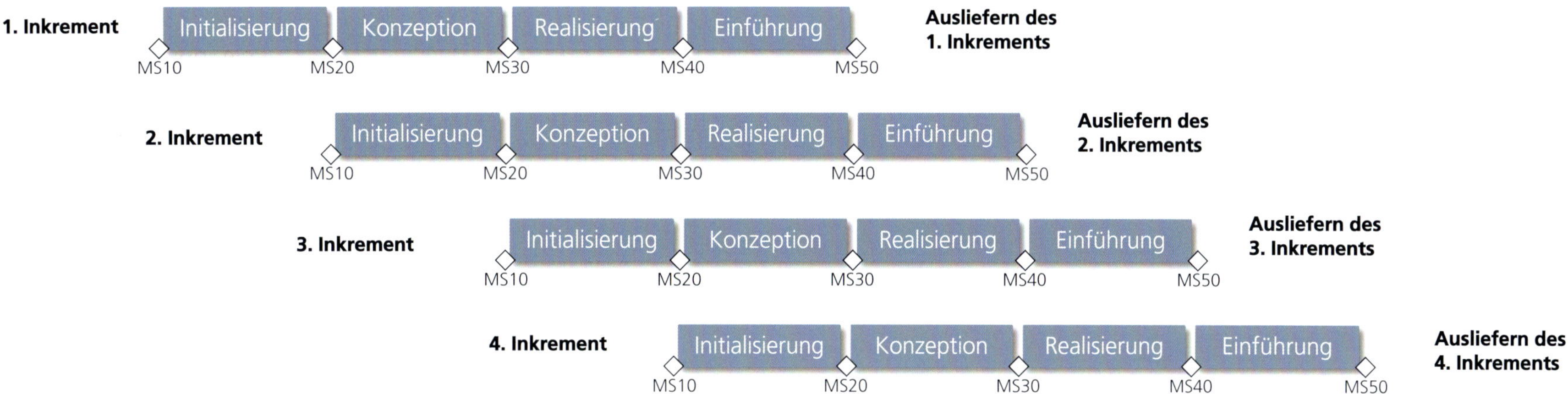

Abb. 2.05: Inkrementelles Vorgehensmodell

schnelllebigen Zeit ist dies zum Teil aufgrund des Marktdrucks gar nicht mehr machbar. Deshalb wird beim inkrementellen Vorgehen eine Gesamtlösung in eigenständige, in sich geschlossene Etappen mit einem konkreten, eigenständig verwendbaren Endergebnis (Inkrement) aufgeteilt. Diese werden nacheinander oder sogar zeitlich versetzt überlappend abgewickelt, ohne dass die vereinbarte Zielgrösse massgeblich abgeändert wird. Bei einer Grossüberbauung hiesse dies vereinfacht dargestellt: Es wird ein detailliertes Gesamtkonzept erstellt. Das erste Haus wird gebaut und wenn es fertig erstellt ist, kann es bezogen werden. Das erste Haus muss jedoch nicht vollständig erstellt sein, um mit dem Bau des zweiten Hauses beginnen zu können. Neben der schnelleren Freigabe einzelner Teile hat dieses Vorgehen den Vorteil, dass die gewonnenen Erkenntnisse einer Etappe gewinnbringend in die weiteren Etappen einfliessen.

Bei diesem inkrementellen Ansatz werden alle Anforderungen des neuen Systems bis und mit der Phase «Anforderungsdefinition» möglichst vollständig definiert und anschliessend Teil für Teil spezifiziert und realisiert. Damit gehört das Vorgehen zur Gruppe der evolutionären Vorgehensmodelle, obwohl Boehm [Boe 1981] bei seiner damaligen Definition sehr wahrscheinlich noch nicht so weit ging. Sein definitiver evolutionärer Ansatz kam mit dem Spiralen-Vorgehensmodell.

Spiralen-Vorgehensmodell (evolutionärer Ansatz)

Um den stets schneller werdenden Veränderungen unserer Zeit (Evolution) und den daraus resultierenden wechselnden Projektanforderungen Rechnung tragen zu können, werden die gewünschten Projekte und Produkte mit einem «neuen» Denk- und Lösungsansatz ausgeführt. Dieses Vorgehensmodell beruht grundsätzlich auf der Überlegung, dass zwar am Anfang ein Gesamtkonzept gemacht

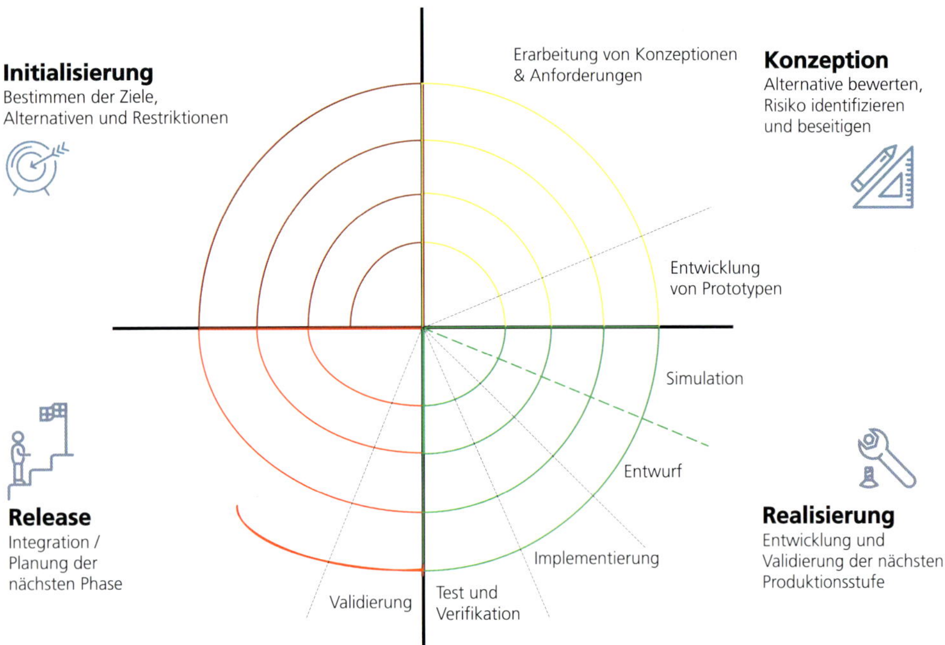

Abb. 2.06: Spiralen-Vorgehensmodell

wird, jedoch mit dem Ziel, möglichst schnell einen in sich geschlossenen lauffähigen Teil des Gesamten zu realisieren. Nach der ersten Etappe werden die Ziele auf die in der Zwischenzeit veränderten Bedürfnisse justiert. Das Gesamtkonzept wird dementsprechend angepasst und die zweite zu realisierende Etappe wird anschliessend umgesetzt – usw. Dabei handelt es sich um ein gezieltes und transparentes Anpassen an die sich laufend ändernden Anforderungen und nicht um ein wahlloses Hin und Her. Bei einem Überbauungsprojekt hiesse dies, dass zuerst ein Gesamtkonzept erstellt, das erste Haus gebaut und freigegeben wird. Die dabei gewonnenen Erkenntnisse, ergänzt um neue Anforderungen oder Technologien, fliessen in die Detailplanung des zweiten Hauses ein. Das zweite Haus wird anschliessend gebaut und freigegeben etc. Im Unterschied zum inkrementellen Modell wird dabei bewusst der laufenden inneren und äusseren Evolution Rechnung getragen. Es gilt, klar zu berücksichtigen, dass jeder neue Zyklus mit der Identifikation der Systemziele der Produktstufe beginnt und man über die gewonnenen Erkenntnisse aus der Vorversion und z.B. die neuen Erkenntnisse aus dem Prototyping zu einer neuen Version gelangt [Boe 1986].

Anmerkung zu diesem Vorgehensmodell: Trennt man eine Spiralendrehung aus dem Modell heraus und biegt man diese zu einer geraden Linie, gelangt man innerhalb dieses Iterationszyklus (theoretisch) zu einem konstruktivistischen Vorgehen. Zieht man die ganze Spirale in eine gerade Linie, reihen sich die Iterationen sequenziell (konstruktivistisch) nahtlos ineinander.

Inkrementell – iterativ – evolutionär

Müssen oder können die vom Auftraggeber formulierten Bedürfnisse in einer agilen Form umgesetzt werden, so werden die nachfolgend aufgeführten iterativen/inkrementellen Vorgehensmodelle eingesetzt. Wie die nachfolgenden Abbildungen aufzeigen, wird auch bei diesen Vorgehensweisen analysiert, spezifiziert, realisiert, getestet und eingeführt. Nur werden die Arbeitsschritte iterativ umgesetzt. Dabei werden auf Grundlage der priorisierten, allenfalls neu hinzugefügten Anforderungen kleine Entwicklungspakete geschnürt, die ein eigenständiges, lauffähiges Inkrement (Ergebnis) zur Folge haben (siehe Kapitel 2.2 «Wissen über Agilität»).

Nachfolgend eine kurze Erläuterung zu den Begriffen sequenziell, inkrementell, iterativ und evolutionär:

> Beim *sequenziellen Vorgehen* wird das Produkt in aufeinanderfolgenden, in sich abgeschlossenen Phasen erarbeitet. Die Ergebnisse einer Phase sind bindende Vorgabe für die nachfolgende Phase. Rücksprünge in vorherige Abschnitte sind nicht zulässig.

> *Iteratives Vorgehen* erfolgt von Anfang an mit dem Blick auf ein Gesamtsystem. Die zunächst grobe Ausgestaltung wird sukzessive iterativ verfeinert und/oder ergänzt. Der Fokus richtet sich primär auf ein schnelles, eng verzahntes Überarbeiten des Ganzen.

Inkrementelles Vorgehen ist von einem iterativen sowie evolutionären Vorgehen zu unterscheiden:

> *Inkrementelles Vorgehen* beschreibt ein Vorgehen kontinuierlicher Ergänzung. Dabei wird oftmals in kleinen Schritten auf Basis einer Grundlage, z.B. eines Systems, Stück für Stück ergänzt. Der Fokus richtet sich auf die Ergänzung.

Innerhalb des iterativen Vorgehens kann zwischen inkrementellem und evolutionärem Vorgehen, z.B. dem Spiralen-Vorgehensmodell, unterschieden werden.

Abb. 2.07: Verschiedene Vorgehensmodelle in der Phasenlogik dargestellt, in Anlehnung an [Neu 2013]

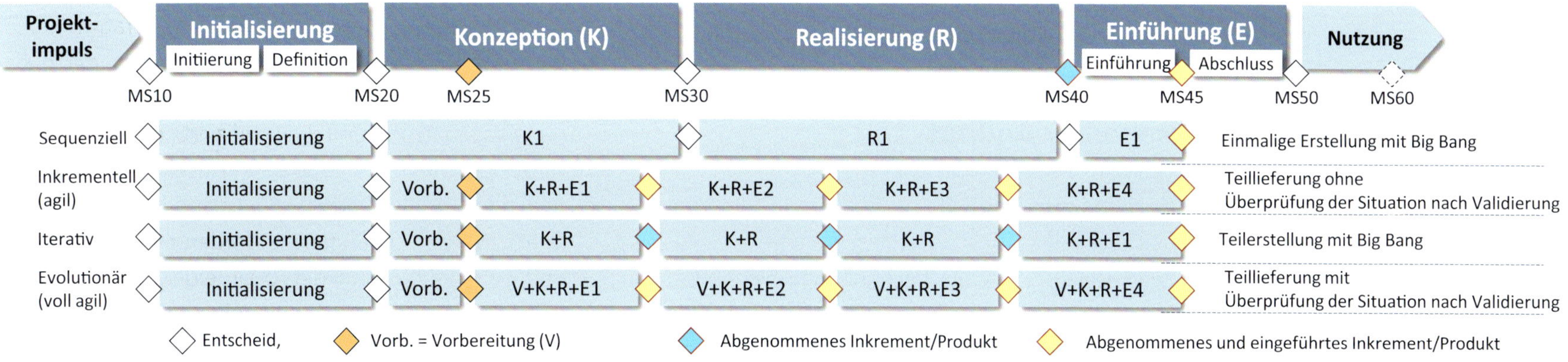

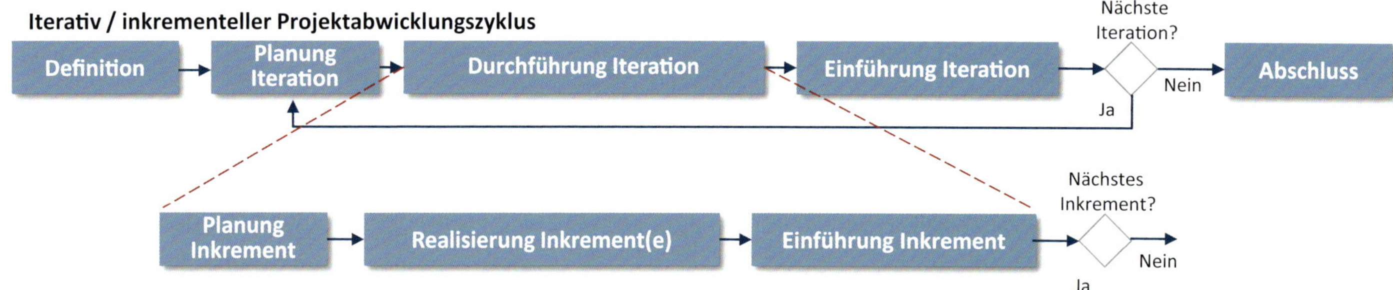

Abb. 2.08: Iterativ-inkrementeller Projekt-lebenszyklus

Bei *evolutionärer Iteration respektive evolutionärem Vorgehen* können sich zusätzlich zu den neuen Inkrementen (Ergänzungen) auch bereits erstellte Anforderungen/Funktionen aufgrund der Zieländerung oder eines neuen Ausgangspunktes von einer Iteration zur nächsten ändern. Der Fokus liegt neben der Ergänzung auf der Veränderung der Zielsetzung (Evolution). Daher erfolgt, wie in Abbildung 2.07 aufgezeigt, pro Iteration jeweils eine kurze Vorbereitung.

2.2 Wissen über Agilität

2.2.1 Generelles zur Agilität

«Agilität» wird vielerorts als die heilbringende Methode für eine erfolgreiche und schnelle Projektabwicklung betrachtet. Dies einerseits aus Sicht des Managements, das verständlicherweise in dieser verrückten volatilen und unbeständigen Welt (VUCA-Welt) auf Schnelligkeit fokussiert ist. Die Entwickler andererseits versprechen sich höhere Autonomie, hundertprozentige Fokussierung auf ein Aufgabengebiet und somit höhere Effektivität etc. Hinter den verschiedenen Sichtweisen verbergen sich jedoch Risiken, die das agile Vorgehen in der Realität stark gefährden können. Daher gilt es, folgende Punkte klarzustellen:

Was ist bei agilen Vorgehen (meist) anders?

- **Planung:** Es erfolgt am Anfang keine detaillierte Planung für das gesamte Projekt, sondern eine Gesamtplanung/Abschätzung und danach pro Iteration eine detaillierte Planung.
- **Anforderungen:** Es besteht das Bewusstsein, dass nie sämtliche Anforderungen zu Beginn «richtig» bekannt sind, sondern dass sich die Anforderungen im Laufe des Projekts erst entwickeln bzw. ändern können.
- **Realisierungspakete:** Die Anforderungen werden zu Paketen (Sprints) geschnürt, die als solche geplant, spe-

zifiziert, entwickelt, getestet und als eigenständige Inkremente (Teilergebnisse) in Betrieb genommen werden.

- **Priorisierung:** Der Kunde in der Rolle des Product Owners priorisiert die Realisierungspakete laufend und es wird immer das umgesetzt, was dem Kunden den grössten Nutzen bringt.
- **Team-Fokussierung:** Agile Teams sind Taskforces. Alle notwendigen Rollen sind zu einem hohen Prozentsatz, mindestens aber mit einer hohen Priorität dem Projekt zugeordnet.
- **Kundennähe:** Aufgrund der kurzen Sprintzyklen und des gezielten Einbindens in den Entwicklungsprozess ist eine hohe Kundenkooperation möglich und notwendig.

Agilität alleine reicht nicht!

- Vor der ersten Iteration, insbesondere wenn neue Produkte entwickelt werden, sollte eine Vorplanungsphase stattfinden – in diesem Buch Projektabwicklungskonfiguration genannt, mit einem Konfigurationskonzept als Ergebnis.
- Alles, was sich nicht oder nur sehr schwer ändern lässt (z.B. die Basisarchitektur), sollte ebenfalls in der Phase Projektabwicklungskonfiguration umgesetzt und geplant werden.
- Es ist zwar möglich, die Anzahl der Iterationen im Voraus festzulegen, aber man hat dieselben Unsicherheiten bei der Gesamtschätzung und -planung wie bei konventionellen Projekten.
- Einfach nur agile Arbeitsmethoden einführen («Arbeiten wir agil?») reicht bei Weitem nicht. Um das agile Vorgehen erfolgreich umzusetzen, bedarf es auch einer agilen Kultur, und zwar nicht nur beim Entwicklungsteam, sondern in der gesamten Organisation inklusive Management («Sind wir agil?»). Auch der Kunde muss ein gewisses Mass an Agilität aufweisen, ansonsten ist das Ganze, wie die Realität aufzeigt, prozessmässig nicht «anschlussfähig».
- Ganzheitlich und durchgängig denken und dann in Teilschritten agil realisieren – nur so klappts!

Es stimmt nicht, dass …

- … in agilen Projekten nicht oder nur sehr grob geplant wird:
  Im Sprint wird meist auf Halbtage genau geplant!
- … in agilen Projekten keine Methoden/Vorgaben angewandt werden:
  Die vorgegebenen Methoden werden aber nur so weit eingesetzt, wie es für das aktuelle Projekt wirklich Sinn macht. Dies wird grundsätzlich auch in professionell geführten konventionellen Projekten so gemacht (Tailoring).
- … agile Entwicklung eigentlich «exploratives» Prototyping ist:
  Die Ergebnisse jeder Iteration sind lauffähige (Teil-)Produkte (Inkremente).
- … agile Projekte keine Projektleiter benötigen:
  Reine Selbstorganisation funktioniert nur in äusserst seltenen Fällen wirklich. Dass die PL-Rolle andere Anforderungen an die Führungsperson(en) stellt und gewisse Führungsaufgaben von anderen Rollen übernommen werden, steht hier nicht zur Diskussion. In Kapitel 5.9 wird dies näher erläutert.

Mögliche Risiken

- Kann Agilität bei der Vertragsbeziehung von zwei Partnern funktionieren, die sich gar nicht kennen? → Es ist eine Vertrauensbeziehung notwendig, um den sich ändernden Scope eines Projekts mit allen Konsequenzen gegenseitig zu akzeptieren.
- Funktioniert agiles Projektmanagement in Ausschreibungsprojekten, wo man aufgrund eines definierten Kriterienkatalogs (Defined Scope) eine Zeit- und Kostenschätzung abgegeben hat? → Gut möglich – es gilt, bezüglich der Ausschreibung besondere Massnahmen der Anforderungen zu berücksichtigen.
- Welche menschlichen/persönlichen Eigenschaften können von den Teammitgliedern gefordert werden, um in einer agilen Umgebung abrechenbare und wertvolle Ergebnisse zu erzielen? → Gegenfrage: Kann und vor allem will das jeder? Und ist jeder Menschentyp dazu geeignet?
- Agiles Vorgehen heisst nicht nur, in kurzen Intervallen vorzeigbare Ergebnisse zu produzieren, sondern auch, diese Ergebnisse schnell zu bewerten und freizugeben – ein Umstand, der viele Kunden/Auftraggeber überfordert, denn der allgemeine Kommunikationsaufwand steigt und es müssen kurzfristig schnelle Entscheidungen getroffen werden.

Agile Verfahren benötigen …

- … Erfahrung (sowohl im Projektmanagement wie auch in den entsprechenden Umsetzungsdisziplinen).
- … Unterstützung durch Management, Auftraggeber, Steuerungsausschuss (insbesondere bezüglich Verständnis, Akzeptanz, Präsenz und Durchsetzung).
- … den Kunden (Product Owner als Vertreter aller Kunden-Stakeholder) im Team.
- … geografische Nähe (je näher, desto besser, wenn möglich im selben Raum, dies inkl. Product Owner).
- … teambezogen ein end-to-end-bezogenes Arbeiten, sodass das Team Verantwortung übernehmen kann.
- … eher kleinere Teams (bis max. acht Mitarbeiter).

Und noch weitere wichtige Aspekte

- Entscheidungsbeschleunigung über alle Unternehmenshierarchiestufen:
  - Klare (Eskalations-)Prozesse und Verantwortlichkeiten
  - Verbindliche und zeitnahe Entscheidungen
- Effizientere Meetings:
  - Einsatz professioneller Techniken bei der Sitzungsleitung
  - In Konfliktbewältigungs- und Teamsteuerungstechniken geschulte Projektleiter und/oder Scrum Master
  - In Arbeits- und Visualisierungstechnik ausgebildete Projektteams
- Anreize für Beschleunigung schaffen:
  - Terminorientierte Bonus-/Malussysteme für Projektmitarbeitende und Zulieferanten
  - Just-in-time-Projektteams (das heisst zuverlässige Teamleistung; beim agilen Vorgehen wird dies mit dem Velocity-Faktor ausgewiesen, siehe Kapitel 6.4.6.7)

Fazit

- Je unbekannter das zu erstellende Produkt ist und/oder je unbekannter die eingesetzten Technologien sind, desto besser eignen sich agile Verfahren.
- Agile Verfahren benötigen erfahrene Topmitarbeitende (Experten).
- Agile Verfahren brauchen neue Vertragsmodelle, wenn mit einem externen Entwicklungsunternehmen zusammengearbeitet wird.
- Auch in grossen agilen Projekten braucht es einen Projektleiter. In diesem Buch wird er Projektleiter 5.0 genannt.
- Agile Techniken können auch in konventionellen Projekten eingesetzt werden und dort deutliche Verbesserungen bewirken.

2.2.2 Ein kurzer Blick zurück

Das agile Vorgehen ist eine berechtigte Reaktion auf die oftmals zu grossen und zu komplexen Softwareentwicklungsprojekte, die zum Teil dogmatisch und «stur» gemäss allgemein definiertem Vorgehen abgewickelt wurden – mit dem Effekt, dass die einmal definierten Anforderungen nur noch

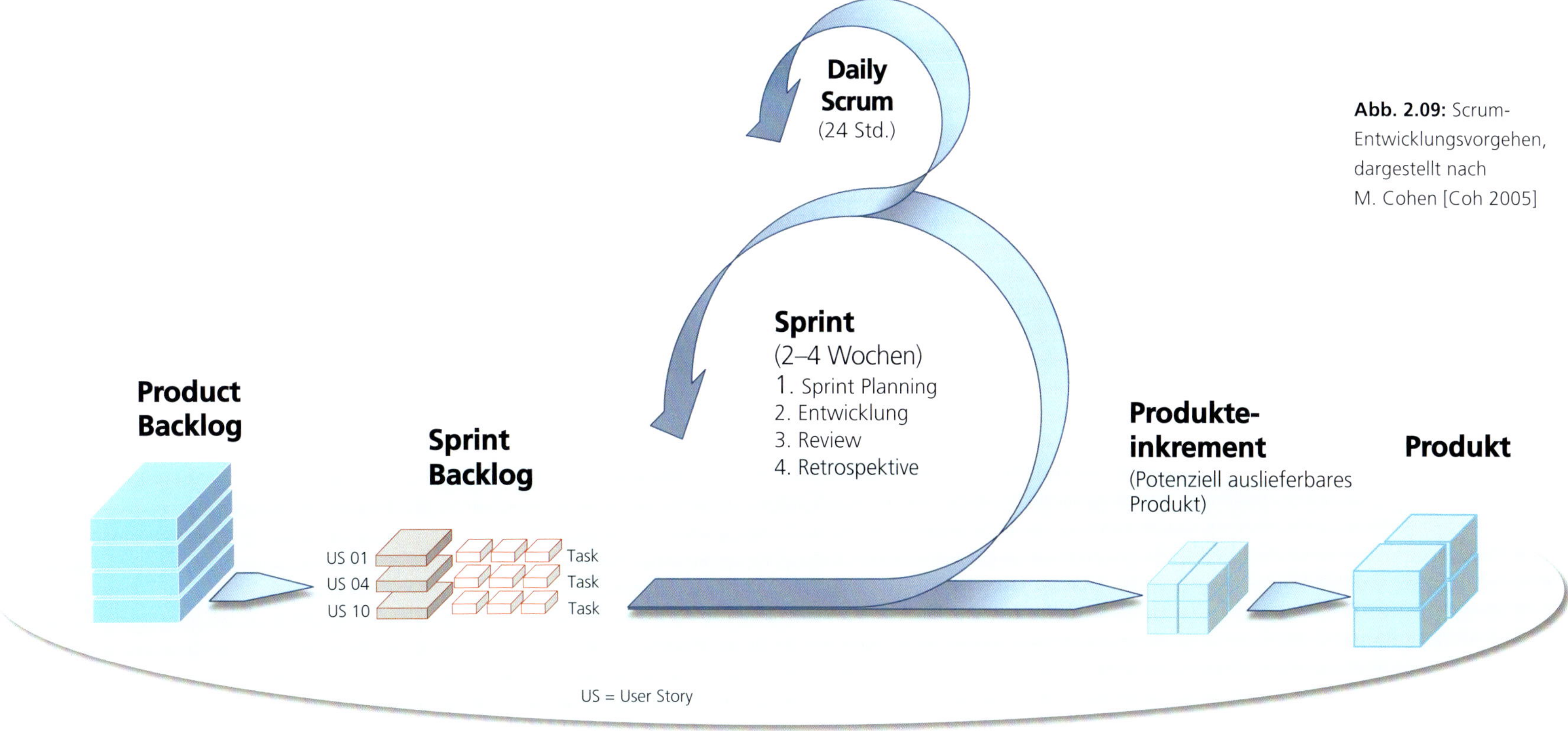

Abb. 2.09: Scrum-Entwicklungsvorgehen, dargestellt nach M. Cohen [Coh 2005]

teilweise Gültigkeit hatten, nachdem sich die Welt zwischenzeitlich mehrmals gedreht hatte.

Aufgrund dessen gab es bezüglich agiler Softwareentwicklung mehrere Lösungsansätze, die sich über die Jahre entwickelten und in der Literatur von entsprechenden Exponenten veröffentlicht wurden. So z.B.:

- 1991: Crystal Family of Methodologies (Cockburn, 1998–2004) [Coc 2004]
- 1993: Scrum Development Process [Sch 2001]
- 1993: Dynamic System Development Method (DSDM) [Col 1998]
- 1997: Feature-Driven Development (FDD) (Palmer & Felsing, 2002) [Pal 2002]
- 1998: Xtreme Programming (XP) (Beck, 1999) [Bec 2000]

Das Fundament dieses Vorgehens bilden die agilen Werte. 17 Erstunterzeichner haben diese Werte im Februar 2001 als Agiles Manifest formuliert [Sch 2001].

Die Basiselemente nach Schwaber sind [Sch 2001]:

- Scrum-Prozessschritte: Sprint Planning, Daily Scrum, Sprint Review und Sprint Retrospektive
- Scrum-Rollen: Product Owner, Entwicklungsteam und Scrum Master
- Scrum-Artefakte: Product Backlog, Release Plan, Sprint Backlog, Product Increment, Backlog

Ken Schwaber und Mike Beedle schrieben mit «Agile Software Development with Scrum» das erste Buch über Scrum [Sch 2001]. Scrum hat sich vielerorts dank seiner Einfachheit in der Umsetzung etabliert.

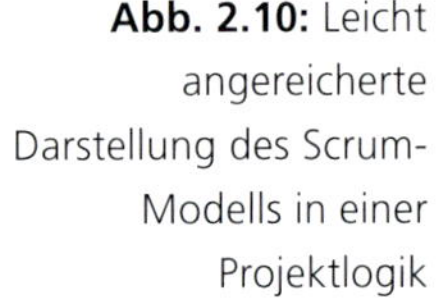

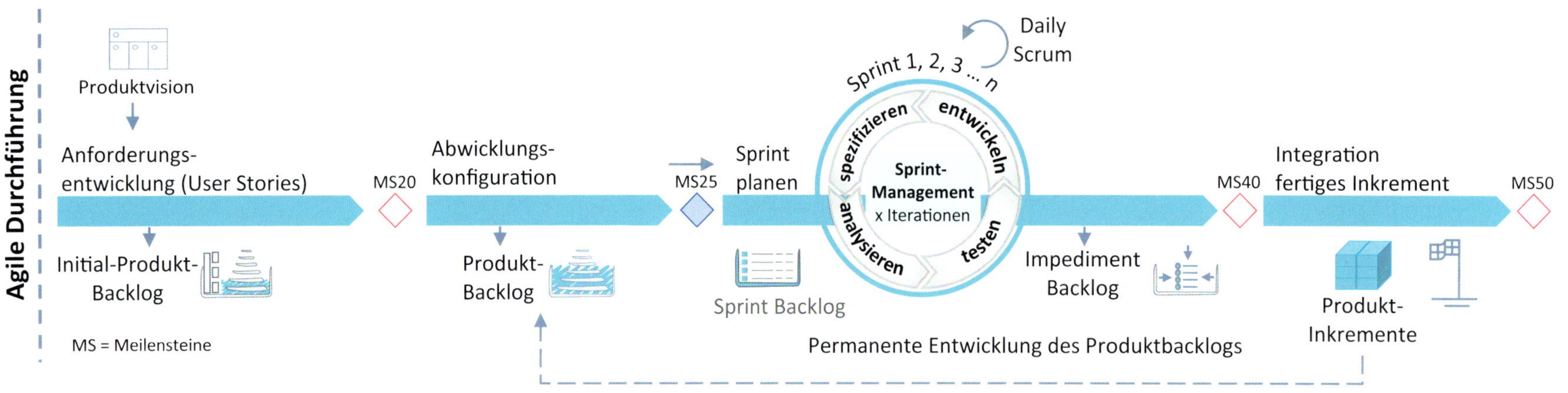

Abb. 2.10: Leicht angereicherte Darstellung des Scrum-Modells in einer Projektlogik

Das rein agile Vorgehen gemäss Scrum kann sehr erfolgreich angewendet werden, wenn durch die Rahmenbedingungen eine isolierte und empirische Entwicklung möglich ist, etwa bei der Erstellung einer organisationsunabhängigen Applikation wie z.B. Weblösungen.

Diese agilen Werte und Charakteristiken werden, wie in Abbildung 2.11 und den folgenden Kapiteln aufgeführt, zwischenzeitlich nicht nur in der agilen Softwareentwicklung, sondern auch bei vielen anderen Projektarten eingesetzt. Vielerorts, wie auch in diesem Buch, wird dieses Vorgehen als agiles Projektmanagement bezeichnet.

Das heisst: Egal in welcher Art ein Projekt auch abgewickelt wird, wenn dabei die agilen Werte Prinzipien, Praktiken und Methoden angewendet werden, ist es ein agil geführtes Projekt. Und agil geführte Projekte stellen besondere Anforderungen an die Beteiligten.

Den Zusammenhang zwischen agilen Methoden, Prinzipien, Praktiken und Werten bezüglich einer agil ausgeführten Softwareentwicklung zeigt Abbildung 2.11. Dieses Schema kann auch bei anderen Projektarten eingesetzt werden. Die agilen Methoden und die Praktiken werden dann entsprechend angepasst.

Agile Softwareentwicklungsmethoden werden in Kapitel 2.3 beschrieben. Nachfolgend werden die Werte, Prinzipien und Praktiken erläutert.

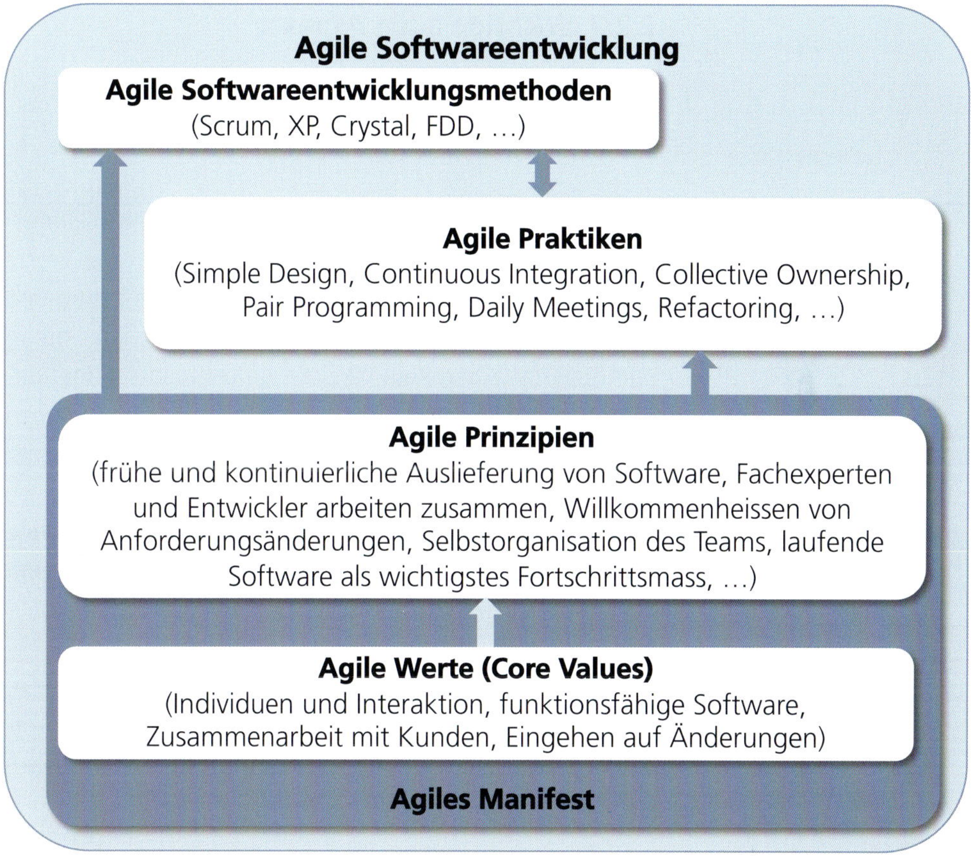

Agile Softwareentwicklung

Agile Softwareentwicklungsmethoden
(Scrum, XP, Crystal, FDD, …)

Agile Praktiken
(Simple Design, Continuous Integration, Collective Ownership, Pair Programming, Daily Meetings, Refactoring, …)

Agile Prinzipien
(frühe und kontinuierliche Auslieferung von Software, Fachexperten und Entwickler arbeiten zusammen, Willkommenheissen von Anforderungsänderungen, Selbstorganisation des Teams, laufende Software als wichtigstes Fortschrittsmass, …)

Agile Werte (Core Values)
(Individuen und Interaktion, funktionsfähige Software, Zusammenarbeit mit Kunden, Eingehen auf Änderungen)

Agiles Manifest

Abb. 2.11: Beziehung zwischen den verschiedenen agilen Aspekten [Die 2016]

2.2.3 Wichtige agile Aspekte

2.2.3.1 Agiles Manifest

Der kleinste gemeinsame Nenner aller agilen Entwicklungsmodelle ist das Agile Manifest. Obwohl auch die Werte der rechten Kolonne in der Abbildung 2.12 als richtig und wichtig anerkannt werden, werden die Werte links höher eingeschätzt. Aber: Kein Verzicht auf die rechts aufgeführten Werte! Mit diesem Konzept trat das agile Vorgehen weltweit seinen Siegeszug in der Softwareentwicklung an.

Auf welche Werte sich ein Einzelner, ein Team oder eine ganze Organisation fokussiert, hängt vom jeweiligen Umfeld und der Einschätzung der Beteiligten ab. Dies kann sich auch im Laufe der Zeit ändern [Agi 2020]. Das in Abbildung 2.12 prägnant dargestellte Manifest hat, wenn es von der gesamten Organisation richtig gelebt wird, entsprechende Tiefenwirkung. Dazu folgende Ausführungen gemäss [Wir 2017] und [Ben 2015]:

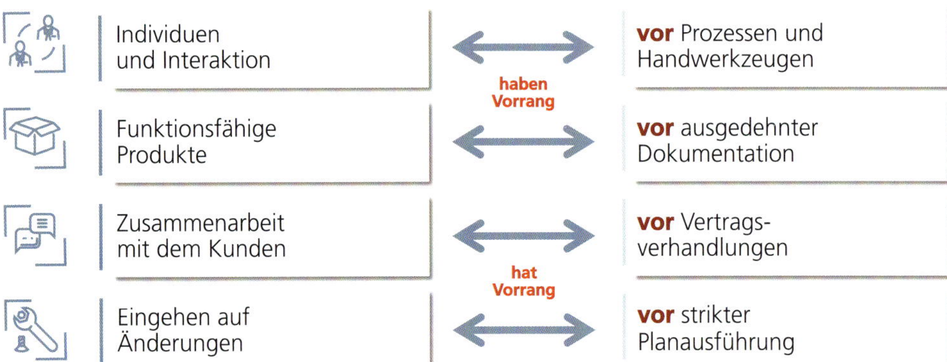

Abb. 2.12: Die Werte des Agilen Manifests

Individuen und Interaktion

Verantwortlichkeit des Einzelnen: Jedes Teammitglied ist für das Ergebnis verantwortlich, nimmt Aufgaben/Risiken aktiv in Angriff. Das Team organisiert sich während der Entwicklung weitgehend selbst. Dabei gilt proaktive Kommunikation statt Schriftlichkeit (z.B. lange E-Mails). Agilität verlangt vom Individuum grosse Anpassungsfähigkeit – im Gegensatz zum starren Leben in festen Prozessen. Das heisst, die agilen Prozesse sind schlank definiert. Man gibt nur den Rahmen vor (wenige Rollen, wenige Artefakte, kaum Workflows). Das Team definiert für sich selbst einen Prozess und passt diesen während der Entwicklung an. Werte wie Teamgeist, Teamergebnisse (Collective Code Ownership), Spass (Cooperative Game) stehen im Mittelpunkt.

Voraussetzungen: Grundsätzlich ist die im Manifest geforderte Verantwortlichkeit mit hoch qualifizierten Teams möglich (nur qualifizierte Leute «wissen», was zu tun ist). Die Teamgrösse sollte in der Regel kleiner sein als acht Personen. Grosse Teams führen zur Kommunikationsexplosion. Ein agiles Team arbeitet in einem gemeinsamen Raum, dabei sind Eigenbrötler, Stararchitekten und Gurus nicht gefragt. Wichtig ist es, dass die Kunden im Team vertreten sind und dass insbesondere die Selbstständigkeit vom Management akzeptiert wird.

Funktionsfähige Produkte

Kurze Releasezyklen (iterativ, inkrementell): Bei der agilen Entwicklung ist es das oberste Ziel, ein Produkt/Teilprodukt schnell an den Kunden auszuliefern. Die typische Sprintlänge dauert zwei bis vier Wochen und die Releaselängen betragen ein bis vier Monate (Time Boxing). Jeder Sprint und jeder Release respektive das daraus resultierende Inkrement wird jeweils vom Kunden getestet und abgenommen. Das Team erhält ein schnelles Feedback, was ein effektives Qualitätsmanagementsystem unterstützt. Neben dem iterativen und inkrementellen Ansatz werden die evolutionäre Entwicklung und ein einfaches Design stark gewichtet. Das heisst z.B. bei Softwareentwicklungsprojekten, dass statt eines aufwendigen Architekturentwurfs mit einem funktionierenden Minidesign gestartet wird. Daraus wächst das Paket, das über Refactoring angepasst und verbessert wird. Es werden jeweils nur aktuelle Probleme gelöst und nur aktuelle Anforderungen umgesetzt (nach den Prinzipien KISS «Keep it simple, stupid» und YAGNI «You aren't gonna need it»). Bei der agilen Entwicklung ist der Test zentraler Bestandteil. So wird bei der SW-Entwicklung, z.B. beim Test-Driven Development (TDD), der Testfall vor dem Code geschrieben und es werden automatisierte Testsuiten eingesetzt. Es gilt das Prinzip von «Dokumentation soweit nötig», das heisst jedoch nicht, dass es keine Doku geben soll! Was durch direkte Kommunikation ersetzt werden kann, muss nicht oder nur in geringem Umfang schriftlich festgehalten werden. Die Faustregel bezüglich Dokumentation lautet z.B. bei Crystal: «Der Umfang ist abhängig von Projektkritikalität und Mitarbeiterzahl.» Es spielen auch rechtliche Vorgaben und die Produktlebensdauer eine wesentliche Rolle bezüglich des Dokumentationsumfangs.

Voraussetzungen: Kurze Releases bedingen Akzeptanz und Zeitaufwand seitens der betroffenen Fach- und Businessverantwortlichen, da sie z.B. jeden Release (monatlich!) abnehmen müssen. Die Fachabteilungen müssen auch die Fähigkeit haben und willens sein, die Anforderungen bzw. User Stories zu priorisieren. Die Anforderungen müssen zudem in nützliche Releases partitionierbar sein. Damit evolutionär entwickelt werden kann, braucht es eine «gute» Startarchitektur. Dies setzt einen erfahrenen Architekten sowie eine professionelle Entwicklungsumgebung voraus. Die Anforderungen sind in geeigneter Tiefe und Vollständigkeit zu beschreiben. Grundsätzlich gilt es, das Problem so weit wie nötig zu verstehen, dann zu dokumentieren und dann zu codieren.

Funktionsfähige Produkte: KISS-Prinzip «Keep it simple, stupid» und YAGNI «You aren't gonna need it»

Zusammenarbeit mit dem Kunden

Der Kunde arbeitet im Team mit (Onsite Customer): Ein befragbarer Kunde ersetzt eindeutig Teile der Spezifikation. Trotzdem darf die produktspezifische Dokumentation nicht weggelassen werden. Mit dem Einbinden des Kunden sind schnelle Entscheidungen möglich, sofern es sich um einen entscheidungsfreudigen Kunden handelt. Wie bereits erwähnt, gibt es weitere Vorteile wie schnelles Feedback sowie die rasche Klärung bei Problemen. Bei kurzen Releasezyklen

8. Agile Prozesse fördern nachhaltige Entwicklung. Die Auftraggeber, Entwickler und Benutzer sollten ein gleichmässiges Tempo auf unbegrenzte Zeit halten können.
9. Ständiges Augenmerk auf technische Exzellenz und gutes Design fördert Agilität.
10. Einfachheit – die Kunst, die Menge nicht getaner Arbeit zu maximieren – ist essenziell.
11. Die besten Architekturen, Anforderungen und Entwürfe entstehen durch selbstverwaltete Teams.
12. In regelmässigen Abständen reflektiert das Team, wie es effektiver werden kann, und passt sein Verhalten entsprechend an.

2.2.3.3 Agile Praktiken und Methoden

Agile Praktiken sind konkrete Umsetzungen der agilen Werte und Prinzipien. Durch die Kombination mehrerer agiler Praktiken ergeben sich agile Methoden wie beispielsweise Scrum. Einige der in diesem Buch beschriebenen Praktiken wurden von agilen Methoden abgeleitet. Allerdings gilt für alle agilen Praktiken, dass sie auch unabhängig von rein agilen Vorgehen eingesetzt werden können.

Nachfolgend eine kleine Übersicht von agilen Praktiken und Methoden, die in den letzten Jahren entstanden sind. Diese werden zum Teil in diesem Buch umfassend erläutert oder dann im Anhang kurz beschrieben (siehe Anhang).

Abb. 2.14: Agile Praktiken und Methoden

Kanban Board	Acceptance Tests	Daily Standup Meeting	Planning Game
Servant Leadership	Continuous Integration/ Deployment	Minimum Viable Product	Impediment Backlog
Impact Mapping	Priority Poker	Incremental Deployment	Root-Cause Analysis
Pull-Prinzip	T-Shirt Planning	Sprint Backlog	Pair Programming
Product Backlog	Risk Walling	Refactoring	Story Points
Sprint/ Iteration	Sprint Planning	Retrospektive	Product Review
Velocity	Weekly Cycle	Story Mapping	Wave Planning
Test-Driven Development	Definition of Done (DoD) / Definition of Ready (DoR)	Seeing Waste	Value Stream Mapping
Personas	Simple Design	Epics/ User Stories	Time Box

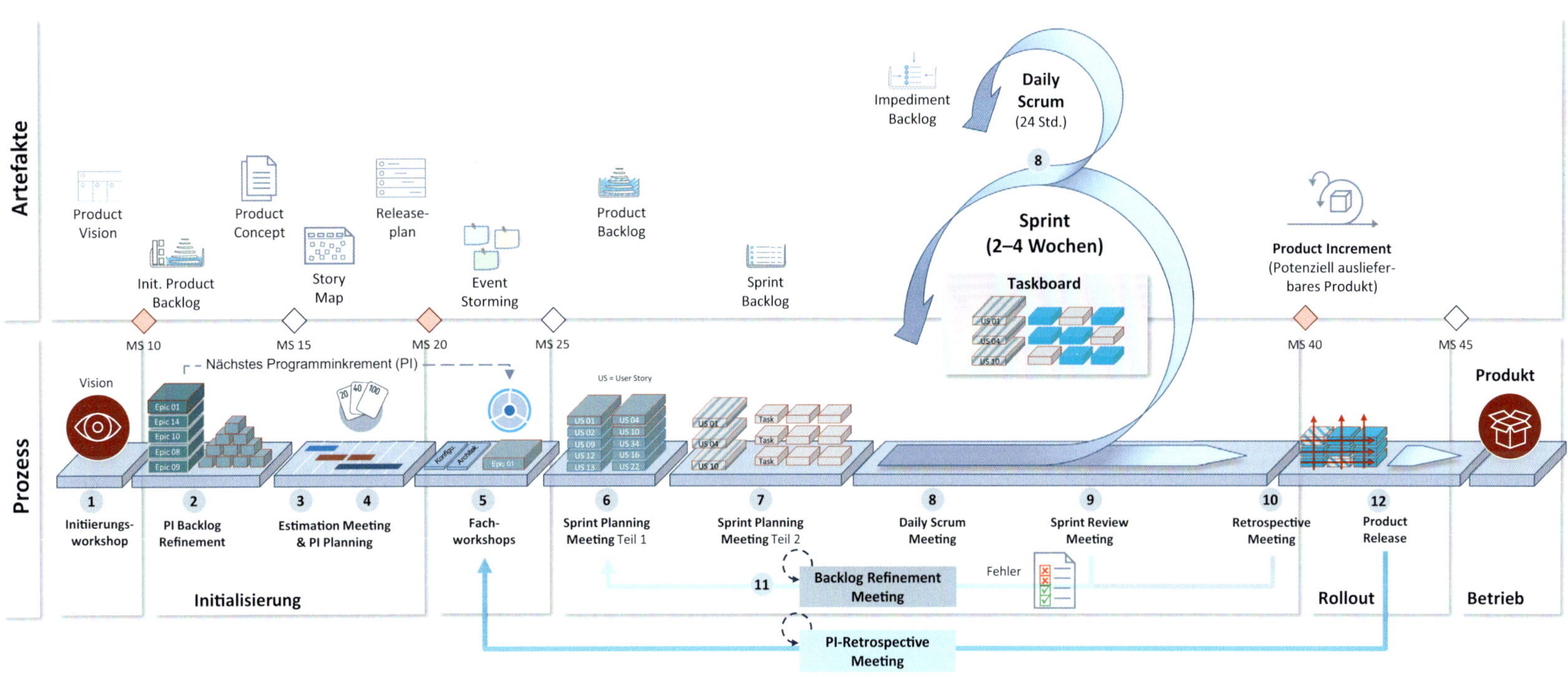

Abb. 2.15: Erweiterte abstrakte Darstellung des Scrum-Prozesses

2.2.3.4 Der kontinuierliche agile Produktentwicklungsprozess kurz erläutert

Scrum – das Urmodell von Ken Schwaber (1995/2002) – ist, wie bereits in den vorhergehenden Kapiteln beschrieben, ein inkrementelles und iteratives Produktentwicklungsmodell der Softwareentwicklung, das auf einem klar gelebten Manifest basiert und den Kundenfokus ins Zentrum stellt. Das Ziel von Scrum ist es, alle 14 oder maximal 30 Tage ein eigenständiges Inkrement auszuliefern. Scrum als agiler Produktentwicklungsansatz war eines der ersten agilen Modelle, die in der Softwareproduktentwicklung prozess- und verhaltenstechnisch erfolgreich aufzeigten, wie in der immer schneller und volatiler werdenden dynamischen Welt zukünftig Software entwickelt werden muss.

Die Scrum-Methode wurde zwischenzeitlich mit weiteren agilen Artefakten ergänzt (WAP), um das effiziente Arbeiten in einem grösseren Wirkungskreis zu ermöglichen. Je nach Aufgabenstellung und Kontext (z.B. Entwickeln einer integralen Grossapplikation) weichen die Prozessschritte, die Artefakte und insbesondere die Aufgabenverteilung zwischen den involvierten Rollen etwas von der Urversion ab.

WAP (Widely Adopted Practices) sind Praktiken, die nicht zu Scrum gehören, sich aber in sehr vielen Scrum-Implementierungen durchgesetzt haben.

Die in der Abbildung 2.15 hinzugefügten Meilensteine erlauben es, auf der Lenkungsebene die Kopplungspunkte zu anderen laufenden oder geplanten Projekten des Portfolios zu verwenden (siehe Kapitel 4.1.3.1).

In Anlehnung an Schwaber [Sch 2020] und Timinger [Tim 2017] können beim releaseorientierten agilen Vorgehen folgende Prozessschritte durchlaufen werden:

Scrum ist keine Projektmanagement-, sondern eine Produktentwicklungsmethode. Es gibt daher kein Scrum-Projektmanagement.

1. Aufgrund eines Statements zur Produktvision (siehe Abbildung 3.30) wird in der Initialisierungsphase als erster Schritt mittels Workshops zusammen mit dem Team und wichtigen Stakeholdern eine Product Vision in Form eines Business Model Canvas erstellt (siehe Abbildung 7.05).
2. Auf Basis der Produktvision werden entsprechende Bedürfnisse z.B. in Form von Epics oder Program Increments (PI) und Anforderungen z.B. in Form von User Stories in Workshops erarbeitet und vom Product Owner (PO) im Product Backlog festgehalten. Er bestimmt und priorisiert alle bekannten Leistungsmerkmale (User Stories) im Product Backlog. Je nach Situation wird in diesem Arbeitsschritt zusätzlich ein Product Concept geschrieben.
3. Product Owner, Team und Scrum Master schätzen an einem Release Estimation Meeting grob den Aufwand der Epics und User Stories.
4. Der Product Owner erstellt mit dem Scrum Master zusammen einen Releaseplan. Daraus gehen die Rahmengrössen Umfang, Ressourcen, Kosten und Zeit hervor, sodass jetzt, wenn das Vorhaben vom Management freigegeben wird, mit der richtigen Entwicklung im Rahmen des ersten Releases sprich Sprints begonnen werden kann.
5. Als wichtiger nächster Schritt wird in einem oder sogar in mehreren Projektkonfigurationsworkshops festgelegt, welche Vorbedingungen – wie z.B. Architektur, Konfiguration, Teststrategie etc. – vorhanden sein oder geschaffen werden müssen, damit die Sprints möglichst effizient durchgeführt werden können. Allenfalls werden hier diejenigen Tätigkeiten festgehalten, die konventionell umgesetzt werden müssen. Dieser Schritt 5 weicht stark von der Urversion ab.
6. Im Sprint Planning Meeting (Teil 1) stellt der Product Owner die User Stories vor. Zusammen mit dem Team wird der Inhalt «WAS» – sprich die User Stories – gemäss der vom Product Owner vorgenommene Priorisierung des nächsten Sprints (z.B. die Arbeiten der nächsten 30 Kalendertage) besprochen und das Sprintziel definiert. In diesem Schritt wird auch die qualitative Beschreibung der User Stories mittels DoR-Prinzip überprüft: DoR (Definition of Ready) umfasst die Forderung des Entwicklungsteams an die Qualität eines Product Backlog Items (typischerweise User Story). Der Product Owner sorgt dafür, dass «schwammige» Product Backlog Items nicht in einen Sprint gelangen können, sondern nur solche, die der DoR entsprechen. Wenn alles geklärt ist, gibt das Team das Commitment für den nächsten Sprint. Das Ergebnis bzw. die entsprechenden Product Backlog Items werden im Sprint Backlog festgehalten.
7. Im Sprint Planning Meeting 2 erarbeitet das Sprintteam die Arbeiten der nächsten 30 Kalendertage (sprich das WIE: Wie wollen wir die selektierten User Stories umset-

zen?). Dabei werden die User Stories auf einzelne Tasks heruntergebrochen und im Taskboard festgehalten. Diese Tasks werden in der Reihenfolge der Priorisierung der User Stories abgearbeitet.

8. Nach dem Sprint Planning 2 wird mit dem Realisieren gestartet. Dabei werden die einzelnen Anforderungen analysiert, spezifiziert, programmiert und getestet. Während des Sprints werden «Daily Stand-up Meetings» des Teams unter der Moderation des Scrum Masters durchgeführt. Dabei werden Kanban Board und Burndown Chart aktualisiert. Zudem ergänzt der Scrum Master das Impediment Backlog. In diesem Backlog werden alle Hindernisse, die dem Team bei der Arbeit begegnen, festgehalten.
9. Am Ende des Sprints wird mittels Sprint Review eine Produktprüfung durch den Kunden vorgenommen. Das Team präsentiert dem Product Owner und allen interessierten Stakeholdern das Ergebnis seiner Arbeit live am System und sammelt Feedbacks. Der Product Owner nimmt die umgesetzten User Stories ab, sofern sie die anfänglich formulierten Abnahmekriterien erfüllen (Definition-of-Done-Prinzip).
10. Nach Abschluss jedes Sprints führt das Entwicklungsteam unter der Leitung des Scrum Masters eine Retrospektive durch: Das heisst, es findet ein Lessons-learned-Meeting statt mit dem Ziel, das Gelernte sofort für die kommenden Sprints zu verwenden. Im Rahmen der Retrospektive werden diejenigen Punkte in das Impediment Backlog aufgenommen, die das Team daran hindern, maximal effizient zu sein.
11. Das Backlog Refinement Meeting (BRM) ist ein regelmässiges Treffen des Entwicklungsteams mit dem Product Owner während und zwischen den Sprints. Darin werden die Product Backlog Items diskutiert und das nächste Sprint Planning vorbereitet. Das heisst, es geht darum zu klären, ob das Backlog Item klar genug formuliert und tief genug aufgesplittet ist, um es zu schätzen und in einen Sprint zu implementieren. Backlog Refinement ist kein Prozessschritt.
12. Bei grösseren Vorhaben kann allenfalls aufgrund von Abhängigkeiten nicht jedes Inkrement sofort zur Nutzung freigegeben werden. Die Inkremente der Sprints werden sozusagen zwischengelagert, bis ein für den Kunden sinnvolles Produkt in Form eines Releases ausgeliefert werden kann. Ist ein solcher Release ausgeliefert, kann das Vorhaben beendet werden oder aber man geht zu Schritt 5 zurück und definiert den nächsten Release.

Ein Sprint (Entwicklungsphase) umfasst immer alle Entwicklungsschritte. Das heisst: Analyse und Entwurf, Entwicklung (z.B. Programmierung) sowie Modul- und Integrationstest eines Sprints und die Erstellung der notwendigen Dokumentationen. In der Praxis hat sich gezeigt, dass insbesondere bei grossen Entwicklungen vor dem Ausliefern eines Releases auch noch System- und Akzeptanztests durchgeführt werden sollten.

Beim agilen Vorgehen gibt es ein effizientes Sitzungskonzept [Wir 2017]. Die angegebenen Zeiten richten sich an einem vierwöchigen Sprint aus (die Zeiten sind Richtwerte):

Initialisierungs-Workshop	• Ziel und Zweck, Produktgegenstand, Rahmenbedingungen, Kosten- und Ressourcenaufwände etc. festlegen • Ergebnis: Project Canvas • Teilnehmende: gesamtes Team (Scrum Master, Product Owner, Team) und wichtige Stakeholder • Zeit: ca. 4 Stunden
Estimation Meeting	• Schätzen der User Stories • Ergebnis: qualifiziert geschätzter Product Backlog • Teilnehmende: gesamtes Team und wichtige Stakeholder • Zeit: ca. 30–60 Minuten
Produkt-workshop	• Ziel und Zweck: festlegen, was entwicklungstechnisch vorhanden sein muss, damit die Sprints effizient durchgeführt werden können • Ergebnis: Produktentwicklungskonzept • Teilnehmende: Scrum Master, Team und kompetente(r) Entwicklungspezialist(en) • Zeit: ca. 4 Stunden
Sprint Planning Meeting 1	*Sprint-Planung, Teil 1:* • User Stories vorstellen, Ziel und Inhalt des Sprints definieren • Ergebnis: Sprint Backlog • Teilnehmende: gesamtes Team • Zeit: ca. 3–4 Stunden
Sprint Planning Meeting 2	*Sprint-Planung, Teil 2:* • Entscheiden, wie man das Sprintziel erreichen kann (Tasks) • Ergebnis: Backlog Tasks (oder Task Backlog) • Teilnehmende: Entwicklungsteam und Scrum Master • Zeit: ca. 3–4 Stunden
Daily Scrum Meeting (Stand-up)	• Was habe ich gestern getan? Was erledige ich heute? Was hat mich behindert? • Ergebnis: nachgeführtes Kanban Board/Taskboard, Burndown Charts und allenfalls ergänztes Impediment Backlog • Teilnehmende: normalerweise nur Team und Scrum Master • Zeit: täglich 15 Minuten
Sprint Review Meeting	• Das Team präsentiert, was es während eines Sprints erreicht hat; typischerweise in Form einer Demo der neu umgesetzten Anforderungen • Teilnehmende: das gesamte Team (Scrum Master, Product Owner, Team) und die Stakeholder • Zeit: max. 2 Stunden (keine Folien!)
Sprint-Retrospektiven	• Nach jedem Sprint prüfen: Was ist gut? → Keep/Ideen, die einmal ausprobiert werden sollten → Try/Was hat nicht gefallen? → Drop • Was haben wir gelernt, was lässt sich verbessern? • Teilnehmende: das gesamte Team (Scrum Master, Product Owner, Team) • Zeit: 15–30 Minuten

Bei Scrum gibt es speziell hervorzuhebende Rollen. Diese sind [Sch 2001]:

Product Owner (PO)	Vertritt Auftraggeber und sämtliche Stakeholder. Priorisiert Backlog, nimmt an den Daily Scrum Meetings teil, steht für Rückfragen des Teams zur Verfügung. • Definiert Produkt-Features, z.B. in Form von Epics und/oder User Stories • Bestimmt Prioritäten der Anforderungen und Sprintziele • Ist verantwortlich für das finanzielle Ergebnis des Vorhabens (ROI) respektive den Mehrwert • Priorisiert Anforderungen in Form von Epics und/oder User Stories abhängig vom Marktwert • Passt Features und Prioritäten nach Bedarf für jeden Sprint an • Akzeptiert Arbeitsergebnisse oder weist sie zurück
Scrum Master (SM)	Nicht Chef! Trägt Verantwortung für die Einhaltung des Scrum-Prozesses; hält dem Entwicklungsteam den Rücken frei. • Ist für die Einhaltung von Scrum-Werten und -Techniken verantwortlich • Ist für die Beseitigung von Hindernissen (Impediments) besorgt • Stellt sicher, dass das Team vollständig funktional und produktiv ist • Unterstützt die enge Zusammenarbeit zwischen allen Rollen und Funktionen • Schützt das Team während des Sprints vor störenden äusseren Einflüssen
Scrum Team (ST)	Ist sein eigener Manager (selbstverwaltetes Team). Hat alle Fähigkeiten, die für die Umsetzung des Produktinkrements benötigt werden. • Typischerweise 5–9 Personen • Funktionsübergreifend (QS, Programmierer, UI-Designer etc.) • Mitglieder sollten Vollzeitmitglieder sein (wenige Ausnahmen: z.B. Systemadministratoren) • Team organisiert sich selbst • Weist sämtliche Fähigkeiten auf, die notwendig sind, um das Sprintziel zu erreichen (neben Entwicklung, Testing und Dokumentation auch Planung, Überwachung etc.) • Mitgliedschaft kann sich nur zwischen Sprints verändern
Kunde	• So weit wie möglich mit integrieren, um den Mehrwert des Produkts sicherstellen zu können (nicht die eigenen Wünsche)

Bei der agilen Entwicklung werden spezielle Instrumente (Artefacts) eingesetzt. Diese wurden in den letzten Jahren zum Teil stark modifiziert und erweitert. In Anlehnung an Schwaber [Sch 2020] und Wirdemann [Wir 2017] sind dies:

Product Vision	Eine Vision ist ein klares, deutliches, attraktives und emotionalisierendes Bild des angestrebten Produkts – zum Beispiel eine voll digitalisierte Mitgliederverwaltung.

um eine sachlich-fachliche Erläuterung bzw. Klärung und nicht um eine Bewertung.

Wird der agile Produktentwicklungsprozess in den Kontext des in diesem Buch verwendeten Phasenmodells gestellt (siehe Kapitel 2.2.3.5, Abbildungen 2.16), so setzt die rein agile Produktentwicklung ungefähr in der Mitte der Konzeption an und kann, je nach Ansatz, bis zum Ende der Realisierungs- oder bis zur Mitte der Einführungsphase dauern. Die Iterationen, gemäss Scrum-Ansatz «Sprint» genannt, werden natürlich nicht nur einmal durchlaufen, sondern, wie in Abbildung 2.17 dargestellt, mehrmals.

Nachfolgend einige der wichtigsten Vorteile des agilen Vorgehens [Sma 2019]:

- Veränderungen, basierend auf neuen oder geänderten Anforderungen, können jederzeit berücksichtigt werden, sofern sie Kundenmehrwert stiften:
  Wegen kürzerer Planungszyklen können Änderungen jederzeit während des Projekts problemlos berücksichtigt und akzeptiert werden. Es besteht immer die Möglichkeit, die Anforderungen im Backlog zu verfeinern und neu zu priorisieren, sodass die Teams innerhalb weniger Wochen Änderungen am Produkt vornehmen können.

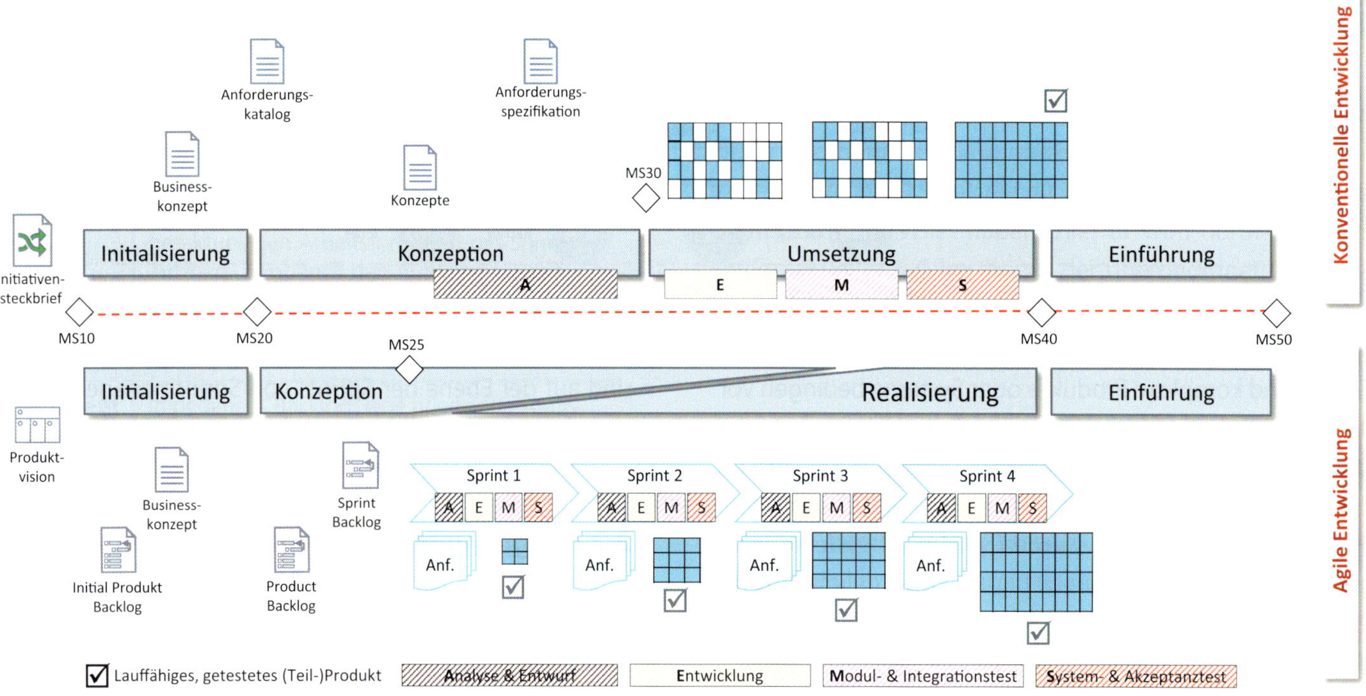

Abb. 2.17: Schnelle erste Auslieferung: ein zentraler Vorteil des agilen Entwickelns

- Das Endprodukt kann unbekannt sein:
  Agiles Vorgehen ist sehr nützlich bei Projekten, bei denen das Endprodukt konzeptionell nicht klar definiert werden kann. Während des Projektfortschritts werden die konzeptionellen Details bekannt und die Entwicklung kann leicht an die sich ändernden Anforderungen angepasst werden.
- Schnellere und qualitativ hochwertige Bereitstellung:
  Die Aufteilung des Projekts in Iterationen (überschaubare Einheiten) ermöglicht es dem Team, sich auf qualitativ hochwertige Entwicklung, Tests und Zusammenarbeit zu konzentrieren. Aufgrund der Durchführung von Tests während jeder Iteration werden Fehler schneller identifiziert und behoben; das hochwertige Teilprodukt (bzw. Inkremente davon) kann mit konsistenten aufeinanderfolgenden Iterationen schneller geliefert werden.

Was machen agile Projekte wirklich anders?

- Sehr starke Fokussierung auf den Nutzen
- Priorisierung durch den Kunden (anhand des Nutzens)
- Seniorität im Team (hauptsächlich Seniors, sowohl auf der Fach- wie auch auf der Umsetzungsseite)
- Fokussierung: Alle Projektmitarbeitenden arbeiten genau an diesem Projekt
- Konzentration: Weil das ganze Team gleichzeitig am Projekt arbeitet, kann sehr viel miteinander kommuniziert werden. Hierdurch reduzieren sich Interpretationsprobleme und Wartezeiten und die Dokumentation wird auf das für das Produkt Notwendige beschränkt.

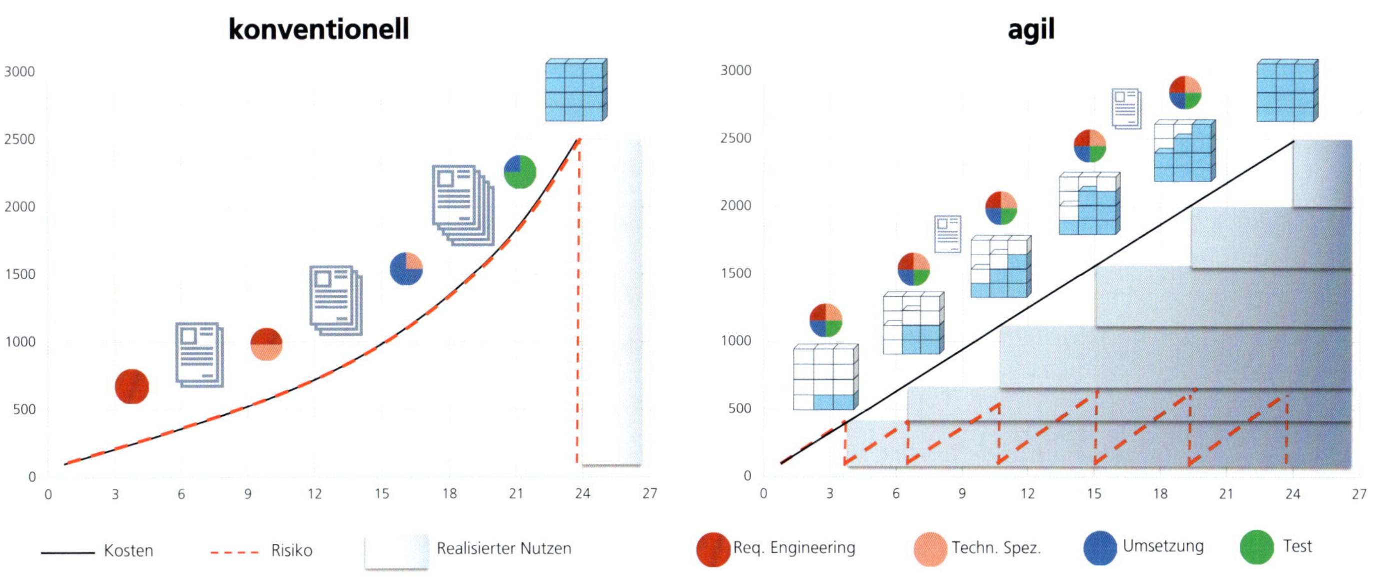

Abb. 2.18: Unterschiedliche Risiko- und Nutzenbetrachtung bei agilem versus konventionellem Vorgehen

Neben den aufgeführten Vorteilen gibt es auch kritische Stimmen – insbesondere dahin gehend, dass eine agile Entwicklung bei grösseren Vorhaben an Grenzen stösst, sei es bezüglich Teamsynchronisation, Führungskoordination oder Architektur etc. Sobald z.B. die soziale wie auch die technische Komplexität der Realisierungseinheit sowie die Komplexität des zu integrierenden Umfelds entsprechend zunimmt, ist ein über alles hinweg und konsequent durchgeführter agiler Produktentwicklungsprozess ohne entsprechende Führungskoordinationsaufgaben nicht mehr unbedingt möglich. Hier bieten skalierbare Frameworks wie LeSS, SoS und SAFe entsprechende Unterstützung (siehe Kapitel 2.6).

Weitere Nachteile des agilen Vorgehens sind [Sma 2019]:

- **Das Team muss sich auskennen:** Agile Teams sind normalerweise klein, daher müssen die Teammitglieder in einer Vielzahl von Bereichen hoch qualifiziert sein. Sie müssen auch die gewählte agile Methodik verstehen und sich darin wohlfühlen.
- **Fokussierung auf Entwickler:** Agiles Vorgehen ist am erfolgreichsten, wenn sich das Entwicklerteam vollständig dem Projekt widmet. Während des gesamten agilen Prozesszyklus ist eine aktive Beteiligung und Zusammenarbeit erforderlich, was zeitaufwendiger ist als ein herkömmlicher Ansatz. Dies bedeutet auch, dass sich die Entwickler für die gesamte Projektdauer verpflichten müssen.
- **Die produkt- und projektbegleitende Dokumentation kann vernachlässigt werden:** Das Agile Manifest zieht die Arbeit am Produkt (Software) einer umfassenden Dokumentation vor, sodass einige Teammitglieder das Gefühl haben, es ist weniger wichtig, sich auf die Dokumentation zu konzentrieren. Eine umfassende Dokumentation allein führt zwar nicht zum Projekterfolg, aber agile Teams sollten die richtige Balance zwischen Dokumentation, Diskussion und Entwicklung finden.

Wie in Kapitel 2.2.1 «VUCA-Welt» erläutert, geht es nicht darum, das eine Vorgehen gegen das andere auszuspielen: Es soll eine Aufgabenstellung mit der angemessenen Methode gelöst werden. Ein Unternehmen praktiziert ein modernes Projektmanagement, wenn es Vorhaben nach beiden Vorgehensarten im entsprechenden Kontext professionell ausführen kann.

Sind wir agil und machen wir es agil?

Der agile Entwicklungsansatz auf der Ausführungsebene hat insbesondere in der Informatik einen hohen positiven Wirkungsgrad. Viele Führungskräfte verlangen daher von ihren Entwicklungsabteilungen, dass sie ihre Entwicklungsprozesse auf agil umstellen sollen.

In vielen Unternehmen stellt sich jedoch die Frage: Wickeln wir die Projekte nur agil ab oder sind wir als Unternehmen auch agil?

Die agile Unternehmenskultur wurde bereits in Kapitel 1 ausführlich dargelegt. Abbildung 2.19 zeigt, dass ein Unternehmen, wenn es wirklich agil sein will, dies nicht nur auf der untersten Ebene – der Entwicklungsebene – stattfinden lassen sollte (siehe linker Bildteil). Die volle Entfal-

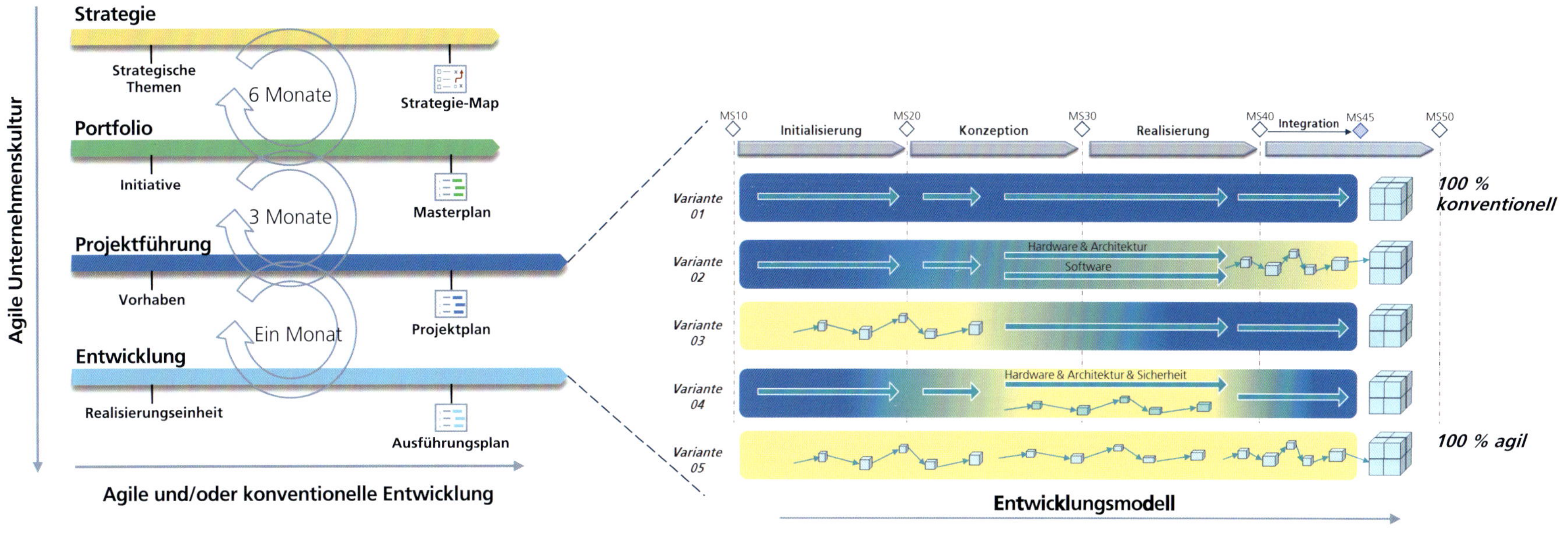

Abb. 2.19: Projektausführung von 100 % konventionell bis 100 % agil – Abstimmen von agiler Entwicklung und agiler Unternehmenskultur

tung des Nutzens von Agilität wird erst ermöglicht, wenn auch die Unternehmenskultur über die gesamten Hierarchieebenen agil ausgerichtet ist.

Im Reifegrad noch einen Schritt weiter als «agil» ist «adaptiv». Es gibt in vielen Projekten nicht nur ein Entweder-oder, sondern ein Sowohl-als-auch. Dies wird im rechten Teil der Abbildung 2.19 aufgezeigt: Ein modernes Unternehmen ist aufgrund seiner Projektkultur fähig, alle Projekte – von rein agilen bis zu rein konventionellen – effizient abzuwickeln. Die Herausforderungen eines adaptiven Vorgehens werden in Kapitel 5 erläutert, bezüglich der Abwicklungsarten insbesondere im Kapitel 5.3.

2.3 Agile Softwareentwicklungsmethoden

Neben dem bekanntesten agilen Produktentwicklungsmodell Scrum gibt es über 20 weitere agile Methoden, die insbesondere in der Softwareentwicklung angewendet werden und in der Welt der Agilität ihren Platz suchen. So z.B. Xtreme Programming (XP), Adaptive Software Development (ASD), Agile Unified Process (AUP) – eine Weiterentwicklung des bekannten Modells RUP, Feature-Driven Development (FDD), Lean Software Development (LSD) und Crystal Family. Alle haben ihren eigenen agilen Entwicklungsablauf und spezielle Prinzipien und Praktiken, um auf bestimmte Herausforderungen in den Projekten zu

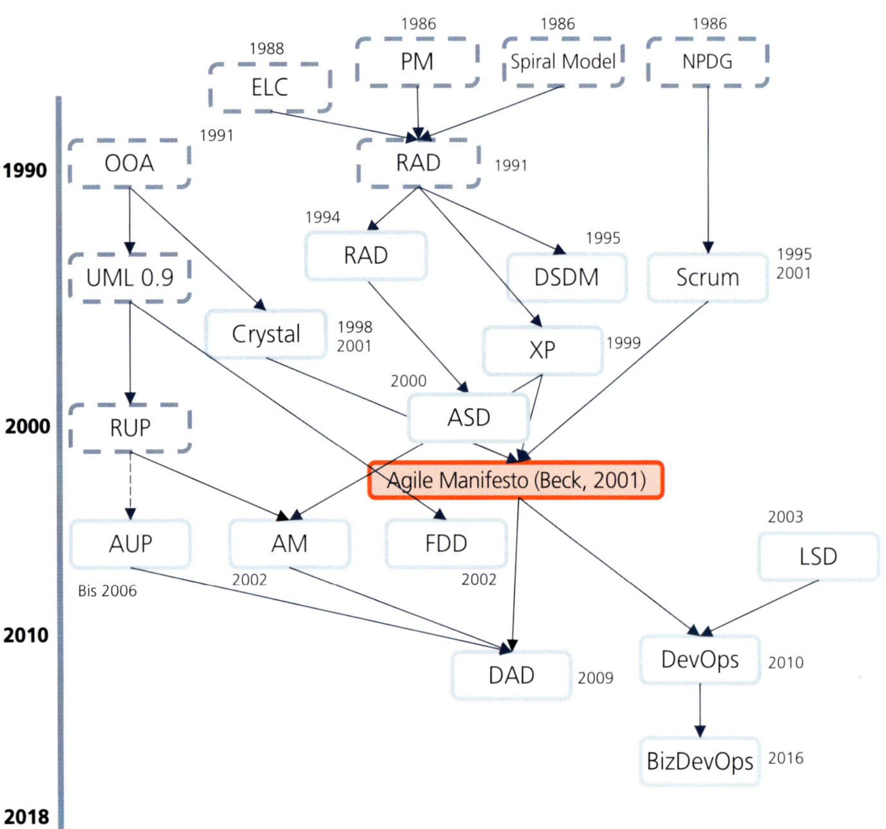

RAD = Rapid Application Development
NPDG = New Product Development Game
PM = Prototyping Methodology
ELC = Evolutionary Life-Cycle 1988
UML = Unified Modeling Language
RUP = Rational Unified Process
DSDM = Dynamic System Development Method
SCRUM
XP = eXtreme Programming
OOA = Object Oriented Approches
ISD = Information Systems Development
Crystal
PP = Pragmatic Programming
LSD = Lean Software Development
FDD = Feature Driven Development
AUP = Agile Unified Process
AM = Agile Modeling
DAD = Disciplined Agile Delivery
AgilePF = Agile Project Framework
Agile PgM = Agile Programme Management
DevOps = Development and Operations
BizDevOps = Business Plus DevOps

Abb. 2.20: Überblick über agile Entwicklungsmethoden in Anlehnung an [Mor 2015]

reagieren. Jede Methode hat ihre Werte und Schwerpunkte im Vergleich zu den anderen. Sie geben erste Hinweise, ob die Methode zu einem Unternehmen, einer Produktart, einem Team oder Projekt passt. Nachfolgend sind die derzeit gängigsten agilen Softwareentwicklungsmodelle und -methoden kurz aufgeführt.

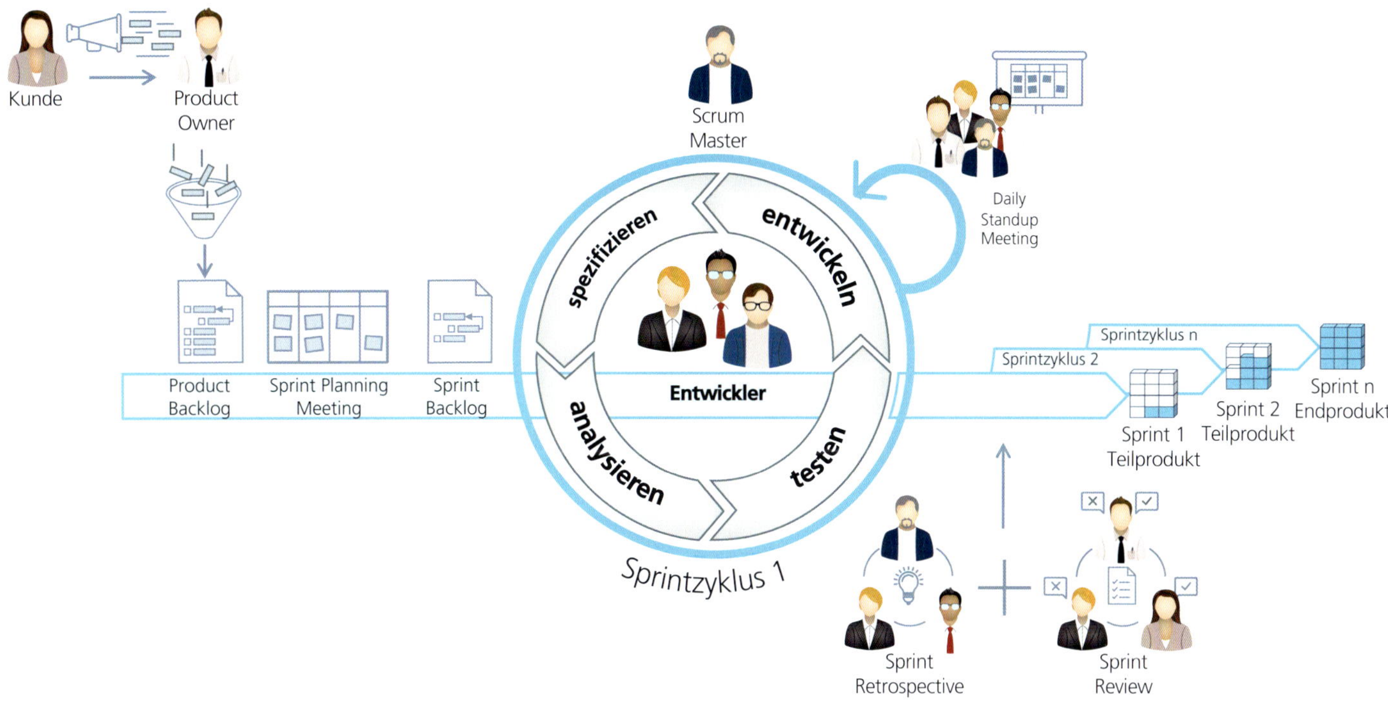

Abb. 2.21: Entwicklungsvorgehen nach dem Basismodell Scrum, in Anlehnung an [Sch 2020]

2.3.1 Scrum

Wie bereits im Kapitel 2.2.2 erläutert, schrieben Ken Schwaber und Mike Beedle mit «Agile Software Development with Scrum» das erste Buch über Scrum [Sch 2001]. Mit seinem dritten Buch über Scrum, «The Enterprise and Scrum» [Sch 2007], versucht Schwaber, diesen methodischen Ansatz auf das gesamte Unternehmen auszuweiten. Scrum hat sich neben anderen agilen Vorgehensmodellen wie Crystal, XP, FDD und ASD vielerorts wegen der Einfachheit seiner Umsetzung stark etabliert. Im Jahr 2020 wurde von Schwaber ein neuer Scrum Guide veröffentlicht, der Scrum als das beschreibt, was es ist: ein minimales Rahmenwerk, das Menschen, Teams und Organisationen hilft, für komplexe Probleme durch adaptive Lösungen Wert zu generieren [Sch 2020].

Charakteristiken des Scrum-Produktentwicklungsmodells sind:

- In den Produkt-Backlogs sind die Anforderungen als Listeneinträge festgehalten.
- Es gibt keine spezifisch vorgeschriebene Entwicklungsmethode.

- Das Projektprodukt wird in Abschnitten von regelmässigen Sprints vorangetrieben.
- Das Produkt wird während der Sprints entworfen, codiert und getestet.
- Das Team organisiert sich in den Sprint Meetings und Daily Scrum Meetings selbst.
- Scrum fokussiert auf Einfachheit, Flexibilität, Teamkoordination, Kundenbindung und Mehrwert.

Der Lösungsansatz des Vorgehens bezieht sich ursprünglich auf eine kleine Teamgrösse, was die definierten Bedürfnisse priorisiert. Diese Bedürfnisse werden im Rahmen der Sprints entwickelt, bis das Produkt mit kontinuierlichen Verbesserungen und Feedbacks beim Kunden vollumfänglich eingesetzt werden kann (siehe Kapitel 2.2.3.4 «Agiler Produktentwicklungsprozess»).

Aus diesem Grund eignet sich das Grundmodell Scrum hervorragend für Aufgabenstellungen, bei denen eine hohe Produktorientierung vorliegt, ein dediziertes Team gebildet und die Aufgabe in viele kleine, unabhängige Teilaufgaben zerlegt werden kann. Das effiziente Grundprinzip von Scrum wird – nüchtern gesehen – schon seit Jahrzehnten erfolgreich von allen Produktionsunternehmen verfolgt, die auf AVOR (Arbeitsvorbereitung) basieren («Was muss in den nächsten zwei Wochen aufgrund der Kundenbestellungen produziert werden?»). Für die erfolgreiche Anwendung gilt es hier, nicht nur den Prozess («machen wir agil»), sondern auch die agile Kultur («wir sind agil») gemäss agilen Prinzipien zu leben (siehe Kapitel 2.2.3).

Der Erfolg von Scrum – darauf beruhend, dass man Kunden relativ schnell einen Mehrwert bieten kann – hat dazu geführt, dass diese Methode auch bei anderen Projektarten, allenfalls in leicht abgeänderter Form, für die Entwicklung des Projektprodukts angewendet wird.

2.3.2 eXtreme Programming (XP)

eXtreme Programming ist eine wenig formalisierte Methode zur Softwareentwicklung. Sie wurde 1996 von Kent Beck, Ward Cunningham und Ron Jeffries lanciert. Das Vorgehen basiert auf fortlaufenden Iterationen und dem Einsatz diverser bewährter Softwareentwicklungsmethoden [Röp 2016]. XP ist eine «Komplettmethode», die Praktiken für den gesamten Entwicklungsprozess vorschlägt. Beispielsweise empfiehlt XP die Paarprogrammierung. Das heisst, zwei Programmierer arbeiten gleichzeitig zusammen an einer einzelnen Workstation, tauschen sich dabei über den zu entwickelnden Code laufend aus und jeder der beiden kann Änderungen am Code vornehmen (Pair Programming).

Grundsätzlich gibt es bei eXtreme Programming keine neuen Arbeitsschritte, es werden lediglich agile Vorgehensweisen verwendet. Wie Abbildung 2.22 zeigt, folgt XP einem strukturierten Vorgehen und stellt Werte wie Teamarbeit, Offenheit und stete Kommunikation zwischen allen Beteiligten in den Vordergrund. Kommunikation ist dabei eine Grundsäule. Folgende Verhaltensweisen gilt es, bei XP speziell zu berücksichtigen [Alm 2015]:

- Der Kunde ist fester Bestandteil des Teams und sollte vor Ort im Team sein.
- Der Kunde schreibt User Stories und bespricht jede Anforderung direkt mit den Programmierern.
- Der Kunde ist für alle Geschäftsentscheidungen verantwortlich einschliesslich der Priorisierung der User-Story-Entwicklung.
- Die kurzen Iterationen (2–3 Wochen) ermöglichen dem Benutzer, die von ihm gewünschten Anforderungen zeitnah auf die Validation (effektive Anwendbarkeit) zu prüfen.
- Der Kunde testet die Software regelmässig und bestätigt, dass sie wie erwartet funktioniert.

Es ist darauf hinzuweisen, dass Abbildung 2.22 den Prozess eines eXtreme Programming Project zeigt und nicht den einer eXtreme Programming Iteration! Wie die Prozessmodelle der folgenden agilen Methoden aufzeigen, sind diese zum Teil sehr nahe beieinander.

2.3.3 Crystal Family

Crystal ist keine eigene Methode zur Softwareentwicklung, sondern eine Sammlung bewährter Vorgehensweisen bei Softwareentwicklungsprojekten. Crystal-Entwickler Alistair Cockburn sollte Anfang der 1990er-Jahre für die IBM

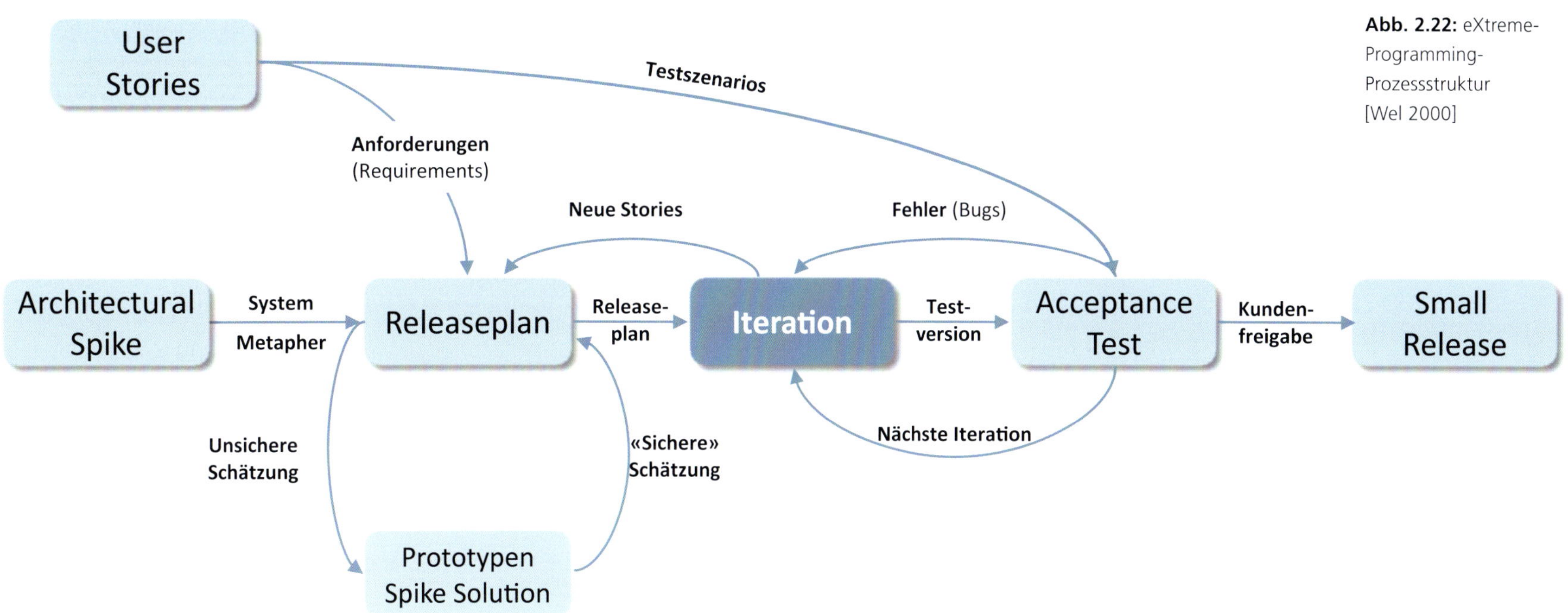

Abb. 2.22: eXtreme-Programming-Prozessstruktur [Wel 2000]

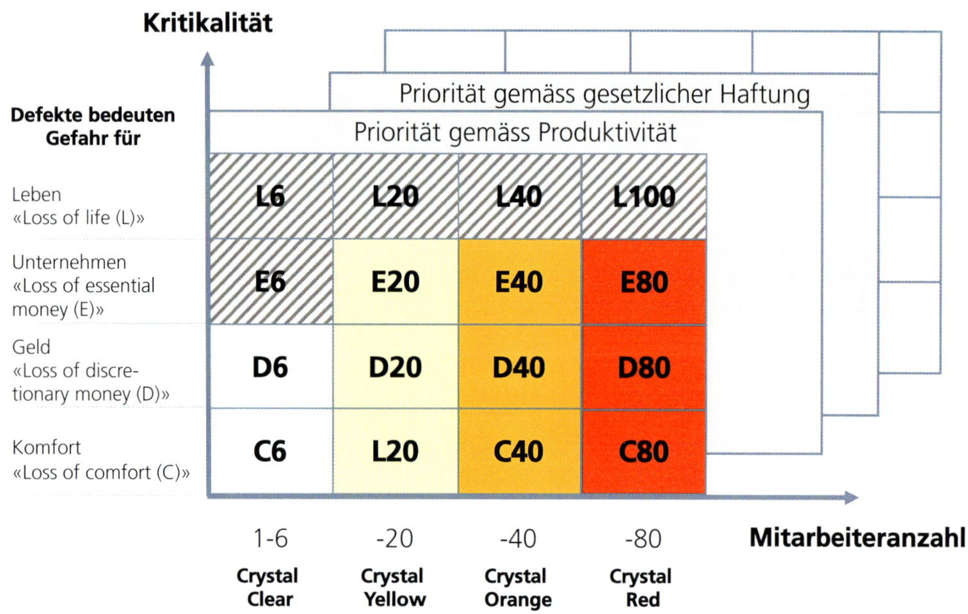

Abb. 2.23: Crystal Family [Coc 1998]

Consulting Group eine Methode für objektorientierte Entwicklung ausarbeiten. Allerdings existierten zu dieser Zeit keine Vergleichsmöglichkeiten, an denen sich das Resultat orientieren konnte. Cockburn, einer der Unterzeichner des Agilen Manifests, analysierte deshalb so viele Projekte wie nur möglich und befragte die jeweiligen Projektteams, was für den Erfolg oder Misserfolg entscheidend gewesen war [BQI 2010].

Er kam zu dem überraschenden Ergebnis, dass Projekte dann erfolgreich abgeschlossen wurden, wenn das Projektteam keine festgelegte Vorgehensweise befolgte, sondern lediglich regelmässig miteinander kommunizierte.

Cockburn kam zu dem Entschluss, dass sowohl jedes Projekt als auch jedes Team einzigartig ist. Das von Cockburn entwickelte Konzept nennt er Crystal Family. Aufgrund dessen erfolgt in Crystal eine grobe Abgrenzung von Softwareentwicklungsprojekten durch folgende Grössen:

- Mitarbeiteranzahl
- Kritikalität (Auswirkungen beim Scheitern)
- Prioritäten des Projekts (zum Beispiel frühzeitige Auslieferung, gesetzliche Auflagen)

Die **Mitarbeiteranzahl** steht für die Anzahl der Projektmitarbeiter, die koordiniert werden sollen. Die **Kritikalität** stuft ein, wie stark sich Fehler in der Software nur auf den Komfort des Anwenders (niedrigste Stufe), den finanziellen Mehraufwand für den Auftraggeber, den Fortbestand des Unternehmens oder sogar auf Menschenleben (höchste Stufe) auswirken. **Prioritäten** können individuell und nach Bedarf bestimmt werden. Durch diese Dimensionen kann vor Projektbeginn die passendste Methode gewählt und bei Bedarf während des Projekts angepasst werden.

Kritikalität: Cockburn unterscheidet bei der Einstufung von Kritikalität folgende Auswirkungen:

- Gefährdung der Kundenzufriedenheit (Comfort)
- Verlust von Geld (Discretionary Money)
- Imageschaden (Essential Money)
- Verlust von Menschenleben (Loss of Life)

Dabei wird der Standpunkt vertreten, für jedes Projekt müsse aufgrund von dessen Grösse (gemessen anhand der Anzahl beteiligter Mitarbeiter) und dessen Kritikalität (von Kundenzufriedenheit bis zur möglichen Gefährdung menschlichen Lebens) ein angepasstes Vorgehen gewählt werden.

Projekte ähnlicher Grösse und Kritikalität entsprechen dabei einer Gruppe von Projekten mit ähnlichen Bedürfnissen. Jedes Projekt definiert sein Vorgehen anhand eines Vorrats von konkreten und praktisch erprobten Methodenelementen.

Prioritäten: Die Prioritäten sind von Unternehmen zu Unternehmen unterschiedlich, z.B.:

- Priorität gemäss der Produktivität
- Priorität gemäss der gesetzlichen Dringlichkeit

Cockburn definierte Einzelbausteine, die individuell ausgewählt und zusammengesetzt werden können. Sie unterstützen die Flexibilität dieser ausgearbeiteten Methodenfamilie. Die Grösse von Projekten kennzeichnete er mit einer Farbe, die Kritikalität verglich er mit einem Härtegrad. So bedeutet zum Beispiel die Crystal Clear-Vorgehensmethodik C6, dass es sich um ein Projekt mit bis zu sechs Personen handelt, wobei C das Risiko charakterisiert (Kundenzufriedenheit = Comfort):

- Crystal Clear ist vorgesehen für kleine Projekte mit einer Kritikalität von Kategorie C bis L und einer Teamgrösse von bis zu 6 Personen, die in einem Raum arbeiten können oder deren Büros sehr nah beieinander sind.
- Crystal Orange und Crystal Orange Web sind geeignet für Projekte mit bis zu 40 Mitarbeitern, die sich alle in einem Gebäude befinden. Wichtige Merkmale geeigneter Projekte sind eine Dauer von 1–2 Jahren, die Notwendigkeit der Einhaltung von Produkteinführungszeiten und die Effizienz bezüglich der Ressourcen Zeit und Geld.
- Crystal Red eignet sich für eine Teamgrösse von 40–80 Personen. Dabei wird die traditionelle Softwareentwicklungsmethode angewendet. Darüber hinaus werden die Teams je nach Arbeitsanforderung zusammengestellt und aufgeteilt.

Die Crystal-Methode definiert wenig allgemeine Vorgaben und zwingt den Anwender zu keiner speziellen Vorgehensweise. Crystal basiert lediglich auf Erfahrungen aus unterschiedlichen Projekten mit Teamgrössen in verschiedenen Situationen und den daraus resultierenden Konsequenzen. Die verschiedenen angewendeten Verfahren können sich innerhalb von Crystal stark voneinander unterscheiden, sie weisen allerdings folgende gemeinsame Merkmale auf [Coc 2004]:

- Der Kunde erhält regelmässig lauffähige Zwischenversionen der Software (mindestens jedes Quartal).
- Probleme und Meinungsverschiedenheiten sowohl innerhalb des Teams als auch mit Vorgesetzten werden offen angesprochen.
- Permanente Suche, Sammlung und Priorisierung von Verbesserungsvorschlägen.
- Enge Kommunikation (innerhalb des Teams und zum Kunden).

Abb. 2.24: Crystal-Family-Zyklen [Coc 1998]

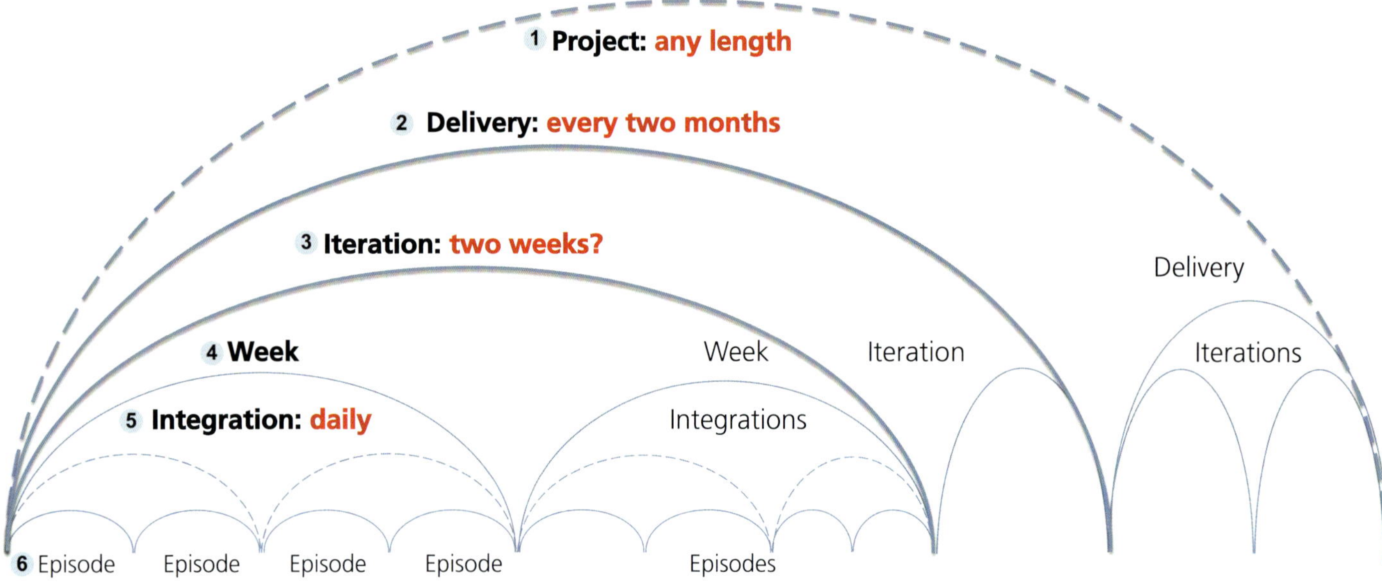

- Auf Kundenseite muss stets ein erfahrener Mitarbeitender als Benutzer des zukünftigen Produkts erreichbar sein.
- Mitarbeitende arbeiten zielorientiert.
- Einsatz von Versionsverwaltung (besser: Konfigurationsmanagement).
- Häufige (automatisierte) Tests des Programmcodes sowie regelmässige Erstellung einer lauffähigen Testversion.

Die Methodenfamilie Crystal baut auf sieben Prinzipien auf, die für alle Variationen gelten:

- **Frequent Delivery:** Funktionierenden und getesteten Code regelmässig an Endanwender ausliefern, um Feedback zu erhalten.
- **Reflective Improvement:** Mithilfe von Reflection-Workshops Möglichkeiten finden, das Vorgehen zu verbessern. Am besten in Form einer inkrementellen Produktentwicklung, bei der nach jeder Iteration eine Retrospektive im Team erfolgt.
- **Close or Osmotic Communication:** Räumliche Nähe führt zu einem natürlichen Informationsfluss. Befindet sich das Team in einem einzigen Raum, verfügt jeder über die benötigten Informationen. Teams sollten daher nicht zu gross sein.
- **Personal Safety:** Jeder im Team muss die Sicherheit haben, Anregungen und Kritik äussern zu dürfen, ohne deswegen einen Schaden zu erleiden. Damit wird unterstützt, dass jeder Einzelne zum Projekterfolg beitragen kann, indem er oder sie sich einbringt.

- **Focus:** Jeder Mitarbeitende kennt die Ziele des Projekts und seine Aufgaben.
- **Easy Access to Expert Users:** Erfahrene Anwender sind für das Projektteam erreichbar. Detailfragen können rasch und ohne Formalitäten geklärt werden.
- **Technical Environment With Automated Tests, Configuration Management and Frequent Integration:** Continuous Integration, Durchführung von automatisierten Tests, Vorliegen von Versionierungs- und Konfigurationstools. Sie helfen dabei, Fehler frühzeitig zu erkennen und somit schneller zu beheben.

Crystal-Projekte bestehen aus sechs Zyklen, die die Liste der Pflichten und Aufgaben des Projektteams definieren:

1. **Projektzyklus – «Project Cycle»:** Obwohl das Projekt selbst eine Einheit eines Produktes ist, folgt in der Regel ein weiteres Projekt, das den Zyklus wiederholt. Der Projektzyklus besteht aus drei Teilen: Vorbereitung (Teambildung, 360°-Studie, Definition der Methodik), eine Reihe von zwei oder mehr Lieferzyklen und ein «Abschlussritual». Er dauert von einigen Tagen bis zu Wochen.
2. **Auslieferungszyklus – «Delivery Cycle»:** Der Auslieferungszyklus besteht aus der Erstellung oder Neukalibrierung des Releaseplans. Diese Einheit bezieht sich auf die Auslieferung einer oder mehrerer Iterationen und zeigt den Fortschritt bis zur Auslieferung des Endprodukts. Sie beinhaltet inklusive Abnahmeprozedere alle Arbeiten, die zum getesteten integrierten Code führen, der an die Benutzer ausgeliefert wird. Der Auslieferungszyklus kann je nach Projektgrösse zwischen einer Woche und drei Monaten oder länger dauern.
3. **Iterationszyklus – «Iteration Cycle»:** Der Iterationszyklus besteht aus drei grossen Teilen: iterative Planung, Tages- und Integrationsaktivitäten des Zyklus und das «Abnahmeprozedere» des Projekts. Dieser Zyklus kann zwischen einer Woche und drei Monaten variieren.

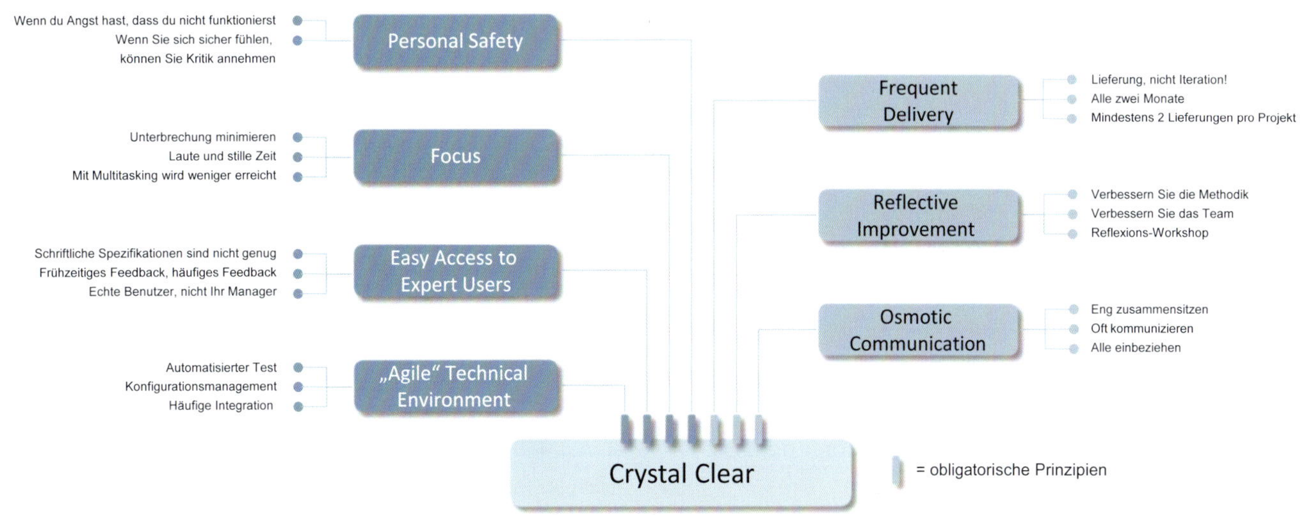

Abb. 2.25: Sieben Prinzipien der Crystal-Methode für agile Entwicklung [Coc 1998]

4. **Arbeitstag – «Workday/Week»:** Der Ablauf des Tages oder der Woche hängt als Einheit der Zykluszeit vom Projektformat und vom Team ab. In diesem Format werden z.B. wöchentliche Abteilungsbesprechungen, Berichterstellungssitzungen der Teamleiter oder Themenvorträge über Mittag abgehalten. Es ist eine Einheit, die die gesamte täglich/wöchentlich geleistete Arbeit zeigt.
5. **Integrationsperiode – «Integration Period»:** Bei der Integrationsperiode handelt sich um eine Einheit von Design, Entwicklung, Integration sowie Systemtests. Dieser Zeitraum beginnt mit einigen Stunden und kann bis zu drei Tage dauern. Je kürzer der Integrationszyklus ist, desto besser.
6. **Episode – «Episode»:** Eine Episode ist die kleinste Einheit und enthält Entwerfen, Entwickeln und Prüfen eines kleinen Codeabschnitts (Iteration). Dies kann zwischen einigen Minuten und einigen Stunden dauern und ist im Wesentlichen die Grundlage für die Arbeit des Programmierers in der «flexiblen Entwicklung». Ein Teammitglied nimmt eine kleine Aufgabe an, programmiert eine Lösung (idealerweise mit Test) und überprüft sie in einer Konfiguration mit dem gesamten System.

Am Anfang einer Entwicklungseinheit werden, zusammen mit dem Kunden, mittels Interviews und Workshops die Use Cases gesammelt, die nach bestimmten Vorgaben der Erfassung von Anforderungen dienen. Alle aus den Use Cases resultierenden Aufgaben werden in der Reihenfolge und nach der Möglichkeit der Parallelisierung angeordnet. Der Grad der Parallelität und die gleichmässige Verteilung der Verpflichtungen werden so weit als möglich optimiert. Als Nächstes erfolgt die Zuordnung der Aufgaben gemäss Kundenpriorität und Risikobeurteilung zu den vorgesehenen Iterationen. Nach der Planung und der Verteilung der Aufgaben erledigen die Teammitglieder im Rahmen der Iteration jeden ihrer Schwerpunkte. Der Kunde wird bei Fragen herangezogen, die auf die bereits umgesetzten oder auch auf die noch umzusetzenden Anforderungen einen Einfluss haben können. Wie bei anderen agilen Softwareentwicklungsmodellen erfolgen, soweit dies möglich ist, automatisierte Tests. Sobald ein lauffähiges und für den Kunden nützliches Inkrement erstellt wurde, wird dieses in das Lifesystem integriert.

2.3.4 Test-Driven Development (TDD)

In der agilen Softwareentwicklung hat das Testen der Software einen sehr hohen Stellenwert. Dabei garantiert nur ein diszipliniertes Testen, dass jederzeit die gesamte Software geändert werden kann, ohne dass sie dadurch instabil wird. Dieser hohe Anspruch kann durch das Einsetzen der TDD-Technik erfüllt werden. Der Ansatz von TDD ist,

> Als Quellcode oder auch Quelltext bezeichnet man einen Text, der durch einen Compiler oder Interpreter so «übersetzt» werden kann, dass er als eigenständiges Programm fungiert. Ein Quellcode kann zwar prinzipiell von jedem Menschen gelesen werden, er wird aber meistens nur von Personen verstanden, die programmieren können [http://www.das-grosse-computer-abc.de/ABC/Quellcode].

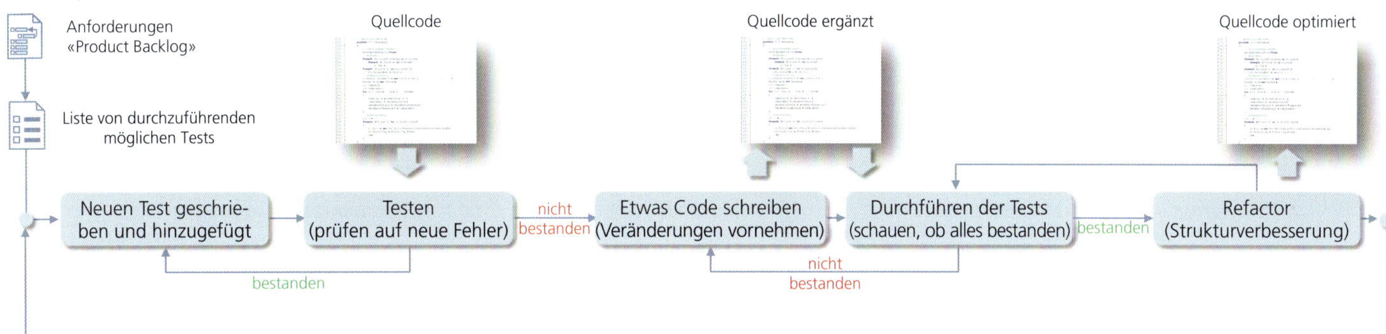

Abb. 2.26: Test-Driven Design/Development (TDD-Prozess)

dass die Testfälle vor dem eigentlichen Code geschrieben werden. Damit wird gewährleistet, dass zu jedem Codefragment ein entsprechender Test existiert. Testgetrieben bedeutet somit, dass der Test jeweils das zentrale Mittel für das Voranschreiten der Entwicklung ist. An einem erfolgreichen Test wird somit nicht nur die Qualität, sondern auch der Fortschritt gemessen.

Beim testgetriebenen Entwurf geht man nach dem testgetriebenen Entwicklungsrhythmus vor [Wol 2011]:

1. Es wird eine Liste von Tests für die zu entwickelnde Einheit zusammengestellt.
2. Ein Test aus der Liste wird für die Implementierung ausgewählt.
3. Der Test wird geschrieben.
4. Test durchführen: Der Quelltext wird z.B. nicht kompiliert werden können, weil er Operationen referenziert, die an der zu testenden Einheit noch nicht geschrieben sind. Es wird mit so wenig Aufwand wie möglich der Quelltext ergänzt, sodass er kompiliert werden kann.
5. Der Test kann nun ausgeführt werden. Er wird allenfalls fehlschlagen.
6. Wenn er fehl schlägt, wird so viel an produktivem Quelltext geschrieben, bis der Test erfolgreich verläuft.
7. Der Quelltext wird so restrukturiert, dass er kompakt und einfach formuliert ist.
8. Die Tests werden erneut ausgeführt, um sicherzugehen, dass die Restrukturierung nichts zerstört hat.

2.3.5 Acceptance Test-Driven Development (ATDD)

Auch die akzeptanztestgetriebene Entwicklung wird vorwiegend bei der Softwareentwicklung eingesetzt. Dabei wird die Softwarequalität aufgrund von Akzeptanzkriterien, denen die Funktionalitäten genügen müssen, geprüft. Die Akzeptanzkriterien sowie die Testfälle werden grundsätzlich vom Product Owner definiert und können je nach Funktionalität variieren. Dabei dürfen technische Akzeptanzkriterien nicht vergessen gehen. Das Ziel von

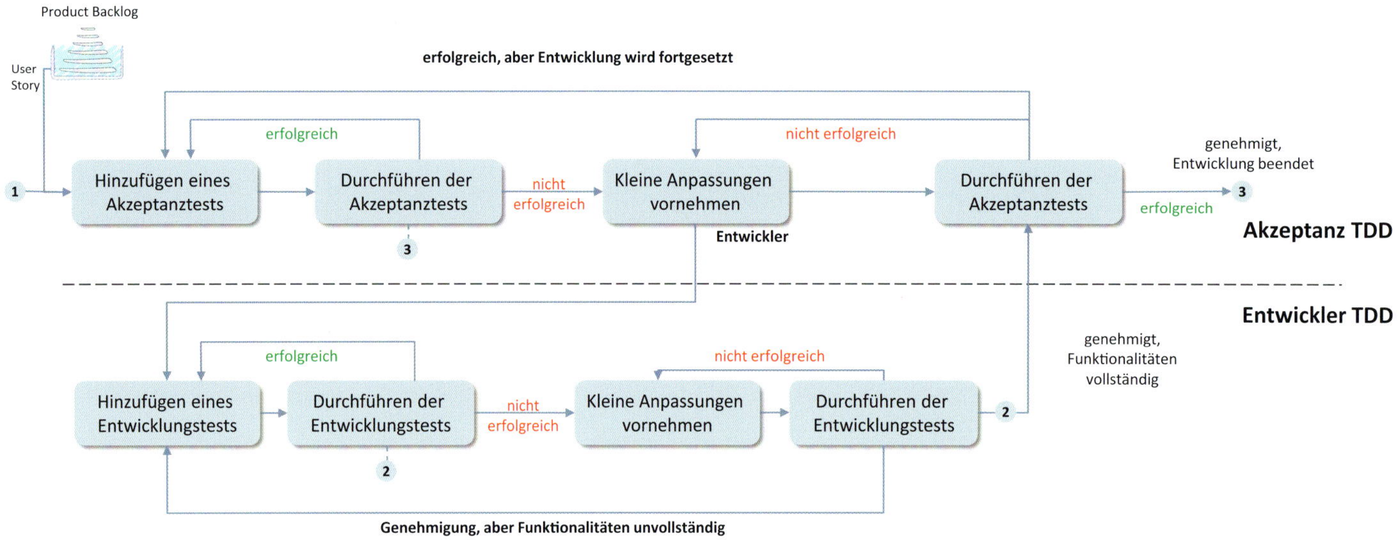

Abb. 2.27: Acceptance-Test-Driven-Development-Prozess in Anlehnung an [Gär 2012]

Acceptance Test-Driven Development (ATDD) ist es, genau diese Diskrepanz zwischen fachlichen Anforderungen (wie sie ein Kunde formulieren würde) auf der einen Seite und dem technischen Ablauf der Überprüfung der Anforderungen (wie sie ein Entwickler in einem Test manifestiert) auf der anderen Seite zu überwinden.

Wird das Vorgehen bei der akzeptanztestgetriebenen Entwicklung anhand der Erstellung einer Value Stream Map erläutert, so erkennt man, dass nach der Ermittlung der Anforderungen diese nicht nur analysiert wird, sondern dass zu diesem Zeitpunkt auch die Abnahmetests erstellt werden. Wie bereits erwähnt, sollten die Testfälle vom Kunden geschrieben werden. Zusätzlich müssen/können auch Tester wie Entwickler zu diesem Zeitpunkt Testfälle schreiben, sodass für die Anforderungen ein vollständiges Testpaket zur Verfügung steht. Anschliessend wird, wie beim klassischen Vorgehen, das Design erstellt. Im vierten Schritt wird dann von den Entwicklern anhand der formulierten Abnahmetests der Code erstellt. Dabei verbinden die Entwickler die Tests mit dem Code. Fehlgeschlagene Tests geben somit schnell Aufschluss darüber, wenn die Implementierung nicht erfolgreich sein wird, da die Anforderungen nicht erfüllt werden [Pug 2011].

Die akzeptanztestgetriebene Entwicklung ist somit ein Kommunikationswerkzeug zwischen dem Kunden bzw. den Anwendern, den Entwicklern und den Testern; es stellt sicher, dass die Anforderungen gut beschrieben sind. Die akzeptanztestgetriebene Entwicklung verlangt keine Automatisierung der Testfälle, wenngleich diese für das Regressionstesten hilfreich wären. Die Testfälle bei der akzeptanztestgetriebenen Entwicklung müssen jedoch auch für Nichtentwickler lesbar sein. Sie können in vielen Fällen aus den Testfällen der Entwickler abgeleitet werden [Wiki 2021]. Das grundsätzliche Ziel von ATDD ist es, verständliche, wartbare und gleichzeitig ausführbare Testspezifikationen zu schreiben.

Ein typisches Akzeptanzkriterium ist nach folgendem Schema aufgebaut:

- Definition der notwendigen Vorbedingungen (was löst die Funktion aus, z.B. wenn X und Y grün sind).
- Beschreibung eines Verhaltens oder eines Vorgangs (z.B. werden die Einzelpositionen des Einkaufs direkt zusammengezählt).
- Erwartetes Ergebnis (z.B. die Mehrwertsteuer von x % wird berechnet).

Eine durch einen Akzeptanztest erfolgreich verifizierte Funktionalität oder Anforderung gilt insgesamt als akzeptiert. Die akzeptanztestgetriebene Entwicklung ist somit eine Schritt-für-Schritt-Methode für die Abnahme fertiggestellter Inkremente.

2.3.6 Feature-Driven Development (FDD)

Gemäss Chanton [Cha 2017] ist das Feature-Driven Development von Jeff De Luca, verglichen mit anderen agilen Entwicklungsmethoden wie Scrum oder eXtreme Programming, ein eher schwergewichtiger Prozess. FDD schreibt eine grössere Anzahl von Rollen und Prozessen vor. Wo leichtgewichtige Prozesse wie Scrum oder eXtreme Programming durch ihre vagen und bewusst offenen Regelungen noch da und dort für Ablehnung sorgen, vermag FDD durch sein klar definiertes Vorgehen schon eher zu überzeugen. FDD eignet sich aufgrund der klaren Vorgehen in den ersten drei Prozessschritten für Vorhaben mit einem bestimmten Umfang, so z.B. explizit für Festpreisprojekte. Bei kleineren Vorhaben und/oder Unternehmen ist der Bedarf an qualifiziertem Personal relativ schwierig abzudecken.

Features sind feingranulare (Programm-)Funktionen, die so weit zerlegt wurden, dass sie innerhalb von maximal zwei Wochen realisierbar sind. Alle Features folgen einer einheitlichen, dem Kunden verständlichen Namenskonvention nach dem Schema <Aktion> <Ergebnis> <Objekt>. FDD hat den Vorteil der guten Skalierbarkeit nach oben, der benutzerzentrierten Vorgehensweise durch das Prinzip der Features und insbesondere der vergleichsweise genauen Möglichkeiten zur Bestimmung des Projektfortschritts. Den für ein Projekt verantwortlichen Personen wird mit FDD ein starkes Instrument zur Strukturierung des Entwicklungsprozesses zur Verfügung gestellt [Cha 2017]. Die FDD-Prozessschritte sind [Pal 2002]:

Gesamtmodell (Develop an Overall Model): Fachexperten und Entwickler diskutieren unter der Leitung des Chefentwicklers Inhalt und Umfang des zu entwickelnden Systems. – Ziel: Konsens über Inhalt und Umfang sowie fachliches Kernmodell.

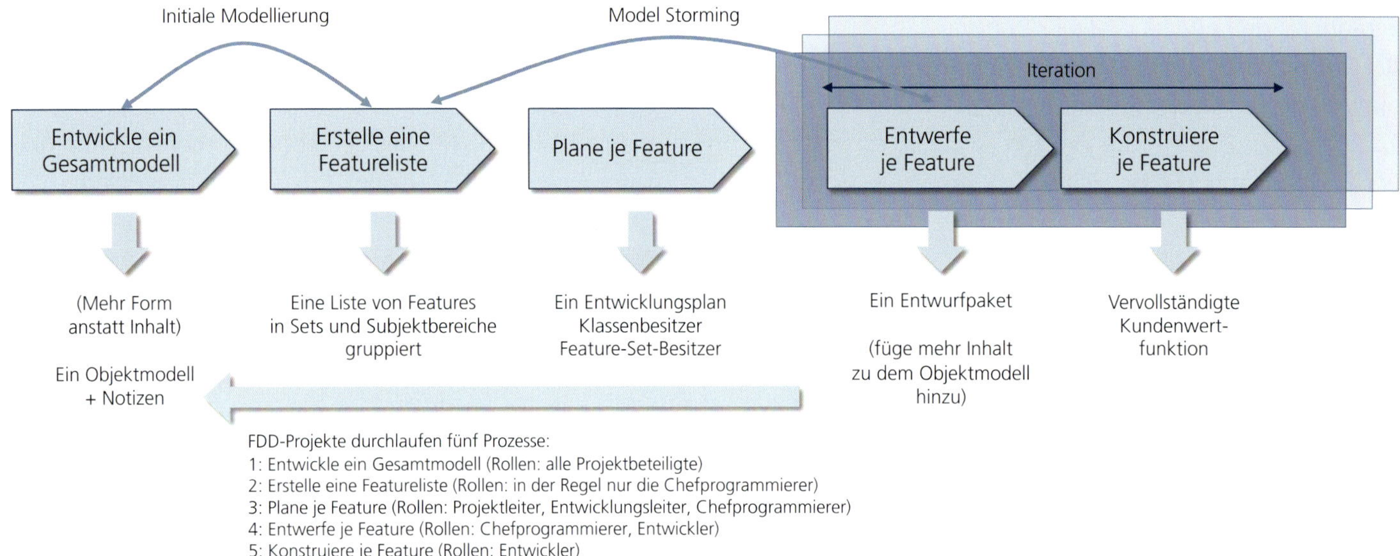

Abb. 2.28: FDD (Feature-Driven Development) [Pal 2002]

Anforderungsliste (Build a Features List): Anhand eines dreistufigen Schemas (Subject Areas, Business Activities, Steps) detaillieren die Entwickler die Systembereiche der Features. – Ziel: Erstellen einer Liste mit allen Features, die zur Erfüllung der Anforderungen des Systems nötig sind.

Planung je Anforderung (Plan by Feature): Der Projektleiter 5.0, der Entwicklungsleiter und der Chefprogrammierer planen die Reihenfolge, in der die Features erstellt werden sollen. – Ziel: Festlegung der Fertigstellungstermine je Geschäftsaktivität anhand des Plans; Zuordnung der Verantwortlichkeiten.

Entwurf je Anforderung (Design by Feature): Zuweisung der Features der nächsten Iteration an die Entwicklungsteams. Erstellung von Diagrammen (insbesondere Sequenzdiagramme) sowie Verfeinerung des Klassenmodells. Klärung von Fragen mit den Fachexperten. – Ziel: abgestimmtes Klassenmodell und Überprüfung der Ergebnisse.

Erstellung einer Anforderung (Build by Feature): Die Entwickler programmieren nun die in Schritt 4 vorbereiteten Features. – Ziel ist es, die erstellten Feature des aktuellen Work Packages in diesem fünften Schritt in das Gesamtsystem zu implementieren und zu testen.

2.3.7 DevOps = Development and Operations

Softwaresysteme sind heute oftmals nicht mehr abgeschlossene Projekte, sondern werden kontinuierlich weiterentwickelt. Zudem sieht tendenziell ein Betreiber in

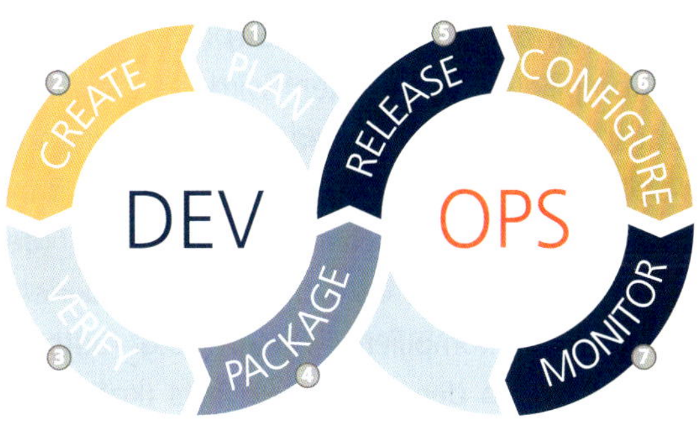

Abb. 2.29: Phasen in einem DevOps-Prozess, die kontinuierlich fortgesetzt werden

jeder Veränderung (Change) ein Ausfallrisiko für das produktive System. Hinzu kommt, dass durch rasche und kontinuierliche Bereitstellung von Softwareänderungen auch ein direkterer Zugriff auf die Steuerung der Infrastruktur notwendig wird [Kof 2018].

Der belgische Systemadministrator Patrick Debois erkannte, dass eine verbesserte Art und Weise der Zusammenarbeit zwischen «Dev» und «Ops» zu einer schnelleren und fehlerärmeren Softwareauslieferung führen kann. Dieser Ansatz und die Massnahmen dazu werden seit der ersten DevOpsDays-Konferenz 2009 in Genf unter dem Begriff DevOps zusammengefasst [Wiki 2021].

Hinter DevOps verbergen sich eine Organisationsstruktur und eine Vorgehensweise zur kontinuierlichen (Weiter-)Entwicklung und gleichzeitigen Verantwortung des Betriebs von Softwaresystemen durch ein Team. DevOps-Teams verantworten die Entwicklung von Software sowie den Betrieb inklusive Infrastruktur in gleichem Masse [Kof 2018]. Vereinfacht betrachtet, konzentriert sich DevOps auf die Zusammenführung aller Beteiligten des Softwareentwicklungszyklus auf drei Ebenen: Personal, Prozesse und Werkzeuge.

DevOps als integralen Bestandteil des Software Delivery Lifecycles zu nutzen, ist nicht nur für viele IT-Abteilungen eine smarte Strategie, sondern für die meisten digital ausgerichteten Organisationen eine Notwendigkeit. Die Grundlagen von DevOps liegen durchaus im Lean Software Development, der Theory of Constraints und der Toyota-Kata-Bewegung (siehe Kapitel 2.4.4.1). Viele sehen DevOps auch als logische Fortsetzung der Agile-Software-Bewegung, die 2001 begann [Kim 2017]. In den sieben DevOps-Prozessschritten werden, in Anlehnung an Kofler, folgende Aufgaben ausgeführt [Kof 2018]:

1. **Plan (Planen)**
   Planen ist das Requirements Engineering im DevOps-Entwicklungsprozess. Es beinhaltet das Erheben, Analysieren und Definieren von Anforderungen an das Produkt. In diesem Schritt werden Arbeiten wie Geschäfts-, Produktions- und Releasemetriken erstellt und aktualisiert, Anforderungen definiert, Releaseplan, Zeitplanung und allenfalls ein Business Case erstellt sowie Security Policy und Security-Anforderungen erarbeitet.
2. **Create (Erstellen/entwickeln)**
   Das Erstellen beinhaltet den Softwareentwurf (z.B. unter Anwendung von Architekturmustern und Design Patterns) sowie die Implementierung selbst. In diesem Schritt werden Arbeiten wie Entwurf von Software und Konfiguration, Codierung einschliesslich Test von Codequalität sowie Performance und Erstellen des Release-Inkrements mit allen Elementen ausgeführt.

2.4.1 Konventionelles Projektmanagement

Beim konventionellen Vorgehen werden sequenzielle Vorgehens-, Phasen- und Prozessmodelle verwendet. Dabei werden standardisierte Projektmanagementinstrumente wie Strukturpläne, Meilensteine, periodische Statusberichte etc. eingesetzt, die den Projektablauf so steuern, dass die Abweichungen hinsichtlich Kosten, Zeit und Umfang vom anfänglich erstellten Plan minimal sind [Glo 2019].

Möglichst früh im Projekt übernimmt ein Projektleiter die Verantwortung für dieses Vorhaben, indem er mit einem Integrationsmanagement, unterstützt durch Steuerungsinstrumente wie Team-, Change-, Qualitäts-, Risikomanagement etc., das Projekt zum gewünschten Erfolg führt.

Dieses Vorgehen hat, wie fälschlicherweise oft behauptet, nichts mit starren Hierarchien und dogmatischem Vorgehen zu tun. Auch hier steht die Teamleistung mit qualifizierten Personen im Mittelpunkt, und mit Instrumenten wie Änderungs- oder Claimmanagement reagiert man sehr einfach auf Veränderungen der Kundenbedürfnisse und neue Erkenntnisse.

Ideal geeignet für: Projekte mit stabilen festgelegten statischen Spezifikationen/Vorgaben; Produkte mit hoher Reglementierung und hohen Qualitätsstandards; repetitive Projekte wie im Anlagenbau z.B. Unterwerke, sehr grosse

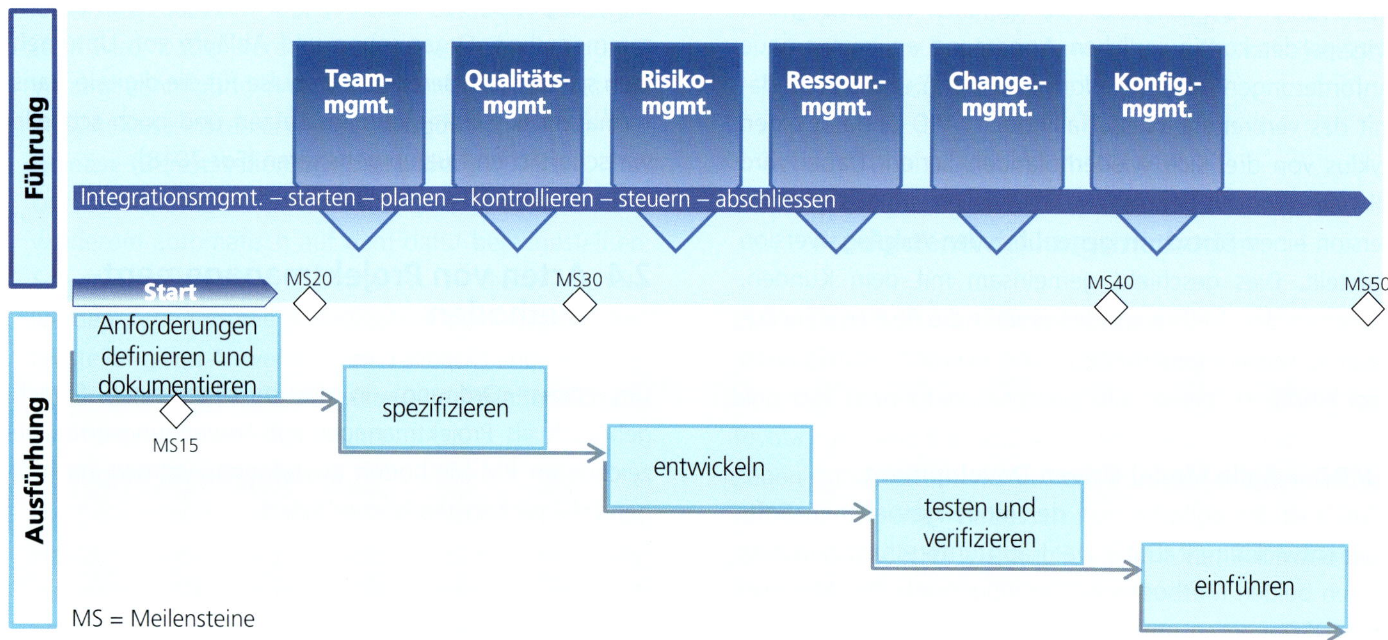

Abb. 2.30: Konventionelles Projektmanagement mit den wichtigsten Führungsdisziplinen

funktionale sowie soziale und komplexe Projekte mit einem klaren Auftragsrahmen wie Optimieren/Erneuern von Legacy-Applikationen, die strukturell in die Tiefe und ins Detail gehen, oder Tunnelbauprojekte, bei denen der Tunnel bis zu einem fixen Termin fertiggestellt werden muss.

Die Ausdrücke **klassisches, traditionelles** oder **konventionelles Projektmanagement** werden häufig als Differenzierung zum agilen Projektmanagement verwendet.

2.4.2 Agiles Projektmanagement

Wie in Kapitel 2.3 erläutert, betrachtet der Autor das rein agile Scrum-Vorgehen im theoretischen Sinne nicht als ein Vorgehens-, sondern als ein Software-Produktentwicklungsmodell. Es ist klar nachvollziehbar, dass bei der Urversion, bei der es sich – wie ebenfalls schon erwähnt – um ein erfolgreiches, agiles Rahmenwerk in der Softwareentwicklung handelt, die Rolle des Projektleiters nicht existiert oder nur eine Nebenrolle darstellt.

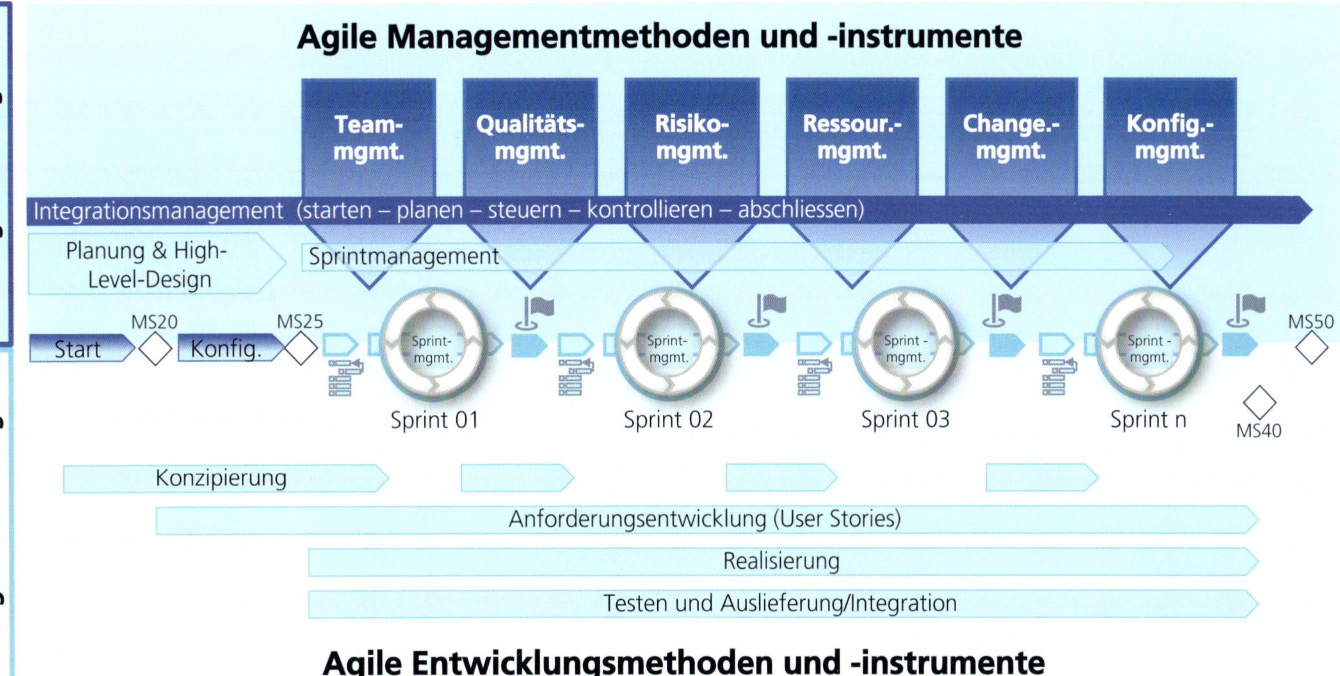

Abb. 2.31: Agiles PM setzt sich aus Führung und Ausführung zusammen

Zwischenzeitlich hat sich das Produktentwicklungsmodell insbesondere im Managementbereich mit weiteren Artefakten, Methoden, Techniken und Instrumenten wie Time Boxing, Releaseplan, Story Maps, WIP-Limit, Velocity, Priority Poker etc. weiterentwickelt. Dadurch wird das effiziente agile Arbeiten in einem breiteren projektorientierten Wirkungskreis und nicht zuletzt auch bei konventionell geführten sehr grossen Softwareentwicklungsprojekten, wie auch bei weiteren Projektarten von Marketing- bis zu Bauprojekten, einsetzbar. Die Transformation vom Produktentwicklungs- zum umfassenden Projektabwicklungsmodell wird gerne agiles Projektmanagement genannt.

Agiles Projektmanagement ist ein Oberbegriff für ein Projektvorgehen, das auf der *Projektausführungsebene* das agile Produktentwicklungsmodell Scrum oder andere agile Entwicklungsmodelle wie eXtreme Programming einsetzt. Zusätzlich werden auf der *Projektführungsebene* aufgrund der Vorhabensgrösse, der Komplexität sowie des sozialen Impacts verstärkt agile Führungsinstrumente, Techniken und Arbeitsmethoden wie Kanban, Releaseplan, Velocity, Capacity Plan, WIP-Limit, Priority Poker, Cost of Delay etc. eingesetzt und auch die «traditionellen» Führungsaufgaben Stakeholdermanagement, Beschaffungsmanagement, Lieferantencontrolling, Projektmarketing etc. ausgeführt. Agiles Projektmanagement definiert sich gemäss dem Agilen Manifest (Werte und Prinzipien) und insbesondere dadurch, dass der Anforderungsscope nicht zu Projektbeginn fix festgelegt wird. Mit dem iterativen und inkrementellen Entwicklungsvorgehen wird schnellstmöglich ein für Kunden brauchbares Produkt ausgeliefert, das stufenweise mittels Sprints weiter ausgebaut wird. Insbesondere das Arbeiten nach agilen Prinzipien (starker Kundenfokus) sowie das Einsetzen agiler Arbeitsmethoden wird mehr und mehr in verschiedenste Projekte übernommen.

Ausgehend von dem erfolgreich eingesetzten agilen Produktentwicklungsmodell Scrum, das mit selbstgesteuerten interdisziplinären Teams arbeitet, entsteht vielerorts die Frage, ob es noch einen Projektleiter braucht. Die Praxis hat gezeigt, dass sich bei grösseren und sozial komplexen Vorhaben die Rolle der Projektleitungsperson mit wichtigen Führungsaufgaben weiterhin bewährt. Der Projektleiter ist dann oft Teil des Projektmanagementteams und für die wichtigen übergeordneten Planungs- und Steuerungsarbeiten wie Changemanagement, Stakeholdermanagement etc. zuständig (siehe Kapitel 5.9.2). Zum Teil werden beim agilen Projektmanagement die in den Kapitel 6.7.1 bis 6.7.6 aufgeführten konventionelle Führungsarbeiten wie z.B. Risiko- und Qualitätsmanagement nicht nur explizit von der Projektleitungsperson, sondern richtigerweise auch von diversen weiteren involvierten Rollen übernommen.

Die Projektleiterperson muss zwingend die agilen Prinzipien leben können und die agilen Praktiken beherrschen. Daher wird sie in diesem Buch Projektleiter 5.0 genannt. Sie ist Mitglied des Projektmanagementteams, das zusammen mit dem Scrum Master und Product Owner nach dem Servant-Leadership-Ansatz das Projekt koordiniert.

Ideal geeignet für: Projekte mit grosser inhaltlicher Toleranz, die eine sehr hohe Mitwirkung des Auftraggebers bzw. dessen Vertreters (Product Owner) bei der Erstellung des Werks verlangen [Glo 2019].

2.4.3 Hybrides Projektmanagement

Hybrides Projektmanagement nutzt die Methoden, Instrumente, Phasen, Prozesse und Rollen unterschiedlicher Projektstandards oder Vorgehensmodelle für ein erfolgreiches Projektvorgehen. Insbesondere ist es eine ideale Form der Kombination von agiler Entwicklung (Scrum) und sequenziellem Vorgehensmodell (Wasserfallmodell), ergänzt durch Managementansätze wie Critical Chain Project Management oder Leanmanagement. Wie im agilen PM wird dabei das Projekt allenfalls mit einem Agile Project Management Team durchgeführt, das agile Prinzipien, Methoden und Praktiken einsetzt.

Ideal geeignet für: Hybride adaptive Projektabwicklung wird speziell bei der Erstellung und Einführung grosser, komplexer Systeme angewendet, bei denen zuerst oder parallel zum inkrementellen Entwickeln von Teilprodukten ein Basissystem erstellt wird bzw. werden muss. Es kommt auch bei Projekten zur Anwendung,

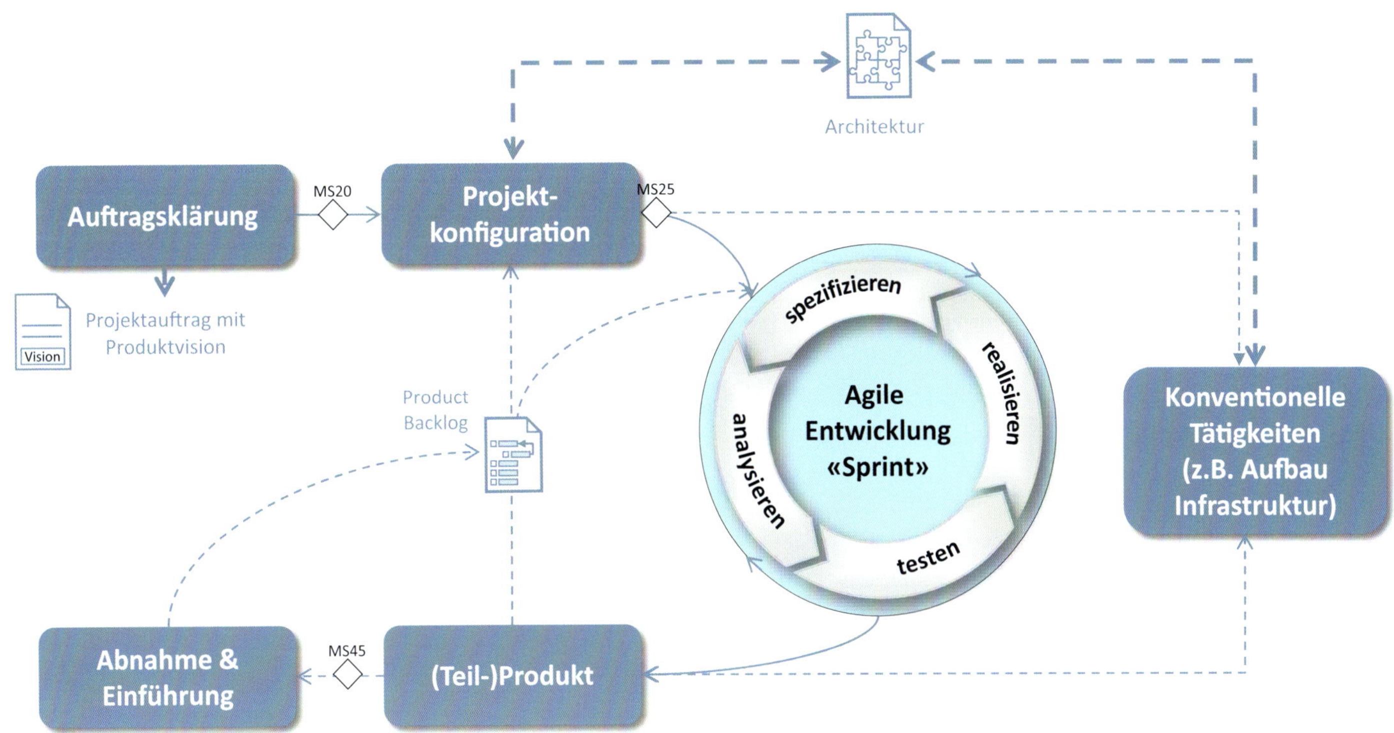

Abb. 2.32: Hybrides Phasenmodell der Produktentwicklung

in denen parallel zur Produktentwicklung weitere, klar abgrenzbare Arbeiten durchgeführt werden können oder müssen. Weitere Randbedingungen, die für hybrides Projektmanagement sprechen, sind vorgegebene Standards und/oder statische Projektziele und Spezifikationen, fixe Budgetplanung und Festpreisvorhaben.

2.4.4 Weitere Arten von PM-Methoden

Es gibt weitere Arten von PM-Methoden o.Ä.: Bei diesen handelt es sich nicht um spezielle agile Methoden, sie werden jedoch im Zusammenhang mit agiler Umsetzung häufig eingesetzt.

2.4.4.1 Kanban-«Projektmanagement»

Das Kanban-Prinzip bzw. die Kanban-Methode wurde von der Firma Toyota entwickelt und unterstützt sehr stark das Just-in-time-Prinzip. Es ist im Grundsatz eine sehr einfache und flexible Produktionssteuerung.

Kanban ist aus Sicht des Autors keine PM-Anwendungsart, da es kein eigenes Vorgehens- oder Entwicklungsmodell umfasst. Es ist, wie auch das PMI (Project Management Institute) erläutert, eine Methode, die sich am ursprünglichen Kanban-Arbeitsfortschrittskontrollsystem orientiert. Sie eignet sich insbesondere für die Wissensarbeit und kann somit auch in der agilen Projektabwicklung als universelles

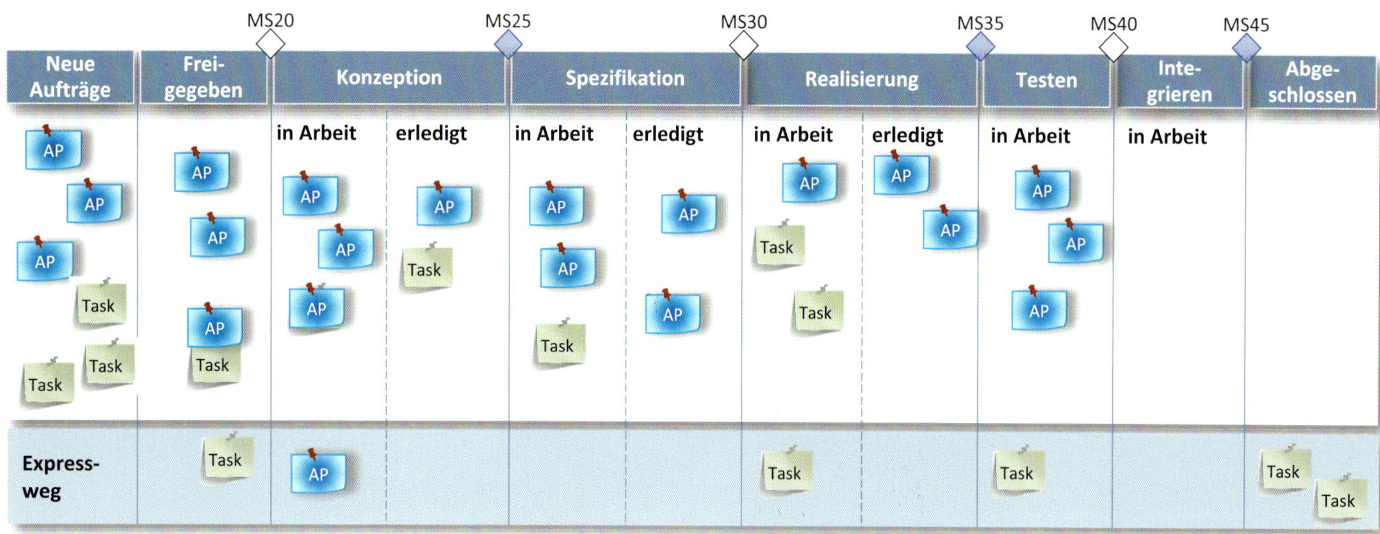

Abb. 2.33: Beispiel eines phasenbezogenen Kanban Boards für die Projektkoordination, mit eingebautem Expressweg (Fast Lane)

Abb. 2.34: Kanban Board als Taskboard für einen Sprint

Steuerungsinstrument sehr gut eingesetzt werden. Es ist jedoch kein Framework, das Iterationen vorsieht. Wie Abbildung 2.34 zeigt, eignet es sich sehr gut für das Steuern des Sprintprozesses. Im Zusammenhang mit Kanban werden die Pull- und WIP-Prinzipien eingeführt, die das persönliche Arbeitsverhalten wie auch das des Teams verändern. Sie fördern eine stärkere Zusammenarbeit am Arbeitsplatz.

Das Pull-Prinzip bedeutet, dass der Mitarbeitende die Aktivierung der Aufgabe (Arbeitspaket) selbstständig übernimmt. Er zieht den Arbeitsauftrag durch die einzelnen Arbeitsstationen durch.

Mit dem WIP-Prinzip (Work in Progress) wird das Ziel verfolgt, die Anzahl an gleichzeitigen Arbeiten pro Mitarbeitendem zu begrenzen, um so jederzeit die Art der Auslastung des Gesamtprozesses zu erkennen und bei allfälligen Engpässen sofort intervenieren zu können.

Der Fokus auf Leistungsengpässe begünstigt auch die Entwicklung von Diskussionen über wirkungsvolle Verbesserungsmassnahmen. Kanban ist derzeit eine populäre Methode, um das Aufgabenmanagement – wo und wann auch immer – agiler zu gestalten und um Veränderungen in kleinen und kleinsten Einheiten evolutionär herbeizuführen.

Kanban Boards sind, wie Abbildung 2.34 zeigt, ein ausgezeichnetes Kommunikations- und Informationsinstrument – nicht nur teamintern, sondern auch teamextern. Daher werden Kanban Boards mehr und mehr auch in konventionellen Projekten als Kommunikationsinstrumente eingesetzt.

Agile Teams nutzen Pull-Systeme

Insgesamt besteht Kanban ursprünglich aus drei, ergänzend aus fünf Prinzipien [Epp 2011]:

- «Visualize the Workflow» (Arbeitsablauf visualisieren)
- «Limit Work in Progress (WIP)» (Anzahl laufender Arbeiten einschränken)
- «Manage Flow» (Arbeitsfluss verwalten)
- «Make Process Policies Explicit» (Prozessrichtlinien explizit machen)
- «Improve Collaboratively» (gemeinsam verbessern)

In gewisser Weise stellen die zwei letzten Regeln eine Ergänzung der dritten Regel («Manage Flow») dar. Diese wurde entsprechend weiter spezifiziert und durch klarere Anweisungen erweitert. Die zentralen Werte von Kanban sind Ganzheitlichkeit, Menschlichkeit, Autonomie und Veränderung. Entscheidend für den Erfolg von Kanban ist das Befolgen der Werte durch alle Beteiligten [Prö 2012].

Vorteile	Nachteile
Hohe Transparenz der geplanten Aufgaben für das Projektteam	Erfordert von allen Teilnehmern hohe Disziplin und keine Hidden Agenda
Für Teammitglieder auch ohne PM-Know-how leicht verständlich und durch die Visualisierung nachvollziehbar	Nicht geeignet bei hohem Dokumentationsanspruch
Dank der fest vorgegebenen WIP-Limits wird negatives Multitasking optimal vermieden; Fokussierung und somit Limitierung gleichzeitiger Arbeit	Für zu grosse Teams nicht geeignet – die Übersichtlichkeit geht verloren
Vermeidung von unnötiger Arbeit (wegen Pull-Mechanismus Produktion nur nach internen oder externen Aufträgen)	Es wird ein zentrales, für alle Beteiligten zugängliches Board (in Papierform mit Post-it oder elektronisch) benötigt
Steigerung der Produktivität und Verringerung der Durchlaufzeiten	Bei ungenügender Disziplin kann schnell ein Chaos entstehen

Geeignet für: kleinere Vorhaben oder kleine Teilprojekte, z.B. um bestehende Prozesse schrittweise zu optimieren und einzuführen. Die detaillierte Zerlegung minimiert das Risiko und den möglichen Widerstand infolge von Änderungen. Kanban kann je nach Projektsituation und -art bei allen PM-Anwendungsarten – ob agiles, hybrides oder konventionelles Vorgehen – eingesetzt werden.

Das Kanban-Board hat sich aufgrund seiner einfachen Handhabung zu einem «Allerweltsding» entwickelt. Daher gibt es Unmengen an Varianten wie:

- Sprint-Kanban für Entwicklungs- und Serviceteams
- Kanban für den konventionellen Entwicklungsprozess
- Sprint-Kanban für Dienstleistungen
- Etappen-Kanban
- Portfolio-Kanban

2.4.5 Critical Chain Project Management (CCPM)

Goldratt [Gol 1997] definierte in seinem als Roman verfassten Planvorgehen einen neuen Denkansatz, der bezüglich der zeitlichen Planwerte für Projekte von entscheidender Bedeutung ist. Wie bei der Netzplantechnik wird der Pfad, auf dem die Arbeitspakete liegen (die durchgehend

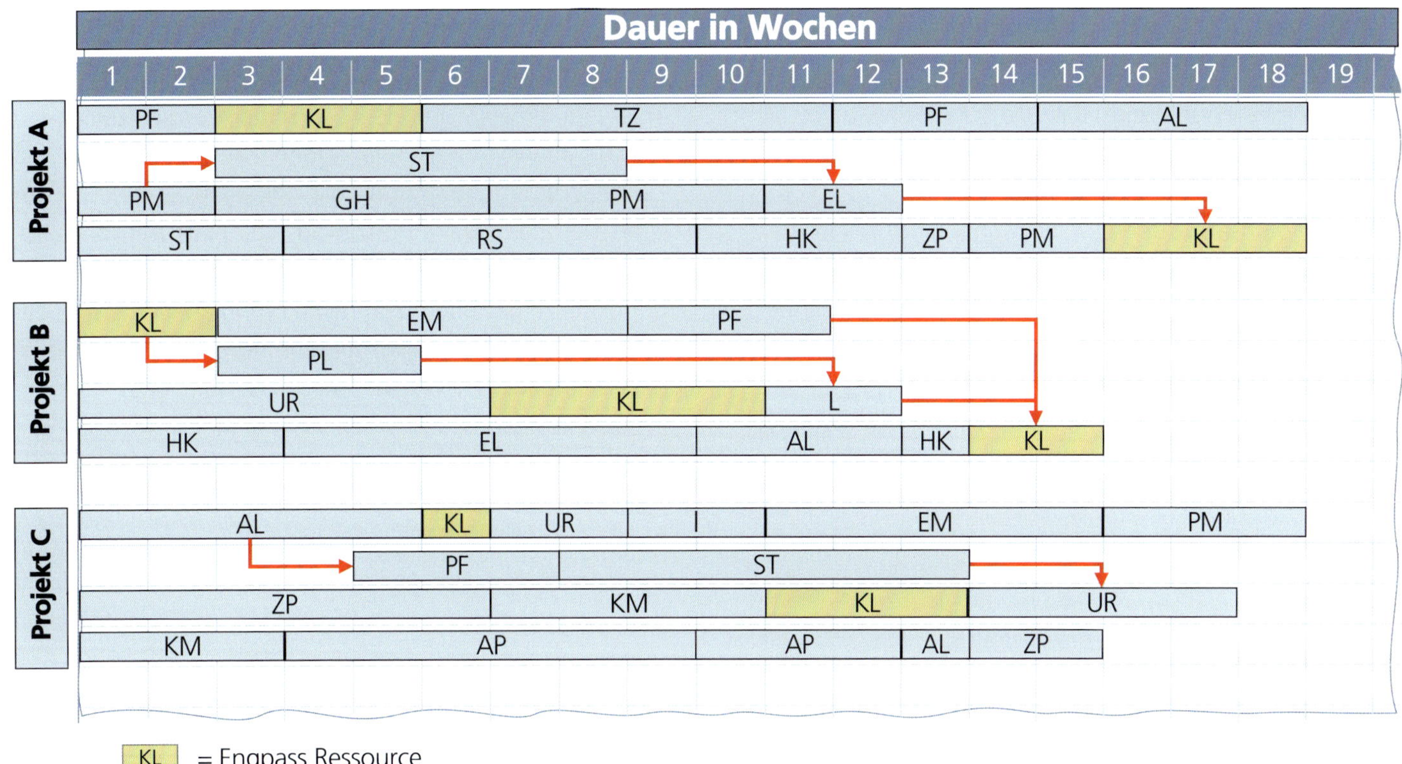

Abb. 2.35: CCPM-Planungsansatz bezüglich Engpassressource

keine Pufferzeiten aufweisen), als Critical Path bezeichnet. Goldratt definiert nicht einen Critical Path, sondern eine Critical Chain, sprich eine kritische Kette.

Goldratt hat mit seinem Planvorgehen insbesondere zwei generelle Schwachpunkte aufgedeckt: Einerseits wird bei jedem Arbeitspaket von den Mitarbeitenden gerne aus diversen Gründen eine gewisse Reservezeit mit einberechnet. Diese Reserven sollen nicht auf den einzelnen Arbeitspaketen liegen, sondern gebündelt am Schluss einer jeden Kette für den gezielten Einsatz durch den Projektleiter bereitliegen. Andererseits wurde festgestellt, dass die meisten Projekte immer auf Schlüsselpersonen warten, die bei diversen Projekten eingesetzt werden. Gemäss Goldratt darf z.B. eine in ein Projekt involvierte Schlüsselperson an keinem weiteren Projekt gleichzeitig arbeiten.

Oder umgekehrt: Das Projekt richtet sich nach der Verfügbarkeit der Schlüsselperson oder zentralen Produktionsmittel aus. Das bedeutet im Extremfall, dass ein Arbeitspaket, das rein ablauforganisatorisch (mengenmässige Abhängigkeit, zeitliche Abhängigkeit etc.) parallel mit anderen Arbeitspaketen umgesetzt werden könnte, aufgrund dieser Schlüsselperson sequenziell abgewickelt werden muss. In der Abbildung 2.35 wird beispielhaft aufgezeigt, dass die Schlüsselressource nie parallel gleichzeitig an zwei Tasks arbeitet.

Den CCPM-Ansatz kann man nicht unbedingt als Technik oder Methode bezeichnen, da er unterschiedliche Methoden beinhaltet und weitreichende Voraussetzungen bedingt. Dieses Modell ist auch keine PM-Anwendungsart, sondern eher ein erfolgreicher Managementansatz zur optimalen Prozesssteuerung, der auf die Ressourcenplanung sowie den effizienten Ressourceneinsatz fokussiert.

Ideal für: alle konventionellen wie agilen Entwicklungsvorgehen und Projektmanagementarten, bei denen Abwicklungsgeschwindigkeit sowie Schlüsselpersonen ein zentrales Thema sind.

2.4.5.1 Lean-Projektmanagement

Der Leanmanagement-Gedanke, den Womack und Jones in ihrem Buch «Lean Thinking» erstmals beschrieben haben [Wom 2003], umfasst essenziell die Ausrichtung der Wertströme auf die Mehrwertschaffung für den Kunden. Der Leanmanagement-Ansatz basiert auf den fünf Lean-Prinzipien «Wert – Wertstrom – Fluss – Zug – Perfektion». «Wert» wird im Sinne des Prozess- und Leanmanagements als Leistung bezeichnet, die für den Kunden von Nutzen ist und für die er grundsätzlich einen Preis zu bezahlen bereit ist [Ryb 2018].

Da Leanmanagement darauf setzt, Verschwendungen zu eliminieren, kann man die entsprechenden Ansätze auch in einem Projekt umsetzen. In einem Projekt bedeutet «Wert» den Wert des Projektergebnisses, das für den Endkunden als Wertmassstab gilt (Projektprodukt). Daraus leitet sich das zweite Prinzip ab, das bedeutet, den Projektablauf als «Wertstrom» zu verstehen und verschwendungsfrei zu gestalten. Zentral im Leanmanagement ist das «Flussprinzip»: Folgt man diesem, wird man die Arbeitspakete entlang der Wertschöpfung so definieren, dass unproduktive Iterationen, Warteschlangen, Wartezeiten und Engpässe vermieden werden. Das «Zugprinzip» bedeutet, dass Projektleistungen nur erstellt werden, wenn sie gebraucht werden. Und schliesslich gilt es, mit dem Prinzip der «Perfektion» neben der Entwicklung und Erstellung der Projektleistungen auch den Prozess und die Menschen ständig weiterzuentwickeln [Fie 2017].

Wird die Projektarbeit eines Unternehmens nicht nur aus der Endkundenmehrwertsicht betrachtet, sondern auch unter einem für das Unternehmen wichtigen Kosten-Nutzen-Verhältnis, so muss sie für alle Stakeholder (Endkunde, Auftraggeber, Topmanagement) im Sinne des Mehrwerts ganzheitlich kritisch gewürdigt werden.

Wie Abbildung 2.37 aufzeigt, umfasst das Projektmanagementsystem (PMS) drei Leistungsebenen und somit drei Leistungsprozesse mit drei unterschiedlichen Kundengruppen. Das heisst: Neben dem Ausführungsprozess, der das Projektprodukt für den Endkunden «produziert», gibt es noch den Projektführungs- und den Projektportfolioprozess. Wird der Lean-Ansatz darauf angewendet, gelten die fünf Grundprinzipien «Wert – Wertstrom – Fluss – Zug – Perfektion» auch für die zwei Leistungsprozesse PM und PPM. Aus diesem ganzheitlichen Denkansatz hat sich das Lean-Projektmanagement entwickelt.

Aus prozessbezogener Sichtweise ist Lean-Projektmanagement nicht – wie die vorhergehenden Projektabwicklungsmodelle – ein konkretes Vorgehen. Es ist ein Ansatz, mit dem das gesamte PM-System und daher auch die PM-Kultur eines Unternehmens dauernd optimiert wird. Mit dem Lean-Ansatz sollten die im PM-System bekannten Verschwendungen wie z.B. schlechtes Anforderungsmanagement, verfehlte oder vergoldete Leistungen, Tasksucht, überflüssige Schnittstellen, Wartezeiten, Projektbürokratie, zweite Rekursionen und Überarbeitungen, Projektleiter und Projektmitarbeitende am falschen Ort etc. auf allen drei Leistungsebenen gezielt eliminiert werden.

Lean-Prinzip	Allgemein	Projektmanagement	Mögliche «agile» Techniken
Wert	Definiere Wert aus Sicht des Kunden: «Was benötigt der Kunde?» statt «Was sollen wir erreichen?»	Definiere klar, wer der Kunde ist und was für ihn «Wert» bedeutet (optimales Verhältnis Projektnutzen/ Projektaufwand aus Kundensicht spezifizieren)	Elevator Pitch/ Lean Target Costing, Produkt-Backlog, User Stories
Wertstrom	Identifiziere den Wertstrom: «Wofür ist der Kunde nicht bereit zu bezahlen?»	Tue das, was Wert für den Kunden schafft – und nur das (Identifizieren der wertschöpfenden Arbeitspakete)	5-Why-Fragetechnik, Ishikawa-Diagramm, Priority Poker, TTM-Matrix, Time Boxing etc.
Fluss	Halte den Wertstrom am Laufen	Konzentriere dich auf ein Ergebnis zu einer Zeit und vermeide zweite Rekursionen (nahtloser Aktivitätenfluss)	CCPM, engpassorientierte Planung, Work in Progress, Just in Time, Kanban
Zug	Überlasse es dem Kunden, den Takt deiner Arbeit zu bestimmen	Liefere nur, wenn der Kunde es braucht – aber dann liefere schnell («liefere nur, was gebraucht wird»)	Priority Poker, Scrum – inkrementelles Vorgehen
Perfektion	Strebe schrittweise Perfektion an	Eliminiere schrittweise und konsequent alle Formen der Verschwendung im Projekt (dauerndes Optimieren von Projektaufwand und -nutzen)	PDCA-Kreislauf, Retrospective Meeting, 5S-Methode, Integrierte QS

Abb. 2.36: Grundprinzipien und agile Techniken für das Lean-Projektmanagement

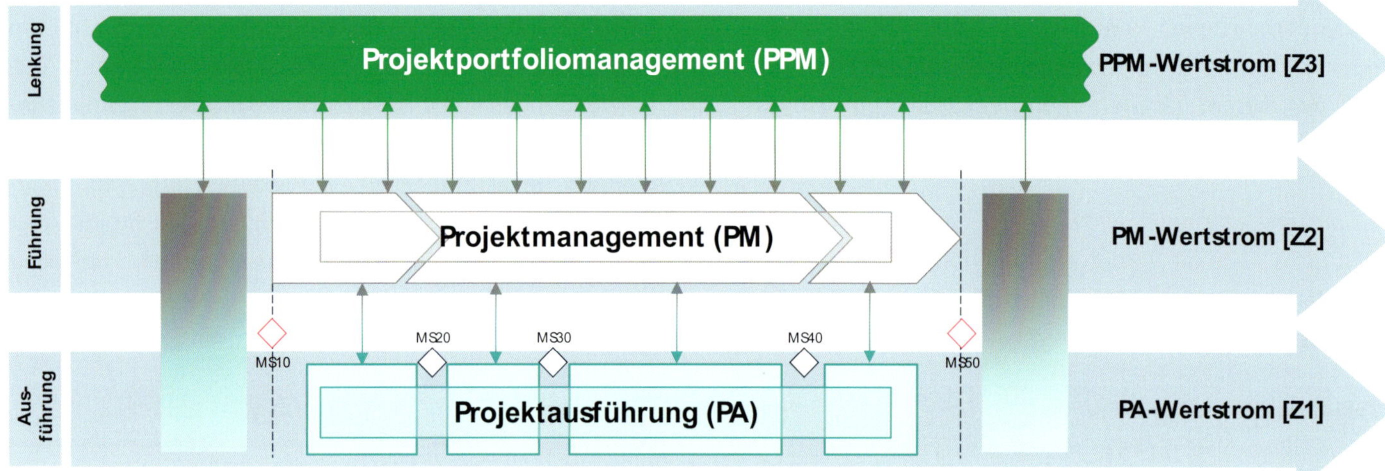

Abb. 2.37: Wertströme auf allen drei Ebenen eines Projektmanagementsystems, in Anlehnung an [Ryb 2018]

Mit dem Lean-Projektmanagement-Ansatz werden die drei Leistungsebenen des PM-Systems spezifisch auf drei Kunden- respektive Stakeholdergruppen ausgerichtet. Da jede Stakeholdergruppe ihre eigenen Ziele verfolgt, gilt es, den vom Leanmanagement verfolgten Mehrwertansatz stakeholderspezifisch entsprechend auszurichten [Ryb 2018]:

- Ziel der Projektausführung auf der Projektausführungsebene ist die Erzeugung eines fachlichen Projektergebnisses, das den nutzen-/zweckbezogenen Anforderungen entspricht [Z1]. Mögliche Stakeholder sind Nutzer/Anwender, Verantwortliche für Folgeprozesse innerhalb des Projektes sowie Product und/oder Process Owner.
- Ziel des Projektmanagements (PM) ist es, sicherzustellen, dass die Erreichung von [Z1] innerhalb der durch den Projektauftrag gesteckten Rahmenbedingungen gelingt [Z2]. Mögliche Stakeholder sind je nach Kontext Auftraggeber, Team und Schnittstellenpartner sowie Product bzw. Process Owner.

Ziel des PPM-Wertstroms ist es, dass alle mit dem Projektportfolio verwalteten Projekte ihre Ziele [Z2] innerhalb des Leistungsrahmens des Unternehmens und der definierten Strategie erreichen [Z3]. Mögliche Stakeholder sind Topmanagement, Auftraggeber, Projektleiter, Businesspartner und Aktionäre.

Anmerkung: Was bei allen bekannten und in den vorhergehenden Kapiteln aufgeführten Modellen unter keinem speziellen Aspekt erwähnt wird, aus Sicht des Autors jedoch zentral ist, ist der Spass am projektorientierten Arbeiten. Wenn man keinen Spass oder keine Freude hat an dem, was man macht oder machen darf, ist der für den Erfolg entscheidende Effort nur von kurzer Dauer, insbesondere da Projektmitarbeitende oftmals über ihre Leistungsgrenzen hinausgehen. Daher gilt es, Freude zu haben, dem Kunden einen Mehrwert bieten zu können. Freude haben, etwas Neues zu erstellen, und Freude haben, dass man in einem Team zusammenarbeiten kann und allenfalls viel lernen darf.

2.5 Agile Projektorganisation und Gremien

Wie in diesem Buch einleitend erwähnt, verändern sich in den Unternehmen die Strukturen in Richtung agile Organisationen, die flexibel, qualitativ hochwertig und schnell auf die Marktnachfrage reagieren können. Man spricht hier gerne von «Smart Economy». Dabei ist es wichtig, dass solche neuen Organisationsstrukturen in der Lage sind, einfach zu expandieren und zu wachsen, aber auch, sich einfach zu verkleinern, sprich sich der Volatilität des Marktes anzupassen. Soll eine Organisation agil ausgerichtet werden, kann eine bewährte Übergangslösung wie in Abbildung 2.38 aufgeführt, hilfreich sein: Es wird auf oberster Führungsebene eine Organisationseinheit «Projektportfoliomanagement» gebildet, in der alle oder vor allem die relevanten Projekte im Unternehmen abgewickelt werden.

2.5.1 Agile, crossfunktional selbststeuernde Teams

Um Ideen und Wissen schnell erfassen und nutzbringend verbreiten zu können und daraus möglichst hohes Kapital zu schlagen, braucht es gute Rahmenbedingungen für crossfunktionale Projektteams. Crossfunktional selbststeuernde Teams benötigen einen gewissen Freiraum und Vertrauen, um flexibel und schnell auf Gegebenheiten reagieren zu können.

Basierend auf dem Charakter der geplanten Initiative und der zu bewältigenden Herausforderung, wird zu Beginn des Projekts aus den verschiedenen Fachbereichen ein crossfunktionales Kernteam zusammengestellt, das von Phase zu Phase und je nach Aufgabenstellung durch Experten ergänzt wird.

Bei einer modernen Umsetzungsform werden die Projekte intern ausgeschrieben, sodass sich Mitarbeitende für eine umzusetzende Initiative bewerben können. Die selektionierten Teammitglieder regeln anschliessend unter Moderation des Projektleiters 5.0 (oder Agile Coachs) und unter Beachtung der Vorgaben des Unternehmens die organisatorischen Belange selbst. Dies beinhaltet das Einbetten des Projekts in die Gesamtorganisation und das Errichten einer projektinternen Organisation. Wichtig ist dabei, dass die für ein Projekt abgestellten Mitarbeitenden immer auf der Höhe des Fachwissens bleiben.

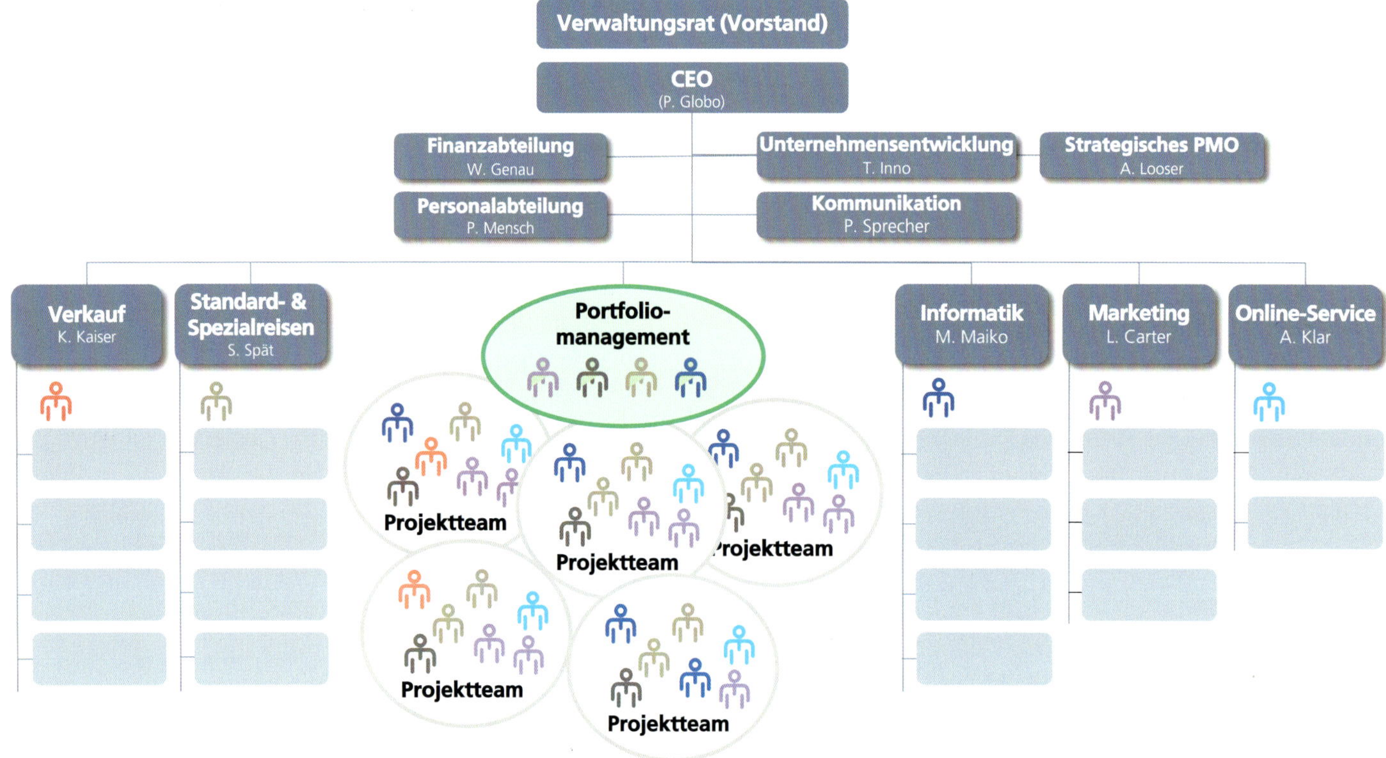

Abb. 2.38: Interdisziplinäre virtuelle Projektteams in einer agilen Organisation

Kurze Wege, verantwortungsbewusst und zielorientiert schnelle Entscheidungen treffen etc. – das sind die positiven Effekte, die sich mit crossfunktionalen Projektteams erreichen lassen. Daraus entwickeln sich Freude an der Arbeit, Leistungswille und Erfolg. Mit der Institutionalisierung crossfunktionaler Projektteams verfolgt man u.a. folgende Ziele:

- Erstellen einer Projektorganisation, die sich an wechselnde Einflussgrössen anpassen kann (siehe Kapitel 5.9);
- agiles Festlegen und Abgrenzen der Aufgaben, Kompetenzen und Verantwortungen innerhalb des Projekts;
- Gewährleisten einer konstruktiven Zusammenarbeit aller am Projekt beteiligten Stellen durch ein crossfunktionales Expertenteam, wie z.B. einer Gilde (vgl. Modell Spotify).

2.5.2 Zusammensetzung eines crossfunktionalen Teams

Die Projektteammitglieder bringen wie bei einer Fussballmannschaft unterschiedliche Fähigkeiten mit ein und ergänzen sich gegenseitig, um die anstehenden Projektaufgaben zu meistern.

Crossfunktional selbstverwaltete und interdisziplinäre Teams können nur in Unternehmen entstehen, die eine werteorientierte Führung praktizieren. Selbstgesteuerte Teams, die in agilen Prozessen tätig sind, benötigen einen gewissen Freiraum und somit Vertrauen, um flexibel und rasch auf Gegebenheiten reagieren, sich mit anderen Einheiten koordinieren und mehr Entscheidungen fällen zu können (siehe Kapitel 6.7.1).

Um eine optimale Projektbasis zu bilden, auf der die geforderten Leistungen in einem Projekt erbracht werden können, müssen daher fünf grundlegende Institutionalisierungsbereiche für alle Projekte definiert werden. Wird dies im PM-System geschickt und allgemeingültig aufgebaut, so müssen projektbezogen nur die charakterspezifischen Werte fein justiert werden.

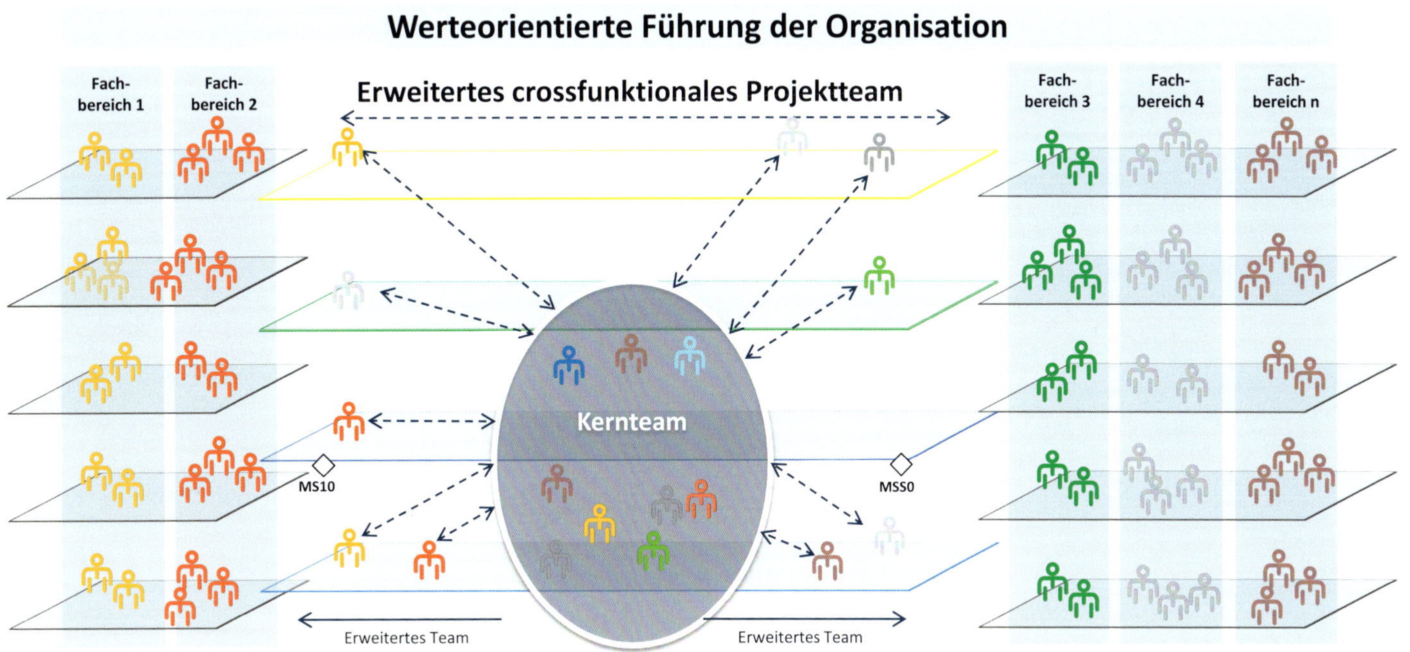

Abb. 2.39: Agile Expertenteams

Nachfolgend die fünf Hauptziele der Projektinstitution, die es bei jedem Projekt zu verfolgen gilt:

- **Agile Organisationsform:** Erstellen einer Projektorganisation, die sich auch an veränderliche Einflussgrössen optimal anpassen kann.
- **Effizientes Miteinander:** Festlegen und Abgrenzen der Aufgaben, Kompetenzen und Verantwortungen (AKV) der verschiedenen Rollen und Gremien, sodass jede Person ihr Leistungsspektrum kennt und daher effizient arbeiten kann.
- **Schnelle, direkte Kommunikation:** Festlegen des Informationssystems, damit alle Beteiligten und Betroffenen zur rechten Zeit und im notwendigen Umfang die für sie relevanten Informationen erhalten.
- **Sichern des erarbeiteten Wissens:** Form der Projektdokumentation bestimmen, um z.B. das erarbeitete Know-how schriftlich festhalten zu können oder eine gute Basis für sachliche Entscheide zu legen etc.
- **Effiziente Instrumente:** klare Zuordnung der notwendigen Projektinfrastruktur zu den einzelnen Rollen und Gremien, um eine effiziente Leistungserbringung gewährleisten zu können.

Die rollenbezogene Zusammensetzung eines crossfunktionalen Teams hängt z.B. von der Projektabwicklungsart (agil, konventionell, hybrid) ab, aber auch davon, ob im Unternehmen ein zeitlich begrenztes agiles Projektteam oder ein beständiges Produktentwicklungsteam eingesetzt wird.

Abb. 2.40: Entwicklungsorganisationen – projektorientierte Produkteentwicklung mit zeitlicher Begrenzung

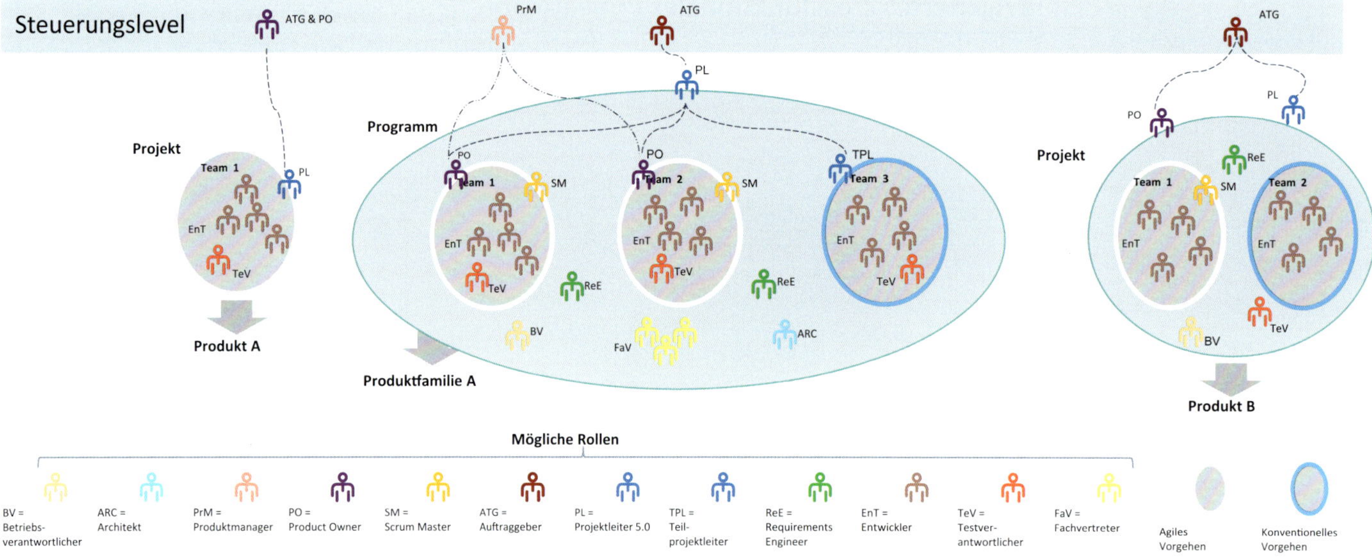

Agile Projektteams und Projektorganisation

Agile Projektteams arbeiten nur über einen begrenzten Zeitraum hinweg als interdisziplinäre Gruppe zusammen, da ein Projekt ein konkretes Ende hat. Sie weisen aber alle Eigenschaften agiler Teams auf.

In einem zeitlich begrenzten Projektteam geht man im Grundsatz immer von einem Auftraggeber und einem Projektleiter 5.0 aus, egal ob ein rein agiles oder ein hybrides Projektmanagement verfolgt wird. Werden Produkte entwickelt, die technisch oder produktmässig stark mit den Umsystemen eingebettet sind (Embedded System), so werden z.B. die Pneumatikteile eines Produkts nach einem konventionellen Ansatz und in einem entsprechenden Subteam entwickelt, wohingegen der Softwareteil in einem Team entwickelt wird, das rein agile Vorgehen anwendet. Wie erwähnt, haben solche Projektteams bei kleineren Projekten einen Projektleiter 5.0. Er deckt auch die Aufgaben des Scrum Masters ab . Wie früher hat er auch heute in der moderneren Form keine autoritäre Macht und muss dies mittels lateralen Führungsstils in Form eines Servant Leaders umsetzen (siehe Kapitel 6.7.1.5). Bei einem grösseren Projekt ist er zusammen mit dem Product Owner und dem Scrum Master Teil des Agile-Projekt-Management-Teams (APM-Team).

Damit agile Projektorganisationen sprich agile Projektteams in einer Organisation dauerhaft funktionieren und den gewünschten Erfolg erbringen können, muss entweder die Gesamtorganisation «agil werden» oder es müssen agile Inseln geschaffen werden. Für Ersteres müssen alle Bereiche der Organisation dieselben Werte und Prinzipien teilen [Sch 2017].

Kontinuierlich agile (Produkt-)Entwicklungsteams

Es handelt sich hier nicht um Projektteams! Ein rein agiles Produktentwicklungsteam arbeitet primär an einer bestimmten Zielsetzung anstelle eines grossen, im Voraus fixierten Leistungsumfangs. Es entwickelt ein Produkt oder einen Service in regelmässig getakteten Teilschritten in Form von Sprints und nicht entlang inhaltlich fixierter Meilensteine. Die dazugehörigen Teilzielsetzungen wie «User Stories» stehen priorisiert in einem Backlog und werden von oben nach unten abgearbeitet, bis die Zielsetzung aus Sicht des Nutzers erreicht ist (siehe Kapitel 6.6 «Sprintmanagement»). Agile Produkteentwicklungsteams sagen daher niemals spezifische Inhalte zu bestimmten Terminen zu. Agile Produkteentwicklungsteams treffen eigenständig Entscheidungen. Kein Komitee, kein Aussenstehender, sondern nur der Product Owner bestimmt über Bündelung, Priorisierung und Detaillierung von Inhalten. Dies erfolgt unter anderem im sogenannten Backlog Refinement Meeting. Das Produkteentwicklungsteam bestimmt über den tatsächlichen Scope innerhalb eines Umsetzungszyklus, sprich Sprints. Selbstverständlich sind die Zielsetzungen mit Programm- und oder Solution Level abgestimmt.

Agile Produktentwicklungsteams arbeiten über einen langen Zeitraum hinweg als Team zusammen und können nicht als Projektteam bezeichnet werden (Projekte sind einmalig und haben einen Anfang und ein Ende). Sie haben jedoch aufgrund der Langfristigkeit die Chance, sich entsprechend zu entwickeln. Wie im Kapitel 5.9 aufgezeigt, kann es eine Reihe von «Nebendarstellern» geben, die bei Bedarf hinzugezogen werden – sei es ein technischer Ex-

Abb. 2.41: Kontinuierlich agile Produktentwicklung mit beständigen Teams

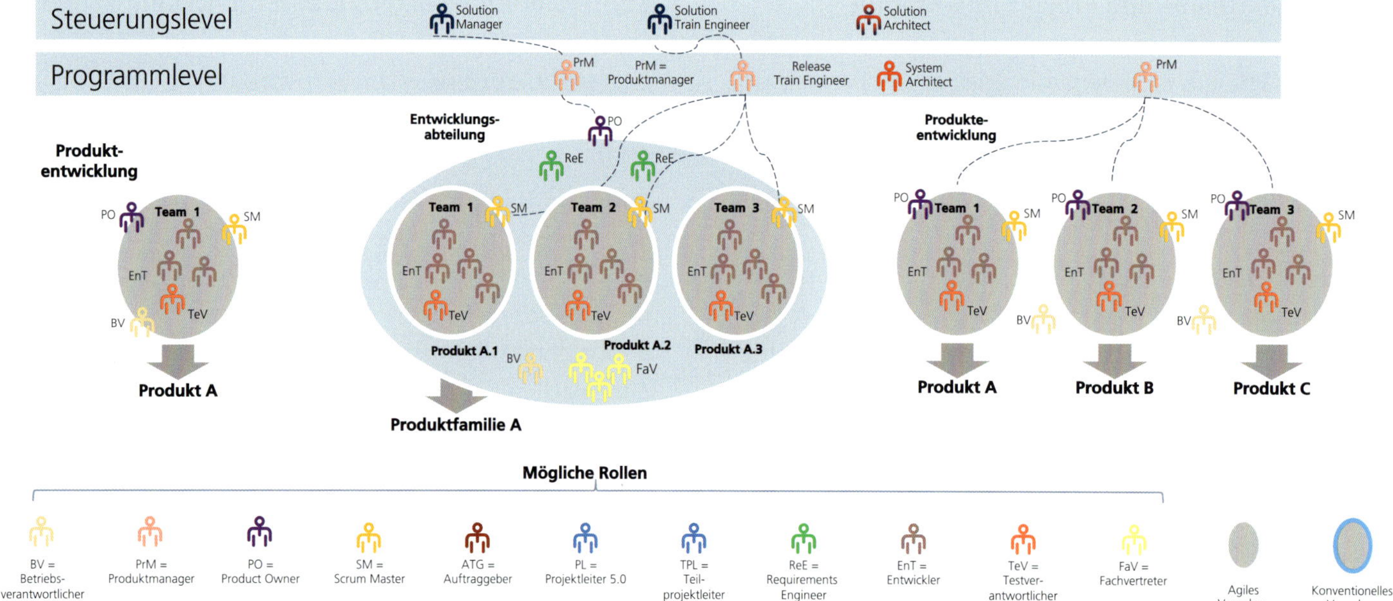

perte aus einem anderen Team oder eine spezifische Fachexpertin. Das Spezielle und Positive dabei ist, dass diese «Nebendarsteller» während eines Sprint nicht beratend von aussen hineinreden, sondern konkret mitarbeiten.

Eine wichtige Funktion im agilen Team übernimmt der Scrum Master. Er ist dafür verantwortlich, dass das Entwicklungsteam möglichst störungsfrei und somit effizient arbeiten kann. Im Grundsatz ist er in diesem autonomen Team der Innenminister ohne Fremdanweisungsrecht. Der Product Owner übernimmt eher den Posten des Aussenministers. Die Rolle des Auftraggebers wird dem Management, z.B. dem Produktmanager oder Solution Manager, übergeben. Ein beständiges Team, das eine kontinuierliche Produktentwicklung vornimmt, kennt de facto die Rolle des Projektleiters nicht. Agile Produkteentwicklungsteam sind strukturell «fest» in die Linienorganisation integriert (siehe Kapitel 4.1.3).

2.5.3 Gremien

Für die Planung und Steuerung eines Projekts, die Sicherstellung eines umfassenden Informationsflusses und eine vollständige Kommunikation sind organisationsübergreifende und projektbegleitende Gremien notwendig. Sie können vielfältig gestaltet werden und ihre Art und Form können von der gewählten Projektorganisation, der Projektgrösse und der Aufgabenstellung abhängig sein. In der

Logik von Scrum of Scrums können im agilen Projektmanagement z.B. für die Umsetzung der Digitalisierung verschiedene zweckbringende Gremien im Sinne von Gilden gebildet werden (siehe Kapitel 1.2.2.4 «Spotify-Modell»). Wie die Abbildung 2.42 aufzeigt, können Gremien mit allen Scrum Masters oder mit allen Produkt Owners, inkl. Chief Scrum Master, gebildet werden. Wird ein Projekt umgesetzt, sei dies in konventioneller, in hybrider oder agiler Form, so werden je nach Grösse zwei wichtige Gremien eingesetzt.

2.5.3.1 Projektsteuerungsgremium (PSG)

Sind an einem Projekt verschiedene Linienbereiche beteiligt (z.B. Logistik, Systemtechnik, Fertigung und Vertrieb), so wird ein produktorientiertes Steuerungsgremium gebildet. Dieses Gremium berät über den Projektablauf und steuert im Einvernehmen mit dem Projektleiter 5.0 die Entwicklungsabläufe.

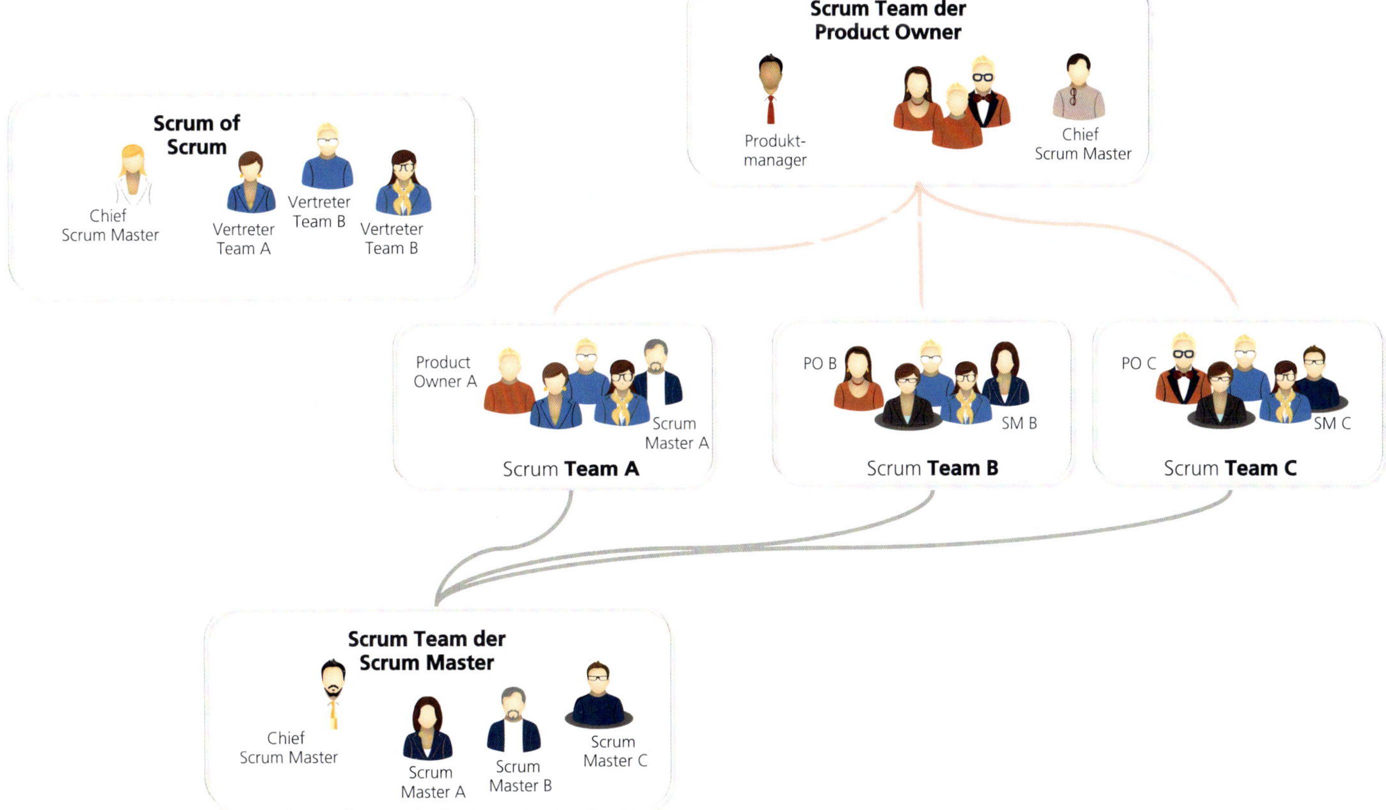

Abb. 2.42: Gremien in einem agilen Umfeld, wie z.B. bei SoS (Scrum of Scrums)

Lean Thinking und ermöglicht es so, Agilität auf Unternehmensentwicklungsebene im grossen Stil anzuwenden. Neben den leicht modifizierten Rollen wie beim Scrum Team (Kapitel 2.2.3.4) werden bei SAFe noch weitere Rollen eingesetzt [SAFe 2020]:

- **Ebene Portfolio:** Epic Owner sind für die Koordination der Portfolio-Epics im Portfolio-Kanban-System verantwortlich. Sie definieren das Epic, das Minimum Viable Product (MVP) und den Lean Business Case, begleiten die Entwicklung und unterstützen die Implementierung der realisierten Lösung. Im Kern handelt es sich beim Epic Owner um eine Kommunikations- und Kooperationsstelle mit einer ähnlichen Kompetenz, wie sie ein Auftraggeber hat.
  Der Enterprise Architect fördert das Design und die Konstruktionspraktiken und treibt die Architekturinitiativen für das Portfolio voran. Er ermöglicht auch die Wiederverwendung von Ideen, Komponenten, Services und bewährten Mustern (Patterns) für verschiedene Lösungen in einem Portfolio. Durch seine Arbeit sichert er die Architekturkonsistenz über die verschiedenen Wertströme hinweg.
- **Ebene Large Solution (sehr grosse Vorhaben):** Der Solution Architect / das Solution Engineering ist für die Definition und Kommunikation einer gemeinsamen technischen und architektonischen Vision für ein grosses Produkt verantwortlich, das sich über mehrere ARTs (Agile Release Trains) erstreckt. Damit wird sichergestellt, dass das in Entwicklung befindliche System oder die geplante Lösung für den beabsichtigten Zweck geeignet ist.
  Das Solutionmanagement verfügt über die Inhaltsberechtigung für das Solution Backlog. Es arbeitet mit Kunden zusammen, um deren Bedürfnisse zu verstehen. Es hat die Kompetenz zu priorisieren, die Vision und die Roadmap der Lösung zu erstellen sowie Anforderungen zu definieren und die Arbeit mittels Solution-Kanban zu leiten.
  Der Solution Train Engineer (STE) spielt in einem Solution Train eine ähnliche Rolle wie der Release Train Engineer für einen ART; dieser erleichtert und steuert die Arbeit aller ARTs und Zulieferer im Value Stream.
- **Ebene Programm:** Der System Architect / das System Engineering ist mit dem Enterprise Architect zusammen für die Definition und Kommunikation einer gemeinsamen technischen und architektonischen Vision im Allgemeinen und für einen Agile Release Train (ART) im Speziellen verantwortlich. Er stellt sicher, dass das sich in Entwicklung befindliche System oder die geplante Lösung für den beabsichtigten Zweck im Sinne der vorgegebenen Architektur geeignet ist.
  Die Product Manager verfügen über die Inhaltsberechtigung für das Programm-Backlog. Sie sind dafür verantwortlich, Kundenbedürfnisse zu identifizieren, Funktionen zu priorisieren, die Arbeit mittels des Programms Kanban zu leiten und die Programmvision und -Roadmap zu entwickeln.
  Der Release Train Engineer (RTE) ist eine kompetente Fachperson und Trainer für den Agile Release Train (ART). Die Hauptaufgabe des RTE besteht darin, die ART-Ergebnisse und -Prozesse zu vereinfachen und die Teams bei der Wertschöpfung zu unterstützen. RTEs kommunizieren mit Stakeholdern, eskalieren Hinder-

nisse, tragen zur Risikobewältigung bei und sorgen für unablässige Verbesserungen.

Wie einleitend erwähnt, entsprechen die Rollen auf der Ebene Entwicklung von SAFe mit kleinen Abweichungen denjenigen der Scrum Teams.

Scrum of Scrums (SoS)

Scrum of Scrums ist eine Technik von Jeff Sutherland [Sut 2001] zum skalierbaren Betrieb von Scrum für mehrere Teams, die an demselben Produkt arbeiten. SoS, auch Meta Scrum genannt, koordiniert die Diskussionen über den Fortschritt der Gruppe sowie über ihre Interdependenzen und konzentriert sich darauf, wie die Bereitstellung von Software optimal integriert werden kann, insbesondere in Bereichen mit Überschneidungen. Damit sich die verschiedenen Scrum Teams untereinander abstimmen können, kommt das sogenannte Scrum of Scrums zum Einsatz. Der grosse Vorteil von Scrum of Scrums ist die regelmässige Kommunikation und Zusammenarbeit zwischen den verschiedenen Teams. Der Projektfortschritt wird so für alle Beteiligten sichtbar und die Abhängigkeiten zwischen den Teams und Releases werden reduziert. Probleme werden klar angesprochen und Lösungen gemeinsam gesucht. Auch die konkrete Unterstützung über Teamgrenzen hinweg zur Lösung von konkreten Herausforderungen ist bei Scrum of Scrums denkbar.

Large Scale Scrum (LeSS)

Large Scale Scrum (LeSS) ist ein Produktentwicklungsframework, das Scrum um Skalierungsrichtlinien erweitert und gleichzeitig die ursprünglichen Ziele von Scrum bewahrt. LeSS konzentriert sich auf das Wachstum der Teamzahlen. Es richtet sich an Organisationen mit mehreren Teams, die an demselben Produkt arbeiten. LeSS kann als Skalierungsrahmen für die Produktentwicklung angesehen werden. Es versucht, die organisatorische Komplexität zu beseitigen, indem Probleme in der Produktentwicklung auf eine andere und einfachere Weise gelöst werden. LeSS legt Wert darauf, dass die teamübergreifende Koordination von den Teams durchgeführt wird. Es hat auch spezielle, realitätsnahe Rollen wie Mentoren, Travelers oder Scouts. LeSS wurde von Craig Larman und Bas Vodde 2005 aufgebaut und seither laufend weiterentwickelt.

xScale Structures

xScale ist ein von Peter Merel entwickeltes Lernökosystem, das es Organisationen ermöglicht, die Skalierbarkeit auf agil auszurichten. xScale ist ein Akronym für die Prinzipien einer agilen Organisation. Es ist ein Best-Practice-Ansatz für agile Organisationen, die sich auf exponentielles Wachstum konzentrieren. Bei xScale geht es darum, die Komplexität grosser Organisationen und grosser Projekte auf die Einfachheit von Agilism zu reduzieren. xScale ist als Methode für die dritte agile Generation zu sehen. Es erweitert die Prinzipien des Agilen Manifests in Bezug auf Produkt-, Portfolio-, Kultur-Leadership und Holocracy. xScale-Praktiken sind vollständig kompatibel mit SAFe, LeSS und DAD und wurden erfolgreich als eigenständige Methode zur Generierung vollständig agiler Organisationen eingesetzt [Mer 2019].

Nexus™

Nexus ist ein von Scrum-Mitbegründer Ken Schwaber und Scrum.org veröffentlichtes Rahmenwerk für die Entwicklung und den Erhalt von skalierbaren Produkt- und Softwareentwicklungsinitiativen. Nexus ist konsistent zu Scrum, basiert auf seinen Rollen, Events und Artefakten und setzt sich aus einem Nexus Integration Team sowie aus etwa drei bis neun Scrum Teams zusammen. Das Nexus Integration Team kommt als neue Rolle im Nexus Framework hinzu. Es ist ein Scrum Team und setzt sich aus dem Product Owner, einem Scrum Master und einem oder mehreren Nexus-Integration-Teammitgliedern zusammen. Sämtliche Integrationsprobleme sowie das Aufzeigen von Abhängigkeiten und Tätigkeiten wie Coaching und Beratung fallen in die Zuständigkeit des Nexus Integration Teams. Darüber hinaus verantwortet es im Rahmen von Nexus die erfolgreiche Integration der Arbeit aller Scrum Teams. Das Nexus Integration Team trägt die Ergebnisverantwortung, dass mindestens in jedem Sprint ein gemeinsam entwickeltes Produkt, ein sogenanntes integriertes Inkrement, erstellt wird. Wie auch im Scrum Framework beschrieben, verantwortet das Scrum Team die Entwicklung potenziell releasefähiger Inkremente.

Nexus baut unmittelbar auf Scrum auf und erweitert nur die Elemente, die in einem skalierten Umfeld in unveränderter Form nicht mehr funktionieren würden. Es ist an vielen Stellen sehr abstrakt beschrieben und lässt Organisationen genauso wie LeSS viele Freiräume. Eine weitergehende Beschreibung der Nexus-Methode findet sich im Nexus Guide [Kom 2018].

Zur Diskussion stehen noch folgende Konzepte, die allerdings neben einer allfälligen Skalierung andere Aspekte in der Vordergrund stellen:

Disciplined Agile Delivery (DAD)

Gemäss Scott Amber ist Disciplined Agile Delivery (DAD) ein Prozessentscheidungsframework, das vereinfachte Prozessentscheidungen hinsichtlich der inkrementellen und iterativen Lösungsbereitstellung ermöglicht. DAD baut auf den vielen Praktiken auf, die von Befürwortern der agilen Softwareentwicklung vertreten werden, einschliesslich Scrum, Agile Modeling, Lean Software Development und anderen. Insbesondere wurde DAD als Mittel identifiziert, um über Scrum hinauszukommen. Das «Disciplinied Agile Manifest», das die Philosophien hinter dem Framework DAD widerspiegelt [Amb 2012], ist eine Erweiterung des originalen Agilen Manifests aus dem Jahr 2001.

Disciplined Agile Delivery (DAD) ist im Weiteren auch ein lernorientierter Hybrid-Agile-Ansatz. Es hat einen Lebenszyklus mit Risikowerten, ist zielgerichtet, unternehmensorientiert und skalierbar. DAD schlägt eine Reihe wichtiger Rollen für die Bereitstellung agiler Lösungen vor. Dazu gehören nicht nur Product Owner, Entwicklungsteam und Scrum Master, sondern auch noch einige Spezialistenrollen.

Im Allgemeinen ist Disciplined Agile (DA) ein Hybrid-Toolkit, das auf der Grundlage anderer Methoden und Softwareprozessframeworks aufbaut. DAD übernimmt Praktiken und Strategien aus bestehenden Quellen und gibt Ratschläge, wann und wie sie gemeinsam angewendet werden sollen. In gewisser Hinsicht liefern Methoden wie Scrum, eXtreme Programming (XP), Kanban und Agile Modeling (AM) die Prozessbausteine und DAD den Mörtel, um die Bausteine effektiv zusammenzufügen. Im Grundsatz ist in der IT DAD das Grundmodell für die adaptive Projektabwicklung.

Der Schwerpunkt von DAD liegt auf der Lieferung von Inkrementen. Es wird jedoch auch darauf eingegangen, wie andere Aspekte des Systemlebenszyklus den Produktlebenszyklus beeinflussen. Mit DAD erstreckt sich ein vollständiger System-/ Produktlebenszyklus von der ersten Idee des Produkts über die Lieferung bis hin zu Betrieb und Support; es umfasst häufig viele Iterationen des Lieferlebenszyklus. Mit verschiedenen Diagrammen zeigt DAD eine allgemeine Ansicht des Systemlebenszyklus mit den drei Phasen, auf die sich die DAD-Projektteams konzentrieren, sowie den Phasen, auf die sich z.B. Disciplined DevOps konzentriert [Amb 2019].

Agile Scaling Cycle

Der Agile Scaling Cycle definiert weniger eine agile Projektorganisation, sondern eher ein Vorgehen zur Entwicklung einer solchen Organisationsform für die jeweilige Umgebung in drei sich wiederholenden Schritten [Sch 2017]:

- Verringerung von Abhängigkeiten zwischen Teams. Autonome Teams sind ein Eckpfeiler agiler Konzepte.
- Für verbleibende Abhängigkeiten müssen geeignete Koordinationsmechanismen entwickelt und eingeführt werden.
- Die Probleme in der täglichen Arbeit müssen nachhaltig gelöst werden. Der dritte Schritt beinhaltet daher die klassische Organisationsentwicklung.

Enterprise Scrum

Enterprise Scrum geht über skalierte agile Frameworks zur Durchführung grosser Projekte hinaus. Es hat den Anspruch, das gesamte Unternehmen in eine agile Organisation zu verwandeln. Die Skalierung erfolgt durch eine Abstraktion, Generalisierung und Parametrisierung der Werte, Prinzipien und Praktiken von Scrum, so dass sie auf jedes Managementproblem angewendet werden können. Es wäre insofern ein geeignetes Vorgehen, um eine agile Organisation Wirklichkeit werden zu lassen [Sch 2017]. Enterprise Scrum wurde von Mike Beedle entwickelt.

Er war Co-Autor des Agilen Manifests und Mitbegründer/ CEO von drei mittels Scrum verwalteten Unternehmen, darunter Enterprise Scrum.

3 Szenariobasierte Strategieentwicklung

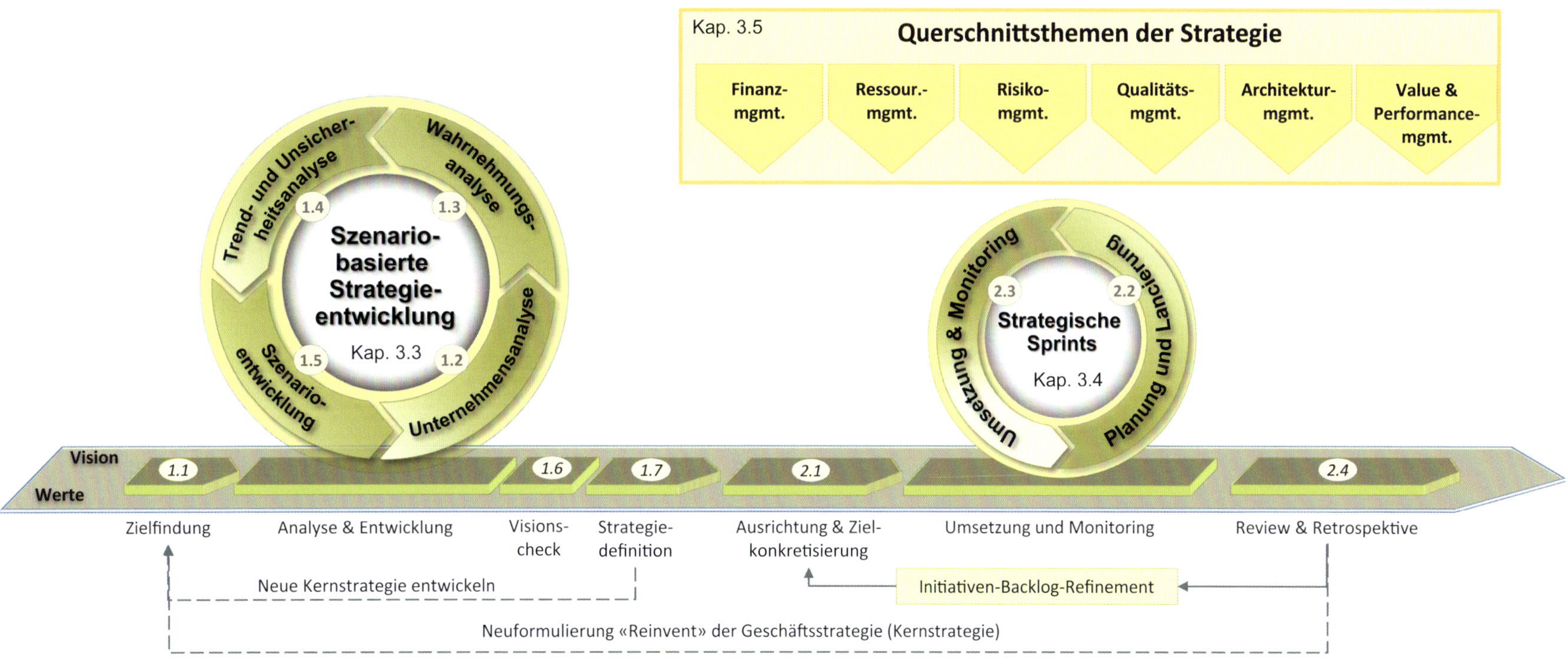

Die szenariobasierte Strategieentwicklung stellt die oberste Ebene des adaptiv geführten Projektmanagementsystems dar (vgl. Abbildung 1.13). Mit ihr gilt es, der Unbeständigkeit, Unsicherheit, Komplexität und Mehrdeutigkeit des Marktes professionell entgegenzutreten. Die szenariobasierte Geschäfts(kern)strategie bildet die Grundlage, um mittels strategischiterativen Sprints auf die unberechenbare Dynamik der VUCA-Welt zu reagieren. Dies erfolgt in Abstimmung mit den wichtigsten strategischen Querschnittsthemen wie Finanz-, Risiko-, Architekturmanagement etc.

In diesem Kapitel wird beispielhaft aufgezeigt, wie eine Strategie wirkungsvoll erstellt und kontrolliert werden kann. Im Weiteren wird auch die Verknüpfung von strategischen Initiativen zu den taktischen und operativen Umsetzungsebenen dargestellt.

Strategische Agilität bedeutet: Wie weit sind das Management und die Organisation in der Lage, bedeutende übergeordnete Chancen rasch zu identifizieren und zu realisieren?

3.1 Einleitung

Eine der grössten Herausforderungen für die strategische Planung in Unternehmen stellt die zunehmende Volatilität und Komplexität, aber auch die Unsicherheit und Mehrdeutigkeit der Umwelt dar. Gerade in den letzten Jahren war dies verstärkt zu beobachten: Die Innovationszyklen werden immer schneller, Transaktionskosten aufgrund neuer Technologien immer günstiger und durch die Auflösung der Organisations-/Unternehmensgrenzen – z.B. infolge Outsourcing, Consultingfirmen und Digitalisierung – verändern sich die Grenzen zwischen den Wirtschaftssystemen. Angesichts der zunehmenden Umweltvolatilität muss ein Unternehmen die Zukunft angepasster planen können. Traditionelle Ansätze der strategischen Planung sind nur eingeschränkt geeignet, da sie in der Regel nur eine einzelne strategische Entwicklungsrichtung vorsehen und bei starken Veränderungen in der Unternehmensumwelt nur unzureichende Anpassungsmöglichkeiten eröffnen [Wul 2012].

Abb.3.01: Ebenen der strategischen Planung mit den Geltungsbereichen

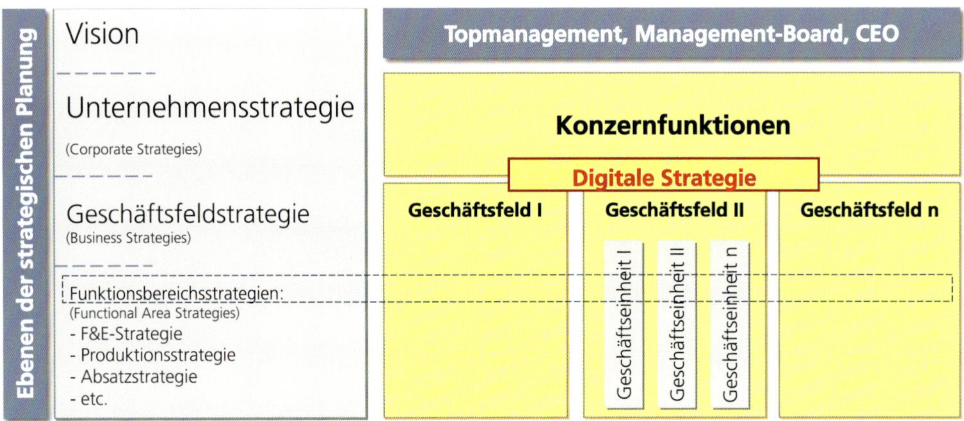

3.1.1 Strategien und Gestaltungsbereiche

Wird gemäss Definition geklärt, dass eine Strategie grundsätzlich auf mittlere bis lange Frist ausgelegt sein soll, so sagt dies noch nichts über den organisatorischen Geltungsbereich aus: Es kann sich um Unternehmensstrategien, Geschäftsbereichsstrategien oder Funktionsbereichsstrategien handeln. Letztere können wiederum in Absatzstrategie, Produktionsstrategie, F&E-Strategie, Investitionsstrategie, Finanzierungsstrategie, Personalstrategie etc. unterteilt werden.

Die in vielen Unternehmen neu zu erstellende Digitalisierungsstrategie ist beispielsweise de facto eine Geschäftsfeldstrategie mit der Herausforderung, dass sie quer und verbindend über alle anderen Strategien gelegt werden sollte.

> Eine Strategie bezweckt die langfristige Gestaltung der Unternehmung. Sie ist das Wichtige, das ständig im Auge behalten werden muss. Die Taktik ist das Dringliche, das bewältigt werden muss und nicht vernachlässigt werden darf, wenn man das Wichtige erreichen will [Hin 2004].

Gemäss Rathnow [Rat 2014] sollte innerhalb der strategischen Planung hauptsächlich zwischen zwei Perspektiven unterschieden werden:

- Die Unternehmensstrategie klärt die Grundfrage der strategischen Planung: In welchen Geschäftsfeldern (Betätigungsfeldern) soll das Unternehmen aktiv sein? Die zugrunde liegende Perspektive ist die eines Investors, der entscheiden soll, wohin Mittel investiert werden sollen. Typische Inhalte dieser Strategie sind Empfehlungen zum Erwerb neuer Geschäftseinheiten bzw. zum Verkauf von ganzen Geschäften. Sie erfüllt auch wichtige Aufgaben in Bezug auf die Definition von Synergien zwischen Geschäftsfeldern, den Aufbau und die Pflege von Kernkompetenzen, die Internationalisierungsstrategie etc.

- Die Geschäfts(feld)strategie klärt, wie der Wettbewerb in einem konkreten Geschäft zu bestreiten ist, d.h. die strategischen Stossrichtungen gegenüber dem Wettbewerb. Die zugrunde liegende Perspektive ist die eines Unternehmers. Typische Einzelfragestellungen sind z.B. «Welche Kundensegmente werden bedient? Welche Produkte werden vorangetrieben?».

Die Funktionsstrategie hingegen ist keine Perspektive, sondern ein Mittel der thematisch wettbewerbsfokussierten Umsetzung, die sich nach der Unternehmens- und Geschäftsfeldstrategie orientiert. Die Funktionsstrategie definiert die konkrete Ausrichtung auf die Wettbewerbsstrategie in allen Teilbereichen wie Informatik, F&E, Logistik etc. Nachfolgend beispielhaft die Definition der ICT-Strategie:

> Eine ICT-Strategie ist ein umfassender Plan, den das Informationstechnologie-Management zur professionellen Führung der ICT-Organisationen verwendet. Sie sollte alle Facetten des Technologiemanagements, Human Capital Management, Hardware- und → Softwaremanagements, Lieferantenmanagements, Risikomanagements und aller anderen Überlegungen in der Unternehmens-ICT-Umgebung, einschliesslich des Kostenmanagements, abdecken.

Bei der Erstellung der Strategie muss je nach Unternehmensgrösse auch eine klare Abgrenzung von strategischen Geschäftsfeldern und strategischen Geschäftseinheiten vorgenommen werden. Um Klarheit bezüglich der Terminologie zu erhalten, gilt es, folgende drei Begriffe zu klären [Mül 2016]:

> Strategische Geschäftsfelder (SGF) repräsentieren einen möglichst isoliert funktionierenden Ausschnitt aus dem gesamten Betätigungsfeld des Unternehmens, die eigene Ertragsaussichten, Chancen und Risiken aufweisen und für die relativ unabhängig eigenständige Strategien entwickelt und realisiert werden können.

Um strategische Geschäftsfelder (SGF) bedienen zu können, entscheiden sich viele Unternehmen, sogenannte strategische Geschäftseinheiten (SGE) zu bilden. Diese kümmern sich explizit um die entsprechenden strategischen Geschäftsfelder.

> Strategische Geschäftseinheiten (SGE) sind möglichst unabhängig operierende Unternehmenseinheiten, die – im Kontext des Gesamtunternehmens – selbstständige Ziele in den von ihnen anvisierten Geschäftsfeldern eigenverantwortlich verfolgen.

Nachfolgend wird eine einzelne Geschäftseinheit als unternehmerische Einheit betrachtet. Das heisst, es wird nicht unterschieden, ob es sich dabei um einen Konzern mit mehreren Geschäftseinheiten, ein Unternehmen mit verschiedenen Geschäftsfeldern oder ein kleineres Unternehmen mit einem Geschäftsfeld handelt.

3.1.1.1 Management

Hinsichtlich der Agilität ist das Management gegenüber früheren Zeiten gefordert. Dies, weil ein erfolgreiches Unternehmen

- ein Managementteam braucht, das auf sich ändernde Rahmenbedingungen schnell reagieren kann,
- eine gute Führung erwartet, welche die Stärken von Individuen und Netzwerken erkennen und ausbauen kann, und
- die Organisation an die anstehenden Aufgaben schnell anpassen muss (agile Organisation).

Generell ist und war die Kernaufgabe des Managements die Festlegung und Umsetzung der Unternehmensstrategie. Was sich jedoch verändert hat, sind die enorm schnell aufeinanderfolgenden Innovationen weltweit in allen Branchen. Diese zwingen die Unternehmen, mit den kleinen und grossen Veränderungen Schritt zu halten. Entsprechend ändert sich das Aufgabengebiet einer Geschäftsleitung dauernd und dynamisch.

Aufgaben

Bezüglich der projektierten Strategieumsetzung besteht die Aufgabe des Managements darin, Rahmenbedingungen für eine erfolgreiche konventionelle, hybride und agile Projektumsetzung zu schaffen. Dazu zählt neben der Bereitstellung der notwendigen Ressourcen auch die Unterstützung des Teams durch Beseitigung möglicher externer Faktoren, welche das Gelingen von erfolgreichen Projektumsetzungen gefährden könnten:

- Das Management entwickelt mehrere Planungsoptionen (Szenarien) für ein sinnvolles Gesamtvorgehen.
- Es identifiziert und priorisiert Themen, versieht sie mit dem erwarteten Timing und den notwendigen Ressourcen und passt die Planungen flexibel an neue Gegebenheiten an.
- Es kommuniziert Planungsentscheidungen und führt und entwickelt die betroffenen Mitarbeitenden.
- Es weiss, wann es tatsächlich unterstützend tätig sein kann und wann es sich aus operativen Fragen besser heraushält.

Der moderne Manager, die moderne Managerin soll und will operativ auch einmal kurzfristig «reingrätschen» bzw. mitarbeiten können. Dies kann und soll er bzw. sie in den verschiedenen Prozessschritten tun. Die agilen Prinzipien und Praktiken sind dafür geschaffen, dass man aktiv mitarbeitet und nicht nur von aussen Inputs hineingibt. Diese Vorgehensweise unterstützt auch das projektbegleitende Veränderungsmanagement (Changemanagement).

Verantwortung

- Das Management ist für die mittel- bis langfristige Entwicklung des Unternehmens verantwortlich.
- Zudem ist es verantwortlich für das Erstellen von realistischen Plänen – nicht zuletzt, weil z.B. Fehlankündigungen gegenüber dem Markt («Die neue Version XY kommt in Q1, bestimmt!») immer auf das Management selbst zurückfallen.
- Ein gutes Management entscheidet nicht einsam, sondern entwickelt die Entscheidung gemeinsam mit interdisziplinären Entscheidungsteams.
- Es weiss gut, was man zur Not einfach weglassen kann (z.B. Mehrsprachigkeit, Überspringen einer Prüfinstanz etc.). Verzichtsplanung ist eine Kunst!
- Ein agiles Management ist für die erforderliche offene, freie und auch mal unbequeme Kommunikation mit und in starken Teams verantwortlich.

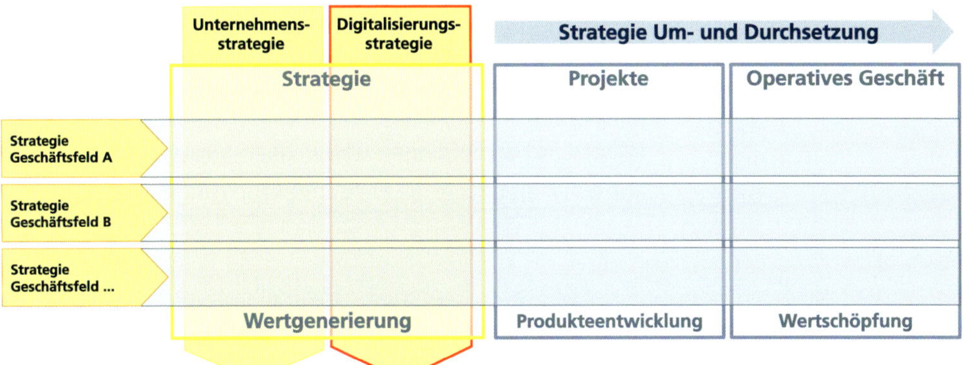

Abb. 3.02: Positionierung der Digitalisierungsstrategie in Anlehnung an [Tim 2017]

3.1.2 Digitalisierungsstrategie

Die heutige Digitalisierung ist weit mehr als nur eine Effizienzsteigerung von Prozessen. Mit einer qualifizierten Digitalisierungsstrategie, basierend auf einem digitalen Produktmanagementmodell, kann ein Unternehmen einerseits die am Markt notwendigen innovativen Kundenerlebnisse schneller bereitstellen und andererseits gleichzeitig ältere Unternehmens-ICT-Systeme auf einem langsameren Niveau weiterentwickeln und betreiben. Dies mit dem Ziel, die Geschwindigkeit des Geschäfts mit der Geschwindigkeit des digitalen Engagements von grossen und komplexen Applikationen zu verbinden [Roh 2018]. Abbildung 3.02 zeigt die Digitalisierungsstrategie als Kontextstrategie zu den Geschäftsfeldstrategien.

In den fortschrittlichen Unternehmen verstärkt sich der Trend mehr und mehr, dass grundsätzlich keine eigenständige Digitalstrategie erstellt wird. Viel mehr soll eine «Digitalität» auf allen Ebenen und in allen Strategien, basierend auf einer qualifizierten IT-Architektur, mitgedacht werden.

Mit Digitalisierung ist die massive Veränderung von Produkten, Prozessen und Geschäftsmodellen gemeint. Produkte werden mit ihrer Umwelt vernetzt sein, selbstständig auf Daten zugreifen und mit ihren Anwendern kommunizieren können. Dabei werden die Prozesse bis zum maximal Machbaren ausgereizt und die Geschäftsmodelle radikal erneuert [Boe 2018].

Eine digitale Strategie ist ein wichtiger Schritt hin zur digitalen Reife einer Organisation [Roh 2018].

Existiert auf verschiedenen Ebenen noch keine Digitalität, wird eine Digitalisierungsstrategie benötigt. Sie vereinbart die Bedürfnisse der Menschen, die Ziele der Organisation und die technologischen Möglichkeiten. Als Veränderungspaket von hohem Nutzwert hat sie zum Ziel, dass die drei Bereiche gemeinsam wertvolle Ergebnisse erreichen. Das digitale Geschäftsmodell mit seinen Strategien ist keine einmalige Sache: Diese werden laufend und in unzähligen Iterationen weiterentwickelt und haben immer auch die ethischen Auswirkungen im Blick, um sinnvolle und nachhaltige Ziele zu erreichen.

Da das digitale Geschäftsmodell, die Entwicklung digitaler Produkte und Dienstleistungen eine kürzere Markteinführungszeit ermöglichen [Bos 2014],

- müssen sich erstens Unternehmen mit Innovationen für digitale Produkte auskennen, die den sich ändernden Kundenerwartungen entsprechen.
- müssen zweitens Unternehmen ein nahtloses Mehrkanal-Erlebnis (digital und physisch) bieten, damit die Verbraucher mühelos von einem Kanal zum anderen wechseln können.
- sollten drittens Unternehmen Big Data und erweiterte Analysen verwenden, um das Kundenverhalten besser zu verstehen. Ein Einblick in die Kaufgewohnheiten der Kunden – natürlich mit deren Einverständnis – kann zu einem verbesserten Kundenerlebnis und höheren Umsätzen durch effektiveres Cross-Selling führen.
- müssen viertens Unternehmen ihre Fähigkeiten zur Automatisierung von Abläufen und zur Digitalisierung von Geschäftsprozessen verbessern. Dies ist wichtig, da es den Kunden kürzere Reaktionszeiten ermöglicht und gleichzeitig Kosten senkt.

Dion Hinchcliffe und Steven Mann erstellten das in der Abbildung 3.03 gezeigte digitale Business-Diagramm. Es nennt die wichtigen Elemente des digitalen Geschäfts und bietet einen guten Überblick über die vielen Bereiche, die als Teil eines digitalen Geschäfts angesehen werden können.

Gemäss Dan Lichtenfeld [Lic 2017] zeichnen sich innovative Start-ups, die dem «digitalen Sumpf» entkommen, dadurch aus, dass sie Organisationen gründen, die dem Markt ein optimales Kundenerlebnis bieten. Dabei geht es darum, sofortigen Zugriff auf Informationen, Produkte und Dienstleistungen zu ermöglichen, damit Kunden problemlos einen Kauf tätigen oder andere Konversionsziele wie Anruf, Anmeldung etc. erreichen können. Es ist bekannt, dass diese Unternehmen agile Methoden anwenden, bei denen Produktmanager und -teams schnelle Iterationen implementieren und testen müssen, um Kennzahlen wie Engagement, Konversion, Retention und soziale Aktivierung kontinuierlich zu verbessern.

Der hohe Grad der Ausrichtung in die digitale Ausprägung ist hingegen eine Herausforderung für viele ältere, traditionellere Unternehmen. Deren ICT basiert zumeist auf internen Verantwortlichkeiten und verwendet häufig vorhandene Unternehmensressourcen, die auf Sicherheit und Einhaltung gesetzlicher Bestimmungen optimiert sind. ICT-Änderungen können in solchen Firmen Monate in Anspruch nehmen. Den meisten traditionellen Unternehmen fehlen die für die Unternehmensagilität erforderlichen Instrumente, Governance-Modelle und Fähigkeiten [Lic 2017].

Die Digitalisierungsstrategie ist auf die Situation des Unternehmens ausgerichtet und stimmt die Technologie-, Produktions- und Geschäftsziele aller Ebenen im Unternehmen aufeinander ab. Sie ergänzt, wie Abbildung 3.02 aufzeigt, die Unternehmensstrategie als Kontextstrategie zu den Geschäftsfeldstrategien und grenzt sich deutlich gegenüber den Funktionsbereichsstrategien wie z.B. der ICT-Strategie ab. Das Ziel der Digitalisierungsstrategie ist es, aktiv das Tempo der gesamten ICT-Infrastruktur (Applikationen, Daten, Geräte, Netze etc.) in Abstimmung mit neuen oder modifizierten Produkten sowie optimierten Prozessen zu steuern. Es soll ein qualifizierter Transformationsprozess erreicht werden, der mit der globalen Digitalisierung einhergeht und wirtschaftlich und sozialverträglich umgesetzt wird.

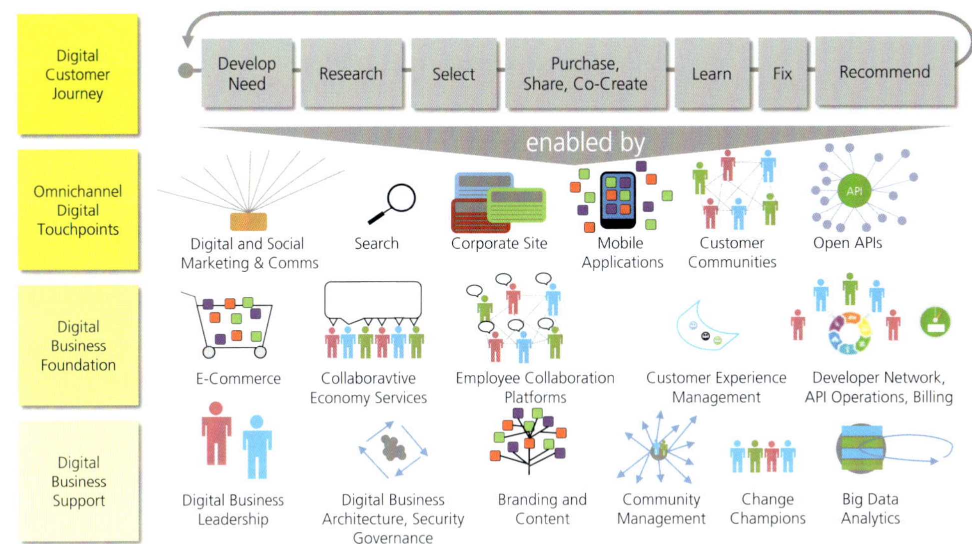

Abb. 3.03: Die Elemente des digitalen Business [Hin 2015]

Der Lösungsansatz für traditionellere Unternehmen, die sich in Bezug auf die Digitalisierung modernisieren wollen bzw. müssen, basiert auf einer Zwei-Weg-IT-Architektur, die im Kapitel 3.3.5 näher beschrieben wird.

Grundlage: Unternehmen können die Transformation nur dann sinnvoll angehen, wenn sie ihren eigenen digitalen Kern entwickeln. Das bedeutet, dass verstanden werden muss, welche Potenziale sich für das eigene Unternehmen aus der Digitalisierung ergeben. Die eigene Position ist zu hinterfragen und man muss eine Vorstellung davon gewinnen, in welche Richtung die Transformation gehen soll.

3.2 Szenariobasierter agiler Strategieentwicklungsprozess

3.2.1 Geplante und ungeplante Strategie

Angesichts steigender Unsicherheit und Komplexität der technologischen, kulturellen und ökonomischen Rahmenbedingungen ist die Identifikation und Berücksichtigung von Einflussfaktoren und alternativen Zukunftsbildern in der strategischen Unternehmensplanung von steigender Bedeutung.

Agil zu werden bedingt auch, dass man auf der strategischen Ebene agil werden will. Wie in Kapitel 3.2.2 beschrieben, soll mittels eines iterativen empirischen Ansatzes die Strategie erstellt und kontinuierlich angepasst werden, basierend auf einem qualifizierten Controlling.

Abb. 3.04: Geplante und «aufgetauchte» Strategien in Anlehnung an Mintzberg [Min 1994]

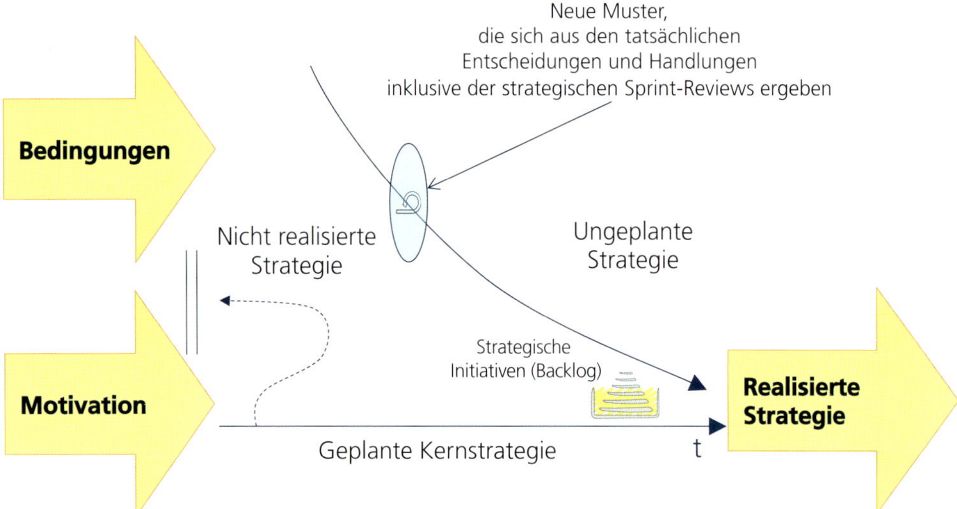

Eines der wesentlichen Elemente des agilen Strategieentwicklungsprozesses ist es, aufgrund des stetig wechselnden volatilen Umfelds entsprechende Szenarien zu bilden.

Dabei wird, wie in Abbildung 3.04 dargestellt, von einer sogenannten geplanten Strategie ausgegangen – im Bewusstsein, dass sich die Bedingungen ändern. Das heisst, strategische Entscheidungen werden aufgrund dieser veränderten Bedingungen mit aller Konsequenz gestoppt. Andererseits tauchen aus den veränderten Bedingungen neue Muster auf, welche sich aus den tatsächlichen Entscheidungen und Handlungen des Managements und den durchgeführten strategischen Sprints ergeben. Diese neuen Muster, geprüft mittels entsprechender Szenarien, ergeben «ungeplante Strategien». In einen iterativen und inkrementellen Prozess verpackt, ergibt sich dadurch die szenariobasierte strategische Planung mit der für das Unternehmen essenziell wichtigen und notwendigen Agilität auf strategischer Ebene.

Der Mehrwert einer szenariobasierten strategischen Planung ist:

- Die Chancen einer Unternehmung werden früher erkannt.
- Dadurch werden die Investitionen strategischer und treffsicherer vorgenommen.
- Sie verringert die strategischen Risiken.
- Das Management wird in seinen Aktionen flexibler.
- Die Planung ist realistischer und liefert verlässlichere Ergebnisse.
- Das Geschäftsmodell des Unternehmens wird robuster.

Bei der szenariobasierten agilen Strategieumsetzung hat man mit dem strategischen Initiativen-Backlog ein Instrument zur Verfügung, um laufend neue Initiativen zu lancieren und allenfalls noch nicht umgesetzte Initiativen zu stornieren.

3.2.2 Rollierende strategische Planung

Strategie, als die oberste Ebene des PMS dargestellt, zählte de facto in der traditionellen Sichtweise nicht zum Projektmanagementsystem, da das Projektmanagement «bloss» ein Werkzeug ist, um die Strategie umzusetzen. Im modernen agilen Ansatz werden diese Ebenen viel konsequenter aufeinander abgestimmt und somit in einem Systemansatz vereinigt.

Mit dem Aufbau einer rollierenden szenariobasierten strategischen Planung wird gemäss Mintzberg von einer geplanten Strategie (Kernstrategie) ausgegangen (siehe Abbildung 3.04); dies im Bewusstsein, dass sich die Bedingungen laufend stark ändern können. Wie beschrieben, können z.B. neue Muster (ungeplante Strategie) auftauchen. Ungeplante Strategien können somit geplante Strategien beeinflussen, korrigieren oder konkurrenzieren. Um dies im agilen Ansatz umzusetzen, werden strategische Sprints eingesetzt, die quartalsweise an die justierte Kernstrategie ausgerichtet werden können (vgl. Abbildung 3.05).

Der szenariobasierte Umgang mit der ungeplanten Strategie ist der Erfolgsfaktor auf der strategischen Ebene.

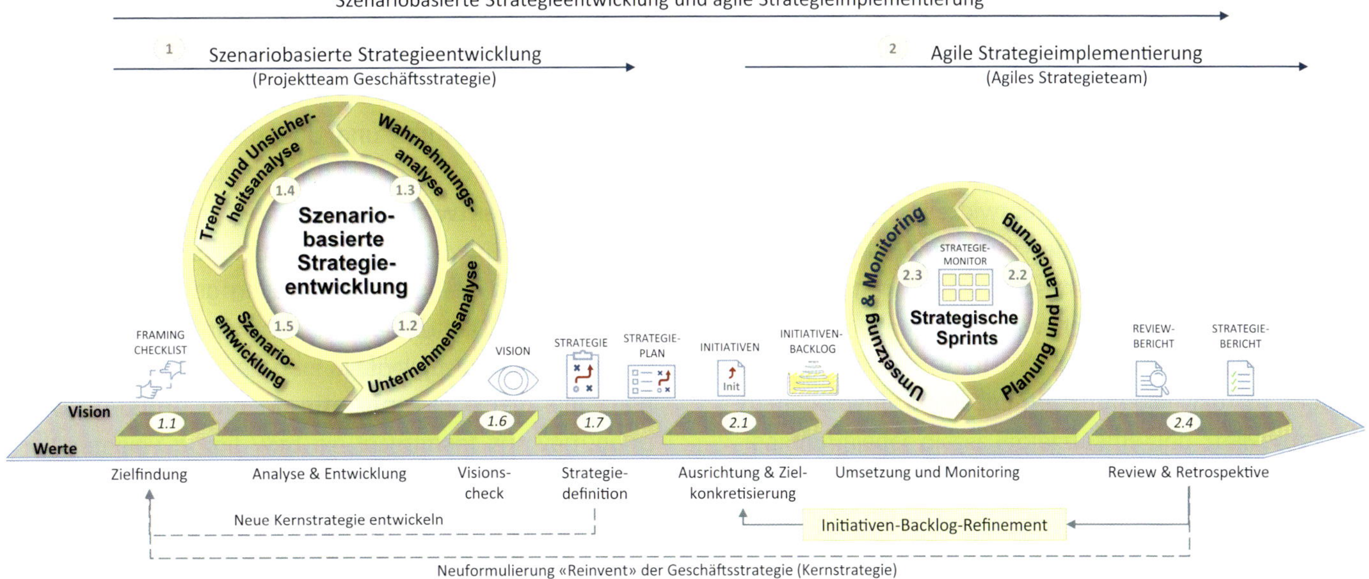

Abb. 3.05:
Szenariobasierte Strategie mit quartalsweisen strategischen Sprints und Neujustierungen

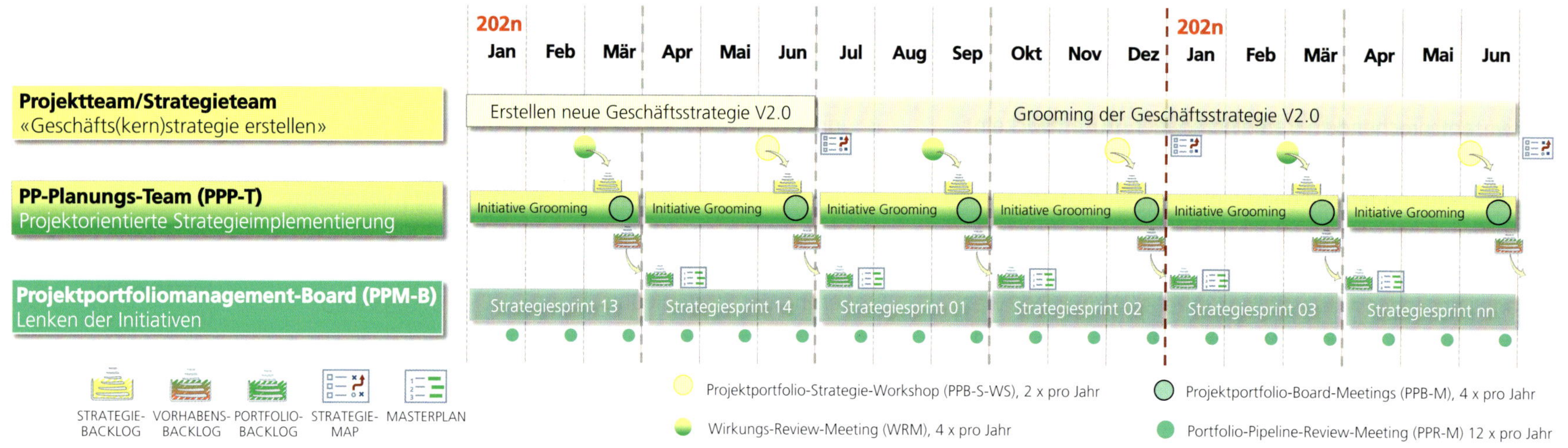

Abb. 3.06: Zeitschema der Strategieerstellung und -implementierung

geführten Projektportfolio-Strategie-Workshops teil (PPB-S-WS, siehe Kapitel 4.1.5).

Das zwischenzeitliche Verfeinern und Justieren der Geschäftsstrategie bis hin zum nächsten Projekt der Erstellung einer Geschäfts-/Kernstrategie wird unter der Führung des Leiters Unternehmensentwicklung vorgenommen. Dieser hat die Möglichkeit, bis dahin mit einem Subteam allfällige neue oder noch nicht erarbeitete Strategieteile der Kernstrategie nachzuarbeiten (Refinement/Reinvent siehe Abbildung 3.05).

2) PP-Planungs-Team (PPP-T): Das «Portfolio-Planungs-Team» oder auch «Sprint-Strategieteam» verfolgt das Ziel der konsequenten, taktisch geschickten agilen Strategieumsetzung gemäss dem adaptiv geführten Projektportfolioansatz (siehe Kapitel 4). Bei grösseren Unternehmen kann pro Geschäftseinheit/Geschäftsfeld je ein Team zusammengestellt werden. Das Team ist auf Ebene des Projektportfolios institutionalisiert, da es in jeder Geschäftseinheit vorhanden sein kann. Es ist bezüglich der Planung ein Unterstützungsteam des Projektportfolio-Boards. Eine weitere Ausführung ist im Kapitel 4.1.5 beschrieben.

Das Refinement der strategischen Themen respektive Portfolio-Backlogs erfolgt unter der Leitung des Projektmanagement-Office (PMO).

3) Projektportfolio-Board (PPM-B): Das PPM-B ist ein von der Geschäftsleitung ausgewähltes Lenkungsgremium. Als Entscheidungsgremium des Gesamtunternehmens stellt es die projektorientierte Umsetzung der Strategie sicher und tagt z.B. im dreimonatigen Rhythmus im Projektportfolio-Board-Meeting sowie monatlich im Portfolio-Pipeline-Review-Meeting (siehe Kapitel 4.1.5).

Was hier nun personell etwas umfangreich aussieht, kann in kleineren und mittleren Unternehmen durch ein einziges Strategieteam abgedeckt werden.

3.3 Teil 1: Szenariobasierte Entwicklung der Kernstrategie

Wie erwähnt, hat sich das Paradigma «Wandel als Konstante» auch auf der strategischen Ebene etabliert. Die zunehmend globalisierte Geschäftswelt mit ihren vielen dynamischen Faktoren hat die Unternehmen und Organisationen in eine für alle spürbare Transformation geführt. Keiner, ob gross oder klein, kann sich dem entziehen.

Agile Strategieentwicklung ist in aller Munde. Wie bei der agilen Produktentwicklung lauert auch hier die Gefahr, dass man alles Alte über Board wirft und sich gänzlich dem Neuen, sprich der agilen Methode, unterwirft. Dieses Verhalten sagt nichts anderes aus, als dass das Altbewährte falsch war.

Das konsequent agile, sprintorientierte Vorgehen mag bei Start-ups oder kleineren Unternehmen richtig sein. Ist jedoch ein Unternehmen im Markt etabliert und hat eine nationale oder sogar internationale Grösse, so empfiehlt es sich, eine Geschäftsstrategie als sogenannte Kernstrategie zu erstellen. Diese folgt grundsätzlich bewährten Erstellungsmustern wie der Unternehmens- und Umfeldanalyse, ergänzt um die Szenariomethode. Wie Abbildung 3.07 aufzeigt, werden dabei sieben Schritte durchlaufen, welche in den folgenden Kapiteln detailliert ausgeführt werden.

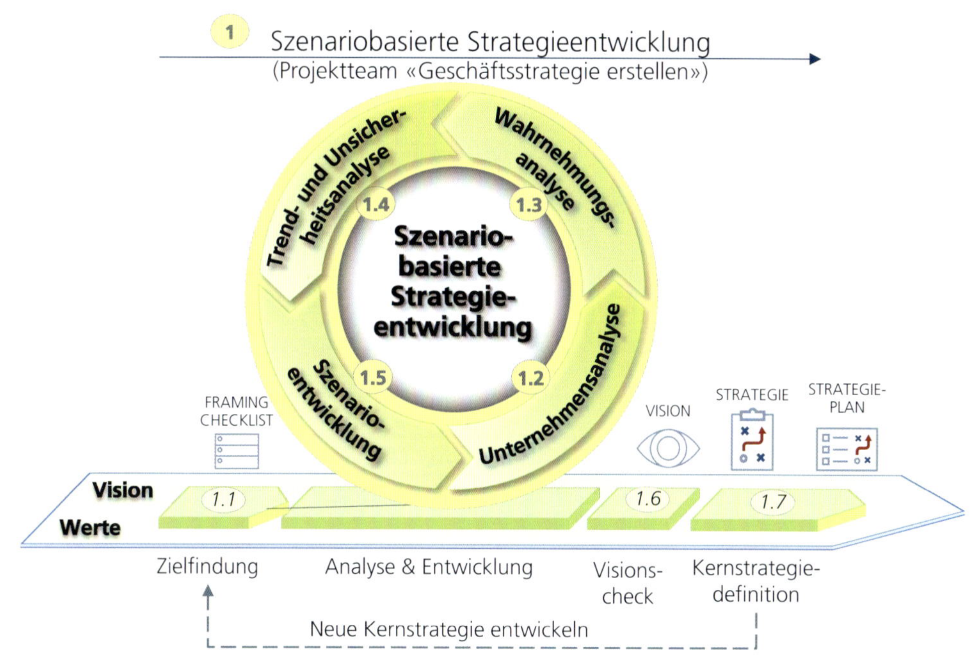

Abb. 3.07: Szenario-basierter Strategieentwicklungsprozess der Kernstrategie

Der Zeitaufwand für das Erstellen der Kernstrategie beschränkt sich auf drei bis maximal sechs Monate. Den grössten zeitlichen Aufwand dürften die Aufgaben Wahrnehmungsanalyse, Trend- und Unsicherheitsanalyse sowie die Szenarioentwicklungen verursachen. Das Erstellen der Strategie ist ein eher kreativer, aber wichtiger Prozess, der mit dem Validieren der Vision und der Werte sowie mit der Strategieplanung endet.

Beim szenariobasierten Strategieentwicklungszyklus, wie er in Abbildung 3.07 dargestellt ist, geht es darum, im Kontext der globalen und fokussierten Trendszenarien entsprechende Optionen zu schaffen sowie die Planung von Möglichkeiten (Strategieszenarien oder auch Umsetzungsszenarien)

mit einzubeziehen. Ist die Kernstrategie definiert, kann mit agilem Vorgehen die Strategieimplementierung begonnen werden (siehe Kapitel 3.4). Dieser zweite Zyklus kann so lange mittels iterativen inkrementellen Sprintansätzen ausgeführt werden, bis aufgrund verschiedener Ereignisse eine neue Kernstrategie erstellt werden muss.

Im Folgenden werden die einzelnen Schritte des szenariobasierten Strategieentwicklungszyklus näher vorgestellt.

3.3.1 Zielfindung (Schritt 1.1)

Die Entwicklung einer Kernstrategie findet in der Regel nicht auf der grünen Wiese statt, sondern in einem gegebenen Rahmen, der berücksichtigt werden muss.

Ein wichtiges Element der szenariobasierten agilen Strategieentwicklung ist eine gut durchgeführte Vorbereitung (Scopedefinition). In diesem Planungsschritt erfolgt die Zieldefinition, d.h. die Definition von Umfang und Umfeld des strategischen Planungsprojekts (Definieren einer neuen Geschäfts-/Kernstrategie). Das Ziel ist es, wie in jedem Projekt notwendig, die Rahmenbedingungen und die Leitlinien für die Erstellung der Geschäfts- oder Kernstrategie aufzuzeigen und wesentliche Anspruchsgruppen zu identifizieren, die in den Prozess eingebunden werden sollen. Dadurch wird sichergestellt, dass alle Beteiligten, insbesondere das Strategieteam der Geschäftsstrategie, das gleiche Verständnis für die mehrwöchige Planungsphase besitzen [Wul 2010].

Die Leitlinien lassen sich aus der bestehenden Strategie, aus dem Leitbild des Unternehmens sowie aus der aktuellen Situation ableiten, welche die Strategiearbeit beeinflusst. Dies kann z.B. eine offensichtliche Kosten- oder Produktionsproblematik sein, ohne deren Lösung das Unternehmen strategisch nicht mehr wettbewerbsfähig ist. Wie in Abbildung 3.08 aufgezeigt, kann auch nur eine «Teil»-Strategie entwickelt werden. Wie Torsten Wulf im HHL-Roland-Berger-Scenario-Development-Process aufzeigt, kann mit einer Framing-Checklist eine rationale Leitlinie für die Strategieentwicklung vorgegeben werden, die beispielsweise folgende Punkte und Themen enthält:

- Zielsetzung der Analyse und Strategieentwicklung
  - Produkte und Dienstleistungen sowie Märkte und Regionen
  - Wachstum, Produktivität sowie Konkurrenzverhalten
  - Innovationsstrategie
  - Kernkompetenzen, allgemeine strategische Ausrichtung

Neben den strategischen Leitlinien gilt es, bei diesem Schritt auch folgende Punkte festzulegen [Kne 2015]:

- **WARUM?** Alle sollten verstehen, warum die Neustrategie erfolgt, und sie tatkräftig und prioritär unterstützen.
- **WIE?** Strategischer Level der Analyse (Form des Verhaltens, wie die Ziele erreicht werden sollen)
- **WER?** Bilden eines Strategieteams inklusive involvierte Experten
- **WAS?** Strategische Erfolgsfaktoren, allenfalls inklusive Benennen wichtiger Messgrössen

(1) Zielsetzung der Analyse und Strategieentwicklung
Ziel ist es einerseits, die Darstellung diverser Entwicklungsmöglichkeiten der europäischen Reisebranche vorzunehmen, um eine fundierte Grundlage einer neuen Kernstrategie zu erhalten. Mit eingeschlossen ist die Sichtweise der produzierenden Unternehmen aus der Vorleistungs- und Zulieferindustrie von Reiseprodukten. Andererseits gilt es, eine neue szenariobasierte Kernstrategie für das Unternehmen zu erstellen.

(2) Strategisches Level der Analyse	(3) Involvierte Experten
• Orientierungsszenarien • Umfeldanalyse • Unternehmensanalyse • Trendszenarien • Keine Eintrittswahrscheinlichkeiten • Extremprojektionen	• Vorleistungs- und Zulieferindustrie • Reiseagenturen aller Kontinente • Übergreifende Bereiche

(4) Strategieteam	(5) Strategische Erfolgsfaktoren
• Alle Mitglieder des Unternehmens-Entwicklungsteam + GL	• Standort der Filialen • Kompetenz im nachhaltigen Reisen

(6) Zeithorizont der Analyse und der Strategieerstellung
Die Szenarien und die Kernstrategie werden für die Agenda 20nn erstellt.

Abb. 3.08: Framing- oder auch Scope-Checklist in Anlehnung an [Wul 2013]

- WANN? Dauer des szenariobasierten Strategientwicklungszyklus

3.3.2 Unternehmensanalyse (Schritt 1.2)

Auch wenn sich bei einer Strategieentwicklung alles um die Zukunft dreht, macht es Sinn, das strategische IST zu analysieren (wo stehen wir heute, warum stehen wir heute da?).

Bei der Unternehmensanalyse gilt es primär, die Stärken und Schwächen des eigenen Unternehmens im Sinne einer Unternehmensdiagnose vorzunehmen. Damit erhält man klare «innere» Einsichten bezüglich der Handlungsmöglichkeiten, vorhandenen Kapazitäten und strategischen Lücken. Lombriser unterteilt die Unternehmensanalyse gemäss Abbildung 3.09 schwergewichtig in vier übersichtliche Ebenen [Lom 2012]:

- E1: Rentabilität: Renditevergleich mit Konkurrenten derselben Branche

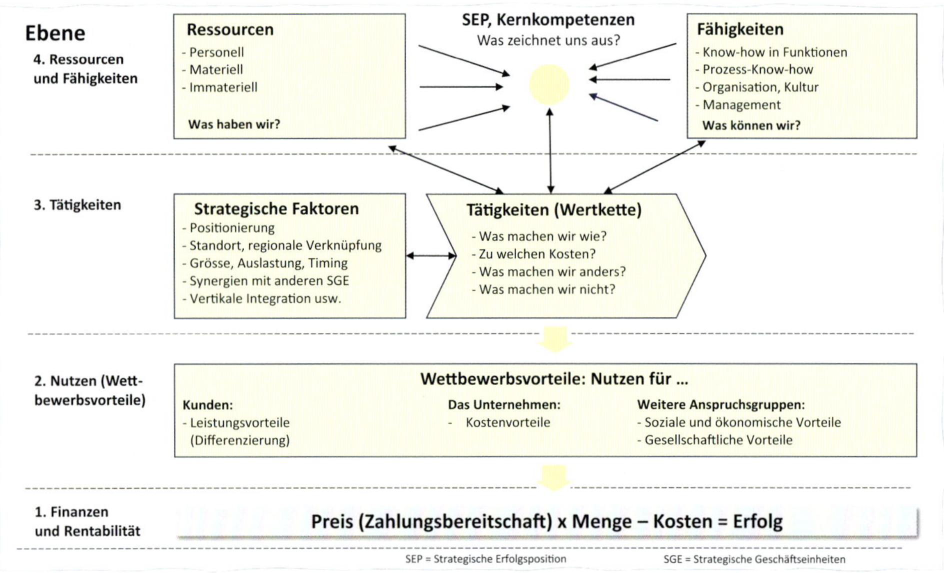

Abb. 3.09:
4-Ebenen-Modell der Ursachen und Wirkungen von Wettbewerbsvorteilen [Lom 2012]

- E2: Tätigkeiten, die Vorteile erbringen: höheren Kundennutzen, Kosteneinsparungen
- E3: Wettbewerbsvorteile bezüglich Leistung und Kosten; Höhe der Zahlungsbereitschaft der Kundschaft
- E4: Ressourcen und Fähigkeiten

Je nach Unternehmen und Situation, in der sich das Unternehmen entwicklungs- und marktmässig befindet, müssen sehr grosse und umfangreiche Analysen vorgenommen werden. Dabei werden verschiedene Fragen auf jeder Ebene gestellt, z.B.:

- Rentabilität/Kosten im Bereich der Ebene 1: Wie gliedern sich unsere Kosten auf? In welchen Bereichen liegen die Trends der Kostenveränderungen? Welche Möglichkeiten zur Kostensenkung haben wir?
- Tätigkeiten/Produkt im Bereich der Ebene 2: In welchen Bereichen sollten wir die Priorität setzen? Was könnte unter Umständen vernachlässigt werden? Wo sind die grössten Erfolgshebel?
- Wettbewerbsvorteile im Bereich der Ebene 3: Wie viel Potenzial steckt in einem Produkt? Wann muss man es erneuern? Wann muss man es wie stark bewerben? Welchen Absatz kann man erwarten?
- Ressourcen/Zufriedenheit im Bereich der Ebene 4: Wie zufrieden sind Kunden und Mitarbeiter? Welches sind die wichtigsten Merkmale, um die Zufriedenheit dieser Gruppen zu gewährleisten?

Die Anzahl der Fragen sollte so weit in Grenzen gehalten werden, dass das Wesentliche des Istzustandes im Dickicht der Datenflut noch erkennbar ist. Instrumente für die Analyse der internen Unternehmensanalysen sind z.B. ABC-Analyse, Lebenszyklusanalyse, Erfahrungskurvenanalyse, Kostenstrukturanalyse, Zufriedenheitsanalyse, Unternehmenskulturanalyse, Kernkompetenzenanalyse.

Auf das verwendete Fallbeispiel bezogen, könnte der IST-Zustand zusammenfassend z.B. wie folgt beschrieben werden: ein rentables Unternehmen, das sich gemäss einem traditionellen Geschäftsmodell im Premiumreisebusiness durch stets qualifizierte Reiseberatung im «alten» europäischen Markt etabliert hat.

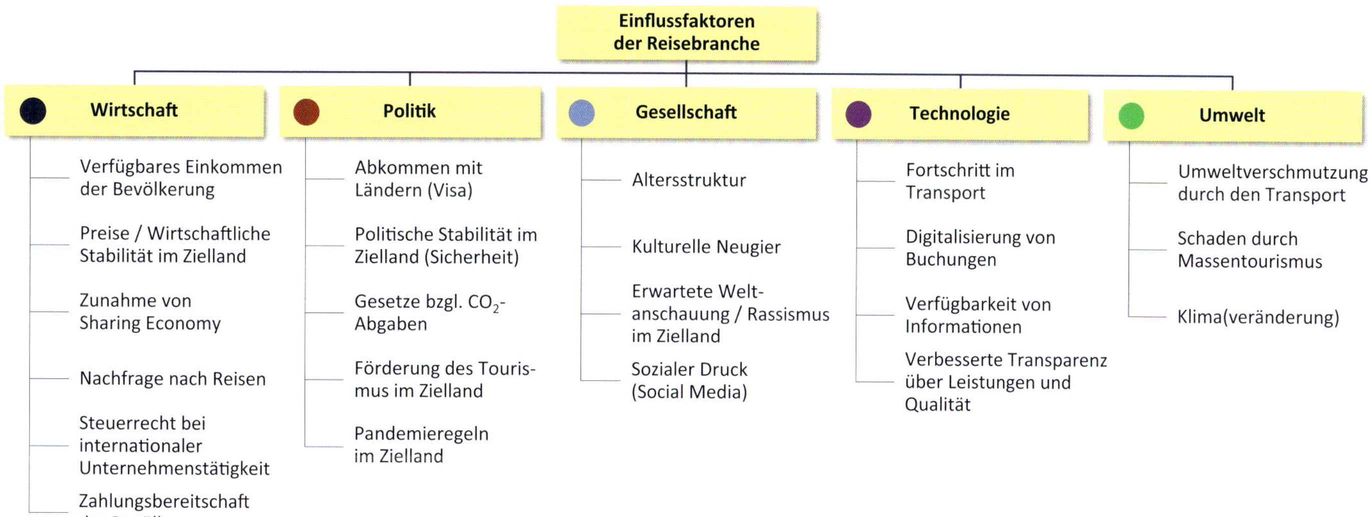

Abb. 3.10: Fraktionierte Liste der Einflussfaktoren in Anlehnung an [Col 2012]

3.3.3 Wahrnehmungsanalyse (Schritt 1.3)

Durch den Einfluss des globalen Umfelds ist davon auszugehen, dass Chancen und Bedrohungen aus allen möglichen Trends und Entwicklungen erwachsen können (siehe Abbildung 1.01). Auch wenn dies grundsätzlich richtig ist und implizit berücksichtigt werden muss, sollte für die praktische Anwendung der Umfeldanalyse eine gewisse Fokussierung vorgenommen werden. Wie Abbildung 3.10 zeigt, bewährt es sich, das globale Umfeld zu fraktionieren.

Mit dem dritten Prozessschritt des szenariobasierten Strategieentwicklungszyklus, der Wahrnehmungsanalyse, beginnt die eigentliche szenariobasierte strategische Planung. Dieser Schritt baut auf den Ergebnissen der Umfeldanalysen auf und dient dazu, die Annahmen und mentalen Modelle der Entscheidungsträger im Unternehmen in Bezug auf die Entwicklungen der eigenen Branche zu erfassen.

Der grosse Vorteil der Wahrnehmungsanalyse ist das Öffnen der Wahrnehmung auf einen möglichst grossen Teilnehmerkreis, der auch wichtige Stakeholder mit einschliesst. Das ist insbesondere in der VUCA-Welt von entscheidender Bedeutung, um vor allem blinde Flecken aufzudecken. Im Rahmen der Wahrnehmungsanalyse werden interne und externe Anspruchsgruppen in den strategischen Planungsprozess eingebunden [Rey 2013].

Zu den internen Anspruchsgruppen zählen typischerweise die Unternehmensführung, Vertreter des Bereichs Unternehmensstrategie bzw. Unternehmensentwicklung und die Leitenden wichtiger Funktionsbereiche. Als ex-

Gemäss Wolf werden als kritische Unsicherheiten Faktoren bezeichnet, die einen grossen Einfluss auf den zukünftigen Erfolg des Unternehmens haben und deren Entwicklung gleichzeitig unsicher ist. Beispielsweise können dies Steuergesetze, Infrastruktur, Preise für Ressourcen etc. sein. Diese Faktoren können auch als die wesentlichen Treiber für die Volatilität im Unternehmensumfeld angesehen werden. In der praktischen Anwendung des Instruments zeigt sich, dass meist nicht mehr als drei bis fünf kritische Unsicherheiten, d.h. Volatilitätshebel, identifiziert werden können [Wul 2010]. Es ist die Entscheidung des Strategieteams, ob es für alle kritischen Unsicherheiten im darauffolgenden Schritt Marktumfeldszenarien entwickeln will oder ob es diese zu zwei sogenannten Schlüsselunsicherheiten, wie im folgenden Kapitel aufgeführt, verdichtet. Mit diesen werden anschliessend die Zukunftsprojektionen erarbeitet.

Abb. 3.12: Bedeutung/ Unsicherheit. Grafik in Anlehnung an [Col 2012]

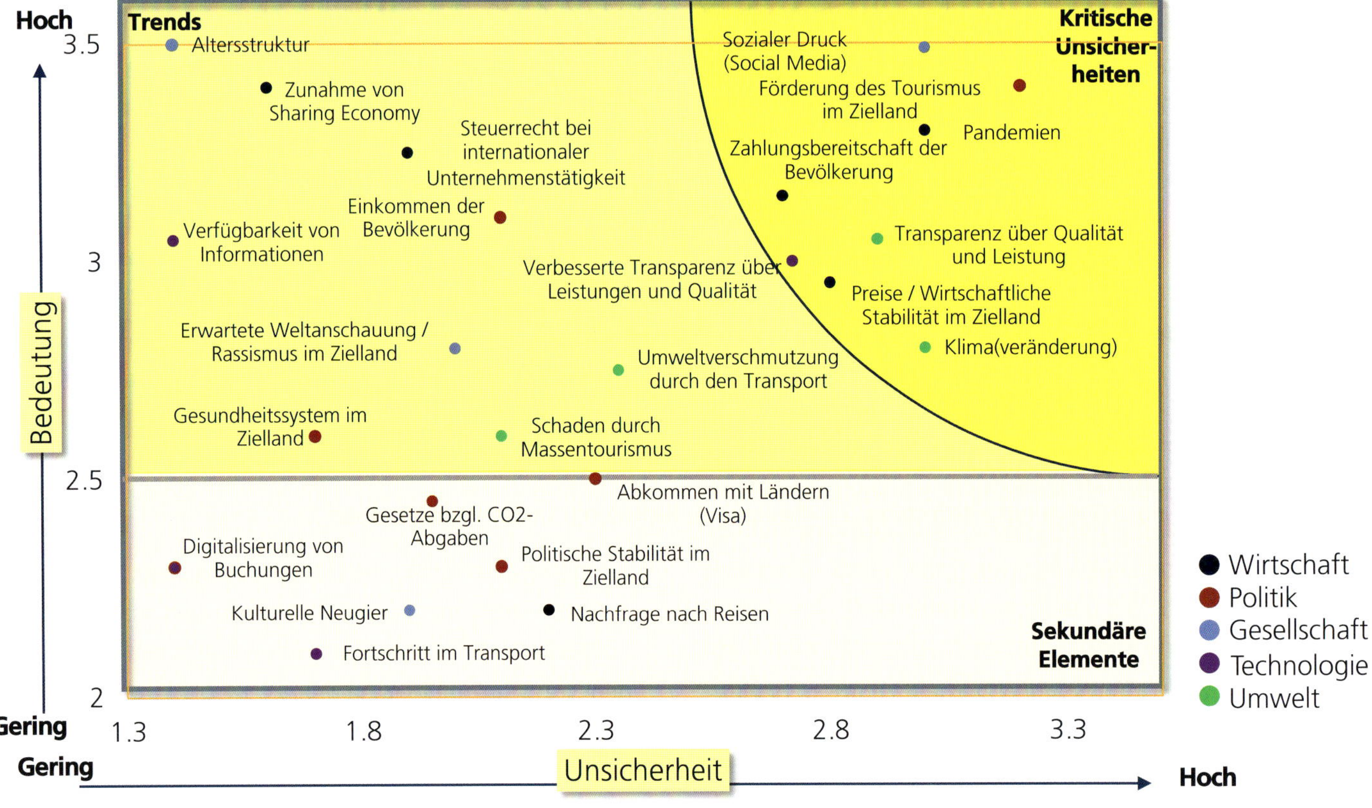

3.3.5 Szenarien entwickeln (Schritt 1.5)

3.3.5.1 Marktumfeldszenarien

Im Mittelpunkt dieses Schrittes steht einerseits die Entwicklung von Marktumfeldszenarien. Andererseits werden auch die Zukunftsoptionen sowie die Strategieszenarien definiert, um schlussendlich die strategische Stossrichtung festlegen zu können.

Für Marktumfeldszenarien wird das von Kees van der Hejiden entwickelte Instrument der Szenariomatrix eingesetzt [Klo 2006]. Als Dimensionen der Szenariomatrix dienen die im vorangegangenen Prozessschritt abgeleiteten Schlüsselunsicherheiten – d.h. die verdichteten Volatilitätstreiber –, für die jeweils Extremausprägungen definiert werden. Diese zwei Schlüsselunsicherheiten mit ihren Extremausprägungen werden als Achsen miteinander gekreuzt. Innerhalb des Achsenkreuzes, das auch als Szenariologik bezeichnet wird, entstehen vier Szenariothemen (Abbildung 3.13) [Fin 2016].

Entlang dieser Dimensionen werden vier Szenarien erstellt. Diese sind mit einem Titel zu versehen und ausführlich zu beschreiben. Als Grundlage für die Beschreibung dient das sogenannte Einflussdiagramm (Ursache-Wirkung-Diagramm), in dem die Zusammenhänge zwischen Trends, kritischen Unsicherheiten und Schlüsselunsicherheiten auf-

Entwicklung der Zahlungsbereitschaft der Bevölkerung

- Nachfrage nach Reisen
- Kosten für Reisen
- Preise / Wirtschaftliche Stabilität im Zielland
- Förderung des Tourismus im Zielland
- Gesetze bzgl. CO_2-Abgaben

Entwicklung des Informationsstandes der Bevölkerung in den Osteuropa

- Kulturelle Neugier / Eigene Erlebnisse schaffen
- Verbesserte Transparenz über Leistungen und Qualität
- Sozialer Druck (Social Media) / z.B. Meldungen via Whatsapp

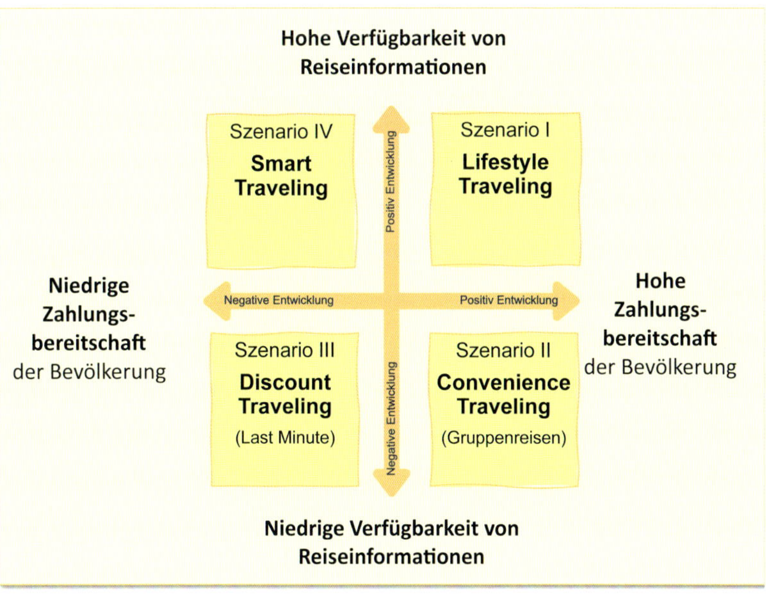

Abb. 3.13: Szenariomatrix mit zwei Schlüsselunsicherheiten (Szenariodimensionen), in Anlehnung an [Col 2012]

gezeigt werden. Dazu ein Beispiel: Der in Abbildung 3.13 aufgeführte Szenarioname «Lifestyle Traveling» beschreibt den Lebensstil eines reisewilligen Kunden, der durch sein Konsumverhalten sowie die gezielte Produkteauswahl seine Reiseerlebnisse und somit seine Lebensqualität steigern möchte.

Zur Beschreibung der Szenarien muss für jedes Szenario eine Story geschaffen werden. Die Geschichte beschreibt den voraussichtlichen Weg, den die betroffene Branche in der Zukunftsprojektion einschlagen wird. Abschliessend wird pro Szenario ein Steckbrief mit relevanten Marktdaten, Kennzahlen und eine kurze Beschreibung erstellt [Wul 2010]. Wie Szenarien im Detail erstellt werden können, wird im Kapitel 3.6.11 näher erläutert.

Die Marktumfeldszenarien werden anschliessend einzeln besprochen und es werden Fragen beantwortet wie:

- Woran lässt sich das Eintreten des Szenarios frühzeitig erkennen (Früherkennungsmetriken)?
- Wer würde beim Eintreten des Szenarios zu den Gewinnern/Verlierern zählen?
- Was sind die Hauptrisiken des Szenarios?

Dadurch werden unterschiedliche Wege erarbeitet, auf denen «die Welt» zu den vier alternativen Szenarien gelangen könnte.

Ist man sich über das Spektrum der Marktumfeldszenarien im Klaren, so gilt es, eine Konsequenzenanalyse vorzunehmen. Wie in der Abbildung 3.14 mittels Auswirkungsmatrix dargestellt, stellt diese die Verbindung zwischen den Marktumfeldszenarien auf der einen Seite und der möglichen Strategie, sprich den Lenkungsbereichen auf der anderen Seite her. Dies erfolgt im Wesentlichen in zwei Schritten [Fin 2016]:

- Identifikationen von Chancen und Gefahren, welche sich für das eigene Unternehmen oder die eigene Organisation aus den einzelnen Szenarien ergeben.
- Ermittlung und Bewertung von Handlungsoptionen, welche sich aus den Chancen und Gefahren ergeben. Diese Handlungsoptionen gehören zum eigenen Gestaltungsfeld und müssen ermittelt sowie bewertet werden. Mit der Bewertung von Handlungsoptionen ist an dieser Stelle noch keine strategische Festlegung verbunden.

Es werden mögliche Verhaltensweisen bezüglich der einzelnen strategischen Handlungsfelder (Lenkungsbereiche) wie Geschäftsfelder, Funktionsbereiche oder Produktgruppen pro Marktumfeldszenario in Form alternativer Handlungsoptionen analysiert und beschrieben. Im Mittelpunkt steht die Überlegung, welche Richtung das Unternehmen mit seinen derzeitigen Stärken und Schwächen einnehmen könnte [Fin 2016]. Letztlich verdeutlichen die Szenarien die Bandbreite möglicher Entwicklungen und damit die Volatilität, der sich das Unternehmen aktuell ausgesetzt sieht. Bei der Ableitung alternativer Handlungsoptionen können gemäss Fink die in der Abbildung 3.14 aufgeführten Fragen gestellt werden:

- Was können wir unternehmen, um die Dynamik des Marktumfeldszenarios zu nutzen?
- Können wir uns der Dynamik des Marktumfeldszenarios erfolgreich entziehen?
- Können wir Einfluss auf das Eintreten des Marktumfeldszenarios nehmen?

Mit der Bewertung der alternativen Handlungsoptionen ist gemäss Fink noch keine strategische Festlegung verbunden. Vor- und Nachteile solcher Optionen können analysiert und dokumentiert werden, ohne den Spielraum der Entscheidung einzugrenzen [Fin 2016]. Das Entscheidende an diesem Vorgehen ist, dass nun abschliessend eine nachvollziehbare Grundlage für die Entwicklung von Strategieszenarien vorliegt.

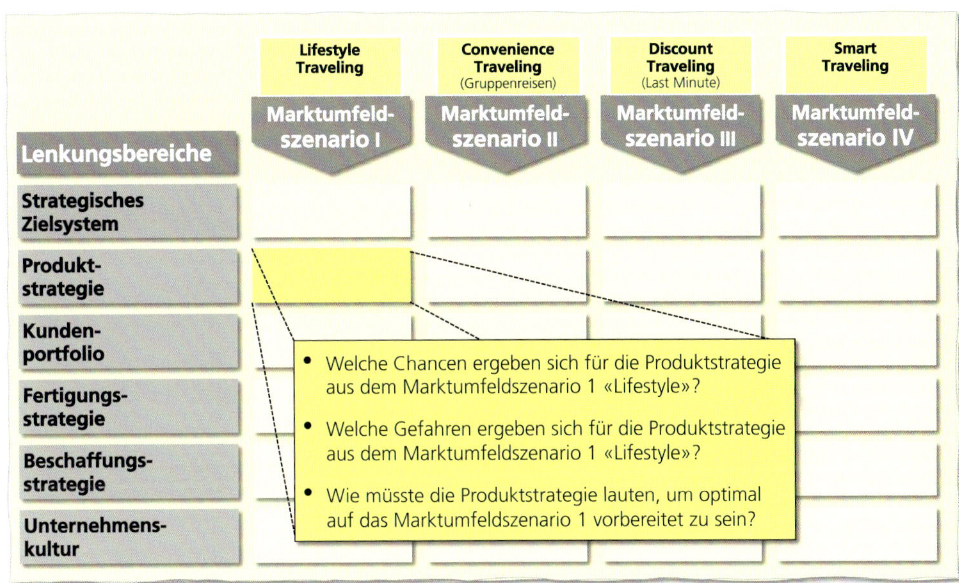

Abb. 3.14: Auswirkungsmatrix von Handlungsoptionen in Anlehnung an [Fin 2016]

3.3.5.2 Strategieszenarien

Wurden die strategischen Positionen aufgrund der Marktumfeldszenarien und der Konsequenzenanalyse festgelegt, so gilt es, die Schlüsselelemente festzulegen und die strategischen Optionen (Zukunftsoptionen) pro Schlüsselelement als Grundlage für die Entwicklung der Strategieszenarien zu definieren. Wie Abbildung 3.15 zeigt, erfolgt das Erstellen von Strategieszenarien in drei Phasen.

Phase 1: Auswahl von Schlüssel-/Strategieelementen

Aufgrund der in Schritt 1.2 (siehe Kapitel 3.3.2) durchgeführten Unternehmensanalyse werden die Schlüsselelemente bzw. Strategieelemente, basierend auf dem 4-Ebenen-Systembild, identifiziert [Fin 2016]:

- **E1: Ebene Mission und Kompetenzen:** Schlüsselelemente sind z.B. Kernkompetenzen, Finanz- und Eigenstrategie, Markenstrategie, Rolle des Kerngeschäftes etc.
- **E2: Ebene Positionierung:** Schlüsselelemente sind z.B. Leistungsportfolio, Dienstleistungen/Servicegeschäft, Geschäftsmodell, Hauptkundengruppe etc.
- **E3: Ebene Kernprozesse:** Schlüsselelemente sind z.B. Forschung und Entwicklung, Anteil Eigen- und Fremdleistung, Innovations- und Technologiestrategie etc.
- **E4: Ebene Organisation, Ressourcen, Systeme:** Schlüsselelemente sind z.B. Organisationsstruktur, Controllingsysteme, Unternehmenskultur, Projekt- und Wissensstrategie etc.

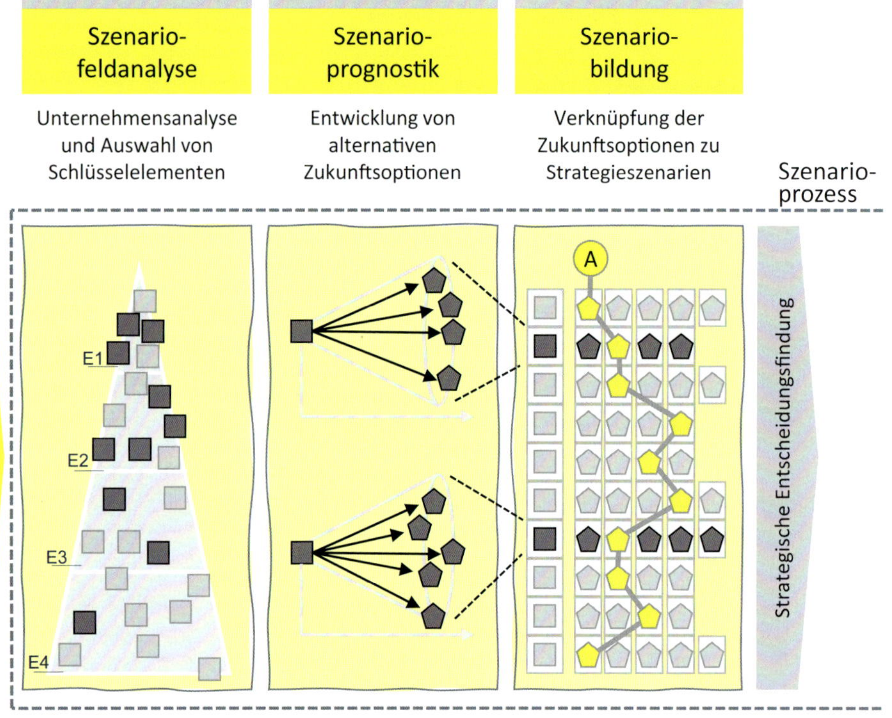

Abb. 3.15: Phasen der Entwicklung von Strategieszenarien [Fin 2016]

Bevor die Schlüsselelemente definitiv festgelegt werden, sollten sie auf allfällige Prämissen, Vorgaben und/oder Rahmenbedingungen überprüft werden. Je weniger einschränkende Rahmenbedingungen vorhanden sind, umso besser können strategische Alternativen festgelegt werden.

Gemäss Fink ist die Entscheidung über die weiter zu bearbeitenden Strategie- bzw. Schlüsselelemente in meisten Fällen eine gruppensubjektive Entscheidung des Kernstrategieteams. Um fokussiert weiterarbeiten zu können, sollten sich alle Teammitglieder mit der Auswahl identifizieren können. Die Nichtberücksichtigung bestimmter Strategieelemente als Schlüsselelemente enthält keinerlei Aussage bezüglich ihrer Bedeutung, da sie meistens der strategischen Ausrichtung folgen [Fin 2016].

Phase 2: Entwickeln alternativer Zukunftsoptionen

Wenn man weiss, welche Trends den Wettbewerb beeinflussen und welche Schlüsselelemente für die Strategie relevant sind, können Normstrategien respektive Optionen auf der Ebene der einzelnen Schlüsselelemente gebildet und bestimmt werden (siehe Abbildung 3.16, z.B. Internationalisierung). Somit gilt es, in dieser Phase gemäss Fink die möglichen Verhaltensweisen bezüglich eines einzelnen Schlüsselelements in Form von alternativen Zukunftsoptionen zu beschreiben.

Das heisst, wie in Abbildung 3.16 aufgezeigt, es sollten pro Schlüsselelement mehrere strategische Varianten (Optionen) entwickelt und anschliessend bewertet werden. Ähnlich wie bei den Marktumfeldszenarien gilt es, die zwei wesentlichen strategischen Fragestellungen herauszuarbeiten. So können bezüglich der Internationalisierungsstrategie folgende Fragen gestellt werden [Fin 2016]:

- Welche neuen Märkte erschliessen wir eigenständig?
- Welche Rollen spielen internationale Entwicklungspartnerschaften?
- Folgen wir unseren Kunden bei der Internationalisierung?
- Wie gehen wir mit der Marktsättigung in Europa um?
- Etc.?

Jede Variante muss von den anderen gut unterscheidbar sein und verschiedene strategische Möglichkeiten aufzeigen. Dadurch wird eine strategische Positionierung oder Neupositionierung erreicht, bei der es insbesondere um die Zuordnung von Investitionsprioritäten pro Geschäftseinheit geht.

Gemäss Fink beschreiben Zukunftsoptionen nicht nur optimale Wunschzustände. Es gelingt höchst selten, in allen Disziplinen und Bereichen der Erste und Beste zu sein. Eine gute Strategie identifiziert die Bereiche, in denen man vorne sein möchte, aber auch Felder, in denen man die Ressourcen besser schont.

Wichtig ist in dieser Phase, dass alle Teammitglieder der Kernstrategie, aber auch die wichtigsten Führungskräfte ihre Vorstellungen vom eigenen Handeln einbringen können und so eine gemeinsame Basis für strategische Überlegungen entsteht [Fin 2016].

Im gesamten Strategieentwicklungsprozess ist das Entwickeln der Zukunftsoptionen die entscheidende Phase. Es gilt nicht nur, wie in den vorhergehenden Analysen die Trends vorauszusagen, sondern auch die Möglichkeiten zu definieren, wie die Zukunft selbst mit Unterstützung der Trends gestaltet werden kann.

Phase 3: Verknüpfung der Zukunftsoptionen zu Strategieszenarien

Es gibt verschiedene Ansätze, wie die Strategiethemen in Form von Schlüsselelementen zusammengestellt werden können.

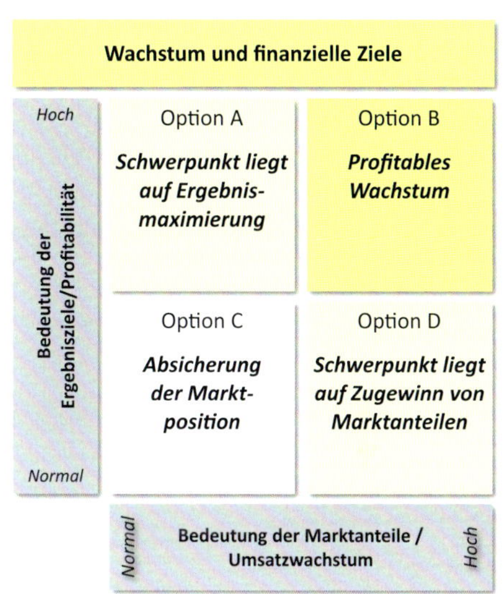

Abb. 3.16: Beispiele für Optionsportfolios [Fin 2016]

So können gemäss Fink z.B. mittels einfacher Konsistenzlogik die wichtigsten oder treibenden Schlüsselelemente herausgezogen und in einer einfachen Konsistenzanalyse miteinander verbunden werden. Als Ergebnis erhält man eine Reihe widerspruchfreier und gleichzeitig sehr unterschiedlicher Strategiethemen, die als Ankerpunkte im morphologischen Kasten genutzt werden können.

Die strategischen Optionen zeigen auf, welche Möglichkeiten es gibt, um die Unternehmensstrategie auf das Gesamtziel auszurichten. In diesem Arbeitsschritt werden mögliche Geschäftsaktivitäten in einem kreativen Prozess als Strategieszenarien erarbeitet und zusammengestellt. Dabei werden mögliche Verhaltensweisen bezüglich der einzelnen Schlüsselelemente in Form alternativer Zukunftsoptionen beschrieben. Im Mittelpunkt steht folglich

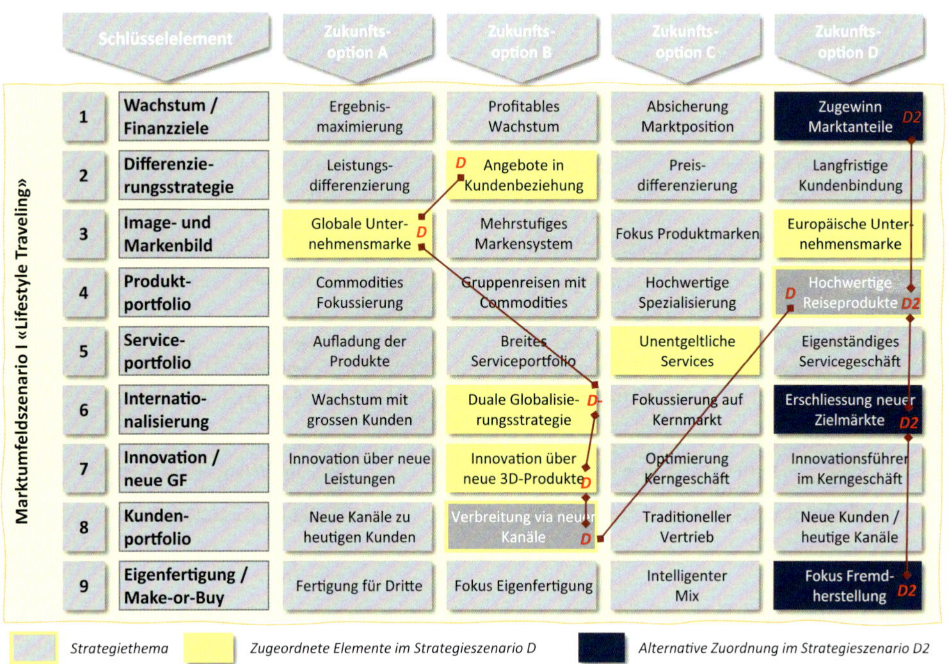

Abb. 3.17: Schlüsselelemente und ihre Optionen. Komplettierung der Strategieszenarien im morphologischen Kasten anhand der Ankerpunkte, in Anlehnung an [Fin 2016]

die Überlegung, in welche Richtung das Unternehmen gehen könnte [Fin 2016].

Als Erstes gilt es, zum Beispiel ein oder zwei (kombinierte) Strategiethemen auszuwählen, die sich an besonders geeigneten Schlüsselelementen orientieren (im Beispiel von Abbildung 3.17 «Hochwertige Reiseprodukte» und «Verbreitung via neuer Kanäle»). Sie sind die Ankerpunkte im morphologischen Kasten. Anschliessend können weitere Strategiethemen herangezogen werden, etwa «Globalisierungsstrategie» und «Innovation über neue 3D-Produkte». Durch eine entsprechende Aufstellung im morphologischen Kasten ergeben sich daraus verschiedene Strategieszenarien.

Wie in der Abbildung visualisiert, kann ein Strategieszenario (D) über die Ankerpunkte «Hochwertige Reiseprodukte» und «Verbreitung via neuer Kanäle» mit «Innovation über neue 3D-Produkte» neue Verkaufsmöglichkeiten von Reisen aufzeigen.

Anhand des morphologischen Kastens werden verschiedene Strategieszenarien durchdiskutiert und festgehalten. Dieses Visualisieren der verschiedenen Szenarien ist enorm wichtig, sodass fokussiert diskutiert werden kann und keine Verwechslungen vorkommen. Es ist wichtig, dass das gesamte Strategieentwicklungsteam bei den Diskussionen immer im «gleichen Kino» und im «gleichen Film» sitzt.

Im Anschluss daran werden die Strategieszenarien in einer Strategielandkarte visualisiert. Um mögliche künftige Veränderungen antizipieren zu können, ist es wichtig, in der Landkarte auch die Ausgangssituation (Unternehmensanalyse, Kapitel 3.3.2) zu verzeichnen (Abbildung 3.18).

Wie in Abbildung 3.19 zusammenfassend aufgezeigt, gilt es, in einem letzten Schritt einen entsprechenden Entscheid im Sinne einer strategischen Stossrichtung zu fällen. Dazu werden alle Ergebnisse der vorangehenden Schritte herangezogen. Ziel ist es, die Ergebnisse der Unternehmensanalyse, der Trend- und Unsicherheitsanalyse sowie der Szenarioentwicklungen soweit wie möglich miteinander in Einklang zu bringen.

Die Marktumfeldszenarien wie auch die Strategieszenarien werden mittels einer Zukunftsmatrix verknüpft, bewertet und zu strategischen Stossrichtungen deklariert. Bei der Erstellung der Zukunftsmatrix muss berücksichtigt werden, dass Umfeld- und Strategieszenarien häufig unterschiedliche Zukunftshorizonte aufweisen.

Mit dieser Matrix lassen sich zunächst zwei Fragen beantworten [Fin 2016]:

- Wie robust ist ein Strategieszenario?
- Welches Strategieszenario eignet sich in einem spezifischen Umfeld?

Als weitere Frage gilt es zu beantworten, wie viele und welche Szenarien das Unternehmen bei seiner Strategieentwicklung berücksichtigt. Diese Szenarien werden als strategiebildend bezeichnet, während die nicht berücksichtigten Szenarien als strategiekritisch anzusehen sind.

Grundsätzlich kann die Beantwortung dieser Frage respektive der daraus resultierende Entscheid als zentraler Schritt bei der Ausrichtung eines Unternehmens oder Geschäftsfeldes sein.

Strategische Stossrichtung: Im Beispiel gemäss Abbildung 3.18 wäre dies die Marktdurchdringung in der Branche bezüglich hochwertiger Reiseprodukte mithilfe einer Verbreitung innovativer Verkaufsinstrumente.

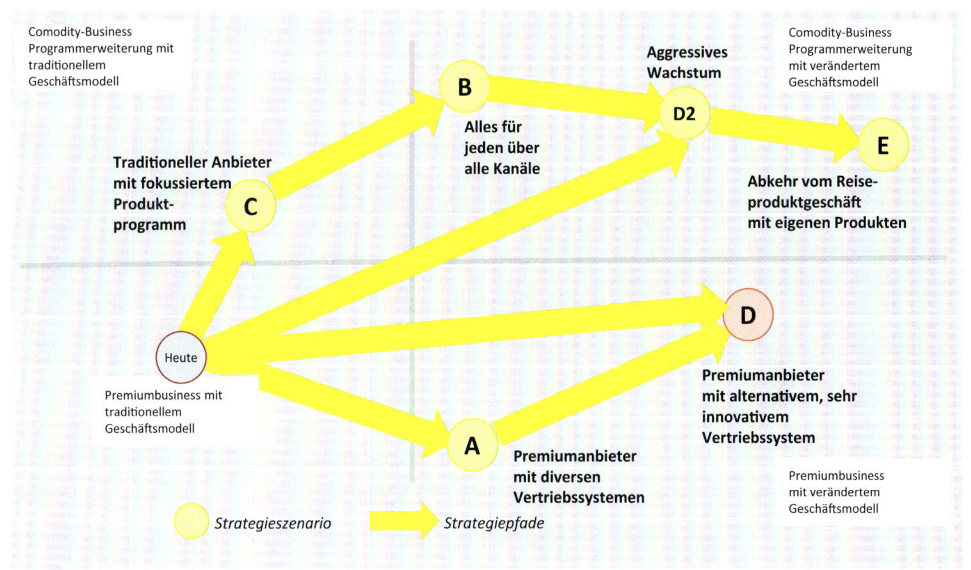

Abb. 3.18: Strategieszenarien im Strategie-Mapping in Anlehnung an [Fin 2016]

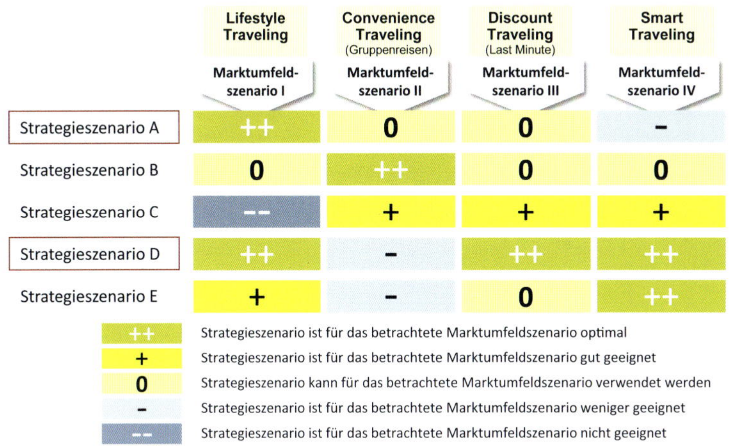

	Lifestyle Traveling Marktumfeldszenario I	Convenience Traveling (Gruppenreisen) Marktumfeldszenario II	Discount Traveling (Last Minute) Marktumfeldszenario III	Smart Traveling Marktumfeldszenario IV
Strategieszenario A	++	0	0	-
Strategieszenario B	0	++	0	0
Strategieszenario C	--	+	+	+
Strategieszenario D	++	-	++	++
Strategieszenario E	+	-	0	++

++ Strategieszenario ist für das betrachtete Marktumfeldszenario optimal
+ Strategieszenario ist für das betrachtete Marktumfeldszenario gut geeignet
0 Strategieszenario kann für das betrachtete Marktumfeldszenario verwendet werden
- Strategieszenario ist für das betrachtete Marktumfeldszenario weniger geeignet
-- Strategieszenario ist für das betrachtete Marktumfeldszenario nicht geeignet

Abb. 3.19: Zukunftsmatrix in Anlehnung an [Fin 2016]

3.3.6 Vision und Unternehmensleitbild prüfen (Schritt 1.6)

Vision und Leitbild sind die verbindende und orientierungsstiftende Kraft, um richtige Entscheidungen im Kontext ungeplanter Strategien zu treffen.

Im Sinne der Stabilität und Effizienz ist es klar, dass nicht bei jedem Durchlauf des Strategieentwicklungsprozesses eine neue Vision und ein neues Leitbild definiert werden können. Wenn sich das Management bezüglich Leitbild (Mission), internem Kompass, an dem sich Aktivitäten orientieren (Werte), und Zukunftsziele (Vision) einig ist, kann dieser Schritt übersprungen werden [Kap 2009].

Gemäss Bleicher und Abegglen [Ble 2021] ist der Ursprung unternehmerischer Tätigkeit eine Vision. Die Vision ist eine Momentaufnahme der Zukunft, die aufzeigt, in welche Richtung die Unternehmung sich entwickeln soll: «Die Vision ist ein konkretes Zukunftsbild, nahe genug, dass wir die Realisierbarkeit noch sehen können, aber schon fern genug, um die Begeisterung der Organisation für eine neue Wirklichkeit zu erwecken.» Visionen erfüllen nicht nur eine Kompass- oder Leuchtturmfunktion (Fokussierungsfunktion), sondern sind vielmehr Sinnvermittlung (Legitimationsfunktion), Faszination, Impulsgebung, Identifikation und damit Motivation für Führungskräfte und Mitarbeitende (Identifikations- und Motivationsfunktion).

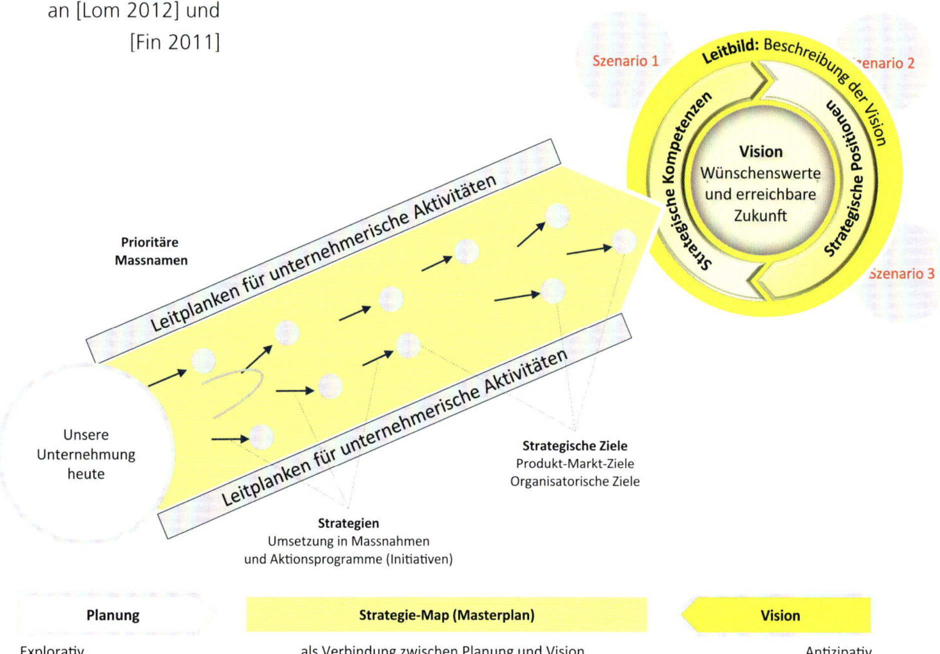

Abb. 3.20: Vision und Leitbild als Leitplanke unternehmerischer Aktivitäten in Anlehnung an [Lom 2012] und [Fin 2011]

In Bezug auf die Definition von Bleicher und Abegglen [Ble 2021] sollte die Vision eines Unternehmens eine wesentliche Selektionsleistung bei der Wahl normativer Konzepte und strategischer Initiativen erbringen. Aus Sicht der Wandlung und Innovation eines Unternehmens heisst dies, dass jede Initiative, jede Massnahme und jedes Projekt einen möglichst grossen Beitrag leisten muss, um die Ziele der strategischen Initiativen zu erfüllen, sodass schlussendlich die Vision erreicht werden kann (siehe Abbildung 3.20). Diese Ziele, Initiativen und Massnahmen werden idealerweise nach einer strategischen Analyse des Istzustandes vorgenommen.

Die darauffolgende Strategiedefinition ist gemäss Fink ein kreativer Prozess, der sich nicht im formellen Vorgehen ausdrücken lässt. Der strategische Dialog zwischen allen beteiligten Personen ist hier der zentrale Punkt: Dabei gilt es, die formulierte Vision, sprich das zentrale Element des Leitbildes, sowie die strategischen Kompetenzen und Positionen in den Fokus der Diskussion zu nehmen.

3.3.7 Strategiedefinition (Schritt 1.7)

In diesem Schritt gilt es, die Ergebnisse der vorherigen Prozesse aufzubereiten, zu diskutieren, die notwendigen Schlussfolgerungen zu ziehen und die strategische Positionierung festzulegen.

Auf den erarbeiteten Grundlagen wird insbesondere die Kernstrategie ausformuliert (siehe Abbildung 3.22) und konsolidiert; daraus werden Anforderungen an die Funktionsbereiche (Beschaffung, Produktion, Informatik etc.) erstellt. Aus den Anforderungen erfolgt die Ableitung der strategischen Massnahmen (Initiativen). Hieraus ergeben sich die Vorgaben für die Funktionalkonzepte sowie die Grundlagen für die strategischen Projekte und die Businesspläne [Fur 2013].

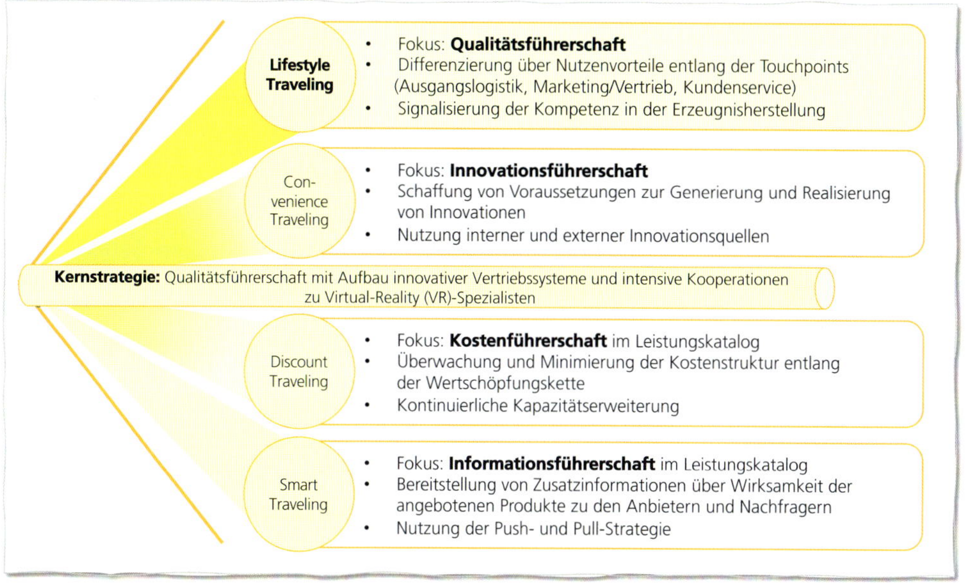

Lifestyle Traveling
- Fokus: **Qualitätsführerschaft**
- Differenzierung über Nutzenvorteile entlang der Touchpoints (Ausgangslogistik, Marketing/Vertrieb, Kundenservice)
- Signalisierung der Kompetenz in der Erzeugnisherstellung

Con-venience Traveling
- Fokus: **Innovationsführerschaft**
- Schaffung von Voraussetzungen zur Generierung und Realisierung von Innovationen
- Nutzung interner und externer Innovationsquellen

Kernstrategie: Qualitätsführerschaft mit Aufbau innovativer Vertriebssysteme und intensive Kooperationen zu Virtual-Reality (VR)-Spezialisten

Discount Traveling
- Fokus: **Kostenführerschaft** im Leistungskatalog
- Überwachung und Minimierung der Kostenstruktur entlang der Wertschöpfungskette
- Kontinuierliche Kapazitätserweiterung

Smart Traveling
- Fokus: **Informationsführerschaft** im Leistungskatalog
- Bereitstellung von Zusatzinformationen über Wirksamkeit der angebotenen Produkte zu den Anbietern und Nachfragern
- Nutzung der Push- und Pull-Strategie

Abb. 3.21: Optionen der Reiseunternehmen im Strategy Manual in Anlehnung an [Col 2012]

Zwischen der strategischen Analyse (aktueller Istzustand), den Strategieszenarien und der Vision kristallisiert sich der Veränderungsbedarf heraus. Auf der Basis dieses Veränderungsbedarfs lassen sich die strategischen Zielsetzungen

Vision und Ziele	Leistungsvorteil	Leistungsausrichtung	Leistungserbringung
Vision Luxusreisen, die bequem von zuhause aus gebucht werden können	**Produkte und Leistungen** Fokus auf virtuell aufbereitete Reise- und Erlebnisangebote mit begleitetem Verkaufsservice mittels eines Avatars	**Angebotsportfolio** Stetiger Ausbau der Produktkategorien im luxuriösen Reisen. Transport, Veranstaltungen, Logieren – alles aus einer Hand	**Partner und Netzwerke** Exklusivverträge und Kooperation mit Anbietern von Luxusferienwohnungen und digitalen Vertriebsgesellschaften
Ziele Marktführer im Heimmarkt Europa für nachhaltige Reisen mit zweistelligem Gewinnwachstum bis zum Jahr 20xx	**Kundenerlebnis** Fokus auf die Stärkung virtueller Berührungspunkte (Customer Touchpoints) beim Verkauf von Premiumreisen	**Kundensegmente** Konsequente Fokussierung auf Onlinebuchungen der Luxusreisen für anspruchsvolle Kunden	**Ressourcen** Investition in 3D-Technologie und künstliche Intelligenz, Aufbau entsprechender interner Fähigkeiten
	Positionierung Festigung der Premium-Positionierung durch Ausbau der eigenen länderspezifischen ePlattform	**Märkte** Stärkung des europäischen Heimmarktes durch Zukauf von Nischenplayern im Segment der Individualreisen	**Organisation und Prozesse** Fokus auf Standardisierung und Automatisierung / Digitalisierung aller Prozesse

Abb. 3.22: Definition der Kernstrategie

ren, zu priorisieren und schlussendlich auszuwählen. Die Identifikation der strategischen Initiativen erfolgt gemäss Relevanz der ermittelten Defizite und gemäss den neu definierten strategischen Zielen.

Die Relevanz einer strategischen Initiative resultiert zusammenfassend gemäss Lombriser aus

- der Bedeutung des Defizits, welches durch diese Initiative behoben werden soll.
- der Bedeutung der betroffenen Geschäftsfelder gegenüber der gesamten Unternehmensstrategie.

der durch die Initiative erzielten Wirkung, bezogen auf das primäre Strategieziel und die weiteren definierten «Subziele» wie Ausnutzung von Synergien, Vermeidung von negativen Auswirkungen etc.

Zentrale Kriterien für die Bewertung und die anschliessende Priorisierung der strategischen Initiativen sind:

- Bedeutung der strategischen Aktion

Die Umsetzung der Massnahme wäre für das Unternehmen von grosser Bedeutung, z.B. da es sich stark auf die Wirtschaftlichkeit auswirkt, Auswirkungen auf andere Geschäftseinheiten hat und sehr nachhaltig ist.

- Für die Umsetzung benötigte und idealerweise vorhandene Ressourcen

Die grosse Herausforderung für das Management liegt darin, das Spannungsfeld zwischen Wandlungstreibern (Wandlungsnotwendigkeit) und gesetzten strategischen Schwerpunkten (Wandlungsbedarf) mit den unternehmerischen Fähigkeiten und Möglichkeiten in Einklang zu bringen.

Die detaillierte Beschreibung, welche strategische Initiativen nun effektiv wie priorisiert sowie wann und in welcher Form umgesetzt werden, wird im folgenden Kapitel «Agile Strategieimplementierung» beschrieben.

Abb. 3.26: Priorisieren der strategischen Initiativen

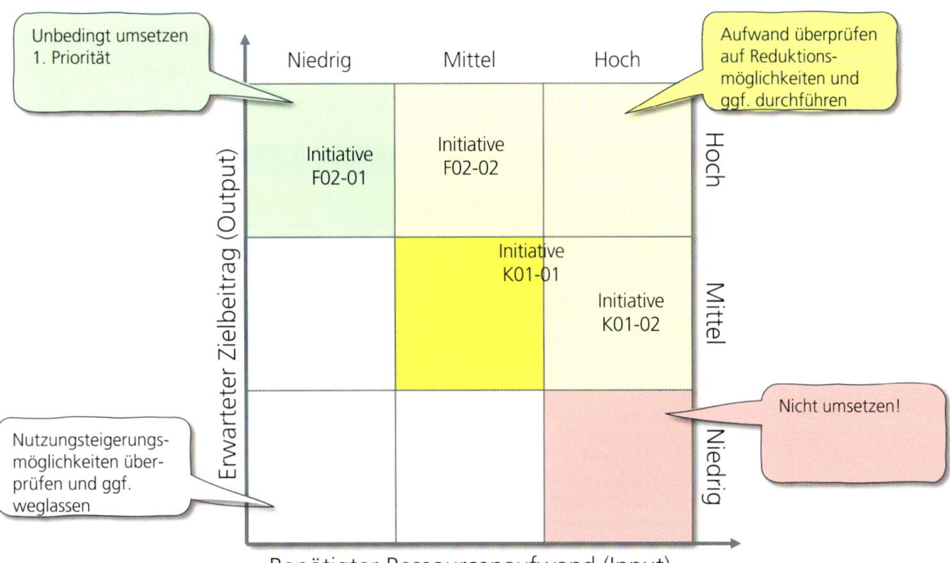

3.4 Teil 2: Agile Strategie-implementierung

Planung ist die eine Sache, die Implementierung die andere. Wurde aus strategischer Sicht definiert, was umgesetzt wird, so muss bei der Implementierung das konkrete Wie, Wer und Wo geklärt werden:

- Wo: Im Betriebsfeld und/oder Projektfeld (siehe Abbildungen 1.02 und 3.27).
- Wer: Welche Division/Abteilung oder Abteilungen, sprich welche zuständige Führungsperson und allfällig notwendigen Schlüsselpersonen und/oder Partner.
- Wie: Mit welchen der vier Hauptinstrumente (Projekt-, Prozess- und Changemanagement sowie Führungsinstrumente wie z.B. Zielvereinbarung) wird ein strategisches Ziel verfolgt und/oder eine Initiative umgesetzt?

Die strategischen Handlungsanweisungen respektive Initiativen müssen auf die strategischen Zielsetzungen «in Bewegung» gebracht werden.

Das WIE (wie setzen wir die Strategie um?) kann theoretisch in zwei Hauptkategorien unterteilt werden:

- Kontinuierliche, systemische Umsetzung der Strategie via Businesspläne
  Bei der kontinuierlichen Umsetzung der strategischen Vorgaben geht es nicht darum, neue Produkte zu lancieren, neue Geschäftsfelder zu erobern oder sich umfassend sanieren zu müssen. Vielmehr müssen die Leistungsziele des Betriebsfelds erreicht werden, sei es durch effiziente Produktion oder punktuelle Optimierung der Effektivität. Hier werden gute bewährte Umsetzungsinstrumente eingesetzt. Das Spektrum solcher Instrumente ist sehr umfassend, angefangen von Budget- und/oder Terminvorgaben bis hin zu konkreten Marketing- und Produktionsplänen oder sehr operativen Instrumenten wie Mitarbeiterziele, Aktionspläne, kontinuierlicher Verbesserungsprozess etc. Um diesbezüglich die agile Kultur im Betriebsfeld um- und durchsetzen zu können, werden gerne neuere Methoden wie OKR oder Flight-Level eingesetzt (siehe Kapitel 3.6.9 und 3.6.10).
- Strategische Veränderungen via projektorientierter Strategieumsetzung
  Müssen aufgrund der neuen Strategie Sanierungen, Fusionen, Technologiesprünge, Markt- bzw. Segment-

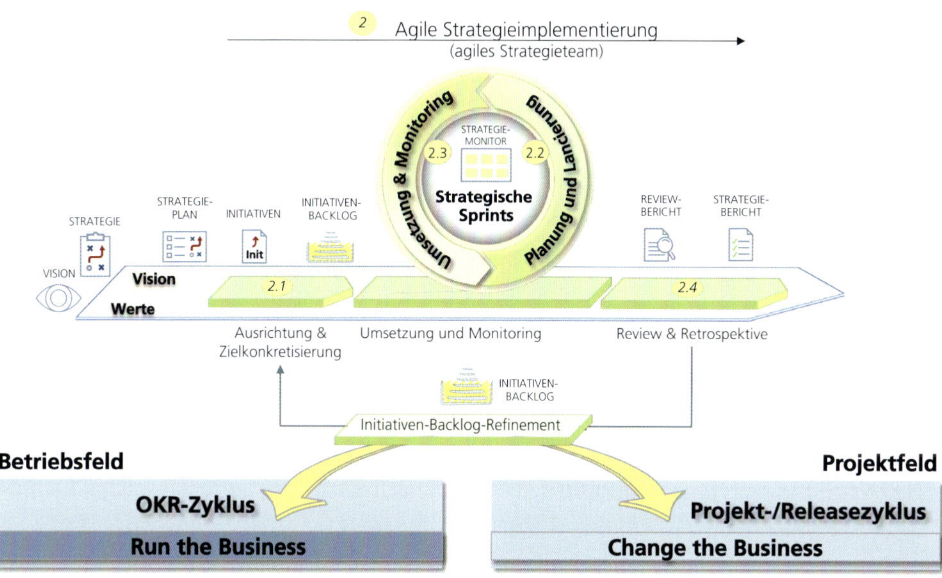

Abb.3.27: Rollierende strategische Planung mit quartalsweisem Überprüfen und Neuausrichten

Eine strategische Initiative kann nur erfolgreich umgesetzt werden, wenn das Wo, Wer und Wie in der notwendigen Tiefe geklärt ist.

erweiterungen oder neue Produkte umgesetzt werden oder sollen grössere Optimierungen (z.B. Mitarbeiterförderungsprogramme) fokussiert durchgesetzt werden, so kann eine konsequente, effiziente Strategieimplementierung im Unternehmen mit dem adaptiven Projektmanagement vorgenommen werden.

Diese theoretische Aufteilung macht Sinn, um das Verständnis der Umsetzungswege zu erhöhen. In der Praxis gibt es starke Mischformen. So können auch Mitarbeiterziele oder Ausbildungen für Mitarbeiter definiert werden, welche ausschliesslich in Projekten arbeiten. Oder demgegenüber können Changemanagement-Initiativen für eine kleine Abteilung umgesetzt werden, ohne dass dafür alle Facetten des gesamten Changemanagements ausgereizt werden müssen.

Viele Strategieumsetzungsprozesse haben nicht den gewünschten Erfolg, da versucht wird, die definierte Strategie unflexibel in den ersten beiden Jahren vollständig zu implementieren, ohne sich an die laufenden Veränderungen der VUCA-Welt anzupassen. Eine rollierende Strategie-Map, ergänzt um ein strategisches Initiativen-Backlog, hilft, die notwendigen Umsetzungsschritte der Strategie vorauszudenken und langfristig so zu planen, dass die verfügbaren Ressourcen auf den gesamten Umsetzungszeitraum in logische Schritte unterteilt und entsprechend verteilt werden. Dabei wird eine strategische Initiative in eine Periode von zwölf Monaten und diese wiederum in einen dreimonatigen OKR-Zyklus für das Betriebsfeld unterteilt. Im Projektfeld werden die Initiativen wenn und wo möglich in Sechs-Monate-Releases unterteilt.

Zwei, maximal drei kurze Budgetzyklen und eine szenariobasierte Strategie mit klaren Jahreszielen, die quartalsweise für die nächsten zwölf Monate justiert werden, bringen die nötige Flexibilität.

Die Gliederung in Teilschritte mit konkreten messbaren Teilergebnissen gibt dem Management die Möglichkeit, Veränderungsbedürfnisse einfliessen zu lassen. Änderungsbedürfnisse können sein, dass sich das externe Umfeld oder die internen Rahmenbedingungen verändert haben oder dass sich aufgrund der gemachten Erfahrung eine Präzisierung – z.B. Verschlankung der Zielsetzung – ergeben hat. Die quartalsweise stattfindende OKR-Justierung aufgrund der Änderungsbedürfnisse macht die strategische Planung, wenn sie richtig erfolgt, nicht instabil, sondern wirkungsvoll agil. Selbstverständlich ist dieser Teilungsansatz bei einer strategischen Initiative, wie z.B. «aufgrund der Expansionspläne benötigen wir ein neues Bürogebäude», nicht möglich. Hier gilt der Ansatz, dass man sich nicht nach den Ausnahmen richten sollte.

Die Erfolgsaspekte der agilen Strategieimplementierung auf Basis des OKR- und Projekt-/Release-Ansatzes sind:

- Die Initiativen zur strategischen Zielerreichung werden gemeinsam in kurze Sprintzyklen unterteilt und priorisiert.
- Jede Initiative startet mit einem von allen betroffenen Personen akzeptierten Framing-Chart.
- Nach jedem Zyklus wird ein inhaltliches Review durchgeführt, gefolgt von einer Retrospektive, in der Massnahmen zur Prozessverbesserung vereinbart werden.
- Im Backlog Refinement Meeting wird unter der Leitung des Unternehmensentwicklers und dem Projektportfolio-Board (PPB) sichergestellt, dass die Backlog Tasks im Backlog «Strategische Initiativen» so bearbeitet werden, dass beim nächsten Planungsmeeting auf der Projekt-

portfolio-Ebene effizient die nächsten Initiativen gestartet werden können.

- Aufrechthaltung von der Umsetzung: Die laufenden Initiativen werden im Rahmen monatlicher Stand-Up-Meetings einem kurzem Statusreview unterzogen.
- Werden für die Umsetzung der Initiativen die notwendigen Ressourcen nicht freigestellt, wird auch die agile Strategieimplementierung zu einem «Papiertiger».

Hinweis: Im Folgenden wird «nur» der Releasezyklus, sprich die projektorientierte Strategieumsetzung, erläutert. Es werden keine Ausführungen über weitere Implementierungsansätze von strategischen Initiativen, ausser dem QKR-Zyklus in Kapitel 3.4.10 und der Flight-Level-Methode in Kapitel 3.4.9, in diesem Buch gemacht.

3.4.1 Ausrichtung und Zielfindung (Schritt 2.1)

Welche Elemente der Kernstrategie in den nächsten zwölf Monaten besonders betont und welche Strategieoptionen gegebenenfalls verfolgt werden, wird in diesem Schritt der agilen strategischen Implementierung festgelegt [Wul 2010].

Als Erstes gilt es, in einem Projektportfolio-Strategie-Workshop (PPB-S-WS), wie bei der Kernstrategie, den Status quo zu erfassen. So soll kurz geklärt werden: Wo stehen wir aus strategischer Sicht heute? Wie sieht das Umfeld aus? Wie hat es sich in den letzten sechs Monaten verändert (Trends, interne Gegebenheiten etc.)? Und wo ergeben sich neue Potenziale?

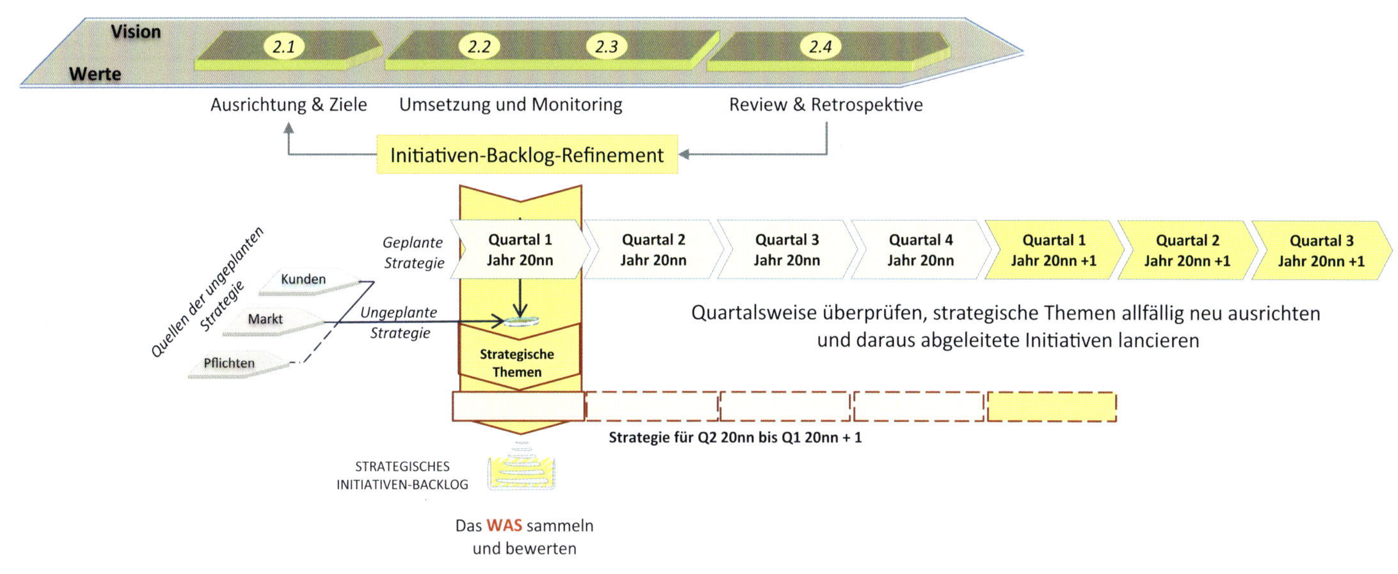

Abb. 3.28: Drei-Monatszyklus mit einer zwölfmonatigen Perspektive

Viele dieser Fragen können schnell und richtungsweisend vom Management beantwortet werden, da sie im entsprechenden Umfeld mit den Kunden, den Mitarbeitenden etc. einen aktiven Austausch haben. Grenzen werden sichtbar, wenn neue Geschäftsfelder angegangen werden sollen; dann sollte man wieder bei der szenariobasierten Strategieentwicklung der Kernstrategie anfangen.

Das erste Ziel dieses Projektportfolio-Strategie-Workshop ist es, von allen beteiligten Personen ein gemeinsames Grundverständnis der aktuellen Situation zu erhalten. Wie in Kapitel 4.1.5 näher erläutert, umfasst der Strategie-Workshop einen grösseren, heterogen zusammengestellten Teilnehmerkreis (Projektportfolio-Planungsteam, auch «agiles Strategieteam» genannt), sodass der Istzustand und die strategischen Absichten nicht nur dem Topmanagement bekannt sind.

Abb. 3.29: Modifiziertes Backlog von strategischen Initiativen

Portfolio strategischer Initiativen				
Strategie-Map (Thema)	**Balanced Scorecard BSC**		**Aktionsplan (Backlog)**	
	Kennziffern	**Zielwerte**	**Initiativen**	**Budget**
BSC F02: Zahl der Kunden im Individualreisesegment massiv steigern	• Jährliches Wachstum gesamt	15 %	• **F02-01** Neue Onlineplattform erstellen und länderspezifisch ausrichten	4'650'000.00
	• Anteil von Kunden aus Osteuropa massiv steigern	35 %	• **F02-02** Filialnetz in Osteuropa aufbauen	4'200'000.00
	• Renditeziel Kunde Osteuropa	12 %	• **F02-03** Aufbau digitales Geschäftsmodell	6'250'000.00
BSC K01: Das Vertrauen der Kunden in unsere Produktberatung verbessern	• Marktanteil	25 %	• **K01-01** Segmentierungsinitiative (Anpassungsinitiative)	1'200'000.00
	• Anteil an den Kundenausgaben	50 %	• **K01-02** Zufriedenheitsstudie	200'000.00
	• Kundenzufriedenheit	90 %	• **K01-03** Reorganisation Digitalisierung	700'000.00

Zu dieser kurzen Umfeld- und Unternehmensanalyse kommen aus dem Strategie-Sprint-Review der Stand der laufenden Initiativen sowie der Wert aus den abgeschlossenen Initiativen und die Prozessoptimierungsmassnahmen, welche in durchgeführten Retrospektiven definiert wurden, hinzu (siehe Kapitel 3.4.4).

Nun gilt es, in den strategischen Sprint einzusteigen. Wurde die kurze Strategieanalyse vorgenommen, kann an die Ausrichtung, Justierung und konkrete Zielfindung herangegangen werden. Basierend auf den strategisch definierten Zielen (siehe Kapitel 3.3.7), werden der Zielkatalog und der definierte Aktionsplan der Kernstrategie übernommen, kritisch gewürdigt sowie an die neue Situation adaptiert. Das Ergebnis ist die überarbeite Strategie-Map z.B. mittels Balanced Scorecard. Entlang des agilen Ansatzes wird nun ein Refinement der strategischen Initiativen respektive des Initiativen-Backlogs vorgenommen. Das heisst, aufgrund der neuen, geänderten Zielsetzungen werden neue strategische Initiativen entwickelt oder bereits vorhandene strategische Initiativen präzisiert.

Ist das Backlog mit den strategischen Initiativen vollständig, gilt es, eine der grössten Herausforderung dieser Methodik umzusetzen: das sinnvolle mehrwert- und zeitbezogene «Zuschneiden» der strategischen Initiativen. Aufgrund der Komplexität des Unternehmens mit all seinen Facetten ist es wichtig, dass die definierten Initiativen eindeutig abgrenzbar und den Unternehmenszielen direkt zuzuordnen sind. Der Folgeschritt beinhaltet eine nochmalige Überprüfung, inwieweit die vorgeschlagenen strategischen Initiativen den Zielen der Strategie-Map entsprechen

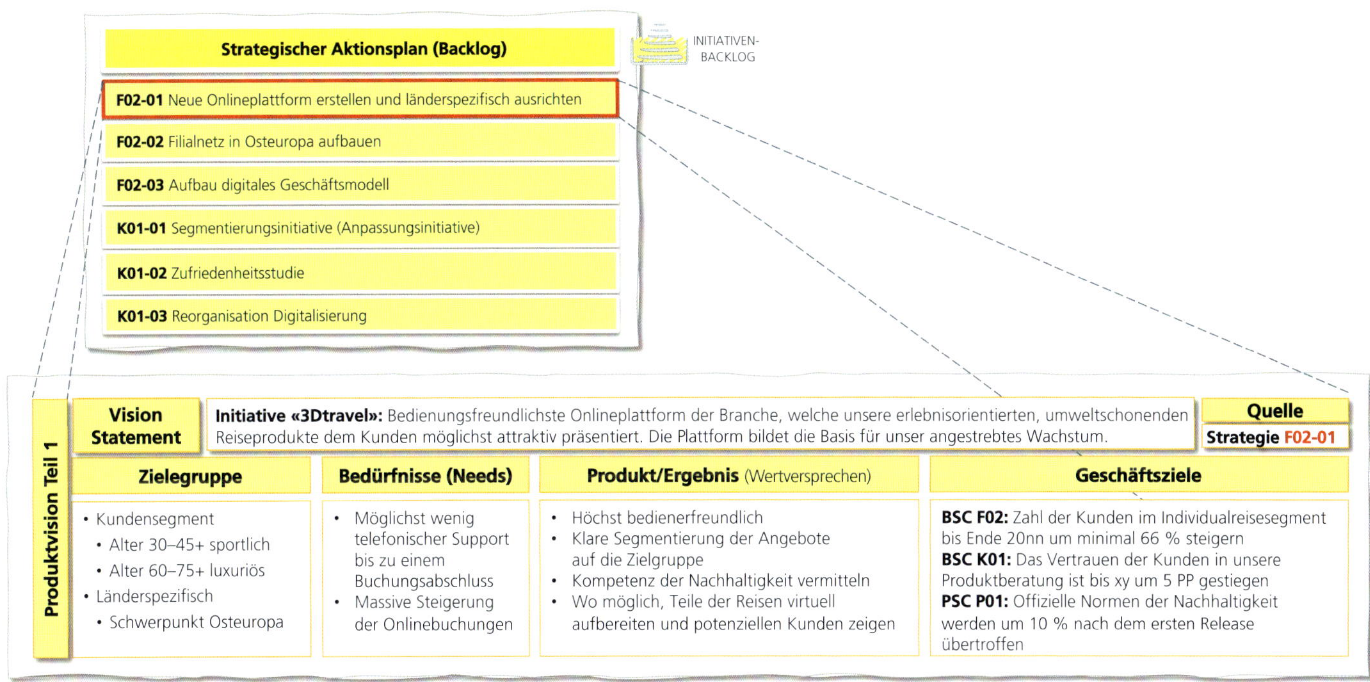

Abb. 3.30: Vision Statement einer strategischen Initiative formulieren

[Kne 2015]. Für diese Arbeit werden agile Instrumente wie Canvas, aber auch etwas ältere Methoden wie Cynefin Framework, Cause and Effect Diagramm etc. eingesetzt (siehe Kapitel 3.6).

Ganz entscheidend ist an dieser Stelle, dass neben den gewonnenen Erkenntnissen aus der Analyse und der Aktualisierung bzw. Verfeinerung der strategischen Initiativen auch die anderen drei Inputquellen einer sogenannten «ungeplanten Strategie» gemäss Abbildung 3.28 berücksichtigt werden (siehe auch Kapitel 3.2.1):

- Strategie: Initiativen, die von den strategischen Themen abgeleitet werden (Massnahmen oder Initiativen aus der definierten Kernstrategie)
- Zwang: Z.B. externe Institutionen definieren regulatorische Forderungen, die mit Initiativen umgesetzt werden müssen.
- Markt: Im Markt entstehen neue Möglichkeiten, etwa durch neue Technologien, die mit einer Initiative ins Unternehmen integriert werden.
- Kunden: Beim Kunden entstehen Bedürfnisse, die mit einer Initiative erfüllt werden können.

Als Ergebnis resultiert daraus ein überarbeitetes Backlog strategischer Initiativen, ergänzt um Markt-, Kunden- und Zwanginitiativen. Alle zusammengefasst ergeben das Portfolio-Backlog (siehe Kapitel 4.2.2).

Die Praxis hat gezeigt, dass aus verschiedenen Gründen die Unterteilung Strategie-Backlog und Vorhabens-Backlog sehr sinnvoll ist. Nach diesem Schritt erfolgt methodisch der Wechsel auf die Projektportfolio-Ebene in den Prozessschritt «das WAS analysieren».

Trotz des Wechsels auf die Projektportfolio-Ebene, welche ausführlich im Kapitel 4 erläutert wird, wird in den folgenden Unterkapiteln das Planen, Umsetzen und Monitoring aus der strategischen Sicht kurz erläutert.

3.4.2 Planung und Lancierung (Schritt 2.2)

Der Schritt «Planung und Lancierung» wird in den Abbildungen dieses Buches grundsätzlich mit grüner Farbe gekennzeichnet, da er die direkte Verbindung zum Projektportfolio-Management darstellt. Wie in den Kapiteln 3.2.3 und 4.1.4 beschrieben, übernimmt in diesem Schritt das PPM-Planungs- oder -Release-Team die Verantwortung. Im Rahmen der quartalsweise durchgeführten Projektportfolio-Board-Meetings (PPB) ist das Team – oder bei grösseren Unternehmen die Teams – für die Planung des nächsten Quartals verantwortlich (siehe Kapitel 4.4.2). An den PPB-Meetings, die nachgelagert an Projektportfolio-Strategie-Workshops (halbjährlich) durchgeführt werden, muss unter anderem festgelegt werden, welche Initiativen oder Teile einer Initiative im kommenden Quartal gestartet, mit Nachdruck realisiert oder welche laufenden Initiativen allfällig gestoppt werden.

Prozessmässig stellt dies den zweiten Prozessschritt des Projektportfolio-Managements dar (vgl. Kapitel 4.2.3, «Das WIE auf Portfolioebene definieren»).

In diesem Schritt geht es auch darum, mittels Simulationen mögliche Umsetzungsszenarien auszuarbeiten, um daraus aus taktischer Sicht den bestmöglichen Weg herauszufinden. Die definierten Initiativen werden als Ganzes oder in Themen unterteilt, zu Projekten gebündelt und auf einen Zeitstrahl gebracht, um nicht zuletzt die Abhängigkeiten zu anderen Projekten aufzuzeigen. Um dies zu bewerkstelligen, wird der PP-Masterplan zunächst auf Unternehmensebene (Top-down) durchgeführt, anschliessend werden die einzelnen Projekte auf Teamebene (Bottom-up) realisiert. Die Planung auf Teamebene erfolgt immer selbstorganisiert.

Dieser zweistufige Planungsansatz hat die positive Wirkung, dass einerseits mit realistischeren Planungswerten gearbeitet und andererseits vertikal über alle Ebenen hinweg eine viel grössere Identifikation mit den zu realisierenden Initiativen erzeugt werden kann.

Ziel dieses Schrittes: Die gemeinsame Erarbeitung der Ziele für den nächsten Zyklus (Strategiesprint) und das Erstellen/Aktualisieren des PP-Masterplans.

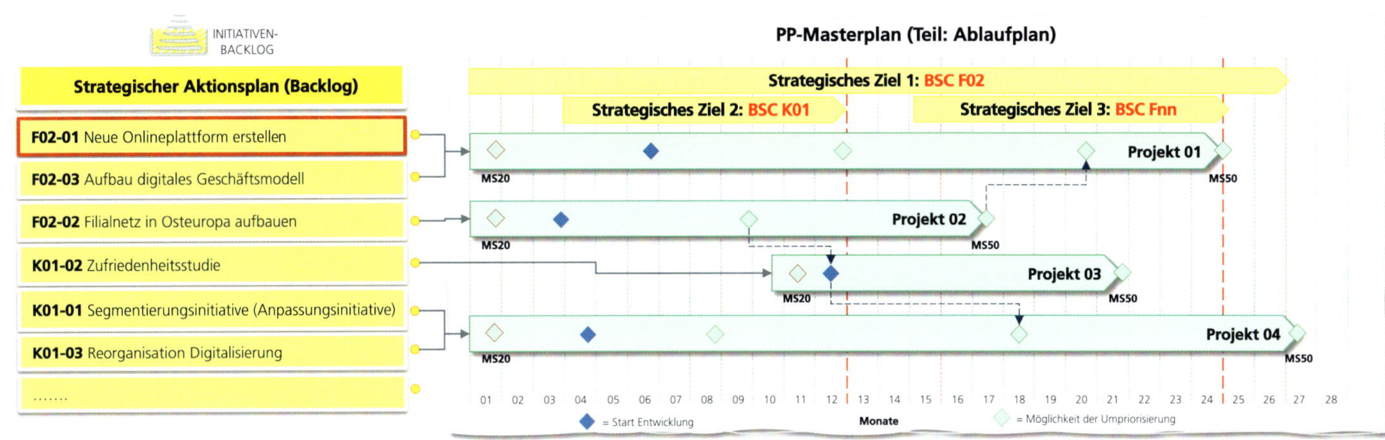

Abb. 3.31: Masterplan anhand Strategie-Backlog erstellen

Das heisst, auch hier erfolgt die klassische Priorisierung, allenfalls unterstützt durch agile Priorisierungstechniken. Da es zumeist die Ressourcen sind, die einen Engpass verursachen, darf auch das Stoppen einer lancierten und laufenden Initiative, sprich eines Projekts, in Betracht gezogen werden. Wobei dies gut überlegt und ein solcher Entscheid für alle Betroffenen gut nachvollziehbar sein muss.

Das heterogen zusammengestellte multidisziplinäre Planungsteam wird der Agilität gerecht, wenn es nicht nur aus dem Managementlevel besteht und eine offene, selbstkritische und fehlertolerante Diskussionsrunde kreiert. Diese einigt sich auf einige wenige Initiativen, die ressourcenmässig auch wirklich umgesetzt werden können (siehe Kapitel 3.5.1, «Finanzen», und 3.5.2, «Ressourcen»). Ein Konsens in diesem Planungsgremium ermöglicht auch eine einfachere Erfolgsmessung. Das agile Planungsteam definiert nun wiederum eine Framing Checklist für den nächsten Sprint.

3.4.3 Monitoring (Schritt 2.3)

Mit einem einfachen Strategie-Cockpit muss ein Instrument zur Verfügung gestellt werden, das einerseits die tatsächliche Volatilität der Umwelt erfasst, d.h. die Schwankungen bei den kritischen Schlüsselunsicherheiten, und andererseits deren Wirkung auf die laufenden Vorhaben aufzeigt. Diese «Membrane» zeigen positive oder negative Abweichungen. Dadurch wird deutlich, welche strategischen Initiativen erfolgreich umgesetzt werden und wo allenfalls eine Korrektur notwendig ist.

Die PESTEL-Methode ist ein geeignetes Radarsystem, um die Volatilität der Umwelt aufzuzeigen (Kapitel 3.6.1).

Ergänzend werden in einer Balanced Scorecard die zentralen Schlüsselziele eines Unternehmens zusammengestellt und während der Umsetzung kontinuierlich gemessen (siehe Abbildung 3.50 im Kapitel 3.5.6, «Value & Performance Management»). Damit können, insbesondere beim agilen Vorgehen, bereits sehr früh allfällige Wirkungen wie

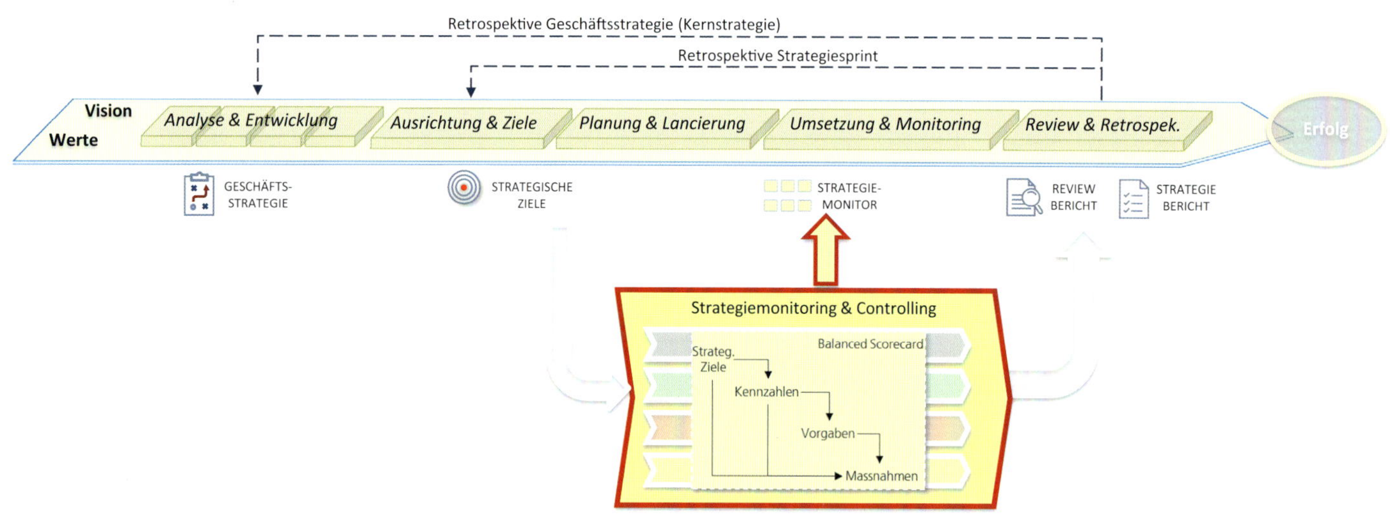

Abb. 3.32: BSC als effizientes Monitoring- und Controllinginstrument

Damit Agilität in der Organisation wirksam wird, muss die Strategie kontinuierlich und rollierend vierteljährlich nach einem iterativen Ansatz neu erstellt und angepasst werden.

z.B. Umsatzsteigerung, Digitalisierungsgrad etc. gemessen werden. Eine besondere Verbindung besteht, wenn zu den strategischen Zielen noch die entscheidenden Strategieszenarien aufgeführt werden. Sie können das Monitoring nicht nur in Bezug auf die lancierte Initiative, sondern auch auf allfällige Veränderung eines Szenarios aufzeigen. Zu beachten ist auch, dass nicht nur die im Projekt lancierten Initiativen überwacht werden, sondern auch die Massnahmen, welche via Businesspläne (kontinuierliche, systemische Umsetzung der Strategie) im Bereich «Run the Business» allenfalls mit dem OKR-Zyklus lanciert wurden. Das aktive Überwachen der Strategie anhand der Businesspläne und Projekte ist für den Erfolg der strategischen Massnahmen und der gesamten Strategie essenziell wichtig.

Daher:

a. Realistischerweise kann ein Monitoring nur durch einen Abgleich von Ausgangssituationen und Zielkonzept mit einer jeweils identischen Datenbasis erfolgen. Es sind nicht nur die Daten des Umsetzungswegs (Realisierung der Projekte und anderen Massnahmen) und die Daten der Wirkung (Veränderung des Umsatzes, des Unternehmensrisikos, Reingewinn etc.) aufzuzeigen. Zu einem guten Strategiemonitoring gehört auch das Sammeln und Monitoren der Daten bezüglich Umwelt (Konsumentenverhalten, Konkurrenz etc. und deren Einfluss auf die Szenarien).
b. Es gilt, die gesammelten Daten und Informationen für das Monitoring nachvollziehbar zu strukturieren. Ein gutes Monitoring ermöglicht auch eine Filterung der Daten

nach strategischen Zielen, Umsätzen, Risikoverläufen, Wertschöpfung, Qualitäten etc. Zuletzt sind die Daten auszuwerten und zu interpretieren. Dabei geht es um das Aufbereiten von möglichen Interventionen wie z.B. die Lancierung einer vertieften Kontrolle oder das Definieren neuer Zielwerte. Die Auswertungen und Analyseergebnisse dienen wiederum der strategischen Planung und Umsetzung weiterer strategischer Massnahmen. Zum Monitoring gehört auch, dass erreichte strategische Ziele oder Etappen kommuniziert werden. Auch nicht erreichte Ziele und neu aufgesetzte, korrigierende Massnahmen müssen bei allen Betroffenen soweit sinnvoll transparent gemacht werden.

EINFLUSSFAKTOREN	INDIKATOREN
Trend 1	Ansteigendes durchschnittliches Budget pro Reise
Trend 2	Remote gesteuertes Reisen
Trend 3	Zunahme von Virtual Reality Headset
Ungewissheit 1	Pandemie
Ungewissheit 2	Vertrauen, mittels eines Avatars Reisen zu buchen
Ungewissheit 3	Politische Unsicherheit in Osteuropa
Ungewissheit 4	Gesetze bezüglich CO_2-Abgaben
Ungewissheit 5	Fortschritte in der VR-Technologie

Abb. 3.33: Indikatorentabelle «Europäische Tourismusindustrie» in Anlehnung an [Wul 2013]

3.4.3.1 Monitoring der Marktumfeldszenarien

Mithilfe eines Szenario-Cockpits (Abbildung 3.34) wird ein Überwachungssystem aufgebaut, um externe Entwicklungen verfolgen zu können. Damit wird den Entscheidungsträgern ein Instrument zur Verfügung gestellt, um entscheiden zu können, welche der entwickelten strategischen Optionen zuerst respektive als nächstes umgesetzt werden sollen und unter welchen Bedingungen dies erfolgt. Hier kommt dem Management zugute, wenn es in Bezug auf die entwickelten strategische Optionen bereits bei der Definition geklärt hat, unter welchen Bedingungen diese umgesetzt werden sollen.

Als Erstes gilt es zu analysieren, wie sich das äussere Umfeld tatsächlich entwickelt und welches Marktumfeldszenario de facto zustande kommen wird. Auf der Grundlage der Analyseergebnisse können die zuvor entwickelten strategischen Massnahmen umgesetzt oder nach Bedarf angepasst werden. Das heisst, es ist nicht nur wichtig, die externen Entwicklungen zu überwachen, sondern diese mit den zuvor entwickelten Szenarien zu verknüpfen, damit sich das Management auf spezifische strategische Massnahmen innerhalb des Strategiekorridors konzentrieren kann. Mithilfe des 360°-Feedback-Einflussfaktoren-Diagramms kann am effektivsten herausgefunden werden, welche Indikatoren eine Veränderung des bzw. der Trends bewirken. Gibt es keine qualitativen Angaben über Trends, so sollen in bestimmten Abständen wiederum kurze Interviews geführt werden.

Basierend auf diesen Angaben kann ein Ampelsystem aufgebaut werden, das aufzeigt, in welche Richtung sich das Marktumfeld bewegt. Grün steht beispielsweise für einen Anstieg, gelb für einen Durchschnittswert und rot für

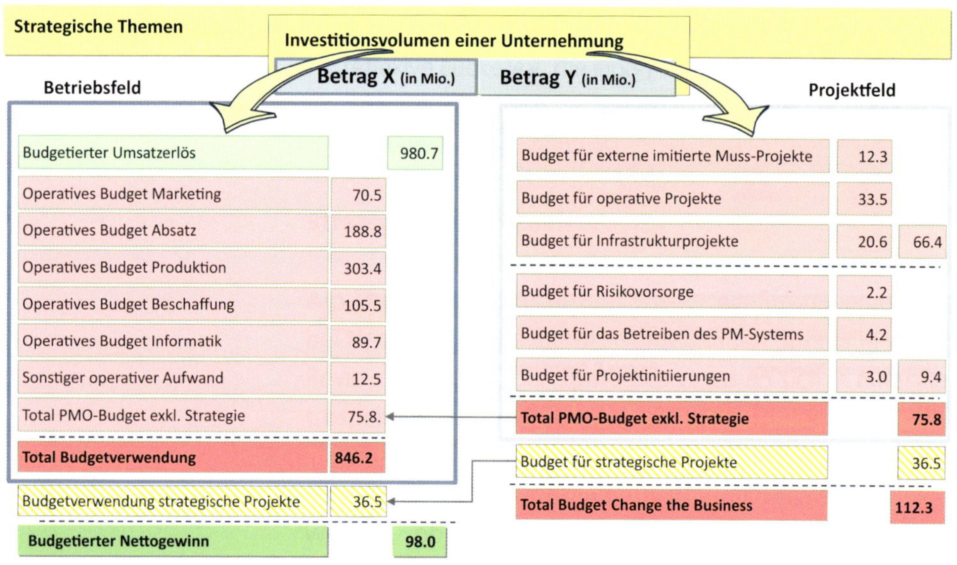

Abb. 3.41: Budgetaufteilung in einer Unternehmung oder Unternehmenseinheit

langfristig gesichert sind. Ziel ist die langfristige Sicherung der Zahlungsfähigkeit des Unternehmens bei optimalen Kapitalkosten. Der Prozess der strategischen Finanzplanung wird unternehmensindividuell gestaltet [Hau 2006].

Betrachtet man das Jahresbudget für eine erfolgreiche projektorientierte Strategieumsetzung, so könnte dieses wie folgt aussehen: Jedes Unternehmen als Ganzes oder jede Unternehmenseinheit für sich hat ein Investitionsbudget. Etwas vereinfacht betrachtet, wird dieses Budget in die zwei Bereiche «Betrieb» und «Projekte» unterteilt.

Der eine Teil des Budgets fliesst über die gewohnten Hierarchiewege in den produktiven Betrieb. Der andere Teil wird in Vorhaben bzw. Projekte investiert, die hierarchieübergreifende Relevanz haben (Abbildung 3.41). Das Verwalten des zweiten Volumens ist Aufgabe des Projektportfolios, sprich des Projektportfolio-Boards. Dieses Projektportfolio-Budget wird im Kapitel 4.3.1 detaillierter beschrieben.

3.5.2 Ressourcenmanagement

Ressourcenmanagement aus Unternehmenssicht beinhaltet das Managen aller Ressourcen auf entsprechendem Level. Das bedeutet nicht zuletzt eine richtige prozentmässige Zuteilung der Ressourcen auf das Betriebs- und das Projektfeld. Um Geschäfte nachhaltig und langfristig zu entwickeln, müssen die verfügbaren Ressourcen so eingesetzt werden, dass das Projektportfolio aus dem Status quo hin zu einem auch in Zukunft erfolgreichen Geschäftsmodell effizient und nachhaltig beitragen kann [Mül 2016]. Das Ressourcenmanagement auf der strategischen Ebene koordiniert somit aus Unternehmenssicht das richtige Verhältnis auf der Schnittstelle zwischen Projekt- und Linienorganisation, um die strategischen Ziele erreichen zu können. Es gibt Auskunft, wie viele Projekte sich ein Unternehmen leisten kann bzw. leisten will. Ein etwas neuerer Ansatz geht vom einem Fähigkeitsmodell aus (Capability Model, Capability Map), welches einen guten Überblick über das Fähigkeitsprofil einer Organisation gibt.

Da Hardwarekosten im Vergleich zu den Personalkosten in unseren Breitengraden in vielen Branchen an Bedeutung verlieren, muss sich auf der strategischen Ebene die Kapazitätsplanung auf die Mitarbeitenden konzentrieren. Viele gute Ideen und geplante Vorhaben scheitern nicht zuletzt

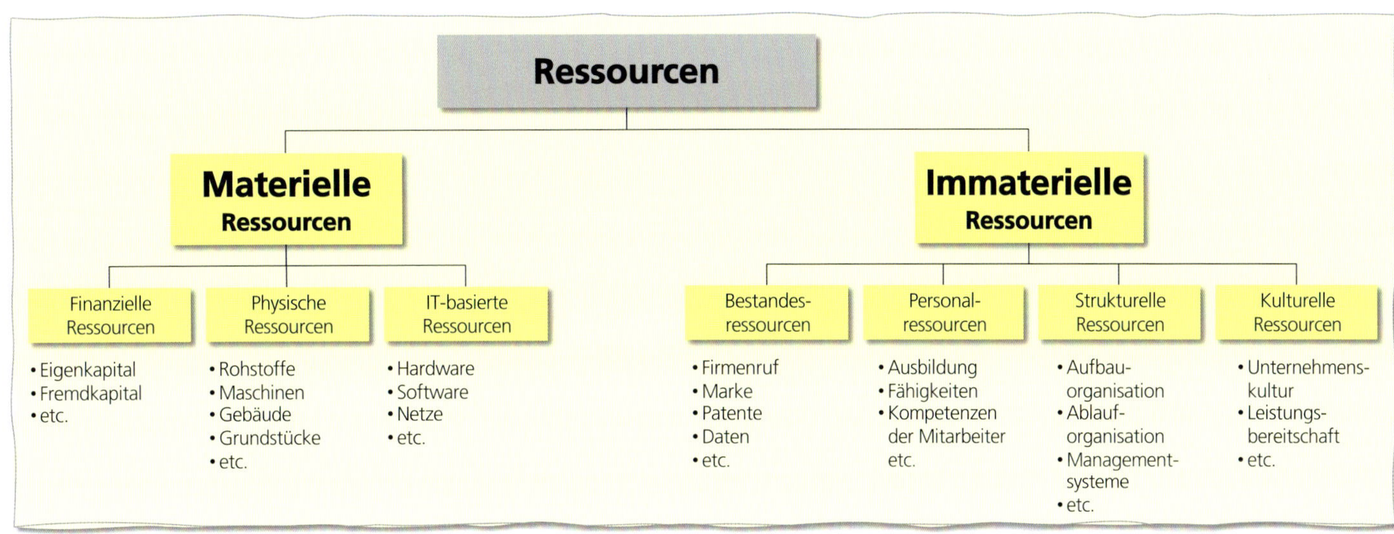

Abb. 3.42: Ressourcenkategorien [Mül 2016]

am Mangel an branchenbezogenem Fachpersonal. Ein Unternehmen kann nicht unbegrenzt Personal einstellen und aufbauen. Das übliche Risiko-Rendite-Denken auf der strategischen Ebene muss nach dem Kapazität-Marktreife-Modell ausgerichtet oder zumindest überprüft werden.

Das heisst, das Management muss bezüglich der Kapazitätsplanung neben den notwendigen Personalkapazitäten um die Budgetvorgaben im «Run the Business» entscheiden, welches Produkt gemäss Marktreifegrad vorangetrieben werden soll. Oder anders gesagt: Welche Innovation soll strategisch mit welchen und mit wie viel Personalkapazitäten vorangetrieben werden, sodass es rechtzeitig in Betrieb genommen oder auf den Markt gebracht werden kann? Dabei gilt es, vor allem aus Kostengründen die Beschäftigungsflexibilität im Auge zu behalten (siehe Abbildung 3.43).

Abbildung 3.42 zeigt auf, dass materielle und immaterielle Ressourcen in entsprechenden Subkategorien unterschieden werden können. Das Augenmerk der Arbeit oder der Planung des ressourcenorientierten Ansatzes liegt dabei auf den immateriellen Ressourcen, die demnach auch or-

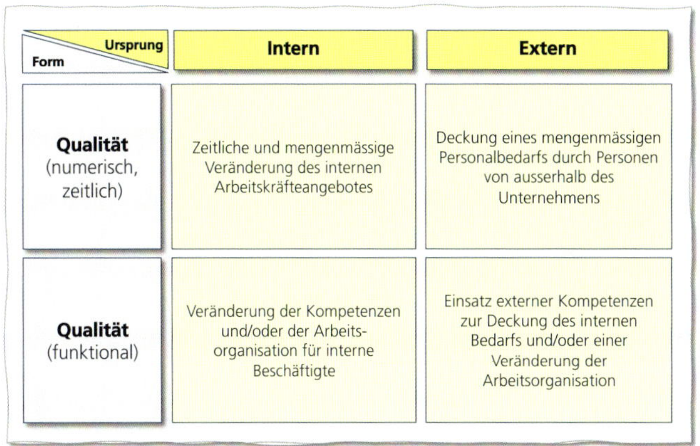

Form \ Ursprung	Intern	Extern
Qualität (numerisch, zeitlich)	Zeitliche und mengenmässige Veränderung des internen Arbeitskräfteangebotes	Deckung eines mengenmässigen Personalbedarfs durch Personen von ausserhalb des Unternehmens
Qualität (funktional)	Veränderung der Kompetenzen und/oder der Arbeitsorganisation für interne Beschäftigte	Einsatz externer Kompetenzen zur Deckung des internen Bedarfs und/oder einer Veränderung der Arbeitsorganisation

Abb. 3.43: Dimensionen der Beschäftigungsflexibilität [Leh 2012]

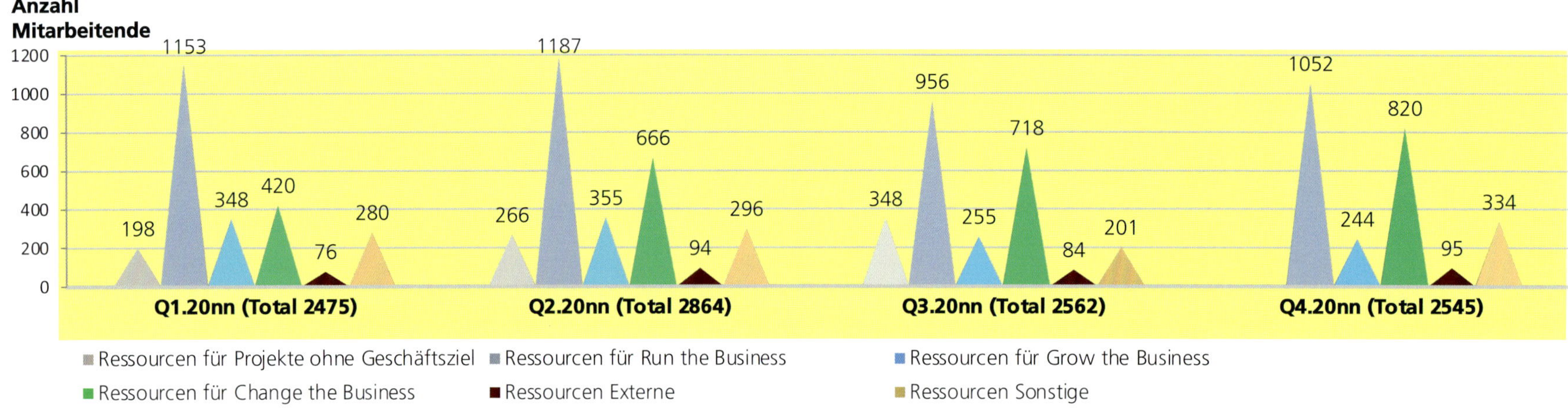

Abb. 3.44: Ressourceninvestitionen in strategischen Einsatzbereichen

ganisatorische Parameter wie strukturelle, kulturelle und Humanressourcen umfassen [Spe 2009].

3.5.3 Qualitätsmanagement

Gemäss Bauernfeind [Bau 2014] müssen aus der Struktur der Unternehmensverfassung, des Führungssystems und der Organisation eine Qualitätspolitik und eine Qualitätsstrategie auf strategischer Ebene erarbeitet und mit entsprechenden Massnahmen in die Unternehmenskultur eingebracht werden. Aufgabe der Qualitätspolitik ist es, alle Aktivitäten des Unternehmens im Bereich der Qualität auf eine zielgerichtete Grundlage zu stellen.

Ziele der Qualitätspolitik können sich beispielsweise darauf beziehen, dass durch bessere Qualität eine Spitzenstellung gegenüber Wettbewerbern im Markt erreicht wird. Zur Umsetzung der Qualitätspolitik definiert die Qualitätsstrategie mittel- und langfristige Ziele und Massnahmen, die den Aufbau und die Pflege von strategischen Erfolgsfaktoren wie der Produkt- und Prozessqualität oder der Nachhaltigkeit dienen.

Im Allgemeinen besteht die Q-Strategie aus einer qualitativen Richtungsvorgabe (z.B. Focus auf High Quality Product) und einem oder mehreren quantitativen Zielen (z.B. jährliche Reduzierung der Fehler um 20 %). Ebenfalls festzulegen sind die verwendeten Methoden zur Qualitätsplanung, -lenkung und -prüfung, der Technologieeinsatz im Rahmen der Qualitätssicherung sowie der Grad des Einbezugs der Mitarbeitenden, Lieferanten und Kunden [Bau 2014].

Auf der normativen Ebene, welche mittels Q-Politik festgelegt wird, wird in Bezug auf das QM von der Organisation Folgendes bestimmt [Bau 2014]:

- Anwendungsbereiche des QM-Systems sowie die Dokumentation der Anwendungsbereiche festlegen
- Qualität der Entscheidungen (Förderung der Kreativität)

Auf der strategischen Ebene mit den Aufgaben Q-Strategie, Q-Planung und Q-Sicherung gilt es, einen Bezug zum QM herzustellen:

- QM bezüglich externer Ausrichtung (Marktposition), z.B. Standards der Konkurrenz, Stand der Technik, Innovationsmöglichkeiten
- QM bezüglich interner Ausrichtung, z.B. Qualitätsstandards der Zulieferer, qualitative und quantitative Planung, Ressourcenauswahl, Kosten-Nutzen-Abschätzung

Mit den erstellten Ergebnissen aus den Aufgaben der strategische Ebene wird auf der taktischen Ebene mit einer zielorientierten Planung festgelegt, wie die Q-Überwachung, die Q-Steuerung und Q-Verbesserung operativ zu erfolgen haben.

Idealerweise richtet sich eine Unternehmung bezüglich des QS-Systems nach einem internationalen Standard aus. Gängig ist DIN EN ISO 9001:20nn oder das EFQM-Modell, das ein Unternehmen zum QM-Exzellent führt. Diese Standards sind nicht zuletzt bezüglich der internen und externen Kommunikation und dem Q-Verständnis dienlich.

Das strategische QM hat Einfluss auf interne Gegebenheiten wie z.B. Unternehmenspolitik, -strategie, -ressourcen und -prozesse wie auch (je nach Unternehmensgrösse) auf externe Aspekte wie politische, gesellschaftliche und wirtschaftliche Faktoren.

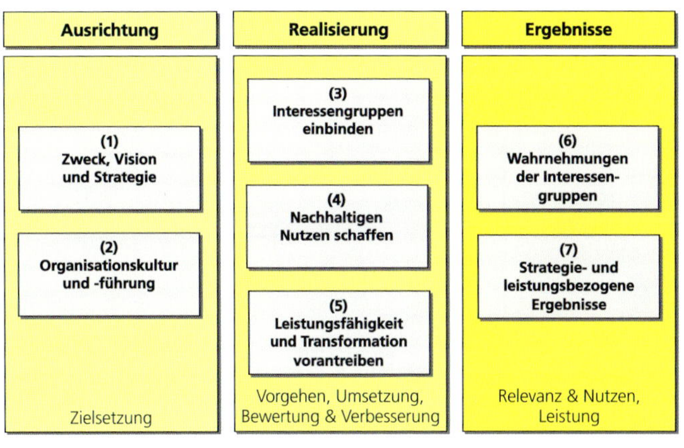

Abb. 3.45: Das EFQM-Modell 2020 in drei Säulen dargestellt

3.5.4 Risikomanagement (Enterprise Riskmanagement)

Enterprise Risk Management bedeutet übersetzt unternehmensweites Risikomanagement. Der Ausdruck verdeutlicht den holistischen Ansatz des Risikomanagements auf ein Unternehmen. Ziel eines Enterprise Risk Managements ist die optimale Balance zwischen eingegangenem Risiko und der realisierbaren Rendite. Das bedeutet, dass nicht nur die Risikolage des Unternehmens eine Rolle spielt, sondern auch der Ausgleich zwischen Risiko- und Chancenpotenzial. Zusätzlich hilft ein Enterprise Risk Management bei der Erreichung der definierten Unternehmensziele. Dazu bedarf es einer Integration der Risikoziele in die Unternehmensziele [Aue 2011].

Wenn gemäss Everson das Management eine Strategie entwickelt und Alternativen durcharbeitet, trifft es jeweils

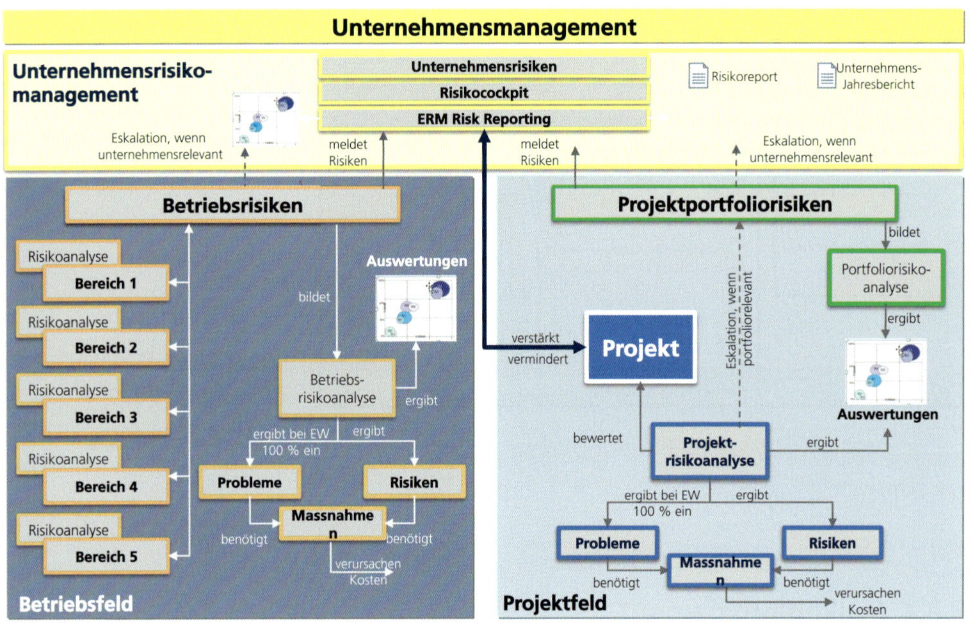

Abb. 3.46: Strategische Risikofaktoren in Abstimmung zu potenziellen Unternehmensrisiken

Entscheidungen über die mit der Strategie verbundenen Kompromisse. Jede alternative Strategie hat ihr eigenes Risikoprofil – und zwar die Implikationen, die sich aus der Strategie ergeben. Das Management muss entscheiden, ob die Strategie mit der Risikobereitschaft des Unternehmens übereinstimmt und wie sie dazu beiträgt, dass das Unternehmen die gesetzten Ziele erreicht, damit letztlich die Ressourcen effizient zugewiesen werden können [Eve 2017].

Im Grundsatz gibt es zwei zentrale Elemente eines unternehmensweiten Risikomanagements. Erstens wird das ganzheitliche Management der Risiken berücksichtigt, inklusive aller Betriebs- und Projektrisiken sowie den wechselseitigen Abhängigkeiten (siehe Abbildung 3.46). Das zweite Element ist die qualifizierte Integration des Risikomanagements in die Unternehmenssteuerung. Während die Integration der Betriebsrisiken bei den meisten Unternehmen bereits sehr gut etabliert ist, fehlt nicht selten die Kultur der qualifizierten Integration der Projektrisiken.

Es existieren heute eine Vielzahl von Modellen und Rahmenwerke zum Thema Enterprise Risk Management wie z.B. das COSO-ERM (Committee of Sponsoring Organizations of the Treadway Commission) [Eve 2017]. Ein standardisiertes Vorgehen im Rahmen eines Frameworks bietet relevante Vorteile. Es erleichtert das Verständnis und den Aufbau eines Modells. Zusätzlich bietet es die Möglichkeit zum Benchmarking, da Rahmenwerke weit verbreitet sein können. Zu guter Letzt vereinheitlicht es die Kontrollen und erleichtert die Kommunikation [Fle 2006].

Neben dem wirtschaftlichen Nutzen des Risikomanagements schreibt das Gesetz in einigen Ländern Massnahmen für den Umgang mit Risiken vor. Das COSO-ERM-Modell stellt z.B. symbolisch das Zusammenspiel der Elemente in einer Würfelform dar, dies in den drei Dimensionen Zielkategorien, Komponenten und Organisationseinheiten. So hat beispielsweise die Komponente «Risikobeurteilung» Einfluss auf alle Zielkategorien und muss in allen Organisationseinheiten umgesetzt werden. Für das umfassende Um- und Durchsetzen ist insbesondere die Struktur der Zielkategorien von grosser Bedeutung. Diese sind im COSO-ERM-Modell:

- Strategische Ziele
- Operative Ziele
- Berichterstattungsziele
- Compliance-Ziele

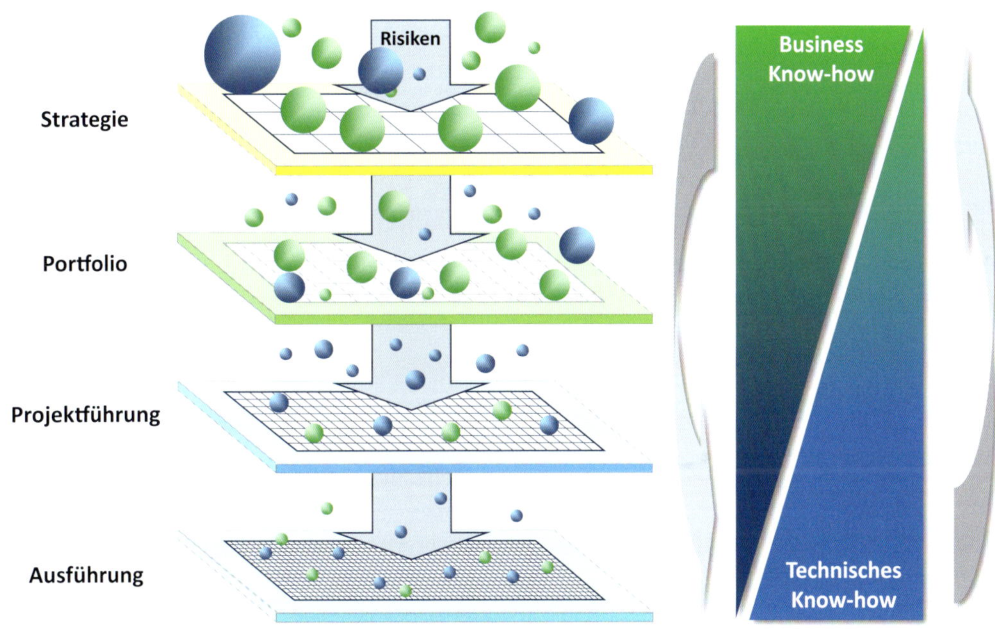

Kommunikation von beiden Seiten über existierende Limiten macht mindestens die im Projekt bekannten Risiken bewertbar!

Abb. 3.47: Erst mit erfolgreicher Kommunikation können die Risiken stufengerecht gefiltert werden.

Beim Risikomanagement eines Unternehmens geht es ebenso sehr darum, die Auswirkungen der Strategie und die Möglichkeit, dass diese nicht mit ihnen übereinstimmt, zu verstehen, als auch darum, Risiken zu managen, um Ziele zu erreichen [Eve 2017].

Aus der strategischen SWOT-Analyse resultieren die Unternehmensrisiken und aus den strategischen Szenarien die Unternehmensoptionen sowie deren Optionsrisiken. Gemäss Klikovics [Kli 2008] ist die primäre Voraussetzung für die Identifikation und Beurteilung strategischer Risiken die Kenntnis der strategischen Ziele und Strategien des Unternehmens. Die Identifizierung und Bewertung der strategischen Risiken sollten in der Regel Linienmanager vornehmen, da sie entsprechende Kenntnisse über finanzielle oder operationale Auswirkungen haben. Als Ergebnis erhält man die strategischen Risiken, die primär Gefahren bei der Umsetzung der gewählten Unternehmensstrategie und der zentralen Erfolgsfaktoren darstellen. Dazu gehören eine Ursachen-Wirkung-Analyse, entsprechende Bewertung und Messgrössen wie z.B. die Sichtbarkeitsskala eines Risikobekämpfungsplans (Risk Mitigation Plan) sowie ein Risiko-Controlling und Kommunikationssystem. Die Herausforderung beim Risikomanagement besteht für die Unternehmen darin, die Risiken auf die Ebene zu führen, auf der auch das Know-how vorhanden ist (Abb. 3.47).

3.5.5 Architekturmanagement

Im Rahmen der forcierten Digitalisierung steht heute die ICT-Architektur im Zentrum der Herausforderung jeder Unternehmung. Vielen Unternehmen ist es nicht möglich, die ICT mit einem Schlag aus der «langsamen» Welt der Kernsysteme in die «schnelle» Welt der Front-end-Systeme zu transformieren. Für diese Unternehmen bietet sich eine hybride Zielarchitektur, das heisst eine Two-Speed-Architektur, an. Wie die Organisation eines Unternehmens muss eine solche Architektur einerseits die Agilität – das im Sinne der laufend verändernden Bedürfnisse schnell Anzupassende –, andererseits aber auch die notwendige Robustheit und somit auch die Langsamkeit einer Embedded-Systemwelt berücksichtigen.

Die ICT-Technologie ist heute und in der Zukunft ein Schlüsselfaktor für die Wettbewerbsfähigkeit der meisten Unternehmen. Daher gilt es, sich auf strategischer Ebene auf eine Enterprise-Architektur auszurichten, welche die Bedürfnisse der momentanen Situation sowie die der Zukunft abdecken kann. Für die Enterprise-Architektur ist das Architekturmanagement verantwortlich, welches unter anderem auch für wichtige ICT-bezogene Aufgaben wie Konfigurations- und Kapazitätsplanung, Lastenverteilung, Datensicherung, Verfügbarkeit, Ausfallsicherheit, Katastrophenfallplanung etc. verantwortlich ist.

> Enterprise Architecture Management (EAM) ist ein systematischer und ganzheitlicher Ansatz für das Verstehen, Kommunizieren, Gestalten und Planen der fachlichen und technischen Strukturen im Unternehmen. Es hilft dabei, die Komplexität der ICT-Landschaft zu beherrschen und die ICT-Landschaft strategisch und businessorientiert weiterzuentwickeln [Gar 2008].

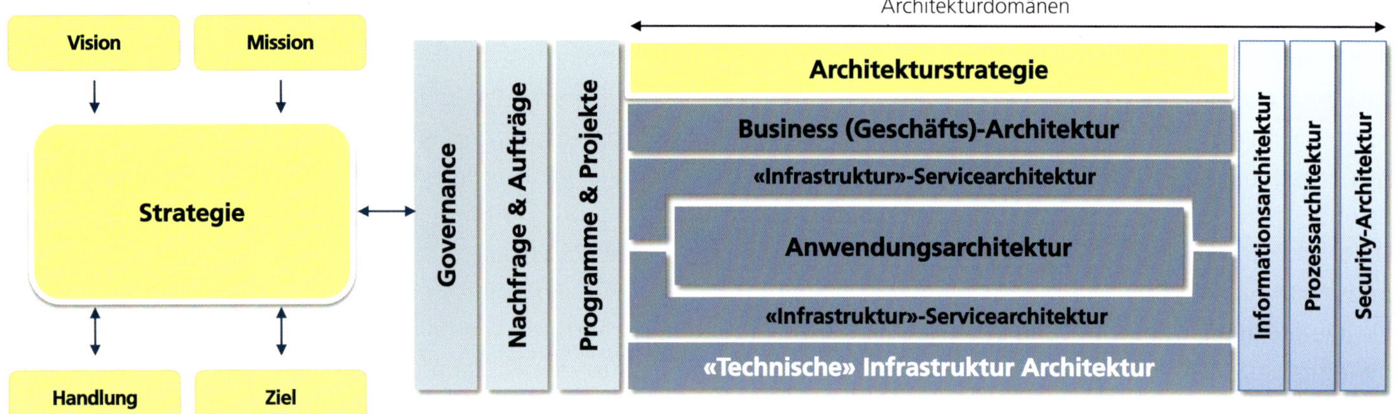

Abb. 3.48: Strategiebezug zur Enterprise-Architektur «Architekturdomänen und Querschnittsfunktionen» in Anlehnung an [Lan 2016]

Die Erstellung einer konkreten Unternehmensarchitektur wird meistens auf Basis einer Beschreibung von vordefinierten Komponenten (Building Blocks) aufgebaut und mithilfe eines Vorgehensmodells unterstützt, etwa im TOGAF®-Modell. Es unterscheidet vier Teilarchitekturen:

- Die Business Architecture beschreibt Strategien, Governance, Organisation und Geschäftsprozesse des Unternehmens.
- Die Informations and Data Architecture beschreibt die Daten und deren Zusammenhänge sowie Prinzipien für die Organisation und das Management der Ressourcen im Kontext der Informatiksicherheit.
- Die Application Architecture beschreibt Informationssysteme sowie deren Beziehungen untereinander und zu Geschäftsprozessen.
- Die Technology Architecture beschreibt die aktuelle technische Realisierung und die zukünftigen unternehmensspezifischen technischen Standards wie z.B. Laufzeitumgebungen oder Middleware von Informationssystemen sowie die Betriebsinfrastruktur.

Ergänzend zum Modell TOGAF®, das im Grundsatz die IT-Architektur abbildet, umfasst eine Unternehmensarchitektur je nach Modellansatz noch weitere Architekturdomänen und Querschnittsfunktionen [Lan 2016]:

- Die Strategiearchitektur beinhaltet sämtliche Strategien und Ziele des Unternehmens. Sie beschreibt alle Wechselbeziehungen und -wirkungen zwischen den Zielen, Strategien, Initiativen und Vorhaben von Geschäft und ICT. Auf dieser Basis werden beispielsweise Architekturziele abgeleitet und als direkte Vorgaben postuliert; an ihnen richten sich die Strukturen der anderen Architekturdimensionen aus.
- Die Servicearchitektur definiert die Servicesicht der Enterprise-Architektur. Hier werden ICT-Bausteine verwaltet und beschrieben, die für die Ausführung der Businessprozesse erforderlich sind. Das Servicekonzept betrachtet Businessfunktionen aus der Business-Architektur, Komponenten aus der Anwendungsarchitektur sowie technische Bausteine aus der technischen Architektur.
- In der Informationsarchitektur werden die Business- und Informationsobjekte, abgeleitete Stammdaten und grobgranulare physikalische Entitäten mit ihren Wechselbeziehungen identifiziert und beschrieben. Durch die Modellierung von Informationsflüssen verbindet diese Architektur die konkreten Bebauungselemente der ICT-Architektur horizontal sowie die jeweiligen Architekturdimensionen vertikal.
- Die Prozessarchitektur beschreibt sämtliche Prozesse – Business, ICT, Operation, Governance – horizontal und vertikal durch alle Architekturdimensionen und Querschnittsfunktionen.
- Die Security-Architektur spezifiziert vereinbarte Sicherheitsbestimmungen, Sicherheitsstandards und -vorgaben, die für alle Architekturdimensionen und Querschnittfunktionen relevant sind. Die Querschnittsfunktionen Governance, Demands & Aufträge sowie Projekte & Programme beeinflussen die Architekturelemente der unterschiedlichen Architekturdimensionen.

Das Architekturmanagement ist neben dem Definieren der Zielarchitektur insbesondere für die laufende Fortschrei-

Eine moderne Unternehmensleitung legt einen starken Fokus auf die Digitalisierungs- wie auch auf die ICT-Strategie.

bung und Sicherstellung der Unternehmensarchitektur verantwortlich. Es sichert das Alignment von [Aie 2007]

- Strategie, Prozessen und Systemen
- Business- und ICT-Sichten auf allen Ebenen
- Auftraggeber- und Dienstleistersicht auf allen Ebenen

Dazu werden benötigt:

- Architekturrichtlinien und -grundsätze
- Architekturprozesse (z.B. Kommunikation, Durchsetzung)
- Architekturrollen und -verantwortlichkeiten

Abb. 3.49: Strategic Value Management in Anlehnung an [Bec 2019]

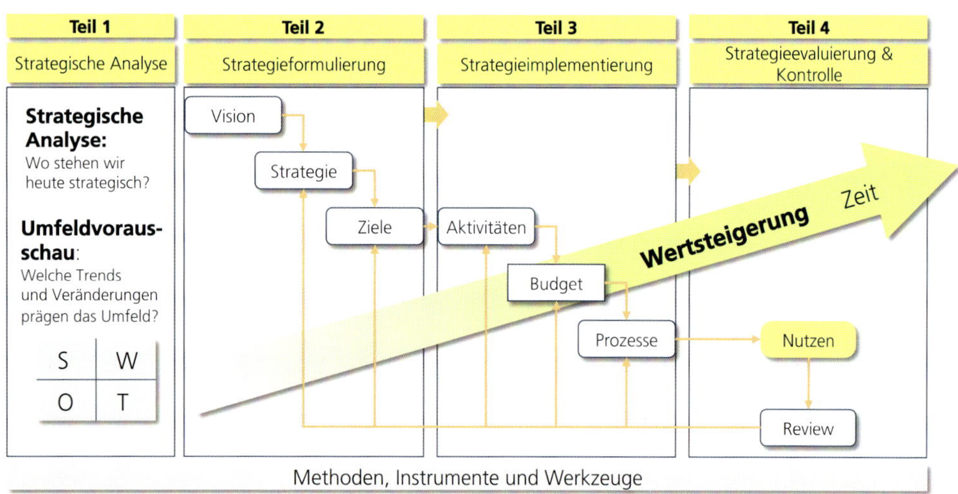

3.5.6 Value- & Performance-Management

Das zentrale agile Prinzip des Kundenmehrwerts ist auch auf der strategischen Ebene von zentraler Bedeutung. Aus Sicht der Gesamtunternehmung ist der Shareholder ein zentraler Kunde. Daher gilt es, einen entsprechenden Bezugsrahmen zwischen dem strategischen Management und dem Shareholder zu legen.

Gemäss Marek Jabłoński ist das Thema der wertorientierten Unternehmensführung in vielen Bereichen der Wirtschaft und des Managements präsent. Der Wert als ökonomische Kategorie bestimmt strategische Entscheidungen, die Investitionsattraktivität von Geschäftsmodellen, Wettbewerbsvorteile sowie die Effektivität und Effizienz der Organisation. Der Wert ist ein Schlüsselfaktor, der das Zustandekommen von Geschäftstransaktionen bestimmt. Er ist Gegenstand der Bewertung bei Unternehmenskäufen und -verkäufen, Fusionen oder Umstrukturierungen.

Der Wert einer Unternehmung bestimmt die Rationalität der Gestaltung von Geschäftsmodellen. Ein Wertversprechen ist einer der zentralen Faktoren, die darüber entscheiden, ob ein Unternehmen mit einem bestimmten Geschäftsmodell erfolgreich sein wird oder nicht. Die dynamische Perspektive des wertebasierten Managements zeigt sich besonders in der Entstehung neuer Konzepte im Zusammenhang mit der digitalen Wirtschaft. Neue Trends der Wertmigration, Werterfassung und Werterhaltung sind die Merkmale einer Netzwerkökonomie, in der der Austausch von Werten nicht nur einen wirtschaftlichen, sondern auch einen sozialen Aspekt hat [Jab 2019].

Eine Unternehmung muss sich heute mit einer strategischen Planung dahin gehend entwickeln, dass sie die internen und externen Perspektiven vereinen kann und eine ganzheitliche Betrachtung, insbesondere bei turbulenten Umweltbedingungen (VUCA-Welt), sicherstellt. Ist dies erfolgt, kann sich das Unternehmen auf Performance und Wertsteigerung ausrichten. Dabei spricht man von Strategic Value Management. Abbildung 3.49 zeigt exemplarisch auf, dass die Wertgenerierung und -messung der vierte Teil des Strategieprozesses ist, verbunden mit einem Review und einer Rückkoppelung auf alle strategischen Elemente. Diese Rückkoppelung in einem agilen szenariobasierten Strategieprozess basiert auf drei Leistungsprüfpunkten:

1. einem dreimonatigen OKR-Zyklus-Ansatz für den Bereich Run the Business (siehe Abbildung 1.02 in Kapitel 1)
2. dem projektorientierten Strategieumsetzungsansatz für den Bereich Change the Business (siehe Abbildung 1.02 in Kapitel 1)
3. einem Jahres- oder Zweijahreszyklusansatz, bei dem die Wertsteigerung bezogen auf die Kernstrategie geprüft wird (Kap. 3.4.4)

Das Steuern der Leistungserbringung, welches das Management einer Organisation im Rahmen seiner Tätigkeiten bezüglich der Wertgenerierung und -steigerung ausführen muss, wird Value-, Performance oder auch einfach Leistungsmanagement genannt. Dabei wird die Zeit zur Erbringung von Leistungen und die dabei eintretende Bindung von Ressourcen gemessen und gesteuert. Ziel ist es, die geleistete Arbeit zu bewerten (Leistung mal Zeit). Mit einem qualifizierten Performance-Management ist es

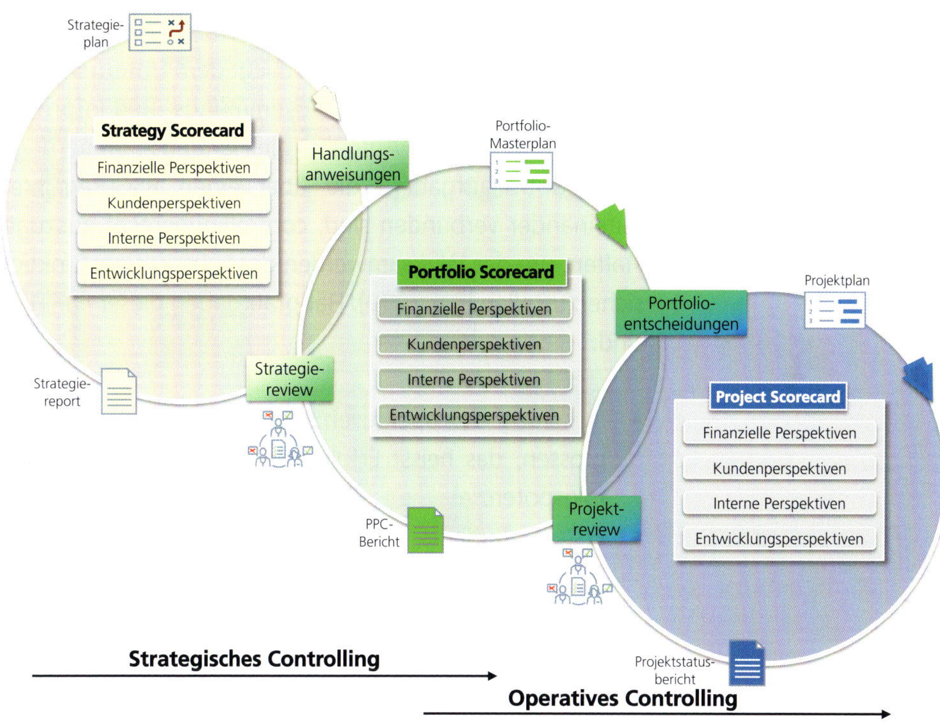

Abb. 3.50: Strategisches und operatives Controlling, verbunden durch ein Regelkreis-System. In Anlehnung an [Lan 2012]

möglich, skaliert die Leistung einer Organisation, einer Mitarbeitergruppe oder eines einzelnen Mitarbeitenden zu messen. Auch die Leistungsmessung einer Prozessgruppe, eines Prozesses oder eines einzelnen Arbeitsschrittes kann auf diese Weise durchgeführt werden. Die Umsetzung des Performance-Managements muss mithilfe geeigneter Instrumente erfolgen [Bec 2019].

Das Unternehmenscontrolling hat gemäss Keidel bei neuzeitlichen modernen projektorientierten Unternehmen die integrierte Aufgabe, die Unternehmensführung bei einer zukunftsorientierten Steuerung der Unternehmenstätigkeit im Sinne der wertschöpfungsorientierten Con-

Abb. 3.54: Diamond Model [Por 1990]

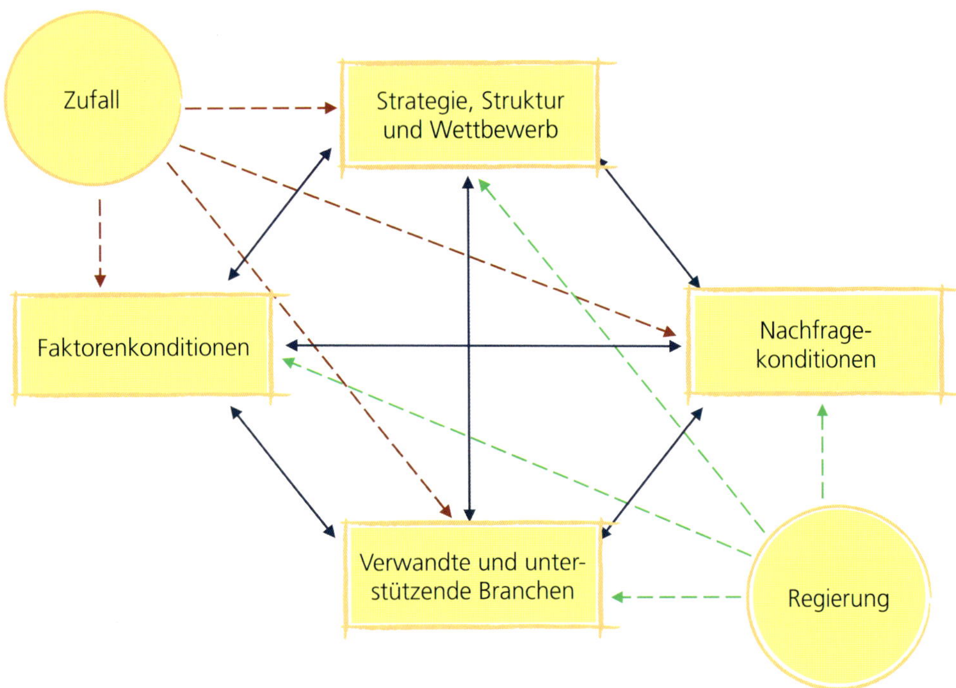

Strategie, Struktur und Wettbewerb

Der nationale Kontext, in dem Unternehmen tätig sind, bestimmt weitgehend, wie Unternehmen gegründet, organisiert und verwaltet werden: Es beeinflusst ihre Strategie und ihre Struktur. Darüber hinaus trägt der Wettbewerb im Inland zur internationalen Wettbewerbsfähigkeit bei, da Unternehmen dazu gezwungen werden, einzigartige und nachhaltige Stärken und Fähigkeiten zu entwickeln.

Faktorenkonditionen

Die Faktorenkonditionen in einem bestimmten Land beziehen sich auf die verfügbaren natürlichen, finanziellen und personellen Ressourcen.

Nachfragekonditionen

Die Nachfragekonditionen lokaler Kunden zwingen die Unternehmen z.B. zu Wachstum, Innovation und Qualitätsverbesserung.

Verwandte und unterstützende Branchen

Die Präsenz verwandter und unterstützender Branchen bildet die Grundlage, auf der sich die Schwerpunktbranche hervorheben kann.

Regierung

Die Rolle der Regierung ist sowohl als Katalysator als auch als Herausforderer beschrieben. Eine Regierung kann die Entwicklung der vier oben genannten Faktoren unterstützen, die den Industrien eines bestimmten Landes zugutekommen sollten.

Zufall

Die Ereignisse eines Zufalls liegen ausserhalb der Kontrolle der Regierung oder einzelner Unternehmen. Die Faktoren zufälliger Ereignisse können zwar nicht geändert werden, sollten aber zumindest überwacht werden, damit die erforderlichen Entscheidungen getroffen werden können.

3.6.3 Hoshin Kanri (X-Matrix)

1. Hoshin Kanri ist eine essenzielle und unternehmensumfassende Lean-Management-Methode, um sicherzustellen, dass die Strategie eines Unternehmens über die gesamte Hierarchie hinweg umgesetzt wird. Für das Entwickeln der Jahresziele verwendet die Methode fünf Dimensionen (What, How far, How, How much, Who). Die Hoshin-Kanri-Methode kann mit einem 7-Schritte-Prozess zusammengefasst werden, der auch Hoshin-Planung genannt wird [Kan 2019]:
2. Die Führung des Unternehmens entwickelt eine starke Vision, die die Frage, «Warum existiert das Unternehmen?», beantwortet.
3. Das Führungsteam definiert wichtige Ziele oder auch eine Mission. Wenn sie erreicht werden, schaffen sie einen Wettbewerbsvorteil für das Unternehmen. Dies sind wichtige Ziele, die in der Regel die Mitarbeit aller Angestellten im Unternehmen erfordern und nicht in einem Monat oder Vierteljahr abgeschlossen sind.
4. Das Führungsteam gliedert zusammen mit der Geschäftsleitung die Ziele in Jahresziele auf.
5. Sobald die Jahresziele erstellt sind, müssen sie auf allen Ebenen der Organisation implementiert werden. Dieser Prozess der Zielsetzung beginnt an der Spitze und wird an alle Mitarbeitenden weitergegeben.

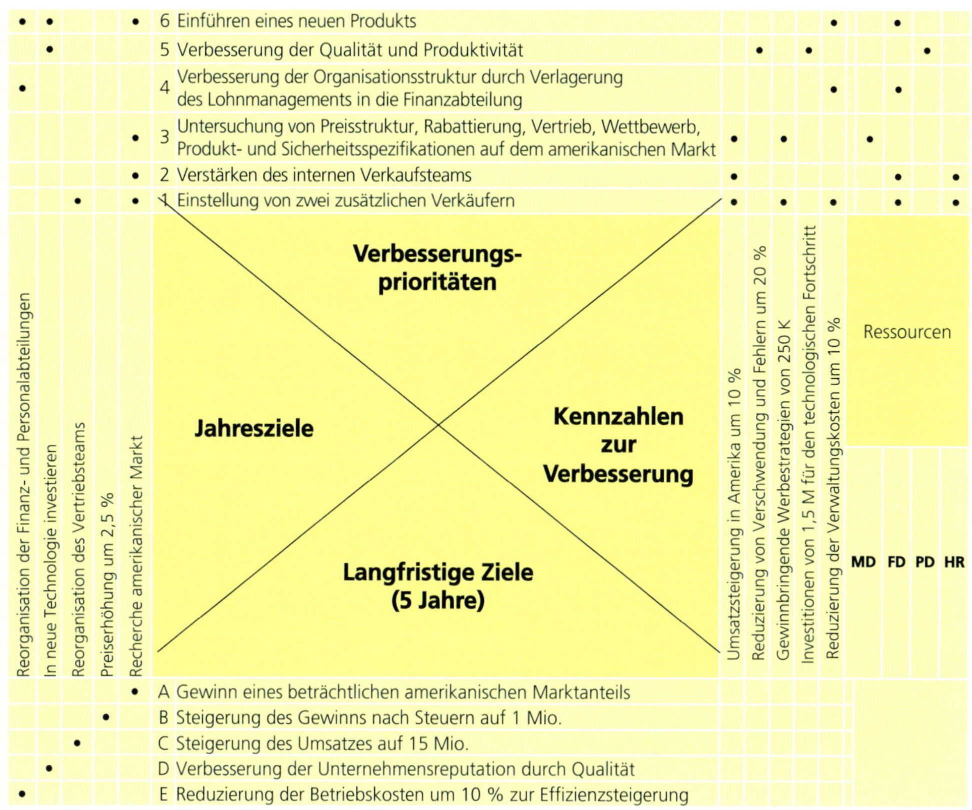

Abb. 3.55: Hoshin Kanri (X-Matrix)

6. Mit dem nächsten Schritt beginnt die eigentliche Ausführung. Dieser Schritt geht Hand in Hand mit den nächsten beiden.
7. Die monatlichen Überprüfungen stellen sicher, dass der Plan plangemäss ausgeführt wird.
8. Am Ende des Jahres gibt es eine jährliche Überprüfung, die das erzielte Endergebnis bestätigt.

Der Planungsansatz mit Hoshin Kanri ist nicht nur ein Top-down-Ansatz. Die Methode verfügt über integrierte kontinuierliche Verbesserungsmechanismen. Dabei ist der Schlüssel des Erfolgs das konsequente Einsetzen der Methode PDCA (Plan-Do-Check-Adjust/Plan-Do-Check-Act). Der einzige Nachteil der Hoshin-Kanri-Methode ist die Tatsache, dass niemand vorhersagen kann, was in einem Jahr passiert [Kan 2019].

3.6.4 Lean Startup

Die von Eric Ries 2011 mit dem Buch Lean Startup lancierte Lean-Startup-Methode umfasst eine bestimmte Theorie und Geisteshaltung, mit der ein Unternehmen gegründet werden kann. Er beschreibt, wie Produkte und Geschäftsmodelle mit dem iterativen Ansatz, bei dem alle Prozesse so schlank wie möglich gehalten werden, schnell und ressourcenfreundlich gebaut werden können. Mit den weiter unten aufgeführten Fragen werden Risikoszenarien durchgespielt, um Erfolgsaussichten von Ideen, Produkten und Märkten im Voraus zu testen. Machen, messen, lernen – so funktioniert der permanente, einfach anzuwendende Evaluationsprozess von Eric Ries [Rie 2021].

Abb. 3.56: Lean Startup [Eck 2016]

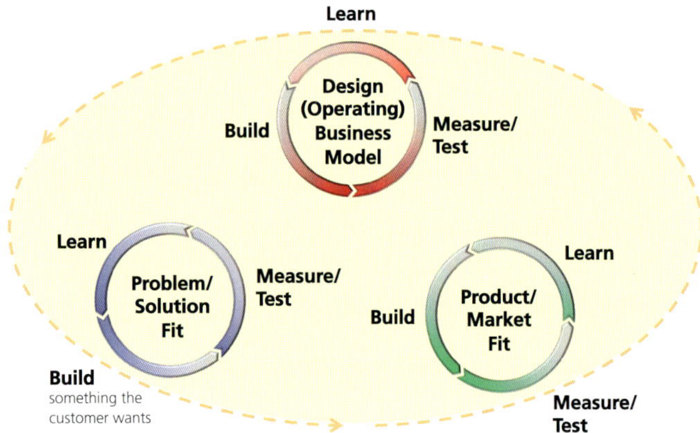

Gemäss Ries wird eine Geschäftsidee (Vision), ein Produkt oder eine Dienstleistung gestaltet und so rasch wie möglich auf den Markt gebracht. Ziel ist es, aus dem Feedback der Kunden frühestmöglich Rückschlüsse für die weitere Entwicklung und gegebenenfalls Umgestaltung des Produkts ziehen zu können, um so Kosten und Zeit zu sparen. Dies geschieht durch gezieltes, iteratives Testen von wichtigen Faktoren des Produkts, wie z.B. Preisgestaltung, Vertriebswege und Designmerkmalen. Dieser Vorgang wird, wie in Abbildung 3.56 dargestellt, ständig wiederholt, sodass sich ein Bauen-Messen-Lernen-Kreislauf etabliert, der das Produkt nah am Kundenbedürfnis entwickelt. Im Grundsatz werden mit dieser Methode sieben Risiken in gezielter Reihenfolge abgebaut [Rie 2021]:

1. Ist das angenommene Kundenproblem real, d.h., ist es bei den Zielkunden bereits oben auf deren Agenda?
2. Ist die geplante Lösung und das Wertangebot für den Kunden wirklich überzeugend, d.h. viel besser als alle bestehenden Alternativen?
3. Ist der Kanal, über welchen das Produkt zum Kunden kommt, bereits vorhanden und ist der Wert des neuen Produkts für diesen Kanal genügend hoch?
4. Ist es realistisch, dass die Kunden den geplanten Preis zahlen wollen und können?
5. Ist der Markt oder das Geschäftspotenzial gross genug?
6. Kann das Produkt gebaut werden?
7. Ist der Wachstumsmechanismus, d.h. die Frage, wie das Start-up skalieren wird, überprüft?

Lean Startup unterscheidet folgende Meilensteine [Eck 2016]:

a. Problem-Solution-Fit (PSF): Wenn die Punkte 1–3 bestätigt sind, ist der Meilenstein PSF erreicht. In dieser Phase geht es darum, die Werthypothese zu verifizieren, d.h. zu prüfen, ob die Innovation für Kunden und Absatzkanal genügend wertvoll ist.
b. Problem-Market-Fit (PMF): Der Meilenstein PMF wird erreicht, wenn zusätzlich die Punkte 4–7 bestätigt sind. Hier geht es um die Bestätigung der Wachstumshypothese.
c. Scale: Erst jetzt darf das Start-up skalieren, d.h., verkaufen mit dem Ziel, Volumen abzusetzen. Vorher ist dies zu vermeiden, da ohne vorgängigem Abbau der sieben Risiken die Gefahr besteht, Ressourcen in falsche Produktionsmittel und Produktevarianten zu investieren.

3.6.5 Cause and Effect Diagram /Fishbone/ Ishikawa

Das Fishbone-Ursache-Wirkung-Diagramm ist die grafische Darstellung von Ursachen, die zu einem Ergebnis führen oder dieses massgeblich beeinflussen. So können z.B. alle Problemursachen identifiziert und ihre Abhängigkeiten sowie die Wirkung dargestellt werden [Wiki 2021].

Das Diagramm wurde von Kaoru Ishikawa 1943 veröffentlicht und veranschaulicht mehrere Ebenen möglicher Ursachen (Eingänge) und letztlich Auswirkungen (Ausgänge) sowie Probleme oder Fragen, die im Laufe der Zeit entstehen können. Das Diagramm besteht in seiner Urform aus folgenden zwei Bestandteilen [Win 2019]:

1. Der Kopf: Hier wird das zu analysierende Problem notiert, und zwar kurz und knackig.
2. Die Hauptgräten: An den Hauptzweigen befinden sich mögliche Ursachen.

Zur Orientierung werden mögliche Kategorien von Ursachen vorgegeben. Durchgesetzt hat sich eine Kategorisierung nach der 8-M-Methode (Mensch, Material, Maschine, Methode, Mitwelt («Umfeld»), Management, Messbarkeit, Money (Geld). Nicht all diese Kategorien passen auf jedes Problem und sie müssen, wie im Beispiel gezeigt, nicht zwingend verwendet werden. Sie dienen einfach zur Orientierung. Der Ablauf dieser Methode geht wie folgt [Win 2019]:

a. Diagramm vorbereiten, d.h., zunächst das Diagramm zeichnen oder direkt in der Teamsitzung an Flipchart oder Whiteboard gross zeichnen. Aufführen des Hauptproblems und die Hauptkategorien der möglichen Ursachen notieren.
b. Ursachen sammeln: Im Team Ursachen sammeln, welche in Haupt- und Nebenursachen untergliedert werden, und zu den Kategorien zuordnen. Ziel ist es nicht, nur die oberflächlichen Ursachen zu finden.
c. Vollständigkeit prüfen: Ob wirklich alle möglichen Ursachen gefunden wurden, wird man wohl nie wissen. Aber eine abschliessende Prüfung und Kontrolle aller Kategorien ist sinnvoll.
d. Ursachen bewerten und auswählen: Aus den vielen gesammelten Ursachen werden die wahrscheinlichsten ausgewählt. Das Ergebnis dieses Schritts: die identifizierte Hauptursache für das Problem. In Ausnahmefällen können das durchaus auch mehrere sein.

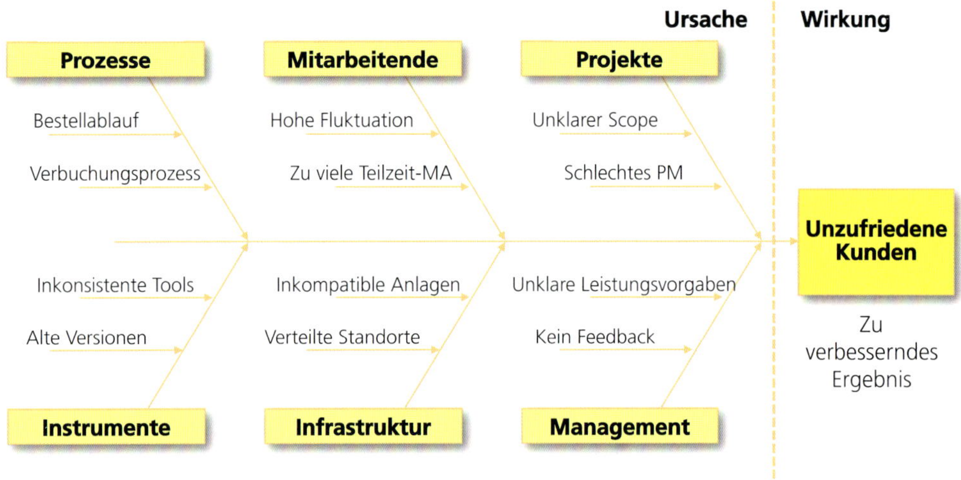

Abb. 3.57: Ursache-Wirkung-Diagramm (Fishbone/ Ishikawa)

e. Massnahmen ableiten: Als Erstes werden die Hauptursachen auf Richtigkeit geprüft. Daraus werden Massnahmen und die nächsten Schritte abgeleitet.

3.6.6 Canvas-Business-Modell

Das Canvas-Business-Modell wurde von Alexander Osterwalder entwickelt. Es umfasst auf einer strukturierten Seite neun Segmente, die die Bausteine für das vom Initianten vorgesehene neue Geschäftsmodell bilden (Product Vision). Das Business Model Canvas eignet sich ideal dazu, Ideen zu sortieren, im Team zu besprechen und ein Grundgerüst des Geschäftsmodells aufzubauen.

Ein Project Canvas ist ein vorstrukturiertes Plakat, mit dessen Hilfe Projektteams die wichtigsten Inhalte einer Projektvision im Sinne eines Vorhabenssteckbriefs definieren und dokumentieren.

Das Business Model Canvas gliedert Geschäftsmodelle in nachfolgende neun Schlüsselbereiche [Ost 2011]. Es gilt, für jeden Gedanken ein Post-It in einem grossen Canvas-Freamwork, sprich Schlüsselbereich, anzubringen:

1. Kundensegmente: Für wen erarbeiten wir die Wertschöpfung? Wer sind unsere wichtigsten Kunden? Wer sind unsere Zielgruppen? Am Ende dieses Schritts sollten allen alle Personen oder Organisationen, für die das neue Produkt einen Wert schaffen möchten, identifiziert sein. Das Produkt wird dann sorgfältig anhand der Bedürfnisse der Zielgruppen entwickelt. **Ergebnis:** Eine priorisierte Liste an Kundensegmenten oder allenfalls noch vertiefter an Personas (Ausprägungen von Kundensegmenten).
2. Werte- und Nutzenversprechen: Zu jeder Persona oder jedem Kundensegment gehört ein passendes Werteversprechen. Dieses ist auf die Bedürfnisse des Kundensegments abgestimmt: «Step in the customers shoes!» Welchen Nutzen haben die Kunden, wenn sie mit uns zusammenarbeiten? **Ergebnis:** Priorisierte Liste mit Value Propositions, die mit passenden Personas oder Kundensegmenten verknüpft sind.

Abb. 3.58: Business Model Canvas © Strategyzer AG

> Definition: Nutzer- bzw. Wertversprechen beschreiben, welchen Nutzen ein Unternehmen seinen Kunden mit einem bestimmten Produkt oder einer bestimmten Dienstleistung verspricht.

3. Kanäle: Wo sind die verschiedenen Touchpoints mit dem Kunden? Wie erfährt er von unserem Angebot und wie bekommt er es? Es gilt zu überlegen, über welche Vertriebs- und Kommunikationskanäle man mit potenziellen Kunden in Kontakt treten möchte, um den «Value» zu liefern. **Ergebnis:** eine Liste von wichtigen Kanälen, die mit Personas oder Kundensegmenten verknüpft sind. Zusätzlich Anmerkungen, wie und wann diese Kanäle für Nutzer relevant werden (Stichwort Customer Journey).
4. Kundenbeziehungen: Welche Art von Beziehung zu unseren Kunden wollen wir? Was machen wir für den Aufbau, die Pflege und Erweiterung der Beziehung? Passt die Form der Kundenbeziehung zu unserem Produkt? **Ergebnis:** Eine Beschreibung der Kundenbeziehungen. Unterschiede zwischen Kunden müssen dabei separat gekennzeichnet werden.
5. Einnahmequellen: Woher kommt in diesem Geschäftsmodell das Geld? Für welchen Nutzen sind die Kunden bereit zu zahlen? Und wie viel? Gibt es vergleichbare Produkte/Services? Wie sehen dort die Einnahmequellen aus? Wie viel trägt jede der einzelnen Umsatzquellen zum Gesamtumsatz bei? **Ergebnis:** eine Liste an Einnahmequellen, die idealerweise mit den Personas, Segmenten oder Value Propositions verknüpft sind.

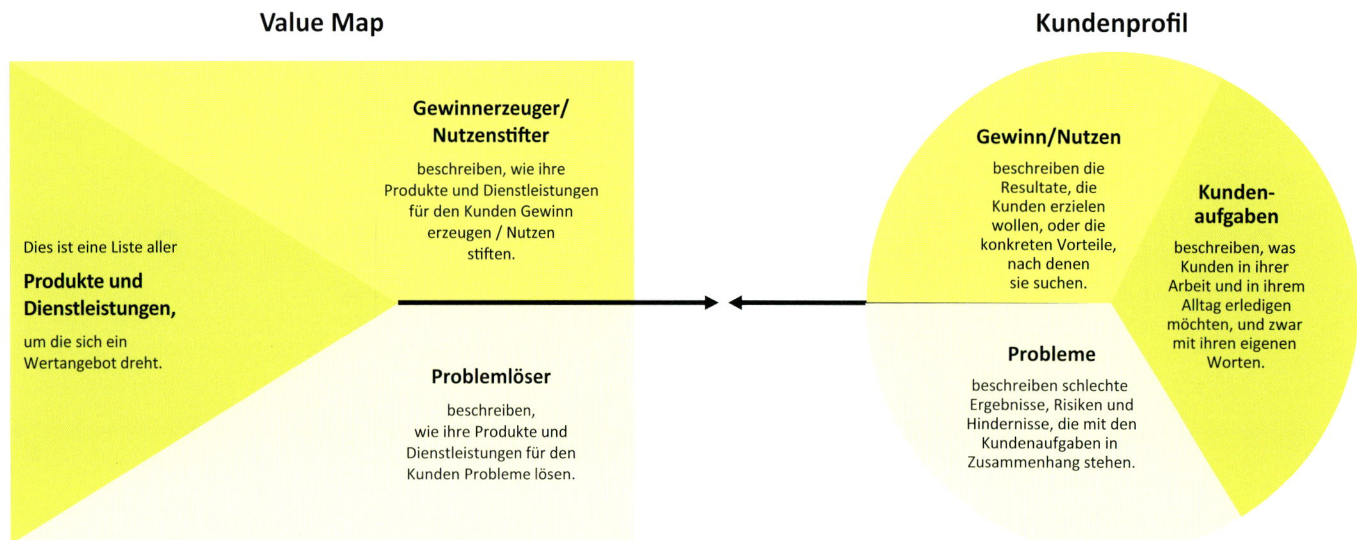

Abb. 3.59: The Value Proposition © Strategyzer AG

6. **Schlüsselressourcen:** Bei den Schlüsselressourcen denken wir in Substantiven. Welche physischen, menschlichen und finanziellen Ressourcen sind unverzichtbar (Patente, Betriebsgeheimnisse, Mitarbeitende etc.), um das Produkt, den Service anbieten zu können? **Ergebnis:** Eine Liste an Schlüsselressourcen, die an die Value Propositions gebunden sind.
7. **Schlüsselaktivitäten:** Bei den Schlüsselaktivitäten denken wir in Verben. Was sind die wichtigsten Aktivitäten, um dieses Geschäftsmodell am Laufen zu halten bzw. zu erstellen? **Ergebnis:** Eine Liste an Schlüsselaktivitäten, die an die Value Propositions gebunden sowie mit den Schlüsselressourcen verknüpft sind.
8. **Schlüsselpartner:** Was machen wir selbst und was übergeben wir Partnern? Wer sind unsere wichtigsten Partner? Es gilt hier, die wichtigen Kooperationspartner zu bestimmen. **Ergebnis:** Eine Liste mit Schlüsselpartnern, die in Verbindung zu den Schlüsselaktivitäten aufgeführt sind.
9. **Kostenstruktur:** Was sind die wichtigsten Ausgaben, ohne die das Geschäftsmodell nicht laufen würde? Welche Kostenstruktur ergibt sich aus den Planungen? Welche Schlüsselressourcen/Schlüsselaktivitäten sind die Kostentreiber? **Ergebnis:** Nach Aufwand sortierte Kostenstruktur, mit den Value Propositions verknüpft.

Value Proposition Canvas ist eine Ergänzung zum Business Model Canvas, welche die beiden Komponenten Kundensegmente und Wertversprechen näher beleuchtet. Ziel des Value Proposition Design ist es, Produkte und Dienstleistungen anhand der zu bewältigenden Aufgaben mit Kundenbedürfnissen in Einklang zu bringen.

3.6.7 Cynefin Framework

Cynefin Framework ist ein Wissensmanagementmodell, das verwendet wird, um Probleme, Situationen und Systeme zu beschreiben. Das Modell liefert eine Typologie von Kontexten, die einen Anhaltspunkt bieten, welche Art von Erklärungen und/oder Lösungen zutreffen könnten. Cynefin Framework erklärt auf sehr verständliche Weise, warum Projekte ab einer gewissen Grösse agile und Leanprozesse erfordern [Kra 2010]. Cynefin framework (oder die Matrix) besteht aus fünf Domänen [Sno 2007]:

Einfach (auch bekannt als «The Known»)

Die Beziehung zwischen Ursache und Wirkung ist offensichtlich und allen bekannt. Der Ansatz ist es, zu erheben (erkennen), zu analysieren, zu reagieren.

Kompliziert (auch bekannt als «The Knowable»)

Die Beziehung zwischen Ursache und Wirkung erfordert eine Analyse und/oder die Anwendung von Expertenwissen. Der Ansatz ist: erheben, analysieren, reagieren.

Komplex (auch bekannt als «The Unknowable»)

Die Beziehung zwischen Ursache und Wirkung kann nur im Nachhinein vollständig wahrgenommen werden, jedoch nicht im Voraus. Der Ansatz ist: prüfen, erheben, reagieren.

Chaotisch (auch bekannt als «The Incoherent»)

Es gibt keinen Zusammenhang zwischen Ursache und Wirkung auf Systemebene. Der Ansatz ist: handeln, verstehen (erkennen), reagieren.

Kompliziert (Kausalität unbekannt)

Dies ist der mittlere Bereich, d.h. der Zustand, in dem nicht bekannt ist, welche Art von Kausalität vorhanden ist. In diesem Zustand neigen die Menschen dazu, in ihre eigene Komfortzone (Domäne) zurückzukehren, um eine Entscheidung zu treffen.

Abb. 3.60: Cynefin Framework [Kra 2010]

Komplex

- Alles ist im Fluss und nicht vorhersehbar
- Keine richtigen Antworten
- Etliche Unbekannte
- Erkennbare Orientierungsmuster
- Viele konkurrierende Ideen
- Kreative und innovatie Ansätze sind nötig

Probiere – verstehe – reagiere

Kompliziert

- Das System ist vorhersehbar
- Ursache und Wirkung sind vorhanden, aber nicht für jeden ersichtlich
- Expertenrat ist nötig, aber
- Mehr als eine richtige Antwort

Erkenne – **analysiere** – reagiere

Ungewissheit

Chaotisch

- Hohe Turbulenz
- Keine Ursache-Wirkung-Beziehung
- Grosse Unbekannte
- Viele Entscheidungen unter hohem Zeitdruck

Handle – erkenne – reagiere

Einfach

- Wiederholbare Muster und eindeutige Ereignisse
- Klare Ursachen und Wirkung
- Klare Beziehungen
- Es gibt richtige Antworten

Erkenne – **beurteile** – reagiere

3.6.8 Design Thinking

Design Thinking ist ein Ansatz, mit dem Problemstellungen gelöst und neue Ideen zur Entwicklung von Lösungen gefunden werden sollen, welche für den Kunden einen konkreten Mehrwert geben. Das Design-Thinking-Verfahren durchläuft die Phasen Verstehen, Beobachten, Sichtweise einnehmen, Ideenfindung, Ausführen und Lernen, sprich Testen. Diese effiziente Methode wird insbesondere beim agilen Produktentwicklungsvorgehen eingesetzt:

1. Verstehen: Ziel ist es, im ersten Schritt auf einem effizienten Weg zum «Sofortexperten» zu werden. Fragen stellen und beantworten: Welches Themenfeld betrifft es? Welches Problem gilt es zu lösen? Für wen gilt es, eine Lösung zu finden?

2. Beobachten: Wenn möglich Nutzer in ihrer gewohnten Umgebung beobachten und ihr Handeln verstehen.

3. Sichtweise definieren: Ziel dieses dritten Schrittes ist es, die Perspektive (Persona) zu wechseln, eine andere Brille aufzusetzen, damit man versteht, was die Herausforderungen sein könnten. Allenfalls über erzählte Erlebnisse, Anekdoten und Gefühle sich Stück für Stück in die Denkweise des Kunden/Nutzers begeben. Visualisierung und Gruppierung der gewonnenen Informationen sind bei diesem Schritt sehr wichtig.

Abb. 3.61: Design Thinking – Die sechs Schritte der möglichen Techniken

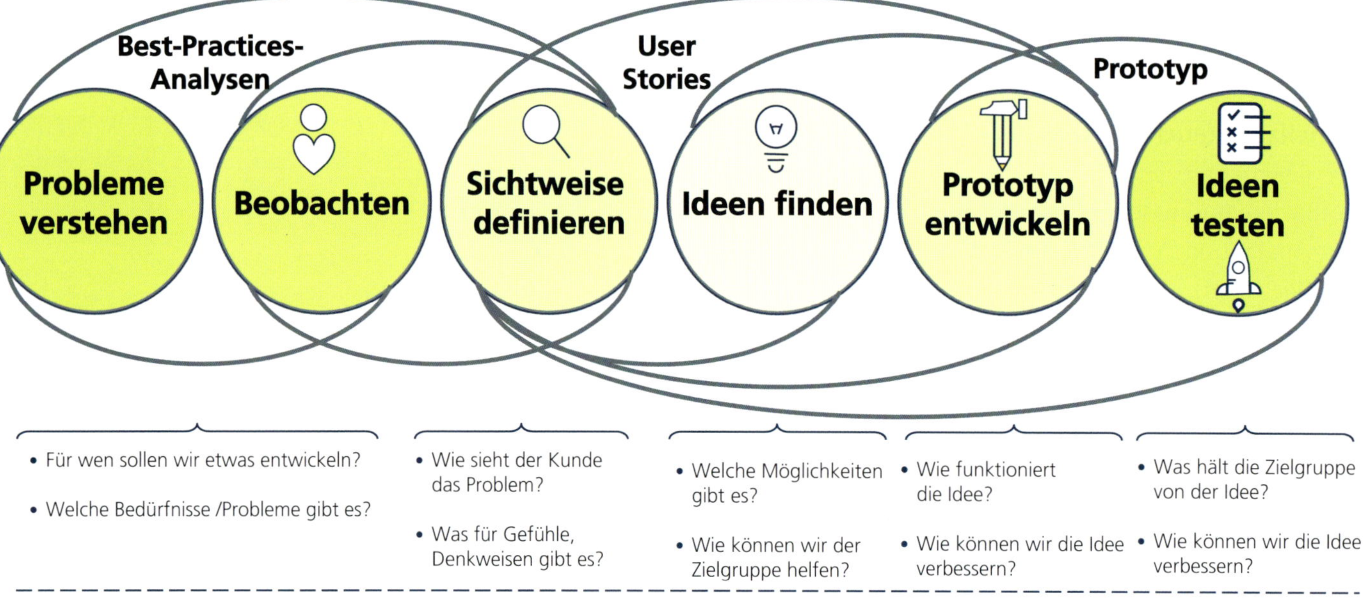

4. Ideen generieren und Auftrag des Prototyps festlegen: Entwicklung von Ideen mit Blick auf die Herausforderung, z.B. mittels qualifizierten Brainstormings. Das Ziel ist es, von den Problemfeldern zu strukturierten Innovationsfeldern zu gelangen. Am Schluss wird geklärt, auf welche Frage man mit dem Prototyp eine Antwort finden will (Verständlichkeit, Interesse, Funktionsumfang usw.). Wichtig ist auch, auf welche Fragen man keine Antwort finden will. Es gilt, die Idee mit der grössten Relevanz (Mehrwert und Umsetzbarkeit) auszuwählen.

5. Prototyp entwickeln: Nun gilt es, Lösungen zu suchen und die gemachten Beobachtungen und Ideen in eine einfache physische Form zu übertragen. Die Darstellung der relevantesten Aspekte der Idee und ihre Funktionalität müssen in den Vordergrund gestellt werden.

6. Testen: Testen und Feedbackschlaufen durchlaufen. Das heisst, Auswahl von Personen, die zur Zielgruppe passen, Übergabe des Prototyps ohne grosse Erläuterungen, eventuell Erläuterung des Kontexts, Ausprobieren des Prototyps durch die Zielgruppe und entsprechend Feedback abholen.

Das Team für den Ideenfindungsprozess durch Design Thinking besteht aus 5–12 Personen. Es setzt sich aus möglichst unterschiedlichen Arbeitsbereichen sowie differenzierten Wissenskreisen zusammen. Idealerweise sind es Personen, die ein offenes Denken praktizieren. Für sie ist es nichts Besonderes, über Grenzen hinauszudenken, um neue Ideen zu generieren. Um mögliche Hemmnisse zu vermeiden, sollten die Teilnehmenden einer einheitlichen Hierarchiestufe angehören.

Für Design Thinking Workshops müssen ein Moderator (Design Thinking Coach), ein Sitzungsleiter und ein Schriftführer benannt werden. Für den Moderator ist es vor allem wichtig, dass die Regeln der Ideenfindung immer eingehalten werden. Sämtliche Ideen (seien es auch noch so abwegige), die den Weg in die Ideensammlung finden, sind zulässig. Das heisst, es ist verboten, Ideen aufgrund von Bewertungen oder Kritik wieder zu verwerfen. Der Moderator ist für die Steuerung des Prozesses verantwortlich und muss die Fähigkeit haben, allfällige Stockungen im Prozess mit eigenen Inputs wieder zum Laufen zu bringen. Neben einem guten Moderator, der den Prozess gekonnt steuert, ist es entscheidend, die richtigen Teammitglieder dabei zu haben. Gemäss Gürtler [Gür 2013] ist der ideale Design Thinker eine Person, welche folgende Eigenschaften mit sich bringt:

- Experimentierfreudig (wilde Ideen einbringen)
- Optimistisch (mutige Ideen einbringen)
- Kommunikativ (Gabe der Visualisierung; Fähigkeit, Sachverhalte in Worten und Bildern ausdrücken zu können)
- Empathisch (sich in Stakeholder und Kunden hineinversetzen können und so ihre Perspektive aufzeigen)
- Intuitiv (die Idee wird dadurch schneller und früher zu einer machbaren und kundenorientierten Lösung geführt)
- Integrativ (verschiedene Ideen in einem Lösungsvorschlag vereinen)
- Neugierig und lernfähig (neue Ideen entwickeln, neue Informationen erforschen)

- Teamfähig (Erfahrung mit gemeinsamer Arbeit auf ein Ziel ist von Vorteil)

Durch das konsequente Durchführen von Prototyping innerhalb des Design-Thinking-Prozesses wird die Wirkung dieser Methode stark erhöht; die Kundenanforderung im Sinne der Validierung wird getestet. Dadurch wird einerseits das Risiko verringert, etwas Falsches zu erstellen, und andererseits kann die Zufriedenheit des Kunden erhöht werden.

3.6.9 Flight-Levels-Modell

Das Flight-Levels-Modell von Klaus Leopold ist ein modulares Denkmodell, welches die agilen Prinzipien unterstützt. Es ist auf allen Ebenen mit bereits vorhandenen Methoden wie Kanban, Sprint etc. kompatibel und gemäss Leopold «keine weitere Methode». Es kann auf jede Unternehmensgrösse und -art angewendet werden. Gemäss Leopold hilft das Flight-Levels-Modell zu reflektieren: Wo im Unternehmen ist der richtige Hebel, an dem wir ziehen wollen, um die Business-Agilität zu verbessern und das Unternehmen in die gewünschte Richtung am Markt zu lenken [Leo 2021]?

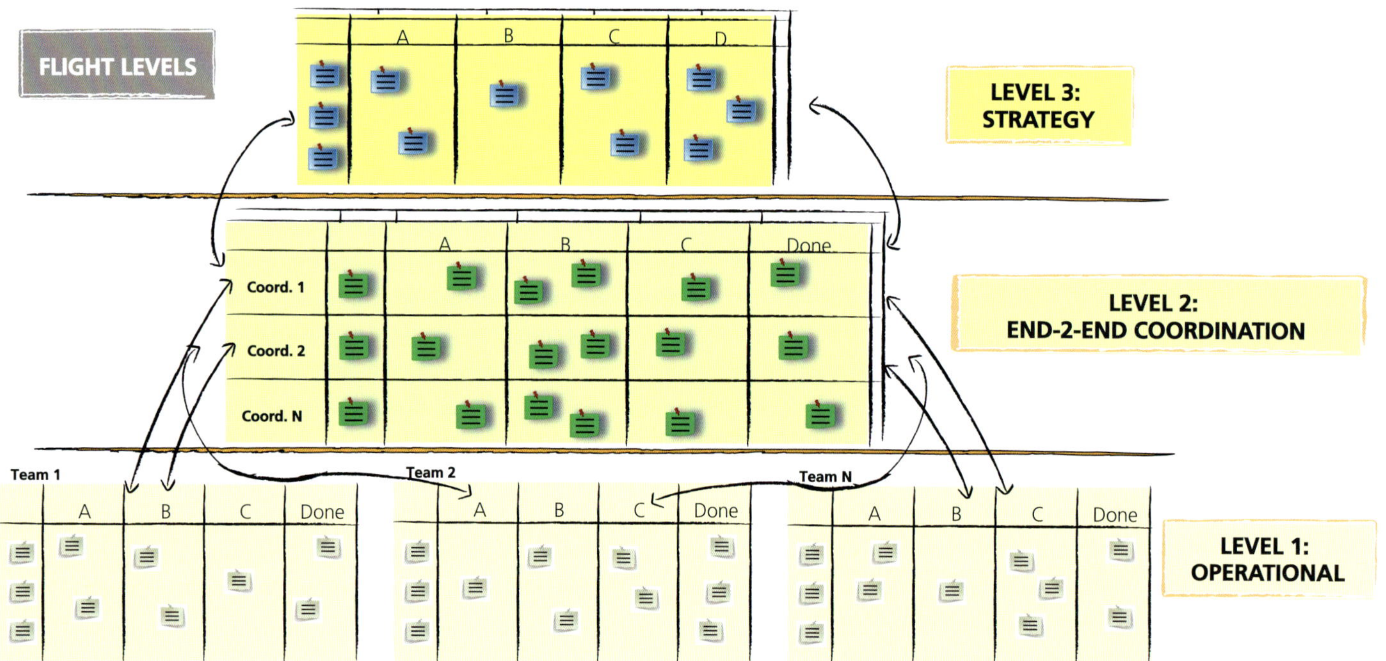

Abb. 3.62: Die drei Flight Levels [Leo 2018]

Das Flight-Levels-Modell ist in erster Linie ein Kommunikationsinstrument, um die Wirkung von spezifischen Verbesserungsschritten auf unterschiedlichen Unternehmensebenen sichtbar zu machen. Ein zentrales Element ist die Visualisierung von Arbeitsflüssen in Initiativen mit Kanban Boards. Mit Kanban Boards auf drei Ebenen wird sichtbar gemacht, an welchen Ausgangspunkten sich eine Organisation befindet, um mögliche Verbesserungen zu starten [Leo 2021]:

- Ebene 3 – Strategische Portfolioebene

  Die oberste Ebene des Flight Levels ist für die Strategie vorgesehen. Hier werden gemäss Leopold die Ziele definiert, die zunächst in einen grösseren zeitlichen Kontext gebracht werden (z.B. die strategischen Ziele für drei Jahre oder fünf Jahre). Wie bei der rollierenden Planung wird der Fokus für die nächsten zwölf Monate oder für das nächste Quartal geschaffen. Zentrale Fragen sind gemäss Leopold: Worauf will sich das Unternehmen in der nächsten Iteration konzentrieren? Welche Aktionen bringen uns dem Ziel näher und wie wird der Fortschritt gemessen?

Ein mögliches und beliebtes Werkzeug für diese Form von Strategiearbeit sind OKR – Objectives and Key Results, wie sie im Kapitel 3.6.10 aufgeführt sind. Wurden die Aktionen definiert, sind sie zu priorisieren. Sie bilden die Inputwerte für Level 2. Sobald die notwendige Kapazität für die freigegebenen Aktionen vorhanden sind, werden sie im Sinne des Pull-Prinzips gestartet. Durch die Priorisierung und das Pull-Prinzip wird der notwendige Fokus geschaffen, um die Vorhaben effizient und zielgerichtet umzusetzen.

Ziel: Die wichtigen Aktionen werden in der richtigen Priorität lanciert.

Achtung: In die Strategieplanung können und müssen natürlich auch strategische Themen aus den anderen Levels aufgenommen werden (siehe Kapitel 3.2.1, «Ungeplante Strategien»).

- Ebene 2 – Koordinationsebene

  Der zweite Level ist der eigentliche Koordinationslevel der auf der ersten Ebene auszuführenden Aktionen und/oder Initiativen. Gemäss Leopold nimmt er diese von Flight Level 3 als Backlog-Items entgegen. Daraus werden die Massnahmen oder Arbeiten abgeleitet, die in der nächsten Iteration durchgeführt werden müssen. Das heisst, aus den Aktionen im Backlog werden grosse Aufgaben (z.B. Epics, auch Vorhabenssteckbrief genannt) abgeleitet, priorisiert und den Teams (Flight Level 1) zur Umsetzung ins Backlog gestellt. Die Teams holen sich Arbeit (nach dem Pull-Prinzip), wenn sie dafür Kapazitäten frei haben.

Ziel: Das richtige Team arbeitet zur richtigen Zeit an der richtigen Initiative.

- Ebene 1 – Teamebene/operative Ebene

  Flight Level 1 ist die operative Ebene im Unternehmen. Hier sind die operativen Teams beheimatet; sie nehmen Arbeiten von Flight Level 2 (Epics) entgegen. Damit ein Team autonom arbeiten kann, braucht es den Ende-zu-

Abb. 3.68: Schritte eines Szenarioprozesses [Fin 2016]

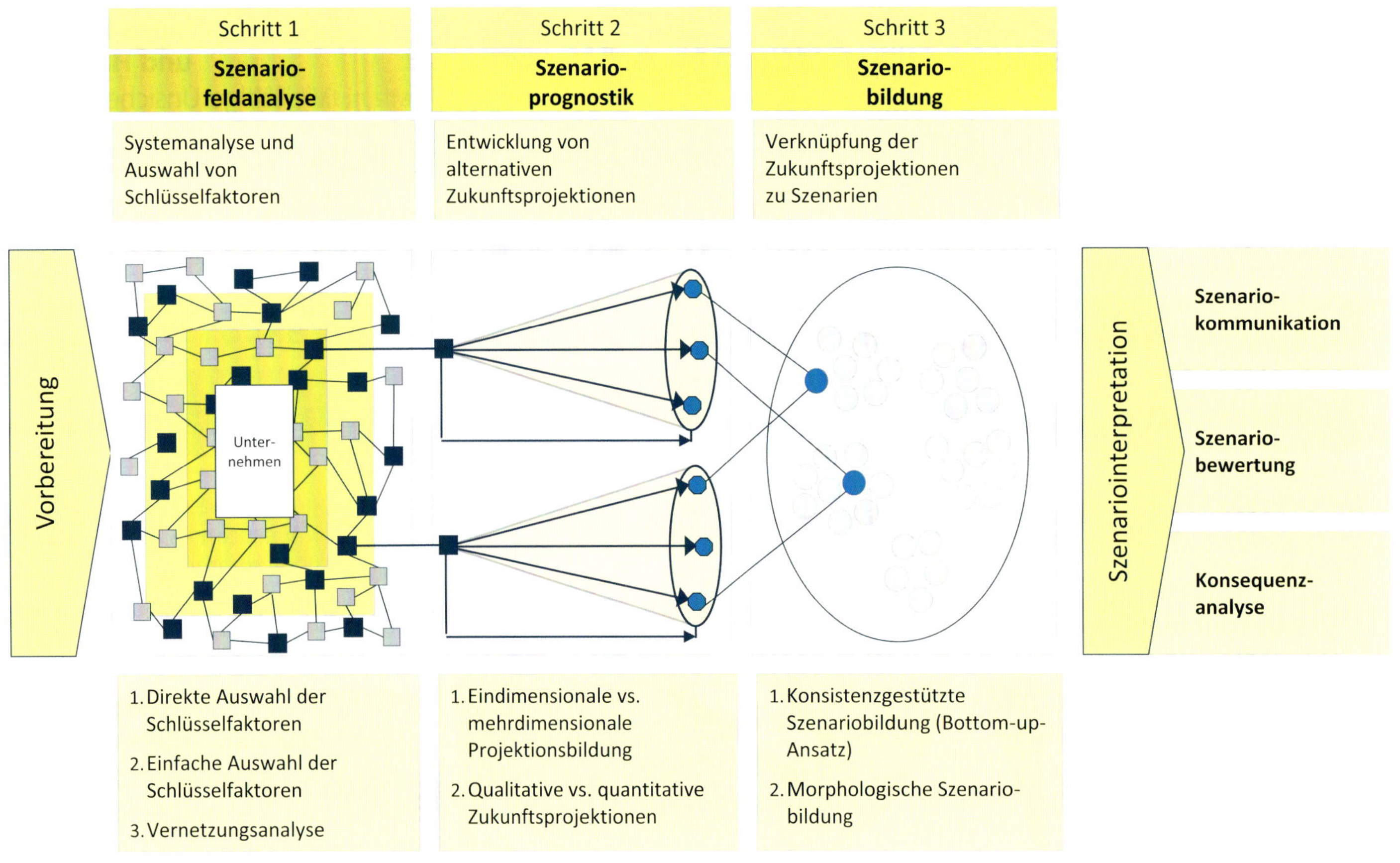

Reihe bekannter und angesehener Planungsmethoden so zusammen, dass sie sich in unsicheren und komplexen Entscheidungssituationen einsetzen lassen. Insbesondere bei der Anwendung des agilen Strategieprozesses gilt es für Führungskräfte, das Prinzip, «in Szenarien zu denken», anzuwenden. Dabei wird jeweils ein Szenarioprozess in drei Schritten eingesetzt [Fin 2016]:

- Szenariofeldanalyse: In der ersten Phase wird darüber entschieden, welche Themen in den Szenarien behandelt werden. Diese Schlüsselfaktoren können als «unsere Fragen an die Zukunft» verstanden werden. Ihre Auswahl kann direkt, vereinfacht oder mithilfe von Vernetzungsanalysen erfolgen.
- Szenarioprognostik: In der zweiten Phase werden für die einzelnen Schlüsselfaktoren mögliche zukünftige Ent-

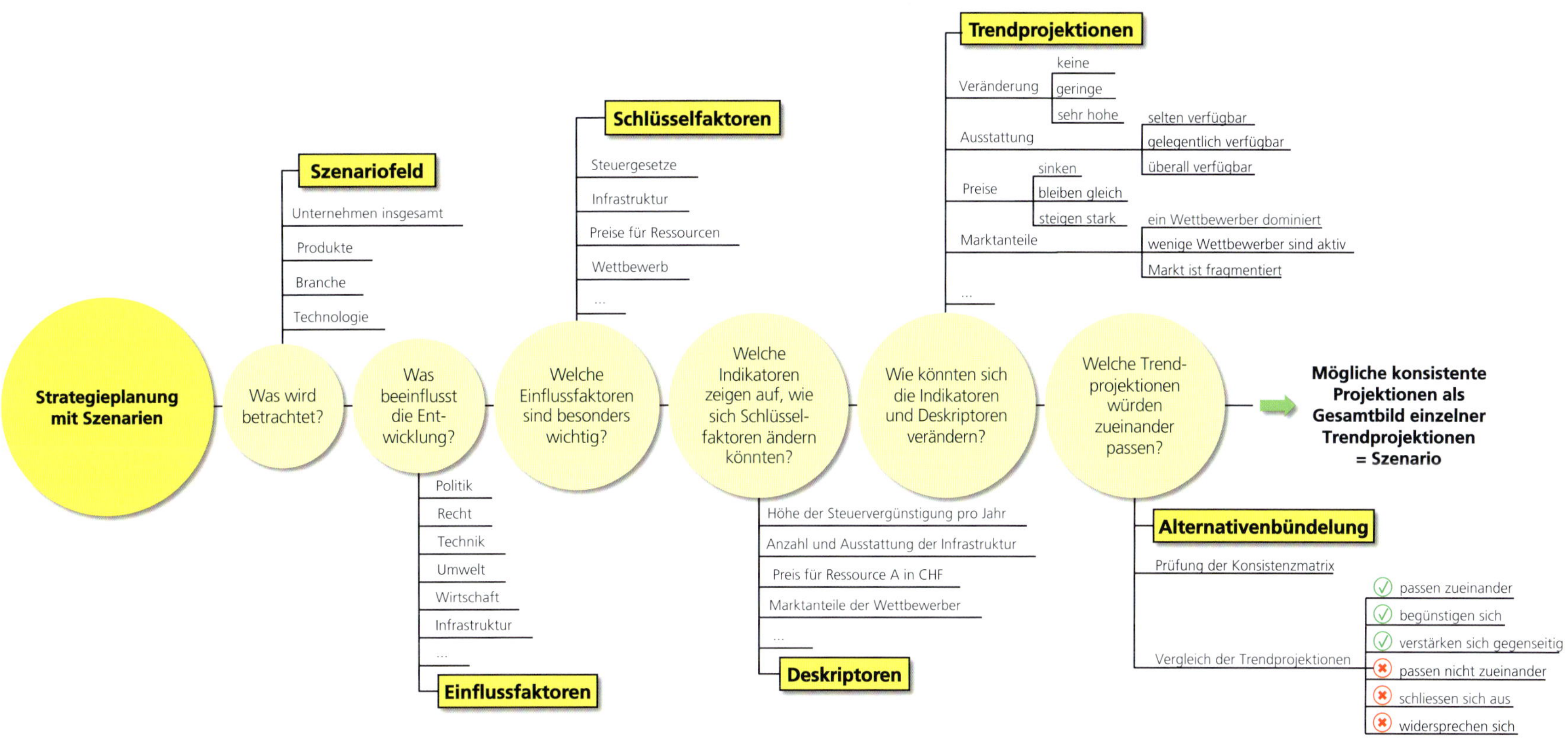

Abb. 3.69: Übersicht zu den einzelnen Arbeitsschritten bei der Szenariotechnik [Fle 2021a]

wicklungen identifiziert. Diese Zukunftsprojektionen sind die «Bausteine der Szenarien». Hier kann zwischen ein- und mehrdimensionalen sowie zwischen qualitativen und quantitativen Projektionen unterschieden werden.

- **Szenariobildung:** In der dritten Phase werden auf Basis der Schlüsselfaktoren und Zukunftsprojektionen konkrete Szenarien gebildet. Dabei unterscheidet man zwischen dem Bottom-up-Ansatz der konsistenzgestützten Szenariobildung und dem Top-down-Ansatz der morphologischen Szenariobildung.

Wie die vorhergehenden Aufzeigen, werden mit der Szenariotechnik die strategisch bedeutsamen Fragen des Unternehmens und die Vorgehensweisen, Methoden und Werkzeuge aufeinander abgestimmt. Die in der übersichtlichen Abbildung 3.69 von Jürgen Fleig aufgeführten Arbeitsschritte der Strategieplanung zeigen sehr schön, welche Fragen mit der Szenarioanalyse behandelt werden können und welche Herangehensweise gewählt wird [Fle 2021a].

4 Adaptives Projektportfolio

Die Projektportfolio- respektive Lenkungsebene stellt die zweite Ebene des adaptiven Projektmanagementsystems dar. Sie ist das Bindeglied zwischen der strategischen und der Projektführungsebene. Als taktische Ebene entscheidet sie, welche Projekte mit welchen Ressourcen zu welcher Zeit und unabhängig davon, ob agil oder konventionell, umgesetzt werden. Ziel ist es, mit einem adaptiv geführten Prozess in der stringenten Umsetzung der Strategie auch die Bedürfnisse der operativen Ebene zu erfüllen und dabei konsequent den Business Value im Fokus zu behalten.

In diesem Kapitel werden wichtige Aspekte der Systemebene «adaptives Projektportfolio» erläutert, die zu einem grundlegenden Verständnis des skalierbaren Projektmanagementsystems beitragen sollen.

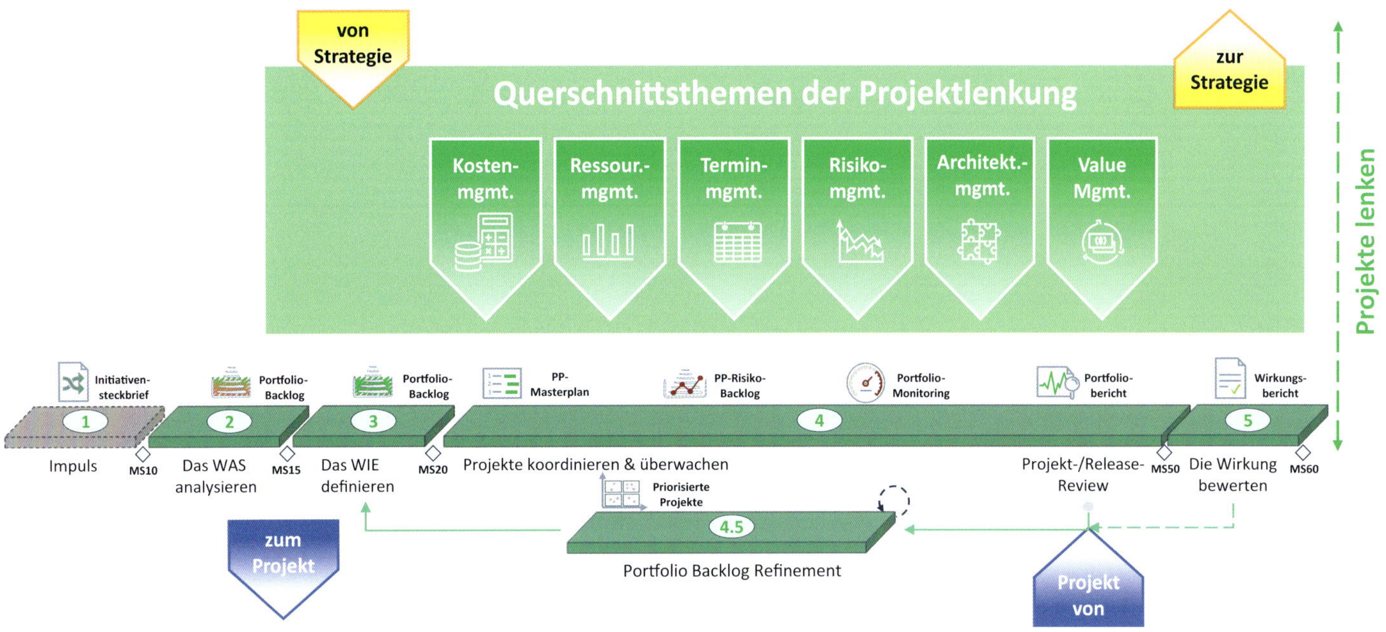

4.1 Grundlagentheorie

Portfolio-Agilität: Wie weit ist man innerhalb eines Portfolios/ Programms in der Lage, die Ressourcen von wenig versprechenden Projekten in Erfolg versprechende Projekte zu verlagern?

Das Hauptziel des Projektportfolios ist es, das richtige Projekt (oder ein ganzes Programm) zur richtigen Zeit im richtigen Unternehmensbereich mit den richtigen Einsatzmitteln zu initialisieren sowie die laufenden Projekte und Releases qualifiziert zu unterstützen und aus Sicht des Projektportfolios erfolgreich abzuschliessen.

> Im Projektportfolio werden alle Vorhaben einer Führungseinheit in einer Organisation gemanagt. Dazu gehören sämtliche Aufgaben, die für das Priorisieren, Koordinieren, Kontrollieren und Unterstützen der anstehenden und laufenden Projekte sowie für die Produktreleases aus Projektportfoliosicht notwendig sind.

Das Projektportfolio-Board, besetzt mit den Projektportfolio-Managern und dem Projektmanagement-Office, befasst sich vorwiegend mit folgenden Fragen:

a. Welche Projekte sind zurzeit neu durchzuführen?
b. Wie lange soll/darf ein lanciertes Vorhaben aus taktischen Sicht dauern?
c. In welcher Reihenfolge sollen die Projekte realisiert werden?
d. Wann müssen welche finanziellen Investitionen zwingend getätigt werden?
e. Welche Projekte werden zugunsten der höher priorisierten Projekte zurückgestellt?
f. Sind korrigierende Massnahmen, aus der Gesamtportfoliosicht betrachtet, anzuordnen?
g. Wann muss ein Projekt aufgrund von Abhängigkeiten abgeschlossen sein? Und wann muss das Projektergebnis den Wert/Nutzen erzeugen?
h. Wie ist der Status der laufenden Projekte? Und entspricht das Portfolio den strategischen Planvorgaben?
i. Welche Projekte können parallel zu anderen Projekten realisiert werden?
j. Wie hoch ist der jährliche Entwicklungsaufwand?
k. Haben die abgeschlossenen Projekte die zu Beginn definierten Ziele erreicht?
l. Was lernen wir jeweils aus abgeschlossenen Projekten?

Ein Unternehmen lässt sich in ein Betriebsfeld und ein Projektfeld unterteilen. Im Projektfeld werden laufende Projekte sequenziell und parallel abgewickelt, basierend auf dem Jahresbudget und der Mehrjahresplanung. Die qualifizierte Aufnahme von Initiativen bei begrenzten Ressourcen sowie das Lenken aller laufenden Projekte verlangt nach einer institutionellen unternehmens- oder abteilungsüberspannenden Hierarchieebene: dem Projektportfolio. Mit zunehmender Anzahl agil geführter Projekte und Releases wird auf dieser Ebene eine entsprechende Kompetenz benötigt, die entscheiden kann, ob ein Produkt kontinuierlich oder in Form eines Projektes entwickelt wird. Die kontinuierlich agile Entwicklung eines Produkts z.B. im DevOps-Ansatz (siehe Kapitel 2.3.7) wird mehr und mehr mittels agilen Entwicklungsteams im Solution Departement vorgenommen.

Um der agilen Thematik organisatorisch gerecht zu werden, wird dies in modernen Unternehmen strukturell dominant platziert (siehe Kapitel 1.2.2.4).

4.1.1 Grundlage für ein adaptiv geführtes Projektportfolio bilden

Es gibt gute Gründe, wieso im Projektportfolio mehr Flexibilität benötigt wird. So können z.B. durch das iterative Rückkoppeln auf die Anforderungen im Projektentwicklungsprozess entsprechende Fehlentwicklungen auf der Managementstufe früh erkannt werden. Ein weiterer Grund ist, dass heute viele Produkte auf einer modularen Architektur in iterativer/inkrementeller Form basieren, sodass der Auftraggeber rasch erste Teilprodukte und einen Business Value erhält und/oder die technologischen Risiken frühzeitig erkannt werden.

Ein Unternehmen hat zudem Projekte, welche zwingend konventionell oder hybrid abgewickelt werden müssen und die je nach Komplexität unterschiedliche Lieferobjekte abliefern müssen. Nicht zuletzt ändern sich strategische Ziele oder auch extern getriebene Geschäftsprozesse schneller als früher. Daher ist der Trend zum adaptiven Projektportfolio in vielen Unternehmen sehr gross.

Mit dem Adjektiv «adaptiv» soll ausgedrückt werden, dass das Management und die Steuerung von Projekten und Prozessen sehr dynamisch und flexibel an die Herausforderungen angepasst gestaltet werden sollen. Das Wort adaptiv meint auch agil, wobei «agil» (beweglich, dynamisch) nicht mit «lean» (schlank oder leichtgewichtig) verwechselt werden darf. Das adaptive PPM deckt, wie Abbildung 4.01 aufzeigt, sowohl die kontinuierliche wie auch die projektorientierte agile Produkteentwicklung und auch alle anderen Projekte ab. Die Lenkung aller Vorhaben wird hauptsächlich mittels Portfolio-Backlog und PP-Masterplan gemacht. Adaptives PPM läuft prozessual nicht viel anders ab als das konventionelle PPM, was dabei jedoch viel stärker im Vordergrund steht, sind unter anderem die agil geprägten Aspekte wie:

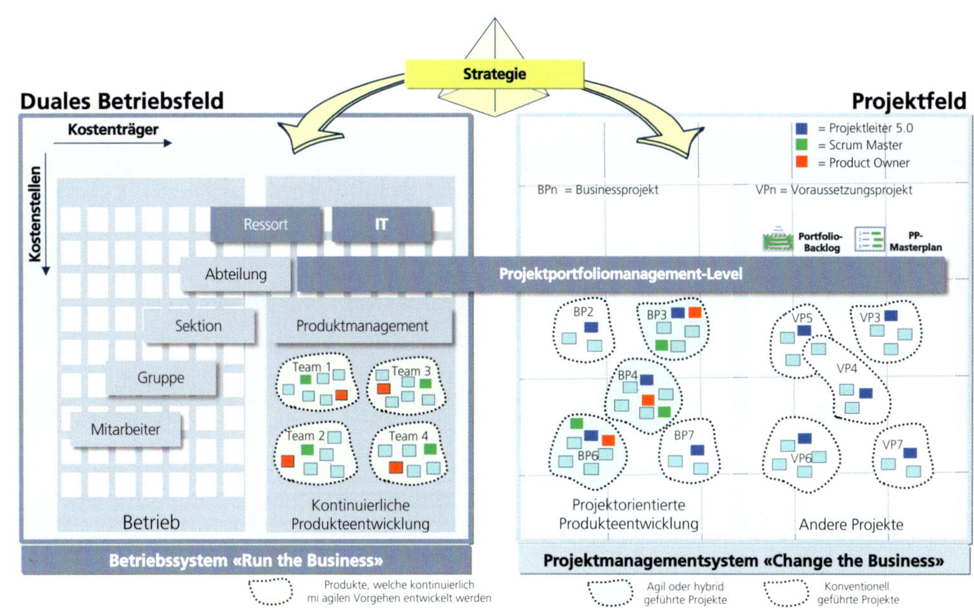

Abb. 4.01: Ein adaptiv geführtes PPM umfasst auch Produkteentwicklungen, die kontinuierlich agil erstellt und weiterentwickelt werden

- Transparente Priorisierung
  - Die (Teil-)Vorhaben werden eindeutig priorisiert!
  - Die Zuteilung von Ressourcen ist klar.
  - Kleinere, dafür häufigere Anpassungen des Portfolios, mindestens dreimonatige Businesszyklen.

- Konsequentes Verfolgen des Business Value und der Nachhaltigkeit.
  - Einzig der gewünschte oder prognostizierte Kundennutzen, die Nachhaltigkeit sowie die Kosten zählen bei Entscheidungsfindungen.
  - Mehrwertorientiertes Denken der Backlog-Items mit Priorisierungstechniken wie die Pay-Back-Periode, Net Present Value (NPV) etc. stehen im Mittelpunkt.

Adaptiv geführte Projektportfolios zeichnen sich insbesondere dadurch aus, dass das Management Mut hat, Freiräume zu schaffen.

Starke Ausrichtung z.B. am «schnell realisierbaren Nutzen» und «Kundenmehrwert», daher eher kleinere Aufträge als grosse Projekte (z.B. Prinzip «Minimal Marketable Product» (MMP), kombiniert mit «Weighted Shortest Job First» (WSJF)).

- Umgang mit Unternehmensveränderungen (inkl. eingesparten Opportunitätskosten sowie Betriebskostenerhöhungen und -reduktionen)
  - Regelmässige Nutzenüberprüfung aller Projekte.
  - Bei Bedarf Neuausrichtung oder Sistierung.
- Konzentration auf das Wesentliche
  - Schlanke, nicht überladene Projektpläne.
  - Mitarbeitende sind produktiver, wenn sie sich auf wenige Tätigkeiten konzentrieren können.
- Einfache und klare Führungsaspekte
  - Design-to-Budget-Ansatz auf der Portfolioebene. Klare Zuordnung von Budgets zu bestimmten Initiativen beziehungsweise Produkten oder Produktteilen.
  - Von der «Wunschbox» zur klaren «Timebox». Nicht: «Das wollen wir – was kostet das?», sondern: «Das haben wir – wie gehen wir damit um?».
  - Management by Vision statt Management by Order: Stärkeres Mitdenken und Verantwortung für die Vorgehens- wie auch für die Wirkungsziele übernehmen.
  - Interdisziplinäre temporäre Projektzellen ermöglichen eine einfache und effiziente Umsetzung.

Um ein adaptives Projektportfolio führen zu können, sind nicht nur Prozesse und Instrumente anzupassen. Dazu gehört auch die entsprechend «moderne» Unternehmensorganisation und PM-Kultur. Das heisst, agile Prinzipien müssen projektübergreifend und übergeordnet anwendbar sein. Ein wirkungsvolles adaptives Projektportfolio zeichnet sich dadurch aus, dass es

- alle Projektarten abdeckt (Bau-, ICT-, Marketing-, Produktentwicklungs-Projekte etc.),
- alle Vorgehensmodelle wie agil, hybrid oder konventionell einsetzen kann,
- die Projekte auf ihre Grösse einfach skalieren kann,
- mit den traditionellen sowie agilen Projektrollen umgehen kann,
- gezielt kontinuierliche wie projektorientierte Produktentwicklung ermöglicht.

Die Ziele eines adaptiven Projektportfolios sind:

- Unterschiedliche Vorhaben sind auf- und gegeneinander abgestimmt.
- Grosse Vorhaben sind in kleinere Vorhaben mit definierten (Teil-)Nutzen aufgebrochen. Rasch messbaren Nutzen generieren! Kurze Planungsphasen!

- Priorisierte, unterschiedliche Vorhaben, die auf die Unternehmensstrategie abgestimmt sind.
- Schnellere und flexiblere Reaktion auf veränderte Marktbedürfnisse, z.B. schnelle Umverteilung der Ressourcen.
- Teams und Mitarbeitende sind in die Entscheidungsfindung mit eingebunden.
- Schaffung von Freiräumen (nur 80 % der vorhandenen Kapazität verplanen).
- Hohe Kunden- und Werteorientierung, d.h. auch hohe Transparenz der Wirkung von abgewickelten Projekten.

4.1.2 Projektportfolio-Arten

Gemäss verschiedenen Definitionslexika bezeichnet der Begriff «Portfolio» eine Sammlung von Objekten eines bestimmten Typs (Aktien, Immobilien, Projekte etc.). Ein Projektportfolio ist somit die Sichtweise auf eine überschaubare Menge an Projekten.

Empfehlung: Um innerbetriebliche Abgrenzungsprobleme zu vermeiden, ist man gut beraten, alle Projekte einer Unternehmung symbolisch in einen Topf zu legen und mit entsprechenden Sichten zu definieren.

Bei kleineren Unternehmen gibt es meistens nur eine einzige Sichtweise, nämlich jene der Unternehmensführungsperspektive. Dieses Portfolio wird zentral an oberster Stelle geführt. Bei grösseren Unternehmen sind bei Betrachtung aller laufenden Projekte unterschiedliche Sichtweisen möglich. Um in einem Konzern alle Projekte mit dem «richtigen» Fokus zu managen, können folgende

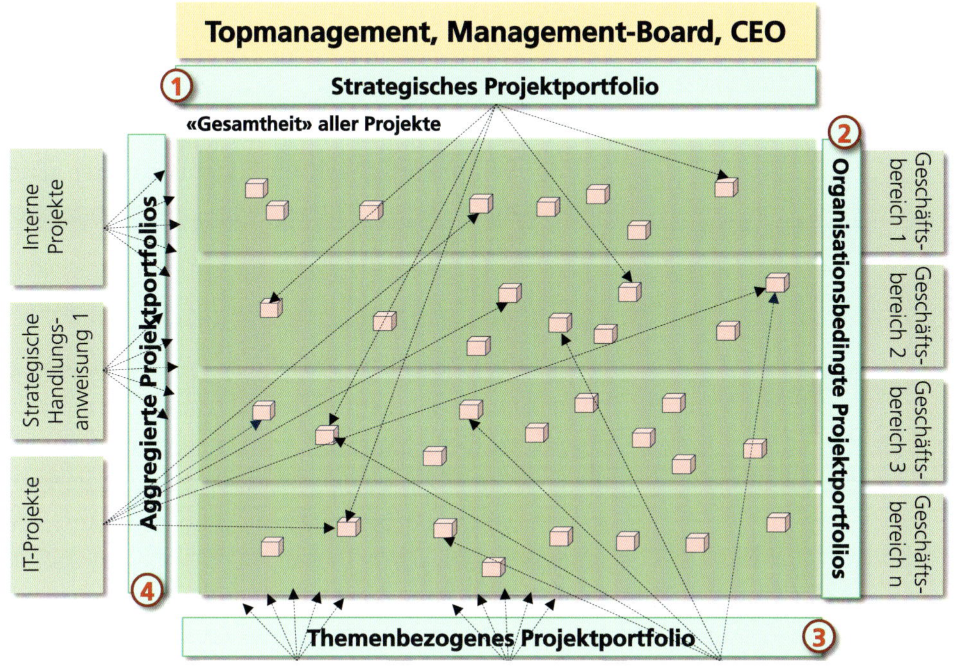

Abb. 4.02: Verschiedene Sichtweisen auf die Projekte «in einem Topf»

Projektportfolios institutionalisiert werden (siehe auch Abbildung 4.02):

- **Sicht 1:** Strategisches Unternehmensprojektportfolio
  Das strategische Projektportfolio umfasst alle als strategisch klassifizierten Projekte. Diese werden vom Topmanagement entlang der strategischen Massnahmen zur Erreichung der mittelfristigen, nachhaltigen Ergebnisverbesserung initialisiert. Sie erhalten z.B. bei der Ressourcenallokation in der rollenden Planung höhere Priorität.

- **Sicht 2:** Organisationsbedingtes Projektportfolio
Die Sichtweisen auf die Projektportfolios sind in vielen Unternehmen stark aufbauorganisatorisch geprägt. Sie können funktional-thematisch sein (R&D, ICT etc.) oder auf der Verantwortlichkeit für Budgets basieren (Budgetverantwortungs-, Auftraggeber-, Auftragnehmerprojektportfolio etc.).

- **Sicht 3:** Themenbezogenes Projektportfolio
Eine dritte Möglichkeit, Projekte in Projektportfolios zu gruppieren, ist die thematische Sichtweise. Diese Gliederung bietet Gestaltungsspielraum. Es kann beispielsweise die Logik einer Gliederung finanziell (z.B. wegen Sponsor), analytisch (z.B. bei Projekten mit hohen Risiken) oder strategisch (z.B. durch Digitalisierung) motiviert sein. Es kann auch ein Portfolio etwa für betriebsnotwendige Projekte (Lifecycle, Gesetz, Regulation etc.) gebildet werden.

- **Sicht 4:** Aggregierte Projektportfolios
Um z.B. eine föderale agile Kultur zu fördern, kann in einem Unternehmen ein aggregiertes Projektportfolio aufgesetzt werden, das alle entsprechenden Handlungsanweisungen enthält. Werden die verschiedenen Projekte in unterschiedlichen Geschäftsbereichen in dezentral geführten Bereichsportfolios umgesetzt, so kann das aggregierte Projektportfolio über eine zentrale koordinierende Instanz geführt werden, welche unabhängig von den Bereichsportfolios ist, die Abhängigkeiten überwacht und so die Zielerfüllung koordiniert.

4.1.3 Kontinuierliche oder projektorientierte Produkteentwicklung

Ein Unternehmen muss sich nicht zuletzt, ausgehend von der vorhandenen und anzustrebenden Unternehmens- und ICT-Architektur, entscheiden, wie es die Herausforderungen einer anstehenden Veränderung generell mit der notwendigen Agilität meistern will. Aus Sicht der rein softwaremässigen Produkteentwicklung kann von zwei Arten von Entwicklungsteams gesprochen werden.

Teams für kontinuierliche Produkteentwicklung:
Dies sind Teams, die kontinuierlich und «dauerhaft» ein Softwareprodukt gemäss den agilen Prinzipien, Praktiken, Artefakten und Rollen entwickeln. In grösseren Unternehmen arbeiten sie mit skalierbaren Rahmenwerken wie SAFe, LeSS, SoS etc. (siehe Kapitel 2.6). Sie liefern gemäss einem klaren iterativen, inkrementellen Vorgehen nach einer festgelegten Timebox – z.B. alle vier Wochen – ein für den Kunden nutzbares Inkrement ab. Es sind autonome, selbstregulierende Teams ohne Projektleiter, aber mit einem Product Manager, einem oder gar mehreren Product Ownern und Scrum Mastern (siehe Kapitel 5.9). Sie sind zu 100 % in die jeweiligen Teams/Sprint eingebunden. (Zur kontinuierlichen Produkteentwicklung gehören immer alle Kompetenzen; d.h., der Betrieb, aber auch weitere Servicestellen wie das Marketing müssen zumindest zu einem gewissen Prozentsatz in den Entwicklungsprozess integriert sein.)

Teams für projektorientierte Produkteentwicklung (temporäre Teams):
Viele Unternehmen sind – aufgrund ihrer Grösse, der aktuellen Organisationsform oder weil sich die Produkte nicht dafür eigenen – nicht in der Lage oder nicht willens, die kontinuierliche Produkteentwicklung umzusetzen. Sie entwickeln ihre Produkte in Form von Projekten: Das heisst, es handelt sich um Projektteams, die in agil geführten Projekten Produkte z.B. nach Scrum in Form von Sprints entwickeln, jeweils mit definierten Starts und einem definierten Ende, so wie es Projekte in sich haben. Es handelt sich demnach um temporäre Teams. Diese Projektteams arbeiten soweit als möglich auch nach agilen Prinzipien mit agilen Praktiken und realisieren Artefakte. Wenn ein neues Produkt entwickelt wird, ist neben dem Product Owner und Scrum Master meistens ein Projektleiter 5.0 involviert (siehe Kapitel 5.9.2). Bei kleineren Projekten ersetzt der PL 5.0 nicht selten den Scrum Master.

Abbildung 4.03 zeigt vereinfacht, wie ein Projektportfolio-Board Teams koordiniert, die kontinuierlich oder in Form von Projekten Produkte mit einer agilen Methode entwickeln. Daneben gibt es auch Projektteams, welche z.B. Bau-, Reorganisations- und Beschaffungsprojekte umsetzen. Diese Teams wickeln ihre Projekte meist im klassischen oder hybriden Projekt-Setup ab.

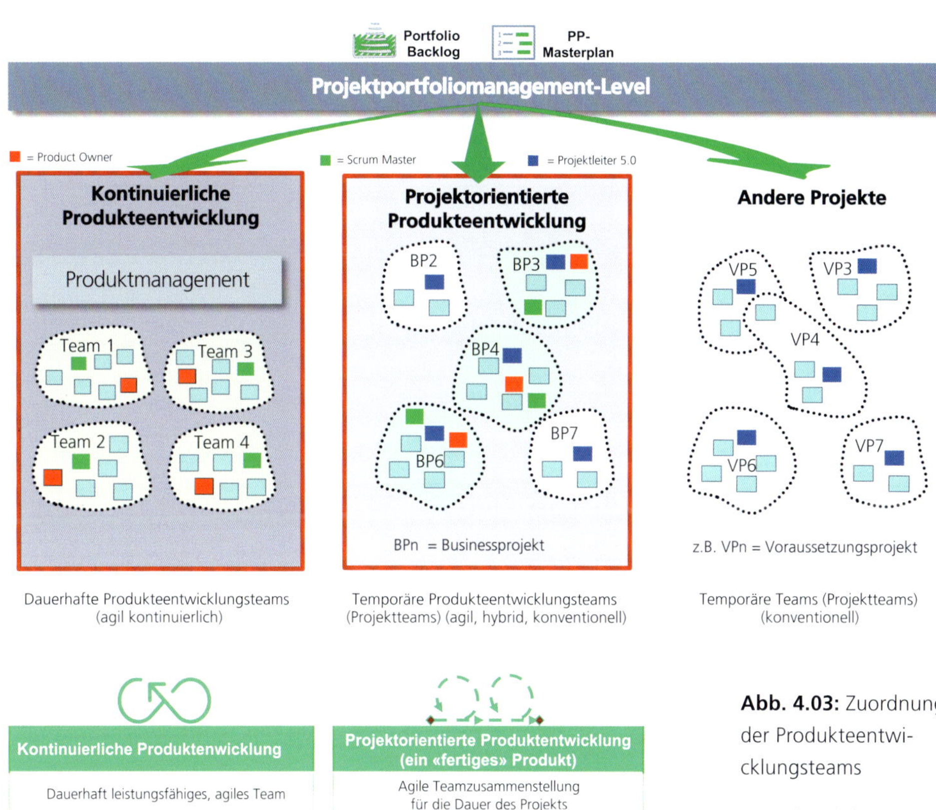

Abb. 4.03: Zuordnung der Produkteentwicklungsteams

Grundsätzlich ist der Ansatz von zwei Arten von Teams nichts Nachteiliges, da beide ihre Vor- und Nachteile aufweisen.

Grössere Unternehmen bearbeiten oft permanent über 50 aktive Projekte. Je nach Projektart (IT-Systemerneuerungen/-einführungen, Produktentwicklung, Prozessoptimierungen, Compliance-Projekte, Eventprojekte, Bauprojekte etc.) und Unternehmenskultur kann nicht überall rein agil vorgegangen werden.

Projekt Nr.	Initiative/ Quelle	Initiativen	Projektart	Abwicklungs-art	Art der Initiative	Quelle
20nn-001-B	INNO	Pauschwelt «Produkt Weltreise+»	SW-Produkt	agil	Program Increment	Zwang
20nn-008-A	STRA F02-03	Virtuelle 3D Onlineplattform «3Dtravel»	SW/HW-Produkt	hybrid	Initiativensteckbrief	Strategie
20nn-013-A	STRA F02-03	Digitales Produkteportfolio aufbauen	SW-Produkt	agil	Initiativensteckbrief	Strategie
20nn-034-B	STRA K01-03	Reorganisation Digitalisierung	Organisation	konventionell	Initiativensteckbrief	Strategie
20nn-042-B	REST	Reise-Flash AG Hauptsitz, Umbau	Bauen	konventionell	Initiativensteckbrief	Strategie
20nn-035-C	BUSI	Sponsoring «EM 202n»	Marketing	agil	Program Increment	Kunde
20nn-004-C	REST	Jahreskatalog Folgejahr	Organisation	hybrid	Initiativensteckbrief	Strategie
20nn-031-A	STRA F02-01	Rollout digitaler Client Schalter	HW-Produkt	hybrid	Initiativensteckbrief	Markt
20nn-009-D	BUSI	Werbekampagne für Spezialreisen	Marketing	agil	Program Increment	Markt
20nn-201-A	STRA	Produkt Sportferien weiterentwickeln	SW-Produkt	agil kontinuierlich	Program Increment	Strategie
20nn-205-A	STRA	Produkt Senioren weiterentwickeln	SW-Produkt	agil kontinuierlich	Program Increment	Strategie

Abb. 4.04: Auszug aus einem Portfolio-Backlog mit Beispielprojekt

Der adaptive Projektportfolio-Ansatz bietet sich dann an, die Vorteile der Projektabwicklungsarten optimal zu nutzen. Das heisst, man muss auf der Stufe des Portfoliomanagements fähig sein, neben den verschiedenen Projektarten auch alle drei Projektabwicklungsarten agil, hybrid, konventionell einzusetzen und zu lenken (siehe Kapitel 5.2.1). Die Portfolio-Sicht eignet sich auch für Produkte in der kontinuierlichen agilen Entwicklung, wie es im vorangehenden Kapitel beschrieben wurde. Solche agile Organisationen realisieren ihre softwarebasierten Produkte zunehmend mithilfe eines kontinuierlichen agilen Entwicklungsvorgehens.

Mit Blick auf das Portfolio-Backlog ist es wichtig, dass beim adaptiv geführten Projektportfoliomanagement die Portfolio-Items sowohl bezüglich Projektart wie auch gewählter Projektabwicklungsart klassifiziert werden können (siehe Abbildung 4.04). Daneben gibt es weitere Aspekte, die das Portfoliomanagement berücksichtigen sollte, z.B. unterschiedliche Aufwandschätzformen, Meilensteine, Ressourcenzuteilung etc.

Achtung: Es gilt hier zu erwähnen, dass, wenn man von «rein agil» spricht, man auch «rein agil» meinen sollte: d.h. agile Werte und Prinzipien, agile Praktiken/Methoden, agile Techniken, agiles Team und agile Organisation. Es kann sein, dass es die Rahmenbedingungen nicht zulassen, dass rein agil vorgegangen wird. Ein konventionell geführtes Projekt kann und soll, wo immer möglich und sinnvoll, auch agile Methoden und Techniken einsetzen.

4.1.3.1 Managementlenkungsmodell

Für die erfolgreiche Lenkung der Projektabwicklung im adaptiven Projektportfoliomanagement ist eine Prozess- und somit Steuerungshomogenität erforderlich. Unabhängig vom Vorgehensmodell muss im Unternehmen für alle Projektarten ein gleichartiges Managementlenkungsmodell, sprich Referenzmodell, integriert werden. Dabei weisen, wie Abbildung 4.05 aufzeigt, die einzelnen Phasen bzw. Bearbeitungsschritte je nach Projektart eine andere Charakteristik auf (siehe auch Kapitel 4.1.3.2).

Jede Projektart und jedes Projekt hat eigene Rhythmen und eine eigene fachspezifische Terminologie. Das wird den Projekten bzw. Projektarten belassen, damit z.B. die Baufachleute in der SIA-Terminologie kommunizieren können. Aus Sicht des adaptiven Portfoliomanagements liegen jedoch Lieferobjekte vor, die mit Meilensteinen vergleichbar sind. So ist in Abbildung 4.05 zum Beispiel bei Meilenstein 20 – völlig unabhängig von Projektart, Projektauftrag und Abwicklungsart (agil, hybrid, konventionell) – der Auftrag inkl. Budget zu verabschieden.

Agile Produktentwicklungsvorgehen wie Scrum arbeiten per se nicht mit der Planung von Meilensteinen. Um jedoch die Steuerung von agil geführten Projekten im Gesamtkontext auf der Portfolioebene lenken zu können, werden mit MS25 und MS45 eine Art steuernde Meilensteine hin-

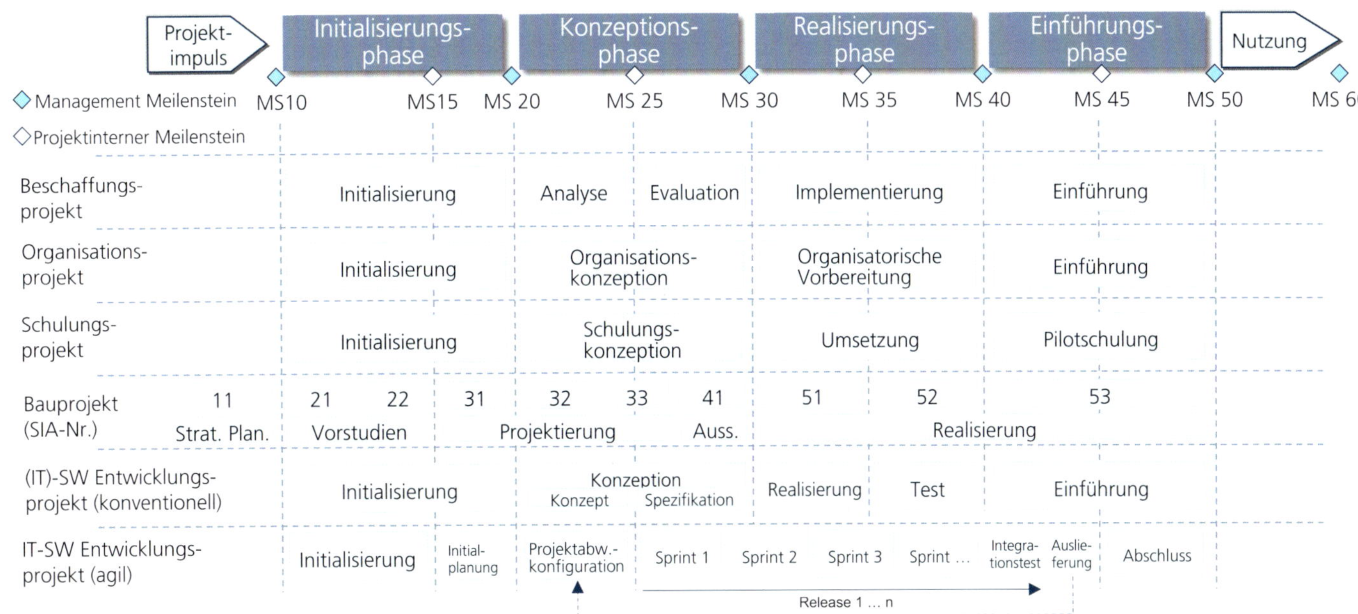

Abb. 4.05: Projektarten, auf das Managementlenkungsmodell (Referenzmodell) abgestimmt

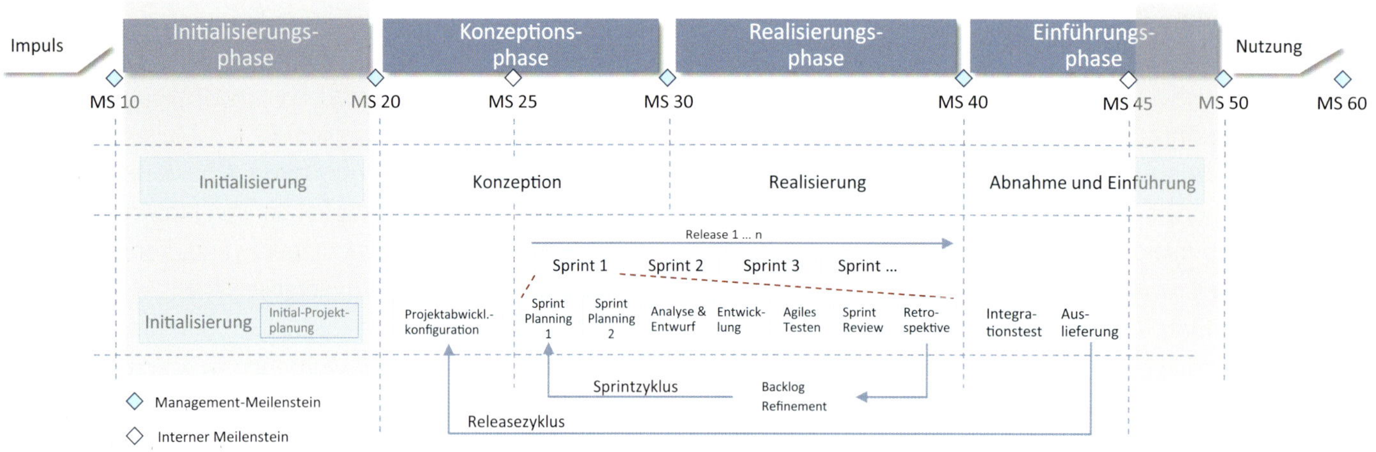

Abb. 4.06: Agile Softwareentwicklungsprojekte, auf das Managementmodell abgestimmt

zugefügt (siehe Abbildung 4.06). Dabei wird insbesondere der Startzeitpunkt des ersten Sprints in (MS25) und der Endzeitpunkt des letzten Sprints inklusive Integrationstest und Auslieferung (MS45) als Produkteentwicklungsprozess definiert. Die hinzugefügten Meilensteine erlauben es, auf der Lenkungsebene die Kopplungspunkte zu anderen laufenden oder geplanten Projekten des Portfolios zu realisieren.

Es ist wichtig, dass das Management Projekte unterschiedlicher Art auf die gleiche Weise lenken kann. Wie ein Fluglotse muss das Projektportfolio-Board alle Projekte auf dem Radarschirm haben. Sie sollen alle nach dem gleichen Führungsprozess ablaufen: «Beladen» des Projekts, Starten, Fliegen, Landen und Entladen, egal ob Klein-, Gross-, Transport-, Militär- oder Passagier-«Projekt». Dabei sind für das Management grundsätzlich die Management-Meilensteine wichtig, die das Ende bzw. den Start zur nächsten Phase markieren. Alle Projekte, egal welcher Art, müssen daher zwingend diese Phasen durchlaufen und Meilensteine absolvieren. So hat das Management auf der Lenkungsebene, sprich Portfolioebene, jederzeit die Übersicht, welche Projekte wo stehen. In der Praxis verfügen somit auch alle Projekte über den gleichen Statusbericht respektive die Projekte können in einem gemeinsamen Tool geführt werden.

Es ist unverzichtbar, dass sich auch agile Vorgehen diesem Managementlenk-ungsmodell unterordnen. Wie Abbildung 4.06 illustriert, ist auch beim agilen Vorgehen der MS20 zwingend zu absolvieren. Dies ist der Zeitpunkt, an dem das Management das Projekt genehmigt und somit Finanz- und Personalressourcen freigibt. Mehr und mehr praktizieren Unternehmen bereits «release- oder Program-Increment-weise», d.h., es wird gemäss dem Design-to-Budget-Ansatz das Budget gesprochen und es werden anhand der Produktvision für die umzusetzenden Program Increments (PI) und Releases Geld gesprochen sowie die Ressourcen zugeteilt. Dies erfolgt unabhängig von den in der Projektabwicklung zu erstellenden Lieferobjekten.

Nach MS20 wird beim agilen Vorgehen eine Produktabwicklungskonfiguration erarbeitet, bei der unter anderem geklärt wird, wie welche Inhalte entwickelt werden (siehe Kapitel 7.2.5). Aufgrund dieser Logik ist es bei grossen Projekten sinnvoll, einen MS25 zu definieren. Ab diesem Zeitpunkt kann das Produkt in Form von Sprints entwickelt werden.

MS30 hat beim rein agilen Vorgehen für das Projektportfolio-Board keine Bedeutung mehr. Einen grossen Vorteil bietet MS60 «Wirkungsprüfung», um den erreichten Kundennutzen bzw. Business Value zu prüfen. Er wird nach jedem ausgelieferten Inkrement oder Release gemessen (siehe Kapitel 4.2.5). Ob die Program Increments und Releases im Systemverbund den erwarteten Nutzen bringen, wird unter Umständen erst nach einer Zeit der Nutzung sichtbar. Für die Prüfung ist der MS60 vorgesehen.

Mit dieser Strukturierung eines generellen Projektabwicklungsprozesses durch ein übergeordnetes Managementlenkungsmodell ist es möglich, die gesamte Innovation und Wandlung eines Unternehmens zu steuern.

Zusammenfassend kann gesagt werden, dass ein im Unternehmen integriertes Referenzmodell die Transparenz und die Flexibilität massiv erhöht. Gekoppelt mit den alle drei Monate durchgeführten PPB-Meetings, kann auf der Lenkungsebene entschieden werden, was gestartet, verzögert oder sogar gestoppt wird. Die Kombination ermöglicht es, dass ein Projektportfolio nicht nur adaptiv, sondern auch agil geführt werden kann.

4.1.3.2 Projektcharakter

Einen anderen Ansatz, um die notwendige Management-Attention und Abwicklungsart zu bestimmen, stellt die Charakterisierung dar. Genau wie bei der Stacey-Matrix gilt es, durch Beurteilung der Charaktereigenschaften eine Typisierung des Projekts vorzunehmen (siehe Kapitel 5.3.3). Auf diese Weise können nicht nur die Vorgehensmethoden agil, konventionell und hybrid, sondern auch die richtigen Kontrollmechanismen festgelegt werden.

Alle Projekte dieser Welt können unabhängig von der Projektklasse bezüglich ihrer Intelligenz und sozialen Komplexität eingestuft werden (siehe Abbildung 4.07).

Ist der Begriff «soziale Komplexität» relativ einfach verständlich – es kann sich um einfache oder interdisziplinäre Wirkungszusammenhänge handeln –, so bedarf es für die Bezeichnung «Intelligenz» einer gewissen Erläuterung. Verkürzt gesagt, hat jedes Projekt wie ein Mensch auch eine existenzielle Intelligenz, sprich einen IQ-Wert. Gemäss Catell [Cat 1965], der ein Gruppenfaktorenmodell für das Messen von Intelligenz entwarf, kann man diese in fluid und kristallin einteilen.

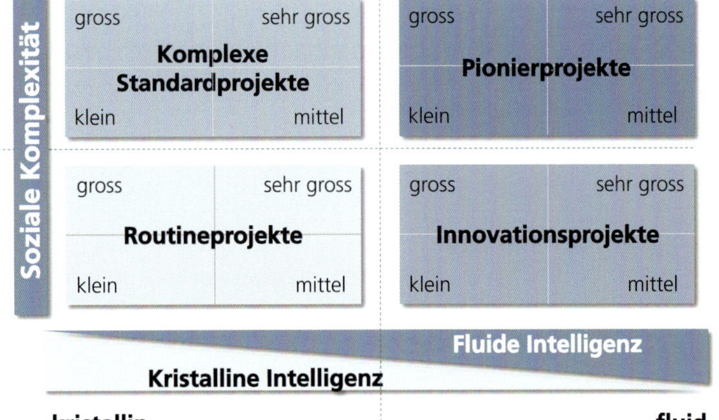

Abb. 4.07: Projektcharakterisierung, basierend auf den Faktoren Intelligenz und soziale Komplexität

Auch Projekte können in kristalline und fluide Projekte eingeteilt werden. Sind beim kristallinen Projekt Ziele, Anforderungen und insbesondere der Lösungsweg klar, so sind beim fluiden oftmals nur die Ziele oder die Vision eindeutig definierbar. Ein kristallines Projekt ist meistens in sich geschlossen klar abgrenzbar und von relativ transparenter Komplexität, z.B. ein bereits mehrmals durchgeführtes Roll-Out- oder ein Wartungsprojekt. Bei Gegenüberstellung der beiden Dimensionen resultiert eine Typisierung des Projektcharakters:

- **Routineprojekte** können als Projekte bezeichnet werden, denen ein hoher Grad an Erfahrung zugutekommt, die demzufolge standardisiert und einfach abgewickelt werden können. Eine Kostenabweichung von 2 % könnte schon «die rote Projektampel» bedeuten.
- **Komplexe Standardprojekte** sind Vorhaben mit klaren Aufgabenstellungen, bei denen Methoden und Hilfsmittel aufgrund bisheriger Erfahrungen bis zu einem gewissen Grad formalisiert und standardisiert sind. Die fachlichen und sozialen Vernetzungen sind aber sehr vielfältig.
- **Innovationsprojekte** sind Vorhaben mit offenen Fragestellungen. Sie benötigen eine Intelligenz, die allenfalls in den Köpfen einzelner Personen vorhanden ist. Diese können die Methode des Vorgehens aufgrund ihres Expertenwissens problembezogen umsetzen.
- **Pionierprojekte** sind oft folgenreiche bereichsübergreifend Eingriffe in die Organisation und bewegen sich auf unbekanntem Terrain. Sie haben hohen Neuigkeitsgehalt und sind risikoreich, da allenfalls das Faktenwissen bei einzelnen Experten vorhanden ist, sie jedoch noch kein gesichertes Handlungswissen aufgebaut haben. Daher ist der Aufgabenumfang schwer abzuschätzen. Eine Kostenabweichung von 2 % wäre bezüglich Kostenampel noch «tief Grün».

Eine Kostenschätzung des Projekts von 200'000.– hat bei MS 20 einen ganz unterschiedlichen Abweichungsfaktor, wenn es sich um ein Routine- oder Pionierprojekt handelt. Solche Aspekte muss das PPB berücksichtigen. Pionierprojekte sind grundsätzlich geeignet, um mit einem inkrementellen, iterativen – sprich agilen –Vorgehen erfolgreich abgewickelt zu werden.

4.1.4 Wichtige Rollen des Projektportfoliomanagements (PPM)

Ein adaptiv geführtes Projektportfolio zeichnet sich dadurch aus, dass es systematisch und konsequent die agilen Denkansätze auf die Strategie und deren Umsetzung ausrichtet. Dazu gehören auch die involvierten Rollen, die auf agile Operationen, die geltende Governance und ein unternehmerisches Mehrwertdenken abgestimmt sein müssen. Das konventionell und das adaptiv geführte PPM weisen dieselben Rollen auf:

1) Projektportfolio-Board (PPB): Das PPB ist ein von der Geschäftsleitung ausgewähltes Lenkungsgremium. Als Entscheidungsgremium des Gesamtunternehmens stellt es die Umsetzung der Strategie sicher und tagt z.B. in dreimonatigem Rhythmus in Form von PPB-Meetings sowie monatlich im Portfolio-Pipeline-Review-Meeting.

2) Projektmanagement-Office (PMO): Das PMO managt im agilen Refinement-Ansatz das Portfolio-Backlog und liefert so die nötige Transparenz, um eine gute Entscheidungsgrundlage für das PPB zu bilden. Diese Rolle stellt auch das administrative Bindeglied aller am Projektportfolio beteiligten Personen dar. Das PMO ist Mitglied des PPB.

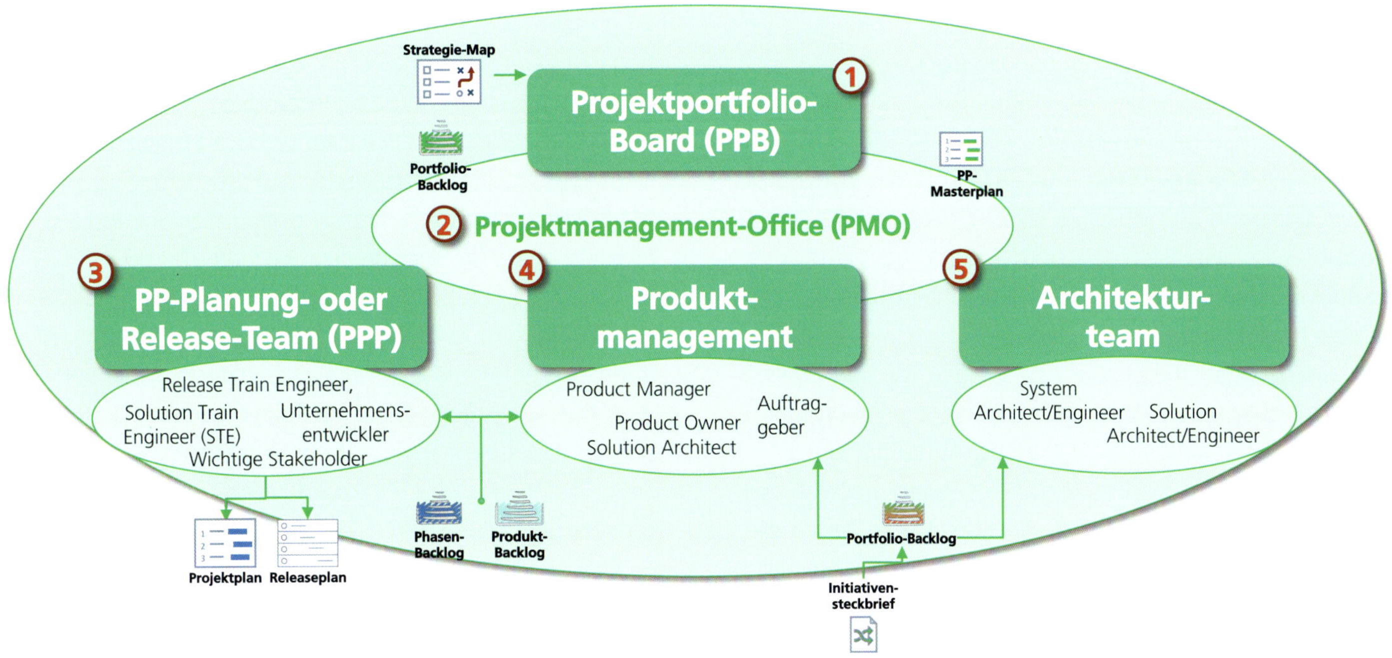

Abb. 4.08: Wichtige Rollen im Umfeld des Projektportfolio-Boards

Die Zusammensetzung des Projektportfolio-Boards unterscheidet sich beim adaptiv geführten PPM jedoch deutlich gegenüber dem konventionellen PPM: Es besteht nicht nur aus der Geschäftsleitung, sondern wird um zentrale Personen aus der zweiten oder sogar dritten Führungsebene ergänzt. Dies fördert die schnelle Abstimmung, die erhöhte Akzeptanz und das Verantwortungsgefühl. Wie Abbildung 4.08 aufzeigt, kann das PPB je nach Unternehmensgrösse noch um Sub- oder Fachteams ergänzt werden:

3) PP-Planungs- oder Sprint-Strategie-Team (PPP-T): Dieses Team ist ein interdisziplinär zusammengesetztes Planungsteam. Es handelt sich um spezielle Führungskräfte, welche die Kernstrategie des Unternehmens sehr gut kennen. Hauptaufgabe ist einerseits die Unterstützung der Projekt-/Sprint-Teams bei der Planung (Big Planning Meeting) sowie eine effiziente Wertschöpfung. Andererseits hilft es bei der Konfiguration des Masterplans im Kontext der vorhandenen Rahmenbedingungen wie Kosten, Architektur etc.

4) Product Management: Das Product Management ist für die Definition und effiziente Erstellung von erwünschten, realisierbaren, lebensfähigen und nachhaltigen Produkten verantwortlich, die die Kundenanforderungen über den gesamten Produkt-Markt-Lebenszyklus erfüllen [SAFe 2020]. Im rein agilen Vorgehen entspricht dies Rollen wie Epic Owner, Product Manager oder Solution Architekt. Im rein konventionellen Vorgehen handelt es sich um die Auftraggeber.

5) Architekturteam: Das Architekturteam besteht aus den System (IT)- und Solution-Architekten. Es ist für die Definition und Kommunikation einer gemeinsamen technischen und architektonischen Vision bei einem agilen Release verantwortlich und soll sicherstellen, dass das zu entwickelnde SW-System oder die zu entwickelnden Produkte für den vorgesehenen Zweck geeignet sind und sich nach dem Architekturrahmenwerk ausrichten [SAFe 2020].

Ein adaptiv geführtes Projektportfolio steht nicht nur vor der Herausforderung, Vorhaben lenken zu müssen, die in den Projektformen agil, konventionell oder hybrid umgesetzt werden können, sondern es soll auch Vorhaben unterstützen, die in Form einer kontinuierlichen agilen Produkteentwicklung umgesetzt werden.

4.1.5 Projektportfolio-Meetings

Um die Dynamik der VUCA-Welt mithilfe eines adaptiven Projektportfolios zu antizipieren und effizient zu bewältigen, bedarf es vier Sitzungsarten. Diese sind auf den Unternehmens-Change-the-Business-Herzschlag, sprich CtB-Herzschlag, auszurichten (siehe Kapitel 1.3.3.1). Abbildung 4.09 zeigt die Sitzungen, basierend auf dem Projektportfolio-Managementprozess, inklusive der fünften Sitzung auf der Projektmanagementebene.

Abbildung 4.10 zeigt die vier Sitzungen, umgesetzt auf einen Unternehmens-CtB-Herzschlag, der das Ziel verfolgt, dass monatlich Releases ausgeliefert werden können. Dabei werden zweimal pro Jahr ein PP-Strategie-Workshop, viermal pro Jahr eine PP-Board-Meeting und 12-mal pro Jahr Portfolio-Pipeline-Review-Meetings durchgeführt.

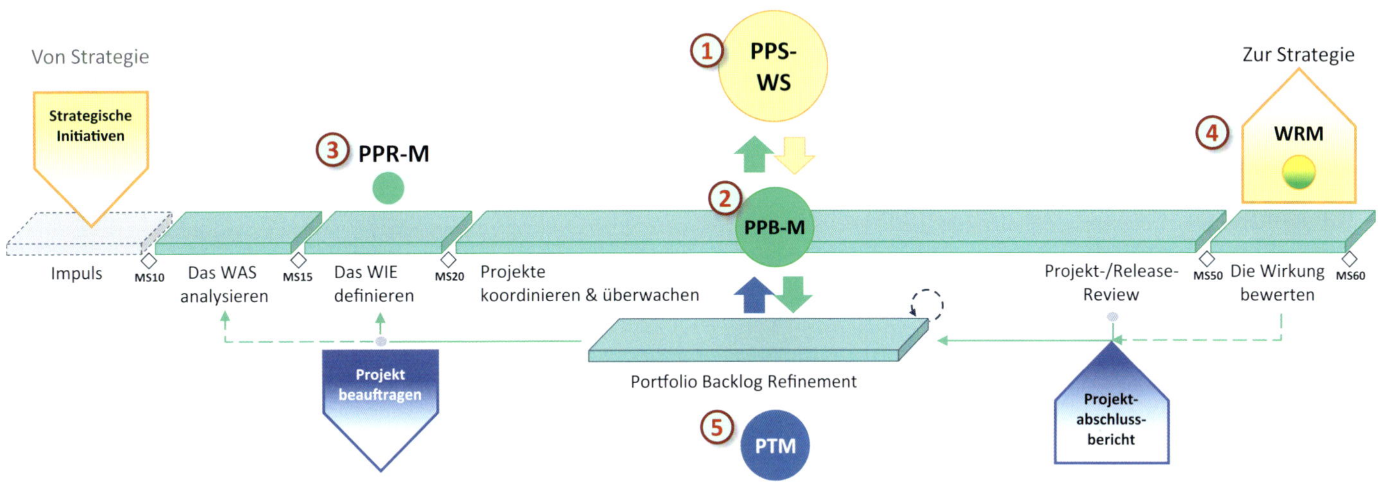

Abb. 4.09: PPM-Meetings, basierend auf dem PPM-Prozess

1) Projektportfolio-Strategie-Workshop (PPS-WS), 2-mal pro Jahr: In einem regelmässigen Strategie-Workshop wird der Status quo der Unternehmensstrategie analysiert und wenn notwendig justiert. Es werden neue strategische Initiativen erstellt oder laufende Initiativen korrigiert (Kapitel 3.4.2). Wie im Kapitel 4.1.5 erläutert, wird dieser Workshop in einem grösseren Kreis durchgeführt.

Auf diese Weise erhält z.B. der Produktmanager ein Verständnis für die Prioritäten und kann unter anderem sein Business-Value-Bewertungsschema mit den Product Ownern anpassen.

Teilnehmende (agiles Strategieteam)	Wichtige Traktanden
• Management & Strategieteam Kernstrategie	• Status quo der Strategie & Strategiejustierung
• Projektportfoliomanagement (PPB-Mitglieder)	• Status quo der laufenden strategischen Themen
• Projektmanagement-Office (PMO)	• Neue strategische Themen, Korrekturen
• Bereichsleitung, z.B. als Kundenvertreter	• Strategische Ressourcen und Zielsetzungen
• Spezialisten wie ICT-Architekten	• Entscheide und Massnahmen

2) Projektportfolio-Board-Meetings (PPB-M), 4-mal pro Jahr: Das PPB-Meeting wird alle drei Monate durchgeführt. Ziel ist die taktische Planung (Big Planning Meeting bzw. Big Room Planning). Wie ging es bislang voran? Welche grossen Themen sollen als Nächstes lanciert werden? Wie unterstützen uns diese Themen bei der Umsetzung der Unternehmensstrategie? An diesem Meeting werden z.B. die Teammitglieder für das Bearbeiten bzw. «Kneten» eines grossen Themas bestimmt (siehe Knetphase).

Teilnehmende	Wichtige Traktanden
• Projektportfoliomanagement (PPB-Mitglieder)	• Stand PP-Masterplan / Erfolge der letzten Monate
• PMO	• Risiken auf Portfoliostufe
• Product Manager/ Bereichsleitung	• Ressourcensituation/ Abhängigkeiten
• Eingeladene Projektleitungen	• Neue grosse Themen mit allfälligen Szenarien
• Planungsmgmt.-Teammitglieder	• Entscheide und Massnahmen

3) Portfolio-Pipeline-Review-Meeting (PPR-M), 12-mal pro Jahr: Im PPR-Meeting wird über die Paketierung der neu zu startenden Projekte gemäss dem Mehrwert entschieden. Auch wird die Zusammensetzung des Projektportfolios (Abhängigkeiten, Ressourcen, Prioritäten etc.) mit seinen laufenden Projekten kritisch geprüft. Konkret heisst das: Bei welchen Themen setzen wir wann welche Ressourcen ein? Daraus ergibt sich der PP-Masterplan. Es ist zu beachten, dass 12-mal im Jahr für die Gesamtorganisation allenfalls zu viel ist. Auf Business Unit Ebene (BU-Portfolio) macht monatlich durchaus Sinn, um dem Anspruch der agilen Kultur gerecht zu werden.

Teilnehmende	Wichtige Traktanden
• Projektportfoliomanagement (PPB-Mitglieder)	• Neue Projektanträge mit allfälligen Szenarien
• PMO	• Status des PP-Masterplans
• Product Owner	• Risiken der neuen Projekte
• Eingeladene Projektleitungen	• Ressourcensituation/ Abhängigkeiten
• Eingeladene Business-Vertretungen	• Entscheide und Massnahmen

Aus agiler Sicht wichtige Teilnehmer dieser Meetings sind die Product Owner oder Product Manager. Sie bringen – basierend auf dem abgestimmten Strategieverständnis – einen Vorschlag für die Themen und Ressourcenverteilung im nächsten Planungszyklus einer Produktentwicklung mit ein. Konkret: Wie viel Kapazität des Teams wird für das «Run the Business» eingesetzt, wie viel für Minor Changes und wie viel für die effektive Produktweiterentwicklung (siehe Kapitel 4.3.2, «Ressourcenmanagement»)? Dies heisst nichts anderes, als dass die Product Owner die Sprints und Releases bereits mit ihren Entwicklungsteams auf Ausführungsebene vorbesprochen haben.

4) Wirkungs-Review-Meeting (WRM), 4-mal pro Jahr: Ziel dieses Meetings ist es zu überprüfen, ob die beendeten Projekte effektiv abgeschlossen sind und ob die definierten Wirkungen (Business Value) erreicht wurden. An diesem Meeting werden die Projekt-/Releaseabschluss- und Wirkungsberichte der abgeschlossenen und überprüften Projekte besprochen. Abschlussberichte können nach Auslieferung eines Releases (MS45) oder nach Projektabschluss (MS 50) geprüft werden. Die Wirkungsberichte, welche bei MS60 erstellt werden, sind zeitlich projektspezifisch zu prüfen. Allfällig notwendige Change Requests, um den einmal festgelegten Business Value doch noch zu erreichen, werden ausgelöst. Weitere Ausführungen bezüglich «Business Value messen» siehe Kapitel 4.2.5.

Teilnehmende	Wichtige Traktanden
• Projektportfoliomanagement (PPB-Mitglieder)	• Status PP-Masterplan / Erfolge der letzten Monate
• Projektmanagement-Office	• Konkret erwirtschafteter Mehrwert / Strategiebeitrag
• Product Owner	• Nachbesserungsanträge
• Eingeladene Projektleitungen	• Lessons Learned bezüglich PMS-Prozesse
• Eingeladene Business-Vertretungen	• Entscheide und Massnahmen

5) Projekt-Team-Meeting (PTM), Stand-up-Ansatz (14-täglich): Ziel ist es, basierend auf der projektbezogenen Standortbestimmung die aktuellen Probleme und Risiken aufzuzeigen und zu besprechen sowie die Arbeitskoordination sicherzustellen. Dauer: 30 Minuten. Diese fünfte Sitzungsart zählt nicht zu den Projektportfolio-Sitzungen. Abgestimmt auf die Sprints der verschiedenen Projekte und kontinuierlichen Produkteentwicklungen, werden an solchen Sitzungen wichtige Ergebnisinformationen aufbereitet und dem Portfolio-Pipeline-Review-Meeting zur Verfügung gestellt.

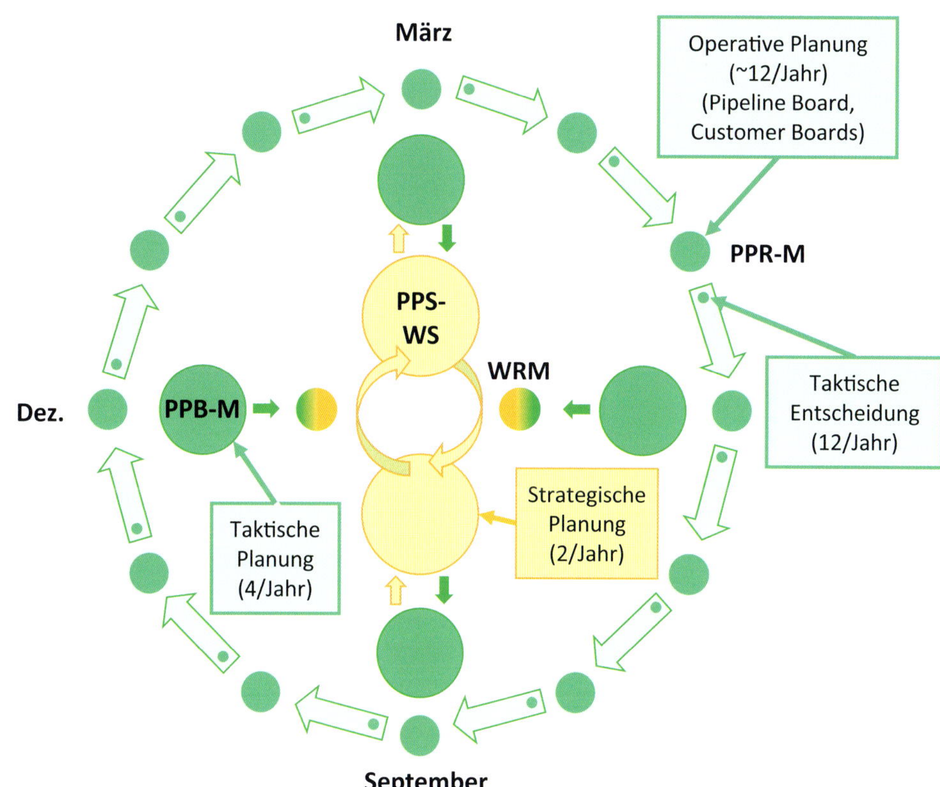

Teilnehmende	Wichtige Traktanden
• Projektleitungen	• Allgemeine Informationen der Projektaufsicht
• Scrum Master	• Status der Arbeiten in Bezug auf den Plan
• Product Owner	• Spezielle Projektergebnisse und Probleme/Risiken
• Eingeladene Spezialisten	• Abstimmen der Arbeiten (intern und extern)

Abb. 4.10: PP-Meetings in Abstimmung mit dem Unternehmens-CtB-Herzschlag, in Anlehnung an [Fel 2018]

4.2 Adaptiver Projektportfolioprozess

Der adaptive Projektportfolioprozess managt sowohl konventionelle als auch hybride und agile Vorhaben und umfasst drei Phasen bzw. sechs Schritte:

- 01) Ideen/Impulse (**WAS**) formulieren: Eine Fachabteilung oder ein Fachgremium, z.B. das Team «Kernstrategie», erstellt einen Initiativensteckbrief der Businessidee oder der zu lösenden Problemstellung und reicht diesen bzw. diese beim Projektmanagement-Office (PMO) ein.

Phase 1: Aufnahme

- 02) Initiativen **(WAS)** analysieren: Eine zentrale Stelle (Projektmanagement-Office/Steckbrief-Coach) nimmt die eingereichten Initiativensteckbriefe als «Backlog-Items» in das Portfolio-Backlog auf. Diese müssen auf Verständlichkeit, Vollständigkeit und Bewertbarkeit geprüft und allenfalls für eine qualifizierte Bewertung bearbeitet bzw. «geknetet» werden. Bei grösseren Vorhaben wird auf der operativen Ebene der Initiierungsschritt (siehe Kapitel 6.2.1) durchgeführt.

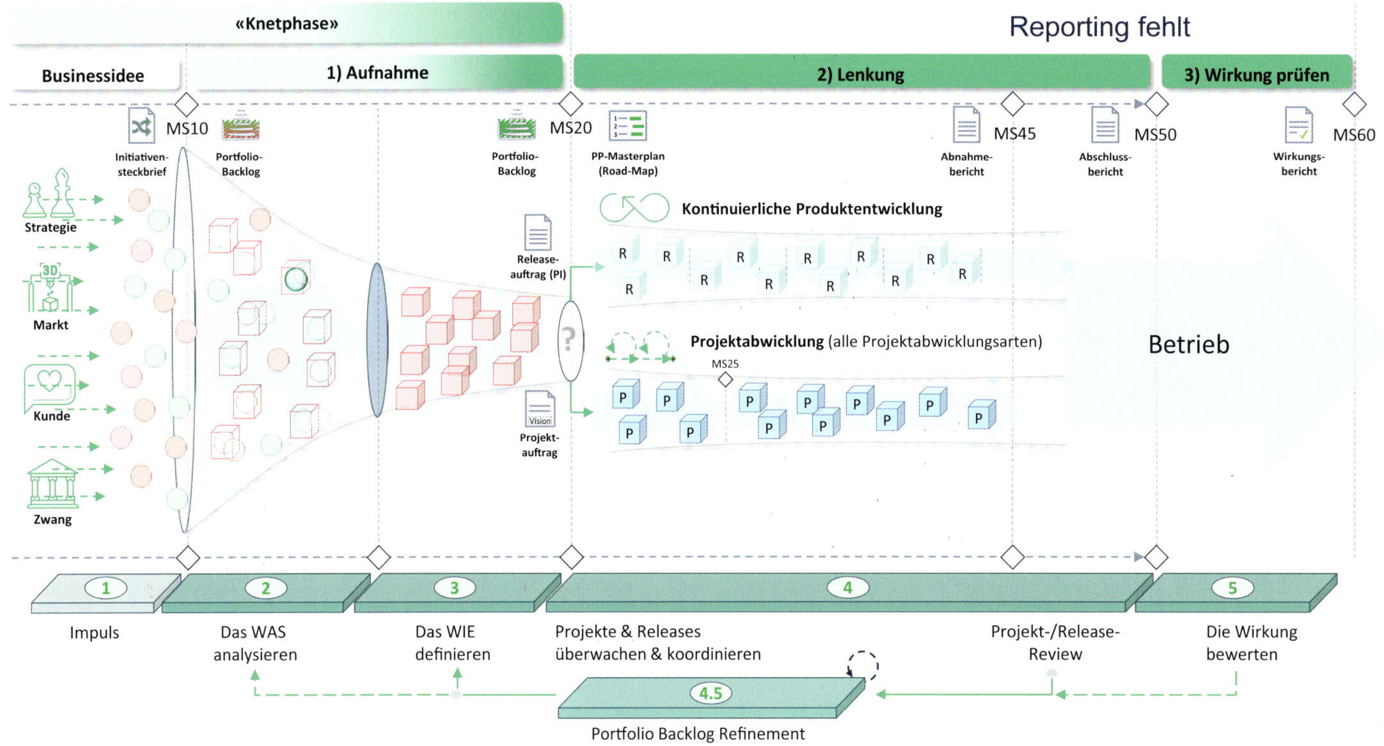

Abb. 4.11: Adaptiver Portfolioabwicklungsprozess

- 03) Planung **(WIE)** erstellen: Basierend auf den in Schritt 2 erstellten Ergebnissen erhält das Projektportfolio-Board durch die Unterstützungsarbeiten des PP-Planungsteams die notwendigen Planungsdaten, um das Vorhaben im PP-Masterplan mit den anderen Vorhaben und laufenden Projekten sowie den Produkteentwicklungsreleases abzustimmen, die neuen Portfolio-Backlog-Items zu priorisieren und das definitive «Go» zu geben.

Phase 2: Lenkung

- 04) Vorgehen überwachen und koordinieren: Im vierten Schritt werden die laufenden Projekte und Produkteentwicklungsreleases bezüglich Abhängigkeiten, Risiken und Änderungswünsche überwacht und koordiniert. Entsprechend werden hier auch die Projekte-/Releasereviews durchgeführt. Nachdem das Projekt erfolgreich eingeführt wurde, stellt das PMO sicher, dass es ordnungsgemäss abgeschlossen wird, die Retrospektive durchgeführt wird und die Erkenntnisse in das Projektmanagementsystem des Unternehmens integriert werden (= lernende Organisation). Anschliessend erteilt das PPB den Projektverantwortlichen die Décharge. Bei kontinuierlich agiler Produktentwicklung gelten dieselben Aufgaben bezüglich der freigegebenen Releases.
- 04.5) Das Portfolio-Backlog pflegen: Das adaptive Projektportfolio bewirtschaftet unter der Leitung des PMO mit einem sogenannten Backlog-Refinement das Portfolio-Backlog, welches die Schlaufe zu einem nie endenden, iterativen Prozess bildet. Dieser Prozess ist einer fortdauernden mehrwertorientierten Veränderung ausgesetzt. Mit Bewirtschaften ist gemeint, dass das Backlog überprüft wird, um sicherzustellen, dass es die richtigen Elemente enthält, dass sie priorisiert werden können und dass die priorisierten Portfolio-Backlog-Elemente (Initiativen & Needs) zur Ausführung bereit sind.

Phase 3: Wirkung prüfen

- 05) Wirkung prüfen und bewerten: Der Business Value kann beim rein agilen Vorgehen grundsätzlich nach jedem Sprint beurteilt werden. Die Praxis zeigt aber, dass dies eher nach jedem Release realistisch ist. Bei konventionellem oder hybridem Vorgehen kann nach einem gewissen Zeitraum (6–12 Monate nach Projektabschluss) die Wirkung gemessen werden.

4.2.1 Schritt 1: Impuls

Grundsätzlich bestimmt die Strategie des Unternehmens seine Zukunft. Im Alltag herrscht ein grosser Wettbewerb bezüglich Einsatz der vorhandenen Ressourcen. Dieser Wettbewerb wird nicht ausschliesslich von der Strategie beeinflusst. Operative Zwänge und architektonische Relevanz (Produkt-, Daten-, Gerätearchitektur etc.) streiten mit der Strategieverfolgung um die vorhandenen Ressourcen.

Grundsätzlich existieren, wie in der Abbildung 4.12 illustriert, vier Quellen möglicher Initiativen, die in Form eines Initiativensteckbriefs (Abbildung 4.13) beim PMO eingereicht werden:

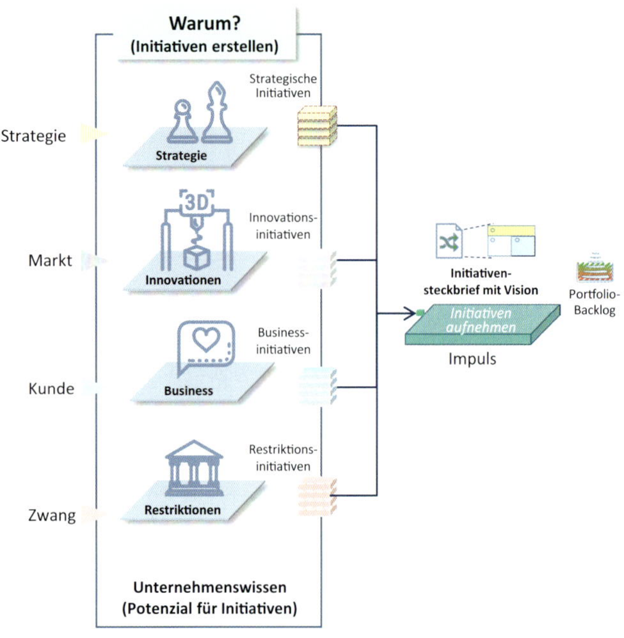

Abb. 4.12: Im Speziellen das WARUM kreieren

Strategie: Initiativen, die von den strategischen Themen abgeleitet werden.

Die strategische Planung, wie in Kapitel 3.3 ausführlich erläutert, baut auf dem Unternehmensleitbild und den langfristigen Geschäftszielen auf. Daraus werden vor allem Innovations- und grössere Unternehmenswandlungs-initiativen abgeleitet. Diese Initiativen bzw. die daraus resultierenden Produkte, Systeme oder strukturellen Veränderungen sollen dem Unternehmen wirtschaftliche und marktpolitische Vorteile bringen. Daher geniessen sie vielfach hohe Priorität und die Aufmerksamkeit des Managements. Solche Anträge sollten bereits auf die Vorgaben der vorherrschenden oder zukünftigen Architektur ausgerichtet werden (siehe Kapitel 3.5.5, «Enterprise-Architektur»).

Zwang: Externe Institutionen definieren zwingende regulatorische Forderungen, die mit Initiativen umgesetzt werden, oder ein End-of-Life-Zustand in einem Produktzyklus definiert den Zwang.

Es handelt sich dabei einerseits oft um Initiativen für Systeme oder Produktgruppen, die in ihrem Lebenszyklus am Ende stehen. Infolge technischer und organisatorischer Veränderungen müssen sie z.B. von Zeit zu Zeit konzeptionell überarbeitet und neu aufgebaut werden. Andererseits können neue Rahmenbedingungen wie neue oder geänderte Gesetze/Regulierungen, veränderte technische Auflagen oder auch neue interne Richtlinien, etwa um die Unternehmensrisiken zu senken, zu einer Initiative führen.

In der konventionellen wie in der agilen Welt haben die strategischen wie auch die erzwungenen Initiativen ihre eigene Gewichtung. In der VUCA-Welt reicht die Betrachtung dieser zwei Top-down-Ursachen nicht mehr, um am Markt erfolgreich mitzuwirken. Es ist für eine moderne Unternehmung ganz entscheidend, dass sie zwei weitere Input-Quellen, nämlich Markt und Kunden, im «Initiativentopf» berücksichtigt» und gezielt mit einbezieht.

Markt: Auf dem Markt entstehen neue Möglichkeiten oder bisherige verschwinden, z.B. durch neue Technologien oder durch die Konkurrenz.

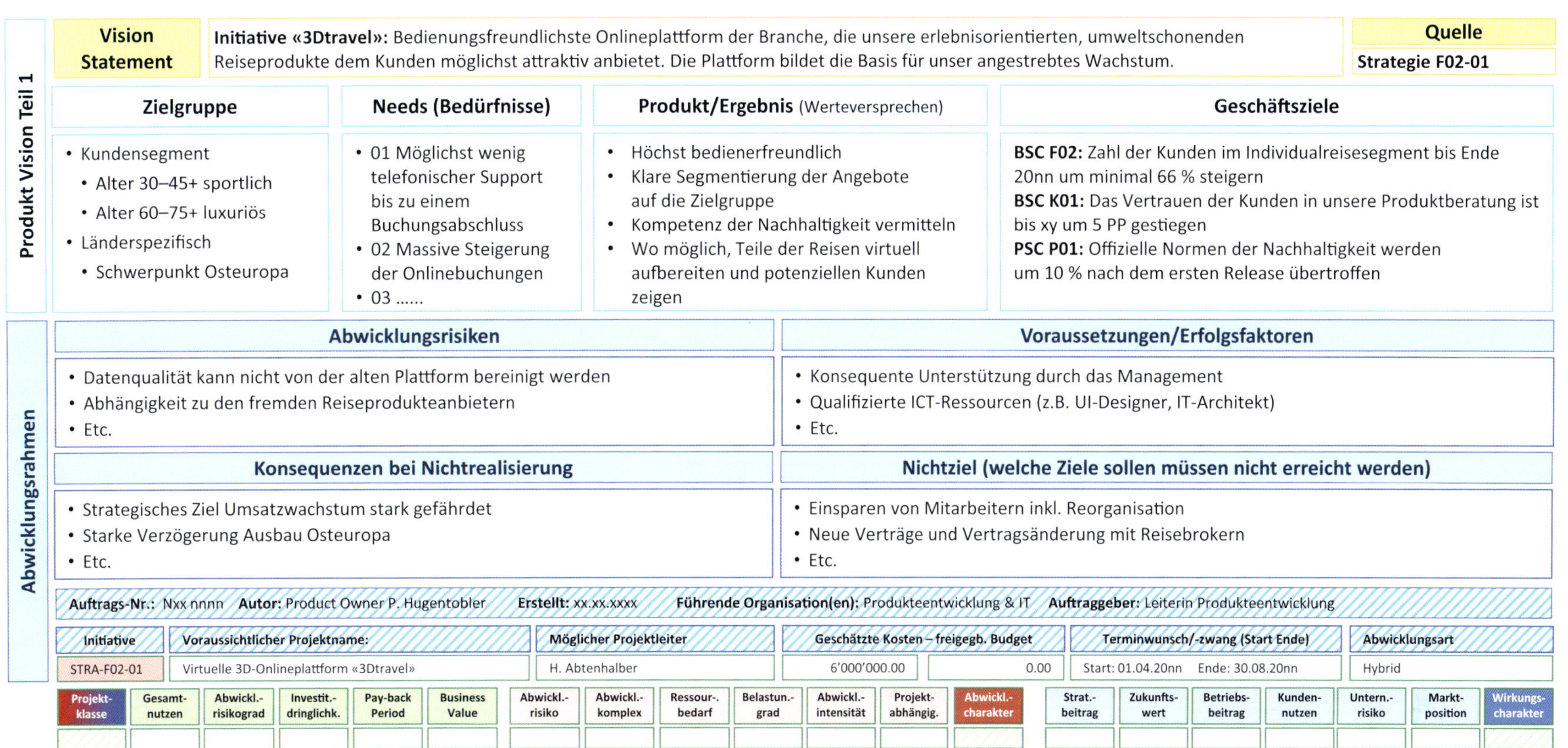

Produkt Vision Teil 1

Vision Statement	Initiative «3Dtravel»: Bedienungsfreundlichste Onlineplattform der Branche, die unsere erlebnisorientierten, umweltschonenden Reiseprodukte dem Kunden möglichst attraktiv anbietet. Die Plattform bildet die Basis für unser angestrebtes Wachstum.	Quelle: Strategie F02-01

Zielgruppe	Needs (Bedürfnisse)	Produkt/Ergebnis (Werteversprechen)	Geschäftsziele

• Kundensegment
  • Alter 30–45+ sportlich
  • Alter 60–75+ luxuriös
• Länderspezifisch
  • Schwerpunkt Osteuropa
	• 01 Möglichst wenig telefonischer Support bis zu einem Buchungsabschluss
	• 02 Massive Steigerung der Onlinebuchungen
	• 03 ……
		• Höchst bedienerfreundlich
		• Klare Segmentierung der Angebote auf die Zielgruppe
		• Kompetenz der Nachhaltigkeit vermitteln
		• Wo möglich, Teile der Reisen virtuell aufbereiten und potenziellen Kunden zeigen
			BSC F02: Zahl der Kunden im Individualreisesegment bis Ende 20nn um minimal 66 % steigern
			BSC K01: Das Vertrauen der Kunden in unsere Produktberatung ist bis xy um 5 PP gestiegen
			PSC P01: Offizielle Normen der Nachhaltigkeit werden um 10 % nach dem ersten Release übertroffen

Abwicklungsrahmen

Abwicklungsrisiken	Voraussetzungen/Erfolgsfaktoren
• Datenqualität kann nicht von der alten Plattform bereinigt werden • Abhängigkeit zu den fremden Reiseprodukteanbietern • Etc.	• Konsequente Unterstützung durch das Management • Qualifizierte ICT-Ressourcen (z.B. UI-Designer, IT-Architekt) • Etc.

Konsequenzen bei Nichtrealisierung	Nichtziel (welche Ziele sollen müssen nicht erreicht werden)
• Strategisches Ziel Umsatzwachstum stark gefährdet • Starke Verzögerung Ausbau Osteuropa • Etc.	• Einsparen von Mitarbeitern inkl. Reorganisation • Neue Verträge und Vertragsänderung mit Reisebrokern • Etc.

Auftrags-Nr.: Nxx nnnn **Autor:** Product Owner P. Hugentobler **Erstellt:** xx.xx.xxxx **Führende Organisation(en):** Produkteentwicklung & IT **Auftraggeber:** Leiterin Produkteentwicklung

Initiative	Voraussichtlicher Projektname:	Möglicher Projektleiter	Geschätzte Kosten – freigegb. Budget		Terminwunsch/-zwang (Start Ende)	Abwicklungsart
STRA-F02-01	Virtuelle 3D-Onlineplattform «3Dtravel»	H. Abtenhalber	6'000'000.00	0.00	Start: 01.04.20nn Ende: 30.08.20nn	Hybrid

Projekt-klasse	Gesamt-nutzen	Abwickl.-risikograd	Investit.-dringlichk.	Pay-back Period	Business Value	Abwickl.-risiko	Abwickl.-komplex	Ressour.-bedarf	Belastun.-grad	Abwickl.-intensität	Projekt-abhängig.	Abwickl.-charakter	Strat.-beitrag	Zukunfts-wert	Betriebs-beitrag	Kunden-nutzen	Untern.-risiko	Markt-position	Wirkungs-charakter

Abb. 4.13: Strategische Initiative In Form eines Vorhabenssteckbriefes → siehe auch Abb. 3.30

Innovationen wie Blockchain, 3D-Drucker, IoT, Deep Learning etc., die sich in einer hohen Geschwindigkeit entwickeln, müssen über einen Innovationsprozess in das Projektportfolio aufgenommen werden. Es ist daher entscheidend, den Innovationsprozess in der richtigen Ausprägung zu installieren und diesen mit dem Projektportfolio-Aufnahmeprozess zweckmässig abzustimmen, damit im Markt auftretende Innovationen nicht verpasst werden. Im Unternehmen richtig etabliert, ergeben sich daraus nicht zuletzt überlebensnotwendige Wettbewerbsvorteile.

Der Innovationsprozess kann darüber hinaus in Radikal- und Inkrementellinnovation unterteilt werden. Inkrementelle Innovation meint die stetige und schrittweise Verbesserung bestehender Produkte, Dienstleistungen, Prozesse oder Geschäftsmodelle. Radikale Innovationen sind gänzlich neue Produkte, Dienstleistungen oder Prozesse und umfassen eine wesentliche Veränderung und Neuerung.

Kunden: Beim Kunden entstehen Nachfragen (Bedürfnisse), die mit einer Initiative erfüllt werden können.

Die laufend neuen, sich oft auch schnell verändernden Kundenwünsche werden in einem agilen Unternehmen mit hoher Beachtung verfolgt. Über diese Quelle gilt es, diese Wünsche zu erkennen und aufzunehmen. Initiativen externer Kunden können z.B. durch Vertriebsmitarbeitende eingebracht werden oder über verschiedene externe Kundenkontaktpunkte, sogenannte «Customer Touchpoints», einfliessen. Ideen, die den «Customer Value» steigern, können selbstverständlich auch von allen Mitarbeitenden lanciert werden. Solche Initiativen können im Wettkampf um Umsetzungsressourcen sogar gegen eine strategische Initiative gewinnen; man spricht hier von «ungeplanter Strategie» (siehe Kapitel 3.2.1).

Abb. 4.14: Entwicklung der Produkt-/Projektvision

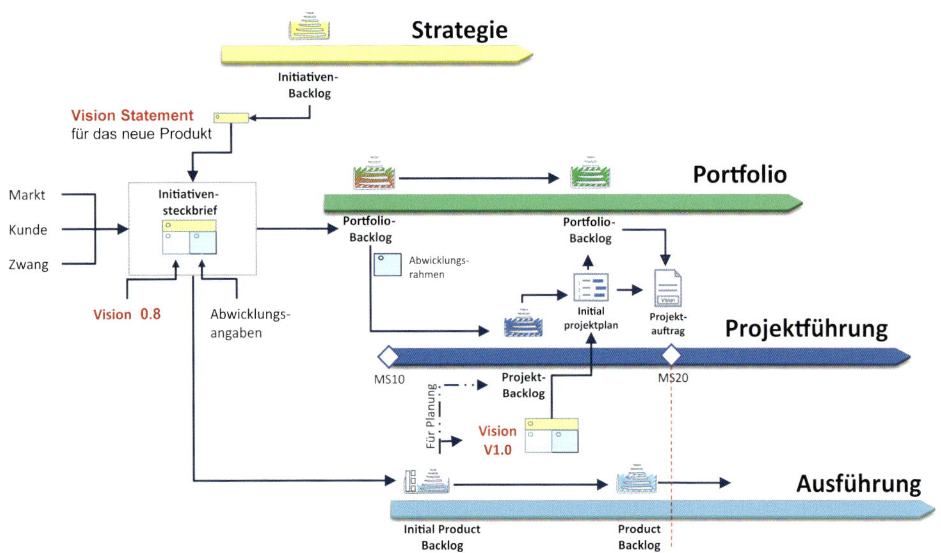

Dazu gehören auch Optimierungen, welche das Unternehmenspotenzial steigern sowie eine Optimierung der Arbeitserledigung mit sich bringen, etwa in Bezug auf Lärmreduktion, erhöhte Sicherheit etc. Diese bringen einen Nutzen für die Belegschaft (= interner Kunde).

In der VUCA-Welt ist das verstärkte Aktiveren und Nutzen dieser Quelle von Initiativen eine wichtige Grundlage. In agilen Organisationen werden dazu z.B. die OKR-Methode und/oder das Flight-Level-Modell eingesetzt (siehe Kapitel 3.6.9 und 3.6.10). Die Initiativen werden in Form von Initiativensteckbriefen, wie beispielhaft in Abbildung 4.13 dargestellt, formuliert.

Das Aufnehmen einer Initiative in das Projektportfolio und das darauffolgende Überführen in ein Projekt ist nicht immer ein einfacher Prozess. Jedes Unternehmen muss diesbezüglich eine Feinjustierung vornehmen. Wichtig ist es, dass dies levelgerecht erfolgt. Gemäss Abbildung 4.14 beinhaltet ein qualifizierter Steckbrief drei wichtige Teile:

- **«Warum»:** Vision Statement
- **«Was»:** Vision 0.8
- **«Wie»:** Abwicklungsrahmen

Das Vision-Statement soll das Zielbild in der Ferne prägnant aufzeigen, nach dem sich alle Beteiligten ausrichten können.

Vision 0.8 enthält wichtige Elemente des Businessmodells (Zielgruppe, Kundenbedürfnisse, Ergebnis, Werteversprechen etc.), die im Grundsatz das Vision-Statement konkretisieren.

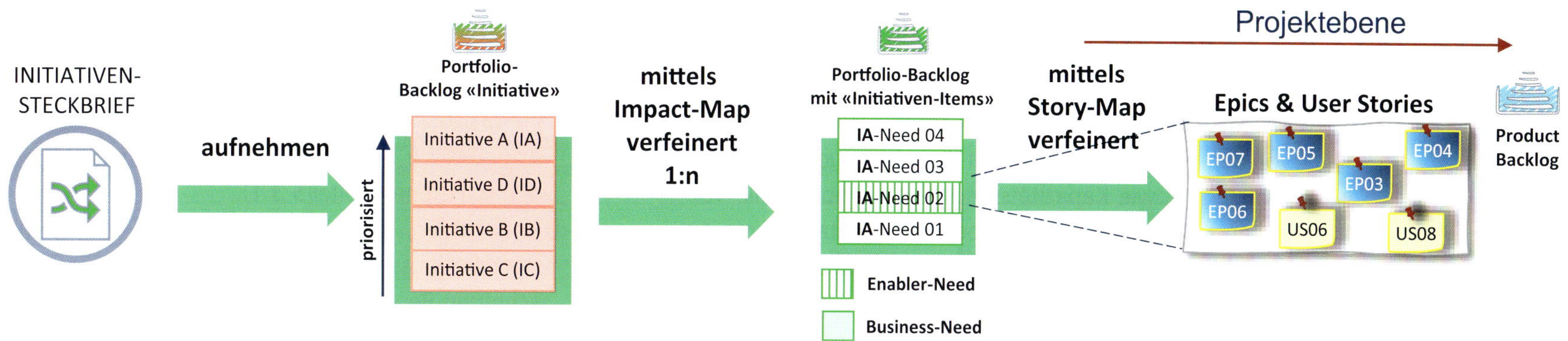

Abb. 4.15: Aufnehmen und Zerlegen einer Initiative im Portfolio-Backlog

Elemente wie Abwicklungsrisiken, Voraussetzungen, Erfolgsfaktoren, Konsequenz bei Nichtrealisierung etc. ergeben den Abwicklungsrahmen, wie es sich der Initiant vorstellt.

Aufgrund dieser Angaben ist das Projektportfolio-Management-Board in der Lage, die erste Triage bezüglich Weiterbearbeitung der Initiative zu bestimmen. Wird sie nach der Erstbewertung als interessant deklariert, so gilt es, die Angaben des Steckbriefs gemäss Abbildung 4.14 auf der richtigen Ebene weiterzubearbeiten, bis das Management anhand von konkreten Werten in der Lage ist, Geld und Ressourcen für die Umsetzung zu sprechen. Ob dies in Form eines Projektes oder durch ein Entwicklungsteam kontinuierlich agil und basierend auf Releases umgesetzt wird, ist letztlich irrelevant. Wird die Initiative weiter bearbeitet, so wird die Vision mit einem zweiten Teil zu Version 1.0 ergänzt (siehe Kapitel 7.2.2).

Wichtig: In den Steckbriefen können unterschiedliche Bedürfnisse als sogenannte «Needs» definiert werden (siehe Kapitel 4.2.2.2, Abschnitt «Zerlegen»). Eine Initiative kann aus einem oder mehreren Needs bestehen. Diese können in «Business»-Needs (Bedürfnisse, die einen konkreten Business Value erwirtschaften) oder «Enabler»-Needs (Bedürfnisse, die erforderlich sind, um zukünftige Geschäftsfunktionen bereitzustellen), unterschieden werden. Alle eingereichten Initiativen, sprich Vorhaben, werden im Projektportfolioprozess als Portfolio Backlog Items aufgenommen und/oder können einem bereits bestehenden Vorhaben zugeordnet werden. Um den agilen Prinzipien gerecht zu werden, können die darin enthaltenen Needs wiederum verfeinert und in Epics unterteilt werden (Abb. 4.15).

viel Reife- und Knetzeit beanspruchen. Wird diese Arbeit nicht vor dem Projektstart erledigt oder wird das Management nicht entsprechend eingebunden, werden Projekte mit einem unsicheren Ausgang gestartet und man geht aktiv das Risiko minderer Erfolgschancen ein.

4.2.2.3 Schritt 2.3: Das WAS bewerten

Der Unternehmenserfolg basiert grundsätzlich auf dem Umsetzen des strukturierten Strategieprozesses. Innovative Unternehmen müssen aber auch fähig sein, Chancen wahrzunehmen, die sich im Tagesgeschäft herauskristallisieren. Daher sind alle Initiativen gleichwertig, egal ob ihr Ursprung aus der Unternehmensstrategie, den für den Markt nötigen Innovationen oder dem Kundenbedarf stammt. Ihr Inhalt muss im Aufnahme- und Bewertungsprozess in einem «Pitch» überzeugen.

Das heisst, auch wenn die Projektimpulse aus verschiedenen Gründen und Quellen entstehen, müssen diese vom Projektmanagement-Office (PMO) nach den gleichen Aspekten bewertet, geprüft und für das Management aufbereitet werden. Damit kann das Projektportfolio-Board die Vorhaben in einer für sie wichtigen Projektabwicklungsreihenfolge priorisieren.

Für die Planung auf der Stufe Projektportfolio und den endgültigen Umsetzungsentscheid sind gemäss Abbildung 4.20 folgende fünf Bewertungsaspekte wichtig:

- Gesamtnutzen
- Dringlichkeit (Projekt- oder Investitionsdringlichkeit)
- Projektabwicklungsrisiko (Abwicklungsrisikobewertung)
- Pay-back Period (Wirtschaftlichkeitsberechnung)
- Business Value als Teil des Gesamtnutzens kann speziell hervorgehoben werden

Diese fliessen in die Entscheidungsüberlegungen und den Masterplan ein und werden in den nachkommenden Kapiteln beschrieben.

Mit diesen fünf Bewertungen können verschiedene Priorisierungsszenarien durchgespielt werden. Der enorme Vorteil des agilen Vorgehens ist – wie in Kapitel 4.2.2.2 aufgezeigt –, dass Vorhaben zerlegt und gemäss Wertbei-

Abb. 4.20: Das WAS der Initiative 3Dtravel aus unterschiedlichen Aspekten bewertet

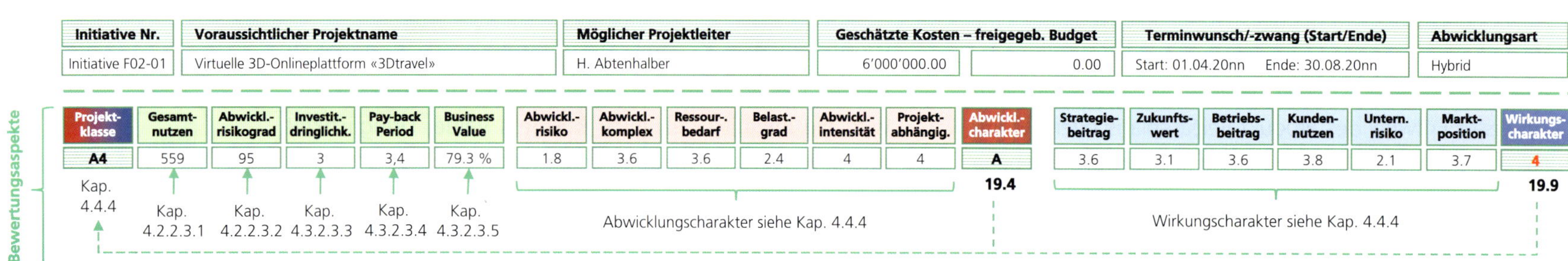

Initiative Nr.	Voraussichtlicher Projektname	Möglicher Projektleiter	Geschätzte Kosten – freigegeb. Budget		Terminwunsch/-zwang (Start/Ende)	Abwicklungsart
Initiative F02-01	Virtuelle 3D-Onlineplattform «3Dtravel»	H. Abtenhalber	6'000'000.00	0.00	Start: 01.04.20nn Ende: 30.08.20nn	Hybrid

Projektklasse	Gesamtnutzen	Abwickl.-risikograd	Investit.-dringlichk.	Pay-back Period	Business Value
A4	559	95	3	3,4	79.3 %
Kap. 4.4.4	Kap. 4.2.2.3.1	Kap. 4.2.2.3.2	Kap. 4.3.2.3.3	Kap. 4.3.2.3.4	Kap. 4.3.2.3.5

Abwickl.-risiko	Abwickl.-komplex	Ressour.-bedarf	Belast.-grad	Abwickl.-intensität	Projekt-abhängig.	Abwickl.-charakter
1.8	3.6	3.6	2.4	4	4	A
						19.4

Abwicklungscharakter siehe Kap. 4.4.4

Strategie-beitrag	Zukunfts-wert	Betriebs-beitrag	Kunden-nutzen	Untern. risiko	Markt-position	Wirkungs-charakter
3.6	3.1	3.6	3.8	2.1	3.7	4
						19.9

Wirkungscharakter siehe Kap. 4.4.4

trag priorisiert werden können. Das trifft auch für Muss-Vorhaben zu. Innerhalb der Zerlegung ergeben sich oft Verschiebungsmöglichkeiten (vgl. Kapitel 4.2.3.2, «Planen auf Projektportfolioebene»).

Wie Abbildung 4.20 aufzeigt, können Initiativen bezüglich der Abwicklung und der Wirkung charakterisiert und das Vorhaben klassifiziert werden. Dies wiederum ist ein wichtiger Wert für die adaptive und skalierbare Projektabwicklung.

Nach der Bewertung einer Initiative ist diese in den Priorisierungswettbewerb mit den laufenden und geplanten Initiativen zu stellen (siehe Kapitel 4.2.3, «Das WIE definieren»). Im Folgenden werden jedoch zuerst detailliertere Erläuterungen bezüglich der vier Priorisierungsaspekte gegeben.

4.2.2.3.1 Gesamtnutzen

Der Gesamtnutzen (Total Benefits) eines möglichen Vorhabens kann wie folgt berechnet werden:

01a Risiko of not doing (Punktewert 1–200): Wie hoch ist das Risiko für die Unternehmung, falls das Projekt nicht umgesetzt wird? Basierend auf einem Risikoschema können maximal 200 Punkte vergeben werden (siehe Kapitel 4.3.4).

01b Wirkungssicherheit (Punktewert 1–200): Wie sicher ist es, dass die Wirkungen der Punkte 03 bis 05 nach dem Projektende wirklich realisiert werden können? Insbesondere in einer volatilen Umgebung können sich z.B. exogene Faktoren so stark verändern, dass sich die Wirkung nicht mehr wie geplant entfaltet. Daher ist es wichtig, dass

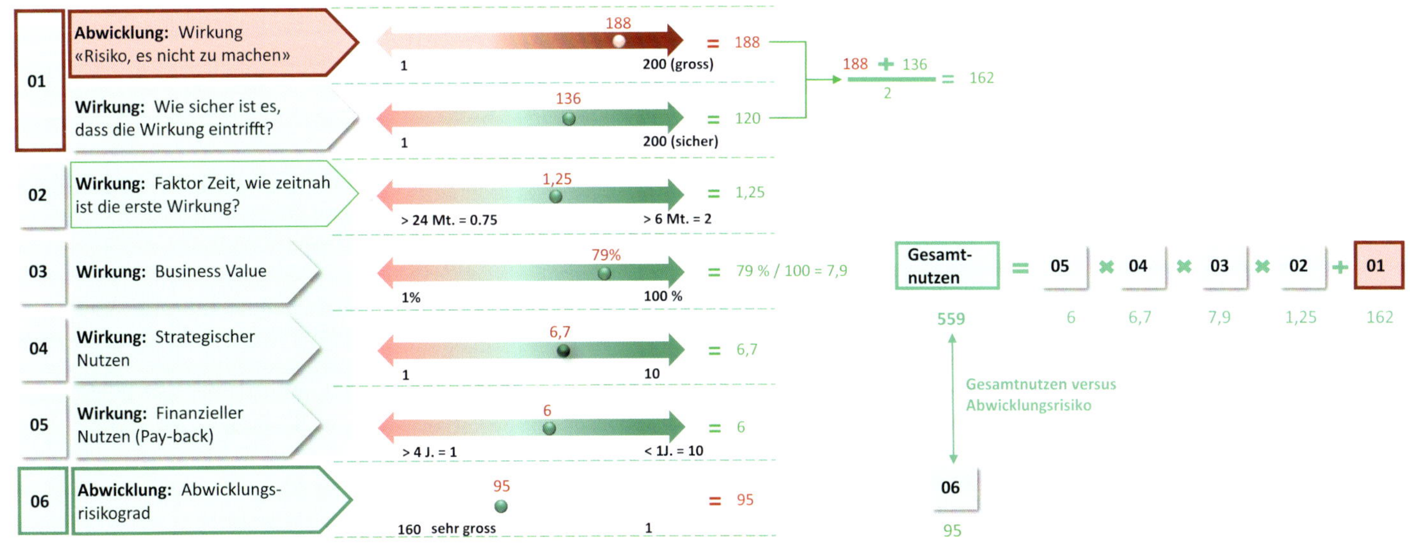

Abb. 4.21: Bewertung des Gesamtnutzens von Initiative A der Onlineplattform «3Dtravel»

diese Berechnung gerade bei agilen Vorgehen nach jedem Release nochmals erfolgt.

02 Faktor Zeit (< 6 Mt. = 2,0 bis > 24 Mt. = 0,75): Wie zeitnah wird ein Wert bezüglich der Wirkungen 03 bis 05 für das Unternehmen generiert? Daher: Ab wann wird das Projekt erfolgswirksam? Dieser Faktor kommt insbesondere beim agilen Vorgehen zur Geltung, da nach dem ersten Release oder sogar Sprint eine erste Wirkung erzeugt werden kann.

03 Business Value (Punktewert 1 bis 10): Dieser Wert basiert auf einer Business-Value-Berechnung. Wenn er nicht vorliegt, wird er subjektiv durch das PMO ermittelt. Ein Berechnungsbeispiel ist im Kapitel 4.4.6 aufgeführt. Diesbezüglich gibt es viele mögliche Berechnungsarten. Wichtig für das Projektportfoliomanagement ist es, dass alle Projekte des Projektportfolios nach dem gleichen Schema berechnet werden.

04 Strategischer Nutzen (Punktewert 1–10): Welchen Beitrag leistet das Projekt aus strategischer Sicht? Die Berechnung basiert auf der Zuordnung zu strategischen Themenfeldern/Zielen. Ein strategischer Nutzen könnte auch zu Punkt 03, Business Value, hinzugefügt werden. Gerade in einem adaptiv geführten strategischen Projektportfolio, in dem auch Reorganisationsprojekte, Bauprojekte oder Mergers & Acquisitions-Projekte gelenkt werden, ist es aus Sicht der Bewertung sinnvoll, den strategischen Beitrag vom Business Value zu trennen und wie in Abbildung 4.21 als eigenen Faktor zu berechnen.

05 Finanzieller Nutzen – Wirtschaftlichkeit (Punktewert 1–10): Wie schnell kann die Investition amortisiert werden (> 4 Jahre = 1 Punkt, < 1 Jahr = 10)? Die Berechnung kann mit Pay Pack, also statisch, oder mit einer NPV (Net Present Value), also dynamisch, erfolgen. Siehe dazu das Beispiel in Kapitel 4.2.2.3.4.

06 Abwicklungsrisiko (1 bis 160): Wie gross ist das Projektabwicklungsrisiko? Welches sind die möglichen Risiken während der Abwicklung, die z.B. mit einem Standard-Assessment ermittelt werden (siehe Kapitel 4.2.2.3.2)? Wie in Abbildung 4.21 dargestellt, kann dieser Wert dem Gesamtnutzen gegenübergestellt werden.

In Kapitel 4.2.3.3 «Entscheiden» wird gezeigt, wie mit den erarbeiteten Werten je nach Wunsch verschiedene grafische Auswertungen vollzogen werden, um das neue Vorhaben im Gesamtportfolio einzustufen. Eine der wichtigsten Entscheidungsgrundlagen für das Management ist die Gegenüberstellung von Gesamtnutzen und Abwicklungsrisikograd gemäss Abbildung 4.22. Aber auch Gegenüberstellungen wie «Business Value» versus «Wie sicher ist dass die Wirkung eintrifft?» etc. sind möglich.

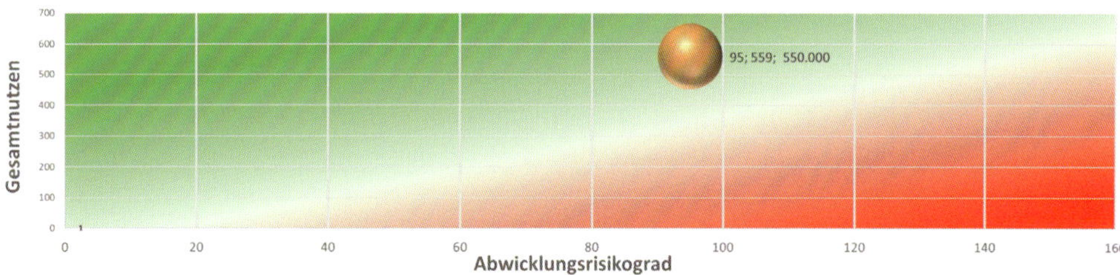

Abb. 4.22: Gegenüberstellung von Entscheidungswerten für das Management

4.2.2.3.2 Abwicklungsrisiko

Auf der Ebene des Projektportfolios steht bei einer ersten Risikoanalyse zum Zeitpunkt des Projektstarts folgende Frage im Fokus: Was könnte während der Projektabwicklung mit welcher Wahrscheinlichkeit passieren und was wären die Konsequenzen davon?

Es ist von Vorteil, wenn pro Projektart ein Standardrisikokatalog eingesetzt wird, in dem die möglichen Risiken aufgeführt sind. Neben Eintrittswahrscheinlichkeit und Auswirkungsgrad müssen auch Änderungsnotwendigkeit und Änderungsaufwand eingestuft werden.

Das Total der Risikoänderungsgrade (R) ergibt den globalen Risikowert des Projekts. Mit diesem kann anhand der Vorsorgestrategie der Bedarf in Bezug auf die definierten Gegenmassnahmen festgelegt werden. Dieser Risikowert ermöglicht unter anderem den Vergleich mit anderen Projekten oder anderen Projektbewertungsaspekten wie Wirtschaftlichkeit, strategischer Nutzen etc.

4.2.2.3.3 Muss-Projekte bzw. Projektdringlichkeit

Wie viel oder wie wenig Wirkung Muss-Projekte auch erzeugen, sie müssen zwingend umgesetzt werden, damit die Geschäftstätigkeit – wenn überhaupt – ohne Auflagen fortgeführt werden kann. Zwingende Projekte werden im Projektportfolio speziell gekennzeichnet.

Abwicklungsrisikokategorien **Bewertung: Initiative A F02-01**	Eintritts-wahrscheinlichkeit (EW)	Auswirkungsgrad (AG)	Gefährdungsklasse	Wirkungsbereich	Änderungsnotwendigkeit (N)	Änderungsaufwand (A)	Änder.-grad A*N = R	Kosten
R1. Stakeholderrisiko	3	2	B	T, A	4	2	8	50'000
R2. Anforderungsrisiko (Qualität)	1	3	A	L, K	3	4	12	80'000
R3. Innovationsrisiko	1	1	C	L	2	2	4	25'000
R4. Politische Risiken (Soft Factors)	3	2	B	T	3	5	15	120'000
R5. Lieferantenrisiko	1	2	B	T, K	3	3	9	40'000
R6. Zeitrisiko (Umsetzungszeit)	1	2	C	T, A	5	2	10	30'000
R7. Qualitätsrisiko	1	2	C	Q, L	4	1	4	10'000
R8. Sicherheitsrisiko	4	2	B	K	4	4	16	75'000
R9. Recht und Bewilligungen	1	2	C	T	3	3	9	50'000
R10. Infrastruktur-/Betriebsrisiko	2	2	B	L, A	4	2	8	70'000
Total	**18**	**20**			**35**	**28**	**95**	**550'000**

Gefährdungsklasse: A = Existenziell B = Schaden für Kernprozesse der Firma C = Finanzieller Schaden
Wirkungsbereich: A = Mehraufwand L = Leistungsreduktion K = Mehrkosten T = Terminverschiebung Q = Qualitätseinbusse

Abb. 4.23: Risikoerstbeurteilung (First Cut Risk Analysis) der Projektabwicklung

Dringlichkeitsbewertung		Start asap (4P.)	<3 M (3P.)	<6 M (2P.)	<12 M (1P.)
1. Muss-Projekt ohne zeitliche Verschiebungsmöglichkeit	Absolutes Muss				
2. Muss-Projekt mit zeitlicher Verschiebungsmöglichkeit	Muss mit Versch.		X		
3. Kann-Projekt mit bestehendem Budget umsetzbar	Kann 1. Prio				
4. Kann-Projekt mit bestehendem Budget nicht umsetzbar	Kann 2. Prio				

Abb. 4.24: Operative Dringlichkeitsbewertung

Fälschlicherweise werden Muss-Projekte oft als dringlich behandelt, müssen aber nicht immer unmittelbar umgesetzt werden. Entsprechende Entscheide werden im Rahmen einer Beurteilung von «Risiko bei nicht (sofortiger) Umsetzung» getroffen. Zudem kann immer auch am Scope verändert werden. Nicht alles, sprich nicht jede Anforderung in Muss-Projekten ist wirklich ein Muss!

Gründe für Muss-Projekte können sein:

- **Juristische Zwänge,** wenn ein Unternehmensteil, ein Produkt, ein System etc. durch Kartellauflagen, neue oder veränderte Gesetze beziehungsweise juristische Bestimmungen betroffen ist.
- **Kundenzwang,** wenn für die Betreuung eines wichtigen Kunden interne Prozesse optimiert werden müssen, um die vertraglichen Vereinbarungen aufrechtzuerhalten.
- **Lifecycle-, Lieferanten-, Konkurrenzzwänge,** wenn Wartungsverträge auslaufen und vom Lieferanten nicht mehr erneuert werden, eingesetzte Produkte/Maschinen das «Lebensende» erreicht haben oder die Konkurrenz ein neues Produkt bzw. einen neuen Release auf den Markt gebracht hat.
- **Technische Zwänge,** wenn beim ungeplanten Ausfall einer Anlage/Maschine ein technologisch neuwertiger Ersatz erfolgen muss, der weiter gehende Prozessoptimierungen nach sich zieht.

In den meisten Unternehmen dürften aus diesen vier «Zwangsgruppen» Muss-Projekte entspringen. Selbstverständlich gibt es noch weitere innere wie äussere Zwänge, z.B. politische Umbrüche, Katastrophen etc.

4.2.2.3.4 Finanzieller Nutzen (Wirtschaftlichkeit)

Neben dem qualitativen Nutzen spielt auch das monetäre Ergebnis eine wichtige Rolle bei der Wahl für oder gegen agil versus konventionell. Bei der monetären Bewertung werden finanzielle Kennzahlen wie Net Present Value (NPV), Return on Investment (ROI) oder Pay-back Period (PBP) der Projekte verglichen. In Abbildung 4.25 ist beispielhaft eine einfache Berechnung einer Pay-back Period (PBP) anhand eines Musterprojekts aufgeführt. Dabei ist jeweils die Genauigkeit der Budgetkalkulation zu betrachten. Diese kann sich je nach Projektcharakter (siehe Kapitel 4.1.3.2) prozentmässig stark voneinander unterscheiden. Bei einem Routineprojekt wird die Genauigkeit deutlich anders ausfallen als bei einem Pionierprojekt. Die Schärfung der Genauigkeit wird sich von Meilenstein zu Meilenstein positiv verändern, da man im Laufe des Projekts in der Lösungsfindung immer konkreter wird. Auch diese Bewertung sollte als Entscheidungsgrundlage in die Projektportfolio-Bewertung einfliessen. Abbildung 4.25

zeigt das Musterprojekt auch hinsichtlich optimistischer, realistischer und pessimistischer Berechnung.

Der Vorteil eines agilen Vorgehens gegenüber dem konventionellen bei der Berechnung des Business Values und der monetären Aspekte sollte der viel kürzere Zeithorizont sein, bis das Management die Zwischenerfolge messen kann – also ob die gewünschte Wirkung eingetreten ist respektive eintreten wird.

Auch beim agilen Vorgehen werden die Finanzmittel berechnet. Es kann bei der agilen Produkteentwicklung jedoch sein, dass die Investitionen (Finanzmittel) etwas anders bewertet werden. Der Business Manager ist bereit, einen Betrag zu investieren, mit dem das Projektteam den grösstmöglichen Business Value erzielen soll, ohne jedoch im Voraus genau zu bestimmen, was das Produkt alles konkret beinhaltet. Im Sinne der Wirtschaftlichkeit muss jedoch auch bei diesem Ansatz schlussendlich mehr monetärer Nutzen generiert werden, als investiert wird.

4.2.2.3.5 Business Value

Ein geplantes Vorhaben muss sich im Sinne des Mehrwertes für den Kunden und für das Unternehmen wettbewerbsmässig gegenüber den anderen geplanten Vorhaben «aufdrängen». Es ist zu beachten, dass in der grundsätzlich zu unterstützenden agilen Logik neben dem Kundenmehrwert die gesamtheitliche Logik eines erfolgreichen Unternehmens nicht verloren geht. Es sollten daher nicht nur der Kundenmehrwert, sondern mehrere Wirkungsperspektiven

Wirtschaftlichkeitsberechnung: Virtuelle 3D-Onlineplattform «3Dtravel»				
Genauigkeit der Budgetkalkulation		**Initialisierung (+/- 50%)**		
		optimistisch	**realistisch**	**pessimistisch**
Projektbudget	CHF	4.000.000	6.000.000	7.800.000
Erfolg Jahr 1 nach Umsetzung	CHF	1.000.000	500.000	400.000
Erfolg Jahr 2 nach Umsetzung	CHF	2.300.000	2.000.000	400.000
Erfolg Jahr 3 nach Umsetzung	CHF	2.700.000	2.500.000	2.300.000
Erfolg Jahr 4 nach Umsetzung	CHF	2.700.000	2.700.000	2.300.000
Erfolg Jahr 5 nach Umsetzung	CHF	3.000.000	3.000.000	2.300.000
Erfolg Jahr 6 nach Umsetzung	CHF	2.700.000	2.700.000	2.500.000
Erfolg Jahr 7 nach Umsetzung	CHF	0	0	0
Erfolg Jahr 8 nach Umsetzung	CHF	0	0	0
Pay-back Period (statisch)			**3,35 Jahre**	
Nutzungsdauer des Projektergebnisses			6 Jahre	
Wirtschaftlichkeit			**positiv in 4 Jahren**	

Abb. 4.25: Einfaches Pay-Back-Berechnungsbeispiel mit einer Nutzungsdauer von 6 Jahren

bezüglich Business Value wie WSJF oder auch Nachhaltigkeit etc. betrachtet werden (siehe Abbildung 4.73).

Zusätzlich kann eine Initiative einen Beitrag zu anderen strategischen Wirkungsperspektiven leisten, etwa zum IT-Architekturbeitrag mit dem Zielbeitrag «Agilität erhöhen». Der Mehrwert errechnet sich aus einem dreifach gewichteten Ansatz. Im Beispiel der Abbildung 4.26 werden

a) die strategischen Wirkungsperspektiven (%),
b) der Beitrag zur Perspektive (Gewicht) und
c) die Bewertung des Erfüllungsgrads (z.B. trifft überwiegend zu = 2 von 4 Punkten)

der geplanten Initiative berechnet.

Das konsequente mehrwertorientierte Denken hat insbesondere beim agilen Vorgehen massiv an Bedeutung zugenommen.

fest in einen iterativen Planungsprozess integriert, der im Sinne des Portfolio-Backlog-Refinement bearbeitet wird. Die drei nachfolgend beschriebenen Prozessschritte der Abbildung 4.27 können bei einem gut vorbereiteten Projektportfolio-Board-Meeting innerhalb von vier Stunden durchgeführt werden.

4.2.3.1 Schritt 3.1: Kapazitäten simulieren

Sind die relevanten Planungswerte der einzelnen Initiativen definiert, so kann auf der Portfolioebene eine Simulation in Bezug auf die laufenden und anstehenden Vorhaben vorgenommen werden; diese erfolgt durch ein Portfolio-Planungsteam.

Mit der Simulation können unterschiedliche taktische Szenarien durchgespielt werden: der bestmögliche Realisierungszeitpunkt, die Zeitdauer der gewünschten Vorhaben in Abhängigkeit zu den verfügbaren Mitteln, gewünschte Zeitpunkte. Solche Simulationen werden im Vorfeld der vierteljährlichen Projektportfolio-Board-Meetings vorbereitet, sodass sie am Meeting in Anwesenheit der Entscheidungsträger schnell durchgespielt werden können. Bei einer solchen Simulation kann es sich z.B. um die Belastung von Schlüsselpersonen in Projekten handeln.

Abb. 4.28: Simulationsschema für Kapazitätsplan [Schm 2019]

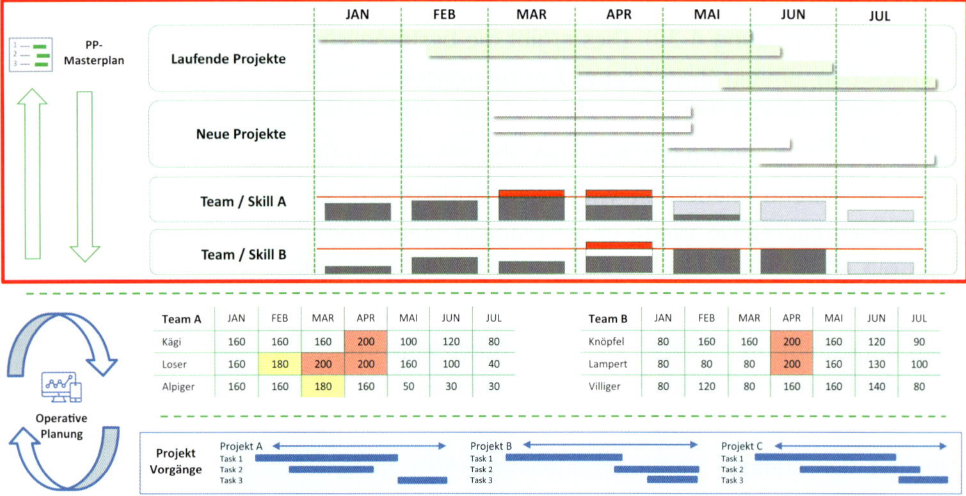

Team A	JAN	FEB	MAR	APR	MAI	JUN	JUL
Kägi	160	160	160	200	100	120	80
Loser	160	180	200	200	160	100	40
Alpiger	160	160	180	160	50	30	30

Team B	JAN	FEB	MAR	APR	MAI	JUN	JUL
Knöpfel	80	160	160	200	160	120	90
Lampert	80	80	80	200	160	130	100
Villiger	80	120	80	160	160	140	80

Mit Unterstützung eines guten PPM-Softwaretools können Planungsfunktionen und Szenariomanagementfunktionen abgedeckt werden. Planungsfunktionen ermöglichen eine Vorausplanung von zukünftigen Entwicklungen. Szenariomanagementfunktionen wie Ergebnisabhängigkeiten, Ressourcenbelastungen, taktisches Modell etc. ermöglichen die Definition und den Vergleich verschiedener Szenarien, um z.B. potenzielle Ausgaben zu reduzieren. Das Szenariomanagement basiert im Grundsatz immer auf den zu definierenden strategischen Zielen und Prioritäten.

ACHTUNG: Um eine vollständige unternehmerische Projektrangfolge mit Simulation bestimmen zu können, müssen neben den neuen Vorhaben drei weitere Plandimensionen im «Planungstopf» betrachtet werden:

- **Laufende Projekte:** Kopie der für die Simulation notwendigen Daten, die die Projektleitung aktuell bewirtschaftet, sodass die vom PL geführten Daten nicht verändert werden.
- **Geplante (neue) Projekte:** Projekte, die vom Projektportfolio-Board bereits freigegeben, aber noch nicht gestartet wurden.
- **Fiktive Projekte:** Gewünschte Vorhaben, beruhend auf den Strategiedaten, der Architektur oder den operativen

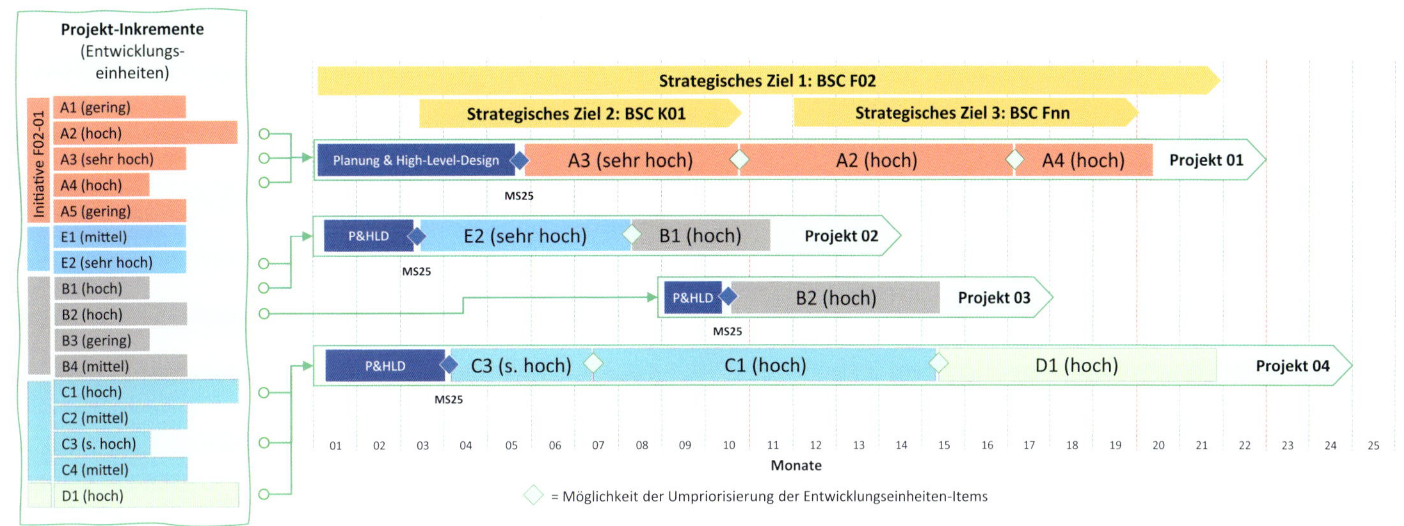

Abb. 4.29: Einfach dargestellte Zuweisung von Needs und Steckbriefen zu Projekten

Betrieb, die noch nicht konkretisiert wurden. Diese können als «fiktiv» ins Projektportfolio integriert werden, um deren Wirkung auf die Personal-, Betriebs- und Finanzmittel zu simulieren.

Wurden entsprechende Simulationen durchgeführt und der Masterplan aktualisiert, so ist es ersichtlich, wie die Finanz-, Personal- und Betriebsmittel eingesetzt werden können und welche geplanten Vorhaben effektiv durchführbar sind. Allerdings ist dabei immer vor Augen zu halten, dass Annahmen dahinter stecken. Verändern sich diese signifikant, muss auch das Portfolio neu eingestellt werden.

4.2.3.2 Schritt 3.2: Planen auf Projektportfolioebene

Wie in Kapitel 4.1.3.1 «Managementlenkungsmodell» beschrieben, muss ein adaptiv geführtes Projektportfoliomanagement in der Lage sein, alle Entwicklungsformen einer Unternehmung zu lenken. Es gilt, auch beim Planen die Eigenartigkeit der rein agilen Produkteentwicklung in Form von Releases, aber auch die agil/hybrid/konventionell geführten Projekte zu berücksichtigen. Das Ergebnis dieses Arbeitsschrittes ist ein abgestimmter PP-Masterplan. Nachfolgend werden die Planungsschritte agil/konventionell und rein agil auf der Projektportfolioebene näher erläutert.

4.2.3.2.1 Paketieren von Projekten

Um eine Verwechslung mit der Planung auf operativer Release- und Sprintebene zu vermeiden, wird nachfolgend von «Paketieren von Projekten» gesprochen.

Wie in Abbildung 4.18 aufgezeigt, können die anstehenden Initiativen zuerst in Initiativen-Items (Needs) zerlegt und gemäss Business Value oder Gesamtnutzen priorisiert und zu Entwicklungseinheiten (Program Increments) zusammengestellt werden. Diese Entwicklungseinheiten werden anschliessend zu Releaseschritten, Projekten oder gar zu Programmen paketiert (vgl. Abbildung 4.29). Die Vorbereitung, also das Aufteilen und Modulieren einer Initiative in einzelne nutzbringende Items (Needs) sowie anschliessend zu Entwicklungseinheiten, ist ein starker agiler Akt, der selbstverständlich nicht bei jeder Projektart möglich oder sinnvoll ist.

Die nach dem mehrwertorientierten Business-Value-Prinzip zusammengestellten Projekte werden in Bezug zu den strategischen Zielen gesetzt und zeitlich, soweit möglich und sinnvoll, im Masterplan fixiert. Im Unterschied zum rein agilen Entwickeln, wie es im folgenden Kapitel beschrieben wird, ist beim projektorientierten Vorgehen zu berücksichtigen, dass für das Aufstarten des Projekts eine Planung&High-Level-Design-Phase (P&HLD) eingeplant werden muss; dies wird in den Kapiteln 6 und 7 näher beschrieben.

Mit dem mehrwertorientierten Modulieren kurzer Releases innerhalb eines Projekts ist im agilen Sinne sichergestellt, dass jeder Release zu nutzbringenden Ergebnissen führt, die wiederum Lerneffekte ermöglichen und das laufende Überprüfen der Projektziele erlauben. Die laufenden Kontrollen und Verbesserungen während der Projektlaufzeit in Form regelmässiger Retrospektiven durch Entwicklungsteams und das Gesamtprojektteam stützen das agile Vorgehen auf Projektportfolioebene.

4.2.3.2.2 Paketieren von Program Increments (PI)

Werden die beispielhaft aufbereiteten Initiativen in einem kontinuierlichen, rein agilen Vorgehen entwickelt, bei dem die Entwicklungsteams sowie die notwendige Infrastruktur bereits auf einem gewünschten Reifegrad vorhanden sind, so kann dies planerisch in drei Schritten auf der Projektportfolioebene aufgebaut werden.

> Ein Program Increment (PI) ist eine Timebox, in der ein Agile Release Train (ART) inkrementellen Wert in Form von funktionierender, getesteter Software und Systemen liefert. PIs dauern in der Regel 8–12 Wochen [Sch 2017].

Schritt 1: Erstellen des priorisierten Portfolio-Backlogs. Die Initiativen werden in Form eines Initiativensteckbriefs in den Portfolio-Backlog aufgenommen und in inkrementelle Teile (Needs) zerlegt (siehe Abbildung 4.18, Beispielinitiative F02-01 = Initiative A).

Wurde dieser Schritt nicht bereits in der «Knetphase» oder beim Bewerten vorgenommen, so beantwortet das Planungsteam (PPP-T) an einem Portfolioplanungs-Meeting pro vorgesehenem Vorhaben die folgende Frage: «Was denken wir: Wie umfangreich ist dieses Vorhaben und können wir dieses Vorhaben unterteilen?».

Die innerhalb einer Initiative identifizierten, unterteilten und nutzenbringenden Teilvorhaben (Needs) werden anschliessend zu Program Increments gruppiert und als «sehr hoch», «hoch», «mittel» und «gering» klassifiziert (Abbildung 4.30). Daraus wird ein Portfolio-Backlog generiert respektive das bereits vorhandene Portfolio-Backlog wird ergänzt.

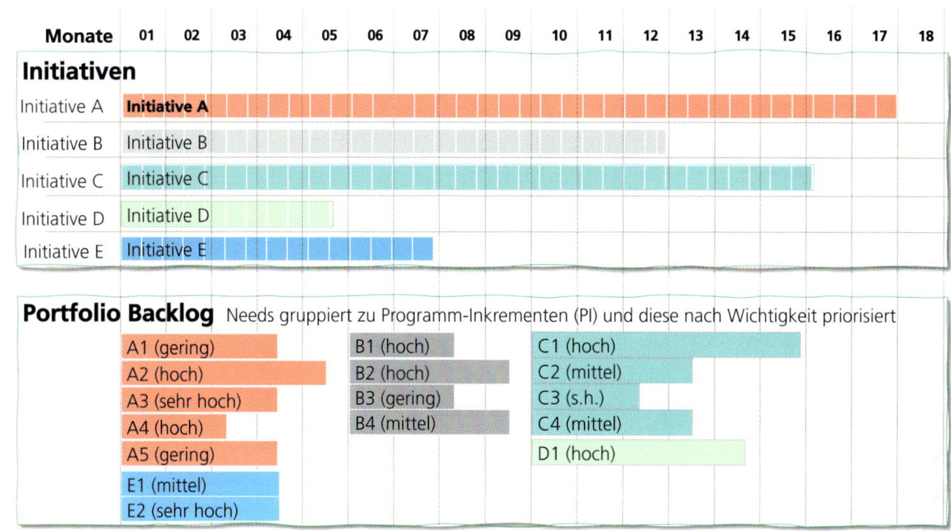

Abb. 4.30: Portfolioplan (terminneutral) sowie Portfolio-Backlog mit Program Increments (PI)

Schritt 2: Wurde der erste Schritt vorgenommen, so gilt es, die Teilvorhaben an einem Pipeline-Review-Meeting gegeneinander zu priorisieren. Anschliessend werden die Abhängigkeiten der Themen oder Themenschritte analysiert. Die daraus abgestimmten Program Increments (PI) ergänzen den Portfolio-Masterplan. Dieser Schritt kann folgendermassen unterteilt werden:

a) Top-down-Ansatz: PP-Masterplan ohne konkrete Zuordnung der vorhandenen Kapazitäten erstellen (eher ein Wunsch des Managements respektive des Owners einer Produktefamilie).
b) Bottom-up-Ansatz: PP-Masterplan auf die vorhandenen Kapazitäten und die definierten Releasetermine abstimmen. Daher einen PP-Masterplan mit vorgesehenen Ressourcen (Sprint-Teams) erstellen.

Ein auf Projektportfolioebene erstellter Masterplan dient dem Management als Projekt- und Entwicklungslandkarte. Er basiert auf einem Top-down-Ansatz. Die Landkarte liefert einen zeitlichen und funktionalen Kontext und Entwicklungsmöglichkeiten, wie Produktziele, Visionen und Kundenerwartungen innerhalb eines agilen Releases erfüllt werden können (Abbildung 4.32).

Schritt 3: Der vom interdisziplinären Planungsteam (PPP-T) definierte PP-Masterplan wird in einem dritten Schritt auf die Kapazitäten der Entwicklungsteams abgestimmt. Sobald eine hinreichend stabile Velocity des oder der Scrum-Team(s) vorliegt, können die Backlog-Items des Projektportfolio-Backlogs entsprechend der Teamleistung gruppiert und eine Aussage darüber getroffen werden, in welchem Sprint welche Funktionalitäten (Epics) umgesetzt werden.

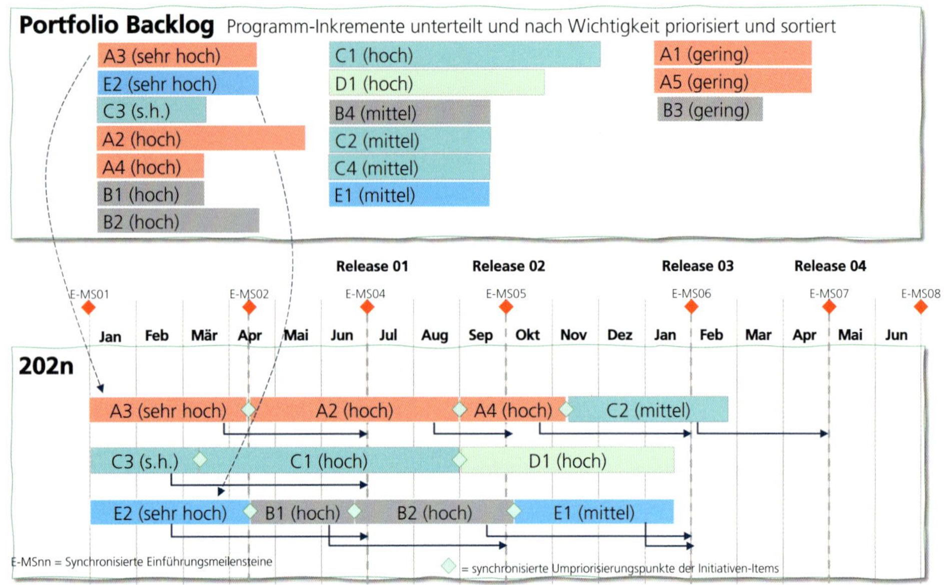

Abb. 4.31: Portfolio-Masterplan (kapazitätsneutral) mit projektübergreifenden Releasezyklen

Das Resultat ist ein nach dem Pull-Prinzip abgeglichener Masterplan (Bottom-up).

Da sich die Portfolio-Backlog-Items des Projektportfolio Backlogs besondere im agil aufgesetzten Portfolio ständig verändern, sollte diese Arbeit durch ein dynamisches Projektportfolio-Softwaresystem unterstützt werden. Gründe für Veränderungen sind z.B. neue Ideen, Innovationen, veränderte Rahmenbedingungen, oder es verändern sich die Lieferfristen wegen Verspätungen und Abhängigkeiten. Die Themen respektive die dazugehörigen Needs werden jedes Quartal auf ihre Richtigkeit geprüft und wenn notwendig im Masterplan aktualisiert. Auch agile Entwicklungen haben einen Start: So macht es Sinn, diesen Start z.B. in Form eines Initialisierungssprints umzusetzen, im Sinne eines Enabler Need.

Zu den lancierten Vorhaben empfiehlt sich eine halbjährliche Überarbeitung der einmal definierten Initiativensteckbriefe.

Beim rein agilen Vorgehen ist dies «relativ einfach». Hier werden, wie in Abbildung 4.32 aufgezeigt, den entsprechenden Entwicklungsteams die definierten Needs zugewiesen. Wenn sich das Management z.B. entschieden hat, ein weiteres Team (Team 2) aufzubauen, verändert sich die Planung gegenüber jener in Abbildung 4.31. Arbeiten mehrere Teams an einem grösseren Produkt, ist ein übergeordneter Release-Meilensteinplan zu definieren und dieser im Masterplan zu verfolgen.

Gegenüber dem kontinuierlichen agilen Entwickeln eines Produktes bzw. einer Produktelinie wird beim agilen, aber projektbezogenen Ansatz das Projektteam nach dem Ende des Projekts wieder aufgelöst. Dies ist mit Blick auf die frei werdenden Ressourcen ein wesentlicher Unterschied. Grundsätzlich unterscheidet sich ein Masterplan nicht, wenn Initiativen kontinuierlich, projektorientiert oder in gemischter Form abgewickelt werden.

4.2.3.3 Schritt 3.3: Entscheiden

Dieser Prozessschritt beinhaltet grundsätzlich drei Tätigkeiten:

1. Die zerlegten Initiativen (Kapitel 4.2.2.2) in Form von zusammengestellten Masterplanszenarien (Kapitel 4.2.3.2) werden nochmals kritisch diskutiert. Das beste Szenario

wird ausgewählt und eine unternehmerische Projektabwicklungsreihenfolge respektive Priorität wird festgelegt.

2. Es werden Korrekturmassnahmen definiert für den Fall, dass ein Projekt oder das ganze Portfolio aufgrund von Feedbackinformationen in Schieflage gerät.
3. Das Management muss die Ressourcen den geplanten Vorhaben definitiv zuordnen.

In der Entscheidungssitzung des Projektportfolio-Boards (PPB) wird somit bestimmt, welche der aus dem Portfolio-Backlog modulierten und paketierten Projekte umgesetzt werden. Hierbei spielt nicht nur die Bewertung der einzelnen Projekte eine Rolle, sondern auch die Erkenntnisse aus der Analyse des gesamten Portfolios.

Da in einem Unternehmen, auch mit Unterstützung von externen Ressourcen, oft nicht genügend Ressourcen vor-

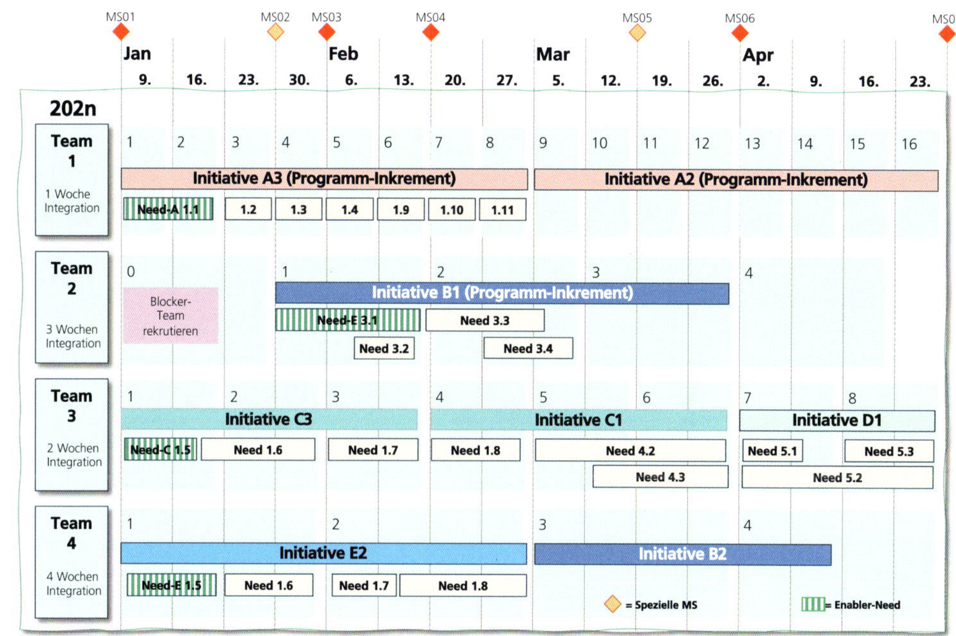

Abb. 4.32: Masterplan kontinuierlich agiler Produkteentwicklungen

Projekt-Nr.	Projektekurzbezeichnung (lancierte Initiativen)	Start	Ende	Strat.	Projekt-klasse	Taktische Priorität	Invest.-dringl.	Errechn. Priorität	Budget	Business Value	Wirtschaft-lichkeit Pay-back	Gesamt-nutzen	Risikograd Projektabw.
20nn-001-B	Pauschwelt «Produkt Weltreise+»	01.05.2022	31.12.2023	n	B3	4,0	3,00	3,0	2.450.000	112	2,1	230	120,0
20nn-008-A	Virtuelle 3D-Onlineplattform «3Dtravel»	01.01.2023	31.12.2024	j	A4	3,0	3,00	4,0	6.000.000	206	3,4	554	95,0
20nn-013-A	Digitales Produkteportfolio aufbauen	01.08.2023	30.03.2025	j	C4	1,0	1,00	1,0	1.650.000	152	1,2	301	34,0
20nn-034-B	Reorganisation Digitalisierung	15.03.2022	30.08.2024	j	D3	1,0	4,00	2,0	700.000	86	2,3	284	67,0
20nn-042-B	Reise-Flash AG Hauptsitz, Umbau	15.05.2022	28.02.2023	j	A4	3,0	2,00	3,0	9.000.000	195	3,4	395	43,0
20nn-035-C	Sponsoring «EM 2024»	01.07.2023	31.08.2025	n	D1	3,0	3,00	2,0	280.000	182	4,0	322	12,0
20nn-004-C	Jahreskatalog Folgejahr	01.08.2023	15.12.2023	j	D3	4,0	2,00	4,0	250.000	121	2,5	235	90,0
20nn-031-A	Rollout digitaler Client Schalter «New OP»	01.02.2023	30.09.2024	j	D2	2,0	4,00	1,0	4.650.000	62	4,0	123	136,0
20nn-009-D	Werbekampagne für Spezialreisen	01.01.2024	30.06.2024	n	B2	3,0	1,00	3,0	3.250.000	43	1,3	98	112,0
20nn-001-B	Neues Finanzmodul einführen	01.05.2023	31.12.2023	j	B1	3,0	3,00	4,0	180.000	35	1,9	75	45,0
20nn-018-B	Aufbau von einem Leadership-Programm	01.05.2024	30.11.2025	n	C1	1,0	1,00	2,0	650.000	87	0,3	132	12,0
20nn-032-C	Reorganisation der Zentrale	01.07.2023	31.12.2024	n	D3	3,0	2,00	3,0	300.000	67	3,4	126	51,0
20nn-006-C	Neues Logo einführen	01.10.2023	30.03.2025	j	C4	2,0	2,00	1,0	1.200.000	45	3,0	112	101,0
20nn-024-A	Produkt «Sportreisen» einführen	01.04.2023	30.11.2023	j	A3	4,0	4,00	4,0	6.250.000	198	1,0	312	142,0
20nn-013-D	Filialnetz in Osteuropa aufbauen	01.07.2024	30.06.2025	j	B3	2,0	3,00	3,0	4.200.000	231	0,5	231	45,0

Abb. 4.33: Projektportfolioliste in Form eines Portfolio-Backlogs

Oft steht die politische respektive taktische Haltung über der sachlichen; dennoch sollte die Sachlichkeit in der Portfolio-Entscheidungssitzung ein hohes Gewicht erhalten.

handen sind, um alle potenziellen Vorhaben umzusetzen, können nur jene Initiativen weiterverfolgt werden, die innerhalb der Rahmenbedingungen umsetzbar sind. Die Entscheidungsvorbereitung ist daher eine sehr herausfordernde Aufgabe. Denn auf Managementstufe sind die Sichtweisen auf Wunsch und Realität zur unternehmerischen Leistungsfähigkeit nicht immer deckungsgleich. Deshalb sollten nur Projekte gestartet werden, die bei der Bewertung im Vergleich zu anderen Initiativen respektive Projekten vorteilhaft abschneiden und einen realistischen Mehrwert verfolgen. Das PPB entscheidet an einem gut vorbereiteten Pipeline-Review-Meeting, ob die Projekte a) gutgeheissen, b) abgelehnt oder c) allenfalls weiter spezifiziert werden müssen.

Wird ein Projekt freigegeben, so werden gewünschter Projektstart und -abschlusszeitpunkt festgelegt wie auch weitere Rahmenbedingungen wie etwa die Projektleitung. Wird die Initiative abgelehnt oder zurückgestellt, weil beispielsweise die notwendigen Ressourcen nicht zur Verfügung stehen, so wird dies begründet dokumentiert und den Initianten einer Initiative mitgeteilt.

Bei der Diskussion zur Festlegung der Projektabwicklungsreihenfolge ist es von Vorteil, diese nicht nur politisch, sondern auch möglichst sachbezogen vorzunehmen.

Wesentliche Kriterien für die Bewertung von Projekten sind typischerweise Kosten und Nutzen (Wirtschaftlichkeit), Strategie und Business Value (Wichtigkeit), Dringlichkeit und Risikoeinschätzung. Für die Priorisierung ist es sinnvoll, dem Management mehrere Entscheidungssichten darzulegen (siehe Abbildung 4.34).

Mit dem Entscheid zur Priorisierung wird darauf abgezielt, einen erreichbaren integrierten Portfolio-Masterplan (Portfolio Road Map) für das Unternehmen zu erstellen.

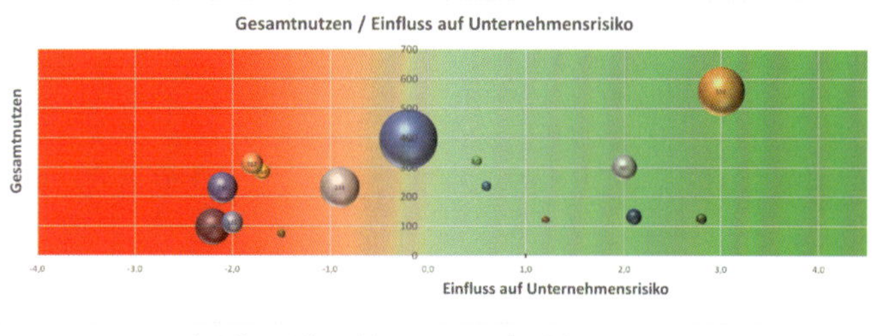

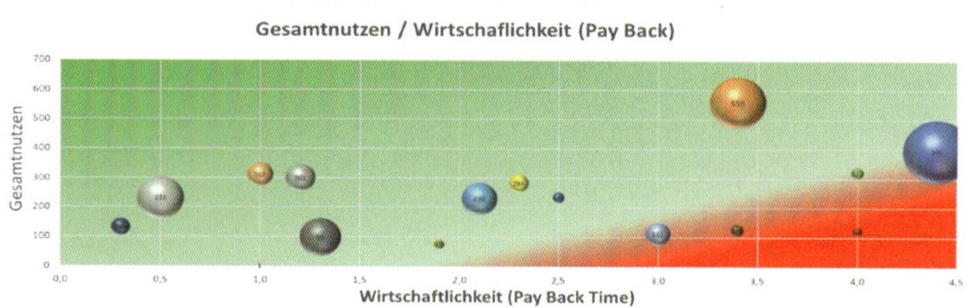

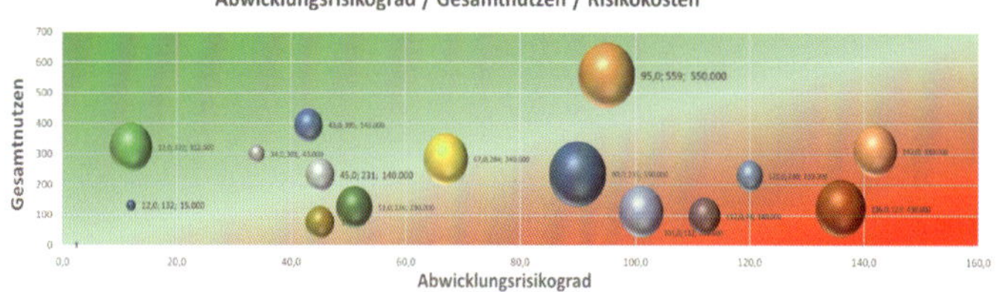

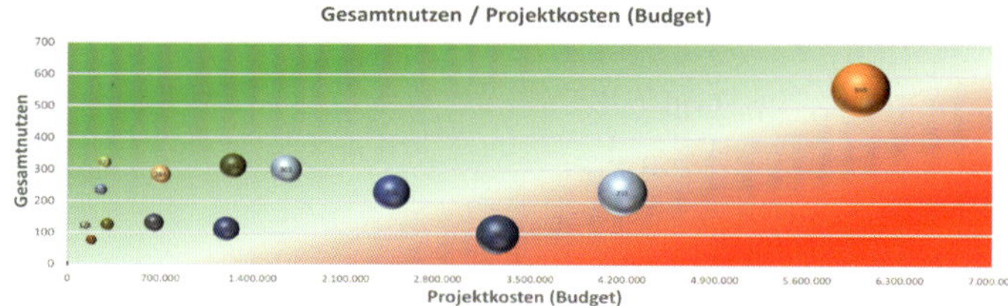

Abb. 4.34: Mehrere Sichten auf das Portfolio als Grundlage für eine qualifizierte Entscheidung

4.2.4 Schritt 4: Projekte überwachen & koordinieren

Die in den Prozessschritten 2 und 3 «gekneteten», bewerteten und frei gegebenen Initiativen sind während der Abwicklung in adaptiv geführten Projektportfolios mittels fünf Hauptaufgaben agil zu lenken.

Das Projektportfoliomanagement (PPM) als taktische Umsetzungsebene gewährleistet mit einem qualifizierten Monitoring aufgrund der iterativen Prozesse eine agile und effiziente Umsetzungskoordination der lancierten Projekte und Produkte-Releases. Das Projektportfolio-Board als Lenkungsgremium gilt als zentrale Schaltstelle der effizienten Strategieumsetzung und somit des Unternehmenserfolgs.

Wie in Kapitel 1.3.3.1 «Unternehmensherzschlag» erläutert, erfolgt die Lenkung über einen dreimonatigen Businesszyklus. Veränderte strategische Ziele, fortschrittsbedingte Bedürfnisse aus den anstehenden Initiativen und deren zu erstellenden Inkrements können Massnahmen auf der Portfolioebene nach sich ziehen. Das PMO prüft die laufenden Projekte und Releases und stellt sicher, dass alle Änderungen aufgenommen werden. Diese Änderungen und ihre Auswirkungen auf den Masterplan werden in Form von Szenarien dem PP-Board vorgeschlagen. Sind sie genehmigt, werden sie wiederum von den Projekt- und Sprint-Teams im Pull-Ansatz aufgenommen und soweit möglich umgesetzt (Kapitel 2.4.4.1).

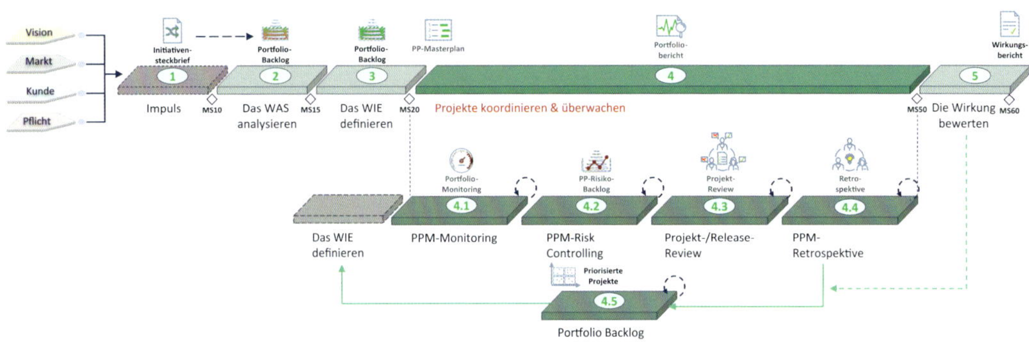

Abb. 4.35: Agiles Lenken der lancierten Initiativen, sprich Projekte (Projektabwicklungsschritt 4)

In diesem vierten Schritt des Portfolioprozesses gilt es, die untenstehenden Ziele zu verfolgen:

- Laufende Projekte werden in ihrer Gesamtheit bezüglich ihrer Ergebnisse überwacht und taktisch geschickt gelenkt.
- Schlüsselrisiken des Unternehmens auf Portfolioebene sind aufmerksam zu beobachten und Veränderungen möglichst früh zu identifizieren.
- Eventualplanungen anhand von Entwicklungssimulationen sind rechtzeitig vorzubereiten.
- Mit «Refinement» wird sichergestellt, dass das Portfolio laufend gepflegt wird.
- Aus Managementsicht ist sichergestellt, dass alle Projekte korrekt abgeschlossen werden.
- Die Zielerreichung (Nutzen) der Projekte wird überwacht oder in ihrer Wirkung sichergestellt.
- Das PMS wird aufgrund der PPM-Retrospektive laufend weiterentwickelt (lernende Organisation).

Das Lenkungsgremium gilt als Gralshüter des künftigen Erfolgs im Unternehmen.

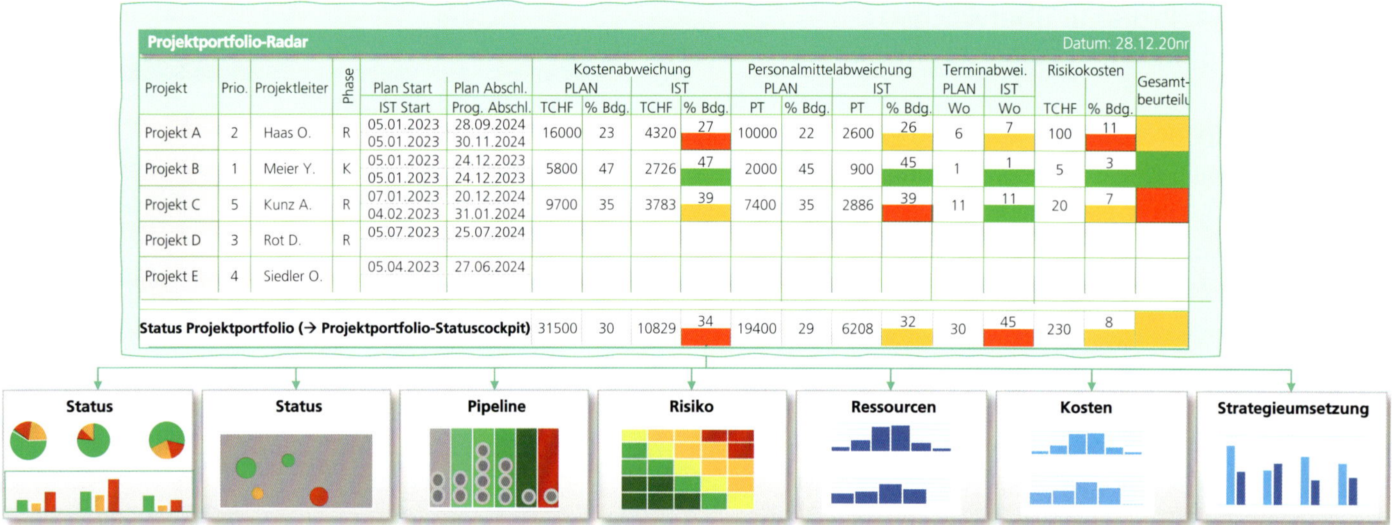

Projektportfolio-Radar — Datum: 28.12.20nn

Projekt	Prio.	Projektleiter	Phase	Plan Start / IST Start	Plan Abschl. / Prog. Abschl.	Kostenabweichung PLAN TCHF	Kostenabweichung PLAN % Bdg.	Kostenabweichung IST TCHF	Kostenabweichung IST % Bdg.	Personalmittelabweichung PLAN PT	Personalmittelabweichung PLAN % Bdg.	Personalmittelabweichung IST PT	Personalmittelabweichung IST % Bdg.	Terminabwei. PLAN Wo	Terminabwei. IST Wo	Risikokosten TCHF	Risikokosten % Bdg.	Gesamt-beurteilu
Projekt A	2	Haas O.	R	05.01.2023 05.01.2023	28.09.2024 30.11.2024	16000	23	4320	27	10000	22	2600	26	6	7	100	11	
Projekt B	1	Meier Y.	K	05.01.2023 05.01.2023	24.12.2023 24.12.2023	5800	47	2726	47	2000	45	900	45	1	1	5	3	
Projekt C	5	Kunz A.	R	07.01.2023 04.02.2023	20.12.2024 31.01.2024	9700	35	3783	39	7400	35	2886	39	11	11	20	7	
Projekt D	3	Rot D.	R	05.07.2023	25.07.2024													
Projekt E	4	Siedler O.		05.04.2023	27.06.2024													
Status Projektportfolio (→ Projektportfolio-Statuscockpit)						31500	30	10829	34	19400	29	6208	32	30	45	230	8	

Abb. 4.36: Projektportfolio-Radar zwecks Beobachtung des Projektportfolio-Status

Dieser vierte Prozessschritt umfasst fünf iterativ ausgeführte Hauptaufgaben:

4.01) Projektportfolio-Monitoring (PPMo): Das PP-Monitoring hat die Hauptaufgabe, den Entwicklungsstand jedes einzelnen Projekts mit Blick auf den freigegebenen Auftrag und somit die konkreten Abwicklungsleistungen in kurzen Zyklen zu überwachen. Die Einzelprojektsichten auf Projektportfolioebene werden durch Monitoring zu einer gesamtheitlichen Portfoliosicht verdichtet, in der alle geplanten, laufenden und abgeschlossenen Projekte einer Unternehmung parallel betrachtet werden können.

Mit Unterstützung eines geeigneten Tools werden die Projektdaten auf einem «Radarschirm» übersichtsmässig für das Projektportfolio-Board zusammengestellt. Dieser Radar ermöglicht es dem Projektmanagement-Office sowie dem PP-Board, alle Projekte im Unternehmen zu beobachten, ähnlich einem Fluglotsen, der alle Flugzeuge am Himmel sieht. Auf diesem Radar werden auch die Erkenntnisse aus dem Monitoring der einzelnen Projekte abgebildet. Abbildung 4.36 zeigt ansatzweise einen Projektportfolio-Radar.

4.02) PPM-Risiko-Controlling: Das projektübergreifende Risiko-Controlling ist eine sehr wichtige Projektportfoliomanagement-Aktivität. Es wird durch das PMO bzw. das PP-Board erledigt. Abbildung 4.37 stellt dies vereinfacht dar: Das PMO gruppiert sämtliche grossen Risiken und Chancen aus allen Projekten und bewertet sie als Gruppe (z.B. Finanzrisiken oder politische Risiken aller Projekte etc.). Ausserdem müssen die Risiken bezüglich ihrer Kausalität zu den anderen Risiken analysiert werden. In agil geführten Projekten kann es gut sein, dass eine vom PPB definierte Massnahme in das Projekt- beziehungsweise in das Produkt-Backlog aufgenommen werden muss.

Im Weiteren gilt es, generelle exogene Risiken aufzunehmen, die auf das gesamte Projektportfolio einwirken können. Gezielte Massnahmen sollen helfen, deren Eintreten möglichst zu verhindern oder die Auswirkungen abzuschwächen. Im adaptiv geführten Projektportfolio wird ein PP-Risk-Backlog geführt, der im Portfoliozyklus abgearbeitet wird.

4.03) Release-/Projekt-Review: Im Review werden Projekt-Releases (grösserer inkrementeller Teil eines Projekts oder einer Produktentwicklung) oder sogar ein abgeschlossenes Projekt unter Auswertung der abwicklungsspezifischen Projekterfolgsfaktoren formell abgenommen. Auch bei Projektabschluss, sprich bei Meilenstein MS50 in einem Projekt, ist die Lenkung des Projektportfolios in einer aktiven Rolle, obwohl dieser Arbeitsschritt grundsätzlich von Auftraggeber, Product Owner oder Product Manager durchgeführt wird. Kann ein Projekt abgeschlossen werden, erstellt die Projektleitung einen Projektabschlussbericht. Das PPB beurteilt zusammen mit dem Auftraggeber/Produktmanager in Form eines Release-/Projekt-Reviews, ob der beim Start gewünschte Strategiebeitrag vom Projekt erreicht wurde oder erreicht werden kann, und meldet das Resultat an das PPB. In der Abschlussphase des Projekts erfolgt auch die Beurteilung der Art und Weise, wie die Resultate erreicht wurden. Ebenso wird die Zufriedenheit der Stakeholder mit der Projektabwicklung und dem zu erwartenden Nutzen (Produktwirkung) analysiert.

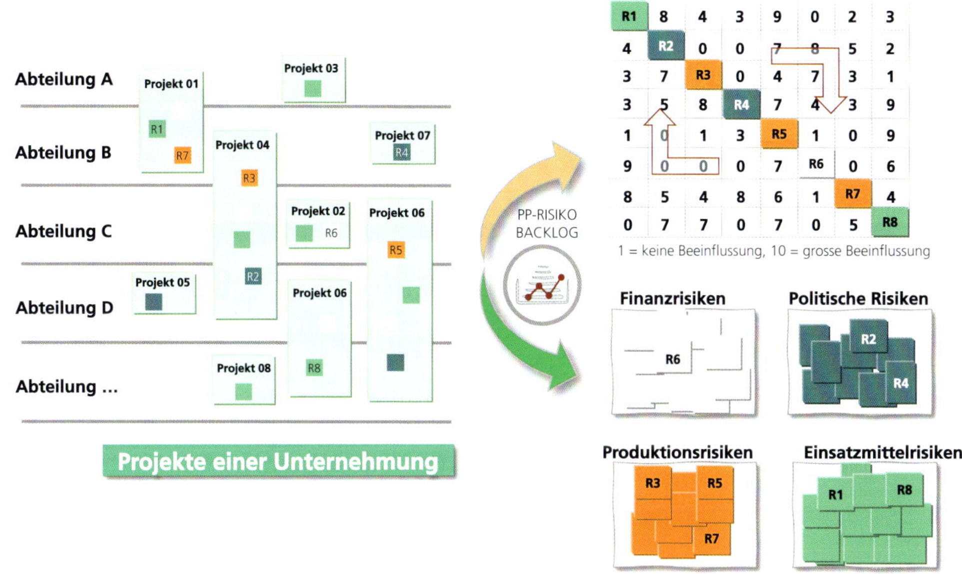

Abb. 4.37: Risikoanalyse auf Portfolioebene

Ziele des Projekt-/Release-Reviews sind:

- Die Rahmenbedingungen, um das Ergebnis des Releases/Projekts an die verantwortliche Organisation zu übergeben, sind definiert.
- Pro Projekt ist ein offizieller Abschluss durchgeführt.
- Es ist sichergestellt, dass der definierte Projektnutzen nach Projektabschluss unter den gegebenen Rahmenbedingungen erreicht werden kann.

4.04) PPM-Retrospektive: Die Projektportfoliomanagement-Retrospektive verfolgt den Zweck, das Lernen der Organisation aus dem CtB-Herzschlag sicherzustellen. Dazu gehört eine kritische Beurteilung der Leistung und Wirkung des gesamten Projektportfolios. War die Zusam-

- Werden die realisierten Anforderungen angewendet/genutzt? Was fehlt zur effizienten Nutzung?
- Bis zu welchem Grad wurden die Systemziele erfüllt? Was passiert mit einer allfälligen Differenz?
- Präzisierung des erreichten Nutzens (Value) und Gegenüberstellung mit der Nutzenberechnung bei Projektende. Was passiert mit der Differenz?
- Wo steht der Kosten-Nutzen-Vergleich (Wirtschaftlichkeitsanalyse) gemäss dem erstellten Business Case bei MS20?
- Wurde der erwartete strategische Beitrag geleistet? Was hat er bewirkt?
- Alle Abweichungen, die das produktive System/Produkt gegenüber den Zielsetzungen und Wünschen aufweist, sind zu begründen.
- Bezüglich der entdeckten und analysierten Differenzen sind geeignete Massnahmen zu definieren und auf Portfolioebene als Change Request einzubringen.

Die Bewertung kann auch auf einer Metaebene dazu benutzt werden, um die Erfolge verschiedener Projekte zu vergleichen und/oder die Leistung der Projektbeteiligten zu bewerten. Dies hilft, Schwachstellen im Projektmanagementsystem zu identifizieren und entsprechende Massnahmen einzuleiten. Was das Projektportfolio-Board der Unternehmensleitung pro Projekt «schuldet», entspricht dem tatsächlichen Beitrag zur Unternehmensstrategie (siehe Kapitel 3.4.4).

Bei agil geführten Projekten ist das Prüfen der Wirkung und somit des Wertbeitrags etwas einfacher, da es zeitnaher erfolgt als bei konventionellen Projekten. Dieser Sachverhalt ist ein vom Management bevorzugtes Argument, wieso die Initiativen vermehrt in agiler Form abgewickelt werden sollen. Werden die Initiativen in Drei-Monate-Releases unterteilt, erhält das Management bereits nach kurzer Zeit ein konkretes Business-Feedback, auf das es reagieren kann. Die zu prüfenden Kriterien sind fast die gleichen wie beim hybriden und konventionellen Vorgehen, die Herausforderung bei agilen Vorgehen besteht jedoch darin, den Einzelnutzen eines Releases richtig einzuordnen. Das bedeutet: Was geschieht, wenn die einzelnen Realisierungsschritte nur bedingten Einzelnutzen bringen, weil es am Schluss ein Gesamtsystem ist, das ineinandergreifend ablaufen muss?

Abb. 4.40: Wirkung der Projekte/Releases bewerten

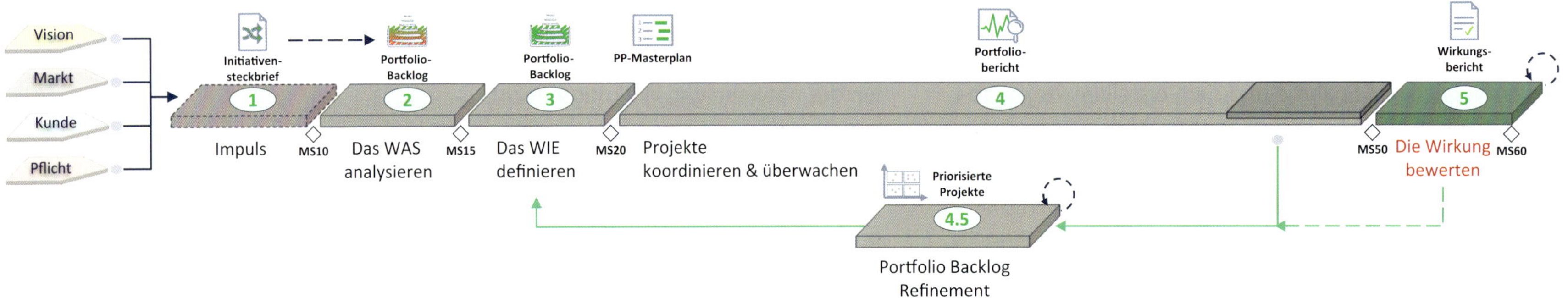

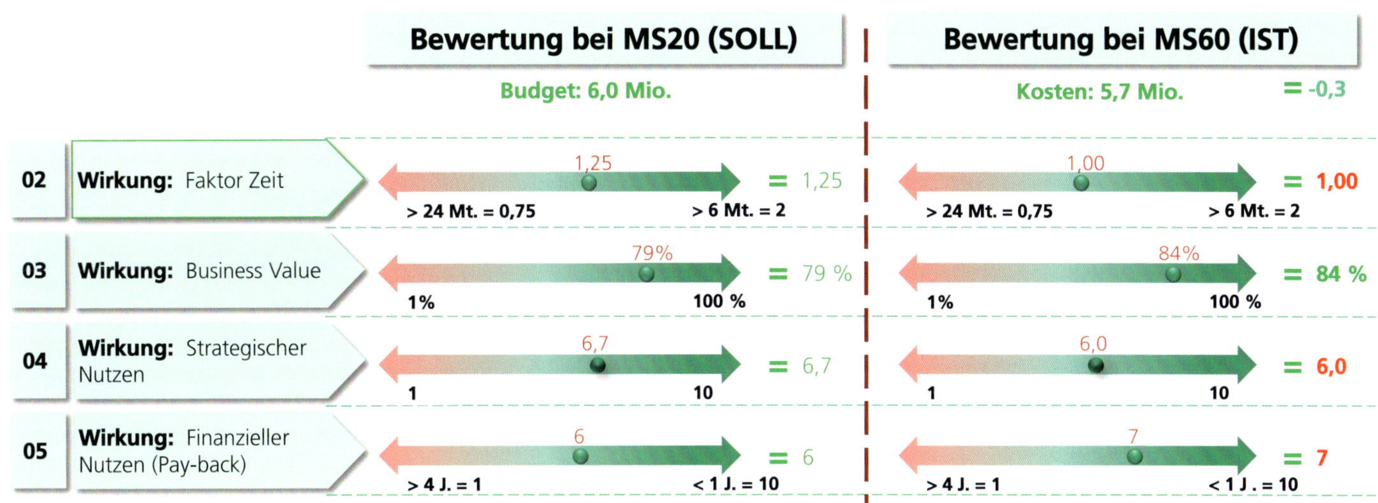

Abb. 4.41:
Wirkungsvergleich der Bewertung MS20 versus Bewertung MS60

Wie Abbildung 4.40 aufzeigt, ist der Prozessschritt 5 grafisch unspektakulär. Wird er jedoch in Unternehmen konsequent umgesetzt, ist ein wesentlicher Teil des Unternehmenserfolgs sichergestellt. Dann spricht man von effektiv umgesetztem Gesamtnutzen (Total Benefit, Kapitel 4.2.2.3).

Von vollständigem Value Management spricht man dagegen, wenn wie in Kapitel 4.3.6 die Aufgaben eines Value Managements über den gesamten Projektabwicklungsprozess ausgeführt werden.

Wird bei MS60 die Wirkung geprüft, so gilt es, die gleichen Faktoren wie bei der Bewertung des Projekt- oder Releasestarts (siehe Kapitel 4.2.2.3) noch einmal, aber nun mit dem effektiven Erreichten zu bewerten. Die zeitlich unterschiedlich berechneten Werte werden gegenübergestellt und deren Abweichung wird analysiert. Dabei muss versucht werden, die Ursachen der Abweichungen genau herauszufinden, damit entsprechende Massnahmen eingeleitet werden können.

4.3 Querschnittsthemen der Portfolioebene

Wie auf allen Ebenen gibt es auch auf der Projektportfolioebene arbeitsschritt- oder phasenüberlappende, oft wiederkehrende oder regelmässige Arbeiten und Themen, die ausgeführt werden müssen. Dies sind gemäss Abbildung 4.42:

- Kostenmanagement: beinhaltet alle Kosten, welche für die Projekte und das Betreiben eines professionellen PMO notwendig sind.

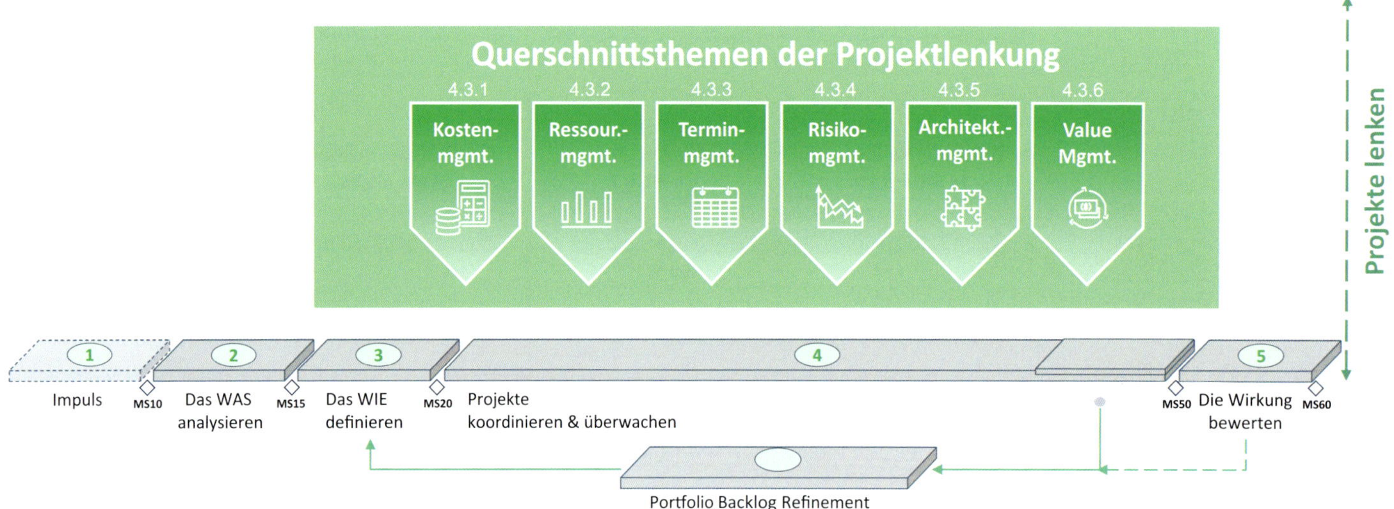

Abb. 4.42: Querschnittsthemen der Lenkungsebene

- Ressourcenmanagement: Bewirtschaftet alle Ressourcen, welche notwendig sind, um die laufenden und kommenden Projekte umzusetzen.
- Terminmanagement: stellt die Abhängigkeiten unter den lancierten Projekten und zu den wichtigen Unternehmenszeitpunkten sicher.
- Risikomanagement: verfolgt und managt die Portfoliorisiken.
- Architekturmanagement: stellt u.a. Stabilität, Pflege und Entwicklung der ICT-Systeme sicher.
- Value Management: Überwacht das in den Projekten zu realisierende Value-Portfolio.

Die Reihenfolge der ersten drei Querschnittsthemen entspricht der Grundlogik der agilen Organisation und des agilen Vorgehens. Grundsätzlich definiert das Management, abgeleitet aus der Finanzsituation und den strategischen Absichten, den finanziellen Rahmen für strategische wie operative Projekte. Als Zweites müssen IST- und SOLL-Personalkapazitäten in Bezug auf die neuen Initiativen und die laufenden Projekte aufgeführt werden. Anschliessend erstellt das Terminmanagement mittels Wave-Planning-Ansatzes innerhalb der kosten- und ressourcenbezogenen Rahmenbedingungen einen Masterplan.

4.3.1 Kostenmanagement (Projektbudgetierung auf Portfoliostufe)

Die Budgetierung von Projektkosten wird dem Projektportfoliomanagement aufgrund der Unternehmensbudgetierung als klarer Rahmen vorgegeben. Dies unterstützt den

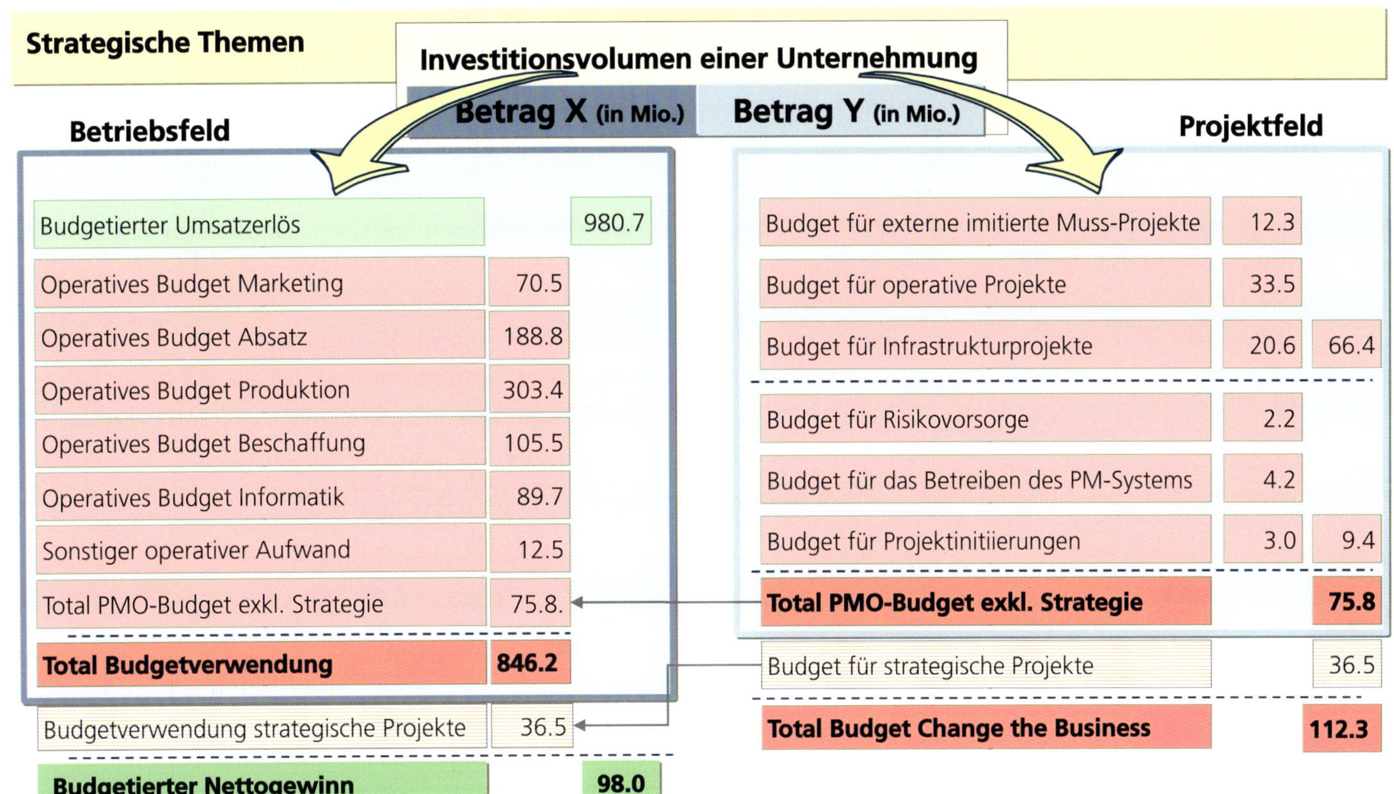

Abb. 4.43: Beispiel einer Aufschlüsselung des Jahresbudgets nach operativen und strategischen Projekten

Entscheidungsprozess. Die in Abgrenzung zur «finanziellen Führung» notwendigen Plan- und Ist-Daten des Projektportfolios sind bei der Analyse und beim Monitoring von Leistungen wichtige Referenzwerte. Für das Umsetzen der strategischen und operativen Initiativen/Projekte wird ein entsprechendes Budget zur Verfügung gestellt.

Wie Abbildung 4.43 zeigt, fliesst der eine Teil des Unternehmensbudgets (ca. 80 %) über die operative Schiene in den produktiven Betrieb. Damit werden Produkte und Dienstleistungen für Kunden erstellt und angeboten.

Die restlichen ca. 20 % werden in Vorhaben bzw. Projekte von unternehmensübergreifender Relevanz investiert. Dieser Anteil kann je nach Branche erheblich variieren. Das zielorientierte Managen dieses Budgetteils ist Aufgabe des Projektportfoliomanagements (Projektportfolio-Boards).

Je nach Branche, exogenen Einflussgrössen (z.B. Anpassen von Regulierungen) und Unternehmensstrategie (z.B. Kontinuität oder forciertes Wachstum) kann sich die Höhe des Projektportfolio-Budgets von Jahr zu Jahr oder bei einer rollierenden Planung sogar von Quartal zu Quartal stark ändern. Das Topmanagement legt z.B. für das kommende Jahr 18 % des erwarteten Bruttoertrags als Projektportfolio-Budgetrahmen fest (Targetbudget). Daraufhin gilt es, eine strategisch-taktisch sinnvolle Verteilung auf die unterschiedlichen Kostenträger des Projektportfolios (PPM01 bis PPM08) vorzunehmen.

Beim Verteilen eines solchen Portfoliobudgets prallen zwei grosse, energiegeladene Elemente aufeinander. Sie reiben sich wie Erdplatten aneinander und verursachen innerbetrieblich nicht selten kleinere wie grössere Erschütterungen, wenn seitens Topmanagement keine klare Devise vorliegt. Das eine Element setzt sich aus den strategischen Handlungsanweisungen (Top-down-Ansatz) zusammen. Das Bottom-up-Element setzt sich aus den dispositiven oder operativen Planungen mit ihren – aus ihrer Bereichsfunktionssicht – zwingenden Initiativen zusammen (Muss-Projekte).

Damit sich diese «Erdplatten» finanzmässig nicht zu fest aneinander reiben, dürfen die strategischen Initiativen nicht aus dem operativen Budget finanziert werden. Strategische Initiativen wie der Aufbau eines neuen Geschäftsfeldes sollten nicht mit dringenden Projekten aus der operativen Planung konkurrieren müssen. Nachfolgend eine kurze Erläuterung zu den in Abbildung 4.45 aufgeführten einzelnen Budgetpositionen:

Abb. 4.44: Budgetverteilung auf Funktionsbereiche

Funktionsbereiche	Operatives Budget Betrieb	Budgetierter Umsatzerlös	Operatives Budget Projekte	Strategisches Budget	Gesamtbudget Projekte	Gesamtbudget Funktionsbereich
Marketing	70.5		-8		-8	62.5
Absatz	188.8	980.7	-16.7	-7.1	-23.8	165
Produktion	303.4		-20.3	-10.4	-30.7	272.7
Beschaffung	105.5		-2.4	-3.2	-5.6	99.9
Informatik	89.7		-18.7	-15.8	-34.5	55.2
PMO			-9.7		-9.7	-9.7
Total Absatzleistung	**757.9**				**-112.3**	**645.6**
Total Umsatzerlös	980.7	**980.7**				
Bruttoertrag	**222.8**					
Sonstiger operativer Aufwand	-12.5					
Aufwand operative Projekte	-75.8		**-75.8**			
Operativer Gewinn	**134.5**					
Aufwand stategische Projekte	-36.5			**-36.5**		
Nettogewinn	**98**					

- Budget für strategische Projekte (PPM07)
  Wie erwähnt, sollte das Budget für strategische Projekte via separatem «Strategiebudget-Topf» finanziert werden. Dadurch entziehen sich diese Projekte dem Budgetverteilungskampf zwischen allen anderen notwendigen Projekten respektive Projektportfolio-Boards. Das heisst nichts anderes, als dass aus diesem Budgettopf nur diejenigen Projekte finanziert werden, die den Flag «strategisch» aufweisen. Hierzu kann entweder ein Gesamtbudget definiert werden, mit dem so viele strategische Projekte wie möglich umgesetzt werden, oder jedes strategische Projekt erhält einen Sponsor, welcher das Budget für dieses Vorhaben zur Verfügung stellt.

	Budgetierter Umsatzerlös	**100%**	**980.7**
Art	**Target Ansatz**	**8%**	**78.46**
PPM01	Budget für Risikovorsorge	2.804	2.2
PPM02	Budget für externe initiierte Muss-Projekte	15.68	12.3
PPM03	Budget für operative Projekte	42.7	33.5
PPM04	Budget für Infrastrukturprojekte	26.26	20.6
PPM05	Budget für das Betreiben des PM-Systems	5.353	4.2
PPM06	Budget für Projektinitiierungen	3.824	3.0
PPM07	Reserve gegenüber Target Ansatz	0.00	0.00
	Total operatives Projektportfoliobudget	**96.6**	**75.80**
PPM08	Budget für strategische Projekte		36.5
	Total operatives Projektportfoliobudget		**112.30**

Abb. 4.45: Projektportfoliobudget in Kostenarten aufgeteilt

- Budget für das Betreiben des PM-Systems (PPM05)
  Wie ein gut laufendes Betriebssystem benötigt auch das PM-System Mittel für den Betrieb. Damit werden die Aufwendungen für das Projektmanagement-Office (PMO), für die Weiterbildung der Projektmanagement-Community sowie das Â-jour-Halten und die Weiterentwicklung des PM-Systems finanziert. Leider wird dieses Budget nicht selten gestrichen, wenn gespart werden muss. Die damit verbundene kurzfristige Einsparung zugunsten eines kurzfristigen Betriebserfolgs kann langfristig die Existenz eines Unternehmens gefährden.

- Budget für Risikovorsorge (PPM01)
  Projekte sind generell mit Risiken behaftet. Im Budget ist deshalb für das Projektportfolio eine Reserve einzustellen, sodass bei entsprechenden Ereignissen gut reagiert werden kann. Die Erstellung eines Risikoreservebudgets für ein Projekt wird im Abbildung 4.23 ausgeführt.

- Budget für von aussen initiierte Mussprojekte (PPM02)
  Das sind Projekte, die aufgrund ihrer Budgetverwendung kein Management liebt. Es sind sogenannte Muss-Projekte, deren Umsetzung von aussen erzwungen wird, z.B. infolge von Gesetzesänderungen, Kooperationen etc. Das heisst, es sind gebundene Mittel, die aus strategischer oder operativer Sicht besser investiert werden könnten.

Abb. 4.46: Beispiel einer Aufschlüsselung des Jahresbudgets auf die strategischen Projekte und summiert als Projektportfoliobudget pro Funktionsbereich

Funktionsbereiche	Operatives Budget Betrieb	Operatives Budget Projekte	Strategische Projekte: Projekt 01	Projekt 2	Projekt 3	Projekt ..	Portfoliobudget pro Funktionsbereich Projekte	Gesamtbudget Funktionsbereich
Marketing	70.5	8					8	78.5
Absatz	188.8	16.7	2.1	1.0	1.0	3.0	23.8	212.6
Produktion	303.4	20.3	3.0	1.4	1.5	4.5	30.7	334.1
Beschaffung	105.5	2.4		1.0		2.2	5.6	111.1
Informatik	89.7	18.7	4.6	2.2		9.0	34.5	124.2
PMO (Betreiben Projektportfolio)		9.7					9.7	9.7
Total Absatzleistung	**757.9**	**75.8**	**9.7**	**5.6**	**2.5**	**18.7**	**112.3**	**870.2**
Total Umsatzerlös	980.7					**36.50**		
Bruttoertrag	**222.8**							
Sonstiger operativer Aufwand	-12.5							
Aufwand operative Projekte	-75.8							
Operativer Gewinn	**134.5**							
Aufwand stategische Projekte	36.5							
Nettogewinn	**98**							

Abb. 4.47: Strategisches Projektbudget über 7 Jahre

Strategisches Projekte	IST	TOTAL	Q01	Q02	Q03	Q04	1. HJ 2024	2. HJ 2024	1. HJ 2025	2. HJ 2025			
Strategisches Projekt 01	1.0	11.2	2.6	2.2	2.3	2.6	0.5	0	0	0	0	0	
Strategisches Projekt 02	3.6	9.2	1.4	1.8	2.4	0	0	0	0	0	0	0	
Strategisches Projekt 03	0.0	12.6	0.2	1	1.1	0.2	3.4	4.4	2.3	0	0	0	
Strategisches Projekt 04	0.0	16.7	0	4	2.3	1.8	2.8	1.2	2.4	2.2	0	0	
Onlineplattform «3Dtravel»	0.0	6.0	0	0	1.3	1	1.2	2.5	0	0	0	0	
Strategisches Projekt 06	0.0	13.8	0	0	1.1	1	2	1.3	2.2	3.2	3.0	0	
Strategisches Projekt 07	0.0	8.3	0	0	0	0	0	2	1.3	1	2.0	2.0	
Strategisches Projekt 08	0.0	23.2	0	0	3	0	4.5	2.2	4.5	2	3.0	4.0	
Strategisches Projekt 09	0.0	18.0	0	0	0	2.2	1.2	1.3	0.7	1.6	1.0	4.0	3.
Strategisches Projekt 10	0.0	4.5	0	0	0	0	0	0	0	0.5	2.0	2.0	
Reserve	0.0	7.0	0	0	0	1	0	0	0	0	0	1.0	2.
Aufwand stategische Projekte	4.6	130.5	4.2	9	13.5	9.8	15.6	14.9	13.4	10.5	11	13	
Jahrestotale						**36.5**		**30.5**		**23.9**	**11**	**13**	

- Budget für Infrastrukturprojekte (PPM04)
  Viele Infrastrukturprojekte haben es im Wettbewerb gegen die wirtschaftlich attraktiven Projekte schwer. Meistens sind sie sehr sinnvoll, werden aber nicht immer als zwingend bewertet. Werden sie ein bis zwei Jahre verzögert, können sie aufgrund ihres End-of-Life-Status plötzlich dringend werden. Viele Unternehmen reservieren für diese Projektkategorie sinnvollerweise jährlich einen gewissen Prozentsatz, z.B. 3 %, des Gesamtumsatzes.

- Budget für operative Projekte (PPM03)
  Alle Projekte, die nicht Muss-, Strategie- oder Infrastrukturprojekte sind, werden aus diesem «Topf» finanziert. Bei ihnen kommen die Werte der Projektabwicklungs- und -wirkungsbewertungen gemäss Kapitel 4.4.1 am stärksten zum Tragen.

- Budget für Projektinitiierungen (PPM06)
  Ein offizielles Projektbudget existiert meistens erst ab dem Zeitpunkt, ab dem ein Projekt bewilligt wurde (Mei-

Abb. 4.48: Unternehmensbudget inkl. Projektportfoliobudget für 7 Jahre

Budgetjahr	2023				2024		2025		2026	2027	2028	2029
Budgetberechnung Projekte	**Q01**	**Q02**	**Q03**	**Q04**	**1. HJ 2024**	**2. HJ 2024**	**1. HJ 2025**	**2. HJ 2025**				
Umsatzerlös	220,0	220,0	220,0	320,7	480,0	550,0	560,0	600,0	1.300,0	1.350,0	1.400,0	1.520,0
Absatzleistung	-179,9	-179,0	-175,0	-224,0	-340,0	-390,0	-390,0	-420,0	-850,0	-920,0	-980,0	-1.050,0
Sonstiger operativer Aufwand	-3,5	-3,0	-3,0	-3,0	-7,3	-8,1	-8,2	-9,0	-18,5	-18,7	-21,0	-22,8
Ertrag ohne Projekte	**36,6**	**38,0**	**42,0**	**93,7**	**132,7**	**151,9**	**161,8**	**171,0**	**431,5**	**411,3**	**399,0**	**447,2**
% Target Portfoliobudget	8%	8%	8,1%	7,1%	10%	10%	10%	10%	12%	10%	12%	12%
Target Portfoliobudget	17,6	17,6	17,8	22,8	48,0	55,0	56,0	60,0	156,0	135,0	168,0	182,4
Aufwand stategische Projekte	4,2	9	13,5	9,8	15,6	14,9	13,4	10,5	11	13	5	6
Restbudget Projektportfolio	-	-	-	-	32,4	40,1	42,6	49,5	145,0	122,0	163,0	176,4
Ertrag mit Projektinvestition	**14,8**	**11,4**	**10,7**	**61,1**	**36,7**	**41,9**	**49,8**	**51,0**	**119,5**	**141,3**	**63,0**	**82,4**

lenstein 20). Bei Anlageprojekten ist dies zumeist sogar erst ab MS30 der Fall, zum Zeitpunkt der Umsetzung. Alle vorangegangenen Arbeiten – z.B. für die «Knetphase» oder die Initiierungs- und Definitionsschritte beim Projektstart – werden in der Regel von den Fachabteilungen mehr oder weniger gut finanziert. Aufgrund der individuellen Finanzierung entstehen mehr oder weniger gute Projektstarts. Da die meisten Projektfehler beim Projektstart erfolgen werden, ist es sinnvoll, dass das Projektportfolio über ein Initiierungsbudget verfügt und damit professionell erstellte und qualitativ ausreichende Ergebnisse einfordern kann.

Ob Top-down- oder Bottom-up-Ansatz, der grösste Teil des von Projekten benötigten Budgets ist eine wirtschaftlich errechnete Investition (siehe Kapitel 7.2.4.1, «Investitionsrechnung»). Das heisst, sie kann rein monetär begründet werden (bottom-up z.B. als Ersatzinvestition oder top-down z.B. als Erweiterungsinvestition). Wie in Kapitel 4.2.2.3 aufgeführt, gelten neben der strategischen und wirtschaftlichen Relevanz noch andere Bewertungsaspekte, die die Zusammensetzung eines Projektportfolio-Budgets bestimmen.

4.3.2 Ressourcenmanagement (Personalmittel)

Das Management der verfügbaren Ressourcen ist eine der wichtigsten Aufgaben der Managementebene. Für die Steuerung von Unternehmen und Projekten können die Ressourcen generell in drei Verwendungszwecke unterteilt werden. Es ist zu entscheiden, welche Ressourcen für welche Aktivitäten zur Verfügung gestellt werden. Bezüglich der vorhandenen Kapazität für den nächsten Planungshorizont gilt es daher, auf der Lenkungsebene überschlagsmässig festzulegen:

a) Welche Ressourcen bindet das operative Geschäft («Run the Business», d.h. das nicht projektbezogene Arbeiten)?
b) Welche projektbezogenen Ressourcen werden eingesetzt, um innerhalb einer Organisationseinheit «Minor Changes» (kleine Änderungen) umzusetzen?
c) Welche projektbezogenen Ressourcen bleiben für die agil, konventionell und hybrid zu führenden Projekte im Rahmen des «Change the Business» übrig?

Im projektbezogenen Ressourcenmanagement sind drei Betrachtungshorizonte von Relevanz. Auf der Lenkungssprich Projektportfolioebene gilt es, Ressourcen bezüglich Punkt 2 und 3 zuzuordnen:

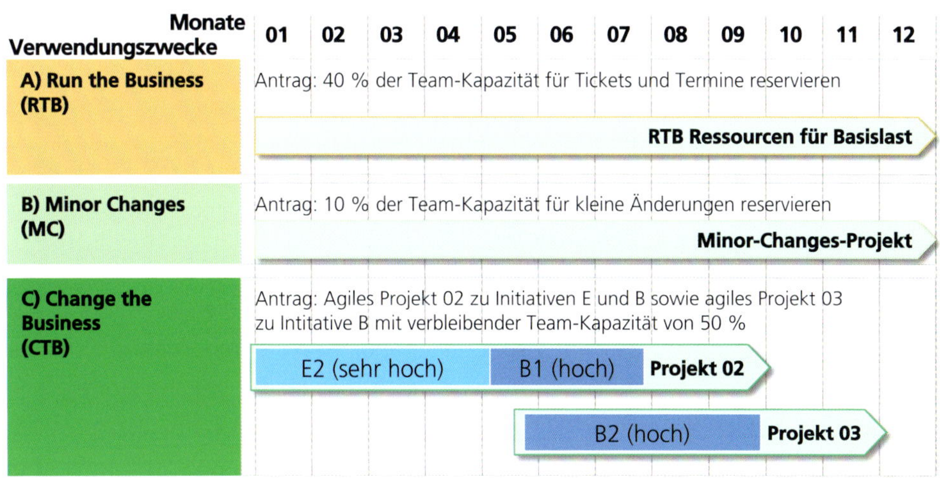

Abb. 4.49: Reservieren von Personalkapazitäten

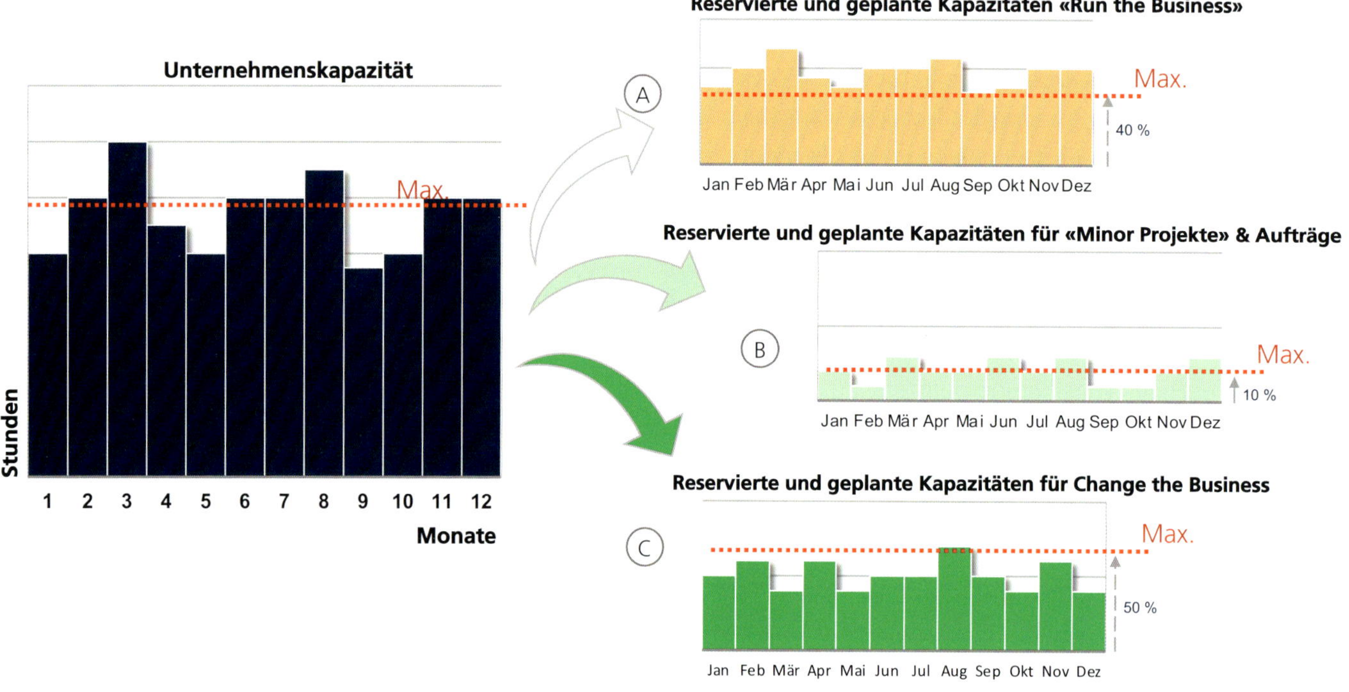

Abb. 4.50: Personalkapazitätsreservation über alle Projekte und chronologischen Arbeiten (IST-Kapazitäten)

1) kurzfristig operativ (Tage/Wochen)
2) mittelfristig taktisch (Wochen/Monate)
3) langfristig strategisch (Monate/Jahre)

Da viele Projekte auf dieselben Ressourcen zugreifen möchten, ist in der Projektportfoliolenkung eine generelle und auch eine spezifische Kapazitätsbetrachtung nötig (z.B. bzgl. Schlüsselpersonen), was die Priorisierung stark beeinflussen kann. Daher ist zu klären, welche Schlüsselpersonen mit wie viel Kapazität für welche strategischen Projekte zur Verfügung stehen. Diese aus übergreifender Perspektive gesehene Priorisierung muss zwingend in die strategischen Überlegungen bezüglich des WIE einfliessen (Wie wird die Strategie umgesetzt? Siehe auch Kapitel 3.4, «Strategieimplementierung»). Damit können die ressourcenbezogenen Abhängigkeiten zwischen den Projekten berücksichtigt und durch Monitoring betrieblich aufeinander abgestimmt werden [Wag 2016].

Ist die verwendungszweckbezogene Kapazitätszuteilung (IST) klar (Abbildung 4.50), muss diese auf den Bedarf abgestimmt werden. Der Bedarf entspricht dem SOLL der laufenden und der neu zu starteten Projekte.

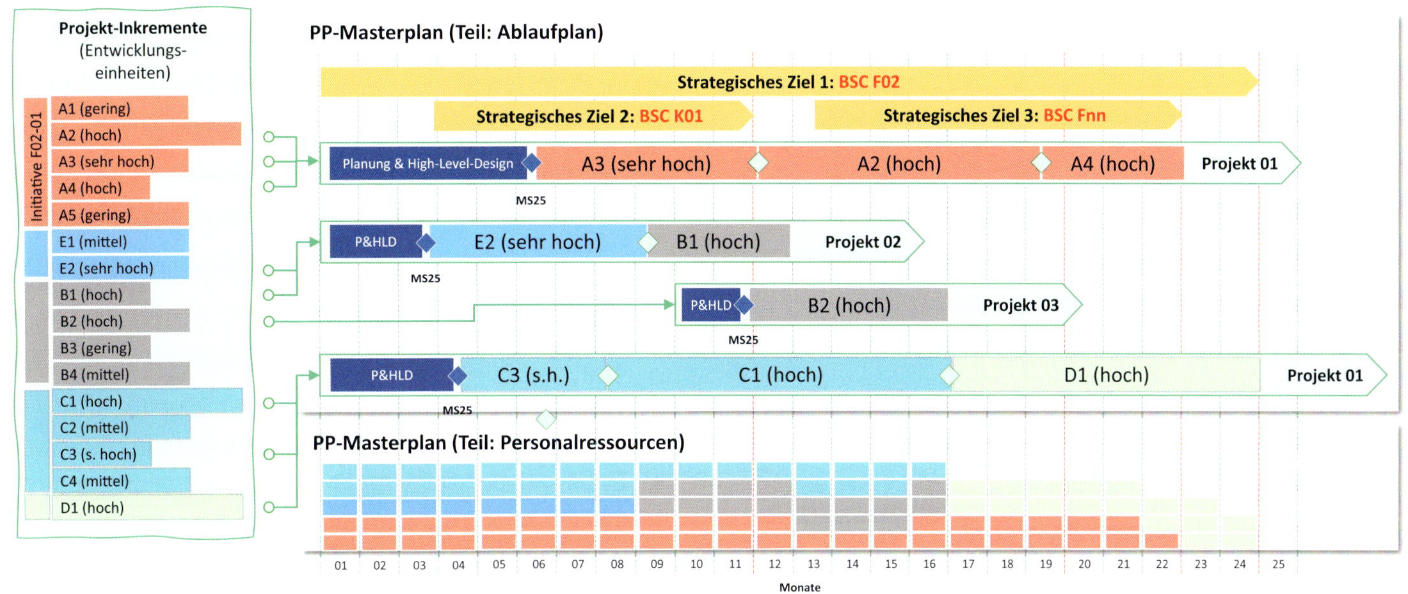

Abb. 4.51: Übersicht Ressourcenmanagement

In einem dritten Schritt wird der PP-Masterplan auf die Kapazitäten der Entwicklungsteams abgestimmt. Wie bereits früher erwähnt, wird dieser Masterplan vom interdisziplinären Planungsteam (PPP-T) sachbezogen erstellt. Das heisst, sobald die Teamressourcen der einzelnen Scrum-Teams vorliegen, können die Backlog-Items «Needs» des Projektportfolio-Backlogs entsprechend der Teamleistung gruppiert werden. Daraus kann eine Aussage darüber getroffen werden, wann was umgesetzt werden soll. In Verbindung mit Abbildung 4.50 werden in der Abbildung 4.51 die Ressourcen beispielhaft für die Change-the-Business-Projekte aufgezeigt.

Sind nicht genügend Ressourcen vorhanden, so kann vom PP-Board entschieden werden, den Projektscope einzelner Projekte zu verändern, sprich gewisse Needs nicht zu realisieren oder externe Ressourcen einzukaufen. Näheres dazu siehe «Wave Planning», Kapitel 4.4.2.

4.3.3 Termin- und Abhängigkeitsmanagement

Grössere Unternehmen haben oft permanent über 50 aktive Projekte in Bearbeitung. Je nach Projektart und Unternehmenskultur kann bei diesen nicht rein agil vorgegangen werden. Projekte müssen in der angemessenen Projektabwicklungsart (konventionell, hybrid, rein agil) umgesetzt werden. Parallel geführte Projekte werden idealerweise anhand der definierten projektüberlagerten Entwicklungsmeilensteine koordiniert. Das Projektmanagement-Office oder

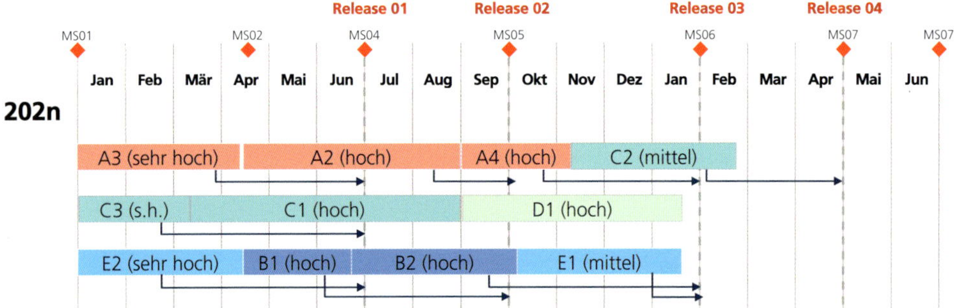

Abb. 4.52: Sachliche Abhängigkeiten, auf Releases abgestimmt

der im rein agilen Umfeld agierende Release Train Engineer (RTE) agieren zwischen PPM und Projektteams bzw. agilen Entwicklungsteams. Sie müssen neben den neu zu priorisierten Vorhaben das Wissen über den aktuellen Status der Projekte, Releases und Sprints kennen, um Termine respektive Abhängigkeiten steuern zu können.

Insbesondere die Analyse der Abhängigkeiten zwischen Projekten und Programmen ist für den Erfolg eines professionell geführten Projektportfolios von essenzieller Wichtigkeit. Deren Ergebnisse fliessen in die Projektselektion und -priorisierung ein und haben damit direkten Einfluss auf die Ressourcenallokation. Darüber hinaus können allgemeine, auch in anderen Kontexten verwendete Methoden eingesetzt werden, u.a. Szenariotechniken und Simulationen.

Neben den Abhängigkeiten zwischen Projekten müssen auch Beziehungen zu Organisationen, Systemen etc. berücksichtigt werden. Es können im Projektportfolio unterschiedliche Abhängigkeiten aufgenommen und verfolgt werden:

- Risikoabhängigkeit: Risiken, die durch eine Projektabhängigkeit entstehen. Wenn ein Risiko beim Projekt A eintritt, löst es ein Risiko im Projekt C aus.
- Ressourcenabhängigkeit: Eine Schlüsselperson, die den Projekten A, B und C zugeordnet ist, kommt in Terminschwierigkeiten, wenn z.B. das Projekt A länger dauert oder die Lieferfähigkeit eines Lieferanten beeinträchtigt ist.
- Entscheidungsabhängigkeit: externe Abhängigkeit, z.B. infolge Antragsfreigabe einer Behörde, politischer Entscheide oder Abhängigkeit von internen Entscheiden durch Mutterkonzern, wegen Nachfolgeregelung etc.
- Zeitbezogene Abhängigkeit wie externe und interne Stakeholderstimmung «Window of Opportunity», Budgetperiode, Megatrends etc.

Um das gesamte Termin- und Abhängigkeitsmanagement effizient steuern zu können, behilft man sich auf der Portfolioebene mit Backlogs.

Wie auf der Projektebene kann auch auf Portfolioebene mit diesem Instrument sehr effizient gearbeitet werden. Das Arbeiten mit Backlogs unterstützt im Wesentlichen den adaptiv-agilen Denk- und Kulturansatz. Wie Abbildung 4.53 aufzeigt, können Backlogs in einer agil geführten Organisation mit den über- und untergeordneten Backlogs in Abstimmung gebracht werden. Für das Koordinieren im Sinne des Abhängigkeitsmanagements sind die Verbindungen von Portfolio-Backlog mit den Projekt-Backlogs respektive den daraus erstellten Projektplanungen auf der Projektportfolioebene von grosser Wichtigkeit. Das Backlog auf Portfolioebene wird genau gleich geführt wie ein Produkt-Backlog, nur sind die Portfolio Backlog

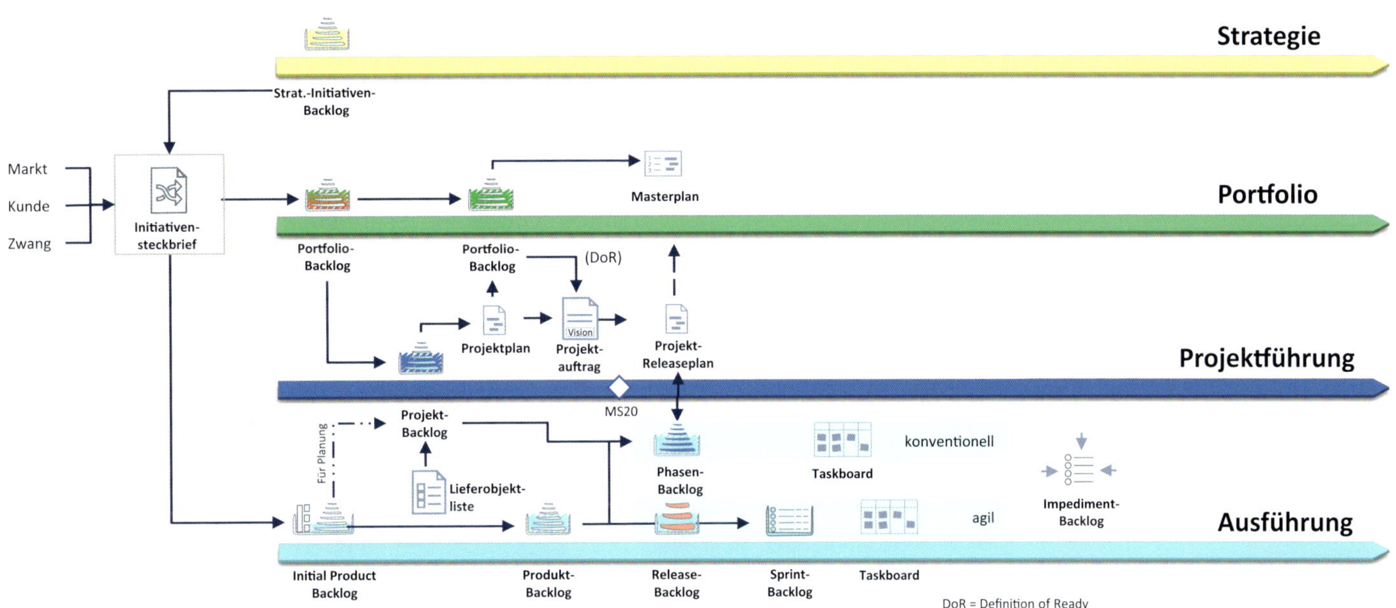

Abb. 4.53: Backlogs als Grundlage für ein effizientes Abhängigkeitsmanagement

Items in der Granularität Needs und/oder Initiativensteckbriefe vorhanden.

Portfolio-Backlog «Vorhaben»

Im Portfolio-Backlog «Vorhaben» werden alle dem PMO gemeldeten Initiativen wie Initiativensteckbriefe und/oder Needs als Portfolio Backlog Items aufgenommen, welche aus den vier definierten Eingangskanälen (Kunde, Markt, Strategie, Pflicht) von unterschiedlichen Stakeholdern eingegangen sind. Im Grundsatz ist es kein eigenes Backlog. Das Portfolio-Backlog «Vorhaben» enthält noch nicht bewertete Einträge (siehe Kapitel 4.2.2) im Sinne des «Product Backlog Refinement Flow».

Portfolio-Backlog

Wurden die eingegangenen Initiativen bewertet und als realisierbar eingestuft, erhalten sie den Status «bewertetes Vorhaben». Das heisst, sie sind in Needs unterteilt und hinsichtlich Kundennutzen und Umsetzungsaufwand soweit möglich geschätzt. Hieraus werden im Projektportfolioprozess die Initial Product Backlogs und/oder Projektaufträge abgeleitet. Das Portfolio-Backlog wird auf Basis der vom Unternehmensmanagement festgelegten strategischen Ziele, der internen Governance sowie rechtlicher Vorgaben für das taktische Bilden des PP-Masterplans genutzt (siehe Kapitel 4.2.3).

Die Backlogs auf der Führungs- und Ausführungsebene werden im Kapitel 5.8 erläutert.

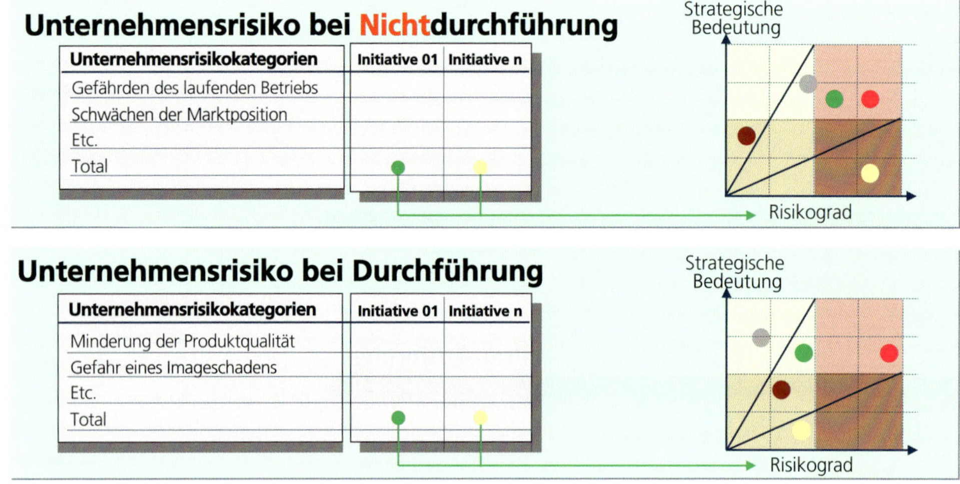

Abb. 4.54: Risikobeurteilung der Initiative bezüglich Durch- und Nichtdurchführung des Projekts

4.3.4 Risikomanagement

Beim Projektstart sind für das Projektportfolio vor allem die Risiken aus der Makroperspektive relevant, die nicht direkt in die operative Abwicklung der Projekte und Programme eingreifen (Wirkungsrisiken). Hierunter fallen z.B. politische und ökonomische Risiken, Risiken mit einer langfristigen strategischen Wirkung und sogenannte «Klumpenrisiken». Das Management muss sich bei einem Vorhaben darüber im Klaren sein, welche Risiken die Umsetzung des Produkts, des Systems oder der Dienstleistung nach Projektende beinhalten, und es muss sich ebenso vor Augen halten, welche Risiken es eingeht, wenn es dieses Projekt nicht umsetzt.

Abwicklungsrisikokategorien **Bewertung: Initiative A F02-01**	Eintrittswahrscheinlichkeit (EW)	Auswirkungsgrad (AG)	Gefährdungsklasse	Wirkungsbereich	Änderungsnotwendigkeit (N)	Änderungsaufwand (A)	Änder.-grad A*N = R	Kosten
R1. Stakeholderrisiko	3	2	B	T, A	4	2	8	50'000
R2. Anforderungsrisiko (Qualität)	1	3	A	L, K	3	4	12	80'000
R3. Innovationsrisiko	1	1	C	L	2	2	4	25'000
R4. Politische Risiken (Soft Factors)	3	2	B	T	3	5	15	120'000
R5. Lieferantenrisiko	1	2	B	T, K	3	3	9	40'000
R6. Zeitrisiko (Umsetzungszeit)	1	2	C	T, A	5	2	10	30'000
R7. Qualitätsrisiko	1	2	C	Q, L	4	1	4	10'000
R8. Sicherheitsrisiko	4	2	B	K	4	4	16	75'000
R9. Recht und Bewilligungen	1	2	C	T	3	3	9	50'000
R10. Infrastruktur-/Betriebsrisiko	2	2	B	L, A	4	2	8	70'000
Total	**18**	**20**			**35**	**28**	**95**	**550'000**

Gefährdungsklasse: A = Existenziell B = Schaden für Kernprozesse der Firma C = Finanzieller Schaden
Wirkungsbereich: A = Mehraufwand L = Leistungsreduktion K = Mehrkosten T = Terminverschiebung Q = Qualitätseinbusse

Abb. 4.55: Risikoerstbeurteilung (First Cut Risk Analysis) bezüglich Abwicklungsrisiken mittels Standardkatalog

Eine Risikobewertung bezüglich Durchführung und Nichtdurchführung ist ein zentrales Entscheidungskriterium für das Management. Welches Risiko haben wir, wenn wir die Initiative nicht umsetzen? Und welches Risiko haben wir, wenn wir die Initiative umgesetzt haben? Für eine solche Bewertung hilft ein standardisierter Risikokatalog des Unternehmens.

Wird die Projektumsetzung beschlossen, muss der zweite Risikoaspekt geprüft werden. Beim Projektstart im Teilschritt «Projektdefinition» wird mittels einer First-Cut-Risk-Analysis eruiert, welche Risiken bei der Abwicklung des Projekts auftreten können. Je nach Innovations- und Komplexitätsgrad des Vorhabens (siehe Kapitel 4.1.3.2) kann vom Management dafür ein Pauschalbetrag festgelegt oder, wie in Kapitel 4.2.2.3 aufgeführt, ein Betrag berechnet werden (Risikoreservebetrag). Diese vom designierten Projektleiter 5.0/Product Owner und dem PMO ermittelten Risiken werden vom Projektleiter 5.0 während der Projektabwicklung «bewirtschaftet».

Die dritte Aufgabe im Projektportfolio bezüglich Risikomanagement ist das Verifizieren und Verfolgen der von den Projekten gemeldeten Risiken und der Abgleich im Kontext der anderen Projekte. Diese Aufgabe wird dem PMO bzw. dem Projektportfolio-Board zugewiesen. Wie Abbildung 4.56 vereinfacht aufzeigt, kann z.B. das PMO die gemeldeten Risiken aus allen Projekten speziellen Themen (Risikokategorien) zuordnen und daraus Gruppenaspekte bewerten, z.B. Finanzrisiken über alle Projekte oder politische Risiken aller Projekte. Ausserdem sollten die Risiken

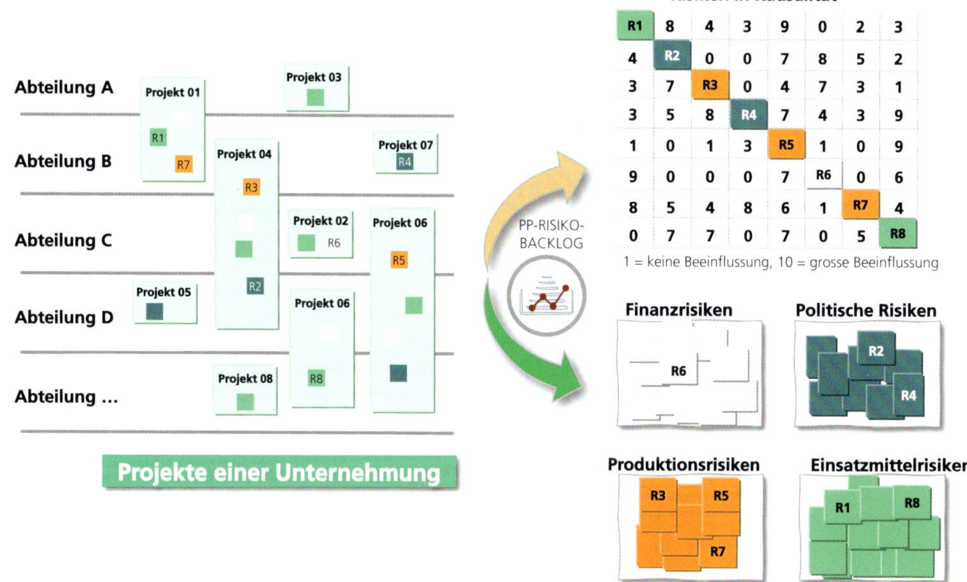

Abb. 4.56: Risikoanalyse aller Projekte auf Portfolioebene

bezüglich ihrer Kausalität zu den anderen Risiken analysiert werden.

Im adaptiven Projektportfoliomanagement wird ein eigens erstellter Risiko-Backlog geführt. Die Massnahmen sind als Backlog Tasks definiert und werden den Projekten, den Sprints, dem Management oder einer spezifischen Fachabteilung zugeteilt; ihre Ausführung wird monatlich kontrolliert.

4.3.5 Architekturmanagement

Um eine wirkungsvolle Architektur festzulegen, umzusetzen und auf der PPM-Ebene zu lenken, setzt ein Unternehmen idealerweise ein auf der Strategieebene unterstütztes, allge-

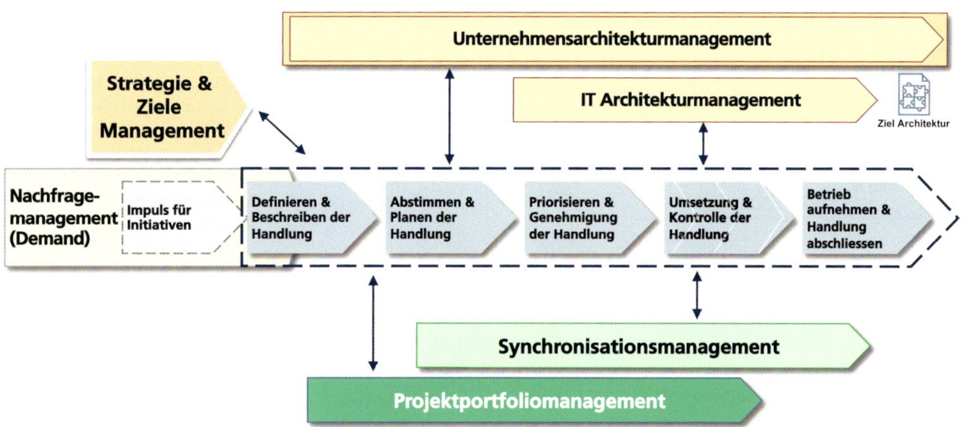

Abb. 4.57: EAM-Prozesse nach Sebis [SEB 2008]

mein gültiges Enterprise-Architektur-Standard-Rahmenwerk ein (siehe Kapitel 3.5.5). Allgemein bekannte Rahmenwerke sind Zachman Enterprise Architecture Framework oder TOGAF (The Open Group Architecture Framework).

Das Architekturmanagement einer modernen agilen Unternehmung stellt sicher, dass insbesondere die IT-Architektur respektive die Rahmenbedingungen für die Initianten und Entwickler verständlich und implementierbar sind. Das PMO erhält die Aufgabe zugewiesen, als Vermittler zwischen den Projektinitianten, dem Entwicklungsteam und dem Architekturteam zu agieren.

Das Architekturteam ist dafür verantwortlich, dass die Architektur als zentrales Produkt für alle Projekte im entsprechenden Mass zur Verfügung steht. Daher entwirft es einen Vorgehensplan (Architekturentwicklungsroadmap) für die mittel- und langfristige Weiterentwicklung der Technologielandschaft der Unternehmung, der die Servicestrategie einbezieht und innovative Technologien berücksichtigt. Daraus resultiert eine Zielarchitektur.

Aus Portfoliosicht besteht die zentrale Aufgabe des Architekturmanagements darin, die anstehenden und laufenden Projekte gemäss der projektüberlagerten Architekturentwicklungsroadmap auszurichten. Dabei gilt es, die folgenden Aufgaben wahrzunehmen.

Das Architekturteam ist für die Definition von Rahmenbedingungen und QS-Vorgaben verantwortlich und etabliert im Projektumfeld den entsprechenden Kontrollprozess. Es

- erstellt Architekturregeln, z.B. Überprüfung und Einsatz verbotener Frameworks oder Klassen, Überprüfung unerlaubter Layer-Übergriffe usw.
- fungiert einerseits als Reviewer für spezielle Projekt-Lieferobjekte und/oder bei den Quality-Gates.
- erstellt entsprechende Know-how-Dokumentationen und schult die Entwickler.
- managt allfällige Ausnahmeregelungen. Stellt sicher, dass diese auch dokumentiert werden.
- führt basierend auf Reports und Statistiken (z.B. durch automatische Analyse-Tools zur Überwachung, Testabdeckung und Sicherheitslücken) ein Monitoring der laufenden Projekte durch, um bei entsprechenden Architekturabweichungen Massnahmen einleiten zu können.
- Etc.

In der Regel wird die Zielarchitektur mit den neuen Projekten als eine Reihe von Übergängen entwickelt, um den geschäftlichen Wert und Nutzen so schnell wie möglich zu realisieren und das Risiko in einem Transformationsprogramm zu reduzieren. Jeder Übergang stellt einen Schritt in Richtung des Ziels dar und bietet eigenständige Geschäftsvorteile. Daher ist es wichtig, dass neue Projekte bezüglich der Zielarchitektur gespiegelt und überwacht werden.

Ideal ist es, wenn in jedem ICT-Projekt nach der vorgegebenen IT-Architekturstrategie entwickelt wird. Aber auch bei allen anderen Projekten macht es Sinn, sich nach der Unternehmensarchitektur auszurichten. Es kann auch sein, dass spezifische Architekturentwicklungs- oder -weiterentwicklungsinitiativen lanciert werden. Diese können in einem Projektportfolio gesondert geführt werden, da sie meistens keinen unmittelbaren Business Value erzeugen, längerfristig aber überlebensnotwendig sind (siehe Kapitel 4.4.3).

Die Anforderungen einer Vielzahl von Projekten führen auch immer zu neuen Anforderungen an die Unternehmensarchitektur. Sie können in die Architekturentwicklungsroadmap aufgenommen oder bewusst nicht aufgenommen werden. Dies führt entweder dazu, dass Anforderungen auf diese Weise nicht umgesetzt werden können oder dass Ausnahmen festgehalten werden, wo Projekte Rahmenbedingungen überschreiten. Die Verwaltung von Ausnahmen ist ebenfalls Aufgabe des Architekturmanagements.

Erfolgsfaktoren für eine konsequente Ausrichtung der Projekte auf die Unternehmensarchitektur sind vorhanden, wenn

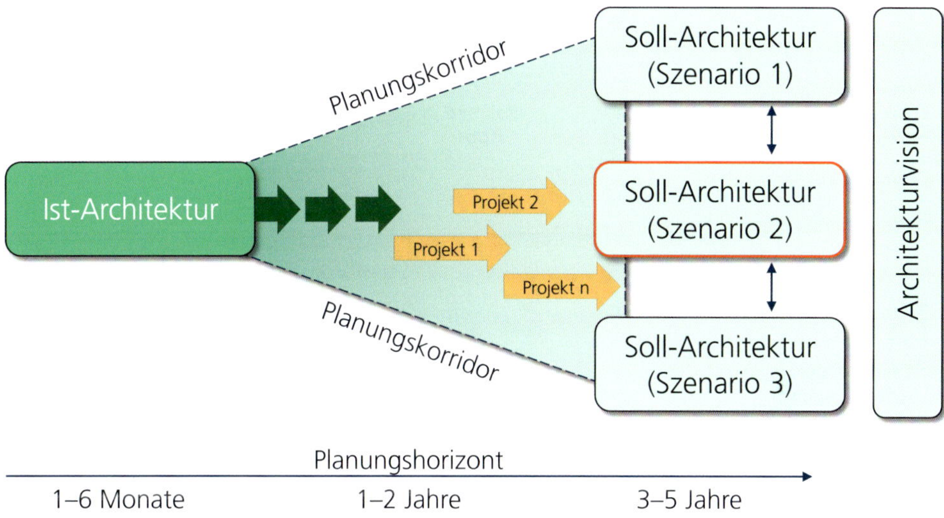

Abb. 4.58: Zielorientierte Entwicklung der Architektur [Ste 2009]

- der Lead-IT-Architekt ein Mitglied des Projektportfolio-Boards im Unternehmen ist (siehe Abbildung 4.08),
- es pro Projekt einen zuständigen IT-Architekten gibt, der sicherstellt, dass die Entwicklung der Projektarchitektur gemäss der Zielarchitektur erfolgt,
- die einzelnen Architekten sich als Mentoren für einzelne Sprints den Entwicklungsteams zur Verfügung stellen.

Richten sich aufgrund der erfolgreichen Umsetzung der Zielarchitektur mehr und mehr Informatiksysteme nach der zentralen Architektur aus, so macht es Sinn, dass das Projektportfoliomanagement auch mit dem Synchronisationsmanagement verknüpft wird. Dieses adressiert an das PP-Board Fragen im Zusammenhang mit auftretenden Interdependenzen, wenn zwei oder mehr Projekte dasselbe Informatiksystem aufgrund von geplanten Releases oder Sprints modifizieren.

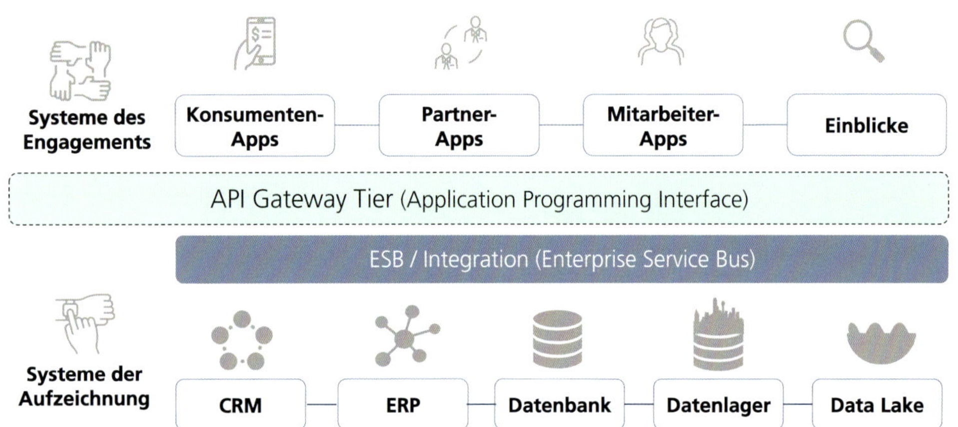

Abb. 4.59: Two-Speed-IT mit einem API Gateway [Anu 2016]

Wie in Kapitel 3.5.5 beschrieben, stehen die eher grösseren und traditionellen Unternehmen vor den Herausforderungen, einerseits grosse Embbeded-Systemwelten zu unterhalten, welche die Robustheit der Legacy sicherstellen, andererseits sollten sie der Entwicklungsdynamik des Marktes und der Innovation mit einfachen und schnell im Markt erscheinenden Produkten folgen können.

Das heisst: Diese Unternehmen müssen über eine IT-Architektur verfügen, welche diese Bedürfnisse zweier Geschwindigkeiten berücksichtigen kann. Dazu gilt es, eine Two-Speed-ICT-Strategie zu verfolgen, welche fähig ist, die Arten der SW-Systemwelten autonom zu gestalten und über ein entsprechendes Gateway miteinander zu verbinden.

Architektur ist das zentrale Produkt, von dem alle Produkte bzw. Projekte abhängig sind.

Eine durch das Projektportfolio-Board geförderte moderne IT-Architektur weist folgende Fähigkeiten und Eigenschaften auf [Bos 2014]:

- **Architektur mit zwei Geschwindigkeiten:** schnelles, kundenorientiertes Front-End-System neben einem robusten, transaktionsorientierten Back-End-System
- **Sofortige kanalübergreifende Bereitstellung von Funktionen:** neue Mikrodienste, die nur einen geringen Funktionsumfang definieren müssen, z.B. innert Stunden über alle Kanäle einsatzbereit sein.
- **Höchste Verfügbarkeit:** Es existieren Ausweichmechanismen, damit Probleme, die bei einem Dienst auftreten, den Gesamtbetrieb nicht mehr als nötig beeinträchtigen (Ziel = Ausfallzeiten verhindern).
- **Echtzeit-Datenanalyse:** Kunden generieren Daten mit jedem Schritt, den sie in einer App ausführen. Die Möglichkeit, diese Informationen in Echtzeit zu analysieren, kann dazu führen, dass die Analyse ein integraler Bestandteil der betrieblichen Prozesse und nicht nur eine eigenständige Funktion ist.
- **Einfache Prozesskonfiguration:** Geschäftsanwender sollten selbst in der Lage sein, automatisierte Prozesse zu ändern. So können sie beispielsweise unnötige Prozessschritte eliminieren, ohne dass ein IT-Entwickler zeitaufwendig codieren muss.
- **Produktfabrik:** Die digitalen Produkte müssen von den Prozessen entkoppelt sein.
- **Automatisierte Skalierung von ICT-Plattformen:** Im Idealfall kann ungeplante Last im Sinne einer Plattformunabhängigkeit auf andere ICT-Cloud-Plattformen verteilt werden. Dabei sind Mechanismen vorhanden, mit denen sichergestellt wird, dass bei einem Ausfall eines Anbieters andere die Arbeitslast übernehmen können.

- **Sichere Architektur:** In einem digitalen Geschäftsmodell muss die Cybersicherheit ein wesentlicher Bestandteil der Gesamtanwendung sein.

4.3.6 Value Management (Wertbeitragscontrolling)

Nach dem Ansatz des Strategic Value Managements auf der strategischen Ebene (Kapitel 3.5.6) erzeugen Projekte einen wichtigen, in die Zukunft gerichteten Mehrwert (Business Value, Geschäftswert). Von Projekten wird erwartet, dass sie ihren Auftraggebern einen Wert schaffen. Oder umgekehrt, der Auftraggeber muss in der Lage sein, den erwarteten Mehrwert eines geplanten Projekts konkret aufzuzeigen und zu kommunizieren. Bevor das Value Management näher beschrieben wird, soll kurz der Begriff «Geschäftswert» geklärt werden. Laut Duden ist der Geschäftswert der «über den substanziellen Wert hinausgehende [Mehr]wert eines Unternehmens o. Ä., der auf Verhältnissen wie Lage, Kundenstamm, Ruf, Erfolgsaussichten beruht».

Gemäss dieser Definition stellt er mehr als nur die Summe der materiellen und finanziellen Werte eines Unternehmens oder eines Projekts dar. Davon ausgehend wird klar, dass es unzählige Werte geben kann und dass für jedes Projekt ein eigenes Set an Werten wichtig sein kann. Deshalb sind die im Folgenden aufgeführten Werte nicht abschliessend, bieten aber für die meisten Projekte eine sehr gute Orientierung [Anlehnung an Wal 2021]:

- **Wirtschaftlichkeit (Wert):** Verhältnis zwischen dem Aufwand und dem daraus resultierenden Ertrag (bzw. Einsparung). Dieser Wert wird oft auch gerne den nachfolgenden sechs «nicht quantifizierbaren Werten» gegenübergestellt.
- **Marktposition:** Stärkung der Marktposition z.B. durch ein Angebot, das sich von den Mitbewerbern abhebt (Unique Selling Proposition).

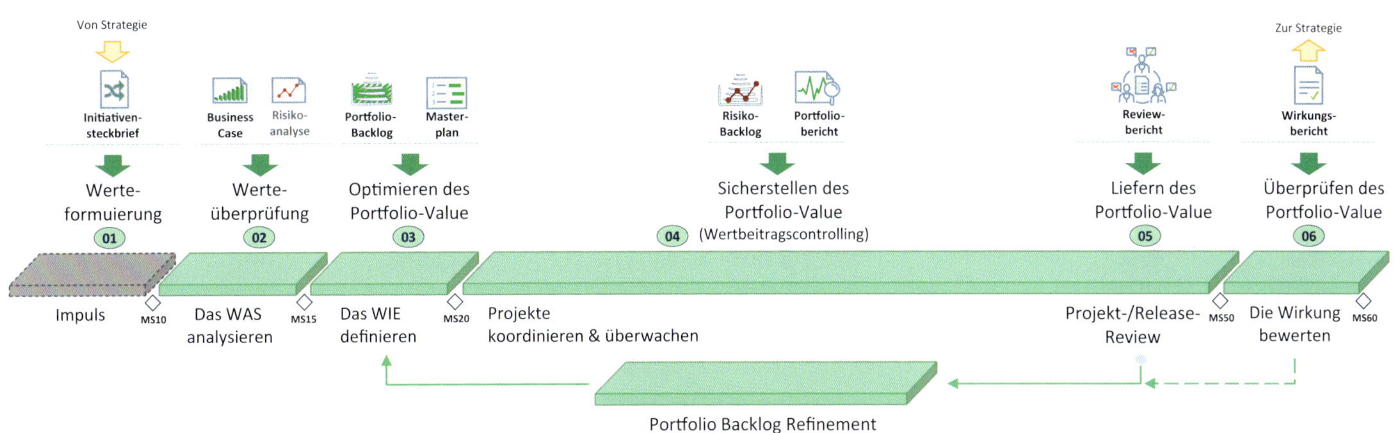

Abb. 4.60: Value Management auf Portfolioebene

- **Effizienzsteigerung:** Steigerung der organisatorischen Effizienz und damit letztlich Senkung der Betriebskosten
- **Kundennutzen (extern):** Dieser Wert beschreibt, inwieweit eine Anforderung oder eine Aufgabe dazu beiträgt, dass Kunden mit dem Produkt zufrieden sind und es weiter benutzen wollen bzw. werden. Dies vor dem Hintergrund, dass eine Neukundengewinnung um ein Vielfaches teurer ist als die Bewahrung von Bestandskunden.
- **Zukunftswert (Architekturbeitrag):** Dieser Wert beschreibt eine Investition in die Zukunft. Oft wird gerade durch solche Investitionen die Erreichung der anderen Werte in der Zukunft erleichtert. Die Investitionen verschlingen auf den ersten Blick erst einmal nur Geld, ermöglichen es dann aber, z.B. neue Angebote zu entwickeln, die letztlich eine Verbesserung der Marktposition nach sich ziehen.
- **Unternehmensrisiko:** Inwieweit senkt das Vorhaben die grössten fünf Unternehmensrisiken? Achtung – es könnte auch bewusst eine Erhöhung bewirken.

Abb. 4.61: Mögliche Struktur des Werteversprechens

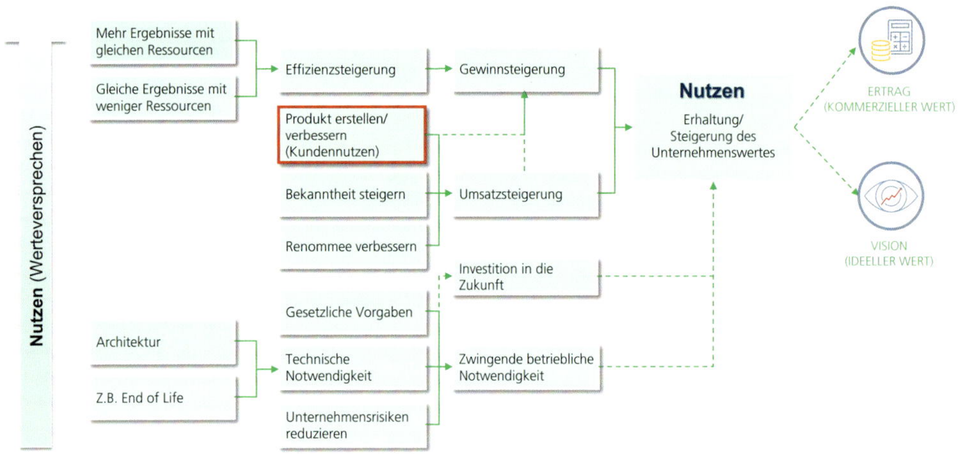

- **Strategiebeitrag:** Wie weit unterstützt der Beitrag eines Vorhabens die definierten priorisierten strategischen Ziele eines Unternehmens?

Das Value Management, auch Wertemanagement oder Benefit Management genannt, konzentriert sich in Projektportfolios insbesondere der agilen Welt auf die Maximierung aller definierten – d.h. nicht nur kommerziellen – Werte sowie auf die Identifizierung von zukünftigen Geschäftsaussichten aller laufenden und geplanten Projekte, also nicht nur auf das einzelne Projekt. Das Value Management verfolgt auf Projektportfolioebene somit das Ziel, dass die Investition die in der Strategie festgelegte erforderliche Rendite (Wertversprechen) durch die lancierten Projekte garantiert liefert.

Zu Beginn eines Projekts sollte der Auftraggeber seine Anforderungen als Kundenvertreter klar in den Mittelpunkt stellen und sich fragen: Was benötigt der Kunde (anstelle von «was wollen wir erreichen?»). Das Ergebnis dieses Denkansatzes fällt ähnlich aus wie bei einem konventionellen bzw. traditionellen Vorgehen – und doch ändert das konsequente Einnehmen der Kundenperspektive die Einstellung der Projektumsetzenden. Je besser die Wünsche des Kunden erfüllt werden, umso höher sollte auch der Unternehmenserfolg ausfallen.

Aus Sicht des Portfolios ist das Value Management ein geeigneter Ansatz der Priorisierung. Die Priorisierung von Business-Backlog-Items wie Initiativensteckbriefen kann mit folgenden wertebasierenden Priorisierungstechniken erfolgen:

Absolute Bewertungstechniken

- Pay-back-Periode: Zeitpunkt, an dem der quantifizierbare Nutzen das erste Mal höher ist als die kumulierten Kosten
- NPV (Net Present Value): Wert, der unter Berücksichtigung von Verzögerungskosten und Zinseffekten durch die Fertigstellung eines Items erzielt werden kann

Relative Bewertungstechniken

- BVI Business Value Index: NPV, dividiert durch Gesamtkosten über eine bestimmte Periode
- CoD (Cost of Delay): Kosten, die durch Verzögerung entstehen würden, oder
- WSJF (Weighted Shortest Job First): relative Einschätzung, welches Backlog Item schneller Business Value und Feedback generiert

Wie aufgezeigt, können diese Techniken in absolute und relative Bewertungsansätze unterteilt werden. Sie können «entweder oder» bzw. «sowohl als auch» eingesetzt werden. Prozessmässig wird das Value Management im Portfoliomanagement mittels mehrerer Schritte/Aufgaben umgesetzt. Die wichtigsten Schritte des Projekt-Lebenszyklus in Bezug auf das Value Management sind in Abbildung 4.60 vereinfacht aufgezeigt und nachfolgend beschrieben:

01) Werteformulierung (Impuls): Egal, aus welcher Quelle eine Initiative stammt, der Initiant muss den Mehrwert ins Zentrum stellen. Stammt die Initiative aus der Strategie, muss ein qualitativer BSC oder OKR-Bezug hergestellt sein. Stammt sie aus einem Zwang, wie z.B. infolge einer Anpassung an die neue Gesetzgebung, so muss eine relative Bewertung erfolgen. Die Identifikation der Wirkung kann in Potenzialeigenschaften und eine operative Wirkungsebene unterteilt werden.

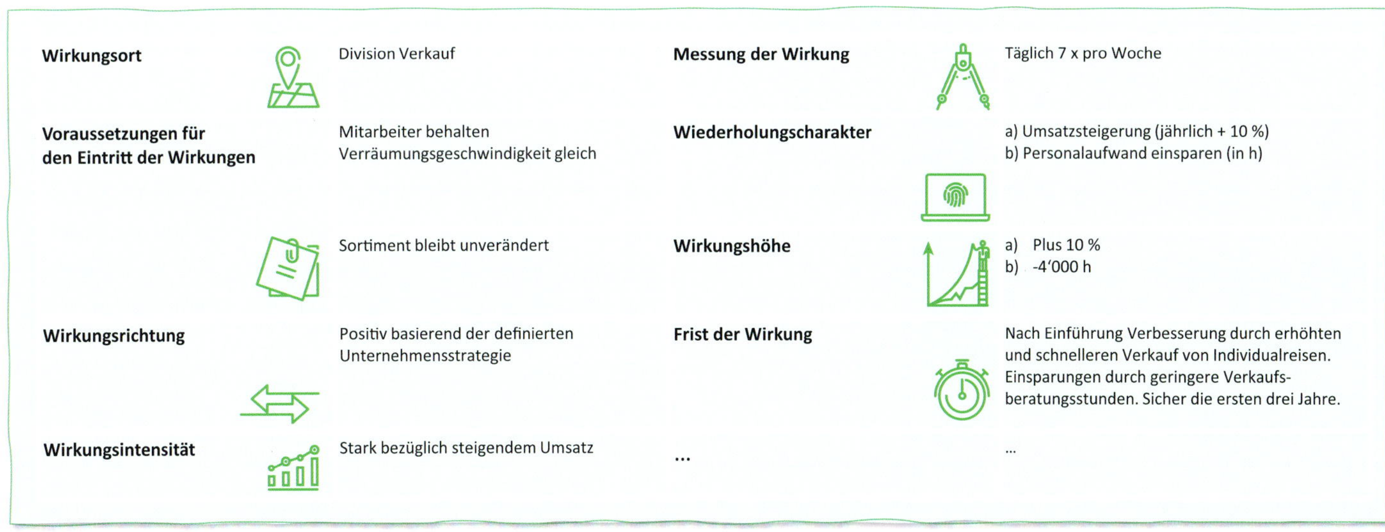

Abb. 4.62 Beispielhafter Wirkungssteckbrief in Anlehnung an [Schü 2019]

02) Werteprüfung der eingereichten Initiativen: Hat es eine Initiative bezüglich der «Aufnahmeformalitäten» in das Themen-Backlog geschafft, so gilt es, allenfalls mittels Erstellen eines Business Case, der Durchführung einer Opportunitätsbewertung und/oder einer Projektrisikobewertung genauere Angaben bezüglich Wert zu erhalten. Das heisst, es ist zu klären, welcher Wert zu welchem Preis und in welcher Zeit durch das Abwickeln des Vorhabens zugunsten des Projektportfolios erzeugt werden kann. Um ein wirkungsvolles Wertbeitragscontrolling insbesondere bei agilen Vorgehen zu praktizieren, ist ein Wirkungssteckbrief sehr hilfreich. Nach der erfolgreichen Wirkungsidentifikation und Quantifizierung der Wertbeiträge ist eine projektübergreifende Abstimmung über die zu erzielenden Wertebeiträge sinnvoll.

03) Optimieren des Projektportfolio-Value: Die im vorhergehenden Prozessschritt bezüglich Business Value aufbereiteten einzelnen Initiativen werden durch verschiedene Abwicklungsszenarien unter Berücksichtigung aller noch laufenden Projekte geprüft. Dabei soll eruiert werden, welches Szenario dem Unternehmen in welchem Zeitzyklus am meisten Mehrwert generiert (Wertmaximierung). Es geht dabei auch darum, festzulegen, wie das Portfolio den Portfolio-Value sicherstellen kann und welche Ressourcenkapazitäten dazu benötigt werden.

04) Sicherstellen des Portfolio-Value: In diesem Schritt des Wertbeitragscontrollings (WBC) ist der Status des Einzelprojekts sowie der Status des gesamten Projektportfolios bezüglich Business Value zu überprüfen. Es sind entsprechend die notwendigen Massnahmen einzuleiten, damit dieser Value auch erreicht werden kann. Dabei gilt es auch, die Risiken zu erheben und zu analysieren, welche den angestrebten Value gefährden könnten.

05) Liefern des Portfolio-Value: In diesem Schritt gilt es, beim Abschluss eines jeden Projektabschlusses sicherzustellen, dass der definierte Value pro Projekt erwirtschaftet werden kann – unmittelbar bei Projektabschluss, aber sicher bis zum definierten Zeitpunkt von Meilenstein 60 (Wirkungsüberprüfung).

06) Überprüfen des Portfolio-Value: In zyklisch durchgeführten Retrospektiv-Meetings (z.B. alle 6 Monate) ist, losgelöst vom Einzelprojekt, die gesamte Projektportfolio-Abwicklung bezüglich des erreichten Portfolio-Value (Wertbeitrag) konstruktiv kritisch zu hinterfragen; es sind im Sinne der Valuelernenden Organisation entsprechende Optimierungsmassnahmen einzuleiten.

Ein erfolgreich angewendetes Value Management zeigt sich bei Meilenstein 60 (Kapitel 4.2.5). Bis zu diesem Zeitpunkt muss der effektiv erbrachte Wert einer umgesetzten Initiative gemessen werden können. Der Zeitpunkt MS60 wird projektspezifisch jeweils vom Management gesetzt. Wurde zu Beginn eines Projektes ein sogenannter Wirkungssteckbrief erstellt (Abbildung 4.62), so vereinfacht dies die Messung des Mehrwerts bei MS60 beträchtlich.

4.4 Praktiken auf der Projektportfolioebene

Analog zu den anderen Ebenen gibt es auch auf der Projektportfolio- beziehungsweise Lenkungsebene Praktiken und Methoden, die je nach Reifegrad und Grösse des Unternehmens eingesetzt werden können, um das agile, adaptive Lenken von Projekten zu unterstützen. Im Folgenden werden einige ausgewählte Praktiken und Methoden erläutert.

4.4.1 Kneten einer Initiative

Wie in Kapitel 4.2.2.2 beschrieben, muss eine «Knetphase» mit einem interdisziplinären, temporär zusammengesetzten Team gestartet werden, wenn der Sachverhalt einer Initiative nicht klar ist. Dieses erhält einen konkreten «Knetauftrag» (Initialauftrag).

Das Vorantreiben und Klären kann gemäss Abbildung 4.64 in Form eines zeitlich begrenzten Auftrags, eines kleinen Vor- oder Pilotprojekts, eines Sprints oder Rapid Learning Cycles (für physische Produkte geeignet) unter der Leitung des Product Owners oder des designierten Projektleiters 5.0 abgewickelt werden. Je nach Zielsetzung kann daraus ein einfacher Prototyp, ein kleines Produktkonzept, ein Business Case, eine Story-Map, ein Initial Product Backlog und wenn möglich ein Initial-Projektplan resultieren. Der Prozess sollte so lange dauern, bis dem Management eine Basis für die Entscheidung vorgelegt werden kann (vgl. Kapitel 4.2.2.1, «Abstraktionsprüfung»). Das «Kneten» kann weitestgehend auch mit dem Projektabwicklungsprozess «Initiierung» gleichgesetzt werden (Kapitel 6.2.1).

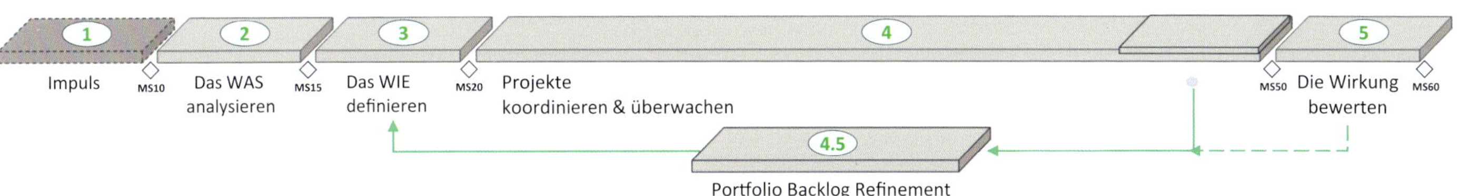

Abb. 4.63: Agile Praktiken auf Projektportfolioebene

Abb. 4.64: «Knetprozess», eingeschoben zwischen den Schritten «Initiativen aufnehmen» und «Initiativen bewerten»

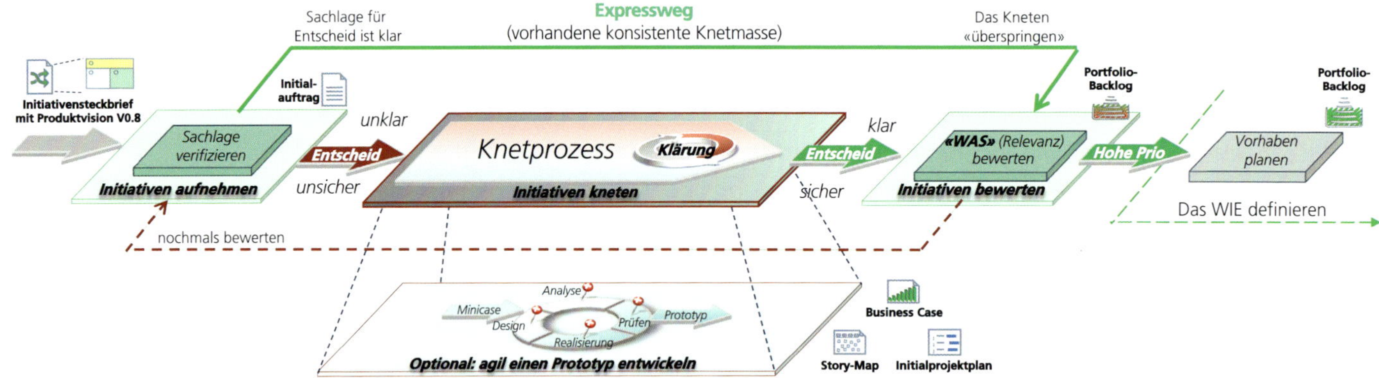

Was heisst nun «kneten»? Unklarheiten in Bezug auf die Interpretation einer Initiative (z.B. «wir erstellen die bedienungsfreundlichste Onlineplattform der Branche»), von Abhängigkeiten, Einflussgrössen, Zielsetzungen, Anforderungen, Fähigkeiten und technischen Möglichkeiten etc. müssen mittels eines gezielten «Knetens» geklärt werden. Das bedeutet: Die betroffenen Komponenten müssen bezüglich Management- und Lösungsmerkmale so lange von verschiedenen Seiten betrachtet, diskutiert und analysiert werden, bis dem Management Entscheidungssicherheit für eine erfolgreiche Abwicklung der Initiative gegeben werden kann. Dies ist je nach Unternehmens- oder Führungskultur zu einem unterschiedlichen Zeitpunkt der Fall. Ein mutiges Management entscheidet schneller, ein vorsichtiges Management möchte möglichst alle Unbekannten eliminieren. Beide Herangehensweisen haben Vor- und Nachteile.

Die Initiative in der Tiefe «kneten», bis das Management entscheiden kann.

Beim «Kneten» einer Initiative (Initiativensteckbrief) gilt es, unter anderem Folgendes zu klären:

- **Scope:** Was soll systemlogisch zum Vorhaben gehören und was nicht, welche Organisationseinheiten und Schlüsselpersonen betrifft es und welche nicht etc.
- **Anforderungsanalyse:** Basierend auf dem definierten Projektscope und der Zielsetzung (Impact-Map), muss allenfalls eine entsprechende Anforderungsanalyse durchgeführt und ein Anforderungskatalog (Initial Product Backlog) mit entsprechenden Epics erstellt werden.
- **Lösungsweg/-ansatz:** Ist das lösungsbezogene WIE noch vollständig unbekannt und/oder bestehen bezüglich der Abwicklungsrisiken Unsicherheiten, kann z.B. mit Sprints ein einfacher Prototyp oder ein grobes Lösungskonzept erstellt werden. Unklarheiten zum lösungsbezogenen WIE können sein:
  - technische Machbarkeit
  - wirtschaftliche Machbarkeit
  - taktische Machbarkeit etc.
- **Charakter der Initiative:** Eine Initiative hat einen Abwicklungs- und einen Wirkungscharakter (siehe Kapitel 4.4.4). Diese Angaben werden in der «Knetphase»

erarbeitet. Sie sind wichtige Aspekte für die Entscheidungen des Managements, sowohl beim Start als auch während der Projektabwicklung.

- **Akzeptanz:** Die Initiative muss so lange «geknetet» werden, bis sie von allen Beteiligten verstanden wird. Dazu braucht es eine verständlich formulierte und nachvollziehbare Produktvision mit definierten Zielen, klarer Abgrenzung (Scope), Lösungsweg etc. Sind die wichtigsten Merkmale einer Initiative geklärt, ist eine gute Basis für die Akzeptanz der Entscheidungsträger gegeben (politische Machbarkeit).
- **Zerlegen:** Mit dem «Kneten» wird auch das Ziel verfolgt, kleinere inkrementelle Teilstücke mit Mehrwert zu identifizieren, die dem Unternehmen in der Summe einen guten Mehrwert bringen. Im agilen Sinn bedeutet das, aus grossen Initiativen entsprechende Needs auszuschneiden. Die Needs sind qualifizierte Portfolio-Backlog-Items, die wiederum in Epics unterteilt werden können (siehe Abbildung 4.15). Sie werden einzeln bezüglich Business Value und Aufwand, allenfalls mittels einer TTM-Matrix, bewertet und priorisiert. In der Folge werden sie in das Portfolio-Backlog aufgenommen. Damit ist, wie in Abbildung 4.65 aufgezeigt, die Grundlage geschaffen, um Projekte oder Releases / Programm Icrements (PI) zusammenzustellen.
- **Abwicklungsart:** Für das Vorhaben ist, wenn möglich, die Abwicklungsart zu definieren (konventionell, hybrid, agil).
- **Vorgehen:** Zusammen mit den Punkten «Anforderungsanalyse», «Zerlegen» und «Charakter der Initiative» wird ein erster Entwurf des Initial-Projektplans (Kapitel 6.3.2) oder Produkt-Releaseplans erstellt (Kapitel 5.7). Letzterer hilft auf der Portfolioebene als Planungsgrundlage beim Erstellen des PP-Masterplans.

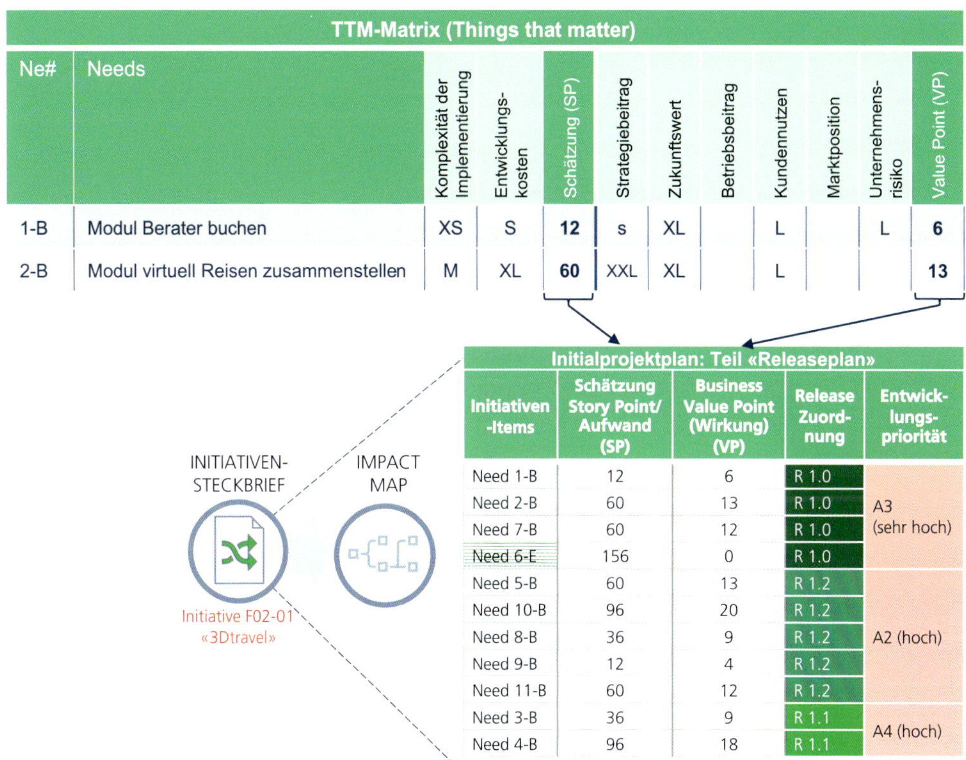

TTM-Matrix (Things that matter)

Ne#	Needs	Komplexität der Implementierung	Entwicklungs-kosten	Schätzung (SP)	Strategiebeitrag	Zukunftswert	Betriebsbeitrag	Kundennutzen	Marktposition	Unternehmens-risiko	Value Point (VP)
1-B	Modul Berater buchen	XS	S	**12**	s	XL		L		L	**6**
2-B	Modul virtuell Reisen zusammenstellen	M	XL	**60**	XXL	XL		L			**13**

Initialprojektplan: Teil «Releaseplan»

Initiativen -Items	Schätzung Story Point/ Aufwand (SP)	Business Value Point (Wirkung) (VP)	Release Zuord-nung	Entwick-lungs-priorität
Need 1-B	12	6	R 1.0	A3 (sehr hoch)
Need 2-B	60	13	R 1.0	
Need 7-B	60	12	R 1.0	
Need 6-E	156	0	R 1.0	
Need 5-B	60	13	R 1.2	A2 (hoch)
Need 10-B	96	20	R 1.2	
Need 8-B	36	9	R 1.2	
Need 9-B	12	4	R 1.2	
Need 11-B	60	12	R 1.2	
Need 3-B	36	9	R 1.1	A4 (hoch)
Need 4-B	96	18	R 1.1	

Abb. 4.65: Eine Initiative, zerlegt in Themen-Items und bezüglich Business Value bewertet und priorisiert

- **Risikoklasse der Projektabwicklung:** Wie in Kapitel 4.3.4 «Risikomanagement» beschrieben, gilt es, die Risiken der Projektabwicklung zu erheben und eine Risikoklassifizierung durchzuführen.

Es wurde bewusst auf dieser Stufe mit Needs und nicht wie z.B. bei SAFe von Epics gesprochen, da Epic kein standardisierter Begriff für alle Projektarten ist (z.B. Bauprojekte). Aus Sicht des Autors trefft Needs im Sinne von Bedürfnissen auf alle Projektarten zu.

4.4.2 Wave Planning auf der Projektportfolioebene

Da der Wandel der Umwelt immer dynamischer wird, müssen die Unternehmen zu einer rollenden, quartalsweise getakteten 12-Monats-Planung, sprich rollierenden Planung, übergehen (siehe PPB-Meeting). Der geplante Zeitabschnitt wird dabei rollierend verschoben, bleibt aber immer konstant. Bei dieser Planung wird die nächste festgelegte Periode (12 Monate) soweit als möglich detailliert geplant, die folgenden vier Jahre werden aber nur grob festgelegt. Dieses Vorgehen ist für die Führungskräfte motivierend, da es auf den jeweils aktuellen Geschäftsgeschehnissen basiert und realitätsnah ist.

Bei der rollierenden Portfolioplanung wird alle drei Monate z.B. in einem Zweitages-Workshop (PI-Planning-Meeting gemäss SAFe) eine ausführliche Planung vorgenommen. Dabei wird die Jahresplanung vom jeweiligen Workshop ausgehend immer mit + 12 Monate (Detailplanung) und für 2 bzw. für das Projektportfolio idealerweise 3 Jahre (Grobplanung) geführt. Ein solcher Workshop kann im Kern fünf grosse Traktanden beinhalten:

Was sind die neuen strategischen Themen oder mussten gewisse bereits beschlossene strategische Themen korrigiert werden?

- Welche anderen Initiativen aus den Quellen Pflicht, Markt und Kunde drängen sich für eine Realisierung auf?
- Wie können die neuen Initiativen in sinnvolle Teile (Needs) segmentiert und als Projekt/Release in den PP-Masterplan aufgenommen werden (siehe Kapitel 4.3.3)?
- Was für Abhängigkeiten bestehen unter den laufenden Projekten, den neuen Initiativen und Needs (siehe Kapitel 4.3.3)?
- Bei welchen Initiativen oder segmentierten Themen bilden wir mit welchen Experten ein «Knetteam» (siehe Kapitel 4.4.1)?

Der in vielen Unternehmen übliche jährliche Budgetprozess wird durch die rollierende Planung abgemildert (siehe Abbildungen in Kapitel 4.3.1, «Kostenmanagement»).

Mit Blick auf eine realistische Masterplanung ist dieses Vorgehen sinnvoll, denn bei steigendem Geschäftserfolg können quartalsweise weitere Projekte gestartet werden, bei nicht erwartungsgemässem Geschäftserfolg dagegen können quartalsweise gewisse Projekte gestoppt, verzögert, verkleinert oder aufgegeben werden.

Je volatiler das Business ist, desto wichtiger wird dieser Planungsansatz. Aufgrund dieses Ansatzes wird sich nicht nur die Planungskultur im Unternehmen, sondern auch das Vertragsregelwerk in Bezug auf die Projektlieferanten stark verändern. Es kann – wie erwähnt – sehr gut sein, dass bereits gestartete Projekte aufgrund eines stark veränderten Geschäftsgangs (Verschiebung von Umsätzen oder Kosten) oder Geschäftsumfelds vorübergehend angehalten oder abgebrochen werden müssen. Das heisst nichts anderes, als dass dem Projektlieferanten gekündigt werden muss, wenn dies z.B. vertraglich vorgesehen wurde, bzw. die Konsequenzen getragen werden müssen.

4.4.3 Portfolio-Kanban

In einem Portfolio-Kanban können anstehende Themen in einer einfachen Art und Weise in Form von Needs geplant, priorisiert und überwacht werden. Diese einfache Visualisierung erhöht die Sichtbarkeit der laufenden und anstehenden Arbeiten für alle Beteiligten. Zudem hilft sie, den Produktentwicklungsprozess auf die Unternehmensziele verbessert auszurichten. Ein Portfolio-Kanban ist ein wirkungsvolles Instrument, um strategische Entwicklungsentscheide zu fällen. Es kann für folgende Zwecke eingesetzt werden [Cob 2015]:

- Macht Verzögerungen der strategischen Geschäftsinitiativen (kommende Business-Needs) vollständig sichtbar.

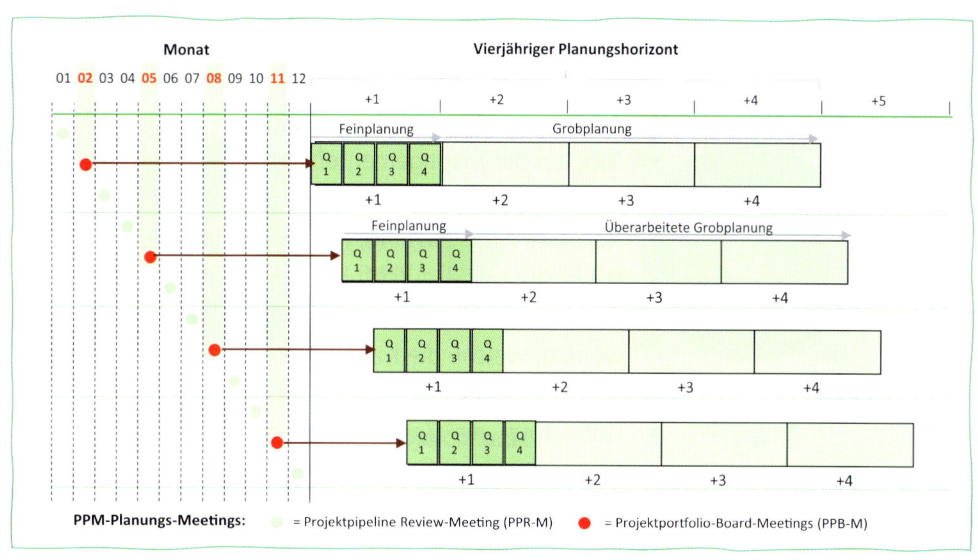

Abb. 4.66: Rollierende PP-Planung in Anlehnung an [Rat 2014]

Abb. 4.67: Agiles Portfolio-Kanban-Board, unterteilt in unterschiedliche Entwicklungsstreams

Abb. 4.70: Klassifikation in Bezug zu anderen Projekten (A4 = sehr komplex, mit sehr grosser Wirkung)

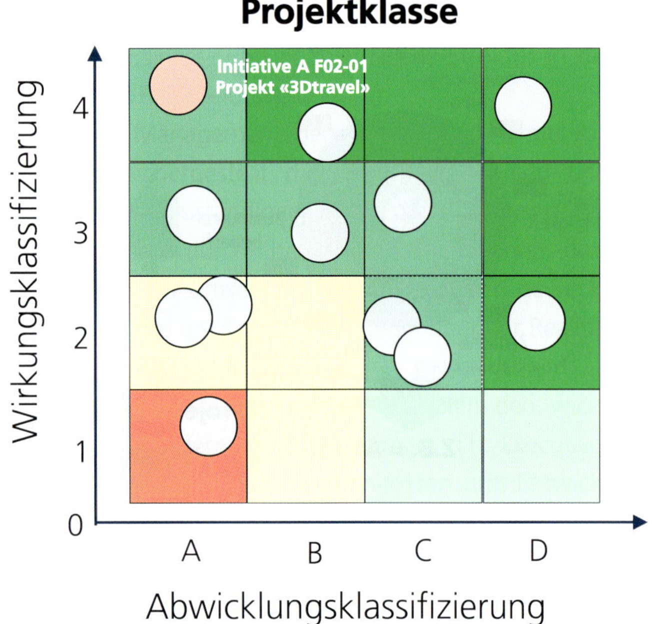

Abb. 4.71: Ableiten der Projektklasse

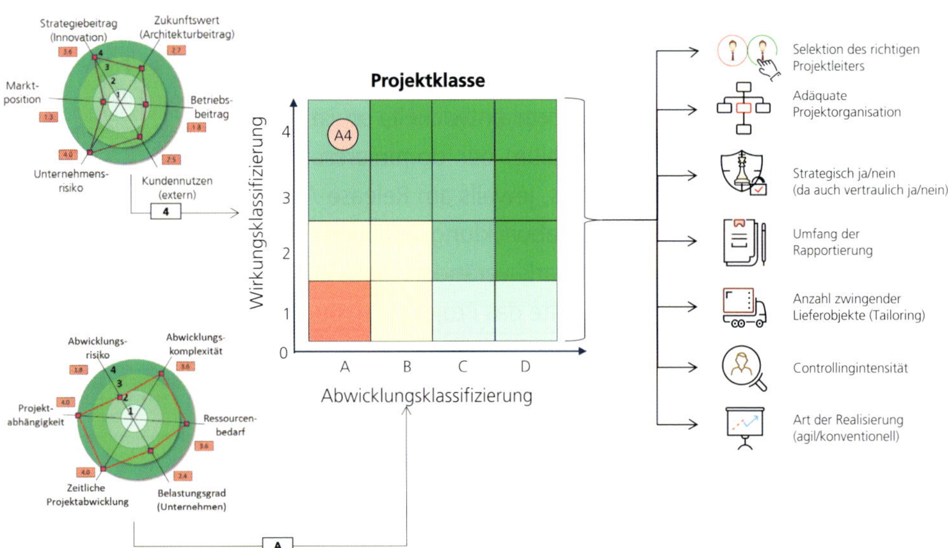

strument, um das Tailoring zu skalieren (Leanansatz, siehe Kapitel 5.2).

Werden die Veränderungen der beiden Charaktere im monatlichen Projektstatusbericht (PSB) anhand von Grafiken aufgezeigt, so erkennt das Management diese meist schleichende Charakterveränderung sehr einfach.

Entscheidend ist nicht, welche Charakterisierungsachsen und somit welche Projektklassifizierung angewendet wird, sondern dass im Unternehmen jede involvierte Person die Bedeutung der Klassifizierung kennt. Ziele der Projektklassifizierung sind:

- Die Transparenz bezüglich der Projektklassen über alle Projekte für das Projektportfolio-Board bzw. die projektverantwortlichen Linienvorgesetzten zu erhöhen;
- eine klassengerechte Anpassung der Projektabwicklung bezüglich Instrumente und Lieferobjekte;
- Prioritätsentscheide, Empfehlungen und Korrekturen aufgrund harter Kriterien vergleichbar und nachvollziehbar zu machen;
- die Anforderungen an die Projektleitung zu kennen.

4.4.5 Skalieren mit der Projektklasse

Wie in Kapitel 4.4.4 erläutert, ist es nicht entscheidend, welche Klassifizierung angewendet wird, sondern dass jede involvierte Person im Unternehmen die Bedeutung der Klassifizierung kennt. Neben der Priorisierung der Projekte auf Portfoliostufe ist es das Ziel der Projektklassifizierung, in der Skalierung eine klassengerechte Anpassung der Projektabwicklung bezüglich Instrumente, zwingende Lieferobjekte, Art der Rapportierung etc. zu erreichen (siehe Abbildung 4.71). Das heisst, dass die Klassifizierung eine ganz klare Wirkung auf wichtige Projektkomponenten hat und somit ein zentrales Instrument für das adaptive Projektmanagement ist. So müssen beispielsweise für ein Projekt der Klasse D nicht alle Projektführungs- und Projektausführungslieferobjekte erstellt werden. Es ist auch möglich, dass ein kleines Projekt nur einen Auftraggeber hat, wogegen grosse A-Projekte ein Projektsteuerungsgremium (PSG) aufweisen. Wichtig ist es daher, jeweils die entsprechende Projektklasse zu erwähnen, wenn man von einem Projekt spricht. So bekommt der Begriff Projekt im jeweiligen Kontext die richtige Bedeutung. Aufgrund der Projektklasse können folgende Skalierungen vorgenommen werden:

- Fähigkeit des Projektleiters, sei es in seiner Seniorität oder aber auch in Bezug auf die agile Erfahrung (Projektleiter 5.0)
- Intensität des externen Projektcontrollings
- Entscheid, ob strategisch bzw. nicht strategisch und ob vertraulich bzw. nicht vertraulich
- Gezielte Form der Projektorganisation und managementmässigen Unterstützung
- Umfang des Rapportierens
- Anzahl der zwingend zu erstellende Lieferobjekte
- Etc.

4.4.6 Cost of Delay und WSJF für Projektpriorisierung

Die Bewertung der Verzögerungskosten (Cost of Delay) und die daraus resultierende Priorisierung nach dem relativ kürzesten Auftrag (Weighted Shortest Job First, kurz WSJF) sind zwei Praktiken, die sich zur Steuerung strategischer Projekte bewährt haben.

Das Bewusstsein für Verzögerungskosten ändert sich in der Regel dann, wenn klar und transparent nachvollzogen werden kann, was Verzögerungskosten sind und wie diese zustande kommen. Die Idee dahinter ist, die Auswirkungen unterschiedlicher Liefertermine auf das finanzielle Endergebnis zu berechnen. Verzögerungskosten gibt es immer. Sie sind nicht schlimm; ideal ist es, wenn sie so tief wie möglich sind [Sch 2019].

Die Ursache von Verzögerungskosten liegt meistens darin, dass man gerade noch etwas anderes bearbeitet und keine Möglichkeit hat, mit der neuen Arbeit anzufangen. Das

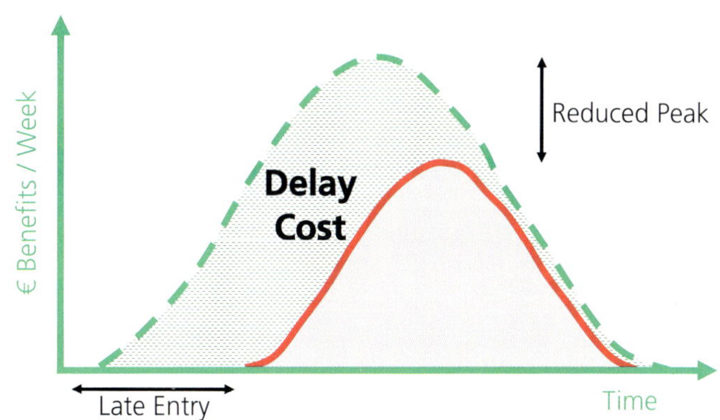

Abb. 4.72: Cost of Delay von Joshua Arnold [Sche 2012]

$$WSJF = \frac{\text{+ Customer Value + Business Value + Wert-Rückgang + Risiko Reduktion + Ermöglichung von Chancen}}{\text{+ Personalaufwand (FTE) + Komplexität Implementierung + Externe Sach-/Entwicklungskosten}}$$

Nr.	Initiative / Projekt	User / Customer Value	Business Value	Wert Degression	Risk Reduction	Opportunity Enablement Value	Cost of Delay / Wert	Interne FTE	Komplexität der Implementierung	Entwicklungskosten / Sachkosten	Job Size	Weighted Shortest Job First (WSJF)
	Gewichtung	20%	20%	20%	20%	20%	100%	40%	30%	30%	100%	100
P02567	Pauschwelt „Produkt Weltreise+„	5	4	3	4	5	4,2	4	5	6	4,9	**0,9**
P03547	Virtuelle 3D Onlineplattform «3Dtravel»	8	3	5	6	7	76,2	4	3	5	4	**19,1**
P74659	Digitales Produkteportfolio aufbauen	5	9	4	3	2	54,8	1	4	5	3,1	**17,7**
P87498	Reorganisation Digitalisierung	4	5	3	4	2	29,8	2	3	4	2,9	**10,3**
P74458	Reise-Flash AG Hauptsitz, Umbau	4	3	7	5	9	60,4	4	3	5	4	**15,1**
F98746	Sponsoring "EM 2024"	4	5	2	3	4	66,8	5	6	3	4,7	**14,2**
P74732	Jahreskatalog Folgejahr	8	2	4	1	0	13	1	1	2	1,3	**10,0**
F79487	Rollout digitaler Client Schalter «New OP»	4	7	4	3	2	21,2	2	3	4	2,9	**7,3**

Cost of Delay mit relativen Werten berechnet

Wightest Shortest Job First (WSJF) mit relativen Werten berechnet

Abb. 4.73: Cost of Delay und WSJF mit gewichteten und relativen Werten auf Portfolioebene berechnet

geplante Objekt (Needs, Maschine, Produkt) oder die umzusetzende Anforderung bleibt einfach liegen und wartet auf die Umsetzung.

«Dringend» und «wertvoll» sind zwei sehr unterschiedliche Dinge. Nur weil etwas dringender ist als etwas anderes, heisst das nicht unbedingt, dass wir es zuerst tun sollten – oder überhaupt! Durch die monetäre Berechnung der Verzögerungskosten können Alternativen objektiver gegeneinander abgewogen werden, etwa um zu entscheiden, welche Option wir verfolgen möchten oder in welcher Reihenfolge wir sie angehen.

Abbildung 4.73 zeigt, wie die Cost of Delay mit relativen Grössen (1–10) von unterschiedlich gewichteten Values berechnet werden kann. Der höchste Wert ist aus Value-Sicht der beste.

Weighted Shortest Job First (WSJF) ist eine Abarbeitungsstrategie, um die Verzögerungskosten möglichst gering zu halten. Um den Wert festzulegen, kann z.B. der Ansatz von Joshua Arnold von Black Swan Farming genommen werden. Er beschreibt den Wert, basierend auf dem CD3-Ansatz «Cost of Delay Divided by Duration». Die Formel wie in Abbildung 4.73 lautet [Arn 2012]:

$$WSJF = \frac{CostofDelay}{Job}$$

5 Wichtige Themen des adaptiven Projektmanagements

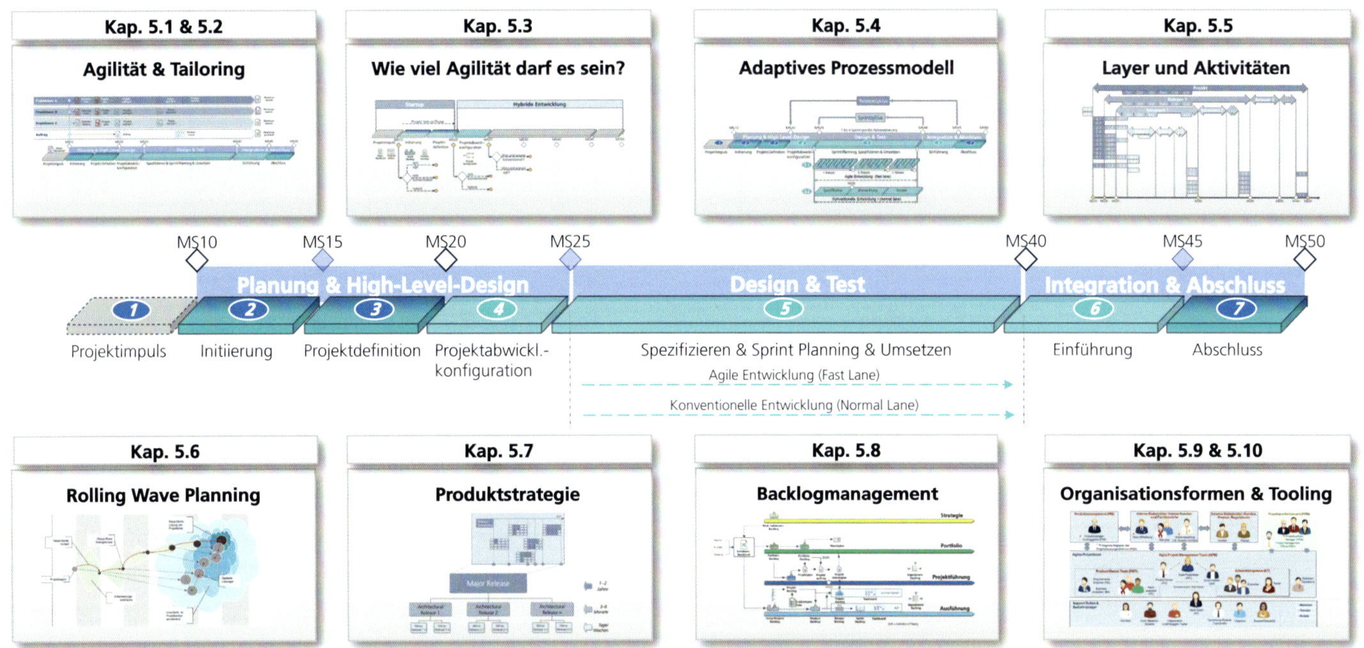

Agil und/oder konventionell – dieser Entscheid allein reicht heutzutage nicht mehr aus: Es wird ein adaptiver Abwicklungsprozess in Form eines adaptiven Lebenszyklus benötigt, der flexibel reagieren kann. Um dies bewerkstelligen zu können, muss der gesamte Projektabwicklungszyklus kritisch auf Flexibilität überprüft werden.

In diesem Kapitel werden acht wichtige Elemente des Projektmanagements thematisch analysiert und methodisch so zusammengesetzt, dass eine möglichst hohe Flexibilität in der Projektabwicklung ausführbar wird. Für ein wirkungsvolles adaptives Projektmanagement wird eine professionelle PM-Kultur vorausgesetzt, die mit den modularen PM-Elementen im pragmatischen Sinn umgehen kann.

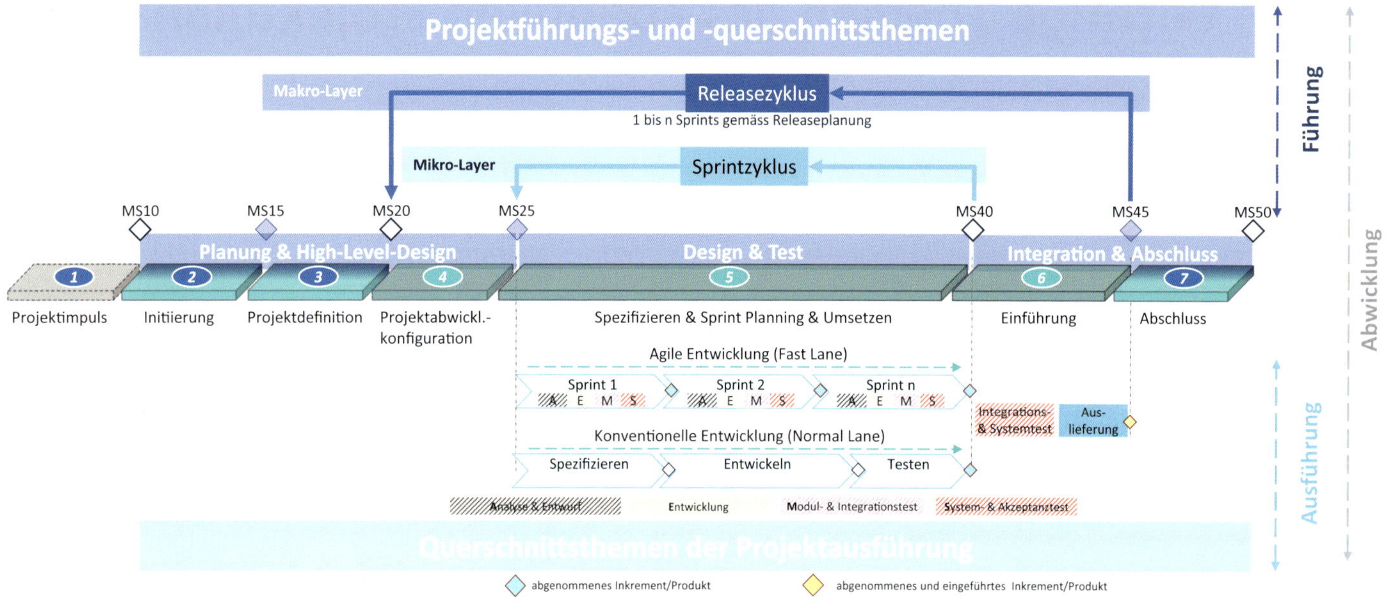

Abb. 5.01: Hybrides Phasenmodell – das agile mit dem konventionellen Durchführen kombiniert

5.1 Einleitung

Unternehmen, die neben der Digitalisierung, sprich ICT-Projekten, auch weitere Vorhaben umsetzen, müssen mehrere Projektabwicklungsmodelle beherrschen. Selbst in der ICT gibt es Variationen: In vielen Unternehmen müssen nach wie vor grosse Brownfield-Projekte abgewickelt werden. Dabei werden bestehende Produkte und Services verändert, die vom Kunden schon genutzt werden und seit Jahren oder gar Jahrzehnten im Einsatz sind. Diese müssen nicht selten in ein komplexes Embedded-Umfeld integriert werden – d.h., neben modernen Scrum-Grundlagen und agilem Vorgehen sind z.B. auch die Besonderheiten des komplexen Zusammenspiels von Hard- und Software, von der Planung bis zum Test, zu berücksichtigen. Möglichst schnell und agil ein Produkt auf den Markt zu bringen, ist nur eine mögliche Art des professionellen Projektmanagements in Unternehmen.

Mit dem Two-Speed-PM-Abwicklungsmodell lassen sich grosse und kleine agile, konventionelle wie auch hybride Vorhaben abwickeln.

Um die Herausforderung verschiedener Projektarten, Umgebungen und Geschwindigkeiten zu meistern, benötigt man ein hybrides Two-Speed-Abwicklungsmodell, das vielfältige Agilitätsvarianten ermöglicht. Ein solches Modell unterstützt agiles wie auch konventionelles Vorgehen und steht im Zentrum der adaptiven Projektabwicklung bzw. des adaptiven Projektmanagements (APM). Das Modell wird in Kapitel 5.4 genauer beschrieben.

Wie Abbildung 5.01 zeigt, lässt sich der gesamte Abwicklungsprozess in Impuls, drei Planungs- und High-Level-

Desing-Phasen sowie im agilen Sinn in zwei Zyklusebenen unterteilen. Dieser Ansatz bietet, zusammen mit dem in Kapitel 5.5 beschriebenen adaptiven Layermodell (Aktivitätenmodell), ein an alle Bedürfnisse und Situationen adaptierbares Prozessmodell. Für ein erfolgreiches, hybrides Two-Speed-Vorgehen wird jedoch nicht nur ein anpassungsfähiges Abwicklungsmodell benötigt. Es gilt, noch weitere wichtige Themen zu berücksichtigen, die adaptiv eingesetzt werden können:

Tailoring: Das Festlegen von Projektart und -klasse bildet den effizienten, abgestimmten Leistungsrahmen. Darauf basierend lassen sich auf Führungs- und Ausführungsebene die zwingenden und notwendigen Lieferobjekte eines Projekts bestimmen (siehe Kapitel 5.2).

Agilitätsgrad: Das Klären der Frage, was in einem Projekt agil und was konventionell umgesetzt werden soll, führt zum Bewusstsein, wie effektiv im Sinne des Business Value die Agilität eingesetzt werden kann (siehe Kapitel 5.3).

Adaptives Abwicklungsmodell: Das adaptive Abwicklungsmodell ist die zentrale Voraussetzung dafür, dass ein Unternehmen seine Projekte einerseits prozessmässig auf Projektart und -klasse abstimmen und andererseits dennoch alle Projekte, egal welcher Art und Klasse, auf der Portfolioebene steuern kann (siehe Kapitel 5.4).

Adaptives Aktivitätenmodell: Wie die Prozessschritte des Abwicklungsmodells müssen auch die Aktivitäten, basierend auf einem Layermodell (Projekt, Release, Inkrement, Sprint und Story), layerbezogen auf die Bedürfnisse zugeschnitten werden können (siehe Kapitel 5.5).

Agiles Planen: Agiles und somit rollierendes Planen (Wave Planning) in adaptiven, agil geführten Projekten ist ein weiterer Erfolgsfaktor, um auf die sich laufend ändernden Bedürfnisse eingehen zu können (siehe Kapitel 5.6).

Evolutionäre Produktstrategie: Adaptiv mit einem im Unternehmen vorhandenen Gesamtproduktkonzept umzugehen, heisst, Produktstrategien sowohl nach konventioneller wie auch agiler Vorgehensmethode umsetzen zu können (siehe Kapitel 5.7).

Backlogmanagement: Für eine Business-Value-bezogene agile Entwicklung genügt es nicht, isoliert mit einem Product Backlog zu arbeiten. Um den im Projektportfoliomanagement umzusetzenden unterschiedlichen Projekten gerecht zu werden, braucht es mehrere aufeinander abgestimmte Backlogs (siehe Kapitel 5.8).

Rollen und Organisation: Ganz entscheidend für eine erfolgreiche Projektabwicklung ist die Fähigkeit, eine Organisation aufzubauen, die konventionell wie auch agil zu erstellende Teile nach einem hybriden Ansatz umsetzen kann (siehe Kapitel 5.9).

Adaptives agile Tooling: Unter «Agile Tooling» wird die Produktauswahl und -zusammenstellung zur Abwicklung von adaptiv geführten Projekten zusammengefasst. Analog zum konventionellen PM kann das Ergebnis je nach Projektcharaktertyp stark variieren (siehe Kapitel 5.10).

5.2 Tailoring

Adaptives PM heisst, konsequent einen Prozessstandard anzuwenden, der im Sinne der professionellen Effizienz auf die Situation zugeschnitten werden kann. Zwei wichtige Aspekte eines wirkungsvollen Tailorings sind die Projektart und die Projektklasse.

Adaptiv heisst nicht, dass jeder seine eigene Terminologie verwenden kann.

5.2.1 Festlegen der Projektart

Die verschiedenen Projektarten, vielfach historisch und branchenbezogen eingefärbt, stellen in organisatorischer wie entwicklungstechnischer Hinsicht unterschiedliche Anforderungen an die Projektabwicklung. Sie unterscheiden sich beispielsweise bezüglich Terminologie und insbesondere der eingesetzten Techniken.

So werden bei einem Reorganisationsprojekt keine Schaufeln und Pickel wie bei einem Bauprojekt benötigt, obwohl auch dort alte Strukturen eingerissen und neue Prozesse aufgebaut werden müssen.

Je nach den umzusetzenden Initiativen existieren in einem Unternehmen unter anderem folgende Projektarten:

• Sanierungsprojekte	• Ausführungsprojekte
• Integrationsprojekte	• Informatikprojekte
• Wartungsprojekte	• Ausbildungsprojekte
• Querschnittsprojekte	• Marketingprojekte
• Entwicklungsprojekte	• Infrastrukturprojekte
• Bauprojekte	• Veranstaltungsprojekte
• Organisationsprojekte	• Forschungsprojekte

Da in Unternehmen oder bei grossen Vorhaben selten nur eine Projektart vorhanden ist, ist es wichtig, möglichst über alle Projektarten hinweg die gleiche Basisterminologie zu verwenden und eine einheitliche (homogene) Projektabwicklung zu verfolgen. Dadurch können die verschiedenen Projekte auf Projektportfolioebene aus einer übergeordneten Perspektive gesteuert werden (siehe Kapitel 4.1.3.1, Abbildung 4.05). Mit einer möglichst homogenen Projektterminologie wird erreicht, dass sich alle Beteiligten, egal welcher Fachrichtung, unternehmensweit leichter miteinander verständigen können. Gerade beim adaptiven Abwicklungsmodell ist die Projektterminologie insbesondere auf der Ebene der Projektführung enorm wichtig. Solche Standards dürfen allerdings die charakteristischen Eigenschaften einer Projektart nicht unterdrücken.

Aufgrund der Vielfältigkeit der Projektarten in einem Unternehmen macht es somit Sinn, nicht nur bezüglich Terminologie, sondern auch mit Blick auf die Lieferobjekte, Methoden und Techniken sowohl die Projektführung (siehe Kapitel 6) wie auch die Projektausführung (siehe Kapitel 7) separat zu betrachten bzw. klar voneinander zu trennen. Lässt sich die Projektführung bezüglich Terminologie, Lieferobjekte, Methoden und Techniken noch in etwa überall gleich handhaben, so ist dies bezüglich der Projektausführung fast unmöglich: Ein Greenfeld-Ansatz oder ein Blueprint ist bei einem SAP-Integrationsprojekt definitiv etwas anderes als bei einem Bauprojekt. Dagegen dürfte ein Phasenbericht oder ein Statusbericht bei beiden Projektarten gleich heissen und auch gleich strukturiert sein.

5.2.2 Projektklasse und Lieferobjekte

Wie Abbildung 5.02 zeigt, ist es nicht immer zwingend, bei einer Projektklasse alle Dokumente oder Lieferobjekte (LO) zu erstellen, die in einem Unternehmens-PM-Leitfaden aufgeführt sind (siehe Kapitel 4.4.4 und 4.4.5). Bei einem C-Projekt beispielsweise müssen auf Projektführungsebene zwingend der Projektplan, der Projektauftrag, die Statusberichte und der Abschlussbericht erstellt werden. Die Erstellung aller anderen LO hängt von der jeweiligen Situation ab.

Das heisst, in Abgrenzung zur Projektausführung muss die Projektführung Ergebnisse liefern, die einerseits die geordnete Abwicklung des Projekts sicherstellen und andererseits – ausgehend von der Projektklasse – genügend Transparenz in das Projekt bringen (Abbildung 5.03). Welche Lieferobjekte zwingend erstellt werden müssen, hängt somit von der Projektklassifikation ab.

In Abgrenzung zur Projektführung hingegen muss die Projektausführung mehrheitlich Lieferobjekte erstellen, die direkt oder indirekt mit dem zu erstellenden Projektprodukt zusammenhängen. Das Erstellen der Hauptlieferobjekte der Projektausführung hängt dabei hauptsächlich von der Projektart und Projektabwicklungsart ab.

Abb. 5.02: Zwingende Projektführungslieferobjekte

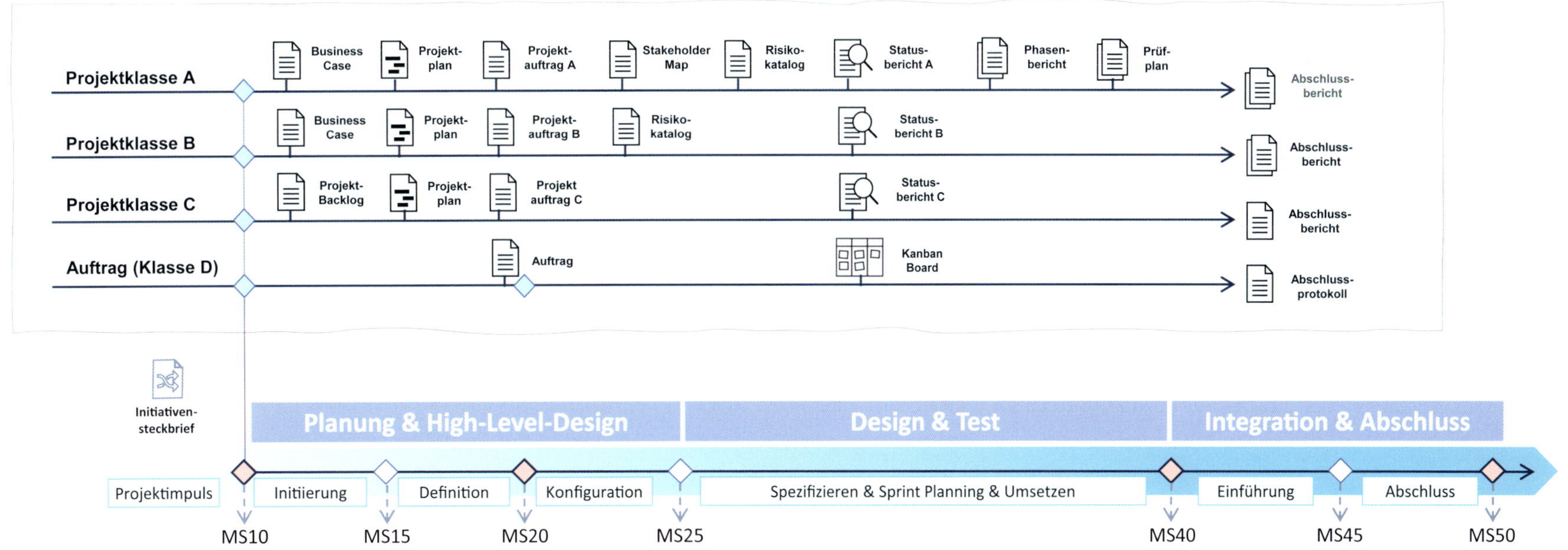

m = muss, g = gekürzt , o = optional	**Projektklasse**			
Lieferobjekte	**D**	**C**	**B**	**A**
Anforderungskatalog (Produkt Backlog)	m	m	m	m
Projekt-Backlog (Abwicklungslieferobjekte)	m	m	m	m
Business Case	o	g	m	m
Einführungsantrag	m	m	m	m
Fach-/Businesskonzept	g	g	m	m
Phasenbericht	o	g	m	m
Projektauftrag	m	m	m	m
Projektplan/Releaseplan	g	m	m	m
Projektabschlussbericht	m	m	m	m
Prüfplan	o	o	g	m
Realisierungsantrag	g	m	m	m
Risikokatalog	o	o	g	m

Abb. 5.03: Tailoring der Lieferobjekte

Beim Lieferobjekt-Tailoring werden im Projektmanagement-Leitfaden aufgeführte Tätigkeiten und Lieferobjekte, die für ein bestimmtes Projekt nicht relevant sind, gestrichen. Damit wird gewährleistet, dass der Aufwand für jedes Projekt situationsgerecht ausfällt.

5.3 Wie viel Agilität darf es sein?

Je nach Projektart und deren Realisierungseinheiten kann nicht immer agil entwickelt werden. Im Tunnelbau macht es zum Beispiel keinen Sinn, wenn jeweils nach 30 Tagen die neu gebohrten Meter für den Kunden freigegeben werden. Gleichzeitig wächst der Softwareanteil in einzelnen Produktkomponenten bei der Entwicklung von Maschinen in der Industrie, aber auch in Branchen wie Bau oder Gesundheit, rasant. Die Art des zu erstellenden Produkts und die Zielumgebung, in die es eingebettet wird, ist für den Einsatz eines agilen Vorgehens entscheidend. Oft gilt jedoch nicht ein Entweder-oder, sondern ein Sowohl-als-auch: Insbesondere bei grossen Vorhaben gibt es in der Praxis kaum rein agile, sondern meist hybride Projekte. Wie Abbildung 5.04 zeigt, ergeben sich – nach Ausschluss der beiden Extremvarianten 01 und 05 – viele Varianten eines für die Problemstellung idealen Hybridmodells.

Es ist wichtig festzuhalten, dass agiles Entwickeln immer ein für den Endkunden anwendbares Inkrement mit entsprechendem Mehrwert zur Folge haben sollte. Wird – wie vielerorts derzeit – eine Spezifikation in mehreren Sprints erstellt, so ist dies bestenfalls ein Arbeiten mit agilen Methoden, aber keinesfalls agiles inkrementelles Entwickeln.

Die Mischung von agilem und konventionellem Vorgehen macht in einem Unternehmen oftmals sehr viel Sinn – und zwar nicht nur, wenn sich die Organisation im Transformationsprozess von konventionell zu agil befindet. Unternehmen oder grössere Organisationen haben eine Fülle von Projektarten, die sie abdecken müssen. Die einen können vollständig agil sein, andere müssen in konventioneller oder kombinierter, also hybrider Form umgesetzt werden. Nur ein variantenreiches, gekonntes «Spielen» auf diesem Vorgehensklavier ermöglicht den Unternehmen ein Bestehen in der heute herausfordernden VUCA-Welt.

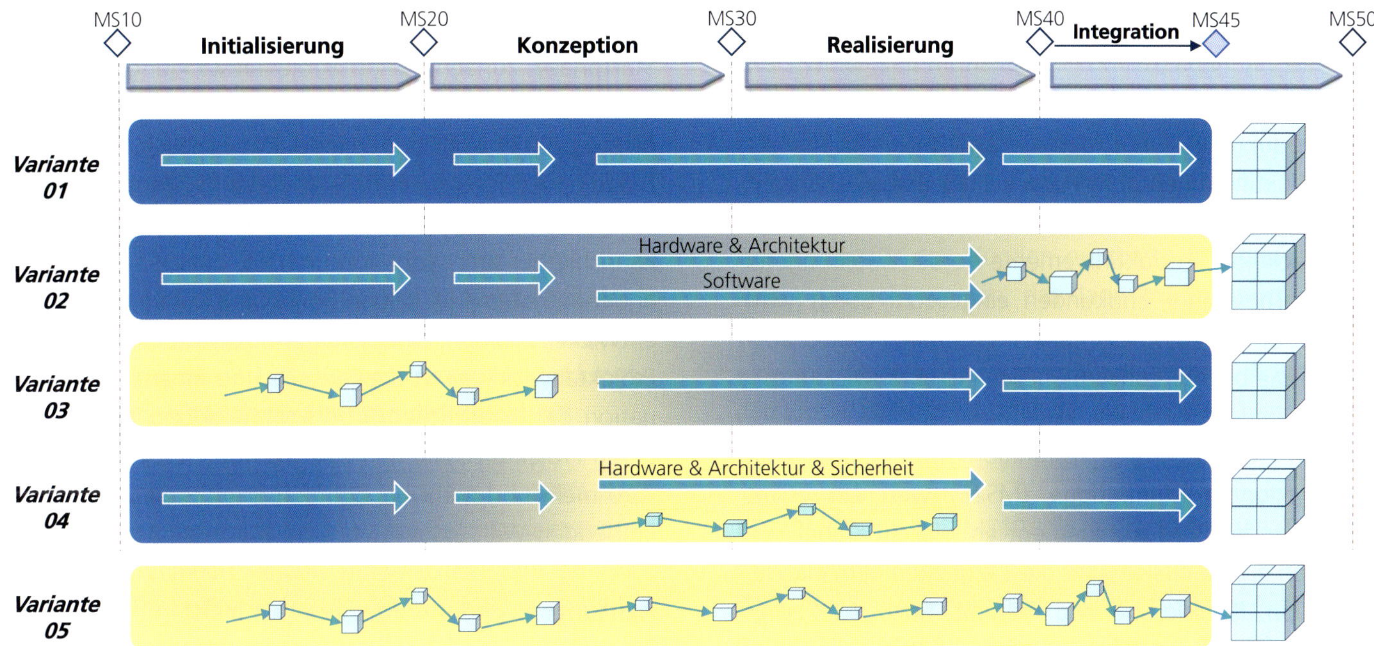

Abb. 5.04: Verschiedene Varianten der Projektabwicklung – konventionell, hybrid, agil

5.3.1 Projektabwicklungsarten

Wie in Kapitel 2.2.4 ausgeführt, kann ein Projekt auf unterschiedliche Arten abgewickelt werden. Ein wesentlicher Faktor für die Wahl der Abwicklungsart ist die Eignung des zu erstellenden Produkts. Grundsätzlich kann zwischen den im Folgenden beschriebenen Abwicklungsarten unterschieden werden.

Rein konventionelle Projektabwicklung

Die konventionelle Projektabwicklung zeichnet sich dadurch aus, dass immer das Gesamtprodukt im Fokus steht bzw. Artefakte zum Gesamtprodukt erstellt werden. Diese Artefakte – es handelt sich dabei typischerweise um Dokumente wie z.B. Fachkonzeption, technische Konzeption oder Spezifikation etc. – werden Schritt um Schritt verfeinert. Erst nach einer entsprechenden Prüfung (meist bei einer Meilensteinabnahme) wird die nächste Verfeinerungsstufe in Angriff genommen. Zuletzt wird das Produkt gebaut und geprüft und als Gesamtes eingeführt.

Die konventionelle Projektabwicklung eignet sich einerseits für Produkte, die nicht aus nutzbringenden Produktinkrementen aufgebaut werden können, sondern nur als Ganzes einen Nutzen bringen. Andererseits kommt sie auch für Produkte infrage, bei denen die Anforderungen sowie der Weg für die Umsetzung klar und bekannt sind.

einem Initial Backlog und einem Initial-Projektplan unterlegt werden. Damit lässt sich festlegen, ob das Vorhaben agil, konventionell oder nach hybridem Ansatz umgesetzt werden soll.

MS25: Konnte aufgrund der konzeptionellen Grundlage des Business Case oder der Machbarkeitsstudie bei MS20 noch nicht über die Projektabwicklungsart entschieden werden, so gilt es, bei MS25 auf Basis des erstellten Projektkonzepts endgültig festzulegen, wie viele und welche Teile bzw. Artefakte des Vorhabens agil (iterativ, inkrementell) bzw. konventionell (sequenziell, parallel) entwickelt werden sollen.

5.3.3 Wahl der Abwicklungsart aufgrund der Stacey-Matrix

Ralph Douglas Stacey von der Hertfordshire Business School in Grossbritannien forschte bezüglich der Frage, wann agiles Vorgehen und wann konventionelle Modelle angesagt sind. Aus dieser Forschungsarbeit entstand die Stacey-Matrix.

Gemäss Stacey [Sta 2014] ist die horizontale Achse die WIE-Achse. Sie steht für die Frage, wie bekannt der Lösungsweg ist, um das bestmögliche Ergebnis zu erzielen. Vertikal hingegen sehen wir die WAS-Achse. Sie steht für die Ziele, die erreicht werden sollen, und die Anforderungen, die die Problemlösung erfüllen muss.

Abb. 5.06: Die Stacey-Matrix, kombiniert mit dem Cynefin-Modell zur Entscheidungsfindung [Kra 2010]

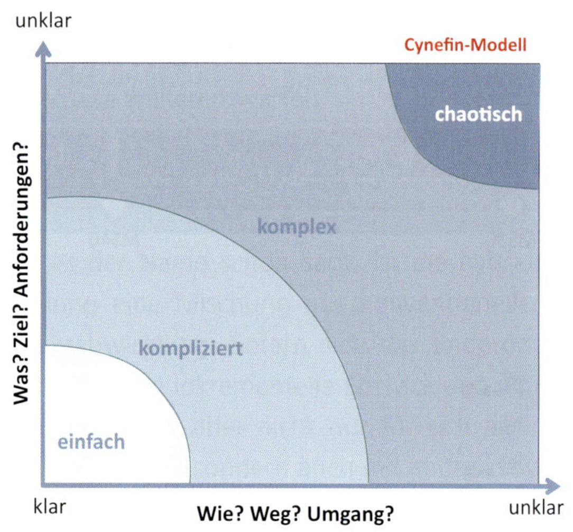

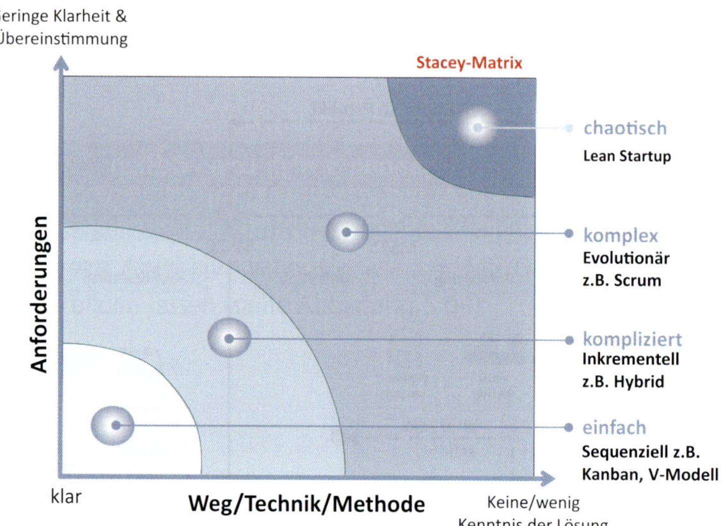

Bei einem Projekt oder Vorhaben können sowohl die zu erreichenden Ziele als auch der bestmögliche Weg mehr oder weniger klar oder unklar sein. Faschingbauer [Fas 2017] kombinierte die Stacey-Matrix mit dem Cynefin-Modell von Dave Snowden, das bei der Entscheidungsfindung helfen soll, welches Abwicklungsmodell wann angewendet werden kann. Der Stacey-Matrix zufolge ist eine (Management-)Entscheidung einfach,

- wenn ausser dem Ziel (und den Lösungsanforderungen) auch der Weg dorthin klar ist. Dann ist folgendes Handeln angesagt: anschauen, einordnen, ableiten, reagieren.
- Sind jedoch das WAS und/oder das WIE teilweise unklar, wird es kompliziert. In diesem Fall empfiehlt sich folgendes Vorgehen: anschauen, analysieren, reagieren.
- Und was passiert, wenn neben den Zielen (und/oder Lösungsanforderungen) auch der Weg dorthin unklar ist? Dann ist die Entscheidungsfindung komplex. Es empfiehlt sich folgendes Vorgehen: probieren, anschauen, reagieren, erneut probieren, anschauen, reagieren usw. – also in iterativen Schleifen arbeiten, um sich allmählich dem Ziel, das oft noch nicht definitiv feststeht, zu nähern.
- Chaotisch wird die Entscheidungsfindung, wenn sowohl Ziele, Anforderungen, der Weg und die Methode völlig unklar sind. Zum Beispiel, weil das Unternehmen zwar weiss, dass es sich für die Zukunft wappnen muss, jedoch nur darüber spekulieren kann, wie dies erfolgen soll. Dann ist vorübergehend nur ein Starten von Versuchsballons, also Agieren und Reagieren, möglich – bis man eine gewisse Klarheit gewonnen hat und aus der chaotischen Entscheidungssituation zunächst eine komplexe und dann eventuell eine komplizierte wird [Fas 2017].

Die Stacey-Matrix ist ein gutes Instrument, um zu einer ersten Einschätzung in Bezug auf die Abwicklungsart eines Projekts oder eines Vorhabens zu gelangen, ausserdem auch zu einer Entscheidung darüber, welche Projektmanagementmethode mit hoher Wahrscheinlichkeit zielführend ist (Kapitel 2.4).

Nachfolgend eine kurze Erläuterung der vier verschiedenen Bereiche der Stacey-Matrix [Hel 2015]:

- Einfache Vorhaben
  Hierbei handelt es sich um geordnete Systeme, bei denen Ursache-Wirkung-Zusammenhänge bekannt sind und zu vorhersehbarem Verhalten führen. Es ist klar, was wie zu tun ist – und zwar für eine breite Allgemeinheit. Solche Vorhaben wurden meistens bereits früher von anderen erfolgreich durchgeführt und das Vorgehen ist kopierbar. Zum Einsatz kommen standardisierte Best Practices.

- Komplizierte Vorhaben
  Auch hier spricht man von einem geordneten System. Allerdings müssen Ursache-Wirkung-Zusammenhänge erst durch Fachkräfte analysiert werden, bevor das Vorgehen umgesetzt werden kann. Es gab bereits vergleichbare/ähnliche Vorhaben, an denen man sich orientieren kann.

- Komplexe Vorhaben
  Bei diesen herrscht Unordnung vor. Ursache und Wirkung können faktisch erst im Nachhinein erfasst und verstanden werden, wodurch die Festlegung auf eine

Kriterium	Erfüllung/Messung	Agilitätsgrad		
Teamqualifikation bezüglich agiler Kultur	traditionell geprägt	konventionell ○		agil
Teamqualifikation bezüglich Methoden/Praktiken	eher traditionell	konventionell	○	agil
Räumliche Verteilung der Entwicklungsteams	mehrere Standorte	konventionell ○		agil
Stabilität der Anforderungen	volatil	konventionell		agil ○
Änderungsmöglichkeiten während Umsetzung	keine	konventionell ○		agil
Grad der Prozessveränderung	sehr hoch	konventionell		agil ○
Komplexität des Projektgegenstands	hoch	konventionell	○	agil
Schnittstellen zwischen Linie und Projekten	wenige	konventionell		agil ○
Schnittstellen zu anderen Unternehmen	2 traditionell arbeitende Lieferanten	konventionell ○		agil

Abb. 5.07: Weitere entscheidende Aspekte in Bezug darauf, welche Abwicklungsart gewählt wird

bestimmte Lösung oder ein endgültiges Resultat nicht möglich ist. Bei solchen Vorhaben ist «Probieren geht über studieren» eine wichtige Maxime, da es keine hinreichenden Erfahrungswerte aus der Vergangenheit gibt, auf die man zurückgreifen kann.

- Chaotische Vorhaben
  Hier herrscht gesteigerte Unordnung vor. Ursache und Wirkung lassen sich nicht bestimmen und eine einzige, wirklich richtige Lösung gibt es nicht. Es geht in erster Linie um «erste Hilfe» – also Schadensbegrenzung bzw. Stabilisierung.

Die erweiterte Stacey-Matrix von Faschingbauer enthält aus Sicht des Autors allerdings einen grundlegenden Denkfehler. Im Verlauf einer projektorientierten Herausforderung wird das Wissen bezüglich Klarheit und Übereinstimmung von Anforderungen (Y-Achse) und Technik/Methode/Weg (X-Achse) so gross, dass sich die Beurteilung der anstehenden Herausforderung, sprich Weiterentwicklung eines Systems, massiv verändert. Das würde somit heissen, dass man bei einem Projekt, das richtigerweise in agiler Form gestartet ist, bei der Abwicklung zu einem sequenziellen Vorgehen wechseln sollte.

Nimmt man den Umkehrschluss, stellt sich die Frage: Was spricht dagegen, dass gemäss Stacey-Matrix einfache Vorhaben und somit Routineprojekte für agiles Vorgehen ungeeignet sind? Aus Sicht der Logik gar nichts; ansonsten müsste man bei agil gestarteten Projekten, bei denen die grundsätzlichen Herausforderungen mit der Zeit geklärt sind, plötzlich zur konventionellen Vorgehensart wechseln.

Neben der Stacey-Einstufung sind noch einige andere Aspekte entscheidend für die Wahl der Projektabwicklungsart. Gemäss der in Abbildung 5.07 dargestellten Beurteilung eines Beispielprojekts müsste dieses eher nach einem konventionellen Vorgehen abgewickelt werden. Es sei denn, es bestünde die Möglichkeit, gewisse Kriterien wie Kultur, Standort des Entwicklungsteams etc. zu verändern.

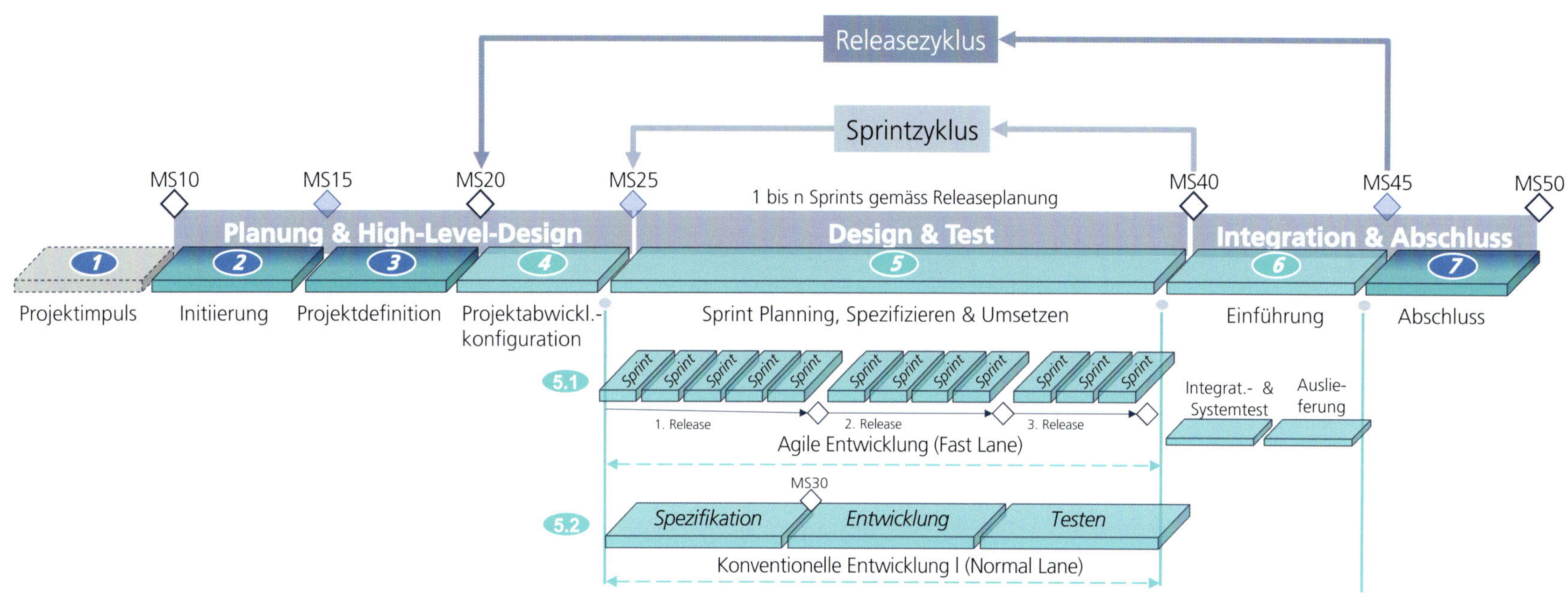

Abb. 5.08: Projektabwicklungsprozess «Two Speed PM»

5.4 Adaptives Projektabwicklungsmodell

Es ist für Unternehmen von zentraler Bedeutung, ein Projektabwicklungsmodell einzuführen, mit dem sich alle drei Projektabwicklungsarten – agil, hybrid und konventionell – umsetzen lassen. Ein an die Projektart und die vorherrschenden Rahmenbedingungen adaptierbares Abwicklungsmodell gibt den Verantwortlichen die notwendige Flexibilität. Wird das adaptive Projektabwicklungsmodell durch ein übergeordnetes Management-Lenkungsmodell (siehe Kapitel 4.1.3.1) mit den Management-Meilensteinen MS10, MS20 etc. kombiniert, so entsteht ein Abwicklungsprozess wie in Abb. 5.08 dargestellt.

Dieser adaptive Two-Speed-PM-Abwicklungsprozess unterstützt agiles wie auch konventionelles Vorgehen. Er erlaubt, agile Prinzipien und Praktiken einzubauen, und umfasst zwei Zyklen:

- Der Gestaltungsrahmen auf der Makroebene (Releasezyklus) ist ein planmässiger Ansatz, der darauf ausgerichtet ist, ein ausreichendes Mass an Übereinstimmung mit den geplanten Releases und Vorhersehbarkeit für das Gesamtprojekt zu ermöglichen. Die Makroebene definiert die äussere Hülle (Scope und High-Level-Anforderungen), innerhalb derer das Projekt abgewickelt wird. Sie ist ein planmässiger Gestaltungs- und Leistungsrahmen, der erstmalig vor dem Projektstart erarbeitet wird.

Die dabei entwickelten Planungs- und Lenkungsgrössen sind unter anderem wichtige Werte für das Portfoliomanagement-Board.

- Innerhalb dieses Gestaltungs- und Leistungsrahmens gilt es, auf der Mikroebene (Sprintzyklus) ein flexibleres und iteratives Vorgehen zu praktizieren. Dieses basiert z.B. auf einem agilen Ansatz wie Scrum, der so konzipiert ist, dass er sich an die Bedürfnisse der Endbenutzer anpassen kann.

In den folgenden Kapiteln werden die einzelnen Prozessschritte kurz beschrieben. Ausführlich werden sie in den Kapiteln 6 und 7 erörtert.

5.4.1 Prozessschritt 1: Projektimpuls

Der Projektimpuls ist als Vorphase der Projektabwicklung keine offizielle Phase, da das Projekt eigentlich noch gar nicht begonnen hat. Bei diesem Prozessschritt sollen jedoch die Initiativen, die in Unternehmen aus vier Quellen stammen können, in qualitativer Hinsicht so weit optimiert werden, dass sie vom Projektportfoliomanagement in strukturierter Form aufgenommen und bewertet werden können (siehe Kapitel 4.2.1 ff.).

Voraussetzung:
Nicht nur die Strategieverantwortlichen können eine Initiative lancieren, sondern alle Mitarbeitenden im Unternehmen. In der VUCA-Welt ist es eine wichtige Eigenschaft einer Organisation, dass nicht alles von oben kommt. Mitarbeitende der Fachabteilungen, Anwender von unterstützten Systemen sowie Kundenfeedbacks stellen eine wichtige Quelle für Verbesserungsvorschläge dar.

Kurzbeschreibung/Hauptaufgaben:
Aufgabe dieser Vorphase ist es, ein Problem, einen Bedarf oder eine Idee kurz (auf einem oder maximal zwei A4-Blättern) und sachlich darzulegen und diesen Kurzbeschrieb in offizieller Form beim Projektportfolio-Board einzureichen. Es geht um folgende Aufgaben:

- Konkretes und knappes Formulieren der Vision und/oder Problemstellung
- Rahmenbedingungen und Richtgrössen der möglichen Umsetzung erarbeiten
- Beantragung der Ressourcen für die erste «richtige» Projektphase, die Initialisierungsphase (Initialauftrag)
- Einreichen des Vorhabenssteckbriefs in offizieller Form beim Projektportfolio-Board (siehe Kapitel 4.2.1)

Ziele:
- Sachverhalt ist kurz und verständlich beschrieben (Ausgangslage, Rahmenbedingungen etc.).
- Vision Teil 1 mit Vision Statement, Zielgruppe, Kundenbedürfnissen, Stakeholdern, Ergebnissen, Geschäftszielen ist aufgeführt.
- Erstmalige (grobe) «Projektabgrenzung» ist geklärt.
- Mögliche organisatorische und technische Schnittstellen sind definiert.
- Mögliche Projektdauer und Kosten sind grob eingeschätzt bzw. Wunschzeit und -kosten sind aufgeführt.
- Projektnutzen (Business Value) ist erstmals grob erläutert und entsprechender Dringlichkeitsgrad ist bewertet.

- Konkrete Personal- und Betriebsmittel für die Initialisierungsphase sind aufgeführt (nicht für das ganze Projekt).

Ergebnis:
Um eine Freigabe des Projektimpulses für die Initialisierungsphase zu erreichen (MS10), muss die Initiative schriftlich formuliert und genehmigt werden. Konkretes Ergebnis ist ein Vorhabenssteckbrief (siehe Abbildung 4.13).

Involvierte:
Potenziell jede Person, ob firmenextern (Kunde, Partner) oder -intern

Agile Praktiken & Methoden:
Design Thinking, Canvas Business Model, Sechs Denkhüte nach De Bono, Product Vision etc.

Nächster Schritt:
Auf der Projektportfolioebene wird der Vorhabenssteckbrief durch das PMO aufgenommen und bewertet (siehe Kapitel 4.2.2).

5.4.2 Prozessschritt 2: Initiierung

Der Projektstart setzt sich aus den zwei Prozessschritten «Initiierung» und «Projektdefinition» mit insgesamt sieben Hauptaktivitäten zusammen (siehe Kapitel 5.5.2.2 und 5.5.2.3). Die Initiierung wird oft von Einzelpersonen oder kleinen, interdisziplinär zusammengesetzten temporären Teams ausgelöst.

Voraussetzung:
Um diesen Prozessschritt zu starten, erteilt das Projektportfolio-Board einen Initiierungsauftrag. Damit werden die betroffenen Personen legitimiert, die schriftlich eingereichte und vom PP-Board bewertete Initiative zu konkretisieren.

Kurzbeschreibung/ Hauptaufgaben:
Einerseits geht es um das Erstellen einer strukturierten, vertieften Übersicht des Vorhabenssteckbriefs und andererseits um das Aufzeigen möglicher businessbezogener fachlicher – nicht technischer – Entwicklungswege/Varianten zur Problemlösung.

- Gemeinsames Verständnis der Vision, des konkreten Bedarfs; «Needs» erarbeiten sowie Scope und Ziel klären
- Allfällige Einflussgrössen und/oder Technologieleitplanken definieren/analysieren
- Auftraggeber festlegen und alle Stakeholder und Rollen identifizieren
- Ausgehend von den definierten Needs entsprechende High-Level-Anforderungen (Epics) und eine damit verbundene businessbezogene Umsetzungsstrategie sowie Annahmen definieren und festhalten
- An den Lösungsformulierungen bzw. der konkreten Ideensuche sollten mehrere Personen teilnehmen, damit diese umfassend erarbeitet werden können und die formulierte Vision von mehreren Personen getragen wird.

Ziele:
- Es soll in grober Form die Relevanz der Initiative erkannt werden (Vision und Wünsche sind weiter aufbereitet).

auch entschieden, ob man für das Projektprodukt spezielle Security-, Last-, Performance-, Skalierbarkeit- und Ausfallsicherheitanforderungen erfüllen muss und ob ein redundanter Betrieb in verteilten Rechenzentren notwendig ist. Die Hauptaufgaben sind:

- Konzeptionen erstellen und wenn notwendig ein Proof of Concept bezüglich Architekturrahmen durchführen.
- Auf Basis der Vorgaben des Projektauftrags und des Initialprojektplans einen Produkt-Releaseplan oder eine Realisierungs-Roadmap erstellen.
- Den Realisierungsrahmen klären und das agile Kernteam zur vollen Projektstärke ausbauen.
- Projektinfrastruktur mit der Entwicklungsumgebung aufsetzen. Parallel zu diesen Tätigkeiten werden eine Teststrategie entwickelt und notwendige Automatisierungswerkzeuge in die Projektumgebung integriert [Vig 2015].
- Basierend auf den erarbeiteten Ergebnissen und den planerischen Rahmenbedingungen wird die Projektabwicklungskonfiguration erstellt.

Ziele:
Vor dem endgültigen Entscheid, was agil und was konventionell umgesetzt/entwickelt wird, sind diverse Konfigurationsarbeiten durchzuführen – damit wird sichergestellt, dass effizient entwickelt werden kann:

- Fachliche Rahmenbedingungen sind geklärt, allenfalls fachliche Lösungsansätze sind beschrieben und werden im Team verstanden.
- Realisierungsrahmen ist definiert und situationsbezogene Konzeptionen sind in der notwendigen Tiefe erstellt.
- Technisches Lösungskonzept ist definiert und bezüglich der agilen Umsetzung analysiert, QS-Massnahmen sind aufgesetzt.
- Abwicklungskonfigurationen inkl. Projekt-Releaseplan sowie Produkt-Roadmap sind erstellt.
- Das Entwicklungsteam ist befähigt, die anstehenden Herausforderungen kompetenzmässig zu meistern.
- Abstimmung zwischen konventionell und agil umzusetzenden Elementen ist geklärt.

Ergebnisse:
Projektabwicklungskonfiguration, notwendige situationsbezogene Konzepte, ausgebildetes Entwicklungsteam, Projekt-Releaseplan, Produkt-Roadmap

Agile Praktiken & Methoden:
Releaseplan, MuSCoW, Minimum Viable Product (MVP), Priority Poker, T-Shirt Sizing, DDD (Domain Driven Design), Specification by Example, Rapid Learning Cycle

Nächster Schritt:
Produkt erstellen, sprich realisieren. Start der agilen inkrementellen und/oder konventionellen Entwicklung.

5.4.5 Prozessschritt 5: Realisieren

In dieser Phase gilt es, den maximalen Nutzen für den Kunden in der notwendigen Qualität zu realisieren – unabhängig davon, ob konventionell, agil oder hybrid vorgegangen wird. Insbesondere bei der agilen Entwicklung wird jeweils nach ein bis vier Iterationen ein interner oder noch besser bereits ein externer Release in der Produktivumgebung durchgeführt. Dieses sofortige Produktivstellen ist meistens sehr ambitiös. Die Systemlandschaften bei grossen Firmen mit dem Aufbau von Test-, Integrations- und Produktionsumgebung umfassen meistens mehrere Sprints oder sogar Releases.

5.4.5.1 Prozessschritt 5.1: Agiles Realisieren

Beim agilen Vorgehen wird das Projektprodukt in mehrere Realisierungseinheiten (Inkremente) unterteilt. Das heisst, es wird in Form von Releases und Sprints iterativ gearbeitet. Somit wiederholden sich die Entwicklungstätigkeiten, bis das Projektprodukt den gewünschten Zustand erreicht oder das verfügbare Budget aufgebraucht ist.

Voraussetzungen:
Das Product Backlog muss eine gewisse Qualität und Struktur aufweisen. Die notwendige Entwicklungsumgebung und die Projektinfrastruktur sind aufgebaut und wurden in Betrieb genommen. Das Entwicklungsteam deckt kompetenzmässig die Herausforderungen ab und beherrscht die definierten Prozesse und agilen Praktiken. Der Architekturrahmen ist so weit definiert, dass eine qualifizierte Entwicklung möglich ist. Zudem ist geklärt, was agil und/ oder konventionell entwickelt werden kann oder muss.

Kurzbeschreibung/ Hauptaufgaben:
Die Product Backlog Items werden entsprechend der Priorisierung nach dem inkrementell-iterativen Ansatz in Form von Sprints erstellt. Gearbeitet wird z.B. nach der Scrum-Logik mit den entsprechenden agilen Praktiken wie Sprint Planning Meeting I, Sprint Planning Meeting II, Daily Stand-up, Sprint Review Meeting, Sprint Retrospective und Backlog Refinement sowie der gewählten Entwicklungs-, Test- und Integrationsmethode.

Ziele:
Effiziente inkrementelle Umsetzung der agil zu entwickelnden Produktteile (Fast Lane):

- Alle Anforderungen eines Sprints oder Releases sind vollständig implementiert, getestet und dokumentiert.
- Alle Tests sind bestanden (insbesondere auch automatisierte Unit Tests nach den Entwicklervorgaben).
- Alle Codeteile sind in die CI/CD-Prozesse integriert (Testabdeckung wird mit dem CI-Prozess ständig validiert).
- Während der Taskbearbeitung getroffene Entscheidungen sind auf dem Sprint- bzw. Releaseboard aktualisiert.

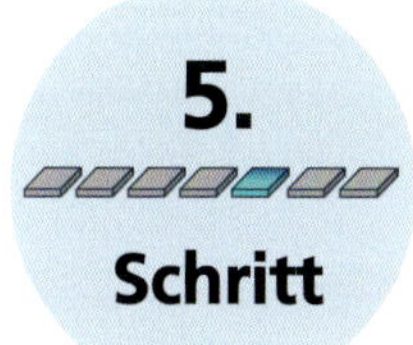

Ergebnisse:
Das Realisieren endet mit der Ablieferung und Übergabe des vereinbarten funktionsfähigen Endprodukts. So gesehen gehört richtigerweise der Integrations- oder Auslieferungsprozess beim agilen Vorgehen auch zur Realisierung. Er wird hier in diesem Buch jedoch in Prozessschritt 5.1 und Prozessschritte 6 unterteilt.

Agile Praktiken & Methoden:
Story Mapping, Backlog Refinement, Priority Poker, Schätzpoker, Continuous Integration and Delivery, Burndown-Chart, Burnup-Chart, Definition of Ready (DoR), Definition of Done (DoD), Impediment Backlog, Kanban Board, Stand-up-Meeting etc.

Nächster Schritt, Coding Dojo:
Nach dem Release wird eine allfällige Refactoring-Phase für das Angehen und Bewältigen von grösseren Architekturthemen umgesetzt. Es folgt die produktive Auslieferung.

5.4.5.2 Prozessschritt 5.2: Konventionelles Realisieren

Die konventionelle Entwicklung (spezifizieren, realisieren und testen) wird auch als «Normal Lane» der Entwicklung bezeichnet. Insbesondere bei hybriden Vorgehen deckt sie meist in einem Embedded-Umfeld die Realisierung von Schnittstellen- und technischen Komponenten ab.

Voraussetzungen:
Basierend auf der Projektabwicklungskonfiguration ist geklärt, was genau konventionell realisiert werden muss. Alle notwendigen konzeptionellen Arbeiten wurden erledigt und mit einem Review geprüft und abgenommen.

Kurzbeschreibung/ Hauptaufgaben:
Grundsätzlich sind bei der konventionellen Realisierung vier Hauptaufgaben durchzuführen:

- Ausgehend von den in der vorhergehenden Phase erstellten Konzepten werden die entsprechenden Detail- und Designspezifikationen erstellt. Dabei wird allenfalls mithilfe eines experimentellen Prototyps im Detail geklärt, wie die Projektanforderungen technisch umgesetzt werden können. Je nach Projekt gilt es, eine neue Architektur zu erstellen oder die bestehende zu modifizieren.
- Bei der anschliessenden Realisierung wird, basierend auf Detailspezifikationen, Konzeptionen sowie weiteren Unterlagen und Vorgaben, das Projektprodukt gemäss Projektplan erstellt. Dies erfolgt allenfalls in Abstimmung mit der parallel laufenden agilen Entwicklungsschiene.
- Bei der Integration gilt es, die produktspezifische Kompetenz möglichst effektiv mit der Zielinfrastruktur, der Zielprozess- und/oder Zielorganisationsstruktur zu verbinden, um aus dem eingekauften oder selbst erstellten Produkt den grösstmöglichen Nutzen zu ziehen.
- Nach dem Realisieren, Integrieren und allfälligen Anpassen wird das erstellte Projektprodukt anhand der Anforderungsspezifikationen verifiziert, auf seine zielbezogene, fehlerfreie Anwendbarkeit geprüft und für die Einführung bereitgestellt. Es gilt, möglichst früh einen qualifizierten Cutover-Plan zu erstellen.

Ziele:
In der Realisierungsphase des konventionellen Realisierens sind alle notwendigen Arbeiten ausgeführt, damit das Projektprodukt in einem sequenziellen Durchlauf erfolgreich eingeführt werden kann:

- Eine einsatzbereite Lösung ist realisiert, welche die Grundvoraussetzungen für die Einführung erfüllt.
- Die in der Konzeptionsphase definierten QS-Ziele sind erfüllt.
- Die realisierte Lösung ist vollständig dokumentiert, allenfalls inklusive Korrektur der Spezifikationen.
- Ein geprüftes Einführungs- und Betreiberkonzept wurde erarbeitet.
- Ein Ausbildungskonzept, ein Anwendungs-, Betriebs-, Support- und Organisationshandbuch oder ein Integrationsplan sind erstellt.

Ergebnisse:
Neben Komponenten, die – aus welchen Gründen auch immer – nicht agil erstellt werden konnten, sind die notwendigen Gewerke wie Elektronik-, Mechanik-, Pneumatikentwicklung, Formenbau etc. ausgeführt.

Agile Praktiken & Methoden:
Kanban Board, Burndown-Chart, Burnup-Chart, agiles Testen, Continuous Integration und Delivery, Stand-up-Meeting, Retrospective, Product Review, Rapid Learning Cycle

5.4.6 Prozessschritt 6: Einführen

Bei diesem Prozessschritt werden alle Realisierungsarbeiten abgeschlossen und die Verantwortlichkeiten bezüglich der neu eingeführten (Teil-)Lösung geregelt. Die Arbeiten der Einführungsphase finden in enger Wechselwirkung mit dem Projektabschluss auf Projektführungsebene statt.

Voraussetzungen:
Die vorangehenden Tätigkeiten wie Erstellen, Dokumentieren und Testen wurden vollständig abgeschlossen und entsprechend geprüft (Sprint und Release Review). Die DoD des Releases und der Anforderungen sind erfüllt.

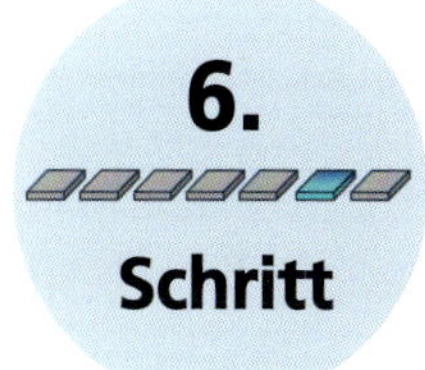

Kurzbeschreibung/Hauptaufgaben:
Bei diesem Prozessschritt wird die realisierte Lösung gemäss Einführungsplan dem Nutzer oder allenfalls Betreiber übergeben. Eine allfällige alte Lösung wird fachgerecht ausser Betrieb gesetzt und entsorgt bzw. einer neuen Nutzung zugeführt. Grundsätzlich sind vier Arbeiten auszuführen:

- Abnahme: Abnehmen des erstellten Produkts durch den Auftraggeber, Betriebsorganisation
- Ausliefern: realisierte Lösung in das reale Umfeld integrieren und optimale Handhabung sicherstellen
- Übergabe: Verantwortlichkeiten bezüglich des neu erstellten Projektprodukts regeln
- Wissenssicherung: Dokumentationen zwecks späterer Bearbeitung sicherstellen

Achtung: Obwohl vorgängig umfangreich getestet wurde, erfordert ein Produktionsstart immer eine erhöhte

Wachsamkeit in der ersten Phase der Betriebsetzung in Bezug auf Performance, Lastverhalten usw. Deswegen spielen der Betreiber und die Betriebsorganisation in diesem Prozessschritt eine zentrale Rolle.

Ziel:
Das Projektprodukt ist erfolgreich ausgeliefert (produktiv gestellt). Die betroffenen Personen (Benutzer, Kunden) sind geschult und werden so betreut, dass die erstellte Lösung den bestmöglichen Nutzen erbringt.

- Abnahmeprotokoll der Nutzerorganisation und Übergabeprotokoll an den Betrieb sind formell erstellt und unterschrieben.
- Je nach Projektprodukt sind die notwendigen Wartungs- und Unterhaltsregelungen geklärt.
- Die Benutzerschulung ist erfolgreich durchgeführt, allfällige Unzulänglichkeiten sind erfasst.
- Eine Liste der offenen Projektpunkte für mögliche weitere, neue Projektarbeiten (Releases) ist an die neuen Verantwortlichen übergeben.
- Projektdokumentationen sind nachgeführt.

Ergebnis:
Das Projektprodukt mit den entsprechenden Komponenten wie Software, Dokumentation, HW-Komponenten etc. ist vollständig erstellt und in der Produktion eingeführt.

Agile Praktiken & Methoden:
DevOps, Continuous Delivery, Scripts, Cutover-Management

Nächster Schritt:
Entweder die nächste Iteration angehen (Prozessschritt 5.1) oder das Projekt abschliessen (Prozessschritt 7).

5.4.7 Prozessschritt 7: Projekt abschliessen

7. Schritt

Grundsätzlich kann ein Vorhaben nur abgeschlossen werden, wenn es in Form eines Projekts umgesetzt wurde. Wird nach Abschluss des Projekts die Entwicklung in Form einer laufenden agilen Produktentwicklung weitergeführt, startet ab diesem Zeitpunkt die Phase des Betriebs und der Wartung mit kontinuierlicher Weiterentwicklung.

Voraussetzung:
Das Produkt wurde gemäss dem vom Product Owner/Auftraggeber definierten funktionalen Umfang erfolgreich an den Betrieb, an die Nutzer übergeben.

Kurzbeschreibung/ Hauptaufgaben:
Die Beendigung eines Projekts erfolgt im Zusammenspiel von Projektportfoliomanagement beziehungsweise Product Manager, Product Owner und Projektleiter 5.0 sowie Scrum Master und Entwicklungsteam (Ausführung). Dies umfasst Folgendes:

- Aufräumen und Erledigen aller noch anstehenden Arbeiten
- Erstellen des Abschlussberichts
- Durchführen eines Lessons-Learned-Workshops
- Dank und wertschätzende Massnahme für die Leistung des Teams einleiten
- Der PL 5.0 beendet das Projekt durch Auflösen des Teams.

- Als abschliessende Handlung beendet der Auftraggeber das Projekt aufgrund des Projektabschlussberichts offiziell und entlastet die Projektleitung (MS50).

Ziel:
Ein Projekt ist abgeschlossen, wenn alle Aufräum- und Abschlussarbeiten erledigt und dokumentiert sind, der Auftraggeber die offizielle Auflösung des Projektteams bekannt gegeben hat und das Projekt im Portfolio abgeschlossen ist. Dies bedeutet konkret:

- Offizielles Ausliefern/Einführen des Projektprodukts, sofern nicht bereits im Prozessschritt 6 erfolgt
- Offizielles Bekanntgeben des Projektabschlusses und Entlastung der Projektleitung
- Offizielles Auflösen des Projektteams und Neuzuteilung der Verantwortlichkeiten

Ergebnis:
Projekt- oder Releaseabschlussbericht

Agile Praktiken & Methoden:
Projekt- oder Release-Retrospektive

Nächster Schritt:
Aus Sicht des Projektleiters 5.0 ist mit dem Schritt «Projekt abschliessen» das Projekt zwar beendet. Bei vielen Projekten lässt sich jedoch erst nach einiger Zeit der tatsächliche Nutzen bzw. Business Value messen (MS60/Nutzung). Der massive Vorteil einer rein agilen Entwicklung in Bezug auf die Nutzenmessung lässt sich mithilfe des Wertbeitragscontrollings (WBC) gemäss Kapitel 4.3.6 realisieren.

5.5 Adaptives Layer- und Aktivitätenmodell

5.5.1 Einleitung

Der 2012 veröffentlichte TIR45 ist ein Technical Information Report der AAMI, der Association for the Advancement of Medical Instrumentation [AMM 2018]. Darin wurde vor allem ein Ziel postuliert: Medizinproduktherstellern eine Anleitung zu geben, wie sie Software agil und FDA-konform entwickeln können. Christian Johner, Inhaber des Johner Instituts in Deutschland, leitete daraus ein übersichtliches und modulares Layermodell (Projekt, Release, Inkrement, Story) ab [Joh 2016]. Etwas modifiziert, kann es nicht nur von Medizinproduktherstellern, sondern auch in anderen Unternehmen eingesetzt werden – insbesondere hinsichtlich der verschiedenen notwendigen Projektaufgaben, der unterschiedlichen Projektgrössen und der verstärkt notwendigen flexiblen Projektabwicklungsarten. Aufgrund der Layer und der Modularisierung der Aktivitäten lässt es sich leicht skalieren, um entsprechende adaptive Projektabwicklungsszenarien zu bilden. Es handelt sich um ein Layer- und Aktivitätenmodell der adaptiven Projektabwicklung.

Um den modularen und skalierbaren Ansatz von TIR45 erfolgreich umzusetzen und den regulatorischen Anforderungen nicht nur für Medizinprodukte, sondern generell zu genügen, sind bestimmte Voraussetzungen zu erfüllen [Joh 2016]:

Abb. 5.12: Layer und Projektführungs-aktivitäten

Nr.	Aktivität	Portfolio	Projekt	Release	Inkrement	Story
TM	Teammanagement		X	X		
QM	Qualitätsmanagement		X	X	X	X
RM	Risikomanagement	X	X	X	X	X
ReM	Ressourcenmanagement	X	X	X	X	
CM	Changemanagement		X	X		
KM	Konfigurationsmanagement			X	X	

Wurde beim TIR45-Modell neben den Planungs- (3.2) sowie Steuerungs- und Controllingaktivitäten (5.3) mehrheitlich «nur» auf die Tätigkeiten der reinen Produktentwicklung Wert gelegt, so werden an dieser Stelle auch die wichtigen Tätigkeiten der Projektführung behandelt, z.B. Risikomanagement oder Changemanagement (siehe Kapitel 6.7). Wie die Abbildungen 5.09 und 5.13 zeigen, können auch diese auf den Ebenen Projekt, Release und Inkrement ausgeführt werden.

So steht z.B. beim Projektstart das Teammanagement (TM) bei Teambildungsaufgaben sehr stark im Zentrum. Die Teambildung muss auf der Projekt- und allenfalls nochmals auf der Releaseebene durchgeführt werden. Existiert bereits ein funktionierendes sich selbstorganisierendes Team, ist diese Aufgabe schnell erledigt. Muss, wie in den meisten Projekten, das neue Team erst noch zusammengestellt und in agilen Prinzipien und Praktiken geschult werden, braucht es dafür allenfalls die Unterstützung eines «Agile Coach» (Kapitel 5.9.2).

Eine wirkungsvolle Änderung wurde durch das agile Vorgehen im Bereich des Qualitätsmanagements vollzogen: Das Formulieren von Akzeptanzkriterien auf der Ebene einzelner Stories, der konsequente und laufende Einbezug der Kunden durch die agilen Praktiken DoR und DoD sowie das Entwicklungsvorgehen Continuous Integration schaffen beim untersten Element, der Story, die Voraussetzung, um die Anforderungen qualitativ zu erfüllen. Trotzdem bedarf es auf Projekt-, Release- und Inkrementebene konzeptionell abgestufter Aufgaben, um die gewünschte Qualität gezielt sicherzustellen.

Demgegenüber basiert das Risikomanagement auf zwei Perspektiven: Einerseits erfolgt beim agilen Vorgehen auf Inkrementebene ein Risikomanagement (RM), indem die Entwicklungsrisiken bei den Daily und den Retrospective Meetings dauernd geprüft und allfällige Massnahmen formuliert werden. Andererseits gibt es sprintübergeordnete Risiken wie z B. Lieferantenrisiko, Koordinationsrisiko etc., die auf Release- oder sogar Projektebene gemanagt werden müssen.

5.5.2 Adaptives Aktivitätenmodell

Wurden in den vorangehenden Kapiteln die sieben Prozessschritte des adaptiven Projektabwicklungsmodells wie auch das skalierbare 4-Layer-Modell der adaptiven Projektabwicklungsarchitektur erklärt, so werden nachfolgend die einzelnen Aktivitäten auf der jeweiligen Ebene übersichtsartig erläutert. Die detaillierten Ausführungen folgen in den Kapiteln 6 (Projektführung) und 7 (Projektausführung).

Wie Abbildung 5.13 aufzeigt, werden beim adaptiven Vorgehen Tätigkeiten wie die Aktivität 5.1 (Anforderungen spezifizieren) jeweils in der notwendigen Tiefe auf der entsprechenden Ebene ausgeführt. So ist bei Aktivität 5.1 auf der Releaseebene das Release Product Backlog zu erstellen. Demgegenüber werden die Anforderungen auf der Inkrement- und Storyebene im Detail spezifiziert.

Mit diesem adaptiven Aktivitätenmodell wird verhindert, dass jeweils zu Beginn jeder Phase wieder alles detailliert festgelegt werden muss. Auch methodisch bietet das Modell Flexibilität: So wird auf der Projektebene bei Aktivität 2.3 z.B. die Methode Impact Mapping und auf der Release- und Inkrementebene das Story Mapping eingesetzt. Die im Bild klare Phasenzuteilung der Aktivitäten gilt nicht als bindend. Sie ist eher als Startzeitpunkt einer Aktivität zu interpretieren.

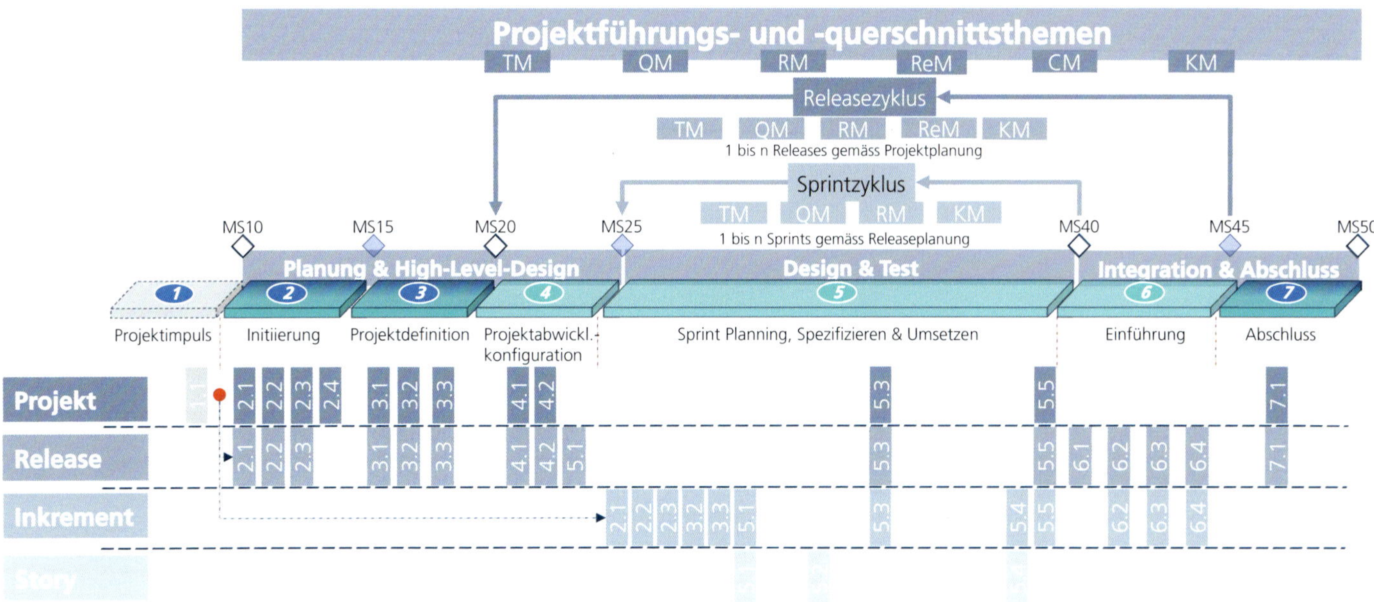

Abb. 5.13: Adaptives Aktivitätenmodell in Bezug auf den Abwicklungsprozess und das Layer-Modell

5.5.2.1 Aktivität 1.1: Vorhabenssteckbrief erstellen

Generelle Zielsetzung: Innerbetriebliche Problemsituation, Bedürfnis und Problemlösung verständlich und knapp in Form einer Zielvision für eine gemeinsame Ausrichtung der Auftraggeberschaft und des Umsetzungsteams bezüglich eines neuen Produkts oder Projekts erarbeiten. Vorhabenssteckbrief erstellen und als offizielles Papier für die Aufnahmeprüfung ins Projektportfolio einreichen.

Haupttätigkeit: Das Erstellen des Steckbriefes erfolgt ausserhalb der Projektabwicklung. Der Vorhabenssteckbrief besteht aus zwei Teilen (siehe Abbildung 4.13).

Teil 1 – Vision 0.8: Das Erstellen einer Produkt- oder Projektvision soll helfen, eine gemeinsame «grobe», aber klare Vorstellung eines neuen oder zu überarbeitenden Produkts zu bekommen. Es gilt, ein Dokument zu erstellen, das die Zukunft im Hinblick auf die gewünschten Produkteigenschaften, Zielkunden und Hauptunterscheidungsmerkmale zu Konkurrenzprodukten etc. kurz beschreibt. Achtung: Mit dem Vertiefen der Bedürfnisse und Idee während der Initialisierungsphase wird zugleich auch die Produkt-/Projektvision mit dem Kernteam weiter konkretisiert (Produktvision 1.0).

Teil 2 – Abwicklungsrahmen: Im Abwicklungsrahmen werden Abhängigkeiten sowie Wunschtermine für die Umsetzung und erstmals definierte Kostengrössen aufgeführt. Im Weiteren werden Einflussgrössen und Erfolgsfaktoren der möglichen Abwicklung sowie Risiken bezüglich Realisierung und Nichtrealisierung aufgeführt.

Spezieller Hinweis: Von der Logik des Anstosses her sind zu diesem Zeitpunkt noch nicht alle für einen Projektauftrag notwendigen Inhalte bekannt. Bei ungenügender Entscheidungsgrundlage braucht es spezielle Ressourcen – allenfalls ein interdisziplinär zusammengestelltes «Knetteam» –, um das Problem, die Idee oder die Bedürfnisse (Needs) in der notwendigen Tiefe auszuarbeiten. Dieses Kneten kann unmittelbar oder im Rahmen der nächsten zwei Aktivitäten bis zu MS20 ausgeführt werden.

Mögliche Methoden: Value Proposition Design, Canvas Business Model, Design Thinking, Rapid Learning Cycle, Impact Mapping,

Kapitelverweise: Siehe 3.4.2, **4.2.1**, 5.4.1, 6.1.1, 7.2.2

Layer	Ausführung	Beteiligte Rollen
Vorprojekt	Ein Bedürfnisträger, sprich Initiant, möchte in Form eines Projekts ein Problem lösen oder eine Idee umsetzen. Gegenüber der rein agilen Produktentwicklung erfordert das zu lösende Problem bzw. die zu realisierende Idee (z.B. Erneuerung eines Standardsoftwarepakets/-moduls wie SAP) keineswegs immer zwingend eine Produktvision mit einem starken Fokus auf den Kundenmehrwert (Value). Es macht aber durchaus Sinn, bei einem Projekt, welches nicht ein Produkt für den Endkunden erstellt, eine Vision bzw. eine Projektvision zu erstellen.	Initiant (grundsätzlich alle – Product Manager, Product Owner, Mitarbeiter, Auftraggeber etc.)

5.5.2.2 Aktivität 2.2: Projekt, System und Inkrement abgrenzen

Generelle Zielsetzung: Es ist auf jeder Stufe zu klären, was realisiert wird und was nicht. So können auch Schnittstellen zu den jeweiligen Umsystemen abgeleitet und betroffene machthabende Stakeholder defi niert werden.

Haupttätigkeit: Bei der Definition des Projektscopes, insbesondere des Systemscopes, geht es um eine inhaltliche Abgrenzung des Vorhabens (was ist «in Scope», was «out of Scope»?). Dies geschieht unter Anleitung des designierten Projektleiters 5.0 und Product Owners in folgenden Schritten:

- Der Istzustand wird analysiert und klar abgegrenzt.
- Zielsetzung wird bzgl. systembezogenem Inhalt verifiziert.
- Umsysteme, die nicht verändert werden bzw. mit denen man verbunden sein wird, werden aufgeführt

Spezieller Hinweis: Grundsätzlich gibt es vier Scopes: den Systemscope, den Abwicklungsscope, den Stakeholderscope und den Einflussscope. Der Einfluss- sowie der Stakeholderscope werden bei der Aktivität 2.2 und der Abwicklungsscope bei Aktivität 3.2 festgelegt.

Mögliche Methoden: SEUSAG, Kontext-Diagramm (Impact Mapping, Story Mapping)

Kapitelverweise: Siehe Kapitel **6.2.1**, 6.6.2.1 und 6.6.2.6

Layer	Ausführung	Beteiligte Rollen
Projekt	Eine der zentralsten und schwierigsten Aufgaben beim Projektstart ist das Abgrenzen des zu entwickelnden Systems (Produktscope) und somit auch des Projekts (Projektabwicklungsscope). Dabei geht es zu diesem Zeitpunkt nicht primär um Detailinformationen, sondern um das Wissen, was im System erstellt (in Scope) und was konkret nicht umgesetzt werden muss oder soll (out of Scope). Der Produktscope wird auch als Overallscope bezeichnet.	Interdisziplinär zusammengesetztes Team (Projektleiter 5.0, Architekt, Product Owner, etc.)
Release	Instrumente wie Produktstruktur, Impact Map, Story Map etc. sind ideal, um auf der Releaseebene den Scope festzulegen. Um ein Embedded-Projekt agil abzuwickeln, wird, basierend auf dem Initial Backlog, ein Project Backlog erstellt, das mittels Backlog Refinement laufend bearbeitet und verfeinert wird.	PM-Team, agiles Projektteam
Inkrement	Mittels Sprint Planning Meeting wird aus dem Product Backlog das Sprint Backlog für den nächsten Sprint erstellt. Diese nach dem DoR-Prinzip selektierten Items bilden den Leistungs- und Wirkungsbereich und somit den Scope des nächsten Inkrements. Mittels Sprint Review und Erstellungsstatus DoD wird die Scopekonsistenz zwischen der erzeugten Software, ihren Anforderungen und weiteren Ergebnissen bzw. Inputs geprüft.	Agiles Projektteam, Entwicklungsteam

5.5.2.3 Aktivität 2.3: Projektumfeld analysieren

Generelle Zielsetzung: Klären, welche Einflussgrössen (Rahmenbedingungen und Restriktionen) sich auf den Lösungsansatz und die Projektabwicklung auswirken können. Sie «zwingen» das Projektteam, sich an bestimmte Vorgaben zu halten.

Haupttätigkeit: Obwohl ein Projekt von den meisten allgemeinen Unternehmensnormen losgelöst ist, bleibt es dennoch gewissen Einflussgrössen ausgesetzt (insbesondere bezogen auf das Projektprodukt). Diese werden zum einen extern (Gesetze, Gesellschaftsnormen etc.), zum anderen auch intern vom Unternehmen selbst (z.B. Governance, Unternehmensstruktur) vorgegeben.

- Systembezogene Einflussgrössen und Schnittstellen bestimmen, analysieren und festhalten
- Projektbezogene Rahmenbedingungen (Finanzen, zeitliche Ressourcen, Abhängigkeiten zu anderen Projekten etc.) analysieren
- Interne und externe Rahmenbedingungen, die zu berücksichtigen sind, aufführen
- Interne und externe Restriktionen, die zu beachten sind, festlegen
- Stakeholder und ihre Bedürfnisse definieren, aufnehmen und allenfalls in Beziehung zu den Einflussgrössen setzen

Spezieller Hinweis: Wird eine Einflussgrösse nicht berücksichtigt, kann dies für das Projekt zu einem späteren Zeitpunkt sehr unangenehme Folgen haben, indem allenfalls (grössere) Teile der Lösung angepasst werden müssen.

Mögliche Methoden: SEUSAG, SWOT-Analyse, Marktanalyse, Canvas Business Model

Kapitelverweise: Siehe 5.4.2, **6.2.1**

Layer	Ausführung	Beteiligte Rollen
Projekt	Im Hinblick auf die immer stärkere Vernetzung der Systeme/Produkte ist es beim Projektstart wichtig, das Projektumfeld genauer unter die Lupe zu nehmen. Dabei geht es sowohl um sachliche als auch soziale Faktoren, die analysiert und aufgenommen werden müssen. Ziel ist es, insbesondere die Einflussgrössen und die zwingenden Bedürfnisse der relevanten Stakeholder zu analysieren.	Interdisziplinär zusammengesetztes Team z.B. mit Projektleiter 5.0, Architekt, Product Owner etc.
Release	Da auch die Einflussgrössen (Rahmenbedingungen und Restriktionen) Veränderungen unterworfen sind, gilt es, von Release zu Release die einmal auf Projektebene erhobenen Einflussgrössen kritisch zu hinterfragen und zu prüfen, ob allenfalls neue Einflussgrössen berücksichtigt werden müssen, z.B. eine neu erstellte Security Governance.	PM-Team und PO-Team

5.5.2.4 Aktivität 2.4: Bedürfnisse, Ziele und Anforderungen ermitteln

Generelle Zielsetzung: Auf allen Ebenen klären, was die konkreten Ziele und Anforderungen sind. Es geht dabei um das WAS (was will man umsetzen/verändern/realisieren?), nicht um das WIE. Die Herausforderung besteht darin, Anorderungen in einem angemessenen Detaillierungsgrad und zum benötigten Zeitpunkt für das Entwicklungsteam verständlich darzustellen.

Haupttätigkeit: Wird wie im agilen Vorgehen explizit das Prinzip des «Value-Strebens» verfolgt, so stehen die Stakeholder und somit ihre Bedürfnisse im Mittelpunkt. Das heisst, dass die Ziele und Anforderungen immer aus der Produktvision und den Stakeholderbedürfnissen abgeleitet werden müssen.

- Bedarfserhebungsworkshops und -umfragen durchführen
- Systemziele mess- und quantifizierbar formulieren sowie den Nutzen der künftigen Lösung aufzeigen
- Probleme und Risiken, die mithilfe des Projekts beseitigt werden sollen, definieren
- Anforderungen (z.B. in Form von Epics, User Stories) sowie deren Stakeholder erheben und im Initial Product Backlog festhalten

Spezieller Hinweis: Auf der Ebene des Projekts gilt es, das Project Backlog zu erstellen. In diesem können neben Produktanforderungen auch notwendige Lieferobjekte der Projektabwicklung, z.B. Architekturrahmen und Projektplan, als Backlog Items aufgeführt werden. Sie sollten aber (mittels spezieller Kennzeichnungen wie Tags o.Ä.) von den produktspezifi schen Backlog Items unterschieden werden können. Dieser High-Level-Ansatz wird bei Aktivität 5.1 «Anforderungen spezifi zieren» auf dem Lower Level im Detail fortgeführt.

Mögliche Methoden: gesamter Requirementsprozess mit seinen Methoden wie Impact Mapping, Story Mapping, Walking-Skeleton-Methode

Kapitelverweise: Siehe 4.2.2, 5.7.2, 6.2.2.1, 7.2.2, 7.2.3, **7.3**

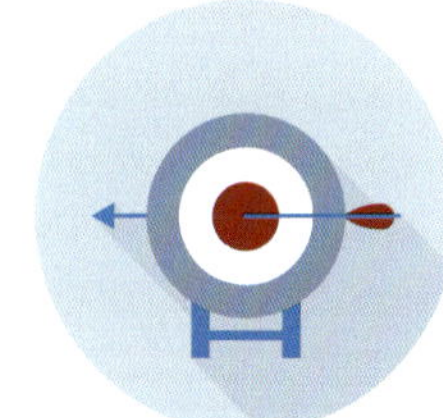

Layer	Ausführung	Beteiligte Rollen
Projekt	Abgeleitet aus dem Vorhabenssteckbrief werden auf dieser Ebene die Systemziele definiert und Bedürfnisse sowie Anforderungen in Form von Epics ermittelt. Die Systemziele werden den Stakeholdern zugewiesen (wer profitiert vom Nutzen der Lösung?). Hier wird ein Zielkatalog in Form einer Impact Map und eine Produktstruktur, z.B. in Form einer Story Map, mit einem priorisierten Product Backbone ausgearbeitet und ein Initial Product Backlog erstellt.	Interdisziplinär zusammengesetztes Team, relevante fachliche Stakeholder
Release	Auf der Releaseebene werden aufgrund der Priorisierung die Business Needs und Epics für den nächsten Release formuliert und die Releaseziele festgelegt.	PMT-Team und agiles Projektteam
Inkrement	Anforderungen, sprich User Stories, die umgesetzt werden müssen, werden auf dieser Ebene detailliert spezifiziert. Zudem werden das Sprint Backlog und die Sprintziele festgelegt.	Entwicklungsteam, Product Owner

5.5.2.5 Aktivität 2.5: Lösungsansatz und -weg konzipieren

Generelle Zielsetzung: Auf den ersten zwei Ebenen klären, WIE die konkreten Ziele und Anforderungen zu erreichen sind. Es geht dabei immer um das Business-WIE (wie will man businessmässig und/oder technisch was umsetzen?).

Haupttätigkeit: Grundsätzlich sind drei WIEs soweit sinnvoll zu klären:

- Basierend auf dem Vorhabenssteckbrief und dem Initial Backlog den Rahmen festlegen, wie das Business-WAS künftig aussehen/gelöst werden soll (Business-WIE). Das heisst, die Projektidee/-vision wird konkretisiert und es werden entsprechende konzeptionelle Lösungsansätze gesucht.
- Ohne die Aktivität 4.1 zu beschneiden, sollte – ausgehend vom gewünschten oder angedachten Business-WIE – der Rahmen des technischen WIE abgesteckt werden.
- Zum Projekt passendes Vorgehens- und Produktentwicklungsmodell festlegen. Das Projektprodukt wird hinsichtlich Etappierung und Modularisierung analysiert und strukturiert (Releaseplan).

Spezieller Hinweis: Gemäss dem agilen Ansatz ist bei diesem Schritt die Herausforderung zu meistern, bei der Erarbeitung des Business-WIE und insbesondere des technischen WIE nicht zu sehr in die Tiefe zu gehen. Für einen Managemententscheid ist es auch immer sinnvoll, mit Varianten zu arbeiten. Insbesondere aufgrund der Innovationen durch die Digitalisierung können sich bezüglich Business-WIE mehrere Lösungsansätze ergeben (z.B. Miteinbinden von vor- und nachgelagerten Wertschöpfungsketten).

Mögliche Methoden: Design Thinking, Prototyping, Mockups, Wireframes

Kapitelverweise: Siehe 4.2.2.2, 6.2.1, **7.2.3**

Layer	Ausführung	Beteiligte Rollen
Projekt	Basierend auf der Ziel- und Anforderungsdefinition werden erste Gedanken des Sollsystems respektive Lösungsansatzes sowie die Frage, wie diese Lösung erreicht werden soll, formuliert. Die Ergebnisse werden auch im Business Case und Project Backlog festgehalten. Das PM-Team (Product-Owner-Team) ermittelt projektabwicklungsspezifische Parameter (siehe Kapitel 5.2) und wählt das zum Projekt passende Vorgehensmodell unter Berücksichtigung unternehmensspezifischer Vorgaben aus [Tim 2017].	Interdisziplinär zusammengesetztes Team, Lead-Architekten
Release	Konditionell: Es ist möglich, auf der Releaseebene für ein neu zu erstellendes Gewerk, z.B. in der Pneumatikentwicklung, einen Prototyp anzufertigen oder einen Explorationssprint (beispielsweise in Form eines Sprint Zero) durchzuführen.	Umsetzungsteams, Lead-Architekt

5.5.2.6 Aktivität 3.1: Business Value sowie Business- und Abwicklungsrisiken ermitteln

Generelle Zielsetzung: Mithilfe einer Voranalyse soll belegt werden, dass das neue oder zu überarbeitende Produkt technisch grundsätzlich realisierbar ist, gemäss aktuellem Wissensstand eine gute Wirtschaftlichkeit (Nutzen) im Sinne der Unternehmensziele aufweist und der Geschäftsstrategie entspricht.

Haupttätigkeit: Zu den grob definierten Lösungen/Lösungsvarianten sollen die Risiken wie auch die Chancen, sprich der zu erzielende Nutzen, ausgearbeitet werden. In Bezug auf die Risiken gilt es, auch die Machbarkeit zu klären.

- Den quantifizierbaren und nicht quantifizierbaren Nutzen erarbeiten und bewerten (Business Value)
- Risiken und Chancen des Produkts definieren
- Risiken der Projektabwicklung definieren
- Wirtschaftlichkeit berechnen: Wie sieht es damit in Bezug auf die analysierten Risiken aus?
- Einflussfaktoren, die sich auf die Wirtschaftlichkeit auswirken können, klären

Spezieller Hinweis: Businessrisiken sind nicht mit Abwicklungsrisiken (siehe Kapitel 6.7.3, «Risikomanagement») zu verwechseln. Es kann nicht bei jedem Vorhaben explizit die Wirtschaftlichkeit berechnet werden. Trotzdem ist darauf zu achten, dass aus dem Vorhaben ein entsprechender Nutzwert resultiert (siehe Kapitel 4.2.2.3).

Mögliche Methoden: Business Case, First Cut Risk Analysis, Customer-Valued Prioritization, Value-Stream-Analyse, Value-Based Functional Decomposition, TTM-Matrix

Kapitelverweise: Siehe 4.2.2.3, 4.3.6, 6.2.2.1, **7.2**

Layer	Ausführung	Beteiligte Rollen
	Auf dieser Ebene gilt es, einen Business Case zu erstellen. Dabei müssen die in Aktivität 2.3 definierten Systemziele und Anforderungen einen klar definierbaren Beitrag (Nutzen) ausweisen können. Ist das Risikopotenzial besonders gross, muss eine eigenständige Machbarkeitsanalyse (z.B. technisch, organisatorisch, politisch, fachlich) durchgeführt werden.	PM-Team (Projektleiter 5.0, Architekt, Product Owner)
Projekt	Dieser Teil des Business Case bildet für die Entscheidungsträger zusammen mit der Wirtschaftlichkeit, in der sich oft die Chancen widerspiegeln, eine wichtige Entscheidungsgrundlage.	
Release	Auf dieser Ebene werden bei der Releaseplanung der Business Value wie auch die Risiken bewertet. Dabei werden im Rahmen des Backlog Refinements die Epics und die User Story bezüglich des Business Value weiterbearbeitet. Anhand der so gewonnenen Werte wird am jeweiligen Pipeline Review Meeting der Entscheid für den nächsten Release getroffen.	Product Owner, Entwicklungsteam, Lead-Architekt

5.5.2.7 Aktivität 3.2: Projekt, Release und Inkrement planen

Generelle Zielsetzung: Die Planung eines agil geführten Projekts bezweckt eine zielgerichtete, strukturierte Abwicklung des Projekts, Releases und/oder Inkrements. Beim Planen müssen jeweils auf der entsprechenden Stufe Inhalt und Struktur des Vorgehens (was, wie?), Termine und Lieferobjekte (bis wann, was?) sowie Kosten und Ressourcen (wie viel, welche?) festgelegt werden.

Haupttätigkeit: Da sich jede Änderung des Vorhabens oder der Projekteinflussgrössen immer auch auf die Planung niederschlägt, umfasst diese ein dynamisches Portefeuille (Ressourcen-, Organisations-, Projektkostenplan etc.) mit allen relevanten Planwerten.

- Planwerte (Termine, Einsatzmittel, Ressourcen, Kosten etc.) erarbeiten
- Konkrete projektbezogene Lieferobjekte definieren
- Auftragswerte für umfassenden Projektauftrag erarbeiten

Spezieller Hinweis: Der hier verwendete Wave-Planning-Ansatz ist sehr eng mit der Managementpraxis der «progressiven Elaboration» verbunden. Diese bezieht sich auf die kontinuierliche Verbesserung eines Plans aufgrund von neuen Erkenntnissen und solchen, die während des Erstellzyklus gewonnen wurden.

Mögliche Methoden: Wave Planning, Planning Poker, T-Shirt Sizing, Priority Poker, Kanban, MuSCoW, MVP und MMP

Kapitelverweise: Siehe 4.2.3.2, 5.6, 6.2.2.2, **6.3**, 6.6.2

Layer	Ausführung	Beteiligte Rollen
Projekt	Hier gilt es, den Gesamtumfang des Projekts auf Basis eines groben Verständnisses der Projektanforderungen zu planen, um die erforderlichen Ressourcen-, Kosten- und Zeitpläne zu erstellen. Der Initialprojektplan bildet den planerischen Rahmen, sodass nach der Bewilligung des Auftrags der Projekt-Releaseplan erstellt werden kann.	Product Owner, Projektleiter 5.0, Lead-Architekt
Release	Auf der Releaseebene ist festzulegen, wie der Projekt-Releaseplan, basierend auf der Grösse des Entwicklungsteams und der verfügbaren Zeit, umgesetzt werden soll. Es gilt daher, einen Produkt- oder Realisierungs-Releaseplan zu erstellen. Dazu ist es notwendig, die Anforderungen etwas detaillierter zu verstehen, ohne zu viel Aufwand zu betreiben. Die Releaseinhalte müssen auf die umzusetzenden Elemente abgestimmt werden. Ein Release umfasst in der agilen Produktentwicklung immer mindestens einen, meistens aber mehrere Sprints, wohingegen ein Sprint jeweils immer nur einem Release zugeordnet werden kann.	PM-Team, Entwicklungsteam
Inkrement	Auf der Inkrement- bzw. Sprintebene gilt es, aus planerischer Sicht einerseits Details zu den Anforderungen zu klären, um den Aufwand für deren Erfüllung abschätzen zu können. Andererseits sind auch Rahmenbedingungen wie Velocity (Teamleistung) laufend zu erarbeiten oder die Entwicklungsumgebung konkret zu definieren, um das gewünschte Sprintniveau halten zu können.	Entwicklungsteam

5.5.2.8 Aktivität 3.3: Projektinstitution vorbereiten

Generelle Zielsetzung: In Abstimmung mit der Projektgrösse ein schlagkräftiges und leistungsfähiges Projektteam sowie eine Arbeitsinfrastruktur aufbauen, die ein effizientes Arbeiten ermöglicht und nach der Projektfreigabe offiziell institutionalisiert wird.

Haupttätigkeit: Die Gründung der Projektinstitution erfolgt grundsätzlich erst nach der offiziellen Freigabe des Projektauftrags auf Basis des Projektplans, d.h., wenn das Projektbudget vom Projektportfolio-Board oder Auftraggeber gesprochen wurde. Das heisst, vor Beginn der konkreten Projektabwicklung sind, wenn nicht bereits während der vorher aufgeführten Aktivitäten geschehen, noch folgende Arbeiten auszuführen:

- Verfügbarkeit der benötigten Ressourcen sicherstellen
- Verträge mit externen Leistungserbringern abschliessen (Vertragsmanagement)
- Rollen klären (Aufgaben, Kompetenzen, Verantwortungen)
- Geplante Infrastruktur für die Teammitglieder bereitstellen
- Kick-off-Sitzung durchführen, um u.a. auch die Teammitglieder bezüglich ihrer Aufgaben zu instruieren

Spezieller Hinweis: Jede personelle Änderung in einem leistungsfähigen Team verursacht einen erneuten Teambildungsprozess. Die Teambildung kann als passiver Prozess durchlebt werden, der aber insbesondere vom Scrum Master aufmerksam verfolgt werden sollte. Das PM-Team setzt dabei die Ziele fest, rekrutiert die dafür geeigneten Mitglieder und lässt die lose Gruppe durch die vorgegebene Aufgabe zu einem agilen Team heranwachsen.

Mögliche Methoden: Organigramme, Team Charta, War Room, Agile Team Space

Kapitelverweise: Siehe **6.2.2.3**, 6.7.1

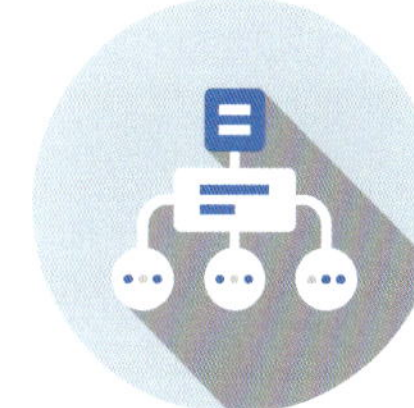

Layer	Ausführung	Beteiligte Rollen
Projekt	Ein Projektteam ist eigentlich eine Zwangsgemeinschaft von Individuen mit unterschiedlichen Charaktereigenschaften, vielfältigen Fähigkeiten und mehr oder weniger ausgeprägten sozialen Kompetenzen. Aufgrund dieser Einflussgrössen, der unterschiedlichen Zeitanteile der Mitarbeitenden und der Dynamiken des Projektumfeldes muss es das oberste Ziel sein, alle Teammitglieder mit ins Boot zu holen.	PM-Team
Release	Je nach Zielsetzung des Releases müssen skillsbezogene Korrekturen im Team wie auch bei der Infrastruktur für den nächsten Release vorgenommen werden.	PM-Team
Inkrement	Auf Grundlage der jeweils durchgeführten Retrospektive am Ende eines Sprints erfolgen in einem adaptiv geführten Projekt Verbesserungen bezüglich Infrastruktur und Vorgehen auch auf Stufe Inkrement.	Scrum Master/ agiles Projektteam

5.5.2.9 Aktivität 4.1: Projektabwicklungskonfiguration erstellen

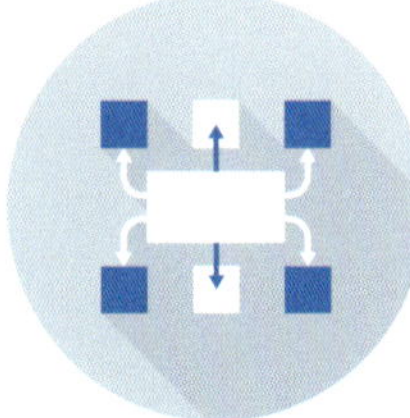

Generelle Zielsetzung: Die Entwicklungsumgebung aufbauen, sodass effizient gearbeitet werden kann. Eine Grundlage für effizientes und wirtschaftliches Arbeiten schaffen und von den Teammitgliedern das notwendige Commitment abholen.

Haupttätigkeit: Während des Arbeitsschritts «Projektabwicklungskonfiguration», also vor dem eigentlichen Entwicklungsbeginn, sollte sich das Projektmanagement und das Product Owner Team mit den Entwicklern zusammensetzen, um einen Konsens bei den fachlichen und organisatorischen Rahmenbedingungen zu erzielen und die technische Umsetzung zu konkretisieren. Auch wenn das Project Owner Team selbst über keinen Entwicklungshintergrund verfügt, sollte es sich mit folgenden Punkten befassen:

- Fachliche und organisatorische Rahmenbedingungen regeln und zu einem gemeinsamen Verständnis gelangen
- Rahmenbedingungen der Zusammenarbeit zwischen Fach und Entwicklung festlegen, z.B: Wie gelangen wir von einer Anforderung zur Spezifikation (DoR), die dann umgesetzt werden kann (DoD)?
- Gemeinsam mit dem Team einen realistischen Projekt-Releaseplan erstellen
- Situationsbezogene Konzeptionen wie Testkonzept, Integrations- und Migrationskonzept etc. erstellen
- Entwicklungs- respektive Abwicklungskonfigurationen aufbauen und das Entwicklungsteam befähigen

Spezieller Hinweis: Damit nicht zu detailliert spezifiziert wird, sollte dieser Abwicklungsschritt nicht länger als acht Wochen dauern. Er kann auch als Sprint Zero erfolgen.

Mögliche Methoden: Prototypen, Mockups und Wireframes, Releaseplan, Rapid Learning Cycle

Kapitelverweise: Siehe 5.4.4, 6.3.3, **7.2.5**

Layer	Ausführung	Beteiligte Rollen
Projekt	Besonders beim agilen Vorgehen möchte man so schnell wie möglich Teilprodukte entwickeln, die einen Geschäftswert generieren. Oft jedoch muss sich das Projektteam zuerst das notwendige Wissen aneignen und die technischen Voraussetzungen schaffen, um auslieferbare Produktinkremente zu entwickeln – besonders bei innovativen und komplexen Projekten. Dies kann in Form von Konzepten und allenfalls in einem oder mehreren Explorationssprints erfolgen.	Entwicklungsteam, PM-Team und Product Owner Team
Release	Für die Releaseebene gilt dasselbe wie für die Projektebene: Je nach Thema ist ein entsprechendes Business- oder technisches Wissen seitens der Entwickler aufzubauen. Oder es werden neue Entwicklungswerkzeuge eingesetzt, die zuerst entsprechend konfiguriert werden müssen. Aufbauend auf diesen Projektrahmenbedingungen lässt sich ein Projekt-Releaseplan erstellen.	Entwicklungsteam, PM-Team und Product Owner Team

5.5.2.10 Aktivität 4.2: Architekturkonzept und -rahmen definieren

Generelle Zielsetzung: Um die langfristige Wartung, die Flexibilität wie auch die Weiterentwicklung eines Systems sicherzustellen, braucht es eine Systemarchitektur, die sich in die Gesamtarchitektur des Unternehmens einfügt. Sie sollte wegen der sich laufend ändernden Schnittstellen oder Kompatibilitätsanforderungen zu anderen sich weiterentwickelnden Produkten eine entsprechend flexible technische Konstruktion aufweisen. Hinzu kommt der in der heutigen Zeit meist erhöhte Sicherheitsbedarf aufgrund eines Informationssicherheits- und Datenschutzkonzepts (ISDS-Konzept).

Haupttätigkeit: Neben den funktionalen Anforderungen sind auch die technischen Anforderungen und Rahmenbedingungen, die die langfristigen Wirtschaftlichkeitsaspekte eines Produkts betreffen, vor der effektiven Realisierung zu klären und zu definieren:

- Architekturvision, -konzept und -rahmen auf Grundlage der Enterprise-Architektur-Vorgaben
- Technische Umsetzungs- und Integrationsstrategie, QS-Massnahmen, Tools für die Unterstützung
- Sofern notwendig, Explorationssprints durchführen; es ist wichtig, dass in diesen Sprints das gleiche Team arbeitet wie anschliessend in den normalen Sprints, denn nur so lässt sich ohne Wissensverlust sicherstellen, dass die Konzepte wie angedacht umgesetzt werden.

Spezieller Hinweis: Die vor dem ersten Inkrement entwickelte Produktarchitektur ist nicht in Stein gemeisselt. Bei gewissen Vorhaben ist es sogar sinnvoll, sie im Lauf der Produktentwicklung gezielt zu verändern. Bei sehr grossen Applikationen kann es vorkommen, dass nach einer gewissen Zeit ein ganzer Release für Architekturmodifikationen verwendet wird (Architektur-Release). Dieser bringt keinen unmittelbaren Mehrwert für den Kunden.

Kapitelverweise: Siehe 3.5.5, 4.3.5, **7.2.5.3**

Layer	Ausführung	Beteiligte Rollen
Inkrement	Im Inkrementlayer können kleinere Teile der Architektur, die über eine Reihe von entwicklerseitigen Aufgaben und nicht mit einer bestimmten User Story zusammenhängen, entwickelt werden. In der Anfangsphase der Realisierung ist ein Zeitkontingent für die Architekturentwicklung sehr sinnvoll. Dabei gilt es, eine Grundlage für eine inhärente Architektur zu bilden. Für das Refactoring und die reinen Architekturstories muss Zeit eingeplant werden.	Entwicklungsteam/Lead-Architekt
Story	Im Rahmen der Entwicklung einzelner (technischer) Stories werden auch architekturspezifische Themen umgesetzt. Die Architekturentwicklung ist eine laufende Task des Lead-Architekten und des Entwicklungsteams.	Entwicklungsteam/Lead-Architekt

5.5.2.11 Aktivität 5.1: Anforderungen spezifizieren

Generelle Zielsetzung: Ziel der Anforderungsanalyse und -spezifikation ist es, genau zu analysieren, was der Kunde will. Zudem ist ein Vorgehen zu etablieren, das sicherstellt, dass die vom Kunden gewünschten Anforderungen erarbeitet und umgesetzt werden (nicht mehr und nicht weniger).

Haupttätigkeit: Neben der Definition der Projektziele und Einflussgrössen (siehe Aktivitäten 2.2 und 2.3) stellt die korrekte Erarbeitung der funktionalen und nicht funktionalen Anforderungen eine der wichtigsten Aufgaben im Projekt dar. Die Anforderungsanalyse und -spezifikation beim agilen Vorgehen erfolgt in drei Abstraktionsschichten. Die Projekt- und Releaseschicht werden dabei häufig zusammengefasst.

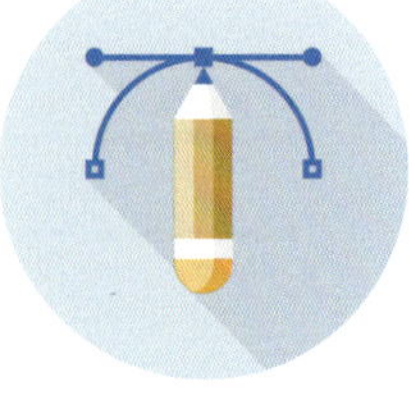

- Businessanforderungen (funktionale Anforderungen) sowie produkttechnische Anforderungen (meistens nicht funktionale Anforderungen) spezifizieren
- Anforderungen in Skalierungskategorien einteilen (Epics, Use Cases, User Stories)
- Akzeptanzkriterien pro User Story erstellen

Spezieller Hinweis: Ein Use Case beinhaltet mehrere Szenarien (Happy Path = einfachstes Szenario, Alternativszenarien, Ausnahmeszenarien). Demgegenüber ist ein Szenario eine User Story.

Mögliche Methoden: Gesamter Requirementsprozess mit seinen Spezifizierungsmethoden wie Story Mapping, Vertical Slicing, DEEP-Methode

Kapitelverweise: Siehe 5.5.2.4, 5.8.3, **7.3**

Layer	Ausführung	Beteiligte Rollen
Release	Auf der Releaseebene gilt es, eine Teilmenge der Product Backlog Items, z.B. im Rahmen eines Backlog Refinements, zu verfeinern, sodass der Inhalt der darin enthaltenen Epics geklärt ist. Die Aktivität 5.1 wird in einer Top-down-Abhängigkeit von der Aktivität 2.3 ausgeführt.	Product Owner Team
Inkrement	Anforderungen, sprich User Stories, die umgesetzt werden müssen, werden auf dieser Ebene im Rahmen von Backlog Refinement Meetings detailliert spezifiziert. Zusätzlich erfolgt eine Aufwandschätzung der User Story, damit diese in die Sprintplanung aufgenommen werden kann. Zudem werden das Sprint Backlog und die Sprintziele festgelegt.	Product Owner Team, Entwicklungsteam
Story	Die Stories werden auf Tasks heruntergebrochen spezifiziert und umgesetzt. Die neue Software wird unter Verwendung der eingesetzten Entwicklungs- und Refactoring-Methoden spezifiziert, entwickelt, in die bestehende Softwarearchitektur integriert und zugleich auch getestet.	Entwicklungsteam

5.5.2.12 Aktivität 5.2: Codieren, Testen und Integrieren von Software

Generelle Zielsetzung: Die im Sprint Planning 2 in Tasks aufgesplitteten User Stories werden nach den Vorgaben des Designs und der Architektur technisch umgesetzt. Das heisst, das geplante Inkrement respektive die darin enthaltenen Anforderungen (User Stories) sind z.B. bei einem SW-Produkt Story um Story fehlerfrei umgesetzt, getestet und dokumentiert (DoD = Definition of Done).

Haupttätigkeit: Bei einer agilen Entwicklung, bei der die Tätigkeiten Analyse, Spezifikation, Umsetzung und Testing praktisch parallel ausgeführt werden, sollte grundsätzlich jedes Teammitglied alles können – von der Anforderungsanalyse und spezifikation über das Architekturdesign bis hin zum Implementieren und Verifizieren der neuen Entwicklungseinheit (Funktion). Es geht dabei um das Abarbeiten der taskbezogenen Aufgabenstruktur des definierten Sprints. Die nachfolgend sequenziell aufgeführten Arbeitsschritte eines Entwicklungsteams lassen sich, wie eingangs erwähnt, parallel ausführen.

- Task spezifizieren
- Softwarearchitektur anpassen/umsetzen
- Detaildesign erarbeiten/codieren
- Abnahmeprozess einer User Story z.B. durch das Fach festlegen
- Komponente testen (Unit Tests) und integrieren (Continuous Integration)
- Dokumentieren

Spezieller Hinweis: Am Ende dieses Arbeitsschritts ist ein in sich lauffähiges Codeelement (Software-Inkrement) fertigentwickelt und ausgetestet. Dabei werden während der SW-Entwicklung die unterschiedlichen Codeelemente laufend miteinander integriert. Dank automatisierter Tests werden Integrationsfehler schnell erkannt. Dieses schnelle Entwickeln und sofortige Integrieren wird in der Fachsprache «Continuous Integration» genannt.

Für das Entwickeln von Hardware oder anderen Projektprodukten lässt sich das oben beschriebene Vorgehen nicht eins zu eins übernehmen. Die Logik der Continuous Integration und somit des agilen inkrementellen Ansatzes findet aber auch in anderen Entwicklungsbereichen mehr und mehr Anwendung.

Mögliche Methoden: Softwareentwicklungsmethoden wie XP, Crystal Family, TDD, ATDD, FDD, DevOps etc.

Kapitelverweise: Siehe 2.3, 7.4

Layer	Ausführung	Beteiligte Rollen
Story	Das detaillierte Design der Software, die Integration in die anderen Codeelemente und die Verifizierung der Softwareeinheiten erfolgen im Storylayer. Nach den Konzepten des möglichst einfachen Designs und des Refactorings entsteht der detaillierte Entwurf während der Entwicklung des Codes. Mit Konzepten wie Test-Driven-Development werden Tests auf der Unit-Ebene entworfen und ausgeführt, während der Code entwickelt wird [AMM 2018].	Entwicklungsteam

5.5.2.19 Aktivität 6.4: Auslieferung des Projektprodukts (Transfer)

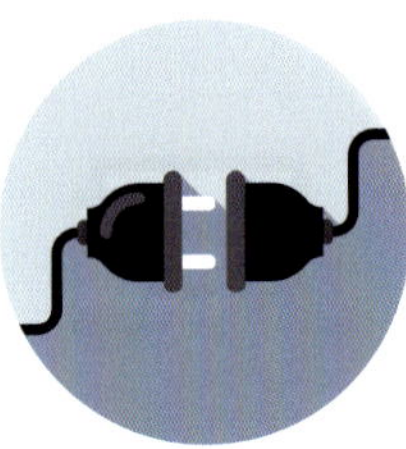

Generelle Zielsetzung: Geordnete Übergabe des Projektprodukts, sei es bzgl. Technik, Service oder Organisation.

Haupttätigkeit: Bei dieser Aktivität wird die Auslieferung und Inbetriebnahme des erstellten Projektprodukts mit allen vorbereitenden und unterstützenden Tätigkeiten durchgeführt, damit das Produkt effizient genutzt werden kann. Die dabei eingesetzten Verfahren/Techniken/Werkzeuge sind je nach Entwicklungsart sehr unterschiedlich. Parallel wird die Übergabe an die für den Betrieb verantwortliche Organisation vorbereitet; die eigentliche Übergabe erfolgt aber formell nachgelagert.

- Nachdem das Projektprodukt (System) in die neue Sollumgebung eingebaut wurde, müssen wichtige grundlegende Einstellungen vorgenommen werden.
- Den Endbenutzer befähigen, das Produkt produktiv zu nutzen. Es sei denn, das Produkt ist bezüglich Installation und Anwendung selbstlernend.
- Sicherstellen, dass beim Produktionsanlauf aufseiten des Empfängers möglichst keine Probleme auftreten bzw. die Risiken dafür möglichst klein sind.
- Allfällige alte Systeme/Produkte ausser Betrieb nehmen.

Spezieller Hinweis: Ziel des Auslieferungsprozesses ist die problemlose Übergabe des Projektprodukts an den Prozess/Produkt-Owner. Bei den heutigen Implementierungen, z.B. von Apps, geht es auch darum, eine geeignete Konfiguration und Grundinstallation zu bieten, sodass der Anwender «nur» ein für ihn spezifisches Customizing umsetzen muss, um das Produkt einsetzen zu können.

Mögliche Methoden: Cutover-Plan

Kapitelverweis: Siehe 7.5.3

Layer	Ausführung	Beteiligte Rollen
Projekt	Je nach Projektart und -situation muss auf der Projektebene sichergestellt sein, dass das eingeführte Projektprodukt von den Nutzern richtig eingesetzt und angewendet wird. Hier sind vor allem die Veränderungsmanagementaufgaben (Changemanagement) wie Schulung, Betreuung etc. wichtig.	Projektleiter, PO-Team
Release	Ein Projekt wird mittels eines Releases eingeführt. Bei einem Embedded-Projekt kommt es nicht selten vor, dass eine Big-Bang-Einführung (schlagartige Einführung) notwendig ist. Wenn es sich nicht um den letzten Release eines Projekts handelt, muss seine Auslieferung gut mit der Betriebsorganisation abgestimmt werden. In diesem Fall wird der Betrieb normalerweise noch vom Entwicklungsteam gewährleistet und wurde noch nicht von den Betriebsverantwortlichen übernommen.	Betreiber, agiles Projektteam, andere Teams
Inkrement	Wenn ein lauffähiges Inkrement, eine Komponente, erstellt wird, so erhält es eine eindeutige Versionsnummer. Diese Komponente kann allein oder mit anderen zusammen in die Produktion ausgeliefert (releast) werden.	Agiles Team

5.5.2.20 Aktivität 7.1: Abschluss

Generelle Zielsetzung: Ziele dieser Aktivität sind das offizielle Bekanntgeben des Projektabschlusses, die Entlastung der Projektleitung sowie das offizielle Auflösen des Projektteams und die Neuzuteilung der Verantwortlichkeiten.

Haupttätigkeit: Die Beendigung eines Projekts erfolgt im Zusammenspiel von Projektportfoliomanagement beziehungsweise Auftraggeber und Projektleiter 5.0 sowie von Projektleiter 5.0 und Projektteam. Nach den vorangegangenen Tätigkeiten wie Produkt freigeben, Produkt abnehmen (Betriebsübergabe) und Produkt ausliefern muss der Projektleiter 5.0 das Projekt auf der Führungsebene beenden und abschliessen. Dabei sind je nach Projektsituation folgende Arbeiten auszuführen:

- Aufgetretene «Kinderkrankheiten» beheben
- Bestehende Mängelliste oder nicht erfüllte «Claims» (Ansprüche) aus dem Projekt endgültig abarbeiten
- Schlussabrechnung durchführen
- Dokumentation und Archivierung sicherstellen
- Projektabschlussbericht erstellen, Abnahme des Projekts (nicht des Produkts) durch den Kunden durchführen
- Projektteam offiziell auflösen (Auflösung wird meistens bereits vorher eingeleitet)
- Finale Retrospektive (Lessons Learned) auf der Projektebene durchführen (siehe Aktivität 5.5)

Spezieller Hinweis: Zuletzt ist das Projektteam auf Grundlage des Projektabschlussberichts vom Auftraggeber offiziell aufzulösen und der Projektleiter 5.0 zu entlasten (MS50). Es gilt, mit dem PMO festzulegen, wer wann beim MS60 die Wirkung des Projekts prüft.

Mögliche Methoden: Keine

Kapitelverweis: Siehe 6.5

Layer	Ausführung	Beteiligte Rollen
Projekt	Ein Projekt ist abgeschlossen, wenn alle Aufräum- und Abschlussarbeiten erledigt und dokumentiert sind, der Auftraggeber die offizielle Auflösung bekannt gibt und es auch auf Portfolioebene zu Ende gebracht ist.	PM-Team, Auftraggeberschaft, PPB

5.6 Agiles Planen bei adaptiven, agil geführten Projekten

5.6.1 Planungsansatz

In Projekten ist die Planung sehr stark mit einem «Managen der Unsicherheiten» verbunden. Daher wird jeweils danach gestrebt, die Unsicherheiten durch eine klarere Definition der Ziele und Anforderungen zu reduzieren. Beim rein konventionellen Vorgehen versucht man, den Grad der Unsicherheit möglichst früh, spätestens aber bis zum Start der Realisierung auf ein sehr tiefes Niveau zu senken. Bei innovativen Produktentwicklungsprojekten ist dieser absichernde Ansatz jedoch nicht zielführend, da er nur eine Scheinsicherheit erzeugt. Auch mit einem professionell geführten Änderungsmanagement schafft er für den Auftraggeber eine Illusion von wirkungsvoller Kontrolle, da ein Projekt umso besser gesteuert werden kann, je sicherer und «stabiler» die Anforderungen definiert sind [Scho 2018].

Planung ist die geistige Vorwegnahme einer möglichen zukünftigen Realität. Sie ist daher naturgemäss niemals perfekt, ausser man ist Hellseher. Das Professionelle ist, eine Planung möglichst perfekt auszuführen. Diese Denklogik ist auch beim agilen Vorgehen gültig.

Der agile Planungsansatz hingegen erkennt und akzeptiert die Unsicherheiten und versucht nicht, für die Entscheidungsträger eine planerische Scheingenauigkeit zu erzeugen. Zu erwähnen ist jedoch, dass der Planungsgrad je nach Art des adaptiv geführten Projektes sehr unterschiedlich sein kann. Selbst bei einer rein agilen Entwicklung muss zwischen einem hochgradig adaptiven Ansatz und einem völlig planmässigen Vorgehen unterschieden werden. Je nach Art des Projekts gibt es eine Reihe von Faktoren, die den Planungsansatz beeinflussen oder bestimmen. Neben dem Grad der Unsicherheit ist es entscheidend, ob man z.B. ein reines Softwareprodukt erstellt, ein Projekt mit Hardware- und Softwarekomponenten realisiert oder einen Tunnel baut [Scho 2018]. Nachfolgend die wesentlichen Aspekte, die die Art der Planung beeinflussen:

- Embedded-Welt, in die das Projektprodukt eingebettet werden muss (technische, strukturelle und terminliche Abhängigkeiten)
- Organisatorische Strukturtiefe, die das Projektergebnis für das Unternehmen hat
- Grad der Unsicherheit der Anforderungen und Lösung
- Ausbildung und Fähigkeiten des Projektteams
- Verfügbare Entwicklungsinfrastruktur und zeitlicher Mitwirkungsgrad der einzelnen Teammitglieder

Hervorzuheben ist, dass Planungsmethodik und -ansatz immer an das Projekt angepasst werden müssen. Beim adaptiven Vorgehen gibt es bezüglich des Planungsansatzes keine Schwarz-Weiss-Entscheidung. Für erfahrene Projektleiter 5.0 ist klar, dass es zwischen völlig planvoll und völlig anpassungsfähig viele Abstufungen gibt. Abbildung 5.16 im Kapitel «Wave Planning» zeigt die Art und Weise, wie die Unsicherheit mit einem agilen Rolling-Wave-Planungsansatz während des Projektverlaufs progressiv reduziert werden kann. Ein Projekt in Versionen und Iterationen aufzubrechen, bedeutet, dass viele der detaillierten Planungsaufgaben verschoben werden können, bis eine Version oder Iteration für die Entwicklung bereit ist respektive bereit sein muss.

Die nachfolgend beschriebene Planungszwiebel (Planning Onion) und die Wave-Planning-Methode zeigen dieses strukturierte Aufbrechen in eindrücklicher Art und Weise.

5.6.2 Planning Onion (Planungszwiebel)

Planung findet im Geschäftskontext auf unterschiedlichen Ebenen statt. Sie reicht von der Stufe strategische Planung bis zur Tagesplanung. Dabei ist von zentraler Bedeutung, dass die Planung auf jeder Ebene immer mit der darüberliegenden vereinbar ist. So wird ein Unternehmen keine Produkte entwickeln, die seiner Unternehmensstrategie zuwiderlaufen. Dieses Prinzip der Planung auf verschiedenen Ebenen wird oft auch mithilfe eines zwiebelförmigen Schalenmodells gemäss dem Ansatz von Mike Cohn dargestellt. Die Schale der strategischen Planung umschliesst dabei die darunterliegenden, die im agilen Kontext oft mit Portfolio, Produkt, Release, Sprint (oder Iteration) und Tag überschrieben werden [Coh 2005].

Die sechs Planungsebenen, häufig metaphorisch als Schichten einer Zwiebel dargestellt, sind ein sehr eingängiges Bild dafür, wie sich jede Planungsentscheidung auf die darunterliegenden Ebenen auswirkt. Die Onion-Darstellung weist darauf hin, dass die äussere Schicht der Treiber aller Planungen in den inneren Schichten ist, die jeweils einen kürzeren Zeithorizont haben. Dies geht bis hin zur täglichen Planung, die im Daily Stand-up Meeting des Entwicklungsteams erfolgt. Basierend auf dem inkrementellen und iterativen Ansatz, spielen Feedback-Loops zwischen den verschiedenen Ebenen eine wichtige Rolle. Dabei ist es wichtig zu verstehen, dass nicht alle Planungsebenen von denselben Personen verantwortet werden. Während die Strategie- und Portfolioplanungen meist von der Geschäftsleitung oder nahe daran angesiedelten Rollen wahrgenommen werden, fallen die darunterliegenden Ebenen in den Aufgabenbereich der Projektleitung 5.0, des Projektmanagementteams und teilweise in den Aufgabenbereich von Mitgliedern des Entwicklungsteams [Coh 2005].

Agile Planungsaktivitäten für gross angelegte Entwicklungsarbeiten sollten sich, wie Abbildung 5.15 zeigt, in fünf Schichten gliedern. Denkt man sich einmal die sechste Schicht der strategischen Ebene weg, so wird auf der Portfolioebene anhand der verschiedenen Produktvisionen die gewünschte Produktentwicklung nach einem High-Level-Ansatz im PP-Masterplan planerisch umgesetzt. Auf der Produktebene gilt es u.a., die Projekt- oder Produkt-Roadmap zu erstellen.

Da die notwendigen Aktivitäten mit dieser Planungsmethodik auf fünf Ebenen und somit über fünf unterschiedliche Zeitho-

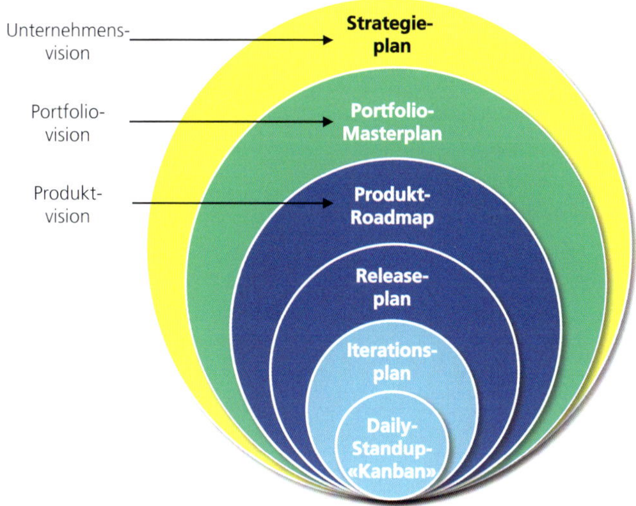

Abb. 5.14: Schalenmodell gemäss [Coh 2005]

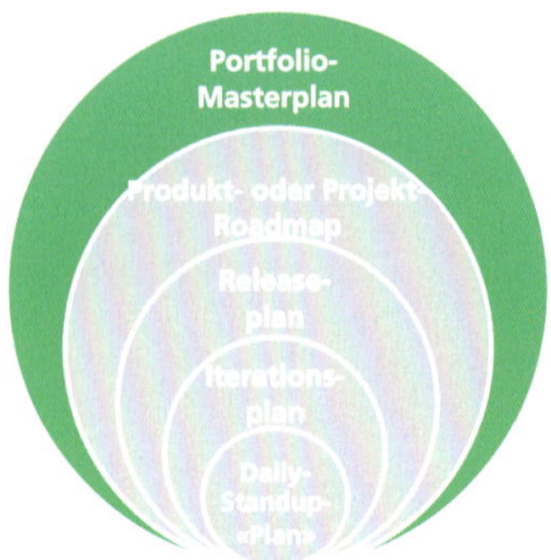

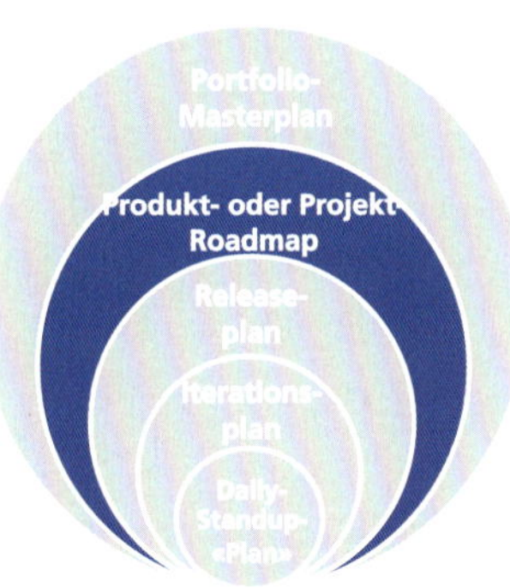

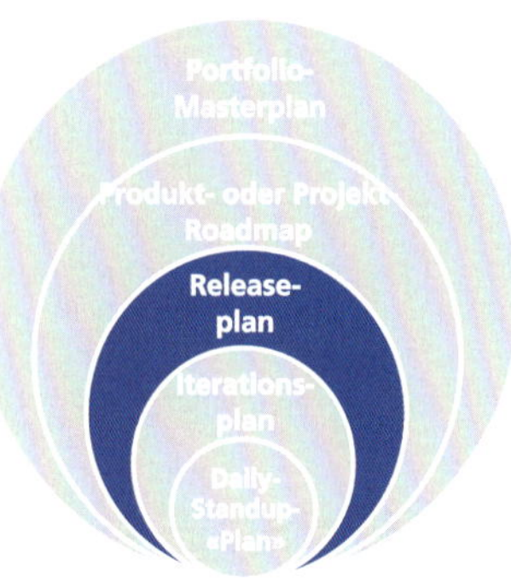

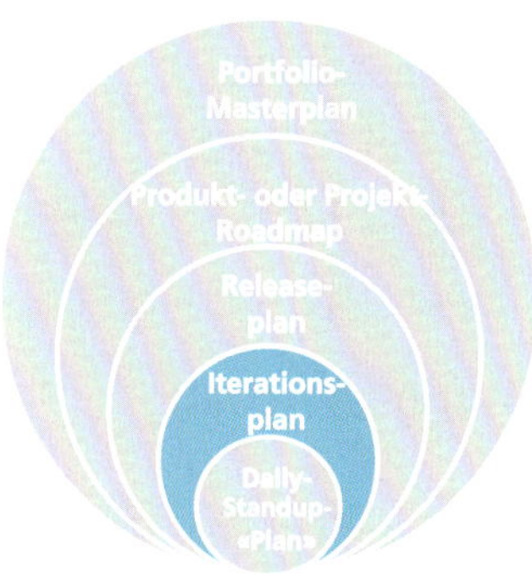

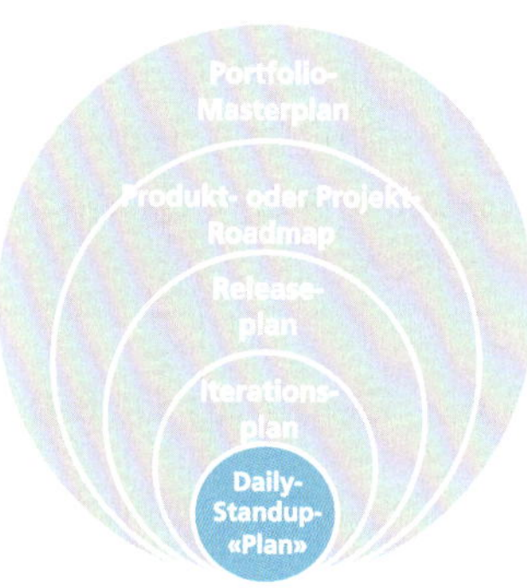

PP-Masterplan	Projekt-/Produkt-Roadmap	Produkt-Releaseplan	Iterationsplan (Sprintplan)	Taskboard
• Product Owner/Manager • Jahresplanung • Planhorizont: zur Vision • Product Vision, PP-Masterplan, Impact Map	• Product Owner • Halbjährlich • Planhorizont: 9–24 Mte. • Produktziele, Produktcharta, Kunden- und Benutzer-Stakeholderanalyse	• Product Owner & Teams • Quartalsweise • Planhorizont: 3–9 Mte. • Release-Roadmap, Kunden- und Benutzerziele	• Teams • 2- bis 4-wöchentlich • Planhorizont: 2–4 Wo. • Iterationsziele, Entwicklungs- oder Konstruktionsaufgaben	• Teammitglieder • Täglich • Planhorizont: 1–2 Tage • User Story, Backlog Items, Tasks, Akzeptanztests

Abb. 5.15: Aufgabenbereiche pro Schicht in Anlehnung an [Coh 2005]

rizonte (12 Monate, 6 Monate, 3 Monate, 4 Wochen, täglich) erfolgen, können der Umfang der behandelten Details, die Anzahl der beteiligten Personen und die Häufigkeit der Planungs- und Entwurfstätigkeiten zunehmen, je «granularer» es wird. Dies bringt den grossen Vorteil, dass man nicht Zeit in etwas investiert, das möglicherweise nicht oder anders erstellt wird.

«PP-Masterplan»: Mit der Produktvision wird das langfristigste Zukunftsbild gezeichnet. Darin erklärt z.B. der Product Owner oder Product Manager, wie eine Organisation oder ein Produkt nach Projektabschluss aussehen sollte. Zudem wird angegeben, welche Teile des Systems geändert werden müssen und welche Anstrengungen unternommen werden können, um dieses Ziel zu erreichen (Festlegung von Schätzungen und Verpflichtungen). Die Produktvision beschreibt einen gewünschten Zustand, der 24 Monate oder mehr in der Zukunft liegt. Diese Planungswerte werden in Form von Needs oder Product Increments (PI) im PP-Masterplan festgehalten.

«Projekt-/Produkt-Roadmap»: Die Produkt-Roadmap ist ein zentrales Werkzeug jedes Produktmanagers, insbesondere bei der kontinuierlichen Produktentwicklung. Roadmaps überbrücken die Kluft zwischen mehrjährigen strategischen Plänen und der Release- sowie Iterationsplanung. Wird nicht im Sinne von DevOps entwickelt, sind Produkt-Roadmaps mit Projektplänen gleichzusetzen. Durchdachte, konsensbasierte und bis dato gültige Roadmaps halten Produktteams auf ihrem Weg ins Ziel aktiv. Eine stringent geführte Roadmap führt zu einer wesentlich schnelleren Umsetzung von Unternehmensstrategien. Diese agil aufgebauten Roadmaps sind ein Grundpfeiler der Business Agility. Sie bieten den Rahmen um zu bestimmen, wann Pläne geändert werden sollten und welche Auswirkungen mögliche Änderungen auf die Ziele bezüglich der Veröffentlichung verwandter Produkte haben werden, und fungieren als kollaboratives Werkzeug für die Kommunikation des Realisierungsplans. Wird nicht agil kontinuierlich (DevOps), sondern in Form von Projekten entwickelt, so wird die Roadmap noch mit weiteren Daten angereichert (siehe Kapitel 6.3).

«Produkt-Releaseplan»: Releasepläne werden meistens in grafischer Form erstellt. Ein Releaseplan ist ein formelles Lieferobjekt, das Daten, Inhalte und Ziele der geplanten Releases umreisst und sich auf ein Product Backlog oder Project Backlog bezieht. Dadurch kann das Entwicklungsteam eine entsprechende Schätzung für die Erstellung jeder Anforderung abgeben. Der Zweck der Releaseplanung ist es, den Inhalt des oder mindestens eines bestimmten auslieferbaren Produktinkrements zu definieren. Grundsätzlich umfasst ein Releaseplan beim agilen Vorgehen mehrere Sprints, sprich auslieferbare Produktinkremente inkl. der dazugehörigen Lieferobjekte. Wird nicht kontinuierlich, sondern in Form eines Projekts agil entwickelt, so bilden neben dem Product Backlog der Projektplan inkl. zu erstellende Arbeitspakete und Lieferobjekte (Spezifikationen, Betriebskonzept etc.) sowie der Projektauftrag den Rahmen und die Basis für einen Produkt-Releaseplan.

«Iterationsplan»: Ein Iterationsplan (auch Sprint Planning genannt) ist eine Ansicht des Produkts auf einer tiefen Ebene, bei der das Team einen konzentrierteren, detaillierteren Blick auf das wirft, was für die Implementierung eines definierten Inkrements notwendig ist. Im Fokus stehen also nur die User Stories, die für die Iteration im Planning Meeting 1 ausgewählt wurden. Ein Iterationsplan kann aus einer einfachen Exceltabelle bestehen oder aus Post-its, die an einem Kanban Board angebracht werden.

«Taskboard (Backlog Tasks)»: Backlog Tasks sind für den nächsten Sprint aus dem Sprint Backlog abgeleitete Tätigkeiten (Tasks) zur Umsetzung der entsprechenden Anforderungen respektive User Stories. Das Taskboard zeigt z.B. in Form eines Kanban Boards den jeweiligen Stand der Arbeit. Die Teammitglieder können im Sinne eines Pull-Ansatzes die Planung selbst vornehmen. Die Tasks (nicht grösser als acht Stunden Aufwand) werden im täglichen Stand-up-Meeting besprochen.

5.6.3 Wave Planning

Wie in Kapitel 5.6.1 einleitend erwähnt, gilt es, in der heutigen VUCA-Welt die Unsicherheit zu managen. Genau hier spielen das adaptive Vorgehen und die agilen Planungstechniken ihren zentralen Vorteil aus. Adaptiv geführte Projekte zielen nicht auf einen umfassenden, detaillierten Masterplan ab, sondern sind ein flexibles Planungsgerüst, um im Projektverlauf auf neue Gegebenheiten eingehen zu können. Prominente Bedeutung kommt dabei der rollierenden Planung, dem sog. «Wave Planning», zu. Dabei werden Transformations-, Design- oder Umsetzungsziele in Realisierungswellen organisiert.

Wave Planning kann sowohl auf Projekt- wie auch auf Portfoliostufe eingesetzt werden. Die Abbildung 5.16 von Bernd Österreich [Oes 2019] zeigt in einfacher Weise auf, was agile Planung sein kann und wie sie sich mit dem Modell der dynamischen Steuerung verbinden lässt.

Es handelt sich nicht mehr um eine lineare Planung und Ausführung, sondern um ein zyklisches Entscheiden und Schauen, wohin die Reise wirklich geht. Das setzt eine entsprechende Offenheit beim Kunden und beim Projektteam voraus, wie auch gute Bedingungen für agiles Verhalten.

Da beim agilen Vorgehen in möglichst kurzen Zyklen gearbeitet wird, fliesst diese «Reiseanalyse» in den nächsten Zyklus bzw. die nächsten Zyklen ein. Im Kern geht es beim Wave Planning um eine rollierende, zeitnahe Entscheidung darüber, welche Themen und Aufgabenpakete in einem Vorhaben im nächsten Zeitfenster umgesetzt werden. Der Fokus liegt dabei auf folgenden Fragen [Scho 2018]:

- Was ist aktuell das Sinnvollste?
- Was bringt uns im nächsten Monat den grössten Nutzen?
- Wie müssen wir auf kurzfristige Entwicklungen (Ressourcensituation, Kundenfeedback o.Ä.) reagieren?

Mit der rollierenden Planung in einem adaptiven Vorgehen wird das Projekt sozusagen auf Sicht gefahren. Die langfristige Ausrichtung ist zwar vorhanden, wird aber über viele flexible Umsetzungswellen erreicht. Dies bedeutet, dass die wichtigen Stakeholder in besonderem Masse eingebunden werden, dass Planungsannahmen definiert und permanent aktualisiert werden und dass insbesondere anspruchsvolle grosse Ziele (mit der ganzen Komplexität, die damit verbunden ist) in handliche Teile zerlegt werden: z.B. erstens neue digitale Geschäftsmodelle etablieren, zwei-

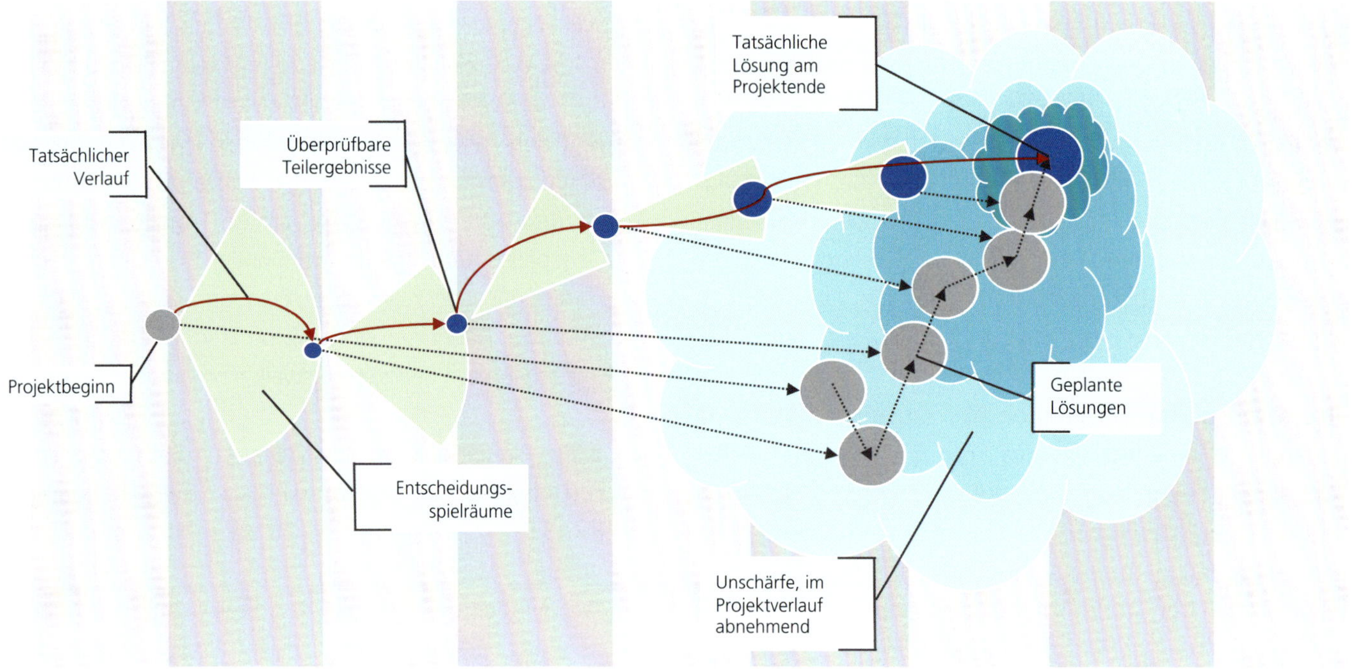

Abb. 5.16: Agile Planung = Zieloffenheit und Zielorientierung [Oes 2019]

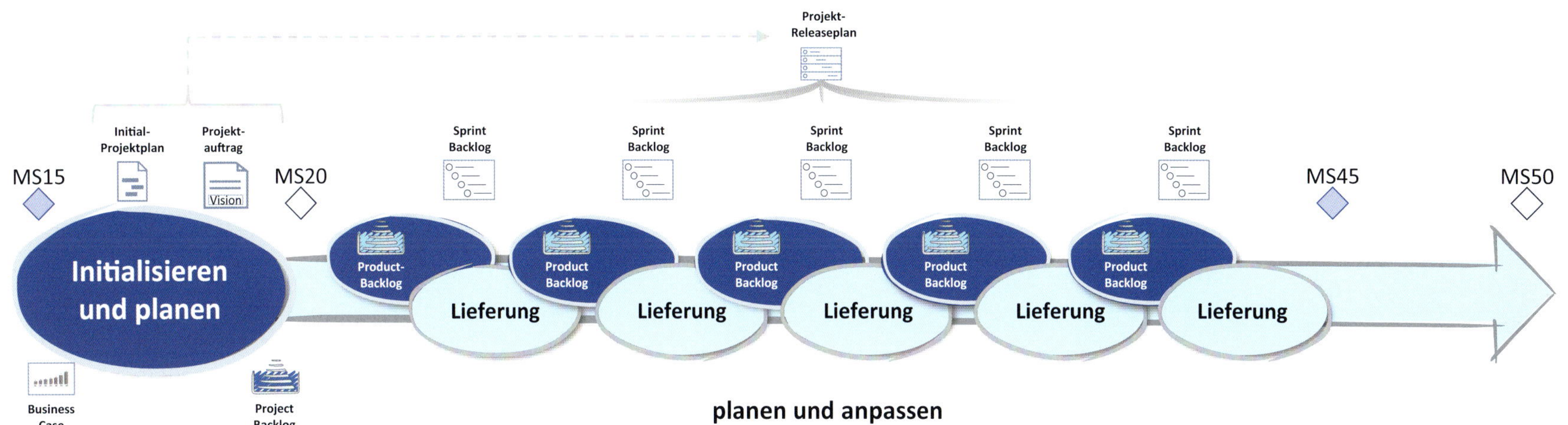

Abb. 5.17: Rolling Wave Planning in Anlehnung an [Low 2020]

tens eine neue Plattform im Markt platzieren und drittens zudem entsprechende After-Sales-Services als neue Zusatzerlöse realisieren. Wird nun für diese drei «handlichen Teile» mit dem rollierenden Planungssatz geplant, so gilt es, jeweils vom Endkunden her zu denken, den Nutzen zu definieren, viele neue Ideen zu sammeln, verschiedene Technologien auszuprobieren und nur in jeweils kleinen Schritten Etappenziele in sogenannten Waves umzusetzen [Scho 2018]. Zu beachten sind dabei folgende Punkte:

- Beim Projektstart ist der Planungsaufwand jeweils etwas grösser. Im Sinne des Business-Case-Ansatzes setzt dies eine ausreichende Planung voraus. So stellt man sicher, dass man einen Business Case hat, der das Projekt rechtfertigt, und dass man genügend Informationen hat, um es zu starten.
- Die rollierende Planung ermöglicht, ein Projekt im Verlauf seiner Entwicklung iterativ zu planen.
- Bei der rollierenden Planung wird geplant, bis die nächste «Welle» die notwendige Sichtbarkeit aufweist. Dann setzt man diese um und plant wieder neu.
- Während das Projekt voranschreitet, werden die Pläne für die verbleibenden Monate immer klarer.
- Planung und Lieferung sind während des gesamten Projektlebenszyklus voneinander abhängig.
- Die Rolling-Wave-Planungstechnik verwendet den Progressive-Elaboration-Ansatz. Das heisst, der Plan für das jeweilige ausgewiesene Projekt wird kontinuierlich modifiziert, detailliert und verbessert. So entsteht jeweils ein neuer und verbesserter Plan.

Planung und Lieferung sind während des gesamten Projektlebenszyklus voneinander abhängig.

Damit der rollierende Planungsansatz seine Stärke entfalten kann, muss auf folgende Erfolgsfaktoren geachtet werden [Scho 2018]:

Nicht jedes Vorhaben eignet sich, um in Wellen zu planen: Grundlagenprojekte, Bau- und Infrastrukturvorhaben sollten nicht in Wellen, sondern konventionell – als «Wasserfall» – ablaufen. Umgekehrt eignen sich aber besonders Transformationsvorhaben, die Einführung neuer Services (seien sie digital oder nicht) beziehungsweise die Erweiterung des Geschäfts durch neue Geschäftsmodelle für das Wave Planning.

Diverse und heterogene Planungsteams bilden: Zum Wave Planning gehören dedizierte Planungsteams, die mit Mitarbeitenden aus sehr unterschiedlichen Fach- und Erfahrungsbereichen besetzt werden sollten. Am besten kommen diese Mitarbeitenden aus verschiedenen Business Units, anderen Programmen und von anderen Standorten. Die Planungsteams verbinden Planung mit Stakeholder- und Management-Alignment und veranlassen frühzeitige Richtungs- und Prioritätsentscheidungen.

Frühzeitig potenzielle Wave Leader nominieren: Die einzelnen Umsetzungswellen brauchen einen dedizierten eigenen Kopf – jemanden, der mit Energie und Fachkenntnis das Etappenziel vorantreibt. Solche Kandidaten sind besonders begehrte Ressourcen.

Zwischen Scope und Backlog permanent umschichten: Am Anfang und dann immer wieder – es wird gesammelt! Alle Ideen, alles, was man tun möchte, und alles, was aus Sicht der Mitarbeitenden getan werden soll, findet seinen Weg in das Product Backlog, den zentralen Arbeitsspeicher des Vorhabens. Aber es wird auch streng priorisiert (Sprint-, Release- oder sogar Portfolio-Refinement): Eine Welle umfasst genau die Umsetzung des jeweiligen Leistungsscopes.

Für jede Wave werden Eckpunkte festgelegt: Startpunkt einer Welle sind bestimmte Initiativen, ausgehend von der Customer Journey. Für die ausgewählte Initiative – als Abschnitt der Customer Journey – wird ein Business Case ermittelt: Was bringt das Ganze (z.B. mehr Bestellungen, grössere Bestellumfänge)? Welche Initiative bringt den grössten Nutzen für den Kunden bzw. den grössten Wert für das Unternehmen (z.B. zusätzliche Umsätze)? Das Budget bildet dabei den Rahmen für die weitere Planung. Es wird nämlich nicht aufgrund der geplanten Aufgaben «errechnet», sondern bereits im Vorfeld festgelegt.

5.6.3.1 Progressive Elaboration

Das Konzept der rollenden Wellenplanung ist sehr eng mit dem der progressiven Ausarbeitung (progressive Elaboration) verbunden. Grundsätzlich ist Rolling Wave Planning eine Progressive-Elaboration-Technik, die die Logik verfolgt, dass Projekte in der Regel schrittweise und mittels Inkrementen abgewickelt werden. Beide sind wichtige Techniken bei der Planung von Anforderungen in einem agil oder adaptiv geführten Projekt. Der Progressive-Elaboration-Ansatz ist seit Langem beim konventionellen Projektmanagement im Einsatz. Das agile Projektvorgehen betont seine Verwendung jedoch viel stärker.

Entscheidend ist, dass man sich nicht zu sehr in der Planung von Anforderungen verzettelt, weil dies viele Spekulationen beinhaltet und zu unnötiger Nacharbeit führen kann, wenn sie sich als falsch erweisen. Bei der progressiven Elaboration werden Anforderungen nur in dem Masse definiert, wie sie zu diesem Zeitpunkt zur Unterstützung von Entscheidungen oder Massnahmen erforderlich sind. Dazu einige Beispiele:

- Auf der Projektebene ist es notwendig, den Gesamtumfang auf Basis eines sehr groben Verständnisses bezüglich der Projektanforderungen zu ermitteln, um die erforderlichen Ressourcen, Kosten und Zeitpläne zu definieren. Basierend auf dem Business Case und dem Initial Product Backlog wird hinsichtlich Kosten, Ressourcen etc. vorausgeschaut.
- Auf der Releaseebene muss der Aufwand etwas genauer geschätzt werden, um den projektbezogenen Releaseplan zu vervollständigen. Dazu ist es vielleicht notwendig, die Anforderungen etwas detaillierter zu verstehen, ohne dass dieses «Verstehen» viel Detailaufwand erfordert.
- Auf der Sprint- bzw. Inkrementebene müssen vor dem Start zwei Planungsaspekte erfüllt werden:
  - Das Team muss über eine vernünftige Einschätzung des Aufwands verfügen und seine einzusetzende Kapazität kennen.
  - Das Team sollte keine Anforderungen in einen Sprint mitnehmen, die mit grossen Unsicherheiten oder Problemen verbunden sind und die Entwicklung blockieren oder verzögern könnten.
- Auf der Inkrement- bzw. Sprintebene sind aus planerischer Sicht einige Details bezüglich der Anforderungen auszuarbeiten, um den Aufwand für deren Umsetzung

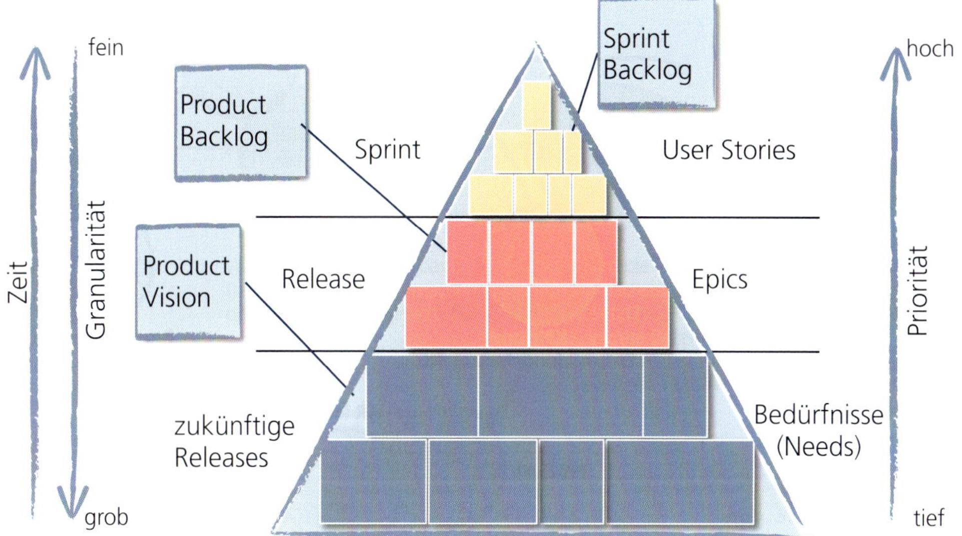

Abb. 5.18: Strukturkonzept der progressiven Elaboration in Anlehnung an [Khe 2013]

abschätzen zu können. Zudem gilt es, auch einige Rahmenbedingungen wie Velocity, Timebox oder Entwicklungsumgebung festzulegen, um das gewünschte Sprintniveau halten zu können. Gibt es zu viele planerische Unsicherheiten, die die Effizienz des Teams zu sehr beeinflussen, so werden in der agilen Welt Spikes als wichtige planerische Begleittechnik eingesetzt (siehe Kapitel 7.3.4.4).

5.7 Produktstrategie

Das Budget ist der Start- und nicht der Endpunkt der Planung.

Als zentraler Erfolgsfaktor im adaptiven Vorgehen gilt die qualifizierte Produktstrategie. Sie visualisiert das Ziel, das man mit dem Produkt erreichen möchte, und zeigt seine Schlüsselfunktionen auf. Im Weiteren gehört zu einer gut

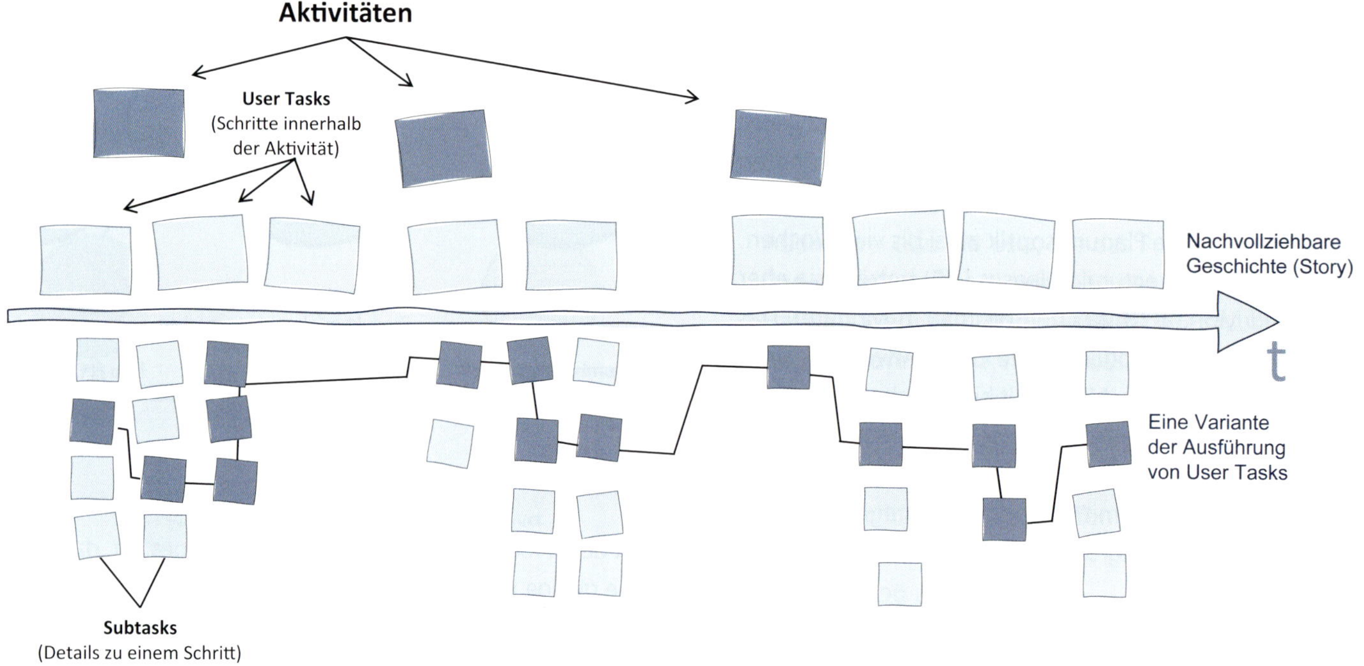

Abb. 5.21: Beispielhafte Strukturierung einer Story Map in Anlehnung an [Ita 2021]

5.7.2 Produktstrategie mit rein agiler Methode umsetzen

Ohne die Beschreibung des Story Mappings in Kapitel 7.3.4.2 vorwegzunehmen, soll hier die Technik kurz erläutert werden, um den Unterschied zur konventionellen Produktstruktur aufzuzeigen. Mit Story Mapping kann man die Produktstruktur, sprich die produktbezogenen Anforderungen, übersichtlich darstellen. Ausgehend von der User Experience wird ein Big Picture der Anforderungen erstellt, bei dem konsequent der Kundenfokus aufrechterhalten wird. Dabei werden die User Tasks – also die Aufgaben, die aus Benutzersicht zu erledigen sind – entlang einer Horizontalen so angeordnet, dass sie eine nachvollziehbare Geschichte (Story) ergeben.

Sind viele User Tasks nebeneinander aufgeführt, so kann man diese zu Aktivitäten bündeln. Unterhalb der User Tasks werden die Details in Form von Subtasks aufgelistet. Über sie können auch Varianten der Ausführung von User Tasks platziert werden. Dadurch ergibt sich das Big Picture. Die grau hinterlegten Post-its in Abbildung 5.21 repräsentieren Benutzeraufgaben (User Tasks), die ein Benutzer mithilfe des Systems erledigen möchte. Die kleinen weissen Post-its repräsentieren die jeweils dazugehörenden Arbeitsschritte oder Tätigkeiten (Subtasks) [Ita 2021].

Umfangreiche Big Pictures werden für die Realisierung in Schichten gegliedert. Die Schichten einer Story Map repräsentieren die von der Produktstrategie definierten Ausbaustufen. Das Backbone stellt die minimalen Funktionen dar, die zur Bereitstellung des Produkts erforderlich sind. Dies kann auch als Minimum Viable Product (MVP) bezeichnet werden. Hinzu kommt die Unterstützung der Walking-Skeleton-Methode, beispielhaft in Abbildung 5.22 dargestellt.

Das Walking Skeleton ist der vollständige Satz von End-to-End-Funktionalitäten, die das Produkt oder die Lösung akzeptabel machen. Dieser Teil des Hauptteils der Story Map besteht normalerweise aus Stories, einschliesslich der User Storys. Die Reihe von Stories macht das Produkt minimal funktional und kann daher als Minimum Marketable Feature (MMF) bezeichnet werden. Sie dient als Ausgangsbasis für weitere Entwicklungsreleases.

> «Ein Walking Skeleton bezeichnet in der Softwareentwicklung die einfachste Umsetzung eines kompletten Funktionsbereiches einer Software. […] ‹Skeleton› bedeutet, dass wesentliche Teile bereits funktionsfähig implementiert wurden, der überwiegende Teil der Funktionalität – quasi das Fleisch – aber noch fehlt» [Fri 2018].

Die Walking-Skeleton-Methode kann vom Product Owner grundsätzlich unabhängig von der gewählten Releasestrategie genutzt werden.

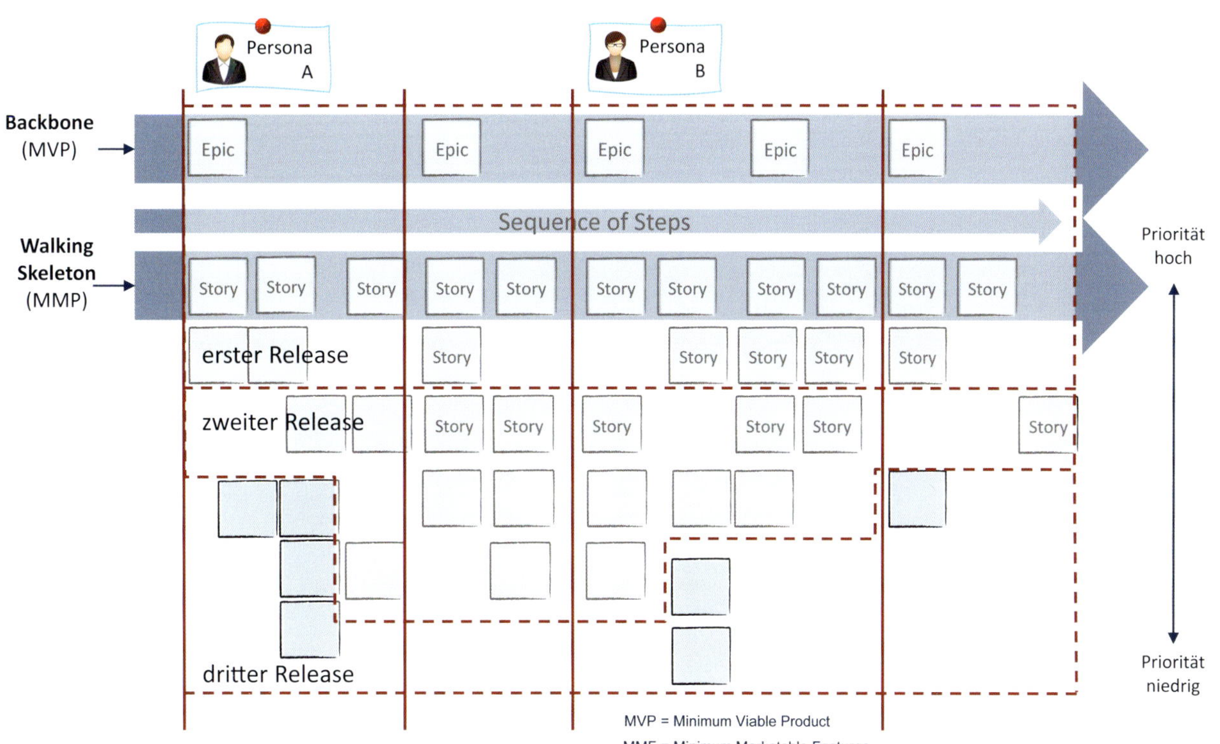

Abb. 5.22: Releasestrategie mit einer Walking Skeleton, dargestellt in Anlehnung an [Gri 2015]

5.7.3 Produktstrategie mit konventioneller Methode umsetzen

Man kann Releases nach Funktionalitäten ordnen, was im Grundsatz der konventionellen, klassischen Produktstruktur entspricht.

Bei der klassischen Methode werden die Funktionen oder Produktelemente in einem Produktkonzept so strukturiert, dass ein einzelner Strukturast einen möglichst vollständigen, fachlich zusammenhängenden funktionalen Umfang eines Teilprodukts enthält. Dabei wird auch das Ziel verfolgt, dass ein solcher Umfang soweit als möglich ein eigenständiges Inkrement abbildet. Bei grösseren Produkten ist es aufgrund des Umfangs zwingend, dass diese Struktur in sogenannte Releaseebenen unterteilt wird. Nachfolgend werden die drei Releaseebenen gemäss Abbildung 5.23 erläutert [Sti 1996]:

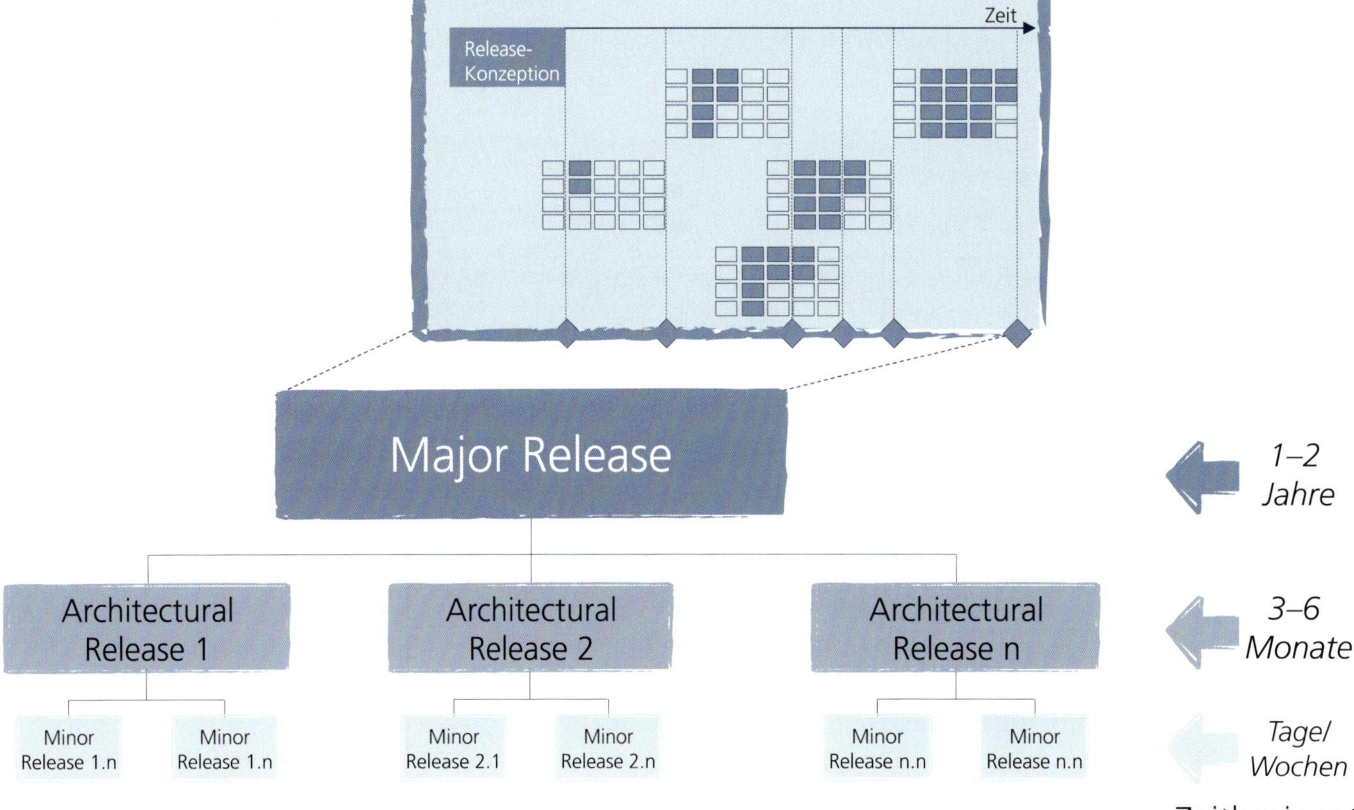

Abb. 5.23: Evolutionäre Produktstrategie, strukturiert nach einem klassischen Produktstrukturansatz

- Major Release (MR)
  Ein Major Release stellt den Rahmen für die Neuentwicklung, Erweiterung oder den Unterhalt eines grösseren Systems oder Produkts dar. In der Regel wird der MR in einen oder mehrere Architectural Releases unterteilt, die in sich abgeschlossene, meist (einzelne) betrieblich einführbare Einheiten bilden. Ein MR stellt in diesem Sinne eine Gesamtversion dar (Statement of Direction). Die einzelnen Aufbauschritte helfen, die Gesamtversion sukzessive zu realisieren.
  Die Planung innerhalb eines MR sollte in der Regel nicht über zwei bis drei Jahre hinausgehen. Wann genau ein MR enden und ein neuer beginnen soll, liegt im Ermessen des Auftraggebers.

- Architectural Release (AR)
  Ein Architectural Release ist ein Ausschnitt aus dem geplanten Major Release. Ein AR muss eigenständig ausführbar sein. Er bildet eine in sich abgeschlossene, in der Regel beim Anwender einführbare Einheit (Letzteres im Sinne eines Realisierungspakets). Die ARs repräsentieren daher Etappen und stellen wichtige Meilensteine im Verlauf eines Projekts dar. Aufgrund des Erreichens dieser Meilensteine lässt sich der Projektfortschritt feststellen bzw. lassen sich Korrekturen an den einzelnen Aufbauschritten aus Anwendersicht vornehmen. Der AR verkörpert somit auch eine wichtige Grösse im Zusammenhang mit Verträgen und der Verrechnung im weiteren Sinn; seine Realisierung sollte nicht länger als ein Jahr dauern.
  Ausschlaggebend bei der Definition des AR sind Faktoren wie:
  - Sukzessive Reduktion des Gesamtabwicklungsrisikos
  - Frühzeitige Einführung wichtiger Komponenten für den Anwender, wobei sich die frühe praktische Erfahrung positiv auf die weiteren Planungsschritte auswirkt
  - Kleine Teilprojekte, die für Auftraggeber, Anwender und Entwickler handhabbar sind und zu schnellem Feedback bzw. Korrekturmöglichkeiten führen
  - Einsparung von Kosten durch frühzeitige Einführung
  - Sofortiges Einfliessen der gewonnenen Entwicklungserkenntnisse

- Minor Release / Internal Release (IR)
  Ein Minor Release enthält eine kleine Menge an Anforderungen und wird über den Zeitraum von ein oder zwei Sprints entwickelt. Er ist daher relativ genau planbar. Die als Story beschriebenen Anforderungen für jeden Sprint eines Minor Releases sind vom Product Owner wie folgt auszuwählen:

  1. Selektiere Stories mit der höchsten Priorität aus dem Support.
  2. Selektiere Stories aus dem Projekt mit der höchsten Priorität.
  3. Führe die Sprintplanung mit der Menge der vorselektierten Stories durch.
  4. Definiere mindestens eine Story als potenziell optional. Diese kann aus dem Sprint entfernt werden, sollten dringende Supportanfragen zu erledigen sein.

Bei der Planung von Minor Releases werden drei Situationen unterschieden:

- Eigenentwickelte Systemkomponente: wird im Projekt selbst entwickelt
- Fremdentwickelte Systemkomponente: wird durch andere Projekte entwickelt
- Kauf externer Systemkomponente: wird extern (bei Dritten) eingekauft und integriert

Somit besteht ein Architectural Release (AR) aus einer Folge von Minor Releases. Während der ersten Releases steht der schrittweise Aufbau der Basisfunktionalitäten im Vordergrund. Bei späteren Releases werden alle weiteren durch den Leistungsumfang des AR vorgegebenen Anforderungen sukzessive implementiert. Im Rahmen dieser Entwicklung kann es zu Änderungsanforderungen hinsichtlich des ursprünglich vorgesehenen Leistungsumfangs kommen. Diese neuen, veränderten Anforderungen werden durch das Backlog Refinement im Product Backlog abgehandelt.

Viele Unternehmen mit sehr grossen Internetplattformen gehen so vor. Dabei wird eine Menge fachlich zusammenhängender Veränderungen erst dann ausgeliefert, wenn sie eine bestimmte Reife (bzgl. funktionalen Umfangs) erlangt haben.

5.7.4 Minimum Viable Product versus Minimal Marketable Product

Minimum Viable Product (MVP) wird oftmals mit Minimal Marketable Product (MMP) respektive Minimum Marketable Feature (MMF) verwechselt. Daher folgt hier vor der Erläuterung des MMP eine Beschreibung des MVP.

Minimum Viable Product ist ein Konzept der Lean-Startup-Methode. Ein MVP ist eine Produktversion oder -erweiterung, durch die Investor und Entwicklungsteam versuchen, mit möglichst wenig Aufwand einen maximalen Lerneffekt bezüglich Kunde und Markt zu erzielen (viable [engl.] = gangbar, brauchbar, lebens- und wachstumsfähig). Der MVP-Begriff wurde von Frank Robinson und Eric Ries 2001 geprägt. Die Methode ist eine Strategie, um schnelles und breites Feedback vom Kunden zu erzielen, ohne das Produkt bis zu seiner Marktreife auszuarbeiten [Röp 2016].

Ein Minimum Viable Product (MVP), wörtlich ein «minimal überlebensfähiges Produkt» (Mindestanforderung), ist somit die erste minimal funktionsfähige Iteration eines Produkts, das entwickelt werden muss, um mit minimalem Aufwand den Kunden-, Markt- oder Funktionsbedarf zu decken und handlungsrelevantes Feedback zu gewährleisten [Wiki 2021]. Dadurch entsteht für das Entwicklungsteam bzw. den Investor ein wichtiger Beitrag zur Weiterentwicklung des Produkts. Wir sprechen hier also von einem Prototyp in der dritten Entwicklungsstufe, der sich in keinem produktiven Endzustand («Experience») befindet.

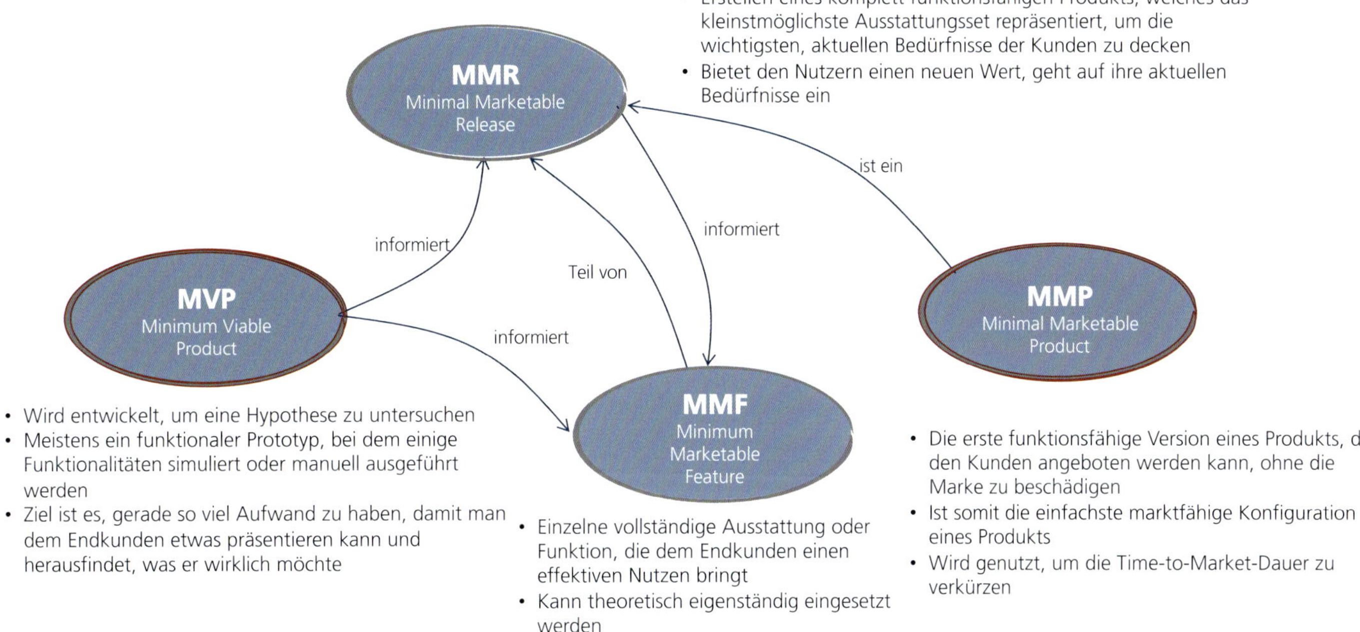

Abb. 5.24: MVP/MMR/MMF/ MMP [© Scott W. Ambler, Discipline Agile Consortium]

Beim Minimal Marketable Product (MMP) steht wie beim MVP ebenfalls eine frühe Rückmeldung im Fokus, um die nächsten Anforderungen definieren zu können. Zusätzlich zum MVP soll mit dem MMP aber sofort Wert für den Kunden geschaffen werden. Viele Produkte können in einer sehr einfachen «Version 1.0» eingesetzt werden, ohne bereits alle gewünschten Eigenschaften und Qualitäten aufzuweisen. Mit dem MMP-Ansatz lässt sich bereits Umsatz erzielen, um damit die kontinuierliche Verbesserung des Produkts zu finanzieren. MMP ist somit auch eine Priorisierungstechnik, die auf der Portfolioebene die Initiativen, auf der Projekt/Releaseebene die Sprints und auf der Sprintebene die User Stories priorisiert.

Neben dem mehrwertorientierten Denken unterstützt MMP ganz klar den 80/20-Ansatz, der als Scope-Instrument verwendet werden kann. MMPs generieren zum Beispiel, wie im Kapitel 4.3.6 «Value Management» aufgeführt, in einem oder mehreren der folgenden Punkte einen Market Value:

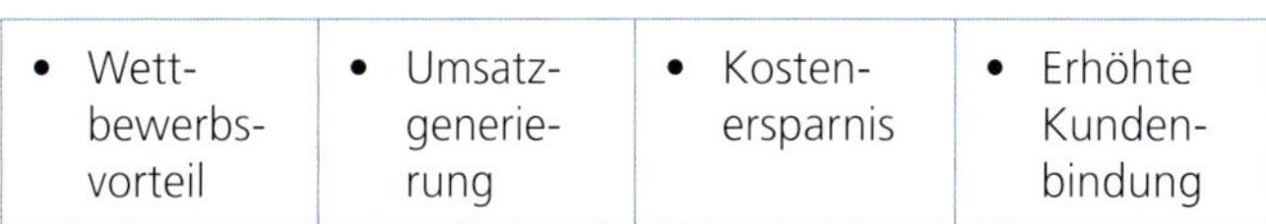

• Wett-bewerbs-vorteil	• Umsatz-generie-rung	• Kosten-ersparnis	• Erhöhte Kunden-bindung

Achtung: Oftmals wird für das Definieren des Scopes der Begriff MVP statt MMP verwendet. MVP hat sich fälschlicherweise auf Managementebene etabliert, um zu sagen: «Ich will keinen Rolls Royce», sprich nur das Wichtigste. Mit MVP erhält man aber nur einen qualifizierten Prototyp!

5.8 Backlogmanagement

5.8.1 Grundlagen der Backlogkonzeption

Der Begriff Backlog bezieht sich auf eine Arbeitsmenge, die sich im Laufe der Zeit angesammelt hat, oder einen Bestand an Aufträgen, die auf ihre Abarbeitung warten. Ein Backlog im Projektabwicklungsprozess bezieht sich generell auf projektbezogene Aufgaben, die noch zu erledigen sind. Im Besonderen wird der Begriff beim agilen Vorgehen im Zusammenhang mit Product Backlog und/oder Sprint Backlog verwendet. Ein Product Backlog lässt sich anhand von fünf grundlegenden Eigenschaften beschreiben [Lin 2017]:

Abb. 5.25: Scopemanagement mit Backlogs [Rub 2015]

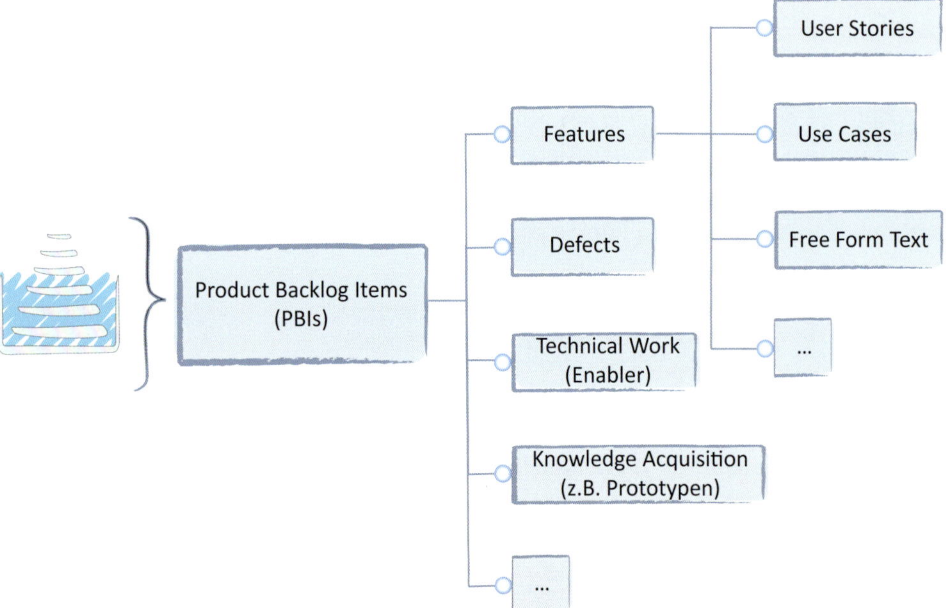

- Priorisiert: Die Listeneinträge im Product Backlog werden anhand einer durch den Product Owner festgelegten Reihenfolge von oben nach unten priorisiert.
- Unterschiedlich detailliert: Ein Product Backlog Item ist umso genauer detailliert und ausgearbeitet, je weiter oben es in der Liste aufgeführt wird.
- Geschätzt: Für jedes Product Backlog Item wird eine Aufwandsschätzung durchgeführt. Je weiter oben es in der Liste steht, desto präziser ist diese Schätzung.
- Bewertet: Der Kundennutzen eines Product Backlog Items wirkt sich ebenfalls auf dessen Priorität aus.
- Dynamisch: Aufgrund der ständigen Weiterentwicklung und Verfeinerung des Product Backlogs können neue Product Backlog Items hinzukommen und bereits vorhandene wieder entfernt werden.

Product Backlog (Domain Backlog)

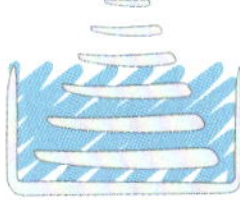

Im Product Backlog sammelt und priorisiert der Product Owner alle Anforderungen, die vom zu entwickelnden Produkt einst erfüllt werden sollen oder dafür in Betracht kommen. Das Product Backlog ist allerdings kein Projektplan und auch keine Aufgabenliste. Es ist lediglich eine Sammlung oder ein «Merkzettel» aller bekannten Wünsche an das Produkt [Lin 2017]. Wenn es pro Domäne ein Backlog gibt, wird das Product Backlog auch als Domain Backlog bezeichnet. In seiner ursprünglichen Form sammelt ein agil geführtes Product Backlog die Anforderungen (Features) z.B. in Form von User Stories, die eine Software erfüllen muss. Neben den Features enthält ein Product Backlog z.B. auch Bug-Fixes oder Verbesserungen der Architektur, die für die Produktversion entwickelt werden müssen. Diese werden auch «neutral» Product Backlog Items (PBI) genannt.

Die Entwicklung des Product Backlogs erfolgt z.B. mittels Story Mapping und startet mit den Events, also den Aufgaben, die aus Benutzersicht zu erledigen sind. Als Grundlage dienen die Ergebnisse aus dem Event Storming (siehe Kapitel 7.7.5). Die Events werden entlang einer Horizontalen sequenziell so angeordnet, dass sie eine nachvollziehbare Geschichte (Story oder auch Erzählfluss) ergeben.

Das Product Backlog (PB) ist ein Planungsinstrument – aber wie bereits erwähnt kein Projektplan – und wird vom Product Owner geführt. Es weist immer genügend umsetzbare User Stories auf, damit mindestens drei oder mehr zukünftige Sprints befüllt werden können. User Stories durchlaufen im Product Backlog gemäss dem DEEP-Vorgehen eine zeitliche Dimension (siehe Kapitel 5.8.3).

User Stories, die in das Sprint Backlog aufgenommen wurden, sind ab diesem Zeitpunkt im Sinne der Sache nicht mehr veränderbar.

Sprint Backlog

In jedem Sprint soll ein funktionsfähiges Zwischenprodukt, sprich Inkrement, entwickelt werden. Deshalb wird bereits vorab im Sprint Planning Meeting 1 entschieden, welche Product Backlog Items (PBI) aus dem Product Backlog im nächsten Sprint bearbeitet werden sollen. Das Sprint Planning Meeting findet zu Beginn jedes Sprints statt. Nachdem die Product Backlog Items ausgewählt wurden, werden sie im jeweiligen Sprint Backlog festgehalten. Das Entwicklungsteam ist Eigentü-

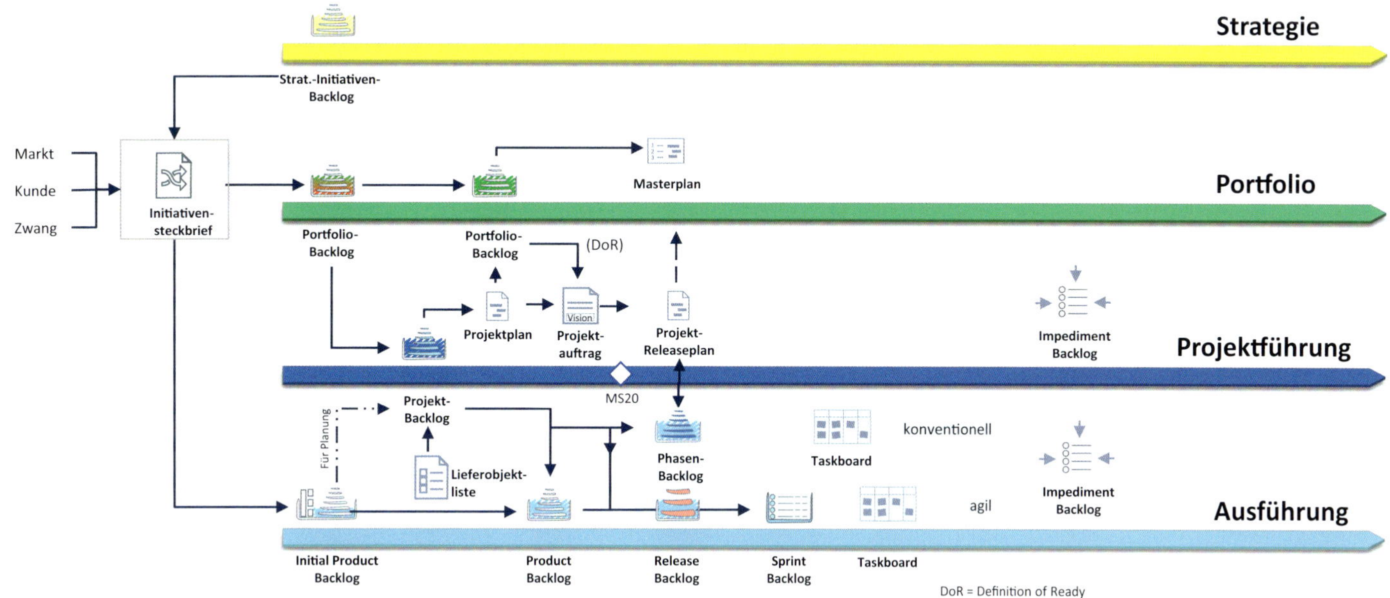

Abb. 5.26: Backlogmanagement über alle vier Ebenen eines Projektmanagementsystems

mer des Sprint Backlogs und entscheidet, welche Product Backlog Items, d.h. User Stories, Bug-Fixes etc., vom priorisierten Product Backlog im nächsten Sprint mengenmässig bearbeitet werden können. Wenn beispielsweise eine User Story zu umfangreich ist, wird sie in kleinere Aufgaben – sogenannte Tasks – aufgeteilt. Um dann noch einen Überblick über den aktuellen Umsetzungsstand zu haben, bedient man sich oftmals eines Task Boards. Die für den nächsten Sprint selektierten PBIs, die beim Sprint Planning 2 mit Blick auf das definierte Sprintziel um weitere Details ergänzt werden, bilden zusammen das Sprint Backlog.

Die Inhaltsdefinition und Erstellung der Product und Sprint Backlogs in rein agil geführten Teilen eines grösseren Projekts erfolgen wie beschrieben. Wenn ein Projekt mehrere Teams umfasst, können die Aufgaben den jeweiligen Teams zugeteilt und somit Team Backlogs geschaffen werden. Sollte es nur ein Team geben, dann entspricht das Product Backlog dem Team Backlog [Mei 2017].

5.8.2 Backlogmanagement im adaptiven Projektmanagementsystem

Die beiden im vorangehenden Kapitel beschriebenen zentralen Artefakte der Scrum-Methode, Product und Sprint Backlog, erzeugen aufgrund ihrer einfachen, leicht nachvollziehbaren Logik eine positive Wirkung. In adaptiv geführten Projekten, bei denen nicht nur eine rein agile Produktentwicklung betrieben wird, hat die Backlog-Technik enorme Verbreitung gefunden – zum Teil so stark, dass man sich bereits ein Back to the Roots wünscht. Nachfolgend werden die in Abbildung 5.26 dargestellten Elemente der Backlog-Technik in einem adaptiv geführten Projektmanagement beschrieben. Die Backlogs der Ebene Strategie und Lenkung werden in Kapitel 3 und 4 beschrieben.

Initial Product Backlog (Elaboration Backlog)

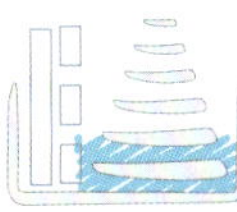

Das Initial Product Backlog ist die Basis für den produktbezogenen Entwicklungsanteil eines geplanten Projekts. Wie im Product Backlog werden die produktbezogenen funktionalen und nicht funktionalen Anforderungen eines anstehenden Projekts als Stories beschrieben. Die einzelnen, zu Projektstart noch grob gefassten Stories können mit entsprechenden Product Backlog Items (PBI) wie Epics, Use Cases, User Stories, Sequenz-Diagrammen etc. verdeutlicht werden. Die Anforderungen sollten nicht zu früh und zu detailliert formuliert werden, da sie sich im Lauf der Entwicklungsarbeit noch wesentlich verändern können. Zu berücksichtigen sind dabei eventuelle vertragliche Notwendigkeiten sowie die Erfahrung des Kunden mit agilen Vorgehensweisen.

Das Erstellen des Initial Product Backlogs kann z.B. Teil eines durchgeführten Bedarfserhebungs-Workshops sein [Rie 2009]. Wie in Abbildung 5.26 aufgezeigt, werden die produktbezogenen PBI im Laufe des Projekts mittels Product Backlog, Product Release Backlog und Sprint Backlog weiter bearbeitet. Gibt es PBIs, die in einem hybriden Ansatz konventionell erledigt werden müssen, so werden sie in ein Phasenbacklog überführt, das von einem eigenständigen Umsetzungsteam als deren Backlog übernommen wird. Ob dieses Team das Backlog als Phasenbacklog oder wiederum als Product Backlog benennt, ist irrelevant. Zusätzlich werden die erhobenen und definierten PBI des Initial Product Backlogs dem Project Backlog nur als Planungswert zugefügt.

Project Backlog

Grosse Projekte in einer Embedded-Umgebung müssen neben der gesamten Produktentwicklung auch begleitende Aufgaben im Sinne von Projektabwicklungsdienstleistungen wahrnehmen. Somit kommen zu den reinen Produktanforderungen, die im Product Backlog festgehalten werden, noch weitere Backlog Items, nämlich sogenannte Projektabwicklungsbacklog-Items (PrBI) hinzu. Dazu gehören Dienstleistungen mit konkreten Lieferobjekten wie etwa Migrationskonzept, Schutzbedarfsanalyse und/oder Informationssicherheits- und Datenschutzkonzept etc. sowie Dienstleistungen wie kontinuierliche Risikoanalyse, Stakeholder Management ohne konkrete Lieferobjekte etc. Diese projektabwicklungsbezogenen Project Backlog Items werden im Project Backlog aufgeführt. Weitere Elemente sind übergeordnete Ziele, Prämissen, Rahmenbedingungen und/oder Qualitätseigenschaften, die auf der Projektebene erstellt werden müssen und das gesamte Projekt – und somit die Planung – betreffen. Auch diese werden wie die Items des Product Backlogs soweit möglich priorisiert. Die zusätzlichen übergeordneten projektbezogenen Anforderungen und Dienstleistungen dienen entlang der gesamten Projektabwicklung als übergeordnete Akzeptanzkriterien der Projektergebnisse [Mei 2017].

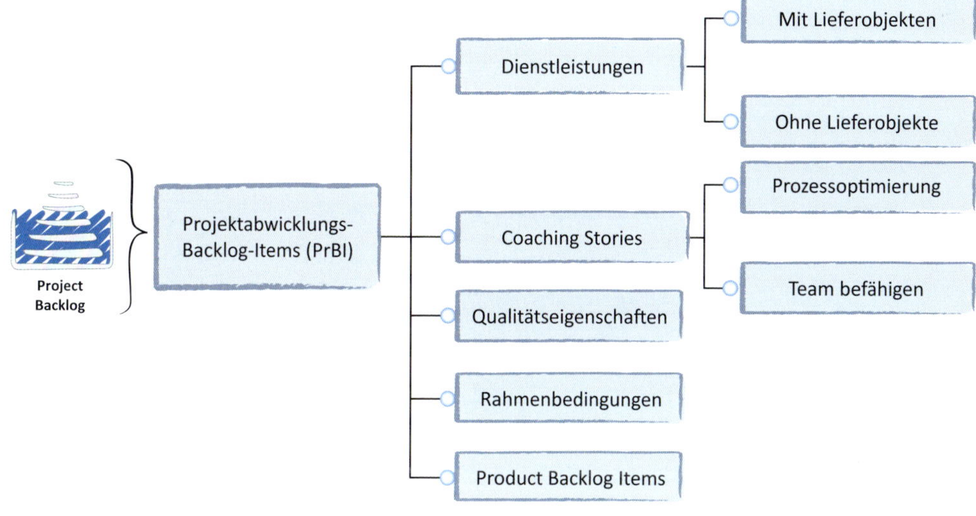

Abb. 5.27: Elemente eines Project Backlogs

Release Backlog

Ein agil durchgeführtes Projekt gliedert sich innerhalb des Projekts abwicklungsmässig nach Releases und Sprints. Zum Beispiel beinhaltet der erste Softwarerelease drei Sprints, die zusammen ausgeliefert werden. Danach folgen drei weitere Sprints und ein weiterer Release. Produktbezogen deckt dies das Product Backlog ab.

Das Release Backlog dient ebenfalls der sprintübergreifenden Planung. Es beinhaltet ein Subset des Product Backlogs, das im nächsten Release geliefert werden soll, typischerweise mit einem Planungshorizont von drei bis sechs Monaten. Hierfür priorisiert der Product Owner die Backlog Items aus dem Product Backlog und ordnet sie einem Release im Release Backlog zu. Das Release Backlog enthält nur die Backlog Items, die aufgrund strategischer Ziele in einem der kommenden Releases realisiert werden sollen. Das Product Backlog hingegen enthält auch Items mit niedriger Priorität, die gegebenenfalls nie zur Realisierung gelangen [Don 2011].

Phasenbacklog

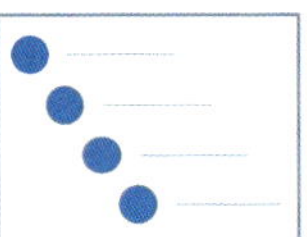

Die zu Projektbeginn im Project Backlog gesammelten und definierten Lieferobjekte werden nach dem Projektstart von den funktionalen Eigenschaften wie Epics oder User Stories sowie den nicht funktionalen Anforderungen getrennt oder speziell markiert. Bei den Lieferobjekten handelt es sich z.B. um Konzepte, Konzeptentscheidungen, ausgelöste Bestellungen, Funktionsmuster, Prototypen, Testergebnisse der Machbarkeit, freigegebene Zeichnungen oder auch, etwa bei medizinischen Produkten, um notwendige Pneumatikteile, die für das Endprodukt erstellt werden müssen.

Die nach dem konventionellen Ansatz umzusetzenden Items werden dem Phasenbacklog der jeweiligen Phase zugeordnet. Dieses Phasenbacklog ist sehr hilfreich. Insbesondere am Anfang eines grösseren Projektes gilt es nämlich, sich nicht nur auf das Produkt zu konzentrieren, da, wie bereits erwähnt, noch einige zwingende To-dos anstehen. Wie beim agilen Vorgehen üblich, sind auch bei diesem Backlog nicht alle definierten Lieferobjekte und Dienstleistungen sofort zu erbringen. Sie werden nach ihrer Wichtigkeit priorisiert.

Im Laufe der Projektabwicklung werden die Items des Phasenbacklogs zusammen mit dem Kunden kontinuierlich verfeinert. Die Unterscheidung zwischen Project Backlog und Phasenbacklog dient der Übersichtlichkeit. Wie bereits erwähnt, kommt das Phasenbacklog insbesondere in Projekten zum Tragen, bei denen neben der Software auch Hardwareteile beschafft oder/und erstellt und eingerichtet werden müssen [Mei 2017].

Impediment Backlog

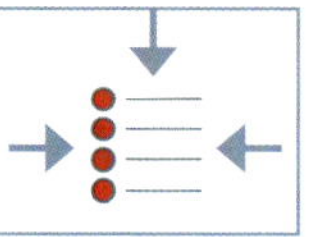

Wie in Kapitel 6.6.2.2 noch ausführlicher beschrieben wird, managt der Scrum Master die Impediments. Ein Impediment in der Projektabwicklung ist eine Behinderung oder ein Hindernis, ein Hemmnis oder eine Erschwerung. Es behindert das Team beim effizienten Arbeiten. Der Scrum Master hat zwei Möglichkeiten, Impediments zu verwalten: Entweder verwendet er ein Impediment Board oder er verwaltet diese Items in Form eines Backlogs. Viele Teams nutzen beide Techniken parallel. Die Meinungen gehen auseinander, ob es sinnvoll ist, ein separates Impediment Backlog zu pflegen, oder ob es nicht ausreicht, die Hindernisse mit entsprechender Kennzeichnung in das allgemeine Product oder Project Backlog aufzunehmen. Bei einem grösseren Projekt mit einem Embedded-Umfeld, in dem neben einem oder mehreren Scrum Masters mit mehreren Teams auch ein Projektleiter 5.0 das Projekt unterstützt, ist Letzterer ein sogenannter Mitbesitzer des Impediment Backlogs. Das Impediment Backlog hat nicht zum Ziel, eine «Buchhaltung» über die Abarbeitung der Hindernisse zu führen. Normalerweise werden die Impediments jedes Mal in der Retrospektive frisch aufgenommen und priorisiert. Was nicht mehr aufgebracht wird, hat sich erledigt – egal weshalb.

Das Backlog ist grundsätzlich nichts anderes als eine bestimmte Menge an Arbeiten. Diese können in einem prozessualen Ansatz – Initial Product Backlog, Product Backlog, Release Backlog und Sprint Backlog – abgearbeitet werden. Wird ein Produkt in Form eines Projekts erarbeitet, so empfiehlt es sich, ein Project Backlog mit Projektabwicklungsbacklog-Items (PrBI) zu erstellen, aus dem ein Phasenbacklog abgeleitet werden kann. Wie auch immer man es strukturiert – es bleibt, wie Abbildung 5.28 zeigt, ein «Haufen» an Arbeiten, die priorisiert werden müssen. Je höher die Priorisierung, umso klarer und präziser ist das Backlog Item beschrieben und vorbereitet, sodass es vom Projektteam effizient ausgeführt werden kann.

5.8.3 Product Backlog Refinement/ Grooming (DEEP)

Roman Pichler und Mike Cohn benutzen das Akronym DEEP, um die wichtigsten Attribute eines guten Product Backlogs zu managen [Pic 2010].

DEEP ist eine anschauliche und einfache Methode, um das Product Backlog à jour zu halten. Es wird auch als Abkürzung für die Qualität eines Product Backlogs verwendet. Product-Backlog-Elemente weisen für das Managen folgende wichtige Attribute pro Backlog Item (BI) auf:

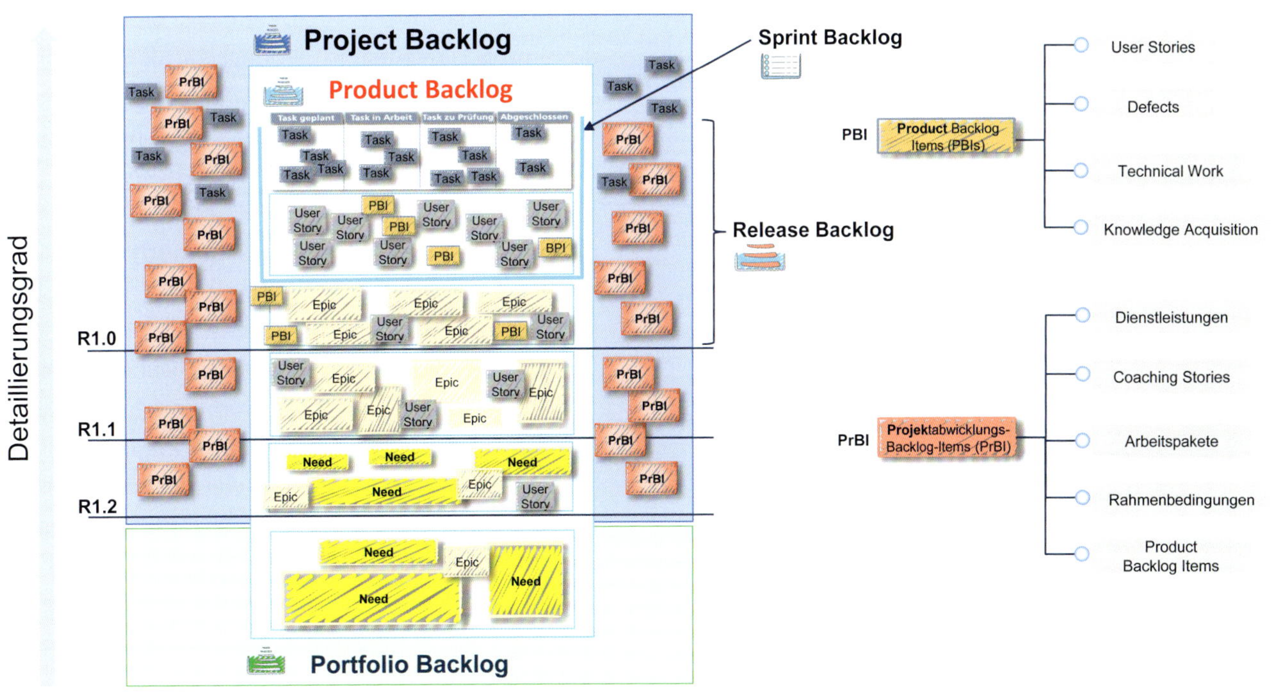

Abb. 5.28: Das Backlog – eine Menge an Arbeiten, entsprechend ihrer Prioritäten spezifiziert

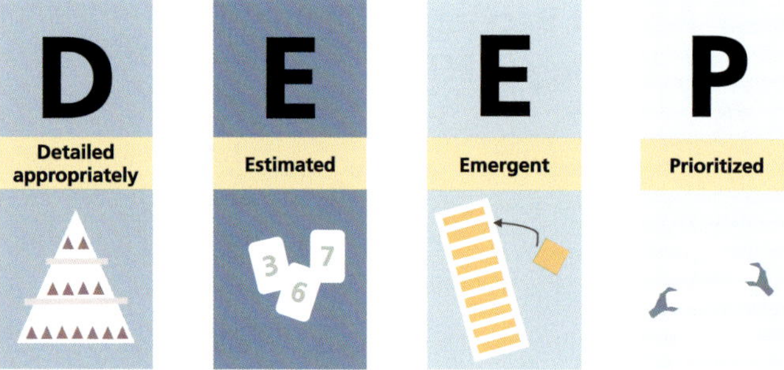

Abb. 5.29: Vier Attribute des BI-basierten Akronyms DEEP von Cohn und Pichler [Bur 2020]

- D – «Detailed appropriately» («angemessen detailliert», um ein BI mit Story Points zu schätzen)
- E – «Estimated (mit Story Points «geschätzt»)
- E – «Emergent» («sich entwickelnd», d.h. Items können jederzeit neu hinzugefügt, entfernt, aktualisiert und/oder neu angeordnet werden)
- P – «Prioritized» (die Items werden bezüglich ihrer Umsetzung «priorisiert»)

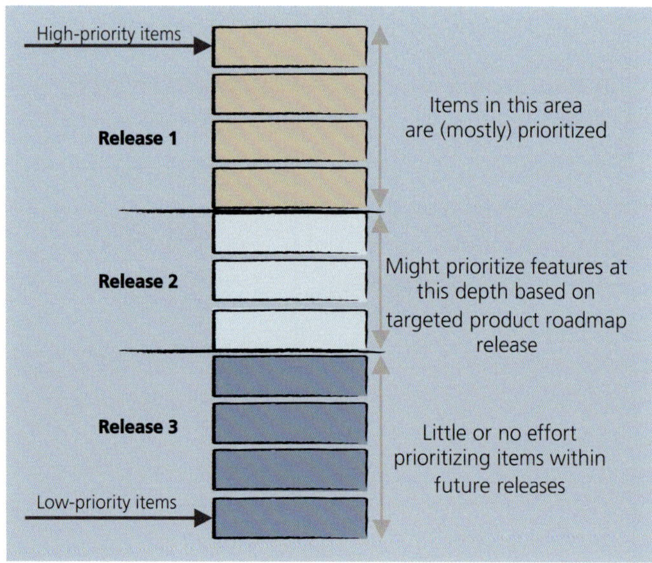

Abb. 5.30: Detailed – Prio-1-Stories sind spezifiziert [Bur 2020]

DEEP ist eine nützliche Spezifizierungsmethode für den Prozess der Verfeinerung und Pflege des Product Backlogs. Durch das andauernde Refinement (Verfeinern) und Grooming (Pflege) erhalten der Product Owner oder die verantwortlichen Personen eine gute Übersicht über einen allfälligen Rückstand in der Produktentwicklung. Die Methode legt auch die Basis für das Verständnis, wieso z.B. ein Team gerade im Rückstand oder «just in time» ist.

Während der Verfeinerung und Pflege des Product Backlogs werden die Items (Elemente) jeweils überprüft und überarbeitet. Grundsätzlich entscheidet das Entwicklungsteam zusammen mit dem Product Owner, wie und wann die Verfeinerung erfolgt. Die Verfeinerung und Pflege benötigt normalerweise nicht mehr als 10 % der Kapazität des Entwicklungsteams. Product-Backlog-Elemente können jederzeit vom Product Owner oder nach dessen Ermessen aktualisiert werden [Bur 2020]. Nachfolgend eine Ausführung der einzelnen Punkte [Bur 2020].

Angemessen detailliert (D = Detailed)

Die Stories im oberen Bereich des Product Backlogs werden im nächsten Sprint umgesetzt. Daher müssen diese Elemente genau definiert und vom Entwicklungsteam verstanden werden, damit sie effizient umgesetzt und innerhalb des Sprints abgeschlossen werden können. In der Regel sind die Stories im oberen Bereich des Backlogs kleiner und feinkörniger. Weiter unten in der Hierarchie der Product Backlogs werden sie zunehmend grösser und weniger spezifisch. Je detaillierter die Items spezifiziert werden, umso weiter wandern sie in der Reihenfolge nach oben.

Stories, die nicht in absehbarer Zeit entwickelt werden, sollten nicht auf Vorrat beschrieben werden (siehe auch Abbildung 5.28).

Geschätzt (E = Estimated)

Wenn sinnvoll und möglich, wird für alle Items im Product Backlog der jeweilige Entwicklungsaufwand geschätzt. Aufgrund der verfeinerten Spezifizierung sind die Schätzungen für die Elemente im oberen Bereich des Backlogs genauer. Für die Elemente mit niedrigerer Priorität wird der Entwicklungsaufwand nur in grober Form geschätzt, sodass bei einem agil geführten Projekt der Projekt- oder Releaseplan mit einem ungefähren Gesamtaufwand beziffert werden kann. Der Entwicklungsaufwand für die Items kann erneut geschätzt werden, wenn das Team mehr Informationen erhält. Somit ist das Product Backlog mehr als eine Liste aller zu erledigenden Arbeiten; es ist auch ein nützliches Planungstool. Zum Schätzen des Aufwands wird z.B. die agile Schätzmetzode Story Points verwendet (Kapitel 6.8.2).

Sich entwickelnd (E= Emergent)

Das Product Backlog ist nicht statisch; es ändert sich ständig. Im Verlauf des Projekts nehmen die Informationen und Kenntnisse laufend zu. Das Projektteam erhält immer besseres (bzw. vollständigeres) Wissen darüber, was das Produkt können muss, um dem Kunden einen entsprechenden Mehrwert zu bieten. Daher werden User Stories im Product Backlog neu hinzugefügt, aber auch entfernt oder neu angeordnet. Da sich das vorhandene Wissen des Projektteams laufend ändert, kann sich die Reihenfolge der Items, nach der diese abgearbeitet werden sollten, durch einen wechselnden Kontext ebenfalls verändern.

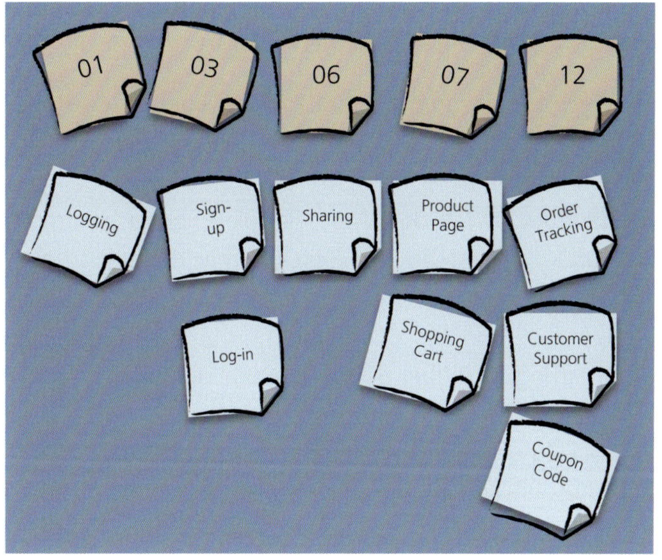

Abb. 5.31: Estimated – Schätzen der Product Backlog Items (PBI) [Bur 2020]

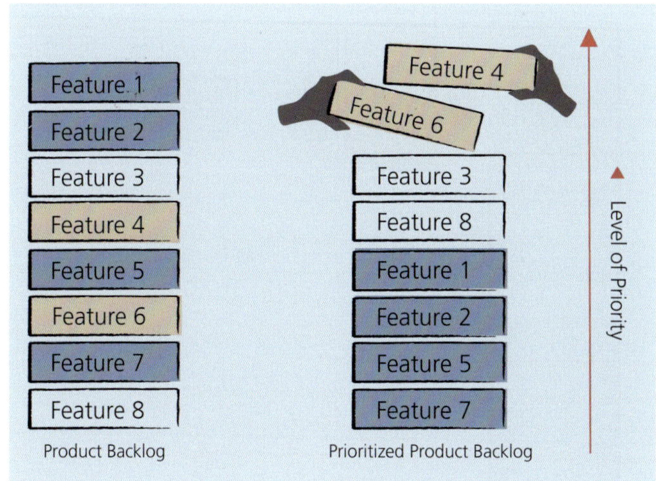

Abb. 5.32: Emergent – Laufend verbessertes Wissen über das Produkt [Bur 2020]

Priorisiert (P = Prioritized)

Je wertvoller das Item ist (Customer Value), umso höhere Priorität besitzt es im Product Backlog. Je niedriger der Wert, umso tiefer ist die Priorität. Grundsätzlich definiert der Product Owner den Wert, der die Priorität bestimmt. Das Entwicklungsteam entwickelt immer Items mit hoher Priorität. So gewährleistet man, dass der Wert des zu entwickelnden Produkts oder Systems maximiert wird. Die Priorisierung wird über die Reihenfolge der Items im Backlog dargestellt. Die wichtigsten Punkte sind somit oben im Backlog und dann absteigend erfasst. Auf diese Weise wird stets entwickelt, was der Kunde will oder gebrauchen kann, respektive was ihm einen Mehrwert bringt. Da sich die Bedürfnisse des Kunden schnell ändern können, kann man mit einer zeitnahen Priorisierung besser darauf reagieren.

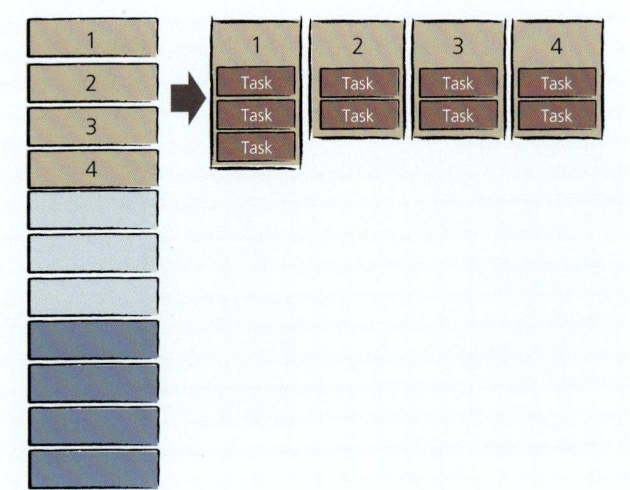

Abb. 5.33: Prioritized – je wertvoller das PBI, umso höhere Priorität besitzt es [Bur 2020]

5.9 Organisationsformen und Rollen eines adaptiven Projekts

5.9.1 Organisationsformen eines adaptiven Projekts

Wie bereits in Kapitel 2.5.2 ausgeführt, hängt die rollenbezogene Zusammensetzung eines crossfunktionalen Projektteams z.B. von der Projektabwicklungsart ab (agil, konventionell, hybrid), aber auch von der Projektgrösse. Die folgende Abbildung zeigt, dass es unterschiedliche Organisationsformen und somit auch die entsprechenden Rollen gibt. Das adaptive Element darin beinhaltet, dass die Organisation nicht «stur» nach dem im Unternehmen definierten PM-Leitfaden aufgebaut wird, sondern situationsbezogen.

5.9.2 Mögliche Rollen in einem adaptiven Projekt

Obwohl es erfolgreiche Unternehmen mit vollständig agilen Organisationen gibt (siehe z.B. Spotify in Kapitel 1.2.2.4) und viele Firmen richtigerweise alles daransetzen, eine agile Kultur und Organisation einzuführen, muss man realistischerweise davon ausgehen, dass viele Unternehmen noch in traditioneller Form geführt werden. Dies sollte jedoch z.B. für die Informatikabteilung als Pfeilspitze des agilen Changes kein Hinderungsgrund sein, ihre Projekte in agiler Form mit interdisziplinären Teams umzusetzen.

In der Realität bedeutet das, dass Mitarbeitende in traditionellen Rollen entsprechend agile Projektrollen übernehmen. Scrum verfügt über die drei Rollen Product Owner, Scrum Master und Entwicklungsteam. Besteht im Projekt und insbesondere bei grösseren Vorhaben das Bedürfnis, weitere Rollen in die Projektorganisation aufzunehmen, so ist dies durchaus möglich. Enterprise-Modelle wie Large-Scale Scrum oder SAFe sowie weitere Ableitungen des agilen Projektmanagements definieren explizit die PM-Rolle oder alternative Führungsmodelle wie Leiter Produktgruppe, Area Product Owner, Lean Agile Manager, Solutionmanagement, Solution Architect oder Solution Train Engineer (STE) und Release Train Engineer (RTE).

Um im Embedded-Umfeld erfolgreich agil zu entwickeln, müssen neben den Scrum-Rollen die Besonderheiten des komplexen Zusammenspiels und der organisatorischen Besonderheiten bei der Teambildung adaptiv berücksichtigt werden. Im Folgenden werden die einzelnen Rollen oder Interessengruppen beschrieben.

Bemerkung: Eine Übersicht der Aufgaben, Kompetenzen und Verantwortung (AKV) der einzelnen Rollen wird unter https://vdf.ch/ als PDF zum Download zur Verfügung gestellt.

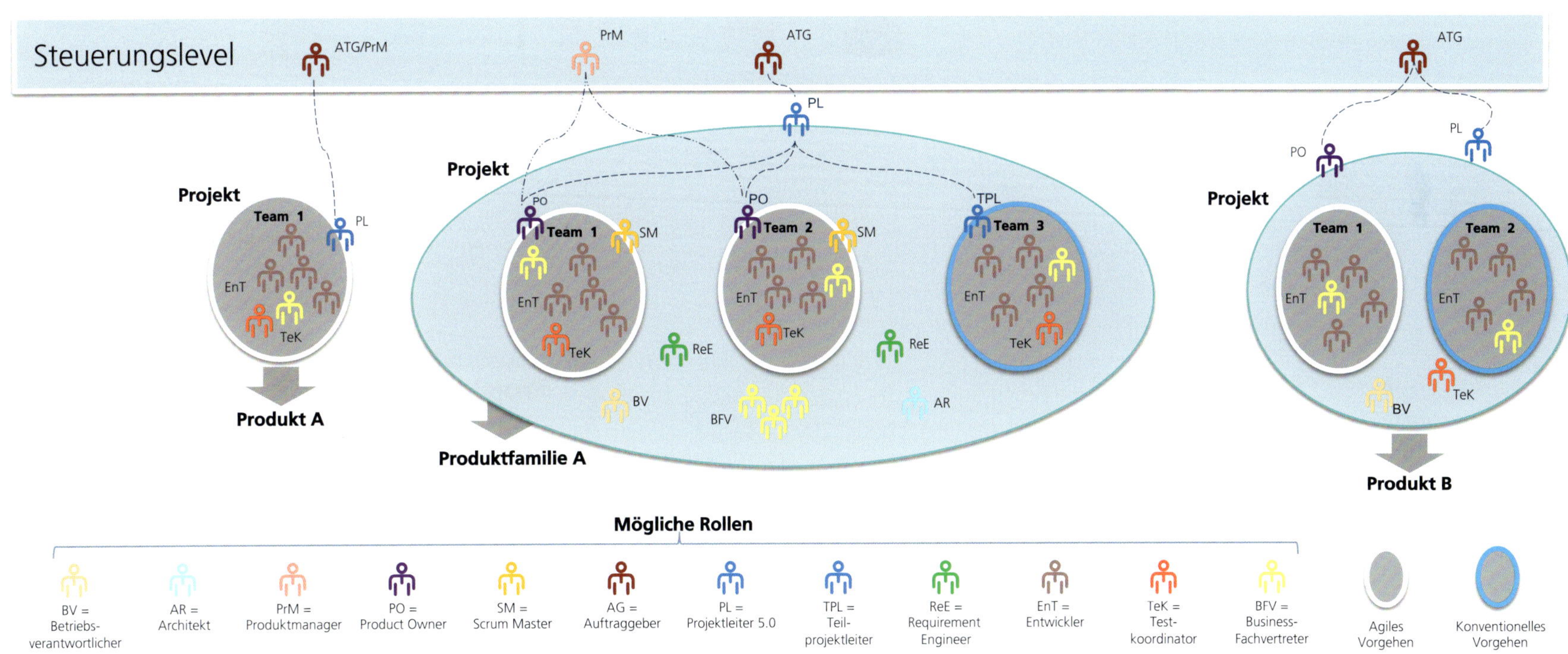

Abb. 5.34: Projektorientierte Produkteentwicklung mit zeitlich begrenzten Teams

Abb. 5.35: Rollen und Instanzen eines agilen Projektteams

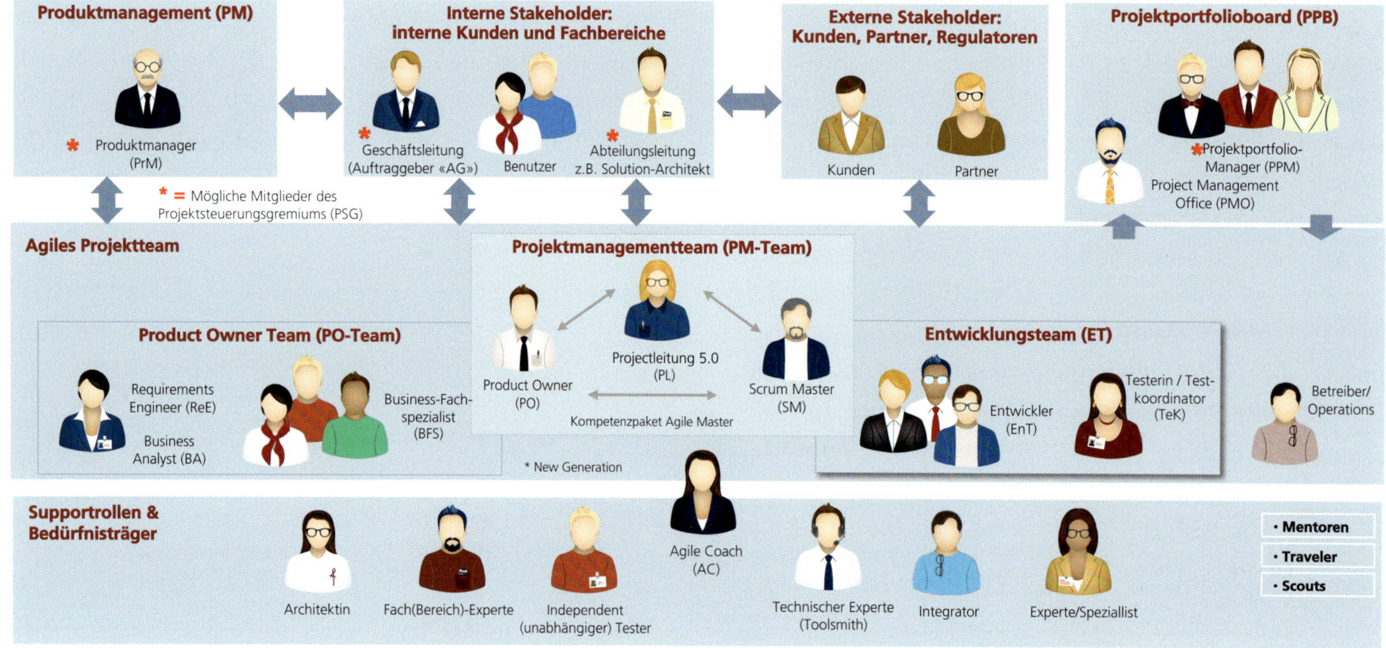

Projektmanagementteam (PM-Team)

Die definierten Anforderungen des Product Backlogs bestimmen die Profitabilität des Projekts und müssen daher absolut sinnvoll sein. Die Frage stellt sich nur, aus welcher Sicht sinnvoll? Ist es das Time to Market, die Innovation von technischen Features oder die Beschränkung der Entwicklungskosten? Die Realität hat gezeigt, dass ein Product Owner bei der Entwicklung eines interdisziplinären Systems in einem hochdynamischen Umfeld nicht immer alles überschauen und alle involvierten und betroffenen Personen auf das gleiche Ziel ausrichten kann. Die Herausforderung bezüglich Komplexität, Dynamik, Gewichtung, Technologie, unterschiedlicher Stakeholder und Priorisierung kann mit einem Projektmanagementteam (PM-Team) gelöst werden, das die Sicht des Marktes (Product Manager und/oder Product Owner), der Technik (Scrum Master) und des Projekts (Projektleitung 5.0) abdeckt. Mit dieser Spitze, die gemeinsam im Dialog die

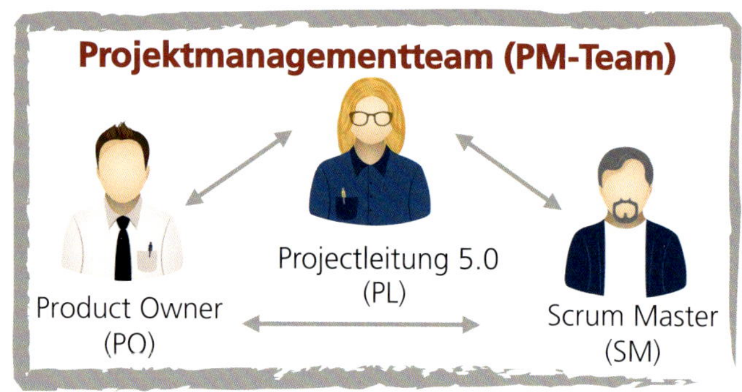

Ergebniswunschliste definiert und priorisiert, ist das Projekt meistens schon auf der sicheren Seite, um das Richtige zu entwickeln. Sie sichert auch den gemeinsamen gleichartigen Einsatz der definierten agilen Methoden und Techniken. Das Risiko besteht allerdings darin, dass unproduktive Machtdiskussionen im Team entstehen können, die die Geschwindigkeit des Entwicklungsprozesses hemmen [Err 2016].

Product Owner Team (PO-Team)

Wie in Kapitel 5.2 erwähnt, benötigen grössere Projekte je nach Projektart zusätzliche Rollen, die häufig nicht zu 100 % im Projekt engagiert sein müssen. Das heisst, die definierten Aufgaben können die gesamte oder auch nur eine begrenzte Arbeitszeit einzelner Mitglieder beanspruchen. Oft tritt dies bei Fachspezialisten auf, die noch weitere Aufgaben im Run-the-Business-Bereich haben. Bei grossen Projekten ist der Product Owner zudem nicht in der Lage, dem Entwicklungsteam genügend spezifizierte User Stories zur Verfügung zu stellen. Daher hat es sich in der Praxis bewährt, diese Aufgaben auf weitere Rollen wie Business Analysts, Requirements Engineers und Business-Fachbereichexperten zu verteilen. Es ist allerdings unbedingt darauf zu achten, dass die Verantwortlichkeiten und Entscheidungskompetenzen der einzelnen Mitglieder des PO-Teams klar geregelt sind. Auf keinen Fall darf die Arbeit des Entwicklungsteams durch widersprüchliche Aussagen und lange Entscheidungswege behindert werden. Auch wenn ein PO-Team zum Einsatz kommt, so ist ausschliesslich der Product Owner mit den nötigen Vollmachten ausgestattet, um schnell und unkompliziert Entscheidungen fällen zu können [Arq 2015].

Product Owner Team (PO-Team)
Product Owner (PO)
Requirements Engineer (ReE)
Business Analyst (BA)
Business-Fachspezialist (BFS)

Entwicklungsteam (ET)

Das Entwicklungsteam ist gemäss dem agilen Ansatz selbstorganisierend und interdisziplinär. Es vereint alle Rollen aus allen Bereichen und Abteilungen, die für die Entwicklung des Produkts notwendig sind. Somit vereinigt es grundsätzlich alle Kenntnisse und Fähigkeiten in sich, die für die Erreichung der Product Vision im Sinne der effektiven Entwicklung erforderlich sind.

Ein bezüglich Teamreifegrad hoch qualifiziertes Entwicklungsteam zeichnet sich dadurch aus, dass alle Mitglieder gleichberechtigt sind. Es ist selbstorganisierend, was bedeutet, dass das Team notwendige Anpassungen bei der Arbeitsweise – z.B. aufgrund der Retrospektive – selbst definiert und umsetzt. Im Grundsatz bedarf das agile Entwicklungsteam bezüglich seiner Zusammenarbeit keiner Steuerung durch einen Aussenstehenden. Bei grösseren

adaptiv geführten Projekten bildet es ein Subteam. Es ist jedoch ein Teil des gesamten Projektteams.

Ein Scrum Team hat z.B. Mitglieder, die auf Entwicklung spezialisiert, und andere, die auf Tests spezialisiert sind. Es kann auch Business Analysten umfassen. Darüber, wie ein Team zusammengesetzt sein sollte, gibt es unterschiedliche Ansichten [Cob 2015]:

- Die idealistische Sichtweise geht davon aus, dass jeder im Team gleichermassen in der Lage ist, jede Teamaufgabe zu erfüllen.
- Die pragmatischere Sicht ist, dass in der realen Welt eine gewisse Spezialisierung nach Fähigkeiten innerhalb des Teams vorteilhaft ist. Unterschiedliche Fähigkeiten innerhalb des Teams zu haben, ist mit guter Teamarbeit nicht unvereinbar (ein Torhüter ist und bleibt im Team aus Sicht der optimalen Teamleistung ein Torhüter).

Der agile End-to-end-Ansatz darf bei grossen Projekten nicht verloren gehen.

Das agile Entwicklungsteam hat einige Verantwortlichkeiten, die man mit denjenigen eines Projektleiters vergleichen könnte. Von allen Mitgliedern des Teams wird erwartet, dass sie ihre Aktivitäten planen und für die Lieferung der Ergebnisse verantwortlich sind, zu denen sie sich verpflichtet haben. In gewisser Weise verteilt sich beim agilen Vorgehen die Verantwortung nach unten in das Team. Wie bei konventionellen Projekten stellt sich jeweils die Frage: Was geschieht, wenn wir die Ergebnisse in qualitativer oder quantitativer Hinsicht nicht wie vereinbart und/oder nicht termingerecht liefern können?

Wie Abbildung 5.36 im nächsten Abschnitt aufzeigt, wird im adaptiven Ansatz das pragmatische Vorgehen verfolgt. Das Product Owner Team und das Entwicklungsteam werden zu einem Umsetzungsteam zusammengeschlossen, ohne den agilen End-to-end-Entwicklungsprozess-Ansatz zu verletzen.

5.9.2.1 Agiles Projektteam

Das agile Projektteam besteht einerseits aus einem Entwicklungsteam, das gemäss dem agilen Produktentwicklungsmodell Scrum die Rollen Product Owner, Entwickler und Scrum Master aufweist (siehe Kapitel 2.2.3.4). Es umfasst normalerweise fünf bis neun Mitglieder. Das interdisziplinäre Team weist sämtliche Fähigkeiten auf, die notwendig sind, um das miteinander vereinbarte Sprintziel zu erreichen. Es organisiert sich weitgehend selbst. Seine Zusammensetzung darf sich – wenn überhaupt – nur zwischen den Sprints verändern. Um einen schnellen Durchsatz der Inkremente zu erreichen, sind die Mitglieder des Entwicklungsteams zu mindestens 80 % in das Projekt eingebunden.

Für agil oder hybrid geführte grosse Projekte mit mehreren Teilprojekten ist es ideal, wenn ein Team aus weiteren Supportrollen in Form von Mentoren, Travelern oder Scouts besteht, die sprintweise insbesondere im Entwicklungsteam ergänzt werden (siehe Kapitel 5.9.2.2). Deren Bedarf kann je nach Projektart und Entwicklungsvorgehen sehr stark variieren. Ein solches Team kann z.B. durch ein Projektmanagementteam (PM-Team) angeleitet und durch ein Product Owner Team (PO-Team) im Bereich der Anforderungsspezifikation und Testfallerstellung unterstützt werden. Allenfalls ist der Begriff Team in diesem Zusammenhang auch missverständlich – es handelt sich eher um ein Fachgremium. Wichtig ist, dass der agile End-2-End-Ansatz nicht verloren geht; nur so kann die Verantwortung vom Team getragen werden.

Das agile Projektteam, das aufgrund des Auftrags befristet existiert, wird am Anfang eines Projekts beim Prozessschritt «Projektdefinition» durch die Projektleitung 5.0 und den Auftraggeber (z.B. Produktmanager) gebildet. Das Team wird nach der Zielerreichung, nach Erledigung der Arbeiten (Teilprojekt/Release) oder am Ende des Projekts (Kernteam) wieder aufgelöst. Die Mitglieder des Projektteams sollten durch ihre gemeinsamen Interessen und die Projektidentifikation nach aussen auffallen. Die einzelnen Rollen sollten klar definiert sein und das ganze Projektteam muss sich in organisatorischen Belangen wie in zwischenmenschlicher Hinsicht an Normen halten. Ferner muss es sich in seiner Zusammensetzung qualitativ und quantitativ nach den Zielen des Projektauftrags/Releases und/oder der Produktvision richten.

Zu den klassischen Scrum-Rollen wie Product Owner, Scrum Master und Entwicklungsteam kommen in der Embedded-Entwicklung viele weitere Rollen hinzu, darunter Hardwareentwickler, Systemarchitekt, Entwickler von Low-Level-Treibern, Gesamtsystemtester, Projektleitung 5.0 sowie Produktmanager. Zu jeder dieser Rollen sollten Schnittstellen bestehen, die in der agilen Entwicklung angepasst werden müssen. Ohne diese Anpassungen entstehen zu grosse Reibungsverluste, was oft zum Scheitern des kompletten agilen Ansatzes führt.

Abb. 5.36: Mögliche Organisation eines agilen Projektteams mit End-to-End-Verantwortung

Auftraggeber (ATG): Produktmanager/Customer, Leiter Produktgruppe, Area Product Owner

Die übergeordnete Instanz, die das Projekt in Auftrag gibt, wird als Auftraggeber bezeichnet – im agilen Ansatz nicht selten auch Project Owner oder Customer, aber auch Promotor und Sponsor. Der Auftraggeber (ATG) muss das Projekt begründen, seine Bedürfnisse bezüglich der Lösungen spezifizieren, die fachlichen Restriktionen festlegen und den erwarteten Nutzen bestimmen. Neben der Vergabe des Projektauftrags hat er weitere Hauptaufgaben zu erfüllen, z.B. Projektentscheidungen fällen, Ergebnisse freigeben und über Phasenfreigaben entscheiden. In diesem Zusammenhang wird des Öfteren anstatt vom Auftraggeber auch vom Sponsor oder Promotor gesprochen.

Der Auftraggeber darf sich nicht durch Delegation aus dem Vorhaben «ausklinken», um die «Szene» je nach Verlauf des Projekts gegen Ende wieder zu betreten. Er hat, genau wie die anderen Rollen, über die gesamte Projektdauer klare Aufgaben, Verantwortungen und Kompetenzen. Der Auftraggeber trägt insbesondere auch die Verantwortung für die Um- bzw. Durchsetzung des neu erstellten bzw. veränderten Produkts in der Organisation.

Product Owner (PO)

Der Product Owner (PO) hat die Aufgabe, die richtigen Anforderungen in der richtigen Priorität ins Projekt einfliessen zu lassen. Er gibt daher die strategische Marschrichtung vor. Dazu ist es wichtig, dass er seine internen wie externen Stakeholder, Benutzer, Kunden etc. kennt und auch von deren Bedürfnissen und Prozessen eine Ahnung hat. Der Product Owner ist für das Dokumentieren der Anforderungen innerhalb des Product Backlogs verantwortlich; er überprüft auch die Qualität der Umsetzung. Zudem muss er sehr gute kommunikative Fähigkeiten haben (Fragen stellen können) und über Moderationsskills verfügen, um Anforderungen entsprechend den Kundenwünschen zu erheben und zu priorisieren.

Der Product Owner wird in einem Auftragsprojekt häufig vom Auftragnehmer gestellt und bildet die Brücke zwischen Auftraggeber und restlichem Entwicklungsteam. Seine Rolle entspricht der Rolle des Anwendungsverantwortlichen oder Geschäftsprozessverantwortlichen bei traditionell geführten Projekten.

Scrum Master (SM)

Der Scrum Master ist ein integraler Bestandteil des Scrum Teams und spielt eine zentrale Rolle. Der Schwerpunkt seiner Arbeit ist organisatorischer Art: In den Sprints agiert er primär als Prozessverantwortlicher und Moderator, teilweise als Problemlöser (Ermöglicher) und Mediator. Der Scrum Master hält dem Entwicklerteam den Rücken frei und vermittelt bei entsprechenden Problemsituationen zwischen Product Owner, allfälligen Stakeholdern, Projektleitung 5.0 und Team. Er wacht über die organisatorische Umsetzung des Entwicklungsprozesses und beseitigt Hindernisse. Im Weiteren übernimmt er administrative Aufgaben, ohne konkrete Arbeitsanweisungen zu geben oder mitzuarbeiten. Er ist aber weder für die Einhaltung des Zeit- oder Kostenbudgets noch für das Risikomanagement und die Rapportierung gegenüber vorgesetzten Stellen etc. verantwortlich. Wie beim Entwicklungsteam gibt es auch bezüglich der Rolle des Scrum Masters unterschiedliche Ansichten:

- Die idealistische Sichtweise geht davon aus, dass das Team vollständig ermächtigt und selbstorganisierend ist und daher sehr wenig oder gar keine Führung braucht.
- Eine pragmatischere Sicht ist, dass nicht alle Teams diesen Reifegrad aufweisen und deshalb ein gewisses Leadership benötigt wird. Der Scrum Master muss diese schwierige Lücke in idealer Form ausfüllen, um der Situation respektive dem Reifegrad des Teams gerecht zu werden.

Ein adaptiver Ansatz mit dem notwendigen Mass an Führung bietet sich in diesem Kontext als richtige Lösung an; es handelt sich jedoch nicht um eine traditionelle Projektmanagementrolle, da es bei Scrum auf der Entwicklungsteamebene keine entsprechend definierte Rolle gibt [Cob 2015]. Dies ist aus Sicht der kontinuierlichen agilen Produkteentwicklung richtig. Wird jedoch ein Produkt in Form eines Projekts abgewickelt, ändert sich die Perspektive.

Projektleitung 5.0 (PL)

Oftmals wird in Projekten mit einer Vielzahl von Partnern oder Parteien zusammengearbeitet, das Projektergebnis muss in eine komplexe Systemwelt mit entsprechend veränderten Prozessen integriert werden oder es muss bei erhöhtem Zeitdruck eine abgestimmte Kommunikation stattfinden. In der Praxis hat es sich bewährt, dass diese produkterstellungsübergreifenden Arbeiten von einer Projektleitungsperson übernommen werden, die mit wichtigen Führungsaufgaben ausgestattet ist.

Gegenüber den Scrum-Rollen, die stark auf die Produktsicht fokussieren, deckt die Projektleitung 5.0 die gesamte Projektperspektive ab. Sie ist daher für die fach- und termingerechte Abwicklung des Projekts zuständig. Vereinfacht gesagt, ist sie für das «Vorher», «Nachher» und «Rundherum» verantwortlich: Zu ihrem Aufgabenbereich gehören alle dem Entwicklungsteam übergeordneten planenden, kontrollierenden und steuernden Massnahmen, die in einem Projekt anfallen. Dabei trägt sie nach aussen auch die Projektverantwortung für die sachgerechte Durchführung der vom Planungsteam erstellten Planung.

Die Projektleitung 5.0 ist bei grossen Projekten oft Teil des Projektmanagementteams (PM-Team). Sie muss die agilen Managementmethoden, Techniken, Instrumente sowie die agile Terminologie beherrschen. Ansonsten ist sie, im Sinne des modernen Projektmanagements, in einem Unternehmen nur noch begrenzt als Projektleitung einsetzbar (siehe Kapitel 5.9.2.3).

Agile Business Analyst (BA) / Agile Requirements Engineer (RE)

Es ist eine Utopie zu glauben, dass ein guter Entwickler auch ein guter Requirements Engineer oder Business Analyst sein muss. Solche Supertypen mit Business-, Anforderungserhebungs- und Entwicklungswissen gibt es, aber sie sind mit Eigenschaften gesegnet, die in dieser Kombination höchst selten vorkommen. Da ein PO das Spezifizieren von Anforderungen oft zeitlich nicht abdecken kann, macht es Sinn, Requirements Engineers oder Business Analysts ins agile Projektteam aufzunehmen. Diese schultern sozusagen operative PO-Aufgaben. Der RE/BA garantiert, dass die Anforderungen im Product Backlog immer ein entsprechendes DoR-Niveau aufweisen. Damit wird sichergestellt, dass dem oder den Entwicklungsteams immer genügend User Stories für den nächsten Sprint zur Verfügung stehen. Insbesondere bei grossen internationalen Projekten stellt der Business Analyst bezüglich Stakeholderkoordination und -kommunikation einen grossen Mehrwert dar.

Testkoordinatorin (TK)

In der Praxis hat es sich bewährt, dass in agilen Entwicklungsteams eine eigene Testerin oder Testkoordinatorin integriert wird. Die direkte räumliche Nähe im Sinne der osmotischen Kommunikation ist sehr vorteilhaft. Das agile Entwicklungsteam erlebt beim Testen dadurch unmittelbarer die eigene Arbeitsleistung, was meist dazu führt, dass die Entwickler eine minderwertige Qualität zu vermeiden versuchen. Hinzu kommt der Effekt, dass durch das frühe Erstellen der Testfälle die späteren Abläufe im Programm bereits mental durchgespielt werden [Kir 2012].

User (Benutzer)

Als User wird der spätere Anwender der Software bezeichnet. Dies kann zugleich auch der Customer sein, was jedoch nicht zwingend der Fall sein muss. User sollten im agilen Projektabwicklungsprozess insbesondere bei den Sprint Reviews dabei sein, um das gelieferte Ergebnis aus Anwendersicht zu beurteilen und Feedback zu geben. Zudem sollten sie wenn möglich auch ins kontinuierliche (Sprint)Testing eingebunden werden. Sie können jedoch auch beim Planning Meeting 1 hinzugezogen werden, wenn es darum geht, Anforderungen/User Stories zu erläutern.

Agile Coach (AC)

Ein Agile Coach ist eine Person, die Organisationen und Teams unterstützt, im Sinne der Agilität anpassungsfähig und selbstlernend zu werden. Sie begleitet die entsprechende Transformation des neu definierten agilen Projektteams zum selbstorganisierenden, leistungsfähigen, agil arbeitenden Team. Das Ergebnis der Arbeit eines agilen Coachs sind einerseits geänderte Prozesse im Team und andererseits auch ein Team, das seine Prozesse bei Bedarf selbstständig ändert. Dabei sind die Prozesse «nur» ein von aussen beobachtbarer Aspekt der Veränderung. Durch die Zusammenarbeit haben sich in der Regel auch die gelebten Werte, Glaubenssätze, Fähigkeiten und das Wissen der einzelnen Personen in den selbstlernenden Teams geändert. Der Agile Coach ist jedoch nie Teil des Systems.

Stakeholder (SH)

Bei Scrum haben Stakeholder keine explizite Rolle, beeinflussen aber an verschiedenen Stellen die Entwicklung massgeblich. Mit ihren Zielen liefern sie oft eine Grundlage für Anforderungen. Der Product Owner stimmt sich beispielsweise mit wesentlichen Stakeholdern ab und vertritt deren Meinung u.a. im Sprint Planning. Wer die Aufgaben der Stakeholderidentifikation und -analyse übernimmt, entscheiden Organisationen individuell. Beim Sprint Review dürfen die Stakeholder aktiv mitwirken und Feedback zu den umgesetzten User Stories geben sowie Verbesserungsvorschläge äussern. Bei weiteren Scrum Events wie bspw. dem Daily Stand-up dürfen sie auf Einladung als stille Beobachter teilnehmen [Dra 2019].

5.9.2.2 Experten/Spezialisten

Architekt

Fach (Bereich)-Experte

Independent (unabhängiger) Tester

Technischer Experte (Tool Smith)

Integrator

Experte/Spezialist

Im LeSS-Ansatz wird der Realität von Entwicklungsabteilungen und der Arbeitsdemografie Rechnung getragen. Neben dem Entwickler, Product Owner und Scrum Master gibt es noch weitere Rollen, die für eine funktionierende ICT-Abteilung benötigt werden. Diese sind gemäss Larman und Vodde [Lar 2017]:

Komponentenmentoren: Entwicklungsteams müssen u.a. in unbekannten Bereichen des Codes arbeiten. Ein sogenannter Komponentenmentor hilft beispielsweise, wenn die Softwarekomponente empfindlich oder «zerbrechlich» ist. Komponentenmentoren führen keine Genehmigungen durch. Sie sind Lehrer und Mentoren für die betreffende Komponente, aber kein Quality Gate, da dies zu dramatisch verzögerter Integration führen würde [Lar 2017].

Traveler: In jedem Unternehmen gibt es dedizierte Experten, die man in jedem Team brauchen könnte und die auch in jedes Team passen würden. Aus agil-organisatorischer Sicht ist dieses «siloartige» Wissen eine Schwäche. Solche Experten werden temporär zu Travelern. Traveler arbeiten als ganz normale Mitglieder in einem Team innerhalb eines Sprints. Sie nehmen ebenfalls die gemeinsame Verantwortung für die gesamte Arbeit des Teams wahr, verfolgen aber ein sekundäres Ziel: die Abhängigkeiten zu ihm zu reduzieren. Während dieser Zeit können sie nämlich keinem anderen Team ihr Expertenwissen vermitteln.

Ziel einer ICT-Abteilung ist es, möglichst wenige solche Experten zu haben. Einerseits ist es ein Segen, wenn jemand ein «Crack» ist, andererseits sind es genau solche Personen, welche die «Flaschenhälse» in Unternehmen bilden. In der hochkomplexen ICT-Welt ist es jedoch eine Utopie, wenn man glaubt, ohne Experten auszukommen.

Es gibt aber auch Mitarbeitende, die gerne so arbeiten. Grössere Gruppen können von Travelern durchaus auch profitieren, da sie eine Menge informeller Informationen besitzen und Beziehungen zwischen den Teams schaffen. Die Idee von LeSS ist es, Organisationen dabei zu unterstützen, dass sie dadurch nicht zu einer Matrix-Management-

Struktur mit kurzlebigen Projektteams mutieren. Bei einem Entwicklungsteam mit hohem Reifegrad ist die Zugehörigkeit der Teammitglieder langlebig und stabil. Da das Team selbstorganisierend ist, entscheidet es zusammen mit dem Traveler, für welchen Sprint er eingesetzt wird. Um ein Traveler zu sein, muss das Team aber auch gewillt sein, einen ankommenden Besucher für einen Sprint zu akzeptieren. Traveler können sich einem Team nicht aufzwingen [Lar 2017].

Scouts: Eine einfache Technik in der Zusammenarbeit von Teams besteht darin, einen Scout – nicht den Scrum Master – zu anderen Teams zu entsenden, um dem Team anschliessend darüber zu berichten. Es ist eine einfache Art und Weise, Dinge zu erfahren und etwas dazuzulernen. Ein Scout wird wahrscheinlich vor allem zur Zeit des Daily Stand-up bei anderen Teams umherstreifen, um als stiller Beobachter daran teilzunehmen [Lar 2017].

5.9.2.3 Variationen der Führung von agilen Vorhaben

Den Teams eine grössere Verantwortung zu geben, wie beim agilen Vorgehen als wichtige Bedingung gefordert, entspricht der Haltung des Autors. Allerdings ist eine zu grosse Verteilung der Verantwortung mit den dazugehörenden Aufgaben in Bezug auf Effizienz und Fokussierung nicht immer Erfolg versprechend – insbesondere auch, weil bei einem Scheitern jemand die Verantwortung tragen sollte. Die Erfahrung hat hier gezeigt, dass dann leider ganz andere Regeln eines kollektiven «Miteinanders» ins Spiel kommen wie z.B. Flucht, aktive Zurückhaltung etc.

Die Projektleitung 5.0 ist eine moderne adaptive Führungskraft. Sie ist in der Lage, situativ mit den organisatorischen Gegebenheiten zurechtzukommen und sich an die Führungsbedingungen anzupassen. Das ermöglicht ihr, basierend auf dem Servant-Leadership-Ansatz, ein oder mehrere Entwicklungsteams zu coachen, die sich auf den Mehrwert konzentrieren und von sich aus Verschwendungen wie Doppelspurigkeiten, Leerläufe etc. reduzieren. Gleichzeitig können die zum Teil divergierenden Produkt- und Projekterwartungen der Stakeholder möglichst gut erfüllt und die weiteren Leistungserbringer zielbezogen koordiniert werden. Einfach ausgedrückt, stellt die Projektleitung 5.0 eine Kombination von agilem Coach, Scrum Master und konventionellem Projektleiter dar, die die agilen Prinzipien, Methoden und Techniken kennt und diese nicht nur beim Entwicklungsteam einsetzt. Aus Projektsicht ist sie verantwortlich für das «Vorher», «Nachher» und das «Rundherum».

Wie in Kapitel 5.9.2.1 beschrieben, wird die Produkt- und Teamführungsperspektive bei grösseren, komplexen Vorhaben vom Product Owner und Scrum Master eingenommen, während die Projektleitung 5.0 die übergeordnete Projektperspektive vertritt. Zusammen bilden sie das Projektmanagementteam (PM-Team). Damit ein solches Konstrukt funktioniert, muss die Projektleitung 5.0 zwingend die agilen Techniken, Instrumente und Arbeitsmethoden beherrschen und sich den agilen Prinzipien unterordnen. Von allen drei Rollen wird eine «Führung als Dienstleister» erwartet (Servant Leadership). Das heisst, Führen soll als Dienst am Geführten stattfinden, im Gegensatz zum beherrschenden Führen. Diese in unserem kulturellen Umfeld mögliche positive Art eines kooperativen Führungsstils setzt wiederum ein «mündiges» Projektteam voraus.

Da Projektteams erfahrungsgemäss bezüglich der Reife meist eher zufällig, heterogen und kurzfristig zusammengestellt sind, empfiehlt es sich, beim Projektstart ein besonderes Augenmerk darauf zu richten, dass die unterstützende Führungsverantwortung auch umgesetzt und von allen – also auch vom Entwicklungsteam – getragen wird.

In den Diskussionen, ob es in der heutigen Zeit überhaupt noch einen Projektleiter braucht, wird leider des Öfteren aus unterschiedlicher Sichtweise diskutiert. Wie Abbildung 5.38 aufzeigt, geht es primär einmal darum zu beurteilen, ob von einer kontinuierlich-agilen Produktentwicklung oder von einem Projekt gesprochen wird. In Unternehmen, welche die Möglichkeit haben, ein Produkt z.B. mit einem DevOps-Ansatz dauerhaft weiterzuentwickeln, wird in keiner Weise ein Projektleiter benötigt; die beiden Scrum-Rollen Product Owner und Scrum Master sind ab-

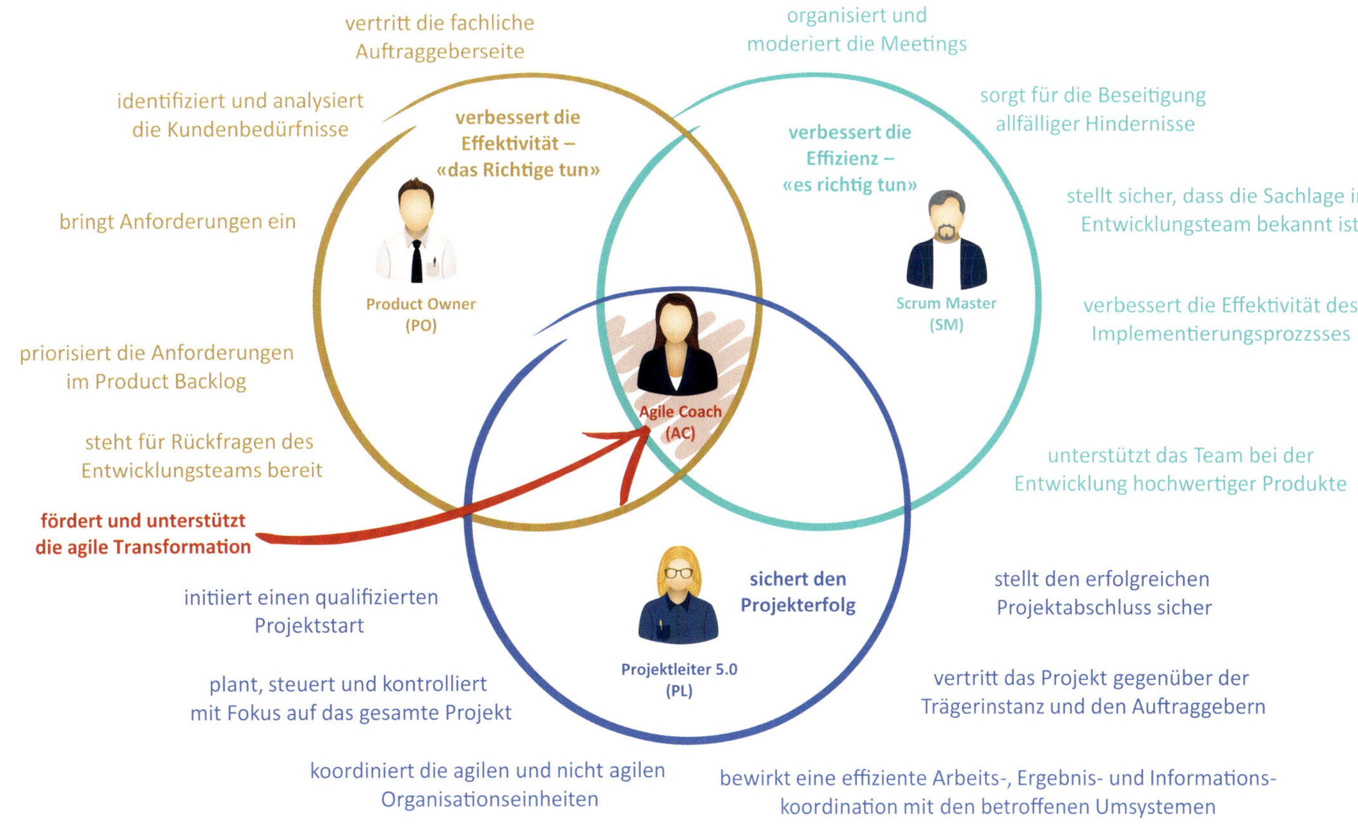

Abb. 5.37: Abgrenzung und Zusammenspiel der PM-Team-Rollen und des Agile Coach

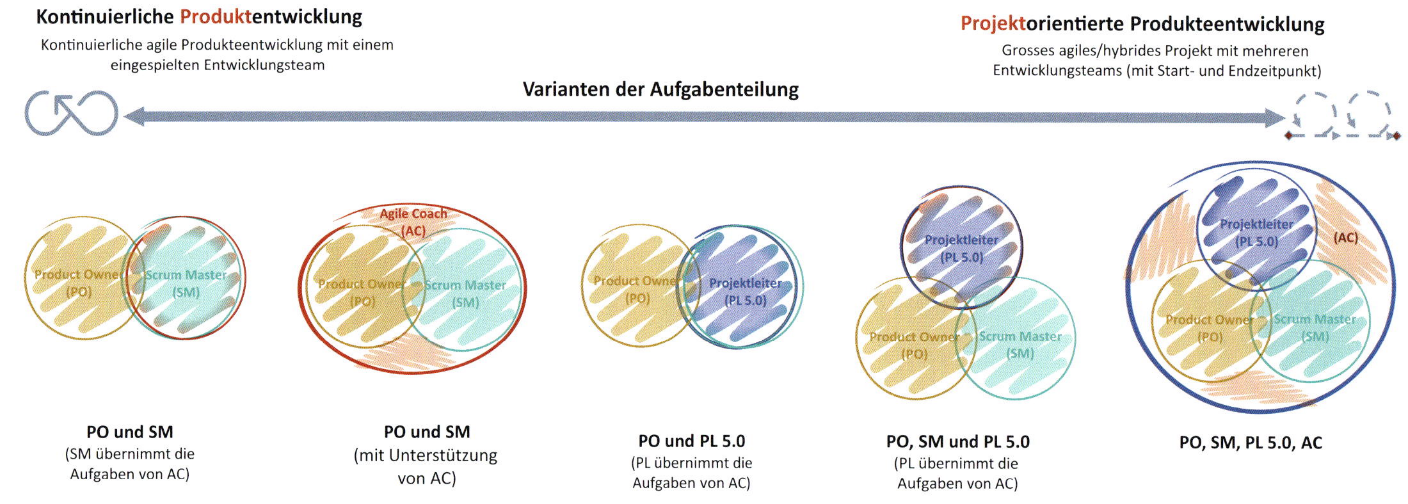

Abb. 5.38: Mögliche Varianten der Aufgabenteilung

solut ausreichend. Bei diesem Modell übernimmt ein qualifizierter Scrum Master auch die unterstützende Rolle des Agile Coach.

Anders stellt sich die Situation dar, wenn ein grösseres Produkt mittels eines Projektansatzes agil umgesetzt wird. Das heisst, das Projekt ist zeitlich klar begrenzt mit einem Start- und Endzeitpunkt. Man kann sich beim Start nicht auf ein bereits harmonisches Leistungsteam abstützen und auch nicht auf eine bestehende Arbeitsinfrastuktur zurückgreifen. Bei einem solchen Setting wird neben dem PO und dem SM eine übergeordnete PL 5.0 benötigt, die die Gesamtkoordination zwischen den Entwicklungsteams und die Koordination der betroffenen Organisationseinheiten übernimmt. Bei solchen Projekten ist es auch angebracht, einen Agile Coach einzusetzen, der die agile Transformation begleitend fördert und unterstützt.

5.10 Adaptiv-agiles Tooling

Mit dem Begriff «Agile Tooling» wird die Auswahl und Zusammenstellung der Methoden und Techniken zur Abwicklung von agil oder adaptiv geführten Projekten zusammengefasst. Analog zum konventionellen Projektmanagement kann das Ergebnis je nach Projektcharaktertyp stark variieren.

Da agile Methoden vorwiegend in ICT-Projekten eingesetzt werden, sind viele der agilen Praktiken, Techniken und Methoden auf die Abwicklung von Softwareprojekten ausgerichtet. Gemäss Pröpper ist beim Tooling die Beachtung der Wechselwirkung zwischen den drei Basissäulen Menschen – Prozesse – Techniken entscheidend.

PROZESSE werden individuell definiert und begleiten die Umsetzung und Abwicklung der einzelnen Projektphasen.

Die einzelnen agilen Prozesse und Praktiken müssen individuell konfigurierbar sowie anpassbar sein, um veränderten Projektbedingungen gerecht zu werden.

TECHNIKEN müssen die Prozessbedingungen bestmöglich unterstützen. Sie müssen so bedienungsfreundlich sein, dass Menschen sie gerne benutzen. Auch wenn im agilen Vorgehen einfache und veränderbare Techniken angestrebt werden, sind deren Anpassung und Änderungen wesentliche Faktoren.

MENSCHEN Ein weiterer entscheidender Punkt ist darüber hinaus die Fähigkeit, die eingesetzten Instrumente und verschiedenen Methoden des adaptiven Projektmanagements geeignet zu kombinieren und vernetzt anzuwenden. Dies ist ein wesentlicher Aspekt bei der Auswahl von agilen Werkzeugen. Nur weil der methodische Ansatz korrekt in einem Werkzeug umgesetzt wurde, bedeutet dies noch lange keine Akzeptanz und Prozesskonformität.

Nur wenn alle drei Faktoren gleichermassen beachtet werden, kann eine erfolgreiche Unterstützung durch Agile

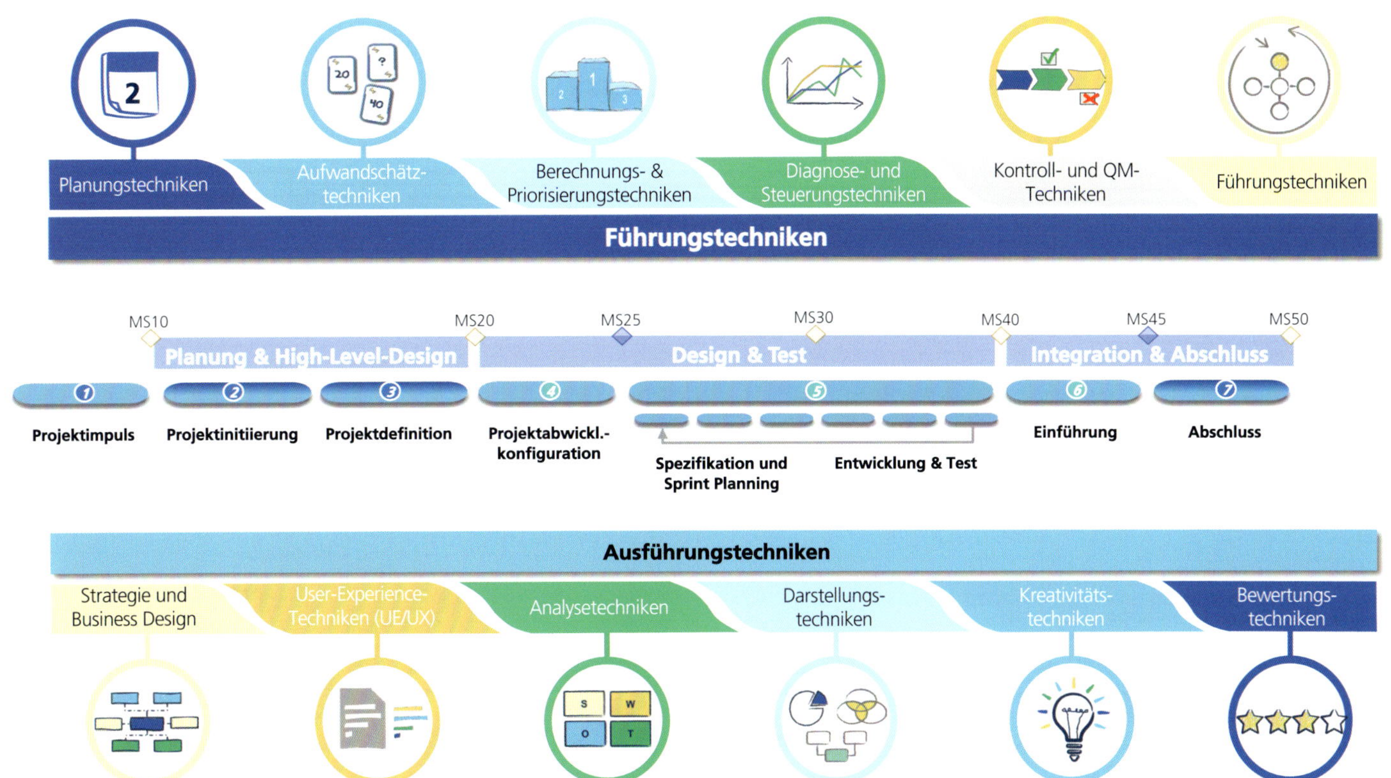

Abb. 5.39: Tooling – agile und konventionelle Techniken

https://www.profipm.ch/wissen/techniken/

Tooling erfolgen. Das ist insbesondere dann notwendig, wenn ein Umstieg aus der konventionellen in die agile Projektwelt erfolgt. Nachfolgend findet sich eine Auflistung von agilen Praktiken, Techniken und Methoden.

5.10.1 Agile Methoden, Techniken und Instrumente im Überblick

Wird auf Basis der in den Kapiteln 5.4 und 5.5 aufgeführten Projektabwicklungsprozesse und Abwicklungsaktivitäten ein Projekt agil oder hybrid abgewickelt, so ist es entscheidend, dass neben den agilen Prinzipien auch geeignete Praktiken respektive Techniken eingesetzt werden. Die Techniken aus der rein konventionellen Projektwelt werden an dieser Stelle nicht mehr aufgeführt. Dies nicht, weil sie ungeeignet sind, sondern weil sie bereits in anderen Publikationen des Autors ausführlich beschrieben werden.

Nachfolgend eine Auswahl an Praktiken und Techniken, die nicht nur in der agilen Projektwelt eingesetzt werden können. Diese werden zum Teil in diesem Buch umfassend erläutert oder im Definitionsverzeichnis kurz beschrieben. Gewisse Techniken können in mehreren Bereichen eingesetzt werden.

Strategie und Business Design

PESTEL	Canvas Business Model	Cynefin Framework	Design Thinking
Diamond Model	Hoshin Kanri (X Matrix)	Lean Startup	IDEAL
Business Value	Flight Level Model	OKR (Objectives and Key Results)	Szenariotechnik
Beyond Budgeting	Cause and Effect Diagram		

User Experience Research, Kreativitätstechniken

Akteure/ Personas	User Stories Slicing	Use Case / UC Slices	Card Sorting
Story Mapping	Event Storming	Product Backlog Refinement	Seeing Waste
Value Stream Mapping	Impact Mapping	Simple Design	Product Roadmapping
Root Cause Analysis	Thinking Hats	Wireframes	Personas
Value-based Functional Decomposition	Walt Disney Method	On Site Customer	Apprenticing
Fokusgruppen	Customer Journey Maps	UX-Labtests	Tiefeninterviews

Planungstechniken und Aufwandschätztechniken

Planning Game	Story Points	T-Shirt Planning	Sprint Planning
Velocity	Progressive Elaboration	Magic Estimation	Time Boxing
Referenz-Item	Release Backlog	Things That Matter (TTM-Matrix)	Wave Planning

Berechnungs-, Bewertungs- und Prioritätstechniken

Weighted Job Shortest Job First	Cost of Delay	MuSCoW	Priority Poker
Minimum Viable Product (MVP)	Minimal Marketable Product (MMP)	Business Value Point	

Diagnose-, Steuerungs- und Führungstechniken

Sprint / Sprintziel	Tracking Points	Impediment Backlog	Information Radiator
Kanban / Pull-Prinzip	Cumulative Flow Diagrams (CFD)	CFD – Lead Time / Cycle Time etc.	CFD Work in Progress / WIP-Grenzwert
War Room / Agile Team Space	Daily Stand-up Meeting (Daily Scrum)	Risk Walling	Burndown-Charts/ Burnup-Charts
Lessons Learned	Sprint-Retrospektiven	Learning Points	Impediment Backlog
Escaped Defects	T-Shaped	Skills Matrix	

Kontroll- und QM-Techniken

Akzeptanzkriterien	Built-in Quality	Definition of Done (DoD)	Definition of Done (DoD)
Continuous Delivery	Refactoring	Sprintreview	Akzeptanztest
Continuous Integration / Deployment	Release / Product Review		

6 Themen und Praktiken der adaptiven Projektführung

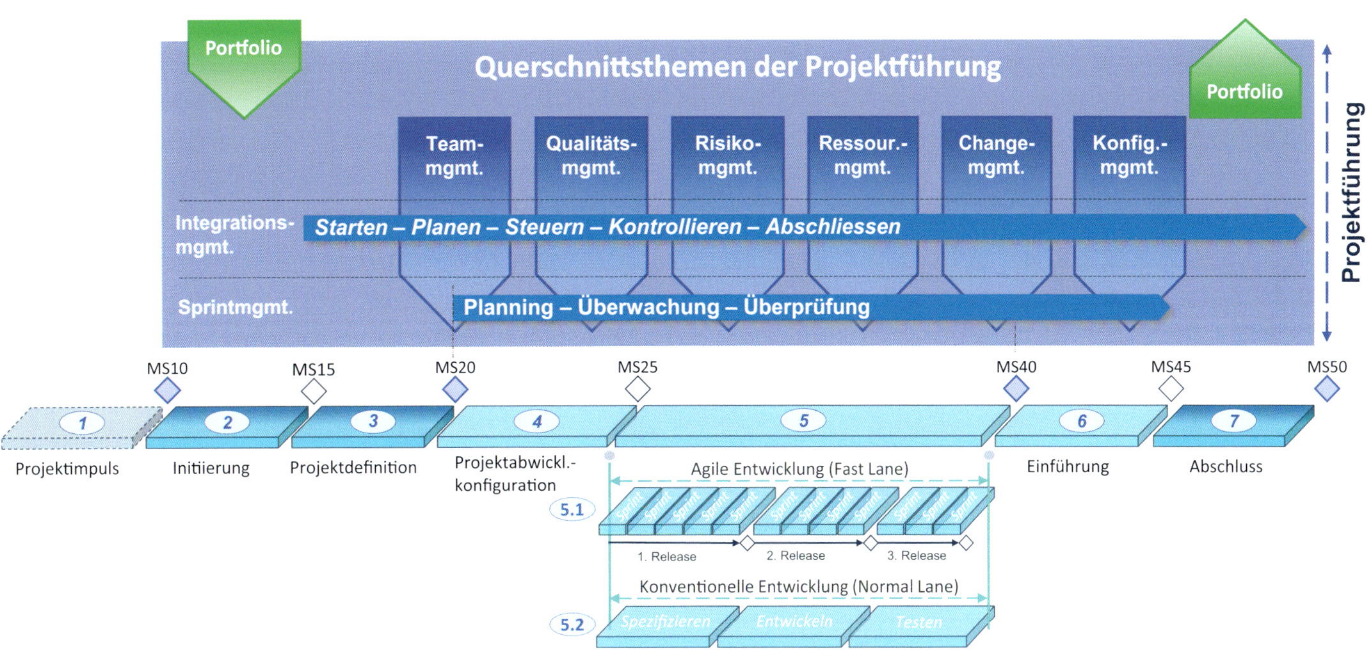

Projekt starten, Projekt planen, Projekt steuern, Projekt kontrollieren und Projekt abschliessen: Diese fünf Aufgaben gehören zur Projektführung. Dass sie sich in der agilen Welt zum Teil stark verändert haben, ist nicht von der Hand zu weisen. Verstärkt übernimmt das interdisziplinär zusammengestellte Team die End-zu-End-Verantwortung. Trotzdem benötigt auch ein agiles Projekt einen gewissen Grad an Führung, die z.B. vom PM-Team (Product Owner, Projektleiter 5.0, Scrum Master) wahrgenommen wird. In diesem Kapitel werden, basierend auf den agilen Prinzipien und Techniken, die Aufgaben des Integrationsmanagements gemäss PMI sowie die Elemente des Sprintmanagements anhand eines konkreten Beispiels beschrieben und ausgeführt. Dabei werden auch Querschnittsthemen respektive Steuerungsdisziplinen wie Risiko-, Qualitäts-, Ressourcenmanagement etc. im agilen Umfeld berücksichtigt.

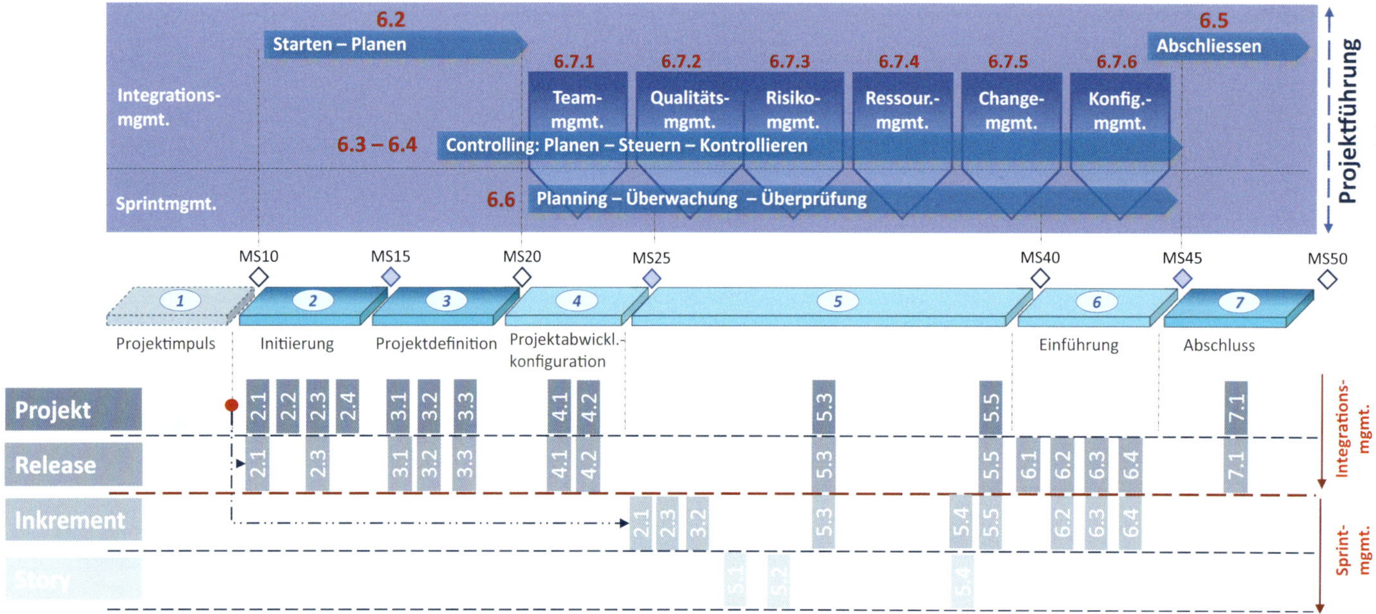

Abb. 6.01: Elemente der adaptiven Projektführung mit den Themenmodulen für den Two-Speed-Ansatz

6.1 Einleitung

Wie Abbildung 6.01 aufzeigt, beziehen sich die PM-Führungsaufgaben auf den ganzen Projektzeitraum von Projektstart bis Projektabschluss. Das Project Management Institute (PMI) spricht in diesem Zusammenhang von «Integrationsmanagement»: Darin sind auch Führungsquerschnittsaufgaben wie Teammanagement, Risikomanagement etc. enthalten. Damit das PM-Team und insbesondere der Projektleiter 5.0 diese projektspezifischen Führungsaufgaben professionell und im adaptiven Sinne erledigen können, sind entsprechende agile Führungstechniken erforderlich.

Ein agil z.B. nach der Scrum-Methode aufgesetztes Projekt richtet den Führungsfokus auf das Sprintmanagement. Dieses agile Produkteentwicklungsmodell wurde seit seinem ersten Erscheinen insbesondere im Managementbereich um weitere Artefakte, Praktiken und Instrumente ergänzt.

Durch die Weiterentwicklung wurde effizientes agiles Arbeiten in einem breiteren projektorientierten Wirkungskreis ermöglicht, nicht zuletzt bei konventionell geführten grossen Softwareentwicklungsprojekten und in weiteren unterschiedlichen Projektarten – vom Marketing bis zum Bau. Die Konsequenz daraus ist, dass es grundsätzlich egal ist, ob ein Projekt rein agil, hybrid oder konventionell abge-

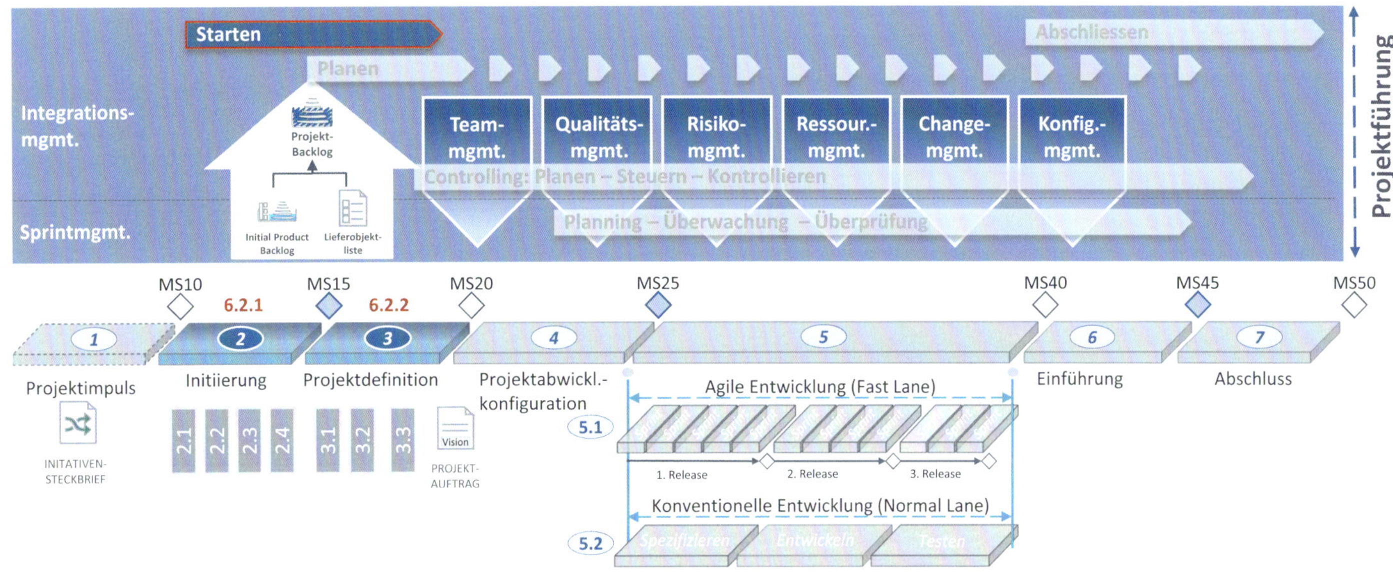

Abb. 6.02: Starten in agil geführten Projekten

wickelt wird. Es gilt, die agilen Prinzipien mit seinen Artefakten, Methoden und Techniken professionell und gezielt zu nutzen, wo immer sie einen Mehrwert versprechen.

Aus adaptiver Sicht stellt sich die Aufgabe, diese Führungs- und Ausführungsaktivitäten auf die Projektherausforderung entsprechend abzustimmen (vgl. unterer Bereich der Abbildung 6.01). Die Themen 1.1 bis und mit 7.1 sind im Kapitel 5.5.2 strukturell zusammengefasst. Die Modulierung der Themen ist die Voraussetzung, dass ein Two-Speed-Ansatz in einem Projekt überhaupt geführt werden kann. Nachfolgend werden insbesondere die Führungsaktivitäten thematisch umfassend beschrieben.

6.2 Projektstart aus Führungssicht

Der erste Schritt gemäss Kapitel 6.2.1 bezieht sich mehrheitlich auf die Klärung des WAS: Was wollen wir aus Businesssicht erreichen und was ist dabei zu beachten? Dabei geht es um den Produktscope, um die Einflussgrössen, Ziele, Anforderungen und den Lösungsansatz. Im zweiten Schritt (Kapitel 6.2.2) wird das WIE geklärt: Wie wollen wir das Business-WAS, den angestrebten Nutzen, erreichen? Dabei geht es um die Sicherstellung des Business Value, um die initiale Projektplanung und um institutionelle Aspekte.

Der Startprozess ist situationsbedingt ein Wechselspiel zwischen «Knetteam» (Product Owner, Projektleiter 5.0, wichtige Businessvertreter, Lead-Architekt etc.), Auftraggeber und Projektportfoliomanagement-Board.

6.2.1 Prozessschritt «Initiierung»

Damit die Projektabwicklung starten kann, wird ein Initiativensteckbrief benötigt, der durch das Projektportfolio-Board (PP-Board) freigegeben wurde. Die Schritte bis MS20 werden mittels eines Initiierungsauftrags ausgelöst. Im Rahmen der Initiierung wird im freigegebenen Initiativensteckbrief soweit sinnvoll das Business-WAS konkretisiert. Wie bereits in Kapitel 4.2.2.2 erläutert, kann diese Arbeit bei einem grösseren Vorhaben durch ein interdisziplinär zusammengestelltes «Knetteam» (z.B. Product Owner, Vertreter des Managements, Lead-Architekt etc.) ausgeführt werden. Die Hauptziele der Initiierung sind:

- Das WAS (was wollen wir effektiv; Scope) und die Projektgrenzen (was wollen wir nicht) sind konkret aufzuzeigen.
- Die ausgearbeiteten Ideen und Wünsche (Vision) sind mit konkreten personellen Zuordnungen zu versehen. Das gilt zu diesem Zeitpunkt insbesondere für die machthabenden Stakeholder (Promotoren, Auftraggeber, Sponsor etc.) – d.h. Personen oder Gremien, die das Vorhaben vorantreiben können.
- Die Grundlagen bezüglich einer ersten Triage liegen vor (Sinnhaftigkeit, Wichtigkeit, Dringlichkeit).

Sind die aufgeführten Punkte z.B. aufgrund der Einfachheit des Vorhabens oder der bereits ausgeführten Arbeiten geklärt, kann dieser Schritt übersprungen werden. Am Ende wird der Meilenstein 15 erreicht, bei dem folgende Entscheidungen getroffen werden müssen:

- **Meilenstein 15:** Ist die Initiative weiterzuverfolgen? Wird der Prozessschritt «Projektdefinition» für ein Projekt oder einen Release angestossen, wird die Initiative oder Problemstellung in Form eines einfachen Arbeitsauftrags direkt umgesetzt oder wird sie aufgrund der neuen Erkenntnisse zurückgestellt oder gar abgelehnt?

Da die Aktivitäten 2.1 bis 2.4 vielerorts bereits beschrieben wurden, wird nachfolgend nur eine Zusammenfassung gegeben. Ob konventionell, agil oder hybrid vorgegangen wird – diese Aktivitäten müssen in jedem Vorhaben aus-

Aktivität 2.1
«Projekt & System-abgrenzen»
(Kapitel 5.5.2.2)

System abgrenzen	Abb. 6.03: In Scope und Out of Scope	**Projekt abgrenzen**	Abb. 6.04: Vor- und Nachleistung von Projekten klar abgrenzen
Ziel: Es besteht Klarheit darüber, welche Elemente vom Vorhaben betroffen sind (In Scope) und welche in Verbindung stehenden externen Systeme/Elemente (Out of Scope) dabei zu berücksichtigen sind.		**Ziel:** Es besteht Klarheit darüber, was vor und nach dem Projekt ausgeführt wird und was der effektive Leistungsrahmen der Projektabwicklung ist.	

Einflussgrössen analysieren	Abb. 6.05: Einflussgrössen eines Projekts	**Stakeholder analysieren**	Abb. 6.06: Stakeholderanalyse – Stakeholder Map
Ziel: Klarheit darüber gewinnen, was die Lösung möglicherweise von aussen beeinflusst bzw. was nicht oder nur schwer verändert werden kann.		**Ziel:** Wichtige Stakeholder und ihre effektiven Bedürfnisse kennen, Commitment der Stakeholder (Buy-In) einholen.	

Aktivität 2.2
«Projektumfeld analysieren»

geführt werden. Spezielle agile Aspekte dieses ersten Abwicklungsschrittes werden im Kapitel 7.2 ausgeführt.

Es gilt als A und O eines jeden Projektstarts, den Scope für jede Person nachvollziehbar zu definieren. Dabei geht es nicht darum, die Flexibilität des agilen Vorgehens bezüglich der Anforderungen einzuschränken, sondern es soll Klarheit darüber gewonnen werden, welche Elemente In Scope und welche Out of Scope sind.

Im Hinblick auf die immer grössere Vernetzung der Systeme/Produkte ist es beim Projektstart wichtig, das Projektumfeld genauer unter die Lupe zu nehmen. Dabei geht es sowohl um die sachlichen als auch um die sozialen Faktoren, die analysiert und aufgenommen werden müssen.

Als dritte Haupttätigkeit des Initiierungsschrittes gilt es, mit dem «Knetteam» eine erste strukturierte Übersicht der formulierten Vision/Idee/Problemstellung zu erstellen. Ergeb-

Aktivität 2.3
Bedürfnisse (Needs), Businessziele und Anforderungen ermitteln

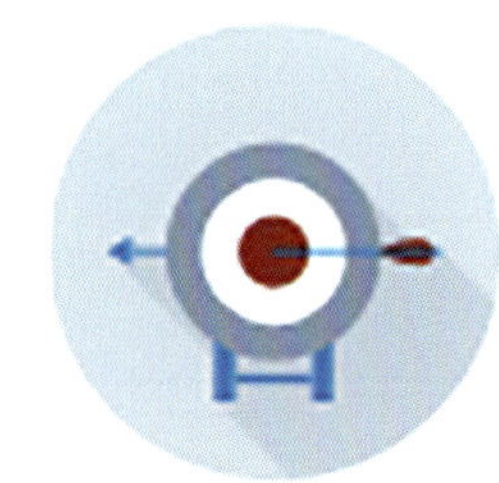

Bedürfnisse und Ziele ermitteln	Abb. 6.07: Impact Mapping – Ziele, Needs und Ergebnisse formulieren	**Epics, basierend auf den Needs, ermitteln**	Abb. 6.08: Backbone-Darstellung als Hilfsmittel des strukturierten Umfangs
Ziel: Produktrahmen in der für diesen Schritt notwendigen Tiefe definieren. Business-WAS bezüglich Zielsetzungen klären (Was will das Business konkret erreichen?). Aber: Es muss nicht immer nur das Business sein, das etwas haben möchte!		**Ziel:** Wenn möglich, den Inhalt des Initial Product Backlog oder sogar eine Story Map erstellen oder wenigsten die wichtigsten Epics in Form eines Backbone ableiten, kurz beschreiben und strukturieren – basierend auf den definierten Needs.	

Aktivität 2.4
«6.2.1.1 Lösungsansatz/ -weg konzipieren»

Erstellen eines Lösungsansatzes	Abb. 6.09: Konzeptionell vollständige Darstellung einer Produktelösung [Kot 2019]	**Erstellen eines Lösungswegs**	Abb. 6.10: Lösungsweg konzipieren
Ziel:. Als Resultat soll ein strukturierter Anforderungskatalog in Form einer Story Map entstehen und, wenn notwendig, ein Produktkonzept, das z.B. bei einer Produkteentwicklung den MMP bezogen auf das Produkt aufzeigt (Minimal Marketable Product, siehe Kapitel 5.7.4).	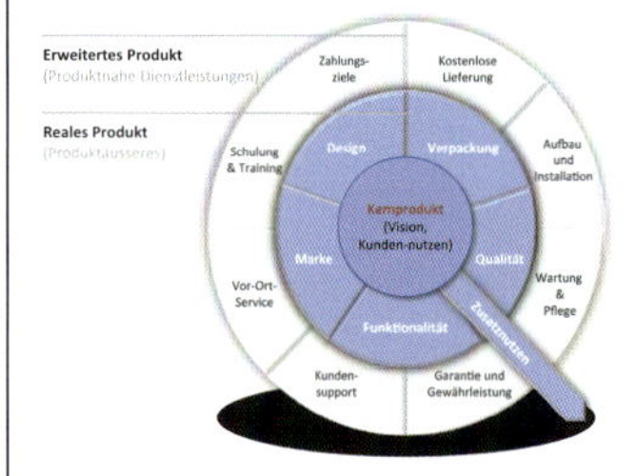	**Ziel:** Das Business-WIE ist grob definiert: Wie setzen wir die definierte Zielsetzung/Idee/Vision mithilfe eines Projektes fachlich/ businessmässig um (Achtung: nicht technisch!)?	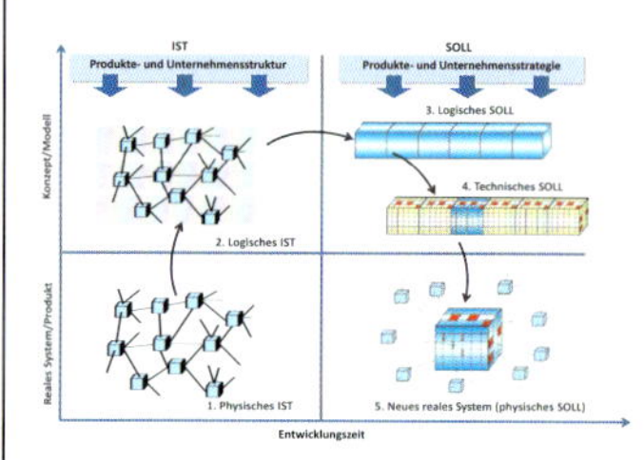

nisse dieser dritten Haupttätigkeit sind ein konkreter Zielkatalog und ein Erstentwurf des Initial Product Backlogs.

Damit die strategischen Fragen respektive deren Antworten einer «Belastungsprobe» des Managements standhalten, muss ein entsprechendes Produktekonzept in Form eines Ansatzes sowie ein businessbezogener Lösungsweg erarbeitet werden.

6.2.2 Prozessschritt «Projektdefinition»

Nach der Initiierung, aus dem ein Projektscope, eine Impact Map, ein Initial Backlog und allenfalls eine Story Map sowie ein businessmässiger Lösungsansatz und -weg hervorgehen, wird bei positivem Entscheid der zweite Prozessschritt der Initialisierung, die «Projektdefinition» (vgl. Abbildung 6.02).

Die Projektdefinition kann bis 15 oder noch mehr Tage Aufwand bedeuten und bringt unter anderem einen Initialprojektplan, den Business Case und den Projektauftrag hervor. Je nach Verhältnis zwischen Auftraggeber und (internem oder externem) Auftragnehmer können Form und Detaillierungsgrad von Initialprojektplan und Projektauftrag markante Unterschiede aufweisen. Die Hauptziele respektive Aufgaben der Projektdefinition sind:

- Sachverhalt und das projektmässige WIE (Machbarkeit) so weit klären, dass alle Beteiligten wissen, was in welchem Umfang bis wann gemacht werden muss.
- Der Schutzbedarf ist geklärt. Das heisst, dass aus Sicht der ICT-Sicherheit eine SCHUBAN (Schutzbedarfsanalyse) notwendig ist.
- Die institutionellen Voraussetzungen (Kernteam, Projektinfrastruktur etc.) für eine erfolgreiche Projektabwicklung sind geschaffen.
- Kosten- und Nutzensicht inklusive Abwicklungsrisiken sind soweit möglich und sinnvoll ausgearbeitet.

- Kosten, Aufwände, benötigte Ressourcen und Zeitraum sind definiert, ein initialer Projektplan ist genehmigt.
- Den Verantwortlichen stehen genügend aufbereitete Informationen zur Verfügung, damit sie bezüglich Go/NoGo einen Entscheid fällen können.
- Der Projektauftrag mit der Produktvision liegt zur Genehmigung vor.

Dieser zweite Prozessschritt kann weiterhin vom interdisziplinären «Knetteam» ausgeführt werden, oder er wird bereits durch das designierte PM-Team, d.h. vom Product Owner, Projektleiter 5.0 und Scrum Master ausgeführt.

Die in den kommenden Unterkapiteln beschriebenen Tätigkeiten können im Rahmen eines oder mehrerer Workshops mit allen involvierten Stellen durchgeführt werden. Wie diese Tätigkeiten auch immer erfolgen wird, der am Ende resultierende Projektauftrag muss schriftlich und für alle verständlich formuliert festgehalten werden.

Nach seiner Fertigstellung wird der Projektauftrag an die Projektträgerinstanzen (Projektportfolio-Board, Projektmanagement-Office (PMO) und Auftraggeber) zur Beurteilung und Prüfung eingereicht. Am Ende dieses Schrittes ist der Meilenstein 20 erreicht.

Meilenstein 20: Es gilt, folgende Entscheidung zu treffen: Wird das Projekt freigegeben, abgelehnt oder zurückgestellt? Welche portfoliobezogenen Rahmenbedingungen sind zu berücksichtigen und wann genau wird der Prozessschritt «Projektabwicklungskonfiguration» angestossen?

Wird das Projekt freigegeben, muss die Projektabwicklungskonfiguration als nächster Projektabwicklungsschritt ausgeführt werden (Kapitel 7.2.5). Daraus resultieren als Hauptergebnis die für eine agile oder hybride Projektabwicklung wichtigen Grundlagen, sprich der notwendige Projektkonfigurationsrahmen.

Grundsätzlich entspricht der Projektauftrag dem Management Summary der produktbezogenen Ergebnisse und dem Initialprojektplan.

6.2.2.1 Business Value sowie Risiken ermitteln

Basierend auf dem in Kapitel 6.2.1 erarbeiteten Lösungsansatz und Lösungsweg gilt es nun, die Businessrisiken und -chancen der definierten Lösungsvarianten auszuarbeiten. In Bezug auf die Risiken ist auch die Machbarkeit zu klären. Wird das Risikopotenzial als besonders gross eingeschätzt, muss ggf. eine eigenständige Machbarkeitsanalyse (z.B. technisch, organisatorisch, politisch, fachlich) erarbeitet werden. Dieser Teil des Business Case liefert zusammen mit den Chancen und der Wirtschaftlichkeit den Entscheidungsträgern wichtige Entscheidungsgrundlagen. Idealerweise macht der Projektleiter 5.0 zusammen mit dem PMO die erste Projektabwicklungsrisikoanalyse (Kapitel 4.2.2.3 «Das WAS bewerten»). Alle Entscheidungsträger müssen sich bei jedem grösseren Vorhaben vor dem «ersten Spatenstich» bewusst darüber sein, welche Risiken das Vorhaben bei der Abwicklung mit sich bringen kann.

Ziel: Vollständiger Risikokatalog bezüglich der qualifiziert erhobenen Abwicklungsrisiken allenfalls auch bezüglich der Wirkungsrisiken liegt vor.

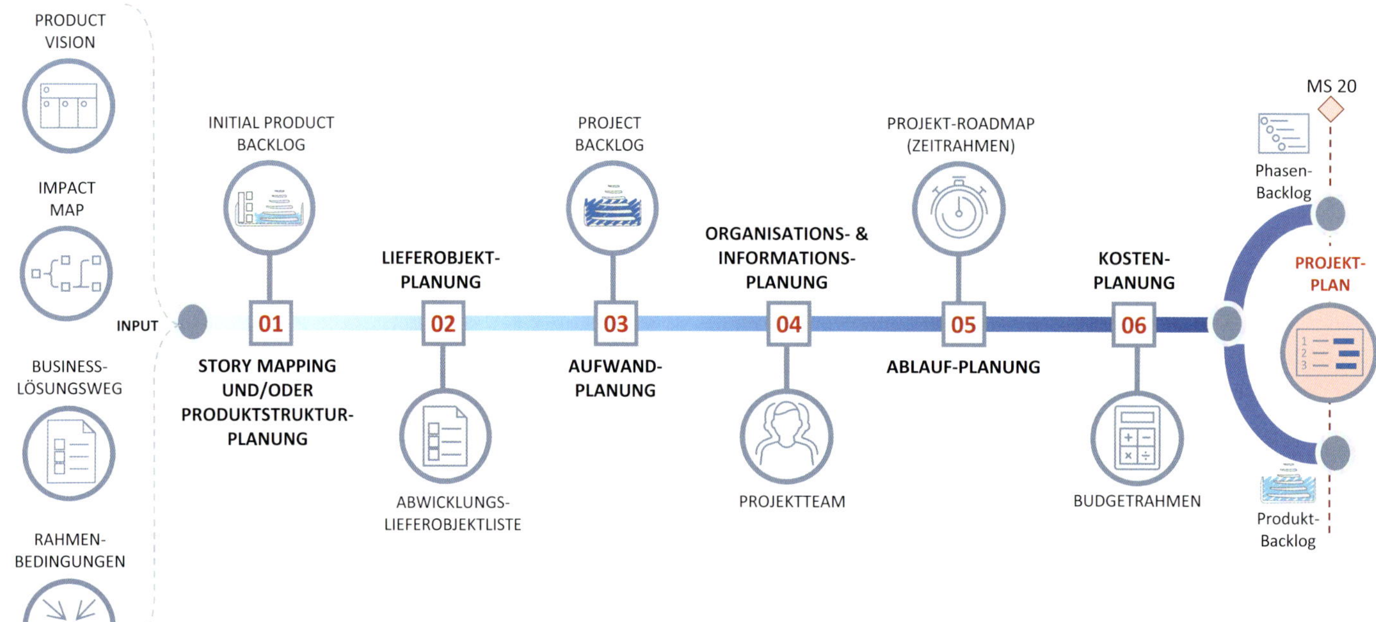

Abb. 6.13: Elemente des Initialprojektplans

Der Initialprojektplan wird im Wave-Ansatz iterativ während der Projektabwicklung modifiziert.

Hinweis: Wie ein Projektplan im agilen Sinn erstellt wird, wird im Kapitel 6.3 erläutert.

6.2.2.3 Projektinstitution vorbereiten

Zur Bewältigung eines umfassenden und vielschichtigen Projektauftrags empfiehlt es sich, insbesondere beim adaptiven Vorgehen, eine qualifizierte und umfassende Projektinstitution zu initiieren. Dabei gilt es, folgende Elemente der Projektinstitution vorzubereiten, sodass sie nach dem offiziellen Projektstart in Betrieb gesetzt werden können:

- Vorbereitung des Inkraftsetzens der aufbauorganisatorischen Aspekte gemäss der Organisationsplanung (Organisationsform, Projektteam, endgültige Mitarbeiterallokation, Aufgaben und deren Zuordnung und Abgrenzung etc.). Das Inkraftsetzen kann sofort nach Auftragsfreigabe in die Wege geleitet werden.
- Festlegen der Form der Kommunikationsziele und Kommunikationsmittel, um im Projektverlauf alle Beteiligten im notwendigen Umfang zu informieren.
- Bestimmen der Form der Projektdokumentation, um damit die Projekt- und Systemergebnisse schriftlich festzuhalten.

- Struktureller Aufbau und wenn möglich Zuordnung der notwendigen Betriebsmittel (Sachmittel), damit eine effiziente Leistung vollbracht werden kann.
- Glossarliste eröffnen, in der eine eindeutige Terminologie der Schlüsselwörter des Projektes erfasst werden kann.
- Im Weiteren sind alle organisatorischen Themen abzuklären, z.B. Zugriffsberechtigungen, Gestaltung des Teamraums, primäre Ansprechpartner etc. Anderenfalls kann es zu einem holprigen ersten Sprint und gleich zu Verzögerungen kommen.
- Compliance prüfen: Dies umfasst den Arbeitsschritt, der die korrekte Einhaltung bestimmter Normen wie z.B. PM-Governance (siehe Kapitel 1.3.1.2) sicherstellt.

Die Gründung der Projektinstitution erfolgt üblicherweise erst nach der offiziellen Freigabe des Projektauftrags auf der Basis des Projektplans, also nachdem das Projektbudget vom Projektportfolio-Board oder Auftraggeber gesprochen wurde.

Wichtig: Unter Berücksichtigung der vorangegangenen Ergebnisse liegen die wichtigsten Angaben für den Projektauftrag und für die Entscheidung des Projektportfoliomanagements vor, um über die Freigabe des Projekts beim MS20 zu entscheiden.

Folgende Praktiken haben sich gemäss Roschanski bei agilen Vorhaben bezüglich der Team-Institutionalisierung bewährt [Ros 2018]:

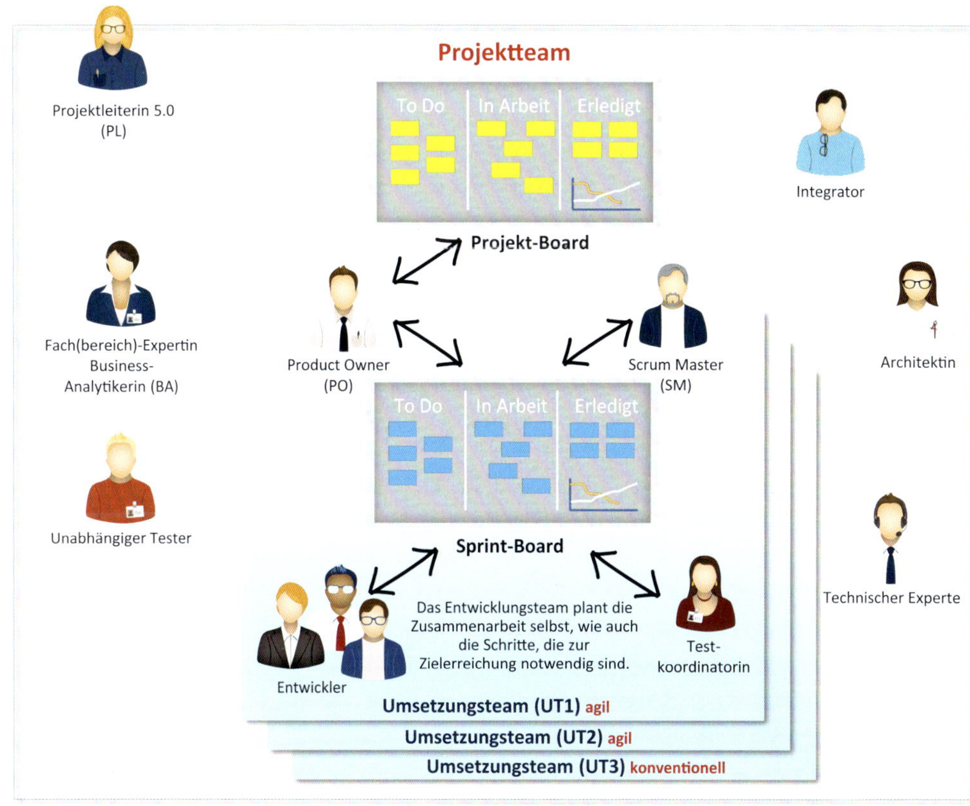

Abb. 6.14: Das Projektteam und die Instrumente, Methoden etc. institutionalisieren

Projekt-Kick-off: Beim Kick-off ist das ganze Projektteam sowie der Auftraggeber dabei. Das Meeting beginnt mit der Vorstellung der einzelnen Teammitglieder, den Ergebnissen aus den beiden ersten Schritten der Initialisierungsphase sowie den vorherrschenden Rahmenbedingungen. Ein wichtiges Ziel besteht darin, das Feedback der Mitarbeitenden einzuholen und Motivation für das Projekt zu schaffen. Alle Teammitglieder werden auf die zusammen weiterzubearbeitende Projektvision eingeschworen.

Teambuilding-Workshop: Bei Mitarbeitenden mit ungleichem Hintergrund ist ein Teambuilding-Workshop zu Beginn sehr sinnvoll. Dadurch wird das Kennenlernen und die gegenseitige Wertschätzung gezielt gefördert und man schafft es, ein effizientes Team aufzubauen (siehe auch Kapitel 6.7.1.1). Dies ist einer der wesentlichen Unterschiede zur kontinuierlich agilen Produktentwicklung, bei der bereits ein leistungsfähiges und eingespieltes Entwicklungsteam existiert. Beim projektorientierten agilen Vorgehen muss das gewünschte Hochleistungsteam erst noch gebildet werden.

Teamcharta: Verbindliche Regeln und gemeinsames Werteverständnis sind ebenfalls wichtige Faktoren für ein reibungsloses Funktionieren der Abläufe im Projektteam. Agile Methoden erlauben vom Grundsatz her zwar viel Freiheit, allerdings müssen hierfür bestimmte Voraussetzungen gelten. In der Charta legt das Team seine grundlegenden Werte wie Mut, Offenheit oder Respekt dar und verpflichtet sich auf ihre Einhaltung – gerade auch dann, wenn es einmal nicht so gut laufen sollte (Kapitel 6.7.1.4.4).

Definition of Done: Ziel ist ein gemeinsames Verständnis bei allen Mitgliedern des Projekt- und insbesondere des Entwicklungsteams in Bezug auf die Frage, was genau mit «done» gemeint ist. Es bildet die Basis, um die für die Umsetzung der Product Backlog Items notwendigen Aufgaben abschätzen und ableiten zu können. Die Definition of Done hilft im Weiteren, die Qualität sicherzustellen sowie den Stakeholdern eine realistische Erwartungshaltung zu vermitteln. Die hier entwickelte Definition of Done ist lediglich als erste Version zu sehen. Sie wird in der Regel im weiteren Verlauf des Projekts immer wieder geprüft, erweitert und angepasst, um die anvisierte Qualität des Produkts richtig abzubilden (Kapitel 6.7.2.4).

Exploratory 360°: Damit ist ein initialer Rundumblick gemeint, als eigenes Artefakt, um die wichtigsten Eckdaten innerhalb eines Projekts zu klären und abzustecken [Dra 2017]:

- Business Value: Welchen konkreten Nutzen erwarten die wesentlichen Stakeholder?
- Requirements: grobe Aussagen über Funktionalitäten und beteiligte Rollen (High-Level-Anforderungen)
- Domain Model/Technology Plans: technische Lösungsansätze, grundsätzliche Machbarkeit
- Project Plan: grober Zeitplan, gemeinsam mit dem Team erstellt (Blitz-Planning, Planning Game)
- Teamzusammensetzung: benötigte Rollen, zur Verfügung stehende Personen
- Prozesse/Methoden: zu wählende Arbeitsweise, abgestimmt auf Projekt und Team

6.3 Planen in agil geführten Projekten

6.3.1 Einleitung

Manche glauben, dass agile Methoden auf eine Planung verzichten. Das ist ein Trugschluss, denn sie legen sehr grossen Wert auf die Planung. Da die meisten Menschen keine Hellseher sind, ist jede Planung grundsätzlich falsch. Je grösser der Zeithorizont ist, den eine Planung abdeckt, umso ungenauer wird sie – ausser es wurden grosszügig Reserven einberechnet, was sich wegen hoher Kosten negativ auf die Wirtschaftlichkeit auswirken würde.

Das Professionelle einer Projektplanung läuft unter dem Ansatz «eine Planung ist immer falsch, aber möglichst richtig». Dieses «möglichst richtig» wird im adaptiven Projektmanagement durch drei Ansätze unterstützt:

Eine Planung ist immer falsch, aber möglichst richtig!

a) kürzere Zeitzyklen von Inkrementen einsetzen
b) bei der Planung macht das ganze Projektteam mit
c) bei der Planung werden agile Planungs- und Priorisierungspraktiken verwendet

Wie in Abbildung 6.15 dargestellt, finden in regelmässigen, kurzen Abschnitten im Sinne des Wave Plannings Planungssitzungen mit dem gesamten Team statt. Diese erfolgen immer im Bewusstsein, dass der Initialprojekt- wie auch der Projekt-Releaseplan gemäss Projektcharakterisierung unterschiedliche Abweichungen aufweisen kann (siehe Kapitel 4.1.3.2). Wird die Planung nach dem Wave-Ansatz richtig erstellt und eingesetzt (Kapitel 5.6.3), ver-

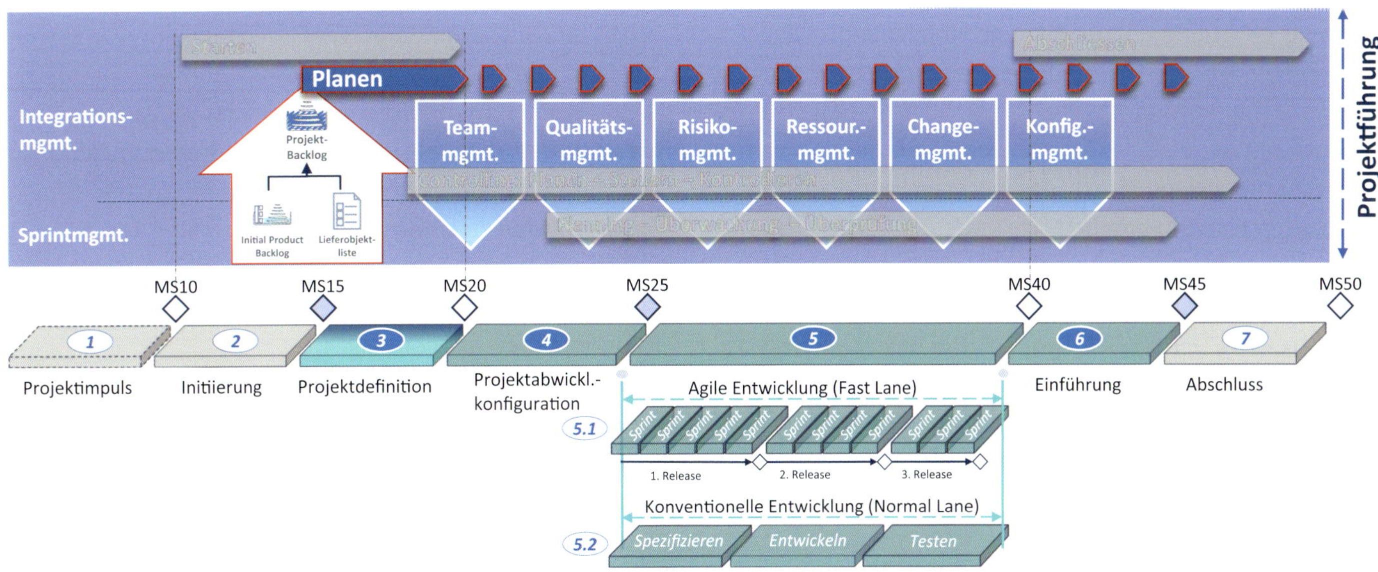

Abb. 6.15: Zyklisches Planen in agil geführten Projekten

mindert sich das Risiko einer ungenauen Projektplanung, was den Projektsteuerungsaufwand stark reduziert.

Wie bei der agilen Entwicklungsmethode «Scrum» wird auch im adaptiven Projektmanagement auf der Projekt- und Releaseebene sehr grosser Wert auf eine qualifizierte Planung gelegt. Dabei werden Produkteveränderungen unter Anwendung agiler Methoden explizit zugelassen bzw. in der Planung bezüglich Leistung laufend berücksichtigt. Dieser iterative, rollierende Ansatz setzt die Akzeptanz des Managements voraus. Andererseits wird die Verantwortung der Planung von verschiedenen Rollen wie Product Owner, Projektleiter 5.0, Scrum Master und Entwicklungsteam getragen und zum Teil aufgeteilt. Planung wird definitiv zu einem Miteinander, was ein wichtiger Erfolgsfaktor bezüglich einer tragbaren Projektplanung ist.

Die Wave-Planung sollte jeweils das Vorhaben in der notwendigen Granularität transparent machen.

Die adaptive Planung auf der Projektebene bedingt – analog auch auf der Ebene der Sprints – eine qualitativ gute Anforderungserfassung des nächsten Projektreleases sowie eine kontinuierliche Ergänzung und Detaillierung der eingesetzten Backlogs. Durch das Einsetzen einer adaptiv aufgebauten Planung ergeben sich folgende Vorteile [Mei 2017]:

- **Transparenz:** Es gibt ein einziges Dokument (Projekt-Backlog), das zeigt, was (noch) zu erstellen ist.
- **Nachverfolgbarkeit:** Eine gute adaptive Planung zeichnet den Zusammenhang zwischen Anforderungen und den zugehörigen Ergebnissen auf.
- **Flexibilität:** Ändernde Kundenanforderungen können als neue Anforderung im Projekt- und/oder Produkt-Backlog und somit in der Planung berücksichtigt werden.
- **Fokus:** Abhängig vom eingeschlagenen Lösungsweg werden die Anforderungen priorisiert und die notwendigen Tätigkeiten davon abgeleitet.
- **Kreativität:** Durch das Formulieren der Anforderungen wird der Lösungsraum zur Bearbeitung einer Problemstellung nicht eingeschränkt. Bei der Erarbeitung eines Lösungswegs bedarf es der Kreativität des gesamten Projektteams.
- **Kontrolle:** Die Fortschrittskontrolle basiert auf der Inspektion lauffähiger Produkte/Teilprodukte.

Wie bereits erwähnt, finden Planungssitzungen in regelmässigen, kurzen Abschnitten statt (täglich, wöchentlich). Dadurch werden Veränderungen explizit laufend in der Planung berücksichtigt. Aber: Die Problematik der Ungenauigkeit bei der Gesamtplanung bleibt dennoch bestehen. Beim agilen Planungsvorgehen wird daher grundsätzlich ein anderer Ansatz verfolgt: Es gilt, in der vorgegebenen Zeit mit dem freigegebenen Budget den grösstmöglichen Business Value zu erwirtschaften.

Bei adaptiv geführten Projekten wird hingegen auf drei Planungsstufen operiert:

- **Projektplan:** Erstmals erstellt mit dem Initialprojektplan (siehe Abbildung 6.16). Dabei geht es als Erstes darum, Planwerte wie Budget, Termin, Ressourcen und möglichen Ergebnisrahmen für das gesamte Projekt mit dem Auftraggeber abzustimmen, sodass bei MS20 eine Freigabe des Projekts bewirkt werden kann (siehe Kapitel 6.3.2, wie auch Abbildung 6.16).

- **Projekt-Releaseplan:** Erstmals erstellt nach der Freigabe des Initialprojektplans (MS20) im Projektabwicklungsschritt «Projektabwicklungskonfiguration», wenn die Grundlagenarbeiten für das Projekt ausgeführt wurden. Dabei geht es darum, den ersten Release auf ca. drei bis vier Sprints genau sowie auch die weiteren Releases festzulegen (siehe Kapitel 6.3.3 wie auch Abbildung 6.26).
- **Sprint Planning I und II:** Wird erstmals erstellt beim ersten Sprint. Dabei wird festgelegt, was in der nächsten Timebox eines Sprints umgesetzt wird (siehe Kapitel 6.6.2.1).

6.3.2 Planungselemente eines initialen Projektplans

Basierend auf den vorangegangenen Arbeiten der Initialisierungsphase (Vision, Impact Map etc.) wird der initiale Projektplan erstellt.

Das wesentliche Ziel des initialen Projektplans ist es, ausgehend vom Wave-Planungsansatz die notwendigen Grundlagenwerte für den Projektauftrag zu erstellen. Gegenüber der konventionellen Projektplanung zeichnet sich der initiale Projektplan dadurch aus, dass er nicht Detailpläne, sondern «nur» Kosten-, Zeit- und Ergebnisrahmen festlegt, welche es dem Management ermöglichen, bei MS20 über die Freigabe des Projekts zu entscheiden.

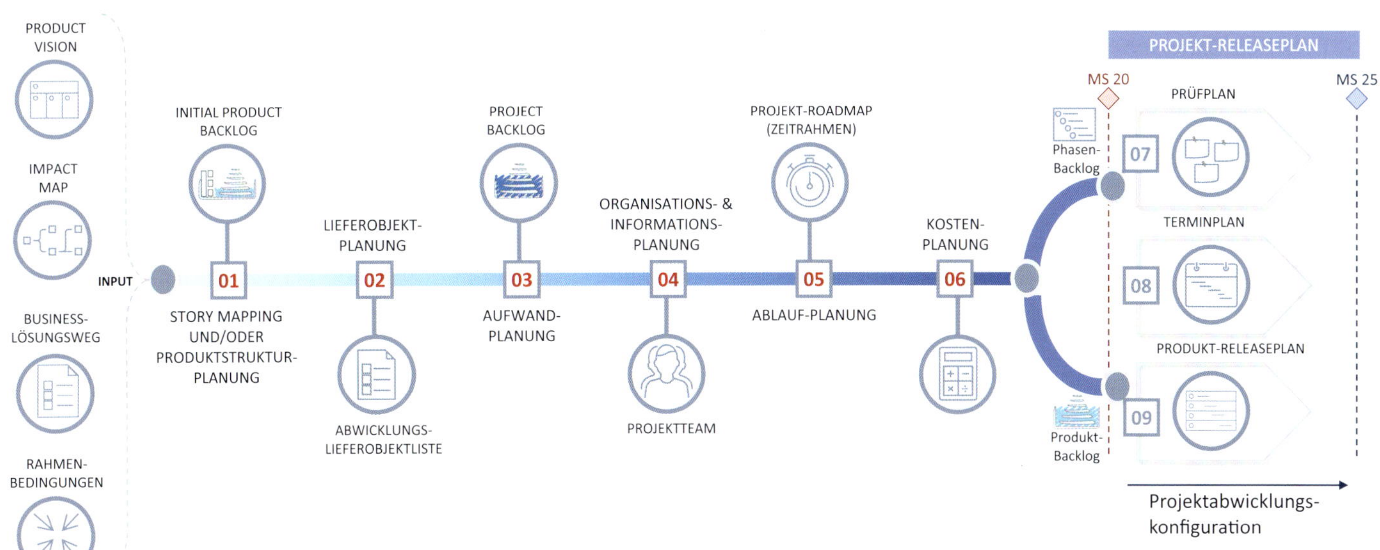

Abb. 6.16: Einzelne Planungselemente eines Initialprojektplans

Planung ist die geistige Vorwegnahme der kommenden möglichen Realität!

Fällt dieser Entscheid positiv aus, so wird im Rahmen des Projektabwicklungsschritts «Projektabwicklungskonfiguration» (siehe Kapitel 7.2.5) ein Projekt-Releaseplan erstellt. Er umfasst auch die konventionell umzusetzenden Lieferobjekte und Begleitarbeiten sowie die drei Planungselemente Prüfplan, Terminplan und Produkt-Releaseplan.

Beim Erstellen des initialen Projektplans gilt es, im Hinblick auf den zu erstellenden Projektauftrag folgende Ergebnisse zu erzeugen:

- ungefähren Umfang der Lösung und/oder Zielsetzung festlegen (Story Map/Produktstruktur)
- die Abwicklungslieferobjekte, die zwingend notwendig sind, festlegen
- die Projektaufwendungen präziser eingrenzen
- genauere Angaben für die Berechnung der Wirtschaftlichkeit des Vorhabens erstellen
- Projektorganisationsform des Projektteams festlegen
- die wichtigen Termine wie Projektstart- und Projektabschlusstermin sowie die Meilenstein- und Releasetermine bestimmen (Terminplan)
- Informations- und Kommunikationssystem festlegen
- Abhängigkeiten von und zu den anderen Projekten im Projektportfolio eindeutig aufzeigen

Im Folgenden werden die sechs Pläne des initialen Projektplans erläutert.

6.3.2.1 Story Map und/oder Produktstrukturplan (01)

Hauptaufgabe: Mit diesem Planungselement wird das Projekt businessfachlich strukturiert. Basierend auf der Impact Map wird eine Story Map bis auf die Ebene Epic und wenn notwendig ein Produktstrukturplan erstellt.

Ziel: Mit dieser Planung ist das Projekt fachlich strukturiert und priorisiert.

Story Map / Produktstrukturplan erarbeiten: Sind die zu liefernden Ergebnisse auf der Impact Map mit der Needs-Liste der Initiative abgeglichen und priorisiert, kann das Businessteam mit der produktbezogenen Umsetzungsplanung beginnen. Um diese strukturiert durchzuführen, kann die von Jeff Patton entwickelte Story-Mapping-Methode eingesetzt werden. Mit Story Mapping konzentriert sich das Team auf die Benutzerprozesse und deren Bedürfnisse (Needs). Das so erstellte Ergebnis basiert auf einer besseren Konversation und führt letztendlich zu einem besseren Produkt.

Eine Story Map ist eine Visualisierungsmethode, mit der Benutzeranforderungen berücksichtigt werden und die gleichzeitig einen guten Überblick über das Product Backlog ermöglicht (siehe Kapitel 7.3.3.2). Bei der Initialprojektplanung muss, basierend auf den im Steckbrief definierten Needs, mindestens die zweite Ebene – die Epic-Ebene – ausgearbeitet werden, damit das MMP «Mimimal Marketable Product» definiert werden kann.

Das MMP wird in diesem Planungsschritt durch den Product Owner festgelegt und sollte so stabil wie möglich

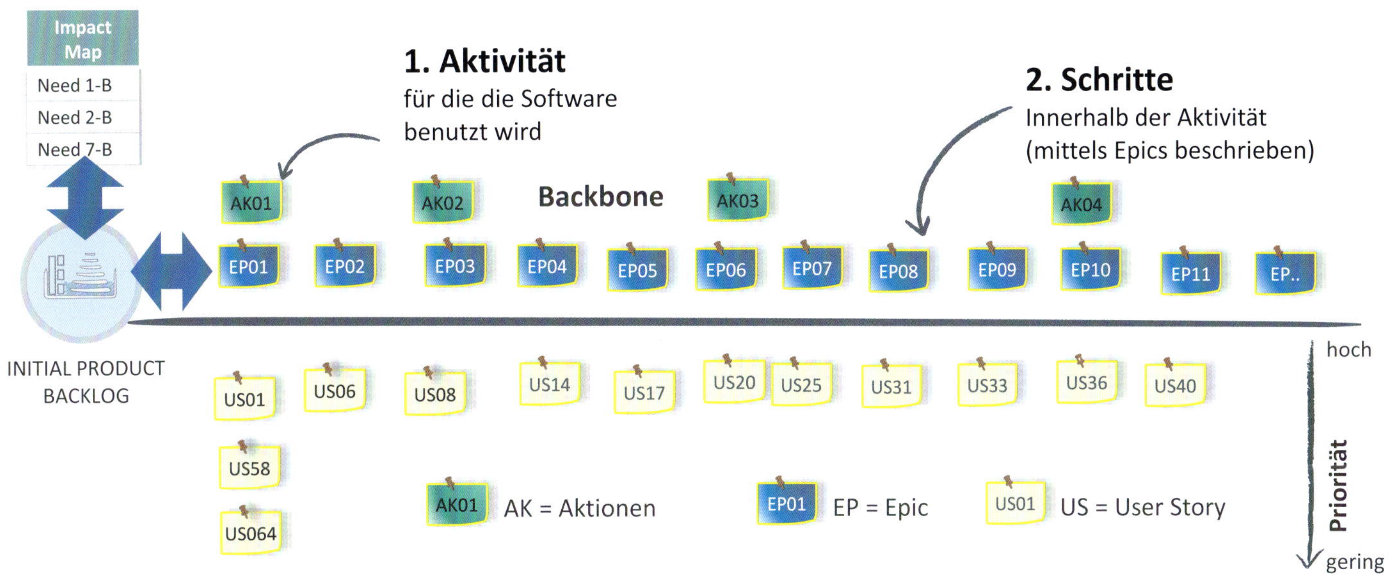

Abb. 6.17: Schematisches Beispiel einer Story Map auf der Stufe Epic anhand der definierten Needs-Liste

Abb. 6.18: Produktstruktur z.B. eines Automaten

sein. Spätere Änderungen haben grössere Auswirkungen auf das Projekt und müssen daher allenfalls als Change behandelt werden.

Kommt im Projekt eine weitere Projektart zur Anwendung, in dem das Ergebnis von vornherein festgelegt werden muss – z.B. ein Organisations-, Schulungs- oder Anlagenprojekt –, so wird ein Produktstrukturplan (PSP) oder eine Work Breakdown Structure (WBS) und nicht unbedingt eine Story Map mit Epics erstellt. Vom PSP abgeleitete Anforderungen können in den initialen Product Backlog aufgenommen werden. Bezieht sich ein PSP nur auf die effektiven Produktteile, so umfasst die WBS die Gesamtheit aller Elemente des Projekts.

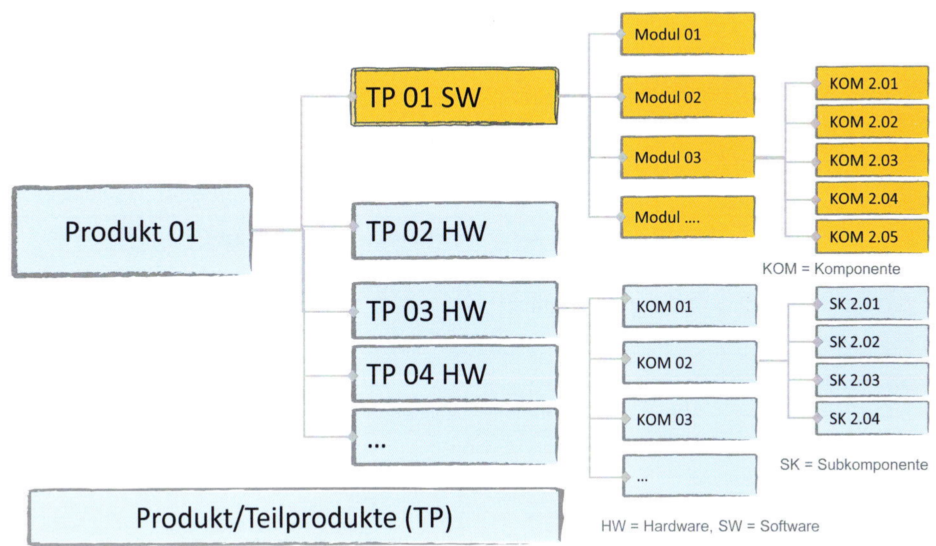

Bei hybriden Produkten (Software und Hardware), etwa bei medizinischen Geräten, sind beide Lieferobjekte notwendig: eine «Story Map» für die Software und ein «Produktstrukturplan» (z.B. Pneumatikteile).

Ergebnis: Story Map und/oder Produktstrukturplan und initialer Product Backlog.

6.3.2.2 Lieferobjektplanung (02)

Hauptaufgabe: Bei diesem Planungsschritt werden alle zu erstellenden Lieferobjekte und Dienstleistungen möglichst vollständig erfasst. Allfällige Abhängigkeiten zum übergeordneten Strukturplan eines Programms oder zu anderen Projekten sind festzuhalten.

Ziel: Es ist geklärt, welche projektbegleitenden Lieferobjekte und daraus resultierenden Aufgaben im Projekt erstellt werden müssen.

Allen agilen Ansätzen zum Trotz ist es nicht wegzudiskutieren, dass insbesondere bei hybrid geführten Projekten wichtige projektbegleitende Lieferobjekte wie Migrations-, Integrations-, Schulungs-, Datenschutz- und Sicherheitskonzept erstellt sowie Dienstleistungen wie z.B. Projektkoordination, Beschaffung, Vertragserstellung, Ausbildung etc. bezogen werden müssen. Wie bereits an anderer Stelle erwähnt, ist der Autor klar der Meinung, dass diese Lieferobjekte nicht in agilen Sprintansätzen erstellt werden können. Sie sind keine für den Endbenutzer verwendbare Inkremente. Es spricht nichts dagegen, diese Lieferobjekte und ihre notwendigen Arbeitspakete inkrementmässig zu erarbeiten. Das hat aber nichts mit dem erfolgreichen agilen Produkteentwicklungsansatz zu tun. Um nicht in alte Gewohnheiten des langen Spezifizierens zu verfallen, ist

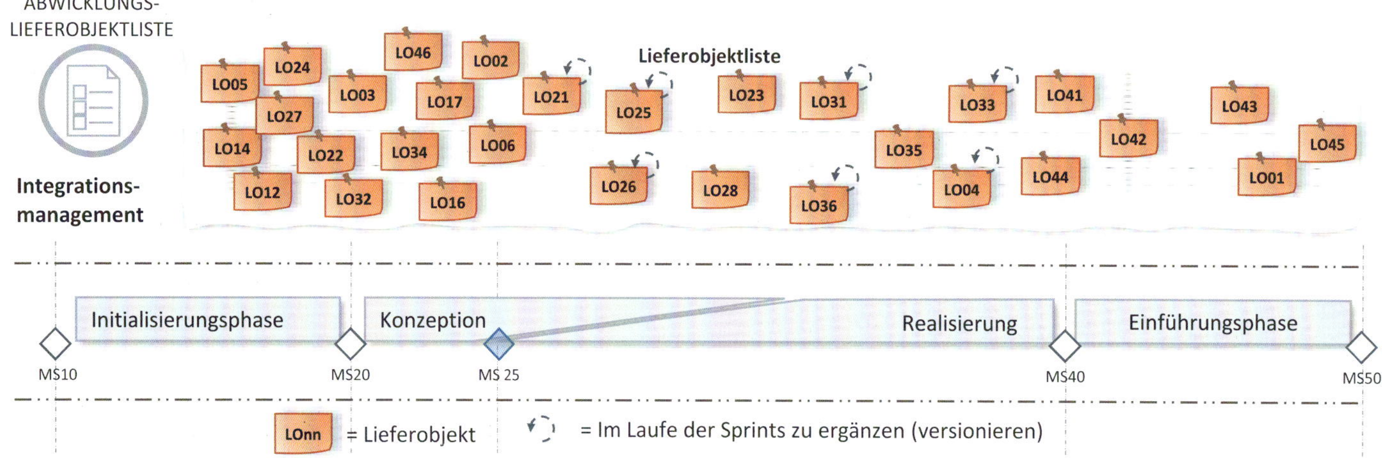

Abb. 6.19: In einem hybriden Projekt zu erstellende Lieferobjekte, die zum Teil pro Sprint ergänzt werden

es wichtig, einige Lieferobjekte wie z.B. Architekturkonzept, Testkonzept oder auch den Konfigurationsplan in der Konzeptionsphase bis zum MS25 (nicht in allen Details) zu spezifizieren, zu reviewen und freizugeben. Die sprintmässige Softwareentwicklung begleitend, werden diese Lieferobjekte dann weiter im Detail spezifiziert.

Eine solche Lieferobjektplanung wird mit wichtigen Stakeholdern und den voraussichtlichen Mitgliedern des Projektteams in einem Workshop durchgeführt. Mithilfe eines gut moderierten Brainstormings gilt es, möglichst viele im Laufe der Projektabwicklung zu erstellende Lieferobjekte zu definieren. Zu den Lieferobjekten können ergänzend Dienstleistungen (mit oder ohne konkretes Lieferobjekt) definiert werden.

Da diese Lieferobjekte nicht selten im Zusammenhang mit der Produktstruktur stehen, ist es sinnvoll, eine entsprechende Korrelationsliste aufzubauen. Mittels Work Breakdown Structure (WBS) kann eine gute phasenbezogene Übersicht und eine Korrelation zum Produktstrukturplan hergestellt werden.

Ergebnis: Abwicklungslieferobjektliste und/oder Work Breakdown Structure (WBS)

6.3.2.3 Aufwandplanung (03)

Hauptaufgabe: Bei diesem Planungsschritt sollen alle bekannten Elemente (Lieferobjekte der Abwicklung und Items des initialen Product Backlogs) in den Project Backlog überführt und klassifiziert werden; der Aufwand soll so gut wie möglich geschätzt werden.

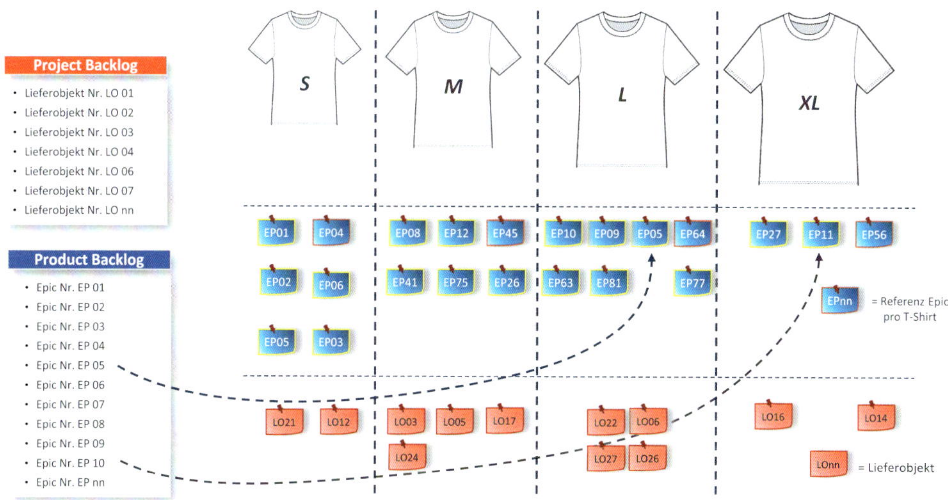

Abb. 6.20: T-Shirt-Schätzung der User Stories und Lieferobjekte

Ziel: Geschätzter Aufwand aller bekannten Elemente (Needs und Epics für initialen Product Backlog und Abwicklungslieferobjekte für Project Backlog)

In einem hybriden Projekt werden nicht selten zwei Schätzmethoden eingesetzt. Beim relativen bzw. agilen Schätzen (siehe Kap. 6.8.2.1) werden die Aufwände zweier Anforderungen zueinander in Bezug gesetzt (A braucht mehr/ oder weniger als B, z.B. T-Shirt-Sizing). Beim absoluten Schätzen wird der Realisierungsaufwand für ein Lieferobjekt in Personentagen geschätzt.

Menschen können Verhältnisse besser beschreiben als echte Aufwände. Insbesondere zu diesem Zeitpunkt ist es einfacher, Komplexität und den geschätzten Umsetzungsauf-

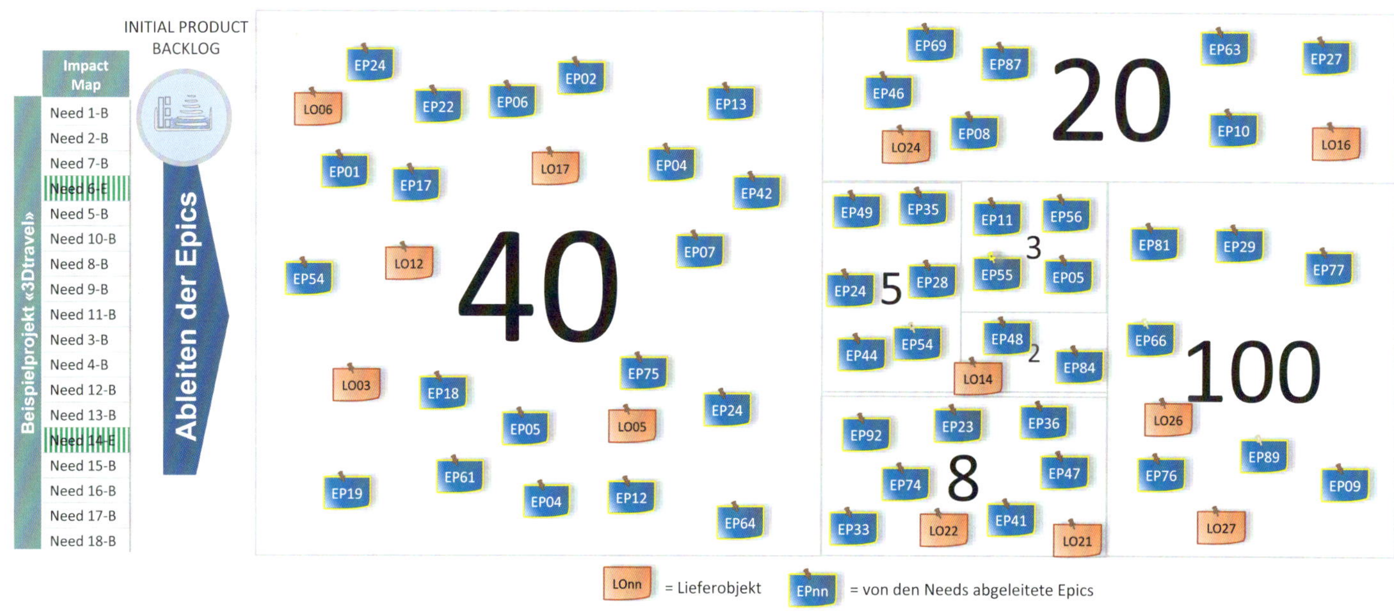

Abb. 6.21: Priority Poker bedeutet «Priorisieren der Backlog Items auf unkomplizierte und schnelle Art»

wand von mehreren Anforderungen oder Lieferobjekten miteinander zu vergleichen («Epic Nr. 03 braucht weniger Aufwand als Epic Nr. 12»), als jede einzelne Epic separat mit Aufwand z.B. in Tagen zu versehen.

Product Backlog Items (PBI) werden gerne anhand Story Points geschätzt. Mithilfe von Planning Poker (siehe Kap. 6.8.2.3) können zu diesem Zeitpunkt sehr gut erste Schätzungen vorgenommen werden, sodass die ungefähren Richtwerte für die weiteren Planungsschritte bekannt sind.

Aufgrund von Aufwandsberechnungen der projektbegleitenden Lieferobjekte und Dienstleistungen wird bestimmt, wo und wie viele Kapazitäten/Ressourcen mit welchen Fähigkeiten benötigt werden. Im Terminplan verankert helfen sie, den vorgegebenen oder gewünschten Endtermin einzuhalten oder eine begründete Diskrepanz aufzuzeigen. Gilt es, aufgrund der Menge der Anforderungen eine Priorisierung vorzunehmen, kann durch Priority Poker mit allen Stakeholdern eine Priorität aller Backlog Items rasch ermittelt werden. Das Abarbeiten der projektbegleitenden Lieferobjekte/Dienstleistungen wird nicht selten von speziellen Fachkräften umgesetzt, die nicht zwingend 80–100 Prozent im Projekt mitarbeiten.

Ergebnis: Project Backlog (Abwicklungslieferobjektplan inkl. der Initial Backlog)

6.3.2.4 Organisationsplanung (04)

Hauptaufgabe: Mit der Organisationsplanung werden die organisatorischen Belange eines Projekts geregelt, sodass neben den Zuständigkeiten auch die personellen Kostentreiber bekannt sind. Es gilt dabei, die End-to-End-Verantwortung für die agilen Teams zu berücksichtigen.

Ziel: Aufbauorganisatorische Rahmenbedingungen für ein effizientes Arbeiten im Team sind geklärt und festgelegt.

Der projektspezifische Organisationsplan ist die logische Verbindung zu Elementen der Projektinstitution. Dieser Plan umfasst die komplette planerische Gestaltung der Projektorganisation, der jeweiligen Rollen und Gremien sowie die konkrete Anwendung des Informations-, des Dokumentations- und des Sachmittelsystems (benötigte Infrastruktur). Die Basis für diese Planung wird aus der Aufwandsplanung von Planungselement 03 als SOLL-Wert und den im Unternehmen zur Verfügung stehenden Mitarbeitenden mit den notwendigen Fähigkeiten und der zeitlichen Verfügbarkeit (IST-Wert) gebildet. Zu den Hauptaufgaben gehören:

- Definieren von Teams, die sich schnell an veränderte Einflussgrössen anpassen können, sowie der notwendigen Gremien
- Wählen der Organisationsform, welche die fachlichen und personellen Beziehungen festlegt (je nach Vorgehensart sind agile, hybride oder konventionelle Teamaspekte wie Rollen, Zielsetzungen, Prinzipien etc. zu berücksichtigen)
- Selektieren von fachlich qualifizierten und effizient arbeitenden Mitarbeitenden für alle anstehenden Aufgaben
- klare Abgrenzung und Zuordnung der Aufgaben, Kompetenzen und Verantwortungen von und zu den verschiedenen Instanzen und Teams
- Definieren von Sitzungsgefässen wie Daily Meeting, Retrospektive, Reviews sowie Steuerungsausschusssitzung etc. im und um das Projekt
- Festlegen von koordinationsunterstützenden Arbeitsinstrumenten für möglichst effizientes Arbeiten

Damit der definierte Funktionsumfang grosser Projekte in den zeitlichen Vorgaberahmen umgesetzt werden kann, ist es allenfalls notwendig, die Arbeiten zu parallelisieren, d.h. mehrere Teams arbeiten parallel zueinander an der Umsetzung. Im Rahmen der initialen Projektplanung bezieht sich diese Planungstätigkeit auf das ganze Projekt. Wie bei den anderen iterativ wiederholenden Planungselementen ist es auch bei diesem Planungselement sinnvoll, es stets zu aktualisieren.

Ergebnis: Organisationsplan

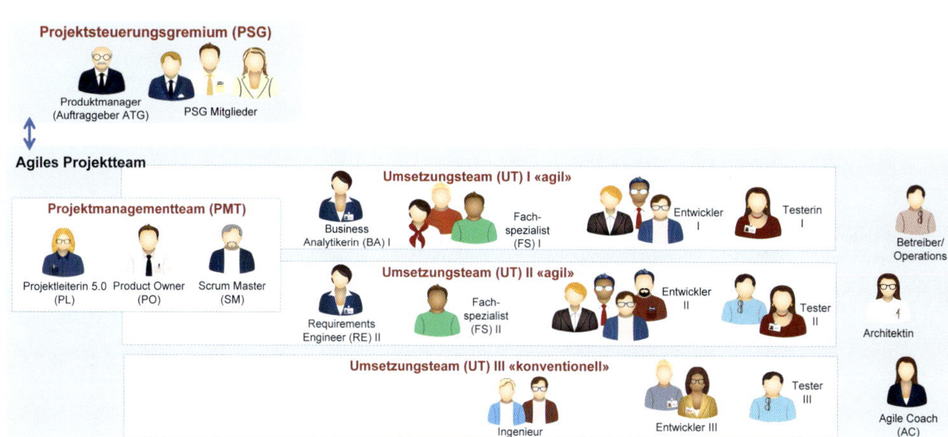

Abb. 6.22: Projektorganisation eines adaptiv geführten Projekts mit End-to-End-Verantwortung

6.3.2.5 Ablaufplanung «Projekt-Roadmap» als Zeitrahmen (05)

Hauptaufgabe: Das Projekt zeitlich soweit möglich und sinnvoll strukturieren. Es gilt, die wichtigsten zeitlichen Eckpunkte des Projekts zu ermitteln und als Meilensteine zu definieren.

Ziel: Konsolidierte Projekt-Roadmap und darauf abgestimmte abwicklungsbezogene Terminierung der begleitenden Lieferobjekte.

Bei diesem Planungsschritt geht es darum zu definieren, wie man zeitlich vom IST zum SOLL kommt. Bei einem grösseren Projekt wird das Vorhaben bezüglich der Produkterstellung in logische und taktisch richtige Einheiten unterteilt und den Abwicklungszielen bzw. Meilensteinen zugeordnet. Wie Abbildung 6.23 aufzeigt, wird dabei einerseits grob der Produkt-Releaseplan und andererseits der Ablaufplan der notwendigen entwicklungsbegleitenden Aufgaben festgelegt.

Abb. 6.23: Ablaufplan als Zeitrahmen eines hybriden Projekts

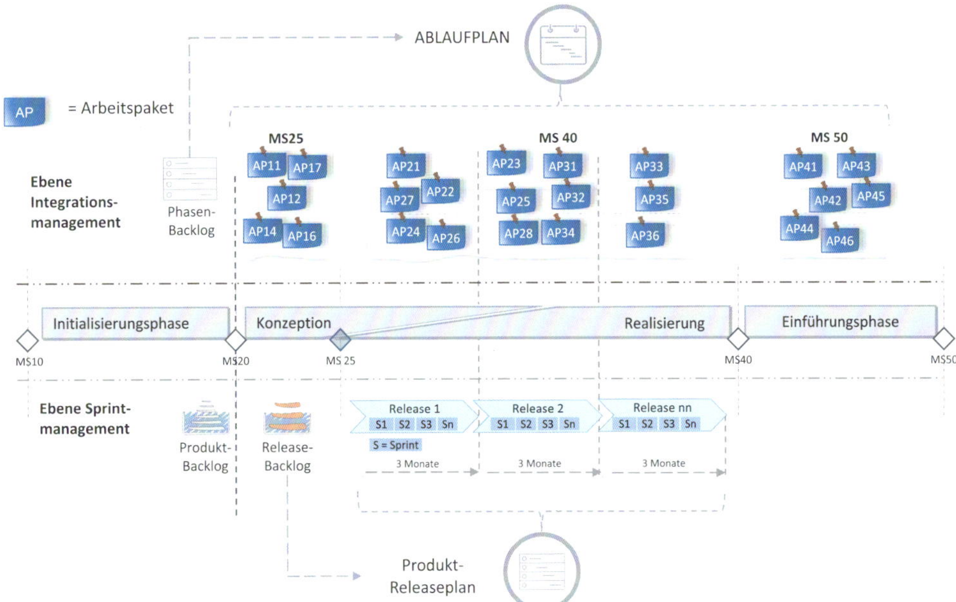

Produkt-Releaseplan: Auf den Ergebnissen der vorhergehenden Schritte basierend, paketiert der Product Owner zusammen mit dem Projektleiter 5.0 die Product Backlog Items (Needs/Epics) zu möglichen Product Releases (siehe Abbildung 6.24 und 6.33).

Ablaufplan: Der Projektleiter 5.0 berücksichtigt bei diesem Planungsschritt auch die Erstellung der die Projektabwicklung begleitenden Lieferobjekte.

Bei diesen Planungsarbeiten sollen die Epics und Lieferobjekte abgeschätzt werden, welche im definierten Zeitraum voraussichtlich fertiggestellt werden können. Das heisst, es wird geschätzt, wie lange die zugeteilten Ressourcen voraussichtlich brauchen werden, um den Product Backlog respektive die dadurch priorisierten Elemente abzuarbeiten.

Der PL und PO schlagen ein gewünschtes Timing vor (zum Beispiel Dauer in Monaten, kommt vor/nach Thema X) und stimmen diese Planwerte mit den Vorgaben des Projektportfolio-Boards ab (siehe Kapitel 4.1.5).

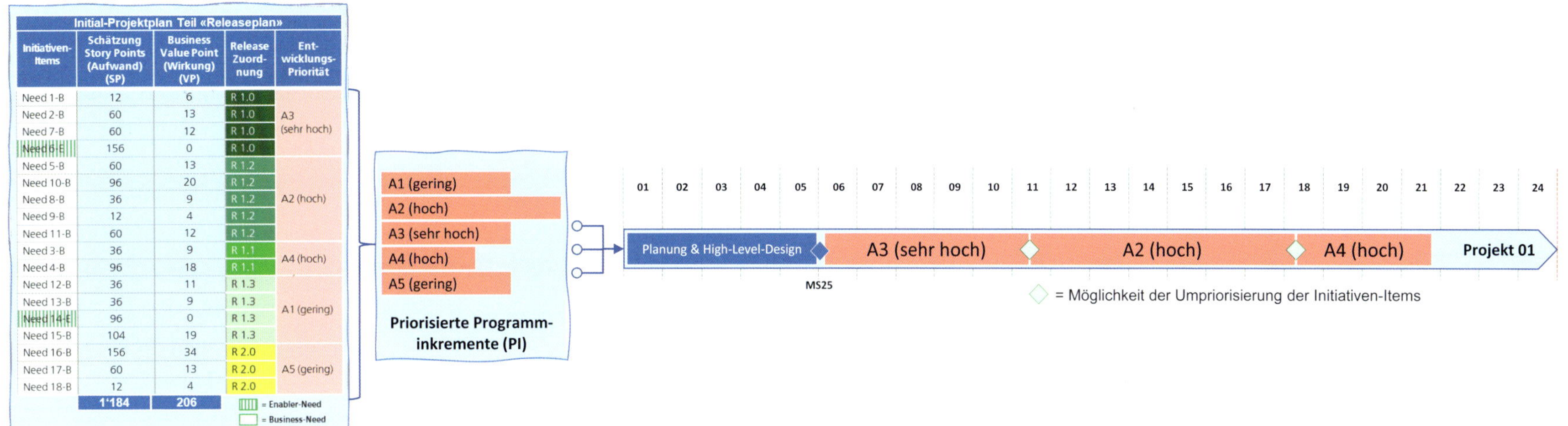

Initial-Projektplan Teil «Releaseplan»

Initiativen-Items	Schätzung Story Points (Aufwand) (SP)	Business Value Point (Wirkung) (VP)	Release Zuordnung	Entwicklungs-Priorität
Need 1-B	12	6	R 1.0	A3 (sehr hoch)
Need 2-B	60	13	R 1.0	
Need 7-B	60	12	R 1.0	
Need 6-E	156	0	R 1.0	
Need 5-B	60	13	R 1.2	A2 (hoch)
Need 10-B	96	20	R 1.2	
Need 8-B	36	9	R 1.2	
Need 9-B	12	4	R 1.2	
Need 11-B	60	12	R 1.2	
Need 3-B	36	9	R 1.1	A4 (hoch)
Need 4-B	96	18	R 1.1	
Need 12-B	36	11	R 1.3	A1 (gering)
Need 13-B	36	9	R 1.3	
Need 14-E	96	0	R 1.3	
Need 15-B	104	19	R 1.3	
Need 16-B	156	34	R 2.0	A5 (gering)
Need 17-B	60	13	R 2.0	
Need 18-B	12	4	R 2.0	
	1'184	206		

Abb. 6.24: Mögliche Ableitung der definierten Needs zu priorisierten Releaseprojekten als Entscheidungsgrundlage für das PP-Gremium

Wie das Beispielprojekt in der Abbildung 6.24 aufzeigt, ist es nicht immer einfach, den richtigen Detaillierungsgrad der Planung zu finden. Je nach der Grösse des Projekts macht es Sinn, die Needs in Epics weiter aufzuteilen. Diese Epics können mit der T-Shirt-Technik grob geschätzt und mit Priority Poker entsprechend gewichtet werden. Wenn notwendig, kann auch noch mit der TTM-Matrix der Business Value grob festgelegt werden (siehe Abbildung 4.65).

Auf dieser Grundlage kann anschliessend der Aufwand in Form von Story Points und der Business Value in Form von Value Point pro Need für das Projektportfolio zusammengefasst werden. Diese Art des Vorgehens ist insbesondere bei Auftragsprojekten sehr empfehlenswert, da dem Kunden neben den Kosten eine gewisse Zusicherung gegeben werden muss, was er am Schluss für das investierte Geld in etwa bekommen wird.

Mit einem geeigneten Softwaretool können Alternativen simuliert werden, z.B.: Wann wird das Thema fertig, wenn wir noch ein zweites Entwicklungsteam einsetzen? Solche Szenarien zeigen, wie sich die Rahmenbedingungen Zeit, Ressourcen, Kosten dabei verändern würden.

Sind alle vorgehenden Planungselemente erstellt, ist das Setzen des Projektstarttermins und das Errechnen eines möglichen Endes eine relativ einfache Aufgabe. Mit den erarbeiteten Szenarien und dem Ergebnis des folgenden Planungsschritts «06 Kostenplanung» gehen der PO und der PL an das Portfolio-Pipeline-Review-Meeting oder an das Projektportfolio-Board-Meeting (siehe Kapitel 4.1.5).

Ergebnis: Projekt-Roadmap als Zeitrahmen (mit dem Ablaufplan und dem Produkt-Releaseplan)

6.3.2.6 Kostenplanung «Budgetrahmen» (06)

Hauptaufgabe: Basierend auf den erarbeiteten Grundlagen der Initialarbeiten und der Projekt-Roadmap gilt es, den Kostenplan und Projektbudgetrahmen zu erstellen.

Ziel: Das definitive Projektbudget liegt vor.

Budgetplan bei MS20: Zu diesem Zeitpunkt ist der Auftraggeber bereit, für die in den Planungsschritten 01 bis 05 ermittelten, voraussichtlich anfallenden Kosten ein festes Budget zu sprechen. Dies bedingt, dass mittels einer kurzen Analysenphase die Produkt-Roadmap in eine schätzbare Granularität «spezifiziert» wird. Auf Basis der bekannten Anforderungen und deren grob geschätzten Aufwände (Aufwandplanung 03) und der definierten Ressourcen (Organisationsplanung 05) wird geschätzt, wie viele Releases/ Sprints für die Umsetzung der Anforderungen benötigt werden. Die Anzahl Sprints à x Wochen, multipliziert mit den Kostensätzen der definierten Ressourcen, ergeben das Kostenvolumen für den Anteil der «agilen Umsetzung». Hinzu kommen die Aufwände für die Tätigkeiten der nicht agil umzusetzenden und/oder projektbegleitenden Lieferobjekte. Durch diesen Kalkulationsansatz kann der Projektumfang in einem sehr frühen Stadium plausibel umrissen werden. Hier besteht für den Auftraggeber die Möglichkeit, die Werte zu deckeln oder einen niedrigeren Wert als Höchstgrenze für die Implementierung anzusetzen.

Budgetplan bis MS25: Bei diesem Ansatz wird nur Geld für den Prozessschritt «Abwicklungskonfiguration» gesprochen. Die gesamten konzeptionellen und konfigurierenden Aufgaben werden umgesetzt, um eine verbesserte Kostengrundlage zu erhalten (siehe Kapitel 7.2.5). Damit

Abb. 6.25: Mögliche Struktur eines Budgetrahmens

Projekt: Virtuelle 3D-Onlineplattform «3Dtravel»										
Mittel in CHF	**Verwendung**	**20nn.Q1**	**20nn.Q2**	**20nn.Q3**	**20nn.Q4**	**20nn.Q1**	**20nn.Q2**	**20nn.Q3**	**20nn.Q4**	**Total**
Initialisierung bis **MS20**	Fachbereich/Business	345.000	285.000							**630.000**
Projektkonfiguration bis **MS25**	Fachbereich/Business		250.000	50.000						**300.000**
	Ext. Entwicklungsliefer.		240.000							**240.000**
	Ext. Dienstleistung		150.000	50.000						**200.000**
	Investitionen									**0**
Realisierung	Fachbereich/Business			100.000	150.000	250.000	250.000	300.000	150.000	**1.200.000**
	Ext. Entwicklungsliefer.			140.000	300.000	350.000	350.000	300.000	200.000	**1.640.000**
	Ext. Dienstleistung			50.000	200.000	150.000	100.000	100.000	80.000	**680.000**
	Investionen			200.000	450.000					**650.000**
Einführung	Fachbereich/Business								150.000	**150.000**
	Ext. Entwicklungsliefer.								100.000	**100.000**
	Ext. Dienstleistung								20.000	**20.000**
	Investitionen								20.000	**20.000**
Total pro Quartal		**345.000**	**925.000**	**590.000**	**1.100.000**	**750.000**	**700.000**	**700.000**	**720.000**	**5.830.000**

erhält der Auftraggeber bessere Kenntnisse über das WAS und insbesondere über das technische WIE (wie wird es technisch umgesetzt). Dieser Ansatz wird insbesondere für die Erarbeitung von Werkverträgen eingesetzt, d.h. bei organisationsexterner Realisierung.

Laufende Budgetplanung von MS20 bis MS50: Bei der Budgetplanung MS20 wird die Höchstgrenze für die Implementierung gesetzt. Dies wird bei der Umsetzung berücksichtigt, indem allenfalls auf eine entsprechende Menge von Anforderungen in Abstimmung mit Auftraggeber/Product Owner verzichtet wird. In der Folge werden nur die tatsächlich angefallenen Aufwände abgerechnet. Insofern lässt sich mit einem agilen Vorgehen ein vorab fixiertes Budget realisieren. Das Zusammenstreichen oder Anpassen von Anforderungen soll – und dies ist entscheidend – ohne Kompromisse bei der Qualität erfolgen [Wil 2017]. Das Budget bei adaptiv geführten Projekten kann mittels Design-to-Budget-Ansatz abgesichert werden (siehe Kapitel 8.2 «Definitionsverzeichnis»).

Ergebnis: Quartalsbezogener Kostenplan & Budgetrahmen, auf Portfolioquartalsplanung (PP-Masterplan) abgestimmt

6.3.3 Erstellen des Projekt-Releaseplans

Wurden der Projektauftrag freigegeben und die im Initialprojektplan erarbeiteten planerischen Rahmenbedingungen wie Kosten-, Budget- und Zeitrahmen bestätigt, so müssen im Projektabwicklungsschritt «Projektabwicklungskonfiguration» entsprechende Vorbereitungsarbei-

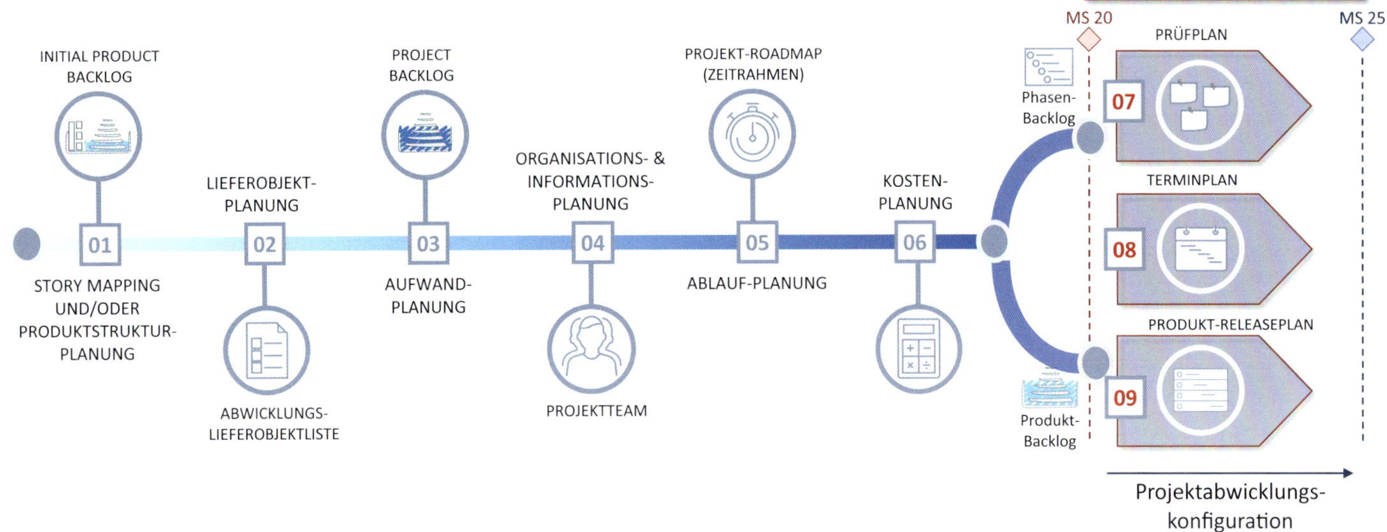

Abb. 6.26: Projekt-Releaseplan, basierend auf Initialprojektplan

ten für die effiziente Umsetzung getroffen werden (siehe Kapitel 7.2.5). Zusammenfassend sind dies:

- situationsbezogene Konzeptionen erstellen
- explorative Sprints oder Sprint Zero durchführen
- Architekturrahmen und technische Realisierungsstrategie erstellen
- Abwicklungskonfiguration erarbeiten (z.B. was wird agil erstellt und was muss konventionell erstellt werden)
- Entwicklungsteam bilden und entsprechende Infrastruktur ausrüsten
- Epics für den ersten/nächsten Projektrelease möglichst verständlich ausformulieren

Basierend auf diesen situativ ausgerichteten, sehr adaptiven Arbeiten kann der Projekt-Releaseplan für den ersten Release erstellt werden. Dieser setzt sich aus drei wichtigen Einzelplänen zusammen, welche z.B. das hybride Abwickeln des Projekts ermöglichen:

- **Prüfplan:** Im Prüfplan wird genau festgelegt, welches Dokument/Ergebnis mit welcher Prüfart und von welchen Gutachtern wann geprüft wird.
- **Terminplan:** Im Terminplan werden die wichtigen Termine (Zeitpunkte) – vor allem die sogenannten Zwischentermine (Meilensteine) sowie die genauen Start- und Endtermine pro abwicklungsbezogenes Arbeitspaket sowie die Abhängigkeiten untereinander und von und zu anderen Projekten – festgelegt und dokumentiert
- **Produkt-Releaseplan:** Der Produkt-Releaseplan zeigt auf, welche produktbezogenen Ziele und welcher Nutzen erreicht werden können und mit welchen Epics/User Stories bezüglich Releases dies allenfalls erfolgen soll.

Im Folgenden werden diese drei Pläne erläutert.

6.3.3.1 Erstellen des Prüfplans (07)

Hauptaufgabe: Den aus dem Planungselement 02 definierten abwicklungsbezogenen Lieferobjekten werden die erforderlichen Qualitätsanforderungen zugewiesen. Es wird ein Prüfplan erstellt, der auf die Projekt-Releases abgestimmt ist.

Zielsetzung: Qualitätslevel pro Lieferobjekt und deren einzusetzende Prüftechniken sowie Gutachter und Prüftermine sind festgelegt.

Um die Planung insbesondere bei einem hybriden Vorgehen modularer und situationsbezogener zu gestalten, sollte der Prüfplan gesondert produziert werden. In einem solchen Prüfplan muss neben der Auflistung der Punkte «was» (Lieferobjekte), «wie» (Kontrolltechnik), «wann» (Kontrollzeitpunkt) und «welche Merkmale» (z.B. Vollständigkeit) auch die Qualitätsstufe festgelegt werden.

Wie Abbildung 6.28 aufzeigt, können die Lieferobjekte «rund um die Sprints herum» und die Lieferobjekte, welche jeweils bei den Sprints nachgeführt werden müssen (z.B. Architekturrahmen), gesondert aufgeführt werden.

Mit dem Prüfplan soll Folgendes erreicht werden:

- Die im Projekt notwendigen Qualitätsmanagementtätigkeiten werden rechtzeitig und vollständig geplant, zugewiesen, abgestimmt und deren Durchführung wird überwacht.
- Planvorgaben für die Qualitätssicherung liegen vor und deren Einhaltung wird überwacht.
- Die Qualitätsmanagementkosten können leichter abgeschätzt und überwacht werden.

Ergebnis: Mit Auftraggeber / Product Owner abgestimmter Prüfplan

Abb. 6.27: Lieferobjekte mit geplanter Qualität erstellen

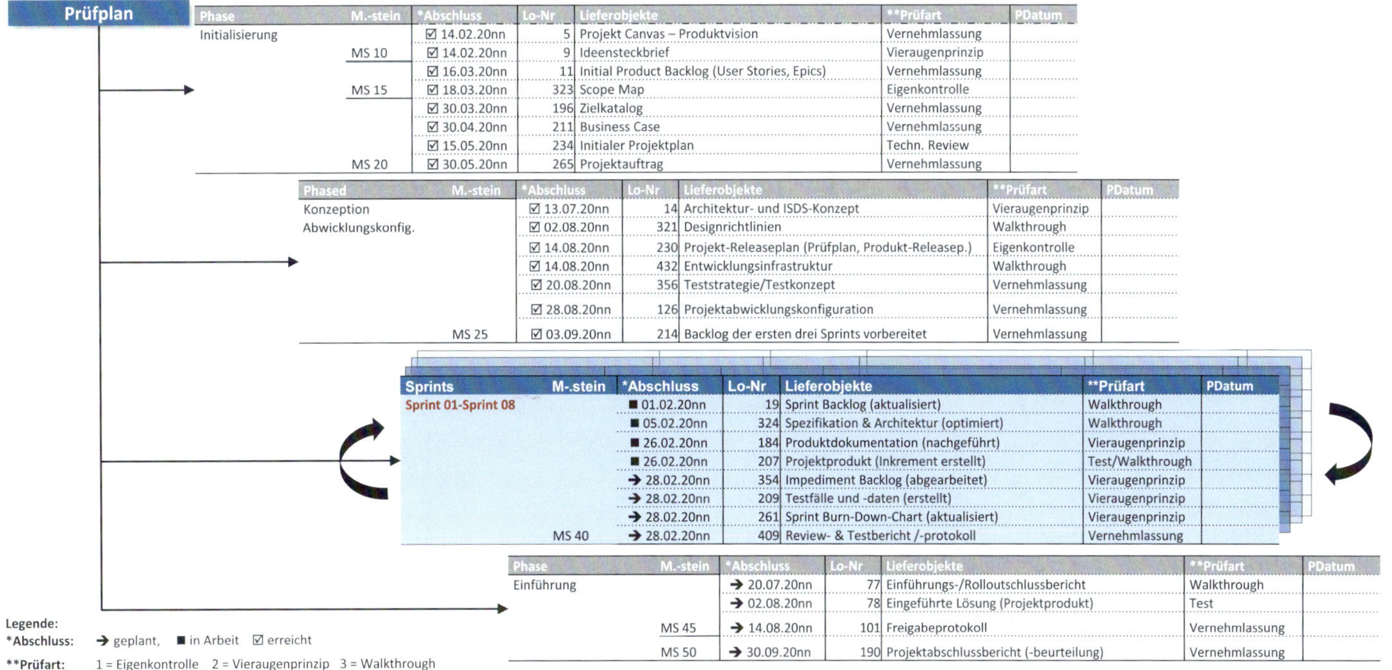

Prüfplan

Phase	M.-stein	*Abschluss	Lo-Nr	Lieferobjekte	**Prüfart	PDatum
Initialisierung		☑ 14.02.20nn	5	Projekt Canvas – Produktvision	Vernehmlassung	
	MS 10	☑ 14.02.20nn	9	Ideensteckbrief	Vieraugenprinzip	
		☑ 16.03.20nn	11	Initial Product Backlog (User Stories, Epics)	Vernehmlassung	
	MS 15	☑ 18.03.20nn	323	Scope Map	Eigenkontrolle	
		☑ 30.03.20nn	196	Zielkatalog	Vernehmlassung	
		☑ 30.04.20nn	211	Business Case	Vernehmlassung	
		☑ 15.05.20nn	234	Initialer Projektplan	Techn. Review	
	MS 20	☑ 30.05.20nn	265	Projektauftrag	Vernehmlassung	

Phased	M.-stein	*Abschluss	Lo-Nr	Lieferobjekte	**Prüfart	PDatum
Konzeption		☑ 13.07.20nn	14	Architektur- und ISDS-Konzept	Vieraugenprinzip	
Abwicklungskonfig.		☑ 02.08.20nn	321	Designrichtlinien	Walkthrough	
		☑ 14.08.20nn	230	Projekt-Releaseplan (Prüfplan, Produkt-Releasep.)	Eigenkontrolle	
		☑ 14.08.20nn	432	Entwicklungsinfrastruktur	Walkthrough	
		☑ 20.08.20nn	356	Teststrategie/Testkonzept	Vernehmlassung	
		☑ 28.08.20nn	126	Projektabwicklungskonfiguration	Vernehmlassung	
	MS 25	☑ 03.09.20nn	214	Backlog der ersten drei Sprints vorbereitet	Vernehmlassung	

Sprints	M.-stein	*Abschluss	Lo-Nr	Lieferobjekte	**Prüfart	PDatum
Sprint 01-Sprint 08		■ 01.02.20nn	19	Sprint Backlog (aktualisiert)	Walkthrough	
		■ 05.02.20nn	324	Spezifikation & Architektur (optimiert)	Walkthrough	
		■ 26.02.20nn	184	Produktdokumentation (nachgeführt)	Vieraugenprinzip	
		■ 26.02.20nn	207	Projektprodukt (Inkrement erstellt)	Test/Walkthrough	
		→ 28.02.20nn	354	Impediment Backlog (abgearbeitet)	Vieraugenprinzip	
		→ 28.02.20nn	209	Testfälle und -daten (erstellt)	Vieraugenprinzip	
		→ 28.02.20nn	261	Sprint Burn-Down-Chart (aktualisiert)	Vieraugenprinzip	
	MS 40	→ 28.02.20nn	409	Review- & Testbericht /-protokoll	Vernehmlassung	

Phase	M.-stein	*Abschluss	Lo-Nr	Lieferobjekte	**Prüfart	PDatum
Einführung		→ 20.07.20nn	77	Einführungs-/Rolloutschlussbericht	Walkthrough	
		→ 02.08.20nn	78	Eingeführte Lösung (Projektprodukt)	Test	
	MS 45	→ 14.08.20nn	101	Freigabeprotokoll	Vernehmlassung	
	MS 50	→ 30.09.20nn	190	Projektabschlussbericht (-beurteilung)	Vernehmlassung	

Legende:
*Abschluss: → geplant, ■ in Arbeit ☑ erreicht
**Prüfart: 1 = Eigenkontrolle 2 = Vieraugenprinzip 3 = Walkthrough 4 = Vernehmlassungsverfahren 5 = Technischer Review 6 = Test

Abb. 6.28: Prüfplan eines hybrid geführten Projekts

6.3.3.2 Terminplan für die phasenbezogenen Arbeitspakete (08)

Hauptaufgabe: Die aus dem Ablaufplan «Projekt-Roadmap» resultierenden Arbeitspakete werden zeitbezogen den Phasen zugewiesen. Die Abhängigkeiten der Arbeitspakete werden ermittelt und auf die Produkt-Releases abgestimmt.

Zielsetzung: Klarheit bezüglich zeitlicher Fixpunkte und Abhängigkeiten der Arbeitspakete.

Ausgehend vom Planungsschritt 05 «Projekt-Roadmap», bei dem die projektabwicklungsbezogenen Arbeitspakete grob den Meilensteinen zugeordnet wurden, wird hier eine Stufe detaillierter geplant. Es gibt z.B. logische Abhängigkeiten der Arbeitspakete untereinander oder sie unterliegen unterschiedlichen Einflussgrössen. In diesem Schritt werden diese Abhängigkeiten konkret bestimmt und es wird die Abwicklungsreihenfolge der Arbeitspakete festgelegt. Aufgrund dessen können die Endzeitpunkte der einzelnen Arbeitspakete bestimmt werden. Allenfalls ist es zu diesem Zeitpunkt nochmals notwendig, die in den Arbeitspaketen aufgeführten Arbeiten aufgrund neuer Erkenntnisse noch genauer zu beschreiben.

Mit dieser übersichtlichen Ablaufplanung wird den Projektbeteiligten ersichtlich gemacht, welches Arbeitspaket erstellt sein muss, bevor mit einem anderen begonnen werden kann bzw. was in welcher Reihenfolge getan werden muss, um festgelegte Abwicklungsziele und Meilensteine erreichen zu können.

Bei der ersten Betrachtung ist dieses Planungselement nicht so schwierig. Bei grösseren Projekten mit mehreren hundert APs dürfte dies jedoch zu einer äusserst herausfordernden und sehr wichtigen Planungsarbeit zählen, da es beispielsweise bei einem Hausbau entscheidend ist, dass der Beton

Abb. 6.29: Phasenplan mit Kanban Board (Status der APs)

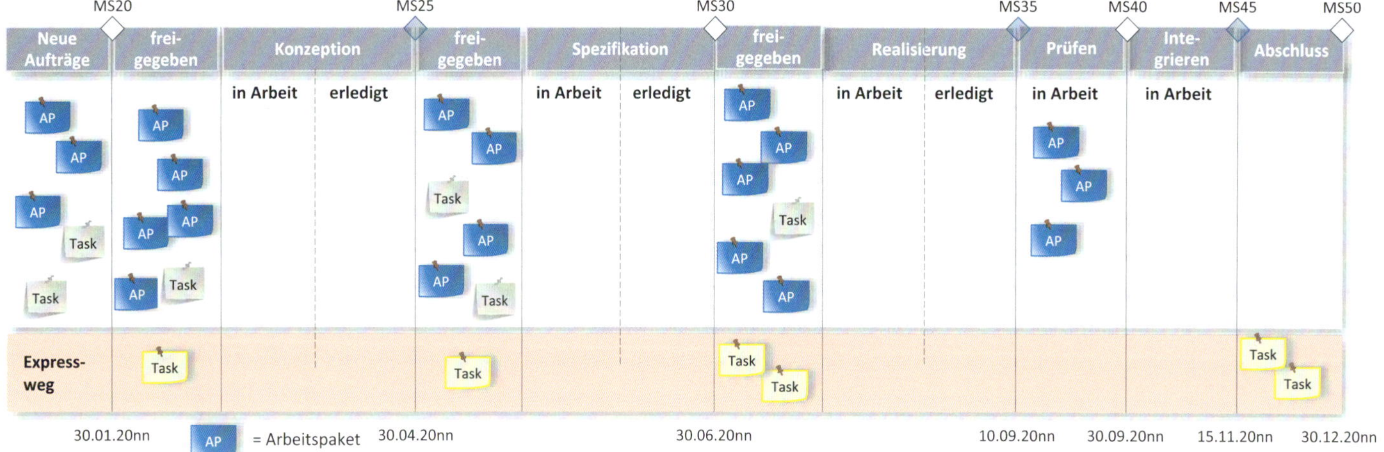

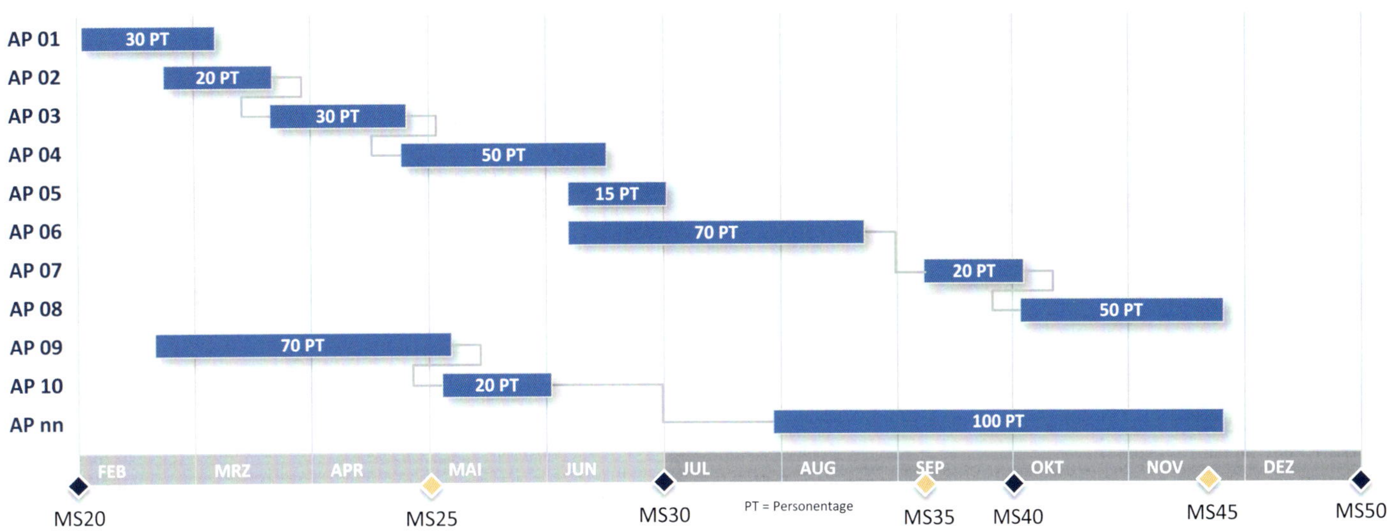

Abb. 6.30: Terminplan mit Gantt-Diagramm-Darstellung

trocken ist, bevor der Gipser und der Maler ihre Arbeiten verrichten. Aufgrund der Grösse können auch zwei unterschiedliche Planungstechniken eingesetzt werden. Handelt es sich um ein einfaches Projekt, kann, wie in der Abbildung 6.29 aufgezeigt, ein Kanban Board eingesetzt werden. Geht es jedoch um ein grosses Projekt, ist ein Ablaufplan, wie beispielsweise in der Abbildung 6.30 dargestellt, mittels eines entsprechenden Tools sehr zu empfehlen.

Basierend auf dem Wave-Planning-Ansatz, ist dieses Planungselement nach jeder Iteration mittels Project Backlog Refinement zu optimieren. Ob die Arbeitspakete gemäss Pull-Ansatz (autonomes Team) koordiniert oder vom Projektleiter an die Mitarbeitenden delegiert werden, ist der vorhandenen Situation geschuldet.

Ergebnis: Terminplan in Kanban- oder Gantt-Diagramm-Form

6.3.3.3 Produkt-Releaseplan (09)

Hauptaufgabe: Bei diesem Planungselement gilt es, den in der Initialplanung erstellten grob skizzierten Releaseplan insbesondere für den anstehenden Release, aber auch soweit möglich und sinnvoll für die weiteren Releases zu konkretisieren. Daraus muss ersichtlich sein, wie viele Sprints mit welchen Epics und/oder User Stories im nächsten Release umgesetzt werden sollen.

Zielsetzung: Planungsbezogene Voraussetzungen schaffen, damit mit dem Ausführen der Sprints gestartet werden kann.

Wurde der Terminplan für die abwicklungsbezogenen Lieferobjekte und Dienstleistungen in Form von Arbeitspaketen erstellt, ist der produktebezogene Releaseplan zu er-

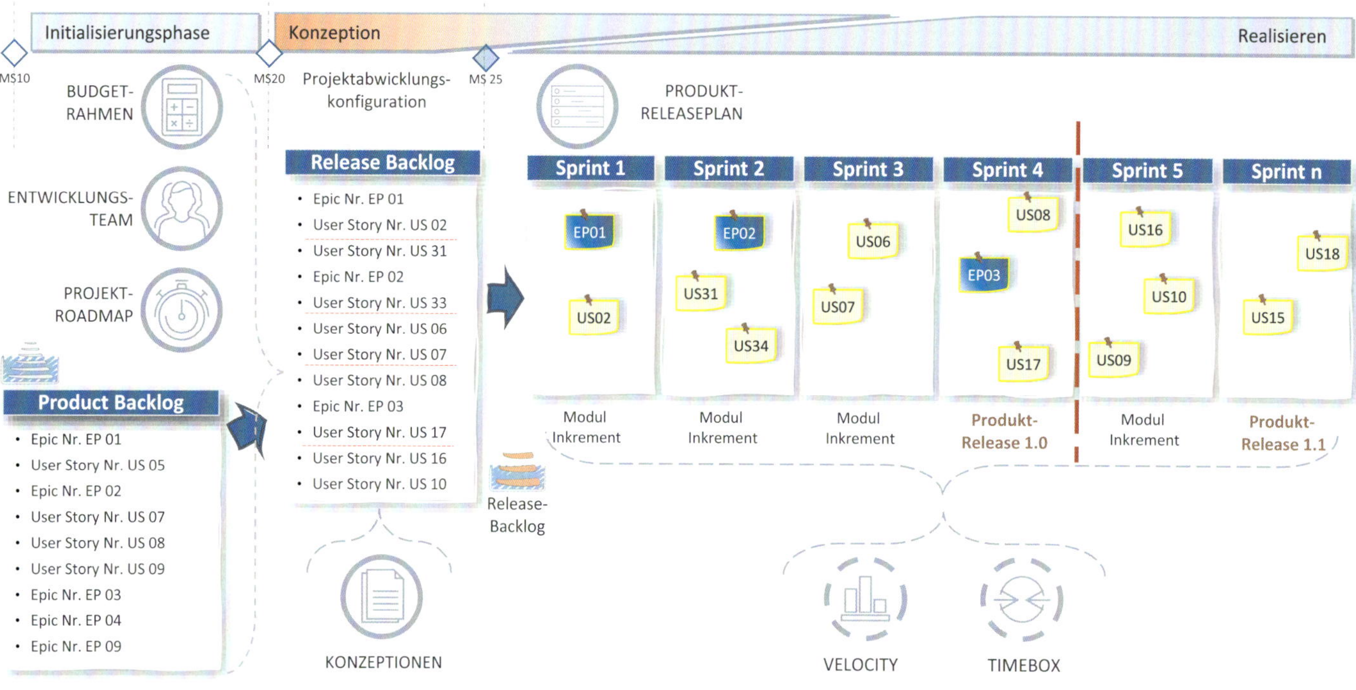

Abb. 6.31: Basierend auf dem Product Backlog einen Produkt-Releaseplan erstellen

Unter einem Release wird ein Softwareinkrement verstanden, das zur Verwendung ausserhalb des Entwicklungsteams gedacht ist.

stellen. Die Basis dazu wurde im Projektabwicklungsschritt «Projektabwicklungskonfiguration» zwischen MS20 und MS25 durch die verschiedenen Konfigurationsarbeiten gelegt (siehe Kapitel 7.2.5).

Der Produkt-Releaseplan ist eine Grobplanung, um zu entscheiden, in welchem Sprint welche Epics und/oder User Stories umgesetzt werden sollen (siehe Kapitel 5.7 «Produktstrategie»). Er wird gemäss agilem Wave-Planungsansatz auf der Projektebene in regelmässigen, z.B. monatlichen Planungssitzungen überarbeitet. Zusätzlich zum Entwicklungsteam müssen für die anstehenden Themen die erforderlichen Experten in Form von Mentoren oder Traveler hinzugezogen werden. Zum Beispiel: In Sprint 1 ist ein Spike zum Thema «Verzahnung mit SAP» geplant. Dazu wird ein Mentor «SAP-Abrechnungsexperte» hinzugezogen.

Als Scope gilt der in diesem Zeitraum (Timebox Release) mit der vorhandenen Teamkapazität (Velocity) leistbare Umfang von Epics und/oder User Stories. Oder anders erläutert: Als wichtige Voraussetzung für einen aussagekräftigen Produkt-Releaseplan müssen Teamkapazität und Teamleistung bekannt sein. Dies vereinfacht die Situation, damit der Produkt-Release und/oder Sprint nicht überladen wird. Sind diese Planungsgrössen bekannt, kann die erwartete Leistung, basierend auf der Velocity (Leistungsfähigkeit), relativ einfach in Zusammenhang mit der Teamkapazität gesetzt werden (siehe Berechnungsbeispiel Kapitel 6.4.6.7).

Da beim Erstellen des ersten Produkt-Releaseplans die Leistungsfähigkeit des Teams noch nicht bekannt ist, ist nur eine Kapazitätsberechnung möglich. Dies bedeutet, dass die Problematik der Produkt-Releaseplan-Genauigkeit trotz des iterativen Wave-Planungsansatzes bestehen bleibt. Zudem sind zu diesem Zeitpunkt noch viele weitere Anforderungen (Stories) im Detail unbekannt.

Die Erfahrung hat gezeigt, dass je nach Teamreifegrad mehrere Sprints durchgeführt werden müssen, bis deren Velocity einigermassen bestimmt werden kann. Aber auch wenn man diese kennt, kann sie sich aufgrund verschiedener Einflüsse positiv wie negativ verändern.

Wie Abbildung 6.32 aufzeigt, kann auf Grundlage von Jeff Pattons Story-Mapping-Methode auf einfache Art ein Releaseplan skizziert werden, bevor man im Planning-1-Meeting im Detail klärt, was Sprint 1 genau beinhaltet (Kapitel 6.6.2.1).

Um die grossen Produkt-Releasethemen herum, wie z.B. die Programm-Inkrements, werden in Abstimmung mit Planungsschritt 05 (Ablaufplan) und 08 (Terminplan) die weiteren Aktivitäten festgelegt und geplant, etwa Marketing-Kampagnen oder interne Schulungen.

Ergebnis: Product Roadmap / Produkt-Releaseplan

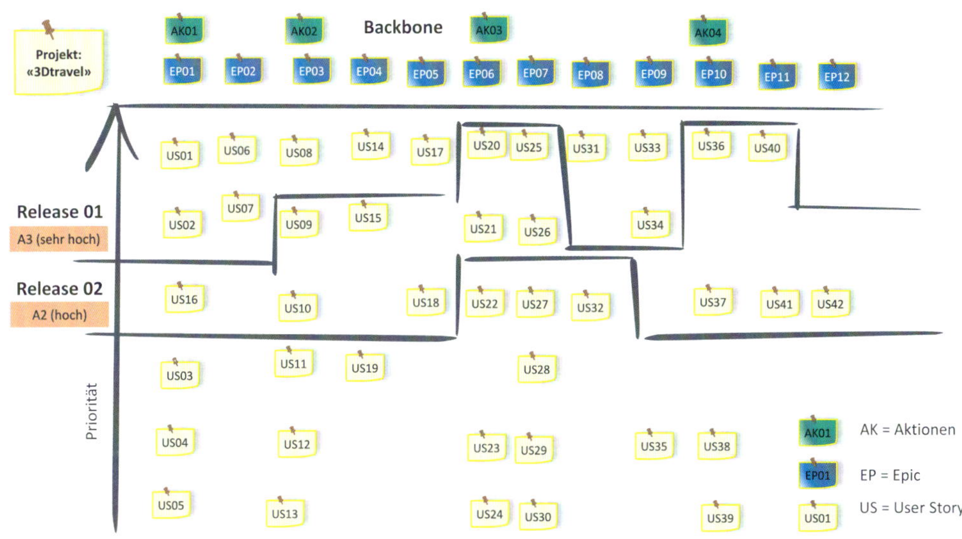

Abb. 6.32: Produkt-Releaseplan mit einer Story Map des Beispielprojekts 3Dtravel

6.3.3.4 Story Mapping nach Sprints und Releases zusammenstellen

Gemäss Lattenkamp [Lat 2017] eignet sich die Story-Mapping-Methode bei grossen Projekten auch für die Erstellung eines Produkt-Releaseplans. Gegenüber dem Beispiel in Abbildung 6.32 strukturiert der Product Owner die Spalten der Epic Map nach einzelnen Sprints und nicht nach dem Backbone. Dadurch kann den Stakeholdern sehr gut aufgezeigt werden, welche Aufgaben in welchen Releaseschritten ausgeführt werden. Dadurch, dass die zeitliche Komponente vollständig auf die horizontale Achse und alle Aufgaben auf die vertikale Achse verschoben werden, entsteht ein fast klassischer, verrichtungsorientierter Projektstrukturplan (siehe Abbildung 6.33).

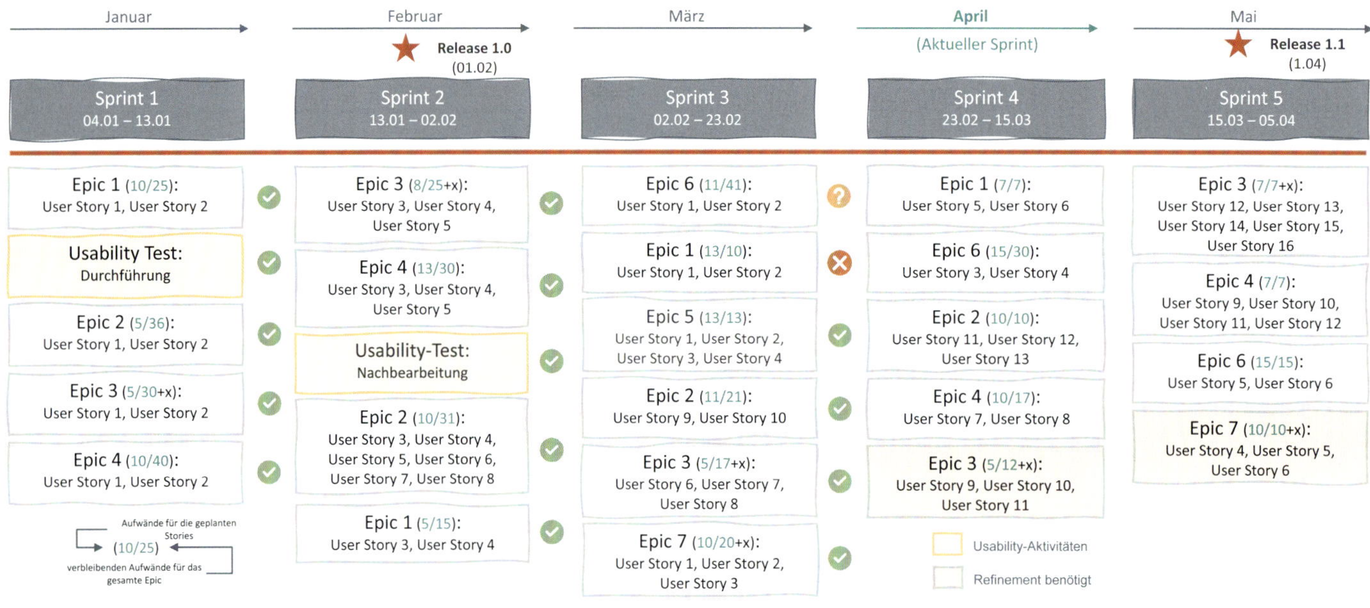

Abb. 6.33:
Epic Mapping, als Releaseplan eingesetzt [Lat 2017]

Unter jedem Sprint befinden sich mehrere Epics, in denen die User Stories weitmöglichst detailliert enthalten sind. So kann relativ einfach ermittelt werden, wie viel Aufwand pro Sprint in jedes Epic oder in jede User Story gesteckt werden soll. Hinter den jeweiligen Epics werden in Klammer die aktuellen Aufwände für die geplanten Story Points erfasst sowie die verbleibenden Aufwände für das gesamte Epic. Wenn Stories und Epics nicht genau definiert wurden, signalisiert ein x die noch offenen, nicht geschätzten Aufwände.

Über diese Darstellung kann einfach aufgezeigt werden, welcher Aufwand hinter jedem Sprint steckt und wann der Sprint umgesetzt ist. Die Entwicklungskapazität des Teams (Velocity) kann hinter dem Sprintnamen aufgeführt werden. Damit kann der Umfang der Planung ungefähr bestimmt werden. Spezielle Arbeiten wie Usability-Aktivitäten sowie undefinierte Anforderungen werden in der Story Map gesondert markiert; auch Meilensteine wie ein bevorstehender Release werden in die Story Map integriert.

Wird die aufbereitete Story Map mit kleinen Symbole ergänzt, kann der Fortschritt auf Releaseebene sehr gut und einfach dargestellt werden. Die Darstellung ermöglicht es, bei jedem Sprint-Review einen Überblick darüber zu geben, welche User Stories abgeschlossen sind und welche nicht. Unvollendete User Stories werden in den nächsten Sprint verschoben. Der Auftraggeber erhält mit dieser Art Releaseplan eine gute Übersicht über den gesamten Entwicklungsstatus, ohne dass man in das klassische alte Denken des fixen Scope zurückfällt [Lat 2017].

6.4 Adaptives Projektcontrolling (Makroebene)

6.4.1 Einleitung

In einem agil geführten Projekt wird das Controlling auch über die Dimensionen Kosten bzw. Aufwand, Leistung, Qualität und Zeit vorgenommen.

Gegenüber dem konventionellen Controlling liegt der prägendste Unterschied darin, dass beim agilen Vorgehen einiges an Controllingaufgaben vom Team implizit auf der Ebene der Projektausführung vorgenommen wird.

Der Fokus liegt dabei primär auf dem Mehrwert der Anforderungen und deren Prioritäten, und nicht auf dem «In or Out of Scope». Entsprechend verfolgt das Leistungs- beziehungsweise das Scopecontrolling nicht das gleiche Ziel wie das Projektcontrolling im konventionellen Controlling.

Wegen der Tendenz, Zeit- und Kostenplan zu fixieren, aber den Scope variabel zu gestalten, reduziert sich das Controlling im agilen Vorgehen vielfach auf das Abarbeiten des Product Backlogs und die dazu notwendige Anzahl Sprints. Durch eine konsequente Umsetzung des agilen Produkteentwicklungsprozesses erfolgt das Controlling innerhalb der einzelnen Sprints quasi in Echtzeit, wodurch sich Transparenz und Reaktionsgeschwindigkeit stark erhöhen.

Bei grossen, hybrid abzuwickelnden Projekten stösst der effiziente sprintintegrierte agile Controllingansatz an seine Grenzen. Sind mehrere Teams in paralleler Struktur auf dasselbe Gesamtziel ausgerichtet, bedarf es eines release- und sprint-

Das perfekte und konsequent agile Vorgehen mit qualifizierten Mitarbeitenden bzw. hoher Eigenverantwortung in agilen Teams kann in der Realität nicht in jedem Fall in seiner (theoretischen) Vollkommenheit umgesetzt werden.

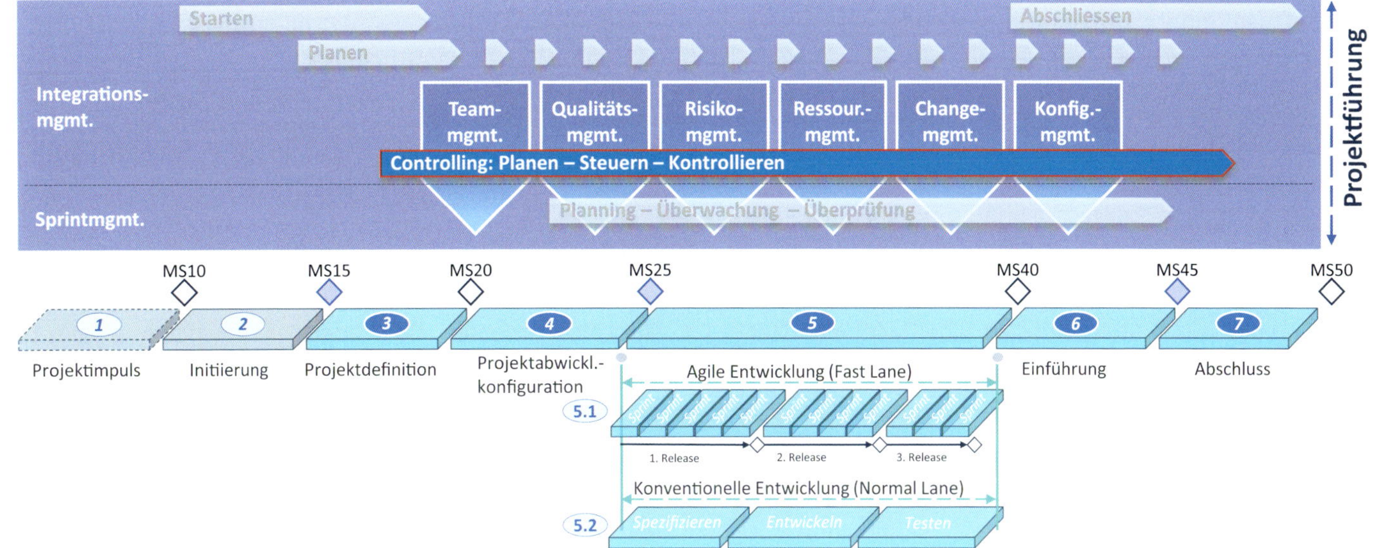

Abb. 6.34: Projektcontrolling beinhaltet Planen, Steuern und Kontrollieren

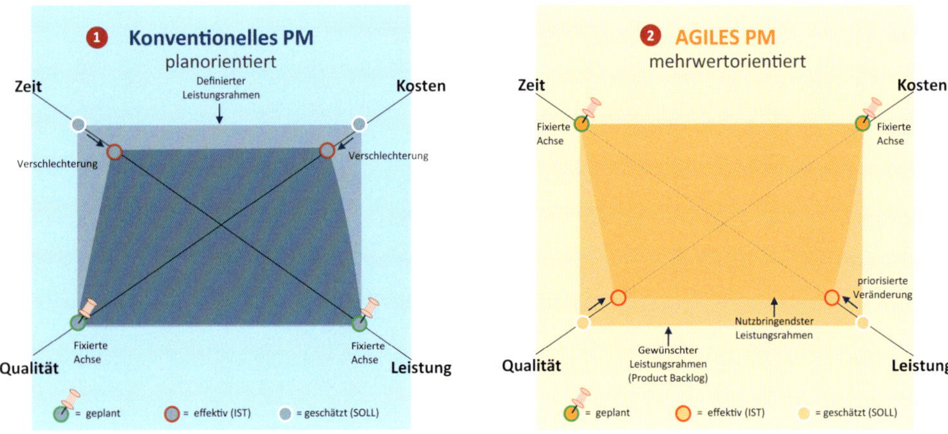

Abb. 6.35: Teufelsquadrat – konventionelles vs. agiles Controlling

übergreifenden adaptiven Projektcontrollings, mit dem ein zielverfolgungsorientiertes Steuern ermöglicht wird. Daher gibt es bei solchen Projekten ein Controlling auf zwei Stufen:

- Sprintcontrolling (Teil des Sprintmanagements)
  Wie im Kapitel 6.6 «Sprintmanagement» aufgeführt, findet das Sprintcontrolling grösstenteils mithilfe von Instrumenten wie Kanban Board, Velocity Tracking, Übersicht technischer Schulden, Burn-Down-Charts etc. statt (siehe Kapitel 6.4.6).

- Projektcontrolling (release- und sprintübergreifendes Controlling)
  Das release- und sprintübergreifend agile Projektcontrolling mit seinen Steuerungsaufgaben wird mehrheitlich vom Projektleiter 5.0 wahrgenommen. Er managt Einfluss- bzw. Störgrössen, Änderungen der Projektziele, Planungs- und Schätzfehler etc. auf der Projekt- oder Releaseebene. Dadurch soll das Projekt möglichst gemäss den ursprünglich definierten Kosten umgesetzt und ein möglichst hoher Mehrwert (Business Value) generiert werden.

Das Projektcontrolling verfolgt zwei Hauptzielsetzungen:

- die hohe Transparenz bezüglich Projektabwicklung und Zielerreichung durch zeitnahes Aufzeigen der laufenden Projektleistung gewährleisten
- die wirtschaftliche Projektabwicklung mittels geeigneter Massnahmen sicherstellen

Durch das konsequente Verfolgen der beiden Ziele wird erreicht, dass die Reaktionszeit ab Zeitpunkt des Erkennens einer Plan- oder anderen drohenden Abweichung über die Ursachen- und Wirkungsanalyse hin bis zur Korrektur kurz und somit kostengünstig ausfällt.

Der Projektleiter 5.0 muss sich immer bewusst sein, dass eine steuernde Handlung oder Massnahme beim Projektcontrolling nie nur einen einzelnen Effekt auslöst. Wie in Abbildung 6.35 dargestellt, sind die vier zentralen Projektplanwerte Leistung, Qualität, Zeit und Kosten im konventionellen wie im agilen Vorgehen stark gegenseitig voneinander abhängig (interdependent).

Wird aus irgendeinem Grund eine der Komponente verändert, so beeinflusst dies sofort mindestens eine der anderen drei Komponenten. Der Unterschied zwischen agilem und konventionellem Vorgehen liegt bei den im Projektauftrag meist fixierten Planwerten (grüner Kreis). Die in der Grafik dargestellte dunklere Fläche zeigt z.B. beim konventionellen PM bei Fixierung der Komponente «Leistung» eine negative Abweichung bei den anderen Komponenten: grössere Kosten, längere Dauer und schlechtere Qualität. Beim agilen Vorgehen zeigt die dunkle Fläche, dass Zeit und Kosten fixiert sind. Abweichungen können auf den Achsen Qualität und Leistung entstehen. Eine solche Grafik gibt Hinweise bzw. stellt Fragen, die sie nicht beantworten kann; die Gründe für die Abweichungen müssen analysiert werden. Es können weniger oder auch andere Leistungen/User Stories als geplant dahinterstehen. Entscheidend ist der Mehrwert (Nutzen), der aus den umgesetzten User Stories bewirkt werden kann. Dies wird jedoch im Quadrat nicht aufgezeigt.

Projektsteuerung ist im Grunde nichts anderes als ein dauerndes ergebnisbezogenes Handeln, um die Planwerte (Leistung, Qualität, Zeit und Kosten) im vereinbarten Projektscope halten zu können. Wie die Grafik aufzeigt, besteht der grosse Unterschied zwischen den beiden Vorgehensarten darin, dass der Projektleiter 5.0 im agilen Vorgehen zusammen mit dem vom Product Owner definierten Leistungsumfang (Product Backlog) eine viel grössere, mehrwertausgerichtete Freiheit hat. Eine Veränderung der Leistung muss beim konventionellen Vorgehen immer über einen offiziellen Änderungsantrag und -prozess laufen.

Beim agilen Projectcontrolling hybrid abzuwickelnder Projekte sind folgende Aspekte zu berücksichtigen:

- **Qualität:** Die Qualität im Sinne der Erreichung der Erwartungshaltung des Kunden wird zu einem grossen Teil mittels Überwachen der Akzeptanzkriterien sichergestellt. Die Realisierung und Akzeptanz einer User Story in einem Sprint beinhaltet neben dem Businessnutzen immer auch die festgelegte Qualitätsanforderung. Die gewünschte Qualität der abwicklungsbegleitenden Lieferobjekte wird mithilfe des definierten Prüfplans sichergestellt. Die technische Qualität wird durch die im Sprintvorgehen grundsätzlich integrierten QS-Massnamen wie z.B. laufendes Testing, Code-Audits etc. sichergestellt.
- **Scope (Leistung):** Der produktbezogene Lieferumfang und somit der Produktscope eines adaptiv geführten Projekts wird durch das Backlog-Management bestimmt und im Sprintreview geprüft. Im Grundsatz wird im produktbezogenen Scopecontrolling geprüft, ob das, was in den Sprints umgesetzt wird, auch den bestmöglichen Kundenmehrwert erzielt. Hinsichtlich des release- und sprintübergreifenden Projektscope müssen allfällige Scopeerweiterungen über das konventionelle Änderungsmanagement abgehandelt werden. Gleiches gilt, wenn der Produktscope z.B. mangels fehlender Zeit oder Geld reduziert werden muss.
- **Kosten:** Tendenziell sind die Projektkosten bei adaptiv geführten Projekten eher fix, dafür ist der Scope eher variabel. Trotzdem gilt es insbesondere dann, wenn externe Partner mitarbeiten, ein entsprechendes Kostencontrolling vorzunehmen. Mit der Release-, Sprintplanung und dem Rapportieren der gearbeiteten Tage/Stunden des Scrum-Teams ergibt sich eine gute Übersicht über die aktuell angefallenen Projekt-IST-Kosten im Vergleich zu den SOLL-Kosten. Alle anderen Kosten, wie z.B. für die abwicklungsbegleiteten Dienstleistungen, Beschaffungen etc., werden wie üblich verfolgt.
- **Zeit:** Die Sprints sind wie die Releases zeitlich fixiert (Timebox). Terminabweichungen in adaptiv geführten Projekten ergeben sich nur dann, wenn die vertraglich vereinbarte Leistung nicht in der definierten Zeit erbracht wird und deshalb zusätzliche Sprints benötigt werden. In hybriden Projekten können zusätzlich konventionell zu erstellende Arbeitspakete (Dienstleistungen) Verzö-

gerungen im Gesamtprojekt nach sich ziehen. Auch bei grossen Projekten mit mehreren Entwicklungsteams sind sprintorientierte Koordinationszeitpunkte für die Kontrolle auf der Gesamtprojektebene sehr wichtig.

- **Risiken:** Abwicklungsrisiken, die einen direkten Produktbezug haben, finden sich in eigenen Backlogs wieder und fliessen automatisch in die Sprintplanung ein. Nicht produktbezogene, aber das Gesamtprojekt beeinflussende Risiken und deren Massnahmen werden im Risikokatalog oder im Project Backlog aufgenommen.

Abb. 6.36: Steuern mit dem PDCA-Kreislauf von Deming und Shewhart

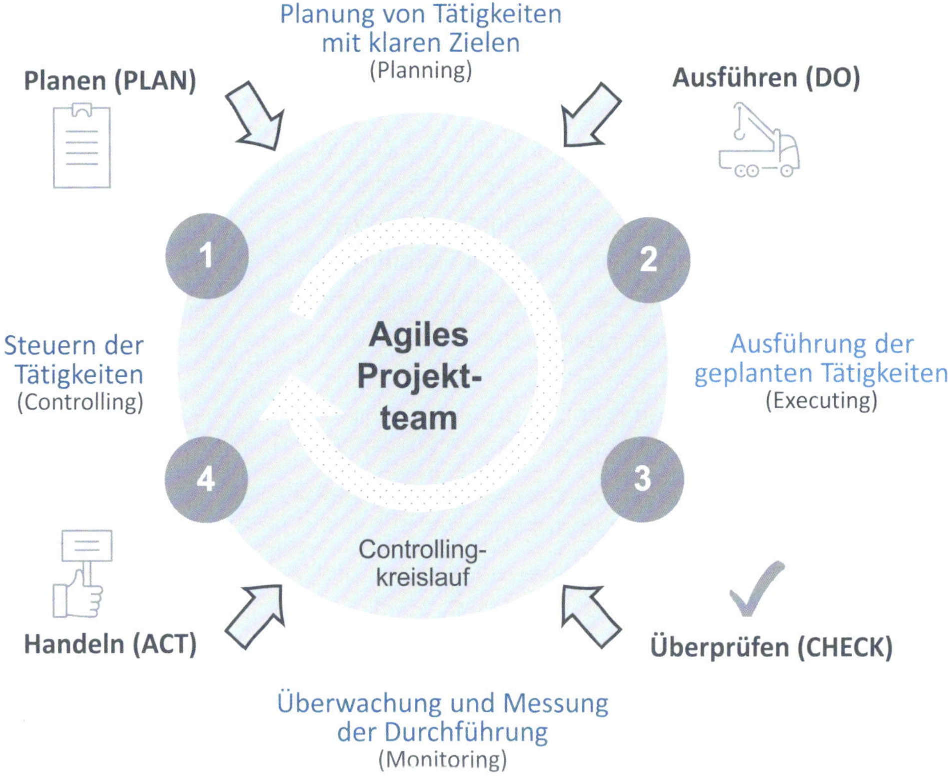

Wie Abbildung 6.36 aufzeigt, wird der Projektcontrolling- und Steuerungsprozess (PDCA-Kreislauf) in einem Projekt bewusst und unbewusst immer wieder durchlaufen. In welchem Masse dies erfolgt, ist von Situation zu Situation verschieden.

6.4.2 Agile operative Steuerungsinstrumente

Basierend auf dem von Edwards Deming und Walter Andrew Shewhart entwickelten Verbesserungskreislauf mit den vier Sequenzen Planen, Ausführung, Überprüfen und Handeln (PDCA-Kreislauf) wurde vom PMBOK® Guide der Projektmanagementkreislauf «PEMC-Zyklus» (Planning, Executing, Monitoring and Controlling) erstellt. Dieser Zyklus gilt auch beim adaptiven Projektmanagement. Die grosse Abweichung vom konventionellen Projektmanagement ist, dass der gesamte Zyklus im Rahmen des Sprintprozesses vom Team – soweit möglich und sinnvoll – gemeinsam geleistet wird.

Auch in den rein agilen und adaptiv geführten Projekten darf nicht ausser Acht gelassen werden, dass eine Aufgabenteilung in Bezug auf Führen und Ausführen durchaus sinnvoll sein kann. Dafür können effiziente Steuerungsinstrumente verwendet werden, welche dem PM-Team (PL 5.0, Product Owner und Scrum Master) zur Verfügung stehen und so das agile Miteinander fördern, so z.B.:

Impediment Backlog
Eines der wirkungsvollsten Steuerungsinstrumente beim agilen Vorgehen ist das Impediment Backlog (siehe Ka-

pitel 5.8.2, 6.6.2.3.1). Der Scrum Master führt in diesem Backlog alle Hindernisse auf, die aktuell die Leistung des Teams negativ beeinflussen. Dieses Backlog mit entwicklungsteamübergeordneten, sprich gesamtprojektbezogenen Impediments kann auch auf Stufe Projekt/Release vom Projektleiter 5.0 geführt werden.

Backlog Refinement – Wave Planning

Wie im Kapitel 5.8 aufgeführt, ist es bei hybriden Projekten sinnvoll, verschiedene Backlogs zu führen. Ob die darin vorkommenden Backlog-Items physisch in separaten Listen oder zusammen in einer Liste mit entsprechenden Merkmalen geführt werden, ist grundsätzlich nicht relevant. Entscheidend ist, dass ein iteratives Backlog Refinement und anschliessend eine im Sinne der Wave-Planning optimierte Release- und Sprintplanung gemacht wird.

Problemkommunikation

Ein Problemkommunikationsprozess wird eingesetzt, um Stakeholder, Anwender, Kunden und allgemein alle am Produkt beteiligten Personen darüber zu informieren, welche Fehler und Probleme sich in dem Produkt befinden, bis wann bzw. in welchem Inkrement oder welchem Release diese behoben werden und die betroffenen Items daher nicht benutzt werden sollten. Zu diesem Zweck können z.B. das Stakeholdermanagement, die Claimliste, aber auch Testergebnischarts und das Impediment Backlog eingesetzt werden.

Timebox (agiles Termin- & Performancemanagement)

Das agile Projektmanagement verwendet zum Steuern der Arbeit massgeblich die Timebox-Technik. Time Boxing ist zwar eine Planungstechnik, bildet aber für die Steuerung von agil geführten Projekten eine essenzielle Grundlage (siehe Kapitel 6.8.1).

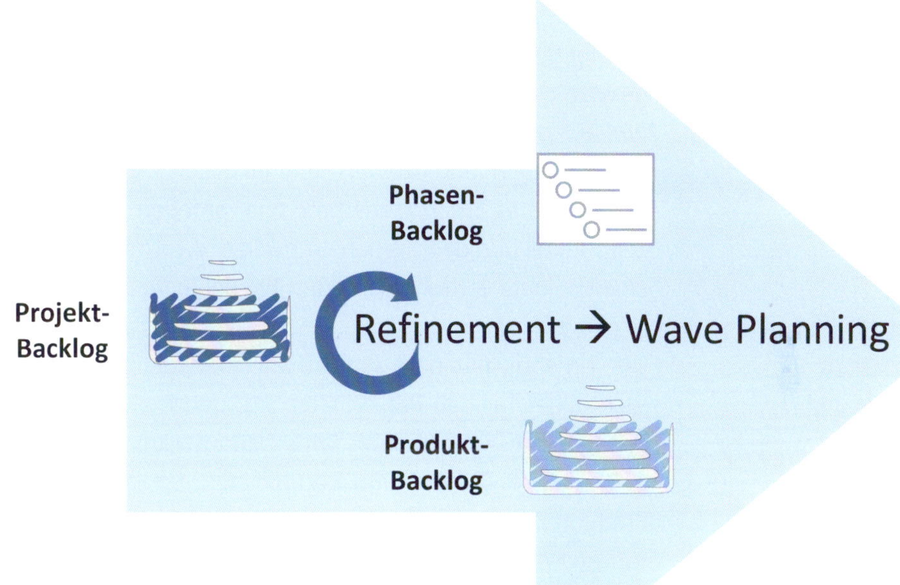

Abb. 6.37: Backlog Refinement auf der Projektebene

> Eine Timebox definiert einen unverrückbaren Zeitabschnitt, der nicht überschritten werden darf. Am Ende einer Timebox liegt eine Menge von Ergebnissen in vorgegebener Detaillierung und Qualität vor. Liegen sie nicht wie geplant vor, werden die offenen Teile in eine nachfolgende Timebox verschoben. Die Timebox trägt massgeblich zur Effizienz des Prozesses bei.

Auch im adaptiven Projektabwicklungsmodell wird bezüglich Terminmanagement der agile Ansatz «Timebox» eingesetzt. Das heisst, die Termine richten sich auf der Release- wie auf der Sprintebene auf die durch die Zeitabschnitte vorbestimmten und fixierten Zeitpunkte aus. Da Projekte ein konsequentes Ergebnisgeschäft sind, ergeben Zeiten oder Zeitpunkte nur dann einen sinnvollen Wert, wenn damit eine konkrete Leistung verknüpft werden kann.

Die Timebox mit dem Performancemanagement zusammen bildet für den Projektleiter 5.0, den Product Owner, den Scrum Master und das Entwicklungsteam eine wichtige Basis zum Steuern und Koordinieren. So kann z.B. der Product Owner eine nicht erfüllte geplante Produktleistung (User Stories) auf Sprintebene mittels Backlog steuern. Gleiches kann der Projektleiter 5.0 mit nicht erfüllten Phasenleistungen wie Konzepten, Behördenentscheiden etc. auf der Releaseebene tun. Nicht erfüllte Leistungen werden in das Backlog zurückverschoben und allenfalls in der nächsten Timebox erledigt. Für das PM-Team ist dies das Herzstück der operativen Steuerung. Time Boxing wird neben Release und Sprints auch bei allen anderen Gefässen wie Sitzungen, Testsequenzen etc. eingesetzt.

Änderungsmanagement

Ein wichtiger Hinweis in Bezug auf das Projektscope-Controlling bei agil geführten Projekten: Falls der Produktscope aufgrund von Zeit- oder Geldmangel reduziert wird, muss die Reduktion über das konventionelle Änderungsmanagement mittels Change Request (CR) abgehandelt werden. Dies ist insbesondere bei Auftragsprojekten wichtig, wenn der Kunde für einen bestimmten Betrag eine umschriebene, aber nicht detailliert definierte Leistung haben möchte (siehe Kapitel 6.7.6.4). Auch mit Blick auf Claimmanagement-Punkte ist u. U. ein offizieller CR einzuleiten.

Abb. 6.38: Meetingplan eines adaptiv geführten Projekts in Anlehnung an [Kir 2012]

MS20

	PW 1	PW 2	PW 3	PW 4	PW 5	PW 6	PW 7	PW 8	PW 9	PW 10
GP		Jour Fix Meeting	Jour Fix Meeting	KM	Jour Fix Meeting	Jour Fix Meeting, Release Review	Jour Fix Meeting, Release Retrospek.	KM	Jour Fix Meeting	...
Teilprojekt 1 (agil)	Kick-off	Konfigurations-WS	Sprint Planning	Dailies	Sprint Review + Planning	Sprint Planning	Dailies	Sprint Review + Planning	Dailies	...
Teilprojekt 2 (agil)		Konfigurations-WS	Sprint Planning	Dailies	Sprint Review + Planning	Sprint Planning	Dailies	Sprint Review + Planning	Dailies	...
Teilprojekt 3 (konvent.)		Jour Fix Meeting	Jour Fix Meeting	Jour Fix Meeting	Jour Fix Meeting	Jour Fix Meeting	Jour Fix Meeting	Jour Fix Meeting	Jour Fix Meeting	...

KM = Koordination des Gesamtprojekts (GP) mit den Teilprojekten (TP) in den einzelnen Projektwochen (PW), Jour Fix Meetings (JF)

Koordination (Meetingplan)
In agil geführten Projekten hat es sich bewährt, die Meetingstrukturen für den formellen und informellen Austausch auf Planungsebene zu Beginn des Projekts festzulegen. Einen möglichen Ansatz für den optimalen Informationsaustausch innerhalb des Gesamtprojektes zeigt die Abbildung 6.38. Aggregation und Abstimmung zwischen dem Gesamtprojekt (GP) und Teilprojekten (TP) erfolgen immer im Sprintrhythmus. In den Wochen mit Besprechungen auf Gesamtprojektebene müssen die angegebenen Meetings der Teilprojekte mindestens einen Tag vorher stattfinden, damit der aktuelle Status für die Projektsteuerungssitzung zur Verfügung steht [Kir 2012].

Projektadministration
Obwohl in einem agil geführten Projekt die Administration äusserst klein gehalten und von jedem einzelnen Teammitglied des «selbstorganisierenden Teams» geleistet wird, bleibt ein gewisser Teil an übergeordneter Administration übrig. Dieser wird vom Projektleiter 5.0 allenfalls zusammen mit einem Projektoffice erledigt. Die Projektadministration sorgt dafür, dass Aufgaben wie IST-Kostenabrechnung, Vertragsadministration, Berichtswesen etc. effizient und strukturiert abgewickelt werden. Dazu gehören auch Aufgaben, die für das Projekt nicht unmittelbar von Bedeutung sind, aber vom Projekt tangiert werden (z.B. Zutrittsregelungen zu den Räumlichkeiten, Vertraulichkeitserklärungen, Berechtigungen usw.). Diese Aufgaben leisten einen wesentlichen steuernden Wertbeitrag. Je besser sie umgesetzt werden, umso effizienter können die spezialisierten Teammitglieder arbeiten (Abbildung 6.39).

6.4.3 Übergeordnete Führungsdisziplinen als effiziente Steuerungsinstrumente

Die zentralen Führungsaufgaben des Projektleiters 5.0 oder des PM-Teams sind, das Projekt zu starten, zu planen, zu steuern, zu kontrollieren und abzuschliessen. Daneben gibt es weitere Führungsdisziplinen, die genauso zu den Steuerungsinstrumenten zählen (Abbildung 6.40).

Das agile Vorgehen hat infolge der verantwortungsvollen Zusammenarbeit in interdisziplinär zusammengesetzten Projektteams auch das Ausführen der Steuerungsinstrumente zum Teil massiv verändert. Thematisch sind sie gegenüber dem konventionellen Projektmanagement in etwa gleich geblieben, nur werden einzelne Bereiche

– Planung von Meetings und Workshops	– Führen der Pendenzenliste/Auftragsverwaltung	– Budgetierung/Kostenverfolgung/ Rapportierung
– Erstellen und Pflegen von Projektunterlagen	– IST-Kostencontrolling der Lieferanten	– Verwalten der Verträge
– Sicherstellen des Projekt Know-hows	– Administration der Projektdaten	– Moderation von Reviews
– Unterstützen des Berichtswesens	– Kontrolle über die Einhaltung des Standards	– Schulungen betreuen
– Termin- und Ressourceneinsatzplanung	– Unterstützung Teilprojektkoordination	– Koordination der Probleme und Risiken

Abb. 6.39: Projektadministration

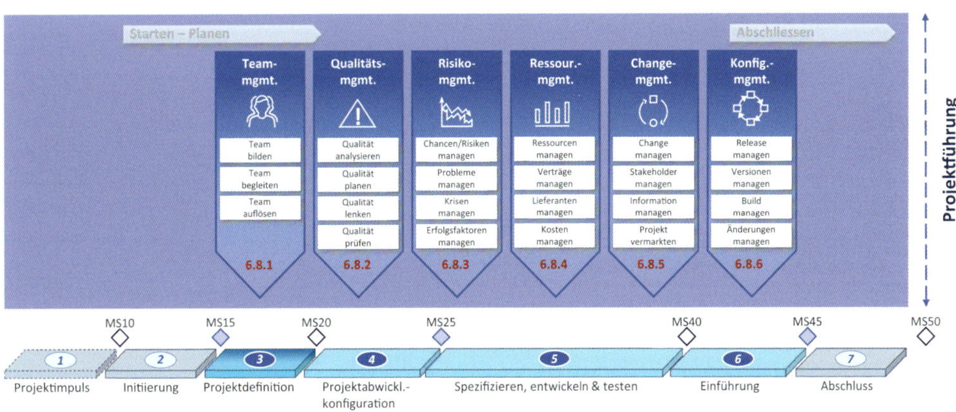

Abb. 6.40: Übergeordnete Führungsdisziplinen als wichtige Instrumente des Projekterfolgs

bzw. deren Instrumente nicht nur vom Projektleiter 5.0, sondern vom gesamten Team bedient. Es folgt ein thematischer Überblick, ohne speziell auf die Veränderung in der adaptiven Projektwelt einzugehen. Dies wird in Kapitel 6.7 vorgenommen.

Teammanagement

Erfolgreiches Arbeiten in Teams benötigt auf der psychologischen und der soziologischen Ebene professionelles Handeln. So erfordern Aufbau und Führung/Coaching von Teams personenbezogenes Geschick. Ein Projektleiter 5.0 muss unter anderem die Fähigkeit besitzen, die Stärken des Teams und der einzelnen Teammitglieder zu erkennen, gezielt zu unterstützen und zu fördern. Das gezielte, teamfördernde Arbeiten mit den Mitarbeitern, Beteiligten und Betroffenen wird als Teammanagement bezeichnet. Qualifiziertes Teammanagement heisst jedoch auch, ein Team geordnet auflösen zu können, was nicht immer ganz unproblematisch ist (Kapitel 6.7.1).

Qualitätsmanagement

Das Qualitätsmanagement ist ein verbindendes Element im Projektmanagementsystem. Das PM-System enthält in all seinen Elementen einzelne (zum Teil sehr kleine) Qualitätswerte. Werden diese Werte aggregiert und wird das Ergebnis isoliert betrachtet, so betrachtet man die gesamte Projektabwicklung durch die «QM-Brille», welche im adaptiven PM ein zentrales Steuerungsinstrument darstellt. Das Ziel des Qualitätsmanagements ist es, alles daran zu setzen, möglichst Fehlleistungen zu vermeiden, jede Qualitätsabweichung im Projekt rasch zu erkennen und durch geeignete Massnahmen zu beseitigen (Kapitel 6.7.2).

Risikomanagement

Obwohl das Risikomanagement stark mit dem Qualitätsmanagement korreliert, gilt es im Projektmanagementsystem als eigenständiges Element. Es ist eine eigene Disziplin, um die Risiken eines Vorhabens vor und während des Projekts zu qualifizieren und zu managen. Ziel des Risikomanagements ist es, neben dem Identifizieren, Analysieren und Reduzieren bzw. Beseitigen von möglichen Gefahren die Faktoren für den Projekterfolg sicherzustellen (Kapitel 6.7.3).

Ressourcenmanagement

Im Ressourcenmanagement geht es primär um das Managen der Einsatzmittel wie Personal- und Betriebsmittel (z.B. Geräte/Testraum) sowie der Finanzmittel. Dies wird in Abhängigkeit geringerer Gewinnmargen der Unternehmen zunehmend zum absoluten Erfolgsfaktor jedes Projekts. Die richtige Menge und die benötigte Fähigkeit von Personalmitteln stehen dabei im Vordergrund. Ein entsprechend fokussierter Einsatz der Ressourcen, wie es im Agilen praktiziert wird, erhöht die Effizienz massiv. Im erweiterten Ressourcenmanagement geht es auch um Beschaffungs-, Vertrags- und Lieferantenmanagement (Kapitel 6.7.4).

Changemanagement

Das Changemanagement (Veränderungsmanagement/Transformation) befasst sich mit den Veränderungsprozessen, welche Unternehmen, Organisationen, Abteilungen oder auch nur einzelne Personen aufgrund des Projektes durchlaufen müssen. Primär wird meistens in den Projekten nur die funktionale Veränderung bewirkt. Qualifiziert eingesetztes Changemanagement dagegen bewirkt, dass die betroffenen Personen sich von den alten Prozessen, Strukturen oder Produkten lösen, sich in die neuen Gegebenheiten gut integrieren und das Neue adaptieren können. Neben der eigentlichen Transformation sind das Stakeholder- und Informationsmanagement sowie das Projektmarketing wichtige Themen (Kapitel 6.7.5).

Konfigurationsmanagement

Ein weiteres, nicht zu unterschätzendes Element ist das Konfigurationsmanagement. Ziel des Konfigurationsmanagements ist es, alle in einem Projekt benötigten und zu erstellenden Lieferobjekte und Produktkomponenten zu erfassen und zu ordnen. Weiter soll es ermöglichen, alle Änderungen dieser Lieferobjekte und Produktkomponenten stets kontrollieren zu können. Es bildet somit die Grundlage der Projektfortschrittsbewertung. Mit den vielen Änderungen (Ergänzungen, Anpassungen, Korrekturen) und dem kontinuierlichen Ausliefern, wie es bei der agilen Umsetzung praktiziert wird, erhält das Konfigurationsmanagement einen sehr hohen Stellenwert (Kapitel 6.7.6).

6.4.4 Projektmonitoring bei agil geführten Projekten

Beim Projektmonitoring als zentralem Element des Projektcontrollingprozesses gilt es, in einer pro Projekt festgelegten Periodizität die Werte der verschiedenen Führungsdisziplinen zu überprüfen. Weichen die gemessenen Werte von den definierten Toleranzwerten ab, werden vertiefte Prüfungen vorgenommen, Korrekturmassnahmen eingeleitet oder, falls nötig, entsprechende Planänderungen eingeleitet. Das heisst, um diese steuernden und kontrollierenden Handlungen zum richtigen Zeitpunkt vornehmen zu können, bedarf es einer wirkungsvollen laufenden Überprüfung (Monitoring).

Was im rein agilen Vorgehen mit Timebox-Controlling-Techniken wie Burn-Down-Charts, Kanban Boards, Velocity-Tracking etc. fast in Echtzeit hervorragend gelöst wird (siehe «Sprintmanagement», Kapitel 6.6.2) muss bei hybriden oder grossen agilen Projekten durch ein wirkungsvolles sprint- und releaseübergeordnetes «Projektmonitoring» erfolgen (Kapitel 6.4.4).

Im Wissen darum, dass nicht alle Führungswerte in allen Projekten in der gleichen Ausprägung benötigt und somit überwacht werden, werden im Folgenden einige zentrale Metrikwerte kurz aufgeführt. In Projekten gibt es eine Unzahl an Metriken, aber auch hier zählt der Grundsatz: eher wenige, aber aussagekräftige Metrikwerte, diese dafür führungsmässig konsequent verfolgen und nutzen.

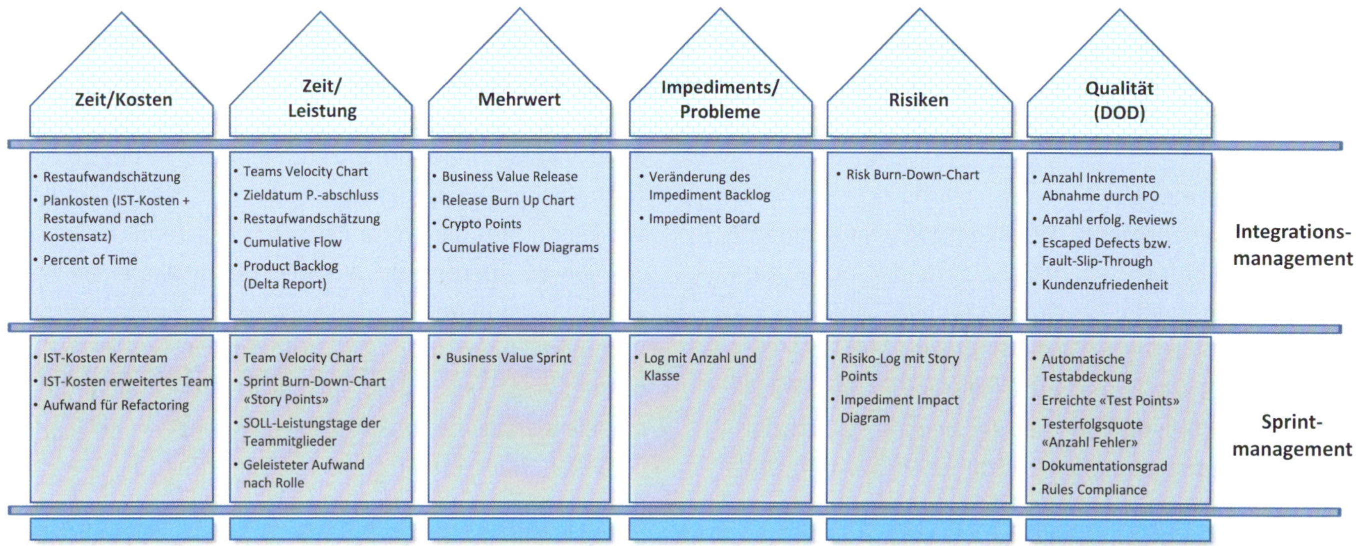

Abb. 6.41: Mögliche KPIs und Monitoringmethoden in agil geführten Projekten

Zeit/Kosten

Die Kosten sind neben den objektorientierten Investitionen (Anschaffungen) die Summe der finanziellen Aufwendungen von Personal und Betriebsmittel. Beim Controlling der Kosten geht es darum, Kosten aktiv zu managen: z.B. das in der Budgetplanung definierte Geld im geplanten Zeitraum produktiv zu verwenden.

Es ist von Vorteil, wenn bei agil geführten Projekten die Kosten des Kernteams (diese sollten im Grundsatz konstant sein), die Kosten zusätzlicher Ressourcen (erweitertes Team, Services etc.) und die Kosten für Investitionen voneinander getrennt überwacht werden. Das Kostencontrolling sollte idealerweise auf Sprintebene beginnen, auf der Releaseebene und schlussendlich auf der Projektebene im Projektbudget zusammengezogen werden. Das adaptive Vorgehen orientiert sich dabei am Wertbeitrag der Elemente, was entsprechende Anforderungen an das Controlling mit sich bringt. Kann beim konventionellen Vorgehen die Wirkung des Projekts meistens erst sechs bis zwölf Monate nach dem Projektende (MS60) nachgewiesen werden, so ist das beim agilen Vorgehen viel früher möglich, z.B. eine gewisse Zeit nach jedem Release. Das heisst, dass beim agilen Vorgehen idealerweise ein aktives Wertbeitragscontrolling praktiziert wird (siehe Kapitel 4.3.6).

Zeit/Leistung

Im Grundsatz muss festgelegt werden, was als eine Anforderung in einem adaptiven Vorgehen verstanden wird. Aus dieser Definition gilt es, z.B. festzuhalten, wie viele Epics und User Stories sich in welchem Status befinden (z.B. Definition of Ready «DoR» erfüllt oder noch nicht; geschätzt oder nicht; Definition of Done «DoD» erfüllt

Mittel in CHF	Verwendung	20nn.Q1	IST	20nn.Q2	IST	20nn.Q3	IST	20nn.Q4	IST
Initialisierung bis MS20	Fachbereich/Business	345.000	132.000	285.000	100.000				
Projektkonfiguration bis MS25	Fachbereich/Business			250.000	245.000	50.000			
	Ext. Entwicklungsliefer.			240.000	245.000				
	Ext. Dienstleistung			150.000	103.256	50.000			
	Investitionen								
Realisierung	Fachbereich/Business					100.000		150.000	
	Ext. Entwicklungsliefer.					140.000		300.000	
	Ext. Dienstleistung					50.000		200.000	
	Investionen					200.000		450.000	
Einführung	Fachbereich/Business								
	Ext. Entwicklungsliefer.								
	Ext. Dienstleistung								
	Investitionen								
Total pro Quartal		**345.000**	**132.000**	**925.000**	**693.256**	**590.000**		**1.100.000**	

Abb. 6.42: Beispiel Kosten SOLL-IST-Vergleich

oder noch nicht). Um dies gut zu visualisieren, würde sich z.B. das «Cumulative Flow Diagram» eignen. Dies ist eine mögliche Sichtweise des Status der Anforderungen innerhalb des Backlogs. In Abbildung 6.43 ist z.B. ersichtlich, dass der WIP (Work in Progress) zu gross ist. Das heisst, zu viele Tasks sind im Status «in Realisierung» und «in Prüfung», aber nicht ausgeliefert, sprich erledigt.

Die Anzahl Tasks, die sich in diesen Zuständen (Produktionszeit oder Cycle Time) befinden, sollte reduziert werden. Weitere Aussagen können bezüglich Response Time (Antwortzeit) oder auch Lead Time (Durchlaufzeit) gemacht werden (siehe Kapitel 6.4.6.3).

Beim agilen Vorgehen ist der Termin implizit mit dem im Sprintplan definierten Sachfortschritt grundsätzlich jeweils auf Sprintende festgelegt. Produktisoliert betrachtet (wenn also keine grösseren Abhängigkeiten von/zu Umsystemen, Lieferanten und Kunden bestehen), ist das Termincontrolling für das Entwicklungsteam sehr einfach zu handhaben. Beim Controlling der Termine geht es daher um die Leistung, welche in einer bestimmten Zeit (Timebox, z.B. 4-Wochensprint) erbracht werden muss. Die effektive Zeit spielt eine geringere Rolle als bei konventionellen Projekten.

Die Rollen, d.h., «wer hat was zur Umsetzung beigetragen», spielen in der agilen Welt bezüglich Aufwände eine belanglose Rolle, da einzig die Teamleistung und nicht einzelne Personenleistungen massgebend sind. Dies ist allenfalls beim Vergleich PLAN/IST sinnvoll, wenn z.B. für den User-Interface-Spezialisten eine 40% Arbeitsleistung geplant wurde, er jedoch nur 30% leisten muss. Dann stellt sich die Frage: Wurden die geplanten Anforderungen trotz der 10% Minderleistung umgesetzt oder nicht?

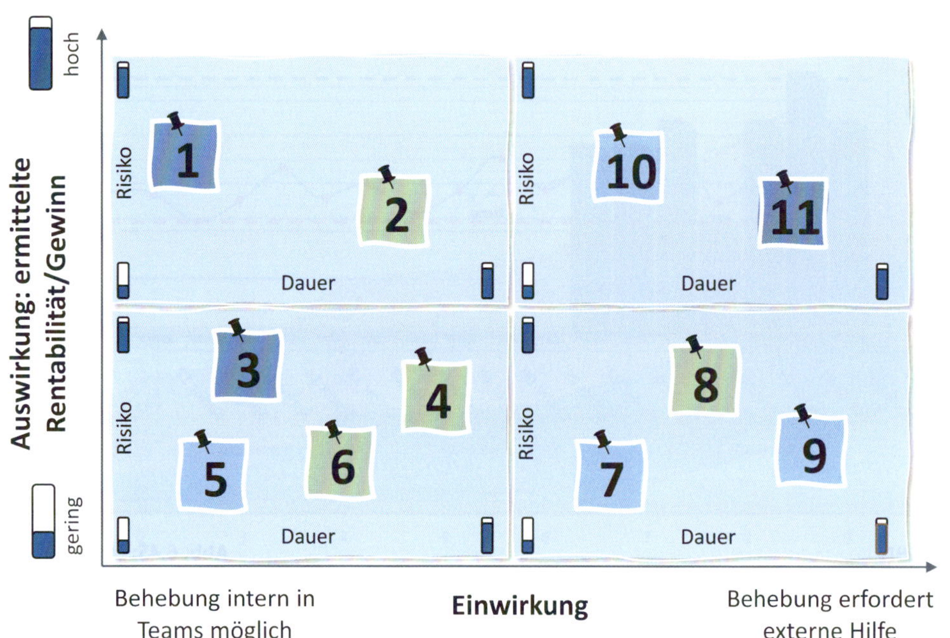

Abb. 6.47: Impediment Impact Diagram mit Extra-Dimensionen für Risiko und Beseitigungsaufwand nach [Pow 2014]

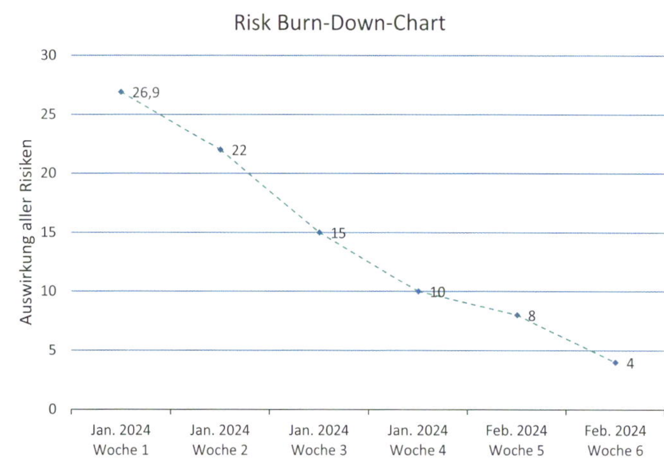

Abb. 6.48: Risk Burn-down-Chart

sprechender Risikokatalog geführt. Werden die «Risikobekämpfungs-Tasks» in den Product Backlog aufgenommen, kann dies zu einer Verfälschung der Velocity führen. Es ist auch zum Teil schwer messbar, ob ein Risiko wirklich erledigt wurde (DoD für Risiko-Task). Trotzdem ist es auf der Sprintebene sinnvoll, die Leistungen bezüglich Risikobekämpfung und -beseitigung in einfacher Form in einem separaten Backlog aufzuführen. Es hilft dem Projektleiter 5.0 beim Argumentieren, wenn auf der Projektführungsebene ein Risk Burn-Down-Chart mit einer groben Bepunktung (z.B. Risikofaktor) aufgeführt wird. Dadurch kann erklärt werden, weshalb einzelne Anforderungen nicht (fertig) umgesetzt werden konnten bzw. warum das Sprintziel nicht erreicht wurde.

Qualität

Im richtig angewendeten agilen Vorgehen sind die DoD (Definition of Done) das Mass aller Dinge. DoD erfüllt oder nicht erfüllt – «0 oder 1» – kann für jede zu erstellende Einheit (User Story, Sprint/Inkrement, Release oder auch Projekt) definiert werden und wirkt sich wiederum auf den Wert der Position «Leistung» aus. Bezüglich Qualität kann z.B. bei den statischen Lieferobjekten wie Konzepte, Schulungsunterlagen etc. die Anzahl der erfolgreichen Reviews, die nicht an einen Sprint gebunden sind, aufgeführt werden.

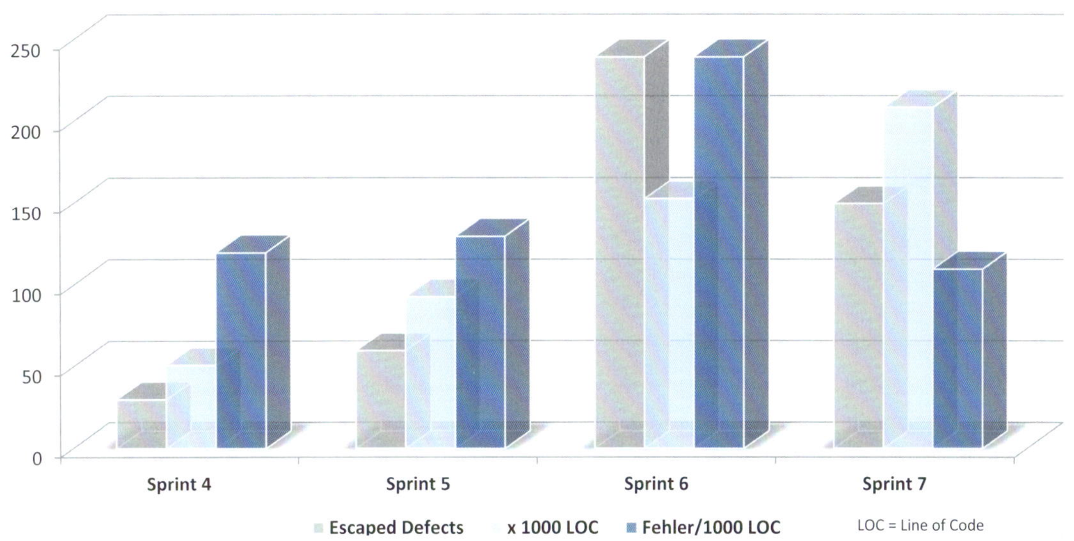

Abb. 6.49: Escaped Defects (Fehlerreport) einer Fehlerverteilung über SW-Komponenten sowie die jeweilige Fehlerdichte [Vig 2015]

Bei der Softwareentwicklung sind die automatische Testabdeckung sowie die Testerfolgsquote «Anzahl Fehler in welcher Fehlerklasse» einfach messbar. Der Dokumentationsgrad müsste mittels Audits von Zeit zu Zeit beurteilt bzw. gemessen werden. Das gilt auch für die «Rules Compliance», z.B. die in der erstellten Software automatisch mittels Softwaretools gemessenen Abweichungen von Vorgaben (analog zur automatisierten Testabdeckung).

Der Wert «Escaped Defects» (durch die Tests geschlüpfte Fehler, «Fault-slip-through») ist nicht nur auf Sprint-, sondern auch auf Projekt- oder sogar Portfolioebene zu messen, da bekanntlich diese Defects häufig erst mit Verzögerung aufgedeckt werden, wie Abbildung 6.49 zeigt.

Ergänzend könnte man zum Beispiel noch die Kundenzufriedenheit aus Sicht der Qualität messen (z.B. pro Release). So könnten die «nicht erfüllten» Akzeptanzkriterien oder aber die «gefühlte» Anwendbarkeit (Validation) gemessen werden.

6.4.5 Reporting in agil geführten Projekten

Damit das PM-Team die gesetzten Ziele unter Einbezug der gegebenen Rahmenbedingungen und Restriktionen erreichen kann, setzt der Projektleiter 5.0 situationsspezifische Controllinginstrumente ein (siehe vorausgehende Kapitel). Der dafür definierte Controllingprozess respektive die darin enthaltenen Aufgaben werden vom Start bis zum Projektende in repetitiver Form umgesetzt. Das Reporting in den agil durchgeführten Projekten basiert in den einzelnen Teams auf «Burn-Down-Charts». Diese Art des Reportings muss anschliessend auf der Ebene des Gesamtprojekts berücksichtigt werden.

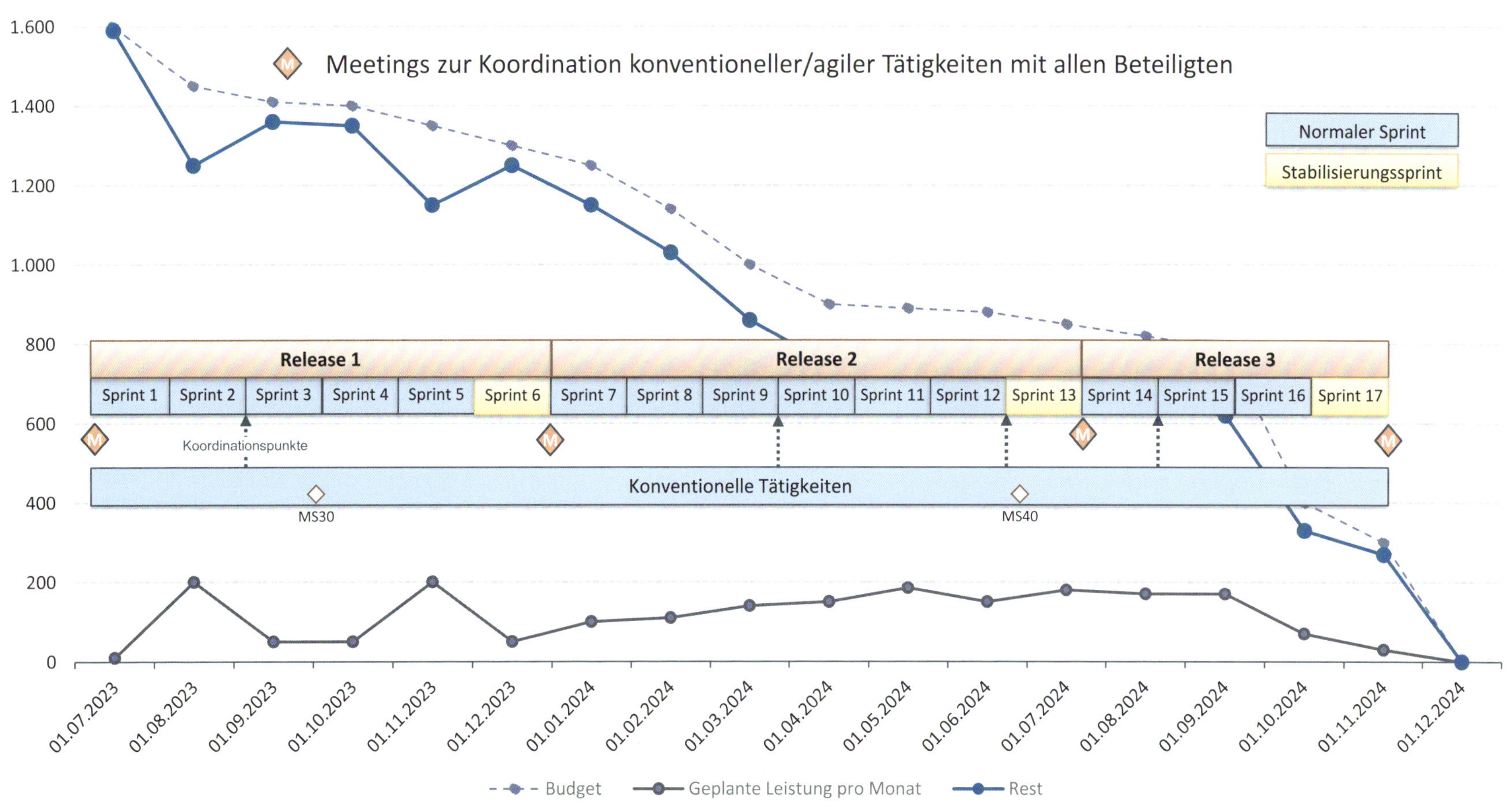

Abb. 6.50: Einfaches, übersichtliches Reporting bezüglich Projekt/Release/Sprint

Ein agil geführtes Gesamtprojekt mit mehreren Entwicklungsteams muss die Sprintstarts und ihr jeweiliges Sprintende zeitlich aufeinander abstimmen. Das Reporting wird darauf ausgerichtet und nähert sich damit dem Reporting eines konventionell geführten Projekts. Dadurch kann in einem hybriden Projekt oder einem hybriden Programm eine einheitliche Überwachung und Steuerung erreicht werden. Zudem sollten auch die Reportings der konventionell durchzuführenden Aufgaben auf ein Sprintende erfolgen (siehe Abbildung 6.50). Diese Logik ermöglicht es, dass z.B. mit einem Release Burn-Down-Chart sowohl für das gesamte Projektteam als auch für das Management eine übersichtliche Darstellung bezüglich Arbeitsfortschritt vorhanden ist. Wird zudem beim Backlog Refinement und bei den Planungs-Meetings der Restaufwand der noch im Project Backlog vorhandenen Backlog Items geschätzt, so

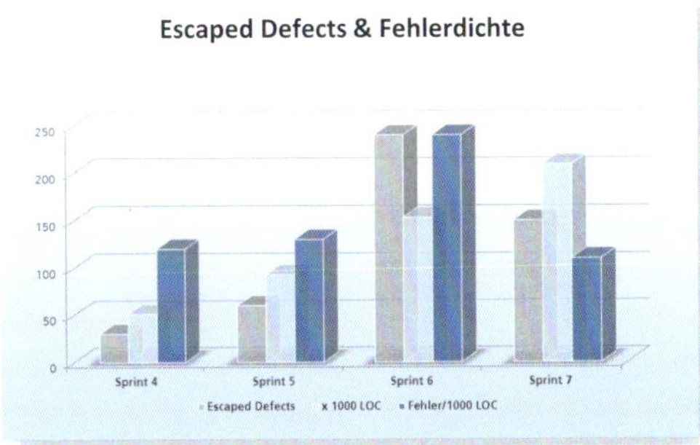

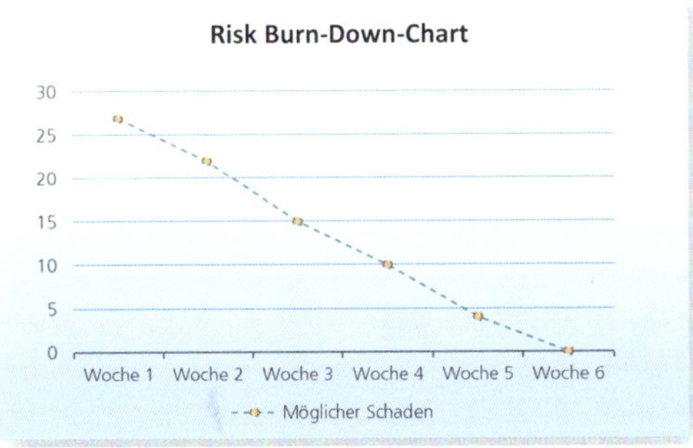

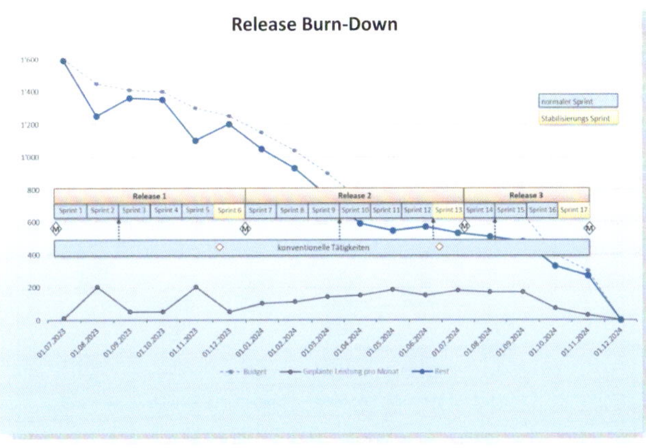

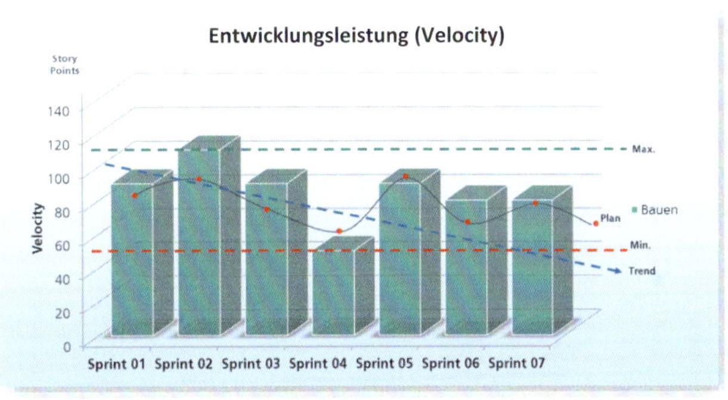

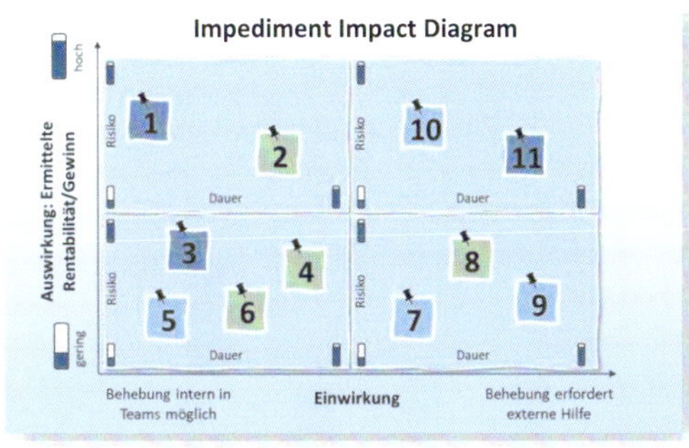

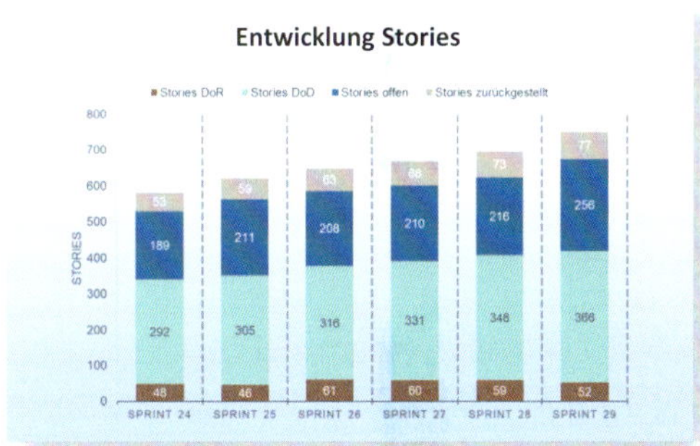

ergibt dies eine transparente Übersicht, ob das gesamte Projektteam den geplanten Leistungsumfang effektiv bis Projektende erledigen kann oder nicht (Timebox).

Es ist wichtig, dass beim Projektstatusbericht die Empfängergruppen eindeutig festgelegt werden (Institutionalisierung). Ideal ist es, wenn die Empfänger darüber informiert und geschult sind, wie sie die periodisch erhaltenen Informationen verarbeiten müssen. Dies kann sich je nach Empfängergruppe sehr unterschiedlich gestalten.

Die Angaben in einem Projektstatusbericht sind immer im Kontext zum ganzen Projekt zu sehen. Leser bzw. Empfänger benötigen immer die Kenntnis der Projektbasisdaten (z.B. Gesamtaufwand, Start- und Endzeit etc.), der Restplanung (Meilensteine, Aufwände, User Stories etc.) und der geplanten Arbeitsergebnisse der nächsten Berichtszeitperiode, um die Informationen richtig beurteilen zu können.

Dem Projektstatusbericht wird ein Feedbackblatt beigelegt, auf dem der Informationsempfänger bestätigt, dass er den

Abb. 6.51: Konsolidiertes Projekt-Reporting

Produktentwicklung technisch

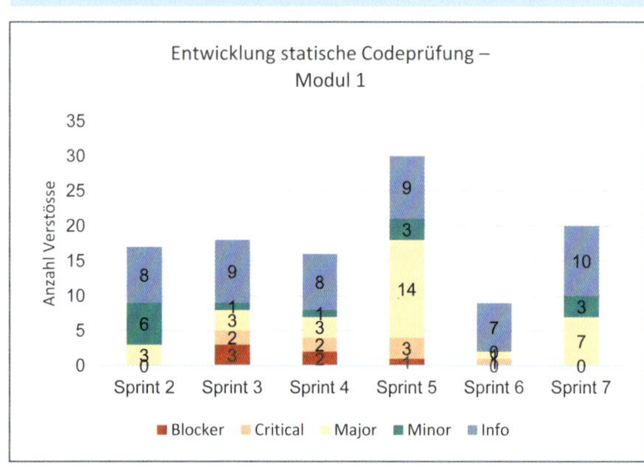

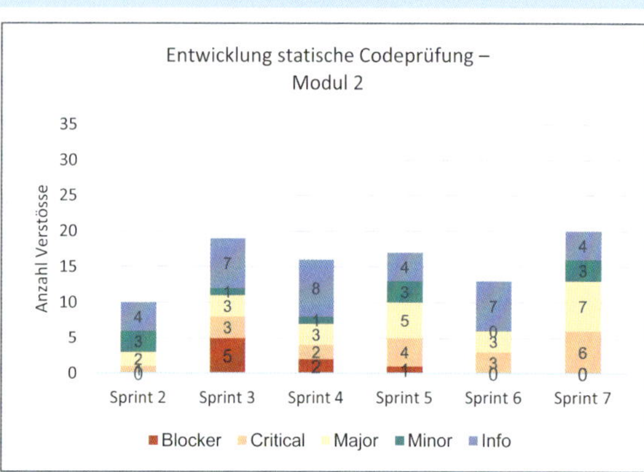

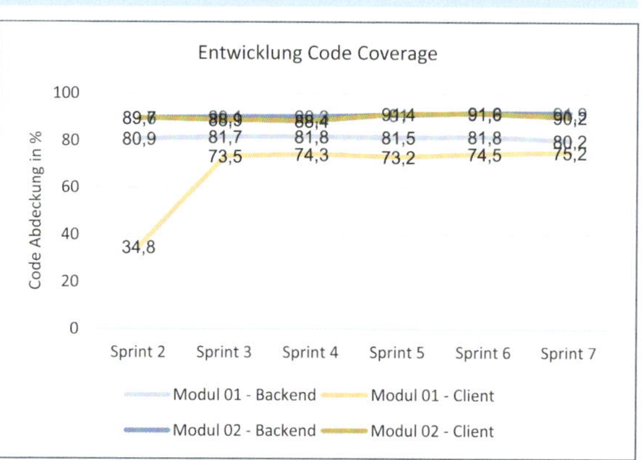

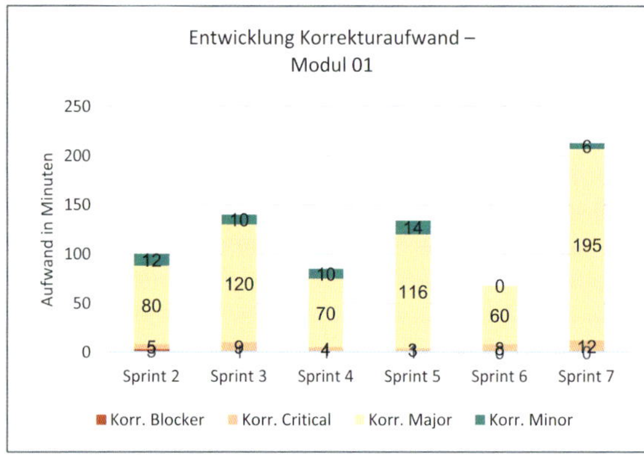

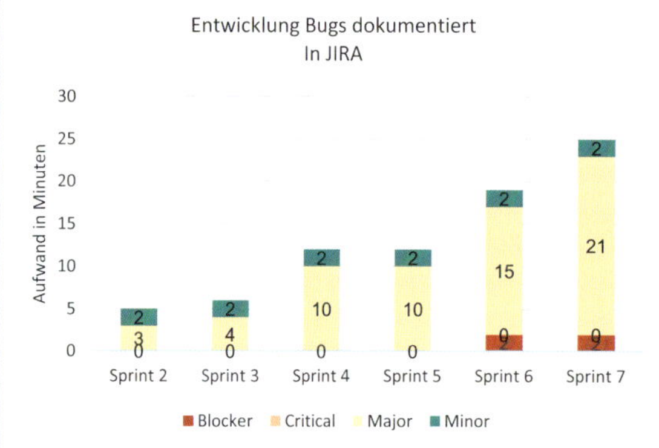

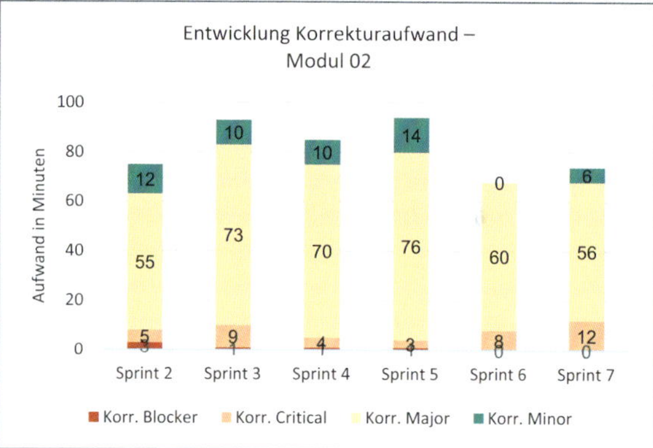

Abb. 6.52: Softwareentwicklung-Dashboard über mehrere Sprints

Bericht gelesen und verstanden hat. Vermehrt wird in agil geführten Projekten auch ein Information Radiator als Statusreporting eingesetzt. Dies ist eine sehr beliebte und nützliche Form der Transparenz: Wollen Team, Auftraggeber oder Stakeholder wissen, wo das Projekt steht, erkundigen sie sich beim Information Radiator, der vom Projektteam stets auf dem Laufenden gehalten wird (siehe Kapitel 6.4.6.5). Bei diesem Ansatz wird kein Report versendet.

Das Sprintcontrolling wird hauptsächlich vom Team vorgenommen. Es macht jedoch Sinn, dass der Projektleiter 5.0 für das sprintübergreifende Steuern über ein geeignetes Monitoring verfügt, das z.B. den technischen Entwicklungsverlauf widerspiegelt. Abbildung 6.52 zeigt ein Dashboard, das sprintübergreifend verschiedene Metriken bezüglich Stand der Entwicklung und Qualitätsstand der entwickelten Module aufzeigt.

6.4.6 Agile Führungspraktiken beim Projektcontrolling

Nachfolgend werden einzelne in agil geführten Projekten eingesetzte Controllinginstrumente und -praktiken aufgeführt, die sich bewährt haben. Das schliesst die Anwendung einfacher und altbewährter Techniken wie Meilensteinanalyse, Ampelmanagement oder Earned Value in etwas abgeänderter Form nicht aus.

6.4.6.1 Sprint und Release Burn-Down-Chart

Sprint Burn-Down-Chart: Mit dem Burn-Down-Chart kann einfach aufgezeigt werden, wann und wie in einem agilen Vorgehen, z.B. in einem Sprint, die geplanten Tasks abgearbeitet sind. Es zeigt mittels Liniendiagramm eine tagesaktuelle Darstellung des Arbeitsfortschritts (Abbildung 6.53). Der Arbeitsfortschritt kann aber auch mit einem Säulendiagramm, wie in Abbildung 6.54 aufgezeigt, kombiniert werden. Die im Backlog verbleibende Arbeit – der verbleibende Aufwand – kann in der einfachen Darstellungsform der erledigten Arbeit gegenübergestellt werden.

Die Vorteile von Burn-Down-Charts sind [Mic2017]:

- Einfach verständliches Hilfsmittel für das Sprintcontrolling
- Schnelle Übersicht über noch zu leistende Arbeit in einer Iteration

Sprint 8: Alle Teams

Story Points: 0, 10, 20, 30, 40, 50, 60, 70, 80

GEPLANTES SPRINTENDE

01. Feb 03. Feb 05. Feb 07. Feb 09. Feb 11. Feb 13. Feb 15. Feb 17. Feb 19. Feb 21. Feb 23. Feb 25. Feb 27. Feb 29. Feb

ZEIT

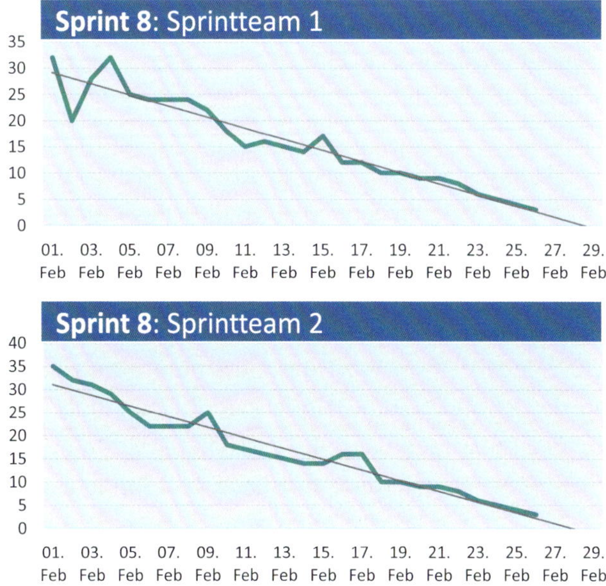

Abb. 6.53: Beispiel Burn-Down-Chart mehrerer Teams eines Sprints

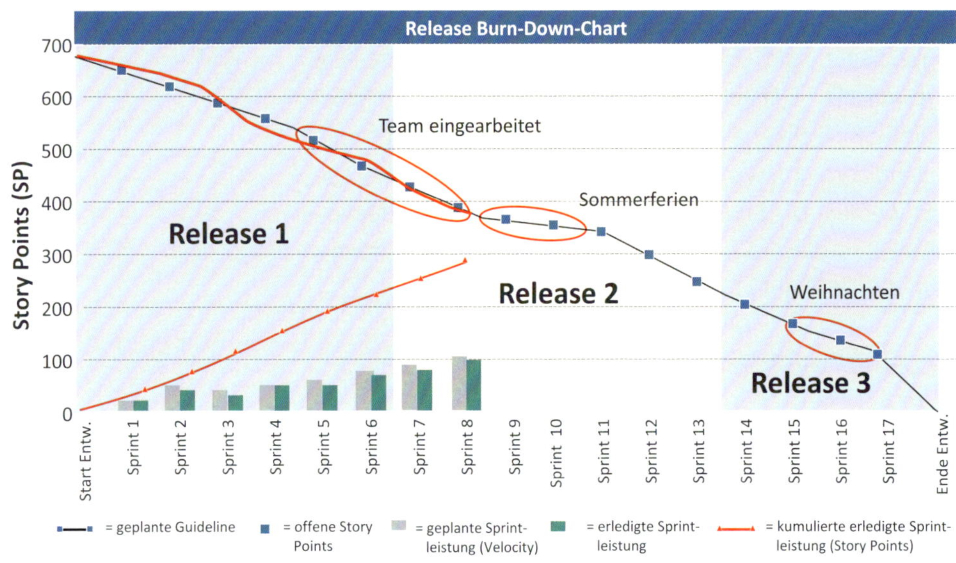

Abb. 6.54: Beispiel Release Burn-Down-Chart eines Teams, um Säulendiagramm ergänzt

- Realistische Aussagen, da durch das Entwicklungsteam täglich gepflegt
- Indikator, ob sich das Entwicklungsteam im Zeitplan befindet
- Indikator für Schnelligkeit und Schätzfähigkeit des Teams
- Mittel zur Risikoerkennung durch tägliche Aktualisierung

Da mit dem Burn-Down-Chart der Restaufwand im Sprint oder Release verfolgt wird, beginnen die Kurven nicht bei 0, sondern beim Wert des Gesamtaufwands zu Anfang der Iteration, zum Beispiel bei 60 Tasks oder Stunden. Täglich werden dann die geschätzten Restaufwände für die Tasks eingetragen. Am Ende des Sprints soll der Restaufwand den Wert 0 erreichen – was heisst: die Anforderungen wurden umgesetzt. Daher fällt die Kurve im Verlauf des Projekts nach unten und zeigt gleichzeitig, wie viel Arbeit noch zu «verbrennen» ist. Wie Abbildung 6.54 aufzeigt, visualisiert das Chart auch den Aufwand für den Restwert und kann mit verschiedenen Kurven – wie einzelne Sprints PLAN/IST etc. – ergänzt werden. Veränderungen der Burn-Down-Kurve können in einem Report kommentiert werden.

6.4.6.2 Burn-Up-Chart

Das Burn-Up-Chart zeigt die fertiggestellten und geplanten Anforderungen über eine Zeitspanne hinweg. Als ersten Schritt wird definiert: Wann sind Anforderungen fertiggestellt (Definition of Done)? Erst wenn jedem Projektteilnehmer und damit auch jedem Stakeholder klar ist, dass z.B. fertiggestellte Anforderungen mit dem Status DoD immer getestet und abgenommen worden sind, kann das Burn-Up-Chart richtig verstanden werden. Als zweiter Schritt wird das Diagramm gezeichnet. Ähnlich dem Burn-Down-Chart besteht das Burn-Up-Chart immer aus einer x- Achse mit der Zeitangabe und eine y-Achse mit den Anforderungen. Die Anforderungen können z.B. in Story Points oder Personentagen (PT) gemessen werden. Im einfachsten Fall wird nur die Anzahl der Anforderungen aufgeführt. Das Burn-Up-Chart zeigt dann zwei Kurven: je eine Linie für die geplanten und die fertiggestellten Anforderungen. Die Planlinie dient als Projektziel, dem sich die IST-Kurve im Verlauf des Projekts so lange annähert, bis sich beide Linien treffen. Daher steigt das Diagramm nach oben und zeigt gleichzeitig, wie viel Arbeitstage «verbrannt» wurden. Basierend auf den aktuellen Verlauf, kann eine Prognose für den Projektabschluss gemacht werden [Mic 2017].

Weil die Burn-Up-Chart-Darstellung die Veränderlichkeit des Umfangs bzw. des Scopes einbezieht, eignet sich das Burn-Up-Chart für die Kontrolle des gesamten Projekts. Es berücksichtigt den Umstand, dass sich Ziele und Wünsche der Stakeholder im Laufe des Projekts ändern. Dies hat Einfluss auf die Anzahl Anforderungen, welche entsprechend angepasst werden müssen. Werden nur einzelne Sprints mit fixem Umfang überwacht, reicht auch die einfachere Variante, das Burn-Down-Chart.

Burn-Up-Charts haben in etwa die gleichen Vorteile wie Burn-Down-Charts, einfach in einem anderen Kontext.

6.4.6.3 Cumulative Flow Diagrams (CFD)

Das Burn-Down-Chart visualisiert den Verlauf des aktuellen Sprints, also der aktuellen Entwicklungsphase. Doch vielen sind die Informationen in diesem Diagramm zu gering oder nichtssagend, weil es nicht im Kontext zum gesamten Backlog steht. Werden die Angaben des Burn-Down-Charts mit dem Status z.B. von Kanban ergänzt, entsteht das aussagekräftigere Cumulative Flow Diagram.

Wie im Whitepaper «Agiles Projektcontrolling» von Microtool aufgeführt, liefert ein Cumulative Flow Diagram (CFD) Informationen darüber, wie viele Anforderungen sich zu welchem Zeitpunkt in welchem Umsetzungszustand befinden. Und da es diese Informationen gebündelt darstellt,

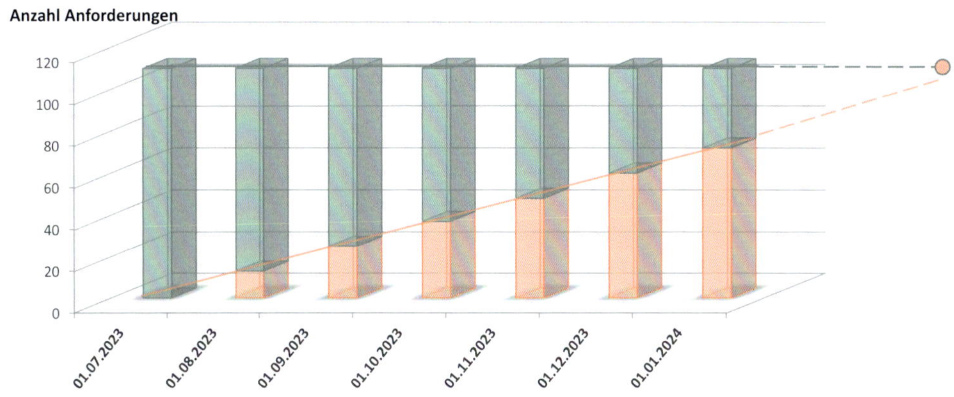

Abb. 6.55: Entwicklungsende im Burn-Up-Chart prognostizieren bei einem stabilen Anforderungsrahmen

können Zusammenhänge und mögliche Projektgefährdungen besser erkannt werden [Mic 2017].

Ein Cumulative Flow Diagram hat immer eine y-Achse mit der Anzahl oder dem Aufwand der Anforderungen, die entwickelt werden müssen, und eine x-Achse mit den Beurteilungszeitpunkten. Diese entsprechen z.B. den Iterationen im Entwicklungsprozess oder bilden einfach nur die

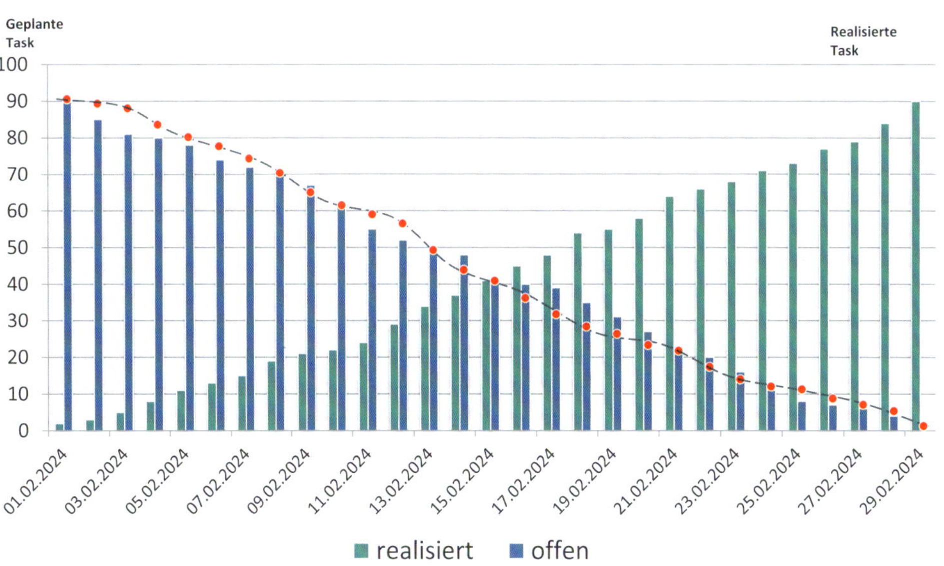

Abb. 6.56: Burn-Up-Chart – den Fortschritt sichtbar machen

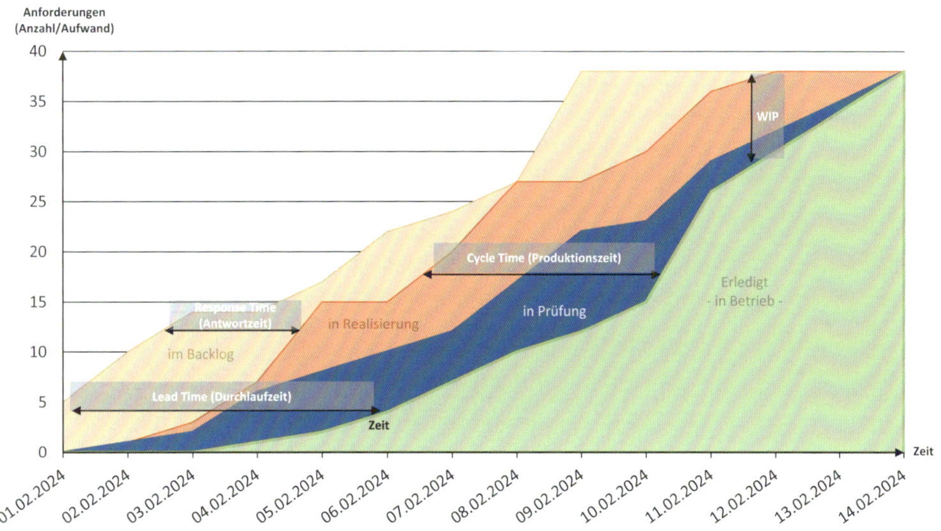

Abb. 6.57: Cumulative Flow Diagram mit den verschiedenen Status [Mic 2017]

Tage ab. Damit lassen sich verschiedene Daten darstellen – je mehr es sind, desto komplexer, aber auch aussagekräftiger wird das Diagramm. Mindestens abgebildet werden sollten folgende Zustände:

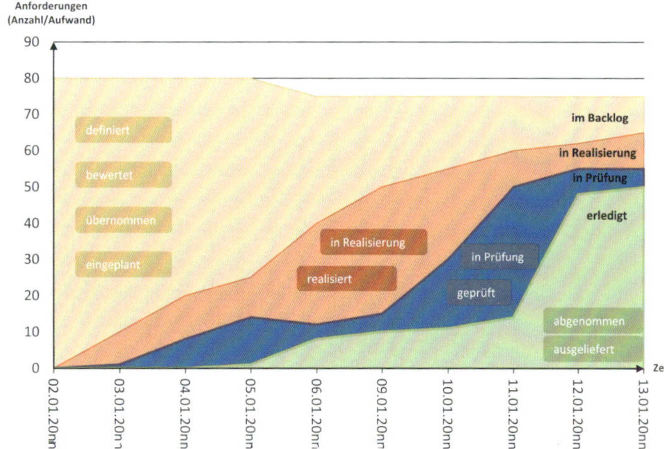

Abb. 6.58: Beispiel von Zuständen, die ein Cumulative Flow Diagram zusammenfasst [Mic 2017]

- im Backlog
- in Realisierung
- in Prüfung
- erledigt

Diese Zustände fassen mehrere «Unterzustände» zusammen. Im agilen Vorgehen durchwandert eine Anforderung über zehn mögliche Zustände. Anstatt alle im CFD darzustellen, können die Kurven auf die genannten Zustände reduziert werden. Zwingende Voraussetzung für ein aussagkräftiges CFD ist, dass alle Projektteilnehmenden dieselbe Definition of Done im Kopf haben. Erst damit wird die Kurve z.B. unmissverständlich. Gleichzeitig empfiehlt es sich, mehr als nur die Mindestkurven anzeigen zu lassen. Üblich ist es beispielsweise auch, Anforderungen in der Testphase (in Prüfung) abzubilden [Mic 2017].

Folgende Metriken und Trendanalysen können von einem Cumulative Flow Diagram abgelesen werden (siehe Abbildung 6.57) [Vig 2015]:

- Die Durchlaufzeit **(Lead Time)** als gesamte Dauer des Prozesses: Zeitpunkt des Eintrags in das Backlog bis zur Inbetriebnahme bzw. Dauer «from concept to cash». Diese Kennzahl ist jedoch «nur» als Durchschnittswert sinnvoll. Besser ist es, wenn die Vorlaufzeit **(Response Time)** abgezogen wird. Andernfalls können neue Aufgaben Monate im Backlog verbleiben, bevor jemand Kapazitäten dafür frei hat; die Vorlaufzeit steigt dadurch gewaltig.

- Die Entwicklungsdauer **(Cycle Time)** als Dauer aller relevanten Entwicklungsschritte: Die Zyklusdauer beginnt in dem Moment, in dem die neue Aufgabe die Phase des Kanban Boards «in Bearbeitung» erreicht und jemand tatsächlich auch daran arbeitet – das heisst beim Sprintprozess: nach dem Planning 2 (siehe Kapitel 6.6.2.2).
- Work in Progress (WIP) als Summe aller Aufgaben an Items, die gleichzeitig in Arbeit und noch nicht in Betrieb genommen sind.
- Der Umfang des Backlogs (Backlog Size) als Summe aller Einträge im Produkt-Backlog und in den Sprint-Backlogs.

Von der Logik geprägt, dass eine Person am effizientesten arbeiten kann, wenn sie sich nur auf eine Aufgabe konzentriert, ergibt die CFD-Analyse folgende Nutzwerte bezüglich der Gesamteffizienz:

- Eine WIP-Minimierung optimiert den Output – dies natürlich nur bis zur Grösse der entsprechenden Rolle. Wenn z.B. das WIP kleiner ist als die Anzahl Kassierer im Supermarkt, sitzen die Kassierer unbeschäftigt herum.
- Lange Queues erhöhen das Risiko des Overheads, erzeugen Qualitätsprobleme, erschweren Innovationen und erhöhen insbesondere die Cycle Time.

Eine Kontrolle des WIP ist die Voraussetzung für besseres Erreichen der Timeline. Die Abbildungen 6.59 und 6.60 zeigen die vertikale Dimension die Länge der Queue. So ist einfach erkennbar, dass die untere Abbildung ein optimiertes WIP und die obere ein problematisches WIP zeigt [Vig 2015].

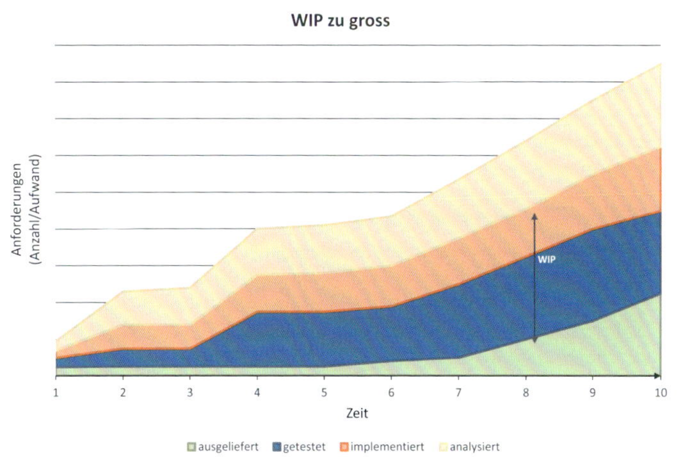

Abb. 6.59: Work in Progress (WIP) zu gross [Mic 2017]

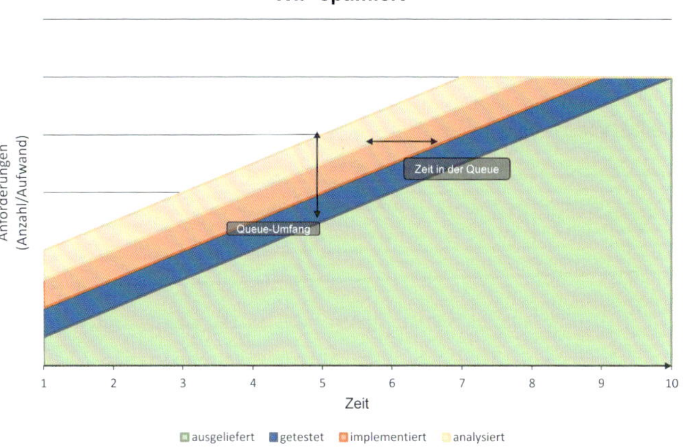

Abb. 6.60: WIP optimiert [Mic 2017]

6.4.6.4 Tracking Point

Das Tracking-Point-Verfahren wurde von der SPOL AG entwickelt und ist eine Methode zur Überwachung des Lieferantenfortschritts (interne wie auch externe Lieferanten) in hybrid wie agil geführten Projekten. Tracking Points (TrP) dienen der Überwachung des Projektfortschritts auf Basis

Abb. 6.61:
Tracking Points der Leistungsüberprüfung

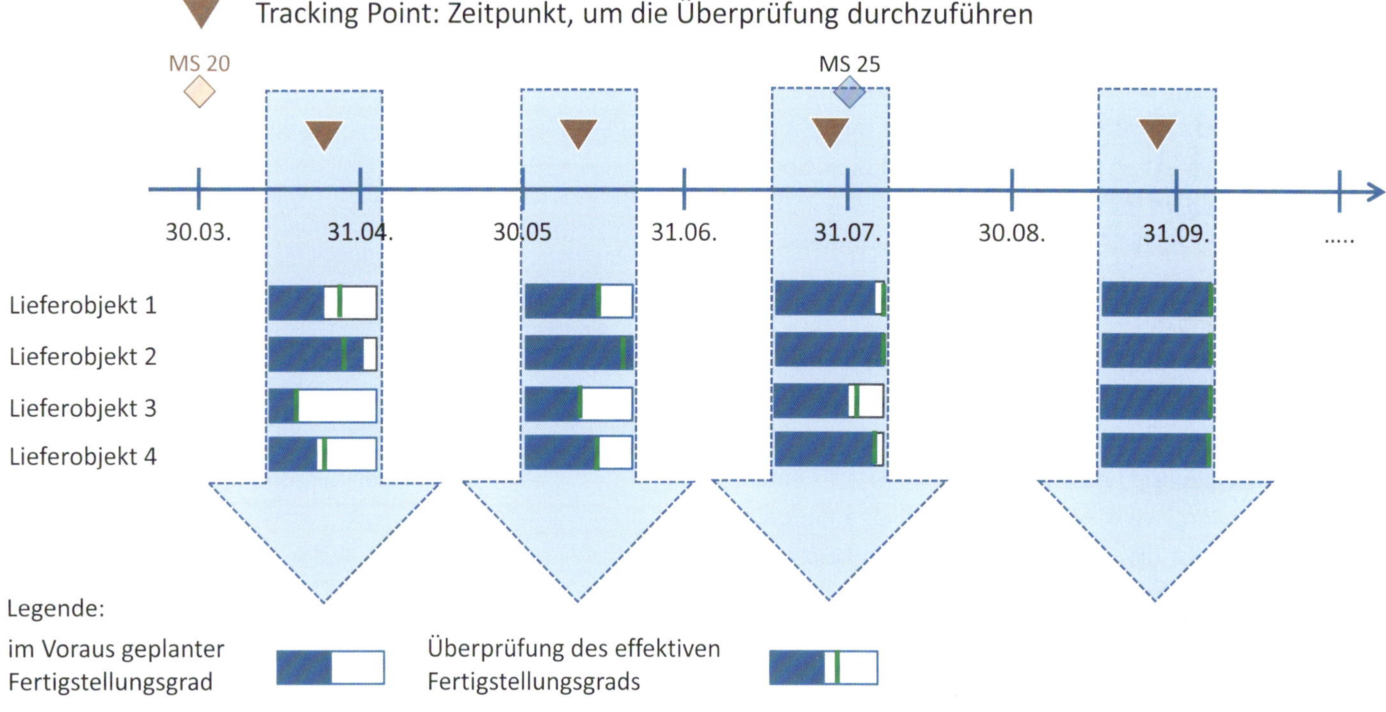

der definierten Lieferobjekte bzw. des Realisierungsfortschritts zu einem definierten Zeitpunkt. Sie prüfen, ob die zu einem bestimmten Zeitpunkt vorliegende Leistung wie geplant erbracht worden ist. TrP ist aufwandmässig eine abgespeckte Earned-Value-Methode, die insbesondere bei hybriden Projekten gut einsetzbar ist. Nutzen von Tracking Points sind:

- Sie dienen der Überwachung des Projektfortschritts auf der Basis der definierten Lieferobjekte bzw. des Fortschritts zu einem definierten Zeitpunkt.
- Sie überprüfen, ob die zu einem Zeitpunkt vorliegende Leistung wie geplant erbracht worden ist.
- An TrPs werden die Inhalte der Lieferobjekte insoweit überprüft, dass sichergestellt ist, ob sich diese «auf dem richtigen Weg» befinden (Qualitätsprüfungen).

Als Vorbereitung für eine Tracking-Point-Analysetechnik sind folgende Punkte zu beachten:

a) Basis der Fortschrittsüberwachung ist die Planung, die normalerweise gemeinsam mit dem Lieferanten erstellt wird.

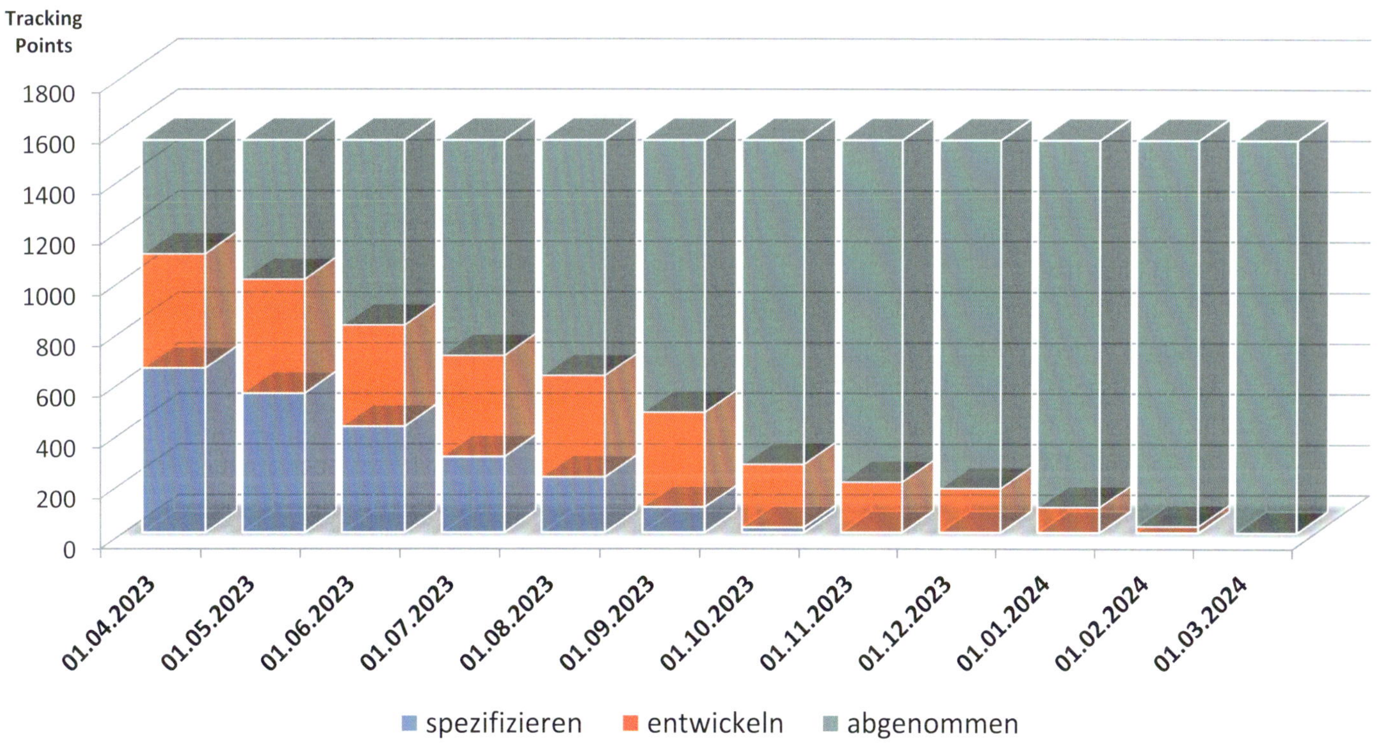

Abb. 6.62: Mit Tracking Points den Fortschritt sichtbar machen

b) Festlegen (Lieferant/Kunde), welche Lieferobjekte zu bestimmten Zeitpunkten in welchem Zustand sein sollten (geplant). Beispiel: Am 30.6. sind

- Konzept Datenkonversion zu 50% erarbeitet
- Use Cases 1–22 fertig ausgearbeitet; 23–30 im Entwurf
- Use Cases 1–15: Modultest bestanden
- Schulungskonzept freigegeben

c) Festlegen der Beurteilungskriterien:

- Was heisst 30%, was 50%, etc.
- Z.B. Konzept 30%: Inhaltsstruktur definiert, Inhalte grob beschrieben …
- Z.B. Code 50%: Codierung abgeschlossen, technische Tests & Doku ausstehend

Das Tracking-Point-Verfahren kann in jeder Phase des Projekts eingesetzt werden. Je früher es angewendet wird, desto aussagekräftiger können die Daten ausgewertet werden. Es können in Abhängigkeit von Phase, Modul oder Projektart unterschiedliche Fortschrittszeitpunkte und Werte festgelegt werden. Insbesondere mit externen Lieferanten kann dies im Vertragswerk als Leitlinie für einen Zahlungsplan verankert werden.

Die Vorteile der Tracking-Point-Methode sind:

- Man erhält jederzeit Kenntnis über den aktuellen Stand des gesamten Projekts mit den entsprechenden Arbeitspaketen und Sprints, insbesondere bei Leistungen, auf die der Auftraggeber oder Product Owner projektseitig keinen direkten Einfluss hat.
- Es kann objektiv geschätzt werden, ob der aktuelle Zustand der Lieferobjekte den Erwartungen entspricht.
- Es können klare Aussagen darüber getroffen werden, wie das Verhältnis von Zeit und Aufwand aussieht und wie sich die Kosten verhalten.
- Das Tracking-Point-Verfahren gibt Sicherheit und schafft Vertrauen zwischen dem Auftraggeber und den Lieferanten.

Beispiele von Fertigstellungsgraden:

bei Software-Projekten (pro Modul)		**für Konzepte**	
• Design festgelegt/abgenommen	20%	• Struktur/Inhalt definiert und abgenommen	10%
• Unit Tests definiert/abgenommen	40%	• pro Teilbereich: Inhalte beschrieben	[bis 50%]
•… vom Entwickler freigegeben	60%	• pro Teilbereich: Inhalte geprüft & abgenommen	[bis 80%]
• Modultest bestanden	80%	• Konzept geprüft; Korrekturen ausstehend	80–90%
• Dokumentation vollständig	90%	• Konzept abgenommen	100%
• Integrationstest bestanden	100%		
Bauprojekte		**für Industrieprojekte/-komponenten**	
• Fundament/Bodenplatte erstellt	20%	• Make-or-Buy-Entscheid	10%
• Aufrichte	50%	• techn. Design festgelegt und abgenommen	30%
• Küche montiert	80%	• Prototyp geliefert und integriert	50%
• Bau fertiggestellt	90%	• Nullserie gebaut und getestet	80%
• Übergabe	100%	• Bereit zum Rollout/zur Produktionsübergabe	100%

6.4.6.5 Information Radiator

Information Radiators helfen, Teams auf Arbeitsergebnisse zu fokussieren, das Feedback zu verstärken und Teams gezielt zu befähigen. Der Begriff «Information Radiator» wurde im Jahr 2000 von Alistair Cockburn eingeführt. Grundsätzlich ist jedes Artefakt, das Projektinformationen vermittelt und öffentlich im Arbeitsbereich oder in der Umgebung angezeigt wird, ein Information Radiator.

In der agilen Welt hat sich der Information Radiator gegenüber dem klassischen Statusbericht etabliert. Verbesserungen können am besten erzielt werden, wenn mit einem Whiteboard die aktuellen Ergebnisse einer täglichen Fokussierung auf das Offensichtlichste, auf die ungelösten

Probleme, die Leistung, das Wohlbefinden etc. aufgezeigt werden.

So werden auf Projekt- wie auch auf Sprintebene typischerweise auch Information Radiators verwendet, um den Status von Arbeitspaketen, den Zustand von Tests oder den Arbeitsfortschritt des Teams aufzuzeigen. Tagesscharfes Reporting bezüglich Arbeitsfortschritt, persönlichem Zustand und aktuellen Problemen pro Teammitglied in einer gemeinsamen Darstellung fördert die Projekttransparenz [Prö 2012].

Den Teammitgliedern steht es frei, den Information Radiator jederzeit zu aktualisieren. Mit webbasierten Realtime-Board-Tools wie Miro oder Concept Board können die Veränderungen seit der letzten Ansicht sichtbar gemacht werden, was solche Boards noch wirkungsvoller macht. Einige Information Radiators enthalten Regeln, wie sie aktualisiert werden müssen; es können auch Farbcodes und/oder Schlüsselwörter definiert werden.

Als Basis für einen Information Radiator können physische Medien wie Whiteboards, Flipcharts, Plakatwände oder grosse elektronische Displays verwendet werden. Für neue Teams eignet sich meist eine Plakatwand mit Kärtchen und Stecknadeln am besten oder ein elektronisches Whiteboard.

Zu viele Information auf dem Radiator sind verwirrend und umständlich zu pflegen. Wird ein Information Radiator nicht aktualisiert, so sollte er überdacht und entweder geändert oder verworfen werden.

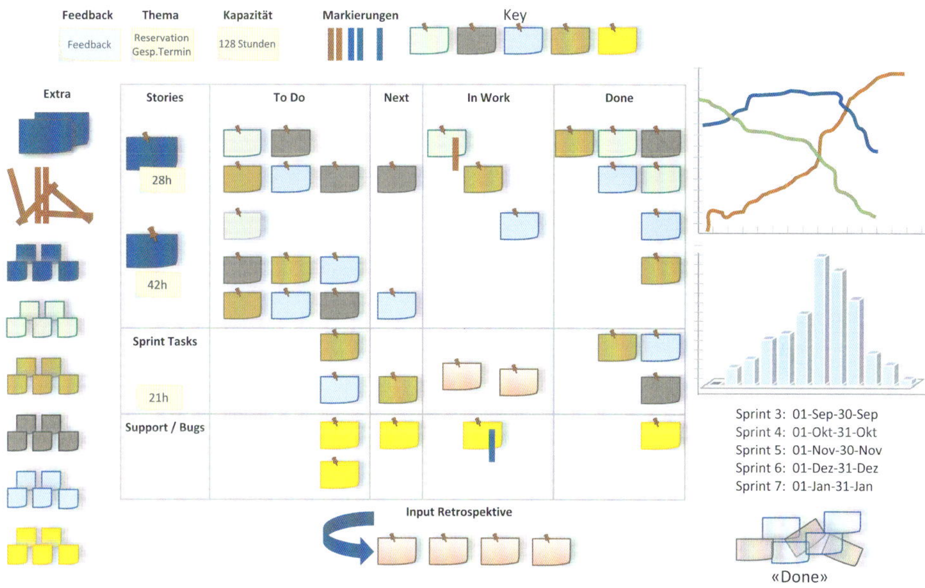

Abb. 6.63: Beispiel Information Radiator [Cro 2011]

6.4.6.6 Escaped Defects (Fehlerreport)

Bei Escaped Defects handelt es sich um Fehler, die alle Qualitäts- und Prüfprozesse eines Projekts überlebt haben und somit nicht frühzeitig im Rahmen der Sicherungsmassnahmen des Projekts erkannt wurden. Wie Nils Pröpper in seinen Ausführungen schreibt, ist diese Art Fehler in der Regel schwerwiegend, da vom Projektteam keine Vorbereitungen zur Behebung getroffen wurden. Es muss erst eine Lösungsstrategie entwickelt werden; zudem werden die Fehler häufig nicht vom Projektteam selbst entdeckt, sondern durch den Kunden oder durch Dritte [Prö 2012].

Diesbezüglich zeigt die agil inkrementelle Entwicklung ihre Stärke. Basierend auf den Reviews pro Sprint und unter

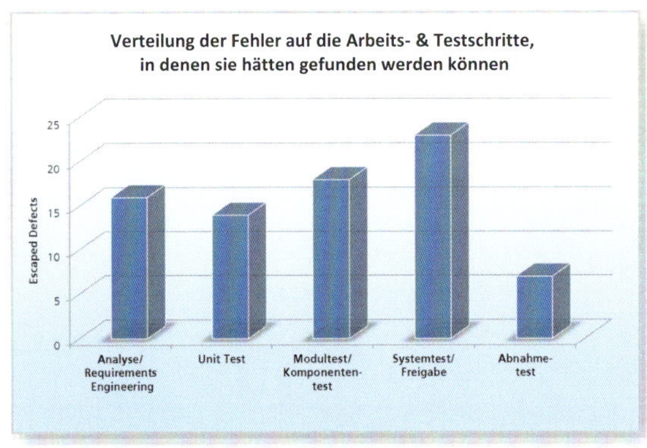

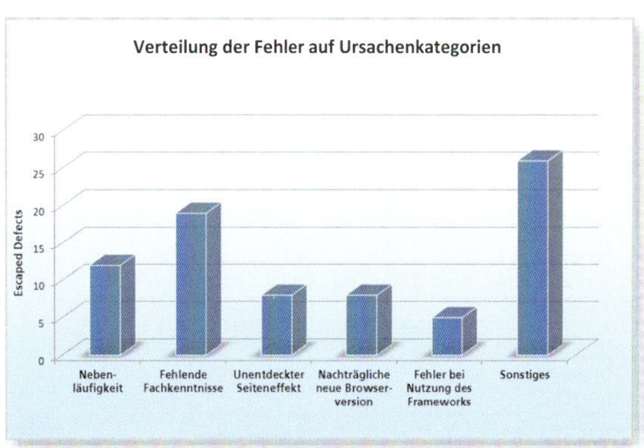

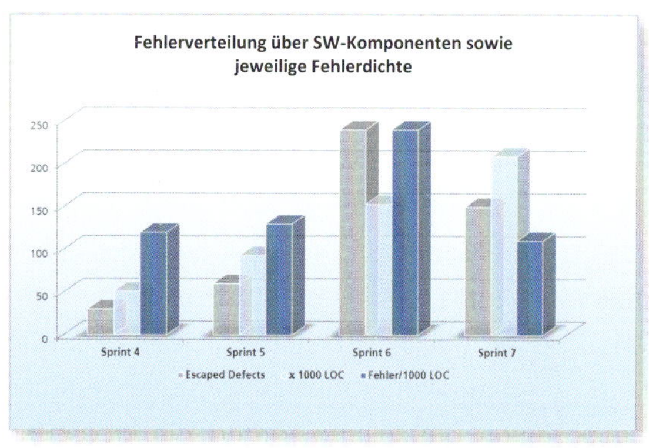

Abb. 6.64: Beispiel Escaped Defects (Fehler, die NACH dem Release gefunden werden) [Vig 2015]

Einbezug der Nutzer erhalten die Entwickler entsprechende Feedbacks. Über den gesamten Verlauf des Release/Projekts erfolgt dies sogar mehrfach, was sich zwingend positiv auf die Anzahl der entdeckten Escaped Defects auswirken wird.

Abbildung 6.64 zeigt ein Beispiel der Fehlerverteilung auf die Testschritte, in denen sie hätten gefunden werden können. Die mittlere Abbildung zeigt ein schematisches Beispiel der Fehlerverteilung auf Ursachenkategorien und rechts wird der Fehlerreport von Escaped Defects dargestellt, eine Fehlerverteilung über SW-Komponenten sowie die jeweilige Fehlerdichte [Vig 2015].

Solche Reports sind insbesondere auf der Ebene Release und Projekt hilfreich, da mit diesem Fehlerdiagnostikansatz versucht wird, die Grundlageninformationen über auftretende Muster von allen involvierten Entwicklungsteams zu erkennen, wodurch die Lösung des Problems gezielter erfolgen kann.

6.4.6.7 Velocity (VC)

Die Teamgeschwindigkeit ist ein Mass für die Arbeitsmenge, die ein Team in einem Sprint zwischen dem Zeitpunkt Definition of Ready (DoR) und dem Zeitpunkt Definition of Done (DoD) abarbeiten kann (siehe Abbildung 6.65). Sie wird beeinflusst von der Teamkapazität und dem Leistungsvermögen des Teams. Die Teamgeschwindigkeit wird z.B. mit Story Points gemessen und für die Errechnung von Releaseplänen und das Beschränken der Arbeitsmenge in der Sprintplanung verwendet. Wenn der Product Owner und/oder der Projektleiter 5.0 den Releaseplan erstellen, benötigen sie neben dem umzusetzenden Volumen des aktuellen Project und/oder Product Backlog auch die Teamgeschwindigkeit. Da diese nicht in jedem Sprint gleich ist, wird eine durchschnittliche Geschwindigkeit angenommen bzw., wie in Abbidlung 6.67 dargestellt, berechnet.

Obwohl Velocity eine gegenüber den klassischen Mitarbeiterbelastungsdiagrammen massiv verbesserte Einschätzung der Leistungsfähigkeit eines Teams bedeutet, muss

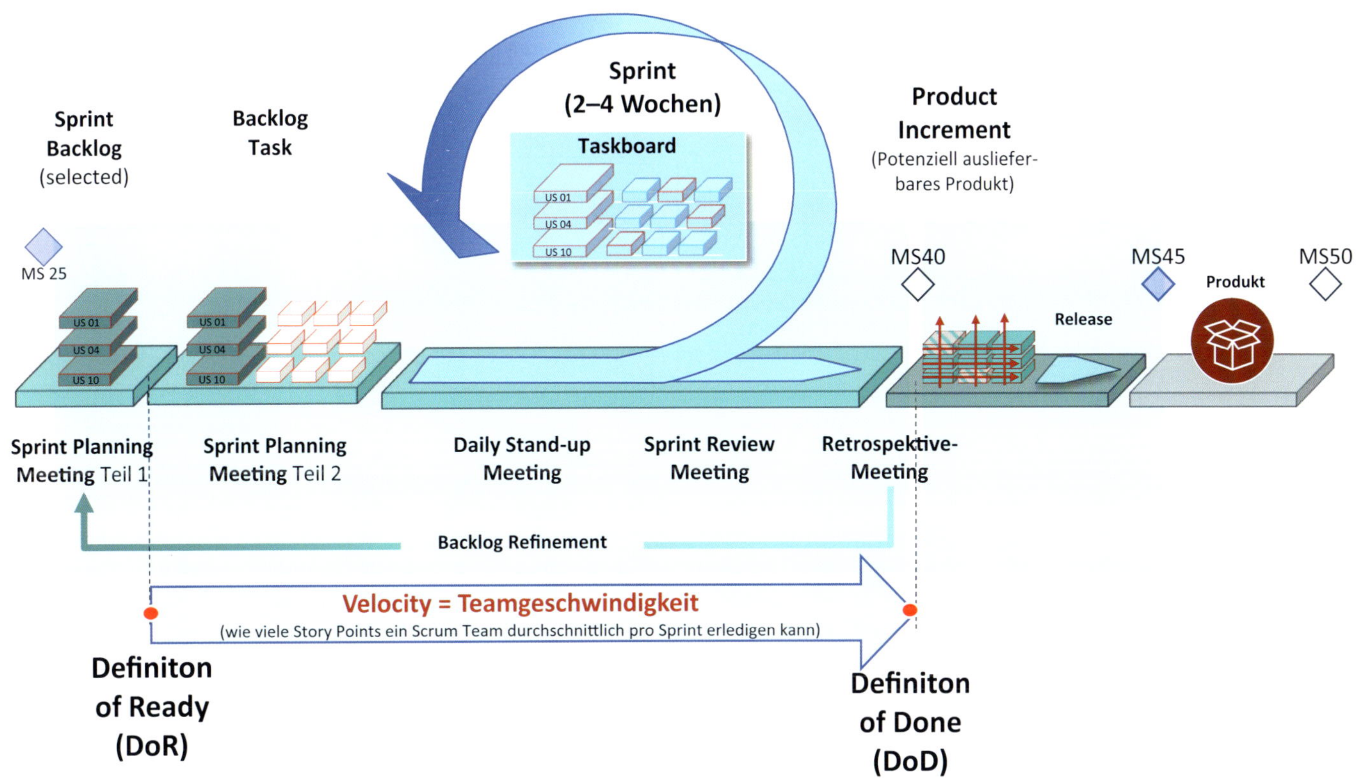

Abb. 6.65: Velocity berechnet die Leistungsfähigkeit zwischen DoR und DoD z.B. eines Sprints

auch dieser Leistungswert etwas kritisch betrachtet werden. So werden z.B. die Story Points in der Regel oft falsch verstanden und falsch angewendet, was die Berechnung der Velocity nicht leichter macht. Zweitens gibt es klare Schwankungen dieses Leistungswertes. Nimmt man z.B. an, dass ein leistungsfähiges Team – aus welchen Gründen auch immer – eine Sicherheitslücke entdeckt und deswegen gewisse Refactory-Tätigkeiten durchführen muss, kommt es nicht so schnell voran wie gewohnt, d.h., die Velocity sinkt.

Zu Beginn eines Projekts steht die Leistung noch nicht fest. Um auf eine mögliche planerische Aussage zu kommen, wird als mögliches Hilfskonstrukt eine Initial Velocity berechnet. Zum Beispiel stehen vier Personen fünf Tage pro Woche zur Verfügung und ein Sprint soll vier Wochen dau-

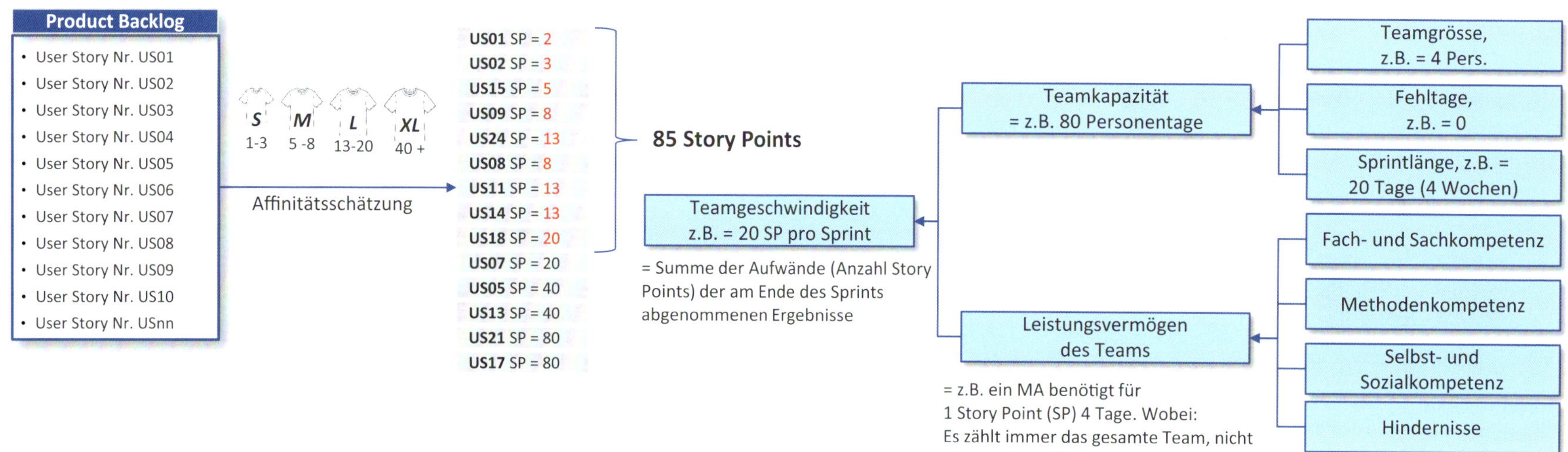

Abb. 6.66: Einflussgrössen der Teamgeschwindigkeit in Anlehnung an [Pic 2008]

ern. Das ergibt eine Teamkapazität von 80 Leistungstagen (siehe Abbildung 6.66).

Nimmt man nun behelfsmässig an, dass die vier Entwickler in fünf Arbeitstagen vier bis fünf Story Points leisten und ein Sprint vier Wochen dauert, so ergibt dies eine Teamgeschwindigkeit von 20 Storypoints – immer im Wissen darum, dass die Entwickler nicht nur programmieren, sondern auch noch weitere Tätigkeiten erledigen müssen. Hat der derzeitige Backlog nun 85 Story Points, so muss aus der Sicht des vollständigen Releases mit 5 Sprints geplant werden.

Kann bereits, wie in Abbildung 6.67 dargestellt, auf gewisse Erfahrungen zurückgegriffen werden, so ist die Velocity eines Teams wesentlich einfacher zu berechnen.

Wichtig: Die Velocity kann nur für ein Team in derselben Zusammensetzung gemessen und verglichen werden. Sobald sich die Teamzusammensetzung ändert, ändert sich auch die Velocity des Teams. Zudem kann das Team nur so schnell sein wie das «schwächste» Glied der Kette. Wenn beispielsweise nur ein User-Interface-Entwickler im Team vorhanden ist neben vielen Backend-Entwicklern, so wird die Velocity durch diese Konstellation ausgebremst (es können nicht so viel UI-relevante Anforderungen umgesetzt werden wie von der Teamkapazität her theoretisch möglich wären).

Es gilt auch zu beachten, dass in der Realität selten von Beginn weg alles da und fertig eingerichtet ist. Entwicklungsteams kämpfen nicht selten um ihre Entwicklungsumgebung, Tools und Frameworks. In der Realität müssen sich Entwicklungsteams ständig mit neuen Technologien und Technical Debts auseinandersetzen. Darum ist die Ve-

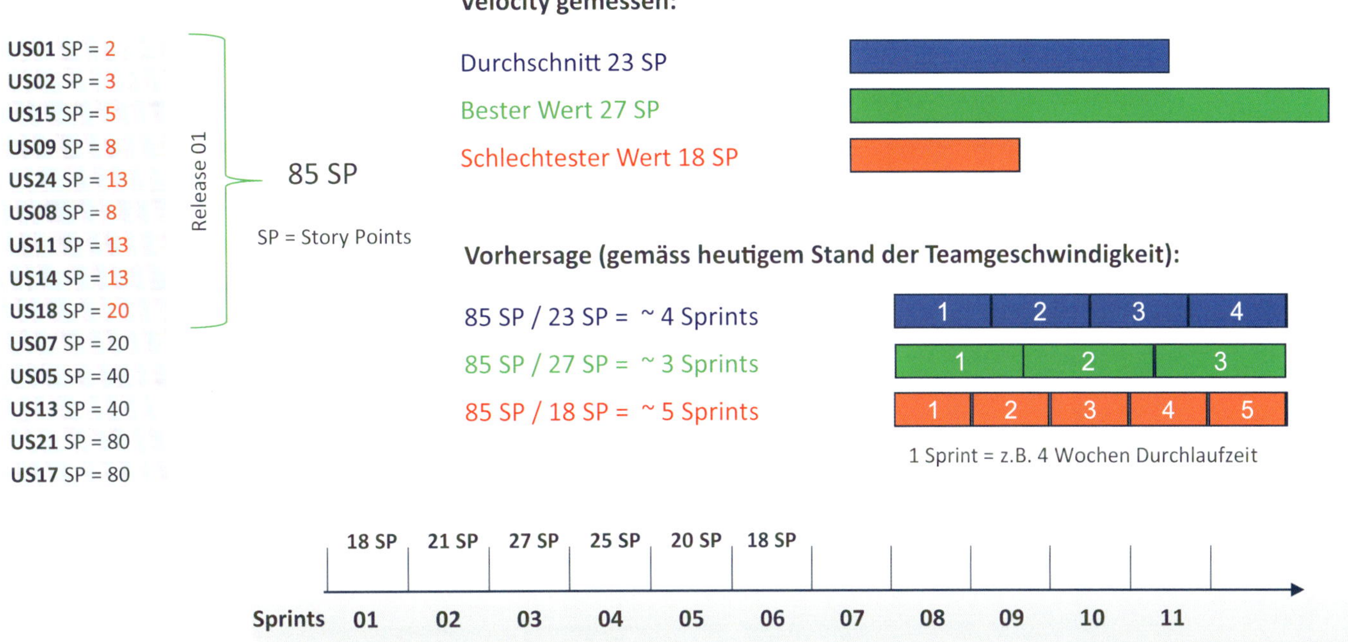

Abb. 6.67: Berechnen der Velocity

locity unter solchen Bedingungen eher fragil als stabil und es ist ein täglicher Kampf, sie hoch oder wenigstens stabil zu halten. Wünschenswert wäre es, dass die Velocity aufgrund der aufgebauten Teamerfahrung idealerweise leicht steigend ist. Ein Selbstverständnis, welches man einfach mal so voraussetzen kann, ist es jedenfalls nicht [Run 2020]. Entsprechend muss die Velocity progressiv geplant werden, d.h., sie ist am Anfang des Projekts (in den ersten Sprints) tiefer, als wenn das Team eingespielt und die Anfangsprobleme gelöst sind.

Das Arbeitstempo wird durch folgende Faktoren bestimmt [Run 2020]:

- Historisch: Aus der Vergangenheit bekannte Werte mit ähnlicher Teamzusammenstellung
- Vorprojekt/erste Sprints: Aufgrund der Ergebnisse der ersten Sprints bzw. eines Vorprojekts (mit demselben Team)
- Schätzen/Vergleichswerte: grober VC-Wert aufgrund der Erfahrung der Teammitglieder (Anforderungen und daraus abgeleitet Anzahl der umgesetzten Story Points im ersten Sprint)
- Laufend überprüfen: Nach jeder Iteration Anpassung der Velocity aufgrund der durchschnittlichen Leistung der vorhergehenden Sprints und dadurch Verfeinerung der Velocity

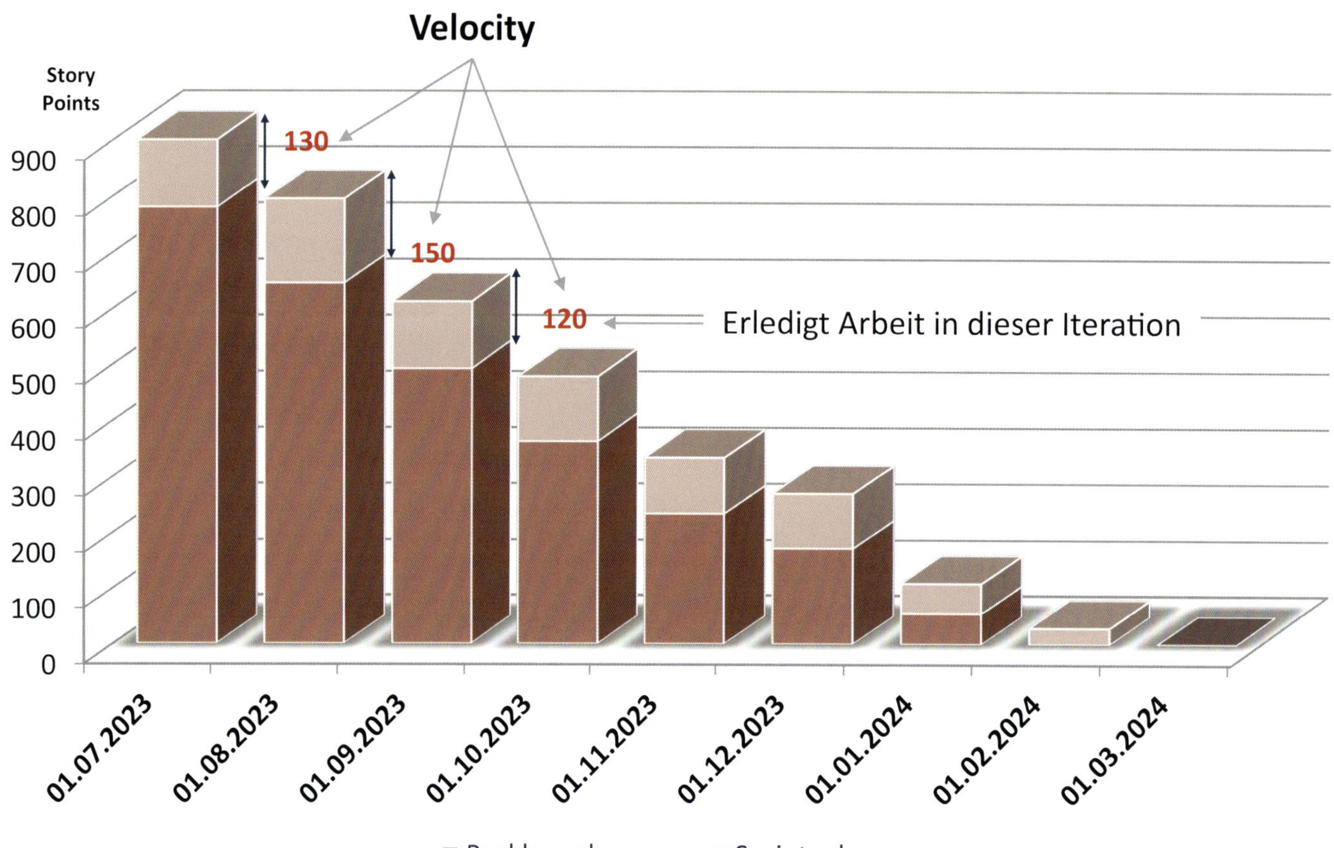

Abb. 6.68: Velocity – Leistungsfähigkeit eines Teams

Zusammenfassung: Um dem relativen Schätzen den entsprechenden Sinn bezüglich des Umsetzens zu geben, wird die Umsetzungsleistung eines Teams hinzugenommen. Velocity hilft zu bestimmen, wie viel Arbeit das Team in einer Iteration ausführen kann, indem es die Geschwindigkeitsdiagramme früherer Iterationen (Sprints) vergleicht. Das heisst, es wird das Arbeitstempo gezeigt (meist in Anzahl Story Points), welches von einem Projektteam während einer Iteration (Sprint o.Ä.) erreicht wird (von DoR bis zu DoD). Es gilt hier zu erwähnen, dass Velocity nicht den verfügbaren Personentagen, sondern der Summe der effektiv erarbeiteten Anforderungen (in einer Iteration) entspricht. Neben der Leistung eines Teams kann mit Velocity auch gemessen werden, wie gut ein Team während eines Sprints Ideen in neue Funktionalität umwandeln kann.

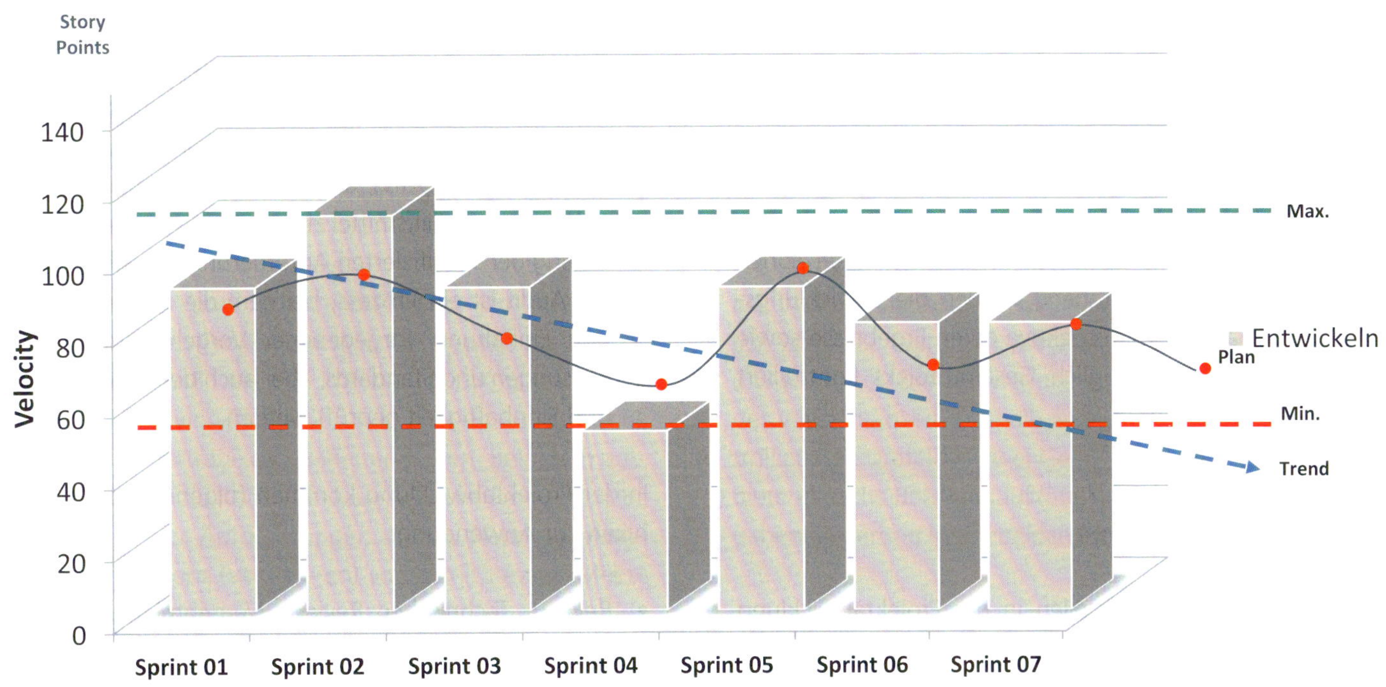

Abb. 6.69: Entwicklungsleistung vergangener sieben Sprints

Bezüglich der Leistungsbemessung mit Velocity muss hinzugefügt werden, dass Geschwindigkeit ein Hinweis bezüglich der Produktivität, Effizienz und Wirksamkeit des Entwicklungsteams ist. Aber sie gibt nur einen relativ kleinen oder sogar keinen Hinweis auf die Qualität z.B. der produzierten Software. Im Weiteren ist es häufig so, dass agile Entwicklungsteams bei den ersten Iterationen sehr schnell arbeiten, nur um erheblich verlangsamen zu müssen, wenn sie massive Refactorings umsetzen oder «technische Schulden» korrigieren müssen. Die Erfahrung hat gezeigt, dass diese Leistungsbemessungstechnik ihren Reiz hat, jedoch mit Bedacht einzusetzen und über das Team hinaus zu kommunizieren ist.

Für das Management ist es sehr interessant, den Velocity-Wert der vergangenen Sprints vertieft zu analysieren. Wenn man die vergangenen Werte mit der aktuellen Velocity (und/oder der Entwicklung der bisherigen Velocity) vergleicht, könnten jeweils Massnahmen definiert werden, um die Velocity zu steigern. Auch hier gilt es, den Wert als Führungsindiz und nicht als absoluten Leistungswert zu betrachten. Und auch hier ist nur dann eine belastbare Aussage möglich, wenn die Schätzungen vom gleichen Team auf den gleichen Grundlagen gemacht wurden.

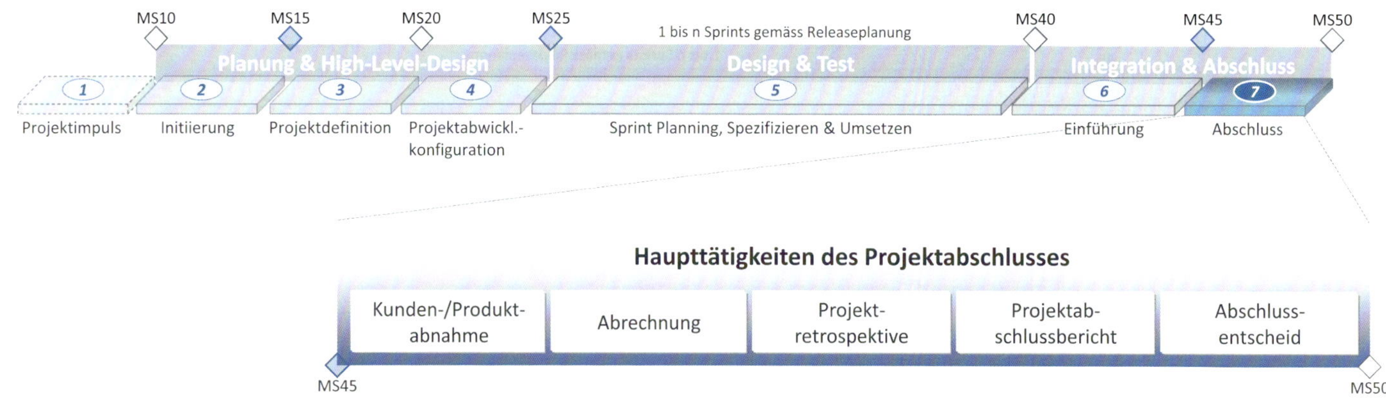

Abb. 6.74: Abschlussprozess mit fünf wichtigen Tätigkeiten

rade von den Beteiligten direkt geliebt, aber sie werden in jedem Projekt ausgeführt.

Die führungsbezogenen Arbeiten des Projektabschlusses (oder das «managementmässige» Aufräumen) können in einzelne Haupttätigkeiten gegliedert werden. Dabei ist zu berücksichtigen, dass ein Projektabschluss auch aus der Situation eines Projektabbruchs entstehen kann. Die dabei anfallenden Arbeiten sind sequenzmässig fast die gleichen.

Dieser Prozessschritt bestimmt das Ende des Projekts bzw. beendet den Projektabwicklungszyklus. Ein Projekt kann erst dann abgeschlossen werden, wenn alle für den System-/Produktunterhalt erforderlichen Grundlagen vorliegen bzw. wenn alle in den vorherigen Punkten aufgeführten Arbeiten erledigt sind (MS45). Die grundlegenden Ziele des Projektabschlusses sind:

- Alle vertraglichen Verpflichtungen sind aufgelöst.
- Der Systemzustand zum Zeitpunkt des Projektabschlusses ist dokumentiert.
- Die Verantwortlichkeiten sind übertragen.
- Die Erfahrungswerte sind gesichert.
- Das Projektteam ist aufgelöst und der Projektleiter entlastet.
- Der Projektabschluss ist offiziell bekanntgegeben.

Der Projektabschlussprozess wird grundsätzlich mit der Bewilligung des Einführungsantrags angestossen. Danach laufen die in der Abbildung 6.74 aufgeführten Hauptaufgaben ab, welche nachfolgend kurz erläutert werden.

6.5.2 Kundenabnahme

Die Kundenabnahme wird meist eine Voraussetzung für das Erreichen des letzten Meilensteins eines Projekts sein. Auf Kundenseite, bei Auftragsprojekten, hängt davon meist auch die Freigabe der Zahlung ab. Bei der Abnahme wird z.B. die Software anhand der gestellten Anforderungen nicht nur verifiziert, sondern auch validiert. Ist der Kunde mit dem Ergebnis zufrieden, gilt das Projektprodukt als abgenommen und die Entwicklung ist abgeschlossen. Mit einer agilen Vorgehensweise hat der Kunde die Software schon mehrmals vor der Abnahme begutachtet. Daher sollte es dabei zu keinen grossen Überraschungen kommen. Dennoch ist es sinnvoll, die Abnahme nicht zuletzt aus juristischen Gründen als formalen Schlussstrich für die Entwicklung einzusetzen. Die Durchführung der Abnahme ist eine Kombination aus einer Live-Demonstration wie beim Sprinteview und einer Reihe von vordefinierten manuellen und/oder automatischen Abnahmetests. Dazu ist es notwendig, die Entwicklung nach den Fertigstellungskriterien (DoD) für das Projekt abzuschliessen [Rie 2009].

6.5.3 Abrechnung

Die Projektabrechnung beinhaltet neben der Rechnungslegung an den Kunden auch die Nachkalkulation des Projekts. Bei der Nachkalkulation werden mögliche Abweichungen von den geschätzten Aufwand- und Kostendaten aus der Projektvorkalkulation zu den endgültigen IST-Daten festgestellt. Damit lässt sich eine Aussage über die tatsächliche Rentabilität des Projekts treffen. Weiter werden daraus Erfahrungen und Verbesserungsmöglichkeiten für die Vorkalkulation von Folgeprojekten gewonnen. Folgende Daten fliessen in die Nachkalkulation ein [Rie 2009]:

- Verbrauchte Personentage laut Zeitaufzeichnung inkl. Faktoren für Überstunden
- Anzahl der Releases und Sprints für die Entwicklung
- Im Rahmen der Release-Auslieferungen bisher schon erzielter Nutzen
- Dem Projekt zurechenbare Kosten für Zulieferungen (Schulungen, Software, Hardware, externe Mitarbeiter etc.)
- Reisekosten oder andere Spesen
- Dem Projekt zurechenbare Verwaltungs- und Gemeinkosten
- Welcher Mehrwert wurde bis jetzt erwirtschaftet?

Die Struktur der Nachkalkulation muss der Struktur der Vorkalkulation entsprechen, damit die Werte vergleichbar bleiben. So dürfen dem Projekt bei der Nachkalkulation auf keinen Fall andere Gemeinkosten zugerechnet werden als bei der Vorkalkulation.

6.5.4 Projektretrospektive (Gesamtretrospektive)

Die Projektretrospektive, bei LeSS auch als Gesamtretrospektive bezeichnet, betrachtet den gesamten Zeitraum von Projektstart, Konzepterstellung bis zur Übergabe und der Schlussabrechnung. Daher findet sie auch nach der Schlussabrechnung statt. Sie ist genauso strukturiert wie eine Sprint- oder Releaseretrospektive und stellt eine Ergänzung zu den unternehmensweit stattfindenden Verbesserungsanstrengungen dar. Während man sich bei den Sprintretrospektiven überlegt, was man machen könnte, um im nächsten Sprint effizienter zu sein, werden in der «Schlussretro» die wichtigsten positiven wie auch negativen Faktoren und der Umgang mit diesen zusammengetragen. Das Ziel ist es, insbesondere das im Unternehmen definierte Projektmanagementsystem kontinuierlich zu optimieren. Dabei werden Themen behandelt, die die gesamte Projektabwicklung betreffen. Dazu gehören vor allem:

- Kommunikation und Zusammenarbeit mit den Stakeholdern
- Anforderungsanalyse und Anforderungsentwicklung zusammen mit den Stakeholdern
- Art und Weise der Projektabwicklung, z.B. Rollen und deren Verantwortlichkeiten
- Planwerte und Planungszusammenarbeit
- Bewerten der agilen Prinzipien, Praktiken und Instrumente
- Hochs und Tiefs der Teamleistung und deren Ursachen

Es sind aber auch andere Themen vorstellbar, solange sie in den Bereich der Projektabwicklung fallen. Wie bei der Sprintretrospektive sollte im eben abgeschlossenen Projekt vor Beginn der Projektretrospektive die grösste Herausforderung als Bearbeitungsthema ausgewählt werden. Dies kann und soll natürlich auch bedeuten, dass analysiert werden muss, welche Aspekte der Herausforderung besonders gut bewältigt wurden.

6.5.4.1 Retrospektive für Release und/oder Projekt

Die traditionellen Instrumente für Sprintretrospektiven sind Whiteboards oder Post-its. Sie eignen sich für Teams, die sich am selben Ort befinden. Demgegenüber führt der Zuwachs von «Remote-Mitarbeitern» dazu, dass auch im digitalen Bereich mehr Retrospektiven stattfinden. Geeignet sind dafür z.B. Realtime-Boards.

Atlassian unterstützt mit seinem Jira-Tool z.B. die Retrospektive mit vier Techniken (4-Schritte-Prozesse). Dabei wird eine klare Struktur vorgegeben, um möglichst viel Substanz aus einem Retrospektive-Meeting herauszuholen. Die fünfte Vorlage, «Quick Retrospektive», wird eingesetzt, wenn nicht genügend Zeit für den 4-Schritte-Prozess zur Verfügung steht oder das Team bereits einen sehr hohen Teamreifegrad besitzt. Die fünf Retrospektive-Vorlagen, die in leicht abgeänderter Form nicht nur für die Sprint- und Release-, sondern aufgrund ihres Tiefgangs auch für Projektretrospektive verwendet werden können, werden nachfolgend kurz erläutert [Mor 2017]:

Abb. 6.75: Umfassende Retrospektive am Ende eines Releases oder Projekts [Mor 2017]

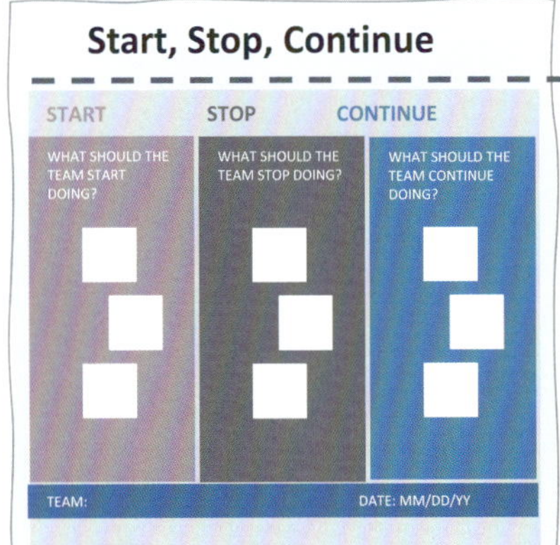

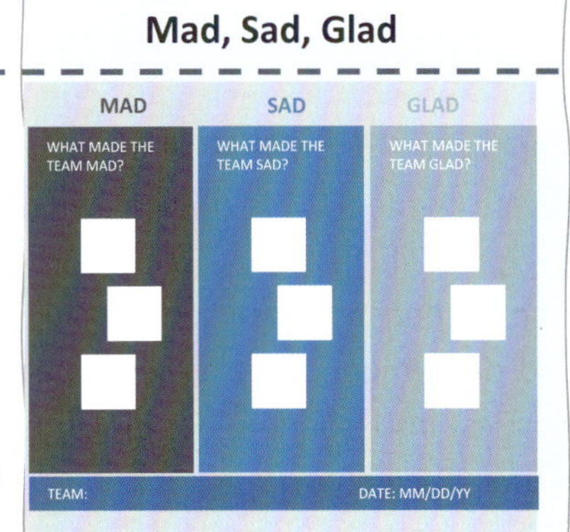

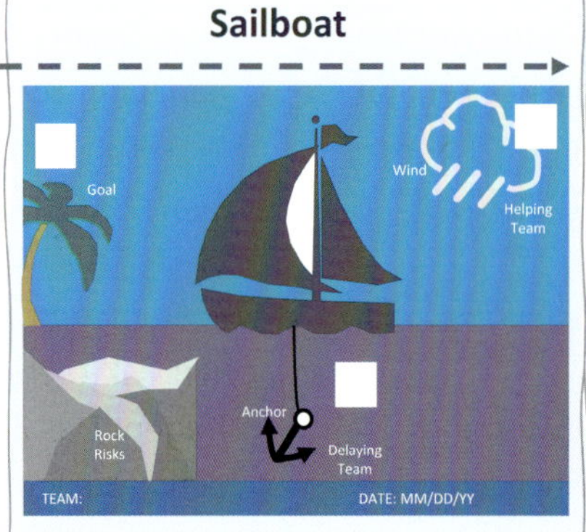

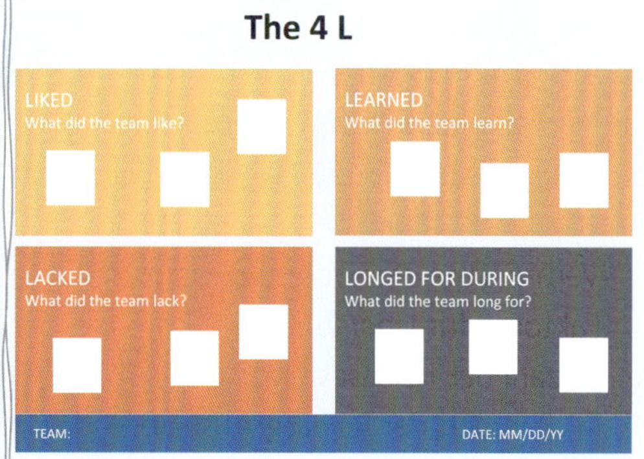

Vorlage 1: Start, stopp, weiter (start, stop, continue)
Das Team konzentriert sich im ersten Teil auf die verwendeten Prozesse und Praktiken, um allfällige neue Teamgewohnheiten festzulegen. Diesbezüglich wird hinterfragt und schlussendlich festgelegt, was neu gestartet, gestoppt und fortgesetzt werden soll.

Bei dieser Methode geht es um die schnelle Ideengenerierung. Anstatt alle Themen aufzulisten, zu gruppieren und dann zu versuchen, Massnahmen für bestimmte Gruppen zu ergreifen, wird versucht, Massnahmen sofort zu identifizieren. Die Aktionen müssen nicht messbar sein. Aber die vorherige Iteration kann zum Generieren von Benchmarkwerten verwendet werden, um die Aktionen für den nächsten Sprint/Release zu definieren.

Vorlage 2: Froh, traurig, wütend (mad, sad, glad)
Der zweite Teil der Methode bezieht sich auf die emotionale Fitness des Teams. Es sollen Beobachtungen vom letzten Sprint aufgeführt werden, welche die emotionalen Teambereiche positiv wie negativ beeinflusst haben. Massnahmen aus diesem zweiten Teil sollen die notwendigen Veränderungen einleiten und sicherstellen.

Die Teammitglieder haben 15 Minuten Zeit, um eine Liste der Beobachtungen zu erstellen, die sie im vorherigen Sprint/Release gemacht haben. Jede Beobachtung wird auf einen Notizzettel notiert. Jedes Teammitglied beschreibt anschliessend seine Beobachtungen und hängt die Notiz an das Whiteboard in den Bereich, der am besten zum Gefühl des Teammitglieds passt und ihn «froh, traurig oder wütend» macht.

Die Beobachtungen werden anschliessend nach Ähnlichkeit gruppiert. Anschliessend wird abgestimmt, welche die grössten Auswirkungen auf den emotionalen Teambereich haben. Die am häufigsten gewählten Themen sollen im Team besprochen und entsprechende Verbesserungsmassnahmen für den nächsten Sprint/Release entworfen werden.

Vorlage 3: Segelboot (Sailboat)
Abbildung 6.75 zeigt ein Segelboot, das vom Wind (der dem Team hilft) vorwärtsgetrieben (auf das Ziel zu), von Ankern gebremst (Verzögerungen verursacht) auf die Insel auf einen Bereich mit Felsen (mögliche Risiken der Zukunft, welche die Teamvision und Ziele gefährden) zusteuert. Es sind entsprechende Faktoren, welche z.B. die Leistung des Sprints verlangsamen und beschleunigen.

Das Team soll, wenn nicht bereits aufgrund des Kick-off-Meetings vorhanden, die Vision und die Ziele aufschreiben. Themen, die den Sprint/Release voranbrachten oder ihn verlangsamten, werden auf Post-its notiert. Diese werden auf das Segel oder unter das Boot geheftet, um darauf hinzuweisen, dass es sich um Wind oder Anker handelt. Genau das Gleiche wird bezüglich der Risiken durchgeführt. Anschliessend werden die Themen gruppiert. Das Team beurteilt daraufhin, ob die aufgeführten Themen berechtigt sind und ob entsprechende Änderungen vorgenommen werden sollen. Anschliessend werden die kritischen Erfolgsfaktoren gewichtet und, wenn möglich im Workshop selbst oder anschliessend, nach einer Ursachenanalyse entsprechende Massnahmen eingeleitet.

Vorlage 4: Die 4Ls (The 4L's)

Das Whiteboard enthält die vier Bereiche «liked» (gefällt mir), «learned» (gelernt), «lacked « (fehlgeschlagen) und «longed for during» (gesehnt nach). Die Teammitglieder sollen auf Post-its notieren, was sie während des Sprints/ Release mochten, lernten, vermissten und ersehnten. Sie hängen die Notizen in den entsprechenden Bereich. Das Team wird anschliessend in vier Subteams aufgeteilt, eines für jedes L. Jedes Subteam soll in einer bestimmten Zeit die Notizen analysieren und sie nach ähnlichen Themen gruppieren. Anschliessend berichtet jede Gruppe über ihre Ergebnisse. Danach diskutieren alle Teilnehmer gemeinsam, wie sie die einzelnen Themen angehen können. Optionale Variante: Da «fehlend» und «ersehnt» eng miteinander verbunden sind, kann «fehlend» auch durch «verabscheut» ersetzt werden.

Vorlage 5: Quick-Retrospektive

Bei Zeitmangel oder hohem Teamreifegrad kann mit der Quick-Retrospektive sogleich zur Sache gesprungen werden. Man stellt dem Team direkte Fragen zum Sprint/ Release: Was war gut und was war schlecht? Dann werden Ideen und Aktionen auf Post-its festgehalten. Die aufgeführten Bemerkungen werden im Team besprochen und es wird abgewogen, was im folgenden Sprint/Release/ Projekt ausprobiert werden soll, auch wenn nicht klar ist, wie effektiv es sein wird. Es ist wichtig, dass alle Ideen und Bemerkungen auf das Whiteboard geschrieben werden. Hat man einen guten Überblick, so werden daraus entsprechende Massnahmen abgeleitet und beim nächsten Sprint eingesetzt.

Es gibt noch eine Vielzahl weiterer Methoden, um eine Retrospektive erfolgreich zu gestalten [Dra 2019]:

- Die **Starfish**-Retrospektive hilft den Teilnehmern, über verschiedene Grade der Zusammenarbeit nachzudenken und entsprechende Aspekte in einem Diagramm zu visualisieren: Start Doing (ab sofort nutzen), More of (mehr davon), Less of (weniger davon), Keep Doing (weiterhin nutzen) und Stop Doing (nicht mehr nutzen).
- Bei der **BYOSM**-Retrospektive beschäftigt sich das Team mit dem idealen Scrum Master, den sich das Team wünschen würde, z.B. «Build Your Own Scrum Master». Dazu werden drei Fragen gestellt: Wie sieht unser perfekter Scrum Master aus? Was muss er über uns wissen? Wie können wir ihm helfen?
- Der **Wetterbericht** bietet die Möglichkeit, Stimmungen auf einem Flipchart in den Kategorien Sonnenschein, Bewölkung, Regen und Gewitter zu dokumentieren. Ähnlich funktionieren «Steh zu deiner Meinung», Line Dance, Happiness-Histogramm und «Der perfekte Sprint».
- Beim **Lean Coffee** werden Themen gesammelt, gruppiert, bewertet und entsprechend der Bewertung in einer festen Zeitvorgabe diskutiert. Ist das Thema nicht abschliessend besprochen, kann die Zeitvorgabe verlängert werden.
- Beim **Pessimieren** wird zu Beginn eine negativ formulierte Frage gestellt. Dann werden die Antworten auf die Fragen ins Gegenteil verkehrt, um anschliessend die Fragen zu beantworten «Was hält uns davon ab?» und «Warum ist das so?». Ähnlich funktioniert das Prinzip «Das Schlimmste, was wir machen können».
- Bei **«Wünsch Dir was»** geht es um die Beschäftigung mit der grössten Herausforderung bei der Arbeit, dem

Wunsch, diese zu meistern und die Frage «Woran merkst Du, dass sich Dein Wunsch erfüllt hat?».

- Bei **«Verdeckter Boss»** nimmt das Team den Blickwinkel eines Vorgesetzten ein und überlegt sich, was er ändern würde, hätte er unerkannt den letzten Sprint beobachten können.

6.5.5 Projektabschlussbericht

In diesem Arbeitsschritt wird der Projektabschlussbericht geschrieben. Dieser muss dem Auftraggeber vorgelegt und dem Projektportfoliomanagement eingereicht werden. Generell sollte der Bericht folgende Informationen enthalten:

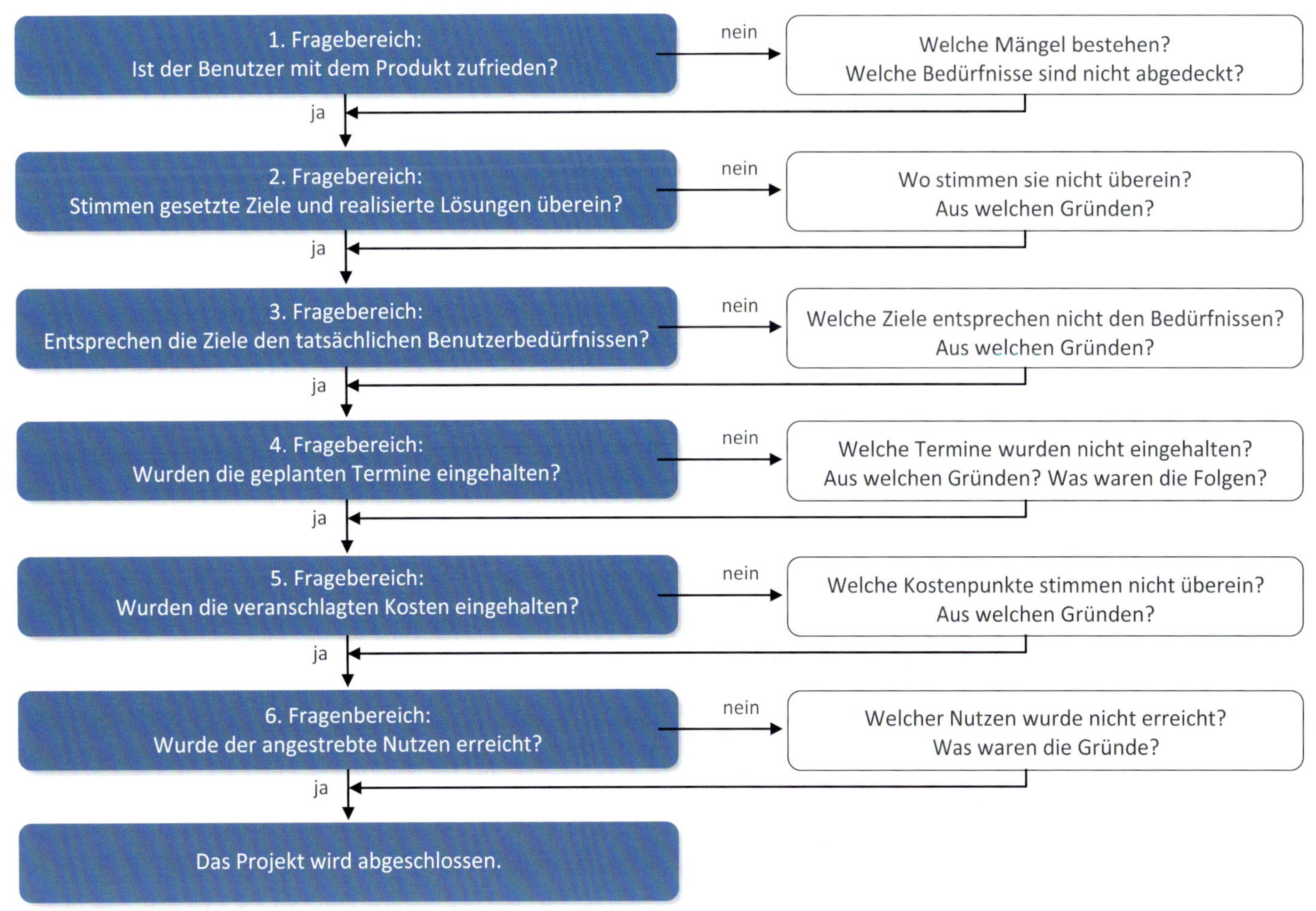

Abb. 6.76:
Fragekette bei einer Abschlussbeurteilung von Projekten

- Resümee des gesamten Projektteams
- Positive und negative Erfahrungen, verglichen mit den Erwartungen aus der Benutzersicht
- Positive und negative Erfahrungen, verglichen mit den Erwartungen aus der Sicht des Betreibers
- Aussagen über Personalaufwände und deren Bezug zu den Ergebnissen
- Aussagen über die Leistungen und deren Qualität
- Aussagen über tatsächliche Kosten und Nutzen des Systems/Produkts im Vergleich zu den geplanten Kosten und Nutzen
- Welche Arbeiten müssen noch erledigt werden, damit das Projekt als abgeschlossen betrachtet werden kann?
- Begründung der Abweichungen
- Weiteres Vorgehen bezüglich Produkt-/Systemübergabe und -unterhalt

Eine einfache und effiziente Form, um die Schlüsselfragen für ein abgeschlossenes Projekt zu stellen respektive zu analysieren, ist das Frageschema gemäss Abbildung 6.76.

6.5.6 Projektabschlussentscheid

Das PMO auf der Stufe Projektportfolio beurteilt das Projekt anhand des Projektabschlussberichts und meldet dem Auftraggeber und dem Projektportfolio-Board das Resultat der Abschlussklassifikation. Diese erklären das Projekt, wenn alles so weit in Ordnung ist, als offiziell abgeschlossen. Im PPM-Gremium wird noch festgelegt, wer wann die Wirkung von «MS60» prüft (siehe Kapitel 4.2.5 und 4.3.6).

6.6 Sprintmanagement

6.6.1 Einleitung

In den vorhergehenden Kapiteln wurde gezeigt, dass das gesamte Projekt hauptsächlich vom Projektleiter 5.0 durch Integrationsmanagement gemanagt wird. Agile Elemente werden vom Product Owner, Scrum Master und dem Entwicklungsteam entwickelt. Das Managen der Sprints wird in dieser Publikation als Sprintmanagement bezeichnet. Es richtet sich nach dem überlagerten Projekt-Releaseplan gemäss Kapitel 6.3.3. Wie Abbildung 6.77 zeigt, startet das Sprintmanagement nach dem Prozessschritt «Projektabwicklungskonfiguration» (Kapitel 7.2.5). Es endet mit der Auslieferung des Sprint- oder Release-Inkrements.

Das Ziel des Sprintmanagements ist es einerseits, die im Release-Backlog festgelegten Anforderungen so zu realisieren, dass sie in Abstimmung mit dem Gesamtprojekt als lauffähige Inkremente zur Verfügung stehen. Andererseits sollen die Entwicklungsteams die bestmögliche Leistung im Sinne des Business Value erbringen können. In den folgenden Kapiteln werden die wichtigen Artefakte und Praktiken (Events) des Sprintmanagements sowie die sprinttheoretischen Grundlagen im Kontext eines agil geführten Grossprojekts beschrieben.

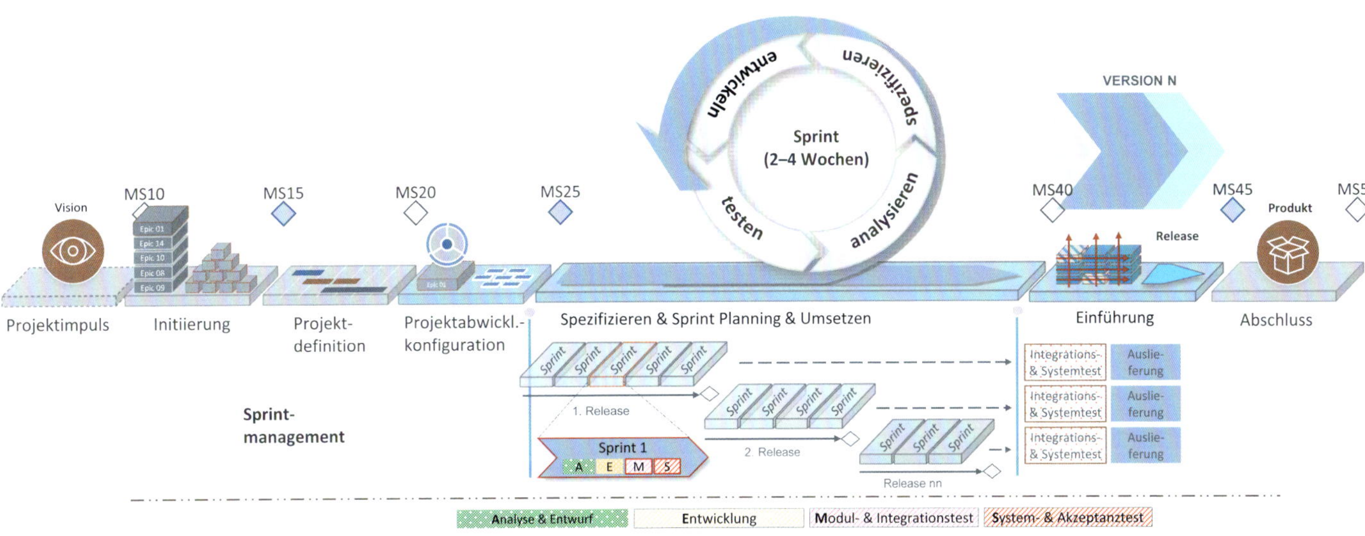

Abb. 6.77: Scrum-basiertes Entwicklungs-vorgehen mit Sprint-management

> Als Sprint wird eine Iteration bezeichnet, die z.B. bei der Scrum-Methode 2–4 Wochen dauert und die vereinbarten Anforderungen umsetzt. In jedem Sprint wird ein definierter Teil der Anforderungen (z.B. User Stories) mit dem Ziel umgesetzt, dass er im Sinne eines eigenständigen Inkrements end-to-end geprüft zur möglichen Auslieferung an die Benutzer/Kunden bereitgestellt ist.

6.6.2 Sprint Events und Artefakte des Sprintmanagements

Wird wie in Abbildung 6.78 nur ein einzelner Sprint betrachtet, so umfasst das Sprintmanagement ganz konkrete Events und Artefakte.

Zu Beginn eines Sprints, bei Sprint Planning 1, werden die umzusetzenden Product Backlog Items (PBI) und die zwingend einzuhaltenden und während des gesamten Sprints zu überwachenden Sprintziele definiert. Bei Sprint Planning 2 werden die Tasks definiert, die im kommenden Sprint umgesetzt werden sollen. Anhand von Taskboards oder Burn-Down-Charts kann der Projektverlauf jederzeit mitverfolgt werden. Am Ende eines Sprints muss ein funktionsfähiges und getestetes Inkrement vorliegen, z.B. ein Stück Software, das ausgeliefert wird. Die fertiggestellten Funktionen müssen fehlerfrei funktionieren, sodass damit ein Go Live jederzeit möglich ist (Potential Shipable Product Increment). Ein Sprint wird mit den beiden Events Sprint Review und Retrospektive abgeschlossen. Für die Vorbereitung des nächsten Sprints wird z.B. wöchentlich ein Backlog Refinement Meeting durchgeführt.

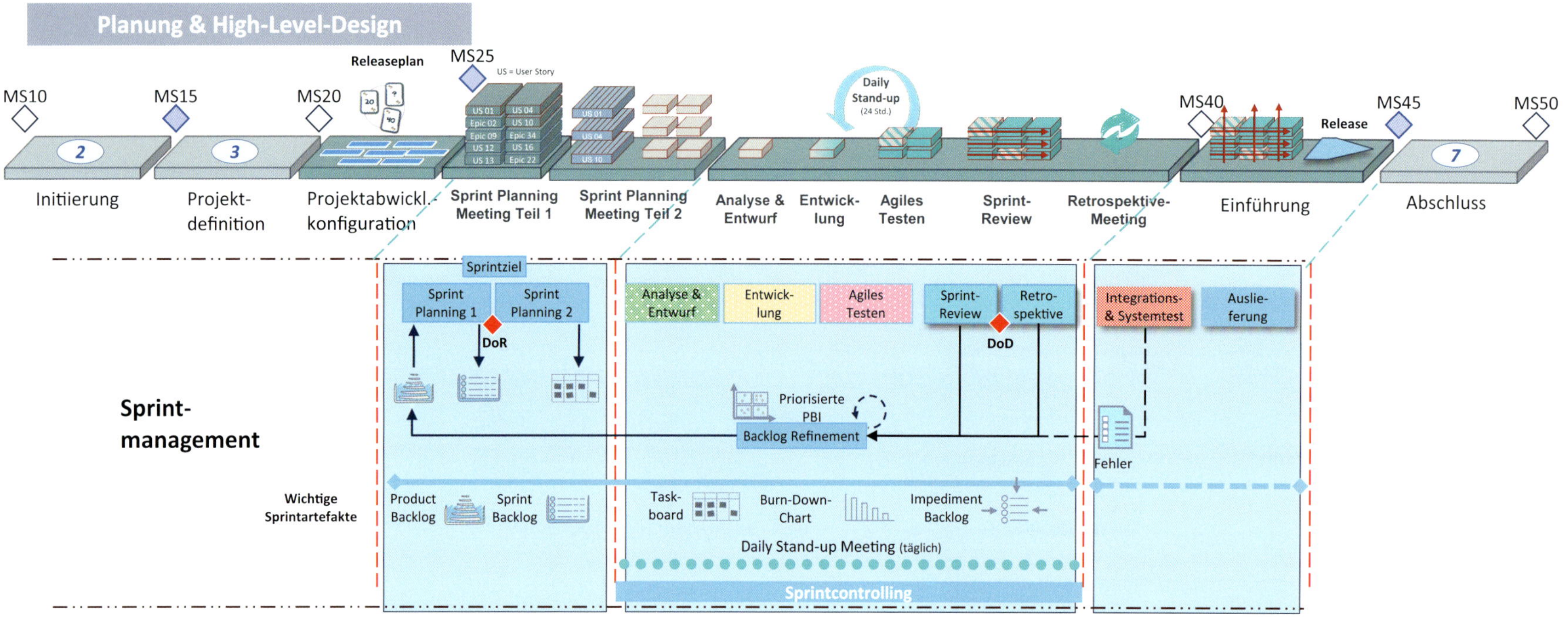

Abb. 6.78: Sprintmanagement mit Events im Kontext des adaptiven Projektabwicklungsprozesses

Damit dieser Prozess erfolgreich abgewickelt werden kann, muss er im Sinne des «Managens» in zeitlich klar aufeinander abgestimmte Sprint Events eingebettet werden. Abbildung 6.79 zeigt die in einem zweiwöchigen Sprintschema eingesetzten agilen Praktiken eines Sprintmanagements.

Hinweis: Im Beispiel eines adaptiv geführten grossen Projekts gemäss Abbildungen 6.78 und 6.80 wurden bis zum ersten Sprint Planning bereits einige Arbeiten erledigt. Das heisst, bis zum Zeitpunkt des Einstiegs in die agile Umsetzungsform wurde Folgendes geleistet (siehe auch Kapitel 7.2.5):

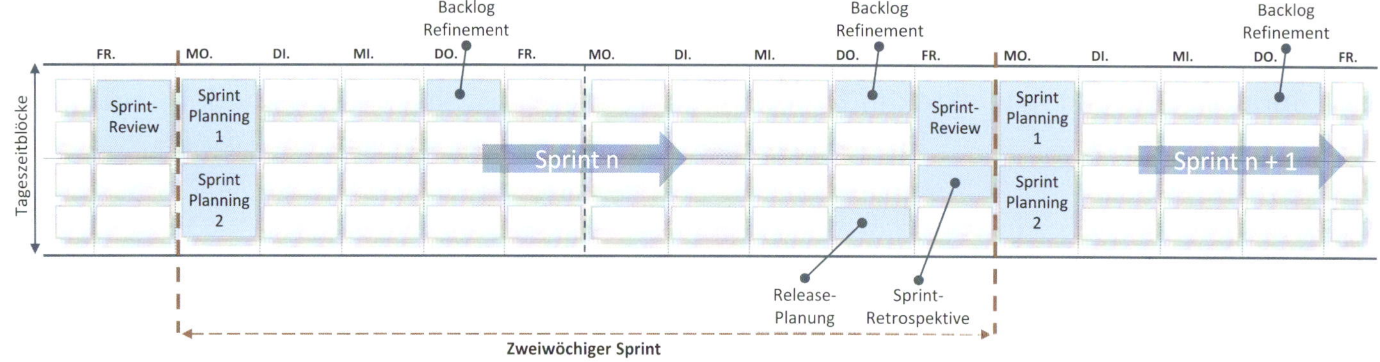

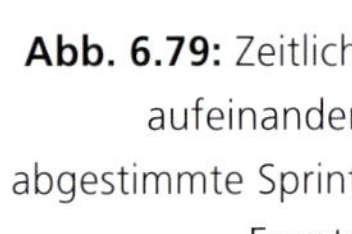

Abb. 6.79: Zeitlich aufeinander abgestimmte Sprint Events

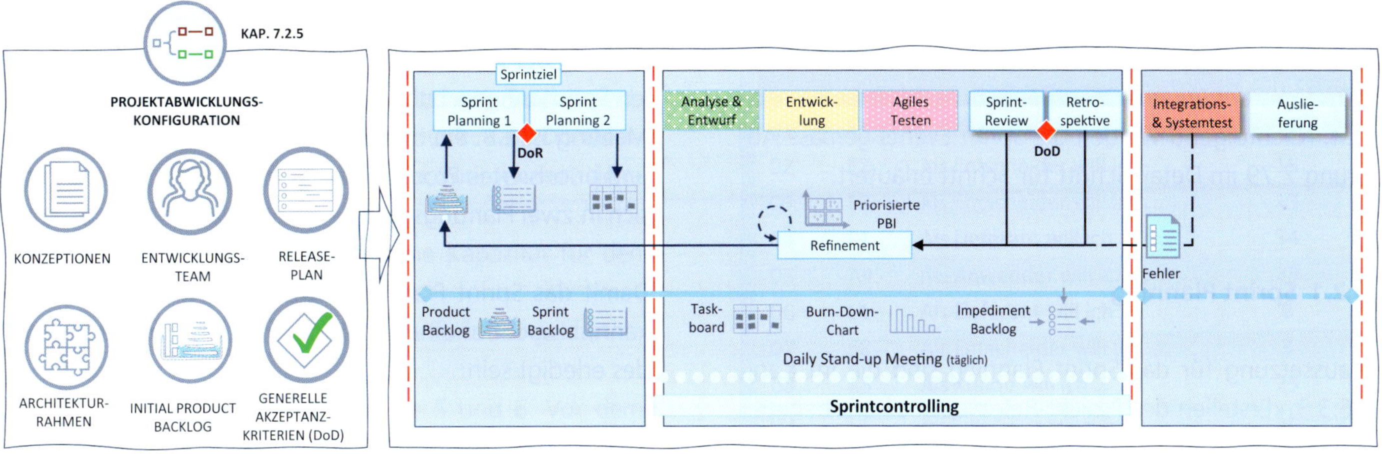

Abb. 6.80: Voraussetzungen, um ein effizientes agiles Sprintmanagement betreiben zu können

- Impact Map, Systemscope, Business Case (optional) und Projektvision als Teil des Projektauftrags sind erstellt.
- Fachliche Grundsätze sind geklärt (z.B. ob Prozesse verändert werden dürfen/sollen etc.).
- Initial Backlog und allfällige Story Map sind erstellt.
- Projektauftrag und Initialprojektplan sind erstellt und vom Management bewilligt.
- Situationsbezogene Konzeptionen wie Migrationskonzept und ISDS-Konzept sind in der notwendigen Tiefe erstellt, soweit dies schon für die ersten Sprints notwendig ist.
- Explorative Zwischenphase mit einer technischen Machbarkeitsprüfung wurde erfolgreich absolviert (optional).
- Architekturrahmen wurde in Abstimmung mit der Unternehmensarchitektur sowie den Designrichtlinien geprüft und bewilligt. Die allgemeinen Akzeptanzkriterien wurden definiert und vom Entwicklungsteam bestätigt.
- Projektorganisation mit allfällig mehreren Entwicklungsteams ist geklärt und kommuniziert. Die ungefähre Leistung der Entwicklungsteams (Velocity) ist grob geschätzt in etwa bekannt.
- Die verschiedenen Timeboxen für Vorgänge und Aktivitäten sind geklärt und der Einsatz von Stabilisierungssprints ist definiert.
- Die Abwicklungskonfiguration, sprich die Entwicklungsstrategie (z.B. «wie viel können wir agil und wie viel müssen wir konventionell umsetzen»), ist geklärt und die Projektinfrastruktur ist soweit notwendig aufgebaut (Entwicklungs-, Test-, Liveumgebung, Kommunikations-, Dokumentationsinfrastruktur etc.).
- Der Releaseplan mit den definierten Anzahl Releases inklusive den in etwa durchzuführenden Sprints ist festgelegt. Der erste Release mit den umzusetzenden Epics ist geklärt (Release Backlog). Die User Stories für die ersten Sprints sind geschätzt und priorisiert.

Mit den genannten Vorbereitungspunkten wird der Unterschied zwischen der kontinuierlichen und projektorien-

Abb. 6.88: Sprint Burn-Down-Chart

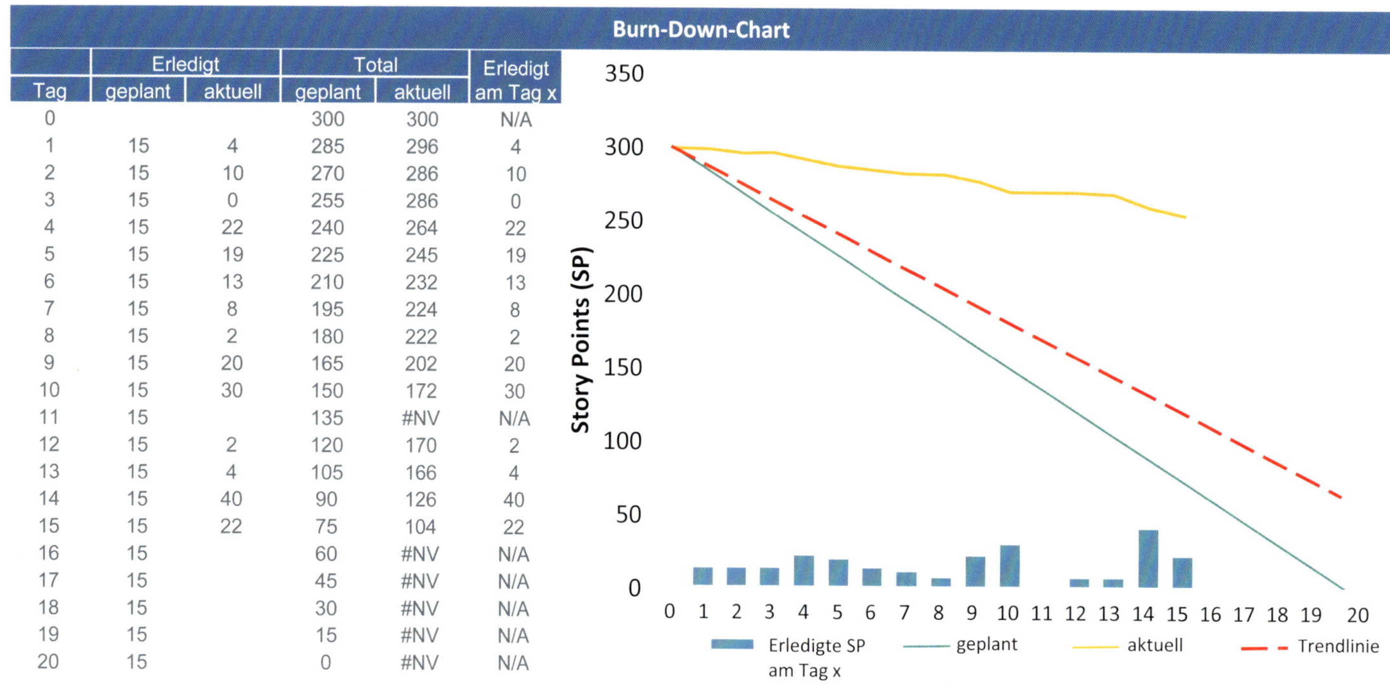

Tag	Erledigt geplant	Erledigt aktuell	Total geplant	Total aktuell	Erledigt am Tag x
0			300	300	N/A
1	15	4	285	296	4
2	15	10	270	286	10
3	15	0	255	286	0
4	15	22	240	264	22
5	15	19	225	245	19
6	15	13	210	232	13
7	15	8	195	224	8
8	15	2	180	222	2
9	15	20	165	202	20
10	15	30	150	172	30
11	15		135	#NV	N/A
12	15	2	120	170	2
13	15	4	105	166	4
14	15	40	90	126	40
15	15	22	75	104	22
16	15		60	#NV	N/A
17	15		45	#NV	N/A
18	15		30	#NV	N/A
19	15		15	#NV	N/A
20	15		0	#NV	N/A

Das Sprintcontrolling als Teil des Sprintmanagements wird somit hauptsächlich vom Team selbst vorgenommen.

Das Sprintcontrolling basiert auf dem Sprint Backlog. Dabei wird in einem Sprint ein Taskboard z.B. in Form eines Kanban Board eingesetzt (Abbildung 6.87). Damit ist ein sehr schneller Überblick über den Stand der Arbeit möglich. Die im Sprint Backlog aufgelisteten Tasks/Aufgaben werden täglich im Rahmen des Daily Scrum Meetings aktualisiert. Das Meeting zeigt, welches Teammitglied an welcher Aufgabe arbeitet und welche Tasks noch umgesetzt werden müssen. Durch das Task Board wird ein Sprint transparenter.

Im Weiteren ist der Einsatz eines Burn-Down-Charts (Abbildung 6.88) oder Information Radiator sehr sinnvoll (siehe Kapitel 6.4.6.5). Für die Koordination sind solche Instrumente sehr wichtig. So können gegebenenfalls Aufgaben auf andere Entwickler verteilt, spezielle Unterstützung geboten oder auch mit dem Product Owner vereinfachte Lösungen für eine Problemstellung gefunden werden, ohne den Wert der Funktion stark zu beeinflussen. Da alle Projektbeteiligten – inkl. Projektleiter 5.0 und die Stakeholder – Zugriff auf das Burn-Down-Chart haben, wird während der Realisierung eine höchstmögliche Transparenz gewährleistet. Dadurch lässt sich bei möglichen «Ausreissern» frühzeitig gegensteuern.

6.6.2.3 Daily Stand-up Meeting

Das Daily Stand-up ist ein täglich stattfindendes, auf 15 Minuten beschränktes Meeting, bei dem sich das Entwicklungsteam gegenseitig über Fortschritt, anstehende Tätigkeiten und mögliche Probleme austauscht. Dabei geht es primär um die Planung des Tages durch das Entwicklungsteam. Da sich die Teilnehmer im Kreis zum Dialog hinstellen, wird es auch als Stand-up Meeting oder als Daily Stand-up bezeichnet. Die Teilnahme ist für das Entwicklungsteam verpflichtend. Zusätzlich sollte der Scrum Master anwesend sein und das Meeting moderieren. Häufig ist auch der Product Owner anwesend, um allfällig notwendige Auskünfte zu geben. Uhrzeit, Dauer und Ort des Daily Stand-up sind fixiert [in Anlehnung an Dra 2019]. Es werden folgende Punkte besprochen:

- Was habe ich seit gestern gemacht? («Bist du gestern mit dem fertig geworden, was du dir vorgenommen hast?») → Nachführen des Taskboards mit den erledigten Tasks.
- Was plane ich heute zu tun? («Welche Aufgaben wirst du bis zum nächsten Meeting bearbeiten?») → Nachführen des Taskboards mit den neu startenden Tasks.
- Wo habe ich Koordinationsbedarf?
- Welche Probleme sind aufgetreten? («Gibt es ein Problem, das dich bei deiner Aufgabe blockiert/hindert?»)

Wichtig bei der Beantwortung dieser Fragen ist die individuelle Orientierung am Sprintziel. «In Bezug auf das Sprintziel habe ich seit gestern ...» wäre eine nützliche Satzstruktur, die den Fokus der Antwort auf die Erreichung des Ziels legt. So kann das Team gut erkennen, falls Anpassungen notwendig werden.

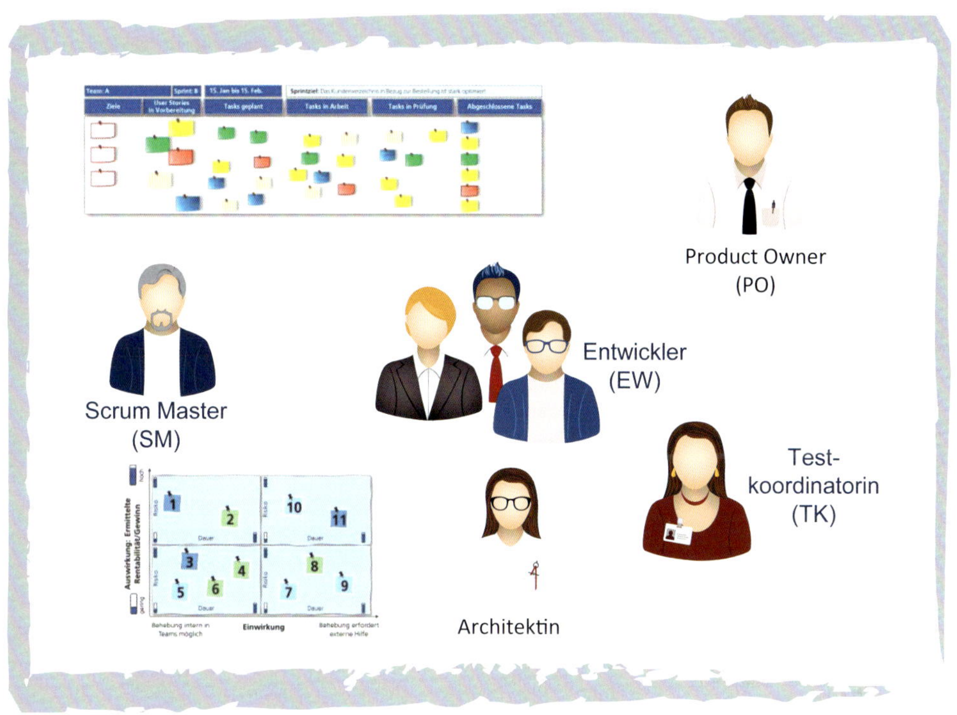

Abb. 6.89: Daily Stand-up Meeting

Das Daily Stand-up Meeting darf nicht dazu dienen, Probleme und Schwierigkeiten zu diskutieren oder Lösungsansätze zu erarbeiten. Stattdessen sollte es möglichst kurz und «knackig» gehalten werden. Um diese Timebox einzuhalten, ist eine präzise Moderation erforderlich. Problemdiskussionen müssen im Anschluss mit den relevanten Personen separat geführt werden. Der Scrum Master überwacht die Diskussion und sorgt dafür, dass das Meeting zielgerichtet abläuft [Wil 2017].

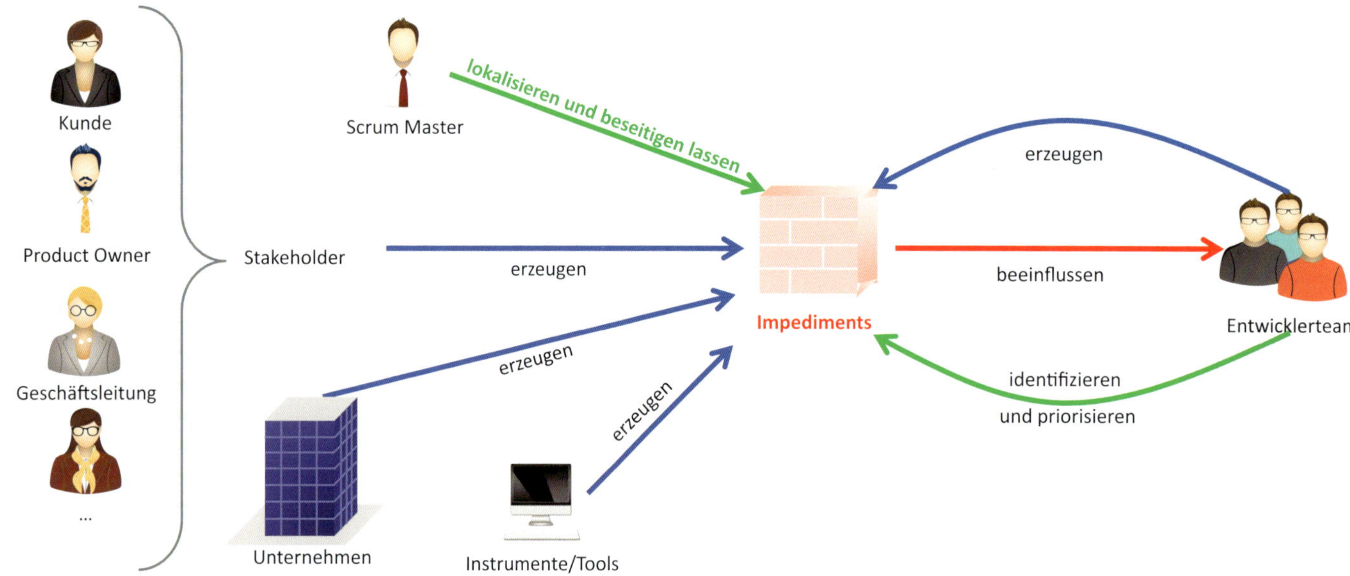

Abb. 6.90: Negative Beeinflussung des Teams während des Sprints «Impediments» in Anlehnung an [KAA 2017]

Sollten sich Fragen ergeben, die innerhalb der zur Verfügung stehenden 15 Minuten oder im Anschluss daran nicht geklärt werden können, ist es die Aufgabe des Scrum Masters, sich darum zu kümmern. Die betreffenden Punkte werden im Impediment Backlog (Liste, Taskboard, Kärtchen etc.) erfasst und weiterbearbeitet.

6.6.2.3.1 Impediment Backlog führen

Ein Impediment ist etwas, das das Entwicklungsteam daran hindert, effizient zu sein. Es existiert eine Vielfalt an unterschiedlichen Impediments, durch die das Team im Laufe seiner Arbeit beeinflusst werden kann. Deren Behebung ist eine wichtige Aufgabe des Scrum Masters. Der Ursprung der negativen Beeinflussung kann vielfältig sein. Beispielhaft stellt dies Abbildung 6.90 dar.

Bei grösseren und komplexeren Vorhaben gilt es, eine Unterscheidung bezüglich der Impediments zu machen:

- Impediments, die bis zum Entwicklerteam durchdringen (resp. von da kommen). Impediments aus dem Daily Stand-up sind oft fehlende fachliche Details oder eine technische Herausforderung, die ein Entwickler nicht selbst lösen kann oder Verzögerungen bei einzelnen Tasks bewirken.
- Impediments, die der Projektleiter 5.0 oder Scrum Master bereits vor dem Daily Stand-up aufnimmt (z.B. von den Stakeholdern). Im besten Fall werden sie vor dem

Meeting beseitigt. Diese Themen sollten vom Entwicklerteam ferngehalten werden bzw. das Team ist nur ansatzweise darüber zu informieren.

Die «Team»-Impediments werden vom Team priorisiert. Der wichtigste Treiber hierfür ist der Impact («Wie stark behindert das Impediment die Effizienz des Teams?»). Weitere Treiber können Kosten und/oder Aufwand für die Beseitigung sein.

Eine Möglichkeit zur Messung von Impediments stellt das sogenannte Impediment Impact Diagram dar (siehe Abbildung 6.91) [Pow 2014]. Es dient der Darstellung des Einflusses eines Impediments im Verhältnis zum Vorteil seiner Beseitigung.

Wie in der Grafik dargestellt, lassen sich auch feinere Unterteilungen realisieren. So kann pro Quadrant die Zeit bis zur Beseitigung sowie das Risiko der jeweiligen Impediments zur Priorisierung und Sortierung dargestellt werden [Kaa 2017].

Bei Impediments, die weder vom Team noch vom Scrum Master beseitigt werden können, müssen Stakeholder mit einer Relation zu den Impediments und Personen, die eine Einschätzung zum Vorteil der Beseitigung vertreten können, identifiziert und beauftragt werden. Hierfür kann in einem adaptiv geführten Projekt beispielsweise der Projektleiter 5.0 eingesetzt werden.

Impediments werden durch die Frage «Was behindert mich bei meiner Arbeit?» aufgedeckt. Einige Beispiele von typischen Impediments sind [Dra 2019]:

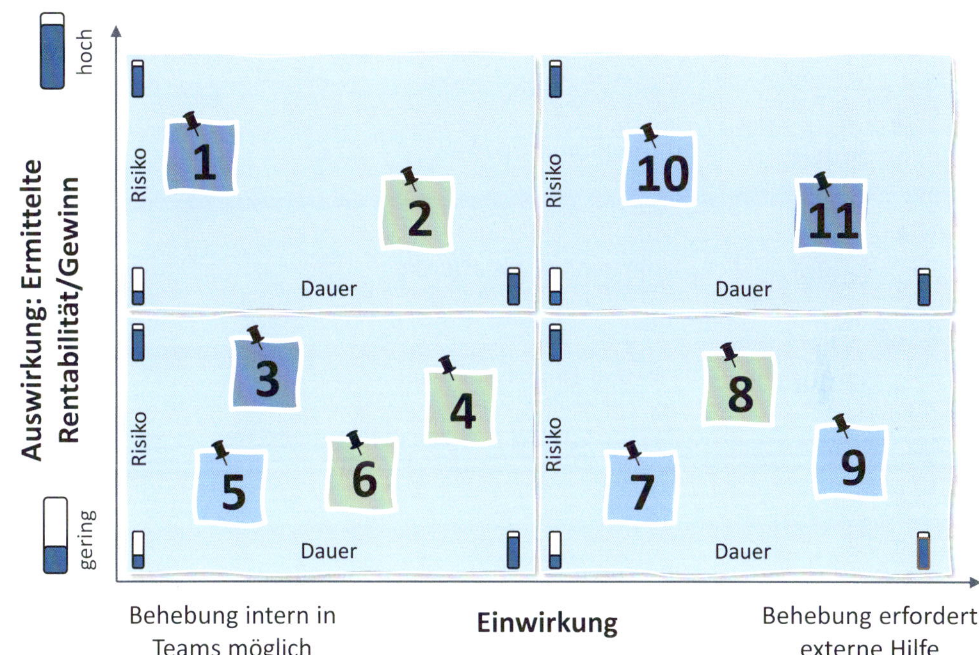

Abb. 6.91: Impediment Impact Diagram mit extra Dimensionen für Risiko und Beseitigungsaufwand nach [Pow 2014]

- «Mein Scanner ist kaputt und ich benötige heute einen neuen.»
- «Ich kann den Support bei unserem Lieferanten nicht erreichen, um ...».
- «Unser Lieferant kann nicht beginnen, solange wir den Auftrag nicht schicken.»
- «Die Klimaanlage ist defekt, wie soll ich bei der Hitze arbeiten?»
- «Ich habe Probleme beim Debuggen von ABC.»
- «Der Bereichsleiter kam rein und hat mir eine ganz wichtige Aufgabe zugeteilt.»
- «Wir sind acht Teammitglieder, haben aber nur fünf Lizenzen von X.»

Eigner	Problem	Priorität	Zieldatum	Status	Verantwortlich
Huber	Teamraum zu klein	Prio. 1	14.08.20nn	Erledigt	ALS
Meier	Klimaanlage reparieren	Prio. 2	13.10.20nn	In Arbeit	ZUB
Schmidt	Testing-Umgebung fehlt	Prio. 3	10.09.20nn	Offen	ADM

Abb. 6.92: Beispiel für ein Impediment Backlog

Boris Gloger gibt in seinem Blog Tipps, was Scrum Master beachten sollten [Glo 2010]:

- Hänge es öffentlich auf. Am besten im Gang, sodass alle es sehen können.
- Schreibe immer in aktiver Form, z.B. «wir benötigen eine bessere Kaffeemaschine».
- Beim Formulieren der Sätze nicht beleidigen, aber auch nichts verschweigen.
- Denke daran, alle Bereiche der Verbesserung tatsächlich zu bearbeiten.
- Mach es ordentlich: Es ist ein Ausdruck von Qualitätsbewusstsein, ob das Impediment Backlog ordentlich und gepflegt aussieht oder schlampig.
- Das Impediment Backlog muss sich verändern. Mit Durchstreichen und Hinzufügen wird gezeigt, dass der Scrum Master etwas tut.
- Das Impediment Backlog sollte regelmässig mit den anderen Scrum Master in der Organisation besprochen werden, um allfällige organisationsweite Impediments zu eruieren. Diese werden dann mit den Vorgesetzten der Scrum Master besprochen. Es gilt, die Verbesserungsmöglichkeiten aufzuzeigen.

Das Impediment Backlog stellt keine «Buchhaltung» dar. Beim nächsten Retrospektive-Meeting ist das Backlog per definitionem wieder leer. Der Scrum Master legt also keine Rechenschaft darüber ab, was er abgearbeitet hat bzw. abarbeiten liess. Impediments werden wieder frisch aufgenommen und priorisiert. Wenn ein Impediment nicht mehr vorgebracht wird, ist es entweder nicht mehr wichtig (effizienzverhindernd) oder nicht mehr existent.

6.6.2.4 Sprint Review Meeting

Das Sprint Review Meeting (SRM) ist ein Treffen am Ende eines Sprints zur Beurteilung und Abnahme der erledigten Arbeit in Bezug auf das gesteckte Sprintziel. Es dauert maximal zwei Stunden. Idealerweise hat das Entwicklungsteam zu diesem Zeitpunkt jedes Sprint Backlog Item fertiggestellt und ausführlich getestet [Dra 2019]. Anwesend sind der Scrum Master und der Product Owner sowie üblicherweise noch weitere Stakeholder (Management, künftige Benutzer etc.). Im Idealfall kann der Product Owner anhand der vorab definierten Abnahmekriterien (DoD) entscheiden, welche Items abgenommen werden können und welche nicht. Das Ziel ist es, dass die entwickelten und vorgestellten User Stories zu 100 Prozent abgenommen werden können.

Ein möglicher Ablauf eines Sprint Reviews sieht wie folgt aus:

- Begrüssung (allenfalls Erläutern der Regeln und Timebox) und Vorstellen des Sprintziels.
- Das Team oder der Scrum Master präsentiert eine Liste, aus der ersichtlich wird, welche Items umgesetzt wurden, welche gleich demonstriert werden und welche nicht. Die Liste sollte im Vorfeld zwischen Product Owner und Entwicklungsteam abgestimmt werden.
- Demonstration (d.h. Vorführung am echten Produkt) des fertiggestellten Produkt-Inkrements durch die Entwickler. Demonstriert werden beim Review lediglich die Items, die entsprechend der Definition of Done (DoD) tatsächlich fertiggestellt wurden. Das Feedback der Teilnehmer wird abgefragt und die User Stories werden abgenommen – gegebenenfalls aber eben auch nicht.

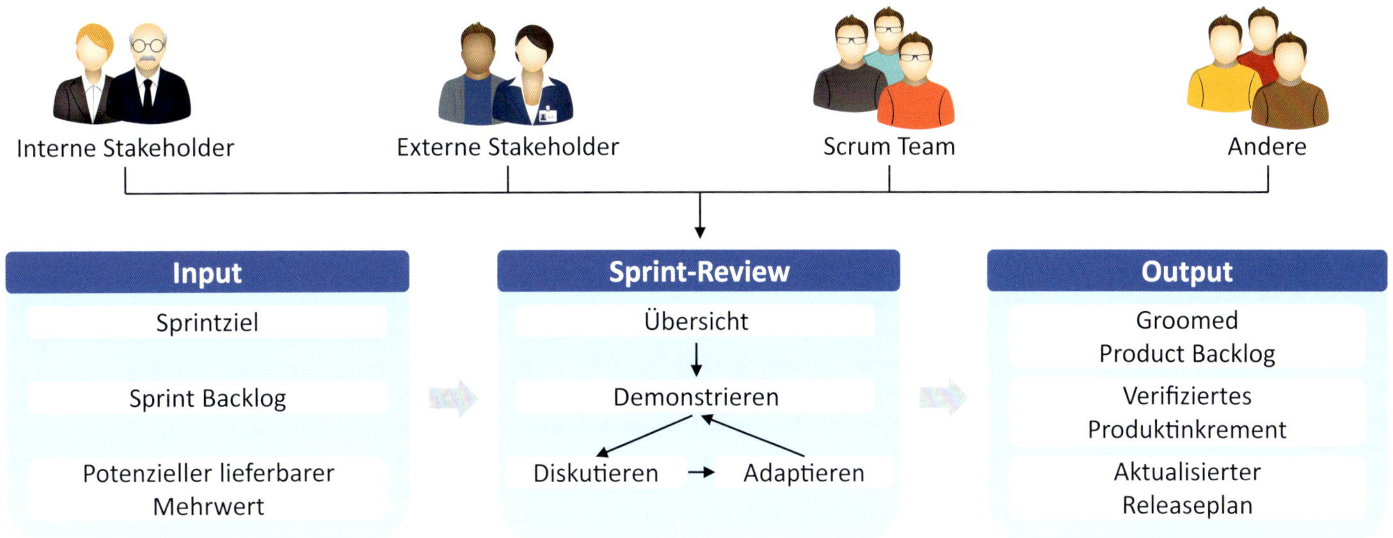

Abb. 6.93: Sprint Review nach [Har 2016]

- Sollten bestimmte Anforderungen nicht ganz erfüllt sein, werden diese vom Product Owner als neue bzw. nochmalige User Stories in das kommende Sprint Planning Meeting übernommen. Gleiches gilt für neue Ideen oder Anforderungen, die sich während des Sprint Reviews ergeben.
- Überprüfung, ob das Sprintziel erreicht wurde
- Der Scrum Master erläutert die grössten Herausforderungen des vergangenen Sprints.
- Feedback zur weiteren Produktgestaltung
- Ausblick auf den nächsten Sprint (Sprintziel vorstellen)

Hinweis: In der Praxis hat sich eine Alternative hinsichtlich der Abnahme bewährt. Dabei dient das Sprint Review Meeting nicht als Abnahmemeeting; die effektive Abnahme erfolgt in den ersten Tagen des neuen Sprints, wenn der Product Owner nochmals intensiv die Akzeptanzkriterien geprüft hat.

6.6.2.5 Sprint-Retrospektive

In Scrum ist eine Retrospektive ein regelmässiges Event, zu dem sich das Entwicklungsteam trifft. Dabei wird der zurückliegende Sprint beleuchtet, um die zukünftige Zusammenarbeit im Team zu verbessern bzw. die Effizienz des Teams zu erhöhen. Es ist ein Meeting, bei dem Prozesse, Werkzeuge, Fähigkeiten, Beziehungen, Herausforderungen und Erfahrungen reflektiert werden. Das Feedback bietet dabei Chancen sowohl für das Team als Ganzes als auch für jeden einzelnen Teilnehmer [Dra 2019].

Die Retrospektive als Treffen des Scrum Teams verfolgt verschiedene Ziele:

- Verbesserung der Zusammenarbeit im Team und Verbesserung von Abläufen und Inhalten. Es geht auch um das Zusammenspiel zwischen einzelnen Entwicklern, um das Wirken des Scrum Masters und die Kommunikation mit dem Product Owner. Damit ist die Retrospektive wichtiger Teil eines kontinuierlichen Verbesserungsprozesses (KVP).
- Effizienzsteigerung für die weitere Umsetzung
- Festlegung von Massnahmen, von Do's und Don'ts auf Grundlage der gemeinsam gewonnenen Erkenntnisse, Überprüfung der vereinbarten Massnahmen der vergangenen Retrospektive
- Raum und Gelegenheit für offenes Feedback im Team zur Vermeidung von Frust und Beseitigung von Missverständnissen

An der Sprint-Retrospektive nehmen Entwicklungsteam, Scrum Master und – wenn sinnvoll oder benötigt – der Product Owner teil. Die Durchführung der Retrospektive lässt sich in sechs Schritte einteilen [in Anlehnung an Dra 2019]:

1. Intro mit Begrüssung, Klärung der Ziele, Rückblick auf das letzte Treffen
2. Sammeln von Daten z.B. mit den nachfolgenden beschriebenen Fragen
3. Gewinnen von Einsichten, also die Klärung von «Wieso, Weshalb, Warum»
4. Festlegen und Priorisieren von Massnahmen

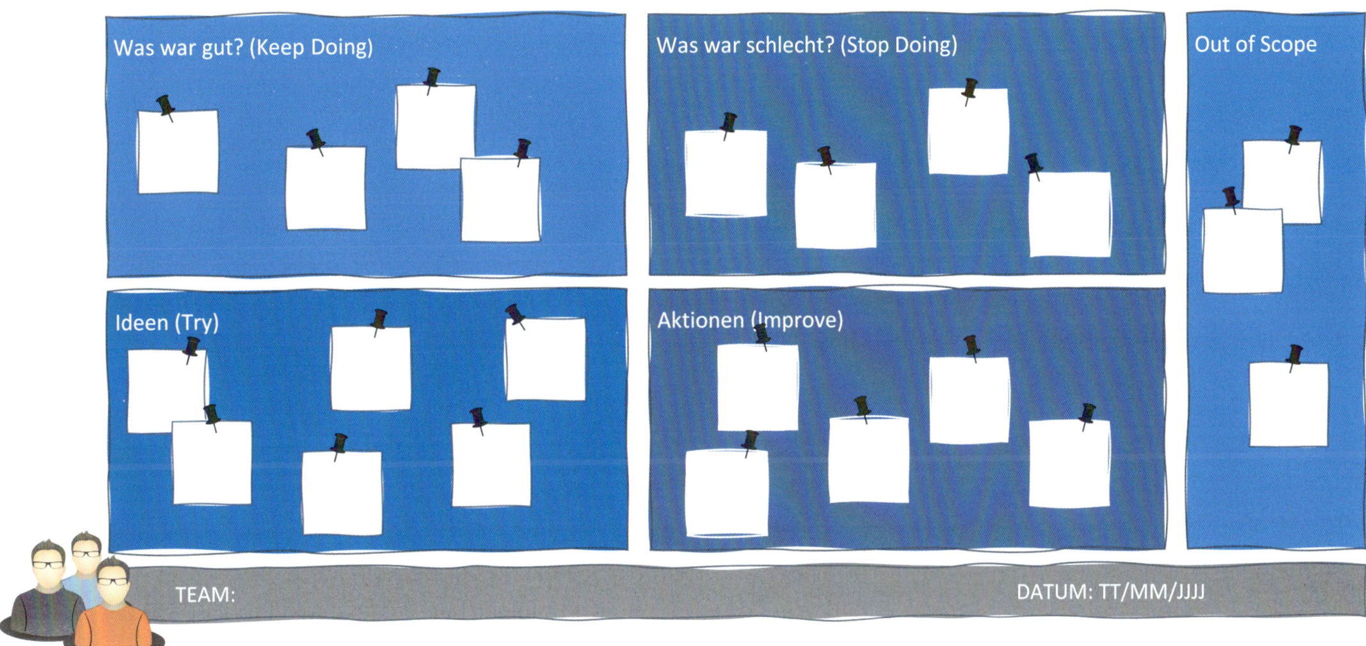

Abb. 6.94: Einfache Sprint-Retrospektive-Darstellung

5. Kurzes Fazit des Retrospektive-Prozesses: was beim nächsten Treffen wiederholt oder verändert werden sollte
6. Kurzes Rating um festzuhalten, wie wohl man sich fühlt respektive wie gut der Sprint war

Folgende Fragen sollten bei einer Retrospektive geklärt werden:

- Wofür haben wir mehr/weniger Aufwand gebraucht als veranschlagt und warum?
- Welche Techniken können wir wie verbessern?
- Welche neuen Techniken sollten wir einbeziehen?
- Was hat unsere interne Zusammenarbeit behindert?
- Wie können wir diese Störungen im nächsten Sprint verhindern?
- Was war besonders gut für unsere Zusammenarbeit?
- Welche Störungen gab es von aussen?
- Welche Hindernisse soll der Scrum Master aktuell beseitigen?
- Welche hilfreichen Inputs haben wir von aussen erfahren?

Für den effizienten Ablauf ist der Scrum Master verantwortlich. Meist ist er Moderator und evtl. auch Motivator. Er wählt die Methoden und sorgt für eine offene, vertrauensvolle und ehrliche Kommunikation (siehe Kapitel 6.5.4.1, «Retrospektive für Release und/oder Projekt»).

Bei der Durchführung von Retrospektiven sind zwei einfache, aber wichtige Regeln zu beachten [Dra 2019]:

- 1. Vegas-Regel: «What happens in Vegas, stays in Vegas.» Alles, was in der Retrospektive besprochen wird, bleibt den Teilnehmern der Retrospektive vorbehalten. Das Treffen zur Verbesserung der Zusammenarbeit im Team und der gemeinsamen Entwicklungsleistung basiert auf Vertrauen. Gerade beim Feedback untereinander ist dieses Vertrauen elementar.
- 2. Goldene Regel: Alle Teilnehmer behandeln sich mit Respekt und Wertschätzung. Es geht um das Team, in das sich jeder mit bestem Wissen und Fähigkeiten einbringt. Schuldzuweisungen und Besserwisserei sind zu vermeiden.

Erst durch die Retrospektive hat das Team die Chance, sein Vorgehen und seine Prozesse kontinuierlich zu verbessern. Ein Team, das Retrospektiven nur sehr unregelmässig durchführt oder in denen schlecht moderiert wird, kann von den positiven Effekten wenig profitieren. Es ist nicht in der Lage, sein eigenes Verhalten zu reflektieren und entsprechend anzupassen.

Achtung: Bei sprintmässig durchgeführten Retrospektiven besteht die Gefahr, dass man sie mit der Zeit weglässt oder sie immer kürzer werden. Dies soll für die Teilnehmer aber nicht heissen, dass sie nicht mehr wichtig sind, sondern eher als Zeichen verstanden werden, dass man schon gut eingespielt ist. Das «Retro» muss auf jeden Fall immer Platz finden.

6.6.2.6 Product Backlog Refinement

Je nach Sichtweise wird das Backlog Refinement erst am Schluss des Sprints oder während der gesamten Entwicklung des Releases als «dauernde» iterative Tätigkeit bei einem wöchentlichen Backlog Refinement Meeting durchgeführt (Abbildung 6.79). Dabei wird das Backlog immer aktuell gehalten.

Beim Backlog Refinement Meeting (BRM) geht es um folgende Aspekte [Dra 2019]:

- Detaillierung des Product Backlog Item (Epics, User Stories, Bugs, Technical Stories etc.)
- Schätzung der Backlog Items
- Kontinuierlicher Prozess mit Product Owner und Entwicklungsteam (Business-Wissenstransfer)
- Begutachtung und Überarbeitung der Backlog Items (Verfeinerung) im Sinne der Priorität

Backlog Refinement (Verfeinern) wird auch Backlog Grooming (Pflegen), Backlog Estimation Meeting, Pre-Planning oder Story Time genannt. Das Backlog Refinement Meeting ist ein Arbeitsinstrument des Product Owners. Es ist, unter seiner Führung, ein Treffen mit dem agilen Entwicklungsteam, bei dem auch der Scrum Master teilnimmt. Beim Backlog Refinement handelt es sich nicht um einen offiziell definierten Bestandteil der Scrum-Methode, im Unterschied zum Daily Stand-up Meeting oder dem Sprint Planning Meeting.

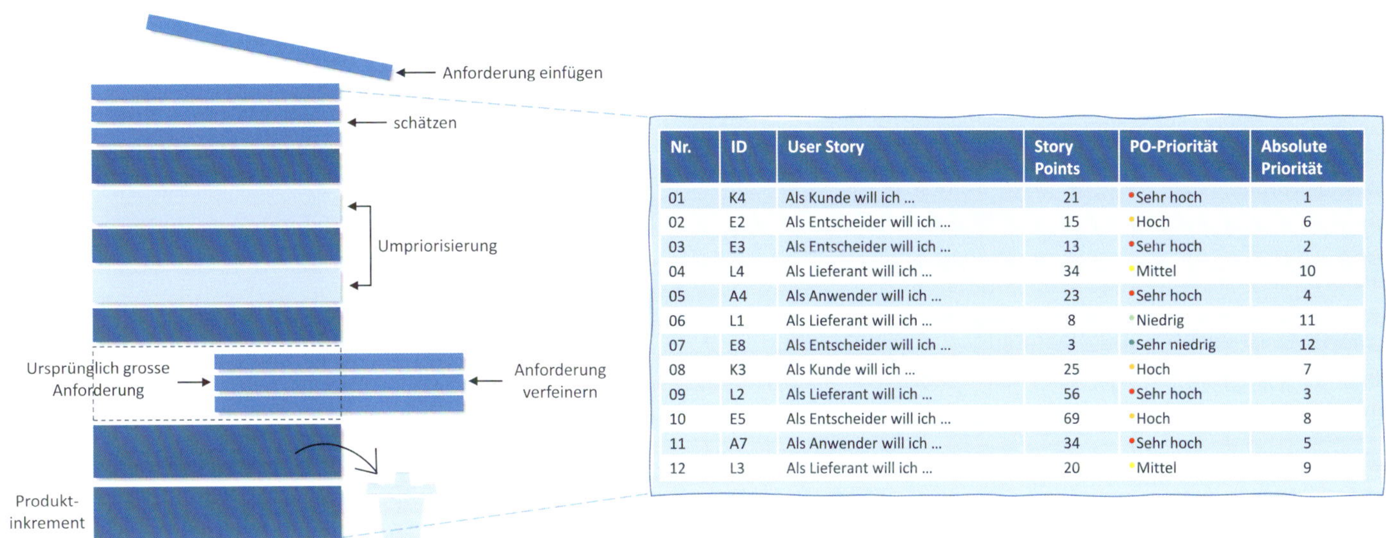

Nr.	ID	User Story	Story Points	PO-Priorität	Absolute Priorität
01	K4	Als Kunde will ich ...	21	Sehr hoch	1
02	E2	Als Entscheider will ich ...	15	Hoch	6
03	E3	Als Entscheider will ich ...	13	Sehr hoch	2
04	L4	Als Lieferant will ich ...	34	Mittel	10
05	A4	Als Anwender will ich ...	23	Sehr hoch	4
06	L1	Als Lieferant will ich ...	8	Niedrig	11
07	E8	Als Entscheider will ich ...	3	Sehr niedrig	12
08	K3	Als Kunde will ich ...	25	Hoch	7
09	L2	Als Lieferant will ich ...	56	Sehr hoch	3
10	E5	Als Entscheider will ich ...	69	Hoch	8
11	A7	Als Anwender will ich ...	34	Sehr hoch	5
12	L3	Als Lieferant will ich ...	20	Mittel	9

Abb. 6.95: Backlog Refinement: Pflegen des Product Backlog in Anlehnung an [Mic 2018]

Abb. 6.96: Story Refinement (Verfeinern) als Basisarbeit für das Sprint Planning [Mic 2018]

Oberstes Ziel von BRM ist es, dass die vom Product Owner für die nächste Sprintplanung selektierten User Stories vorbereitet werden. Backlog Refinement umfasst das Aufteilen grosser Items (Epics) in kleinere (User Stories) sowie die Redaktion und das Verfeinern zu aussagekräftigeren Backlog Items. Auch werden User Stories gegebenenfalls besprochen, geschätzt, priorisiert und allenfalls in einen anderen Sprint oder Release verschoben. Veraltete oder nicht mehr benötigte Items werden gelöscht.

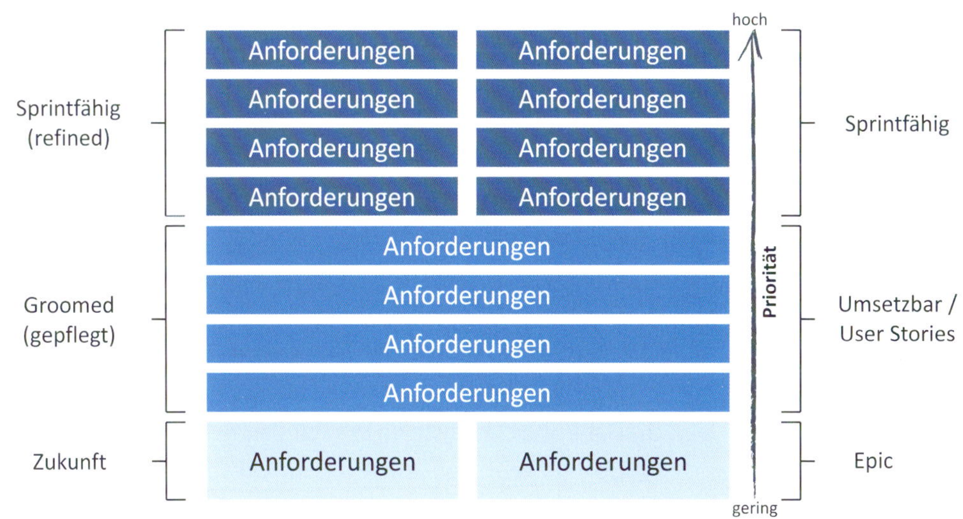

Das durch Backlog Refinement optimierte Backlog dient als Quelle primär zur Erstellung eines Sprint Backlogs mit den wichtigsten und den am höchsten priorisierten Anforderungen. Das Sprint Backlog ist quasi eine Wunschliste des Product Owners für den nächsten Sprint. Wie viele Backlog Items ins Sprint Backlog aufgenommen und in der

Folge im nächsten Sprint tatsächlich umgesetzt werden, entscheidet das Entwicklungsteam. Die Wahl der Items (WAS) trifft jedoch immer der Product Owner anhand der Priorisierung und der Aufwandschätzungen durch die Entwickler. Mit der Zeit sollte er auch immer besser wissen, wie viel Aufwand einzelne Items benötigen; damit kann er bereits selber grob einen Sprint zusammenstellen.

Ablauf: Es ist wichtig, dass Teammitglieder regelmässig in diese Meetings einbezogen werden. Es braucht dazu jedoch nicht immer das ganze Entwicklerteam. Nachfolgend ein idealer Ablauf des Backlog Refinement Meetings, wie er pro Product Item durchlaufen werden muss [in Anlehnung an Mic 2018]:

Der Product Owner hat das Recht, die Reihenfolge der Backlog Items festzulegen und jederzeit das Backlog zu aktualisieren, also auch ausserhalb des Meetings.

1. Das Entwicklungsteam identifiziert, welche Product Backlog Items aus der Liste der vom PO vorgegebenen Items noch spezifiziert werden müssen.
2. Der Product Owner erklärt, was das Product Item ist und warum es gebraucht wird.
3. Das Entwicklungsteam versteht das WAS und WARUM. Ist dies nicht der Fall, so wird das Item ins Product Backlog zurückgestellt oder der PO bzw. der Business Analyst muss das Backlog Item besser aufbereiten, damit es doch noch in den nächsten Sprint passt.
4. Das Entwicklungsteam weiss, WIE es das Item umsetzen muss. Ist dies nicht der Fall, sind weitere Diskussionen oder die Erstellung einer Spike Story erforderlich.
5. Das Entwicklungsteam schätzt den Aufwand.
6. Der PO prüft, ob Nutzen und Aufwand bei den aktualisierten Product Backlog Items weiterhin im richtigen Wertverhältnis sind; anderenfalls werden sie gelöscht. Alternativ können sie auch umformuliert werden – vielleicht bilden sie eine Basis, auf der spätere Funktionen aufgebaut werden können (sogenannte Enabler Items, siehe Abbildung 7.22 in Kapitel 7.3.1).

Die Arbeiten im Backlog Refinement sollten sich aufwandsmässig auf nicht mehr als 10 % der Gesamtkapazität des Entwicklungsteams belaufen. Daher ist es – anders als beim Sprint Planning – nicht immer notwendig, dass alle Projektbeteiligten anwesend sind. Wenn z.B. die Entwickler sich auf die Umsetzung ihrer User Stories konzentrieren müssen, brauchen sie nicht noch ein Meeting, das ihre Arbeit unterbricht.

Als Dauer für ein Backlog Refinement Meeting wird häufig eine Stunde angesetzt. Natürlich hängt dies auch davon ab, wie oft es im Sprint durchgeführt wird, um unter den 10 % der Kapazität zu bleiben [Mic 2018].

Um die Meetings effizient umzusetzen, ist eine gute Visualisierung (z.B. mit User Story Maps) und eine zeitliche Begrenzung pro User Story (z.B. 10 Minuten) hilfreich. Damit werden endlose Diskussionen am Meeting vermieden. Wie bereits erwähnt, stehen Aktualität, Verständlichkeit und Vollständigkeit der Backlog Items an oberster Stelle. Daher sollen insbesondere auch die Akzeptanzkriterien der priorisierten User Stories besprochen und festgelegt werden (siehe Kapitel 7.3.3.3).

Das Backlog Refinement effizient zu planen und durchzuführen, ist Sache des Product Owners. Dazu einige Tipps gemäss Thomas Draba [Dra 2019]:

- Vorbereitung
  Die demnächst anstehenden User Stories sind bereits priorisiert, klar verständlich und detailliert genug beschrieben (z.B. mit INVEST-Ansatz, siehe Kapitel 7.3.4.3).
- Entwicklung von Akzeptanzkriterien
  Die Akzeptanzkriterien sind gemeinsam im Team zu besprechen. Dies führt zu einem besseren, gemeinsamen Verständnis. Alternativ könnten die Kriterien auch nur vom Product Owner vorgegeben werden. So liesse sich zwar der Aufwand reduzieren, aber Verständnislücken könnten unter Umständen unentdeckt bleiben.
- Den Fokus im Blick
  Der Fokus im Backlog Refinement liegt auf dem Ziel, die Stories so weit zu besprechen und zu verfeinern, bis sie geschätzt werden können. Die Aufwandsschätzung ist lediglich Bestandteil mehrerer Arbeiten wie z.B. Aufnehmen von neuen User Stories, Eliminieren von vorhandenen Items oder Splitten einzelner User Stories.
- Frequenz
  Die Theorie gibt wöchentliche Backlog Refinements vor. Besser ist eine Orientierung an den eigenen Möglichkeiten und Vorstellungen. Dauert ein Sprint z.B. vier Wochen, dann könnte es sinnvoll sein, nur alle zwei Wochen ein entsprechendes Meeting durchzuführen. Unabhängig von der Frequenz muss das Backlog Refinement aber immer vor dem nächsten Sprint Planning durchgeführt werden.
- Dauer eines Refinements
  Für das Meeting ist eine feste Dauer zu setzen. Das Time Keeping kann z.B. der Scrum Master übernehmen. Er sorgt dafür, dass Diskussionen in den Meetings nicht zu viel Zeit beanspruchen. Dauert das Backlog Refinement länger als geplant, ist es meist besser, einen neuen Termin zu vereinbaren.
- (Digitale) Nachbereitung
  Für viele Unternehmen ist die Traceability und Revisionssicherheit beim Arbeiten mit User Stories wichtig. Es ist Geschmacksache, ob man den gesamten Prozess von Anfang an digitalisiert oder mit haptischen User Stories und Story Mappings, sprich Post-its, arbeitet. Grundsätzlich sollte jedoch das Ergebnis bereits am Ende des Meetings vorliegen. Daher ist die Verwendung von modernen Tools empfehlenswert. Sie unterstützen das Zusammenspiel von User Stories, resultierenden Tasks, Schätzungen und History, wenn eine Story angepasst oder kommentiert wird.

Mit dem überarbeiteten Backlog kann auch die Releaseplanung überprüft und justiert werden. Basierend auf den verfeinerten und allenfalls neu sortierten User Stories wird der planerische Blick auf den Releasehorizont eingenommen. Es werden Velocity, Abwesenheiten, vorherrschende Umsysteme etc. mit allen Betroffenen (Product Owner, Projektleiter 5.0, allenfalls Auftraggeber oder andere wichtige Stakeholder) neu kalibriert oder je nach Zustand überarbeitet.

Hinweis: Zu Beginn der agilen Entwicklung wurde von Backlog Grooming und Stories Refinement gesprochen. In der Praxis wird diese Arbeit mehrheitlich zusammen als Backlog Refinement bezeichnet. Idealerweise finden diese Meetings jeweils, wie in Abbildung 6.79 aufgezeigt, immer am gleichen Wochentag statt, sodass sich Teammitglieder auf diesen Rhythmus einstellen können. Im Hinblick auf mögliche Abwesenheiten (Urlaub, Krankheit oder andere

Gründe) sollte der Product Owner zudem immer auch einige User Stories im Product Backlog im Sinne von «sprint-ready» (DoR) bereithalten. So kann das Entwicklerteam dennoch den nächsten oder übernächsten Sprint durchführen.

6.6.3 Sprinttheoretische Grundlagen

Das zentrale Ziel eines SW-Sprints ist es, ein Stück potenziell auslieferbare Software zu erstellen. Selbst wenn aus Zeitgründen oder aufgrund unerwarteter Komplexität bestimmte Aspekte in einem Sprint nicht (wie vorgesehen) realisiert werden können, endet der Sprint dennoch gemäss Zeitplan (Timebox) – und es muss dabei zwingend ein in sich getestetes, funktionierendes und dokumentiertes Produktinkrement produziert werden. So kann der Product Owner nach jedem Sprint entscheiden, ob er dieses Teilstück schon produktiv einsetzen will oder lieber mehrere Teilstücke in einen Release bündelt und zu einem späteren Zeitpunkt ausliefert [Wil 2017].

6.6.3.1 Sprint-Entwicklungsvarianten

Ein Sprint (d.h. eine «Entwicklungsphase») enthält immer alle für ein potenziell auslieferbares Stück Software notwendigen Entwicklungsschritte: Analyse, Entwicklung (z.B. Programmierung), Test sowie Dokumentation für jedes

Abb. 6.97: Sprint-varianten

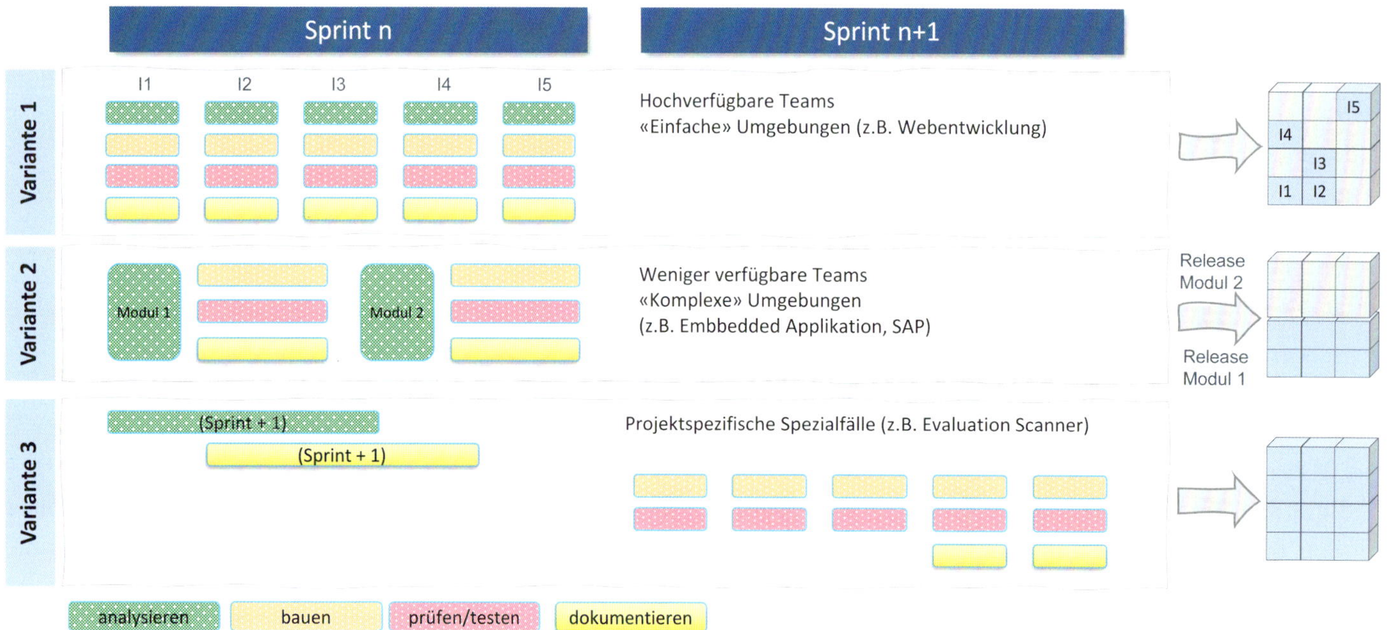

Inkrement (Variante 1 in Abb. 6.97). Hinzu kommen Sprint Events wie Planning, Daily Meeting, Controlling, Review, Retrospektive und Refinement gemäss Abbildung 6.79.

Wenn von Sprints gesprochen wird, ist üblicherweise Variante 1 gemäss Abbildung 6.97 gemeint, so wie die Scrum-Entwicklungsmethode es vorgibt. In der Praxis hat es sich jedoch gezeigt, dass man das Produkt nicht immer in dieser rein agilen Form erstellen kann. Häufig ist es aufgrund der Voraussetzungen notwendig, gemäss den Varianten 2 und 3 vorzugehen. Ferner hat die Praxis auch gezeigt, dass es insbesondere bei grossen Entwicklungen sinnvoll ist, einen «Sprint zero» zur Aufbereitung der Entwicklungsumgebung durchzuführen und/oder vor dem Ausliefern eines Releases im Rahmen eines Stabilisierungssprints einen umfassenden Integrationstest vorzunehmen. Somit gibt es verschiedene Sprintvarianten, die nach wie vor agiles Arbeiten ermöglichen. Zudem sei darauf hingewiesen, dass in der Praxis gerade in hybriden Projekten meist ein Mix dieser Formen angewendet werden muss.

Will man erfolgreich projektorientiert agil vorgehen, so ist Folgendes zu berücksichtigen:

- Vor dem ersten Sprint – und auch dann, wenn neue Produkte entwickelt werden – sollte eine Vorphase stattfinden: Planung & High-Level-Design (siehe Abbildung 6.78, Kapitel 6.6.2). Ziel ist es, ein qualifiziertes Businesskonzept zu erstellen, ein Initial Product Backlog als Basis für den Product Backlog.
- Alles, was sich nicht oder nur sehr schwer ändern lässt (z.B. die Basisarchitektur), sollte im Prozessschritt Projektabwicklungskonfiguration definiert und ebenfalls in einer Vorphase – soweit nach dem agilen Prinzip sinnvoll – umgesetzt werden (siehe Kapitel 7.2.5).
- Es ist zwar möglich, die Anzahl Releases und Iterationen z.B. mit einer Story Map im Voraus festzulegen. Es bleiben aber bei der Gesamtschätzung und -planung dieselben Unsicherheiten wie bei konventionellen Projekten. Wie in Kapitel 6.3 beschrieben, gilt es, bei grösseren Projekten eine Initialplanung zu erstellen und die Planung anschliessend gemäss Wave-Theorie laufend zu verfeinern.

6.6.3.2 Sprint zero

Immer mehr Teams arbeiten mit einem «Sprint zero». Er wird hauptsächlich dann eingesetzt, wenn bestimmte Dinge vor dem eigentlichen Entwicklungsstart erledigt werden müssen. Vielleicht muss erst noch ein Team zusammengestellt oder Hardware besorgt und installiert werden. In manchen Projekten werden sogar separate Backlog Items, sogenannte «Projektabwicklungs-Items», gefordert.

Eines der grössten Probleme bei Sprint zero ist, dass für ihn andere Regeln gelten. Beispielsweise ist es bei Sprint zero nicht das Ziel, am Ende etwas potenziell Auslieferbares zu bekommen. Daher gibt es verschiedene Sprint-zero-Varianten:

- **Variante 01 «Einnisten»:** Die ursprüngliche Idee von Sprint zero ist die Idee des «Sich-Einnistens». «Zero» bedeutet, dass bezüglich «Leistung» noch nichts zählt. Es geht primär darum, das Team zusammenzubringen und die Werkzeuge «auszuprobieren». Das Team arbeitet wie in einem normalen Sprint an der Umsetzung von konkreten Anforderungen, aber im Bewusstsein, dass hier primär die Zusammenarbeit geübt wird. Das heisst, die Velocity wird in diesem Sprint eher klein sein und die Menge der Impediments (Hindernisse) hoch.

- **Variante 02 «Entwicklungsrahmen skalieren»:** Diese Form eines Sprints zero ist sinnvoll, wo projektübergeordnet technische Grundlagen wie Architektur, Sicherheit und Infrastruktur bereits vorhanden sind, das Entwicklungsteam diesen Entwicklungsrahmen aber noch nicht kennt und somit auch noch nicht auf das zu erstellende Produkt skaliert hat. Unmittelbar nach dem Kick-off bei MS20 startet das Team mit Sprint zero, in dem die im Kick-Off erarbeiteten Aufgaben wie Organisation des Teamraums, Erarbeitung von Rahmenprozessen, Toolkonfiguration etc. abgearbeitet werden. Dieser Sprint sollte prozessmässig gleich geplant und umgesetzt werden wie die späteren Entwicklungssprints. Die Arbeiten werden in Kapitel 7.2.5 «Abwicklungskonfiguration» umfassender beschrieben.
- **Variante 03 «Entwicklungsrahmen erstellen»:** Wenn aufgrund der Sachverhältnisse bei MS20 klar ist, dass bei der Umsetzung eines grossen Projekts technische Rahmenbedingungen wie z.B. Architektur, Sicherheitsstandards, Designrichtlinien oder die Entwicklungsumgebung fehlen, so ist es sinnvoll, dass z.B. Architektur-Epics, Spike-Stories und Konzeptionsarbeiten im Vorfeld der effektiven Business-Produktentwicklung ausgearbeitet werden. Insbesondere bei Auftragsprojekten ist dieser Ansatz wichtig.

Wird von Sprint zero gesprochen, so muss immer zuerst geklärt werden, was genau bzw. welche Variante man damit meint.

6.6.3.3 Klärungssprints vor dem eigentlichen Projekt

Fehlen bei einem grösseren Vorhaben insbesondere bezüglich der technischen Machbarkeit die wichtigsten Entscheidungsgrundlagen, so macht es Sinn, ein sogenanntes «Projekt vor dem Projekt» durchzuführen. Darin wird z.B. entschieden, ob es überhaupt ein Entwicklungsprojekt geben soll. Bevor also ein Unternehmen mit einem neuen grossen Projekt anfängt, sollte immer erst darüber nachgedacht werden, ob dieses Projekt im Sinne der technischen und finanziellen Machbarkeit überhaupt durchgeführt werden soll (siehe «Knetphase» gemäss Kapitel 4.2.2.2). Dieser Entscheidungsfindungsprozess kann auch – in agiler Abwicklungsform – als eigenständiges kleines Projekt betrachtet werden.

Ein «Projekt vor dem Projekt» kann auch sinnvoll sein, da die entsprechenden Arbeiten meist nicht im Rahmen eines einzigen Sprints umgesetzt werden können. Bei diesen Projekt-vor-dem-Projekt-Sprints gilt es aber, immer nach den agilen Prinzipien vorzugehen. Dabei ist der Mehrwert für den Kunden nicht im Sinne des effektiven Endkunden; in diesem Fall sind die Entwickler die «Kunden» [Coh 2005].

In einem «Projekt vor dem Projekt» können bereits feststehende Teammitglieder wie Product Owner oder Projektleiter 5.0 auch einen ersten Product Backlog erstellen, weitere Teammitglieder (Scrum Master, Entwickler, Tester etc.) rekrutieren sowie die technischen Voraussetzungen für eine mögliche Umsetzung schaffen etc.

Zu beachten sind folgende Punkte:

- Das «Projekt vor dem Projekt» ist möglichst einfach zu halten.
- Bei seiner Ausführung wird nichts potenziell Auslieferbares entstehen. Und das ist auch in Ordnung.

6.6.3.4 Stabilisierungssprint

Der Stabilisierungssprint verfolgt das Hauptziel, ein hoch qualitatives Produkt auszuliefern, das auch zusammen mit den Umsystemen einwandfrei läuft.

Der Stabilisierungssprint – auch QM-Sprint oder Release-Sprint genannt – wird in Scrum-Fachkreisen mit einer gehörigen Portion Misstrauen betrachtet, weil er fast immer die Folge einer schlechten Codebasis und suboptimaler Entwicklungspraktiken ist. Je nach Reifegrad von Team, Stabilität der komplexen Konfiguration in vielen ICT-Infrastrukturen und den damit vorhandenen Erfahrungen ist es im Sinne der Qualitätssicherung in der Praxis notwendig und angebracht, die etwas verpönten Stabilisierungssprints durchzuführen.

Das bedeutet, dass nach mehreren Sprints mit freigegebenen Inkrementen das im Releaseplan definierte Potentially Shippable Product Increment (PSPI) nochmals als Ganzes kritisch geprüft und sauber abgegrenzt werden muss. In einem ersten Schritt wird das PSPI beispielsweise mit zusätzlichen Regressions- und Integrationstests mit Umsystemen ausführlich geprüft. Danach erfolgen die Release-Stabilisierung (Bugfixing und Retesting) und das Rollout.

Die Praxis hat Potenzial für einen Stabilisierungssprint insbesondere bei Auftragsprojekten gefunden, also dort, wo nach dem Projekt das aufgebaute und vorhandene Wissen mit den Entwicklern in ein anderes Auftragsprojekt weiterzieht. Hier gilt es, alles Richtige und Wichtige «sauber» aufzuräumen – von den technischen Schulden, den Testdaten über Testfälle, Dokumentationen bis hin zu den Entwicklungsinstrumenten. Auf dieser Basis kann die Wartung oder spätere Weiterentwicklung erfolgen.

6.6.3.5 Sprintabbruch

Ein Sprint wird immer möglichst unverändert zu Ende geführt. Nur in besonders schweren Fällen wird er komplett abgebrochen. Ein Sprint kann vorzeitig – d.h. vor dem Ablauf seiner Timebox – abgebrochen werden, wenn das Sprintziel obsolet wird oder markante Änderungen des Sprint Backlogs notwendig werden. Ausschliesslich der Product Owner ist befugt, einen Sprint abzubrechen. Dabei muss ein Sprint Review und eine kurze Retrospektive vorgenommen werden. Beim Sprint Review werden die erfolgreich umgesetzten User Stories u.a. dahin gehend geprüft, ob eine Auslieferung trotz Abbruch möglich ist. Im Weiteren werden die nicht umgesetzten und nicht ausgelieferten User Stories wieder in das Product Backlog aufgenommen.

6.7 Querschnittsthemen der Projektführung

Hinweis: Die Reihenfolge der Themen ist bezüglich Abwicklungsprozess irrelevant!

Wie bereits in Kapitel 6.4.3 «Übergeordnete Führungsdisziplinen als effiziente Steuerungsinstrumente» erläutert, gibt es neben den zentralen Führungsaufgaben wie Projekt starten, planen, steuern, kontrollieren und abschliessen weitere Führungsdisziplinen. Grundsätzlich sind es Steuerungsinstrumente, die es dem Projektleiter 5.0 ermöglichen, das Projekt stets proaktiv auf Kurs zu halten. Gegenüber dem konventionellen PM haben sich diese Steuerungsinstrumente im adaptiven Projektmanagement jedoch dahin gehend verändert, dass sie – soweit sinnvoll und angemessen – vom gesamten Projektteam angewendet werden und nicht nur vom Projektleiter. Disziplinen wie Risiko-, Qualitäts-, Änderungs- und Konfigurationsmanagement werden kompetitiver eingesetzt. Sie sind in der agilen Welt zentrale Themen.

Nachfolgend werden pro Steuerungsdisziplin die Veränderungen im adaptiven gegenüber dem konventionellen Projektmanagement aufgeführt. Dabei werden agile steuerende Methoden und Praktiken erläutert, die während des Projektabwicklungspozesses eingesetzt werden können. Nur dort, wo es notwendig ist, wird auch auf die steuernden konventionellen Methoden und Instrumente eingegangen, da sie ansonsten bereits in vielen PM-Büchern ausführlich beschrieben sind.

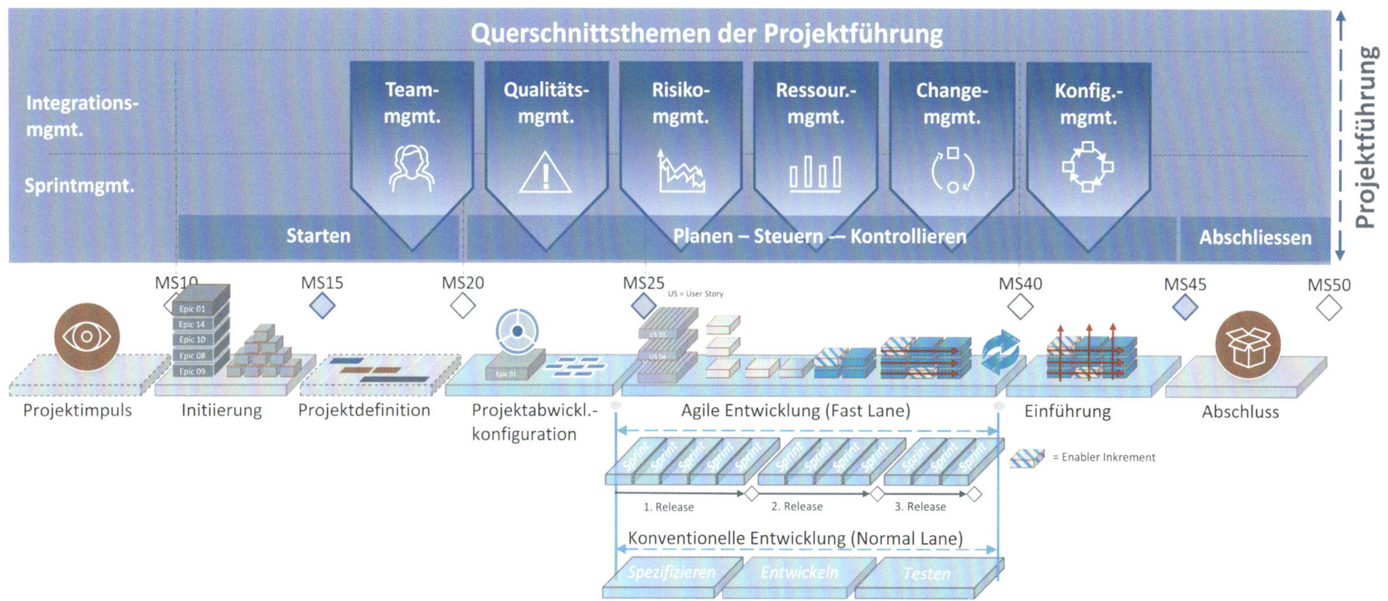

Abb. 6.98: Querschnittthemen der adaptiven Projektführung

6.7.1 Teammanagement (TM)

6.7.1.1 Grundlagentheorie (Teambildungsprozess)

Das Wissen über den Teambildungsprozess ist wohl einer der wichtigsten Bestandteile in der Ausbildung, die ein kompetentes Teammitglied auf dem Gebiet der Sozialpsychologie erhalten muss. Dieser Bestandteil ist deshalb so wichtig, weil er sich fortlaufend bei jeder Veränderung der Teamstruktur oder des Projektumfelds abspielt und nicht nur bei der Neubildung eines Teams beim Projektstart. Es gibt praktisch keinen «stabilen» Zustand des Teams und der damit verbundenen Teamleistung.

Gemäss der Theorie von Bruce Tuckman [Tuk 1965] läuft die Bildung oder die Umgestaltung eines Teams in vier Phasen ab. Während die ersten drei Phasen eine Strukturveränderung bewirken (Forming, Storming, Norming), ist die vierte Phase (Performing) der anzustrebende Zustand der Teambildung. Erst in dieser Phase kann die volle Arbeitsleistung erbracht werden. Die Intensität der Ausprägungen der ersten drei Prozessphasen ist von Situation zu Situation verschieden. Dabei fällt wesentlich ins Gewicht, ob ein Team neu gebildet wird (Erstellung der Teamstruktur) oder ob beispielsweise durch den Eintritt eines neuen Mitglieds (Modifizierung der Teamstruktur) der Prozess erneut gestartet werden muss. Die Dauer der einzelnen Phasen kann nicht genau festgelegt werden, da diese sehr situationsbezogen ablaufen.

Das Ziel jeder Teambildung ist grundsätzlich – ob im Beruf, Sport oder wo auch immer – dasselbe: Die ersten drei Phasen sollen möglichst schnell durchlaufen werden, um möglichst lange in der letzten Phase zu verbleiben. Dabei ist die Performingphase nicht immer mit Leistung im wirtschaft-

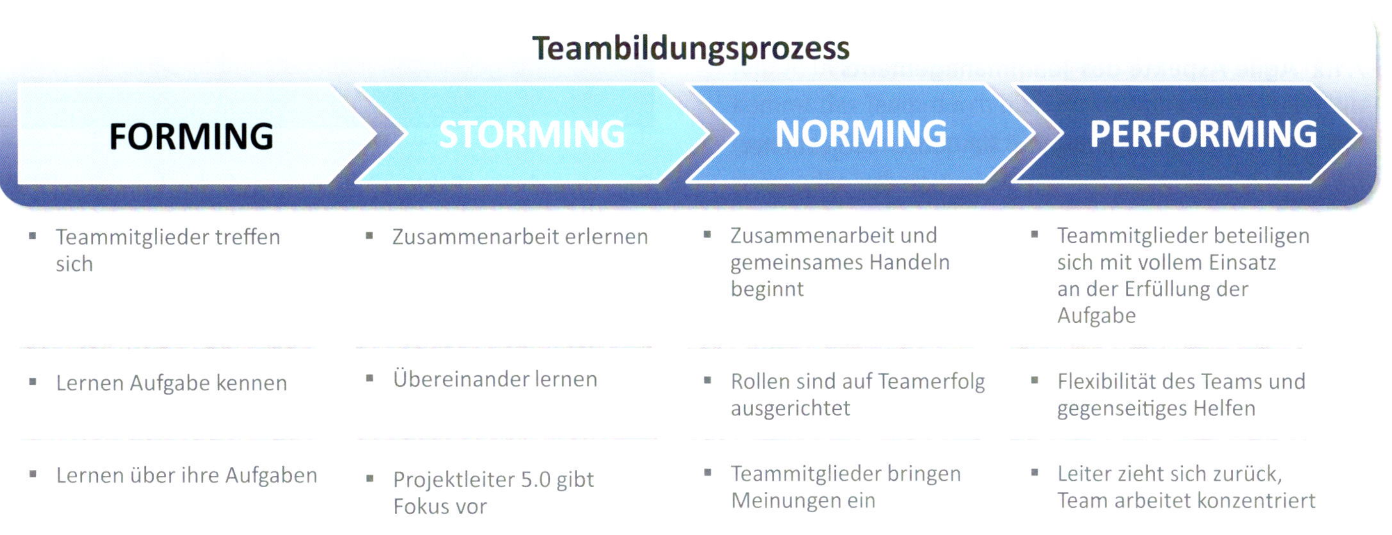

Abb. 6.99: Teambildungsprozess gemäss Tuckman (Tuk 1965)

Abb. 6.102(a-d): Die vier Kooperationstypen für globale und virtuelle Kooperationen [Schu 2009]

Die Rahmenbedingungen ergeben eine standortunabhängige virtuelle Projektorganisation. Virtuelle Teams arbeiten projektorientiert mithilfe elektronischer Verbindungsnetze über Raum-, Zeit- und Organisationsgrenzen hinweg erfolgreich zusammen. Die klassischen Organisationsmodelle werden oftmals noch formell in den Projektdokumenten entsprechend gezeichnet. Im Hintergrund formiert sich das Team jedoch nach den virtuellen möglichen Gegebenheiten.

In der virtuellen Projektarbeit werden verschiedene Zusammenarbeitsformen unterschieden. Um die Eigenheit von virtuellen Projektteams in ihrer organisatorischen Struktur erkennen zu können, gibt es nach H. Schulze und T. Ryser folgende vier Kooperationstypen [Schu 2011]:

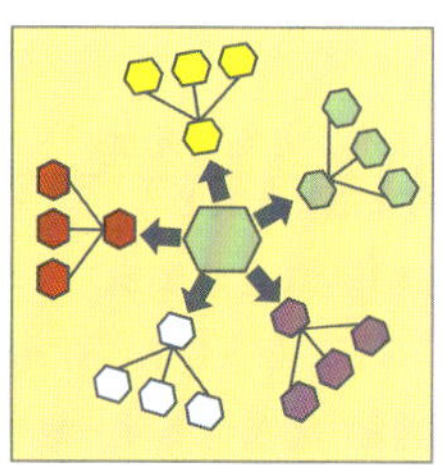

Kooperationstyp 1: Verlängerte Werkbank

Dieser Typ ist oft unter dem Begriff «erweiterte Werkbank» bekannt und zeichnet sich durch eine Zulieferer-/Service-Mentalität aus. Oftmals ist die Entscheidungsmacht an einem einzigen Ort zentralisiert. Die Koordination erfolgt aufgrund klarer vertraglicher Abmachungen mit in sich geschlossenen Zielen, Spezifikationen und Ergebnissen. Ein Wissenstransfer erfolgt, wenn überhaupt, sehr eingeschränkt. Diese Arbeitsform ist ideal für Projekte, bei denen mit einzelnen autonom arbeitenden externen oder internen Projektlieferanten gearbeitet werden kann. Das ist z.B. der Fall, wenn Kompetenz zugekauft wird, die weder zur Strategie gehört noch nach dem Projekt in der Organisation benötigt wird.

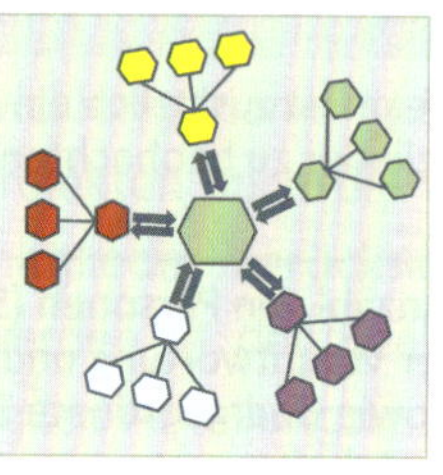

Kooperationstyp 2: Zentrales Management

Dieser Typ wird als «zentralisiertes bidirektionales Management» bezeichnet und ist dadurch charakterisiert, dass es einen klaren Auftraggeber gibt, der die Verantwortung trägt. Im Gegensatz zum Typ 1 werden die Zulieferer (auch interne Zulieferer fallen in diese Kategorie) in die zentralen Entscheidungen involviert. Die Kommunikation zwischen dem Auftraggeber und dem Management der Partner ist reziprok, wobei die fachliche Kooperation gering ist. Oft werden die ICT-Systeme miteinander verknüpft, um die Prozesse effizient zu gestalten. Dieser Kooperationstyp ist ideal in Programmen, bei denen das gemeinsame Ziel in einzelne Projekte oder Teilprojekte unterteilt werden kann.

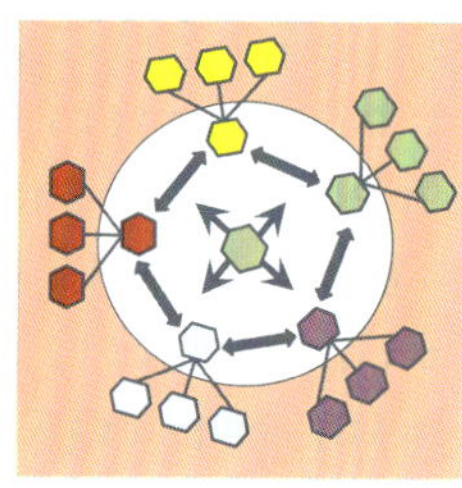

Kooperationstyp 3: Expertenteam

Dieser Typ wird als «dezentralisiertes Managementteam» bezeichnet und zeichnet sich durch partnerschaftliche Entscheidungen aus. Ein Kernteam, bestehend aus Brückenbauern und Experten, pflegt eine integrierte Koordinations- und Projektmanagementstruktur und hat einen intensiven Wissens- und Informationsaustausch. Hinter jedem Mitglied des Kernteams können weitere Personen oder Organisationen stehen. Die informelle Kommunikation spielt eine wichtige Rolle. Ideal ist dieser Kooperationstyp in einem Projekt mit diversen Arbeitsgruppen, bei dem der Arbeitsgruppenleiter im Projektkernteam Einsitz hat.

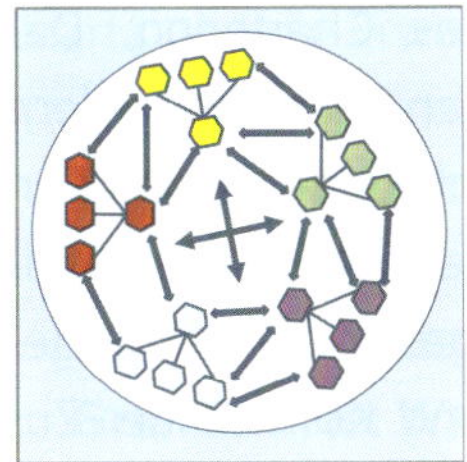

Kooperationstyp 4: Agiles Projektteam

Dieser Typ ist durch ein komplett integriertes Team/Netzwerk gekennzeichnet. Es ist eine hohe Interdependenz zwischen den Akteuren vorhanden. Das Ausmass der informellen Kommunikation ist sehr hoch. Es gibt einen freien Wissens- und Informationsaustausch zwischen den Mitgliedern. Die ICT-Systeme und die Prozesse sind über die Organisationen zum grossen Teil harmonisiert und integriert oder es wird extra für dieses Team eine eigene Plattform betrieben.

Obwohl der vierte Kooperationstyp für agile Projektumsetzung sehr geeignet ist, können auch andere Kooperationstypen in agil geführten Projekten eingesetzt werden. Insbesondere bei Programmen kann sich im Zentrum des Projekts ein agiles Expertenteam vom Typ 3 bilden, das die gesamten Projekttätigkeiten lenkt und die agile Kultur im Projekt sicherstellt.

6.7.1.4.3 Agile Handlungskompetenz

Es gibt in der Wissenschaft keine generelle Norm für Handlungskompetenz oder deren Schlüsselkompetenzen. Generell wird Handlungskompetenz wie folgt unterteilt [in Anlehnung an Erp 2003]:

> Agile Handlungskompetenz ist die Fähigkeit eines Individuums (Teammitglieds), in entsprechenden Situationen selbstständig, verantwortlich, sach- und fachgerecht Probleme und Aufgaben zu lösen bzw. zu bearbeiten.

Jede Handlungskompetenz ohne zeitliche Verfügbarkeit ist wertlos.

- Fach- und Sachkompetenz
  Berufsspezifisches deklaratives Wissen im Sinne von «Wissen, dass» und berufsspezifisches prozedurales Wissen im Sinne von «Wissen, wie wann»

- Sozialkompetenz
  Befähigung, in unterschiedlichen sozialen Kontexten mit anderen Personen in angemessener Weise umzu-

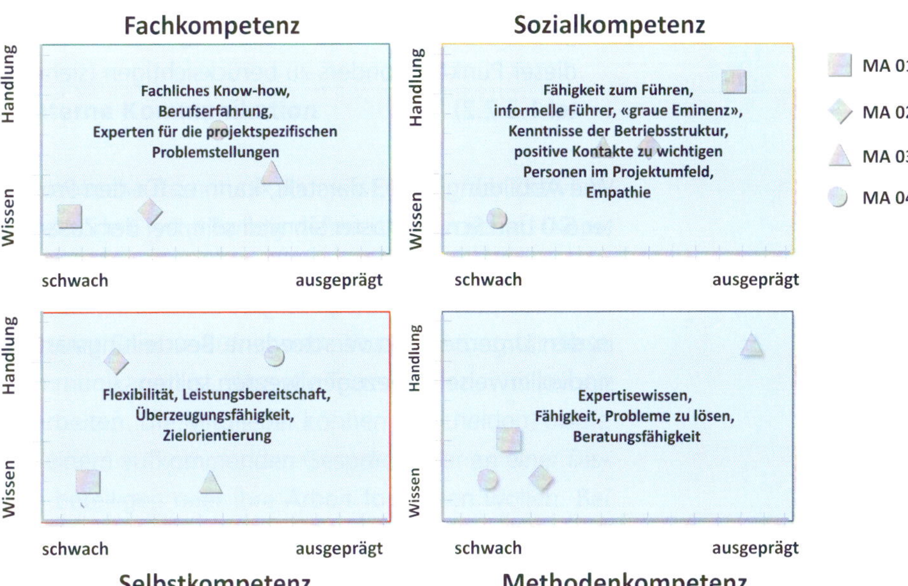

Abb. 6.103: Analysematrix der in einem Team involvierten Kompetenzen

- Konzeptualisierung (Conceptualisation)
  Servant-Leaders versuchen immer Grosses zu träumen. Denn die Visualisierung des Gesamtbildes und das Denken über die alltäglichen Realitäten hinaus zeichnen langlebige Organisationen aus.
- Überzeugungsarbeit (Persuasion)
  Der Servant-Leader ist effektiv bei der Konsensbildung und versucht andere zu überzeugen, anstatt die Einhaltung der Vorschriften zu erzwingen.
- Stewardship
  Ein Servant-Leader ist wie ein Steward (Flugbegleiter). Die Rolle erfordert die Verpflichtung, zuerst den Bedürfnissen anderer zu dienen und Verantwortung für Handlungen und Ergebnisse des ganzen Flugbegleitungsteams zu übernehmen.
- Teamwachstum (Team Growth)
  Servant-Leaders verstehen es, dass Menschen einen inneren Wert haben, der über ihre konkreten Bemühungen als Arbeitende hinausgeht, und sind dem persönlichen Wachstum jedes Einzelnen (Team Growth oder Personal Growth) verpflichtet.
- Gemeinschaftsbildung (Community Building)
  Servant-Leaders bauen ein Gefühl von Einheit und Ganzheit in der Organisation auf, weil sie wissen, dass Menschen ein angeborenes Bedürfnis haben, «einem Stamm, einer Gruppe» anzugehören.

Die moderne Führungsperson investiert Zeit und Aufmerksamkeit in die Förderung der Teamleistung. Dabei kommt ihr eine Dreifachrolle zu. Zunächst muss sie feststellen, welche Teammitglieder die Leistung am stärksten beeinflussen. Zweitens muss sie wissen, wie sie den Teams helfen kann, auf der Leistungskurve nach oben zu kommen (siehe «Teamreifegrad», Kapitel 6.7.1.4.1). Und drittens muss die Führungsperson wissen, wie mit teamspezifischen Problemen umzugehen ist. Das heisst, dass sie leistungsstörende Dinge beseitigt und jedes einzelne Teammitglied darin unterstützt, die eigene Leistungsfähigkeit zu erhöhen.

6.7.1.6 Agiles Coaching

Die Rolle des Agile Coachs und seine Aufgaben wurden bereits im Kapitel 5.9.2.1 vorgestellt. Als generelle Herausforderung jeden Coachings gilt das kontrollierte WIE (Coachingprozess): Es ist mit Kosten verbunden und seine Wirkung muss in einen wirtschaftlichen Kontext gestellt werden.

Agiles Coaching wird grundsätzlich in drei Phasen unterteilt. Zuerst ist bei der Initialisierung zu klären, welcher agile Prozess – z.B. der agile Requirements-Engineering-Prozess – mit dem Team zusammen aufgesetzt und wie er effektiv gelebt werden soll. Das hängt von der zu lösenden Aufgabe und von der vorhandenen agilen Kultur ab («Leben der agilen Werte und Prinzipien»). Hinzu kommen Teamzusammensetzung und zu bestimmender Teamreifegrad. Nicht zuletzt gilt es zu prüfen, ob das Team als Ganzes die agilen Methoden und Praktiken beherrscht.

Als Zweites ist das agile Projektteam zu befähigen, die einzusetzenden agilen Methoden/Praktiken, Prozesse und die agilen Prinzipien verbessert anzuwenden sowie den Teamreifegrad kontinuierlich zu erhöhen. Dies mit dem Ziel, die Velocity des Teams zu steigern. Als dritte Phase ist die

Übergabe der Verantwortung des eigenständigen, professionellen agilen Handelns an das Team zu bewerkstelligen. Das heisst: Es geht hier darum, das erreichte professionelle agile Handeln zu sichern und auszubauen. Das ist nicht ganz einfach, da auch ein agiles Team intrinsischen und extrinsischen Einflussfaktoren ausgesetzt ist.

Fazal-Baqaie und seine Mitautoren vom Fraunhofer IEM haben am Event PVM 2019 in Lörrach die Arbeit des agilen Coaches als «Refactoring» der Handlungskompetenz des Teams dargestellt (Abbildung 6.106). Es ergibt sich daraus ein bestimmter Funktionstyp der Refactoring Stories: sogenannte Coaching Stories. Das heisst, die Arbeit an der Entwicklungsmodernisierung wird durch die Refactoring Stories und die Arbeit des Coachings durch die Coaching Stories planbar und sichtbar gemacht (z.B. Methode «Event Storming im Team ausbilden»). Mit diesen zusätzlichen Typen von Stories kann ähnlich wie mit regulären User Stories umgegangen werden. Beispielsweise kann man Akzeptanzkriterien definieren, die für die erfolgreiche Umsetzung gelten, und sie so z.B. sogar mit Story Points schätzen [Faz 2019].

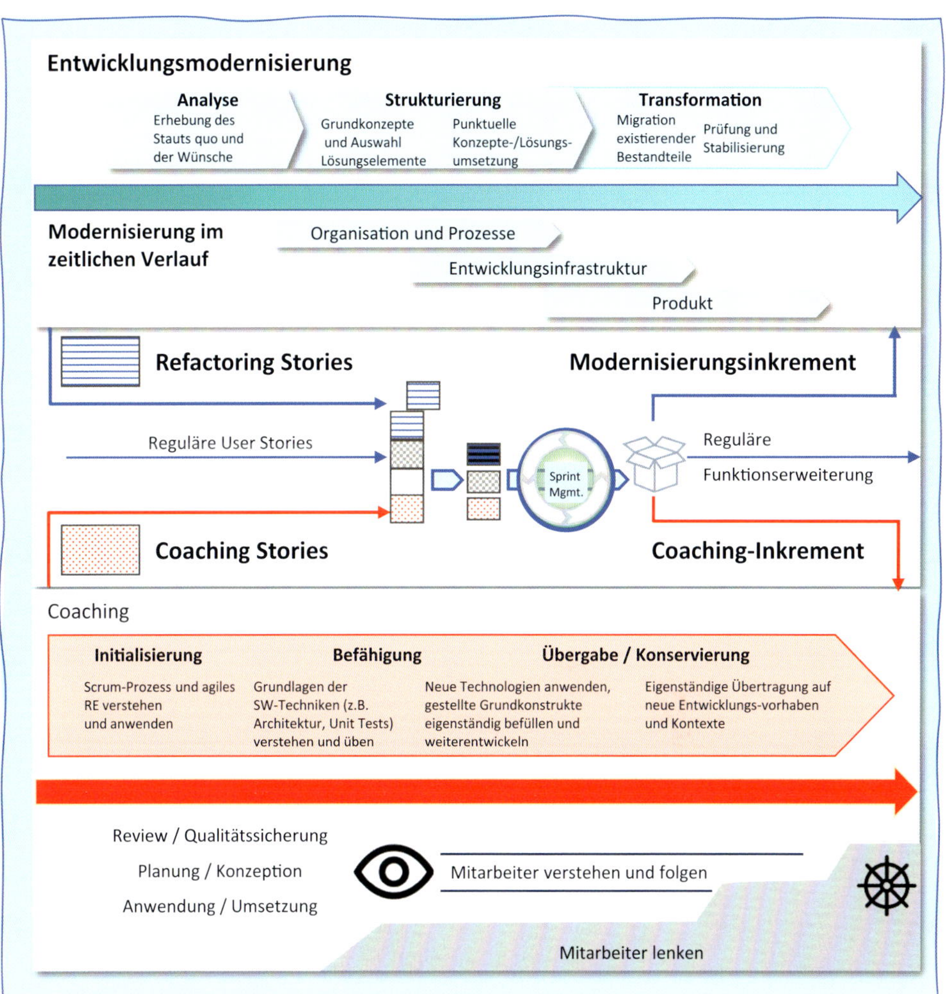

Abb. 6.106: Agiles Coaching mit Coaching Stories [Faz 2019]

6.7.1.7 Instrumente für virtuelle crossfunktionale Projektteams

Für die agile Zusammenarbeit, Kommunikation und Koordination braucht es neben dem notwendigen Freiraum für schnelle Entscheidungen interaktive und kollaborative, vorzugsweise webbasierte Instrumente. Damit können komplexe Probleme besser gesteuert und gelöst werden. Mit den interaktiven Instrumenten wird Wissen zwischen den Fachkompetenzen ausgetauscht und entsprechend dem Best-Practice-Ansatz voneinander gelernt.

Standortunabhängige virtuelle Projektteams ohne entsprechend unterstützende technische Instrumente sind nicht

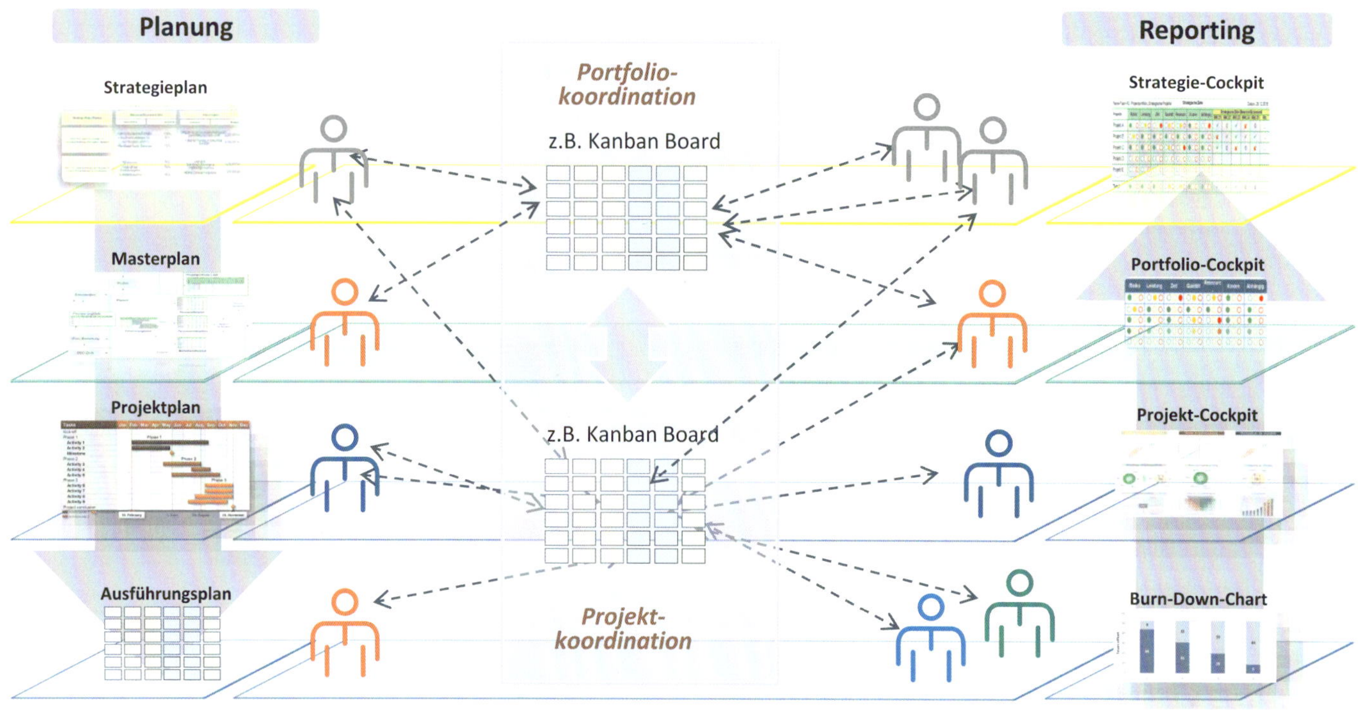

Abb. 6.107: Agile Koordination mit interaktiven kollaborativen Instrumenten

möglich oder verfügen nur über einen sehr beschränkten Effizienzgrad.

Die für ein Projekt im Einsatz stehenden modernen softwarebasierten Arbeitsmittel bezeichnet man zusammenfassend als «virtuellen Projektraum».

Ein professioneller, dezidierter Einsatz von mehrheitlich webbasierten Instrumenten bringt in vielen Bereichen sehr grosse Vorteile mit sich. Virtuelle Projektorganisationen bzw. virtuelle Teams können mithilfe elektronischer Verbindungsnetze und unterstützt durch moderne Softwareapplikationen über Raum-, Zeit- und Organisationsgrenzen hinweg zusammenarbeiten. Insbesondere bei grösseren Projekten, die von unterschiedlichen agilen Businessanalyse- und Entwicklungsteams bearbeitet werden, gehören solche Tools zum Standard.

> Virtuelle Projekträume sind kollaborative Informationssysteme und Kommunikationsmittel für geschlossene Benutzergruppen, die Dokumente oder Informationen für zugriffsberechtigte Projektbeteiligte rund um die Uhr von jedem internetfähigen Rechner der Welt aus bereitstellen.

Wichtige Voraussetzungen sind:

- Das gesamte Projektteam muss über zweckmässige Hard- und Software verfügen können.
- Beim Einrichten des Projektteam-Rooms müssen die betroffenen Anwender über entsprechende Anwenderkompetenzen bezüglich der eingesetzten Hard- und Software verfügen.
- Alle Projektmitarbeitenden haben Zugriff auf die gemeinsamen Wissensbestände.

Interaktive kollaborative und internetfähige Applikationen verändern die Projektwelt z.B. in folgenden Bereichen:

- Projektmeetings reduzieren sich in Anzahl, Dauer und Inhalt. Bei Letzterem legt man vermehrt Wert auf Entscheidungen und zielgerichtete Dialoge als auf detaillierte Erläuterungen zum Status, weil die Statusinformationen für alle Beteiligten jederzeit ersichtlich sind.
- Bei der schnelllebigen Kommunikation braucht es neben guten Kollaborationstools klar definierte Verhaltensregeln und einen Projektleiter, der die Übersicht bezüglich der zielgruppenspezifischen Informationsverteilung behält.
- Mit einer offenen, schriftlich gut geführten Informationsverteilung lassen sich sehr viele Missverständnisse vermeiden. Auf der anderen Seite können alle z.B. über ein Web-Backlog-Tool ihre Bedürfnisse konkret melden, oder der Eingang in den Änderungsprozess steht allen zur Verfügung.
- Aufeinander abgestimmte effiziente Koordinationsinstrumente unterstützen die über die Geschäftsebenen verknüpften und koordinierten Planungs-, Monitoring- und Reportingaufgaben. Sie erhöhen die Leistungen der crossfunktionalen Teamorganisationen und Meetings.

Bei virtuellen, standortunabhängigen Projektteams sind insbesondere interaktive, kollaborative und internetfähige Lösungen geeignet, welche die Aktualität der Informationen für Projektteam und Lieferanten gewährleisten, dem Management eine allgemeine Übersicht über Termine-Kosten Leistung ermöglichen und generell eine offene Kommunikation mit allen Stakeholdern anbieten.

Achtung: Die generelle Optimierung im Bereich der elektronischen Kommunikation weist auch Gefahren und entsprechende Nachteile auf. So geht nichts über die direkte, physisch präsente interaktive Kommunikation, um möglichst schnell Sachverhalte zu klären und Missverständnisse auszuräumen.

6.7.1.8 War Room und Agile Team Space

Da im agilen Vorgehen eine schnelle und direkte Kommunikation zentral ist, entstanden in den letzten Jahren die Konzeptionen «War Room» und «Agile Team Space». Im Grundsatz stellen sie nichts Neues dar; trotzdem gehören die beiden Ansätze zu den zentralsten Erfolgsfaktoren in adaptiv geführten Projekten.

War Room

War Room («Kriegsraum») ist de facto eine nicht gerade geeignete Assoziation im Zusammenhang mit Kommunikation. «Kommandoraum» kommt hier schon näher an das Gemeinte heran: Grundidee ist die Konzentration aller wichtigen und notwendigen Personen in einem Raum zwecks zielgerichteter Lösung akuter Probleme. Das Team arbeitet dabei von äusseren Einflüssen abgeschottet. Als Methode in adaptiv geführten Projekten existieren gemäss Pröpper zwei Ausprägungen zum Einsatz eines War Rooms:

- Trennung von Arbeits- und Entspannungsumgebung
- Schaffung einer Umgebung zur punktuellen Problemlösung

Im ersten Fall bezeichnet der War Room die Arbeitsumgebung, in der das Projektteam seine Aufgaben erledigt. Dabei stellt er einen Teil der agilen Arbeitsumgebung dar (siehe «Agile Team Space»). Im zweiten Fall beschreibt er die gezielte Bündelung von Ressourcen in einer separierten Arbeitsumgebung, um ein ganz bestimmtes Problem zu lösen. Dabei ist es auch denkbar, dass ein ganzes Team, das in der Abarbeitung der Projektaufgaben zurückliegt, für einen begrenzten Zeitraum in einer derartigen Arbeitsumgebung separiert wird [Prö 2012].

Agile Team Space (Agile Arbeitsumgebung)

Mit Agile Team Space wird die Arbeitsumgebung für Teams beschrieben, die für eine effiziente und effektive Teamarbeit notwendig ist. Ziel ist die bewusste Ausnutzung positiver Eigenschaften zur Förderung der Produktivität und Zusammenarbeit. Wichtige Eigenschaften sind dabei unter anderem [Prö 2012]:

- Identifikation des Teams mit dem Arbeitsplatz
- Angenehmer Arbeitsort – man ist gerne hier
- Arbeit kann effizient erledigt werden – Infrastruktur ist vorhanden
- Basis zum Informationsaustausch innerhalb des Teams

Besonders wichtig in diesem Zusammenarbeitskonzept ist die direkte mündliche Kommunikation. Hier kommt auch das Nonverbale zur Geltung oder «ein Ohr hört mit», was im Raum gesprochen wird. Man sieht und spürt einander und ist mitten im Geschehen. Ein Agile Team Space ist jeweils nur für ein einziges Team bestimmt. Bei grossen Projekten sind Teilprojekte bzw. Teilteams zu bilden, die jeweils einen eigenen Raum mit entsprechender Infrastruktur erhalten. Bei virtueller Ausführung ist diese Form schwierig bis unmöglich.

Das durch die Coronapandemie forcierte, in vielen Projekten gelebte Homeoffice hat sicher seine Vorteile, kann jedoch nie die direkte Zusammenarbeit ersetzen. Dies ist insbesondere bei komplexen und/oder Pionierprojekten zu berücksichtigen.

6.7.2 Qualitätsmanagement im agilen Vorgehen

6.7.2.1 Grundlagentheorie

Qualitätsmanagement (QM) als Führungsdisziplin in der adaptiven Projektabwicklung umfasst das Wissen, welche Qualität notwendig und richtig ist, das Planen, wie man diese Qualität erreichen will, sowie Lenken und Prüfen der Qualität.

Qualität ist die optimale Erfüllung von Kundenbedürfnissen unter frühzeitigem Aufdecken und schnellem Korrigieren von Fehlern, effizienter Leistungserstellung und dem Bestreben, ständig besser zu werden. Qualität bedeutet an die Anforderungen angepasster Aufwand, Präzision etc., nicht aber Streben nach Perfektion um der Perfektion willen. Ein effizient eingesetztes Qualitätsmanagement ist ein wichtiger Bestandteil jedes Unternehmens.

> Qualitätsmanagement in Projekten beinhaltet alle Tätigkeiten, um die qualitätsbezogenen Projektziele und Verantwortlichkeiten festzulegen sowie diese mithilfe von Qualitätsplanung, Qualitätslenkung und Qualitätsprüfung zu verwirklichen.

Ein in der Projektabwicklung vollständiges Umsetzen des Qualitätsmanagements umfasst die drei Hauptpunkte Qualitätsplanung, Qualitätslenkung und Qualitätsprüfung. Diese thematische Bündelung der Q-Aufgaben in die drei

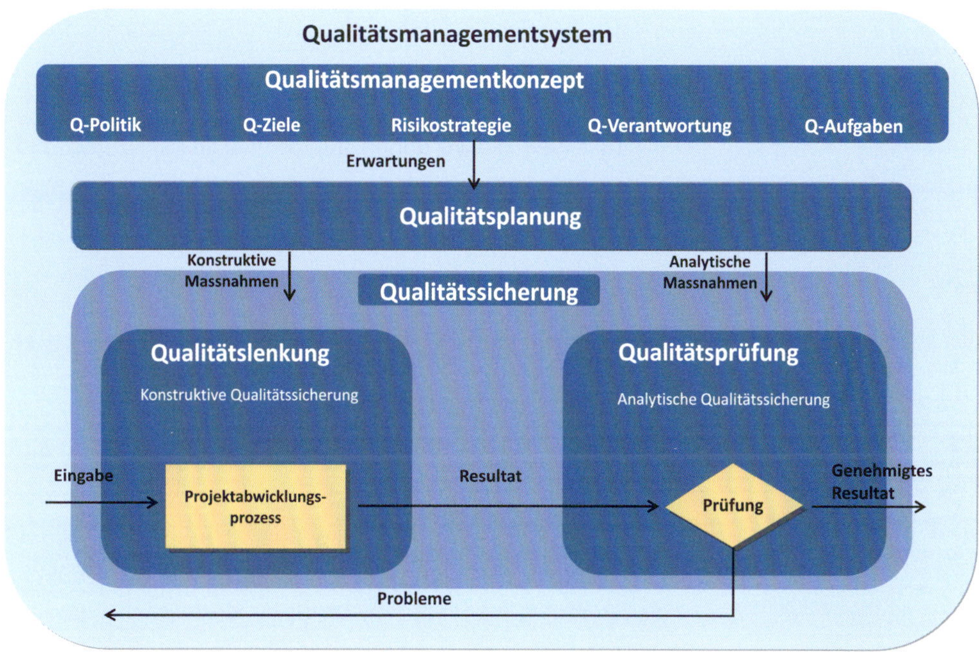

Abb. 6.108: Regelkreis des Qualitätsmanagementsystems

Regelkreiselemente (Planen, Kontrollieren, Steuern) sind in der Praxis nichts anderes als aggregierte qualitätsbezogene Aufgabenelemente, die in allen Projektabwicklungstätigkeiten, insbesondere in der Projektkontrolle, existent sind.

- Qualitätsplanung: Festlegen, welche Anforderungen in welchem qualitativen Umfang an das Produkt gestellt werden sollen und in welcher Qualität und mit welchem Risikograd der Projektabwicklungsprozess (Führung und Ausführung) umzusetzen ist.
- Qualitätslenkung: Umfasst alle Aktivitäten im Laufe des Projektes, die das Ziel haben, die aus der Qualitätsplanung vorgegebenen Anforderungen zu erfüllen und

die aus der Qualitätsprüfung definierten Massnahmen umzusetzen.

- Qualitätsprüfung: Mittels Prüfungen wird untersucht, inwieweit die Vorgaben aus der Qualitätsplanung und dem Qualitätsprüfplan erfüllt und entsprechende Massnahmen definiert sind.

Qualität bezieht sich in einem Projekt zur Hauptsache auf zwei Beurteilungsbereiche, welche getrennt betrachtet werden müssen. Es sind dies einerseits mit Blick auf die Qualität des Projektabwicklungsprozesses primär das Senken von Risiken in der Projektarbeit, andererseits in Bezug auf die Qualität des Produkts primär das Senken der Produkterisiken (Built-in Quality), die sich nicht zuletzt aus dem Projektabwicklungsprozess ergeben. Für die Qualität des Produkts heisst dies a) fachliche Korrektheit («Bauen wir das Richtige?») und b) technische Korrektheit («Bauen wir es richtig?»).

Richtig eingesetzt, hat die Qualitätslenkung immer einen gezielten Einfluss auf die Produkt- und Prozessqualität.

Aufgrund der zunehmend interdisziplinären Zusammenarbeit, der vorherrschenden Unklarheit und der Veränderlichkeit der Anforderungen ergeben sich mit Blick auf das projektbasierte Qualitätsmanagement neue Herausforderungen. So werden Teilprodukte in einer agilen Form im iterativ-inkrementellen Ansatz in kurzen Zeitzyklen entwickelt und die Qualitätsverantwortlichkeiten verändern sich durch die agil geführte Entwicklungsform.

Mit der verstärkten Verantwortung für die einzelnen involvierten Teammitglieder in einem adaptiv geführten Projekt werden Aufgaben und Verantwortung des Qualitätsmanagements verstärkt auf mehrere Schultern verteilt. Das in einem agilen Entwicklungsprozess praktizierte interdisziplinäre Qualitätsmanagement löst weitgehend die Aufgaben des Qualitäts- und Risikomanagers ab, welche zuvor in vielen Projekten nicht zuletzt beim Projektleiter angesiedelt waren. Nachfolgend wird das Qualitätsmanagement bei einer Softwareentwicklung mittels agiler Vorgehensweise näher aufgeführt.

6.7.2.2 Agile Aspekte des QM

Ziel des Qualitätsmanagements im adaptiven Produkteentwicklungsvorgehen ist es, einen Sicherungsmechanismus zu installieren, der während des gesamten Projekts eine gleichbleibend hohe Qualität an Ergebnissen sicherstellt. Das Entscheidende beim agilen Vorgehen ist, mit gezielten Praktiken das Qualitätsniveau sicherzustellen.

Qualität generell, insbesondere aber der Bereich Qualitätslenkung, unterscheidet sich beim adaptiven PM im Wesentlichen gegenüber dem konventionellen Projektmanagement darin, dass es ein zentrales Thema des Entwicklungsteams ist. Das heisst, die Aufgaben, Kompetenzen und Verantwortung werden – insbesondere was die Lenkung betrifft – mit wirkungsvollen Praktiken wie DoR, Definieren von Akzeptanzkriterien, Reviews, DoD etc. vollständig dem Entwicklungsteam und dem Product Owner übertragen. Es sind Q-Aufgaben <u>im</u> System (siehe nachfolgende Tabelle).

Bei der adaptiven Projektabwicklung hat der Projektleiter 5.0 nur eine übergeordnete Qualitätslenkungsfunktion. Er leitet in Abstimmung mit dem Scrum Master gezielte qualitätssichernde Massnahmen ein. Diese korrigierenden Massnahmen beinhalten oft auch die organisatorischen Elemente, die für das Erreichen der geforderten Qualität notwendig sind: Es sind Q-Aufgaben am System. Die dafür eingesetzten Methoden und Techniken wie Ausbildung, Re-Use-Ansatz etc. sind analog zum konventionellen PM.

Speziell zu erwähnende Methoden, Techniken und Instrumente im Bereich Qualitätsmanagement bei adaptiv geführten Projekten		
– Definition of Ready (DoR)	– Concurrent Testing	– Test-Driven Development & Behavioral-Driven Development (BDD)
– Definition of Done (DoD)	– Frequent Verification	– Accpetance Test-Driven Development
– Continuous Integration	– Repeatable Tests and Automated Regression Testing	– Value-Driven and Risk-Based Testing

Zukünftig wird sich die Rolle des Qualitätsmanagers in der Produkteentwicklungswelt durch den Einsatz agiler Vorgehensweisen gegenüber konventionell geführten Projekten noch mehr verändern. Wie dies umzusetzen ist, zeigt das interdisziplinäre Qualitätsmanagement in der Softwareentwicklung. Dieser Ansatz ist jedoch nicht nur in der Softwareentwicklung erfolgreich, auch bei der Entwicklung mechatronischer Produkte oder im Bauwesen werden mehr und mehr agile Vorgehensweisen eingesetzt. Wie in der Softwareentwicklung werden auch bei diesen Projektarten zukünftig geeignete Methoden und Werkzeuge entwickelt, um in der jeweiligen Projektart die Vorgaben der Qualitätsstandards in einer verantwortungsvollen kooperativen Art berücksichtigen zu können.

6.7.2.3 Mögliche QM-Handlungsmassnahmen im agilen Abwicklungsprozess

Auch in der agil geführten Entwicklungswelt geht es beim Qualitätsmanagement immer noch um das Verhindern und Auffinden von Fehlern respektive darum, qualitatives Vertrauen in ein Produkt aufzubauen. In Kapitel 6.7.2.1 werden dazu die Begrifflichkeiten «Qualitätskonzept mit Q-Politik und Q-Ziele» sowie «Qualitätslenkung (konstruktive Qualitätssicherung) und Qualitätsprüfung (analytische Qualitätssicherung)» näher beschrieben. Konstruktive Massnahmen wie das Wiederverwenden von Modulen oder bewährten Architekturen, das Arbeiten mit Prototypen, der Nutzen von praxiserprobten Frameworks sowie die Ausbildung der Projektmitarbeitenden sind bei konventionellem wie auch agilem Vorgehen sehr wirkungsvoll. Wer das Qualitätskonzept in einem agilen Vorgehen definiert – sei es der Projektleiter 5.0, der Release Train Engineer (RTE) oder der Strategic Product Manager von SAFe etc. –, wird aufgrund der eingesetzten Methode oder definierten Rolle der Organisation bestimmt.

Standardisierte Prozesse haben einen massgeblichen Einfluss auf die Qualität. Daher liegt man mit der Meinung, dass agiles Vorgehen qualitätsmässig mehr Freiraum lässt

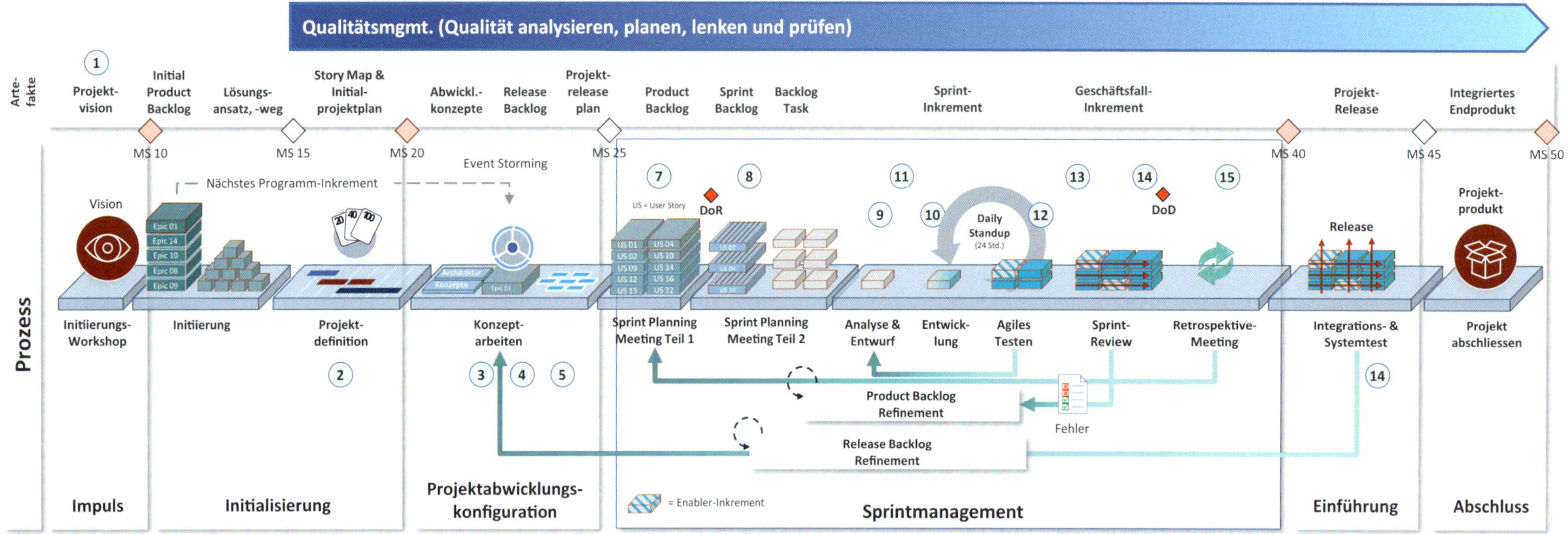

Abb. 6.109: Wichtige qualitätsmanagementbezogene Handlungsanweisungen im agilen Abwicklungsprozess

als das konventionelle Vorgehen, gänzlich falsch. Es ist eher das Gegenteil der Fall. Der Vorteil beim agilen Vorgehen ist diesbezüglich, dass häufig Teammitglieder diese Prozesse auf Projektebene festlegen bzw. diese für ihr laufendes Projekt präzisieren. Ein weiterer Vorteil liegt darin, dass QS im Team, sprich im Prozess, integriert wird und pro Sprint, pro Release durch Reviews und Test etc. wiederholt wird. Damit gehört QS auch zu den Tasks, die laufend hinterfragt und verbessert werden (Retrospektive).

Wie Abbildung 6.109 aufzeigt, werden in einem agilen Projektabwicklungsprozess an verschiedenen Orten konkrete qualitätsbezogene Aufgaben umgesetzt. Dabei gilt es, die nachfolgenden Handlungsanweisungen einzuleiten [in Anlehnung an Müh 2015]. Da jede Projektart eigene spezielle QM-Aspekte verfolgen muss, werden die folgenden Punkte mehrheitlich bezüglich eines SW-Entwicklungsprojekts aufgeführt:

01) Produktvision mit Qualitätsmerkmalen: Die Produktvision muss auch bezüglich Qualität klare Signale setzen. So muss die Vision eine Antwort auf beeinflussende Qualitätsmerkmale und -teilmerkmale wie z.B. Angemessenheit, Erwartungskonformität, Effektivität, Effizienz, Zufriedenheit oder Kontextvollständigkeit geben. Auch nicht funktionale Anforderungen wie Ausbaufähigkeit und Wartbarkeit sollten nicht vergessen werden. Der Product Owner sollte die Produktvision sicherheitshalber immer von allen machthabenden Stakeholdern anhand eines technischen Reviews abnehmen lassen.

02) Qualifiziertes Projektteam: Die Teamzusammenstellung ist der kritische Erfolgsfaktor. So benötigt z.B. der Product Owner aufgrund seiner Kompetenz bezüglich der Anforderungsprioritätssetzung eine sehr hohe Fach- und Businesskompetenz. Oder: Da beim agilen Vorgehen kein spezialisiertes Testteam vorgesehen ist, benötigen das einzelne Teammitglied bzw. die verantwortlichen Tester neben üblichen Entwicklungs- und Designfachkenntnissen auch qualifizierte Fähigkeiten in den Methoden der Qualitätssicherung. Die Praxis hat jedoch gezeigt, dass nicht jeder alles kann! Beispielsweise ist die Kompetenz des IT-Architekten von zentraler Bedeutung. Er ist derjenige, der sicherstellt, dass die Entwicklungsrichtlinien eingehalten werden. Dies benötigt nicht nur viel Fach- und Sachkenntnisse, sondern auch ein gutes Gespür, was machbar und notwendig ist.

03) Entwicklungsrichtlinien festlegen: Um die Wartbarkeit der Software zu gewährleisten, muss das Entwicklungsteam zu Beginn des Projekts die Entwicklungsrichtlinien in Abstimmung mit der Entwicklungs-Governance des Unternehmens oder des Kunden festlegen. Zudem wird festgehalten, wie die Einhaltung dieser Richtlinien z.B. in automatischer Form durch statische Analysen in der Entwicklung und im Integrationsprozess geprüft werden. Diese Vorgaben bilden zusammen mit den im Team festgelegten Qualitätszielen einen Teil der Definition of Done (DoD).

04) Abgestimmte, modulare Architektur: Wesentliche Aspekte der Qualität sind die Klarheit und Modularität der Architektur. Sie sollte vorab auf die existierenden Geschäftsprozesse, Infrastruktur und Organisation ausgerichtet werden (Kapitel 7.2.5.3). Dies ist eine der schwierigsten Aufgaben und sollte daher im Vorfeld der agilen Entwicklung bei grossen Projekten konzeptionell gut überlegt werden.

05) Testumgebung aufbauen: Um einen reibungslosen Test-, Integrations- und Wartungsbetrieb zu gewährleisten, müssen – ausgehend von den Entwicklungsrichtlinien – auch die entsprechende Konfiguration sowie die Konfigurationsprozesse definiert werden. Diese sollten weitmöglichst automatisiert werden. Nicht zu vergessen sind die Aufwandschätzungen, um die Testumgebung aufzubauen, Testdaten zu erzeugen und spezielle Testanforderungen zu spezifizieren. Wird diesbezüglich nicht genügend Zeit einberechnet, hat dies unmittelbare Konsequenzen auf die Qualität (Kapitel 7.5).

Eine qualifizierte QS lebt nur von der kontinuierlichen Verbesserung und Weiterentwicklung.

06) Sprint zero oder Vorprojekt umsetzen: Zwar widerspricht Sprint zero der Grundlogik von Scrum, dass nach jedem Sprint etwas potenziell Auslieferbares entsteht. Für die Qualitätssicherung ist dieser Sprint jedoch der Anfang und die entscheidende Grundlage, falls die Voraussetzungen noch nicht erfüllt sind. Hier werden die Handlungsmassnahmen 03 bis 05 (insbesondere 05) gemäss Kapitel 6.6.3 und 7.2.5.2 umgesetzt.

07) User Stories mit testbaren Akzeptanzkriterien: User Stories, die weder eindeutig noch nachweisbar spezifiziert wurden, müssen mithilfe von Akzeptanzkriterien um konkrete und messbare Details ergänzt werden. Sie bilden im Sinne der Qualitätssicherung die Grundlage für die Definition der Testfälle und die Basis für die Abnahme. Test-

Qualität ist nicht die Aufgabe eines anderen!

aufwände sind Bestandteile der User Story und werden im Rahmen der User Story geschätzt (Kapitel 7.3.3.2).

08) Sprintplanung als Quality Gate einer DoR-Liste: Die Sprintplanung hat den Charakter eines Quality Gates. Bevor sie entwickelt wird, muss im Rahmen eines Walkthrough jede User Story im Entwicklungsteam besprochen, allenfalls konkretisiert und abgenommen werden (Definiton of Ready = DoR). Damit wird sichergestellt, dass nur eindeutige und verstandene Anforderungen im Rahmen des nächsten Sprints bearbeitet werden. DoR enthält eine Liste von Kriterien, die an die Product Backlog Items gestellt werden (Verständlichkeit, Vollständigkeit etc.).

09) Whitebox-Tests vorbereiten: Wie bei Test-Driven Development werden vor Beginn der Programmierung ein oder mehrere automatisierte Unit-Tests geschrieben, um die technische Richtigkeit des zu entwickelnden Moduls nachzuweisen. Die Testfälle können im Rahmen der automatisierten Integration der Lösung immer mitlaufen, um sicherzustellen, dass jedes integrierte Modul technisch einwandfrei funktioniert.

10) Sprint – Codereview sicherstellen: Idealerweise wird bei der agilen Entwicklung als qualitätssichernde Massnahme das Pair Programming der eXtreme-Programming-Methode angewendet. Zwei Entwickler sitzen zusammen an einem Computer und programmieren gemeinsam. Damit wird implizit das Vier-Augen-Prinzip im Sinne eines Peer Review angewendet. Eine weitere Variante von C-Review ist das Arbeiten mit Pull-Request, d.h. ein Code kann erst in die Release-Version eingecheckt werden, wenn ein oder mehrere Personen diesen Code geprüft haben.

Die QS sollte mit messbaren Kennzahlen sichtbar gemacht werden.

11) Explorative Tests für neue Funktionen einsetzen: Neue Funktionalitäten werden manuell mit explorativen Testmethoden getestet. Die Ergebnisse der explorativen Testsessions müssen eher rudimentär in Form sogenannter Test-Charter – Anweisungen von Testzielen und möglichen Testideen – dokumentiert werden und weniger, wie getestet wird.

12) Fachliche Tests mit Regressionstest automatisieren: Für Regressionstest vorgesehene Testsequenzen müssen ausführlich und in Form wiederholbarer und wenn möglich automatisierter Testfälle dokumentiert werden. Mit Regressionstests wird die Wiederholung von Testfällen sichergestellt, sodass Modifikationen in bereits getesteten Teilen der Software keine neuen Fehler (Regressionen) verursachen (Kapitel 7.4.2.5 «Frequent Verification»).

13) Sprint Review als zweites Qualitätsgate definieren: Zum Abschluss des Sprints muss zwingend das im Rahmen des Sprints erstellte Produktinkrement den Stakeholdern vorgeführt sowie die Abnahme durch den Product Owner anhand der Definition of Done (DoD) und der Akzeptanzkriterien bestätigt werden. Im Sinne der Qualitätssicherung wird damit gewährleistet, dass das richtige Produkt entwickelt wurde.

14) Lessons Learnd durch Sprint- und/oder Release-Retrospektive sicherstellen: Zwischen zwei Sprints analysiert das Team im Zuge der Retrospektive seine Arbeitsweise und identifiziert Verbesserungsmassnahmen, die zur Umsetzung in den folgenden Sprints eingesetzt werden.

Diese Handlungsanweisung ist eine effektive Massnahme der konstruktiven Qualitätslenkung. Sie führt kontinuierlich zu höherem Qualitätsbewusstsein des gesamten Teams und so zu einer höheren Produktqualität der folgenden Inkremente. Dazu gehört auch die Frage, wie mit dem Thema Refactoring umgegangen wird.

15) System- und Integrationstest: Die Praxis hat gezeigt, dass bei einem hybriden Projekt nochmals ein abschliessender System- und Integrationstest durchgeführt werden muss, nachdem alle Komponenten (Hardware & Software) endgültig zusammengefügt wurden. Dies wird häufig im Rahmen eines Stabilisierungssprints geplant und umgesetzt (Kapitel 6.6.3.4).

Wie bei vielen Dingen, so gibt es auch in einer agilen Umgebung insbesondere bezüglich Qualitätsmanagement nicht eine einzige richtige oder falsche Vorgehensweise. Wichtig ist, dass bezüglich QM vom gesamten Team ein klares Kommitment besteht und den Absichten entsprechende Taten folgen.

6.7.2.4 Sprintbezogene DoR und DoD

Die Definition of Ready ist der Definition of Done ähnlich, allerdings mit folgendem Unterschied: Bei der Definition of Ready ist der Product Owner für die Einhaltung der Kriterien zuständig, bei der Definition of Done das Entwicklungsteam. Das heisst, bei der Definition of Done ist der Product Owner derjenige, der die Vorgaben an ein Produkt definiert, die dann vom Entwicklungsteam umgesetzt und eingehalten werden müssen. Mit der Definition of Ready legt das Entwicklungsteam die Kriterien bezüglich Qualität und Informationen des Product Backlog Items fest, z.B. wie eine User Story beschrieben werden muss.

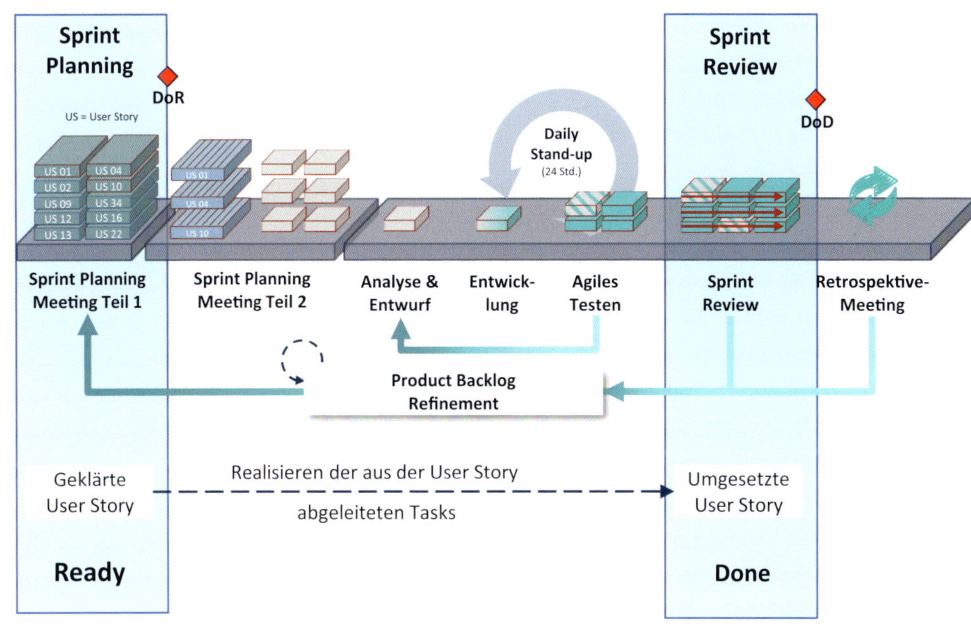

Abb. 6.110: Zeitpunkte von DoR & DoD

DoR: Bei der Definition of Ready ist es das Ziel des Entwicklungsteams, Qualität und Informationen eines Product Backlog Items zu verifizieren und zu verstehen. Der Product Owner sorgt dafür, dass die Qualität der Backlog Items mittels Product Backlog Refinement gewährt wird (siehe Kapitel 6.6.2.6). Die Idee ist es zu verhindern, dass «schwammige» Product Backlog Items in einen Sprint gelangen können. Es sollen nur jene weiterkommen, die der DoR entsprechen.

Mit der Definition of Ready legt das Entwicklungsteam die Kriterien des Product Backlog Items bezüglich Qualität und

Informationen fest, z.B. wie eine User Story beschrieben werden muss.

Was ist mit «to be ready», sprich «bereit sein», gemeint? Eine bewährte Vorgehensweise, Gespräche hierüber zu führen und zu formulieren, verbirgt sich hinter dem Akronym INVEST von Bill Wake. Es steht für [Wak 2003]:

- **I** (Independent) ist nicht von einer anderen User Story abhängig; d.h. es gibt nichts, was ausserhalb der Kontrolle des Teams liegt und zuerst getan werden muss, um die User Stories abzuschliessen.
- **N** (Negotiable) dient als Gesprächsgrundlage und kann gemeinsam weiterentwickelt werden.
- **V** (Valuable) enthält eine klare Aussage über den zu erwartenden Mehrwert, was es dem Product Owner ermöglicht, die Prioritäten zu setzen.
- **E** (Estimatable) ist schätzbar. Es sind also so viel konkrete Details vorhanden, sodass ein erfahrenes Team den Umfang schätzen kann.
- **S** (Small) ist geschätzt und so dimensioniert, dass die User Story innerhalb eines Sprints mühelos abgeschlossen werden kann.
- **T** (Testable) beinhaltet genügend Informationen, um getestet werden zu können. Enthält somit alle erforderlichen Freigabespezifikationen, Akzeptanzkriterien etc. und manchmal auch, was «out of scope» ist.

- Einzelne Anforderungen (User Stories o. Ä.), z. B.
  - Alle Tasks einer Story sind inklusive Checkliste für die Fertigstellung bereit.
  - Es existieren keine bekannten Bugs.
  - Die notwendige Dokumentation zur Story (z.B. Betriebshandbuch, Benutzerhandbuch) existiert.
  - Es existiert ein Build, welcher die Story beinhaltet und bei dem auch der Code geprüft und eingecheckt ist.
- Sämtliche Akzeptanzkriterien werden erfüllt und wo immer möglich durch einen automatisierten Test realisiert.
- Sämtliche Testfälle sind erfolgreich ausgeführt.
  - Die Story ist bereit für eine Präsentation.
  - Die Story ist vom PO abgenommen.
  - ... weitere projekt- bzw. produktspezifische Elemente.
- das Iterationsergebnis (Sprint)
  - Es existiert ein Build mit allen in diesem Sprint fertiggestellten Stories.
  - Sprintziele wurden erreicht bzw. es wurde aufgezeigt, was nicht erreicht werden konnte.
  - Die Live-Demonstration mit dem Kunden wurde durchgeführt und das Feedback erfasst.
  - Sprintboard und Tasks sind für die nächste Sprintplanung vorbereitet.

Abb. 6.111: Beispiel einer DoD-Liste für Anforderung und Sprint

Das Ergebnis von DoR ist, dass die User Stories klar genug definiert sind, sodass alle Mitglieder des Entwicklungsteams verstehen, was zu tun ist. Zudem gibt es Klarheit darüber, was in weiteren Diskussionen verfeinert, koordiniert und geklärt werden muss. DoR ermöglicht auch die volle Konzentration darauf, was mit den selektierten User Stories gemacht werden kann.

DoD: Definition of Done (DoD) wird primär für User Stories und sekundär gebündelt für den Sprint eingesetzt. DoD definiert, was zum Umfang einer Anforderung gehört, im Sinne von: Wann ist eine Anforderung «fertig»? Es handelt sich, vereinfacht formuliert und wie in Abbildung 6.111 dargestellt, um eine Checkliste von Aktivitäten und Ergebnissen, die für die Erfüllung erreicht werden müssen. Ohne Einhaltung der DoD ist das Liefererergebnis nicht fertig und wird nicht abgenommen. Es empfiehlt sich, je eine eigene DoD für User Stories, Sprints und Releases festzulegen. DoD wird von jedem Team spezifisch für sein(e) Vorhaben ausgearbeitet und geschärft, damit beurteilt werden kann, wann eine Anforderung erstellt ist. Sie muss zudem mit dem Product Owner abgestimmt werden oder – noch besser – es sollte der PO beim Erstellen der DoD mitwirken können. DoD sind generisch für alle Anforderungen (User Stories).

DoD können definiert werden für:

- einzelne Anforderungen (User Stories o.Ä.)
- das Iterationsergebnis (Sprint)
- das aktuelle Produkt (Release)
- das Projektprodukt

Hinweis: Da das Team bei der agilen Entwicklung die volle Verantwortung für die Qualität der Software und auch für das gesamte Projektprodukt übernimmt, sollte es soweit möglich und sinnvoll seine eigenen Standards für Vollständigkeit entwickeln und definieren.

6.7.3 Risikomanagement

6.7.3.1 Grundlagentheorie (Risikomanagementzyklus)

Hat das Unternehmensmanagement die Risiken für die Projektdurchführung und die -nichtdurchführung evaluiert, das Projektmanagement-Office (PMO) die möglichen Risiken der gesamten Projektabwicklung analysiert, diversifiziert und die notwendigen Massnahmen eingeleitet, so müssen unter der Leitung des Projektleiters 5.0 zusammen mit Product Owner, Scrum Master und allenfalls weiteren Spezialisten die Risiken und Chancen aus der Sichtweise Projekt «von heute bis zum Projektabschluss» beurteilt werden.

Es ist die Aufgabe des Projektmanagementteams (PMT), die Vielzahl von unbekannten Faktoren eines komplexen Projekts, die die Abwicklung des Projekts in irgendeiner Form gefährden können, vorauszusehen, negative Auswirkungen abzuschätzen und entsprechende Massnahmen einzuleiten. Unter der Leitung des Projektleiters 5.0 muss dieses Führungsteam die Risiken fortlaufend – meistens im monatlichen Rhythmus des Berichtszeitpunkts oder bei Sprintstart – analysieren. Es beurteilt die Situation auf der dem Sprint übergeordneten Ebene jeweils aus der Perspektive «heute bis Release- oder Projektende». Auf der Betrachtungsebene des Projekts gilt es,

- in Abhängigkeit von den Risiken die entsprechenden Massnahmen einzuleiten, die konsequent umgesetzt werden müssen. Es können übergeordnete Aufgaben sein oder Massnahmen, die im Sprint Backlog als Task aufgenommen wurden.
- eingetretene Risiken, die zu Problemen werden, forciert und aktiv anzugehen. Diese werden in das Impediment Backlog verschoben und in den täglichen oder wöchentlichen Meetings weiterverfolgt.
- Risiken, die eliminiert werden oder sich selbst erledigt haben, zu kennzeichnen. Sie gelten als Erfolg und sollten im nächstfolgenden Projektstatusbericht in der Erfolgsliste aufgeführt werden. Durch dieses Vorgehen kann sichergestellt werden, dass sich Projektrisiken oder Chancen nicht einfach in Luft auflösen.

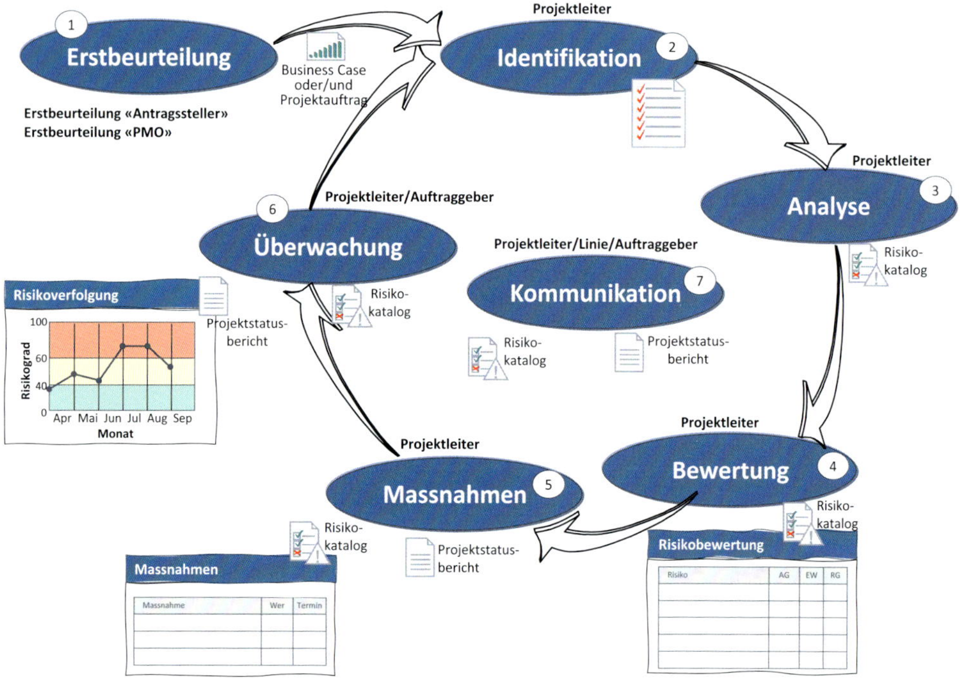

Abb. 6.112: Schritte des Risikoprozesses auf der Ebene Projektabwicklung

Basierend auf dem Ergebnis der Erstbeurteilung durch das Projektmanagement-Office werden in einem meist monatlichen, iterativ durchzuführenden Prozess die Schritte 2 bis 7 gemäss Abbildung 6.112 vom Projektmanagementteam bzw. idealerweise vom gesamten Projektteam durchlaufen.

1. Erstbeurteilung (First Risk Analysis)
   Es gibt verschiedene Sichtweisen einer projektbezogenen Risikobeurteilung. So sollte beim Projektabwicklungsprozessschritt «Definition» (Kapitel 6.2.2) vom Initianten selbst und/oder vom Projektmanagement-Office eine Risikobeurteilung erfolgen, vorzugsweise nach einem projektartenbasierten Standardrisikokatalog. Dabei soll entdeckt und beurteilt werden, welche Risiken eingegangen werden, wenn das Projekt durchgeführt würde.

2. Identifikation
   Die Identifikation der Projektabwicklungsrisiken sollte stets Teamarbeit sein. Unter der Moderation des Projektleiters 5.0 arbeiten Stakeholder und Projektteam zusammen. Neben dem Einsatz von Checklisten für eine systematische und möglichst vollständige Ermittlung der Risiken können auch Kreativitätstechniken eingesetzt werden.

3. Risikoanalyse
   Wurden die Risiken einmal identifiziert, sind sie in Form einer qualitativen Risikoanalyse fachkundig zu analysieren:
   - Beschreiben der möglichen Ursachen
   - Früherkennung und Indikatoren
   - Analyse des Auswirkungsgrades (AG); z.B. sehr hoch = 4, hoch = 3, mittel = 2 oder gering = 1
   - Analyse der Eintrittswahrscheinlichkeit; geringe EW (5–20 %), mittlere (21–60 %), hohe (61–80 %) und sehr hohe (81–99 %)

4. Bewertung
   Je höher der Auswirkungsgrad (AG) und die Eintrittswahrscheinlichkeit (EW), desto höher ist die Bewertung des Risikos (Risikograd oder auch -koeffizient). Eine einfache Art, den Risikograd (RG) festzulegen, ist AG * EW/100 = RG. Wird der Risikograd auf die Eskalationstabelle überführt, so sieht man, welche Risiken besonders beobachtet werden müssen resp. eskalieren könnten. Die Eskalationstabelle wird auch Risikoprofil oder Risikoboard genannt.

5. Massnahmen
   Nachdem die Risiken ermittelt und klassifiziert wurden, können konkrete Gegenmassnahmen ergriffen werden. Das Projektteam kann präventive Aktionen planen, die dem Eintreffen einer Risikosituation in geeigneter Weise entgegenwirken. Falls eine solche Situation trotzdem eintreffen sollte, ist das Projektteam bereits vorbereitet und in der Lage, richtig zu reagieren. Es sollten auch konkrete Massnahmen zur Verhinderung des Eintritts getroffen werden. Die Massnahmen müssen jeweils auf die Eintrittswahrscheinlichkeit und/oder auf den Auswirkungsgrad Einfluss haben. Jede Massnahme hat einen Termin und einen Verantwortlichen.

6. Risikoüberwachung/Risikoverfolgung
   Da sich die Risikosituation innerhalb eines Projekts mit der Zeit verändert, muss das erstellte Risikoprofil regelmässig überprüft und gegebenenfalls aktualisiert werden. Dafür eignen sich besonders die Projektreviews.

7. Kommunikation
   Es ist von zentraler Bedeutung, dass insbesondere den Projektträgern der Stand der aktuellen Risiken und die getroffenen Massnahmen regelmässig mitgeteilt werden. Dies kann beispielsweise über den monatlich erstellten Projektstatusbericht geschehen. Wenn immer notwendig, kann für die Eskalation natürlich auch der mündliche, direkte Weg gewählt werden.

Es ist wichtig, dass die Schritte 2 bis 7 in angemessenen Zeitabständen wiederholt werden. Eine Risikoanalyse zu Beginn des Projekts und dann nie mehr sowie halbherziges Managen von 43 Risiken sind nutzlos. Sich z.B. mittels einer quantitativen Risikoanalyse auf die Top Ten zu konzentrieren und diese konsequent managen, ist ein pragmatischer Ansatz; man sollte dabei aber nicht aus den Augen lassen, dass neue Risiken auftreten können.

Neben dem klassischen Risikomanagement beinhaltet diese Führungsdisziplin auch das Chancen-, Krisen- und Katastrophenmanagement. Insbesondere die letzten zwei Themen werden im konventionellen wie auch im adaptiven PM erst eingesetzt, wenn die Projektabwicklung gänzlich aus dem Ruder läuft und für das Unternehmen eine essenzielle negative Wirkung hat.

6.7.3.2 Agile Aspekte des Risikomanagements

Obwohl das agile Entwickeln z.B. von Software zur erhöhten Transparenz und einem verbesserten Controlling führt, ist ein qualifiziertes Risikomanagement unabdingbar. Bei agil oder adaptiv geführten Projekten gilt es eher verstärkt, die Risiken in zwei Kategorien aufzuteilen. Die eine Kategorie wird vornehmlich vom Product Owner, Scrum Master und dem Entwicklungsteam bezüglich reiner Produkteentwicklung gemanagt. Dafür wird ein Impediment Impact Diagram (siehe Abbildung 6.91) und ein Risk Backlog mit entsprechenden Tasks geführt (siehe Abbildung 6.113). Mit der zweiten Kategorie werden die produkteübergeordneten Risiken vom Projektleiter 5.0 in Zusammenarbeit mit Scrum Master und Product Owner abgedeckt (PM-Team). Hierbei ist es essenziell, sie in einem projektübergeordneten Reporting aufzuführen, sodass Risiken, welche die erfolgreiche Projektabwicklung existenziell gefährden, auf der richtigen Ebene angegangen werden können.

Wie bereits in Kapitel 6.7.3.1 «Risikomanagementzyklus» beschrieben, geht es beim agilen Vorgehen darum, auf der Projektebene die generelle Risikobeurteilung des gesamten Vorhabens vorzunehmen. Das Risikomanagement in agil geführten Projekten besteht zu diesem Zeitpunkt des Projektabwicklungsprozesses einerseits darin, die Risiken in den einzelnen geplanten, zukünftig umzusetzenden Epics zu beurteilen. Anderseits sind generelle Risiken wie z.B. fehlende finanzielle Mittel, organisatorische Schnittstellenrisiken, rechtliche Risiken, Verfügbarkeit des Spezialisten, Änderung des Scope oder Priority-Konflikte in die «agile Risikoliste» aufzunehmen.

Ist der Release bereits am Laufen, müssen bei den agilen Events – etwa bei der Überarbeitung des Sprintplans (z.B. beim Planning Poker), in den Backlog Refinements (Requiement-Workshops), den Daily Stand-up Meetings, bei der Retrospektive sowie beim Sprint Review – die allfälligen Risiken bezüglich der umzusetzenden Tasks identifiziert werden, damit entsprechende Massnahmen eingeleitet werden können. Diese Aufgabe wird immer in Zusammenarbeit mit dem gesamten Entwicklungsteam vorgenommen. Das Risikomanagement auf der Ebene der einzelnen Sprints ist eine wichtige Aufgabe des gesamten Teams. Die kollektive Verantwortung für Risiken zeigt sich auch darin, wie Projektrisiken mithilfe der agilen Managementtechniken Kanban, Risiko-Backlog-Items etc. gesteuert und überwacht werden.

Der Risikomanagementprozess, den das Team durchläuft, ist dem des traditionellen Projektmanagements sehr ähnlich. In Anlehnung an Moran läuft er wie folgt ab [Mor 2014]:

Risikoidentifikation: Die Identifikation der Risiken basiert auf der Taskebene. Für agile Teams sind die Fragen WAS (Was kann Negatives passieren?) und WARUM (Warum kann etwas Negatives passieren?) ein guter Ansatz, um die einzelnen Tasks durchzugehen. Das Auffinden von Risiken auf der Taskebene wird am besten während der Sprintplanung durchgeführt oder in einem speziellen Risiko-Workshop.

Risikobehandlung (Logging, Tasking, Tagging): Das Analysieren, Beschreiben und Bewerten, sprich das Logging von Risiken wird analog zum konventionellen Risikomanagement vorgenommen. Die Risikoanalyse soll nur so weit erfolgen, wie notwendige Entscheidungen getroffen werden müssen. Die aufgeführten Risiken werden allenfalls mittels EMV-Analysetechnik (Expected Monetary Value Analysis, auch «Analyse des erwarteten Ertrags» genannt) priorisiert. Dabei wird die finanzielle Auswirkung möglicher zukünftiger Risiken und deren Eintrittswahr-

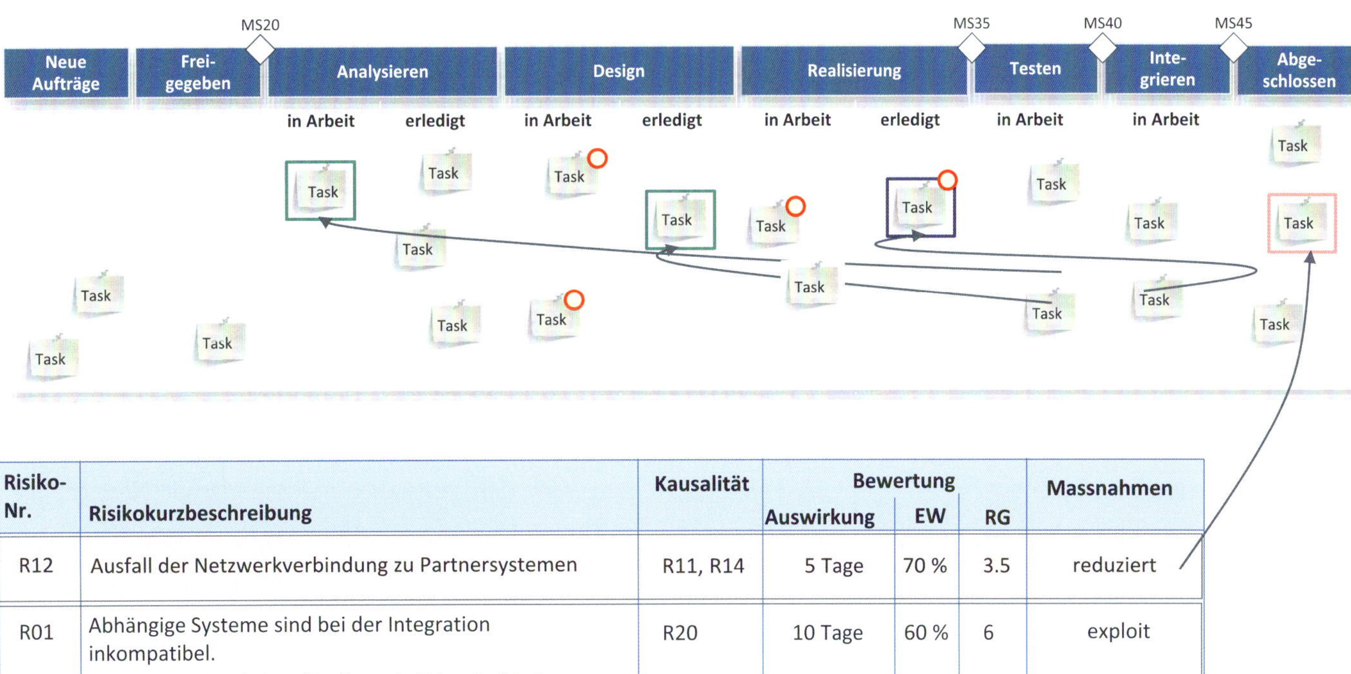

Risiko-Nr.	Risikokurzbeschreibung	Kausalität	Bewertung Auswirkung	EW	RG	Massnahmen
R12	Ausfall der Netzwerkverbindung zu Partnersystemen	R11, R14	5 Tage	70 %	3.5	reduziert
R01	Abhängige Systeme sind bei der Integration inkompatibel.	R20	10 Tage	60 %	6	exploit
R03	Das Prototyping bringt für die endgültige Architektur keine eindeutigen, brauchbaren Beweise.		7 Tage	70 %	4.9	exploit
R07	Fehlende Daten oder falsche Verbindungen in den Webseiten.	R09, R01	10 Tage	80 %	8	contingency
R09	Fehlende Stabilität der Benutzeroberfläche über alle gängigen Internet-Browser hinweg.	R01, R07	9 Tage	50 %	4,5	tagging
	Total				**26.9**	

PT = Personentage

Abb. 6.113: Ein risikomodifiziertes Kanban Board in Anlehnung an [Mor 2014]

Risiko-Nr.	Risikokurzbeschreibung	Kausalität	Bewertung Auswirkung	EW	RG	Massnahmen
R12	Ausfall der Netzwerkverbindung zu Partnersystemen	R11, R14	5 PT	70 %	3.5	reduziert
R01	Abhängige Systeme sind bei der Integration inkompatibel.	R20	10 PT	60 %	6	exploit
R03	Das Prototyping bringt für die endgültige Architektur keine eindeutigen, brauchbare Beweise.		7 PT	70 %	4.9	exploit
R07	Fehlende Daten oder falsche Verbindungen in den Webseiten	R09, R01	10 PT	80 %	8	contingency
R09	Fehlende Stabilität der Benutzeroberfläche über alle gängigen Internet-Browser hinweg.	R01, R07	9 PT	50 %	4,5	tagging
	Total				26.9	

Entwicklungswoche	Möglicher Schaden
Woche 1	26,9
Woche 2	22
Woche 3	15
Woche 4	10
Woche 5	4
Woche 6	0

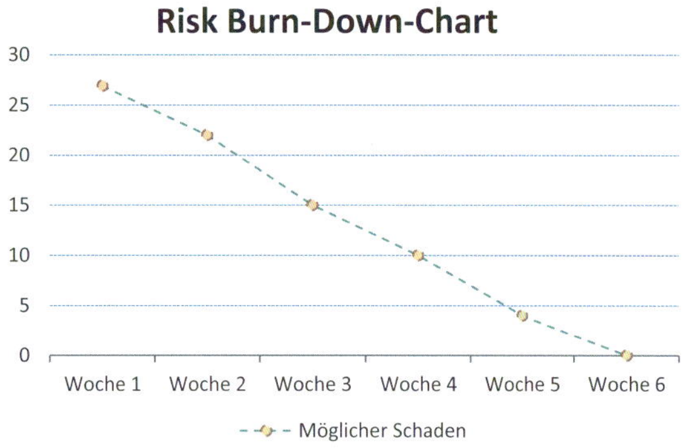

Abb. 6.114: Risk Burn-Down-Chart in Anlehnung an [Mor 2014]

scheinlichkeit zusammen mit dem Ertrag der User Story in der gleichen Analyse berücksichtigt.

Risk Tasking: Das Entwicklungsteam wählt die identifizierten Risiken, die gemindert werden sollten und für die es während des Sprints bestimmte Risikominderungsmassnahmen beschliesst. Dabei werden Massnahmen, um Risiken zu minimieren oder um Chancen (Risk Exploitation) auszunutzen, anhand der Risikoanalyseliste als Task definiert. Diese Tasks gehören als Backlog Items ins Projekt- oder Risikobacklog und müssen von Verantwortlichen (z.B. Product Owner) in den entsprechenden Iterationen berücksichtigt werden. Im Risk Tasking werden, wie Abbildung 6.113 zeigt, vier unterschiedliche Klassifizierungen eingesetzt:

- Risk Exploitation: Damit ist die Ausnutzung der Risikosituation gemeint, in der man die Risikobereitschaft erhöht.
- Threat Mitigation: eine konkrete Massnahme in Form eines speziellen Tasks, mit der ein Risiko minimiert oder verhindert werden soll. Dabei kann auch ein risikobezogener Spike definiert werden. Spike ist ein mehrfach verwendeter Begriff für eine schnelle Probe, die prüft, ob es sich um eine Lösung handelt (z.B. für die Beseitigung oder Minderung eines Risikos). Durch einen Spike werden Informationen gesammelt, die darauf abzielen, eine Frage zu beantworten.
- Risk Contingency: eine spezielle Task, die einen Notfallplan ausarbeitet für den Fall, dass das Risiko doch eintritt.
- Risk Tagging: Unter Tagging wird das Markieren von Tasks auf dem Kanban Board bezeichnet. Die Markierung sagt aus, wie der Task zu erledigen ist oder was sie zu erledigen hat, damit das Risiko entsprechend minimiert werden kann. Im Zusammenhang mit Risk Tagging werden den Tasks auch risikomindernde bzw. chancenfördernde allgemeine Tätigkeiten zugewiesen, z.B. «Pair Programming nötig», «Customer Journey durchführen», «Code Review durchführen».

Wurden die vorhergehenden Arbeiten durchgeführt, so verfügen Entwicklungsteam und Product Owner über einen nachgeführten Produkt-Backlog (mit Risk-adjusted Backlog Items).

Risk Reporting: Auch in adaptiv geführten Projekten müssen die Risiken rapportiert werden. Wenn ein entsprechendes Risk Scoring im Projekt institutionalisiert worden ist (Risk-adjusted Backlog), können die Risikoabnahmen (z.B. durch Abarbeiten von Risiko-Tasks), aber auch Risikozunahmen (z.B. durch Aufdecken von neuen [Sekundär-]Risiken) als Risk Burn-Down-Chart dargestellt werden. Ins Risk Reporting gehört auch das Visualisieren des Riskmanagements (z.B. Risk Walling). Damit sollen das Team und andere Projektstakeholder angeregt werden, kontinuierlich Feedbacks zu geben.

Zusammenfassend ist festzuhalten, dass das Risikomanagement in adaptiv geführten Projekten sicher eine Veränderung mit sich bringt, jedoch aus der Sicht des Prozesses nicht viel anders ist als beim konventionellen Vorgehen. Das erhöhte Verantwortungsbewusstsein des Teams und die konsequente Verfolgung der Risikoentwicklung auf Teamebene ist bei agilen wie bei konventionell geführten Projekten in der schnellen Entwicklungswelt sehr wichtig.

Speziell zu erwähnende Methoden, Techniken und Instrumente im Bereich des Risikomanagements von adaptiv geführten Projekten		
– First-Risk-Analyse (Ersteinstufung der Risiken)	– Risiko-, Chancenanalyse	– Impediment Impact Diagram
– Erfolgsfaktoren-technik	– Vorsorgestrategien (Vermeidung, Verminderung etc.)	– Risk Burn-Down-Chart
– Erhebungs- und Analysetechniken	– Darstellungs-techniken	– Risk Backlog
– Abweichungs- und Trendanalysen	– Risikokategorien, Risikoquotient	
– Qualitätsmass-nahmen	– Ursachen-Wirkung-Analyse	

6.7.3.3 Mögliche RM-Handlungsmassnahmen im agilen Abwicklungsprozess

Wie bereits erläutert, verändert sich das Risikomanagement im nach agilen Prinzipien geführten Projekt insofern, als von den Teammitgliedern viel mehr Verantwortung bezüglich Aufdecken, Analysieren und Beseitigen von Risiken getragen werden muss.

Nachfolgend die wichtigen risikomanagementbezogenen Handlungsanweisungen im agilen Abwicklungsprozess gemäss Abbildung 6.115:

01 Produktvision: Wird die Produktvision z.B. mit der Methode Canvas erstellt, so wird auf der vorgegebenen Struktur mit den möglichen produktebezogenen Risiken in einem konstruktiven Ansatz Rechnung getragen (Kapitel 7.2.1).

02 Business- sowie Projektabwicklungsrisiken: Im zweiten Prozessschritt werden im Business Case die Investitionsrisiken erhoben und analysiert. Basierend auf der Risikoerstbeurteilung (First Risk Analyses) werden die möglichen Abwicklungsrisiken ermittelt. Diese Beurteilung ist die Basis, um das Risikobudget (Risk Contingency) für das Projekt festzulegen.

03 Projektkonfigurationskonzept: Im Prozessschritt Projektabwicklungskonfiguration werden vom Entwicklungsteam bezogen auf die fünf auszuführenden Haupttätigkeiten (Kapitel 7.2.5) die technischen Risiken erhoben und analysiert. Diese werden im Produkt-Backlog, in einem entsprechenden Risiko-Backlog oder in der Impediment-

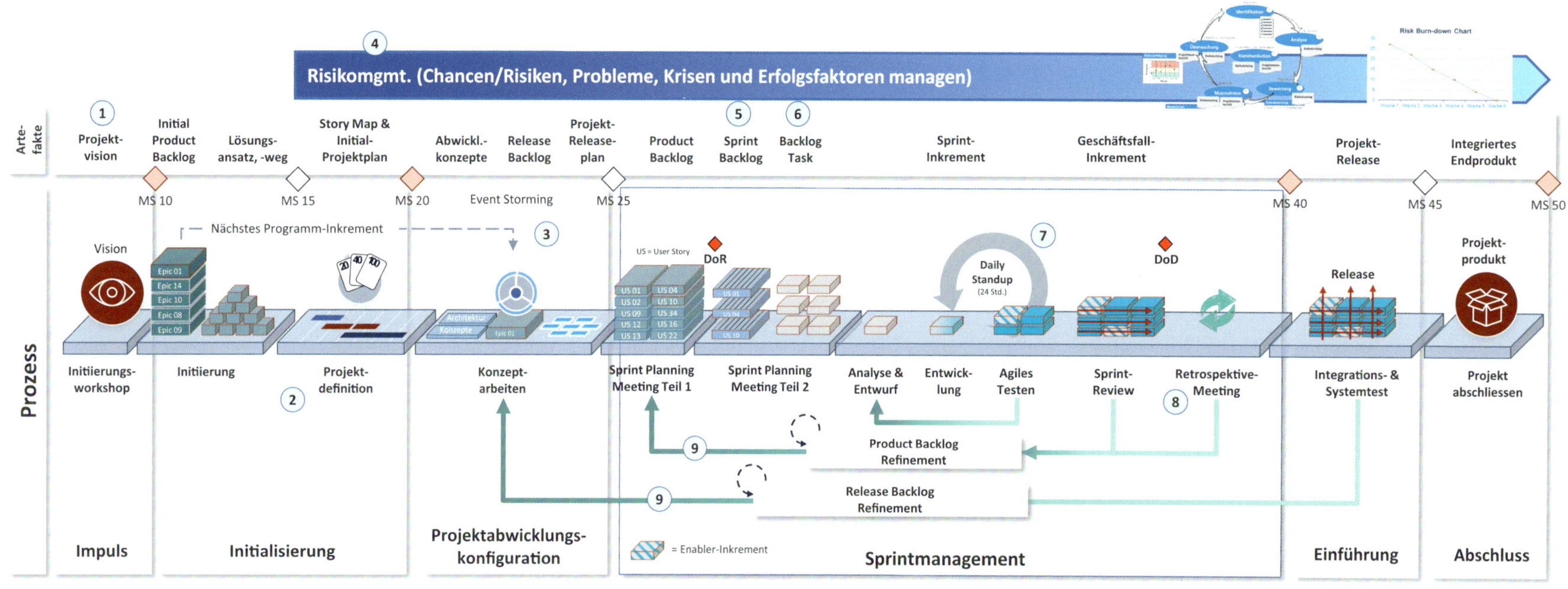

Abb. 6.115: Wichtige risikomanagement-bezogene Handlungs-anweisungen im agilen Abwicklungsprozess

liste festgehalten und vom Entwicklungsteam geführt. Relevante Risiken werden dem Projektleiter gemeldet.

04 RM auf Projektebene: Der Projektleiter 5.0 bewirtschaftet aktiv Risiken, die er aus den Arbeiten zu Punkt 02 und 03 erhalten hat und die während der Projektabwicklung hinzugekommen sind. Die Bewirtschaftung erfolgt in einem kontinuierlich laufenden Zyklus, wie er in Kapitel 6.7.3.1 beschrieben ist.

05 Produkt- und Sprint Backlog: Produktbezogene, vom Entwicklungsteam definierte Risikobekämpfungsmassnahmen werden in Form von Backlog Tasks im Produkt-Backlog oder, je nach Dringlichkeit, im Sprint Backlog des nächsten Sprints aufgenommen.

06 Backlog Task: Wie in Kapitel 6.7.3.2 aufgeführt, definiert das Entwicklungsteam die in einem Sprint zu verarbeitenden Risk Tasks, um drohende Risiken zu beseitigen oder zu mildern. Dies kann z.B. bedeuten, eine Sicherheitslücke in der Software zu schliessen oder die Architektur zu stabilisieren etc.

07 Agile Event: Bei agilen Events wie Daily Stand-up Meeting, Sprint Review und Retrospektive werden vom Scrum Master die vom Entwicklungsteam gemeldeten Risiken in die Impediment- oder in eine spezielle Risikoliste (Risk Backlog) aufgenommen. Er kümmert sich insbesondere um Risiken, die das Entwicklungsteam am effizienten Entwickeln hindern könnten.

08 Retrospektive: Speziell in der Retrospektive werden aufgetretene Risiken diskutiert und das Learning aufbereitet. Und es wird festgelegt, wie das Learning im Projekt sofort nutzbar gemacht werden kann, z.B. durch Definieren eines Standards, an den sich zukünftig alle halten müssen.

09 Backlog Refinement: Die im Produkt-Backlog aufgenommenen Backlog Tasks oder Risk Tasks werden gemäss ihrer Dringlichkeit so weit spezifiziert, dass sie im nächsten Sprint aufgenommen und umgesetzt werden können. Damit wird ein gezieltes und kontrolliertes Risikomanagement auf Produktebene vollzogen.

Wie bereits erläutert, ist bei adaptiv geführten Projekten das Risikomanagement auf zwei Ebenen umzusetzen. Die eine Ebene ist der Release oder das Gesamtprojekt, die andere die Produkteentwicklung. Ob dabei zwei oder nur ein Risiko-Backlog geführt wird, ist der Situation geschuldet.

6.7.4 Ressourcenmanagement in agil geführten Projekten

6.7.4.1 Grundlagentheorie

Das übergeordnete Ziel des Ressourcenmanagements ist aus Unternehmens- wie aus Projektsicht ein zielgerichtetes, kontrolliertes und effizientes Einsetzen und Nutzen aller Ressourcen, die für die Zielerreichung notwendig sind. Mit qualifiziertem Ressourcenmanagement soll auch eine optimale Durchführung der Projektabwicklungsprozesse gewährleistet werden. Wie bei konventionell geführten Projekten muss auch beim agilen Vorgehen der Ressourcenbedarf im Voraus ermittelt werden und es sind allfällige Verpflichtungen mit externen und internen Ressourcenlieferanten abzuschliessen. Zudem ist die Angemessenheit der Ressourcen bzw. deren Skills bezüglich auszuführender Arbeit regelmässig zu prüfen.

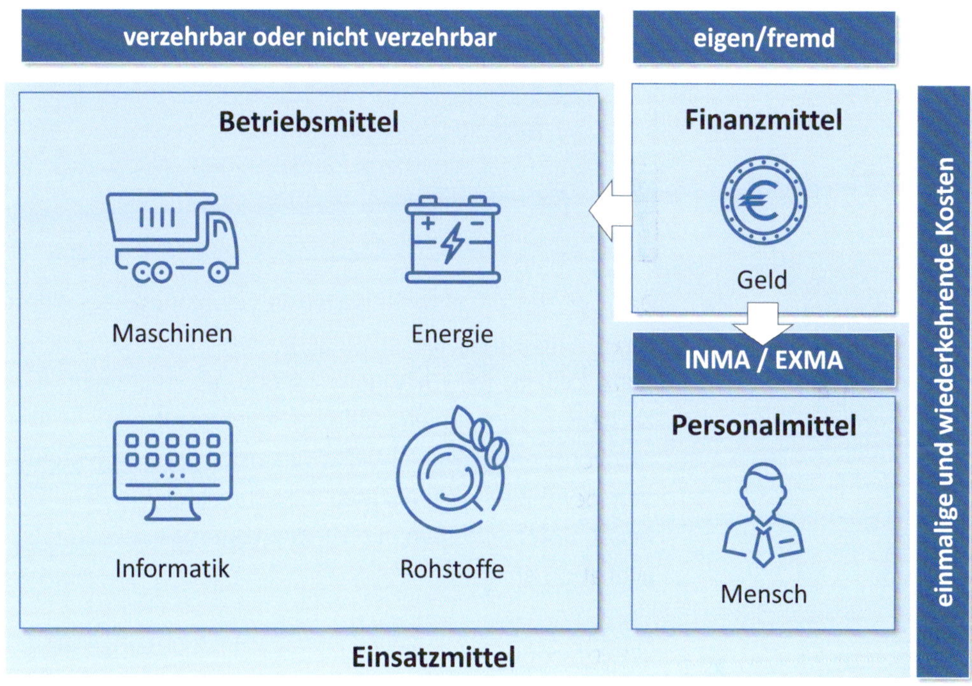

Abb. 6.116: Arten von Ressourcen

> Ressourcenmanagement in der Projektabwicklung ist das qualitative, zeitliche und räumliche Managen (Planen, Steuern, Kontrollieren) von Finanz-, Personal- und Betriebsmitteln, die für die Projektarbeit benötigt werden.

Das Ziel des projektorientierten Ressourcenmanagements ist es zum einen, die «richtigen» Ressourcen zur «richtigen» Zeit in der «richtigen» Menge am «richtigen» Ort zu haben. Zum andern soll aus Projektportfoliosicht eine möglichst prioritätsorientierte Versorgung der Projekte mit den benötigten Kapazitäten gewährleistet werden. Das heisst unter anderem: Es ist eine optimale Ressourcenallokation anzustreben.

Unter Ressourcen in der Projektabwicklung werden die für die Durchführung der Projektvorgänge bzw. für die Erledigung der Aufgaben notwendigen Personal-, Betriebs- und Finanzmittel verstanden. In der Theorie werden Personal- und Betriebsmittel als Einsatzmittel zusammengefasst, weil sie direkt in der Projektabwicklung «eingesetzt» werden. Finanzmittel sind in diesem Sinne oftmals keine Einsatzmittel, da sie meist nicht direkt eingesetzt werden können. Mit Finanzmitteln werden in der Regel Personal- und Betriebsmittel gekauft. Natürlich könnten Finanzmittel auch Einsatzmittel sein, wenn sie direkt (z.B. Zins für Kredit) eingesetzt würden. Oftmals wird unter Ressourcenmanagement im Projektumfeld auch nur die Einsatzplanung von Mitarbeitern (Personal) für die Projektarbeit verstanden. Diese Ressource wird im Folgenden nicht als Personalmittel, sondern als Personalressource oder einfach als Ressourcen bezeichnet.

- Personalressourcen (Personalmittel)
  Dazu gehören alle Mitarbeiterleistungen und Dienstleistungen von projektinternen wie auch -externen Einheiten (andere Abteilungen oder andere Unternehmen, d.h. «Lieferanten»), die für das Projekt benötigt werden. Alle Personen, die über einen Arbeitsvertrag (auch Anstellungsvertrag genannt) verfügen, sind als interne Personalressourcen (INMA) zu betrachten. Alle, die über keinen (direkten) Arbeitsvertrag mit der Auftraggeberunternehmung verfügen, sind als externe Personalressourcen (EXMA) bzw. als Lieferanten zu betrachten.

6.7.4.2 Agile Aspekte des Ressourcenmanagements (ReM)

Das Ziel, in der «richtigen» Menge und Qualität die Ressourcen am «richtigen» Ort zu haben, ist – so logisch es ist – oft schwer zu erfüllen. Der heutige Kampf um fähiges Personal, das bis in alle Details vorgedrungene Leanmanagement mit leeren Lagern, das stetige «Sofort» und nicht planbare Ereignisse wie Krankheit, Lieferstopp etc. stellen auch den Projektleiter 5.0 vor grosse Herausforderungen.

Diesbezüglich versucht das adaptive Projektmanagement, mit dem agilen Ansatz etwas entgegenzuwirken. Drei der zwölf agilen Prinzipien haben einen klaren Bezug zum Ressourcenmanagement und führen zu konstruktiven Veränderungen im Prozess (siehe Kapitel 2.2.3.3). Durch die Einnahme dieser Perspektive lassen sich passende Massnahmen bzw. Schwerpunkte für ein agiles Ressourcenmanagement ableiten. Agiles Ressourcenmanagement umfasst alle Ressourcen: sowohl das Entwicklungsteam als auch die Support- und Teilzeitarbeiter. Basierend auf diesen beiden Kategorien wird das ReM in unterschiedlicher Detaillierung und Intensität betrieben. Lediglich das Ziel muss dabei klar sein, nämlich den Rahmen zu schaffen, dass a) Fachexperten als Supportdienstleister und b) Entwickler während des Projekts täglich zusammenarbeiten können.

Im Ressourcenmanagement des agilen Entwicklungsteams wird als Erstes geklärt, wie viel Präsenzzeit ein Team während einer Timebox (z.B. für einen Sprint) zur Verfügung stellen kann. Gemäss Erfahrung der letzten Sprints (aus denen die Velocity-Kennzahl resultiert) kann danach in etwa festgelegt werden, wie leistungsfähig das Entwicklungsteam ist und was es in der vorbestimmten Timebox z.B. an Story Points leisten kann. Der Projektleiter 5.0 und der Product Owner können anschliessend auf dieser teambezogenen Basis die Anzahl Sprints festlegen, welche voraussichtlich für die Entwicklung der im Backlog definierten Anforderungen benötigt werden.

Demgegenüber verfolgt das Ressourcenmanagement für «Support- und Teilzeit-Mitarbeitende» ein etwas anderes Ziel. Es gilt, wie im konventionellen Stil praktiziert, aufgaben- und terminbezogen die entsprechenden Ressourcen mit den notwendigen Skills zu allozieren. Dabei besteht die Schwierigkeit, dass diese Ressourcen meistens hohe Prioritätskämpfe bezüglich anderer, nicht projektbezogener Arbeiten aushalten müssen. Sie sind für den Projektleiter 5.0 nur relativ zu planen, da er meist keine Verfügungsgewalt über diese Ressourcen hat. Die Herausforderung für das Projektmanagementteam ist es, gerade diese Ressourcen genau dann zur Verfügung zu haben, wenn sie im Entwicklungskreislauf benötigt werden. Ansonsten werden wichtige Aspekte (insbesondere rasches Time to Market und hohe Qualität) nicht erreicht. Das agile Framework LeSS hat für diese Supportmitarbeitenden mit Mentoren, Travelern und Scouts praxistaugliche Rollen erstellt (siehe Kapitel 5.9.2.2).

Es ist nicht ausser Betracht zu lassen, dass ein adaptiv geführtes Projekt oftmals mit externen Ressourcen bewältigt werden muss. Aufgrund dessen gilt es, bezüglich Methoden und Techniken alle Themen wie Einsatzmittel-, Kosten-, Beschaffungs-, Vertrags- und Lieferantenmanagement zu berücksichtigen.

Speziell zu erwähnende Methoden, Techniken und Instrumente im Bereich Ressourcenmanagement bei adaptiv geführten Projekten

– Make-or-Buy-Analyse	– Ausschreibungsverfahren, Bieterkonferenz, Shortlist	– Verhandlungstechnik, Vertragsvorlagen
– Präferenzmatrix, Kosten-Nutzen-Analyse	– Claimmanagement	– Lieferantenaudit
– Skillanalyse (T-Shaped), Skills Matrix	– Cumulative Flow Diagrams, WIP	– Wave Planning, Velocity, Einsatzplanung
– Prognosetechniken, Kostentrendanalysen	– Projektkalkulation	– Retrospektiven

Abb. 6.118:
Sprintvariante
(Full Power)

	Woche 1		Woche 2		Woche 3		Woche 4	
Aufgaben	• 1: Detaillierte Sprintplanung • 2: Klärung Anforderungen • 3: Dokumentation • 4: Definition der Testfälle • 5: Umsetzung & Einzeltests		• 2: Klärung Anforderungen • 3: Dokumentation • 4: Definition der Testfälle • 5: Umsetzung • 7: Korrektur- & Testaktivitäten		• 2: Klärung Anforderungen • 3: Dokumentation • 4: Definition der Testfälle • 5: Umsetzung • 6: Refinement • 7: Korrektur- & Testaktivitäten		**Finalisierung Umsetzung & Sprinttests** • 8: Vorbereitung & Durchführung Produkt-Review • 9: Retrospektive • 10: Planung nächster Sprint	
Meeting	Daily Standups: täglich		Daily Standups: täglich		Daily Standups: täglich		Daily Standups: nach Bedarf	
Ressourcenkapazitäten	Entwickler	80–100 %	Entwickler	80–100 %	Entwickler	80–100 %	Entwickler	80–100 %
	Entwickler	80–100 %	Entwickler	80–100 %	Entwickler	80–100 %	Entwickler	??
	Entwickler	80–100 %	Entwickler	80–100 %	Entwickler	80–100 %	Entwickler	80–100 %
	Prod. Owner	20 %	Prod. Owner	10–20 %	Prod. Owner	10–20 %	Prod. Owner	20–40 %
	Fachspez.	30–40 %	Fachspez.	30–40 %	Fachspez.	30–40 %	Fachspez.	30–40 %
	Testkoordin.	40–60 %	Testkoordin.	60–80 %	Testkoordin.	60–80 %	Testkoordin.	80–100 %

So stehen die Entwickler in der letzten Woche – bis auf eine Einzelperson – zu 100 % für den Sprint zur Verfügung. Der Product Owner steht, im Gegensatz zum Fachspezialisten, in den Wochen gemäss Plan mit genügend Kapazität zur Verfügung. Es wäre gut, wenn er zu 50 % präsent wäre, um die Unterbesetzung der Fachspezialisten allenfalls abdecken zu können. Der Testkoordinator kann die geforderten Prozente erst in der vierten Woche bieten. Das heisst, dass allenfalls der Gap (Lücke) von einem Entwickler übernommen werden muss.

Stehen nicht genügend Ressourcen zur Verfügung, werden z.B. die Meetings nicht so hochrhythmisch durchgeführt. Dies sieht dann z.B. wie folgt aus:

- Anfang Wochen 1 und 3: Die Anforderungen werden nicht im wöchentlichen Rhythmus besprochen, sondern nur zweimal pro Sprint (erste und dritte Woche).
- Ende Woche 2: Infolge der weniger engen Zusammenarbeit während des Sprints werden Ende der zweiten Woche die erarbeiteten Ergebnisse im Team präsentiert.
- Ende Woche 4: Am Ende der vierten Woche wird dann auch eine Präsentation vor dem Auftraggeber durchgeführt.
- Daily Stand-up Meetings finden zweitäglich statt.

Wichtiger Grundsatz: für die Erreichung der agilen Ziele ist eine gemeinsame Teamanwesenheit von 60 % notwendig, und zwar, wie Abbildung 6.119 zeigt, nicht über die Woche verstreut, sondern fokussiert auf einzelne Wochentage.

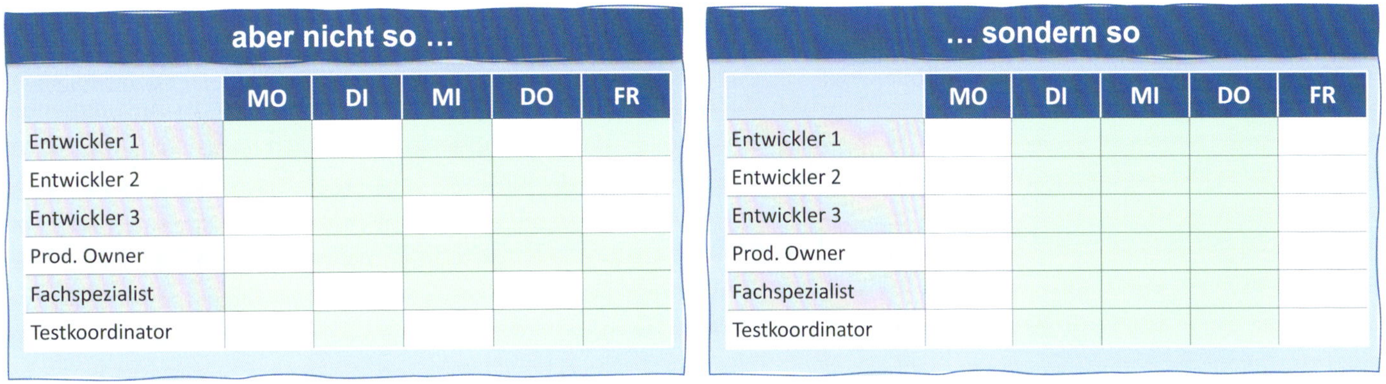

aber nicht so …

	MO	DI	MI	DO	FR
Entwickler 1					
Entwickler 2					
Entwickler 3					
Prod. Owner					
Fachspezialist					
Testkoordinator					

… sondern so

	MO	DI	MI	DO	FR
Entwickler 1					
Entwickler 2					
Entwickler 3					
Prod. Owner					
Fachspezialist					
Testkoordinator					

Abb. 6.119: Fokussierung im Team – die 60%-Grundregel richtig angewendet

Wird, wie in Kapitel 4.2.3.2 beschrieben, z.B. vom interdisziplinären Planungsteam ein definierter, sachbezogener PP-Masterplan erstellt, so kann dieser auf der Ebene des Projekts in einem weiteren Schritt mit den Kapazitäten der Entwicklungsteams abgestimmt werden. Dabei werden die einzeln vom Planungsteam vorgegebenen Themen in Needs zerlegt und den Entwicklungsteams terminlich zugeordnet (siehe Abbildung 4.32).

6.7.4.5 Vertragsmanagement

Eine wesentliche Abweichung von der agilen oder hybriden zur konventionellen Projektabwicklung liegt bei der vertraglichen Situation, wenn die Abwicklung durch einen externen Partner erfolgt. Das ist insbesondere dann der Fall, wenn die Entwicklung ein einmaliger Auftrag oder der erste Auftrag einer längeren Zusammenarbeit ist. Grundsätzlich möchte der Kunde ein Festpreisprojekt. Dabei wird nicht nur der Preis, sondern auch im Voraus der genaue Funktionsumfang festgelegt. Dies wird üblicherweise zu einem Werkvertrag zusammengeschnürt. Weil im agilen Vorgehen der Aspekt des genauen Funktionsumgangs gegen die agilen Prinzipien verstösst, wird gerne vom «agilen Festpreis» oder «inhaltsvarianten Festpreis» gesprochen [Wol 2011]. Bei diesem Vertrag ist der Inhalt flexibel, für den Auftraggeber ist dafür Budgetsicherheit gegeben.

Abb. 6.120: Klassifizieren der Anforderungen nach Grösse

Anforderungen		Preis	Total
12 sehr grosse Anforderungen	à	20'000	240'000
20 grosse Anforderungen	à	12'500	250'000
28 mittlere Anforderungen	à	3'000	84'000
36 kleine Anforderungen	à	1'500	54'000
? Reserve (Umstufungen/Zusatzanforderungen)			72'000
Total Vertragspreis			**700'000**

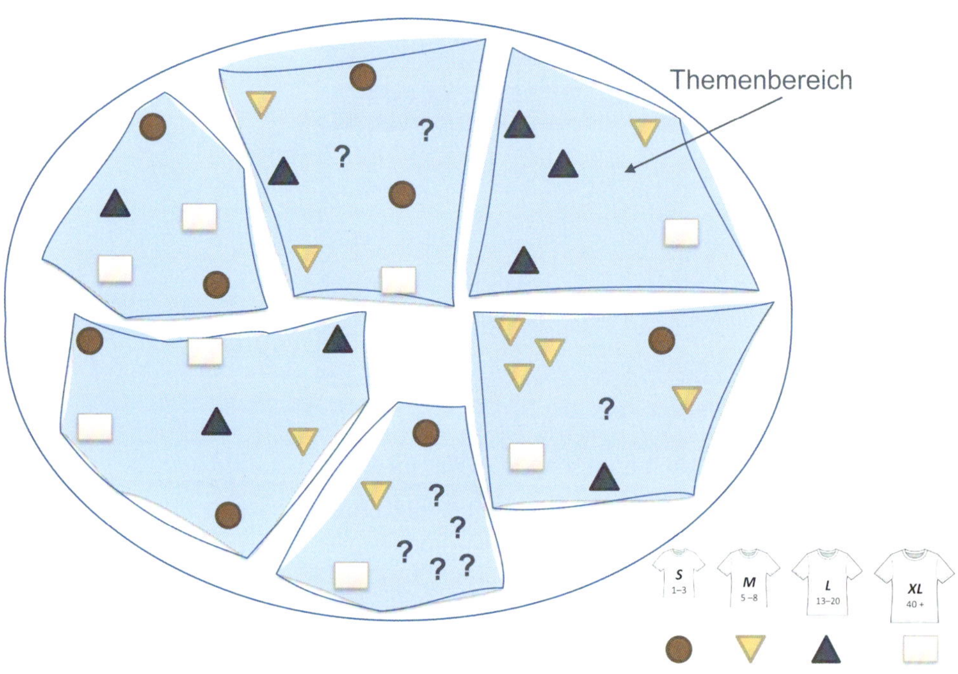

Abb. 6.121: Einfaches Berechnungsbeispiel für einen agilen Festpreis

Da ein agiles Projekt nach dem inkrementellen Ansatz erstellt wird, erhält der Auftraggeber lauffähige Inkremente, die bis zum Zeitpunkt des Budgetverbrauchs erstellt werden konnten. Dies muss vielleicht nicht dem gewünschten Leistungsumfang entsprechen. Wie in Kapitel 2.2.4 in der Abbildung 2.18 dargestellt, fährt der Auftraggeber mit diesem Ansatz ein wesentlich kleineres Risiko als bei einem nach konventioneller Art durchgeführten Festpreisprojekt, bei dem er erst am Schluss sieht, ob er etwas Brauchbares erhält.

Für ein agiles Festpreisprojekt wird eine Liste der vertraglich vereinbarten, zwingenden Anforderungen definiert. Diese Liste kann insofern noch verändert werden, als einzelne, noch nicht realisierte Anforderungen zur Tauschmasse werden und durch geänderte oder neue Anforderungen ersetzt werden können (siehe «Change for free» im Kapitel 6.7.6.4). Dies setzt voraus, dass Auftragnehmer und Auftraggeber einvernehmlich tauschen. Dabei hilft es, wenn die Anforderungen detailliert mit Aufwand belegt werden und man nicht nur den Gesamtaufwand kennt (z.B. mit T-Shirt Sizing). Die Herausforderung für die Entwickler ist es, dass die Aufwandschätzungen bereits zu Projektbeginn nach den vereinbarten Referenzanforderungen erfolgen müssen. Der T-Shirt-Ansatz funktioniert nur mit eingespielten Teams und bei bekannten Gegebenheiten. Sind für das Projekt zu viele Faktoren unbekannt, so wird die Schätzung zu ungenau und im Zweifelsfall muss nachverhandelt werden [Wol 2011].

Da die Vollständigkeit der Anforderungen meist nicht gegeben ist (gegeben sein kann), wird empfohlen, zusätzlich zum Festpreis eine Reserveposition zu vereinbaren. Diese kann vom Kunden – aufgrund derselben Bewertungsregeln – ausgelöst werden. Der Lieferant verpflichtet sich, diese auch im Rahmen des Werkvertrags umzusetzen.

Um bei einem agilen Festpreis erfolgreich zu sein, ist Folgendes pro Anforderung im Vorfeld zu klären:

- Reifegrad der Anforderung: Wie gut ist die Anforderung bekannt und schon dokumentiert?
- Abhängigkeiten: Wie viele Abhängigkeiten weist eine Anforderung auf und wie komplex sind sie?
- Komplexität («Grösse» der Anforderung): Aus wie vielen Schritten besteht durchschnittlich ein Szenario?

- Lösungsvielfalt: Wie viele Szenarien können pro Anforderung erkannt werden (siehe Kapitel 7.3.2 «Anwendungsfall spezifizieren»)?
- Veränderungsgrad des bestehenden Systems: Wie stark werden bestehende Prozesse oder Systeme durch die Anforderung verändert?

Es muss nicht jede Grösse (z.B. Anzahl Schritte je Szenario) im Voraus fest definiert werden. Üblicherweise wird mit Grössenordnungen und nötigenfalls mit Korrekturen zulasten oder zugunsten der «Reserveposition» gearbeitet. Mit diesem Ansatz lassen sich 80–90 % der Anforderungen quantifizieren. Es gibt aber immer «spezielle» Anforderungen, die «manuell» betrachtet werden müssen.

Um mit einem agilen Festpreisprojekt erfolgreich zu sein, ist es wichtig, dass beide Parteien mit gegenseitigem Vertrauen und partnerschaftlich zusammenarbeiten. So ist es zwingend, dass eine vertragliche Ausstiegsklausel definiert wird, welche es beiden Seiten ermöglicht, nach einer Foundation- oder Explorative-Phase auszusteigen, und dass bei der Realisierung der Kunde möglichst tief im Entwicklungsprozess integriert ist, z.B. als Product Owner oder mindestens als aktiver Stakeholder. In diesem Fall lässt sich in den normalen Festpreisvertrag der beiden Parteien eine Ergänzung integrieren, die Jeff Sutherland und Jim Copliend als «Money for nothing, change for free» bezeichnen. Wenn möglich und sinnvoll, würde bezüglich der gegenseitigen Motivation auch ein «Gain-share-Ansatz» (Gewinn teilen) helfen, um die gegenseitige Toleranz zu fördern und nicht auf einseitige Gewinnmaximierung abzuzielen.

«Money For Nothing» beschreibt die Möglichkeit des Kunden, die Entwicklung nach jedem Sprint abzubrechen. Das kann sinnvoll sein, wenn die zu erwartenden Kosten für die Weiterführung des Projekts höher werden als der Wert, der dabei entsteht. Bricht der Kunde die Entwicklung ab, fallen noch 20 % des restlichen Vertragsbestandteils an Kosten für die Durchführung des Abbruchs und den finalen Projektabschluss an [Dub 2011].

«Change for Free» beschreibt die Möglichkeit des Kunden, während des Projekts von Sprint zu Sprint Änderungen einzureichen, ohne dabei zusätzliche Kosten tragen zu müssen. Änderungen oder neue Erweiterungen müssen gegen gleichwertige bestehende Aufgaben eingetauscht werden. Bei einem gut geführten Backlog mit Epics und User Stories, die nach ihrem Businesswert in eine Reihe gebracht worden sind, kann der Kunde damit dafür sorgen, dass er das für ihn beste Ergebnis zum ursprünglich vereinbarten Budget erhält [Dub 2011].

Es gibt immer «spezielle» Anforderungen, die «manuell» betrachtet werden müssen.

Bezüglich der definierten Leistung sollte ein Vertrag auch in Grundleistung und Optionen unterteilt werden. Der Streitpunkt liegt oftmals in der Problematik, welche und wie viele Alternativ- und Ausnahmeszenarien mit der Grundleistung abgedeckt werden, und nicht im Verständnis darüber, welcher Geschäftsfall in und out of scope liegt. Wie Abbildung 6.122 zeigt, sind gemäss Andreas Opelt bis Vertragsunterzeichnung sechs wichtige Schritte zu durchlaufen [Ope 2014]. Je genauer dies erfolgen kann, umso besser ist der Projekterfolg gesichert.

Abb. 6.122: Sechs Stufen zum agilen Festpreis [Ope 2014]

Die «Abwicklungsmechanik» bei agilen Festpreisprojekten wird im Kapitel 6.7.6.4 mit der Abbildung 6.133 aufgezeigt.

Beim Aushandeln eines agilen Festpreisvertrags sind sechs Prozessschritte zu berücksichtigen [Ope 2014]:

- **Schritt 1:** Definition des Vertragsgegenstands. Im ersten Schritt ist eine Vision zu definieren, die vom gesamten Projektteam getragen wird. Zudem ist der Projektumfang, also der Vertragsgegenstand, grob auf der Basis von Epics zu beschreiben
- **Schritt 2:** Um von einem High Level Scope zu einem Detailscope zu gelangen, ist es notwendig, dem Projektmanagementteam sowie dem Entwicklungsteam Referenzpunkte vorzugeben. Dazu arbeitet der Kunde ein bis drei repräsentative und zentrale Epics im Detail aus. Die daraus entstehenden User Stories werden vertraglich als sogenannte Referenz-User-Stories hinterlegt.
- **Schritt 3:** Kunde und Lieferant kommen in einem gemeinsamen Workshop zusammen, um den gesamten Scope näher zu bestimmen. Dieser besteht aus drei Hauptaufgaben: a) Gesamtauftrag des Festpreises schätzen, b) konkrete Beispielrechnung durchführen, c) Sicherheitsaufschlag berücksichtigen. Mit diesen drei Hauptaufgaben ist der Vertragsgegenstand erstellt und qualitätsgesichert.
- **Schritt 4:** Definieren des Riskshare als Parameter, der beschreibt, wie viel Risiko der Lieferant bereit ist zu übernehmen, falls der Festpreis innerhalb des vereinbarten Scopes nicht gehalten werden kann. Allfällige Zusatzkosten werden nach dem Prozentschlüssel des Riskshare geteilt. Als Zweites wird gemeinsam eine Checkpointphase definiert, in welcher jede der beiden Vertrags-

parteien – ohne Verstimmung der Gegenseite – einfach aussteigen kann.

- **Schritt 5:** Vereinbaren der Prozesse zur Projektsteuerung. Die Vertragspartner definieren in Form einer Scope-Governance die Steuerung des Projektinhalts (Wie kommen wir von der Epic zu den User Stories und wie gehen wir mit Abweichungen zum Referenzobjekt um?). Diese «Abwicklungsmechanik» wird vertraglich festgehalten.
- **Schritt 6:** Festlegen eines Motivations- und Kooperationsmodells. Dabei gilt es zu überlegen: Was motiviert den Lieferanten oder beide Parteien, den Festpreisrahmen nicht voll auszuschöpfen? Es ist ein Motivationsmodell zu erstellen, mit dem im Rahmen eines Gesamtprozesses der maximale Wert für den Kunden bei minimaler Investition erzielt werden kann.

6.7.4.6 Kostenberechnung agiler Teams für die Budgetierung

Die Grundvorrausetzung für die Budgetierung eines einzelnen agilen Teams ist seine Stabilität. Sie wird erreicht, indem seine Mitglieder 80–100 % ihrer Arbeitszeit dem Team, sprich dem Projekt, widmen. Jedes Teammitglied muss daher von nicht projektbezogenen Aufgaben freigestellt werden. Wie in Kapitel 6.3.2.1 beschrieben, werden die Anforderungen in Epics und User Stories erfasst, im Backlog priorisiert und deren Aufwände in Form von Story Points geschätzt. Um die Leistungsfähigkeit eines Teams – die Team-Velocity – berechnen zu können, werden ungefähr drei Sprints benötigt (siehe Kapitel 6.4.6.7). Konnte das Entwicklungsteam im ersten Sprint User Stories mit einem Aufwand von 20 Story Points, im zweiten von 40 und im dritten von 45 Story Points abschliessen (Summe 105 SP), ergibt die Velocity (Durchschnittsleistung) ca. 35 Story Points. Jeder weitere Sprint beeinflusst die Velocity; sie ist immer eine Momentaufnahme der aktuellen Team-Performance. Je länger die Teams in der gleichen Konstellation zusammenarbeiten, umso aussagekräftiger wird diese Kennzahl und damit eine steuernde Komponente der Budgetierung.

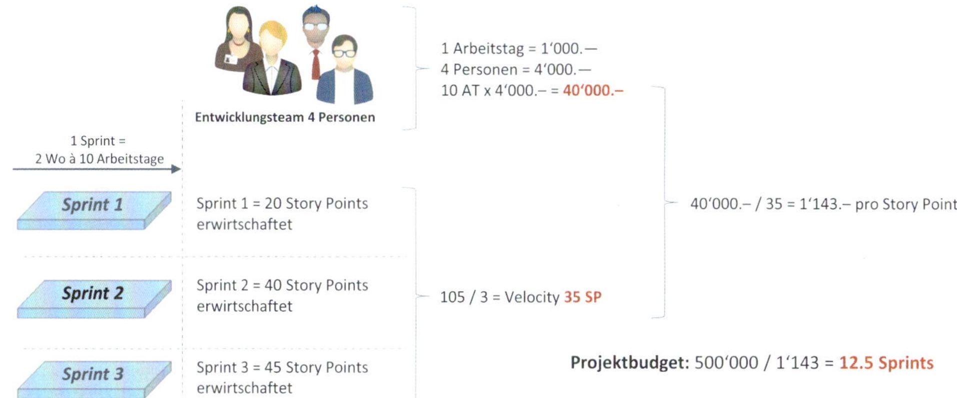

Abb. 6.123: Beispiel Budgetumrechnung in Anzahl Sprints

Zur Berechnung des Entwicklungsbudgets hinzu kommen die tatsächlichen Kosten, welche durch das Team oder die Teams anfallen. Unter der Voraussetzung, dass die Teammitglieder jeweils 80–100 % ihrer Arbeitszeit in diesem Team verbringen, kann ein Budget errechnet werden. Arbeiten in einem Team vier Personen, die pro Tag 1'000 CHF kosten, so kostet das Team pro Tag 4'000 CHF. Dauert der Sprint zwei Wochen, sprich 10 Arbeitstage, so verursacht es 40'000 CHF pro Sprint. Werden diese Kosten durch die Velocity (40'000/35) geteilt, erhält man 1'143 CHF/Story Point. Das bedeutet, dass jeder Story Point, der von diesem

Da die Kennzahl «Velocity» sehr teamspezifisch ist, ist das Hochrechnen dieses Wertes auf mehrere Teams oder sogar Organisationen in keinem Fall ratsam.

Team umgesetzt wird, Kosten von rund 1'150 CHF verursacht. Mit diesem Wert können die Kosten jeder User Story berechnet werden, indem mithilfe der Aufwandschätzung die Story Points mit 1'150 CHF multipliziert wird. Mit diesem Kostenrichtwert kann der Sponsor je nach Budget entscheiden, wie lange er das agile Team finanzieren will oder kann.

Achtung: Bei jeder Änderung der Teamzusammensetzung stimmt die Berechnung nicht mehr (bzw. sie muss sich ändern). Das Team müsste gemeinsam alles auf derselben Grundlage (Epics, User Story etc.) neu schätzen. Allfällige neue Erkenntnisse bezüglich Stories würden den Wert der Story Points auch beeinflussen.

Verfügt der Sponsor über ein Budget von 500'000 CHF, so kann er völlig unabhängig von den Inhalten rund 12 Sprints oder Iterationen finanzieren. Der Auftraggeber beschreibt dem Product Owner mittels der Produktvision seine Anforderungen und Ziele bzw. Wünsche. Daraus erstellt der Product Owner mit seinem Team ein Backlog mit User Stories und einer Aufwandschätzung in Story Points. Sind die ersten Sprints geschätzt, erhält der Auftraggeber vom Team eine Rückmeldung zur benötigten Umsetzungsdauer seiner Anforderungen, basierend auf der Team-Velocity. Der Auftraggeber erhält damit eine erste Kostenindikation. Setzt das Team die jeweils am höchsten priorisierten User Stories in Form von Sprints um, kann er indirekt ein sehr effizientes Controlling bezüglich Leistung/Kosten praktizieren. Ist der Auftraggeber mit dem Ergebnis innerhalb der zwölf Sprints zufrieden, erfolgt die Abrechnung, basierend auf den umgesetzten Story Points. Ist er mit dem inhaltlichen Ergebnis nicht zufrieden, muss er entscheiden, ob er ein weiteres Budget beschaffen will, um weitere Sprints zu finanzieren, oder ob er den aktuellen Stand ausliefern möchte.

6.7.5 Changemanagement in agil geführten Projekten

6.7.5.1 Grundlagentheorie

Bei jeder Erledigung von Projektaufträgen treten neben funktionalen oft auch psychologische Aspekte auf: Prozessänderungen verlangen Verhaltensanpassung bei den Betroffenen, was zu Spannungen führt. Obwohl z.B. eine Reform erwünscht und ihre Einführung bekannt ist, bekunden sie nicht selten Mühe, sich den Neuerungen anzupassen. Jede Veränderung – mag sie noch so positiv sein – ruft bei den Direktbetroffenen oder in der direkten Projektumwelt psychologische Reaktionen (wie Angst vor dem Unbekannten, Bequemlichkeit, Nicht-loslassen-Können etc.) hervor. Rechnet man von Anfang an mit solchen «menschlichen» Faktoren, können unterstützende Verfahren eingeplant werden, um diesen zu begegnen. Solche Verfahren, welche die Veränderungsnotwendigkeiten und -potenziale erkennen sowie zweckmässige Strategien und Vorgehensweisen definieren, werden unter dem Begriff Changemanagement oder Veränderungsmanagement zusammengefasst.

> Changemanagement als Teil der Projektabwicklung ist die Summe aller notwendigen Massnahmen, die betroffene Organisationen befähigen, die durch das Projekt bewirkten Veränderungen in kürzester Zeit zu adaptieren und zu leben.

Changemanagements (CM) sind:

- Der Einsatz des CM erfolgt planmässig.
- Das CM muss von der Führungsebene unterstützt und vorgelebt werden.
- Probleme werden reell und nicht nur theoretisch gelöst.
- Betroffene werden zu Beteiligten.
- Das CM ist prozessorientiert und in iterativen Schlaufen rückgekoppelt.

Im schon etwas älteren, aber sehr einfach nachvollziehbaren Modell von Lewin [Lew 1947] lässt sich das Changemanagement in die Hauptphasen Unfreezing, Moving und Freezing unterteilen und den ökonomischen oder technologischen Phasenmodellen gemäss Abbildung 6.124 zuordnen.

Die drei Hauptphasen des Changemanagements in Form der Organisationsentwicklung werden über das Phasenmodell der Projektabwicklung gelegt. Dabei beginnt das Unfreezing bereits während der Initialisierungsphase. Die Neukalibrierung hat sich bei der Konzeptions- und der Realisierungsphase zu bewähren. Freezing beginnt in der

Abb. 6.124: Drei-Phasen-Modell von Lewin

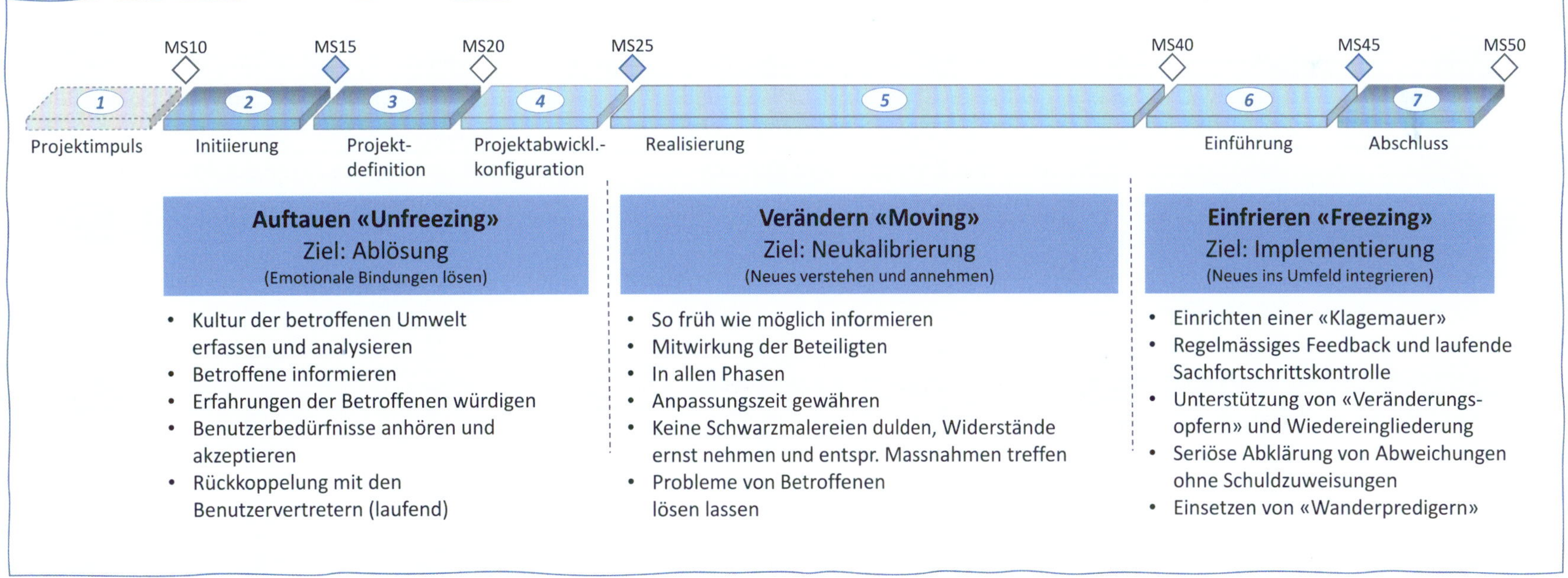

Realisierungsphase und dauert oftmals rund 3 bis 6 Monate über den Einführungszeitpunkt des Projektprodukts hinaus an. Eine klare Abgrenzung dieser drei Phasen ist natürlich nicht möglich, da sie sich je nach Projektart und eingesetzter Entwicklungsmethode zeitlich verschieben oder auch überlappen können. Zudem benötigen Betroffene unterschiedlich viel Zeit, um das Neue anzunehmen.

01 Unfreezing

Ziel der Unfreezing-Phase ist die Ablösung von bisher übernommenen Theorien, Paradigmen (Denkweisen) und Ideologien bzw. Verhaltensmustern. Diese Phase beginnt im Allgemeinen mit einer Orientierung, in der das Projektteam einen ersten Kontakt mit den Betroffenen aufnimmt. Als Ergebnis wird Übereinstimmung aller Betroffenen und aktiv Beteiligten mit den Zielen und dem Vorgehen angestrebt. Dazu wird eine Standortbestimmung vorgenommen und ein allgemeines Zukunftskonzept ohne verbindliche Aussagen aufgestellt (Vision, Hauptziele und Stossrichtung). Auf dieser Basis wird das Vorgehen transparent gemacht, die Widerstände gegen Veränderungen werden abgebaut und verhärtete Normen und Strukturen werden aufgetaut.

02 Moving

Das Ziel dieser Phase ist die Neu- und/oder Umformung bestehender Konzepte und Denkmuster in die neue Gegebenheit durch eine sogenannte Neukalibrierung. Die in der Unfreezing-Phase konkretisierten Ziele und Vorgehen werden jetzt umgesetzt.

03 Freezing

Das Ziel in dieser Phase ist die definitive Integration der veränderten Denkansätze und Verhaltensmuster in den Kontext bestehender, nicht betroffener Abläufe, Strukturen, Ziele und Menschen. In dieser Phase sollen also die bereits durchgeführten Veränderungen auf der Projektebene in den Alltag der Organisation eingeführt und/oder überführt werden («Einpflanzen in die Unternehmenskultur»). Die Massnahmen nach der Veränderung sind z.B. [Bec 2002]:

- Einrichten einer «Klagemauer» für Notfälle
- Regelmässiges Feedback und laufende Sachfortschrittskontrolle zwischen den Projektverantwortlichen und den Benutzern bzw. den Benutzervertretern
- Unterstützung von «Veränderungsopfern» und deren Wiedereingliederung in eine neue Umwelt
- Seriöse Abklärung von Abweichungen ohne Schuldzuweisungen
- Einsetzen eines «Wanderpredigers», der bei den Betroffenen herumgeht und ihnen bei der Arbeit zusieht. Er versucht Probleme auf der Ebene des Bessermachens ad hoc zu lösen oder hält gravierende Probleme schriftlich fest.

6.7.5.2 Agile Aspekte des CM

Veränderungen in der heutigen, durch intensive Innovation geprägten VUCA-Welt sind nicht nur technisch herausfordernd. Auch hinsichtlich des Verhaltens einzelner Individuen, Teams, Organisationseinheiten, aber auch von Geschäftspartnern und Kunden sind Veränderungen oft unabdingbar. In dieser atemberaubenden Innovationswelt vergisst man gerne, dass ein Erfolg nur dann ein Erfolg ist, wenn alle Betroffenen in die gleiche Richtung eines antizipierten Veränderungsziels laufen. Aus diesem Grund ist das Changemanagement ein «Projektsteuerungsinstrument» und die Königsdisziplin im modernen Projektmanagement. Mit der agil induzierten Dynamik wird das Beherrschen dieser Führungsinstrumente zum eigentlichen Erfolgsfaktor der meisten Vorhaben.

Der Auslieferungsrhythmus des agilen Vorgehens bewirkt im CM definitiv einen anderen Ansatz als im konventionellen Umfeld. Das konventionelle Vorgehen entspricht eher einem «Rapid»-Changemanagement: Die Veränderung kommt auf einmal und als grosse Umwälzung. Das agile Changemanagement entspricht eher dem inkrementellen Change: Bei kontinuierlicher Auslieferung erhält das Projektumfeld sukzessive neue Funktionalitäten und Optimierungen, die den Usern entsprechenden Nutzen (eine Vereinfachung und/oder einen Mehrwert) bringen. Dieser kontinuierliche Ansatz ist an sich bereits für viele ein Erfolgsmodell, da der Change in das «Neue» nicht allzu gross ist. Andererseits zeigen uns z.B. die heutigen Softwareupdates, dass das dauernd Neue auch zum Fluch werden kann – in der Menge gesehen, führt es zu einem andauernden Veränderungsfluss. In diesem Zusammenhang ist es wichtig, dass solche Updates mit qualifizierten Changemanagement-Aktionen, wie z.B. einer verständlichen Release-Note, einem Lernvideo oder begleitet von einer 24 Std.-Hotline, ausgeliefert werden.

Da der Product Owner die gesamte Beziehungsseite mit den produktbezogenen Stakeholdern abdecken muss, ist das Stakeholdermanagement ein für ihn wichtiges Steuerungsinstrument. Der Projektleiter 5.0 deckt eher die Seite der projekt-übergeordneten und interdisziplinären Entwicklungspartner ab. Das gute Zusammenspiel im Bereich Changemanagement von Product Owner und Projektleiter 5.0 ist zentral für die Projekt- und Produktakzeptanz.

Jedes Projekt bewirkt eine Veränderung. Daher ist das CM dafür «verantwortlich», dass das Projektumfeld diesen Change mitmacht. Diese Führungsdisziplin sollte auch vom agilen Projektleiter wie vom Product Owner beherrscht werden.

Betrachtet man die Veränderungsinitiativen und ihren Zusammenhang mit Agilität systematisch, so lassen sich in der Projektwelt gemäss Kohnke zwei Varianten unterscheiden [Koh 2019]:

«Change without Agile»: Obwohl Agilität derzeit hoch im Kurs steht, gibt es nach wie vor (und vermutlich gar nicht so selten) Veränderungsprojekte, in denen Agilität keine Rolle spielt. Reorganisationen oder Post-Merger-Integrationsprojekte finden auch in konventionellen Organisationen und mit klassischen Zielsetzungen wie Kostensenkung oder höherer Marktdurchdringung statt.

«Change within Agile»: Die zweite Variante von Veränderungen findet in Projekten statt, die in Bezug auf die

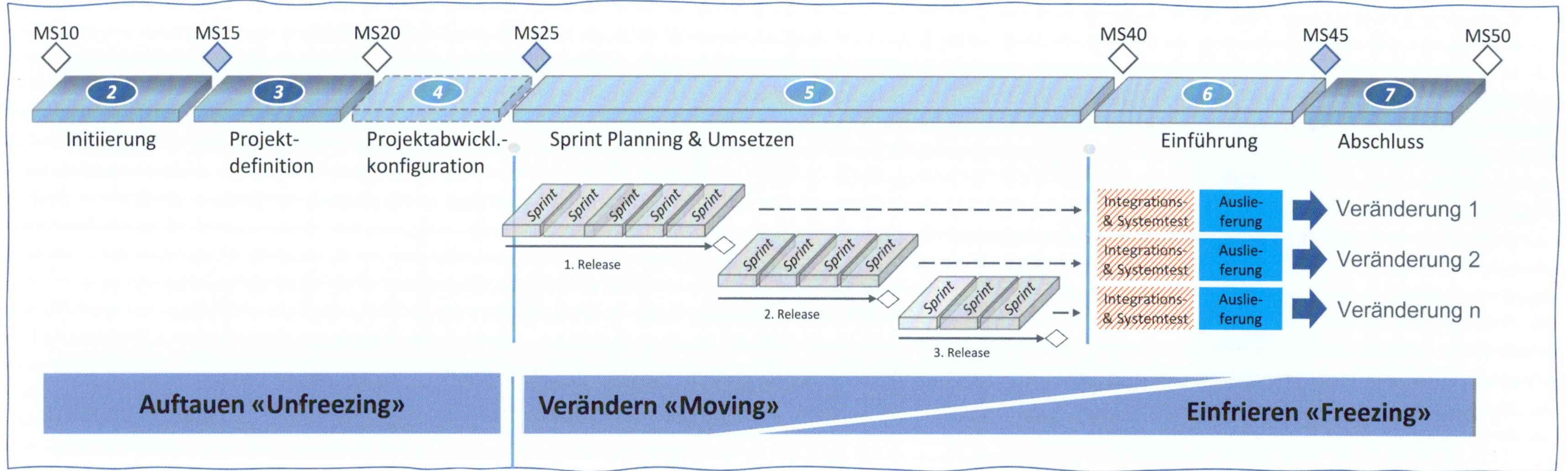

Abb. 6.125: «Agile within Change» gemäss Drei-Phasen-Modell von Lewin

Zusammenarbeit und die Wirkung sozial sehr komplex sind, wie z.B. der Aufbau und die Integration eines neuen, digitalen Businessmodells zusammen mit verschiedenen neuen und alten Partnern. Noch komplexer wird es bei ICT-Entwicklungsprojekten, die sowohl national als auch international eine Wirkung auf Organisationen haben bzw. Voraussetzung für ein erfolgreiches Abwickeln solcher Projekte sind, dass Organisation, Entwicklungsteam und Partner grosse Erfahrung im agilen Vorgehen haben.

Dieser strukturelle Ansatz kann im umgekehrten Sinn helfen, Changemanagement richtig zu positionieren:

«Agile without Change»: Es gibt ICT-Produkteentwicklungsprojekte, die keine oder nur marginal spürbare Auswirkungen auf Nutzende haben und entsprechend kein oder nur ein kleines Changemanagement benötigen. Das sind z.B. Projekte, die mit bereits gefestigten Teams grosse Applikationen oder Komponenten weiterentwickeln, ohne damit die sozialen Strukturen zu berühren oder die nur kleine Verhaltensauswirkungen haben. Allenfalls sind wenige, adäquat abgestimmte Aktionen geeignet, um die Akzeptanz der Lösung aufrechtzuerhalten.

«Agile within Change»: Vollständig agil abzuwickelnde Projekte, in die eine grosse Stakeholder-Community mit verschiedenen Rollen und Bedürfnissen involviert ist, lösen je nach Rollout-Ansatz oft grossen Changebedarf aus, sei es auf der Management- und/oder der Benutzerebene. Insbesondere müssen betroffene Organisationseinheiten zur Akzeptanz des Neuen hingeführt werden. Nicht zuletzt muss man in vielen solchen Projekten auch den Kunden auf die Entwicklungsreise mitnehmen. Das heisst z.B., dass das Projektmarketing als eigene Anforderung ins Projektteam mit aufgenommen werden muss.

Das gezielte Arbeiten mit dem direkten Projektumfeld gehört wohl zu den anspruchsvollsten Aufgaben eines Projektleiters 5.0 und Product Owners. Es gibt keine normierten Stimmungsbarometer. Selbst wenn es solche gäbe, wäre das noch lange keine Garantie, dass die gemessene Stimmung bis zur erfolgten Korrektur anhält, auch wenn agiles iteratives Vorgehen die Reaktionszeit massiv verkürzen kann.

Es ist ideal, wenn der Projektleiter 5.0 z.B. basierend auf einer Stakeholderanalyse und einem Projektplan je nach Projektsituation entsprechende Aktionen für das erfolgreiche Verändern des Umfelds einleitet und steuert. Dies kann durch Marketinginterventionen, Präsentationen, Kommunikation etc. und gezielt auf die Stakeholderbedürfnisse abgestimmt vorgenommen werden.

Speziell zu erwähnende Methoden, Techniken und Instrumente im Bereich Changemanagement bei adaptiv/agil geführten Projekten		
– Präsentationen, Veranstaltungen, Unterlagen	– Flyer, Internet, Berichte etc.	– Sprint Review zusammen mit Benutzern
– CI, CD	– Kommunikationsmethode	– Personas
– Beziehungsmanagement (z.B. Lobbying)	– Mediation, Moderation, Sitzungsleitung	– Wireframes, Erklärvideos
– Stakeholderanalyse, -map, Kräfteanalyse	– Strategien (partizipativ, diskursiv, repressiv)	– Stakeholder in die Schätzung einbinden
– Coaching, Supervision	– Konfliktmanagement	– Umfeldanalyse

6.7.5.3 Mögliche CM-Handlungsmassnahmen im agilen Abwicklungsprozess

Der Projektleiter 5.0 und der Product Owner müssen die im Projektabwicklungsprozess involvierten Schlüsselpersonen oder -gruppen kennen und sich mit den Anliegen dieser Personen auseinandersetzen. Um diese wachsende Anforderung im Projekt meistern zu können, wird auch das Stakeholdermanagement professionell in den agilen Produkteentwicklungsprozess eingesetzt.

Scheinbar agile Praktiken wie das «Kleben bunter Moderationskarten», «Regelmässig-in-einem-Kreis-Zusammenstehen» oder «Durchführen von Scrum-Zeremonien» werden generell als Indikatoren für gelebtes agiles Changemanagement gesehen. Das aktive und konstruktive Involvieren von Beteiligten und Betroffenen ist zweifelsohne ein wirkungsvoller und guter Ansatz. Dieser enge Fokus greift im adaptiven PM jedoch zu kurz.

Nachfolgend einige wichtige changemanagementbezogene Handlungsanweisungen im agilen Abwicklungsprozess:

01 Personas: Als archetypische Nutzer repräsentieren Personas Ziele und Bedürfnisse der Zielgruppe. Sie helfen, von Beginn an fundierte Entscheidungen bei der Entwicklung nutzerfreundlicher Produkte zu treffen. Dieses einfach einzusetzende Instrument trägt wesentlich zur Akzeptanz des zu erstellenden Projektprodukts bei. Grundsätzlich ist es egal, welche Art von Projektprodukt resultieren soll (Software, Haus, Maschine etc.).

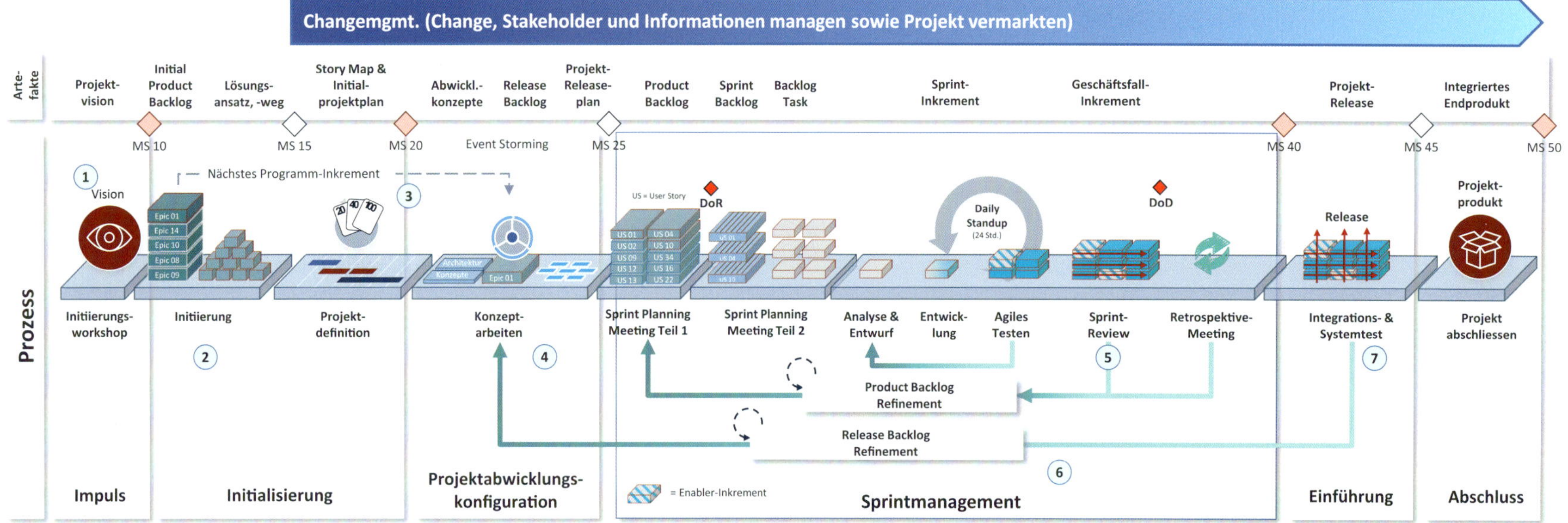

Abb. 6.126: Wichtige changemanagement-bezogene Handlungs-anweisungen im agilen Abwicklungsprozess

02 Stakeholderanalyse bei der Initiierung: Neben der Persona «Nutzer» gibt es weitere Stakeholder, die Anforderungen an das Projekt oder dessen Wirkung stellen. Bei der Analyse geht es primär darum, sicherzustellen, dass alle Stakeholder, Projektbeteiligten und Betroffenen mit ihren primären Bedürfnissen in den Fokus des Projekts genommen werden, dass sie sich wahrgenommen fühlen und sich angemessen einbringen dürfen und können.

03 Kommitment machthabender Stakeholder: Damit ein Projekt gestartet werden kann, sind die machthabenden Stakeholder vom Projekt zu überzeugen. Diesbezüglich können bereits defensive Marketingmassnahmen eingesetzt werden. Der Grundsatz sagt: Hat ein Projekt keinen Change Agent, sollte es nicht gestartet werden.

04 Konkrete Bedürfnisklärung der betroffenen Stakeholder: In Form z.B. eines Event Storming (Kapitel 7.7.5) oder anderer Methoden müssen die effektiven Anforderungen der Nutzer/Betroffenen eruiert werden. Es gilt, das Businesswissen so zum Entwicklungsteam zu transferieren, dass die Entwickler die Businesssituation und die Bedürfnisse des Nutzers verstehen. Je höher das Verständnis ist, umso bessere Lösungen/Produkte können entwickelt werden.

05 Beteiligung am Sprint Review: Es ist eine sehr wirkungsvolle Methode, die Stakeholder am Sprint Review teilhaben zu lassen, um die Akzeptanz zu erhöhen (Kapitel 6.6.2.4). Sie sehen 14-täglich oder monatlich, wie sich das Produkt entwickelt, können beim Testen mithelfen und prüfen, ob die Akzeptanzkriterien für sie erreicht wurden. Zudem können sie beim Sprint Review konkrete Optimierungsideen einbringen.

06 Generelle Changemassnahmen: Werden 14-täglich oder monatlich Inkremente erstellt, so können sehr gezielt verschiedene Changemassnahmen eingeleitet werden, sei dies bezüglich machthabender Stakeholder, die mit den Sprints sehr gut den Sachfortschritt erkennen können, oder bezüglich anderer Stakeholder mittels Involvieren, Kommunikations- und Werbemassnahmen etc.

07 Rollouts als Begleitmassnahmen: Werden regelmässig release- oder projektmässig Rollouts ausgeführt, kommen sehr unterschiedliche Begleitmassnahmen zum Tragen. Wir erleben das fast täglich bei unseren App-Releases auf den Handys. Generell ist es wichtig und wünschenswert, dass der Nutzer in einer klar verständlichen Sprache darüber informiert wird, was mit dem Rollout des Releases neu ist und was er wo bewirkt. Mit einfachen Erklärvideos oder Hotline-Services kann hier sehr viel Akzeptanz bewirkt werden.

6.7.5.3.1 Stakeholdermanagement

Der Begriff Stakeholder ist sehr allgemein. Die Ausprägung variiert je nach Projekt, Produkt und internen Gegebenheiten. Selbst die Definition des Kunden ist variabel; die Rolle kann sich auf verschiedene Personen verteilen. Im Fall des Produktgeschäfts kann sie eine hohe Zahl von Personen repräsentieren.

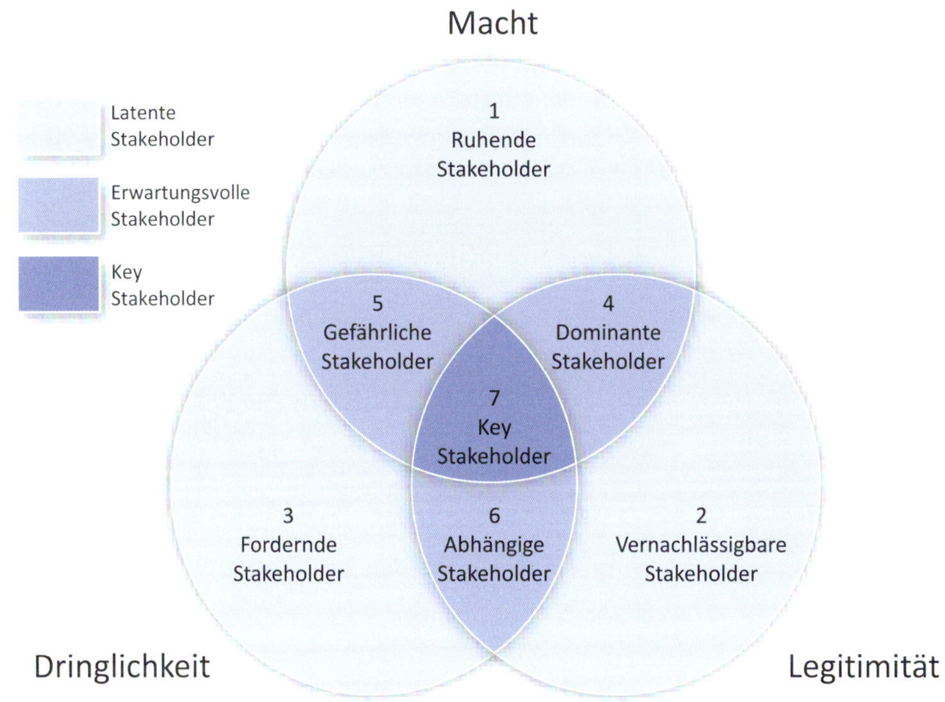

Abb. 6.127: Stakeholderanalyse [Mit 2013]

> Die Stakeholder des Projekts sind Einzelpersonen und Organisationen, die aktiv am Projekt beteiligt sind oder deren Interessen durch die Ausführung oder den Abschluss des Projekts positiv oder negativ beeinflusst werden können. Die Stakeholder können Einfluss auf das Projekt und seine Ergebnisse ausüben [PMI 2013].

Eine wichtige stakeholderbezogene Rolle im Scrum-Produkteentwicklungsprozess trägt der Product Owner. Er ist der Single Point of Contact mit den Stakeholdern des

Das Managen der vorwiegend kommunikationsbasierten Interaktionen in und um ein Projekt wird künftig noch stärker über den Projekterfolg respektive -misserfolg entschieden als heute.

Kunden. Anforderungen an das Projekt wie z.B. User Stories werden im stringent geführten agilen Prozess sprintweise dem Softwareentwicklungsteam übermittelt. Dabei fungiert der Product Owner als Transformator der Anforderungen und stellt diese in Rücksprache mit den Stakeholdern dem Team im Sprint Planning 1 zur Verfügung. Er ist die Verbindung zwischen Stakeholdern und Entwicklern. Dabei wird der Informationsfluss entsprechend gefiltert und auf die für das Team benötigten Fakten reduziert. Wichtig ist, dass mit den richtigen Personen kommuniziert wird und dass allfällige Prioritätsdifferenzen ausgeglichen werden. Zum Aufgabengebiet des PO gehört auch die Rücktransformation allfälliger technischer Begründungen, warum z.B. eine Funktionalität nicht in der gewünschten Form umgesetzt werden kann, oder die Bedeutung der Wirkung und Lösungszeit aus Entwicklersicht [Kaa 2017].

In der agilen softwarebasierten Produkteentwicklung sind die involvierten Stakeholder ein essenzieller Bestandteil der Entwicklung und werden an verschiedenen Punkten zum Austausch benötigt. Hierzu ist eine gute und angemessene Kommunikation notwendig. Hilfsmittel sind z.B. die Fortschrittsdarstellung im Burn-Down-Chart oder ein transparenter Produkt-Backlog mit Priorisierung und Unklarheiten. Es wird eine kontinuierliche Kommunikation mit den Stakeholdern angestrebt [Juh 2014].

Eine Schwierigkeit in diesem Kontext ist die Identifikation der richtigen Stakeholder. Es muss z.B. aus Sicht des Product Owners geklärt werden, wer in den Feedbackprozess und in die Aufstellung von Epics und User Stories involviert wird. Ronald K. Mitchell, Bradley R. Agle und Donna J. Wood entwickelten ein Modell zur Klassifizierung von Stakeholdern (siehe Abbildung 6.127). Es hilft, die «richtigen» Stakeholder zu identifizieren und aufzuzeigen, wer diesbezüglich am wichtigsten ist. Projektaktivitäten und Kommunikationskanäle können so gesteuert werden, dass die Bedürfnisse aller möglichst erfüllt und Probleme schnellstmöglich gelöst werden. Bei der Identifikation der Stakeholder und dem Kommunikationsaufbau trägt das Projektmanagementteam (Product Owner, Projektleiter 5.0 und Scrum Master) die Verantwortung. Seine Aufgabe besteht u.a. beim agilen Vorgehen darin, gemäss der Klassifizierung die Stakeholder im richtigen Mass zu involvieren und zum richtigen Zeitpunkt entsprechend zu informieren. So ist es z.B. wichtig, dass im Fall des Sprint Reviews Personen anwesend sind, die im Sinne des agilen Entwicklungsprozesses als Stakeholder gelten und somit darüber entscheiden, ob das Produkt den angedachten Anforderungen entspricht. Unter Umständen gehören dazu auch Personen, die zu Qualität, Geschwindigkeit und Terminen Stellung nehmen können [Kaa 2017].

6.7.5.3.2 Informations- und Kommunikationsmanagement

Projekte stellen durch ihre zeitliche Begrenzung und die unterschiedlich involvierten Zielgruppen spezielle Anforderungen an die Kommunikation. Auch Tempo und Komplexität in einem Projekt müssen in der Kommunikation besonders beachtet werden. Gerade bei Projekten, bei denen mit Ablehnung zu rechnen ist oder die tiefgreifende Veränderungen nach sich ziehen, spielt die Kommunikation eine zentrale Rolle. Agile Vorgehensmethoden wie Scrum haben für projektinterne und teilweise -externe Kommunikation einen grossen Vorteil dank vorgeschriebener und institutionalisierter Komponenten wie Daily, Retrospective oder Review Meetings. Folgende wichtige Punkte sind im Hinblick auf die agile Projektkommunikation zu berücksichtigen:

- Projekte zeichnen sich durch ihre Einmaligkeit aus. Das heisst, aus der Perspektive des Projekts gibt es nichts vor dem Projekt und nichts nach dem Projekt. Die Projektdauer ist somit das einzige Zeitfenster für die gezielte Kommunikation. Sie kann beim agilen Vorgehen sehr nutzbringend in Sprints und/oder Releases unterteilt werden. Ist sie gut aufbereitet, so freut man sich auf die nächste Information.
- In Unternehmen existieren oft gezielte und mannigfaltige Anforderungen und Pflichten bezüglich des Projektstatusreportings, dem sich agile Projekte nicht entziehen können. Sie dürfen jedoch ihre Eigenheiten in Bezug auf Rhythmus und Inhalt einbringen (siehe z.B. Abbildungen 6.51 und 6.52 im Kapitel 6.4.5).
- Wegen projektspezifischer Organisationen gibt es keine etablierten Kommunikationsprozesse. Sie müssen erst durch das Projektmarketing projektbezogen auf das Projektumfeld angepasst und aufgebaut werden. Es können darin jedoch Informationsträger verwendet werden, die bereits im Unternehmen etabliert sind, oder man verwendet webbasierte Information Radiators (siehe Kapitel 6.4.6.5).
- Die projektspezifischen Vorgehensmethoden erzeugen einen eigenen projektabwicklungsbezogenen Informationsbedarf, der berücksichtigt werden muss. Insbesondere wenn agil vorgegangen wird und alle 14 oder 28 Tage ein neuer Release ausgeliefert wird, ist die Kommunikation z.B. mit verständlichen Release-Notes existenziell.

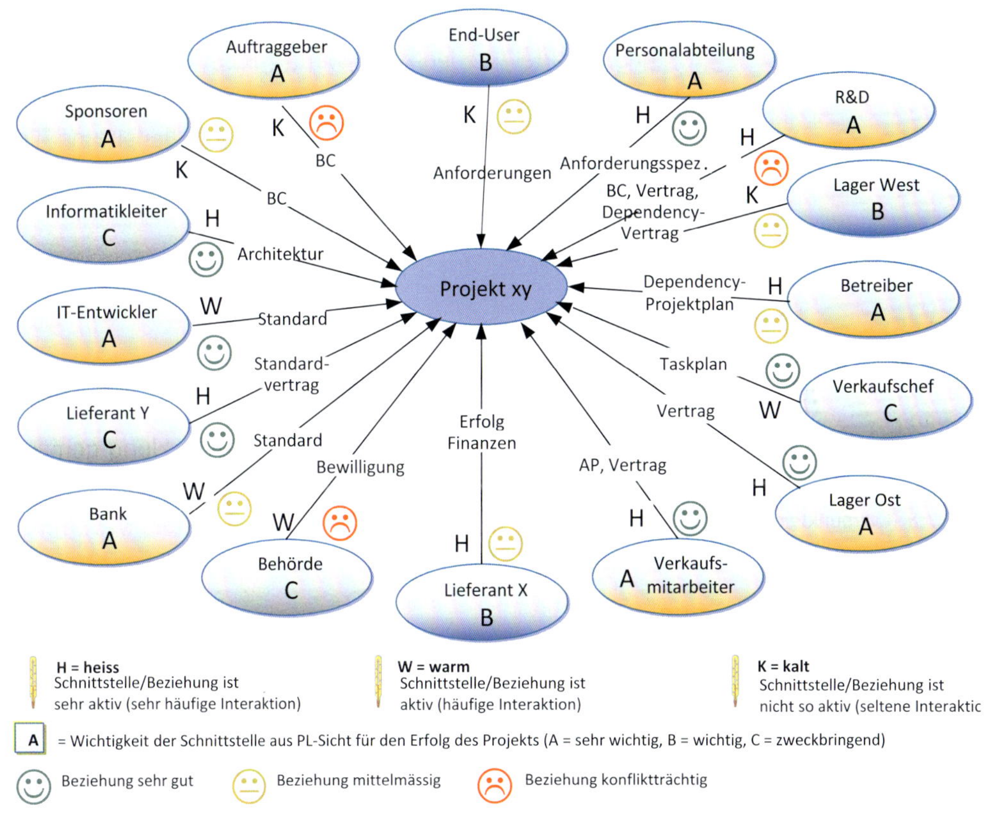

Abb. 6.128: Wichtigkeit-Wärme-Beziehungsdiagramm bezüglich Stakeholder

- Durch die zeitliche Begrenztheit eines Projekts und die vielfach engen Termine ist eine Vorausplanung der einzusetzenden Kommunikationsinstrumente und -inhalte gerade beim agilen Vorgehen unumgänglich.

Das Informations- und Kommunikationsmanagement ist gerade bei nicht immer angemessenem Einsatz modernster Kommunikationstechniken zentral. Dabei kann als Hilfestellung das Wichtigkeit-Wärme-Beziehungsdiagramm gemäss Abbildung 6.128 eingesetzt werden. Das Projektteam muss sich im Klaren sein, dass vielfach nur dann eine Gegenleistung erwartet werden kann, wenn zur betreffenden Person eine aktive, auf direkter Kommunikation abgestützte Beziehung besteht. Die Stakeholder sind auf ihre Bedeutung hin zu analysieren; daraus abgeleitet wird, wie häufig mit wem kommuniziert wird («Wärme») und ob die Beziehung mit der betreffenden Person (noch) in Ordnung ist.

6.7.5.3.3 Projektmarketing

Der Product Owner verantwortet die Entwicklung gemäss der Produktvision und dem Business Value. Er vertritt seine Absichten, Vorgehen und Erfolge innerhalb des Unternehmens. Der Projektleiter 5.0 ist für das erfolgreiche Abwickeln des gesamten Projekts zuständig und gemeinsam mit dem PO für das Projektmarketing zuständig.

Abb. 6.129: Die Schwerpunkte des Projektmarketings

Das Projektmarketing besteht zum einen darin, mithilfe der Kommunikationsinstrumente rechtzeitig, vollständig und sachbezogen zu informieren. Der zweite Teil der Aufgaben geht ein Stück weiter, indem gezielt und proaktiv die Meinung der Stakeholder beeinflusst wird. So gilt es z.B., via angemessener Werbung den Goodwill aller Beteiligten so zu erreichen, dass sie das Projekt in seiner Zielerreichung unterstützen. Oder es geht um die Sicherung von Finanz- und Einsatzmitteln zur Projektabwicklung und um die Vorbereitung der anschliessenden Vermarktung von erzielten Ergebnissen.

Das Projektmarketing hat im Rahmen der Projektabwicklung eine Support-/Unterstützungs- und Informationsfunktion. Der Nutzen liegt im Wesentlichen in den folgenden Punkten:

- Identifikation der Stakeholder und Aufbau von entsprechenden Kommunikationskanälen
- Projekt und Produkt (Inkremente) an die Zielgruppen heranführen
- Verbesserung des Projektablaufs und somit auch des Arbeitsklimas durch Erzeugen einer positiven Grundeinstellung bei Betroffenen und Beteiligten
- Widerstände abbauen und durch präventive Schadensbegrenzung eine Identifikationsgrundlage schaffen
- Unterstützen der Einführung und Erhöhen der Akzeptanz von Projekt und Produkt

Je nach Projektart und -situation findet das Projektmarketing an unterschiedlichen Zeitpunkten statt. Geht es darum, das Projekt bekannt zu machen, so muss das Marketing schon sehr früh im Abwicklungsprozess eingesetzt werden. In anderen Fällen besteht erst ab der Realisierung Marketingbedarf, z.B. um das Projektergebnis gut zu verkaufen. Einen besonderen Einfluss auf das Marketing hat die Projektabwicklungsart: Es ist z.B. ein wesentlicher Unterschied, ob ein Projekt bzw. Projektprodukt konventionell, agil oder hybrid abgewickelt wird.

Der Projektmarketingsauftrag wird üblicherweise während der Initialisierungsphase entworfen, basierend auf einem Metamodell. Im Prozessschritt «Projektabwicklungskonfiguration» wird das Marketingkonzept bis zu Meilenstein 25 erstellt und es werden bereits notwendige Marketingaktivitäten eingeleitet. MS25 ist der Zeitpunkt, an dem das Projektteam mit ziemlicher Sicherheit weiss, wie die Lösung in etwa aussehen wird. Anschliessend werden die Aktivitäten bis zu MS50 (Projektabschluss) umgesetzt.

Muss das Projektmarketing weitergeführt werden (bis MS60), so geht die Aufgabe an den Product Owner, Business Owner oder Product Manager über.

6.7.6 Konfigurationsmanagement in agil geführten Projekten

6.7.6.1 Grundlagentheorie

Mithilfe des Konfigurationsmanagements werden die definierten Anforderungen an das Projekt bzw. ihre Konfigurationseinheiten verwaltet. Es handelt sich um ein aggregiertes System, das aus vier Hauptbestandteilen besteht (Release-, Änderungs-, Versions- und Buildmanagement, siehe Abbildung 6.130).

Abb. 6.130: Kontextdiagramm des Konfigurationsmanagements zu anderen Disziplinen

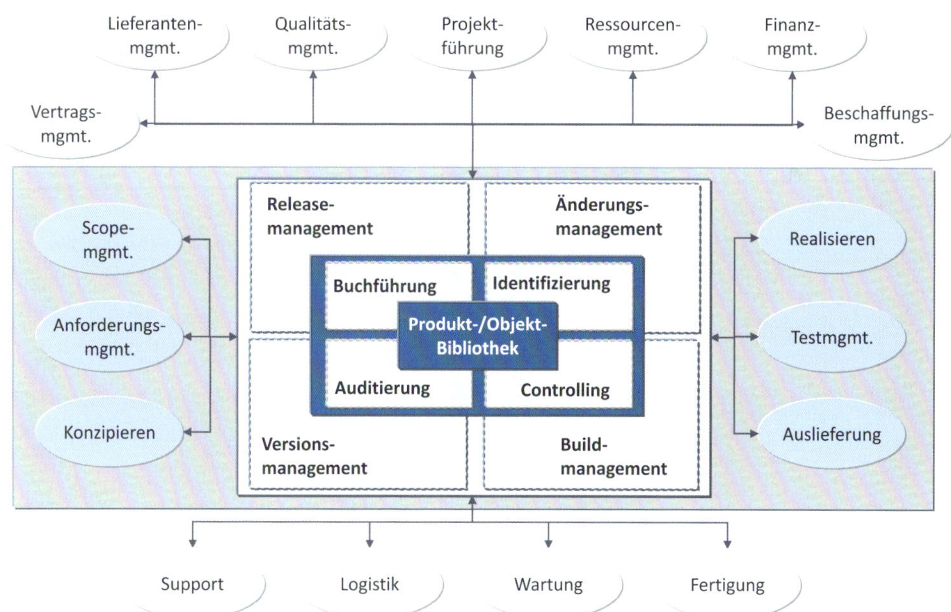

Das Konfigurationsmanagement (KM) umfasst alle Verfahren und Prozesse, die:

- zur Identifikation, Steuerung und Kontrolle von Konfigurationseinheiten (Lieferobjekte respektive Komponenten) notwendig sind;
- zur Verfolgung von Änderungen an Konfigurationseinheiten Aufschluss geben;
- zur Freigabe und zur Integration von Konfigurationseinheiten in eine Konfiguration (Versionen- und Konfigurationskontrolle) notwendig sind;
- zum Berichtswesen über den aktuellen Stand von Konfigurationseinheiten und Konfigurationen benötigt werden.

Es ist das Ziel des Konfigurationsmanagements, alle in einem Projekt benötigten und zu erstellenden Lieferobjekte zu erfassen und zu ordnen – unter steter Kontrolle aller Änderungen dieser Lieferobjekte. Was bei Informatikprojekten schon in vielen Bereichen automatisiert ist, steckt bei anderen Projektarten noch in den Kinderschuhen.

Konfigurierung im Projektbereich ist die vollständige Beschreibung (Inventarisierung) und Definition aller Elemente des zu erstellenden Produkts (Projektprodukt) sowie aller Elemente der Projektabwicklung (Konzepte, Spezifikationen, Testfälle, Testdaten etc.). Wird ein Projekt gestartet, so ist eine sogenannte Konfigurationsinitiierung (Konfigurierung) zu empfehlen. Dazu wird der Konfigurationsmanagementplan (KM-Plan) in Form zweier Listen erstellt. Die eine (Projektkonfiguration) enthält die benötigten Arbeitsinstrumente, Halbprodukte, Einzelkomponenten, Lieferanten etc., um das Projekt abzuwickeln. Die zweite Liste (Produktkonfiguration) erfasst, welche Lieferobjekte bis zum Projektabschluss erstellt werden müssen, um das Projektprodukt, z.B. Software, vollständig auszuliefern.

> Unter Konfigurationsmanagement wird die Gesamtheit von Methoden, Werkzeugen und Hilfsmitteln verstanden, welche die Entwicklung und Pflege eines Produkts als eine Folge von kontrollierten Änderungen (Revisionen) und Ergänzungen (Varianten) an gesicherten Prozessergebnissen unterstützt [in Anlehnung an Wal 1990].

Die Konfigurierung eines Projekts stellt einen wichtigen Punkt für die Effizienz der Projektarbeit dar. Aufgrund der Komplexität ist es in gewissen Projektarten sogar unabdingbar, eine solche Ergebnisbibliothek zu führen.

6.7.6.2 Konfigurationsmanagementsystem

Das Configuration Management System (CMS) sorgt z.B. bei Softwareprodukten dafür, dass die Teammitglieder unabhängig voneinander an allen Teilen des Codes arbeiten können. Überschneiden sich Änderungen, wird dies vom CMS angezeigt und sie können so behoben werden, ohne dass Änderungen eines der Teammitglieder verloren geht. Jede Änderung wird ausserdem versioniert, sodass im Problemfall sofort auf eine frühere Version zurückgestellt werden kann. Weiter können Codeteile und Versionen so zusammengefasst werden, dass sie eine Produktversion, einen Release oder einen Patch identifizieren.

Jedes Teammitglied integriert die Änderungen an der eigenen Codebasis so oft wie möglich in die im CMS abgelegte, gemeinsame Codebasis. «So oft wie möglich» bedeutet ein paar Stunden, nachdem ein Task fertig ist, spätestens jedoch am Ende des Tages [Lin 2017].

Neben klaren inhaltlichen Hauptelementen wie Konfigurationsidentifizierung (-bestimmung), Konfigurationsbuchführung (-verwaltung), Konfigurationscontrolling (Steuern und Überwachen) und Konfigurationsauditierung werden dem Konfigurationsmanagement folgende Managementthemen zugeordnet:

Releasemanagement: Das Releasemanagement ist für die Planung, Koordination und Kontrolle der Umsetzung und Einführung eines einzelnen Release aus technischer und funktioneller Sicht verantwortlich. Es besteht idealerweise aus inhaltlicher und zeitlicher Planung von Auslieferungsständen inklusive deren Einfrierung [Ver 2003].

Buildmanagement: Buildmanagement wird insbesondere in der Softwareentwicklung eingesetzt. Darunter wird diejenige Funktion verstanden, die alle Bauteile (Komponenten/Konfigurationseinheiten) einer Konfiguration zusammenfügt (Build). Dieses Erzeugen soll möglichst automatisch, korrekt und mit minimalem Aufwand durchgeführt werden.

Änderungsmanagement: Es gibt zwei Arten von Änderungsmanagement. Die eine findet innerhalb des Projekts statt, wo Änderungen mittels CR (Change Request) im konventionellen PM bzw. über Backlog Items, Backlog Grooming und Backlog Refinement in agil geführten Projekten gemanagt werden. Die zweite Variante bezieht sich auf die Releaseebene: Hier spricht man von Änderungen an den Releases (Release Change) mit Folgen auf den Produktlebenszyklus.

Versionsmanagement: Änderungen oder Weiterentwicklungen eines Produkts erzeugen neue Versionen. Mithilfe des Versionsmanagements plant und kontrolliert man die einzelnen Konfigurationseinheiten, die allenfalls mit Unterstützung des Buildmanagements zu klar identifizierbaren und reproduzierbaren Versionen (Releases) zusammengestellt werden.

6.7.6.3 Agile Aspekte des KM

Das Konfigurationsmanagement (KM) ist eine wichtige, zentrale Disziplin im adaptiven Projektvorgehen. Wie im vorherigem Kapitel erläutert, deckt es auch die beiden Hauptbereiche Projektabwicklungs- und Produktkonfiguration ab. Dank KM sollten Entwicklungsteam und Projektleiter 5.0 stets wissen, was in welcher Form in der Projektabwicklung bereits erstellt wurde, wo sich ein Lieferobjekt (örtlich) befindet, in welchem Zustand (Entwurf, erstellt, geprüft etc.) es ist und welche Abhängigkeiten zu welchen anderen Lieferobjekten bestehen.

In Abstimmung mit den schlanken agilen Methoden und Praktiken werden im adaptiven Projektabwicklungsprozess die KM-Themen genauso gehandhabt wie in konventionellen

Projekten. Oder anders gesagt, ohne konsequentes Führen der KM-Disziplin wäre ein iteratives, agiles Entwickeln nicht möglich. Die Versionsverwaltung (VV) als Teildisziplin spielt z.B. in der Softwareentwicklung eine absolut zentrale Rolle – egal, welche Softwareentwicklungsmethode eingesetzt wird. So stellt die VV beispielsweise sicher, dass Produktartefakte und Dokumente revisionssicher gelagert werden oder dass eine Koordination von mehreren Entwicklungsteams möglich ist, ohne dass diese sich gegenseitig behindern.

Um die grossen Vorteile des agilen Vorgehens ausschöpfen zu können, stützen sich die agilen Entwicklungsmethoden stark auf die einzelnen Disziplinen des KM ab. Beispielsweise stützt sich die Softwareentwicklungsmethode Extreme Programming auf einen kontinuierlichen Integrationsprozess ab (siehe Kapitel 7.4.1.2). Dabei bildet eine Hauptentwicklungsproduktelinie das Fundament des Projekts. Umgesetzte Funktionalitäten werden laufend darauf aufgespielt und Arbeitsumgebungen in kurzen Zyklen daran angeglichen. Dadurch sind alle Versionen des Produkts sehr nah aneinander und Integrationsaufwände zwischen einzelnen Versionsständen gering und überschaubar. Durch automatisierte Tests bzw. das Test-First-Prinzip wird die Qualität des Produkts auch über die Entwicklungsperiode hinweg gesichert. Verbunden mit einer kontinuierlichen Integration, ist damit die Hauptentwicklungsversion eines SW-Produkts in einem permanent auslieferbaren Zustand [Per 2010].

Das Konfigurationsmanagement ist nicht nur bei der Entwicklung von Software wichtig, sondern auch bei der Hardware oder bei pneumatischen Elementen, die z.B. mit der Entwicklungsmethode Rapid Learning Cycles arbeiten (siehe Kapitel 7.7.8), sowie auch bei agilen Marketingprojekten.

Die Verantwortung für das KM liegt im agilen Produkteentwicklungsprozess gänzlich beim Entwicklungsteam. Der Scrum Master stellt sicher, dass es problemlos funktioniert. In der Praxis der agilen Produkteentwicklung hat es sich gezeigt, dass alle KM-Disziplinen beherrscht werden müssen: das Managen der Konfiguration ebenso wie das Änderung-, Release-, Versions- und Buildmanagement.

Speziell zu erwähnende Methoden, Techniken und Instrumente im Bereich Konfigurationsmanagement bei adaptiv geführten Projekten		
– Änderungsantrag, Klassifizierungs-/ Priorisierungstechnik	– Dokumentenanalyse, Nummern und Namenskonventionen	– Produkt-Releaseplan
– Szenariotechnik	– Buchführung, Repository	– Build Automation
– Version Control for Multiple Agile Teams	– Test Driven Development	– SLA (Service Level Agreements)
– Refactoring	– Continuous Integration (Multi-Stage & Enterprise)	– Automated Migration and Deployment

6.7.6.4 Mögliche KM-Handlungsmassnahmen im agilen Abwicklungsprozess

Die heutzutage agil entwickelten Softwaresysteme werden von unterschiedlichen Personen mithilfe agiler Entwicklungsmethoden hochfrequentiert angepasst, weiterent-

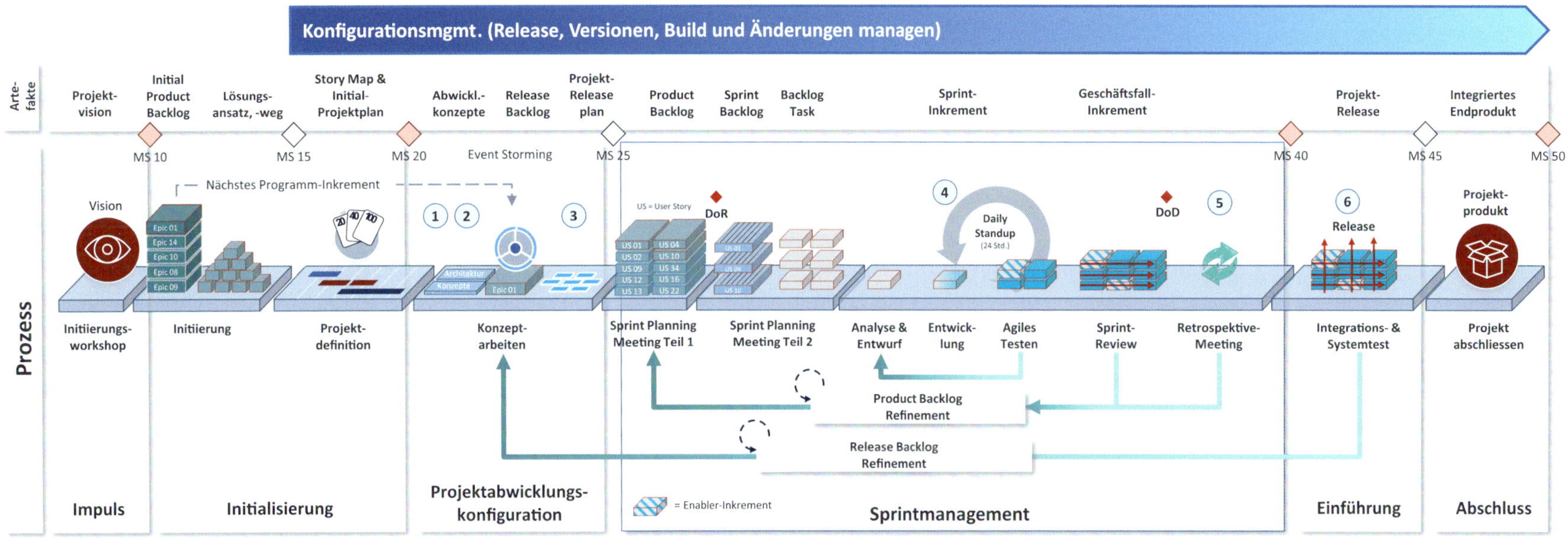

Abb. 6.131: Wichtige, auf das Konfigurationsmanagement bezogene Handlungsanweisungen im agilen Abwicklungsprozess

wickelt und ineinander integriert. Agile Entwicklung und Konfigurationsmanagement sind, wie erläutert, zwingend ein Miteinander. Bei diesem hochfrequentierten Prozess ist es essenziell, dass die einzelnen Konfigurationselemente überwacht, gesteuert und ihre Entwicklung transparent gestaltet wird. Umfangreiche Regelwerke bzw. deren Einhaltung sollen die genannten Aspekte garantieren und Qualität und Erfolg sicherstellen. Das Konfigurationsmanagement ist von Natur aus ein sehr stark formalisierter und reglementierter Prozess. Seine Abwicklung erfordert ein hohes Mass an Disziplin. Das ist kein Widerspruch zur Agilität, denn auch der agile Produktentwicklungsprozess ist ein klar reglementierter Prozess, dem das agile Entwicklungsteam folgt [Per 2010].

Nachfolgend einige wichtige, auf das Konfigurationsmanagement bezogene Handlungsanweisungen im agilen Abwicklungsprozess:

00 Infrastruktur: Softwareentwicklung erfordert den Einsatz unterschiedlicher Methoden und Tools, die die verschiedenen Stufen der Systementwicklung unterstützen. Sie müssen zu Beginn der Entwicklung festgelegt und allen zur Verfügung gestellt werden.

01 Workspace-Management: Das Versionskontrollsystem hat ein Repository, in dem alle Versionen des Systems aufbewahrt werden. Da dieses Repository von allen Entwicklern gemeinsam genutzt wird, können die einzelnen

Mitglieder nicht direkt darin arbeiten. Stattdessen wird mit dem Workspace-Management eine Kopie des Systems in den «privaten» Arbeitsbereich abgezogen. Darin werden Änderungen vorgenommen und diese werden dem Repository wieder hinzugefügt. Auf diese Weise können mehrere Entwickler parallel am selben Projekt arbeiten.

02 Branchestrategie/Konzeption: Ein Branch (deutsch «Zweig») ist quasi eine Kopie eines IST-Zustandes von Requirements, Source-Code oder Test-Cases. Eine gute Branching- und Merging-Strategie ermöglicht primär die parallele Entwicklung von Funktionalitäten.

03 Namenskonvention: Das Entwicklungsteam muss zwingend eine Namenskonvention festlegen und sicherstellen, dass jeder Entwickler im Team nur diese Fachtermini verwendet. Falls das Projekt Teil eines grösseren Projekts ist, kommen die übergeordnete Konvention bzw. die darin festgehaltenen Vorgaben zum Tragen.

04 Releasemanagement: Vom Start bis zum Ende eines Releases sollte das Entwicklungsteam immer wissen, was in einen bestimmten Release eingeflossen ist, sprich, was dort umgesetzt wurde (Buchführung). Die agile Entwicklung mit ihren sehr kurzen Iterationen bringt hier natürlich entsprechende Vorteile mit sich. Nach dem Ende des letzten Sprints eines Releases erfolgt ein Releasewechsel (siehe Punkt 06).

04-1 Build: Jedes Teammitglied sollte in der Lage sein, einen auf dem Continuous- Integration-Ansatz basierenden privaten Build zu machen, bevor es seinen Code in das Repository eincheckt. Andernfalls wird das Repository durch Bugs infiziert und diese verbreiten sich bei anderen Teammitgliedern.

04-2 Version Control: Mit einem guten Version-Control-Tool erhält das Entwicklungsteam Zugriff auf die Änderungen der anderen Teammitglieder, sobald diese in das gemeinsame Repository eingecheckt wurden. Ein gutes Versionskontrollwerkzeug für agile SW-Produkteentwicklung sollte es den Entwicklern erlauben, Branches zu erstellen, um unabhängig voneinander zu entwickeln (z.B. ein Branch für jede unterstützte Plattform; Windows, Unix, Macintosh usw.)

04-3 Configuration Audit: Mittels Configurations Audit wird die Traceability (Rückverfolgbarkeit) geprüft: bezüglich Codes und Anforderungen (User Stories) sowie auf Aktualität, Vollständigkeit und Richtigkeit der erstellten Dokumentation.

04-4 Refactoring: Refactoring ist der Prozess, um die Software les-, test- und wartbar zu machen, ohne dass dabei die Funktion verändert wird.

05 Retrospektive: Die implementierte KM-Funktionalität kann/sollte beim retrospektiven Meeting diskutiert werden: Was ist gut gelaufen? Was müssen wir ändern oder entfernen? Was können wir im nächsten Sprint bezüglich Konfigurationsmanagement noch besser machen?

06 Deploy Release: Der Release-Deploy-Prozess sollte voll automatisiert sein. Dabei wird die Software zur Nutzung bereitgestellt: Sie wird von einer kontrollierten Umgebung in eine andere verschoben. Ein neuer Release wird eingeführt. Die SW wird zum Produkt – sie produziert – und wird den Benutzern zur Verfügung gestellt.

Bezüglich Konfigurationsmanagement erfolgen an dieser Stelle keine weiteren Ausführungen, da es sich um ein umfassendes, zum Teil sehr technisches Thema mit eigenem Zielfokus handelt (siehe Kapitel 7.2.5).

6.7.6.5 Das Änderungsmanagement bei Projekten mit vertraglichem Rahmen

Das Änderungsmanagement dient dem formalen Nachvollziehen von Änderungen bezogen auf Finanzen, Scope und Planung. In der Agilität erhält das Änderungsmanagement eine zentrale Bedeutung, da Änderungen zum Konzept des agilen Vorgehens gehören bzw. die Konsequenzen von Anforderungen erst im Verlauf der Abarbeitung sichtbar werden.

Das gesamte Änderungsmanagement wird im rein agilen Vorgehen während der Tätigkeiten Backlog Refinement und Sprint Planning 1 vorgenommen (siehe Kapitel 5.8.3). Es unterscheidet sich vom konventionellen PM in der Verantwortlichkeit. Der Product Owner (PO) managt die Änderungen. Der PO bestimmt, welche Anforderungen neu hinzukommen oder wegfallen und was in der Priorität wie verschoben wird. Bei agil abgewickelten Projekten, in denen neben dem PO zusätzlich ein Projektleiter 5.0 mitwirkt, können Verantwortlichkeiten aufgeteilt werden: Der PO ist für das Product Backlog und der Projektleiter für das Project oder Release Backlog mit den Projektabwicklungs-Backlog-Items (PABI) verantwortlich.

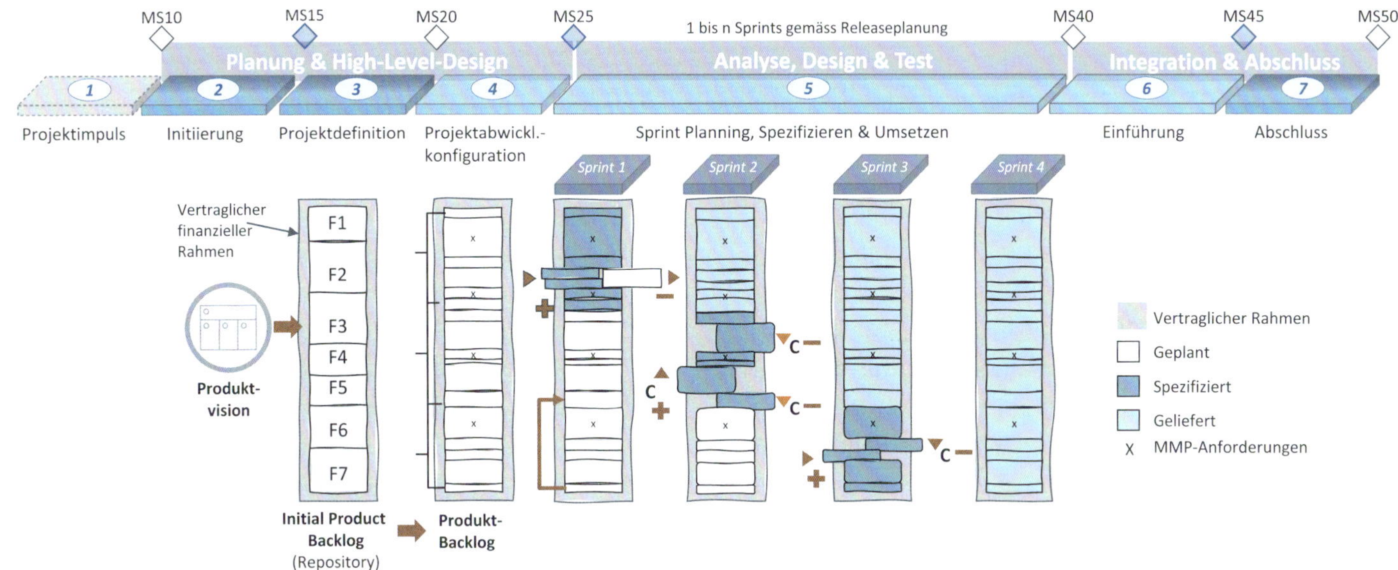

Abb. 6.132: Änderungsmanagement – laufende agile Anpassungen sind keine CRs!

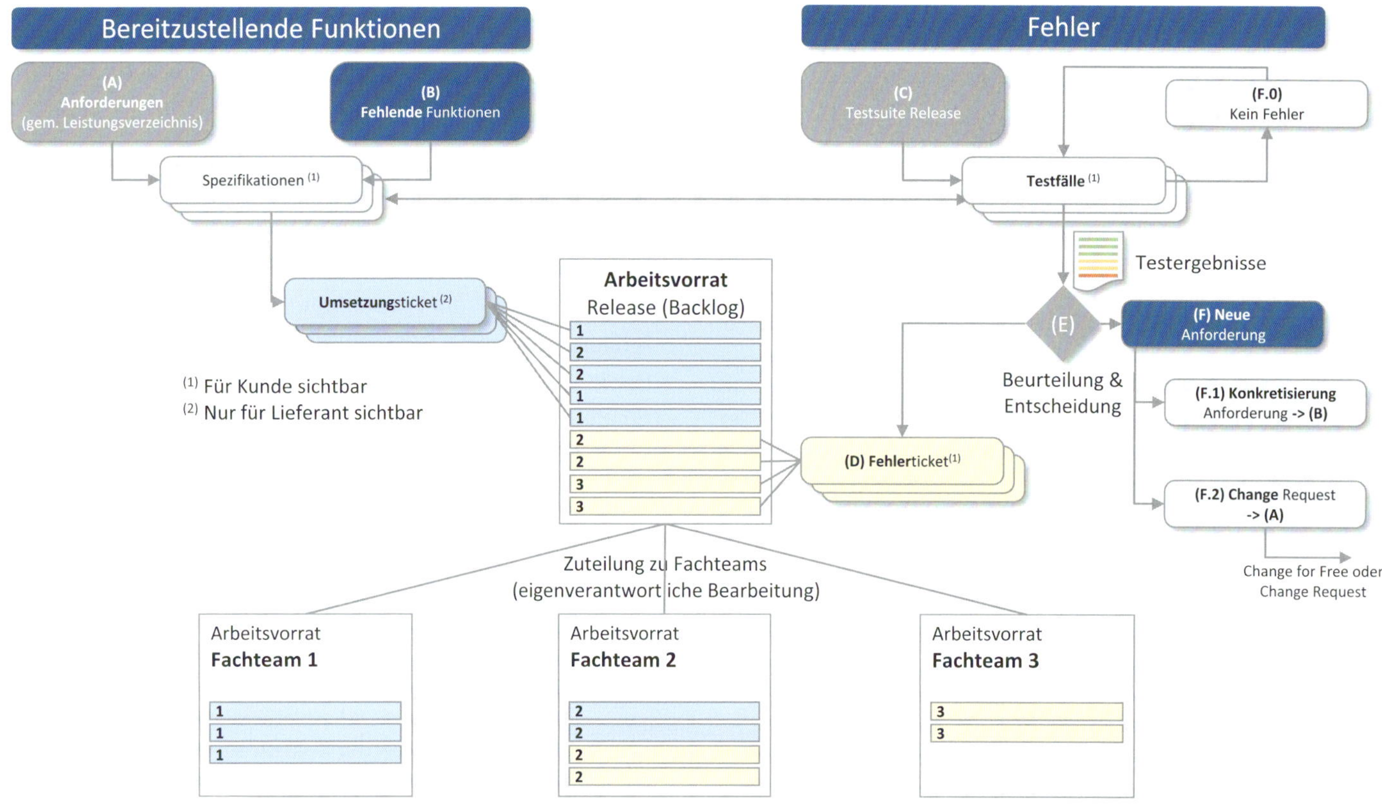

Abb. 6.133: Abwicklungsmechanik von agilen Festpreisprojekten. CR, Fehler, Change for free!

Wenn das Vorhaben im Rahmen eines Auftragsprojekts realisiert wird, startet das Ganze mit dem Initial Product Backlog, worin der vertragliche finanzielle Rahmen und der Leistungsrahmen (Anzahl Story Points) festgelegt sind. Zusätzlich werden vertraglich die zwingend umzusetzenden produktbezogenen Anforderungen definiert (Minimum Marketable Product, MMP). Innerhalb dieses Rahmens ist der PO soweit frei, Änderungen vorzunehmen, im Sinne von «Change for free». Wird dieser Rahmen gesprengt, kommt der altbekannte Änderungsmanagementprozess zum Tragen: Dieser läuft über eine höhere verantwortliche Stelle ab, z.B. über den Auftraggeber oder Product Manager. Als Ergänzung sei noch erwähnt, dass je nach Auftragskonstellation das Initial Product Backlog erst im Prozessschritt Projektabwicklungskonfiguration die für einen Auftragsvertrag qualitativ notwendige Klarheit aufweist.

Das Initial Product Backlog orientiert sich bei agilen Festpreisprojekten an den Anforderungen der Offertanfrage. Es dient als Startpunkt für Analyse, Entwicklung und insbesondere zur Zeit- und Kostenschätzung. Im Laufe der Entwicklung können – wie in Abbildung 6.133 dargestellt – die einzelnen Elemente des Backlogs ausgetauscht, gekürzt oder erweitert werden. Zum Grundprinzip gehört, dass der Gesamtumfang an vereinbarten Story Points in der Waage bleibt.

Die kontrollierte Verwaltung neuer bzw. geänderter Anforderungen und Probleme sind auch beim agilen Vorgehen von zentraler Bedeutung. Inventurlisten helfen bei der gezielten und strukturierten Bearbeitung, wenn Projekte bzw. deren Lieferobjekte geändert werden oder Probleme auftauchen. Jede Änderung muss zwingend dokumentiert werden. Die Dokumentation dient als Nachweis und Kontrolle (Nachvollziehbarkeit).

6.8 Weitere agile Führungstechniken

6.8.1 Timeboxing

Timeboxing ist eine Technik zur Terminierung von Praktiken, Vorgängen und Aktivitäten. Es definiert einen Zeitrahmen und gewichtet den Faktor Zeit höher als die Faktoren Ressourcen und Inhalte. Im Gegensatz zum klassischen Projektmanagement mit der Definition von Arbeitspaketen und der Fixierung von zu erbringenden Leistungen, legt die Timebox Dauer und Zeitrahmen für eine bestimmte Arbeit fest. Zur Einhaltung des vorgegebenen Zeitrahmens können sich Inhalte und Umfänge im Laufe einer Timebox verändern. Vorgänge werden nach der festgelegten Dauer zum definierten Zeitpunkt beendet, selbst wenn nicht alle geplanten Inhalte des Vorgangs realisiert werden konnten. Nicht realisierte Inhalte werden auf nachfolgende Timeboxes verschoben oder gegebenenfalls aufgrund neuer Erkenntnisse gestrichen. Der grosse Vorteil von Timeboxing besteht in der Planungsunterstützung im dynamischen Umfeld; zudem lassen sich gewünschte Ergebnisse nicht immer vorab und vollständig spezifizieren [Dra 2019].

Timeboxing ist eine zentrale Technik in Scrum. Sie ist Bestandteil sowohl beim Sprint Planning als auch im Sprint selbst. Sie findet Anwendung in den Daily Stand-ups, beim Sprint Review und in der Sprint-Retrospektive. Es gibt Organisationen, die Timeboxing innerhalb einzelner Sprints verwenden, z.B. zur Beseitigung von Unklarheiten, zur Durchführung von Recherchen oder beim Arbeiten mit Spike Storys. Ein wichtiger Gedanke ist die klare Definition of Done, durch die Inhalte, die nicht alle Akzeptanz- und Fertigstellungskriterien erfüllen, in zukünftige Timeboxes geschoben werden. Zusätzlich ermutigt das Arbeiten mit Timeboxing-Teams auch, zügig mit der Arbeit zu beginnen [Dra 2019].

Der Zweck von Timeboxing ist es, für Projekte, Vorgänge und Aktivitäten Zeiten festzulegen und diese zu begrenzen. Dabei ist die Dauer einer Timebox sinnvoll zu bestimmen.

Folgende Timeboxes werden für die verschiedenen Scrum Events empfohlen [Dra 2019]:

- Die Realisierung von Anforderungen erfolgt in Scrum im Rahmen der Sprints. Sie sind mit einer Dauer von einer bis maximal vier Wochen sehr kurz. Welche Timebox für ein Unternehmen am besten passt, lässt sich nicht allgemeingültig beantworten. Bei der Festlegung können sich Unternehmen an der geplanten Gesamtlaufzeit der Entwicklung, an der Unternehmenskultur und/oder dem Entwicklungsgegenstand orientieren.

- Bei einem einmonatigen Sprint benötigt eine Timebox für das Sprint Planning acht oder weniger Stunden. Je kürzer der Sprint wird, desto kürzer sollte der Zeitrahmen für das Sprint Planning sein. Bei einer Sprintdauer von einer Woche wären also zwei oder noch weniger Stunden angemessen.
- Das Daily Stand-up Meeting ist eine Timebox von 15 Minuten, worin das Team Aktivitäten untereinander synchronisiert, Hindernisse für die Zielerreichung und anstehende Tasks bespricht.
- Bei einmonatigen Sprints empfiehlt sich eine Timebox von max. vier Stunden pro Sprint Review, bei dreiwöchigen Sprints max. drei Stunden.
- Bei einem einmonatigen Sprint eignen sich meist zwei Stunden als Timebox für die Retrospektive.
- Das Backlog Refinement ist kein offiziell definierter Bestandteil von Scrum. Dennoch legt der Scrum Guide die Durchführung von regelmässigen Meetings zwischen Product Owner und Entwicklungsteam nahe. Als Orientierung nennt der Scrum Guide «no more than 10% of the capacity of the Development Team» als Timebox.

6.8.2 Agile Schätzmethoden

Die agilen Schätzmethoden haben einerseits einen erfrischenden Wind in die gesamte Planung projektorientierter Arbeiten gebracht. Doch auch hier muss klar unterschieden werden, ob von einer dauernden agilen Entwicklung oder von einer agilen projektorientierten Entwicklung

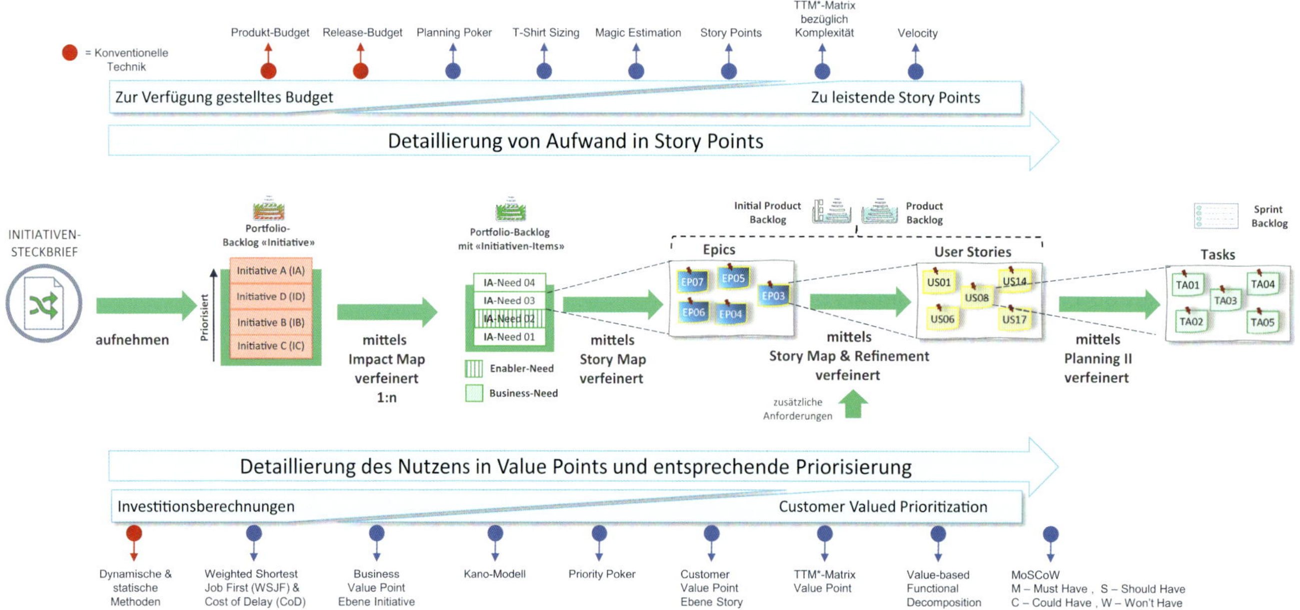

Abb. 6.134: Verfeinerungsprozess von der Initiative bis zum einzelnen Task, ergänzt um mögliche Techniken

eines Produkts gesprochen wird. Ist beim Ersteren z.B. die Velocity eines Entwicklungsteams bekannt, so lassen sich Aufwandschätzungen und entsprechende Planungen relativ einfach umsetzen. Wird mit einem projektorientierten agilen Entwickeln vorgegangen, bei dem zuerst noch das Team und weitere Grundlagen erstellt und aufgebaut werden müssen, wird die Sache nicht ganz so einfach.

Abbildung 6.135 zeigt einerseits einen linear dargestellten Verfeinerungsprozess von der Initiative bis zum einzelnen Task – im Wissen, dass dies beim agilen Prozess nie linear vor sich geht. Ober- und unterhalb des Verfeinerungsprozesses werden eine Auswahl von Aufwandschätz-, Ertrags- und Prioritätstechniken aufgeführt – in zufälliger Reihenfolge, da diese nicht immer zum entsprechenden Zeitpunkt des Zeitstrahls eingesetzt werden müssen oder können. Die Grafik zeigt die Vielfalt der verschiedenen Techniken, die ein Projektleiter 5.0 mit seinem Team einsetzen kann.

6.8.2.1 Relatives/agiles Schätzen

Das relative bzw. agile Schätzen besagt, wie hoch der Aufwand zweier Anforderungen in Bezug zueinander ist; dies im Gegensatz zum absoluten Schätzen, bei dem man jeweils eine Schätzung bezüglich der Anforderung in Personentagen vornimmt. Das heisst z.B., ist eine Anforderung oder eine User Story halb so anspruchsvoll wie eine andere, so hat sie auch halb so viele Story Points. Story Points sind als virtuelle Einheiten zu verstehen. Dies hat den Vorteil, dass unabhängig von der Fähigkeit des Entwicklers eine «neutrale» kryptische Masseinheit verwendet wird,

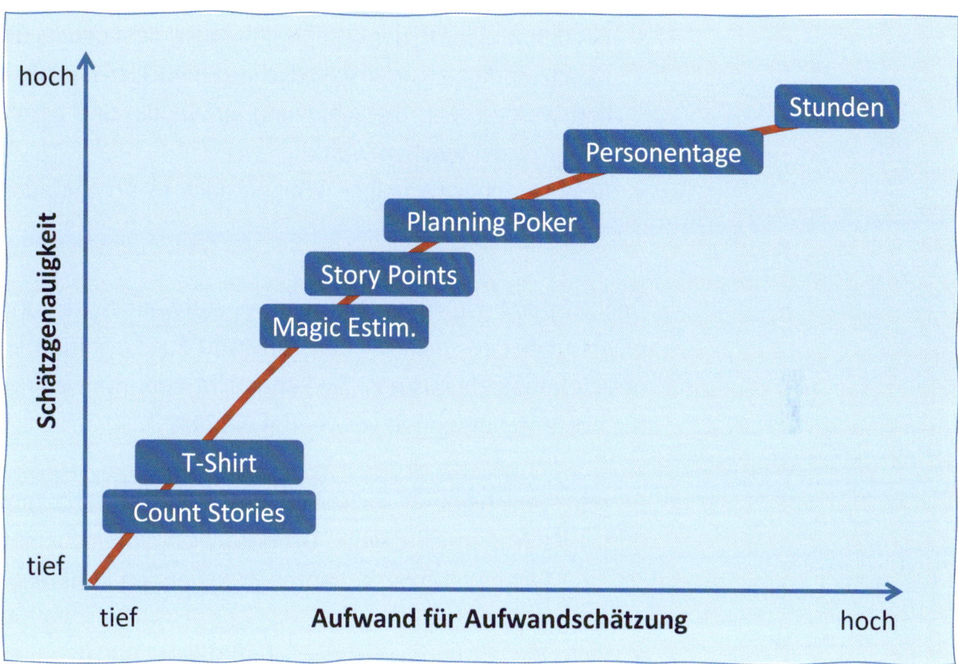

Abb. 6.135: Schätzgenauigkeit und Aufwand des Schätzens [Lan 2017], nach © 2022 Agile Rabbits

die definiert, wie viel Energie erbracht werden muss, um eine Anforderung umzusetzen [Bic 2017].

Folgende Vorteile bringt relatives Schätzen:

- Menschen können schlecht absolute Dinge schätzen. Sie können aber gut Dinge zueinander in Relation setzen und erkennen, was grösser oder kleiner ist.
- Vergleichende/abstrakte Schätzungen sind schneller durchführbar als das Schätzen absoluter Grössen.
- Durch die Trennung von Komplexität und Aufwand können Komplexitätsschätzungen abgegeben werden, ohne die umsetzenden Individuen zu kennen.

- Bei der Schätzung der Komplexität muss nicht bereits die Geschwindigkeit unterschiedlicher Entwickler einkalkuliert werden, was die Schätzung aufwendig und personenbezogen machen würde.
- Relative Schätztechniken können auch in Kombination eingesetzt werden.

Der Nachteil ist, dass die relative Aufwandsschätzung nichts über den tatsächlichen Aufwand zur Erstellung eines Lieferobjekts aussagt. Sie kann nicht oder nur bedingt für Kostenschätzungen verwendet werden.

Es gibt verschiedene Techniken des relativen Schätzens und viele Varianten davon. Grundsätzlich unterscheiden sich die Techniken bzw. Varianten in folgenden Punkten:

- Wie stark strukturiert ist der Schätzablauf? («Klare Spielrunden» versus unkoordiniertes Vorgehen)
- Welche Werteskala bzw. Umrechnung findet Anwendung? (Linear versus nicht linear)
- Finden Referenzwerte Verwendung? (Selektive Detailschätzungen bzw. tatsächliche Aufwände aus vergleichbaren abgeschlossenen Projekten)

Es gibt nicht viele Regeln, die beim relativen Schätzen allgemeingültig sind. Folgende sollten jedoch befolgt werden, um ein valides Schätzergebnis sicherzustellen:

- Es schätzt das Entwicklungsteam, welches das Projekt später auch umsetzen wird.
- Jeder aus dem Team schätzt mit.
- Der Product Owner nimmt ebenso am Schätzmeeting teil, um die Backlog Items vorzustellen und Rückfragen zu beantworten.
- Der Product Owner schätzt aber nicht mit.
- Es gibt einen Organisator/Moderator (dieser muss nicht der Product Owner sein).
- Es gibt keine Zwischengrössen (ein Item X kann nicht ein «bisschen komplexer» sein als Item Y).

Wie die im Folgenden aufgeführten Techniken zeigen, haben diese Schätztechniken einige Vorteile. Insbesondere passt die Herangehensweise gut auf Entwicklungsteams, welche mit Scrum und Agilität gerade erst angefangen haben. So werden z.B. die Aufwände nicht vom Projektleiter geschätzt, sondern das Entwicklungsteam selbst plant und schätzt. Die geführten Diskussionen sind für alle ein sehr hoher Lernprozess. Oder: Diese Art von Schätzung bewirkt eine Einigung bezüglich des Aufwandes im gesamten Sprintteam.

Wie die Erfahrung jedoch zeigt: Man benötigt für diese Schätzrunden relativ viel Zeit. Mit der Schätztechnik Magic Estimation kann dies optimiert werden. Bei eingespielten Teams, welche die Abhängigkeiten und die Umgebung kennen, kann man das Prozedere mit dem Kehrwert noch weiter abkürzen, indem man aufgrund der Erfahrung (dem «Teamdurchsatz») sagt: Wir haben zwei Wochen Zeit, wie viele von diesen Aufgaben schaffen wir in dieser Zeit?

6.8.2.2 Story Points

Der Aufwand wird in den meisten Projekten aufgrund der gestellten Anforderungen berechnet. Da wir keine Hellseher sind, ist das Schätzen des Aufwandes fast nie exakt möglich. Beim agilen Vorgehen wird mit der Methode der Story Points ein Ansatz verfolgt, der es dem Team erlaubt, unabhängig von monetär besser greifbaren Projektleistungstagen einen Bewertungsmechanismus zu schaffen, der mit dem Team und den Aufgaben wächst und präziser wird [Pohl 2012].

Obwohl bei den agilen Entwicklungsteams in aller Munde, sind Story Points nicht ganz so trivial, wie sie für viele auf den ersten Blick aussehen. Die Grundidee ist es, damit ein Hilfsmittel für die Leistungsfähigkeit des Teams (Velocity) zu bekommen. Damit wurde auch der unsäglichen Problematik geschätzter Aufwandstage entgegengewirkt, mit denen man in der Vergangenheit meistens falsch lag und die oft vom Management im Sinne von Time-To-Market dem Team auferlegt wurden. Solche Schätzungen erfolgten nicht selten im Unwissen darüber, welche Anforderungen genau der Scope beinhaltet.

Wenn man die Route zum Ziel nicht kennt, wäre es zumindest hilfreich, die Geschwindigkeit des Autos zu kennen, mit dem wir gerade fahren. Wir wissen dann zwar immer noch nicht genau, wann wir ankommen, aber die einzelnen Streckenabschnitte, die unmittelbar vor uns liegen, können wir planen. Wir tappen also nicht mehr völlig im Dunkeln, und je mehr sich die Gesamtroute erhellt, desto genauer wird unsere Planung. Spätestens nach 20 bis 30 % der Projektlaufzeit sollte sich dieser Umstand einstellen [Run 2020].

> Story Points sind ein Mass für die Komplexität einer Story. Werden sie in Beziehung zum Implementierungsaufwand der Story gesetzt, ergibt sich daraus der Grundlagenwert für die Velocity-Berechnung.

Beim projektorientierten Vorgehen werden Story Points das erste Mal vor der Sprintplanung, während der Initialplanungsphase oder bei der Releaseplanung vergeben. Da wir im Allgemeinen besser darin sind, Dinge in Relationen

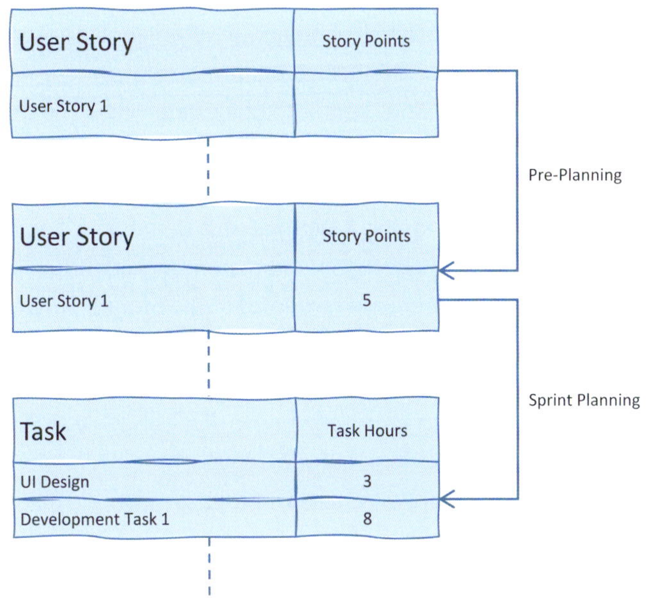

Abb. 6.136: Story Points und Task-Stunden-Schätzungsprozess

zu schätzen als echte Aufwände, ist es einfacher, zwischen mehreren Aufgaben zu vergleichen (z.B. «User Story Nr. 14 gibt weniger Aufwand als User Story Nr. 26»).

Die Problematik beim Schätzen von Komplexität ist, dass uns im Regelfall kein objektives Kriterium zur Verfügung steht – jedenfalls keines, das sich einigermassen praktikabel und mit überschaubarem Aufwand aus einer User Story ableiten lässt. Mit Planning Poker, sprich mit der Fibonacci-Zahlenfolge, kann diese Problematik beim agilen Vorgehen gelöst werden. Nachfolgend die Schritte, wie es zu einer «objektiven» Komplexität kommt:

a. Grundsatz: Alle User Stories, die über 20 Story Points aufweisen, sollten gesplittet werden.
b. Es wird eine möglichst kleine User Story, die alle im Team sehr gut kennen, als Benchmark genommen. Das Team ist sich z.B. einig: 5 Story Points für User Story 03. Als Schätzunterstützung kann beispielsweise die Things-that-matter-Matrix (TTM-Matrix) genommen werden (Kapitel 6.8.2.6).
c. Während des Planning Meetings I für den ersten Sprint wird jede andere User Story mit dieser verglichen.
d. Im Planning Meeting II werden die User Stories in feingliederige Tasks aufgebrochen und in einen tatsächlichen Implementierungsaufwand, sprich in Zeit geschätzt. User Story 03 würde nun in 10 Tasks zu je einem Tag bis maximal 2 Tage aufgebrochen.
e. Nun wird der Sprint gestartet und es werden die Tasks aller selektierten User Stories realisiert.
f. Der Prozess c–e wird in den nächsten beiden Sprints wiederholt und die neuen User Stories werden jeweils mit der Referenz (User Story Nr. 03) von Punkt b verglichen.
g. Abgeleitet von der Reflexion zur Referenz erhält man einerseits einen besseren Bezug zur «objektiven» Komplexität. Im Weiteren kann geprüft werden, ob sich das Team in der Geschwindigkeit steigern konnte, da es inzwischen die Entwicklungsumgebung besser kennt und allenfalls weniger Impediments resultieren.

Mit einem solchen Vorgehen können Schätzungen massiv optimiert werden; somit kann auch eine zuverlässigere Velocity definiert werden (siehe Kapitel 6.4.6.7).

Im Folgenden werden drei agile Schätztechniken aufgeführt. Für Erstschätzungen bei einem Projekt gilt der Tipp, dass zuerst mit der T-Shirt-Schätzung eine grobe Aufteilung erfolgen sollte, bevor anschliessend mit Magic Estimation eine Verfeinerung jedes Sektors vorgenommen wird.

6.8.2.3 Planning Poker

Die Grösse von User Stories und damit indirekt der Erstellungsaufwand wird häufig im Rahmen eines Planning Poker geschätzt. Dabei wird, wie im vorhergehenden Kapitel gezeigt, in Form von Story Points (= relativer Wert) geschätzt. Die Grösse einer Aufgabe hängt im Wesentlichen von der Integrationskomplexität der jeweiligen User Story ab. Sie ist unabhängig davon, ob die Anforderung von einem erfahrenen oder unerfahrenen Entwickler umgesetzt wird.

Das Team versammelt sich mit dem Product Owner und dem die Runde moderierenden Scrum Master. Zuerst wird gemeinsam ein Reference Item festgelegt, das in der Regel relativ klein ist und von allen Beteiligten komplett verstanden und gleich bewertet wird.

Als Instrument erhält jedes Teammitglied einen Satz Planungspokerkarten. Die darauf notierten Punkte repräsentieren Story Points und orientieren sich an der Fibonacci-Zahlenfolge. Im Planungsworkshop I wird von jedem Teammitglied – von User Story zu User Story – eine Aufwandsschätzung vorgenommen. Jede User-Story wird vom Product Owner vorgestellt. Das Team kann Fragen stellen und diskutiert die User Story. Jedes Mitglied legt daraufhin eine der Karten verdeckt auf den Tisch. Die Karten werden anschliessend gleichzeitig aufgedeckt. Weichen die Schätzwerte stark voneinander ab, werden Annahmen und Beweggründe für die höchste und niedrigste Schätzung diskutiert. Anschliessend erfolgt eine neue Schätzrunde. Dies wird so lange wiederholt, bis alle im Team den gleichen Wert schätzen oder die Abweichungen der einzelnen Schätzwerte zumindest sehr klein sind. Für Unklarheiten gibt es eine Fragezeichenkarte und bei Pausenbedarf eine Kaffeetassenkarte.

Das Schätzen mit Story Points wurde erfunden, damit man einfach und schnell Anforderungen bewerten kann, die man noch nicht im Detail kennt, ohne sie bis zur die Task-Ebene herunterbrechen zu müssen. Das heisst, neben der Komplexität gilt es auch, das Fehlen von Information zu berücksichtigen. Es ist klar zu vermerken, dass die geschätzten Story Points die Grösse für die vollständige Bearbeitung einer User Story darstellen (inklusive Test und Dokumentation). Da Story Points

Abb. 6.137: Planning Poker mit Fibonacci-Zahlenfolge

eine relative Grösse sind, sollte zu Beginn eines Schätzmeetings erläutert werden, wie viele Story Points im letzten Sprint bearbeitet wurden (= Velocity). Es ist zudem ideal, wenn mit kleinen User Stories begonnen wird. Die grösseren User Stories werden danach in Relation zu diesen geschätzt [Tim 2017].

Die grundsätzliche Problematik ist, wie schon erwähnt, das Schätzen von Komplexität, da uns kein objektives Kriterium dafür zur Verfügung steht. Man verwendet deshalb im agilen Vorgehen eine allen Beteiligten bekannte und realisierte User Story als Referenzwert oder die TTM-Matrix als Unterstützung (siehe Kapitel 6.8.2.6).

6.8.2.4 T-Shirt-Schätzung (Affinity Estimating)

Bei Affinity Estimating (Näherungsschätzung) wird nicht jedes Element einzeln geschätzt, sondern in einer mehrstufigen Näherung alle Anforderungen gleichzeitig. Es ist notwendig, zuvor ein individuelles Bewertungsschema festzulegen. In einer ersten Näherungsstufe werden zunächst alle Anforderungen vorsortiert. Dies gelingt durch das Bilden von Clustern ähnlicher Komplexität [Prö 2012].

Abb. 6.138: T-Shirt-Schätzung

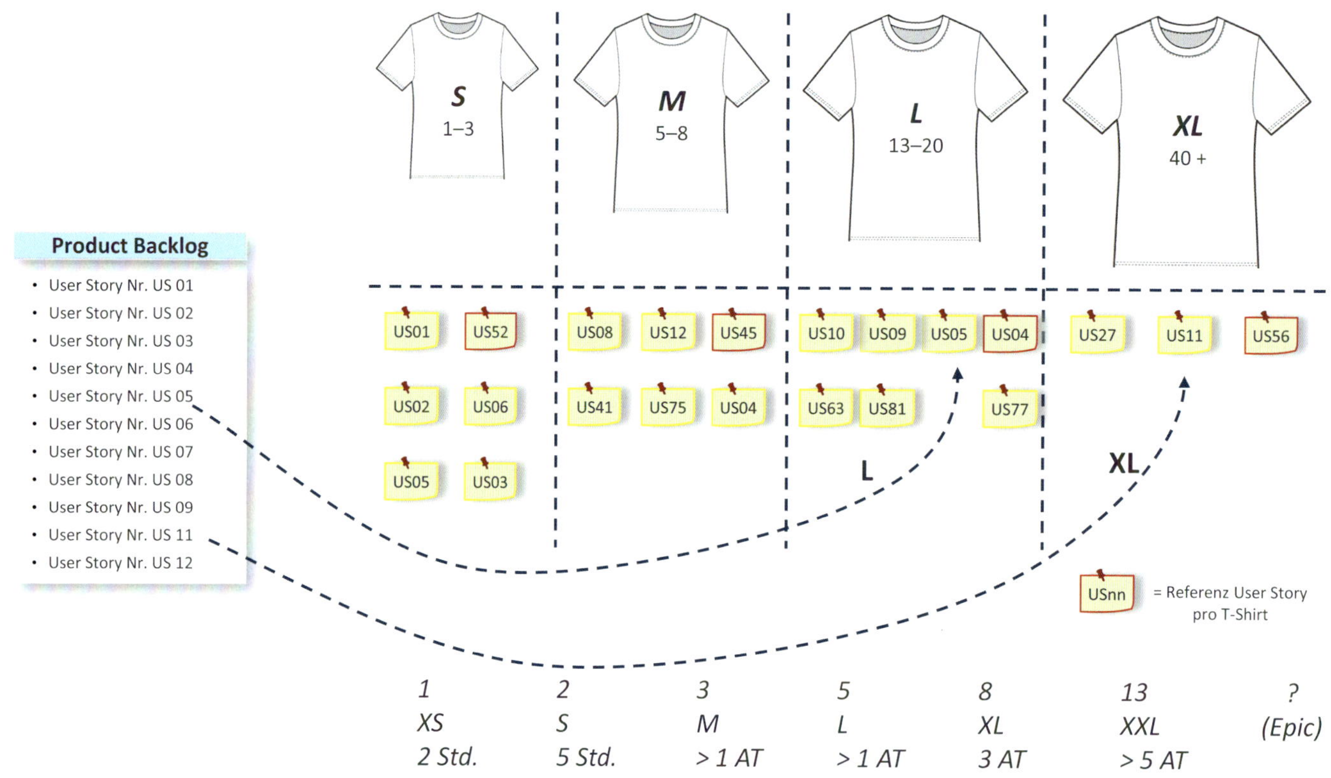

Die T-Shirt-Schätzung ist eine beliebte Technik, die bei dieser Form des relativen Schätzens eingesetzt wird.

Statt Story Points werden auch gerne T-Shirt-Grössen (S, M, XL, XXL) als Schätzwerte verwendet, um die einzelnen User Stories in Beziehung zu setzen. Der Vorteil ist, dass sich auf Basis dieser Metaphern relativ schnell ein gemeinsames Verständnis herstellen lässt. Denn jeder hat ungefähr eine Vorstellung davon, was S oder XL bedeutet und in welcher Beziehung die Grössen zueinanderstehen.

Dieses Verfahren hat den Vorteil, dass es verständlicher ist als das Schätzen mit «abstrakten» Story Points; es eignet sich daher auch sehr gut für die Kommunikation mit Stakeholdern. Jedoch erreichen Story Points erfahrungsgemäss eine deutlich höhere Genauigkeit.

Nach der Grobsortierung mittels T-Shirt-Schätzung können z.B. in einer zweiten Näherungsstufe alle Anforderungen pro Cluster von links nach rechts mit steigendem Aufwand aneinandergereiht werden [Prö 2012], oder man kann mit Planning Poker eine Schätzung innerhalb der Bandbreite des T-Shirts vornehmen, z.B. «T-Shirt M zwischen 5 und 8».

6.8.2.5 Magic Estimation

Mit Planning Poker werden die einzuschätzenden User Stories zwar so besprochen, dass jeder ihren Sinn und Kern verstanden hat, jedoch kann dies viel Zeit in Anspruch nehmen, da alle Stories besprochen werden müssen. Viel schneller kommt man dagegen mit Magic Estimation zum Ziel, denn hier bespricht man nur User Stories, die noch der Klärung bedürfen [Cam 2010]:

1. Im Team wird eine Referenzstory bzw. es werden mehrere Referenzstories mit bekanntem Aufwand definiert.
2. Alle User Stories, bei denen bezüglich Story Points keine Klärung notwendig ist, werden den Referenzstories zugeordnet.
3. Die übrigen Stories macht man bekannt und ordnet jedem Teammitglied die User Stories zu, die er voraussichtlich im nächsten Sprint umsetzen wird.
4. Jedes Teammitglied schätzt seine User Stories und ordnet sie dem entsprechenden Wert zu.
5. Anschliessend kann jedes Teammitglied still (d.h. ohne zu sprechen) die User Stories der anderen umsortieren.

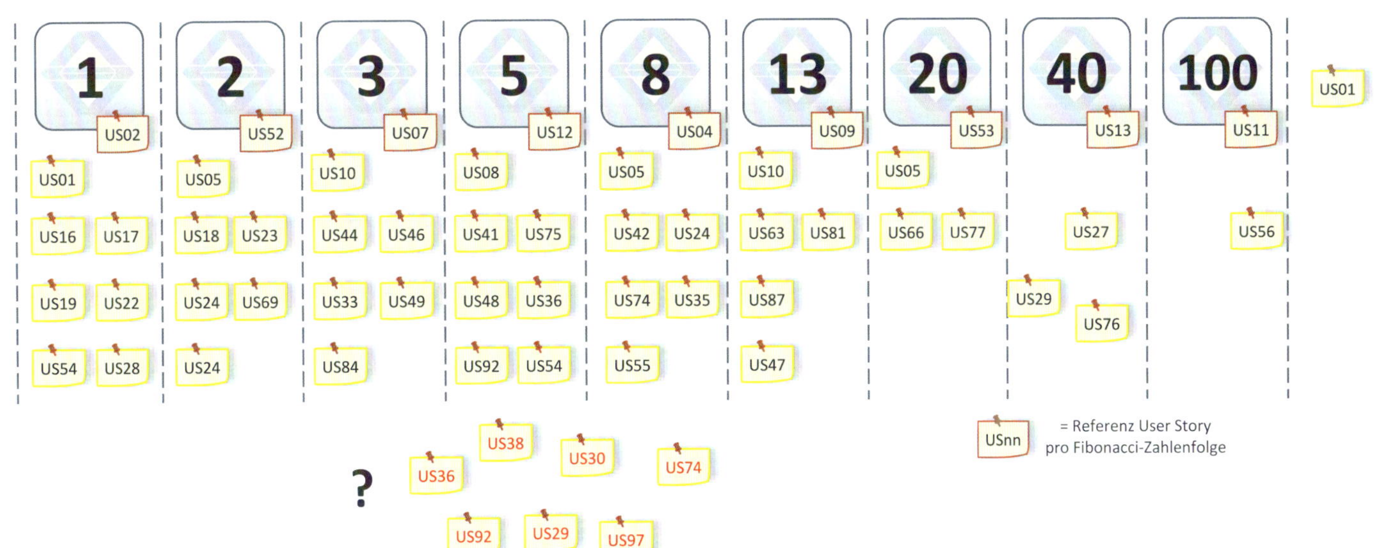

Abb. 6.139: Schematische Zuordnung zu einer Magic-Estimation-Aufstellung

6. User Stories, die vor- und zurückgeschoben werden, werden aus der Schätzung entfernt und im Anschluss an die Schätzrunde gemeinsam geklärt.

6.8.2.6 TTM-Matrix (Things that matter)

Um ein TTM-Matrix zu erstellen, benötigt man lediglich das Produkt-Backlog mit den Backlog Items, welche man z.B. beim nächsten Sprint umsetzen möchte. Die selektierten Items werden in einer Tabelle in der ersten Spalte aufgeführt. Hinzu kommen weitere Spalten mit Themen, die für das Schätzen eines Items relevant sind, sprich die Komplexität der Items verursachen. Bei Schätzungsgesprächen hilft die TTM-Matrix sehr, die Komplexität von Backlog Items herauszufinden und diese mit anderen zu vergleichen. Die TTM-Matrix hilft auch bei Sprint Planning 2: Das Entwicklungsteam verpflichtet sich zum Sprintziel, da es sieht, um welche Bereiche es sich handelt, wie komplex die Aufgabenstellung ist und wo allenfalls externe Unterstützung notwendig ist.

Abb. 6.140: TTM-Matrix als Schätzunterstützung

TTM = Things that matter

		Werte der Grösse/Komplexität					
US#	**Story**	**UI/GUI**	**Backend**	**Schnittstellen**	**Testvorbereitung**	**Testdurchführung**	**Schätzung (SP)**
K4	Als Kunde will ich die Authorisierungszentrale schnell erreichen	xs	s		xs	xs	7
E2	Als Kunde will ich mit Kreditkarten bezahlen (Normalfall)	s	m	L	s	m	15
E3	Als Entscheider möchte ich prüfen, ob die KK gültig ist	s	L	m	L		13
L4	Als Kunde möchte ich einen Beratungstermin auswählen	L	m	xL	L	L	34
A4	Als Kunde möchte ich einen Berater auswählen können	s	s	XL	XL	L	23
L1	Etc.						

6.8.3 Priorisierungsmethoden

6.8.3.1 Priority Poker

Wenn im agilen Vorgehen auf der Ebene Portfolio, im Themen-Backlog oder auf der Ebene Sprint beim Produkt-Backlog entsprechend Prioritäten gesetzt werden müssen, kann man dies mit Priority Poker schnell und einfach bewerkstelligen. Damit können nicht nur Epics und/oder User Stories priorisiert werden, sondern generell alle Listen von zu gewichtenden Elementen – wie z.B. Anforderungen, Spezifikationen, Use Cases, Testobjekte, Testfälle oder Bugs. Um Priority Poker einsetzen zu können, werden Spielkarten sowie die Liste mit den zu priorisierenden Elementen benötigt. Voraussetzungen für den Erfolg sind:

a. Alle wichtigen Stakeholder müssen daran teilnehmen.
b. Die zur Priorisierung notwendigen Informationen erfolgen vorab.
c. Jeder Teilnehmer erhält an der Sitzung ein Kartenset.
d. Zudem leitet ein Moderator das Poker, der selber nicht mitspielt, die Zeit stoppt und Diskussionen unterbindet.

Wichtig: Priority Poker unterteilt Elemente in Gruppen. Innerhalb dieser Gruppen haben alle Elemente dieselbe Priorität.

Wenn aufgrund der Vorabinformationen alle Teilnehmer auf dem gleichen Wissensstand sind und alle über ein Spielkartenset verfügen, beginnt das Meeting:

1. Kurzvorstellung des zu priorisierenden Objekts (z.B. User Story), maximal 2 Minuten

Abb. 6.141: Spielkarten für Priority Poker

2. Geheime Bewertung des Priorisierungskriteriums durch jeden einzelnen Teilnehmenden, ca. 30 Sekunden
3. Aufdecken der Bewertungsergebnisse/Spielkarten
4. Erklärung des höchsten und des niedrigsten Wertes durch die Teilnehmer, die diese Priorität gewählt haben
5. Erneute geheime Einschätzung des Objekts (z.B. User Story), ca. 30 Sekunden
6. Erneutes Aufdecken der Bewertungsergebnisse/Spielkarten
7. Einigung auf eine Priorisierung
8. Das Vorgehen wird für alle zu priorisierenden Objekte wiederholt

Abb. 6.142: Priority Poker User Stories und Lieferobjekte priorisiert

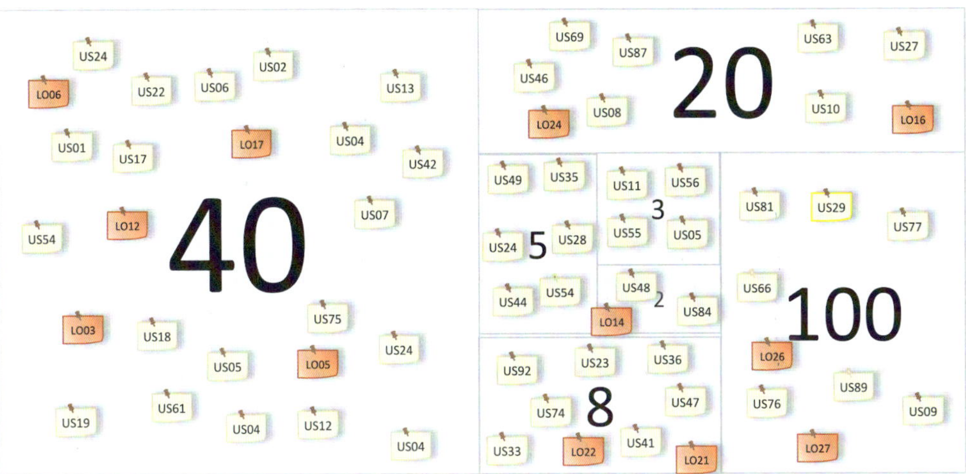

Beim Priority Poker gilt es, folgende Regeln zu berücksichtigen:

- Die definierte Timebox (2 Minuten, 30 Sekunden etc.) wird eingehalten.
- Keine Priority-Poker-Sitzung dauert länger als zwei Stunden.
- Während des Priorisierens bzw. während der gesamten Sitzung gibt es keine Lösungsdiskussionen.

Der Vorteil von Priority Poker ist, dass keine Diskussionen über den absoluten Wert des Objekts stattfinden. Die wichtigen Objekte werden sehr schnell erkannt und an einer Sitzung kann eine grosse Anzahl von Stakeholdern teilnehmen. Die Nachteile sind, dass z.B. einige Stakeholder die ganze Gruppe dominieren. Es werden zudem für alle Sitzungsteilnehmer bekannte Referenzobjekte benötigt, an denen sich die Teilnehmer orientieren können. Und es braucht seine Zeit, bis die Schätzrunden rundlaufen.

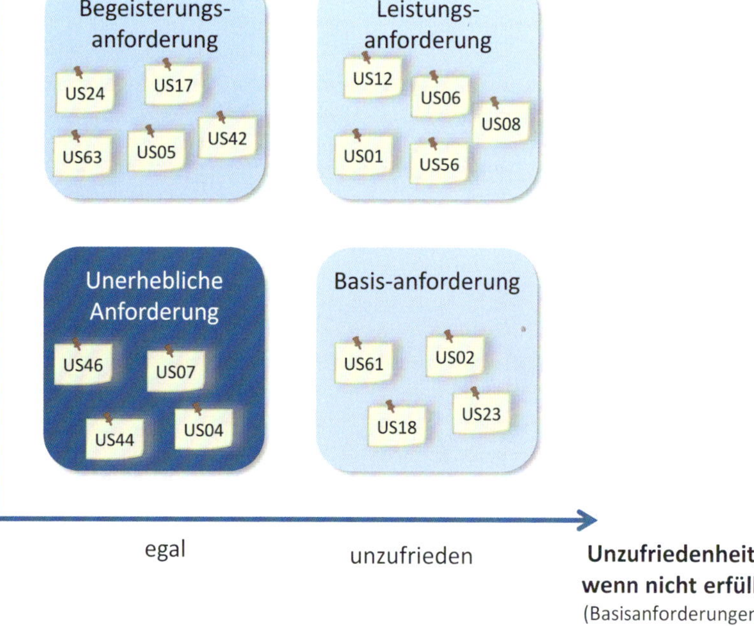

Abb. 6.143: Zwei-Kriterien-Priorisierungs-Matrix in Anlehnung an [Büh 2015]

6.8.3.2 Priorisierung nach dem Kano-Modell

Mithilfe des Kano-Modells werden Anforderungen in Bezug auf Benutzererwartungen nach Basisfaktoren, Leistungsfaktoren und Begeisterungsfaktoren klassifiziert und priorisiert. Die Anforderungen werden einer von drei Kategorien zugeordnet [Büh 2015]:

- Basisfaktoren sind Anforderungen, deren Erfüllung die Benutzer als selbstverständlich voraussetzen. Darum macht es sie nicht ausdrücklich zufrieden, wenn die Anforderung erfüllt ist, sondern nur sehr unzufrieden, wenn sie nicht erfüllt ist.
- Leistungsfaktoren sind Anforderungen, die von den Benutzern ausdrücklich verlangt werden. Deren Erfüllung macht die Benutzer zufrieden, die Nichterfüllung unzufrieden. Handelt es sich um eine zusätzliche Funktion, um die das Produkt erweitert wird, erzielt die Anforderung einen höheren Leistungsfaktor.
- Begeisterungsfaktoren sind Anforderungen, mit denen der Benutzer gar nicht rechnet. Sind sie nicht erfüllt, fällt ihm das nicht auf. Ist sie jedoch erfüllt, dann begeistert ihn diese Innovation. Das sind überraschende Zusätze.

Um zu ermitteln, zu welcher Kano-Kategorie eine Anforderung gehört, stellt man den Benutzern zwei Fragen: Wie zufrieden wären Sie, wenn die Anforderung erfüllt ist (Zufriedenheit)? Wie unzufrieden wären Sie, wenn die Anforderung nicht erfüllt ist (Unzufriedenheit)?

Abbildung 6.143 zeigt eine Matrix für eine Zwei-Kriterien-Priorisierung nach Kano. Neben den drei genannten Anforderungskategorien gibt es auch noch zwei weitere Kategorien, die allerdings selten auftreten, nämlich die unerhebliche Anforderung und die unerwünschte Anforderung.

6.8.3.3 Business Value Points auf der Ebene User Story

Bei der Schätzung von Value Points wird ähnlich vorgegangen wie bei den Story Points: Das Backlog muss in einer vernünftigen Granularität vorliegen. Bei der Value-Point-Schätzung liegt der Fokus jedoch auf dem Business Value der einzelnen User Stories und nicht auf der Komplexität.

Wenn Funktionen für ein Produkt priorisiert werden, ist es am schwierigsten, den tatsächlichen Geschäftswert der Funktionen herauszufinden. Es ist derzeit eher selten, dass Unternehmen über strukturierte und marketinggetriebene Vertriebsprozesse verfügen, die den Wert oder besser den potenziellen Wert einer Funktion bestimmen können. Der Wert eines Features ist auch an einen gewissen Zeitrahmen gebunden, in dem es an den Markt geliefert wird oder werden kann. Daher ist es wichtig, den richtigen Zeitpunkt für die Auslieferung zu bestimmen, um den Wert des Features zu bestimmen. Der Business Value wird gemäss Mike Cohn relativ bestimmt und sollte einer der folgenden Hauptkategorien begründet zugeordnet werden [Coh 2005]:

- **New Business:** Jedes Feature, das potenziell neue Kunden oder neue Märkte bringt, wird auch frischen Geldfluss bringen.
- **Up-Selling:** jede Funktion, die potenziell Geld von bestehenden Kunden einbringt und als Add-On, Upgrade oder Plug-In verkauft werden kann

								Business-Value-Werte				
US#	**User Story**	**UI/GUI**	**Backend**	**Schnittstellen**	**Testvorbereitung**	**Testdurchführung**	**Schätzung (SP)**	**New Business**	**Up-Selling**	**Betriebsbeitrag**	**Kundenbindung**	**Value Points (VP)**
US01	Authorisierungszentrale nicht erreichbar	xs	s		xs	xs	**6**	3	3	3	8	**17**
US02	Mit Kreditkarten bezahlen (Normalfall)	s	m		s	m	**30**	13	13	13	2	**41**

Abb. 6.144: Value Points in Kombination mit der TTM-Matrix

- **Betriebseffizienz:** jede Funktion, die es dem Unternehmen ermöglicht, Geld zu sparen (Installation, Konfiguration, Anpassungen etc.)
- **Kundenbindung:** jede Funktion, die den Verlust von Kunden vermeidet (und dem Unternehmen Geldverluste erspart)

Es kommt nicht selten vor, dass die Stakeholder in einem Unternehmen entscheiden müssen, was als Nächstes wichtiger oder «wertvoller» ist. Oftmals einigen sie sich nicht auf gemeinsame Prioritäten, sondern geben einfach ihre individuellen Wünsche an den Product Owner weiter. Im agilen Vorgehen müssen die zu entwickelnden User Stories ganz klar einen Wert für den Nutzer und die Organisation haben. Um dies stets im Auge zu behalten und den groben Projektfortschritt zu messen, kann mit folgenden Punkten gearbeitet werden:

- 2 = Grundlagenarbeit der Entwicklung (Enabler)
- 3 = Nutzer sehen die User Story als zusätzliche Hilfe, es würde aber auch ohne gehen
- 5 = Mit der User Story eröffnen sich dem Nutzer neue Arbeitsmöglichkeiten
- 8 = Mit der User Story wird ein Nutzerversprechen erfüllt
- 13 = Die User Story liefert die Kernfunktionalitäten, ohne die es die Applikation nicht braucht
- 21 = Wenn die User Story nicht geliefert wird, ergeben sich rechtliche Probleme

Einer User Story können mehrere Punkte zugewiesen werden, z.B. kann sie eine nicht zwingende zusätzliche Hilfe sein (3), dem Nutzer aber auch neue Arbeitsmöglichkeiten erfüllen (5). Daraus würde sich also ein Business Value von 8 ergeben. Ein Feature, das Kernfunktionalitäten liefert (13) und gleichzeitig rechtliche Anforderungen erfüllt (21), ergibt einen hohen Business Value von 34. Wie Abbildung 6.144 zeigt, kann eine entsprechende Zuordnung auch mit T-Shirt-Grössen erfolgen.

6.8.3.4 Cost of Delay & Weightest Shortest Job First

Wie der Begriff Cost of Delay (Verzögerungskosten) impliziert, geht es bei dieser Technik darum, dass etwas verzögert auf den Markt gebracht wird. Das kostet dem Unternehmen entsprechend viel Geld.

Coast of Delay kann zur Priorisierung von Projekten (siehe Kapitel 4.4.6), aber auch für Epics, User Stories oder sogar für Releases eingesetzt werden. Sie werden im Folgenden Backlog Items genannt.

Verzögerungskosten treten immer auf und sind grundsätzlich nicht schlimm. Es gilt jedoch das Ziel, bei der Priorisierung möglichst wenige von ihnen zu erhalten. Wird durch Coast of Delay eine optimale Abarbeitung der Backlog Items bestimmt, so ergeben sich am wenigsten Verzögerungskosten. Um dies zu erreichen, können Abarbeitungsstrategien wie Weightest Shortest Job First (WSJF) eingesetzt werden [Sch 2017].

Mit Cost of Delay und WSJF kann der zu liefernde Wert maximiert und somit der Return on Investment verbessert werden. WSJF hilft, Backlog Items unter Berücksichtigung von CoD und deren Grösse zu priorisieren. Ziel ist es, die Verzögerungskosten so gering wie möglich zu halten. Die Priorität eines Backlog Items ergibt sich aus zwei seiner Attribute: Grösse und Wert.

Die Verzögerungskosten lassen sich am besten als eine Fläche darstellen. Durch die Reihenfolge der Abarbeitung von Backlog Items erzeugt man Kosten, nämlich die Verzögerungskosten aller weiteren Backlog Items.

Die Darstellung von Don Reinertsen zeigt, wo die Kosten liegen – direkt vor den entsprechenden User Stories. Die gesamte Fläche der Verzögerungskosten (hier blau dargestellt) drückt die Kosten aus, die bezahlt werden. Um diese Fläche der Verzögerungskosten zu bestimmen, kann man dem folgenden Algorithmus folgen [Sch 2017]:

- Das erste Element, das umgesetzt wird, hat keine Verzögerungskosten, denn es wartet nicht. Die Umsetzung kann sofort beginnen.
- Das zweite Element kann umgesetzt werden, wenn das erste Element fertig ist. Es kann also dann starten, wenn die Dauer des ersten Elements verstrichen ist.
- Jedes weitere Element muss warten, bis der Vorgänger umgesetzt ist und kann erst dann starten.

Den Weightest Shortest Job First (WSJF) beschreibt Don Reinertsen in seinem Buch mit Wert durch Dauer:

$$WSJF\ Index = \frac{CoD}{(Job\ Size)}$$

Ein Beispiel mit relativen Werten berechnet: $2 = \frac{10}{5}$

CoD Economics: Do the *Weighted Shortest Job First (WSJF)*

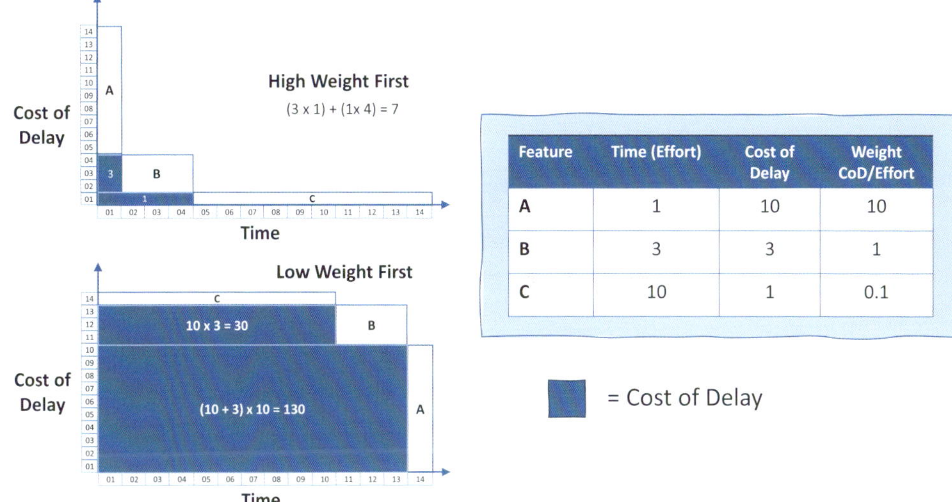

Feature	Time (Effort)	Cost of Delay	Weight CoD/Effort
A	1	10	10
B	3	3	1
C	10	1	0.1

Abb. 6.145: Weighted Shortest Job First (WSJF) [Rei 2009]

Die **Grösse** (Job Size) entspricht dem absolut oder relativ geschätzten Aufwand für die Erfüllung des Backlog Items gemäss der für dieses Projekt gültigen Definition of Done (DoD). Sie kann in beliebigen Einheiten angegeben werden. Typisch sind Story Points oder Arbeitsaufwand in Zeiteinheiten, aber relative Grössen z.B. von 1 bis 10.

Wert bedeutet generell, den Umsatz zu erhöhen oder Kosten zu reduzieren. Jeder Tag, der bis zur Umsetzung der geplanten Massnahme vergeht, bedeutet also entgangenen Umsatz bzw. entgangene Kostenersparnis. Diese Kosten, die durch das Liegenlassen einer Aufgabe entstehen, werden als Verzögerungskosten (Cost of Delay, COD) bezeichnet.

Die Logik von Cost of Delay als eine Priorisierungs-/Planungsmethode kann dann angewendet werden, wenn man in einem bestimmten Zeitraum über eine begrenzte Kapazität verfügt.

Ein Vorteil dieser Technik ist, dass die Werte durch eine relative Schätzung bestimmt werden können. Es geht also

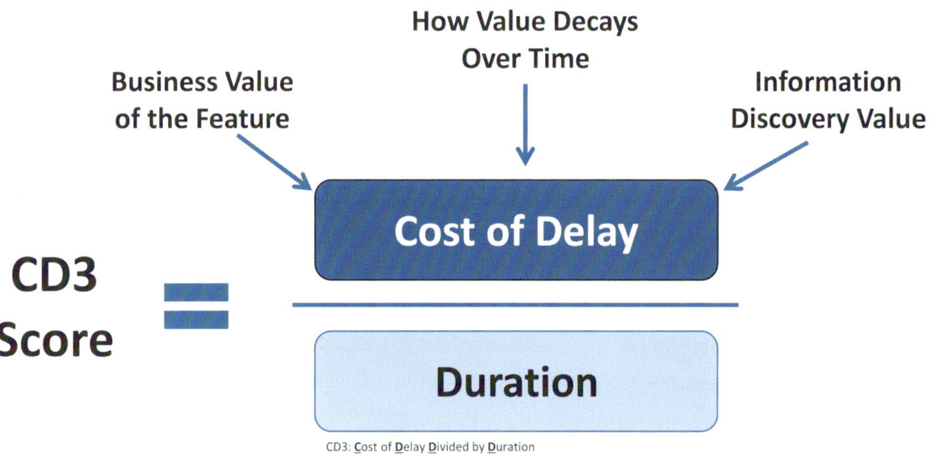

Abb. 6.146: CD3 – **C**ost of **D**elay **D**ivided by **D**uration [Arn 2017]

nicht darum, mit absolut genauen Beträgen zu rechnen, um eine Aussage über die Priorität treffen zu können. Die relative Bewertung der Elemente reicht für die Priorisierung untereinander aus. Es gibt verschiedene Ansätze, wie der WSJF berechnet werden kann.

Nachfolgend ein Beispiel mit absoluten Kosten nach dem CD3-Ansatz «**C**ost of **D**elay **D**ivided by **D**uration»

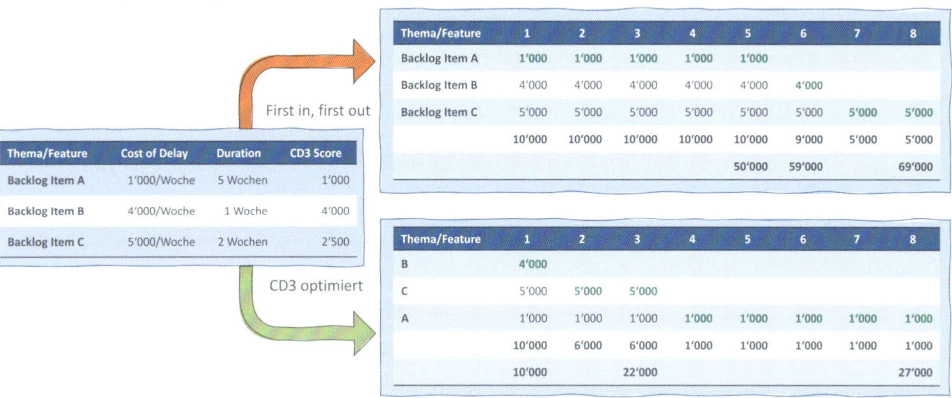

Thema/Feature	Cost of Delay	Duration	CD3 Score
Backlog Item A	1'000/Woche	5 Wochen	1'000
Backlog Item B	4'000/Woche	1 Woche	4'000
Backlog Item C	5'000/Woche	2 Wochen	2'500

Thema/Feature	1	2	3	4	5	6	7	8
Backlog Item A	1'000	1'000	1'000	1'000	1'000			
Backlog Item B	4'000	4'000	4'000	4'000	4'000	4'000		
Backlog Item C	5'000	5'000	5'000	5'000	5'000	5'000	5'000	5'000
	10'000	10'000	10'000	10'000	10'000	9'000	5'000	5'000
					50'000	59'000		69'000

Thema/Feature	1	2	3	4	5	6	7	8
B	4'000							
C	5'000	5'000	5'000					
A	1'000	1'000	1'000	1'000	1'000	1'000	1'000	1'000
	10'000	6'000	6'000	1'000	1'000	1'000	1'000	1'000
	10'000		22'000					27'000

Abb. 6.147: Cost of Delay in Anlehnung [Arn 2017]

von Joshua Arnold von Black Swan Farming (siehe Abbildung 6.147) [Arn 2017].

Anhand der drei aufgeführten Funktionen können die Auswirkungen auf zwei Planungsalternativen untersucht werden. Man kann die drei Funktionen durchführen, wie sie gemeldet wurden (first in, first out), und sie für das Business zur Verfügung stellen: A, dann B, dann C. Für die fünf Wochen, die an User Story A (1'000/Woche) gearbeitet wird, werden Verzögerungskosten bei C und B Funktionen verursacht (5'000/Woche, 4'000/pro Woche). Dies summiert sich auf 10'000/Woche während fünf Wochen, was Gesamtverzögerungskosten von 50'000 ergeben. Anschliessend wird genau gleich in Bezug auf die Erstellung der Backlog Items B und C gerechnet. Insgesamt verursacht dieser Vorgehensansatz somit Erstellungs- und Verzögerungskosten von 69'000.00. Werden die Backlog Items nach der CD3-Punktezahl entwickelt und bereitgestellt, so würde zuerst Item B, gefolgt von C und schliesslich A, entwickelt. Für die eine Woche, in der an Item B gearbeitet wird, fallen Erstellungs- und Verzögerungskosten von 4'000+5'000+1'000 pro Woche an. Dies gibt gesamthaft Kosten von 10'000. Die Gesamtkosten der Verzögerung und Entwicklung mit CD3 betragen 27'000 und verringern die Gesamtkosten um 65 %.

Dean Leffingwell von SAFe hat in Anlehnung an Donald Reinertsen dessen Framework hinsichtlich Verzögerungskosten angepasst. Dabei wird spätestens auf der Ebene User Story die Priorisierungstechnik der Weightest Shortest Job First angewendet [Sch 2017].

Wert	Bedeutung	Beispiele
User Value (Kundenmehrwert)	Verbesserung des Wertes für den Endkunden	Viel einfachere Bedienung der Eingaben, z.B. Rechnungserfassung
Business Value (Geschäftswert)	Umfasst alle Wertformen, die langfristig die «Gesundheit» des Unternehmens beeinflussen	Marktwert einer Produktfunktionalität, Kosteneinsparungen durch Prozessverbesserungen oder Werkzeuge
Time Criticality (Wert der Zeitkritikalität)	Einfluss einer bestimmten Deadline auf den Wert. Meist wird das Erledigen der Aufgabe nach dieser Deadline wertlos.	Deadlines in Verträgen, durch Gesetzesänderungen, bei termingebundenen Ereignissen wie Messen und Veranstaltungen
Risk Reduction and/or Opportunity Enablement Value (Wert der Wertminderung)	Riskantere Aufgaben sollten früher angegangen werden als weniger riskante.	Unklarheiten bzgl. Anforderungen, Markt und Technologien

Aus diesen Definitionen ergibt sich folgende Formel:

WSJF Index =

$$\frac{\textit{(Kundenmerwert+Geschäftswert+Wert der Zeitkritikalität+Wertminderungswert (Risikowert))/(Grösse der Aufgabe)}}{\textit{Grösse der Aufgabe}}$$

Die Kritik an der Berechnung mit dem SAFe Framework wird von Arnold dahin gehend beschrieben, dass die Ermittlung des CoD komplizierter oder sogar im ursprünglichen Sinne nutzlos gemacht wurde. Ist es z.B. sinnvoll, die relativ bestimmten Werte einfach zu addieren? Ist das so berechnete Ergebnis valide? Ein weiterer Punkt ist, dass die Time Criticality bereits durch die Dauer abgedeckt und diese dadurch bereits im Nenner vorhanden ist.

Bei aller Kritik wird dieser Ansatz im agilen Vorgehen trotzdem gerne übernommen und, wie Abbildung 6.148 zeigt, noch ausgebaut.

Abb. 6.148: Cost of Delay, mit gewichteten und relativen Werten auf Feature-Ebene berechnet

Feature / Epic	User / Customer Value	Business Value	Time Criticality	Risk Reduction	Cost of Delay / Wert	Aufwand technische Entwicklung	Aufwand Konzeption (inklusive Design)	Job Size / Aufwand	Weighted Shortest Job First (WSJF)
Gewichtung	40%	30%	20%	10%	100%	50%	50%	100%	
Feature 01	4	3	4	3	3,6	5	4	4,5	**0,8**
Feature 02	6	5	3	6	33,9	3	6	4,5	**7,5**
Feature 03	4	7	6	4	45,7	6	5	5,5	**8,3**
Feature 04	3	4	3	5	40,4	7	6	6,5	**6,2**
Feature 05	5	5	6	4	41,5	4	4	4	**10,4**
Feature 06	8	6	9	4	75	3	7	5	**15,0**
Feature 07	9	9	4	7	70,3	9	2	5,5	**12,8**
Feature 08	4	3	5	5	57,5	4	9	6,5	**8,8**
Feature 09	3	2	4	3	36,8	6	4	5	**7,4**

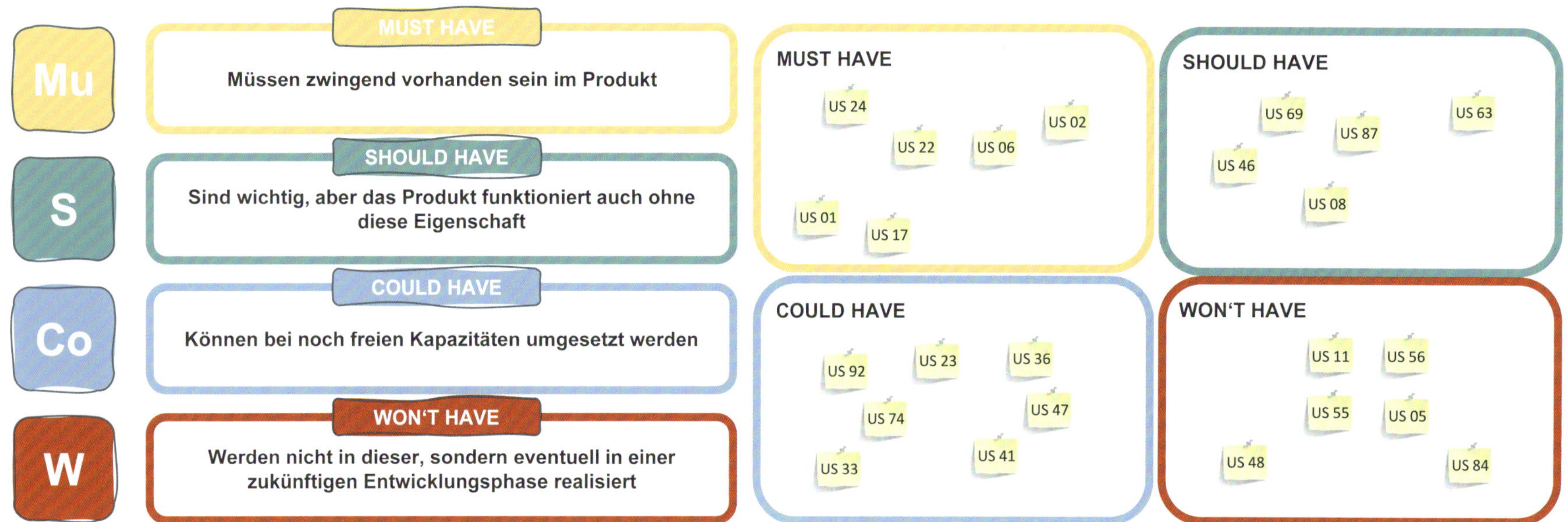

Abb. 6.149: User Stories, den MoSCoW-Feldern zugeordnet

6.8.3.5 Priorisierung nach dem MoSCoW-Methode

MoSCoW ist ein Akronym. Die Methode stammt von Dai Clegg, der sie 1994 bei Oracle erstmals im Rahmen der Dynamic Systems Development Method (DSDM) nutzte. Sie wird primär zur Kategorisierung von Anforderungen eingesetzt, aber auch für die Priorisierung von Zielen, Aktivitäten oder Änderungsanträgen.

MoSCoW unterscheidet bei der Kategorisierung der Anforderungen unter anderem zwischen Funktionen, die Entwickler auf jeden Fall umsetzen sollten, und solchen, die sie nur implementieren müssen:

- Must: Must-Have Funktionalitäten, die umgesetzt werden müssen
- Should: Funktionalitäten, die nach den Must-Haves umgesetzt werden
- Could: Funktionalitäten, die umgesetzt werden können, wenn sie keine Must-Haves oder Should-Funktionen damit beeinträchtigen
- Won't: Funktionalitäten, die erst einmal nicht umgesetzt werden

7 Themen und Praktiken der adaptiven Projektausführung

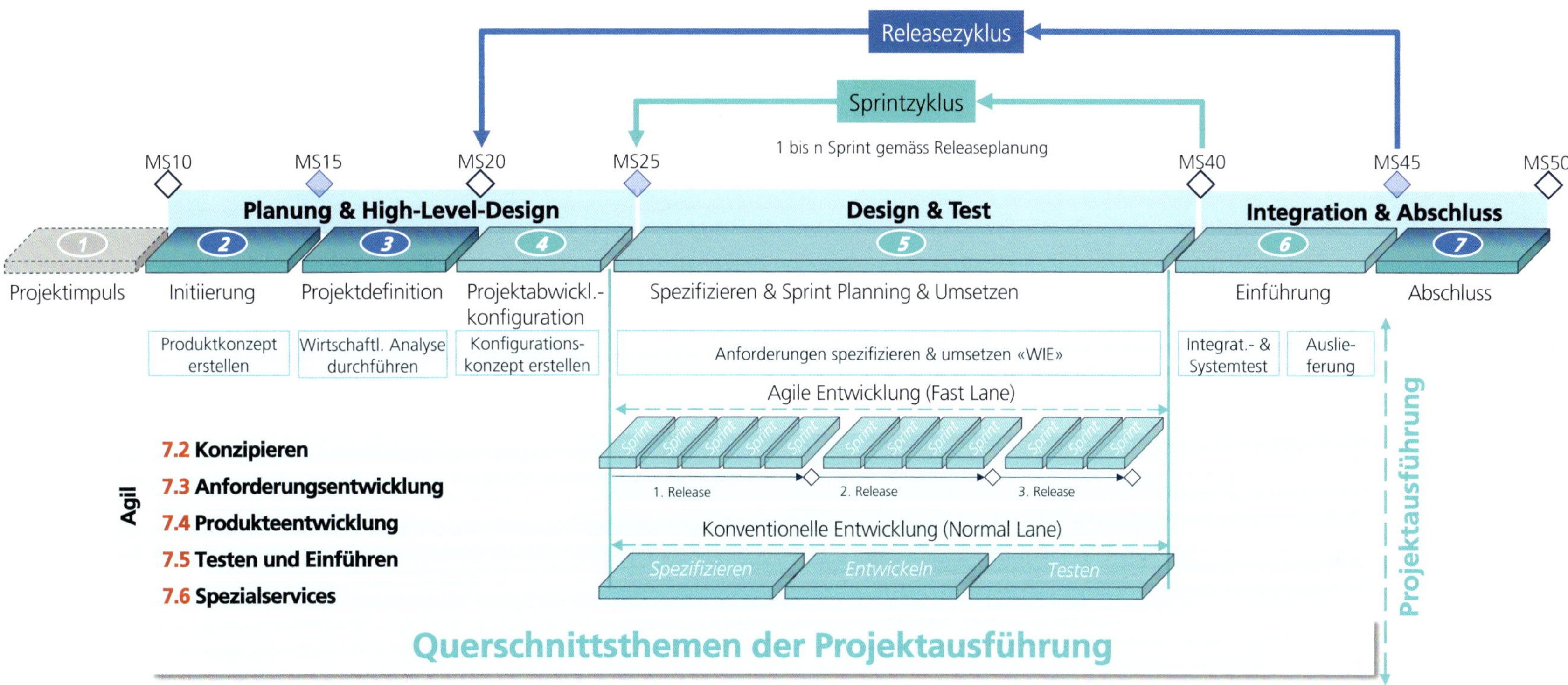

Genau wie bei der Projektführung gibt es auf der Ebene Projektausführung klare Aufgaben, die vom Start bis zum Schluss ausgeführt werden müssen. Diese Ausführungsarbeiten unterscheiden sich sehr stark von Projektart zu Projektart. Aufgrund der Digitalisierungswelle, die Unternehmen in der kommenden Zeit verstärkt zu meistern haben werden, wird in diesem Kapitel das Entwickeln von Software als Beispiel in den Vordergrund gestellt. Spezielle Elemente darin stellen die agile Anforderungsentwicklung, die agile SW-Entwicklung (nachfolgend iterativ-inkrementelle SW-Entwicklung genannt) und das agile Testen dar. Da in vielen Projekten jedoch nicht nur agil vorgegangen werden kann, wird auch das Two-Speed-Vorgehen mit verschiedenen agilen Praktiken erläutert. Das heisst, es wird aufgezeigt, wie mit den fünf Querschnittsthemen und deren Praktiken ein auf die Situation abgestimmtes adaptives Verhalten möglich ist. Dies bewirkt ein effizientes Abwickeln von Projekten, bei dem stets der Business Value im Zentrum steht.

Mit dem strukturierten Ansatz der Querschnittsthemen können je nach Vorgehensart einzelne Elemente dieser Querschnittsthemen adaptiv verwendet, sprich eingesetzt werden.

7.1 Einleitung Querschnittsthemen Projektausführung

Während in der Projektführung die Sicht auf das Managen der Arbeiten gerichtet war, wird in diesem Kapitel das Augenmerk auf die Gestaltung und konkrete Umsetzung des Projektprodukts und der Projektarbeiten gerichtet.

Mit dem Einteilen der Projektabwicklung in einzelne Phasen und Prozessschritte gemäss Kapitel 5.4 ist die erfolgreiche Ausführungstätigkeit noch lange nicht sichergestellt. Die Phasen und Prozessschritte geben der Ausführung bloss die äussere Form vor. Die eigentliche Projektausführung geschieht im Inneren.

Dafür werden verschiedene Querschnittsthemen eingesetzt. Mit ihnen wird die Initiative, welche in Form eines Initiativensteckbriefs beschrieben wurde, im Projekt methodisch korrekt und effizient umgesetzt.

> Die Projektausführung, auch -durchführung genannt, beinhaltet alle Projektaufgaben, die unmittelbar für eine effiziente Erstellung der systembezogenen Lieferobjekte (Projektprodukt) und damit für die Erfüllung der Systemziele vom Projektteam durchgeführt werden müssen.

Abb. 7.01: Fünf wichtige Querschnittsthemen der Ausführung

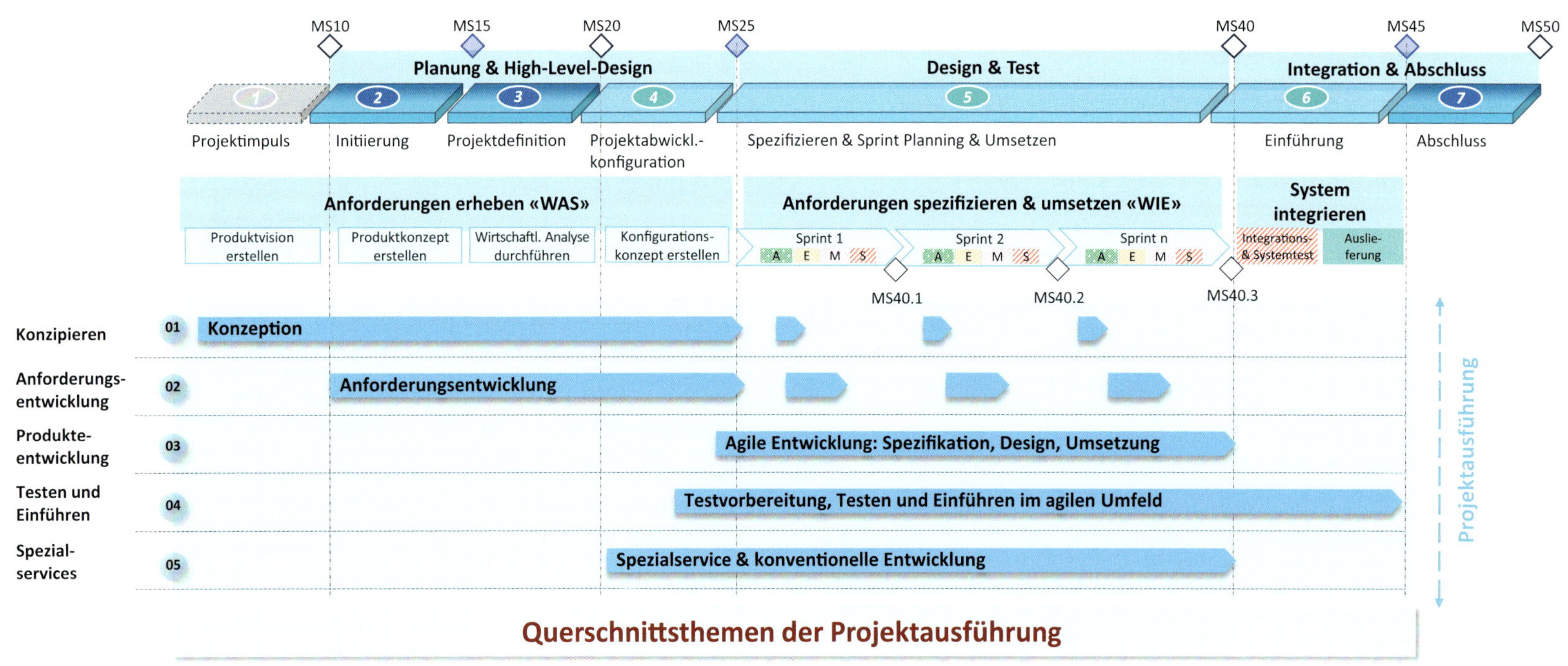

Die fünf in der Abbildung 7.01 aufgeführten Querschnittsthemen sind:

01 Konzipieren: Das Konzipieren erfolgt grundsätzlich aus zwei unterschiedlichen Blickwickeln. Der eine ist die Business- und Organisationssicht. Dabei muss das Business beschreiben, wie das Projektprodukt konzeptionell gelöst und wie das neue Produkt organisatorisch «betrieben», sprich eingebettet wird. Auf der anderen Seite muss eine technische Konzeption erfolgen, in der beschrieben wird, wie das Produkt technisch gelöst werden muss bzw. kann. Beim agilen Vorgehen gilt das Motto «so viel Konzeption wie nötig, so wenig wie möglich». Damit soll die schnelle Realisierung in Teilschritten vorangetrieben werden.

02 Anforderungsentwicklung: Die Anforderungsentwicklung hat sich im agilen Vorgehen gegenüber dem konventionellen massgeblich dahin gehend geändert, dass nicht zu Beginn alles bis ins letzte Detail (z.B. in Form detaillierter Use Cases) spezifiziert und erst später umgesetzt wird. Vielmehr werden Anforderungen typischerweise nur rudimentär z.B. in Form von Story Maps oder Epics festgehalten und dann während der Entwicklung gemeinsam mit den Fachspezialisten ausdiskutiert.

03 Produkteentwicklung: Die iterativ-inkrementelle Softwareentwicklung unterscheidet sich im Wesentlichen darin, dass die einzelnen Schritte der Programmiertätigkeit wie Analyse, Design erstellen, effektives Codieren und Testen im Grundsatz genau gleich wie bei der konventionellen Softwareentwicklung durchlaufen wird. Nur werden diese Schritte, basierend auf kleinen, gesplitteten Tasks, in sehr schnellen, eigenständigen kleinen Zyklen durchlaufen. Auf diese Weise wird innerhalb von Stunden oder einem Tag ein lauffähiges und in das System implementiertes Stück Software erzeugt, das die Sub-Anforderungen (Akzeptanzkriterien) erfüllt.

04 Testen und Einführen: Das agile Vorgehen hat den Entwicklungsprozess von Software revolutioniert, also das Entwickeln, Testen und Einführen von Softwareinkrementen gemäss dem Continuous Deployment. Insbesondere das Testen hat beim agilen Vorgehen einen ganz anderen Stellenwert eingenommen. In grossen, hybrid abzuwickelnden Projekten, bei dem das erstellte Projektprodukt in eine grosse Embedded-Systemwelt integriert werden muss, kann der Continuous-Deployment-Ansatz nur bis zu einem gewissen Grad ausgereizt werden. Die effektive Integration, sprich das Rollout, erfolgt in getrennten Schritten. Da das Testen wie auch das Einführen vielerorts ein eigenes grosses Thema ist, wird es hier als Querschnittsthema parallel zur Produkteentwicklung separat aufgeführt.

05 Spezialservices: Hilfsprodukte wie die Schulung oder der Aufbau einer Infrastruktur (z.B. Evaluation und Integration neuer Server, Entwickeln von Pneumatikteilen einer Herz-Lungen-Maschine) sind (Teil-)Produkte, deren Aufbau nicht sinnvoll inkrementell umgesetzt werden können. Solche meist in konventioneller Form durchgeführten Arbeiten werden hier als Spezialservices aufgeführt. Im Grundsatz decken diese im hybriden Modell den konventionellen Teil ab.

Hinweis: Wie Abbildung 7.01 aufzeigt, kann die Projektausführung logisch in zwei Teile – strukturiertes Denken und strukturiertes Umsetzen – aufgeteilt werden. Können die Arbeiten des strukturierten Denkens auf einer Metaebene noch einigermassen projektartenneutral gehalten werden, so sind die Arbeiten im strukturierten Umsetzen sehr stark projektartenabhängig.

Hinzu kommt, dass das strukturierte Denken und Umsetzen beim agilen Vorgehen immer wieder in kurzen Zyklen erfolgt. Herausfordernd wird es, wenn dieses Denken und Umsetzen in einem hybriden Vorgehen aufeinander abgestimmt werden muss.

7.2 Konzipieren

7.2.1 Einleitung

Wird nicht ein Kleinstprodukt wie eine einfache Homepage, eine App oder Ähnliches entwickelt, sondern ein grosses komplexes Produkt/System, das sukzessive auf- und ausgebaut werden muss, sollte zu Beginn etwas Zeit in einen qualifizierten Konzeptionsprozess investiert werden. Dieser Prozess startet bei der Produktvision und endet de facto mit dem Konzept der Projektabwicklungskonfiguration.

Abb. 7.02: Agiler Konzeptionsprozess – vier wichtige Schritte bis zur agilen Realisierung

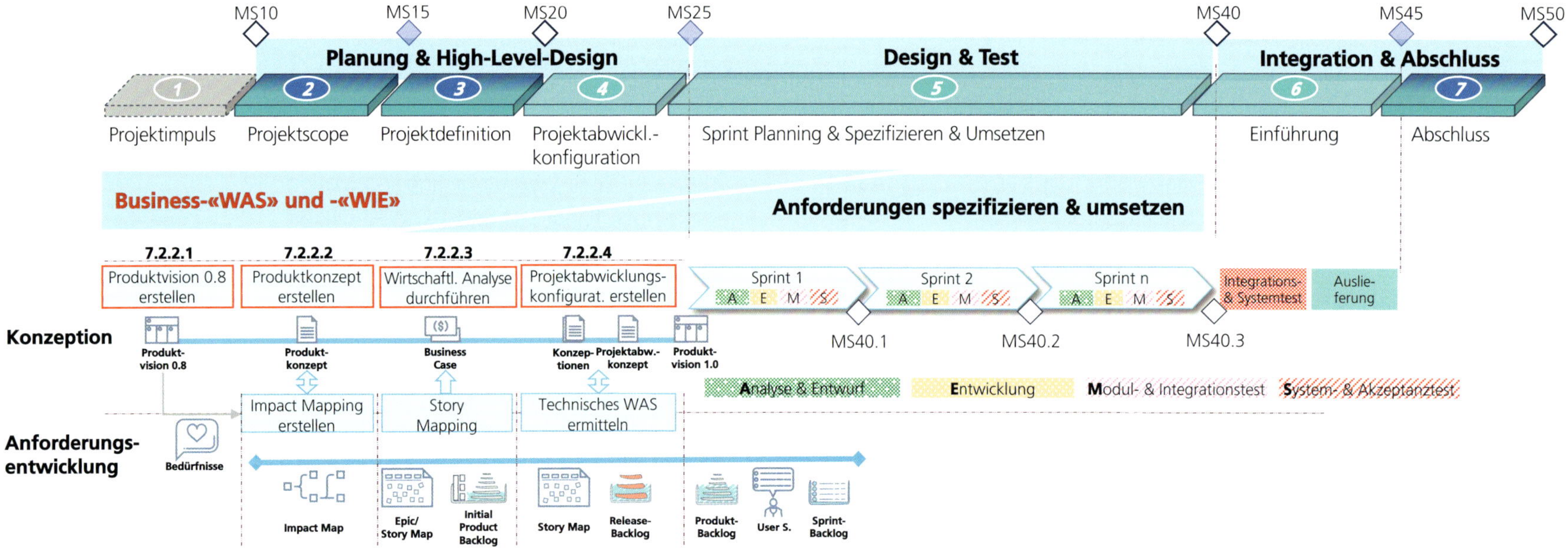

Zwei Dinge müssen beim Konzipieren besonders betont werden. Zum einen ist es nicht so, wie Abbildung 7.02 vielleicht auf den ersten Blick zeigt, dass die verschiedenen strukturierten Denkschritte sakrosankt auf die konkreten Prozessschritte abgrenzbar sind. Je nachdem kann die eine oder andere Aufgabe früher und oder erst später und stark eingegrenzt erledigt werden. Zum anderen bestehen zwischen den Prozessen respektive Tätigkeiten starke Interdependenzen. Besonders durch den parallel zur Konzeption laufenden Anforderungsentwicklungsprozess sind die einzelnen Schritte stark miteinander verbunden.

Hinweis: Neben der Abgrenzung strukturiertes Denken versus strukturiertes Umsetzen kann auch das strukturierte Denken weiter unterteilt werden. Dabei wird in einigen Projektarten das Konzipieren aus zwei Blickwinkeln, aus Businesssicht und aus technischer Sicht, erarbeitet. Das Business beschreibt, wie das Projektprodukt konzeptionell gelöst und das neue Produkt organisatorisch «betrieben» wird. Die technische Konzeption beschreibt, wie das Produkt technisch gelöst werden muss oder kann. Beim agilen Vorgehen wird bei der Konzeption insbesondere zwischen MS20 und MS25 so viel wie nötig und so wenig wie möglich beschrieben. Damit wird die schnelle inkrementelle Realisierung vorangetrieben.

7.2.1.1 Der Weg zur verifizierten Produktvision

Geht es in einer Initiative darum, ein neues innovatives Produkt zu erstellen, so ist die Produktvision ein sehr nützliches Instrument, um den Fokus in die Zukunft, z.T. über das Projektende hinaus, zu richten. In der agilen Theorie wird die Produktvision oftmals als einfaches Artefakt erwähnt. Soll die Produktvision die ihr angedachte Wirkung erzeugen, so darf der Innovationsentwicklungsprozess, von dem die Vision abgeleitet wird, nicht unterschätzt werden.

Der Anstoss resp. Impuls zu diesem in drei Teilschritte unterteilten Innovations- oder Geschäftsmodell-Entwicklungsprozess erfolgt in den meisten Fällen in Form eines Vision Statements (siehe Abbildung 7.05 und vergleiche Abbildung 4.13); er wird mehrheitlich von der Strategie oder von einem Kundenbedürfnis abgeleitet. Aufgrund dieses Impulses wird die Idee mit einer Business-Design-Technik entwickelt und in einem Steckbrief für die Eingabe an das Projektportfolio festgehalten.

Wie Abbildung 7.03 zeigt, läuft bei einigen Unternehmen der Innovationsprozess nahtlos überlappend in den Projektabwicklungsprozess. Der Steckbrief mit der Produktvision, Version 0.8, wird im weiteren Prozess bis zum Meilenstein MS20 (Projektstart) noch weiter konkretisiert. Ziel ist es, dass im Projektauftrag eine von allen abgestimmte Projektvision Version 1.0 existiert. Dieser zum Teil doch aufwendige und wichtige Prozess kann abgekürzt werden, wenn der Sachverhalt bei allen Beteiligten bereits klar ist.

Der Innovations- oder Geschäftsmodellentwicklungsprozess wird idealerweise von einem interdisziplinären, temporären und hierarchieneutralen Team abgewickelt, in dem die Meinung jedes Beteiligten gleich viel wert ist. Wichtig ist es zu berücksichtigen, dass diese Aktivität eine gewisse

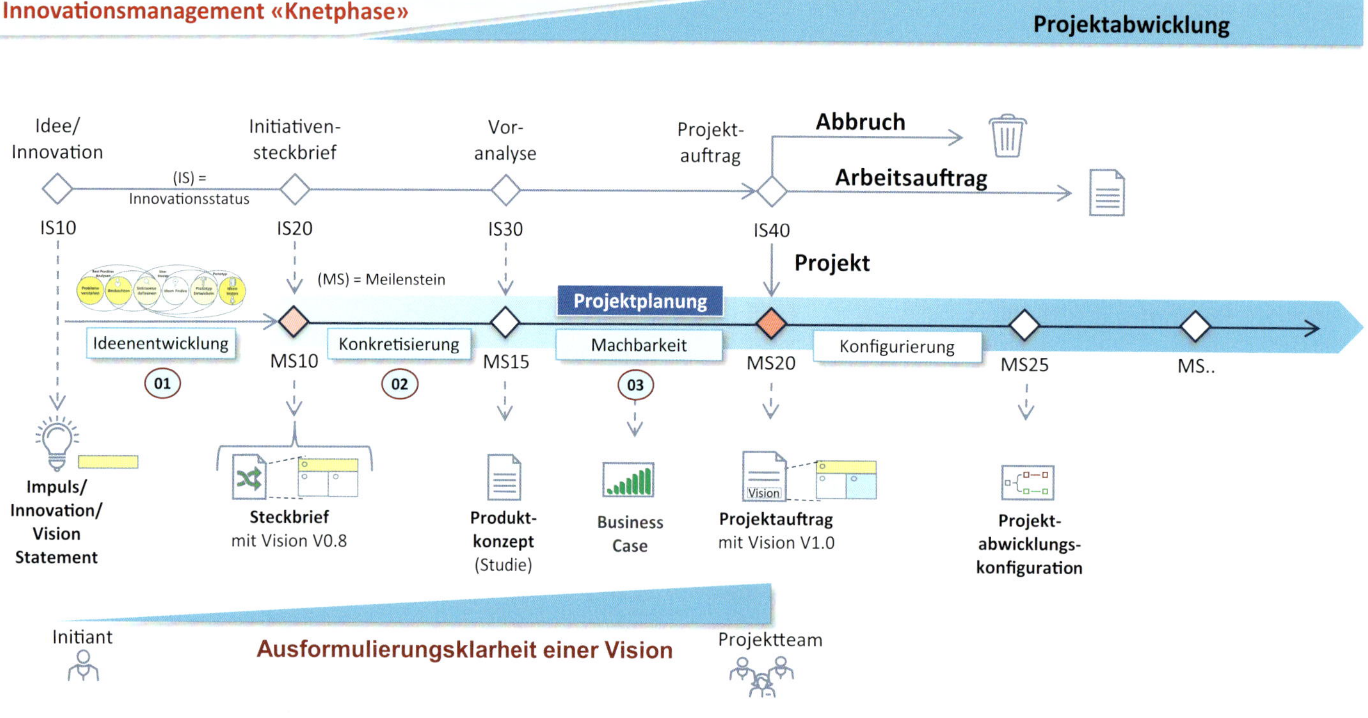

Abb. 7.03: Innovationsprozess, abgestimmt mit dem Projektabwicklungsprozess

«Schnell» eine Vision erstellen und diese rasch umzusetzen, braucht Zeit und eine Intensität, die viele nicht aufbringen können.

Zeit beansprucht und die daraus entwickelte Produktvision in einem zusammenhängenden Zeitblock erarbeitet werden sollte.

Die Produktvision motiviert und inspiriert das Entwicklungsteam. Sie begeistert aber auch die übrigen Beteiligten (z.B. den Auftraggeber, Kundenvertreter, das Marketing und den Vertrieb), für das Produkt einzustehen, und schafft die Grundlage für eine wirkungsvolle Produktstrategie. Am Ende dieses Schritts steht ein Produktkonzept, das mithilfe minimaler Prototypen eine validierte Idee beschreibt und bereits grob das dahinterliegende Geschäftsmodell behandelt [Kof 2018].

Hinweis: Wird ein Produkt kontinuierlich agil entwickelt, so spricht man von einer Produktvision. Wird ein Produkt (Projektprodukt) projektorientiert agil entwickelt, so spricht man von Projektvision.

7.2.2 Schritt 1: Design Thinking Process

Bevor eine Produktvision in einem Initiativensteckbrief beschrieben werden kann, muss – ausgehend vom Impuls «Vision Statement» – mithilfe einer Strategie- und Business-Design-Technik ein entsprechendes Geschäfts-«Gedankenmodell» erstellt werden. Dieses wird gemäss der Canvas-Technik strukturiert und validiert (siehe Kapitel 3.4.1). Die Lösungsfindung sollte erst beginnen, nachdem die inhaltliche Problemstellung, das «WARUM», der Bedarf der zukünftigen Anwender, die Potenziale und Möglichkeiten für die betroffenen Kundensegmente und Stakeholder verstanden wurden.

Wie Abbildung 7.04 aufzeigt, wird im ersten Prozessteil mit den Ergebnissen aus der Innovationsanalyse gestartet. Für diesen sehr kreativen Prozessschritt wird z.B. Design Thinking oder in Bezug auf Hardwareelemente die Rapid-Learning-Cycle-Methode eingesetzt. Während des Durchlaufs durch die Design-Thinking-Phasen werden die Nutzersegmente gemäss Canvas bestimmt, Ideen erarbeitet, ein erster grober Entwurf des Geschäftsmodells entwickelt und minimale Prototypen erstellt; zugleich wird die Idee

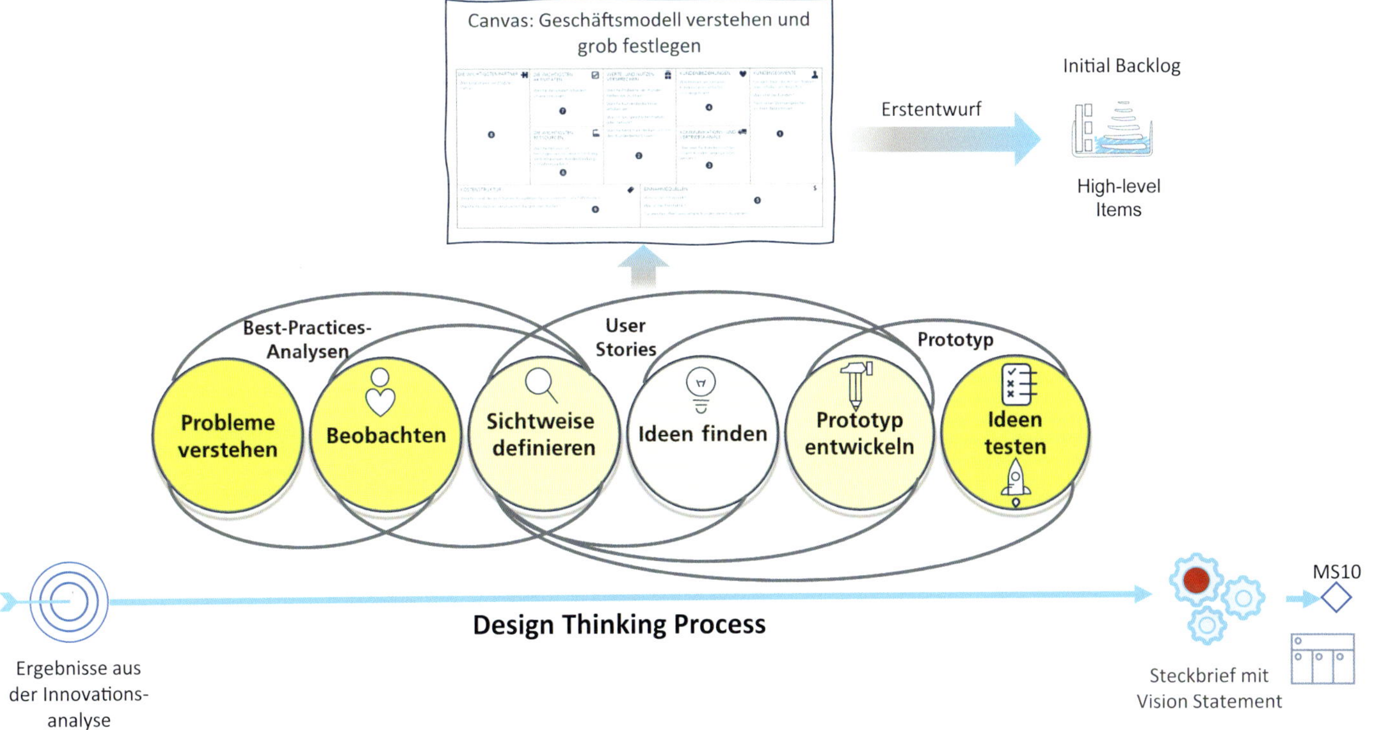

Abb. 7.04: Geschäftsmodellentwicklungsprozess mit dem Ergebnis einer abgestimmten Produktvision

bei der potenziellen Zielgruppe validiert. In vielen Unternehmen wird dies mit dem Innovationsprozess gleichgesetzt. Dieser erste Teil wird von einem interdisziplinären, temporären und hierarchieneutralen Team durchgeführt, bei dem die Meinung jedes Teammitglieds gleich viel wert ist. Dieser Prozess beansprucht eine gewisse Zeit und sollte in einem zusammenhängenden Zeitblock erfolgen. Es wer-

Abwicklungsrahmen

Abwicklungsrisiken	Voraussetzungen/Erfolgsfaktoren
• Datenqualität kann nicht von der alten Plattform bereinigt werden • Abhängigkeit zu den fremden Reiseprodukteanbietern • Etc.	• Konsequente Unterstützung durch das Management • Qualifizierte ICT-Ressourcen (z.B. UI-Designer, IT-Architekt) • Etc.
Konsequenzen bei Nichtrealisierung	**Nichtziel (welche Ziele sollen müssen nicht erreicht werden)**
• Strategisches Ziel Umsatzwachstum stark gefährdet • Starke Verzögerung Ausbau Osteuropa • Etc.	• Einsparen von Mitarbeitern inkl. Reorganisation • Neue Verträge und Vertragsänderung mit Reisebrokern • Etc.

Auftrags-Nr.: Nxx nnnn **Autor:** Product Owner P. Hugentobler **Erstellt:** xx.xx.xxxx **Führende Organisation(en):** Produkteentwicklung & IT **Auftraggeber:** Leiterin Produkteentwicklung

Initiative	Voraussichtlicher Projektname:	Möglicher Projektleiter	Geschätzte Kosten – freigegb. Budget		Terminwunsch/-zwang (Start Ende)	Abwicklungsart
STRA-F02-01	Virtuelle 3D-Onlineplattform «3Dtravel»	H. Abtenhalber	6'000'000.00	0.00	Start: 01.04.20nn Ende: 30.08.20nn	Hybrid

Abb. 7.05: Beispiel einer Produktvision nach dem Canvas-Model-Ansatz, in Form eines Steckbriefs ausgeführt

den vor allem die strategischen Fragestellungen bearbeitet und beantwortet. Das können sein [Fle 2021]:

- Sind die Marktpotenziale so attraktiv, dass wir sie mit einem dazu passenden Produkt anbieten wollen?
- Was wäre eine passende Produktidee?
- Passt das geplante Produkt zum Leistungsspektrum und Portfolio unseres Unternehmens?
- Welche Zielgruppe soll angesprochen werden?
- Wie erfolgt die Abgrenzung vom Wettbewerb?
- Was sind die wichtigen Differenzierungsmerkmale?
- Sind die wirtschaftlichen Erfolgspotenziale des Produkts (Umsatz, Gewinn, Rendite) so vielversprechend, dass sich die Investition in die Produktentwicklung lohnt?

Darauf basierend werden die Produktvisionsteile 1 und 2 der Produktvision optimiert und beschrieben.

Bei der Erstellung der Produktvision gilt es, folgende Fragen zu beantworten [Arq 2015]:

- Was macht das Produkt besonders gut?
- Warum soll es jeder haben wollen?
- Warum soll ein Kunde genau dieses Produkt kaufen?
- Was ist das grösste Problem des Kunden und warum löst das Produkt dieses Problem?
- Wie hebt sich das Produkt gegenüber der Konkurrenz ab?
- Was macht das Produkt einzigartig?
- Welches sind die Alleinstellungsmerkmale (USPs)?

Produktvision: Eine Produktvision ist ein klares, deutliches, attraktives und emotionalisierendes Bild des angestrebten Produkts.

Im Gegensatz zum Inhalt der zukünftigen Sprints und Releases ist die Vision relativ fix und sollte sich im Laufe der Zeit nur wenig ändern, da es sich um eine strategische Ausrichtung handelt [Wie 2013]. Die gesamte Arbeit dieses ersten Prozessschrittes wird in Form eines Initiativensteckbriefs zusammengefasst.

Eine Vision beschreibt die Idee eines Produkts, das alle haben möchten und alle, die es haben, nie wieder hergeben würden [Arq 2015].

Achtung: Längst nicht alle mit Steckbrief beschriebenen Initiativen bedingen ein neues Geschäftsmodell oder beziehen sich nicht auch auf ein konkretes Produkt. Dennoch sollten alle bewilligten Steckbriefe eine Vision aufweisen, was unter anderem ein kundenorientiertes Denken bewirkt, welches über das Projekt hinausgeht. Die Dauer für die Erstellung der Produktvision hängt wesentlich von der Komplexität des Produkts ab. Eine Produktvision für ein Maintenance-Projekt kann in einigen wenigen Stunden entstehen, für komplexe neue Vorhaben kann sich dies hingegen auch über mehrere Tage, wenn nicht Wochen hinziehen [Rich 2021]. Aufgrund dessen werden, wie nachfolgend erläutert, in der Praxis zwei Arten von Steckbriefen eingesetzt.

Erstellen eines Steckbriefs mit Projektvision (interner Kundenfokus)

Zielsetzung: Erstellen einer verständlichen, knapp formulierten Problemsituation, eines Bedürfnisses mit Problemlösungsansatz in Form eines Steckbriefs. Er ist das offizielle Papier für die Aufnahmeprüfung ins Projektportfolio (Managemententscheidungsgrundlage).

Haupttätigkeit: Der Steckbrief ist nicht länger als eine A4-Seite und zeigt die wichtigsten Aspekte der Hausforderung einer internen Problemstellung. Er beinhaltet

- Problemstellung inkl. Abgrenzung und möglichen Schnittstellen
- Zielsetzung und entsprechende Einflussgrössen wie z.B. Abhängigkeiten
- Groben Lösungsentwurf und daraus zu erwartenden Nutzen (Business Value)
- Wunschtermine der Umsetzung und erstmals definierte Kostengrössen
- Erfolgsfaktoren der möglichen Abwicklung
- Risiken bei Realisierung und Risiken bei «Nicht-Realisierung»

Abb. 7.06: Steckbriefstruktur mit Projektvision (interner Kundenfokus)

Projekt-Canvas für das Projekt:	Autor: Auftraggeber	Erstellt: xx.xx.xxxx
Antrags-Nr.	Vision Statement / Zweck	
Verantwortlichkeit		
Gewünschter Termin	Auslöser & Ausgangssituation (Beschreibung und Begründung)	
Start / Ende	Ziele / Bedürfnisse / Ergebnisse	Werteversprechen (Business Value)
Benötigtes Budget		
Klasse / Nummer		
Schnittstellen	Abwicklungsrisiken	Erfolgsfaktoren / Voraussetzungen
	Konsequenzen bei Verfehlung / Nichtrealisierung	

Erstellen eines Steckbriefs mit Produktvision in Form eines Canvas (externer Kundenfokus)

Zielsetzung: Eine Produktvision zu formulieren, die den Product Owner als Verantwortlichen sowie andere beteiligte Stakeholder dazu zwingt, fundiert über das zu entwickelnde Produkt nachzudenken und sich über die strategische Absicht des Vorhabens zu einigen [Wie 2013]. Im Fokus steht, für externe Kunden eine Leistung zu erbringen.

Haupttätigkeit: Erstellen einer verständlichen, knapp formulierten Produktvision, die dem Team hilft, eine grobe Vorstellung des neuen oder zu überarbeitenden Produkts zu erhalten. Es gilt daher, die Zukunft im Hinblick auf die gewünschten Produkteigenschaften, Zielkunden und den Business Value zu skizzieren und die Hauptunterscheidungsmerkmale zu früheren Produkten oder Konkurrenzprodukten aufzuzeigen.

Eine Produktvision kann sich aus einem Ansatz von Canvas-Kriterien wie Ziel & Zweck, Budget/Kosten, Absatzkanäle etc. und Projektabwicklungskriterien, benötigte Zeit, benötigte Ressourcen, Risiken etc. aufbauen. Die so vorgegebene Struktur hilft bei der vollständigen, strukturierten Beschreibung der gewünschten Initiativen [Tim 2017].

Hinweis: Wie aus Abbildung 7.03 ersichtlich, werden die Ergebnisse dieses ersten Prozessteils bei IS20 in den Projektabwicklungsprozess überführt.

Dieser erste Prozessschritt soll sich mit den im nachfolgenden Kapitel definierten Konzepten/Methoden nahtlos verbinden.

7.2.3 Schritt 2: Produktkonzept erstellen

Für das Management entscheidend ist eine logische Nachvollziehbarkeit von der Strategie zum effektiven Produktscope. Diesbezüglich hilft eine strukturelle Ableitung mithilfe der Impact Map von Gojko Adzic, wie sie in Kapitel 7.3.4.1 beschrieben ist. Damit kann das Business-WAS klar spezifiziert werden: Was wollen wir?

Das auf diese Weise strukturierte WAS sollte von kompetenten Businessvertretern und vom Product Owner erarbeitet werden. Die machthabenden Stakeholder müssen im Katalog (Impact Map) erkennen können, dass ihre Bedürfnisse und die Kundenbedürfnisse mit dem geplanten Vorhaben abgedeckt werden.

Besteht bereits ein Produktkonzept und ist das Business-WAS konzeptionell allen klar, so kann direkt zum Business-WIE gesprungen werden.

Produktkonzepte respektive Produktkonzeptionen sind produktpolitische Instrumente für die Umsetzung von Strategien. Das schliesst allerdings nicht aus, dass sie auch ohne strategische Orientierung ad hoc eingesetzt werden können. Insbesondere für das innovative Produktmanagement gehören sie als zweiter Teil des Geschäftsmodellentwicklungsprozesses zu den wichtigen Aufgaben, die nach der Suche und Auswahl der Produktideen erfolgen [Kam 2003].

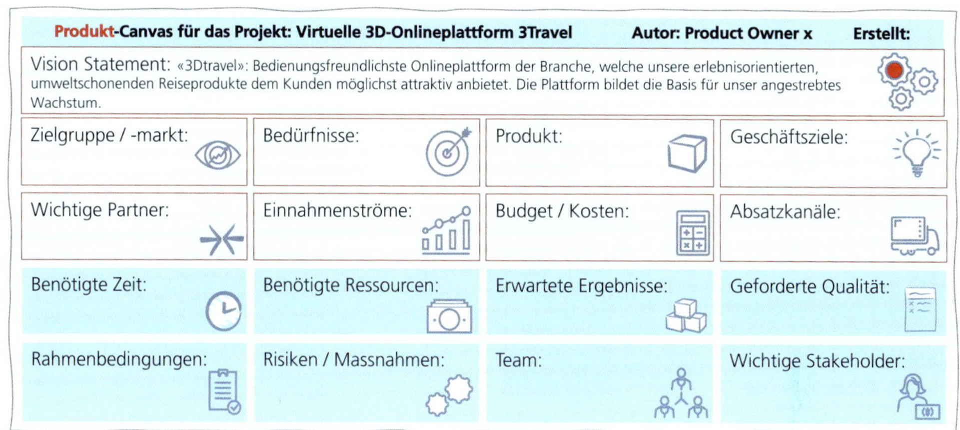

Abb. 7.07: Steckbriefstruktur mit Produktvision für Produkteentwicklung (externer Kundenfokus)

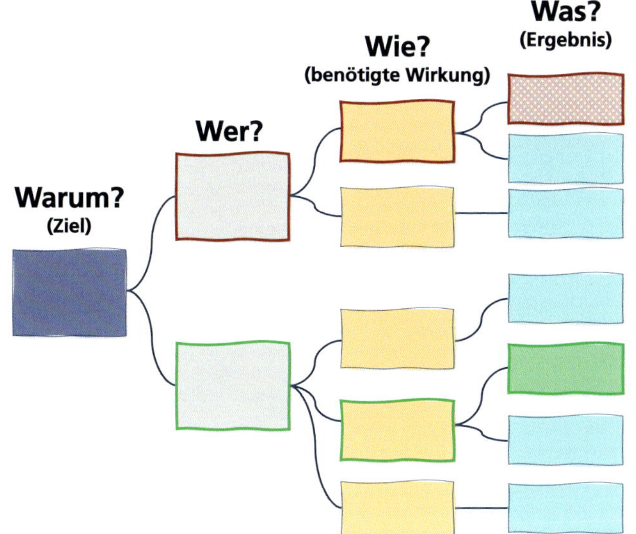

Abb. 7.08: Impact-Mapping-Ziele und Ergebnisse formulieren nach [Adz 2012]

Konkret bedeutet dies, dass das Produktkonzept, die Produktplanung sowie operative Fragen er- und bearbeitet werden, sobald die strategische Entscheidung zur Stossrichtung der Produktentwicklung und Markteinführung im Sinne der strategischen Priorität gefallen ist. Das heisst, die mittels der Canvas-Methode ermittelten Absichten müssen so weit wie notwendig konzeptionell ausgearbeitet und auch verifiziert werden. Es gilt dabei, von der Produktvision konzeptionell Szenarien abzuleiten, sodass anschliessend die dafür notwendigen detaillieren Anforderungen kontinuierlich erarbeitet werden können.

Abb. 7.09: Die Produktdimensionen einer vollständigen Produktkonzeption [Kot 2019]

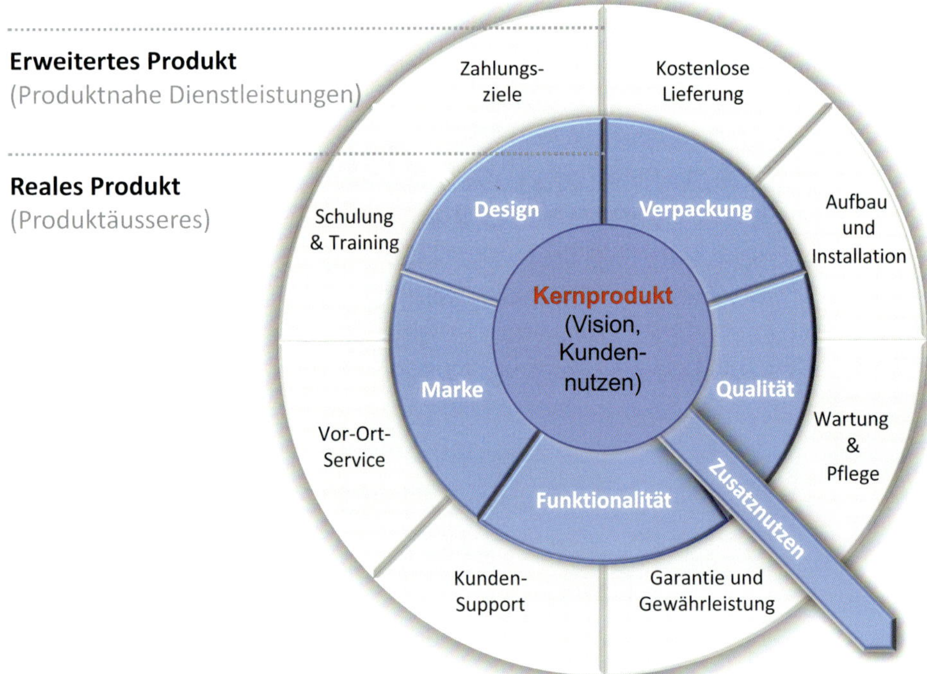

Damit die strategischen Fragen respektive deren Antworten einer «Belastungsprobe» durch Managements standhalten, müssen die Elemente eines Produktkonzepts gemäss Abbildung 7.09 erarbeitet werden. Wie bereits erwähnt, wird mit den Elementen des Produktkonzepts das WAS («Was will das Business?») in der notwendigen Tiefe geklärt. Damit wird auch sichergestellt, dass die Bedürfnisse des Kunden im Zentrum stehen (Kundennutzen). Diese sind mit den Bedürfnissen der wichtigen betriebsinternen Stakeholder abzustimmen.

Wurde das Produktkonzept definiert, so gilt es, zusammen mit dem Kernteam das Business-WIE zu klären; in diesem sollten sich auch technische Spezialisten befinden. Dabei können verschiedene Vorgehensansätze angewendet werden, die unterschiedliche Vor- bzw. Nachteile mit sich bringen (Abbildung 7.10):

- Empirischer Ansatz
  Beim empirischen Ansatz wird das reale IST umfassend analysiert und es werden die gewünschten Veränderungen so weit wie möglich direkt in das physische SOLL umgesetzt.

- Empirisch-konzeptioneller Ansatz
  Beim empirisch-konzeptionellen Ansatz wird vom allenfalls dokumentierten, logischen IST ausgegangen. Ohne grosse Erhebungen auf der Ebene des physischen IST werden anschliessend die gewünschten Veränderungen so weit wie möglich direkt in das physische SOLL umgesetzt. Dies wird auch als Brownfield-Ansatz bezeichnet.

- Konzeptioneller Ansatz (grüne Wiese)
  Ohne gross das physische wie logische IST zu erheben, wird «auf der grünen Wiese» gemäss der strategischen oder architektonischen Vorgaben ein logisches und technisches SOLL erstellt und anschliessend in das physische SOLL umgesetzt (Greenfield).

- Kombinierter Ansatz
  Es können auch Kombinationen verschiedener Ansätze für eine Konzipierung verwendet werden, etwa indem die sogenannten Quick Wins mit dem empirischen Ansatz sofort umgesetzt werden, um das derzeitige Produkt/System mit geringstem Aufwand zu verbessern. Gleichzeitig wird mit einem konzeptionellen Ansatz eine gänzlich neue Lösung angestrebt.

Beim rein agilen Vorgehen wird gerne ein Projekt mit dem «konzeptionellen Ansatz» aufgesetzt. Beim adaptiven, hybriden Vorgehen steht meistens der kombinierte Ansatz im Vordergrund. Im Folgenden wird mit Blick auf Kapitel 7.3 der konzeptionelle Ansatz kurz aufgeführt.

Hinweis: Beim Konzipieren des Produktekonzepts dürfen z.B. die Nachhaltigkeits- und die Schutzbedarfsanalyse nicht vergessen werden; Letzteres dokumentiert die Anforderungen an die Informationssicherheit und den Datenschutz.

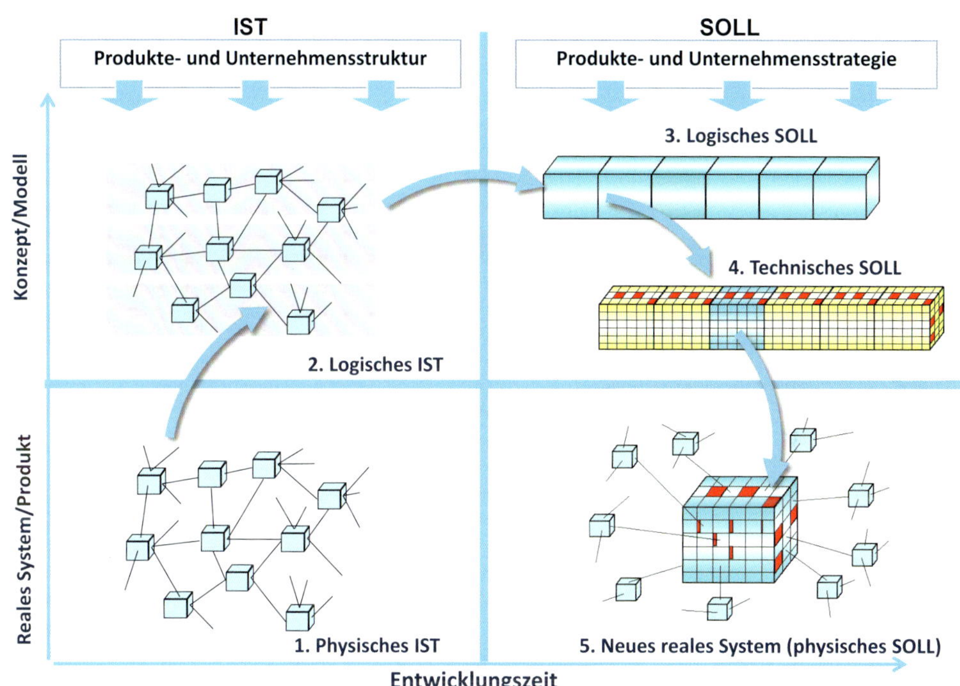

Abb. 7.10: Verschiedene Konzipierungsansätze

7.2.4 Schritt 3: Wirtschaftliche Analyse durchführen

Im dritten Teil des Geschäftsmodellentwicklungsprozesses muss die Machbarkeit abgeklärt werden. Meistens handelt es sich um finanzielle, aber auch technische, politische oder rechtliche Rahmenbedingungen. In der Praxis wird dieses Lieferobjekt Business Case oder auch Vorstudie, Grobkonzept, Machbarkeitsstudie oder einfach Studie genannt. Im Grundsatz ist es das Gleiche: Es gilt zu klären, wie risikoreich das geplante Vorhaben ist.

7.2.4.1 Business Case

Der Business Case (BC) ist ein Grundlagendokument, das den Projektträgerinstanzen erlaubt, über die Durchführung des Projekts aus Sicht des Business zu entscheiden (Szenario zur betriebswirtschaftlichen Beurteilung). Mithilfe einer entsprechenden Analyse wird belegt, dass das neue oder umfassend zu überarbeitende Produkt/System grundsätzlich technisch realisierbar ist, aus dem derzeitigen Wissensstand eine akzeptierbare Wirtschaftlichkeit im Sinne der Unternehmensziele aufweist und der Geschäftsstrategie entspricht (Business Value). Das Ausarbeiten des Business Value korrespondiert mit der Vorhabensbewertung auf der Portfolioebene (siehe Kapitel 4.2.2.3 und Kapitel 4.2.5). Dieses Dokument wird für businessorientierte Projekte mit einem starken Bezug zu Märkten und Kunden erstellt. Für andere Projektarten kann der BC sinngemäss angepasst werden. In beiden Fällen muss, basierend auf den erarbeiteten Szenarien, eine Chancen-Risiko-Analyse vorgenommen werden. Dabei gilt es auch, das Risiko vertiefter zu beurteilen, z.B.: Welche Risiken bestehen, wenn nichts gemacht wird? Diese Risikoanalyse steht im Zusammenhang mit der Risikoanalyse auf der Portfolioebene (siehe Kapitel 4.2.2.3).

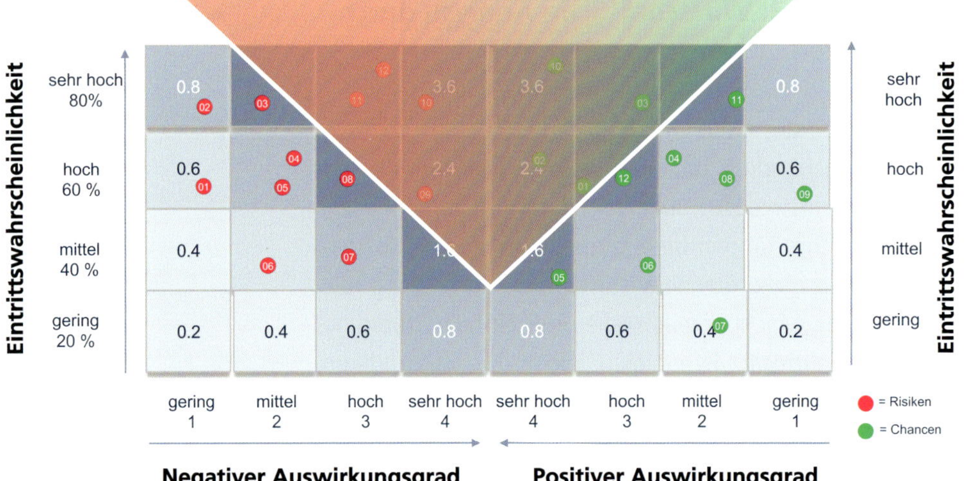

Abb. 7.11: Risiko- und Chancenbewertung eines Vorhabens in Anlehnung [PMI 2013]

Die monetären statischen und dynamischen Analysen sind nützlich, wenn sie auf Projektebene angewendet werden. Dies ist insbesondere dann der Fall, wenn versucht wird, die mögliche Rentabilität zu messen und/oder die Finanzierung zu sichern. Sie sind jedoch zeitaufwendig, erfordern Fähigkeiten zur Geschäftsanalyse und sind in eine Reihe von Annahmen eingebunden.

In der agilen respektive iterativ-inkrementellen Softwareentwicklung werden die in einem Projekt umzusetzenden Bedürfnisse z.B. in Epics, User Stories und Tasks unterteilt. Folglich ist es in diesem Arbeitsschritt zielführend, wenn ein Mindestfeaturesatz (Minimum Marketable Feature (s), MMF siehe Kapitel 5.7.4) definiert wird, der es ermöglicht, die Entwicklung so zu planen, dass der ROI frühzeitig maximiert wird. Dieser MMF kann gemäss einer Story Map wie in Kapitel 7.3.4.2 definiert werden.

7.2.4.1.1 Methoden der monetären Analysen

Jede Investition muss auf ihre Wirtschaftlichkeit geprüft werden, insbesondere wenn sie mit einem agilen Vorgehen umgesetzt wird. Es ist jedoch aufgrund fehlender genauen Kenngrössen oft schwierig, den Projektnutzen in absolu-

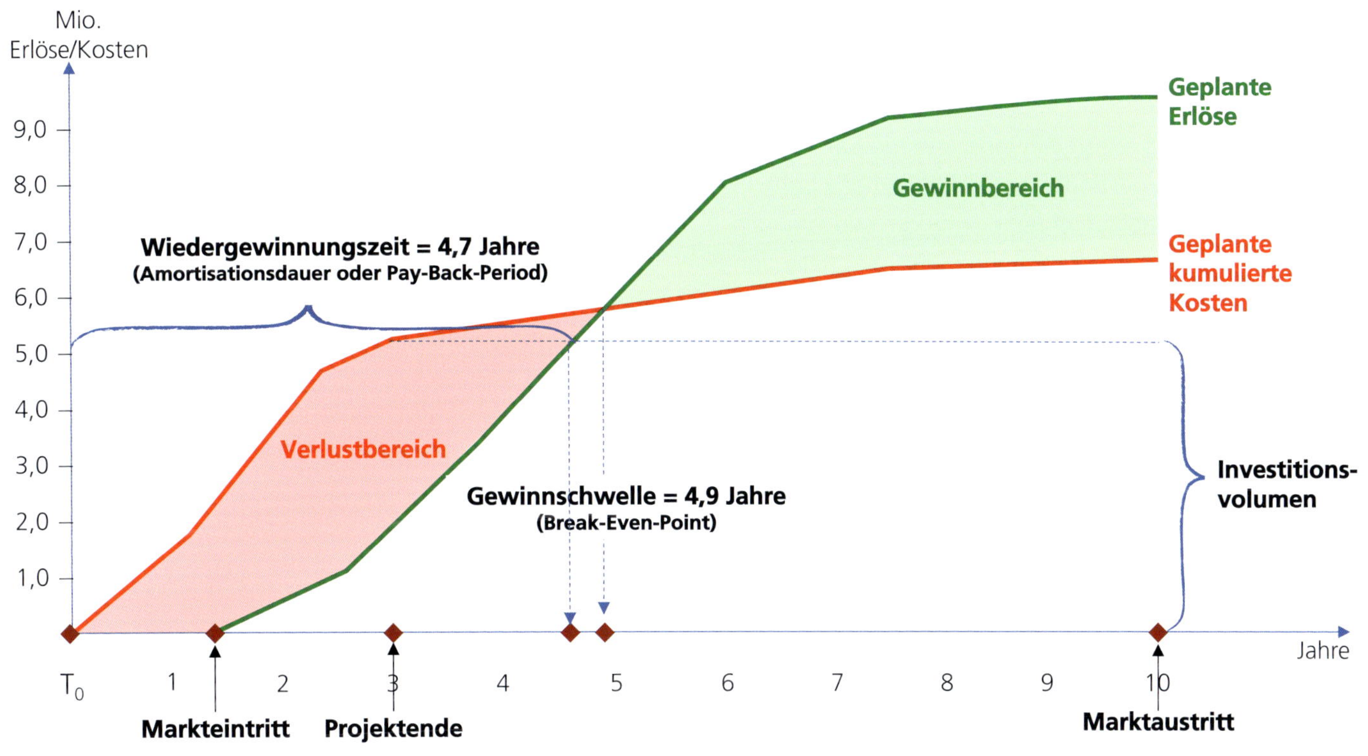

Abb. 7.12: Kosten/Einnahmenverlauf einer Investition (Finanzmittelfluss)

ten Zahlen (z.B. Geldeinheiten) auszudrücken. Dies verleitet viele Projektverantwortliche dazu, auf Kosten-Nutzen-Überlegungen zu verzichten. Eine solche Unterlassung ist aus unternehmerischer Sicht sehr fragwürdig und erhöht das Risiko einer Fehlinvestition enorm. Insbesondere der Product Owner sollte sich neben dem Projektleiter 5.0 verpflichtet fühlen, die Aufwände und Erträge des geplanten Vorhabens zu berechnen und zu beurteilen. Der richtige Zeitpunkt einer Wirtschaftlichkeitsberechnung kann nicht bestimmt werden. Ideal ist es jedoch, wenn die Berechnungen nach dem Impact Mapping und dem Produktkonzept, noch idealer nach dem Story Mapping parallel zur Initialprojektplanung angestellt werden, da zu diesem Zeitpunkt umfassendere Planungsdaten und Kenngrössen vorliegen.

Um die Investitionskosten für ein Projekt in rein betriebswirtschaftlichem Sinn zu ermitteln, können die altbekannten Kosten-Nutzen-Berechnungen angewendet werden, die in zwei Rechenmethoden unterteilt werden [Tho 2016]:

- Statische Investitionsrechnungsmethode (SI)
  Bei dieser Methode werden grundsätzlich nur diejenigen Informationen berücksichtigt, die zum Zeitpunkt der Investition bekannt sind. Es wird zwischen Kos-

tenvergleichs-, Gewinnvergleichs-, Rentabilitäts- und Amortisationsrechnung unterschieden.

- Dynamische Investitionsrechnungsmethode (DI)
  Die dynamische Investitionsrechnungsmethode berücksichtigt den Zeitablauf einer Investition und die sich dabei verändernden Komponenten. An die Stelle von Kosten- und Nutzengrössen treten nun Einnahmen und Ausgaben. Dadurch entfallen bestimmte Notwendigkeiten der buchhalterischen Abgrenzungen (z.B. bei Abschreibungen). Diese zeitlich unterschiedlich anfallenden Einnahmen- und Ausgabenströme können verglichen werden, wenn sie auf einen bestimmten Zeitpunkt abgezinst (diskontiert) werden.

Mögliche Berechnungstechniken, die man bereits aus dem konventionellen Vorgehen kennt, sind:

Abb. 7.13: Mögliche konventionelle Berechnungstechniken

Kosten/Kosten-Vergleich (SI)	Gewinnvergleichsrechnung (SI)
Amortisationsrechnung (SI)	Kapitalwertmethode NVP (DM)
Rentabilitätsrechnung (SI)	Kosten/Nutzen-Vergleich (SI)
Interner Zinsfuss (IRR) (DM)	Annuitätenmethode (DM)
Dynamischer Payback (DM)	Etc.

Hinweis: Aufgrund des inkrementellen, iterativen Vorgehens bei einer agilen Produktentwicklung eignen sich eher die dynamischen Investitionsrechnungsmethoden; sie werden idealerweise in Form eines Business Case abgefasst.

7.2.4.1.2 Methoden der agilen Werteanalysen (Customer Valued Prioritization)

Das agile Projektmanagement bedient sich Praktiken und Prinzipien, die sich stark nach dem Kundenfokus und dem Nutzen ausrichten. Dabei hat sich der Überbegriff Customer Valued Prioritization als Prinzip etabliert. Auch beim agilen Vorgehen sollte vor dem Meilenstein 20, also bevor das Projekt frei gegeben wird, ein Priorisierung z.B. der definierten Needs und Epics vorgenommen werden. Dabei wird mit unterschiedlichen Bewertungs- und Prioritätstechniken gearbeitet. Die Scrum-Methode z.B. zielt generell konsequent darauf ab, dem Kunden frühzeitig und kontinuierlich ein wertvolles Produkt oder eine wertvolle Dienstleistung zu liefern.

Bei der wertbasierten Priorisierung werden folgende drei Faktoren berücksichtigt:

- Wert (Value Points oder User Business Value Point)
- Risikowert oder Unsicherheit (Risk Reduction and/or Opportunity Enablement Value)
- Abhängigkeiten (Dependency)

Die Berechnung der wertbasierten Priorisierung führt somit zu Ergebnissen, bei denen die Anforderungen konsequent dem Kundenbedürfnis entsprechen. Dadurch kann der maximale Geschäftswert (Value Points) in kürzester Zeit geliefert werden. Es gibt noch weitere Werte, die für die Berechnung hinzugezogen werden können, z.B.:

- Strategischer Wert (Strategic Fit)
- Muss-Funktion (Must-Have)
- Aufwand (Story Point/Complexity)

Ebenso wenig wie Story Points in Stunden konvertiert werden können, können Value Points in Financial Return umgewandelt werden. Mit Value Points kann das Entwicklungsteam aber im Sinne des Kunden die bestgeeignete Lösung für eine bestimmte Story Map ermitteln – sprich, welche Epics priorisiert umzusetzen sind, da sie die meisten Value Points generieren. Werden zudem die Story Points dem Releaseplan zugewiesen, so kann mit diesem Berechnungsansatz ermittelt werden, wie viele Value Points in den jeweiligen Releases «erwirtschaftet» werden können. Oder es kann umgekehrt berechnet werden, wie wirtschaftlich ein Release mit dem vorhandenen Budget ist.

Mögliche wertbasierte Priorisierungstechniken sind:

MuSCoW	Simple Schemes
Kano Analysis	Dot Voting or Multi-Voting
Monopoly Money	100-Point Method
Value-based Functional Decomposition	Relative Prioritisation/Ranking

Abb. 7.15: Mögliche agile Berechnungs- und Priorisierungstechniken

Hinweis: Beim agilen Vorgehen mit einer wertbasierten Priorisierung sollte die Integration eines Wertbeitragscontrollings (WBC) erfolgen (siehe Kapitel 4.3.6). Das Controlling stellt sicher, dass die Wirkung von Systemen mitunter wichtiger ist als die davon unabhängige Entwicklung von Anforderungen technischer Softwareartefakte [Lin 2019].

Initial-Projektplan Teil «Releaseplan»

Initiativen-Items	Schätzung Story Points/ Aufwand (SP)	User Business Value Point (Wirkung) (VP)	Release-Zuordnung	Entwicklungspriorität
Need 1-B	12	6	R 1.0	A3 (sehr hoch)
Need 2-B	60	13	R 1.0	
Need 7-B	60	12	R 1.0	
Need 6-E	156	0	R 1.0	
Need 5-B	60	13	R 1.2	A2 (hoch)
Need 10-B	96	20	R 1.2	
Need 8-B	36	9	R 1.2	
Need 9-B	12	4	R 1.2	
Need 11-B	60	12	R 1.2	
Need 3-B	36	9	R 1.1	A4 (hoch)
Need 4-B	96	18	R 1.1	
Need 12-B	36	11	R 1.3	A1 (gering)
Need 13-B	36	9	R 1.3	
Need 14-E	96	0	R 1.3	
Need 15-B	104	19	R 1.3	
Need 16-B	156	34	R 2.0	A5 (gering)
Need 17-B	60	13	R 2.0	
Need 18-B	12	4	R 2.0	
	1'184	206		

= Enabler-Need
= Business-Need

Abb. 7.14: Eine Initiative in Initiativen-Items zerlegt, bezüglich Business Value bewertet und priorisiert

7.2.5 Projektabwicklungskonfiguration erstellen

Im letzten Schritt der Konzeption gilt es, die Projektabwicklungskonfiguration auszuarbeiten. Bei komplexen Vorhaben mit agil-adaptivem Vorgehen handelt es sich um eine Schlüsselkomponente: Es wird die Basis des zukünftigen Systems und die effektive Form für seine Entwicklung gelegt. Der Prozessschritt «Projektabwicklungskonfiguration erstellen» besteht, wie die Abbildung 7.16 aufzeigt, aus fünf Elementen,

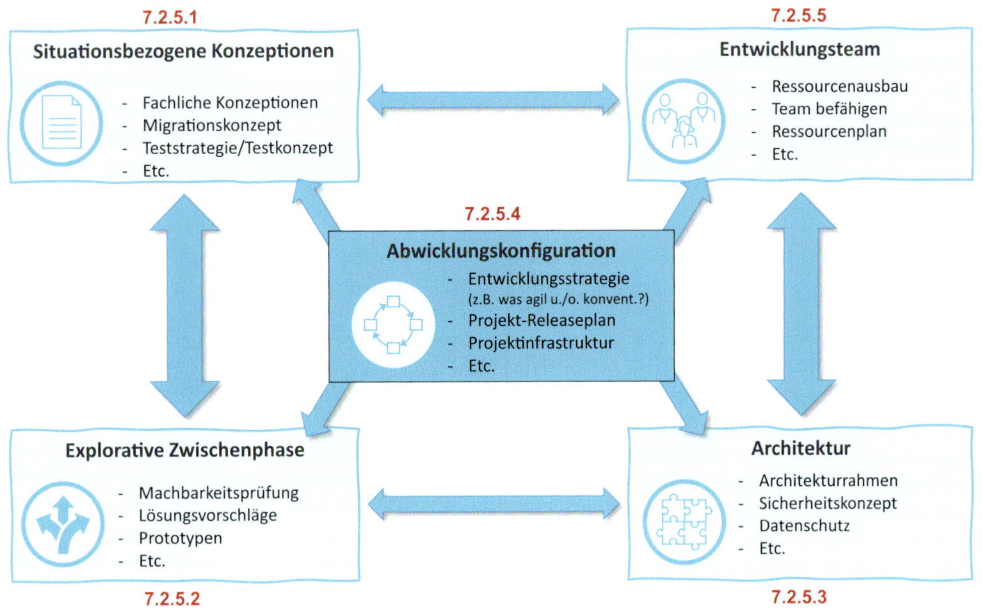

Abb. 7.16: Klärungsaufgaben der Projektabwicklungskonfiguration

die sich je nach Projektsituation gegenseitig beeinflussen und entsprechend umfangreich erarbeitet werden müssen.

Bevor endgültig festgelegt werden kann, was in agiler Form und wie viel allenfalls konventionell umgesetzt werden muss, müssen diverse Arbeiten durchgeführt werden, um eine effiziente Entwicklung sicherzustellen. Die Resultate dieser Arbeiten sollten in einem schlanken Projektkonfigurationskonzept festgehalten werden, damit das Entwicklungsteam über eine gemeinsame Basis verfügt.

Damit hier nicht zu detailliert spezifiziert wird, sollte dieser Abwicklungsschritt bei grösseren Projekten nicht länger als drei Iterationslängen von je vier Wochen umfassen. Eine Ausnahme stellt dar, wenn aufgrund einer sehr herausfordernden Situation (unbekannte Technologie, unbekannte Architektur etc.) entsprechende «Sondierbohrungen» (Durchstiche, Spikes), sprich eine explorative Zwischenphase, erfolgen müssen.

Die nachfolgend aufgeführten Tätigkeiten bzw. Lieferobjekte werden in diesem Prozessschritt erstmalig erstellt. In einem agil-iterativen Vorgehen gilt es, die Lieferobjekte nur insoweit vorzuarbeiten, dass die nachfolgende Realisierungsphase ohne grössere Probleme begonnen werden kann. Noch fehlende Architekturelemente und zusätzlich notwendige Anpassungen der Projektinfrastruktur oder des Entwicklungsteams erfolgen bei Bedarf in der Realisierungsphase [Vig 2015]. Sie müssen aber so weit wie möglich schon jetzt identifiziert werden. Wenn die Sachlage klar ist und das notwendige Know-how für ein effizientes Entwickeln bereits vorhanden ist, können alle in Kapitel 7.2.5 angesprochenen Schritte übersprungen oder auf ein absolutes Minimum beschränkt werden. Ist dies nicht der Fall, so können die Themen in einem Vorprojekt zusammengefasst werden, im Wissen darum, dass am Ende der Aktivität noch kein produktiv einzusetzendes Inkrement vorliegt.

7.2.5.1 Situationsbezogene Konzeptionen

Es entspricht auch der Auffassung des Autors, dass im Sinne des agilen, schnellen Vorgehens die Dokumente nicht bis ins letzte Detail zu erstellen und zu spezifizieren sind. Aber als erfahrener Informatiker kennt er den Wert von guten Konzepten, die das Fundament für ein stabiles, leistungsfähiges und modulares System garantieren.

Konzepte	Konzeptart	Inhalt
Fachliches Lösungskonzept	Business	Wurde dies in den vorangehenden Arbeitsschritten nicht bereits erledigt, so sollten bei sehr grossen Projekten auch fachliche Lösungsansätze detailliert beschrieben werden, sodass sich daraus ein entsprechender Lösungsrahmen ableiten lässt.
Lösungsmodelle	Business/Technisch	Erarbeitung von konzeptionellen Lösungsvarianten bzw. Lösungsmodellen anhand fachlicher Anforderungen, z.B. entlang fachlich konkreter Szenarien.
Testkonzept/-strategie	Technisch	Dokument, das den Umfang, die Vorgehensweise, die Einsatzmittel und die Zeitplanung der Tests (inklusive aller Aktivitäten) beschreibt. Je nach eingesetzter Entwicklungsmethode, wie z.B. TDD oder auch Behavior-Driven Development (BDD), ändert sich die Teststrategie.
Sicherheitskonzept	Technisch	Definiert z.B. die physischen, baulichen Sicherheiten, Softwaresicherheiten, Zugriffsberechtigungen etc. einer neuen oder überarbeiteten Lösung.
Ausbildungskonzept	Organisatorisch	Das Ausbildungskonzept beinhaltet alle Ausführungen (wer, wie, wann, wo, was) und Anforderungen an die projektbezogene Ausbildung, plus alle Massnahmen und Mittel, um die Betroffenen auszubilden.
Marketingkonzept	Businessfachlich	In einem projektbezogenen Marketingkonzept werden neben den Inhalten des Informations- u. Kommunikationskonzepts die planerischen und organisatorischen Voraussetzungen für die speziellen Marketingaktivitäten während des Projekts festgelegt.
Migrationskonzept	Technisch	Das Migrationskonzept definiert die technischen und organisatorischen Voraussetzungen an das Migrationsverfahren, das für eine erfolgreiche Einführung des Projektprodukts benötigt wird. Das Verfahren stellt die Überführung des Produkts in die bestehende Landschaft während der Einführung sicher.
Einführungskonzept	Organisatorisch	Legt die Planung (wann, was, wie und womit) und Bereitstellung der erforderlichen Ressourcen für die Einführung fest.
Support- und Betriebskonzept	Organisatorisch	Beschreibt die Art, wie das System/Produkt betrieben werden muss, und den Umfang der Unterstützung, die der Betreiber eines Produktes dem Anwender bieten muss.
User-Designkonzept	Technisch	Entwickelt für die Zielgruppe ein intuitiv erfassbares User-Interface-Design. Es soll ein auf User Stories/Use Case aufgebautes Interaktions-Design-Konzept erstellt werden, das den Benutzer mit wenigen logischen Schritten rasch zu seinem Ziel führt.
Architekturkonzept	Technisch	Ein produktspezifisches Konzept, abgeleitet von Enterprise-Architektur-Vorgaben. Anhand dieser Konzeption kann der Architekturrahmen für die Entwickler definiert werden und es werden entsprechende QM-Massnahmen abgeleitet.

Abb. 7.17: Mögliche Konzepte einer komplexen SW-Lösung

Konzepte können lösungsorientiert in businessfachliche und organisatorische oder technische und planerische Konzepte unterteilt werden. Hinzu kommen je nach Projektart und -grösse viele weitere lösungsorientierte, aber auch abwicklungsorientierte Teilkonzepte. Diese werden horizontal zum Projektabwicklungsprozess erstellt und entsprechend in der Realisierungsphase umgesetzt. Im agilen Ansatz starten diese Arbeiten basierend auf der im Vorfeld erstellten Impact Map.

Die in Abbildung 7.17 aufgeführten, je nach Projektsituation adaptiv zu erstellenden Konzeptionsdokumente bilden die abgestimmte Grundlage für weitere Projektarbeiten. In Bezug auf situationsbezogene Konzeptionen sind vier weitere Punkte zu beachten, die je nach Form der Auftragsstellung wichtig sind, damit ab MS25 eine effiziente agile Realisierung gestartet werden kann:

1. Auf- und Ausbau des Product Backlogs

In diesem Arbeitsschritt soll der Ausbau des Initial Product Backlogs zum effektiven Product Backlog weiter vorangetrieben werden, etwa durch das Definieren der allgemein einzusetzenden Akzeptanzkriterien (siehe Kapitel 7.3.3.3) oder die Erstellung des Project Backlogs mit den notwendigen Dienstleistungs-Items. Nicht zuletzt gilt es hier auch, das technische WAS aufgrund der anderen Arbeiten der Projektabwicklungskonfiguration zu formulieren. Damit sind unter anderem die nicht funktionalen Anforderungen (NFA) gemeint.

2. An der Systementwicklung beteiligte Gewerke

Bei der Systementwicklung geht es um einen systematischen Ansatz, mit dem komplexe Produkte sicher und planbar entwickelt werden können. Bei gewissen Produkten, z.B. in der Medizinaltechnik, sind mehrere Gewerke beteiligt:

- Elektronikentwicklung
- Softwareentwicklung
- Mechanikentwicklung, Formenbau
- Pneumatikentwicklung

Werden solche Produkte entwickelt, so ist es zwingend, dass zu diesem Zeitpunkt die konzeptionellen Grundlagen aller Gewerke so weit als notwendig erstellt werden. Hybrid geführte Projekte mit Hard- und Softwarekomponenten gelten aufgrund ihrer gegenseitigen Abhängigkeiten auch im agilen Ansatz als höchst anspruchsvoll.

3. Konventionelles Entwickeln

Müssen Teile des Projekts – aus welchen Gründen auch immer – in der konventionellen Form entwickelt werden, so sind für die konventionell zu erstellenden Gewerke folgende Arbeiten im Detail vorzunehmen, sofern dies nicht bereits beim Projektscope erfolgt ist (siehe auch Kapitel 7.6):

- IST-Zustand im notwendigen Detail erheben bzw. die wesentlichen IST-Werte ermitteln
- genaue Mengengerüste erheben
- Stärken, Schwächen, Chancen und Gefahren (SWOT-Analyse) des IST-Zustandes analysieren
- Zielsetzungen und Anforderungen (Requirement) detaillierter beschreiben
- den Zielwert konkret beschreiben
- SOLL-Prozesse, -Elemente, -Modelle definieren
- Grundlagen für die Rahmenorganisation für die SOLL-Situation erarbeiten

4. Evaluation eines Leistungserbringers

Wird die Entwicklung an eine Drittfirma übergeben, erfolgt bis und mit Meilenstein 25 die Evaluation des Leistungserbringers: mögliche Lieferanten suchen, Offerten einholen und bewerten, Verträge erstellen und Bestellungen auslösen. Dieser Prozess muss rechtzeitig starten, da er meist eine längere Durchlaufzeit mit sich bringt.

7.2.5.2 Explorative Zwischenphase (Durchstich/Prototyp)

Es ist das Ziel des agilen Produkteentwicklungsvorgehens, so schnell wie möglich Ergebnisse, sprich Inkremente zu entwickeln, die einen konkreten Mehrwert für das Unternehmen generieren. Gerade bei Innovationen und komplexen Vorhaben kann es aber entscheidend sein, ein technisches Proof of Concept zu erstellen, z.B. in Form eines Sprint Zero und/oder von mehreren Explorationssprints. Dies kann mithilfe eines Architekturkonzepts und/oder Prototypen erfolgen.

Solche explorativen Sprints sollten Hand in Hand mit dem Aufbau des endgültigen Entwicklungsteams erfolgen, damit der Wissensaufbau innerhalb des Teams gewährleistet ist. Die Anzahl der Explorationssprints richtet sich nach den analysierten Risiken (siehe Kapitel 7.2.4.1) und dem im Team und in der Organisation vorhandenen Wissen. Ein Explorationssprint kann folgende Aufgaben beinhalten:

- Konkrete Lösungsvorschläge ausarbeiten und auf Machbarkeit überprüfen
- Korrigieren/Verändern der bisher erstellten Produktteile
- Kapazitäten der neuen Lösung(en) ausrechnen
- Lösungsvorschläge auf Basis der Kosten-Nutzen-Analyse bewerten
- Proof of Concept (Überprüfung der Entwicklungsstruktur im Sinne eines initialen Durchstichs über alle Architektur-Layer und Entwicklungsvorgaben)
- Endgültiges Festlegen der geeigneten Tools für die Entwicklung, inkl. GUI, Unit Tests, Codeanalyse, Continuous Integration (CI), Collaboration

In der explorativen Zwischenphase sollten explizit nur neue Vorgehenskonzepte und Ideen erprobt und schwerpunktmässig nach einem ergebnisorientierten evolutionären Ansatz umgesetzt werden. Die konkreten Arbeitspakete der explorativen Zwischenphase müssen vom Entwicklungsteam definiert und mit dem Product Owner und dem Projektleiter 5.0 abgestimmt werden.

Explorative Sprints sollten Hand in Hand mit dem Aufbau des effektiven Entwicklungsteams geschehen.

Sobald während der explorativen Zwischenphase Erkenntnisse darüber gewonnen sind, wie die Architektur, das Interface etc. gelöst werden, werden die bis dahin erstellten Konzeptdokumente (Lieferobjekte) entsprechend angepasst, aktualisiert und in einen ordentlichen Phasenabschluss überführt.

Wird hingegen während der explorativen Zwischenphase und der intensiveren Auseinandersetzung mit den Anforderungen festgestellt, dass die bestehende Lösungskonzeption die Anforderungen gemäss Projektauftrag nicht optimal abdeckt, kann das Projekt vonseiten des Auftraggebers abgebrochen werden.

Der Product Owner kann in Abstimmung mit dem Entwicklungsteam während der Zwischenphase aufgrund der gemachten Erkenntnisse entscheiden, ob die Zielsetzung der Explorationsphase geändert werden muss und die Priorität auf die Aktualisierung der bestehenden Lösung gemäss der präzisierten Erkenntnisse neu gesetzt werden soll.

Hinweis: Da in der explorativen Zwischenphase ein Teil der ordentlichen Konzeptphase in einer speziellen Form durchgeführt wird, sollten die Ergebnisse und die daraus resultierenden Lessons Learned in einem separaten Abschlussbericht festgehalten und dokumentiert werden. Die Empfehlungen dieser Zwischenphase werden in der Risikobetrachtung der effektiven Realisierungsphase aufgenommen.

7.2.5.3 Architekturrahmen und Umsetzungsstrategie definieren

Architekturrahmen

Wenn über die Produktvision geklärt ist, was das Produkt einmal sein und was es leisten soll, kann das Entwicklungsteam darüber nachdenken, wie dies technisch zu realisieren ist. Hier ist es besonders notwendig, dass das Team ein gemeinsames Verständnis der technischen Realisierung entwickelt. Basierend auf der Produkt- und Architekturvision entwirft das Entwicklungsteam eine grobe Zielarchitektur für sein Produkt und hält diese z.B. in einem Architekturdiagramm grafisch fest [Lin 2017]. Das heisst, das Entwicklungsteam erstellt hier bereits ein Übersichtsbild des Produkts und seiner «Baugruppen».

Muss ein langlebiges, belastbares und wartungsarmes grosses System oder Produkt erstellt werden, das historisch bedingt hohe Legacy-Anteile aufweist, ist eine qualifizierte Architektur unabdingbar._

Bezüglich Architektur halten Ken Schwaber und Jeff Sutherland fest, dass bei grösseren Projekten eine zusätzliche Releaseplanung angebracht ist, die den Architectural Runway vorgibt [Sch 2012]. Auch «SAFe» hält eine vorauslaufende Architektur-Roadmap bei grösseren Projekten für angebracht und hat diese demzufolge in sein Framework aufgenommen [SAFe 2020]. Die grobe Zielarchitektur, die einen Rahmen für die Lösung darstellen soll, muss natürlich in die definierte strategische Unternehmensarchitektur hineinpassen (siehe Kapitel 3.5.5 und Kapitel 4.3.5).

Hinweis: Bei diesem Arbeitsschritt geht es nicht darum, eine vollständige Architektur vorab zu erstellen. Es gilt, mit Blick auf die nächsten Iterationen architekturbezogene Risiken zu entschärfen oder durch umfangreiche Refactorings die Basis für eine effektive Weiterentwicklung zu legen [Vig 2015].

Informationssicherheits- und Datenschutzkonzept

Bei erhöhtem Sicherheitsbedarf muss, abgestützt auf die Zielarchitektur, ein Informationssicherheits- und Datenschutzkonzept (ISDS-Konzept) erstellt werden. Das ISDS-Konzept bildet die Grundlage für die Festlegung der Massnahmen bei der Informationssicherheit und beim Datenschutz. Es zeigt die Restrisiken auf, die mit dem Betrieb des ICT-Systems und der Organisation verbunden sind, und beschreibt das Notfallkonzept [Her 2013]. Dieses Konzept basiert z.B. auf einer Schutzbedarfsanalyse aus der Initialisierung, bei der die Anforderungen an die Informationssicherheit und den Datenschutz dokumentiert sind.

7.2.5.4 Projektabwicklungskonzeption

Entwicklungsstrategie

Gerade bei grossen Projekten ist es von entscheidender Bedeutung, dass eine Entwicklungsstrategie erstellt wird. Zu dieser gehört z.B. das Festlegen von Klassen, Interfaces, Testcases und Unit Tests. Wie in Kapitel 5.3 beschrieben, gilt es hier, zwischen den verschiedenen Entwicklungsmodellen (lineare, iterativ-inkrementelle und evolutionäre SW-Entwicklung) oder deren Kombinationen zu wählen.

Basierend auf dem Ergebnis der Entwicklungsstrategie kann festgelegt werden, welche Elemente zum Basismodul oder zur Kernapplikation gehören. Dabei ist zu klären, was konventionell und was agil entwickelt werden soll. Wird das Produkt rein agil entwickelt und basiert es «nur» auf einer einfachen, cloudbasierten Applikation, so sind entsprechende Überlegungen schnell gemacht, da sie im Sinne der «Continuous Integration» ohne begleitende Nebenwirkung nach jedem Sprint produktiv gestellt werden

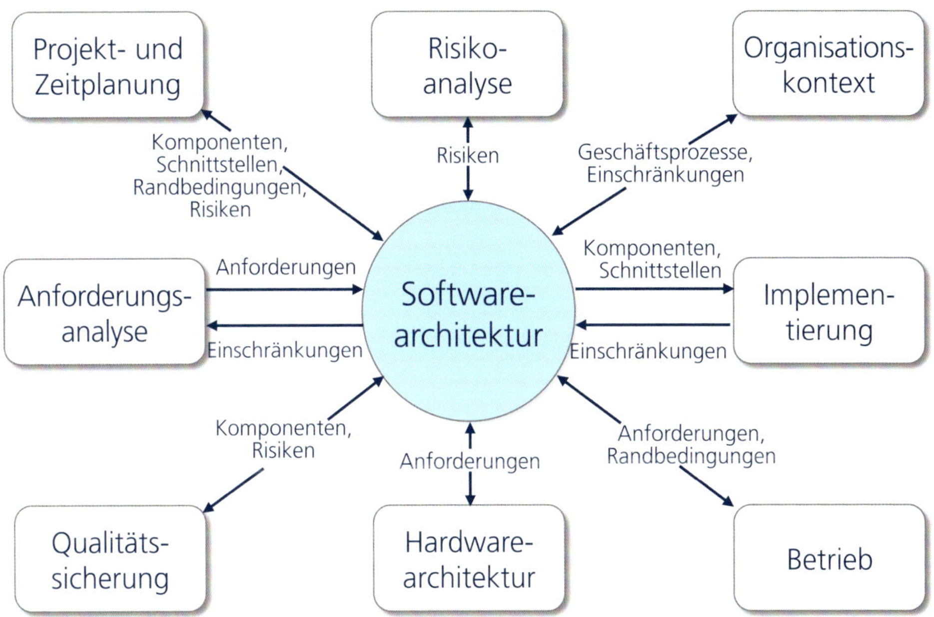

Abb. 7.18: Architektur im Kontext zu anderen Entwicklungsaufgaben [Sta 2020]

können. Wird hingegen z.B. aufgrund der Produkttiefe und der Verknüpfung zu den bestehenden Legacy-Systemen in einer Embedded-Systemwelt ein adaptiver hybrider Entwicklungsansatz gewählt, so muss man sich zum sozialen und organisatorischen Changemanagement, zu Migrationen und Ausserbetriebnahme des alten Systems etc. Gedanken machen.

Umsetzungs- und Integrationsstrategie

Es gehört auch dazu, sich hinsichtlich des Ablaufs der zeitlichen Umsetzung und Integration die notwendigen Gedanken zu machen und Entscheidungen zu treffen. Grundsätzlich kommen drei Einführungsvarianten infrage:

Abb. 7.19: Projektabwicklungskonzeption – zentrales Vorbereitungsinstrument für die hybride Entwicklung

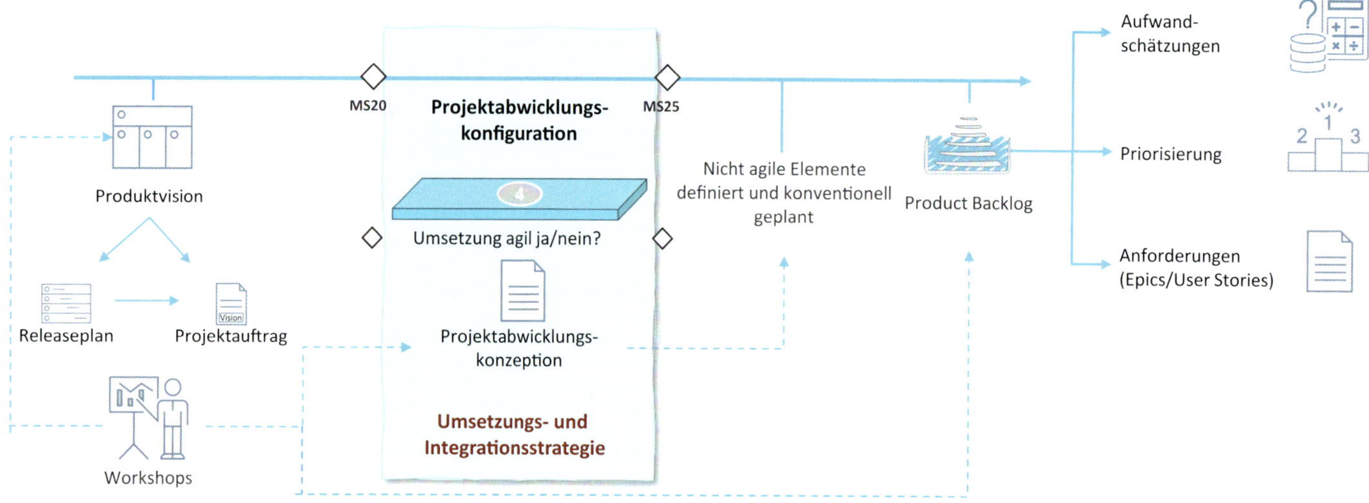

- Inkrementelle agile Einführung
  Die Umstellung erfolgt Schritt für Schritt, indem Teilbereich auf Teilbereich folgt.

- Parallele Einführung
  Das alte und das neue Produkt bestehen während einer bestimmten Zeit nebeneinander. Wenn alles gut läuft, wird das alte Produkt aus dem Betrieb genommen.

- Schlagartige Einführung
  Es gibt einen festen Termin, an dem von der bestehenden Organisationsform auf das neue System übergegangen wird. Oder es wird z.B. ab einem bestimmten Zeitpunkt eine grössere Werbeaktion lanciert.

Erstellen des Projektreleaseplans

Basierend auf den situationsbezogenen Konzeptionen, der allfällig durchgeführten explorativen Zwischenphase sowie dem definierten Architekturrahmen wird nun noch die Produktstruktur in Form einer Story Map und/oder Product Roadmap soweit sinnvoll analysiert und finalisiert. Dabei wird auch entschieden, welche Lieferobjekte neben der reinen Software noch erstellt werden müssen und welche Services wann beansprucht werden (siehe Serviceleistungen, Kapitel 7.6). Zusammengefasst wird hier der Projektreleaseplan erstellt, d.h., es werden die Reihenfolge der Produkterstellung, die Abhängigkeiten, die erwarteten Aufwände und möglichen Ressourcen etc. definiert (siehe Kapitel 6.3.3).

Projektinfrastruktur aufsetzen

Damit das Entwicklungsteam effizient arbeiten kann, muss eine professionelle Infrastruktur aufgebaut werden.

- Projektinfrastruktur und Entwicklungsumgebung(en) definieren und aufsetzen, wie z.B. Entwicklungs-, Continuous-Integration-, Test- und Pre-Production-Umgebung
- Benötigte Server bereitstellen und konfigurieren, ggf. Root-Rechte auf Entwicklungsmaschinen klären, Anzahl Testlizenzen, Zugangsberechtigungen zu den Entwicklungsmaschinen, benötigte Client-Software, Wiki-Space und Tracking-Tool mit entsprechenden Berechtigungen einrichten
- Neue oder andere Einsatzmittel für das effiziente Arbeiten beschaffen, Definieren der Arbeitsumgebung (Räumlichkeiten, Equipment etc.)

Im Weiteren sind folgende Aufgaben, soweit notwendig, durchzuführen:

- Feinpläne wie z.B. Testplan, Schulungsplan, Bauplan, Einführungsplan erstellen
- Veränderungen in den Prioritäten vornehmen
- Absprache mit dem Auftraggeber/Product Manager/ Product Owner
- Das definitive Go bezüglich Realisierung einholen

7.2.5.5 Entwicklungsteam ausbauen

Bei der iterativ-inkrementellen Softwareentwicklung werden die Entwicklungstätigkeiten parallel ausgeführt. Gemäss Theorie beherrscht jedes Teammitglied jede Tätigkeit, d.h. von der Anforderungsanalyse und -spezifikation über das Architektur-Design bis hin zur Integration neuer Entwicklungseinheiten (Funktionen) und deren Verifikation (Testen). Da dies in der Praxis nur in einfachen Umgebungen gegeben ist, muss bei grossen Projekten auf eine gute Zusammensetzung des Teams geachtet werden, in dem sich die Personen ergänzen.

Ist das gesamte Setting der Entwicklung erfolgt, so müssen spätestens jetzt die geeigneten Mitarbeitenden rekrutiert und/oder das Team muss befähigt werden. Falls eine externe Firma für die Umsetzung evaluiert wurde, gilt es, bezüglich der zur Verfügung stehenden Ressourcen eine Selektion vorzunehmen. Dadurch wird der Teamaufbau inklusive aller Rollen finalisiert:

- Teamausbau (vom Kernteam zum Projektteam) in Gang setzen
- Hinzufügen weiterer Spezialisten
- Agile Praktiken und Methoden festlegen und das Team befähigen
- Erhöhen des Teamreifegrads zu einem leistungsfähigen agilen Team

Zu diesem Zeitpunkt kann auch das Credo der Zusammenarbeit erstellt werden. Im Weiteren sind Details zu definieren wie: Wo steht das Taskboard? Wie bauen wir dieses auf? Wie stellen wir die Verfügbarkeitsübersicht dar? Auch die allgemeinen Akzeptanzkriterien für die Definition of Done (DoD) werden erarbeitet. Wenn notwendig, werden diese Arbeiten vom Agile Coach begleitet (siehe Kapitel 6.7.1.6).

Der agile Ansatz verabschiedet sich von der Illusion, sämtliche Anforderungen im Vorfeld des Projekts erfassen zu können [Arq 2015].

7.3 Anforderungsentwicklung

7.3.1 Agil basierte Anforderungsentwicklung

In diesem Buch wird bezüglich Anforderungsentwicklung der iterative respektive der backloggesteuerte Produkteentwicklungsansatz verfolgt. Das bedingt ein Verständnis darüber, welche Elemente ins Backlog kommen und wie sie spezifiziert werden sollen. Es gilt auch, zwischen Use Case und User Stories zu unterscheiden. Wie bereits in Kapitel 5.8 «Backlogmanagement» aufgeführt, gibt es insbesondere im iterativen hybriden Ansatz verschiedene Formen von Backlogs, z.B. Produkt-, Release- und Projekt-Backlogs; diese werden von den Teams bei grossen Projekten verwendet, um ihre Arbeit zu steuern. Unabhängig vom verwendeten Ansatz und der Terminologie folgen sie alle den gleichen agilen Prinzipien [Jac 2011].

Hinweis: Die agil basierte Anforderungsentwicklung wird als fortwährende, mit der Entwicklung einhergehende Tätigkeit betrachtet. Die Herausforderungen bestehen innerhalb eines agil geführten Projekts darin, Anforderungen in einem angemessenen Detaillierungsgrad und zum benötigten Zeitpunkt für das Entwicklungsteam verständlich darzustellen [Arq 2015].

In der Scrum-Terminologie wird bezüglich der Anforderungen von Epics und User Stories gesprochen. Wird beispielsweise der Use-Case-2.0-Ansatz von Jacobson verwendet,

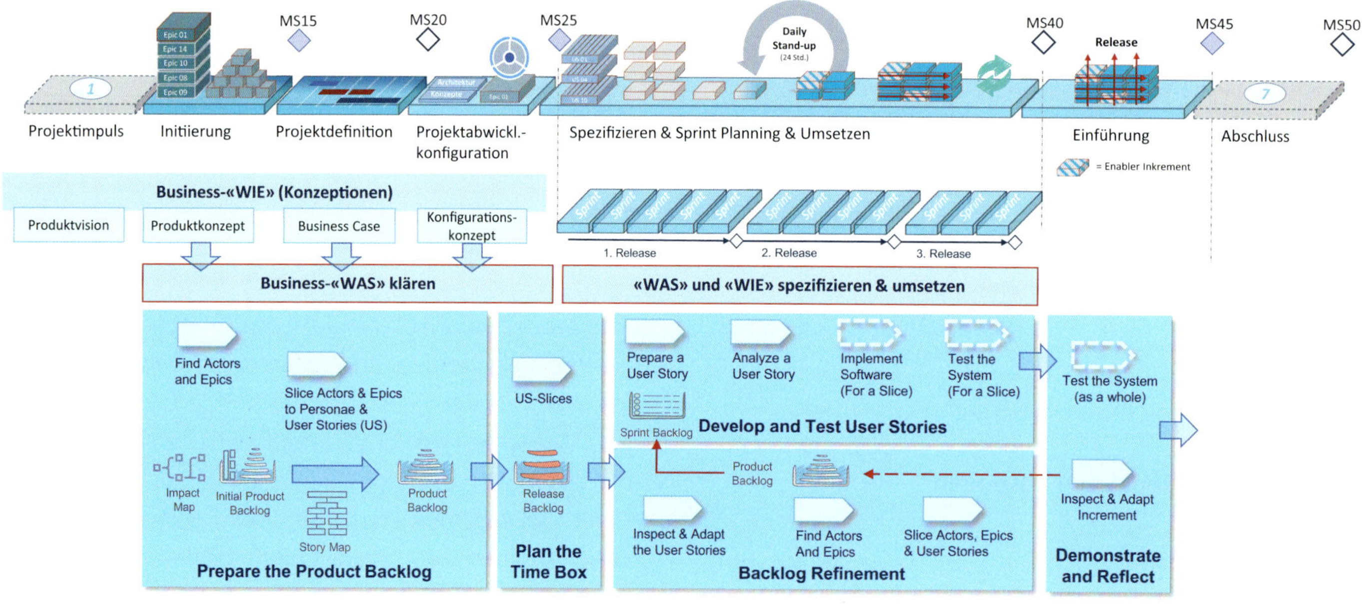

Abb. 7.20: Anforderungsentwicklung, basierend auf dem Use-Case-2.0-Ansatz, in Anlehnung an [Jac 2011]

so sind die darin beschriebenen Use Cases nicht mit den User Stories zu verwechseln. Es sind dies eher die von Jacobson verwendeten Use Case Slices.

Die Verwendung von Use Case Slices oder User Stories stellt sicher, dass die Backlog-Elemente gut spezifiziert sind. Das heisst, sie sind in sich geschlossen anwendbar und somit unabhängig (eigenständige Interaktion zwischen dem System und einem oder mehreren Akteuren). Sie erzeugen einen konkreten Mehrwert und sind testbar. Solch definierte und strukturierte Use Case Slices oder gemäss Scrum-Ansatz definierte User Stories stellen auch sicher, dass sie hinsichtlich des Aufwands schätzbar, priorisier- resp. verhandelbar, planbar und für das Entwicklungsteam in einem iterativen Vorgehen umsetzbar sind.

Der Anforderungsentwicklungsprozess in der Projektabwicklung kurz beschrieben

Wie Abbildung 7.21 zeigt, werden gemäss der Logik von Jacobson als Erstes, ausgehend von den Bedürfnissen und den definierten Businessprozessen, die Anforderungen abgeleitet. Dies geschieht meistens in Form von Epics, die ungeordnet in das Initial Product Backlog aufgenommen werden. Diese definierten Epics und dazugehörenden Actors werden so weit möglich in User Stories unterteilt (Slicing). Das Ziel dieser Vorbereitungsphase ist es, aus der Sicht des Anwenders möglichst eine mehrwertorientierte Vollständigkeit zu erreichen. Dabei ist es noch nicht wichtig, die logische Reihenfolge der Anforderungen in Form von User Stories festzulegen.

In einem backloggesteuerten agilen Entwicklungsansatz muss das Backlog bis zum Projektstart (MS 20) nicht vollständig erstellt und abgeschlossen sein.

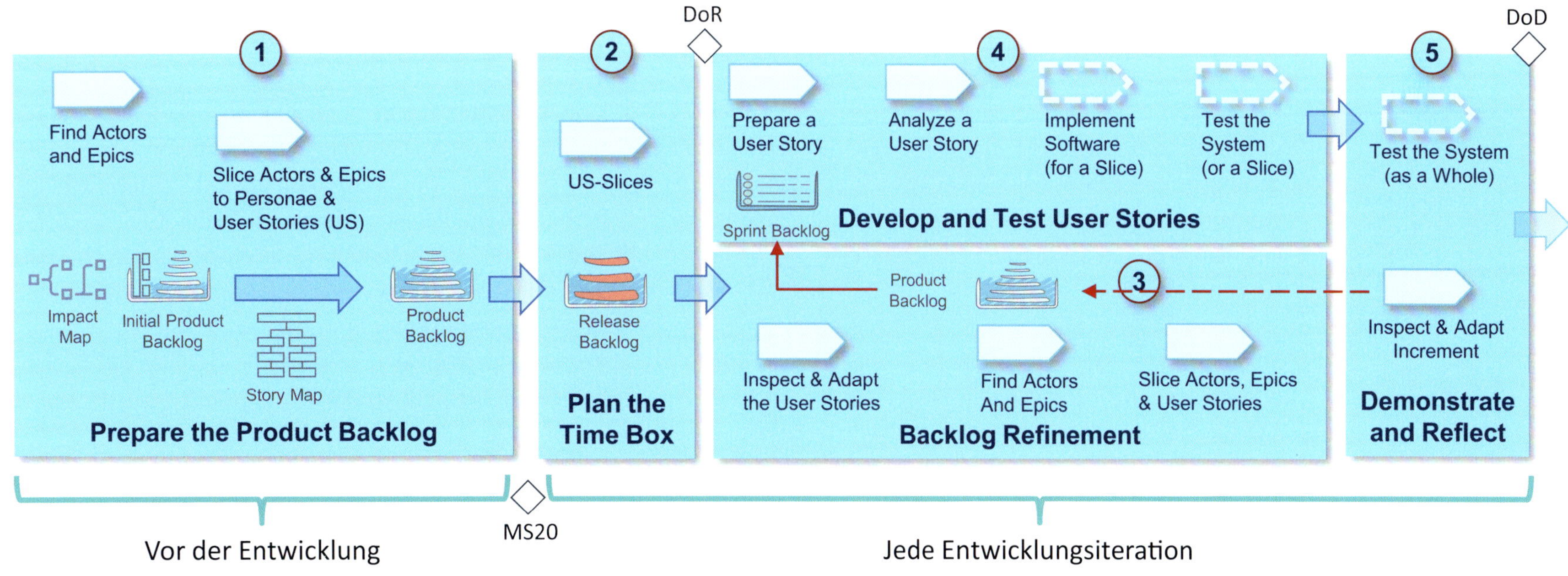

Abb. 7.21: Fünf Schritte des Anforderungsentwicklungsprozesses in Anlehnung an [Jac 2011]

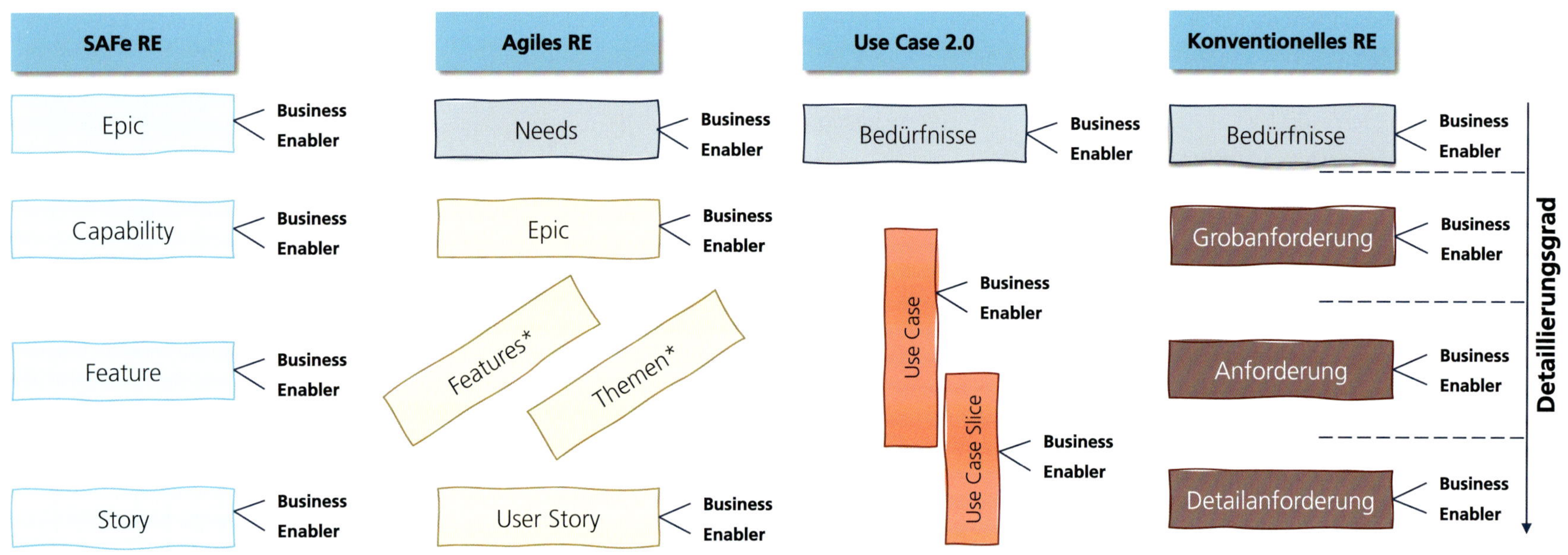

Abb. 7.22: Strukturlogik der verschiedenen Anforderungsentwicklungsmethoden

Ein weiteres Ziel dieser Vorbereitungsphase ist es, die Product Backlog Items soweit voranzutreiben, dass ein Anforderungsmodell z.B. in Form einer User Story Map erstellt werden kann. Mit diesem Modell kann dann relativ einfach in einem weiteren Schritt ein Product Backlog und danach für den ersten Release ein Release-Backlog erstellt werden.

Erteilt das Management in einem agil geführten Grossprojekt auf Basis der erstellten Ergebnisse bei MS20 das GO für die Umsetzung, so kann als nächster Schritt der Releaseplan mit einem entsprechenden Release-Backlog erstellt werden (siehe Kapitel 6.3.3). Das Release-Backlog wird im Laufe der Projektabwicklung und Produktentwicklung als dritter Schritt kontinuierlich bearbeitet und verfeinert, was oft als Grooming oder Refinement bezeichnet wird [Jac 2011]. Das heisst, das Entwicklungsteam teilt insbesondere im Planning Meeting II (siehe Kapitel 6.6.2.1) und während der Entwicklung die ausgewählten Use Case Slice oder User Stories weiter auf, um sicherzustellen, dass sie klein genug sind, um in der Iteration fertiggestellt zu werden. Anschliessend werden die spezifizierten Backlog Items analysiert, entwickelt und getestet.

Im letzten Schritt, am Ende der Iteration, muss das Entwicklungsteam das System vorführen und seine Leistung während der Iteration reflektieren.

Basierend auf den vom Product Owner fachspezifisch spezifizierten und priorisierten User Stories, kann auf diese Weise das Sprint-Backlog rasch bestimmt werden und der erste Sprint kann erfolgen. Wie ein solches Modell z.B. mittels Impact und Story Mapping aufgebaut wird, wird in Kapitel 7.3.4 aufgeführt.

Wird das fachspezifische Spezifizieren der Use Cases in Use Case Slices (Jacobson) oder von Epics in User Stories (Scrum) durch den Product Owner vorgenommen, so gehört das effektive Analysieren dieser Backlog Items zu den Aufgaben des Entwicklungsteams. Wie stark die businessbasierte Vorbereitung vom Entwicklungsteam übernommen werden kann, hängt immer auch vom Kenntnisstand des Entwicklungsteams ab, d.h. davon, wie viel es vom effektiven Business versteht.

Klärung der Terminologie

Mit dem agilen Vorgehen kamen auch neue oder modifizierte Methoden mit ihrer eigenen Terminologie in die Thematik der Anforderungsentwicklung; im Einleitungskapitel 7.3.1 wurde dies anhand von Scrum und Use Case 2.0 erwähnt. Abbildung 7.22 zeigt eine Strukturlogik der verschiedenen Anforderungsentwicklungsmethoden – im Wissen, dass nicht alle Projektarten Use Cases oder User Stories verwenden. Dabei wurden vom Autor «Needs» als logische Lückenfüller definiert, um einen Vergleich darstellen zu können.

Wie Abbildung 7.22 aufzeigt, macht es in der Umsetzungslogik Sinn, die Product Backlog Items (PBI) mit einem Attribut «Business» oder «Enabler» zu versehen. «Business»-PBI sind Bedürfnisse, die einen konkreten Business Value erwirtschaften, während es sich bei «Enabler»-PBI um Bedürfnisse handelt, die erforderlich sind, um künftige Geschäftsfunktionen bereitzustellen (Exploration, Architektur, technische Schulden, Infrastruktur, Compliance, Constraints).

7.3.2 Anwendungsfall (Use Case) spezifizieren

In diesem Kapitel werden wichtige Elemente der Anforderungsentwicklung erläutert, insbesondere die Methoden «Agiles RE» und «Use Case 2.0».

Use Case Stories sind nicht zu verwechseln mit User Stories, siehe Abbildung 7.28.

Gemäss Jacobson wird mittels Use Case ein spezifisches Verhalten eines Systems abgebildet, das dazu beiträgt, ein Businessziel zu erreichen. Use Cases sind in der Regel jedoch zu umfangreich, um in einem agilen Vorgehen innerhalb eines Sprints umgesetzt werden zu können. Um in der Use-Case-Methodik zu bleiben und ein agil-inkrementelles Vorgehen praktizieren zu können, wurde von Ivar Jacobson, Ian Spence und Kurt Bittner im Jahr 2011 das Konzept Use-Case 2.0 veröffentlicht [Jac 2011].

Die Problemlösung für ein agiles Vorgehen mit der Use-Case-Methodik liefert die von den drei Autoren erstellte Technik des «Slicings» – das Aufschneiden eines Use Case in kleinere Einheiten (Use Case Slices), die sich innerhalb eines Sprints realisieren lassen. So bestehen heute per Definition Use Case Slices aus Stories sowie den dazugehörigen Testfällen.

Use Case Slice: Damit ein Anforderungsfall, sprich eine Funktion oder ein Feature eigenständig sein und innerhalb eines Sprints umgesetzt werden kann, bedarf es der Slice-Technik, also das vertikale Schneiden einer Anforderung (Use Case) in Use Case Slices. Aus der Architektursicht betrachtet, sind Slices immer vertikale Schnitte über alle Schichten der technischen Architektur. Diese können zu einem eigenständig laufenden Inkrement zusammengefasst werden.

Zu einem Use Case Slice gehören nicht nur Use Case Stories in Form von Start-Ende-Flows durch den Use Case, sondern auch Akzeptanzkriterien sowie mindestens ein Testfall. Das heisst, ein Use Case Slice ohne Testfall ist nicht vollständig. Dabei können zwei Use Case Slices die gleichen Use Case Stories enthalten, sich aber durch ihre Testfälle unterscheiden. Die so gebildeten Use Case Slices eigenen sich als Planungseinheiten im Sprint Planning 2 [Jac 2011].

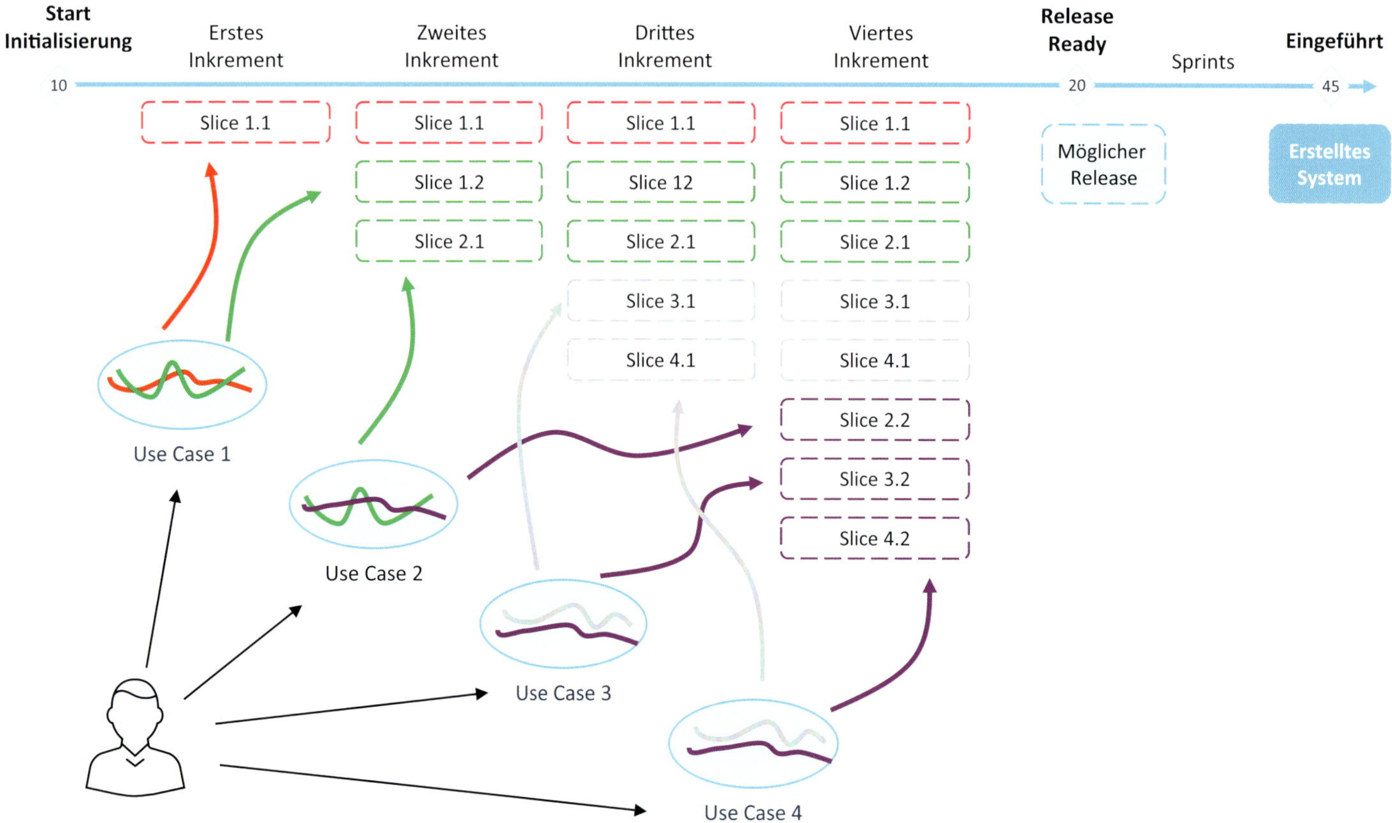

Abb. 7.23: Use Cases, Use Case Slices, Increments und Releases [Jac 2011]

Eine korrekte Definition der funktionalen und nicht funktionalen Anforderungen zählt zu den wichtigsten Aufgaben im Projekt. Diese werden gemäss dem Use-Case-2.0-Ansatz z.B. in Form von Anforderungsfällen (Use Cases) festgehalten. Dabei ist es sinnvoll, die gesammelten Anwendungsfälle zu klassifizieren bzw. zu kategorisieren, um beispielsweise fehlende Anforderungen oder Überlappungen zu erkennen.

In der agilen Entwicklung spricht man sehr gerne von User Stories, ohne den Unterschied zwischen User Story und Use Case genauer zu kennen. Abbildung 7.25 illustriert einen der offensichtlichsten Unterschiede: den Umfang. Beide sind grössenmässig so angelegt, dass sie einen Geschäftswert bieten, wobei die User Stories gemäss der Use Case Slice von Jacobson fast immer nur einen Teil eines Use Case abdecken. In Bezug auf die Granularität ist eine User Story mit einem Use Case Slice von Jacobson gleichzusetzen. Wie Abbildung 7.28 aufzeigt, gilt dies jedoch nicht bezüglich Dokumentationsumfang. Die User Stories werden – wie auch die Use Case Slice – so klein gehalten, dass sie aufwands- und prioritätsmässig zur Planung der Sprints verwendet werden können [Coh 2004]. User Stories und Use Case Slice decken meistens einzelne Szenarien eines Use Case ab. Ein detaillierter Ablauf einer User Story bzw. Use Case Slice gleicht somit einem Szenario eines Use Case.

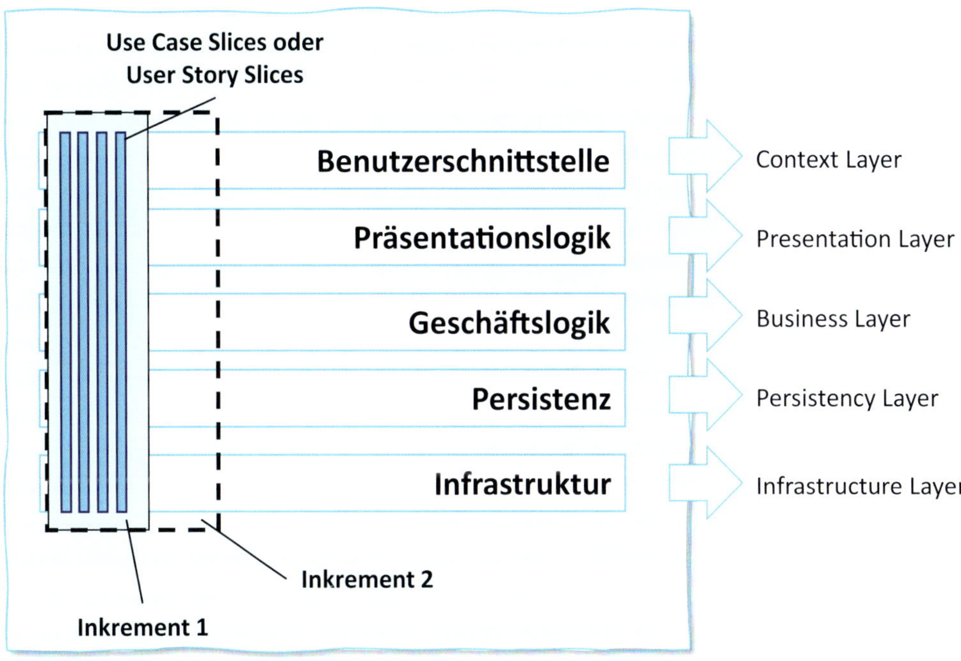

Abb. 7.24: Use Case Slicing über alle Architekturschichten

Konstruktiv versus deskriptiv: Für die Beschreibung von Anforderungen, also den Anwendungsfällen, stehen verschiedene Techniken zur Verfügung. Alle beruhen entweder auf einer konstruktiven oder einer deskriptiven Darstellung des Projektprodukts. Während bei der konstruktiven Darstellung ein anschauliches Modell erstellt wird, beschreibt die deskriptive Darstellung nur das äussere Verhalten der Lösung. Beide Darstellungsformen haben sowohl Vor- als auch Nachteile. Welche Darstellung bzw. welche Technik letztendlich benutzt wird, hängt von der Problemstellung sowie von den Kenntnissen der projektbeteiligten Personen ab.

Abbildung 2.25 zeigt ein Schema für eine qualifizierte Beschreibung eines Use Case [Pohl 2011].

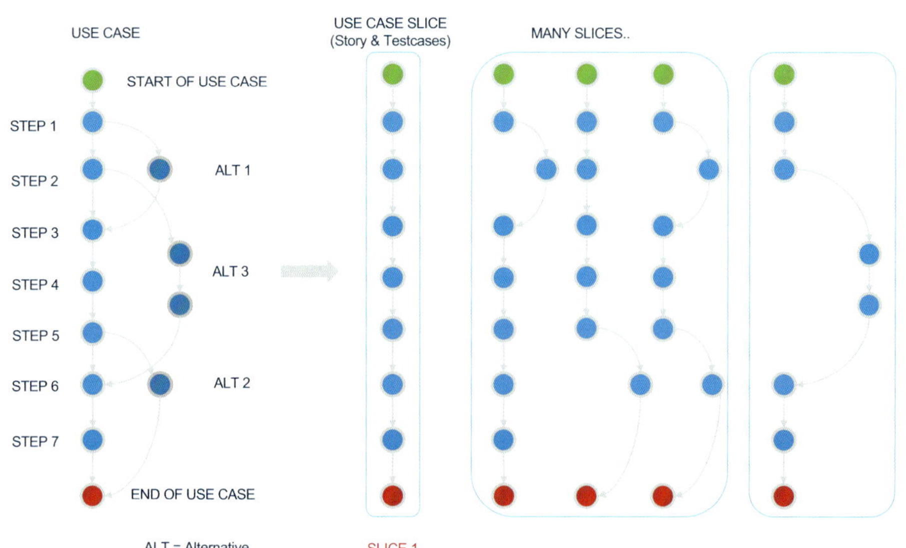

Abb. 7.25: Die Beziehungen des Use-Case-Prozesses und der User Case Slices [Jac 2011]

Abb. 7.26: Schablone zur Spezifikation eines Use Case

Nr.	Abschnitt	Inhalt/Erläuterung
01	Bezeichner	Eindeutiger Bezeichner des Use Case
02	Name	Eindeutiger Name für den Use Case
03	Autoren	Namen der Autoren, die an dieser Use-Case-Beschreibung mitgearbeitet haben
04	Priorität	Wichtigkeit des Use Case gemäss der verwendeten Priorisierungstechnik
05	Kritikalität	Kritikalität des Use Case, z.B. hinsichtlich des Schadensausmasses bei Fehlverhalten des Use Case
06	Quelle	Bezeichnung der Quelle, z.B. Stakeholder, Dokument, System, von dem der Use Case stammt
07	Verantwortlicher	Der für diesen Use Case verantwortliche Stakeholder
08	Beschreibung	Komprimierte Beschreibung des Use Case
09	Auslösendes Ereignis	Angabe des Ereignisses, das den Use Case auslöst
10	Akteure	Auflistung der Akteure, die mit dem Use Case in Beziehung stehen
11	Vorbedingungen	Liste notwendiger Voraussetzungen, die erfüllt sein müssen, bevor die Ausführung des Use Case beginnen kann
12	Nachbedingungen	Eine Liste von Zuständen, in denen sich das System unmittelbar nach der Ausführung des Hauptszenarios befindet
13	Ergebnis	Beschreibung der Ausgaben, die während der Ausführung des Use Case erzeugt werden
14	Hauptszenario	Beschreibung des Hauptszenarios eines Use Case
15	Alternativszenarien	Beschreibung von Alternativszenarien des Use Case. Alternativszenarien führen dazu, dass das Resultat des Use Case erreicht wird.
16	Ausnahmeszenarien*	Beschreibung von Ausnahmeszenarien des Use Case oder lediglich Angaben der auslösenden Ereignisse. Hier gelten oftmals andere Nachbedingungen (12).
17	Qualitäten	Qualitätsbezüge zu Qualitätsangaben
18	Testfälle	So weit möglich, sollten die Testfälle zum Use Case vor der Umsetzung/Programmierung erstellt werden
19	Akzeptanzkriterien	Kriterien, mit denen gemessen werden kann, ob der Use Case erfolgreich umgesetzt wurde

*Ausnahmeszenarien (Abbruchszenarien) führen dazu, dass das gewünschte Resultat nicht erreicht wird, und beschreiben das Systemverhalten in solchen Fällen (z.B. Abbruch). Es ist wichtig, dass auch dies aus fachlicher Sicht definiert wird, d.h. wie sich das System in verschiedenen Abbruchfällen verhalten soll.

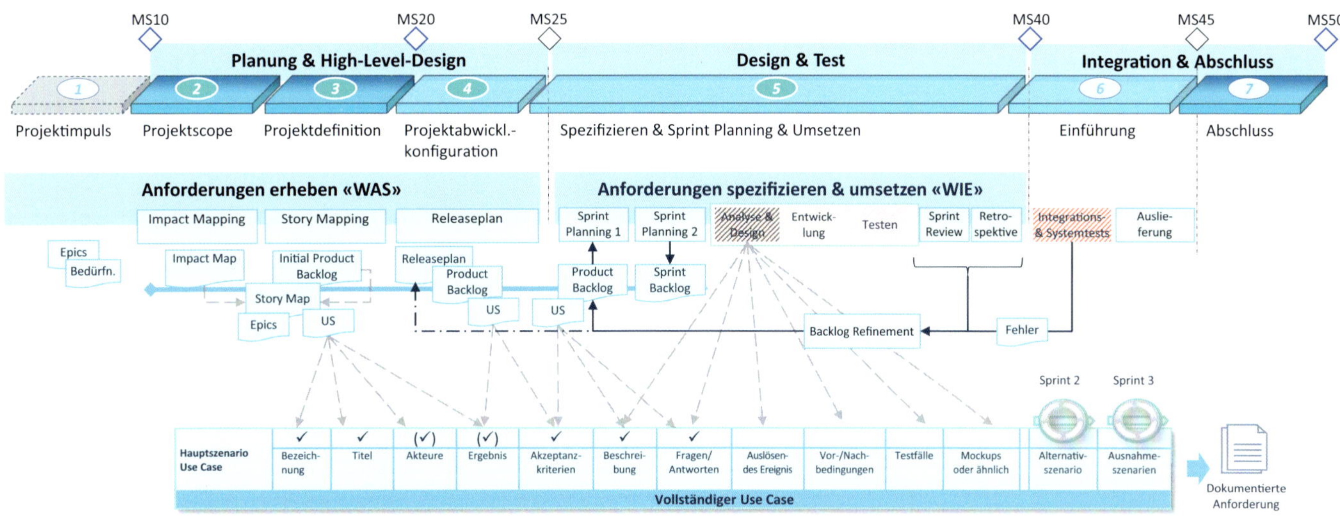

Abb. 7.27: Agiler RE-Prozess, in den Abwicklungsprozess eingebettet – es erfolgt ein sukzessiver Aufbau einer User Story und eines Use Case

Use Case oder User Story? Wie bereits erläutert, sind Use Cases (UC) zu umfangreich, um sie für die agile Entwicklung in Iterationen aufzuteilen, da sie alle möglichen Szenarien abdecken, die ein Benutzer für die Erreichung eines fachlichen Ziels durchführen kann [Bec 2000b]. Eine User Story hingegen beschreibt ein konkretes Szenario und dieses nicht einmal vollständig.

Use Cases beschreiben jeweils immer auch eine Lösung. Demgegenüber beschreiben User Stories nur ein zu erfüllendes Bedürfnis. Die Lösung des Bedürfnisses wird anschliessend durch das Entwicklungsteam erarbeitet. Diese zentrale Unterscheidung in Use Case und User Stories hat den Vorteil, dass während der Entwicklung neue, innovative Lösungen entstehen können. Sie müssen dann nur noch «ausprobiert» werden und aus dem Gelernten kann die Lösung weiter verbessert werden.

Auf diesen innovativen, bedürfnisbezogenen Denkansatz reagierte Jacobson und seine zwei Mitautoren mit dem Use-Case-2.0-Ansatz. Dabei stellte er den UC Slice strukturell auf die gleiche Ebene wie die User Story. Der grosse

Element	Use Case	UC Slice	User Stories	Prosa
Bezeichnung	✓	✓	✓	✓
Titel	✓	✓	✓	✓
Beschreibung	✓	✓	✓	✓
Auslösendes Ereignis	✓	✓		
Akteure	✓	✓	(✓)	
Ergebnis	✓	✓	(✓)	
Vor-/ Nachbedingungen	✓	✓		
Hauptszenario	✓	n.a.		(✓)
Alternativszenarien	✓	n.a.		(✓)
Ausnahmeszenarien	✓	n.a.		(✓)
Akzeptanzkriterien	(✓)	(✓)	✓	
Fragen/Antworten			✓	(✓)

Abb. 7.28: Elemente einer Anforderung (Use Case) versus andere Formen der Anforderungsdokumentation

Unterschied zeigt sich jedoch auch in der Notwendigkeit der Wissenssicherung, z.B.:

- bei Vorhaben, in denen das Entwicklungsteam nicht hochgradig verfügbar ist, sprich sich nicht dauernd zu den Anforderungen austauschen kann,
- bei Vorhaben, in denen erhöhte Vorgaben an die Dokumentation der Anforderungen gestellt werden müssen (Qualitätsnachweis).
- Ebenfalls ist im Hinblick auf den Produkt-Life-Cycle zu prüfen, ob die Anforderungsdokumentation in Form von User Stories ausreichend ist.

User Stories legen den Fokus auf den Benutzer und die neue Funktionalität.

Insbesondere bei einer möglichen künftigen Anpassung und/oder Weiterentwicklung des Systems (z.B. in zwei, drei Jahren) werden kaum mehr dieselben Personen involviert sein. Use Cases sind somit nach wie vor eine gute Möglichkeit, um Anforderungen eines Systems zu dokumentieren – vorausgesetzt, die Dokumentationen der Use Cases werden nach der konkreten Umsetzung jeweils nachgeführt.

Die aufgeführte Tabelle der Abbildung 7.28 zeigt die unterschiedlichen Inhalte je nach Form der Anforderungsbeschreibung bezüglich des Inhaltes.

Hinweis: Beim hybriden Vorgehen ist es sinnvoll oder sogar zwingend, dass man mit beiden Methoden, also Use Case und User Stories, vorgeht. Nur so kann frühzeitig festgestellt werden, ob sämtliche Szenarien berücksichtigt werden.

7.3.2.1 Themes – Initiative – Needs – Epics – (Features) – User Story – Tasks

In einem iterativen, backloggesteuerten Produkteentwicklungsansatz werden in der agilen Anforderungsentwicklung sogenannte Product Backlog Items (PBI) verwendet. Diese können z.B. in Form von Epics oder User Stories vorliegen, welche im Backlog-Refinement-Prozess mit Blick auf das Definition of Ready (DoR) erstellt werden. Häufig werden die User Stories von den Entwicklern noch detaillierter in Tasks aufgesplittet. Auch ist es üblich, Technical Tasks, Spikes und Bugs im Product Backlog und insbesondere im Sprint Backlog zu führen. Es ist für die Fortschrittskontrolle wichtig, die unterschiedlichen Backlog-Einträge (Anforderungen, Bugs, technische Tasks, allenfalls sogar organisatorische Tasks) auseinanderhalten zu können, z.B. durch Kennzeichnung mittels «Tags». Für Einsteiger ist diese Logik der granularen Aufteilung von Product Backlog Items zu Beginn nicht immer einfach. Die Übersicht in Abbildung 7.29 und die nachfolgenden Ausführungen helfen, dies etwas besser zu verstehen und einzuordnen.

Themes: Themes sind grosse Schwerpunktbereiche (Kategorien), die das gesamte Unternehmen betreffen können. Sie können auch als Sammlung verwandter User Stories und/oder Epics bezeichnet werden. Ein Thema ist eine bequeme Möglichkeit um aufzuzeigen, was eine Reihe von Epics, Features und/oder User Stories gemeinsam haben, etwa den gleichen Funktionsbereich. Themen dienen somit der Gliederung von User Stories, z.B. einzelne Workflowschritte einer Produktfunktionalität etc.

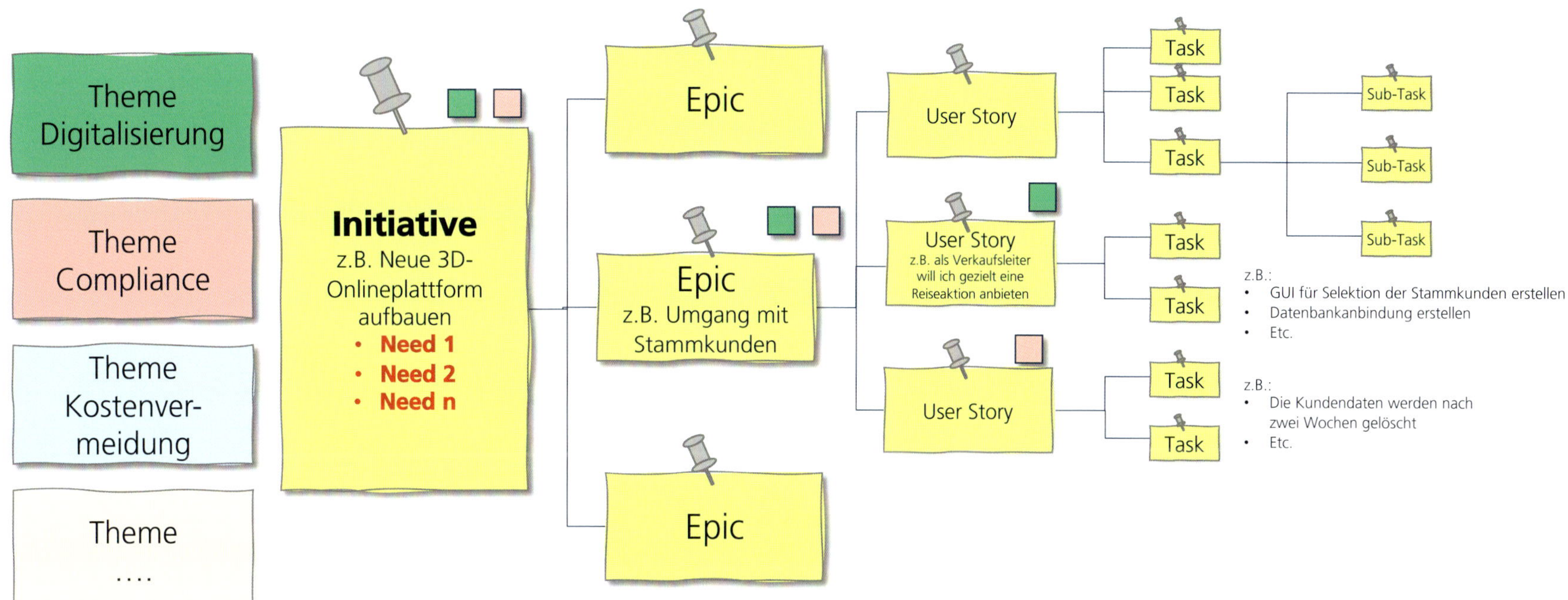

Abb. 7.29: Übersicht Theme, Initiative, Needs, Epics, User Story und Tasks

Initiative: Initiativen beinhalten ein Vision Statement und Needs, um ein Vorhaben anzustossen. Davon können Epics und User Stories abgeleitet werden.

Needs: In einer Initiative können ein oder mehrere Needs (Bedürfnisse) aufgeführt werden. Diese Needs können in «Business»-Needs (Bedürfnisse, die einen konkreten Business Value erwirtschaften) oder «Enabler»-Needs (Bedürfnisse, die erforderlich sind, um zukünftige Geschäftsfunktionen bereitzustellen) unterschieden werden. Needs definieren das WARUM: Warum sollten wir dies machen?

Epics: Epics beschreiben Funktionalitäten in einer höheren Granularität (Grobanforderungen). Eine Epic ist eine aggregierte, grobgranulare Sicht auf eine Anforderung eines Produkts, z.B. eine professionelle Selektion von Reiseangeboten. Epics dienen zur Entwicklung eines Product Backlog. Sie unterscheiden sich von User Stories dadurch, dass sie zu gross sind, um geschätzt zu werden, oder auch zu gross, um innerhalb eines Sprints umgesetzt zu werden. Daher müssen sie in mehrere User Stories unterteilt werden. Epics werden gleich beschrieben wie User Stories.

Features: Wie in Abbildung 7.22 dargestellt, verfeinern Features die Funktionalitäten von Epics und lassen sich so besser für die Releaseplanung verwenden. Ein spezielles

Merkmal besteht darin, dass sie gegenüber einer Epic in einer Iteration bzw. einem Sprint umgesetzt werden können. Von der Abgrenzungslogik her befähigt ein Feature den Nutzer, eine zielführende Handlung mit dem Produkt durchzuführen, welches einen Mehrwert schafft. Auf den Einsatz von Features wird jedoch häufig verzichtet, indem direkt von den Epics User Stories abgeleitet werden.

User Stories: User Stories verfeinern Features bzw. Epics und lassen sich klar in Sprints einplanen und umsetzen. Das heisst, gegenüber Epics kann der Aufwand von US geschätzt werden. Eine User Story («Anwendererzählung») ist eine in Alltagssprache aus Kundensicht formulierte Produktanforderung. Wie Abbildung 7.31 aufzeigt, ist sie bewusst kurz gehalten und umfasst in der Regel nicht mehr als zwei Sätze (in Anlehnung an Wikipedia). Zudem werden Akzeptanzkriterien definiert und es wird die wesentliche Konversation zwischen den Entwicklern und dem Product Owner (bzw. den Fachbenutzern) festgehalten. Eine Story muss nicht zwingend einem Epic oder Feature zugeordnet werden können. Die einzige «allgemein gültige» Regel ist, dass man Stories schätzen können muss.

Die User Story dient nicht als Spezifikation, sondern als Versprechen und Diskussionsgrundlage für ein Gespräch zwischen Stakeholdern und Entwicklern.

Task/Sub Task: Tasks sind die Tätigkeiten (Aufgaben), welche notwendig sind, um eine User Story realisieren zu können. Tasks werden je nach Vorgehen geschätzt, z.B. auf Stunden- oder Halbtagesbasis. Tasks werden normalerweise von Entwickler und Tester definiert, die die Entwicklungsarbeit ausführen, während User Stories und Epics im Allgemeinen vom Kunden oder vom Product Owner im Auftrag des Kunden beschrieben werden.

7.3.3 User Stories spezifizieren

7.3.3.1 Epic

Epics sind grosse, nicht detailliert beschriebene User Stories. Sie dienen der Entwicklung eines Product Backlog. Das heisst, Epics werden als Hilfsmittel zur hierarchischen Strukturierung verwendet. Unterhalb der Epics werden dazugehörige Stories so detailliert wie möglich aufgelistet. Damit wird die Grundlage für ein entsprechendes Big Picture geschaffen und somit eine gute Basis, um ein mögliches Produkt-Increment (PI) sowie Releases zu planen, oder auch um das MMP (Minimal Marketable Product) festzulegen.

Ein Epic wie z.B. «Reisekategorie/Land wählen» (siehe Abbildung 7.37) kann wie folgt strukturiert und beschrieben werden:

- Titel: Reisekatalog/Land auswählen
- Beschreibung: Auf dem Onlineportal 3D-Travel muss der Kunde zuerst seine gewünschte Reisekategorie und das Land auswählen können, damit mögliche Reiseoptionen zur Verfügung gestellt werden können.
- Anzeigen Reisekategorien und Länder
- Selektion der Möglichkeiten aufzeigen
- Liste filtern und sortieren
- Selektieren von Kategorien und Ländern
- Navigationsmöglichkeiten (weiter, abbrechen etc.)
- Folgende Funktionen sind nicht relevant:
- Sperren von Nutzern

Das Beispiel ist sehr grob beschrieben, aber dies ist durchaus ein valides Beispiel für ein Epic, wie man es nutzen kann. In dieser Form kann es dem Team auf verschiedene Weise helfen [Schu 2016]:

- Es beschreibt das Ziel und den Umfang der Epic «Anmelden für ein Beratungsgespräch».
- Es dient als Klammer für detaillierte Backlog Items, sprich User Stories.
- Es unterstützt alle Beteiligten dabei, den Überblick auf dem Weg zur Vision zu behalten.
- Es ist durch das Team schätzbar und bietet damit wichtige Informationen für die Planung der Produktentwicklung.

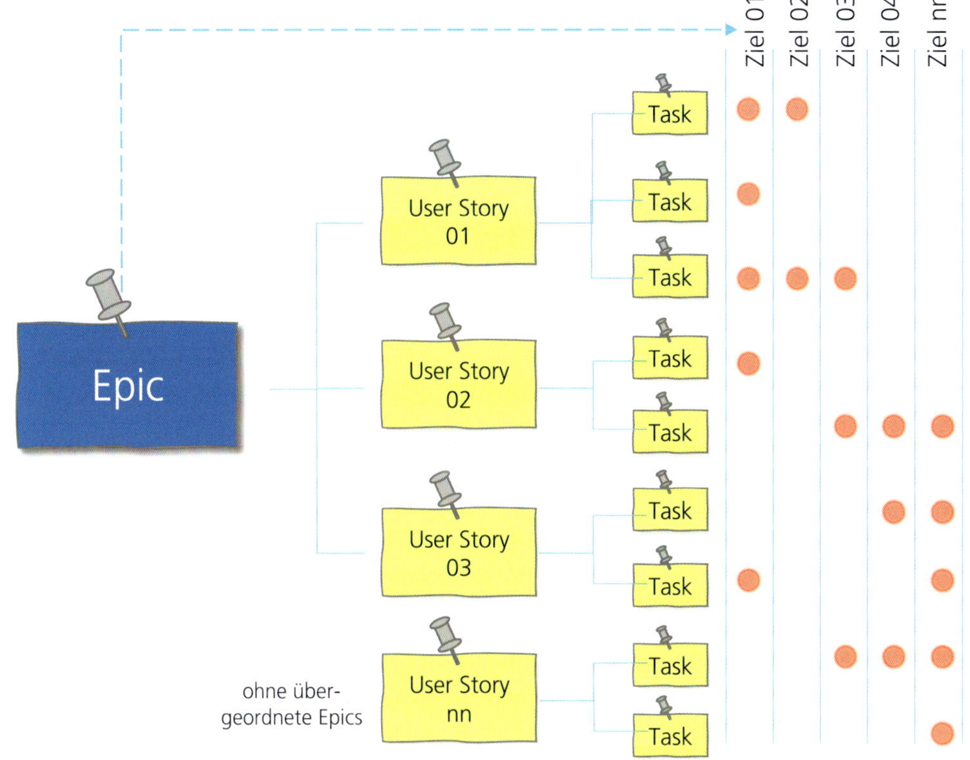

Abb. 7.30: Beispiel: – Epic und eine mögliche Präzisierung durch die Strukturierung in User Stories und Tasks

7.3.3.2 User Story

User Stories haben sich im Rahmen des agilen Produkteentwicklungsprozesses als Form der Anforderungsdefinition etabliert, da sie nur verwendet werden, um die wesentlichsten Informationen zu den Anforderungen festzuhalten. Die restlichen Informationen werden mündlich kommuniziert und, wie Abbildung 7.27 aufzeigt, im Laufe der Entwicklung erarbeitet.

Anstelle einer langen schriftlichen Spezifikation wie bei einem Use Case setzt die User Story bei der Anforderungserhebung auf einen informellen Gesprächsstil (siehe Kapitel 7.3.2, Abbildung 7.28). Im Ansatz sollte eine User Story auf einer einzigen Karte bzw. einem Post-it Platz finden. Dabei werden die «Geschichten» bewusst nicht im Detail konkretisiert; dies ist erst der Fall, wenn sie entwickelt werden. Die mittlerweile meistverwendete Variante für User Stories hat Mike Cohn definiert [Coh 2004].

Eine Story braucht zunächst einen Titel, der prägnant zusammenfasst, worum es geht, z.B. «Reiseberatungsgespräch buchen». Anschliessend wird eine Kurzbeschreibung erstellt in der Form von: «Als Rolle möchte ich …, um … zu erreichen.»). In Abbildung 7.31 wird dies als Beispiel aufgezeigt: «Als Weltenbummler möchte ich auf meinen Terminkalender abgestimmte Beratungstermine online buchen, um dies jederzeit schnell und einfach machen zu können.»

Die User Story beschreibt immer aus der Anwendersicht, was erreicht werden soll und nie, wie man es erreichen will.

Das aufgeführte Beispiel einer User Story beantwortet drei wichtige Fragen [Schu 2016]:

- Für wen ist die Anforderung wichtig? -> Für den Weltenbummler als Anwender.
- Was soll möglich sein? -> Der Anwender möchte ein Beratungsgespräch online buchen.
- Warum bzw. was ist der Nutzen der Anforderung? -> Der Nutzen ist, jederzeit das Gespräch buchen und durchführen zu können.

Die User Story beschreibt immer die fachliche Anforderung und schreibt nie eine Lösung vor. Sie beschreibt immer aus der Anwendersicht, was erreicht werden soll und nie, wie man es erreichen will.

Insbesondere durch die Schätzung des Mehrwerts (siehe Abbildung 7.31) vermittelt die User Story den Entwicklern zusätzlich den Mehrwert (Value Point), den eine Funktion für das Unternehmen hat. Der Product Owner wird diesen Mehrwert bei der Priorisierung berücksichtigen und so die Reihenfolge für die Umsetzung festlegen. User Stories sind für jeden verständlich und drücken den Kundennutzen klar aus. Sie können aber nur dann im beschriebenen Umfang eingesetzt werden, wenn eine laufende mündliche Kommunikation zwischen dem Product Owner (oder entsprechenden Fachspezialisten) und den Entwicklern während der Entwicklung möglich ist.

Eine fertig geschriebene User Story wird anschliessend im Product Backlog aufgenommen und dort priorisiert. Aus

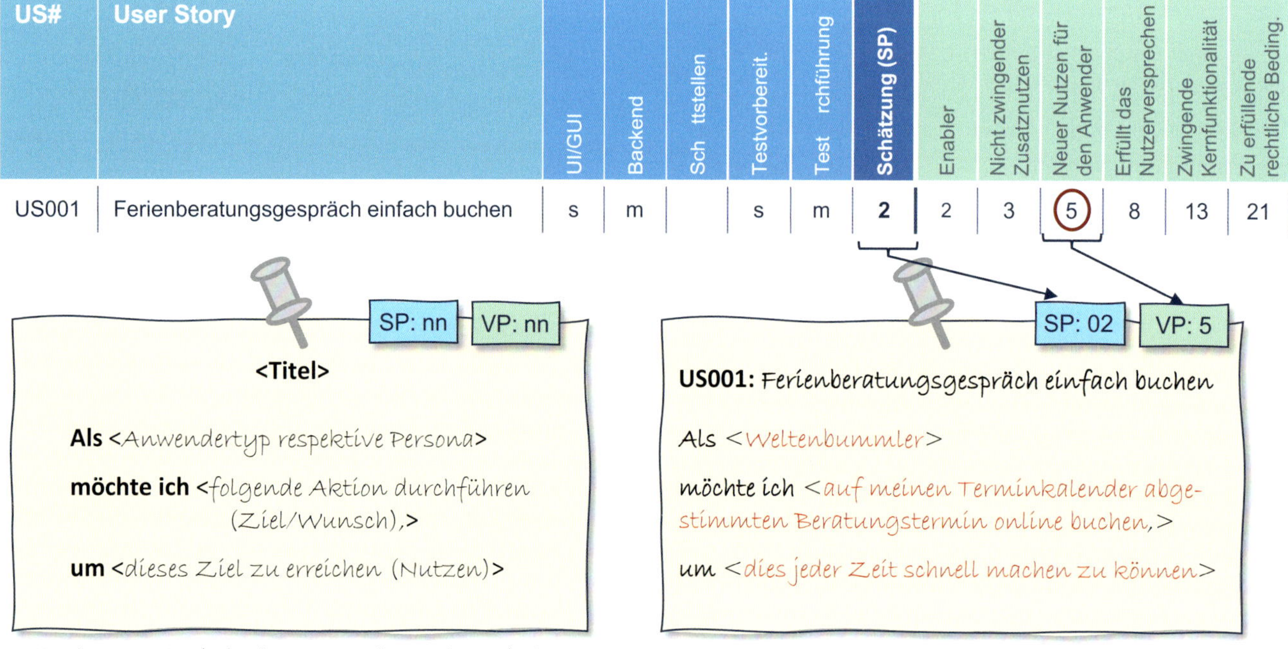

Abb. 7.31: Beispiel einer mit TTM-Matrix bewerteten User Story

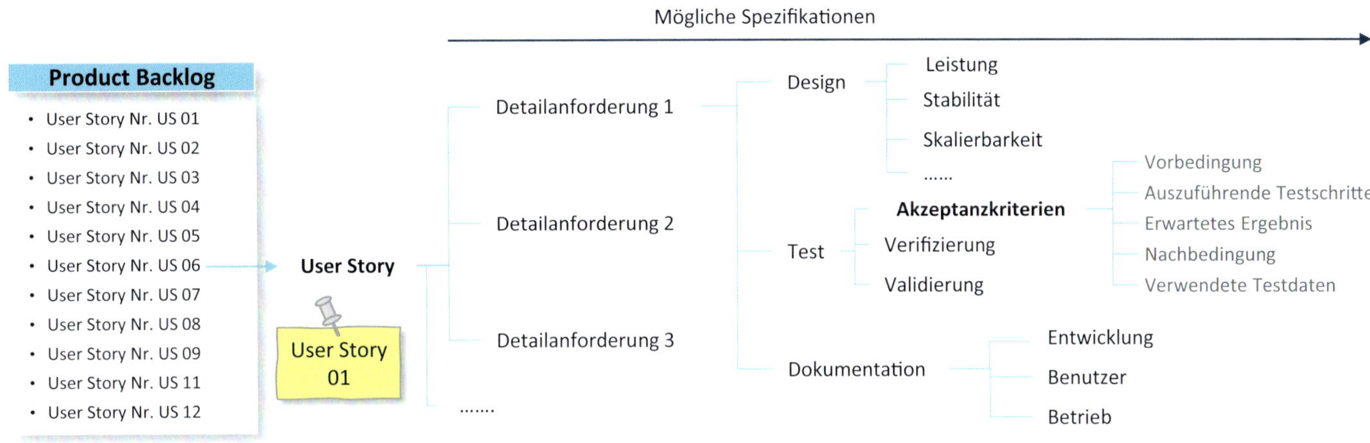

Abb. 7.32: Mögliche Spezifikationselemente einer User Story

den verschiedenen Blickwickeln der Verwendung ist die User Story a) ein Nutzerbedürfnis, b) ein Planning Item, c) eine Gesprächsgrundlage und d) nur ein kleiner Bestandteil der Produktbeschreibung, da sie eine Momentaufnahme der Realisierung ist. Benötigt ein Product Owner User Stories primär zur Planung des Funktionsumfangs eines Releases, sollte nicht mehr Aufwand betrieben werden, als zur Abschätzung der Dauer der User Story notwendig ist.

Wie bereits erwähnt, werden die Details der User Story im Laufe der Entwicklung ergänzt respektive gemäss Abbildung 7.32 «spezifiziert». Dies geschieht im Wesentlichen durch Kommunikation zwischen den Entwicklern und dem Product Owner, den Kunden- und Fachvertretern in Form von Fragen/Antworten und/oder mit Wireframes (siehe Kapitel 7.7.6).

7.3.3.3 Akzeptanzkriterien

Mit den Akzeptanzkriterien wird den Entwicklern signalisiert, wann die User Story aus fachlicher Sicht erledigt ist und welche Schritte bis dahin notwendig sind. Sie geben indirekt vor, wann eine Anforderung (z.B. in Form einer User Story) für den Kunden einen Mehrwert liefert. Das heisst, mit den Akzeptanzkriterien wird geprüft, ob die Erwartungen der Kunden erfüllt sind.

Gemäss Pröpper sind sie daher eine Art Geschäftsregeln und können z.B. als Vorbedingung, Aktion oder Ergebnis formuliert sein. Sie unterstützen im Wesentlichen die Entwickler beim Verständnis, «was zu entwickeln ist».

Die Kriterien sind grundsätzlich frei wählbar und müssen zwischen den Parteien ausgehandelt werden. Sie müssen

User Story 015

«Der Kunde möchte bevorzugte Reisedestinationen zusammenstellen können.»

[AK01] Die Suche mit «exakten» Werten wird korrekt ausgeführt und es wird ein Reiseziel angezeigt.

[AK02] Jedes Reiseziel wird mit Foto, Name, Google-Map-Position und den wichtigsten fünf Sehenswürdigkeiten gezeigt.

[AK03] Die ausgewählten Reiseziele werden in die Beratungsgesprächbestellung übernommen.

[AK04] Der Kunde kann wählen, ob er weitere Reiseziele suchen oder zur Funktion «Ausdrucken» gehen will.

SP = Schätzung Story Point/ Aufwand VP = Schätzung Value Point / Wirkung

Abb. 7.33: Beispiel von Akzeptanzkriterien für eine User Story

allerdings messbar, dokumentierbar und objektiv bewertbar sein.

Akzeptanzkriterien sollten aufgrund der Aufwandschätzung so früh wie möglich vorliegen, werden aber auch erst während der Umsetzung finalisiert [Prö 2012]. Sind sie wie in Abbildung 7.33 konsequent auf die User Story ausgerichtet, können zusätzliche allgemeine «Sprint»-Akzeptanzkriterien definiert werden:

- Ein Feedback vom Auftraggeber wurde eingeholt.
- Alle geplanten Tätigkeiten wurden abgearbeitet und abgeschlossen.
- Das Projektteam wurde über den Abschluss per E-Mail informiert.
- Das Abnahmedokument wurde ausgefüllt und bereitgestellt.
- Die Qualität des Ergebnisses des gesamten Inkrements wurde geprüft und verifiziert.

Akzeptanzkriterien können daher nicht nur spezifisch für einen, sondern auch generisch für alle Sprints und Releases definiert werden.

7.3.3.4 Constraints

Typtische Constraints (Einschränkungen) im agilen Anforderungsmanagement sind z.B. nicht funktionale Anforderungen. Constraints können auch eine Grundeigenschaft jeder einzelnen funktionalen Eigenschaft im Product Backlog oder des Systems sein. Das heisst, Constraints beziehen sich auf einzelne Funktionen, andere auf Gruppen von Funktionen oder auf alle Funktionen des Product Backlogs.

User Constraints beschreiben Aspekte des geplanten zukünftigen Zustands, die durch die Lösung nicht verändert werden dürfen, oder zwingende Elemente des Entwurfs, die eingehalten werden müssen. Sie müssen sorgfältig geprüft werden um sicherzustellen, dass sie korrekt und gerechtfertigt sind.

Die Constraints sollten im Product Backlog klar, zum Beispiel als Enabler, markiert werden. Das Entwicklungsteam kann jederzeit die Constraints ignorieren, wenn sie z.B. für das Sprintziel nicht relevant sind. Diese User Constraints können dann in einem späteren Sprint eingebaut werden.

Wird ein User Constraints nicht umgesetzt, das Inkrement jedoch ausgeliefert, muss das UC im Risikokatalog aufgenommen werden.

7.3.4 Praktiken und Artefakte der agilen Anforderungsentwicklung

Die grosse Herausforderung beim agilen Vorgehen besteht darin, aus einer vorgegebenen strategischen Initiative sinnvoll und strukturiert die Anforderungen abzuleiten. Wird dies in Form eines schrittweisen Top-down-Ansatzes vorgenommen, sprich die Anforderungen werden nach und nach detaillierter beschrieben und beispielsweise in Epics und User Stories zerteilt, entsteht eine Ansammlung von Anforderungen, die nicht einfach zu überblicken sind. Die vom Product Owner oder Businessanalysten vorgenommene Zerlegung verliert nach und nach den Bezug zum strategischen Ziel – mit dem Effekt, dass der einzelne Entwickler den Bezug zum strategischen Geschäftsziel gar nicht nachvollziehen kann und somit im Sinne der Strategie nebensächliche Funktionen entwickelt.

Um strategische Geschäftsziele in konkrete Anforderungen mit Mehrwert umzusetzen, können die beiden Werkzeuge Impact Mapping und Story Mapping verwendet werden.

Gemäss Schubert [Schu 2016] kann, je nach Situation, die eine oder andere Methode zur strukturierten Erarbeitung von Anforderungen einzeln oder zusammenhängend angewendet werden. Will man ein neues Produkt auf den Markt bringen, zu dem es noch keine detaillierten Anfor-

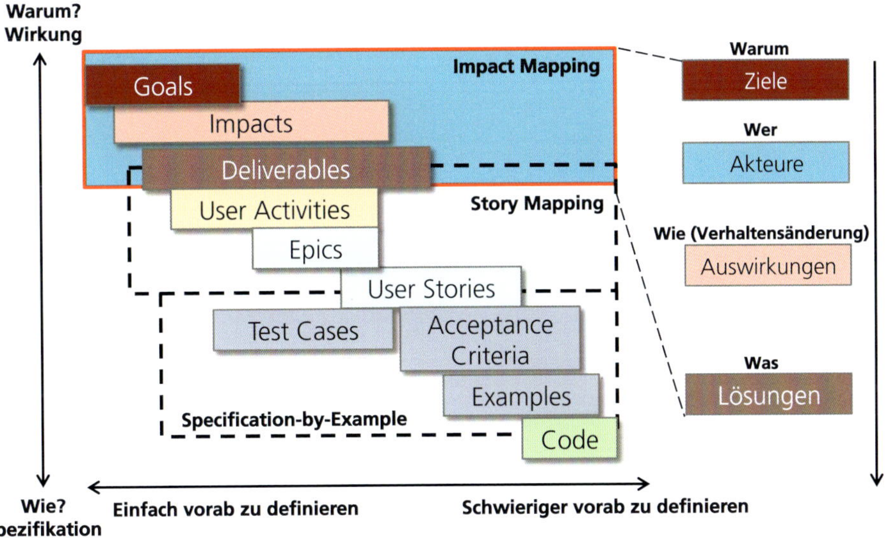

Abb. 7.34: Impact Mapping – Ziele und Ergebnisse strukturiert formulieren [Adz 2012]

derungen gibt, verfolgt das Projektteam einen Top-down-Ansatz «von der Strategie zu den Anforderungen». Ist jedoch schon ein Anforderungskatalog vorhanden, kann das Team diese mithilfe der Methoden im Sinne eines Bottom-up-Ansatzes verifizieren. Für den Top-down-Ansatz erstellen die involvierten Teammitarbeitenden im ersten Schritt eine Impact Map. Diese entwickeln sie aus dem strategischen Ziel (strategische Initiative), welches das Management formuliert hat. Die hieraus abgeleiteten Bedürfnisse z.B. in Form von Epics unterziehen sie im Anschluss einer Bewertung und wählen diejenigen aus, welche umgesetzt werden sollen. Die umzusetzenden Ergebnisse können daraufhin mithilfe einer Story Map noch verfeinert werden [Schu 2016].

7.3.4.1 Impact Mapping

Mit der Methode Impact Mapping von Gojko Adzic werden Kommunikation und gegenseitiges Verständnis zwischen den Stakeholdern (welche die Strategie definiert haben), dem Businessanalysten und den Entwicklern (welche das strategische Ziel systembezogen umsetzen müssen) stark optimiert [Adz 2012]. Das Impact Mapping ist daher eine visuelle Mapping-Technik speziell für die Produktentwicklung. Im Kern geht es beim Impact Mapping um die Zuordnung von Aktivitäten, Ergebnissen, Massnahmen und Anforderungen zu einem konkreten Geschäftsziel. Zudem unterstützt es über ein hierarchisch strukturiertes Vorgehen die Anwender darin, den Überblick zu behalten und so vor allem auch die Vollständigkeit der jeweiligen Ebenen zu überprüfen. Die Methode lässt unterschiedliche

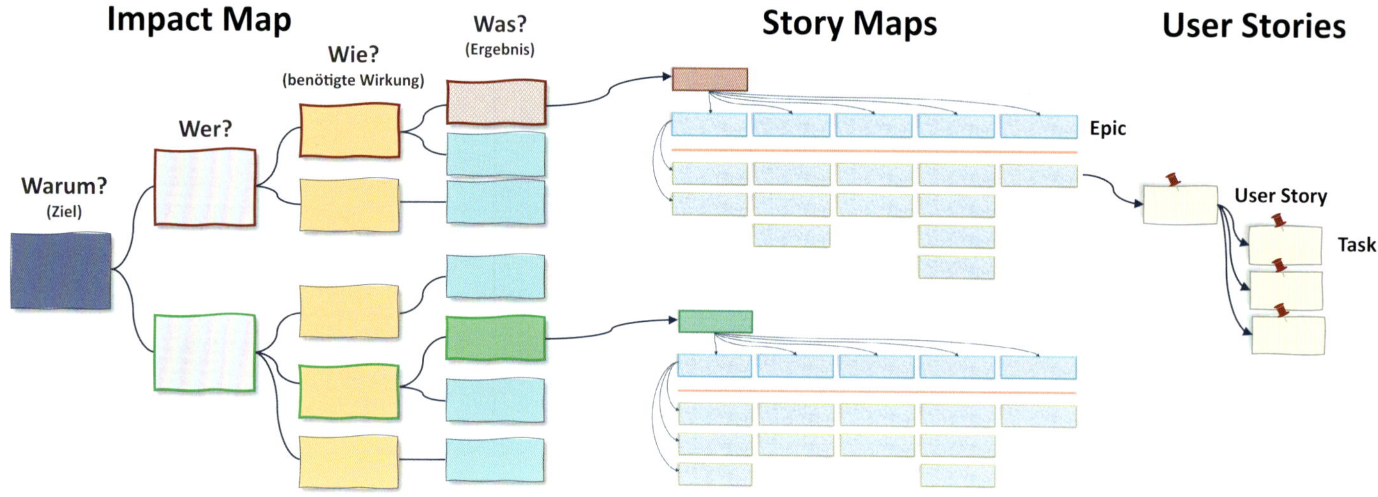

Abb. 7.35: Zusammenspiel zwischen Impact Map, Story Maps und User Storys, in Anlehnung an [Schu 2016]

Perspektiven von Management, Product Ownern und Entwicklern zu. Impact Mapping dient als strategisches Planungsinstrument und besteht aus vier Ebenen, welche die von Silvio Corti formulierten Fragestellungen abdecken respektive beantworten sollten [Cor 2019]:

Ebene 1: *Strategisches Geschäftsziel = WARUM?*

Als Erstes geht es darum, das «Warum», sprich das strategische Geschäftsziel zu identifizieren oder zu bestätigen. Im Zentrum einer Impact Map steht die Frage: Warum machen wir das? Die Antwort ist, dass das strategische Geschäftsziel xy erreicht werden soll. Ein weiteres Ziel ist es, das zu lösende Problem bzw. die zu lösenden Bedürfnisse (Needs) darzustellen (und nicht etwa zu lösen). Daher besteht der erste Schritt bei der Erstellung einer Impact Map («Wirkungskarte») darin, sicherzustellen, dass es ein klares und intelligentes Geschäftsziel gibt, auf das sich alle einigen. Ein gutes Ziel sollte mit der SMART-Technik definiert werden.

Ebene 2: *Akteure, die entweder helfen können, das Ziel zu erreichen, oder die eine Zielerreichung behindern = WER?*

Als Nächstes geht es darum, das «WER» zu identifizieren (Identifizieren der möglichen Akteure). Diese zweite Ebene einer Impact Map enthält Antworten auf die folgenden Fragen: a) Wer kann den gewünschten Effekt erzielen? b) Wer kann das verhindern? c) Wer sind die Verbraucher oder Nutzer unseres Produkts? und d) Wer wird davon be-

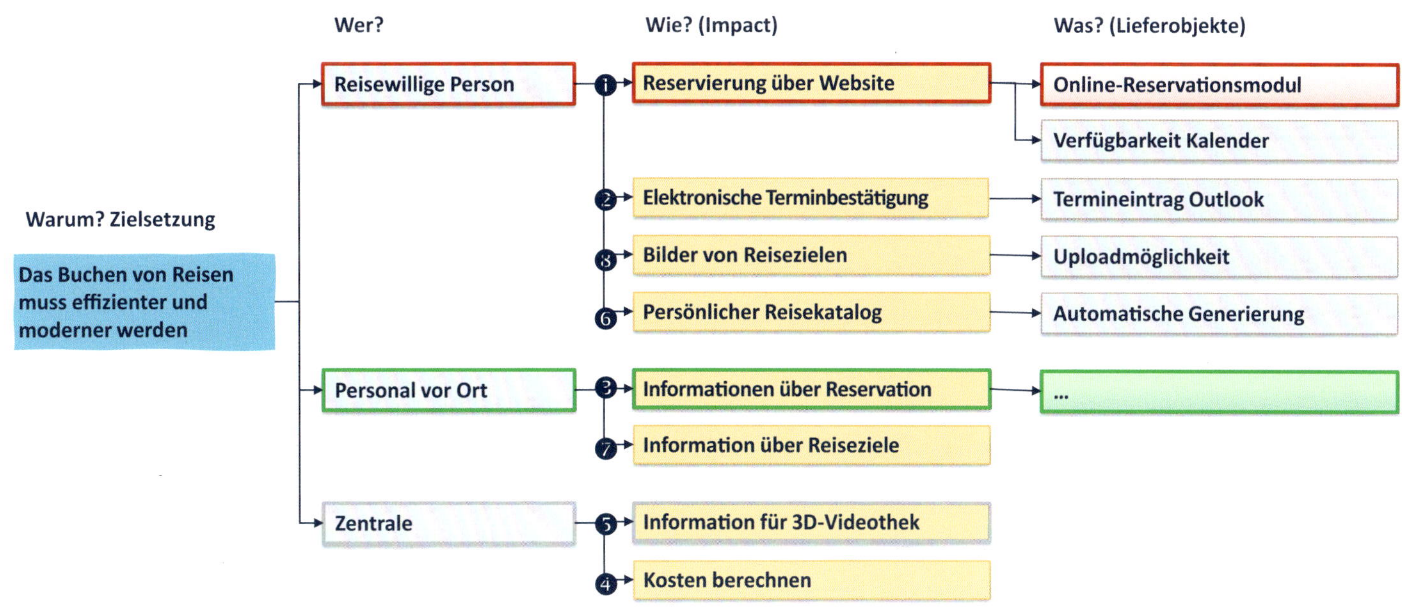

Abb. 7.36: Impact Map – Praxisbeispiel in Anlehnung an [Schu 2016]

troffen sein? Wichtige Akteure sind diejenigen, die den Erfolg eines Produktmeilensteins massgeblich beeinflussen können, einschliesslich Endbenutzer und interne oder externe Entscheidungsträger. Es gilt, nach den folgenden drei Arten von Akteuren zu suchen, welche in Form von Personas genau beschrieben werden können:

1. Hauptakteure, deren Ziele erreicht werden – z.B. potenzielle Kunden, die eine Reise buchen möchten
2. Sekundärakteure, die Dienstleistungen erbringen – z.B. externe Reiseagenturen
3. Off-Stage-Akteure, die ein Interesse an den Verhaltensweisen haben, aber nicht direkt davon profitieren, oder eine Dienstleistung erbringen – z.B. qualifizierte Entwicklungsfirmen von Virtual Reality Headsets

Ebene 3: *Welche Wirkungen müssen die Akteure erzielen/erbringen, um die Erreichung des Geschäftsziels zu unterstützen = WIE (Impact bzw. Auswirkungen)?*

Das WIE identifizieren: Die dritte Ebene einer Impact Map setzt die Akteure in die Perspektive des Geschäftsziels. Es beantwortet die folgenden Fragen:

- Wie können die Akteure helfen, das Ziel zu erreichen?
- Wie können sie den Erfolg behindern oder verhindern?
- Wie soll sich das Verhalten der Akteure ändern? Sprich, welche Auswirkungen unterstützen die entsprechenden Akteure in ihrem Verhalten?

Es muss nicht alles notiert werden, was ein Akteur erreichen möchte. Es gilt, nur jene Impacts aufzulisten, welche das Geschäftsziel effektiv positiv beeinflussen können. Ein Schlüssel für die erfolgreiche Bereitstellung eines Produkts besteht darin zu verstehen, welche Aufgaben die Akteure erledigen möchten.

Ebene 4: *Welche lieferbaren Ergebnisse unterstützen oder verhindern die identifizierten Verhaltensweisen bei unseren Akteuren = WAS?*

Die vierte Ebene einer Impact Map beantwortet die Frage: WAS wird benötigt, um die erforderliche Wirkung zu erzielen? Dies sind die zu erbringenden Leistungen, sprich Features (Ergebnisse, Lieferobjekte [Deliverables], Annahmen). Eine Impact Map ordnet alle zu erbringenden Leistungen den Auswirkungen zu, die unterstützt werden sollen. Dies hilft, die zu erbringenden Leistungen in unabhängige Teile aufzuteilen, die einen eindeutigen Business Value bewirken. Es ermöglicht auch, mittels Priorisierung Ergebnisse herauszufiltern, die nicht wirklich zu einem Mehrwert beitragen. Im Workshop schreiben die Teilnehmenden ihre Ideen auf Karten oder Post-its und heften diese an die Wand. Anschliessend werden sie hinsichtlich der erforderlichen Wirkung auf das Geschäftsziel diskutiert, verglichen und überprüft. Zuletzt werden alle Informationen neu aufgeschrieben und es wird eine Vereinbarung unter den Teilnehmenden erstellt. Aus dieser vierten Ebene können anschliessend die konkreten Anforderungen, sprich eine Story Map mit den Epics und User Stories zu den Lieferobjekten, abgeleitet werden.

Fazit: Durch die Verknüpfung von Ergebnissen mit Auswirkungen, Akteuren und Zielen zeigt die Impact Map schliesslich die Argumentationskette, die zu einem Ergebnisvorschlag führt. Ohne eine klare Zuordnung der zu erbringenden Leistungen zu den Geschäftszielen und eine Begründung für diese Zuordnung durch zu unterstützende Auswirkungen ist es sehr schwierig darüber zu argumentieren, ob in bestimmte zu erbringende Leistungen investiert werden soll oder nicht. Mit diesem Schritt erfolgt die Priorisierung, welcher der kürzeste Weg für das Erreichen des strategischen Ziels ist.

7.3.4.2 Story Mapping

Nach der Priorisierung der lieferbaren Ergebnisse (Features) auf Ebene 4 der Impact Map kann das Team mit der detaillierten Planung beginnen. Um diese übersichtlich aufzubauen und den Workshop strukturiert durchzuführen, hat Jeff Patton das Story Mapping als Best-Practice-Methode vorgeschlagen [Pat 2014]. Gemäss Patton wird mit Story Mapping konsequent auf die Bedürfnisse der Benutzer und ihre Erfahrungen konzentriert.

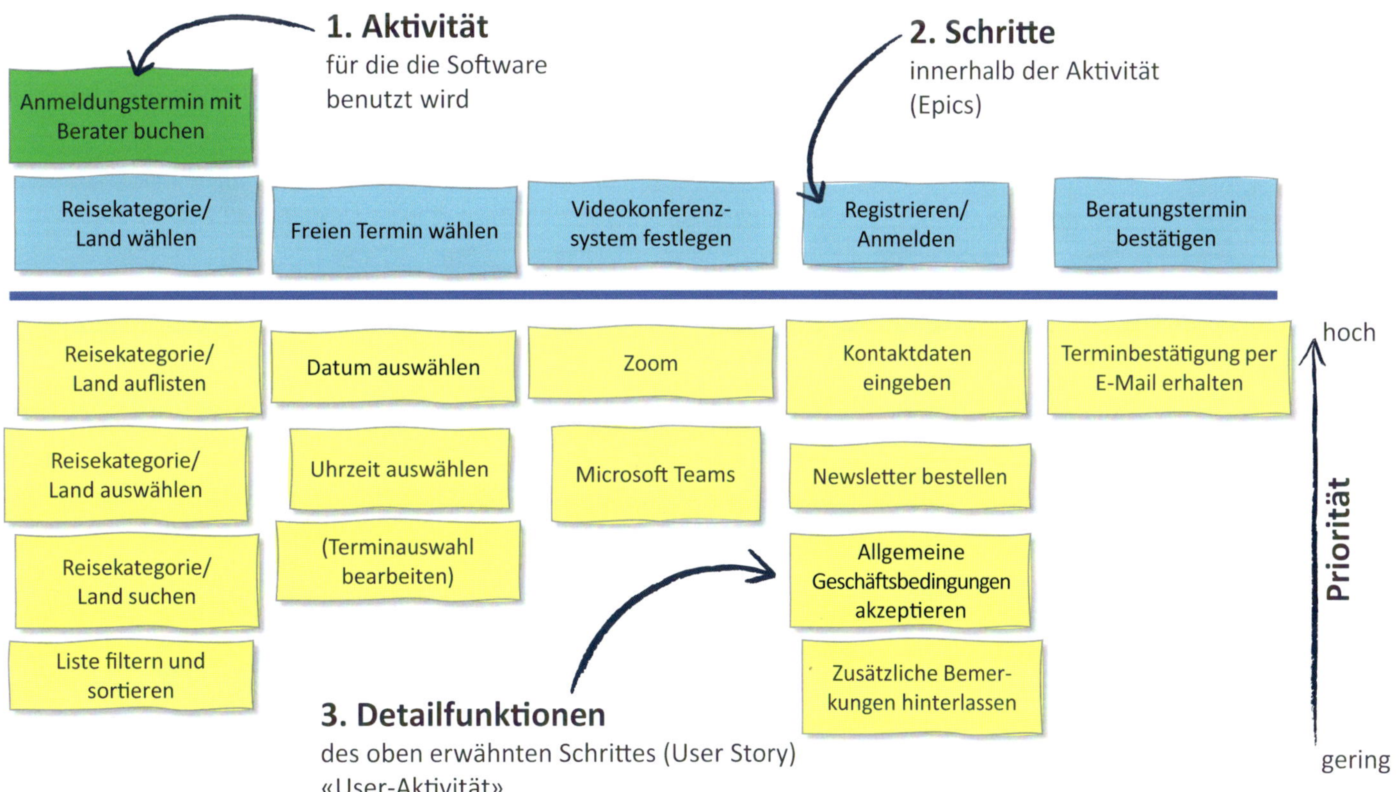

Abb. 7.37: Beispielhafte Story Map, um einen Beratungstermin mit der Reiseagentur 3D-Travel zu vereinbaren

Eine Story Map ist eine Visualisierungsmethode, mit der Benutzeranforderungen berücksichtigt werden und gleichzeitig ein Überblick über das Backlog erhalten werden kann. Die Verwendung der Methode verbessert das gegenseitige Verständnis des Gesamtprozesses innerhalb des Teams und ermöglicht letztendlich ein besseres Produkt [Lat 2017].

Im Rahmen des Story-Mapping-Workshops werden die identifizierten und auf Karten festgehaltenen Epics und User Stories gemeinsam an einer Wand zu einer Story Map zusammengestellt. Dazu werden die einzelnen Items im Prozessablauf aneinandergereiht, wobei die x-Achse die zeitlichen Abläufe im Geschäftsprozess und die y-Achse die Ausprägung der Items darstellt. Im Rahmen eines solchen Story-Mapping-Workshops werden User Stories und Epics priorisiert und es wird die Funktionalität für einen ersten Release definiert [Wie 2013].

Abbildung 7.37 und 7.38 zeigen als Beispiel die Story Maps eines Beratungstermins mit der Reiseagentur 3D-Travel. Sie beginnt mit einer Aktivität (z.B. einem Prozess, der als Epic beschrieben werden kann), die die neue Software mit geeigneten Funktionen ermöglichen soll. Will ein Benutzer diese Aktivität ausführen, interagiert er mit dem System in mehreren Schritten. Gemäss Schubert erstellt das Product-Owner-Team für jeden Interaktionsschritt eine User Story und listet diese horizontal in der Story Map auf.

Abb. 7.38: Beispielhafte Story Map für ein 3D-Reiseberatungsgespräch

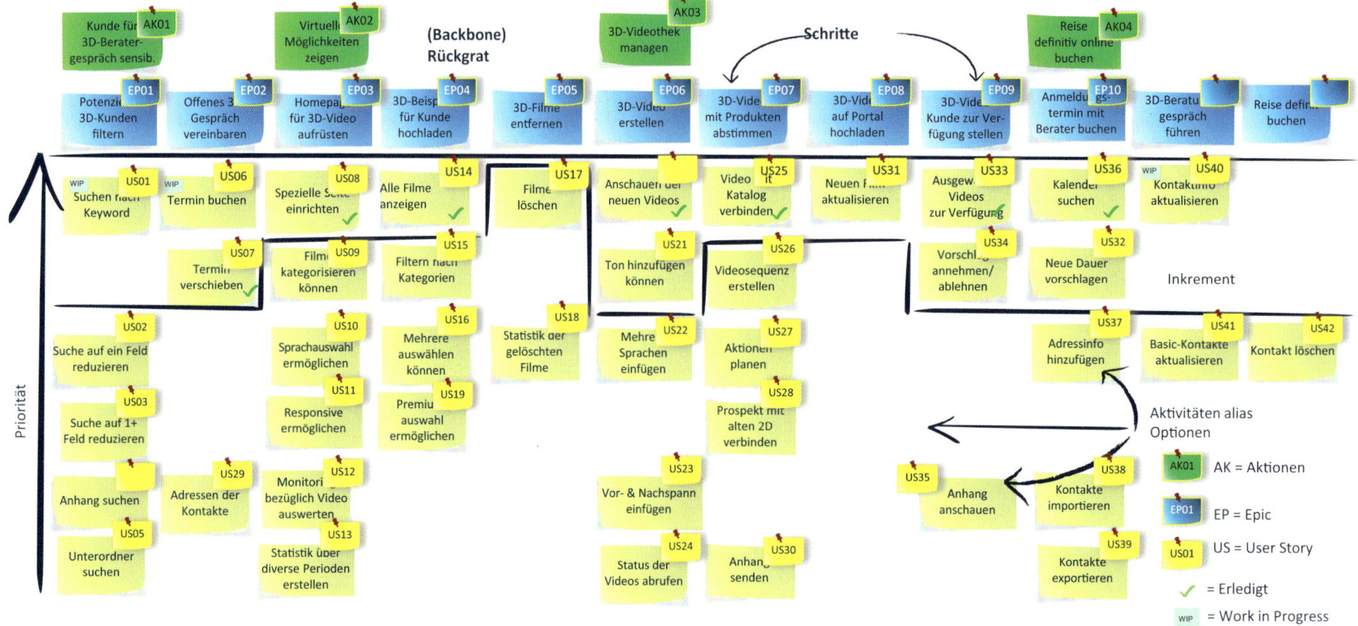

Anschliessend präzisieren die Teammitglieder jeden Interaktionsschritt mit den weiteren User Stories. Das PO-Team hängt diese sortiert unter den zugehörigen Schritt innerhalb der Story Map und erhält so eine zweidimensionale Landkarte [Schu 2016].

Um den schnellen Zugriff für fachliche Diskussionen sowie für die Pflege zu erleichtern, ist es wichtig, dass Story Maps gut sichtbar im Arbeitsbereich des Teams aufgehängt sind. Zusätzlich beinhalten sie die Priorisierung der Anforderungen und dienen damit den Entwicklern als Erinnerung bei der täglichen Arbeit [Schu 2016]. Die so dargestellte Story Map bietet auch eine gute Struktur für die Produktdokumentation.

Die Story Map entsteht immer in Diskussionen mit allen Beteiligten, insbesondere mit den Business-Vertretern. Da dieser Katalog meist noch unrealistische Anforderungen enthält, sind zwei klärende Prüfungen einzubauen:

- A) Zu jeder Funktion/Anforderung sollte ein «Preisschild» (Schätzung) mit seinem Sponsor angehängt werden. Ist dies in den Grundzügen, basierend auf den gesetzten Rahmenbedingungen, nicht möglich, dürfte die Anforderung vom Katalog gestrichen werden.
- B) Basierend auf der Logik, dass jede Anforderung auch getestet wird, sollte auch überlegt oder sogar definiert werden, wie der Testfall aussehen muss.

Bei der Menge der Anforderungen gilt das Credo: Weniger ist mehr – besonders, wenn das Budget beschränkt ist. Es ist besser, einige wenige Anforderungen gut umzusetzen, die den Kunden begeistern und sein Kernproblem lösen, als viele unterschiedliche Anforderungen, die die Software zusätzlich kompliziert machen. Studien haben gezeigt, dass in vielen Softwareprodukten nur etwa 20% der Features genutzt werden. Der Rest ist als Überproduktion anzusehen [Pop 2007].

Hinweis: Wie in Kapitel 6.3.3.3 erläutert, strukturiert der Product Owner die Spalten der Story Map nicht nach dem Backbone, sondern nach den einzelnen Sprints. Dadurch kann man dem Auftraggeber sehr gut aufzeigen, welche Aufgaben in welchen Releaseschritten des Projekts ausgeführt werden. Indem die zeitliche Komponente vollständig auf die horizontale Achse und alle Aufgaben auf die vertikale Achse verschoben werden, entspricht dies beinahe dem klassischen verrichtungsorientierten Projektstrukturplan.

7.3.4.3 INVEST

Um eine gute User Story zu erhalten, kann das Akronym INVEST von Bill Wake verwendet werden. Es dient als Gedankenstütze, um die User Stories eines Product Backlog mit entsprechend hoher Qualität aufbauen zu können. Im besten Fall sollte jede User Story nach dem INVEST-Prinzip geschrieben werden [Wak 2003]:

- I (Independent) Sie ist nicht von einer anderen User Story abhängig.
- N (Negotiable) Sie dient als Gesprächsgrundlage und kann gemeinsam weiterentwickelt werden.

- V (Valuable) Sie stellt immer einen Vorteil (Nutzen) für den User, Kunden oder Auftraggeber dar.
- E (Estimatable) Sie ist schätzbar. Sie hat also so viel konkrete Details, dass ein erfahrenes Team ihren Umfang schätzen kann.
- S (Small) Sie ist so klein, dass sie als Teil eines Sprints umgesetzt werden kann.
- T (Testable) Sie beinhaltet genügend Informationen, um getestet werden zu können.

Gemäss Bill Wake sind ergänzend folgende Hinweise hilfreich [Wak 2003]:

- Den Nutzer stets im Fokus behalten.
- User Stories werden nicht von einer Person allein erstellt – Teamarbeit ist gefragt und Kommunikation besonders wichtig.
- Mit Akzeptanzkriterien wird das gegenseitige Verständnis massiv geprüft.
- Die Stories sichtbar machen, sodass jeder sie einsehen kann und präsent hat.
- User Stories sind kein Allheilmittel – nicht immer macht es Sinn, eine User Story zu schreiben.
- Solange eine User Story nicht für einen Sprint selektiert wurde, ist sie bezüglich ihres Inhalts und ihrer Formulierung verhandelbar (Negotiable).

Wie Bill Wake knüpft auch Ron Jeffries am Vorgehenskonzept an, dass eine User Story keine Spezifikation ist, sondern ein vom Kunde definiertes Bedürfnis. Sie ist eine Diskussionsgrundlage für ein Gespräch zwischen Produkt Owner und Entwickler. Dabei beschreibt er mit CCC (Card, Conversation, Confirmation) drei kritischen Aspekte [Jef 2015]:

- **Card:**
  (prägnant die Story auf einem Post-it zusammenfassen)
  Das Ziel ist es, dass der Stakeholder oder Product Owner die User Stories auf Post-its (Card) kurz und prägnant beschreibt. Trotz der geringen Grösse eines Post-its gilt es, genügend Informationen aufzuführen, die an den Kundenwunsch erinnern. Auf dem Post-it sind auch die wichtigsten Punkte festzuhalten, die mit dem Softwareentwicklungsteam vereinbart wurden. So repräsentiert ein Post-it eine Anforderung, welche auch für die Planung verwendet wird. Daher sind auch Angaben wie Umfang, Mehrwertbeitrag und Priorität aufzuführen (siehe Abbildung 7.33). Wurden diese planerischen Aufgaben im Planning I vorgenommen und vom Entwicklerteam im Sinne der verständlichen Beschreibung akzeptiert (DoR), so übergibt der Product Owner das respektive die selektierten Post-its an die Entwickler und bekommt diese nach Abschluss der Entwicklung (DoD) wieder zurück.

- **Der Dialog «Conversation»:**
  (im Dialog tauschen Product Owner und Entwickler die Gedanken zu der Anforderung aus)
  Da eine User Story sehr prägnant beschrieben wird, ist es umso wichtiger, dass die Anforderung im Dialog (Kunden – Entwickler) besprochen wird. Dieser Dialog findet mindestens einmal, noch besser mehrmals im Laufe des Sprintprozesses statt – sicher aber dann, wenn der Umfang der User Story geschätzt wird und

noch einmal, wenn sie zur Umsetzung eingeplant ist. Ziel des Dialogs ist es, Gedanken, Meinungen und Gefühle auszutauschen. Grundsätzlich erfolgen diese Besprechungen zwischen Kunden und Entwickler mündlich. Als Unterstützung können Vorlagen, zusätzliche Dokumente oder Mockups verwendet werden, in denen idealerweise konkrete Beispiele aufgeführt werden. Diese Beispiele (Example Mapping) dienen wiederum als Testfälle beim Akzeptanztest.

- **Confirmation:**
  (der PO erstellt Akzeptanzkriterien, mit denen die Messlatte für eine korrekte Umsetzung definiert wird)
  Der Product Owner definiert vor dem DoR Akzeptanzkriterien oder Akzeptanztests um nachzuweisen, dass die Stories in der gewünschten Form implementiert worden sind. Mit diesem Vorgehen können Missverständnis eliminiert und allfällige Streitigkeiten vermieden werden. In der Softwareentwicklung, basierend auf dem Test-Driven-Development-Ansatz, haben sich automatisierbare Beispiele besonders bewährt. So können die Entwickler die Testfälle in automatisierte Tests überführen. Über die Zeit wird dadurch ein grosser Bestand an Testfällen aufgebaut, was zu einer hohen Qualität der Software beiträgt.

Die drei Cs zeigen, wie ein Product Owner mit Anforderungen im agilen Produkteentwicklungsprozess umgehen kann. Als Qualitätscheck einer User Story können folgende Fragen gestellt werden:

- Welches Bedürfnis wird in der Story adressiert?
- Wessen Bedürfnis wird durch diese Story gelöst?
- Wurde das Bedürfnis verstanden und genügend hinterfragt?
- Wurde das Bedürfnis lediglich als Anforderung vom Kunden übernommen? Wenn ja, gibt es andere Lösungen für dieses Bedürfnis?

Das Verwenden von Spikes im agilen Vorgehen eine wichtige planerische Begleittechnik. Oftmals besteht eine grosse Unsicherheit in Bezug auf die notwendigen Anforderungen und/oder mit Blick darauf, was die wahrscheinlichste Lösung für die Umsetzung sein sollte. Mit der Spike-Technik kann, getrennt vom Entwicklungsaufwand, die entsprechende Unsicherheit isoliert und bestmöglich aufgelöst werden [Scho 2018]. Spikes werden im Rahmen der normalen Sprints (Spike Story) eingesetzt.

7.3.4.4 Spikes

Ein Spike ist eine spezielle Art von Iteration, die zur Forschung, möglicherweise zum Erstellen eines Prototyps einer Lösung (MVP) und/oder zur Erarbeitung alternativer Ansätze bezüglich einer Lösung eingesetzt wird. Die Isolierung und zeitliche Eingrenzung, die für die Lösung dieser Art von Unsicherheit aufgewendet wird, kann dazu beitragen, dass es die Entwicklungsanstrengungen des Mainstreams nicht wesentlich verlangsamt. Zu viele planerische Unsicherheiten, die in einer Entwicklung existieren, beeinflussen die Effizienz des Teams.

7.4 Iterativ-inkrementeller SW-Produktentwicklungsprozess

7.4.1 Moderner Softwareentwicklungsprozess

Wurden zwischen MS20 und MS25 die Grundlagenarbeiten bezüglich der Projektabwicklungskonfiguration vorgenommen (siehe Kapitel 7.2.5), so kann die iterativ-inkrementelle Entwicklung gestartet werden. Wie Abbildung 7.39 aufzeigt, geht es bei dieser Abwicklungsphase darum, die aufgeführten Product Backlog Items (PBI) gemäss ihrer Priorität in den entsprechenden Sprints zu spezifizieren und zu realisieren bzw. das definierte «WAS» (Was wollen wir?) in Form von Epics und User Stories in konkretes «WIE» (Wie wollen wir es?) umzusetzen. Das Sprintmanagement von Sprint Planning 1 bis zur Retrospektive ist in Kapitel 6.6.2 detailliert beschrieben. In den folgenden Kapiteln werden darum die einzelnen Realisierungsschritte und relevante Aspekte der reinen SW-Produkteentwicklung wie z.B. das Konfigurationsmanagementsystem (KMS) oder Refactoring beschrieben.

Die iterativ-inkrementelle Softwareentwicklung bezieht sich, wie Abbildung 7.40 aufzeigt, auf das Abarbeiten der taskbezogenen Aufgabenstruktur des definierten Sprints.

Das heisst, die nachfolgend definierten Arbeitsschritte eines Entwicklungsprozesses werden in einem Entwicklungsteam als End-to-End-Ansatz parallel ausgeführt. Im

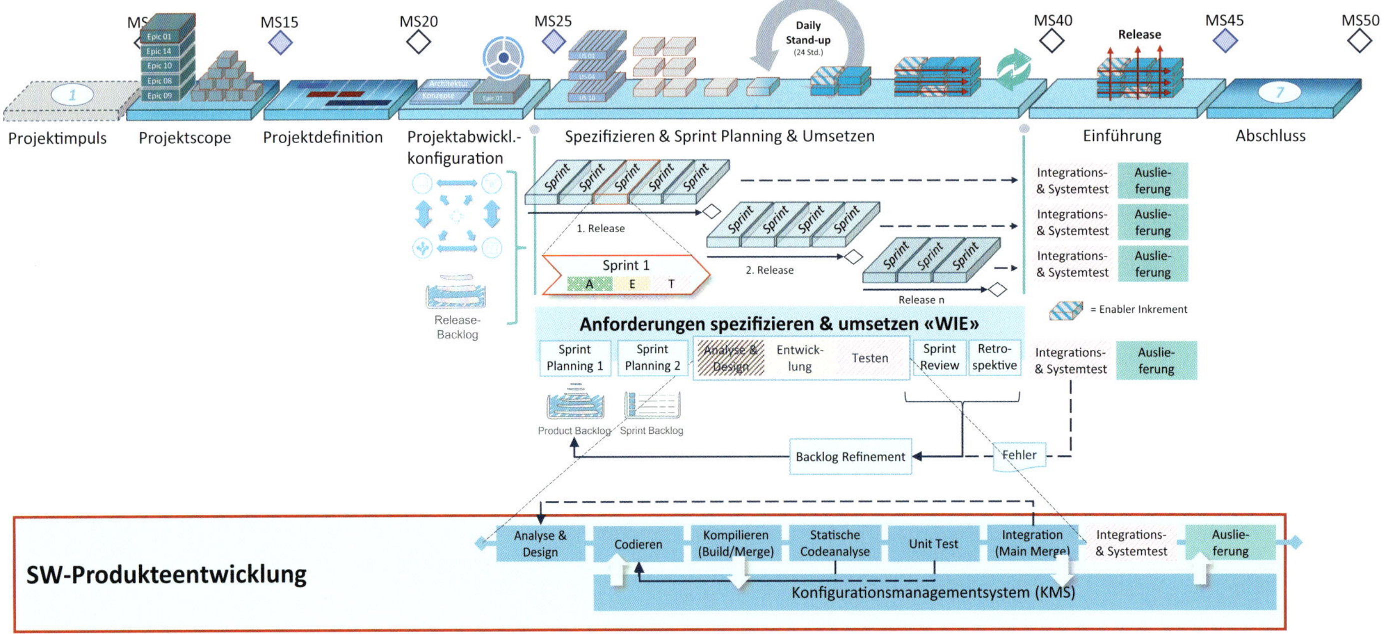

Abb. 7.39: Schritte des iterativ-inkrementellen Produkteentwicklungsprozesses

Weiteren ist bei der iterativen und inkrementellen Softwareentwicklung das Testen besonders zu betonen. Hier gibt es zwischen den Entwicklungs- und Testtätigkeiten, also diesem Kapitel und Kapitel 7.5, starke Interdependenzen.

Hinweis: Es ist wichtig zu erwähnen, dass diese Tätigkeiten in der Praxis zwar unter den Entwicklern parallel ablaufen, die folgende Entwicklung einer User tory/Task aber nicht immer im gleichen Sprint erfolgen muss. Es gibt somit immer mehrere Entwicklungsstränge und fachliche Themen, an denen in Analyse/Design gearbeitet wird, und Themen, deren Analyse/Design abgeschlossen ist und die konkret implementiert werden – sowie sogar fachliche Themen (Features), die bereits umgesetzt sind, für die jedoch noch weitere Tests durchgeführt werden oder für die automatisierte Tests hinzugefügt werden.

Grundsätzlich müssten an dieser Stelle bezüglich der Realisierung eines Sprints auch die Schritte «Sprint Planning 1 und 2» aufgeführt werden. Das Managen der Sprints mit seinen Praktiken und Artefakten wird im Kapitel 6.6 detailliert beschrieben. Die nachfolgende kurze Zusammenfassung dieser beiden Arbeitsschritte zeigt die Prozesslogik:

Sprint Planning 1: Im Sprint Planning Meeting (Teil 1) stellt der Product Owner die User Stories vor. Zusammen mit dem Team wird der Inhalt «WAS», d.h. die User Stories des nächsten Sprints, besprochen und das Sprintziel definiert. In diesem Schritt wird auch die qualitative Beschreibung der User Stories mittels DoR-Prinzip überprüft. Wenn alles geklärt ist, erteilt das Team das Commitment

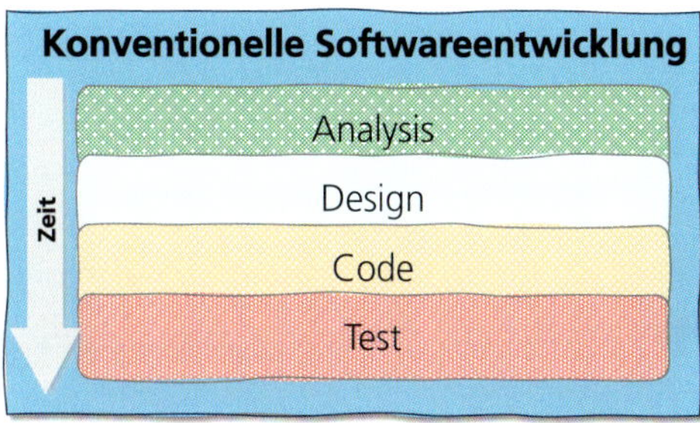

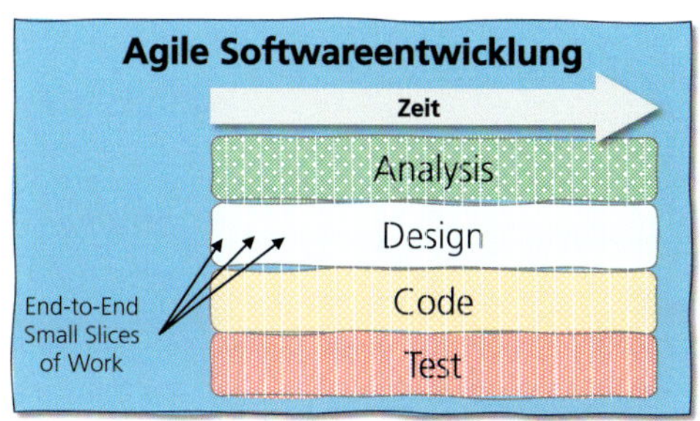

Abb. 7.40: Agile versus konventionelle Softwareentwicklungsmethode

für den nächsten Sprint. Das Ergebnis bzw. die entsprechenden Product Backlog Items werden im Sprint Backlog festgehalten.

Sprint Planning 2: Im Sprint Planning Meeting 2 erarbeitet das Sprintteam die Arbeiten der nächsten 30 Kalendertage (das «WIE»: Wie wollen wir die selektierten User Stories umsetzen?). Obwohl nicht vom Vorgehen verpflichtet, können hier spezielle User Stories bereits auf einzelne Tasks heruntergebrochen und im Taskboard festgehalten werden.

7.4.1.1 Aktivität 5.1 – Anforderungen spezifizieren (Analyse und Design)

Die im Sprint Planning 2 (Kapitel 6.6.2.1) analysierten User Stories müssen bezüglich Anforderungen in diesem ersten Arbeitsschritt so spezifiziert werden, dass anschliessend ein lückenloses Verständnis beim Entwickler oder Entwicklungsteam vorliegt, wie (Design) eine Anforderung im Detail umgesetzt wird, um damit die definierten Akzeptanzkriterien zu erfüllen – z.B. als User Story. Die Norm ISO

13485 legt fest, wie die folgenden Anforderungsaspekte geprüft, allenfalls spezifiziert und designt werden:

- Anforderungen an die Funktion, Leistung und Sicherheit, um das Produkt der Zweckbestimmung entsprechend anwenden zu können
- regulatorische Anforderungen
- ggf. Anforderungen, die sich aus vorangegangenen Entwicklungen ableiten lassen
- Anforderungen, die sich aus dem Risikomanagement ergeben
- sonstige Anforderungen (ohne diese näher zu spezifizieren)

Die bekanntesten agilen SW-Entwicklungsmethoden werden im Kapitel 2.3 beschrieben.

Zudem können diese spezifizierten Elemente in Bezug auf die vorliegende Architektur oder den Architekturrahmen überprüft werden.

Gemäss SDLC (System Development Life Cycle) werden im Arbeitsschritt Design die gewünschten Funktionen und Vorgänge so ausführlich beschrieben, dass erfahrene Entwickler das System mit kleinstmöglichem zusätzlichen Aufwand entwickeln und liefern können. Das heisst, für jede Anforderung (User Story) wird als Ergebnis von Interviews, Workshops und/oder Prototypenbemühungen ein Satz mit einem oder mehreren Designelementen erstellt. Ein Designelement beschreibt die gewünschten Systemmerkmale im Detail und umfasst im Allgemeinen Funktionshierarchiediagramme, Bildschirmlayoutdiagramme, Tabellen mit Geschäftsregeln, Geschäftsprozessdiagramme, ein vollständiges Entitätsbeziehungsdiagramm mit einem vollständigen Data Dictionary und andere Dokumentationen [Wiki 2020].

7.4.1.2 Aktivität 5.2 – Codieren, Testen & Integrieren

Die Codierung von Software in agilen Entwicklungsteams ist ein dauerndes Wechselspiel zwischen Entwicklungs-Input und Entwicklungs-Output. Zu den Entwicklungs-Inputs zählen die User Stories mit den zugehörigen Akzeptanzkriterien, die auch nicht funktionale Aspekte umfassen müssen (z.B. in Form von User Constraints beschrieben) sowie Testergebnisse der Integrationstest. Diese User Stories werden in Tasks zerlegt, die idealerweise innerhalb eines Tages sicher in Form von Codebausteinen entwickelt werden können. Dabei geht es für die Entwickler darum, die DoD-Liste zu erfüllen, z.B.:

- Alle Akzeptanzkriterien werden erfüllt.
- Der Code ist vollständig implementiert und kommentiert.
- Die Coding Standards und die internen Konventionen wurden eingehalten.
- Ein Code Review wurde durchgeführt (Merge Request).
- Die Unit Tests wurden erstellt, durchgeführt und bestanden.
- Der Code steht unter Versionsverwaltung und ist in den Standard-Branch gemerched. Ein Eintrag im Changelog wurde angelegt.
- Eine Dokumentation wurde erstellt.
- Das Ergebnis wurde mit dem PO besprochen.

In der iterativ-inkrementellen Softwareentwicklung wird das Erstellen und Integrieren häufig mit dem Continuous-Integration-Ansatz (CI) umgesetzt. Gemäss Linz wird jeder neu erstellte Codebaustein nach seiner Fertigstellung in die

Integrationsumgebung überspielt. Neue Bausteine werden nicht mit anderen, ebenfalls neuen noch nicht integrierten Bausteinen zusammengeworfen und gemeinsam getestet, sondern jeder modifizierte oder neue Baustein wird einzeln gegen einen bereits integrierten Versionsstand (Build) in der zentralen Integrationsumgebung integriert [Lin 2017]. Die im Folgenden aufgeführten Elemente und Prozessschritte gehören gemäss Duvall zu einem Continuous-Integration-Prozess [Duv 2007]:

- 1) User Story/Task spezifizieren, codieren und einchecken
  Ein Task, der zur Umsetzung einer User Story benötigt wird, wird in einem Arbeitsdurchgang vom Entwickler analysiert, bezüglich der Architektur konzeptionell überprüft und allenfalls angepasst sowie im Detail spezifiziert und auf seiner lokalen Maschine codiert. Die Entwickler, die einen Task, eine User Story oder Features entwickeln, arbeiten auf einer eigenständigen Codebasis. Hierfür erstellen sie zum Start ihrer Arbeit

Abb. 7.41: Entwicklungspipeline – Unterschied von Continuous Delivery und Continuous Deployment in Anlehnung an [Sun 2013]

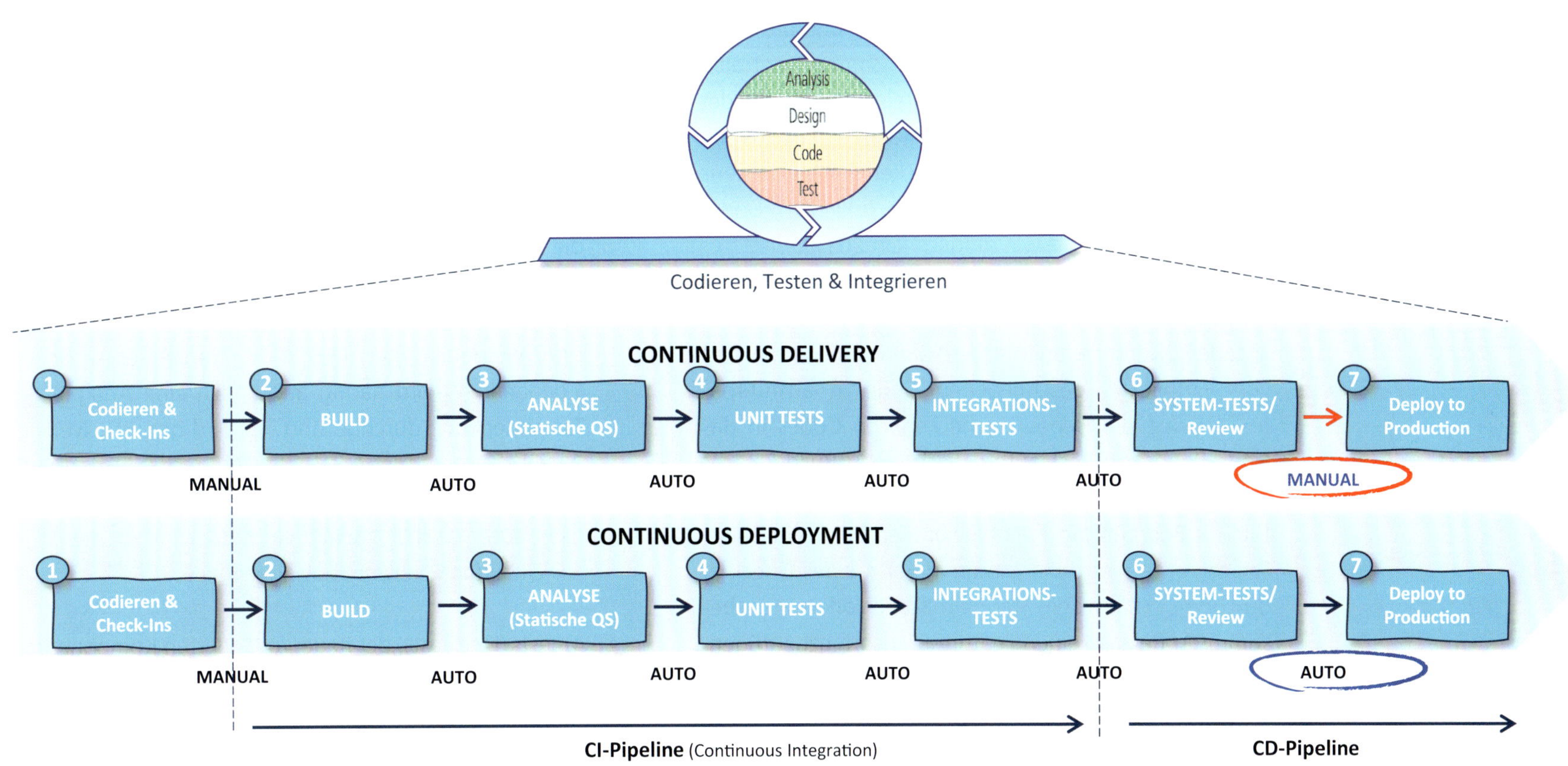

auf der Basis der gegenwärtigen Codebasis einen separaten Branch (Zweig), häufig als sogenannter Feature-Branch bezeichnet. Damit wird sichergestellt, dass noch unfertiger Code keinen bestehenden Release-Stand beeinflusst bzw. andere Entwickler an anderen Tasks/Features arbeiten können, ohne sich gegenseitig zu beeinflussen. Die Entwickler haben das Ziel, eine eigenständige, lauffähige Komponente (Codebaustein respektive Artefakt) in einem gemeinsamen Branch zu erstellen. Gemäss Linz wird dafür ein zentrales Code-Repository (eine gemeinsame Codebasis) verwendet. Das Team verwaltet den Programmcode und die automatisierten Tests in einem gemeinsamen zentralen Code-Repository. Jeder Codebaustein steht unter der Versionsverwaltung und jeder Programmierer muss seinen Code dort einliefern («einchecken») – mindestens einmal täglich, besser nach jeder (auch kleinen) Codeänderung, also so oft wie möglich [Lin 2017].

- 2) Build – Kompilieren und Integrieren
  Mit dem Kompilieren wandelt das Build-System den vom Entwickler geschriebenen Code in ausführbare Software um. Jedes Einchecken von Codes in das Code-Repository löst automatisch einen Build-Prozess inklusive Durchführung automatischer Tests für den aktuell in Bearbeitung befindlichen Feature-Branch aus. Anschliessend wird ein Merge in Form eines Check-in durchgeführt, um dem Standard-Branch oder einem bestimmten Release einen Feature-Branch hinzuzufügen. Das Mergen von Code muss vom Entwickler bewusst durchgeführt werden und erfordert höchste Aufmerksamkeit, da allenfalls Codestellen, die von mehreren Softwareentwicklern gleichzeitig geändert wurden, zu Konflikten führen können. Jedes Teammitglied ist dafür verantwortlich, seine Änderungen unverzüglich im Build zu integrieren, wenn die User Story oder der Task aus seiner Sicht im Status DoD ist [Lin 2017]. Um die Zeit bis zum Feedback möglichst kurz zu halten, enthalten Pipelines typischerweise parallelisierte Jobs.

- 3) Analyse (Statische QS)
  Nach erfolgreicher Kompilierung wird eine weiter gehende statische Codeanalyse ausgeführt. Hier werden automatisch die vom Team verabschiedeten Codierungsrichtlinien überprüft und vereinbarte codebasierte Qualitätsmetriken gemessen (z.B. Verschachtelungstiefe, Architektur-Check). Die statische (Code-)Analyse erfolgt auf der Codebasis der Anwendung, ohne dass die Software ausgeführt werden muss. Wichtig ist, dass das Team nur solche Codierungsrichtlinien formuliert und anwendet, deren Einhaltung automatisiert überprüft werden können [Duv 2007]. Neben der statischen Codeanalyse wird häufig auch noch eine Analyse der Testabdeckung durchgeführt. Es wird geprüft, welcher Anteil des geschriebenen Codes durch automatisierte Unit Tests durchlaufen wird, d.h. wie viel Codezeilen nicht automatisiert geprüft werden etc. Auch dies wird zur Qualitätssicherung herangezogen.

- 4) Tests (Unit Tests) der neuen/geänderten Komponenten
  Ist der Code derart statisch geprüft, kann er mittels Unit Test (Komponententests) geprüft werden. Dabei wer-

den die unterschiedlichen Tests in sehr kleinen Zyklen, «Mikro-Testzyklen», durchgeführt [Duv 2007]. Für Unit Tests werden Infrastruktur und Daten weitestgehend im Code durch z.B. Mocks simuliert, damit diese Tests möglichst schnell und jederzeit auch auf der lokalen Maschine der Entwickler durchgeführt werden können. Mit Unit Tests werden einzelne Klassen oder Komponenten getestet. Die Unit Tests werden vollumfänglich von den Entwicklern geschrieben.
Anschliessend starten die automatisierten Unit Tests sowie verschiedene andere Arten von Tests für alle Elemente (möglicherweise Funktions- oder Integrationstests). Diese Phase wird verwendet, um sicherzustellen, dass der Änderungssatz die Funktionen nicht beeinträchtigt und gut mit anderen Teilecodes funktioniert. Die Tests sollen auf der gesamten Codebasis ausgeführt werden, nicht nur auf den neuen Änderungen [Red 2017].

- 5) Integrationstests
  Anschliessend an die Unit Tests werden die automatisierten Integrationstests gestartet, die je nach Tools, Frameworks und Anwendersprache variieren. Mit diesen Tests (sogenannten Smoke Tests oder Happy Path Tests) soll sichergestellt werden, dass das System grundsätzlich läuft oder deploybar ist. Gemäss Duvall wird die Testkonfiguration dazu vorab auf einen definierten Ausgangsstand zurückgesetzt. Dann wird das ausführbare System (Anwendung) in der Testumgebung, welche die Produktionsumgebung simuliert, automatisch installiert (Main Merge). Es werden sämtliche Initialisierungen automatisiert ausgeführt, wie z.B. die Erzeugung und initiale Belegung der Datenbanktabellen des Systems. Auch die für die nachfolgenden Tests notwendigen Testdaten werden eingespielt. Dies stellt sicher, dass die integrierten Änderungen gut mit anderen Teilen der Anwendung oder anderen Systemen zusammenpassen und in der Regel für umfassende Funktionsintegrations- und Leistungstests eingesetzt werden können.
  Das heisst, hier wird auch überprüft, ob die neuen Änderungen mit anderen Bibliotheken und der Bereitstellungsumgebung kompatibel sind. Dieser Arbeitsschritt sollte möglichst automatisiert von der CI-Pipeline ausgeführt werden. Die erfolgreiche Ausführung dieser Phase beendet, wie in Abbildung 7.41 dargestellt, die CI-Pipeline für das Änderungsset, das signalisiert, dass es für Benutzer gut genug ist [Red 2017].

- 6) Systemtests/Review
  Sobald die CI-Pipeline erfolgreich abgeschlossen wurde, kann die bereitgestellte Anwendung einem manuellen Systemtest/Review durch einen Benutzer oder das QA-Team unterzogen werden. So wird einerseits sichergestellt, dass sie den Anforderungen des Kunden entspricht. Andererseits können noch spezielle Systemtests und Überprüfungen durchgeführt werden. Dieser Schritt ist insbesondere für grössere Applikationen notwendig. Bei kleineren, z.B. App-Anwendungen, wird dieser Schritt meistens übersprungen.

Der PO kann bereits auf dem Feature-Branch allfällige fachliche Tests vornehmen. Mögliche Abweichungen können so günstig nachgebessert werden.

- 7) Deploy in die Produktion
  Die getesteten und fehlerfreien Artefakte werden für Continuous Delivery vorbereitet und manuell in produktive Umgebung eingeführt (Deployed). Die Entwickler starten je nach Ergebnis wieder bei Punkt 1. Kann dieser Schritt der Auslieferung automatisch ausgeführt werden, so spricht man von Continuous Deployment.

7.4.2 Wichtige Elemente der SW-Entwicklung

7.4.2.1 CI und CD-Pipeline

Mit der CI/CD-Pipeline lässt sich die Softwareentwicklung und -Bereitstellung vom frühen Build bis zum Deployment, sprich bis zur Auslieferung über automatisierte Prozess-Schritte erstellen. Alle Elemente und Entwicklungsobjekte müssen die Pipeline durchlaufen.

Abb. 7.42: Zusammenspiel von Systemkonfigurationen und Entwicklungsprozess, basierend auf der Entwicklungspipeline

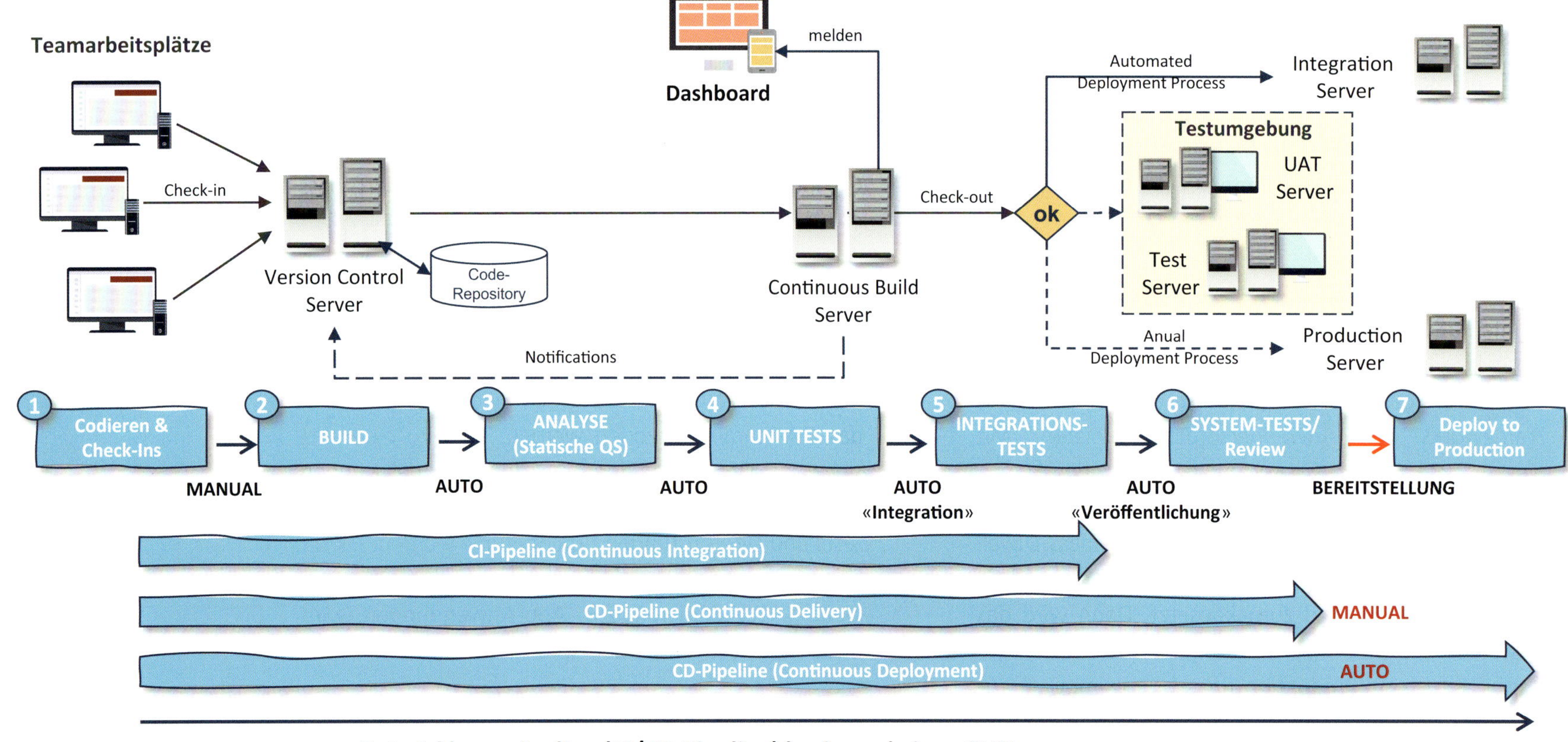

Continuous Integration (CI): CI verfolgt das Ziel, eine stabile Codebasis durch neuen Code zu ergänzen. Das heisst, die von den Entwicklern erstellten lauffähigen Codeartefakte werden kontinuierlich in die bestehende Basis eingefügt. Hierbei wird automatisiert getestet und Probleme können früh identifiziert und behoben werden. Die von der CI-Pipeline generierten Pakete oder Artefakte werden anschliessend in die Produktion übernommen. Je nach Projektsituation und/oder Systemumgebung muss dies manuell erfolgen (Continuous Delivery). Bei einer kontinuierlich agilen Produkteentwicklung kann es durch erfolgreiche Implementierung einer Continuous-Deployment-(CD)-Pipeline automatisiert werden. Ziel ist es, dass jede neue Version leicht in eine Produktionsumgebung überführt werden kann. Die Grundlage dazu bietet ein entsprechend gut aufgesetztes Configuration Management System (CMS) sowie ein Build-System.

Continuous Delivery: Ziel der Continuous Delivery ist eine Codebasis, die jederzeit für eine Produktivumgebung bereitgestellt werden kann. Nach der Automatisierung von Builds und den Komponenten- und Integrationstests bei der CI wird bei der Continuous Delivery auch die Freigabe des validierten Codes an ein Gesamt-Repository (verwaltetes Verzeichnis) automatisch durchgeführt. Um also einen effizienten Continuous-Delivery-Prozess zu gewährleisten, müssen die CI-Prozessschritte bereits in der Entwicklungspipeline (CD-Pipeline) integriert sein. Am Ende dieses Prozesses kann das Operationsteam ein Software-Inkrement schnell und einfach in Form eines neuen Releases in der Produktivumgebung bereitstellen (z.B. eine überarbeitete App) [Red 2017].

Continuous Deployment: Continuous Deployment (automatisierte Verteilung) geht im Vergleich zu Continuous Delivery noch einen kleinen Schritt weiter, indem auch das Deployment des Releases in die Produktionsumgebung komplett automatisiert abläuft – vorausgesetzt, die SW-Änderungen bestehen alle automatischen Tests. Gemäss Redhat bedeutet dies, dass in der Praxis SW-Änderungen eines Entwicklers binnen weniger Minuten nach ihrer Erstellung live gehen können. Weiter vorausgesetzt ist allerdings auch, dass sich die Gesamtumgebung dazu eignet [Red 2017].

Bei grossen, hybrid abzuwickelnden Projekten, in denen das erstellte Projektprodukt in eine grosse Embedded-Systemwelt integriert werden muss, kann der Continuous-Deployment-Ansatz nur bis zu einem gewissen Grad ausgereizt werden.

Configuration Management System: Das Configuration Management System (CMS) sorgt dafür, dass die Teammitglieder unabhängig voneinander an allen Teilen des Codes arbeiten können. Überschneiden sich Änderungen, wird dies vom CMS angezeigt und die Überschneidungen können behoben werden, ohne dass die Änderungen eines der Teammitglieder verloren gehen. Jede Änderung wird ausserdem versioniert, sodass im Problemfall sofort auf eine frühere Version zurückgestellt werden kann. Das CMS stellt für diese Verwaltung der Artefakte/Versionen eine Reihe von Tools und Datenbanken bereit. Es enthält Daten über Benutzer, Lieferanten, Standorte, Geschäftseinheiten und Kunden. Weitere Ausführung siehe Kapitel 6.7.6.

7.4.2.2 Traceability

Änderungen oder Weiterentwicklungen eines Produkts erzeugen neue Versionen der erstellten Dokumentationen. Dabei ist es egal, ob diese automatisch durch das System (intern) oder manuell (extern) entwickelt werden. Hier kommt die Traceability (Nachvollziehbarkeit/Rückverfolgbarkeit) ins Spiel. Dabei geht es nicht nur um die nachgeführte Dokumentation: Der BABOK-Guide des International Institute of Business Analysis (IIBA) definiert Traceability als «die Fähigkeit, die Beziehungen zwischen Anforderungen und Designs vom ursprünglichen Stakeholderbedarf bis zur tatsächlich implementierten Lösung zu verfolgen» [IIBA 2015]. Das Ziel von Traceability ist Rückverfolgbarkeit – die Fähigkeit, den Lebenslauf einer Anforderung (eines Kundenbedarfs, einer User Story etc.) vorwärts als auch rückwärts zu verfolgen [Mid 2019].

BABOK definiert verschiedene Arten bzw. Formen der sogenannten Requirements Traceability [T2I 2018]:

- Die Pre-Requirements Traceability bezeichnet die Nachvollziehbarkeit zwischen Anforderungen und ihrer Quelle.
- Die Post-Requirements Traceability bezieht sich auf Anforderungen und ihre Beziehungen zu anderen Artefakten wie Entwurf, Code, Testfälle etc.
- Die Traceability bezieht sich auf die Beziehung von Anforderungen wie Business-, Stakeholder- oder Solution-Requirements untereinander sowie zu ihrer Dokumentation bspw. im Lastenheft oder in der Detailspezifikation.
- Die Requirements-to-Task Traceability beschreibt die Verbindung von Anforderungen zu Aufgaben im Projektmanagement. Durch diese Art der Nachvollziehbarkeit wird der Prozess der Anforderungsimplementierung nachvollziehbar und Fragen nach dem Aufwand einer Anforderung, dem Entwickler, der sie realisiert, oder dem konkreten Zustand lassen sich nach Abschluss der Umsetzung beantworten.

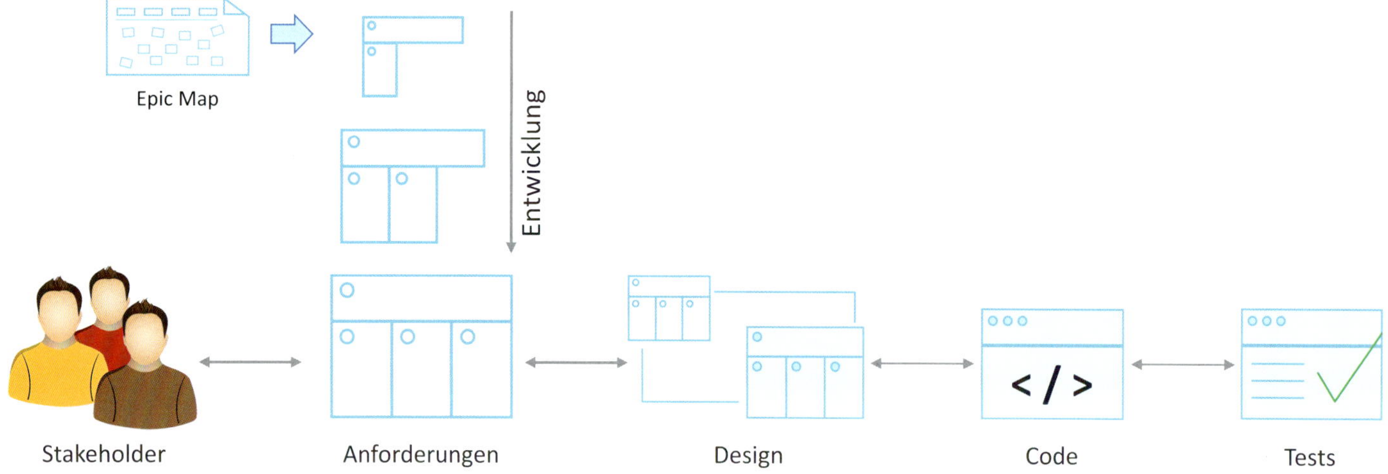

Abb. 7.43: Traceability – Beziehungen zwischen Artefakten nachvollziehen [Mic 2018a]

Mithilfe des Versionsmanagements sollen klar identifizierbare und reproduzierbare Versionen (Releases) erstellt werden. Dazu gehört auch die Aktualisierung der dokumentierten Requirements.

Es ist zentral, dass mittels aktivem Traceability z.B. in Form eines Requirement-Managements die Verbindung der zwei Ebenen Anforderungsdefinition und Anforderungsentwicklung sichergestellt ist.

Hinweis: Die automatische Verknüpfung von Requirement zum Design und zur Dokumentation bzw. zur Realisierung ist vor allem ein Ziel der Case-Tool-Hersteller. In der Praxis gibt es wenige Tools, die dies sinnvoll und mit überschaubarem Aufwand automatisch umsetzen. Üblich ist hier immer noch eine gewisse, von allen diszipliniert ausgeführte Handarbeit.

7.4.2.3 «Nach»-Dokumentation des Systems

Die Dokumentation ist ein zentrales Traceability-Element bezüglich der Nachvollziehbarkeit/Rückverfolgbarkeit. Bei einer agilen Entwicklung, bei der die Tätigkeiten parallel ausgeführt werden, ändert sich der Dokumentationsbedarf erheblich. In einem agilen Entwicklungsteam haben die einzelnen Teammitglieder meistens mehrere Rollen inne und arbeiten gleichzeitig an mehreren Aktivitäten. Aufgrund dessen ist es weniger notwendig, eine schriftliche Dokumentation als Hauptmechanismus der Kommunikation zwischen diesen Personen und Aktivitäten zu erstellen. Stattdessen kann es einen grösseren Bedarf an flexibleren Kommunikationsmitteln geben wie z.B. Gespräche, Whiteboard-Diagramme, Prototypen, visuelle Modelle und – wie das agile Manifest betont – die Software selbst. Wenn Informationen zur Durchführung einer Aktivität benötigt werden, muss das Team immer überlegen: Haben wir die Informationen, die wir für den Beginn der Aktivität und die Arbeit daran benötigen, unabhängig davon, ob sie dokumentiert ist oder nicht? Gemäss AAMI Technical Information Report behält die Dokumentation selbst bei agilen Modellen der teamzentrierten Parallelaktivitäten ihre Bedeutung in Bezug auf die Kommunikation über die Ergebnisse der Teamaktivitäten und das Produkt selbst. Es sind zwei wichtige Zielgruppen zu berücksichtigen [AMM 2018]:

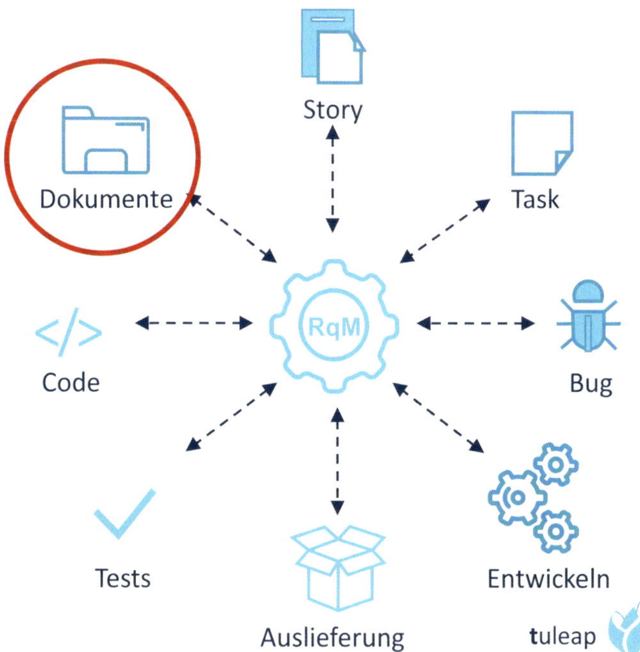

Abb. 7.44: Ein gutes Requirement Management (RqM) stellt die Traceability sicher [Mid 2019]

- In der ersten Gruppe befinden sich die externen Interessenvertreter (Kunden, Regulierungsbehörden und Auditoren). Sie benötigen Informationen darüber, was getan wurde, um das Produkt und die Prozesse, die zur Erstellung des Produkts verwendet wurden, zu beurteilen. Im Hinblick auf den Kunden muss das Team überlegen: Wenn wir fertig sind, wird der Kunde die notwendigen Informationen haben um zu beurteilen, was wir abgeschlossen haben, und in der Lage sein es zu akzeptieren? Bei der Betrachtung von Regulierungsbehörden und Auditoren muss das Team überlegen: Wenn wir fertig sind, werden wir dann über ausreichende Beweise verfügen, um nachzuweisen, dass die entsprechenden Vorgaben korrekt befolgt wurden?
- Die zweite Gruppe ist das Entwicklungsteam, das die Ergebnisse der Aktivitäten des Teams für zukünftige Arbeiten nutzen wird. Diese Gruppe zu berücksichtigen, ist in einem agilen Vorgehen besonders wichtig. Da User Stories auf den Aktivitäten früherer Stories (und Inkrements, Releases) aufbauen, besteht die Notwendigkeit, die Ergebnisse einer Gruppe von Aktivitäten zu kommunizieren, damit die nächste Gruppe darauf aufbauen kann. Um dieses Bedürfnis zu befriedigen, muss das Team überlegen: Wenn wir mit dieser Story/diesem Inkrement/diesem Release fertig sind, werden wir dann die Dokumentation haben, die für denjenigen wertvoll sein wird, der an der nächsten Story/am nächsten Inkrement/dem nächsten Release arbeitet?

Allerdings muss beachtet werden, dass künftige Projekte häufig nur auf dokumentierten Informationen aufsetzen können, insbesondere wenn der Entwicklungsprozess längere Zeit unterbrochen bzw. stillgelegt war. Das heisst, dass zwar für das aktuelle Projekt weniger dokumentiert werden muss, aber im Hinblick auf den Product Lifecycle trotzdem Entwicklungsdokumentationen erstellt werden müssen.

7.4.2.4 Refactoring, Retrospektive, Coaching

Refactoring ist allgemein, aber insbesondere beim agilen Entwickeln zum festen Bestandteil der Softwareentwicklung geworden.

> Refactoring (deutsch auch Refaktorierung, Restrukturierung oder schlicht Umgestaltung) bezeichnet in der Softwareentwicklung (Code Refactoring) die manuelle oder automatisierte Strukturverbesserung von Programm-Quelltexten unter Beibehaltung des beobachtbaren Programmverhaltens. Dabei sollen Lesbarkeit, Verständlichkeit, Wartbarkeit und Erweiterbarkeit verbessert werden mit dem Ziel, den jeweiligen Aufwand für Fehleranalyse und funktionale Erweiterungen deutlich zu senken [Wiki 2021].

Gemäss Martin Fowler gibt es rund 70 Vorgehensweisen bei der Designverbesserung, die sich in fünf Gruppen unterteilen lassen [Fow 2000]:

1. Methodenzusammenstellung; z.B. das Extrahieren oder Integrieren von Methoden
2. Eigenschaften zwischen Klassen verschieben; z.B. das Verschieben von Attributen oder Methoden
3. Datenorganisation; z.B. das Kapseln eines Felds oder einer Collection
4. Vereinfachung bedingter Ausdrücke; z.B. das Trennen von Abfrage- und Veränderungszugriffen
5. Generalisierungen; z.B. das Auf- oder Abwärtsbewegen von Attributen oder Methoden in einer Vererbungshierarchie

Im Weiteren lässt sich Refactoring in zwei Klassen unterteilen:

a. Fortlaufendes Code Refactoring im Kleinen: Dabei werden die «Bad Smells» (Codeteile, bei denen es demnächst zu Problemen kommen kann) behoben, um eine verminderte Fehleranfälligkeit in der Weiterentwicklung der Software zu erreichen. Diese Bad Smells werden je nach Stärke unmittelbar umgesetzt oder, wenn sie etwas umfassender sind, mittels Backlog Items via Backlog Refinement in den Product Backlog aufgenommen und priorisiert.
b. Refactoring-Sprint: Wenn massive Änderungen innerhalb von Teilen eines inkrementell entwickelten Softwareprodukts anstehen oder Änderungen an der bestehenden Softwarearchitektur notwendig werden mit Blick auf die Erweiterbarkeit der Software, steht ein sogenannter Refactoring-Sprint an. Dieser wird meistens nach einem Release oder, anders gesagt, vor dem nächsten Release angesetzt [Vig 2015].

Gerade im agilen Vorgehen ist das Refactoring besonders wichtig: Bei der Entwicklung wird immer nur das gerade Notwendige umgesetzt. Das System wächst und Architekturstrukturen müssen mit dem Wachsen des Systems ebenfalls nachgeführt werden. Eine Alternative zu Refactoring-Sprints ist die Festlegung von Story Points pro Sprint, die die Entwickler für technisches Refactoring einsetzen können.

Mit Refactoring baut man strukturell bestehende Software um mit dem wichtigen Ziel, dass hierbei das Verhalten der Software beibehalten wird. Dies wird mittels Tests (Regressionstests) überprüft. Jeder Umbau sollte innerhalb weniger Stunden durchführbar sein. Sollte sich herausstellen, dass dies nicht möglich ist, so ist die Umbaumassnahme in mehrere Teilschritte mit entsprechendem Umfang zu zerlegen.

Häufige Refactorings:

- Ändern eines Attribut-/Methodennamens
- Ändern von Methodenparametern
- Aufteilung eines Moduls (z.B. Paket, Klasse, Methode) in mehrere kleinere Module oder Zusammenlegung kleinerer Module zu einem grösseren
- Auslagern der gemeinsamen Logik mehrerer Module

Wichtige Voraussetzungen für ein funktionierendes Refactoring sind automatisierte Regressionstests (Unit Tests).

Fazal-Baqaie und seine Mitautoren vom Fraunhofer IEM haben am Event PVM 2019 in Lörrach ein erweitertes und praktikables Refactoring-Konzept aufgezeigt [Faz 2019]. Dabei wird das Refactoring nicht nur im herkömmlichen technischen, sondern in einem ganzheitlich soziotechnischen agilen Ansatz angegangen.

Abb. 7.45: Ganzheitliches Refactoring [Faz 2019]

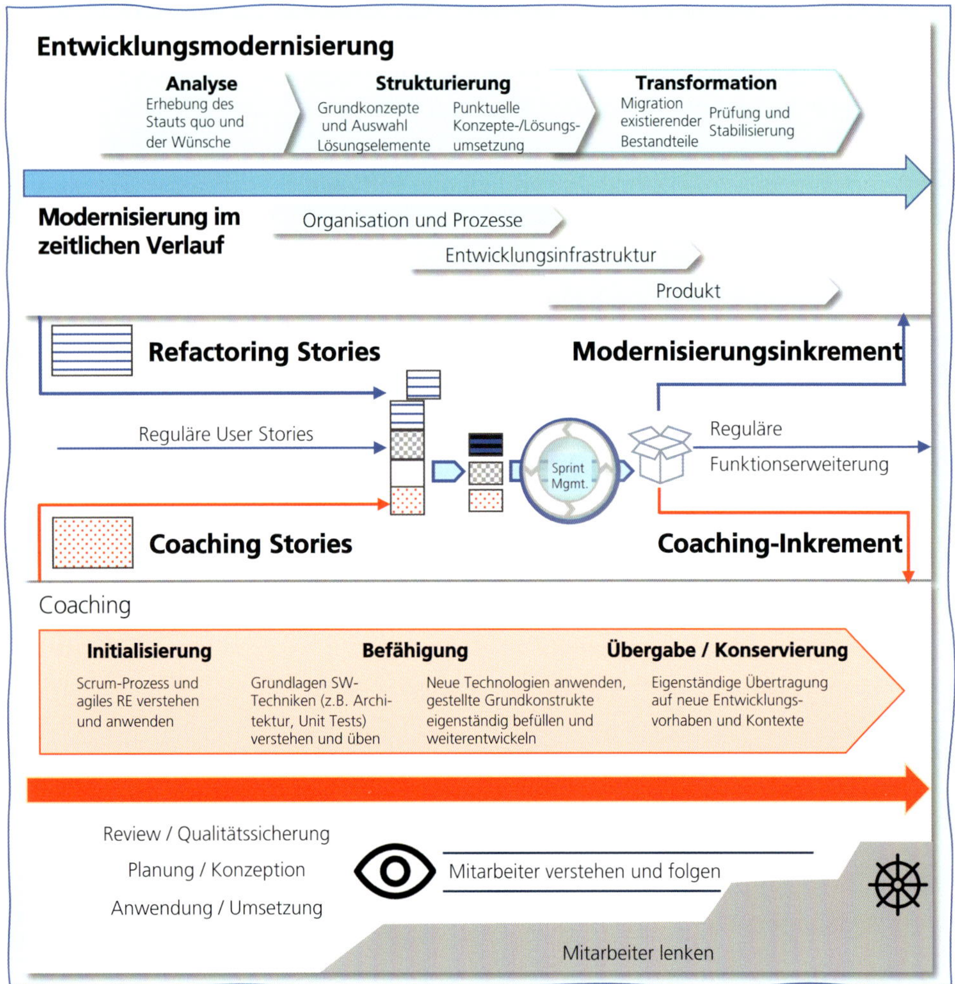

Gemäss Fazal-Baqaie wird die Arbeit zur Entwicklungsmodernisierung durch sogenannte Refactoring Stories und die Arbeit zum Coaching durch sogenannte Coaching Stories sichtbar und planbar gemacht. Mit diesen Typen von Stories, die unter anderem in den Retrospektive-Meetings definiert werden, wird ähnlich wie mit regulären User Stories umgegangen. Dabei können beispielsweise auch Akzeptanzkriterien definiert werden, die für die erfolgreiche Umsetzung gelten, und die User Stories mit Story Points geschätzt werden.

Damit können Refactoring und Coaching Stories auch in den entsprechenden Events wie Sprint Planning und Sprint-Review mitbehandelt und eng in die reguläre Entwicklung integriert werden. Die Entwicklungsmodernisierung mit Refactoring Stories umfasst somit die Optimierung der Entwicklungsinfrastruktur und das Produkt sowie die Veränderungen zur Organisation und deren Prozesse.

Refactoring und Coaching Stories verbessern die Integration von Modernisierung und Coaching in die Produktentwicklung. Allerdings ist damit allein nur unzureichend eine inhaltliche Struktur für die beiden Themenbereiche gegeben. Beispielsweise bleibt es unklar, wann auf den agilen Prozess umgestellt werden sollte (Refactoring Story) und wann dieser geschult (Coaching Story) wird. Als weitere wesentliche Kernidee des Lösungskonzepts werden daher die notwendigen Arbeiten und ihre Reihenfolge als Handlungsempfehlung systematisiert [Faz 2019].

Gemäss dem Konzept von Fazal-Baqaie und seinen Mitautoren durchlaufen, wie in Abbildung 7.45 illustriert, die zugehörigen Dimensionen (Organisation, Prozesse, Entwicklungsinfrastruktur) der Entwicklungsmodernisierung die Phasen Analyse, Strukturierung und Transformation. Für die Refactoring Stories heisst das, dass sich die Anforderungen über die Iterationen hinweg von Analysethemen hin zu Transformationsthemen verlagern. Wie dargestellt, wird aufgrund der Erfahrungen empfohlen, die Dimensionen zeitversetzt zu priorisieren. Der Schwerpunkt sollte zunächst auf Organisation und Prozessen liegen, dann auf der Entwicklungsinfrastruktur und schliesslich auf dem eigentlichen Produkt. Hintergrund ist, dass sich organisatorische Änderungen oder Verbesserungen der Entwicklungsinfrastruktur typischerweise mit weniger Vorlauf angehen lassen als beim Produkt. Gleiches gilt für die Prozesse. Gleichzeitig wird direkt ein Mehrwert erreicht, denn auch die Entwicklung und Pflege des noch nicht modernisierten Produkts profitiert davon, beispielsweise durch besseres Feedback an die Stakeholder (via Sprint-Reviews) und höhere Codequalität (via Build-System) [Faz 2019].

Im zweiten Teil des Konzepts von Fazal-Baqaie durchläuft das Coaching der Mitarbeitenden die Phasen Initialisierung, Befähigung und Übergabe/Konservierung. Passend zu der Reihenfolge der Modernisierungsaktivitäten liegt hier in der Initialisierung der Schwerpunkt auf prozessualen Themen wie Scrum und agiles Requirements Engineering. Daran schliessen sich während der Befähigung weitere Grundlagenthemen an, um mit den Verbesserungen der Entwicklungsinfrastruktur umgehen zu können. Über Themen zur Verbesserung der Produktqualität (z.B. Softwarearchitektur und Entwicklertests) bewegt sich die Qualifizierung zunehmend in Richtung von Zieltechnologien. Über den Zeitverlauf wird die Autonomie der zu qualifizierenden Mitarbeitenden gesteigert. Während sie anfänglich eher kleine agile Methodenübungen durchführen, übertragen sie gegen Ende die gewonnenen Kenntnisse eigenständig auf neue Entwicklungskontexte. Ein weiterer Trend ist im untersten Teil der Abbildung 7.45 illustriert: Während die Mitarbeitenden von Anfang an praktisch umsetzen, was die Coaches konzipiert haben, übernehmen sie mit der Zeit auch die Verantwortung über Konzepte, die von den Coaches qualitätsgesichert werden. Letztendlich verantworten die Mitarbeitenden dann die Konzipierung, Realisierung und Qualitätssicherung der eigenen Arbeiten [Faz 2019].

Das Refactoring-Konzept von Fazal-Baqaie und seinen Mitautoren besticht durch seine ganzheitliche und einfach nachvollziehbare Logik. Aufgrund dessen ist es nicht nur ein Teil der Entwicklung, sondern auch ein wichtiger Teil der Teamführung respektive der Teamentwicklung mittels Unterstützung eines Agile Coach.

7.4.2.5 Weitere Agile Entwicklungstechniken/ -Praktiken

Agile Arbeitstechniken und Praktiken, welche bei agilen Entwicklern häufig eingesetzt werden, sind nachfolgend kurz beschrieben:

Pair-Programming: Bei der Erstellung des Quellcodes arbeiten, basierend auf einem gemeinsam vereinbarten Programmstil des gesamten Teams, jeweils zwei Programmie-

7.5 Testen und Einführen

Bei der iterativ-inkrementellen Entwicklung kann das Testen und Einführen bei grossen Entwicklungsvorhaben grundsätzlich nach zwei Arten lanciert werden:

a. Release- respektive modulbezogen oder
b. Systembezogen: Ganzes System mit allen Modulen gleichzeitig ausliefern.

In der modernen Softwareentwicklung kann die Produktionssetzung je nach Situation zwischen zwei Auslieferungsansätzen unterschieden werden:

- Continuous Delivery: automatisch zusammengestellte, auslieferungsfähige Software mit manueller Auslieferung einzelner Artefakte
- Continuous Deployment: automatisch zusammengestellte, auslieferungsfähige Software mit automatischer Auslieferung einzelner Artefakte

Das agile Vorgehen hat das Entwickeln, Testen und Einführen von Softwareinkrementen gemäss Continuous Deployment revolutioniert. Die Integration bzw. das Rollout erfolgt meistens systembezogen in getrennten Schritten. Das Testen und die Integration bzw. das Rollout erfolgt gemäss CD systembezogen automatisiert in zwei Schritten.

Abb. 7.46: Testen im iterativen Entwicklungsprozess

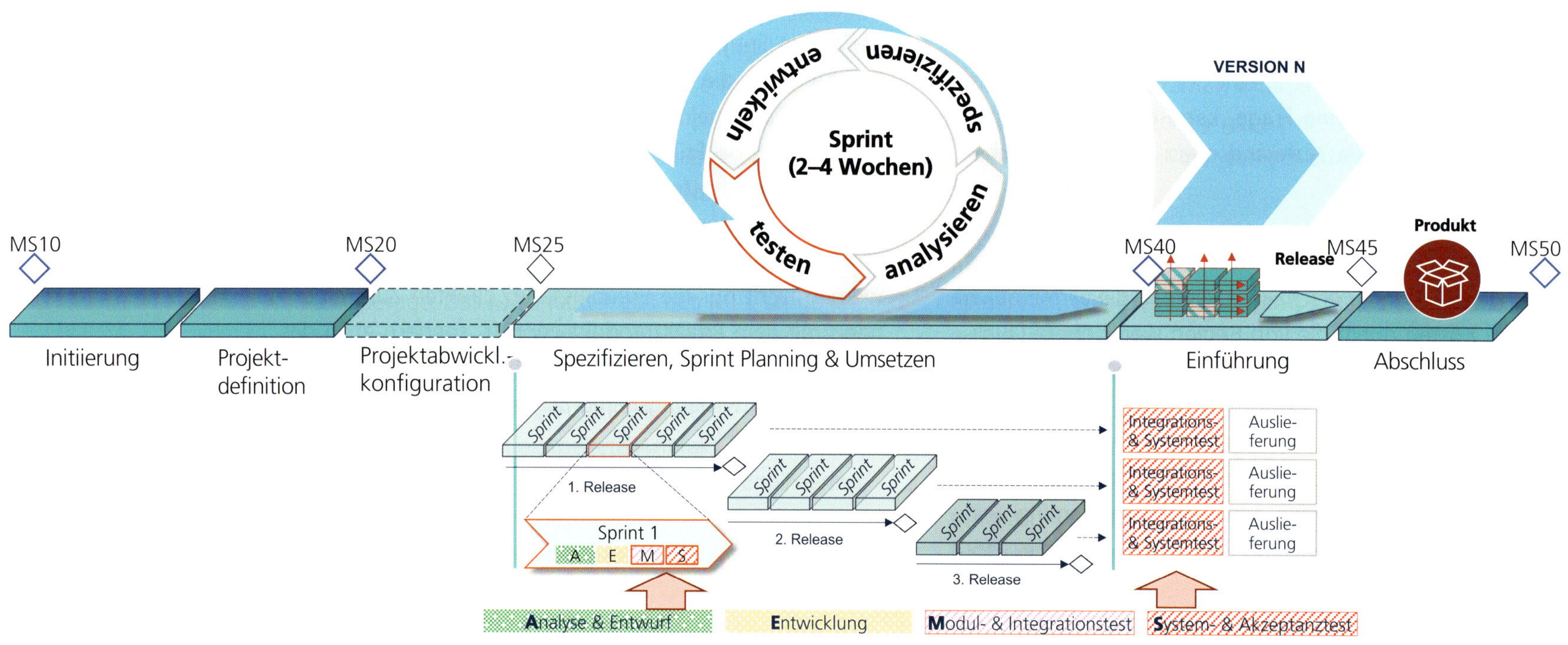

Nachfolgend werden die Themen Testen und Einführen separat zugunsten einer besseren Nachvollziehbarkeit in zwei Kapiteln erläutert.

7.5.1 Agiler Testprozess

Im Folgenden wird zunächst der agile Testprozess erläutert. Silke Geisen und Baris Güldali veröffentlichten 2012 einen Fachartikel [Gei 2012], der das agile Testen aus prozessualer Sicht aufzeigt. Dies hatten Scrum oder andere agile Entwicklungsmethoden bis dahin nicht abgedeckt. Die prozessuale Sicht ist umso wichtiger, wenn grosse, komplexe Applikationen erstellt werden.

Prozessmässig eingebettet, besteht Testen z.B. beim Scrum-Ansatz gemäss Geissen und Güldali aus drei Testtypen (siehe Abbildung 7.47):

- A) Entwicklungstest, der parallel zu täglichen Aktivitäten der Entwickler durchgeführt wird und einen früheren Start der Testaktivitäten ermöglicht
- B) Inkrementtest, der die Integration der monatlichen Ergebnisse eines Sprints prüft und dabei auf effiziente Automatisierungstechniken setzt
- C) Releasetest, der nach Abschluss der Entwicklungsarbeiten als ein dedizierter Sprint den End-to-end-Test des Systems vorsieht

Das agile Testen ist durch vier Werte charakterisiert, u.a. mit «getestete Software ist mehr als eine umfassende Testdokumentation» und «Reagieren auf Veränderung ist mehr als das Befolgen eines Testplans» [Gei 2012].

Abbildung 7.47 zeigt einen angepassten Scrum-Ablauf. Am Anfang, vor MS25, stehen eine Phase für Teststrategie sowie weitere testbezogene Arbeiten wie allgemeine Akzeptanzkriterien und Testinfrastruktur bis hin zu den Anforderungsdefinitionen für das Product Backlog, um den ersten Entwicklungssprint ausführen zu können. Die Essenz dieser Arbeit wird in einer Test-Framing-Checklist festgehalten. In den anschliessenden Sprints finden die beiden Testtypen Entwicklertest (täglich) und ein regelmässiger Inkrementtest statt (alle 1–4 Wochen möglich, je nach Sprintlänge). Abschliessend sollte ein Releasetest stattfinden, der analog zu einem typischen Sprint (Stabilisierungssprint) aufgebaut ist.

Die in diesem Testprozess aufgeführten Testaktivitäten (Testplanung, Testentwurf, Testimplementierung sowie deren Ausführung, Testauswertung sowie abschliessender Testabschluss) sollten während des gesamten Entwicklungsprozesses abgedeckt sein. Das heisst, gemäss dem Ansatz von Geisen und Güldali werden in jedem aufgeführten Testtyp – a) Entwicklertest, b) Inkrementtest und c) Releasetest – all diese Testaktivitäten strukturiert in unterschiedlicher Intensität angewendet. So findet die Testplanung während des Sprint Plannings und des Daily Stand-up statt, der Testentwurf, die Testimplementierung und -ausführung während des Sprints, die Testauswertung während des Sprint-Reviews und der Testabschluss während der Sprint-Retrospektive [Gei 2012].

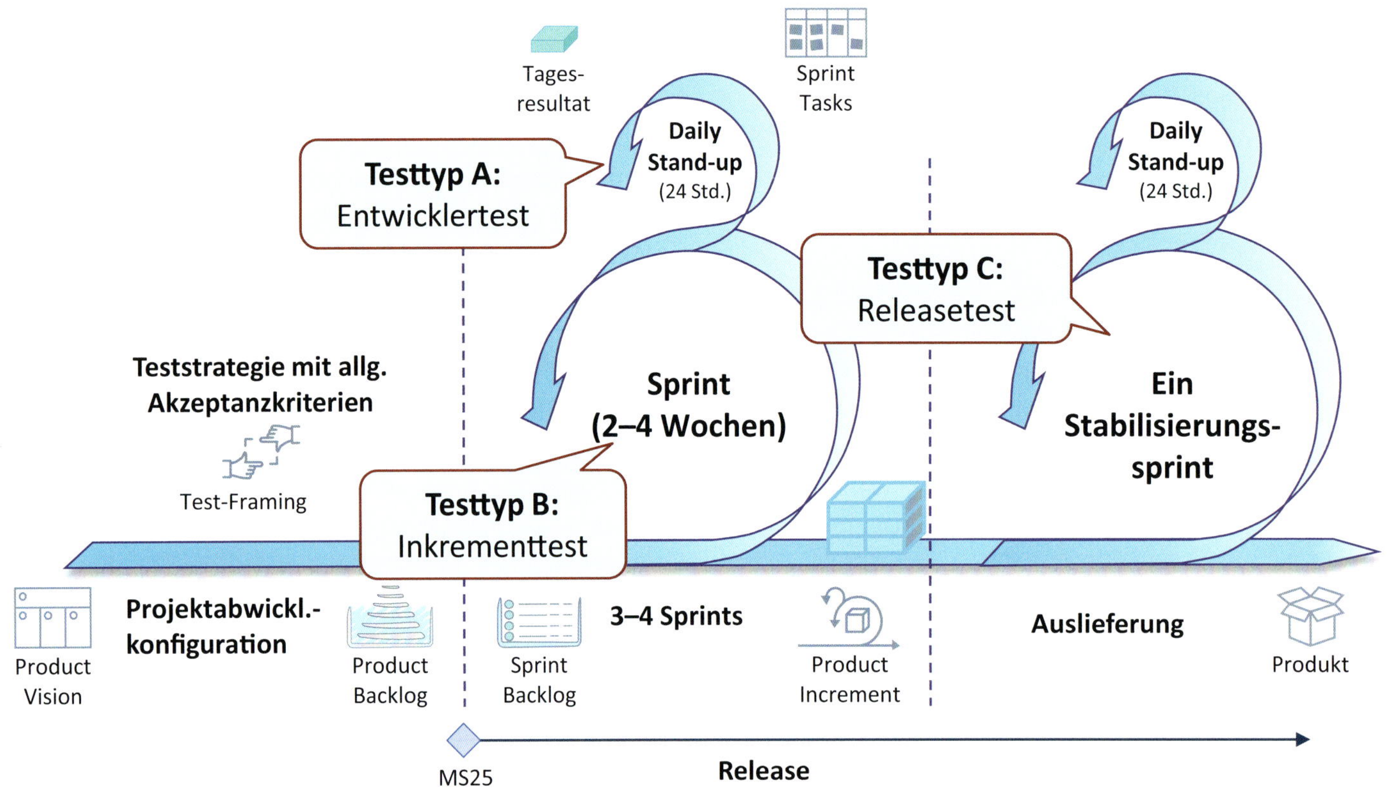

Abb. 7.47: Der erweiterte Scrum-Prozess inklusive Testarbeiten der Phase Abwicklungskonfiguration und Testen, in Anlehnung an [Gei 2012]

Entwicklertest

Der Entwicklertest findet während der täglichen Entwicklungsarbeit statt. Das Testziel ist es, die Validierung der täglichen Entwicklungsergebnisse gegen die spezifizierten Sprint-Tasks zu testen. Jeder Entwickler kümmert sich um seine aktuellen Sprint-Tasks, die hier als Testbasis dienen, aus der die Testfälle abgeleitet werden müssen. Es ist auch möglich, dass die Sprint-Tasks je nach Entwicklungsmethode (Kapitel 2.3) gleich Testfälle beinhalten [Gei 2012].

Inkrementtest

Findet der Entwicklertest im täglichen Rahmen statt, so wird der Inkrementtest erst gegen Ende eines Sprints durchgeführt, wenn das Inkrement fertig wird. Obwohl Aktivitäten im Entwicklertest eine kontinuierliche Qualitätsüberwachung des Inkrements ermöglichen, ist am Ende eines Sprints ein dedizierter Inkrementtest notwendig, um folgende Testziele zu gewährleisten:

- Erstens soll die korrekte Funktionsweise des im Sprint entwickelten Inkrements und das korrekte Zusammenspiel mit früher entwickelten Inkrementen gezeigt werden.
- Zweitens soll sichergestellt werden, dass frühere Inkremente nicht verändert wurden.

Zur Testdurchführung gehören im Inkrementtest als Teststufen neben dem Entwicklerintegrationstest insbesondere auch der Systemtest, der prüft, ob das entsprechende Inkrement als ein Ganzes funktioniert und so vom Benutzer akzeptiert wird. Als Testarten gehören zu diesem Testtyp nicht nur die funktionalen Tests und Regressionstests, sondern auch die nicht funktionalen Tests, beispielsweise Performanztests, Usability-Tests usw. [Gei 2012].

Releasetest

Der Releasetest war ursprünglich in Scrum nicht vorgesehen. Doch gerade er wird in der Praxis als relevant und wichtig angesehen, weil dabei das Produkt in seiner Gesamtheit getestet werden kann. Der Releasetest findet, wie in Abbildung 7.47 dargestellt, abschliessend nach den Inkrementtests in Form eines dedizierten Sprints statt. Er kann, wie Abbildung 7.48 zeigt, als Sprint aufgebaut werden und ist damit weiterhin scrumkonform. Die Testbasis ist hier nun das gesamte Produkt- oder Release-Backlog, da nicht nur ein Inkrement nach einem Sprint, sondern das gesamte Produkt das Testobjekt ist.

Anstatt eines Sprint-Backlogs kann analog ein sogenanntes Test-Backlog erstellt werden, das die gesamten Releasetests enthält. Als Teststufen enthalten sie Systemintegrationstests, Inbetriebnahmetests und insbesondere Akzeptanztests. Im Releasetest können die Testfälle aus den Inkrementtests wiederverwendet werden, sodass für den Testentwurf kein

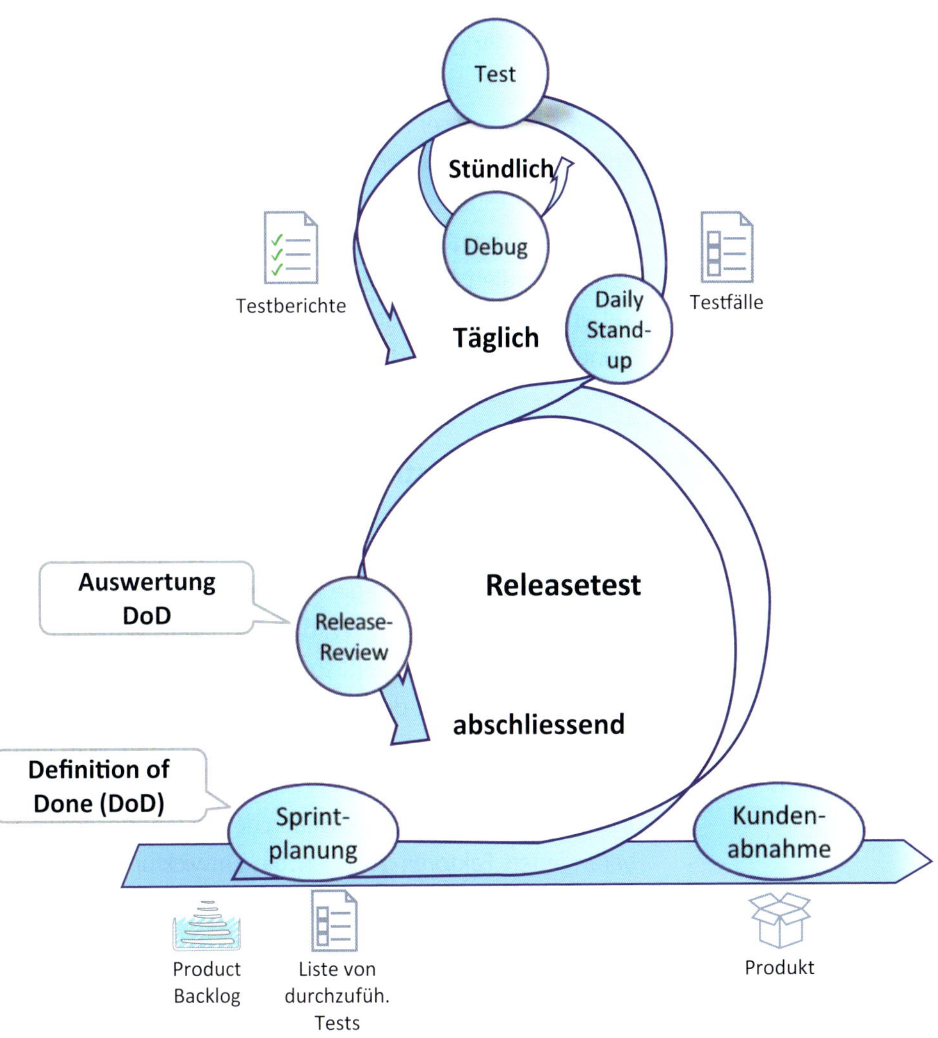

Abb. 7.48: Die Testtätigkeiten im gesamten Entwicklungsprozess [Gei 2012]

erheblicher Zusatzaufwand entsteht. Als Testart ist hier neben den funktionalen und nicht funktionalen Tests auch das End-to-End-Testing zu finden, das über das gesamte System und Produkt im Zusammenspiel aller Komponenten stattfindet. Für die Durchführung der Tests wird das Test-Backlog analog zum Sprint-Backlog in Test-Tasks aufgeteilt, die täglich entwickelt und durchgeführt werden [Gei 2012].

Hinweis: Da dieser Ansatz nicht ganz der agilen Logik entspricht, nach der «alles bei jedem Entwicklungssprint vollständig getestet» wird, ist er teils grosser Kritik ausgesetzt. Die Realität hat jedoch gezeigt, dass insbesondere bei grossen, integralen Softwareapplikationen der rein agile Mindset an seine Grenzen stösst. Daher hat dieser Prozessansatz seine qualifizierte und berechtigte Anwendung.

7.5.2 Agiles Testmanagement

Applikationen und Systeme werden immer grösser und komplexer – nicht zuletzt, da die integralen Systeme immer mehr Schnittstellen aufweisen. Wird die Software vermehrt iterativ-inkrementell entwickelt, so steigen der Umfang wie auch die Geschwindigkeit des Testens. Damit die Software schnell und sicher in Produktion gebracht werden kann, wird immer häufiger mit dem DevOps-Ansatz entwickelt (siehe Kapitel 2.3.7); dies erhöht den Umfang des Testens nochmals. Die veränderten Faktoren zwingen die Entwicklungsteams, das gesamte Testen verstärkt zu automatisieren.

Gemäss Middeke werden durch automatisierte Tests beim Continuous-Integration-Ansatz (CI) nach jeder Implementierung, welche idealerweise täglich erfolgen sollte, vorhandene (technische) Fehler zeitnah entdeckt (siehe Kapitel 7.5.2.2). Fehlerhafte Codefragmente werden so schnellstmöglich verbessert. Das Testen im agilen Entwicklungsumfeld wird stark durch ein qualifiziertes Konfigurationsmanagement (KM) unterstützt. Alle erzeugten Versionen z.B. eines Programms werden dadurch protokolliert gespeichert und sind jederzeit wiederherstellbar. Gravierende Fehler können in Krisensituationen auf diese Weise umgehend durch das Einsetzen der Vorgängerversion behoben werden. Mittels CI, KM und dem im Kapitel 7.5.2 erläuterten Testprozess hat das Entwicklungsteam die Möglichkeit, das Scheitern der Software durch Fehler im Code zu minimieren und sich jederzeit ein eigenes Feedback zur Qualität des Arbeitsstandes zu verschaffen [Mid 2007]. Eine Testautomatisierung minimiert den Testaufwand, erhöht die Testabdeckung und liefert rasch aussagekräftige Testergebnisse.

Teststrategie

In der Teststrategie gilt es einerseits, das Bekenntnis zur Testautomatisation festzulegen. Es soll der Automatisationsanteil definiert werden: Wie viel kann oder soll manuell/automatisiert getestet werden? Andererseits gilt es, die Integrationsvariante festzulegen: Mit welchem Vorgehen, inkl. der jeweiligen Vor- und Nachteile, soll getestet werden? Dabei gilt es, wie in der Abbildung 7.49 illustriert, grundsätzlich zwei Fragen zu beantworten [Gar 2011]:

1. Wann wird getestet? A) am Ende des Releases, B) nach dem Sprint, oder C) im Verlauf des Sprints?

Abb. 7.49: Verschiedene Teststrategien [Gar 2011]

2. Wann werden gefundene Fehler beseitigt? 1) direkt, 2) im nächsten Sprint, 3) am Ende des Releases?

Bei der Teststrategie muss auch geklärt werden, a) welche Geräte der Benutzer einsetzt, und b) wie die Umgebung und die User Journey («Anwenderreise») aussieht: Welche Szenarien müssen, basierend auf dem Entwicklungsstand, prioritär getestet werden? Zudem gilt es, das agile Test-Framework und die Softwarequalitätsmerkmale allenfalls gemäss dem Standard ISO 25010 («Norm für Qualitätskriterien von Software, ICT-Systemen und Software-Engineering») festzulegen.

Testdatenmanagement (Test Data Management)

Ein zuverlässiges Testdatenmanagement (TDM) ist insbesondere bei der agilen Entwicklung unabdingbar, damit in allen Abschnitten des Lebenszyklus einer Applikation die gleichen konsistenten Daten bereitgestellt werden. Durch das TDM können die Testautomatisierungen zuverlässig und deterministisch durchgeführt werden, der Such- und Herstellungsaufwand geeigneter Testdaten wird deutlich verringert und Testläufe lassen sich in allen Stufen (Stages) des Entwicklungs- und Testprozesses beliebig reproduzieren. Darüber hinaus können Fehler durch die exakte Herstellung von Datenkonstellationen gezielt analysiert werden. Ein konsequentes Testdatenmanagement führt somit zu realitätsnahen und frühzeitig effektiv getesteten Applikationen [Pop 2018].

Testumgebungsmanagement (Test Environment)

Der Trend zu immer kürzeren Releasezyklen bei gleichbleibenden Budgets setzt sich fort, währenddessen die Entwicklungspraxis zu immer kleineren und skalierbareren Services geht. Um damit Schritt halten zu können, wird ein effizientes Testumgebungsmanagement benötigt. Hierfür sollten dedizierte Inszenierungsumgebung (Staging Environments) für die verschiedenen Entwicklungsergebnisse bereitstehen, die auch getrennt voneinander konfiguriert und verwendet werden können – von der Entwicklung bis zur Abnahme. Dadurch können stabile und zielgerichtete Testumgebungen geschaffen und Konflikte zwischen Entwicklungs- und Testversionsständen ausgeschaltet werden [Pop 2018].

Testmanagement /-verantwortung

Beim agilen Entwickeln werden gemäss Theorie keine ausschliesslich dafür zuständigen Testmanager benötigt, da das Team sich ja selbst managt. Jeder Entwickler ist zugleich der Tester. Dieser Ansatz ist zu begrüssen und so weit wie möglich auch zu verfolgen. Je nach Entwicklungsvorgehen und -umfeld hat sich in der Praxis gezeigt, dass teamübergreifende Aufgaben wie z.B. Testplanung und -steuerung auch für agile Teams effizienzsteigernd sind, wenn sie von einer spezialisierten Person ausgeführt werden. Es ist somit durchaus üblich, dass sich im Team eine Art Testkoordinator herausbildet, der zumindest dafür Sorge trägt, dass solche übergreifenden Testarbeiten in angemessener Weise im Team gelebt werden [Bau 2018]. Somit ist der Hauptfokus von Testern in einem agilen Team, die korrekte Funktionsweise und Qualität der durchgeführten Tests sicherzustellen.

Agile Testpraktiken

Auch in agil geführten Projekten sind die grundlegenden klassischen Test(design)techniken, wie Äquivalenzklassenanalyse, Grenzwertanalyse oder zustandsbasierter Test, unverzichtbar. Alle Teammitglieder sollten darin geschult werden. Der Scrum Master oder das in der Rolle des Testkoordinators tätige Teammitglied muss dafür sorgen, dass diese Techniken von allen Teammitgliedern konsequent angewendet werden. Zusätzlich sind folgende Praktiken für agile Tester bzw. Tester in einem Scrum Team beim Entwickeln von Testfällen hilfreich [Lin 2017]:

- Inkrementelles Testdesign:
  Zunächst werden (z.B. für eine User Story) einfache Testfälle entworfen und angewendet. In den nachfolgenden Sprints werden sie um komplexere Varianten oder Sonderfälle angereichert. Das heisst, es gibt keine «fertige» Testspezifikation, sondern die Tests wachsen über das gesamte Projekt hinweg. Siehe auch Kapitel 2.3.4 «Test-Driven Development (TDD)».

- Pairing:
  Zwei Teammitglieder (Tester und Entwickler, zwei Tester, Tester und Product Owner etc.) entwerfen Testfälle gemeinsam beziehungsweise im Dialog.
- Mindmapping:
  Mindmaps stellen ein einfach anzuwendendes und den Dialog beziehungsweise die Teamarbeit unterstützendes Hilfsmittel dar, um Testfälle oder auch Testdaten zu finden, zu strukturieren und zu dokumentieren.

7.5.2.1 Testformen und Testpfade

Im Grundsatz werden bei der Softwareentwicklung drei verschiedene Formen von Tests unterschieden [Mid 2007]:

- White-Box-Test: Beim White-Box-Test ist dem Tester der innere Aufbau des Systems vollständig bekannt. Solche Testfälle werden durch Entwickler erstellt, da sie Kenntnisse über die zu testenden Fiktionalitäten haben (der Quellcode liegt vor und wird beim Testen aktiv genutzt). Die Erstellung der Testfälle erfolgt schrittweise anhand des entwickelten Programms.
- Black-Box-Test: Bei der Durchführung des Black-Box-Tests sind keine Informationen über den Quellcode des Systems oder über seinen inneren Aufbau bekannt. Im Grundsatz werden diese Testfälle vom Endanwender oder vom Businessanalysten, aber nicht vom Softwareentwickler geschrieben.
- Grey-Box-Test: Er kombiniert Elemente von White- und Black-Box-Tests. Grey-Box-Tests sind Tests, die mit begrenzten Informationen über die interne Funktionalität des Systems durchgeführt werden. Ziel dieser Prüfung ist die Suche nach Fehlern, die auf eine unsachgemässe Struktur oder Verwendung von Anwendungen zurückzuführen sind [Wiki].

Die häufigste Testform in der agilen Produkteentwicklung ist der Grey-Box-Test. Er wird in der Regel in Kombination mit Pair-Programming eingesetzt, um eine weitere Steigerung der Fehlerfreiheit bereits während der Entwicklung zu fördern. So weit als möglich erfolgt die Erstellung der Testfälle vor Entwicklung der Funktion (siehe Kapitel 2.3 «TDD und ATDD»).

Bei der Erstellung der Testfälle durch die Entwickler auf Basis der fachlichen Anforderungen und vor Beginn der Umsetzung werden alle notwendigen Aspekte berücksichtigt. Während der späteren Umsetzung ist die Kenntnis über die fachlichen Anforderungen wichtig. Denn nicht benötigte oder falsche Funktionalitäten werden unter anderem aufgrund der Kenntnisse der Testfälle vermieden. Charakteristisch ist zudem die Tatsache, dass ein Grey-Box-Test einen White-Box-Test ergänzen, aber nicht einen Black-Box-Test ersetzen kann.

Als Testpfad bezeichnet man in der Softwareentwicklung ein Codeausführungsszenario, von dem ein bestimmtes Verhalten erwartet und geprüft wird. Dabei gibt es folgende Testpfade [Wiki 2021]:

Happy Path	ist das einfachste Szenario, in dem ein Codeabschnitt funktionieren soll, ohne dass Ausnahmen oder Fehlerzustände eintreten.
Scary Path	ist ein Szenario, welches den Code zu einem Fehlverhalten oder in einen Fehlzustand bringt.
Angry Path	ist ein Szenario, in welchem der getestete Code zu einem Ausnahmeverhalten führt, jedoch in einem gültigen und funktionierenden Zustand verbleibt.
Delinquent Path	testet, ob Authentifizierung, Autorisierung, Berechtigung, digitale Signierung, Verschlüsselung oder andere Sicherheitsmassnahmen eingehalten werden.
Embarrassing Path	ist ein Verhalten, das zu einer Rufschädigung des Entwicklers oder Unternehmens führen würde, wenn es nicht eingehalten wird.
Desolate Path	ist ein Szenario, in dem die Funktion nicht mit ausreichenden Daten versorgt wird.
Forgetful Path	ist ein Testszenario, in dem dem Code zur Ausführung ungenügend Ressourcen bereitstehen und ein Datenverlust möglich ist.
Indecisive Path	simuliert einen Benutzer, der eine Reihe von Aktionen setzt und diese wieder rückgängig machen will.
Greedy Path	Hier wird eine möglichst grosse Anzahl von Optionen ausgewählt oder eine Vielzahl von Aktionen innerhalb kürzester Zeit ausgeführt.
Stressful Path	Hier wird ein Ausführungspfad so lange belastet, bis die korrekte Funktion nicht mehr gewährleistet werden kann.

7.5.2.2 Agile Testpraktiken und Testverfahren

Der QS-Plan wie auch der Testplan können umfangreiche, schwergewichtige Dokumente umfassen. In der Praxis sind gerade beim QS- und Testplan zwischen der geplanten «Wunschwelt» und der Projektrealität oft sehr gravierende Umsetzungslücken zu beobachten. Themen wie Projektorganisation, Verfahren/Konventionen oder Zeitplan, die im QS- bzw. Testplan gefordert werden, sind beim agilen Entwickeln hinfällig. Im Grundsatz werden diese Aspekte von entsprechend agilen Frameworks wie z.B. Scrum bereits ausreichend vorgegeben [Lin 2017].

In den meisten agilen Teams sind die testbegleitenden Integrationsstufen (Komponententest, Integrationstest, Systemtest, Abnahmetest), wie man es beim V-Modell vorwiegend erfolgreich praktiziert, sehr eng beieinander und personell kaum voneinander getrennt. Die Tests werden so weit möglich und sinnvoll bei jedem Codebaustein unmittelbar nach der Erstellung durchgeführt. Crispin & Gregory haben ein wirkungsvolles und praxistaugliches Modell gefunden, das als die «vier Testquadranten» bezeichnet wird [Cri 2009]. Es basiert auf den Überlegungen von Brian Marick, der anhand von zwei Dimensionen das Testen in vier signifikante Gruppen einteilt [Mar 2003]. Dabei geht es nicht darum, zwingend Q1, Q2 etc. einzuhalten. Jedes Team findet seine eigene Arbeitsweise, um die Bedürfnisse des Testens, sprich die benötigte Qualität des zu erstellenden Produkts, sicherzustellen.

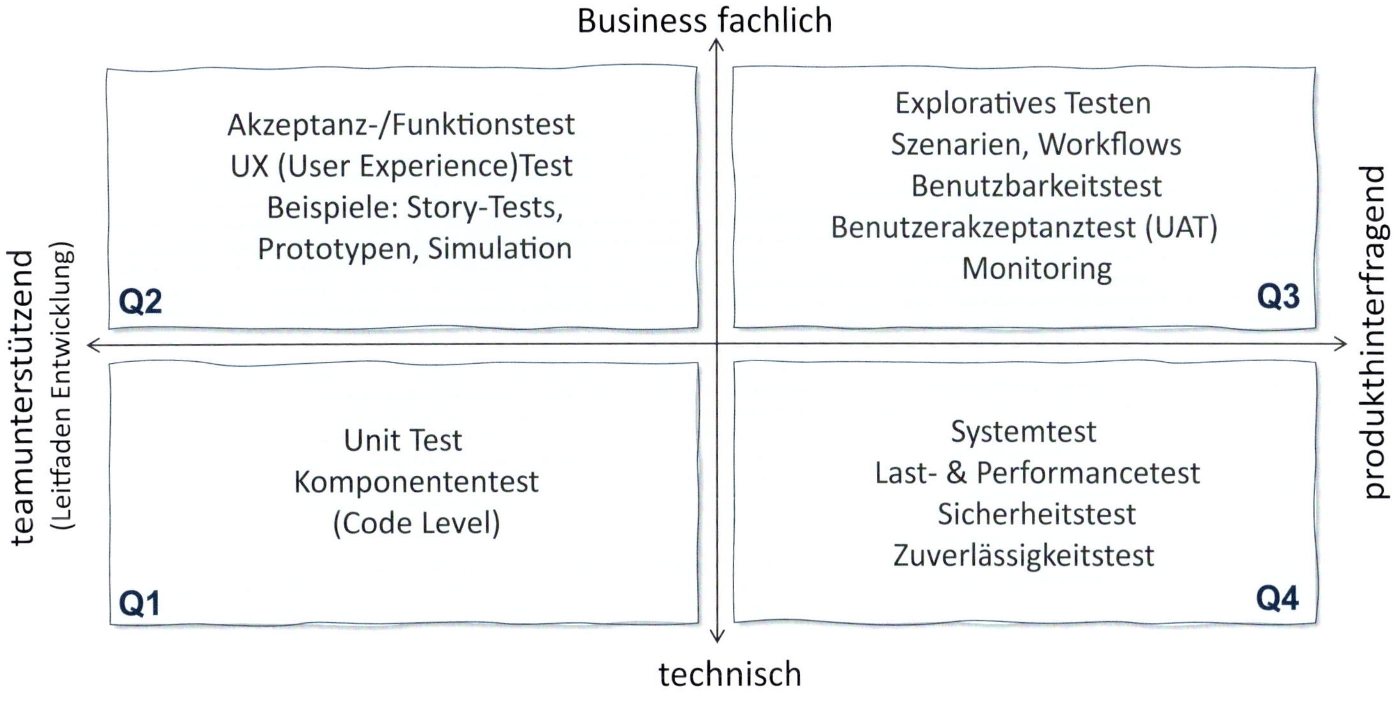

Abb. 7.50: Die vier Testquadranten agilen Testens in Anlehnung an [Cri 2021]

- Q1-Testfeld:
  Ziel: Technologieorientierte Tests zur Absicherung von neuen und geänderten Codes, welche die Programmierer unterstützen. Hier gilt es, möglichst automatisierte Komponententests (Unit Tests) durchzuführen.

- Q2-Testfeld
  Ziel: Geschäftsprozessorientierte Tests zur Absicherung von neuen und geänderten Codes. Diese Tests unterstützen die Programmierer bezüglich businessfachlicher Sicht. Hier können mit Funktions-/Akzeptanztest punktuell auch Simulationen etc. durchgeführt werden.

- Q3-Testfeld
  Ziel: Geschäftsorientierte, mehrheitlich manuelle Tests, die das Produkt hinterfragen. Primär werden hier sogenannte Explorationstests, aber auch User Acceptance Tests [UAT], Szenarien etc. durchgeführt.

- Q4-Testfeld
  Ziel: Technologieorientierte Tests, mit denen das Produkt hinterfragt wird. In diesem Testfeld werden insbesondere die nicht funktionalen Anforderungen getestet, sogenannte User Constraints.

Im Folgenden werden alle Testpraktiken, die in den vier Quadranten zur Anwendung kommen könnten, in Anlehnung an Marc Bless kurz beschrieben. Sie werden, wie Abbildung 7.51 aufzeigt, nicht stufenweise, sondern soweit möglich und idealerweise in schneller Folge bei jedem neuen Code-Baustein durchlaufen [Ble 2014]:

- Komponententest (Unit Test)
  Von Komponententests (auch Modultests) spricht man, wenn nicht das Produkt als Ganzes getestet wird, sondern kleinere oder kleinste Einheiten eines Produkts. Dies ist vorteilhaft, um z.B. den Ort des Fehlers schneller und präziser zu bestimmen. Beim agilen Entwickeln wie z.B. mithilfe der Test-Driven-Development-(TDD)-Designstrategie werden diese Tests so weit als möglich voll automatisiert. Sie werden bei diesem Ansatz mit Test-First-Verfahren entwickelt. Dabei wird zunächst ein Test Unit implementiert, der eine noch nicht existierende Funktionalität testet (siehe Kapitel 2.3.4).

Abb. 7.51: Testebenen im Kontext zueinander [Mid 2007]

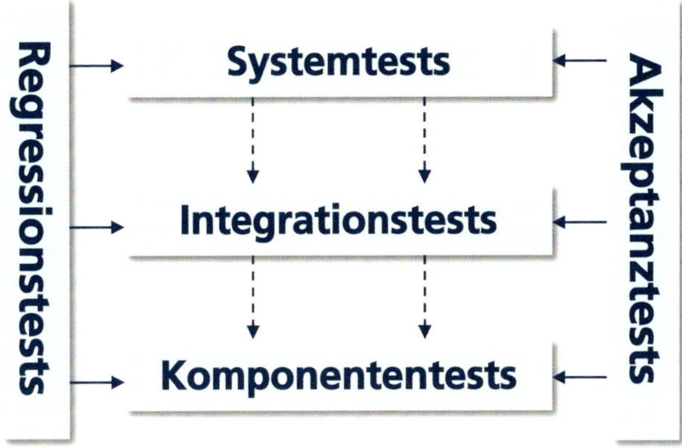

- Integrationstest (auch Systemintegrationstest genannt):
  Das Ziel von Systemintegrationstests besteht darin zu prüfen, ob die Schnittstellen von zwei und mehr Komponenten (auch Module oder Units genannt) zueinander passen [Pop 2018]. Dabei werden Schnittstellenfehler aufgedeckt, die durch einen Komponententest nicht entdeckt werden können. Integrationstests werden benötigt, auch wenn während der Entwicklung bereits mit anderen Testmethoden wie Komponenten-, Modul- oder Unit Tests alle Komponenten in sich geprüft wurden. Gemäss Bless befinden sie sich zwischen den Unit Tests und der Validierung des Systems. Im agilen Kontext wird das System innerhalb einer Iteration immer wieder vollständig neu integriert, zusammen mit allen Systemteilen, die in dieser Iteration entstanden sind. Dies führt zu der Notwendigkeit, Integrationstests zu jedem beliebigen Zeitpunkt durchführen zu können, was nichts anderes bedeutet, als dass auch Integrationstests automatisiert werden müssen [Ble 2014].

- Akzeptanz-/Funktionstest:
  Akzeptanz- bzw. Abnahmetests (User Acceptance Tests [UAT]) sind ein grundlegender Bestandteil (agiler) Anforderungen, sprich User Stories. Gemäss Bless wird durch ihre Einhaltung sichergestellt, dass (a) die gewünschten Anwenderbedürfnisse befriedigt werden, (b) die umgesetzte Funktionalität durch geprüfte Schnittstellen integriert wird und (c) die Anforderung als «fertig» (done) betrachtet wird. Das Ziel ist es nicht, Fehler zu finden, sondern zu zeigen, dass das Produkt die gestellten Anforderungen erfüllt. Das gewünschte Ergebnis ist, dass «das Projektprodukt in allen notwen-

digen Testfällen fehlerfrei arbeitet» [Ble 2014]. Die Akzeptanztests sind idealerweise automatisiert, da sie bei jedem Sprint und Release wiederholt werden müssen. Die Akzeptanzkriterien der einzelnen User Stories bilden die Basis der Akzeptanztests (siehe Kapitel 7.3.3.3). Zu den User Stories geschriebene Akzeptanzkriterien formulieren umgangssprachlich die Intention des Anwendernutzens. Das heisst, mit den Akzeptanzkriterien wird der Rahmen einer User Story definiert. Sie werden nach Fertigstellung einer Story dazu benötigt, den tatsächlichen Fertigstellungsgrad hinsichtlich der ursprünglich formulierten Intention festzustellen und entstehen in Zusammenarbeit zwischen Product Owner, Entwicklungsteam und Anwender/Kunden.

- Systemtest:
  Ein Softwaresystemtest ist eine Prüfung des gesamten Softwaresystems. Dabei wird geprüft, ob die daran gestellten Softwareanforderungen erfüllt sind. Die Prüfung findet in der Regel statt, indem die «Blackbox» Softwaresystem über ihre Schnittstellen (Benutzer-System-Schnittstellen und System-System-Schnittstellen) getestet wird, entweder manuell oder automatisiert. Beim Systemtest [Bal 1998] wird das Gesamtobjekt/System in der realen Umgebung ohne den Auftraggeber getestet. Innerhalb des Systemtests sollten unter anderem folgende wichtige Leistungsstufen geprüft werden:

  - Volumentest (Last- und Performancetests)
  - Stresstest
  - Testen der Sicherheit
  - Mobile Testing (Qualitätssicherung für eine Vielzahl von Endgeräten mit unterschiedlichen Betriebssystemen und -versionen)
  - Testen der Benutzerfreundlichkeit

  Nicht selten gibt es Verwechslungen zwischen den Begriffen Systemintegrations- und Systemtest. Der Hauptunterschied besteht darin, dass Systemtests das Verhalten des Systems insgesamt prüfen, während sich Systemintegrationstests auf die Datenübertragung zwischen mehreren Modulen des Systems fokussieren.

- Explorativer Test
  Testen kann trotz weitreichender Technologie nicht zu hundert Prozent automatisiert werden. Es ist sinnvoll, Code-Bausteine und/oder Inkremente nach ganz bestimmten Zielaspekten manuell oder in Kombination im Sinne eines explorativen Ansatzes zu testen.
  Gemäss Bless wird beim explorativen Testen das System in Bezug auf bestimmte Zielaspekte betrachtet. Es existiert kein vorher festgelegter Testplan, sondern dieser entsteht bei der eigentlichen Testarbeit, sich diesen Zielaspekten im System zu nähern und diese herauszufordern. Dabei entstehen ein Testplan, ein Testentwurf und die tatsächliche Testdurchführung.

  Der grosse Vorteil des explorativen Testens gegenüber dem automatisierten ist die Flexibilität des Testers, sich unbekannten, neuen oder veränderten Teilen des Systems intuitiv zu nähern und diese bezüglich ihrer Qualität zu «erforschen» [Ble 214].

- Vollautomatisierter Regressionstest
  Regressionstests finden statt, wenn sich bereits getestete Komponenten geändert haben. Erzwungenermassen bietet sich eine starke Automatisierung dieser Tests an. Gemäss Middeke ist es das Ziel des Regressionstests nachzuweisen, dass durch die geänderten Elemente keine neuen Fehler entstanden sind, und festzustellen, ob bisher verborgene Fehler erst durch die Änderung zutage getreten sind. Aufgrund dessen müssen die Tests wiederholt durchführbar sein und revisionssicher dokumentiert sowie verwaltet werden. Weil Regressionstests auf allen Ebenen erfolgen, können sie sowohl in Form von Black-Box- als auch White-Box-Tests auftreten. Sie umfassen funktionale wie auch strukturelle Tests und werden mit den jeweils in den einzelnen Teststufen verwendeten Werkzeugen durchgeführt [Mid 2007]. Je nach Ausgangssituation und Aufgabenstellung ergänzen sich die Disziplinen (Test Automation, Service Virtualization, Testdatenmanagement und Testumgebung) zu einer Lösung der vollen Automatisierung. Dies bedeutet nichts anderes als gelebte Continuous Quality [Pop 2018].

7.5.3 Einführen

Hat ein Produkt allenfalls infolge mehrerer durchgeführten Sprints den Status MMP (Minimal Marketable Product) erreicht, so kann es das erste Mal ausgeliefert oder eben in die «reale Welt» eingeführt werden. Dieses erstmalige Einführen in die Produktivumgebung ist auch beim agilen SW-Entwickeln nicht einfach. Es bedarf oftmals einiger Iterationen, bis man den Status von Continuous Deployment erreicht, also die automatisierte Auslieferung und Verteilung in die allenfalls unterschiedlichen Produktivumgebungen. Nicht selten ist es aufgrund der strukturellen Gegebenheiten gar nicht möglich, diesen letzten Schritt voll automatisiert zu machen (siehe Kapitel 7.4.1.2 «Teil Continuous Delivery»).

Wird mittels eines hybriden Ansatzes eine komplexe Software mit Hardwareelementen erstellt, die in eine Embedded-Systemwelt eingeführt werden soll, so verdient die Einführung besondere Aufmerksamkeit.

7.5.3.1 Produkt/Release freigeben

Was theoretisch leicht nachvollziehbar klingt, nämlich dass nach einem Sprint ein voll funktionierendes Inkrement vorliegt, erweist sich in der Praxis insbesondere am Projektanfang als relativ schwierig. Das an einem Inkrement angehängte Attribut «Potential Shippable Item» als tragbares eigenständiges Zwischenergebnis kann für das Entwicklungsteam selbst mit der Benennung «Minimal Viable Product» zu sperrig sein.

In der Praxis hat es sich gezeigt, dass hier das Attribut «Useful Result» sehr hilfreich ist. Es macht etwas plastischer, was erwartet wird, um sukzessive in den Entwicklungsflow mit dem Attribut «Potential Shippable Item» oder «Minimal Marketable Product» (MMP) zu kommen [Err 2016].

Gekoppelt mit dem Testprozess, ist der Produktionstest ein wichtiger Prozessschritt im Auslieferungsprozess und zugleich der letzte und endgültige Test vor der Auslieferung oder Produktfreigabe. Wobei zu erwähnen ist, dass die endgültige Abnahme vielfach erst nach der vollständigen Implementierung vorgenommen werden kann.

Hinweis: Die vertragliche Abnahme kann einer iterativ-inkrementellen Arbeitsweise im Weg stehen, wenn der Kunde nicht bereit ist, frühe Inkremente bereits einzuführen, falls dafür bereits eine vertragliche Abnahme notwendig ist. Bewährt haben sich eher informelle Abnahmen am Ende jeder Iteration, mit klarem Bezug auf das bisher Geleistete, ohne eine Aussage in Bezug auf «das noch zu Leistende» zu machen. So gesehen, steht das Konzept eines «endgültigen Projektabschlusses» im Konflikt zum im agilen Umfeld oft gelebten «Produktdenken», d.h. es wird ein «Produkt» (kein Projekt) entwickelt, das «nie» fertig sein wird, sondern sich stetig weiterentwickelt und neuen Anforderungen anpasst.

Welche Vorgehensart auch immer, die Produktabnahme ist der Zeitpunkt, an dem die Verantwortung des erstellten Projektprodukts in andere Hände geht. Das heisst, dieser Zeitpunkt kann eine vertragliche Relevanz haben und muss daher sehr sorgfältig dokumentiert durchgeführt werden.

> Abnahmebereitschaft ist der Zustand, in dem alle Bedingungen vonseiten des Auftragnehmers erfüllt sind, die für die Durchführung der Abnahme erforderlich sind [DIN 69905].

Bei der Produktabnahme werden unter anderem folgende Tätigkeiten gemäss den definierten Abnahmekriterien durchgeführt:

- Systemabnahme
  Bei der Systemabnahme wird das System/Produkt auf seine Funktionalität und Beständigkeit sowie auf seine Leistungsfähigkeit und Qualität geprüft. Es wird verifiziert, ob das, was bestellt wurde, auch geliefert wurde.

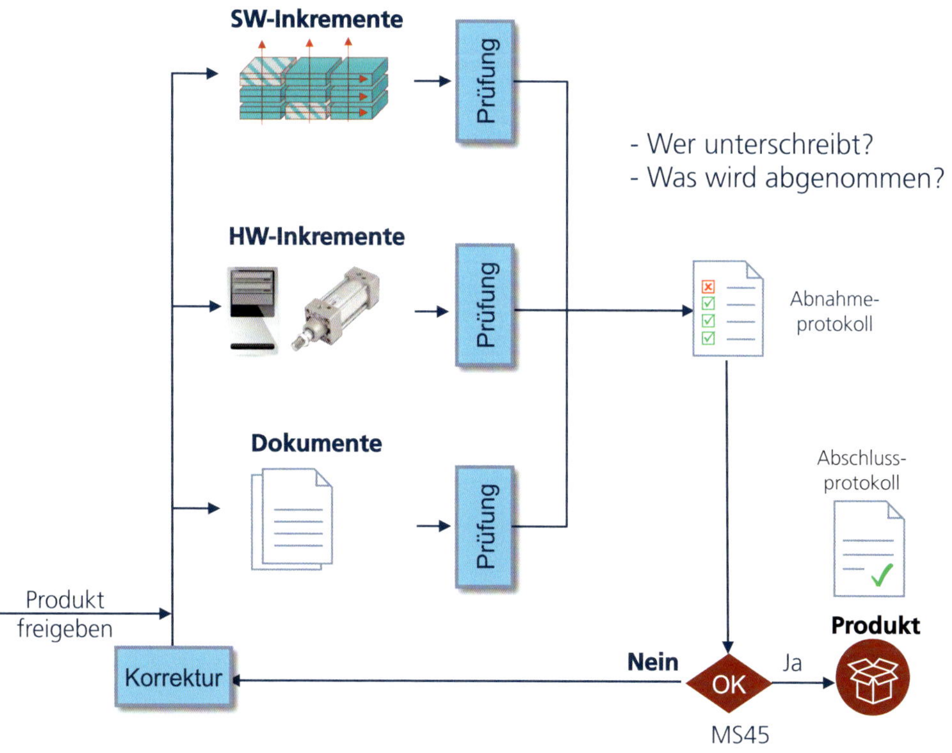

Abb. 7.52: Der Zeitpunkt, bei dem die Verantwortung des Projektprodukts übergeben wird

- Integrationsabnahme
  Bei der Integrationsabnahme wird das System/Produkt als Ganzes bzw. werden die einzelnen Subsysteme oder Module in Bezug auf deren Schnittstellen und Verbindungen zur Umwelt (z.B. zur bestehenden Systemumgebung) geprüft.

- Akzeptanzprüfung
  Mit der Akzeptanzprüfung (oder dem Abnahmetest) wird das Vertrauen des Benutzers, Kunden oder Auftraggebers in das System/Produkt als Ganzes nochmals überprüft. Diese Prüfung sollte nicht allzu früh durchgeführt werden, da die Akzeptanz oft erst mit der guten Kenntnis eines neuen Systems/Produkts erwartet werden darf. Es wird unter anderem validiert, ob das, was bestellt und schliesslich geliefert wurde, auch logisch angewendet/eingesetzt werden kann.

Das Ergebnis dieses Prozessschritts ist das Abnahmeprotokoll, in dem alle relevanten Befunde festgehalten werden. Es bildet zusammen mit dem Einführungsbericht den Antrag für das OK im Hinblick auf den endgültigen Projektabschluss bildet.

Produktfreigabe: Auf der Projektführungsebene gilt es, in offizieller Form das Produkt freizugeben. Anhand der benötigten Abschlussprotokolle (z.B. Abnahmeprotokoll), die vom Projektleiter zusammenfassend im Einführungsbericht aufgeführt und erläutert werden, entscheidet das Projektsteuerungsgremium unter der Führung des Auftraggebers bei Meilenstein 45, ob das Produkt (bzw. System) offiziell freigegeben wird.

7.5.3.2 Auslieferung des Projektprodukts

Dieses Kapitel bezieht sich insbesondere auf die Auslieferung von grossen Applikationen mittels Big-Bang-Ansatzes. Die durchzuführenden Aufgaben werden oftmals in Form eines Cut-Over-Plans parallel zum vorhergehenden Kapitel «Produkt/Release freigeben» ausgeführt.

In dieser Aktivität erfolgt die Auslieferung und Inbetriebnahme des erstellten Projektproduktes mit allen vorbereitenden und unterstützenden Tätigkeiten, damit das Produkt effizient genutzt werden kann. Die Verfahren/Techniken/Werkzeuge sind pro Entwicklungsart sehr unterschiedlich. Parallel werden die Vorbereitungen für die Übergabe an die für den Betrieb verantwortliche Organisation durchgeführt. Die eigentliche Übergabe erfolgt aber formell nachgelagert.

Abb. 7.53: Einzelne Schritte des Auslieferungsprozesses

Auslieferungsprozess

Planung und Vorbereitung | Produktionstest und Produktabnahme | Auslieferung/Implementierung | Betreuung

Die Art der Auslieferung des Projektprodukts und mit ihm anfallende Arbeiten wie Installationsdienstleistungen bis hin zur ersten Wartung sind natürlich je nach Produkt unterschiedlich. Neben der Auslieferung des Projektprodukts liegt der Schwerpunkt bei den meisten Auslieferungen beim Know-how-Transfer, basierend auf den individuellen Bedürfnissen des Kunden und Betreibers. Bei vielen Implementierungen geht es auch darum, eine geeignete Konfiguration und Grundinstallation zu bieten, sodass der Einzelanwender «nur» ein für ihn spezifisches Customizing umsetzen muss, um das Produkt nach seinen Bedürfnissen einsetzen zu können.

Wiederum je nach Projektsituation muss eine Serviceorganisation (3-Level-System) mit eigenem Spezialisten-Helpdesk (zum Teil rund um die Uhr) aufgebaut werden. Viele Produktauslieferungen, z.B. Lifte, können auch über Fernüberwachung sowie mit vorbeugenden Wartungsmassnahmen wie die Überwachung der Leistung, oder von speziellen Komponenten wie Speichermedien, Leitung etc. oder Log Files betreut werden, sodass die Anfangsschwierigkeiten schnell behoben werden können. Dabei wird eine derartige Betreuung über einen gewissen Zeitraum gemeinsam vom Projektteam und vom Betreiber wahrgenommen, bevor die Verantwortung endgültig zum Betreiber übergeht.

Der Auslieferungsprozess beginnt grundsätzlich bereits während der Entwicklungsphase. Zumeist wird mit einer Detailanalyse sichergestellt, dass das Projektprodukt integriert werden kann. Je nach Projektart kann dies bis zu Simulationen gehen. Die gesamte Auslieferung wird bis ins kleinste Detail geplant. Auch dieser Punkt kann je nach Projektart nur durch ein konkretes Datum festgelegt (z.B. bei einem einfachen Hausbezug) oder aber bis auf die Minute genau spezifiziert werden.

Damit die Produktintegration funktionieren kann, müssen u.a. die Schnittstellen zwischen den Komponenten innerhalb des Produkts und nach aussen festgelegt werden. Dies ist bei den vorherrschenden Produktkomplexitäten und der -integrität eine wichtige planerische Tätigkeit.

Ist das Projektprodukt final getestet und abgenommen, so kann es ausgeliefert werden. Je nach Projektart kann es sich dabei um die Marktfreigabe eines Produktes handeln oder bei einer Software um die Verteilung und Installation auf dem Zielsystem einschliesslich Konfiguration. Dieser Auslieferungsprozess hat an Bedeutung stark zugenommen, da einerseits die Systeme und Produkte in sich komplexer und sensibler wurden und sie andererseits meistens ein Stück eines integralen Gesamtsystems mit vielen logischen, technischen und organisatorischen Schnittstellen darstellen. Der Auslieferungsprozess ist eine Haupttätigkeit der Einführungsphase und steht neben seiner klaren Zielsetzung, der Produktauslieferung, in wechselseitiger Beziehung mit dem Stakeholder-, Requirement-, Änderungs-, Qualitäts- und Dokumentenmanagement.

Folgende Ziele werden mit diesem Prozess verfolgt:

Geordnete Übergabe des Projektprodukts, sei dies bezüglich der Technik, des Services oder der Organisation.

- Den Benutzer/Betreiber befähigen, das Produkt produktiv zu nutzen.
- Sicherstellen, dass die Risiken bei Produktionsanlauf möglichst nicht eintreten respektive klein sind.
- Allfällige Ausserbetriebnahme alter Systeme/Produkte.
- Klare Übergabe der Verantwortlichkeiten.

Die Prozessschritte zwei bis vier gemäss Abbildung 7.53 müssen nicht genau in der aufgeführten Reihenfolge und auch nicht immer sequenziell erfolgen, da je nach Projektprodukt unterschiedliche Bedingungen vorliegen.

Hinweis: Die Herausforderung des Auslieferungsprozesses besteht in einer problemlosen Übergabe des Projektprodukts an den Prozess-/Produkt-Owner, sei dies der neue Hausbesitzer, der Betreiber von Software oder die Produktion. Dabei sind Zielkonflikte von zwei oder mehreren Parteien zu bewältigen (Projektteam, Betreiber, etc.). Bei der agilen SW-Entwicklung versucht man, dieser Problematik mit dem DevOps-Ansatz entgegenzuwirken. Der grosse Vorteil bei diesem Ansatz ist der fehlende Bedarf für eine Übergabe an den Betrieb, da das Team einen «You Build It, You Run It»-Ansatz umsetzen kann.

7.6 Spezialservices und konventionelle Entwicklung

7.6.1 Spezialservice der Projektausführung

Die heutigen komplexen ICT-Landschaften sind vergleichbar mit der Verkehrsinfrastruktur eines Landes: Damit diese nicht zu kompliziert wird, bedarf es jeweils einer gut durchdachten konzeptionellen Abstimmung der verschiedenen Player (Bahn, Auto, Bus, Schiff etc.). Ebenso wird

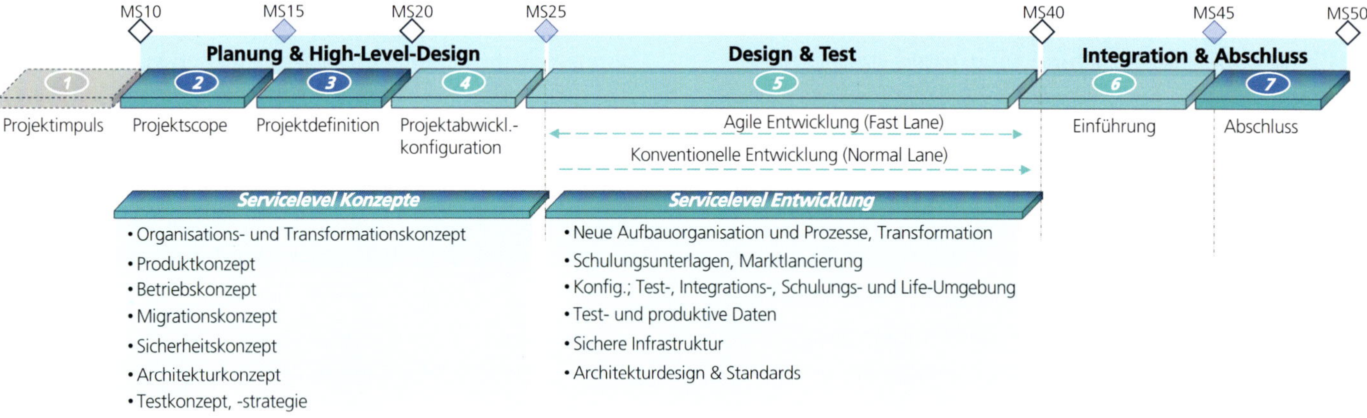

Abb. 7.54: Spezialservices der Projektausführung

eine gute Basisinfrastruktur benötigt, welche das übergeordnete Ziel (Verkehr) sicherstellt.

Auch in der ICT-Landschaft braucht es für das konzeptionelle Arbeiten und das übergeordnete Entwickeln Spezialisten mit jahrelangen Erfahrungen im jeweiligen Fachgebiet. Dieser Ansatz widerspricht grundsätzlich dem agilen Teamgedanken, bei dem alle alles machen können.

Dem idealistischen Denkansatz soll auch im adaptiven Vorgehen nichts entgegengesetzt werden. Nur setzt hier die Realität, insbesondere bei hochkomplexen ICT-Infrastrukturen, ihre Grenzen. Es benötigt absolute Spezialisten und es wird auch immer Spezialisten geben. Das ist und bleibt die Realität. Nur wird dieses Spezialistentum im agil-adaptiven Vorgehen etwas anders gelebt: Sie geben nicht mehr als «Herrscher ihrer Königreiche» von aussen die Anweisungen in ein Projekt hinein, z.B. indem sie als Gutachter die mühselig erarbeiteten Konzepte prüfen. In einer agil definierten Organisation mit interdisziplinären Teams arbeiten sie als Mentoren oder Traveler in einem agilen Projektteam für ein oder zwei Sprints aktiv mit (siehe Kapitel 5.9.2). Durch diesen Ansatz wird erreicht, dass sie die «Bodenhaftung» zur gelebten Realität nicht verlieren; zugleich können sie ihr Wissen in das Entwicklungsteam einbringen und dieses so weit als nötig befähigen.

Ein wichtiger Aspekt ist z.B. die Entwicklung der Softwarearchitektur, welche die gesamte Businessapplikation stützt. Sie beschreibt den inneren Aufbau eines Softwaresystems. Üblicherweise identifiziert die Softwarearchitektur die Komponenten und beschreibt deren Zusammenspiel und Abhängigkeit. Obwohl Softwareentwickler dies nicht gerne hören, sollte eine Architektur während der Entwicklung der Businessapplikation nicht oder nur bedingt angepasst werden. Statistiken zeigen, dass Architektur-Refactoring grössere, sehr teure Risiken verursachen. Kurzum, die Software-Architektur wird idealerweise als Service einem agilen Entwicklungsteam angeboten. Auch ihre Entwicklung sollte im besten Falle in einem «Vor-dem-Vorprojekt» erstellt werden (siehe Kapitel 5.5.2.9 «Prozessschritt Projektabwicklungskonfiguration» und Kapitel 7.2.5).

Abbildung 7.55 zeigt beispielhaft die Abgrenzung eines möglichen Programms zu einer bestehenden Plattform und die konkurrierende Situation zu weiteren Domänenentwicklungen: Bei dieser Applikationslandschaft einer ICT gibt es eine Transformationszeit. Das heisst, man wechselt sukzessive zu einer integrierten ICT-Business-Architektur.

Die dunkelblauen Rechtecke stellen parallele Applikationsentwicklungen dar. Die rot umrandete Box ist ein Beispielprojekt, das auf bestimmte zu unterstützende Netzwerkelemente (NE) fokussiert ist. Die waagrechten Rechtecke stellen Funktionsblöcke der Plattform dar, die von Applikationsentwicklungen genutzt werden [Lau 2015].

Dieser komplexe Umstand zeigt, dass es angebracht ist, themenbezogen Wissen im Sinne eines Services ins Entwicklungsteam einzubringen. Insbesondere die immer wichtigere Komponente ICT-Security der heutigen B2B- und B2C-Welt bedingt höchste Ansprüche, die nicht zuletzt von Spezialisten ausgeführt oder bei denen im Sin-

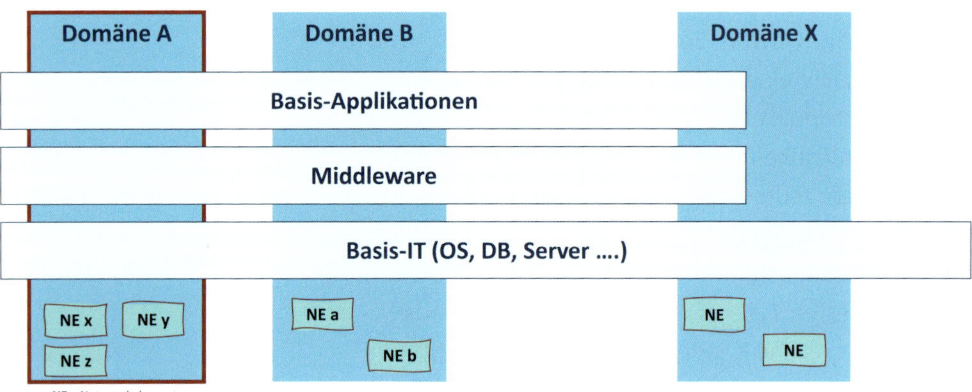

Abb. 7.55: Simplifizierte Darstellung einer IT-Architektur [Lau 2015]

ne der Agilität die Teams entsprechend gecoacht werden müssen. Spezialservices können bei folgenden Themen in adaptiv geführten Projekten erfolgen:

- Aufbau der Konfiguration oder Ausführung des Konfigurationsmanagements
- Geschäftsprozesse und Organisationsstrukturen von Organisationsentwicklern entsprechend anpassen und dokumentieren
- Schulungsunterlagen erstellen, sodass die Schulung «auslieferungsfertig» bereitliegt
- Übergeordnetes Testmanagement (Testen konzipieren, vorbereiten, durchführen und dokumentieren)
- IT-Architektur
- Integrationsmanagement, Datenmigration, Entsorgung alter Systeme
- Migration (IT-Migration konzipieren, planen, vorbereiten und durchführen; das Altsystem ausser Betrieb setzen)
- Informationssicherheit und Datenschutz (Anforderungen der Sicherheit und des Datenschutzes ermitteln, Risiken bewerten und Massnahmen zur Erfüllung der Anforderungen konzipieren und umsetzen)
- Beschaffung von Produktinfrastruktur oder -komponenten, Beschaffen von Entwicklungsteams
- Geschäftsorganisation, Marketing, Aufbauen neuer Vertriebskanäle, Supply Chain Management, Vertragsmanagement
- Changemanagement (organisatorische Aufgaben inklusive Transformation durchführen, um den Übergang vom alten zum neuen Zustand zu unterstützen)
- ICT-Betrieb (den Betrieb mit Infrastruktur und Betriebsorganisation konzipieren und realisieren)

7.6.2 Konventionelle Projektabwicklung als Serviceleistung für adaptiv geführte Projekte

Wurde in den bisherigen Ausführungen das agile Vorgehen höher gewichtet, muss jedoch ganz klar gesagt werden, dass das konventionelle Vorgehen, wenn es professionell praktiziert wird, nicht minderwertig ist. Je nach Projektart oder Situation, wie z.B. bei Legacy-Systemen oder in Bezug auf das Zusammenarbeiten mit anderen Organisationen (Konzerne, Regierungen, Lieferanten etc.), macht das konventionelle Vorgehen sehr viel Sinn. Dieser «Normal-Line-Ansatz» erhält beim adaptiven Vorgehen einen wichtigen Stellenwert.

Im Folgenden wird eine Zusammenfassung der Realisierungsschritte im konventionellen Vorgehen aufgeführt. Die Kurzfassung soll keinesfalls den Stellenwert schmä-

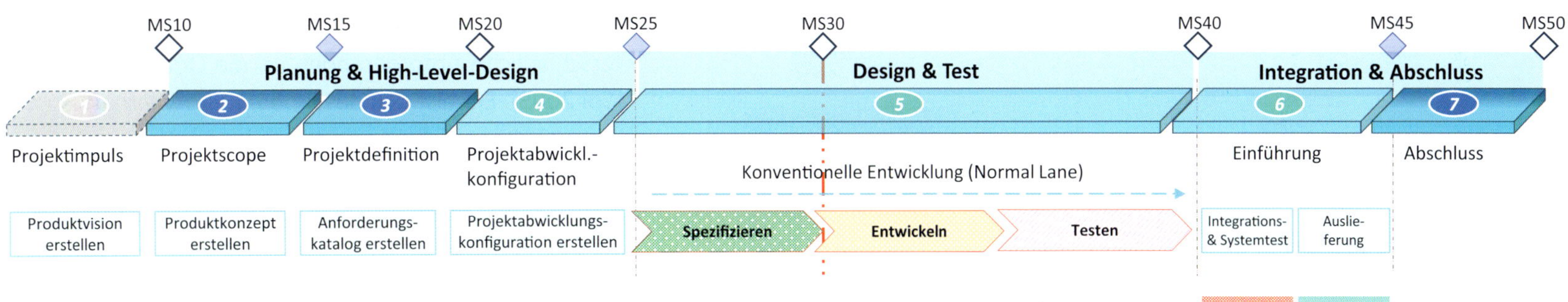

Abb. 7.56: Konventionelle Projektabwicklung

lern: Es handelt sich um einen wichtigen Bestandteil des adaptiven Projektmanagements. Ausführlich wurde dies bereits in früheren Publikationen des Autors beschrieben.

Spezifizieren

Bei der Softwareentwicklung gilt es insbesondere, die Anforderungen zu spezifizieren. Dabei richtet sich die Software Requirements Specification (SRS) nach dem vom IEEE (Institute of Electrical and Electronic Engineers) veröffentlichen Standard ANSI/IEEE Std 830-1984. Im Idealfall umfasst eine solche Spezifikation ausführliche Beschreibungen von Zweck, geplantem Einsatz in der Praxis sowie dem geforderten Funktionsumfang einer Software. Neben der Anforderungsspezifikation muss je nach Produkt, das entwickelt wird, noch eine Hardware-, Architektur-, Design- und Integrationsspezifikation erstellt werden. Dabei spielt Meilenstein 30 eine wichtige Rolle. Bevor die «Detailpläne», sprich Spezifikationen, nicht geprüft vorliegen, wird nicht entwickelt. Dieser harte Ansatz gilt insbesondere dann, wenn neben der Software z.B. noch spezielle Gewerke wie Instrumente gebaut werden müssen.

Entwickeln

Bis zu diesem Zeitpunkt wurde (wenn kein Baumodell, Muster oder Prototyp erstellt respektive eingesetzt wurde) im Projektabwicklungsprozess grundsätzlich nur auf Papier planerisch gearbeitet. Erst jetzt kommt die physische Umsetzung. Das heisst, bei einem Organisationsprojekt wird nun umstrukturiert, bei einem Bauprojekt wird gebaut, bei Medizinalprodukten wird neben der agil erstellten Software die Gerätschaft gebaut oder beschafft etc. Beim Entwickeln werden somit die konzeptionellen Projektausführungslieferobjekte der Konzeptionsphase real umgesetzt. Je nach Projektart kann dies im Verhältnis zur Konzeptionsphase sehr lange dauern. Sicher ist: Wurden in der Konzeption und in der Spezifikation gedankliche Fehler gemacht, so wird es ab dieser Phase richtig teuer, um die Fehler zu korrigieren. Daher macht es Sinn, vor Beginn der Realisierungsphase alle Pläne, Konzepte und Spezifikationen gründlich von allen Beteiligten prüfen und offiziell abnehmen zu lassen.

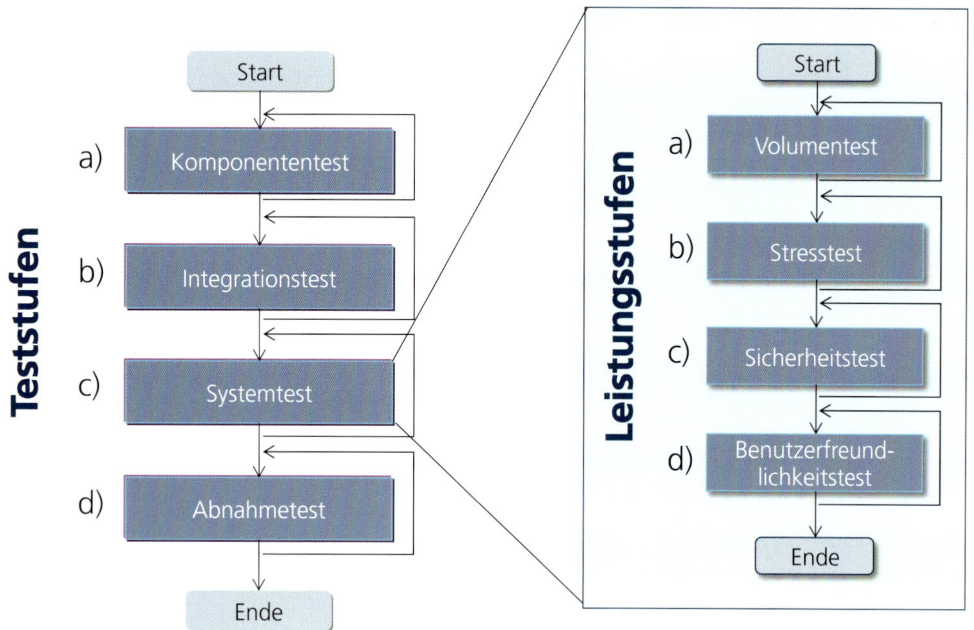

Abb. 7.57: Teststufen der konventionellen Entwicklung

Das realisierte Projektprodukt kann meistens nach der Erstellung einer dynamischen Kontrolle (Test) unterzogen werden. Ferner wird auch, je nach Projektart, eine Benutzerdokumentation erstellt und die nötige Personalschulung vorgenommen.

Testen

Bei der projektorientierten Herstellung eines Produkts – von der Software bis zu einer Dienstleistung – werden die Teil- und Endprodukte (Projektprodukte) dahin gehend geprüft, ob sie den vertraglich vereinbarten Anforderungen und Zielen entsprechen (Verifikation). Im Weiteren wird geprüft, ob das Projektprodukt die geforderte Aufgabe löst (Validation). Je nach Projektprodukt gibt es auch unterschiedliche Anforderungen an die Qualität der Lösung [Spi 2005]. Erweist sich das Produkt als fehlerhaft, so müssen gegebenenfalls Korrekturen in der Konzeption und/oder bei den Anforderungen erfolgen.

Gegenüber dem agilen Testen (siehe Kapitel 7.5.1) wird bei einem konventionell erstellten Produkt meistens das altbekannte Stufenverfahren gemäss Abbildung 7.57 durchgeführt.

Nach der Konsultation der Testberichte muss der Auftraggeber entscheiden, ob das erstellte Projektprodukt eingeführt wird. Wird der konventionell entwickelte Teil mit dem agil entwickelten Produktteil zusammengeführt, müssen selbstverständlich alle Elemente nochmals durch eine Integrations- und Systemtestphase laufen, bevor ausgeliefert werden kann. Wer bereits Erfahrung mit der hybriden Projektabwicklung gemacht hat, weiss, dass dieses Zusammenführen und Testen höchst anspruchsvoll ist.

7.7 Ausgewählte Ausführungstechniken

7.7.1 User-Research-Methoden

Unter den Ausführungstechniken gibt es in Ergänzung zu den Strategie- und Business-Design-Techniken (siehe Kapitel 3.6) eine Vielfalt an weiteren Techniken, mit denen man die Nutzer und ihre Bedürfnisse besser kennenlernt. Diese sogenannten User-Research-Methoden kommen vor allem zur Anwendung, wenn

- man ein neues Produkt entwickeln und die Bedürfnisse und Anforderungen der Zielgruppe kennenlernen will,
- die Produkt- und Marketingstrategie des bestehenden Produkts weiterentwickelt werden soll.

Durch die Research-Methoden werden gemäss Martin Beschnitt die Unsicherheiten über die Bedürfnisse und Situationen der Zielgruppen abgebaut. So erlangt man die Sicherheit, dass die Produkte gut von den Nutzern angenommen werden. Dies kommt besonders beim agilen Vorgehen stark zur Geltung, da eines der zentralen Prinzipien das Streben nach Kundenmehrwert ist. Je grösser

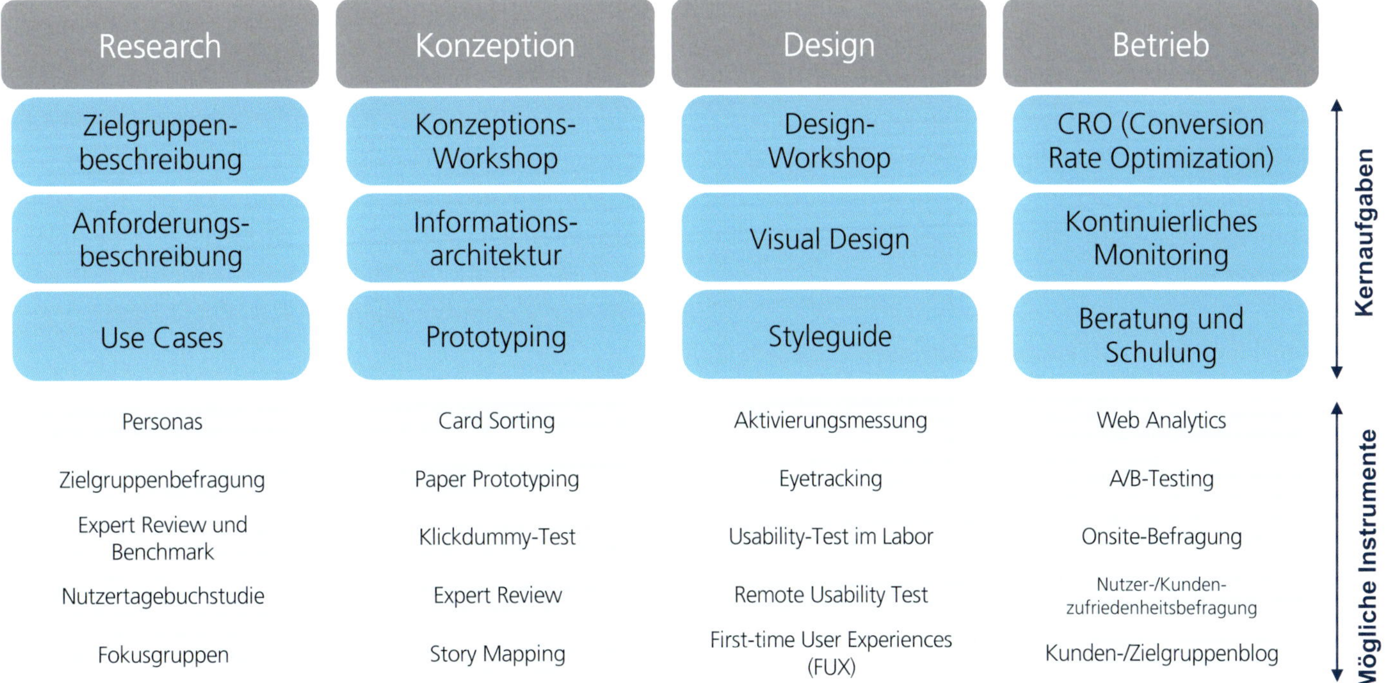

Abb. 7.58: User-Research-Methoden entlang des Produkteentwicklungsprozesses [Bes 2021]

der Mehrwert für den Nutzer, desto erfolgreicher ist das Produkt.

Es wäre falsch, wenn man diese Techniken im Produktentwicklungsprozess nur einem ganz bestimmten Schritt zuordnen würde. Es gibt eine Phasenzuordnung, die zeigt, welche Methode in welcher Phase besonders hilfreich ist. Dabei kann es immer Ausnahmen geben. Je nach Projektkontext kann es vorkommen, dass eine Methode, die eigentlich eher der Phase «Research» zugeordnet wird, zu einem späteren Zeitpunkt sinnvoll eingesetzt werden kann. Beispielsweise kann eine Fokusgruppe auch in der Phase «Betrieb» hilfreich sein, um qualitatives Feedback zum Status quo zu erhalten.

In der Aufstellung gemäss Abbildung 7.58 werden die Methoden auch den Abwicklungsendprodukten (Lieferobjekten) zugeordnet. So lässt sich erkennen, welche Methoden genutzt werden können, um ein bestimmtes Lieferobjekt zu erzeugen, z.B. gemäss dem User-Centered-Design-Prozess, der für digitale Produkte eingesetzt wird [Bes 2021].

Alle in Abbildung 7.58 aufgeführten Methoden in diesem Buch zu erläutern, würde zulasten der wichtigen gehen. Daher werden nachfolgend nur ausgewählte Techniken etwas ausführlicher erläutert.

7.7.2 Personas (fiktive Charaktere)

Um Anforderungen an neue Produkte z.B. in Form von User Stories wirkungsvoll definieren zu können, werden sogenannte Personas eingeführt. Diese stellen einen Prototyp für eine spezialisierte Gruppe von Nutzern dar und werden als fiktive Charaktere mit konkreten Eigenschaften und Nutzerverhalten dargestellt. Eine Persona besitzt Merkmale wie Vor-/Nachname und Foto (um sie noch besser darzustellen). Hinzu kommen weitere Attribute je nach Relevanz für das System, zum Beispiel Tätigkeit/Arbeitsrolle, Familienstand, Ziele, Wünsche etc. Personas spezialisieren eine bekannte Gruppe, um deren Bedürfnisse noch besser erarbeiten zu können. So können in einem Fitnesscenter die Kunden (bekannte Gruppe) in spezialisiertere Gruppen heruntergebrochen werden (Spitzensportler, Herzpatienten, Hobbysportler). Damit man sich die Gruppe besser vorstellen kann, weist man ihr eine Persona mit entsprechenden Eigenschaften zu. Gemäss Pichler [Pic 2013] kann eine Persona respektive ihr Verhalten sowohl auf funktionale Anforderungen (z.B. «möchte mit Kreditkarte bezahlen») wie auch auf nicht funktionale Anforderungen (z.B. «Systemfeedback unter 2 Sekunden») Einfluss haben.

Dieser Denk- oder Vorgehensansatz für das Erarbeiten von Anforderungen zwingt den Businessanalysten und Product Owner, das Produkt aus der Perspektive potenzieller Nutzer zu betrachten. Damit erhöht sich deren Akzeptanz, und zwar nicht nur in Bezug auf die Verifizierung («Liefern wir dem Kunden, was er brauchen kann?»), sondern auch mit Blick auf die Validierung («Kann der Kunde mit dem, was wir ihm liefern, nutzbringend umgehen?»).

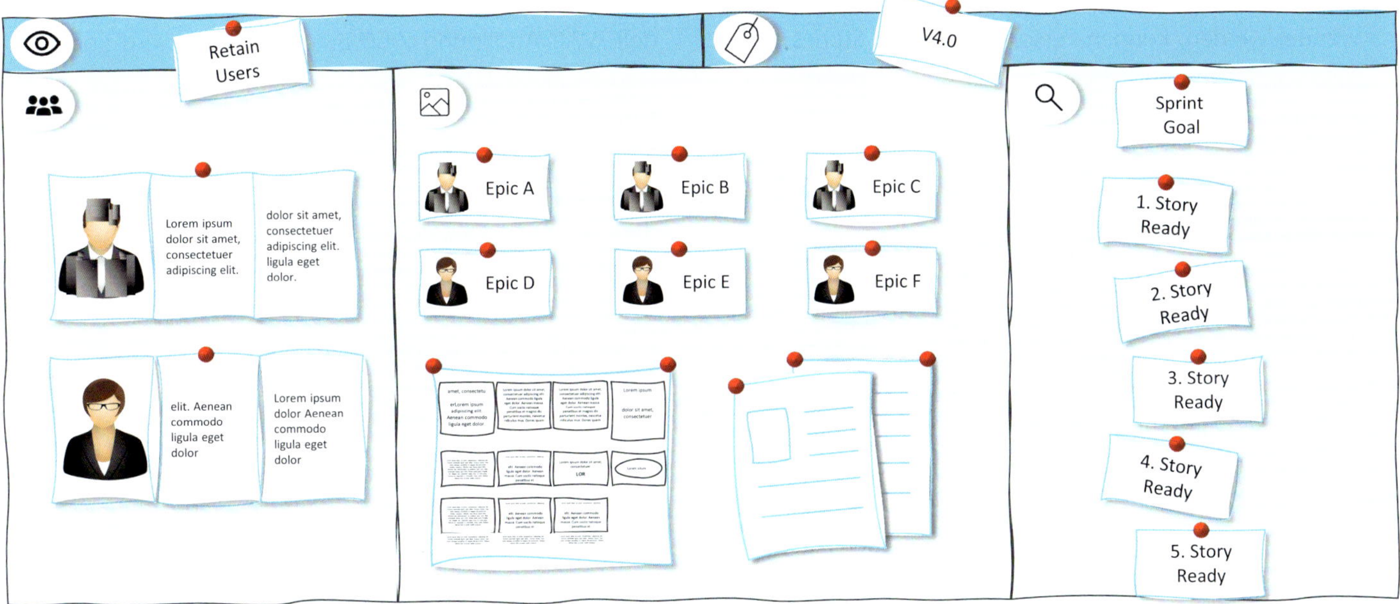

Abb. 7.59: Beispiel einer Persona-Visualisierung [Pic 2014]

Die Wertschöpfung bei der Verwendung von Personas besteht darin, dass die Effizienz bei der Projektausführung und die Qualität des Produkts von Beginn an erhöht wird. Zudem identifiziert sich das Team mit den Charakteren und schafft bereits in der ersten Iteration Ergebnisse, die aus vielen Perspektiven auf ihre Akzeptanz hin durchleuchtet werden [Prö 2012]. Gemäss Pichler sollten dabei einige Tipps berücksichtigt werden [Pic 2013].

1. Den Benutzer kennenlernen: Jede Persona-Beschreibung sollte auf Kenntnissen basieren, die aus der direkten Interaktion mit den Zielkunden und Benutzern gewonnen wurden.
2. Die Persona kurz beschreiben: Eine persönliche Beschreibung sollte den Teammitgliedern helfen zu verstehen, wer die Nutzniesser des Produkts sind und welche Ziele sie verfolgen.
3. Benutzer- und Käuferpersönlichkeiten unterscheiden: Wenn Benutzer und Kunden nicht dieselben Personen sind, müssen separate Profile erstellt werden.
4. Primäre Person wählen: Wenn mehrere Personas für ein Produkt erstellt werden, gilt es, eine primäre Persona auszuwählen. Die Hauptperson ist der Charakter, für den hauptsächlich das Produkt entworfen und gebaut wird.
5. Personas glaubwürdig machen: Sie sollten dem Entwicklungsteam helfen, sich in die Benutzer hineinzuversetzen und das Produkt aus ihrer Perspektive zu betrachten. Um dies zu erreichen, müssen Personas glaubwürdig sein.
6. Personas mit User Stories verbinden: Wenn agile Praktiken wie Szenarien, Storyboards oder Workflows ver-

Ein Akteur ist generischer als eine Persona.

wendet werden, können Personas und User Stories gut miteinander verbunden werden. Personas sind nicht mit Akteuren oder Rollen zu verwechseln!

7.7.3 Card Sorting

Card Sorting eignet sich z.B. sehr gut zum Entwickeln oder Optimieren einer nutzerzentrierten Informationsarchitektur. Auf diese Weise wird eine für den Nutzer verständliche Informationsarchitektur geschaffen, die die Auffindbarkeit von Informationen, Inhalten und Funktionen deutlich verbessert. Die Informationsarchitektur umfasst dabei zum einen die Navigationsstruktur und zum anderen den Aufbau und die Struktur einzelner Seiten, Teilbereiche einer Seite oder sogar einzelner Module. Dabei ist es völlig irrelevant, ob es sich um die Informationsarchitektur einer Webseite, einer App, eines Online-Shops, eines Intranets etc. handelt. Wie Abbildung 7.60 aufzeigt, kann Card Sorting in sehr vielen Situationen hilfreich sein, um möglichst schnell eine für alle nachvollziehbare «Ordnung» zu bekommen.

Abb. 7.60: Schritte beim Card Sorting

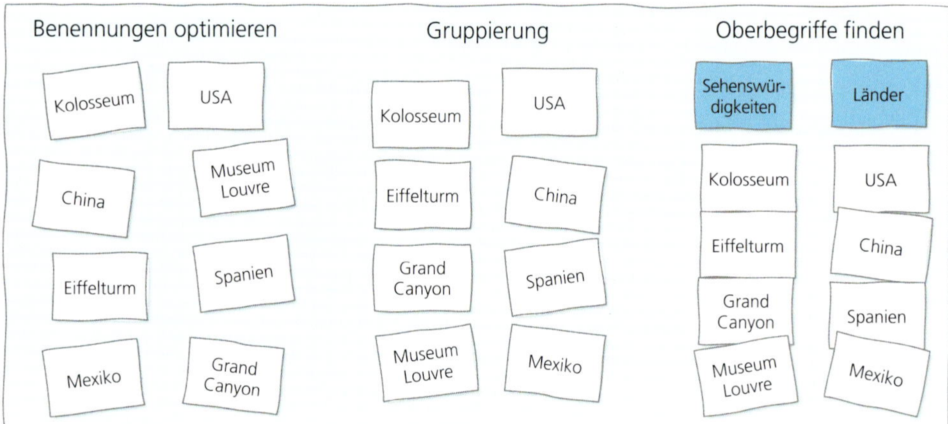

Die Vorgehensweise von Card Sorting ändert sich, je nachdem welche Ausprägung der Methode gewählt wird. Unterschieden werden folgende Formen [Bes 2021]:

- Offenes Card Sorting
- Geschlossenes Card Sorting
- Reverse Card Sorting / Tree Testing

Die verschiedenen Ausprägungen können offline (analog) oder online mithilfe eines Card Sorting-Tools angewendet werden [Bes 2021]:

Offenes Card Sorting: Bei diesem sortieren Teilnehmer Informationen, Inhalte oder Funktionen in für sie zusammengehörige Gruppen. Anschliessend benennen sie die Gruppen (Oberkategorien) mit aus ihrer Sicht passenden Namen. Ein offenes Card Sorting macht vor allem Sinn, wenn z.B. Navigationspunkte oder Kategorien einer Teilseite mit weiterführenden Informationen noch nicht feststehen (Bottom-up-Ansatz). Da die Anzahl der als zusammengehörig empfundenen Gruppen stark variieren kann, wird eine grosse Anzahl an Teilnehmern benötigt. So kann die optimale Anzahl an Gruppen und deren Benennung identifiziert werden.

Geschlossenes Card Sorting: Bei diesem sortieren Teilnehmer Informationen, Inhalte, Seiten oder Funktionen in vorgegebene Gruppen. Möchte man eine Navigationsstruktur optimieren oder erarbeiten, kann ein geschlossenes Card Sorting als Validierung der primären Ebene oder als zweite Iteration auf Basis eines offenen Card Sortings erfolgen. Ist es das Ziel, die Struktur und den Aufbau von z.B. Teilbereichen einer Seite zu optimieren, macht es Sinn, Gruppen wie «muss sofort sichtbar sein», «kann versteckt sein» oder «brauche ich gar nicht» vorzugeben. Dies kann als Basis zur Konzeption genutzt werden.

Reverse Card Sorting / Tree Testing: Bei diesem Ansatz existiert eine bereits vorhandene Struktur. Teilnehmer erhalten kleine Aufgaben und geben an, an welcher Stelle der Struktur sie die entsprechenden Inhalte suchen bzw. vermuten würden. Bei einem Tree Test können verschiedene Informationsarchitekturen gegeneinander getestet werden (Top-down-Ansatz). Es wird ersichtlich, welche der vorhandenen Strukturen das Suchverhalten der Nutzer am besten unterstützt, und es werden realistische Einblicke in das Suchverhalten von Nutzern ermöglicht.

7.7.4 Value-based Functional Decomposition

Ein wichtiger Vorteil eines agilen Ansatzes ist die stärkere Fokussierung auf den Mehrwert. Ein guter Ansatz ist, wie in Kapitel 7.2.2 beschrieben, mit einem Vision Statement zu beginnen, das klar den geschäftlichen Nutzen der Lösung definiert. Ein Vision Statement sollte kurz und prägnant sein. Nachfolgend ein Beispiel für ein Format eines Vision Statement [Rab 2020]:

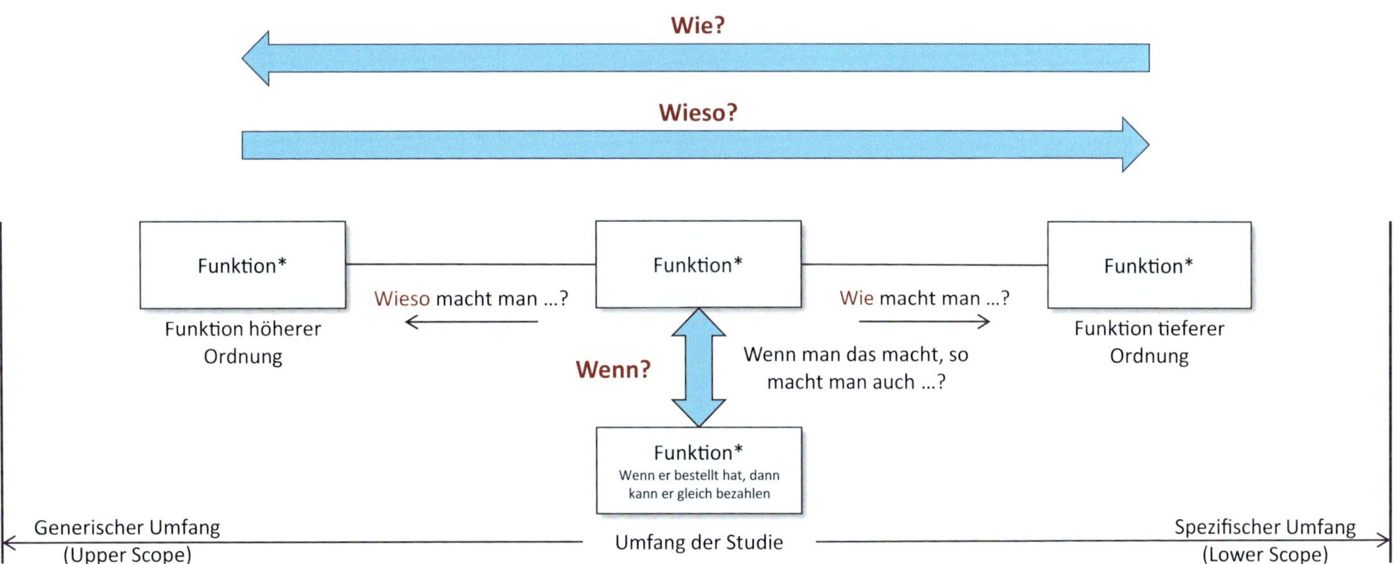

Abb. 7.61: Value-based Functional Decomposition [Rab 2020]

- Wen (Zielkunde)
- Wer (Angabe des Bedarfs oder der Möglichkeit)
- Was (Produktname oder Produktkategorie)
- Wie wird (funktional) dieser Mehrwert erreicht?
- Hauptvorteil (zwingender Kaufgrund)
- Im Gegensatz zu (primäre Wettbewerbsalternative)
- Unser Produkt (Erklärung zur primären Differenzierung)

Sobald ein High-Level-Vision-Statement definiert wurde, gilt es, diese Visionsaussage in die Funktionalität zu zerlegen [Rab 2020]:

- **How** do you achieve this function?
- **Why** do you do this function?
- **When** you do this function, what other functions must you do? Welche anderen Funktionen/Funktionsgruppen müssen bei dieser Vision ausgeführt werden?

Die funktionale Zerlegung wird besonders wichtig bei grossen Projekten, in denen es Hunderte von User Stories geben könnte. Sie bietet einen hierarchischen Ansatz für das Organisieren von Anforderungen. Value-based Functional Decomposition ist auch eine hilfreiche Technik zur Priorisierung von Anforderungen.

Die funktionale Zerlegung erleichtert das Verständnis und die Verwaltung der Anforderungen und kann daher zur Lösung von Problemen verwendet werden. Dadurch verliert man sich nicht im Dschungel individueller Anforderungen oder User Stories. Man behält den Blick für das grosse eine Bild des Mehrwerts.

7.7.5 Event Storming

Event Storming ist eine Methode für effektives und kollaboratives Modellieren komplexer Geschäftsprozesse. Sie wurde von Alberto Brandolini im Rahmen des Domain-Driven Design (DDD) erfunden. Entwickler und Fachleute erstellen dabei mithilfe von Post-its und Stiften ein physisches Modell der Fachwelt (Domäne). Dabei kristallisiert sich zunächst ein gemeinsames Verständnis der Domäne anhand von realen Schlüsselereignissen (Events) heraus, wodurch die Inkonsistenzen und Reibungspunkte zuverlässig auftauchen. Das physische Modell ist die Repräsentation des kollektiven Verständnisses der Domäne [Schw 2018].

Das grundlegende Ziel von Event Storming besteht darin, ein Geschäftsmodell zu erstellen, das während der Entwicklung verwendet werden kann, um einen Überblick über die Produktumgebung, ihre Bedürfnisse und Ziele zu erhalten und ihre Komplexität zu bewerten. Grundsätzlich ist es ein Kommunikationsinstrument, um das gemeinsame Verständnis für Geschäftsziele und Produktziele zu erhalten. Damit ergibt sich die Möglichkeit, eine Diskussion zu beginnen, um Lücken und Hindernisse in einem komplexen Sachverhalt zu entdecken. Nachfolgend ein zusammengefasster Ablauf (Abbildung 7.62):

Schritt 1: Finden der Domänenereignisse (Domain Events = orange Post-its)

1. Zunächst sammeln alle Teilnehmer, was in der Domäne passiert (fachliche Ereignisse, die im zu erkundenden Problemraum zu beobachten sind). Dazu schreiben sie Domain

Events auf orangefarbene Post-its. Ein einzelnes Domain Event ist ein Ereignis, das relevant für die Fachexperten ist.
2. Um Struktur in das sich zu entwickelnde Modell zu bringen, werden die Ereignisse in eine grobe zeitliche Reihenfolge von links nach rechts gebracht.

Am Ende dieser zwei Teilschritte entsteht ein Big Picture über das «grosse Ganze». Die Gruppe hat eine Vorstellung der Dimensionen und Zusammenhänge entwickelt und bereits jetzt viel Abstimmung und Einigungen erzielt.

Schritt 2: Befehl finden, der jedes der Domänenereignisse verursacht (Command = blaue Post-its)

3. Die Teilnehmer bauen nun ein gemeinsames Verständnis darüber auf, was geschieht. Dabei gehen sie Ereignis um Ereignis durch und erläutern, was sich währenddessen ereignet. Ganz wichtig ist es, sich dabei die Frage zu stellen: Warum ist das passiert? Hierbei gibt es die meisten Aha-Erlebnisse, da jeder mit seiner «Brille» und Rolle den Prozess nachvollzieht. Die blauen Post-its werden vor dem entsprechenden Domänenereignis (orangene Post-its) platziert.
4. Ereignisse können ihre Wurzeln in Befehlen haben (wie in Punkt 3 analysiert), aber auch durch Personen, Zeit, Dokumente, externe oder kaskadierende Ereignisse ausgelöst werden. Diese Ereignisse sollten in diesem Schritt ausgearbeitet werden.

Schritt 3: Es werden die Aggregate identifiziert (= gelbe Post-its).

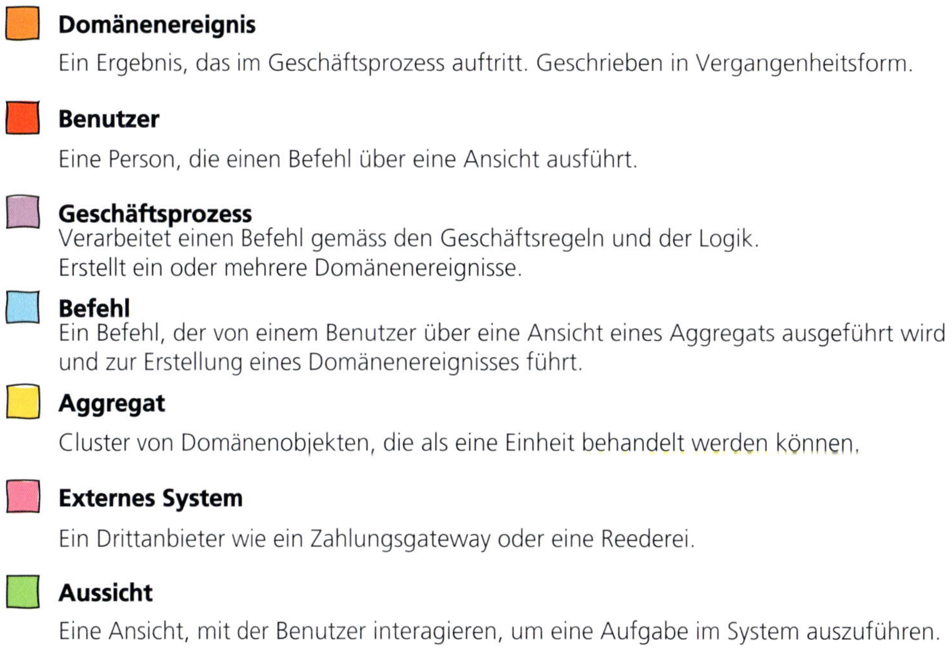

Domänenereignis
Ein Ergebnis, das im Geschäftsprozess auftritt. Geschrieben in Vergangenheitsform.

Benutzer
Eine Person, die einen Befehl über eine Ansicht ausführt.

Geschäftsprozess
Verarbeitet einen Befehl gemäss den Geschäftsregeln und der Logik.
Erstellt ein oder mehrere Domänenereignisse.

Befehl
Ein Befehl, der von einem Benutzer über eine Ansicht eines Aggregats ausgeführt wird und zur Erstellung eines Domänenereignisses führt.

Aggregat
Cluster von Domänenobjekten, die als eine Einheit behandelt werden können.

Externes System
Ein Drittanbieter wie ein Zahlungsgateway oder eine Reederei.

Aussicht
Eine Ansicht, mit der Benutzer interagieren, um eine Aufgabe im System auszuführen.

Abb. 7.62: Event Storming – Erläuterung der verschiedenen Farben

5. Nun werden die Ereignisse und Befehle in logische Aggregate gruppiert. Jedes Aggregat stellt ein spezifisches Geschäftskonzept dar, das jemandem in Verantwortung gegeben werden kann. Aggregate sind eine logische Einheit, in denen Befehle ausgeführt werden und in denen Ereignisse auftreten.

7.7.6 Wireframes (Grobskizze)

Statische oder dynamische Wireframes sind meist rudimentäre, konzeptionelle Entwürfe eines Frontends. Grundsätzlich ist ein Wireframe eine Vorstufe des echten Prototypings. Es unterstützt das Prototyping, indem durch eine grobe

Skizzierung der Vorstellungen und Anforderungen eine erste Näherung erreicht wird, welche dem Prototyp schon ein erstes grob abgestimmtes Aussehen verleiht [Prö 2012].

Anders als ein Mockup – ein visueller Prototyp – wird der Begriff Wireframe (Drahtmodell) benutzt, um einen sehr frühen konzeptionellen Entwurf z.B. einer Website oder eines Software-Frontends darzustellen. Dabei spielen Gestaltung und Funktion noch keine Rolle. Das Augenmerk liegt auf der Anordnung von Elementen und der Benutzerführung. Es gibt zwei Arten von Wireframes [Wiki 2021]:

- Statische Wireframes: Dies ist eine schematische Darstellung einzelner Seitenvorlagen, bei der die grundlegenden Elemente der Seite festgehalten werden. Ein konzeptionelles Layout sollte erkennbar sein. Ein vollendetes Design ist nicht notwendig.
- Dynamische Wireframes: Sie bestehen aus mehreren Seiten, die als funktioneller Prototyp interaktiv miteinander verknüpft sind. So wird die Navigation von einer zur anderen Seite möglich. Dynamische Wireframes werden häufig durch einen beiliegenden Navigationsbaum oder ein Flussdiagramm ergänzt, welche die Struktur abstrahieren und leichter verständlich machen.

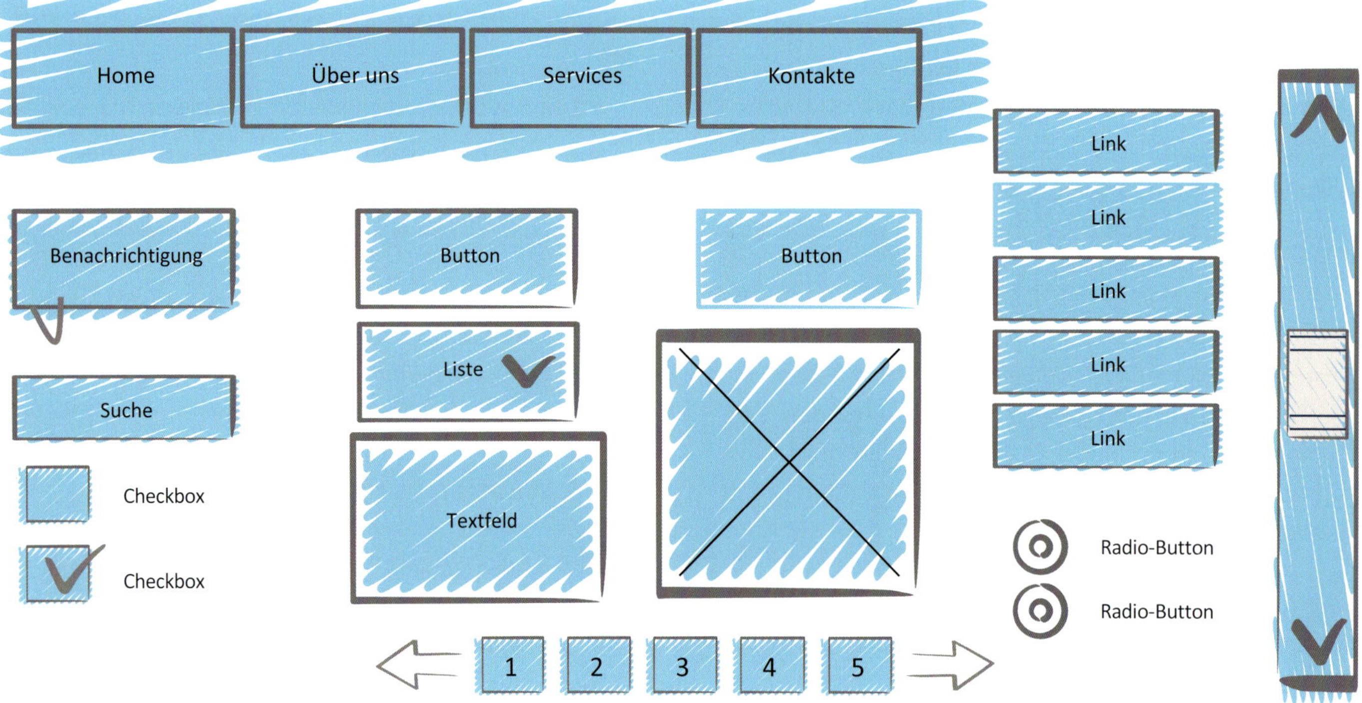

Abb. 7.63: Beispiel eines Wireframes (Grobskizze)

Es reicht also aus, grafische Komponenten nur sehr rudimentär abzubilden, da es bei einem Wireframe – sei es nun statisch oder dynamisch – in erster Linie um die Konzeption und nicht um das Design geht. Das heisst, ein Wireframe sollte die folgenden Punkte abbilden:

- Hauptelemente der Inhalte (Was?)
- Struktur der Informationen (Wo?)
- Beschreibung und grundlegende Visualisierung der Benutzerschnittstelle (Wie?)

Ein Wireframe ist bei der Kommunikation innerhalb des Entwicklerteams sehr hilfreich. Wenn sich z.B. Unstimmigkeiten während der Planung oder Umsetzung des Designs ergeben, kann ein schnell erstelltes Wireframe zur besseren Veranschaulichung herangezogen werden. Ausserdem können mithilfe eines Wireframes erste Tests bezüglich der Benutzerführung durchgeführt werden.

7.7.7 Value Stream Map

Die Value-Stream-Analyse ist eine Technik, um Prozesse und Abläufe effizienter zu gestalten. Die Herausforderung dieser Technik besteht darin, die nicht effizienten Elemente im Prozess zu identifizieren und anschliessend zu eliminieren. Die Value-Stream-Analyse verläuft gemäss Pröpper in fünf Stufen [Prö 2012]:

- **Stufe 1:** Darstellung und Beschreibung der IST-Situation. Bei dieser Stufe geht es insbesondere um die Beschreibung des IST-Prozesses mit dem Ansatz, dass die Anforderungen durch den Kunden definiert werden. Dieser Ansatz verleiht dem Wertgedanken spezielle Achtung («Was für einen Wert hat der jeweilige Prozessschritt für den Kunden?»)
- **Stufe 2:** Definition von Wert. Die vom Kunden definierten Anforderungen werden im zweiten Schritt auf Umsetzbarkeit und Wirtschaftlichkeit hin geprüft und bewertet. Am Ende gibt es eine Entscheidung zur Umsetzung oder die Anforderung wird abgelehnt.
- **Stufe 3:** Analysieren von Wert und Verlust. Auf Basis des IST-Prozesses und der Definition des Werts werden die jeweili-

Abb. 7.64: Schema einer Value Stream Map (DTS = Defect Tracking System – Fehlerverwaltung) [Vig 2015]

Administrator stellt einen Fehlerbericht in das DTS ein.	E-Mail aus DTS	Tester prüft und reproduziert den Fehler.	direktes Gespräch	Entwickler korrigiert den Fehler.	Transfer auf Buildsystem	Entwickler führt alle automatisierten Tests durch.	Transfer auf Releasesystem	Entwickler stellt ein Release zusammen.	direktes Gespräch	Tester testet das Release, gibt es frei und aktualisiert DTS.	E-Mail aus DTS	Administrator nimmt das neue Release in Betrieb.
Gesamt: 10‘	10‘	75‘	35‘	200‘	25‘	125‘	25‘	15‘	15‘	80‘	10‘	80‘
Nutzen: 5‘	0‘	30‘	20‘	120‘	25‘	115‘	25‘	5‘	10‘	75‘	0‘	65‘
Differenz: 5‘	10‘	45‘	15‘	80‘	0‘	10‘	0‘	10‘	5‘	5‘	10‘	15‘

gen Werte im Prozess bestimmt. Das heisst, es wird der Wert und Verlust pro Prozessschritt des IST-Prozesses ergänzt.

- **Stufe 4:** Identifizieren und Bewerten von Varianten. Nun folgt eine wichtige Arbeit: Auf Grundlage der IST-Analyse können Lösungsvarianten im Sinn unterschiedlicher Anforderungen identifiziert und bewertet werden. So können z.B. durch eine ICT-bezogene Automatisierung die Verlustzeiten gesteuert und somit die Verluste eliminiert werden.
- **Stufe 5:** Definieren der neuen SOLL-Situation. Die beste Variante (Kombination von Anforderungen) kann nun im Detail spezifiziert werden. Mit diesem Ansatz werden «Anforderungen definieren» und «Anforderungen genehmigen» vertauscht. Dieser Ansatz beschleunigt das Genehmigungsverfahren.

Mit der Value-Stream-Analyse kann gemäss Vigenschow somit die tatsächliche Bearbeitungszeit (Nettoarbeitszeit) und die Verweildauer der Aufgabe im entsprechenden Schritt (Differenz zwischen dem Eintrittszeitpunkt und dem Austrittszeitpunkt) sehr gut erfasst werden. Erfolgt dies z.B. mit der Kanban-Technik, können diese Zeiten sehr einfach analysiert werden, sofern jeder seine Zeit z.B. auf einem Post-it festhält. Nun werden die Nettobearbeitungszeit und die gesamte Durchlaufzeit der Aufgabe zusammengerechnet, die im gesamten Prozess verweilen.

Diese Analyse kann nun (wie ein Kundenprozess) für den agilen Softwareentwicklungsprozess z.B. bezüglich der Behandlung von hoch priorisierten Fehlern vorgenommen werden. Vigenschow zeigt dies an einem Beispiel sehr schön auf. In der Abbildung 7.64, die den Subentwicklungsprozess «Sonderbehandlung bei einem schwerwiegenden Fehler in ausgelieferter Software» aufzeigt, wird in der ersten Zeile die Dauer für die einzelnen Schritte und Übergaben abgebildet. Diese summieren sich auf 705 Minuten. Wird die gesamte Nutzdauer addiert, ergibt dies 495 Minuten Arbeitszeit. Daraus ergibt sich eine Differenz von 210 Minuten, die als Verschwendung betrachtet werden kann. Der Quotient Nutzdauer/Gesamtdauer kann als Effizient betrachtet werden, was im Beispiel 70 % ergibt [Vig 2015].

7.7.8 Rapid Learning Cycles (RLC)

Das Rapid Learning Cycles Framework von Katherine Radeka [Rad 2017] bringt die Vorteile der agilen Entwicklung in die Hardware-Welt. Die Methode funktioniert besonders gut bei gemischten Hardware-/Firmware-Projekten aber auch für andere physische Produkte. Es hilft, die Hardware- und Softwareteams so weit als möglich synchron zu halten. Bei der Entwicklung von Hardware oder anderen physische Produkten treffen die Annahmen, welche die Praktiken und Tools der agilen Softwareentwicklung antreiben, nicht gänzlich zu. RLC nutzt jedoch die agilen Prinzipien, um frühzeitig konkrete Ergebnisse zu liefern, aber auch gleichzeitig, um die Verschwendung von neu überdachten Entscheidungen zu vermeiden. Im Mittelpunkt stehen folgende beiden Prinzipien:

- Schneller scheitern, um schneller voranzukommen. Das Lernen steht an erster Stelle, um Unsicherheiten zu beseitigen und Risiken zu reduzieren.
- Entscheidungen müssen zur richtigen Zeit mit den richtigen Personen und dem besten verfügbaren Wissen getroffen werden.

Rapid Learning Cycles verfolgt einen strukturellen Ansatz, um die Fülle von Fragen, die bei der Entwicklung eines neuen Hardwareprodukts beantwortet werden müssen, schnell zu organisieren und zu priorisieren. Dies mit Ziel, dass das Team in einer Reihe von kleinen, schnellen Lernzyklen Antworten auf die Fragen findet. Das Team koordiniert und teilt sein Wissen in regelmässigen Abständen, sodass es sofort von jedem neuen Wissen profitieren kann. Da das Team mit diesem iterativen Ansatz auf weniger Hindernisse stösst, erhöht sich die Entwicklungsgeschwindigkeit, was zugleich die Frustration senkt [Rad 2017].

Wie Abbildung 7.65 zeigt, wird auch bei RLC auf eine detaillierte Spezifikation verzichtet. Wichtige Anforderungen lässt man so lange offen, bis das Team weiss, was es liefern kann. Anstatt eine Idee nach der anderen für ein kniffliges technisches Problem zu verfolgen, untersucht das Team mehrere mögliche Antworten auf einmal, um Vision und Ausführung näher zusammenzubringen. Es wird ein Produkt kreiert, das so grossartig ist, wie man es sich leisten kann.

Rapid Learning Cycles sind eine synchronisierte Reihe von Experimenten, um Unsicherheiten zu beseitigen, bevor wichtige Entscheidungen in einem Produktentwicklungsprogramm getroffen werden müssen. Ein Rapid Learning Cycle umfasst zwei bis acht Wochen Arbeit und hilft, bessere Entscheidungen zu treffen, wenn die Unsicherheit oder Ungewissheit gross ist und die Auswirkungen einer falschen Entscheidung noch grösser sind. Es handelt sich um eine Reihe von Erkundungen (Scouting), um den kürzesten Weg zwischen dem Team und dessen neuen Produkt zu finden.

Das Framework von Radeka unterstützt Hardwareteams, sodass sie mit den Softwareteams gut zusammenarbeiten können, wenn diese eine agile Methode wie Scrum verwenden.

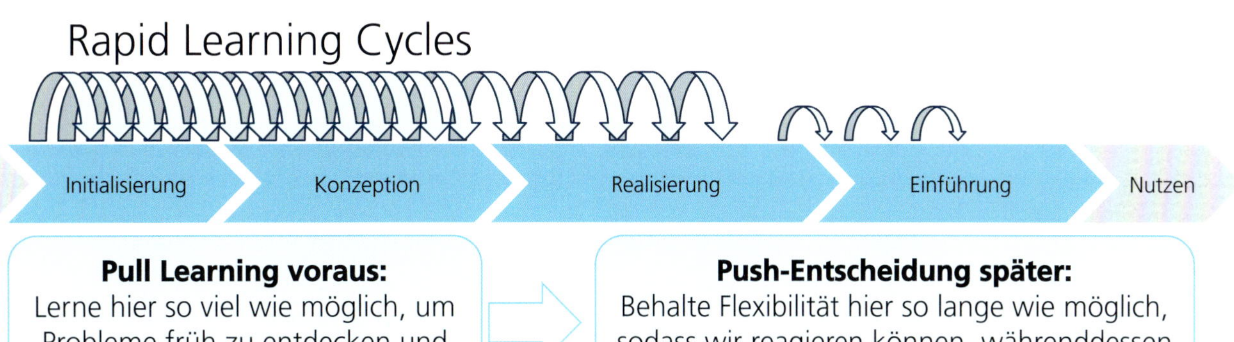

Abb. 7.65: Rapid Learning Cycles im Product Development als interaktiver Lernprozess während der Projektabwicklung [Rad 2017]

8 Abspann

8.1 Korrelationsliste zu IPMA ICB4agile

Gemäss den ICB4-Ausführungen gibt es drei Kompetenzbereiche mit entsprechenden Richtlinien:

- Kompetenzbereich Kontext (Perspective),
- Kompetenzbereich Mensch (People) und
- Kompetenzbereich Praktiken (Practice).

Im Folgenden wird der Zweck jeder Kompetenz gemäss «Swiss Individual Agile Competence Reference Guide (swiss.ICB4agile Version 2.3, Ausgabe 15. 09. 2019)» der Schweizerischen Gesellschaft für Projektmanagement (SPM) und dem Verein zur Zertifizierung im Projektmanagement (VZPM) beschrieben [ICB 2019]. Ergänzend zu den Erläuterungen werden die jeweiligen Kompetenzindikatoren der ICB4agile aufgeführt. Diese legen fest, welche Fertigkeiten und Fähigkeiten entwickelt werden müssen und wie diese beobachtet und gemessen werden können [ICB 2019]. Pro Kompetenzindikatoren werden die Kapitel dieses Buches hinzugefügt. Dies soll für Personen, die eine Zertifizierung machen wollen, eine kompetenzspezifische Unterstützung bieten.

8.1.1 Kompetenzbereich Kontext (Perspective)

Kapitel	Beschreibung und Kompetenzindikatoren des Kompetenzenbereichs Kontext (Perspective) ICB4	Buchkapitel
	Kontext 1: Strategie	
Beschreibung	Mittels agiler Strategie kann die Organisation Chancen nutzen und schnell auf Bedrohungen reagieren. Agile Leader müssen verstehen, dass sich die Strategie entwickelt und nicht in Stein gemeisselt ist.	3.0–3.4, 3.6
1.1	• Agile Teams mit der Mission und der Vision der Organisation in Einklang bringen	1.2.2, 3.3.6, 3.6.7, 7.2.1.1
1.2	• Chancen identifizieren und ausschöpfen, die die Strategie der Organisation beeinflussen	3.2, 3.3.4, 7.2.4.1
1.3	• Rechtfertigung für die Veränderung entwickeln und sicherstellen, dass die betriebswirtschaftlichen und/oder organisationalen Gründe, die dazu geführt haben, weiterhin bestehen	3.3.2, 3.3.3, 7.2.4.1
1.4	• Kritische Erfolgsfaktoren bestimmen, beurteilen und überprüfen	3.3.2, 3.4.4, 4.2.2.3
1.5	• Key Performance Indicators (KPI) bestimmen, beurteilen und überprüfen	3.4.3, 3.4.4, 4.2.5, 4.3.6
	Kontext 2: Governance, Strukturen und Prozesse	**5.0**
Beschreibung	Beim agilen Ansatz wird in kurzen Zyklen zugunsten eines linearen Ansatzes gearbeitet, und es wird in jedem Zyklus kontinuierlich auf die Entwicklung von Resultaten und deren Qualität geachtet.	1.3, 2.2, 2.3, 4.1
2.1	• Prinzipien der agilen Arbeit und deren Einführung kennen	1.4, 2.2.3, 3.6.5, 3.6.9
2.2	• Prinzipien des agilen Programmmanagements und deren Einführung kennen	2.3, 2.6
2.3	• Prinzipien des agilen Portfoliomanagements und deren Einführung kennen	4.1,
2.4	• Agile Arbeit mit den Supportfunktionen in Einklang bringen	2.3.7, 4.1.4, 5.9.2, 7.6.2
2.5	• Agile Arbeit mit den Entscheidungs- und Berichterstattungsstrukturen sowie den Qualitätsanforderungen der Organisation in Einklang bringen	1.3.3.1, 2.5, 3.5, 5.9, 6.4.7.3
2.6	• Agile Arbeit mit den Prozessen und Funktionen des HR in Einklang bringen	3.5.2, 4.3.2, 6.3.2.3, 6.4.6.7, 6.7.4
2.7	• Agile Arbeit mit den Finanz- und Controlling-Prozessen in Einklang bringen	3.5.1, 4.3.1, 6.3.2.6, 6.4.6, 6.7.4.6
2.8	• Prinzipien des klassischen Managements und der agilen Arbeit verbinden	3.6.10, 4.1.3, 5.3–5.5

	Kontext 3: Compliance, Standards und Regulationen	
Beschreibung	Agile Leader sollten eine Kultur in ihren Teams fördern, in der sich die Mitglieder darüber einig sind, wie sie zusammenarbeiten werden, um sich an Standards, Vorschriften und Nachhaltigkeitszielen auszurichten.	2.2.3, 2.5.1
3.1	• Die für die agile Arbeit gültigen Rechtsvorschriften identifizieren und einhalten	6.2.2, 6.7.4.5
3.2	• Alle für die agile Arbeit relevanten Vorschriften für Sicherheit, Gesundheit und Umweltschutz (SGU) identifizieren und einhalten	6.2.2
3.3	• Alle für die agile Arbeit relevanten Verhaltensregeln und Berufsvorschriften identifizieren und einhalten	6.7.1.2
3.4	• Für die agile Arbeit relevante Prinzipien und Ziele der Nachhaltigkeit identifizieren und einhalten	4.2.5, 4.3.6
3.5	• Für die agile Arbeit relevante professionelle Standards und Tools beurteilen, nutzen und weiterentwickeln	2.2.3.3, 2.4, 2.6, 5.10
3.6	• Agilität der Organisation beurteilen, vergleichen und verbessern	1.4
	Kontext 4: Macht und Interessen	
Beschreibung	Der agile Leader begegnet den Charakteristiken jedes Einzelnen mit Respekt und entwickelt auf diese Weise die notwendige Sensibilität, wodurch die beteiligten Parteien auf ein gemeinsames Ziel hin arbeiten. Sie bringt Menschen zusammen, indem sie ihren Einfluss verstehen und ihre Interessen beachten, um ein Gleichgewicht zu finden.	6.2.1, 6.7.5, 6.7.1.5
4.1	• Persönliche Ambitionen und Interessen Dritter und deren potenzielle Auswirkungen auf die agile Arbeit beurteilen sowie diese Kenntnisse zum Nutzen der agilen Arbeit verwenden	3.6.1, 6.7.5
4.2	• Informellen Einfluss von Einzelpersonen und Personengruppen und deren potenzielle Auswirkungen auf die agile Arbeit beurteilen sowie diese Kenntnisse zum Nutzen der agilen Arbeit verwenden	3.3.2, 3.3.3, 6.7.1.5
4.3	• Persönlichkeiten und Arbeitsstile Dritter beurteilen und zum Nutzen der agilen Arbeit einsetzen	6.7.5
	Kontext 5: Kultur und Werte	
Beschreibung	Der agile Leader ist dafür verantwortlich, dass eine agile Kultur in die bestehende Organisationskultur integriert wird. Verschiedene agile Rahmenbedingungen beziehen sich auf Werte wie Engagement, Mut, Konzentration, Offenheit und Respekt. Die zugrunde liegenden, oft unbewussten Grundannahmen innerhalb einer Organisation unterstützen diese Werte zunächst nicht immer.	1.4, 6.7.5
5.1	• Kultur und Werte der Gesellschaft und deren Auswirkungen auf die agile Arbeit beurteilen	3.3.3

5.2	• Organisationskultur zur besseren Abstimmung mit agilen Werten fördern	1.2, 1.4
5.3	• Informelle Kultur und Werte der Organisation und deren Auswirkungen auf das agile Arbeiten beurteilen	

8.1.2 Kompetenzbereich Mensch (People)

Die Kompetenzindikatoren des Kompetenzbereichs Menschen (People) unterscheiden sich marginal vom agilen Leader gegenüber dem Projektleiter. Aufgrund dessen wurden in diesem Buch nicht spezielle Ausführungen bezüglich dieser Soft-Skills ausgearbeitet. Diese sind in vielen PM- und anderen Führungsbüchern ausführlich erläutert.

Kapitel	Zweck und Kompetenzindikatoren des Kompetenzenbereichs Menschen (People) ICB4	Buchkapitel
	Menschen 1: Selbstreflexion und Selbstmanagement	
Beschreibung	Die Zeit zu finden und die Disziplin zu haben, um zu reflektieren, sich anzupassen und sich weiterzuentwickeln, erfordert Selbstmanagement. Der agile Leader muss seine eigene Arbeitslast bewältigen, sich nach innen auf sich selbst konzentrieren und gleichzeitig sicherstellen, dass die Teammitglieder Arbeitsbedingungen haben, die sie fördert und ermutigt, dasselbe zu tun.	1.2.2.2
1.1	• Einfluss der eigenen Werte und persönlichen Erfahrungen auf die Arbeit identifizieren und reflektieren	2.2.3, 6.7.1.3
1.2	• Selbstvertrauen auf der Basis von persönlichen Stärken und Schwächen aufbauen	6.6.2.5, 6.4.6.3
1.3	• Persönliche Motivationen erkennen und reflektieren, um sich persönliche Ziele zu setzen und sich zu konzentrieren	
1.4	• Eigene Arbeit abhängig von der Situation, den eigenen Ressourcen und der Gesamtsituation des Teams organisieren	6.7.1.4, 6.4.6.3
1.5	• Verantwortung für das persönliche Lernen und die persönliche Weiterentwicklung übernehmen	6.6.2.5
	Menschen 2: Persönliche Integrität und Verlässlichkeit	
Beschreibung	Der agile Leader muss sicherstellen, dass sein eigenes Verhalten und Handeln konsistent bleibt, sodass er als glaubwürdig und vertrauenswürdig wahrgenommen wird. Auf diese Weise mit gutem Beispiel voranzugehen, zeigt Integrität und kann andere dazu inspirieren, die gleichen Werte beizutragen und positive Verhaltensweisen innerhalb der Organisation zu übernehmen.	

2.1	• Ethische Werte bei allen Entscheidungen und Handlungen anerkennen und anwenden	
2.2	• Nachhaltigkeit von Leistungen und Ergebnissen fördern	
2.3	• Verantwortung für die eigenen Entscheidungen und Handlungen übernehmen	
2.4	• Widerspruchsfrei handeln, Entscheidungen treffen und kommunizieren	
2.5	• Aufgaben sorgfältig erfüllen, um Vertrauen bei anderen zu schaffen	
	Menschen 3: Persönliche Kommunikation	
Beschreibung	Agile Leader zeigen ein offenes und konfliktfreies Forum für die Interaktion mit sich selbst und im Team beispielhaft auf. Dazu gehört auch die Verpflichtung, konstruktive Rückmeldungen zu geben und selbst offen für Rückmeldungen zu sein.	
3.1	• Eindeutige und strukturierte Informationen an andere weitergeben und deren gleiches Verständnis sicherstellen	
3.2	• Offene Kommunikation ermöglichen und fördern	6.4.6.5
3.3	• Kommunikationsarten und -kanäle auswählen, um die Bedürfnisse der Zielgruppe, der Situation und der Führungsebene zu erfüllen	
3.4	• Mit virtuellen Teams effektiv kommunizieren	6.4.6.5
3.5	• Humor und Perspektivenwechsel angemessen anwenden	
	Menschen 4: Beziehungen und Engagement	
Beschreibung	Durch die Konzentration auf die Beseitigung von Hindernissen und die Förderung des Fortschritts ermöglicht der agile Leader dem Team, seine Arbeit autonom zu organisieren, was eine effektive Möglichkeit ist, Menschen zu motivieren. Jedermann in einer agilen Organisation sollte zur richtigen Zeit über die richtigen Informationen verfügen, um evidenzbasierte Entscheidungen zu treffen.	5.9.2.1
4.1	• Persönliche und berufliche Beziehungen aufbauen und pflegen	
4.2	• Soziale Netzwerke aufbauen, moderieren und an ihnen teilnehmen	
4.3	• Durch Zuhören, Verständnis und Unterstützung Empathie zeigen	
4.4	• Vertrauen und Respekt zeigen, indem andere ermutigt werden, ihre Meinungen und Bedenken zu äussern	
4.5	• Eigene Visionen und Ziele kommunizieren, um Engagement und Commitment Dritter zu erreichen	

4.6	• Im Netzwerk vorhandenes Sozialkapital nutzen und zu seiner Vergrösserung beitragen	6,7.1.4, 6.7.1.7
	Menschen 5: Führung	**6.7.1**
Beschreibung	Ein agiler Leader repräsentiert und bietet Dienste an für diejenigen, die er führt, wobei die Interessen des Teams oder der Organisation im Mittelpunkt der Massnahmen stehen, die er durchführt.	1.2.2.3, 6.7.1.5
5.1	• Initiative ergreifen und proaktiv mit Rat und Tat zur Seite stehen	
5.2	• Verantwortung übernehmen und Engagement zeigen	
5.3	• Durch Vorgeben der Richtung, durch Coaching und Mentoring die Arbeit von Einzelpersonen und Teams leiten und verbessern	5.9.2.1, 6.7.1.6
5.4	• Macht und Einfluss angemessen auf Dritte ausüben, um die Ziele zu erreichen	6.7.1.5
5.5	• Entscheidungen treffen, durchsetzen und überprüfen	
	Menschen 6: Teamarbeit	
Beschreibung	Selbststeuernde Teams spielen eine entscheidende Rolle in einer agilen Organisation. Jedes Team hat seinen eigenen Zweck, und die Prioritäten jedes Teams liegen darin, ständig Mehrwert für die Organisation und für ihre Kunden zu schaffen. • Der agile Leader stellt eine für die Teamarbeit förderliche Umgebung bereit und sorgt dafür, dass die richtigen Zeremonien zur richtigen Zeit durchgeführt werden.	6.7.1
6.1	• Zusammenstellung und Entwicklung des Teams unterstützen	6.2.2.3, 6.7.1.4, 7.2.5.5
6.2	• Zusammenarbeit und Netzwerken zwischen Teammitgliedern fördern	2.5.2, 6.7.1.4
6.3	• Entwicklung des Teams und der Teammitglieder ermöglichen, unterstützen und überprüfen	6.7.1.1
6.4	• Teams durch das Delegieren von Aufgaben und Verantwortlichkeiten stärken	6.6.2.1, 6.6.2.6
6.5	• Fehler erkennen und das kontinuierliche Lernen aus Fehlern ermöglichen	6.6.2.5, 7.7.8
	Menschen 7: Konflikte und Krisen	
Beschreibung	Der agile Leader anerkennt die Unvermeidlichkeit von Konflikten und sieht dies als eine Gelegenheit zum Lernen und als ein Mittel zur Stärkung der kurz- und langfristigen Beziehungen.	
7.1	• Konflikte und Krisen antizipieren und wenn möglich verhindern	

7.2	• Ursachen und Auswirkungen von Konflikten und Krisen analysieren und mit dem Team angemessene Reaktionen auswählen	
7.3	• Konflikte und Krisen und/oder deren Auswirkungen mit dem Team lösen bzw. in ihnen vermitteln	
7.4	• Lernergebnisse aus Konflikten und Krisen identifizieren und weitergeben, um die zukünftige Arbeit zu verbessern	
	Menschen 8: Vielseitigkeit	
Beschreibung	Der agile Leader stimuliert und fördert die Kreativität in Teams. Dies wird durch die Schaffung eines Kontexts erreicht, in der Menschen experimentieren und Ideen austauschen können, ohne dass andere negativ urteilen.	
8.1	• Einen offenen und kreativen Kontext schaffen und unterstützen	
8.2	• Konzeptionelles Denken anwenden, um Situationen zu analysieren und Lösungsstrategien zu definieren	3.6
8.3	• Analytische Techniken anwenden, um Situationen, Informationen und Trends zu analysieren	7.7
8.4	• Kreative Techniken fördern und anwenden, um Alternativen und Lösungen zu finden	
8.5	• Ganzheitliche Sicht auf die Situation und den Kontext fördern, um den Entscheidungsprozess zu verbessern	
	Menschen 9: Verhandlungen	
Beschreibung	Der agile Leader benötigt wirksame Verhandlungskompetenzen, um sich auf das Verständnis der Perspektiven der Menschen zu konzentrieren und sie anzusprechen, um die beabsichtigten Ergebnisse zu erzielen.	
9.1	Interessen aller Parteien, die an den Verhandlungen beteiligt sind, identifizieren und analysieren	
9.2	Optionen und Alternativen entwickeln und evaluieren, die das Potenzial haben, die Bedürfnisse aller Beteiligten zu erfüllen	6.7.5.3.1
9.3	Verhandlungsstrategie definieren, die mit den eigenen Zielen übereinstimmt und für alle beteiligten Parteien akzeptabel ist	
9.4	Einigungen mit anderen Parteien erzielen, die mit den eigenen Zielen übereinstimmen	

9.5	Zusätzliche Verkaufs- und Akquisitionsmöglichkeiten entdecken und ausschöpfen	
	Menschen 10: Ergebnisorientierung	
Beschreibung	Agile Leader verstehen den Zweck und das Potenzial der Organisation, tragen zur Bildung effektiver neuer Teams und zur Steigerung der Effektivität bestehender Teams bei. Sie bauen auch ein Netzwerk von Geschäftsbeziehungen auf, die ihre Organisation unterstützen.	1.2.2.2
10.1	• Alle Entscheidungen und Handlungen hinsichtlich ihrer Auswirkung auf den Kundennutzen und die Ziele der Organisation evaluieren	4.2.2.3, 4.4.6, 6.8.2.6
10.2	• Bedürfnisse und Mittel aufeinander abstimmen, um Ergebnisse und Erfolge zu optimieren	6.6.2.1, 6.7.4
10.3	• Gesunde, sichere und produktive Arbeitsumgebung schaffen und aufrechterhalten	6.7.1.7, 7.2.5
10.4	• Agile Arbeit und ihre Ergebnisse fördern und «verkaufen»	6.6.2.4
10.5	• Ergebnisse liefern und Akzeptanz erhalten	6.6.2.6, 7.5

8.1.3 Kompetenzbereich Praktiken (Practice)

Kapitel	Zweck und Kompetenzindikatoren des Kompetenzenbereich Praktiken (Practice) ICB4	Buchkapitel
	Praktiken 1: Design	
Beschreibung	Verschiedene agile Ansätze werden als «Frameworks» bezeichnet. Ein Ansatz soll ab der Ausgangslage schrittweise weiterentwickelt werden. Ein agiler Leader betrachtet die Erfahrungen aus früheren Situationen und wählt dann aus bestehenden Frameworks aus. Er ist sich aber immer bewusst, dass diese Entscheidung auf Annahmen basiert und sich ändern kann.	2.3, 2.6
1.1	• Gemeinsames Verständnis der Erfolgskriterien ermöglichen und sicherstellen, dass diese in der Vision dokumentiert sind	7.2.1.1, 7.2.2 (3.6.9)
1.2	• Lessons learned aus der eigenen agilen Arbeit sowie diejenigen anderer Teams und relevanter Communities überprüfen, anwenden und austauschen	6.5.4, 6.6.2.5 (4.2.4)
1.3	• Komplexität und ihre Auswirkungen auf die Arbeitsweise des Teams bestimmen	5.2
1.4	• Agile Arbeitsweise im Dialog mit den Teams wählen und prüfen	5.3, 6.6.2.5
1.5	• Initiale Arbeitsweise gestalten sowie anschliessend überwachen und aktualisieren	7.2.5

	Praktiken 2: Anforderungen und Ziele	
Beschreibung	Agile Leader sollten sich der Unsicherheit bewusst sein und sich ändernde Anforderungen als Folge sich ändernder Erkenntnisse akzeptieren, sodass die Zusammenarbeit mit dem Kunden über Vertragsverhandlungen mit Diskussionen über geänderte Bedürfnisse bevorzugt wird. Der agile Leader und das Team sollten PDCA-Zyklen so lange verwenden, bis sie die abschliessenden Anforderungen und Ziele erreicht haben.	7.2, 7.3
2.1	Vision definieren, Geschäftsziele priorisieren und agile Arbeit entsprechend ausrichten	3.6.7, 5.4.1, 5.8, 7.2, 7.3.3
2.2	Bedürfnisse und Anforderungen der Stakeholder identifizieren und analysieren	4.4.1, 5.4.2, 7.2.3, 7.3.2, 7.7
2.3	Lieferobjekte (Backlog Items) kontinuierlich priorisieren zwecks Maximierung des gelieferten Wertes	5.8.3, 6.6.2.1, 6.6.2.6, 6.8.3
	Praktiken 3: Leistungsumfang und Lieferobjekte	
Beschreibung	Ein agiler Ansatz stellt sicher, dass das Team den Kunden, Anwendern oder Stakeholdern so früh wie möglich die wertvollsten Ergebnisse liefert. Die strengste Definition des Umfangs lautet «genau das, was die Kunden, Anwender oder Stakeholder brauchen», dann kann das Team mit der Ausführung der Arbeiten beginnen.	
3.1	• Lösung oder Ergebnis definieren, beginnend mit einem MVP oder MMP	5.4.2, 5.7.4, 6.2.2
3.2	• Praxis- bzw. Markttauglichkeit der Lieferobjekte sicherstellen	6.2.2.1, 6.6.3, 7.2.4
3.3	• Lieferstruktur für die aufeinanderfolgenden iterativen Lieferungen definieren	5.7, 6.3.3, 6.6.3.1, 7.3.3.3
3.4	• Konfiguration der Lieferungen und Lieferobjekte erstellen und pflegen	2.2.3.4, 5.8, 6.6.2, 7.2.5
	Praktiken 4: Ablauf und Termine	
Beschreibung	Zeit sollte immer gemanagt und nicht verschwendet werden. Das Team prüft, was zu tun ist und welche Anstrengungen erforderlich sind, um die zur Verfügung stehende Zeit optimal zu nutzen. Das Team arbeitet (oft) in festen «Zeitrahmen» in einem Tempo, das über einen längeren Zeitraum aufrechterhalten werden kann.	6.3
4.1	• Lieferobjekte für die nächste Lieferung festlegen	6.6.2.1, 6.3.3, 6.8.1, 6.8.3
4.2	• Aufwand und Anzahl der Iterationen (oder Sprints) schätzen	6.4.6.7, 6.7.4.4, 6.8.2
4.3	• Roadmap festlegen (einschliesslich Inkremente, Ergebnisse etc.)	5.6.2, 6.2.2.2, 6.3.3, 6.6.2.1

4.4	• Abfolge von Lieferobjekten erstellen und inkrementelle Lieferungen planen	6.3.2, 6.3.3
4.5	• Ergebnisse anhand des Release-Zeitplans überwachen und auf Änderungen reagieren	6.4.4, 6.4.5, 6.4.6, 6.4.7
	Praktiken 5: Organisation, Information und Dokumentation	
Beschreibung	• Eine agile Organisation sollte sich ständig bemühen, ihre Annahmen und Hypothesen auf der Grundlage aktueller Informationen zu testen und anzupassen. Agiles Arbeiten erfordert eine häufige und transparente Kommunikation. Agile Leader sind ständig bestrebt, sicherzustellen, dass alle Beteiligten über die notwendigen Informationen verfügen, um ihre Rolle zu erfüllen.	
5.1	Bedürfnisse der Stakeholder bezüglich Information und Dokumentation beurteilen und bestimmen	6.3.2.2, 6.3.3.1
5.2	Struktur, Rollen und Verantwortlichkeiten innerhalb der agilen Arbeit definieren	2.5, 2.5.2, 5.9.1, 5.9.2, 6.3.2.4
5.3	Infrastruktur, Prozesse und Informationssysteme aufbauen	6.2.2.3, 6.4.6.5, 6.7.1.7, 6.7.1.8, 6.7.6, 7.2.5
5.4	Agile Teams moderieren, validieren und coachen	6.7.1.6, 7.4.1.3
	Praktiken 6: Qualität	
Beschreibung	Der Fokus bei agiler Arbeitsweise liegt vor allem auf der Vermeidung von Fehlern und nicht auf deren Erkennung. Die einzelnen Teammitglieder und der/die Kunde(n) sollten sich einigen und akzeptieren, welche Regeln und Qualitätsstufen für die von ihnen ausgeführte Arbeit gelten.	6.7.2
6.1	• Qualitätsregeln für die agile Arbeit entwickeln, umsetzen, überwachen und überarbeiten, sodass die Qualität keines Inkrements beeinträchtigt wird	6.6.2.2, 6.6.2.5, 6.7.2.3, 6.7.2.4, 7.4.1.3
6.2	• Agile Arbeit und ihre Ergebnisse überprüfen, um sicherzustellen, dass sie weiterhin den Qualitätsanforderungen für jedes Inkrement entsprechen	6.6.2.4, 6.4.6.6, 7.5.1
6.3	• Erreichung der Qualitätsziele überprüfen und notwendige Verbesserungen empfehlen	6.5.2, 6.6.3.4, 7.4.1.3, 7.5
6.4	• Validierung der Lieferobjekte planen und organisieren	6.3.3.1, 6.4.7.1
6.5	• Qualität während der agilen Arbeit sicherstellen	2.3, 6.4.7, 6.7.6, 7.5

	Praktiken 7: Kosten und Finanzierung	
Beschreibung	Anstelle von Budgets als Erfolgsindikatoren, die zur Beurteilung des verantwortlichen Managers herangezogen werden, arbeiten agile Teams mit fortschreitenden langfristigen Prognosen. Diese Prognosen werden mit einer festen Kadenz angepasst, sodass sie die tatsächlichen Kosten immer so genau wie möglich widerspiegeln. Sie dienen als Prognosen zur Steuerung der Erwartungen und nicht als Mittel zur Beurteilung der Führungskräfte.	3.5.1, 4.3.1
7.1	• Lösungs- oder Ergebniskosten schätzen	6.3.2.3, 6.3.2.6, 7.2.4
7.2	• Budget für die agile Arbeit erstellen	6.3.2.6, 6.6.2.6, 6.7.4.6
7.3	• Finanzierung der agilen Arbeit sicherstellen	4.3.1, 6.7.6.4
7.4	• Finanzmanagement und Berichtssystem für die agile Arbeit entwickeln, einrichten und aufrechterhalten	6.4.5, 6.5.3, 6.6.2.2
7.5	• Kosten und Finanzen überwachen, um Abweichungen zu identifizieren und zu korrigieren	3.5.1, 6.4.4, 6.4.5, 6.4.6.7, 6.7.6.4
	Praktiken 8: Ressourcen	
Beschreibung	In einem agilen Kontext wird die organisatorische Komplexität so weit wie möglich reduziert, sodass sich die Mitarbeitenden auf ihre Arbeit konzentrieren und durch den Einsatz engagierter Teams so viel wie möglich Kundennutzen schaffen können.	6.7.4
8.1	• Strategischen Ressourcenplan entwickeln, um den Kundennutzen zu steigern	3.5.2, 4.3.2
8.2	• Qualität und Menge der benötigten Ressourcen definieren	6.3.2.3, 6.4.6.7, 6.7.1.4, 6.8.2
8.3	• Potenzielle Ressourcenquellen identifizieren und ihre Beschaffung verhandeln	6.7.4.5
8.4	• Ressourcen gemäss dem festgelegten Bedarf zuweisen und verteilen	4.3.2, 6.3.2.4, 6.6.2.1, 6.7.4.4
8.5	• Ressourcenverbrauch evaluieren und erforderliche Korrekturmassnahmen ergreifen	6.4.4, 6.4.6.1, 6.4.6.3, 6.4.6.7

	Praktiken 9: Beschaffung	
Beschreibung	Das agile Manifest bevorzugt die Zusammenarbeit zwischen Kunde und Lieferant im Gegensatz zu Vertragsverhandlungen. Dieser Ansatz wirkt sich sowohl auf die Auswahl der Lieferanten als auch auf die Art und Weise aus, wie Verträge während der Ausführung gemanagt werden. Zusätzlich zur Überzeugung, dass der Lieferant den erforderlichen Wert liefern kann, müssen agile Leader sicherstellen, dass alle notwendigen Informationen während der Ausführung zwischen den Arbeitsgruppen ausgetauscht werden.	6.7.4.5
9.1	• Beschaffungsbedarf, Optionen und Prozesse vereinbaren	
9.2	• Zur Evaluation und Auswahl von Lieferanten und Partnern beitragen	
9.3	• Zu Verhandlungen und Vereinbarungen von Vertragsbestimmungen beitragen, die alle beteiligten Parteien zufriedenstellen	
9.4	• Vertragsausführung überwachen, Probleme ansprechen und falls notwendig Entschädigungen verlangen	6.4.4, 6.4.6.4, 6.4.7, 6.5, 6.7.6.4, 7.5.3
	Praktiken 10: Planung und Steuerung	
Beschreibung	In einem agilen Kontext sind die Pläne allgemein gehalten und werden sich allmählich erweitern und verschieben. Das Team überprüft ständig die getroffenen Annahmen und begrüsst Veränderungen zum Vorteil der Organisation so weit wie möglich. Die Werte für die Kunden und die Organisation sind stets das führende Prinzip in der agilen Arbeit.	2.2.3.2, 5.6
10.1	• Agile Arbeit starten, Gesamtplan entwickeln und Zustimmung einholen	5.8.2, 5.8.3, 6.3, 6.6.3.1
10.2	• Übergang zu einem neuen Release einleiten und managen	6.3.3, 6.3.3.3, 6.4.6.1
10.3	• Agile Arbeitsleistung anhand des Kundennutzens steuern und bei Bedarf anpassen	4.3.6, 6.3.2.5, 6.4.2, 6.6.2.4, 6.6.2.5, 6.8.2.6
10.4	• Fortschritte transparent machen	6.4.2, 6.4.6
10.5	• Sich ändernde Anforderungen begrüssen und verwerten, wenn sie dem Wettbewerbsvorteil des Kunden zugutekommen	5.8.3, 6.6.2.6, 6.7.6.4, 6.8.2.6

	Praktiken 11: Chancen und Risiken	
Beschreibung	In agilen Ansätzen werden Chancen und Risiken tagtäglich behandelt. Durch intensive Zusammenarbeit mit dem Kunden, kurzfristige empirische Arbeiten, das Testen von Annahmen und den schnellen Abschluss von Arbeiten kann eine Organisation besser auf die vorhandenen Chancen und Risiken reagieren. Die inkrementelle Lieferung von nützlichen Produkten oder Ergebnissen und die Möglichkeit der Anpassung per Iteration stellen sicher, dass die richtige Lösung schliesslich realisiert wird.	6.7.3
11.1	• Chancen- und Risikomanagement für agiles Arbeiten entwickeln und umsetzen	4.3.4, 5.3, 5.6.3.1, 5.8.3
11.2	• Chancen und Risiken identifizieren	6.2.2.1, 7.2.4
11.3	• Wahrscheinlichkeit und Auswirkungen von Chancen und Risiken analysieren	6.7.3
11.4	• Strategien auswählen und Massnahmen implementieren, um Chancen und Risiken zu adressieren	6.6.2.3
11.5	• Chancen, Risiken und implementierte Massnahmen evaluieren und überwachen	6.7.3.2, 6.7.3.3
	Praktiken 12: Stakeholder	
Beschreibung	Das agile Manifest besagt, dass agile Mitarbeitende die Zusammenarbeit mit dem Kunden mehr schätzen als Vertragsverhandlungen. Wenn diese Präferenz auf die Stakeholder ausgeweitet wird, empfiehlt es sich, aktiv nach einer Form der effektiven Zusammenarbeit mit ihnen zu suchen.	6.7.5
12.1	• Stakeholder identifizieren und ihre Interessen und ihren Einfluss analysieren	6.2, 6.7.5.2
12.2	• Stakeholderstrategie und Kommunikationsplan entwickeln und aufrechterhalten	6.7.5.3
12.3	• Kunden, Geschäftsleitungen und Kapitalgeber einbinden	4.4.1, 6.6.2.5, 6.8.3, 7.7
12.4	• Anwender, Partner, Lieferanten und andere Stakeholder einbinden, um sie für Zusammenarbeit und Commitment zu gewinnen	6.6.2.4, 7.7
12.5	• Netzwerke und Allianzen aufbauen, aufrechterhalten und beenden	6.7.1.4

	Praktiken 13: Change und Transformation	
Beschreibung	Der Zweck der agilen Arbeit ist es, eine Organisation in die Lage zu versetzen, sich kontinuierlich an die sich ändernden Umstände ihres internen und externen Kontexts anzupassen, sodass sie sich darauf konzentrieren kann, Kunden und Stakeholder einen bedeutenden Mehrwert zu bieten.	6.7.5
13.1	• Adaptationsfähigkeit der Organisation(en) zur Veränderung beurteilen	1.2
13.2	• Veränderungsanforderungen und Transformationschancen identifizieren	1.3
13.3	• Veränderungs- oder Transformationsstrategie für die agile Arbeit entwickeln	1.4
13.4	• Veränderungs- oder Transformationsmanagement implementieren	1.4
	Praktiken 14: Selektion und Balance	
Beschreibung	Das Ausbalancieren eines Portfolios ist der Prozess, mit dem sichergestellt wird, dass die Initiativen Veränderungen umsetzen, den prognostizierten Nutzen erbringen und dass die prognostizierten Veränderungen im Einklang mit den akzeptierten Prioritäten stehen.	4.0
14.1	• Kundennutzen von Lieferobjekten, Iterationen und Releases identifizieren und analysieren	4.2.2
14.2	• Lieferobjekte, Iterationen und Releases im Portfolio priorisieren	4.2.2.3, 4.4.3
14.3	• Beurteilung und Lieferung der Lieferobjekte, Iterationen und Releases an strategischen Zielen ausrichten	4.2.2, 4.3.3
14.4	• Entscheidungen zur Priorisierung wichtiger Lieferobjekte vorbereiten und unterstützen	4.4
14.5	• Verbesserungen in der gesamten Organisation ermöglichen	4.2.5, 4.3.6

8.2 Definitionsverzeichnis

Im Buch verwendete Definitionen:

Name	Kurzbeschreibung
Acceptance Test-Driven Development (ATDD)	Acceptance Test-Driven Development (ATDD) schliesst eine Verständnislücke beim Spezifizieren der User Stories. Die Anforderungen werden dabei weitestgehend in natürlicher Sprache als konkrete und automatisierbare Beispiele (oder Tests) vor der eigentlichen Entwicklung formuliert und somit wird gleichzeitig ihre Ausführbarkeit sichergestellt. Ziel von ATDD ist es, verständliche, wartbare und gleichzeitig ausführbare Testspezifikationen zu schreiben [Nes 2015].
Agile Earned Value Management	Agile Earned Value Management ist ein abgeleiteter Ansatz von Earned-Value-Berechnungen. Anstatt Kosten oder Stunden werden als Earned Value Story Points verwendet. Wie viel Story Points wurden in welcher Zeit gegenüber der Planung effektiv erarbeitet (abgeschlossene und geprüfte Task) und wie viel Aufwand (in Story Points) wurde dafür verwendet? Es zeigt, dass die EV-Methode im agilen Umfeld sich nicht durchsetzen kann.
Agile Methoden	Dabei handelt es sich um systematische Vorgehensweisen, die sich durch kurze Feedbackzyklen, Anpassung an Veränderungen, Kundenfokus und hohen Qualitätsanspruch auszeichnen und dabei gleichzeitig den Menschen in den Mittelpunkt stellen [Kus 2018].
Agile Prinzipien	Die vier Kernaussagen des Manifests werden mit zwölf Prinzipien des agilen Produktentwicklungsprozesses genauer ausgeführt. Zu deren Einhaltung verpflichtet sich jeder Anwender agiler Methoden.
Agile Prozesse	Unter agilen Prozessen versteht man hocheffiziente und produktivitätssteigernde Vorgehensweisen, die den Mensch in den Vordergrund stellen und unnütze Tätigkeiten minimieren möchten. Agile Prozesse sind z.B. Scrum oder Extreme Programming (XP) [Röp 2016].
Agile Unified Process (AUP)	Ein einfacher und verständlicher Ansatz zur Entwicklung von Business Application Software unter Verwendung agiler Techniken und Konzepte. Es handelt sich um eine vereinfachte Version des Rational Unified Process (RUP).
Agiler Coach	Ein agiler Coach ist über Scrum hinaus mit weiteren agilen Praktiken vertraut und kann auf ein umfangreiches Wissen aus verschiedenen Projekten zurückgreifen. Er hilft Unternehmens- oder Projekt- und Entwicklungsteams während der agilen Transition, Hindernisse und Blockaden zu beseitigen und über alle hierarchischen Ebenen hinweg die Vorteile agiler Verfahren zu erläutern [Röp 2016].
Agiles Manifest	Das agile Manifest umfasst vier Kernaussagen. Es wurde 2001 für die agile Entwicklung von Software niedergeschrieben, wird heute aber auch in anderen Projektarten verwendet. Die ursprüngliche und offizielle Definition der agilen Werte und Prinzipien wurde unter Manifesto for Agile Software Development von Kent Beck, Ken Schwaber, Jeff Sutherland, Alistair Cockburn und 13 weiteren Autoren veröffentlicht.

Agiles Projektmanagement	Agiles Projektmanagement ist ein Oberbegriff für ein Projektvorgehen, das auf der Projektausführungsebene das agile Produktentwicklungsmodell Scrum oder andere agile Entwicklungsmodelle wie eXtreme Programming einsetzt. Zusätzlich werden beim agilen Projektmanagement auf der Projektführungsebene verstärkt agile Führungsinstrumente, Techniken und Arbeitsmethoden wie Kanban, Releaseplan, Velocity, Capacity Plan, WIP-Limit, Priority Poker, Cost of Delay etc. eingesetzt.
Agiles Testen	Das Testen von Software im Rahmen eines agilen Entwicklungsprojekts. Dieses Testen folgt den Prinzipien des agilen Manifests und wendet die agilen Prinzipien auf das Testen an.
Agilität	Agilität ist ein Merkmal des Managements einer Organisation, flexibel und darüber hinaus proaktiv, antizipativ und initiativ zu agieren, um notwendige Veränderungen einzuführen [Wiki].
Akteure	Akteure stellen eine konkrete Rolle in einem definierten System dar (wer macht was im System). Mittels Personas können Akteure noch feiner beschrieben werden.
Akzeptanzkriterien (siehe auch DoR)	Ein Akzeptanzkriterium ist ein niedergeschriebenes fachliches Kriterium, welches eine Anforderung/Produkt zum Zeitpunkt der Abnahme erfüllen muss. Es wird vom Product Owner vor der Umsetzung einer User Story festgelegt und muss bei der Entwicklung berücksichtigt werden.
Anforderung	Eine Anforderung ist eine dokumentierte Repräsentation einer Bedingung oder Fähigkeit, die ein Produkt erfüllen oder besitzen muss, um einen Vertrag, eine Norm oder ein anderes, formell bestimmtes Dokument zu erfüllen [in Anlehnung an IEEE 1990]. Man unterscheidet zwischen funktionalen Anforderungen und nicht funktionalen Anforderungen.
Anwendungsfall	Siehe Use Case.
Architektur-Spike	Siehe Spike.
Artefakt	Artefakt ist ein konkretes Ergebnis beim agilen Vorgehen. Im Scrum-Ansatz sind Artefakte Product Backlog, Sprint Backlog oder ein Inkrement. Im Rahmen der Weiterentwicklung des agilen Vorgehens gibt es noch weitere Artefakte wie Impediment Backlog, Produktvision etc.
Backbone	Das Backbone bildet die High-Level-Aktivitäten eines Anwenders ab, die er durchführt, während er das Produkt nutzt. Das Entwicklungsteam ordnet diese Aktivitäten chronologisch in der Reihenfolge, in der der Anwender mit dem Produkt (System) interagiert. Das Backbone ist die oberste Gruppierung aller Features in der Story Map.
Backlog	Der Begriff Backlog bezieht sich allgemein auf eine Menge an Aufträgen/Anforderunge (Backlog Items), die sich im Laufe der Zeit angesammelt haben und die auf ihre Abarbeitung warten.
Backlog Grooming	Backlog Grooming (Pflegen) ist ein veralteter Begriff für das Backlog Refinement (Verfeinerung) → Siehe Product Backlog Refinement.
Backlog Item (BI)	Siehe Product Backlog Item (PBI).

Bedürfnisse (Needs)	Bedürfnisse sind durch Anreize oder Mängel ausgelöste bzw. aktualisierte Spannungszustände, die eine Person dazu drängen, diese Bedürfnisse zu befriedigen.
Behavioral-Driven Development (BDD)	BDD ist eine Technik der agilen Softwareentwicklung, welche die Zusammenarbeit zwischen Qualitätsmanagement und Businessanalyse in Softwareentwicklungsprojekten stärkt. Beim BDD werden während der Anforderungsanalyse die Aufgaben, Ziele und Ergebnisse der Software in einer bestimmten Textform festgehalten, die später als automatisierte Tests ausgeführt werden kann und damit die Software auf ihre korrekte Implementierung getestet werden kann [Wiki 2021].
Best Value Procurement	Aus dem Englischen übersetzt ist Best Value Procurement ein Beschaffungssystem, das bei der Auswahl von Anbietern oder Auftragnehmern andere Faktoren als nur den Preis, z.B. Qualität und Fachwissen, berücksichtigt [Wiki 2022].
Beyond Budgeting	Beyond Budgeting soll eine Gegenbewerbung zu «Weisung und Kontrolle» im Taylorismus darstellen. Es definiert sich durch zwölf Leitprinzipien (Kundenfokus, Verantwortung, Leistungsklima etc) und beschreibt in seinem ganzheitlichen Managementansatz für Organisationen jeder Art, die eine Denkweise «jenseits von Weisung und Kontrolle» etabliert haben möchten.
Blocker (Impediment)	Als Blocker bezeichnet man eine Störung für das Scrum-Team, die nicht umgehend behoben werden kann (siehe auch Impediment) [Röp 2016].
Build	a) Die Entwicklungsstufe einer Software vor Freigabe einer neuen Version. b) Der Erstellungsprozess einer bestimmten Version einer Software [Wiki 2021].
Built-in Quality	Built-in Quality hilft, Verspätungen, die mit Nachbesserungen und Fehlerbehebung in Verbindung gebracht werden, zu verhindern. Die Built-in-Quality-Philosophie gilt als Denkansatz, um das System zu optimieren und einen schnellen und reibungslosen Durchlauf durch den ganzen Wertestrom zu wahren.
Burn-down-Charts	Öffentlich sichtbare Darstellung, die tagesaktuell den Arbeitsfortschritt des Sprints aufzeigt. Zeigt auch den Aufwand für den Restwert in Abhängigkeit von der Zeit auf. Dieser Restwert kann in Personenstunden oder in der Anzahl von offenen Anforderungen, Story Points oder anderen Einheiten angezeigt werden. Neben den entsprechenden Kurven macht es Sinn, auch den Erledigungsgrad in Form eines Säulendiagramms pro Tag grafisch festzuhalten. Burn-down-Charts können auch auf der Ebene von Releases oder Projekten eingesetzt werden.
Burn-up-Charts	Das Burn-up-Chart ist analog wie das Burn-down-Chart ein Linien- oder Flächendiagramm, welches aufzeigt, wie viele Aufgaben erledigt und wie viele insgesamt bis zum Projektende oder Sprint zu erledigen sind. Da die Darstellung die Veränderlichkeit des Umfangs bzw. die Scopes einbezieht, eignet sich die Darstellung für die Kontrolle des gesamten Projekts.
Business Value Points	Business Value ist meistens für ein Unternehmen der Geschäftswert eines Backlog Items. Der Business Value führt den Product Owner jeweils dazu, das Product Backlog bei jeder Bearbeitung neu zu überprüfen und zu sortieren und somit die Umsetzungspriorisierung zu steuern. Die Backlog Items mit den höchsten Business Value Points haben die höchste Umsetzungspriorität. Business Value ist nicht mit dem Customer value proposition zu verwechseln.

Canvas	Canvas (dt. Leinwand) grafisch aufbereitete, strukturierte Darstellung von Informationen. Bekannt geworden durch den «Business Model Canvas» von Osterwalder und Pigneur.
Capacity Plan	Im Sinne der Teamverantwortung kann bei der agilen Kapazitätsplanung ein Team bestimmen, wie viele produktive Stunden für den bevorstehenden Sprint von ihnen verfügbar sind. Diesem Bestand wird der Bedarf des nächsten Sprints gegenübergestellt und optimiert, sodass sichergestellt ist, dass die definierten Tasks in diesem Zeitabschnitt auch erledigt werden können. Es ist eine etwas genauere Ressourcenplanung, welche auf dem Velocity-Ansatz aufsetzt.
Card Sorting	Die Kartensortierung ist eine einfache und nützliche Methode, um Rückmeldungen darüber zu erhalten, welche Merkmale die Menschen in einem neuen System wünschen, welche Probleme sie lösen möchten oder was für Ziele oder Lösungsansätze sie verfolgen. Die Methode kann beim Design von Lösungen auch dazu verwendet werden, ob eine vorgesehene Struktur einer Anwendung der Einteilung der Zielgruppe entspricht.
Chicken	Als Chicken bezeichnet man die Gäste eines Crum-Events, die als stille Zuhörer teilnehmen und keine Rede- oder Frageanteile haben (im Gegensatz zu Pigs), da sie nicht involviert sind und nichts zur Realisierung beitragen [Röp 2016].
Code Retreat / Coding Dojo	In der täglichen Arbeit nimmt sich ein Entwickler selten Zeit, sich mit seinem Handwerk auseinanderzusetzen, sich neue Techniken anzueignen oder zu prüfen, welche anderen Perspektiven und Entwicklungsmöglichkeiten es bezüglich seiner Arbeit gibt. Formate wie Code Retreats und Coding Dojos geben den Entwicklern den expliziten Freiraum, sich abseits der echten Produktentwicklung mit anderen Entwicklungsmethoden auseinanderzusetzen, neue Perspektiven einzunehmen und sich neue Techniken anzueignen [Agi 2019]. http://agilecoach.de/themen/werte-prinzipien-und-praktiken/agile-praktiken/.
Commitment (Selectet Forecast)	Am Ende des Sprint Planning I gibt das Scrum-Team gegenüber dem Product Owner ein Versprechen ab. Es bedeutet so viel wie: «Wir haben verstanden, welche Backlog Items (z.B. User Stories) du von uns erwartest, und wir werden im Sprint im Rahmen unserer Möglichkeiten alles tun, um dieses Ziel zu erreichen. Wir erwarten aber von dir tatkräftige Unterstützung.» (Seit dem neuesten Scrum Guide spricht man auch von einem Forecast [Röp 2016].)
Common Work Areas	Common Work Areas sind Räumlichkeiten, in denen Mitarbeitende die Möglichkeit haben, sich zusammenzufinden. Dabei gilt es, miteinander Spass zu haben. Dadurch wird ein hohes Mass an Kommunikation, Kreativität und Selbstorganisation gefördert.
Constraint	Randbedingung oder Begrenzung, die für ein System oder eine funktionale Anforderung gilt. Im Sinne der Begrezung: Bei Scrum wird eine Begrenzung auf die Zeit gelegt, bei Kanban auf die Menge paralleler Arbeit. Im Sinne der Randbedingungen: Typische Contrains bilden auch die nicht funktionalen Anforderungen wie Benutzerfreundlichkeit von Software [Kus 2018].
Contingency-Reserve	Die Contingency-Reserve ist ein Puffer für Aufwände und Kosten aus identifizierten, das heisst bekannten Risiken. Die Höhe der Contigeny-Reserve wird aus der Bewertung der Risiken ermittelt. Beim Eintritt eines Risikos können die damit verbundenen Aufwände und Kosten aus der Contigency-Reserve entnommen werden [Tim 2017].

Continuous Delivery	Eine Weiterentwicklung der kontinuierlichen Integration stellt die Continuous Delivery dar. Dabei wird in bestimmten Zeitabständen oder bei Erreichen einer bestimmten Qualitätsmetrik eine neue Version der Software ausgeliefert.
Continuous Integration	Ist ein Entwicklungsprozess des fortlaufenden Zusammenfügens von Komponenten zu einer Anwendung, mit dem Ziel, die Softwarequalität permanent zu steigern. Eine vereinfachte Variante der kontinuierlichen Integration – und häufig ihre Vorstufe – ist der Nightly Build (nächtlicher Erstellungsprozess). In der Praxis trifft man auch auf kontinuierliche Integration, gepaart mit einem Nightly Build, um die Vorteile beider Systeme zu kombinieren. In der Methode DevOps wird diese Automatisierung auch Pipeline genannt, da die einzelnen Schritte sequenziell abgearbeitet werden. Die Pipeline ermöglicht hier, die Entwicklungsgeschwindigkeit zu erhöhen, denn schon nach wenigen Minuten erhält der Entwickler Rückmeldung, ob die Integration erreicht wurde oder nicht [in Anlehnung von Wiki 2021].
Cost of Delay	Mit dem Begriff der Verzögerungskosten (Cost of Delay) wird eine Basis geschaffen, um eine besondere, wirtschaftlich relevante Form der Priorität zu erheben. Verzögerungskosten beschreiben, einfach ausgedrückt, was es kostet, wenn ein Unternehmen mit einem Feature, einer Maschine, einem Produkt etc. zu spät auf den Markt kommt – der Wert für den Kunden also später als gedacht generiert wird. Dieser Theorie folgend arbeiten agile Frameworks mit Techniken, welche Unternehmen darauf fokussieren, schnell Produkte auf den Markt zu bringen, um frühestmöglich erste Umsätze und Kunden-Feedback zu generieren [Rei 2009].
Cumulative Flow Diagramms	Mit einem Cumulative Flow Diagramm (CFD) kann herausgefunden werden, wo das Team systematisch Waste erzeugt oder seinen Flow unterbricht. Das Team trägt die Anzahl an Work Items in jedem Stadium über die Zeit auf und nutzt dieses Diagramm, um Muster zu finden, welche eventuell den Durchsatz des Teams beeinflussen.
Customer Value Proposition	Customer Value Proposition (CVP) ist der Mehrwert, den die Kunden durch den Kauf eines Produkte erhalten. Im Marketing besteht ein Kundenwertversprechen aus der Summe der Vorteile, die ein Anbieter einem Kunden als Gegenleistung für die damit verbundene Zahlung des Kunden verspricht [Wiki 2022].
Cut-over-Plan	Der Cut-over, sprich der Übergang von der alten zur neuen Systemlandschaft, ist der kritische Höhepunkt in jedem IT-Migrationsprojekt. Daher ist der Cut-over-Plan ein Kernelement der Planung. Er verändert sich über die Projektlaufzeit immer wieder, um sich den Projektgegebenheiten anzupassen. Ziel des Cut-over-Plans ist es, den Übergangsprozess vom Altsystem auf das neue Anwendungssystem (Cut-over) möglichst exakt im Vorfeld zu planen und zu definieren. Die Erstellung des Cut-over-Plans sollte in mehreren Iterationen erfolgen. Mit jeder Iterationsstufe wird die Cut-over-Planung feiner, detaillierter und terminlich exakter.
Daily Scrum Meeting	Ein Daily Scrum Meeting ist eine tägliche Kurzbesprechung eines Teams zur immer gleichen Zeit und gleicher Dauer (Timebox).
DEEP	Ein Begriff, der die Pflege des Products Backlog betrifft. Die Backlog Items sollen angemessen detailliert beschrieben (Detailed appropriately), geschätzt (Estimated), lebendig (Emergent) und sortiert (Prioritized) sein [Prö 2016].

Definition of Done (DoD) (Akzeptanzkriterien)	DoD beschreibt in Form einer Liste von Punkten (Akzeptanzkriterien), was qualitätsmässig erfüllt sein muss, damit ein Backlog Item (z.B. User Story) als fertig akzeptiert wird (wann der Kunde mit der Umsetzung zufrieden ist und sie für den Kunden einen Mehrwert liefert). Sie werden vor der Umsetzung der User Story vom Product Owner festgelegt. DoD kann für das Gesamtprodukt, das Iterationsergebnis oder auch für einzelne Anforderungen bestimmt werden. Ziel ist es, ein gemeinsames Verständnis bei allen Mitgliedern des Entwicklungsteams herzustellen, was genau mit «done» gemeint ist.
Definition of Ready (DoR)	Die Definition of Ready (DoR) ist eine Liste von Qualitätskriterien, wie z.B. Vollständigkeit, Verständlichkeit etc., die vom Entwicklungsteam an den Product Owner beziehungsweise an die Product Backlog Items gestellt werden, sodass sie in einen Sprint aufgenommen werden können. Der Product Owner ist für das Erreichen der DoR verantwortlich. Bei Erfüllung dieser Qualitätsaspekte sind die Product Backlog Items dann im Status «READY».
Design-to-Budget	Kostensicherheit kann in adaptiv geführten Projekten durch den «Design-to-Budget»-Ansatz sichergestellt werden. Vor jeder Iteration/jedem Sprint definiert der Product Owner ein Budget und stimmt mit dem Entwicklungsteam/dem Dienstleister ab, welche Funktionen in diesem Budgetrahmen realisiert werden können und sollen. Dieser Ansatz ist bei einem bestehenden Produkt sehr gut einzusetzen. Bei Neubau eines Produkts ist dieser Ansatz auf einzelne Sprints etwas schwieriger einzusetzen. Auch wenn am Ende des Sprints ein potenziell auslieferbares Produkt entsteht, müssen doch meist einige Sprints durchlaufen werden, bis das Produkt z.B. in Form eines MMP-Releases eingesetzt werden kann.
DevOps	Ein Prozessverbesserungsansatz, um einen reibungslosen Ablauf der Lieferung zu gewährleisten, indem die Zusammenarbeit zwischen Entwicklungs- und Betriebs- respektive Systemadministration verbessert wird.
Diversity Management	Diversity Management bzw. Management der Vielfalt ist Teil des Personalwesens und wird meist im Sinne einer konstruktiven Nutzung der in einem Unternehmen oder einer anderen Organisation vorfindbaren personellen und sozialen Vielfalt verwendet. Diversity Management toleriert nicht nur die individuelle Verschiedenheit (englisch: diversity) der Mitarbeiter, sondern hebt diese im Sinne einer positiven Wertschätzung besonders hervor und versucht, sie für den Unternehmenserfolg nutzbar zu machen [Wiki 2022].
Duale Organisation	Duale Organisationsformen liegen vor, wenn eine primäre Organisationsstruktur durch eine zweite Organisationsgliederung überlagert wird, ohne dass zusätzliche Stellen geschaffen werden, sondern indem Mitarbeiter in Doppelfunktion in zwei Aufgabenbereiche integriert sind [Wiki 2022].
Done	In der Scrum-Methode wird zwischen erledigt und nicht erledigt unterschieden. Ein Backlog Item gilt als «done», wenn alle Tasks erledigt sind und die Kriterien von Definition of Done erfüllt sind. Es ist massgeblich für Burn-down-Charts oder Earned Value wichtig, da nur die Story Points gezählt werden, wenn das Item im Status «erledigt» ist.
Double Loop Learning	Ein Prozess, der die zugrunde liegenden Werte und Annahmen infrage stellt, um die Ursachen besser zu verstehen. Er führt dazu, dass verbesserte Gegenmassnahmen entwickelt werden, anstatt sich nur auf die Symptome zu konzentrieren.

Drei-Säulen-Modell	Das Drei-Säulen-Modell der nachhaltigen Entwicklung geht von der Vorstellung aus, dass nachhaltige Entwicklung nur durch das gleichzeitige und gleichberechtigte Umsetzen von umweltbezogenen, wirtschaftlichen und sozialen Zielen erreicht werden kann (Ökologie, Ökonomie und Soziales) [Wiki 2022].
Duales Betriebs-system	Kotter beschreibt mit seinem dualen Betriebssystem einen pragmatischen Ansatz, der sich für grössere und kleinere Veränderungen gut umsetzen lässt. Bei diesem Ansatz halten sich die gegensätzlichen Welten eines Unternehmens – flexible Strukturen auf der einen und die traditionellen, eher stabilen Strukturen auf der anderen Seite – die Waage. Dies entspricht der Realität, dass nicht alles agil sein kann und sollte. John P. Kotter «Accelerate – Building Strategic Agility for a Faster-Moving World» 2014.
End-to-end-Prozess-Ansatz	Ein End-to-end-Prozess besteht aus sämtlichen, zeitlich-logisch aufeinanderfolgenden Teilprozessen, die zur Erfüllung eines konkreten Kundenbedürfnisses notwendig sind.
Epics	Ein Epic ist eine sehr grosse oder nicht detailliert beschriebene User Story respektive Backlog Item. Ein Epic ist noch nicht in User Stories aufgeteilt und ist zu komplex oder zu umfangreich, um es zu schätzen oder in einem Sprint umzusetzen.
ESVP (Explorer, Shopper, Vacationer oder Prisoner)	Ist eine Technik, welche im Retrospective Meeting eingesetzt werden kann. Jedes Teammitglied wird gebeten, sich selbst in eine der Kategorien (Explorer, Shopper, Vacationer oder Prisoner) einzuteilen. Damit weiss jeder, von «woher» er kommt. Die Teammitglieder können sich daher besser einbringen.
Event	Als Events werden die Arbeitstreffen wie z.B. Backlog Refinement, Review, Retrospektive, Dailyscrum oder Sprint Planning bezeichnet [Röp 2016].
eXtreme Programming	Eine agile Softwareentwicklungsmethode, die zu einer höheren Qualität der Software, zu einer höheren Reaktionsfähigkeit auf veränderte Kundenanforderungen und häufigen Releases in kürzeren Zyklen führt [Wol 2005].
Fail-Fast / Fail Safe	Fail-Fast bezeichnet die Eigenschaft eines Systems, Fehler frühzeitig zu erkennen. Ein Fail-Fast-System ist so konzipiert, dass es an seinen Schnittstellen Fehler oder Zustände, die zu Fehlern führen, erkennt und aufzeigt. Fail-Fast-Systeme überprüfen oft nicht allein die Schnittstellen, sondern auch den Zustand eines Systems an verschiedenen Stellen, um Fehler frühzeitig zu erkennen. Dabei wird die Fehlerbehandlung an den Aufrufer des Systems delegiert – kann dieser es in einen sicheren Zustand versetzen, so spricht man von Fail-Safe [Wiki 2022].
Fast Lane	Die Fast Lane hat auf dem Kanban Board horizontal einen eigenen Bereich (Swim Lane) für Tickets oder Tasks mit der höchsten Priorität. Darstellungsmässig ist diese Swim Lane meistens oben beim Kanban Board aufgeführt.
Feature	Ein Feature von der FDD-Methodologie ist eine Gruppe von User Stories (Epics), die miteinander verwandt sind und ein Paket von Funktionen liefern, welche die Endbenutzer im Allgemeinen erwarten, auf einmal zu erhalten (mögliches Planungspaket aus Managementsicht). Features sind kleiner geschnitten als Themes, aber noch gröber als User Stories.
Feature Driven Development (FDD)	Feature Driven Development ist eine Sammlung von Arbeitstechniken, Strukturen, Rollen und Methoden für das Projektmanagement im Rahmen agiler Softwareentwicklung [Wiki 2021].

Fehler-Ursache-Analyse	Siehe Root Cause Analyse.
Fibonacci-Sequenz	Die Scrum-Fibonacci-Sequenz (0, 1, 2, 3, 5, 8, 13, 20, 40, 100) wird im Backlog Refinement verwendet, um Backlog Items mit Story Points, oftmals in einem Planning Poker Meeting, zu bewerten. Mit den gleichen Karten können auch mittels des Priority Poker die Prioritäten der Backlog Items oder die Tasks definiert werden.
Fit for Purpose/ Fit for Use	Fit for Purpose ist ein Begriff, der für Produkte, Dienstleistungen, Prozesse oder Informationen eine Qualität umschreibt, die den Erwartungen der Stakeholder – also bspw. Kunden, Anwender, Auftraggeber etc. – entspricht. Frei übersetzt ins Deutsche lässt sich Fit for Purpose als «erfüllt den Zweck» verstehen. Fit for Use Tests (FFU-Test) zeigen, ob das Produkt den Anforderungen des Verbrauchers und den getätigten Werbeaussagen gerecht wird und wie seine besonderen Eigenschaften werblich zu konditionieren sind. https://t2informatik.de/wissen-kompakt/fit-for-purpose/.
Framework	Ein Framework («Rahmenwerk») wird für eine konkrete Anwendung ausgestaltet, so z.B. das Projektmanagement Framework.
Gemba Kaizen	Gemba (japan.) ist in Unternehmungen der Ort der Wertschöpfung. Kaizen (japan.) bezeichnet die kontinuierliche Verbesserung. Gemba Kaizen ist ein kontinuierlicher Prozess, um Verschwendung (japan. Muda) so weit wie möglich zu verhindern. Nach Einschätzung des Istzustandes in einem Assessment werden in einem einwöchigen Gemba Kaizen Workshop konkrete Verbesserungsziele vereinbart [Wirtschaftslektion24.com].
Grooming	Grooming («Pflegen») ist der ehemalige Begriff für Backlog Refinement (Verfeinerung).
Hybrides PM	Mischung von verschiedenen Projektabwicklungsansätzen, z.B. Aufnahme von agilen Elementen in der konventionellen Abwicklung oder umgekehrt. Hybrides PM nutzt Methoden, Rollen, Prozesse und Phasen von unterschiedlichen Standards und/oder Vorgehensmodellen.
Ideal Hours	Ideal Hours ist ein Konzept, das verwendet wird, wenn zeitbasierte Schätzungen auf Entwicklungsarbeitselemente angewendet werden. Die ideale Zeit bezieht sich auf die Zeit, die benötigt wird, um eine bestimmte Aufgabe (Spezifikations-, Erstellungs-, Integrations- und Testarbeit) zu erledigen, vorausgesetzt, es gibt keine Unterbrechungen oder ungeplante Probleme. Viele zeitbasierte Schätzmethoden verwenden diese Zeitskala beim Planen und Schätzen.
Impact Mapping	Eine strategische Planungstechnik, die als Roadmap für das Unternehmen dient und gleichzeitig, basierend auf den gesetzten Zielen, davon abgeleitet neue Produkte entwickelt.
Impediment	Das Impediment ist ein Hindernis (Blocker), das dem Sprintteam begegnet, z.B. fehlende Softwarelizenzen, kranke Ansprechpartner ohne Stellvertreter, zu hohe Beanspruchung eines Entwicklers durch Kundensupport, langsamer PC etc. Es behindert das Team effizient, um das Sprintziel zu verfolgen.
Impediment Backlog	Das Impediment Backlog ist eine öffentlich vom Scrum Master geführte Auflistung aller Hindernisse (Blocker), denen das Sprintteam begegnet. Es wird während der Retrospektive oder im Daily Scrum Meeting eingesetzt. Mit gezielten Aktionen versucht der Scrum Master, diese Hindernisse aus dem Weg zu räumen.

Information Radiator	Information Radiator ist der Oberbegriff für eine Vielzahl von handschriftlichen, gezeichneten, gedruckten oder elektronischen Anzeigen, die ein Team an einem gut sichtbaren Ort platziert, sodass alle Teammitglieder und andere Mitarbeitende oder Stakeholder die neuesten Informationen auf einen Blick sehen können, so z.B. Anzahl der automatisierten Tests, Entwicklungsgeschwindigkeit, Ereignisberichte, kontinuierlichen Integrationsstatus usw. Auch bekannt als «Big Visible Chart». Generell spricht man von «Informative Workspaces».
Inkrement (Produktinkrement)	Inkremente sind (Weiter-)Entwicklungen eines Produkts und eines Sprintziels. Sie umfassen die zugehörigen, getesteten, ausreichend dokumentierten, einsatzfähigen Anforderungen und akzeptierten Ergebnisse eines Projektes (Projektprodukt), z.B. in Form von User Stories. Ein Inkrement ist in sich eigenständig lauffähig und umfasst immer auch die zuvor ausgelieferten Inkremente, um sicherzustellen, dass die neuen Funktionen nicht bereits erstellte und womöglich auch ausgelieferte Software beeinträchtigen.
Inkrementelles Vorgehen	Inkrementelles Vorgehen beschreibt ein Vorgehen der kontinuierlichen Ergänzung. Dabei wird oftmals in kleinen Schritten auf Basis einer Grundlage, z.B. eines Systems, Stück für Stück ergänzt. Der Fokus bezieht sich auf die Ergänzung.
Interdisziplinäre, crossfunktionale Zusammenarbeit / Organisationsformen	In der agilen Entwicklung wird insbesondere die interdisziplinäre, crossfunktionale Zusammenarbeit als geeignete Organisationsform betrachtet, welche gemeinsam auf ein Ziel hinarbeiten. Interdisziplinäre Zusammenarbeit beschreibt die gleichzeitige Zusammenarbeit im Hinblick auf eine gemeinsame Sache von a) verschiedenen Personen, b) mit verschiedenen Aufgaben, c) mit verschiedenem beruflichen Hintergrund (Grundausbildung & Weiterbildung) und d) hierarchieübergreifend.
INVEST	Akronym, welches die gewünschten Eigenschaften von User Stories beschreibt (Independant, Negotiable, Valuable, Estimable, Small, Testable).
I-Shaped	Bezieht sich auf eine Person mit einem einzigen tiefen Bereich der Spezialisierung. Sie hat kein Interesse oder Können für den Rest der Fähigkeiten, die vom Team benötigt werden (siehe auch T-Shaped).
Item	Kurzbegriff für Product Backlog Item.
Iteration	Ein zeitlich begrenzter Entwicklungszyklus auf einem Produkt oder einer Dienstleistung, in dem alle Arbeiten durchgeführt werden, die notwendig sind, um einen Mehrwert zu liefern.
Iteratives Vorgehen	Iteratives Vorgehen erfolgt von Anfang an mit dem Blick auf ein Gesamtsystem. Die zunächst grobe Ausgestaltung wird sukzessive iterativ verfeinert und/oder ergänzt. Der Fokus bezieht sich primär auf ein schnelles, eng verzahntes Überarbeiten des Ganzen.
Just in Time (JIT)	Die Just-in-Time-Planung ist eine Möglichkeit, Entscheidungen zu dem Zeitpunkt zu treffen, zu dem Entscheidungen getroffen werden müssen. Wann sind die neuesten und besten Informationen verfügbar? Bessere Informationen führen zu besseren Entscheidungen und zu besserer Software. Dieser aus der Produktentwicklung gängige Planungsansatz kann auch bei der agilen Portfolio- und Releaseplanung angewendet werden.

Kanban Board	Das Kanban Board ist ein sehr einfaches Planungs- und Steuerungswerkzeug, in dem es einen Arbeitsworkflow in seine einzelnen Schritte aufteilt. Die einzelnen zu bearbeitenden neuen wie auch die laufenden und die erledigten Tasks werden in Form von Post-it (elektronisch oder Papier) jeweils im entsprechenden Arbeitsschritt zugewiesen. Wird beim agilen Vorgehen auch Scrum Board genannt.
Kanban – projektbezogen	Kanban, auch Just in Time (JIT) genannt, ist ein beliebtes Framework, das häufig von Teams in der agilen Softwareentwicklung verwendet wird. Mit dieser Planungs- und Steuerungsmethode wird der Umfang der laufenden Arbeit (WIP) an die Kapazität eines Teams angepasst, wodurch flexiblere Planungsoptionen, eine schnellere Ausgabe, ein klarerer Fokus und Transparenz während des gesamten Problemlösungszyklus ermöglicht werden. Gemäss dem Ursprungsmodell vom Toyota-Produktionssystem wird mit Kanban das Ziel verfolgt, die Durchlaufzeiten einzelner Task zu erhöhen und die Anzahl paralleler Arbeit zu reduzieren (WIP). Aus Sicht des Autors wird es fälschlicherweise oft als Vorgehensmodell erwähnt.
Large Scale Scrum (LeSS)	Large Scale Scrum ist ein Produktentwicklungs-Framework, das Scrum um Skalierungsrichtlinien erweitert und gleichzeitig die ursprünglichen Ziele von Scrum bewahrt.
Large Systems Intervention (LSI)	Large Systems Intervention (LSI) ist ein Ansatz, der das aktive Engagement von Interessengruppen des gesamten Systems (Organisation) beinhaltet, um nachhaltige Veränderungen herbeizuführen. Es ist ein Prozess, in dem all diese Beteiligten in Gruppen (klein oder gross) arbeiten. Es ist ein ausgezeichneter Weg, um Änderungen anzugehen, die das gesamte System betreffen.
Laterale Führung	Die laterale Führung umschreibt die Situation der Führung ohne direkte Weisungsbefugnis. Die Einflussnahme auf die Willensbildung und das Handeln innerhalb einer Organisation geschieht ohne direkte Hierarchiebeziehung. Aufgrund der unterschiedlichsten Organisationsformen in sozialen Gemeinschaften (wie es auch Unternehmen darstellen) sind Führungskräfte mit verschiedensten Führungssituationen konfrontiert, darunter die der lateralen Führung [Wiki 2022].
Lean Portfolio Management (LPM)	Lean Portfolio Management (LPM) ist ein Begriffstrio, das im Scaled Agile Framework®, SAFe®, von Dean Leffingwell verwendet wird. Darunter versteht man eine neue Art des Portfoliomanagements, geprägt durch eine Strategie für eine Finanzierung von sogenannten Value Streams (Wertströmen), agile, iterative Arbeitsweisen und schlanke Führung mit Fokus auf kontinuierliche Verbesserung [Lef 2009].
Lean Project Management	Das Lean Project Management überträgt die Pinzipien des Lean Managements auf das Projektmanagement. Kernidee des Lean Managements ist es, sich auf für den Kunden wertschöpfende Tätigkeiten zu fokussieren und sämtliche Verschwendungen, die nicht zur Wertschöpfung beitragen, zu vermeiden [Tim 2017].
Lean Software Development (LSD)	Lean-Softwareentwicklung ist eine Übersetzung von Prinzipien und Praktiken der Lean-Fertigung im Bereich Softwareentwicklung. Übernommen aus dem Toyota-Produktionssystem. Lean bietet einen soliden konzeptionellen Rahmen, Werte und Prinzipien sowie aus Erfahrungen gewonnene bewährte Verfahren, die agile Organisationen unterstützen [Wiki 2021].
Lean Startup	Lean Startup ist eine Methode zur Entwicklung von Unternehmen und Produkten, die darauf abzielt, Produktentwicklungszyklen zu verkürzen [Wiki]. Ziel ist der konkrete Fokus auf Kundenorientierung und marktgerechter Ausrichtung von Unternehmen.

Lean UX	Lean UX repräsentiert die Zusammenführung der Lean-Startup-Methode und des User Experience (UX) basierten Designs. Die Entwicklungsmethode Lean UX fördert die wahre Natur eines Produktes schneller zutage als üblich – und zwar auf eine kollaborative und interdisziplinäre Art und Weise, die den Schwerpunkt der Designarbeit weniger auf akribische Dokumentationen, sondern in höherem Masse auf das Erzielen eines gemeinsames Verständnisses von der aktuell zu gestaltenden Product Experience verlagert [Got 2020].
Learning Points	Agiles Lernen bezieht sich im Allgemeinen auf die Übertragung agiler Methoden der Projektarbeit auf Lernprozesse. Lernpunkte können Zeiten in einem Projekt bedeuten, zu denen das Lernen stattfindet, Themen, über die ein Teammitglied etwas lernen soll, oder Schlüsselpunkte, die das Teammitglied während einer Aktivität gelernt hat.
Lessons Learned	Lessons Learned in der agilen Welt wird wie beim Scrum-Vorgehen am Ende eines Sprints mit der Sprint-Retrospektive vorgenommen. Das Ziel bei Lessons Learned ist es, am Ende eines Prozesses wertvolle Erfahrung – negative wie positive – zu sammeln und daraus Erkenntnisse zu ziehen, welche beim nächsten Prozessdurchlauf zur Anwendung gelangen. Lessons Learned werden veröffentlicht und dienen dazu, Fehler bei zukünftigen Projekten zu vermeiden oder positive Erfahrungen wiederum einzusetzen.
Minimum Marketable Product (MMP) oder MMF für Future	Beim Minimal Marketable Product (MMP) steht wie beim MVP ebenfalls eine frühe Rückmeldung im Fokus, um die nächsten Anforderungen definieren zu können. Zusätzlich zum MVP soll mit dem MMF aber sofort Wert für den Kunden geschaffen werden. Viele Produkte können in einer einfachen «Version 1.0» eingesetzt werden, ohne bereits alle gewünschten Eigenschaften und Qualitäten aufzuweisen. Mit dem MMP-Ansatz kann bereits Umsatz erzielt werden und er kann die kontinuierliche Verbesserung des Produkts finanzieren.
Minimum Viable Product (MVP)	Minimum Viable Product (MVP) ist ein Konzept von Lean Startup. Ein MVP ist eine Produktversion oder eine Erweiterung eines Produktes, mit welcher Investor und Entwicklungsteam versuchen, mit möglichst wenig Aufwand einen maximalen Lerneffekt bezüglich Kunde und Markt zu erzielen. Viable (engl.) = gangbar, brauchbar, lebens- und wachstumsfähig. Eine Strategie, um schnelles und breites Feedback vom Kunden zu erzielen, ohne das Produkt bis zu seiner Marktreife auszuarbeiten [Röp 2016]. Ein Minimum Viable Product (MVP), wörtlich ein «minimal überlebensfähiges Produkt», ist die erste minimal funktionsfähige Iteration eines Produkts, das entwickelt werden muss, um mit minimalem Aufwand den Kunden-, Markt- oder Funktionsbedarf zu decken und handlungsrelevantes Feedback zu gewährleisten [Wiki 2021].
Mockups	Mockups werden auf der Grundlage eines Wire Frames erstellt und sind viel detaillierter. Das Ziel eines Mockups ist es, so genau wie möglich das spätere Erscheinungsbild der zu erstellenden GUI-Oberfläche abzubilden.
Moodboards	Das Moodboard (engl. mood «Stimmung», board «Tafel») ist ein oft genutztes Arbeits- und Präsentationsmittel in Kommunikations- und Designberufen. Moodboards sollen jemandem eine klare Vorstellung vermitteln und deutlich zeigen, was man geplant hat. Ausserdem lässt sich damit schon ungefähr abschätzen, ob etwas zueinander passt oder nicht. Ein Moodboard kann aus verschiedenen Bildern oder Texten bestehen, die eine Inspiration für die eigene Arbeit liefern [Wiki 2022].
MuSCoW	Mit der MuSCoW-Methode kann, wie beim Priority Poker, eine Priorisierung z.B. von Backlog Items vorgenommen werden. Es gilt, die Items grob in vier Kategorien einzuordnen: Must have, Should have, Could have, Won't have.

Needs	Siehe Bedürfnisse.
Open Space	Open Space, von Harrison Owen entwickelt, ist eine bewährte Methode, um mit einer grossen Gruppe von Menschen, die sich in der Regel nicht kennen oder nicht zu kennen brauchen, in kurzer Zeit produktive Ergebnisse zu erarbeiten. Mit dieser Methode kann ein Austausch z.B. über ein gemeinsam interessierendes Thema organisiert werden, welcher dann zu praktischen Ergebnissen führt.
Pair Programming (Paarprogrammierung)	Paarprogrammierung oder auch Pair Engineering genannt bedeutet, dass bei der Erstellung des Quellcodes jeweils zwei Programmierer an einem Rechner arbeiten. Beide Programmierer schreiben am Code und prüfen gleichzeitig in Form von Peer Reviews den Code des anderen Programmierers.
PDCA-Zyklus	Plan (P), Do (D), Check (C) und Act (A) ist ein vierteiliger Problemlösungszyklus für eine ständige Verbesserung. Er wird nicht nur bei der Entwicklung, sondern in allen Phasen der Projektabwicklung eingesetzt.
Personas	Die Persona stellt einen Prototyp für eine Gruppe von Nutzern dar, mit konkret ausgeprägten Eigenschaften und einem konkreten Nutzungsverhalten. Eine Persona besitzt typischerweise mindestens folgende Merkmale: a) Vor- und Nachname (fiktiv), b) symbolisches Foto (um die Persona noch vorstellbarer zu gestalten).
PESTEL-Methode	Die PESTEL-Methode (Politics, Economy, Society, Technology, Ecology, Law) ist ein Radarsystem für Unternehmen, mit dem es sechs Bereiche aus seinem Umfeld und deren Entwicklung und Veränderung ständig verfolgen. Mit der PESTEL-Analyse werden alle relevanten Informationen aus den Umfeldern ausgewertet und Potenziale, Chancen, Möglichkeiten sowie Bedrohungen, Gefahren und Risiken aufgezeigt [The 2018].
Pig	Als Pigs bezeichnet man die offiziellen und aktiven Teilnehmer eines Scrum-Events, die auch Beitragsrecht haben im Gegenstz zu den «Chicken» und involviert in die Lieferung des Produktes sind [Röp 2017].
Planning Poker	Planning Poker ist ein der Breitband-Delphi-Methode ähnliches Schätzverfahren, bei dem die Teilnehmenden ihre Schätzung mittels Fibonacci-Spielkarten (Zahlenreihe 0, 1, 2, 3, 5, 8, 13, 20, 40, 100), pro zu schätzendem Task, verdeckt auf den Tisch legen. Anschliessend werden auf Kommando die Karten gekehrt und differenzierte Schätzungen diskutiert.
Potentially Shippable Code	Potentially Shippable Code ist das Ergebnis eines Sprints in der Softwareentwicklung, das der Definition of Done entspricht, voll funktionstüchtig ist und produktiv eingesetzt werden kann [Röp 2017].
Priority Poker	Priority Poker legt für Projekte, Anforderungen, Change Requests, Risiken oder Testfälle Prioritäten fest. Priority Poker benötigt die entsprechenden Spielkarten sowie eine Liste von zu gewichtenden Elementen.
Product Backlog	Priorisierte dynamische Liste sämtlicher Produktanforderungen (User Stories) mit Schätzwerten (Estimates) für deren Umsetzung und/oder Weiterentwicklung eines Produkts. Es wird vom Product Owner verantwortet und gemeinsam mit dem Entwicklungsteam gepflegt. Das Product Backlog ist ein dynamisches Dokument. Im Laufe des Projekts verändern sich Anforderungen, es kommen neue hinzu, Prioritäten ändern sich oder Anforderungen fallen ganz weg.
Product Backlog Item (BI)	Ein Backlog Item, z.B. User Story, ist eine Arbeitseinheit, die klein genug ist, um von einem Scrum-Team in einem Sprint abgeschlossen zu werden. Backlog Items werden in einzelne Aufgaben (Task) während des Sprint Planning zerlegt [Röp 2016].

Product Backlog Refinement (PBR)	Product Backlog Refinement, früher auch als Backlog Estimaton Meeting, Pre-Planning, Backlog Grooming (Pflegen) oder Story Time bezeichnet, ist die kontinuierliche Verfeinerung und Weiterentwicklung des Product Backlogs. Es ist ein regelmässiger Prozess, bei dem Product Owner und Entwicklungsteam das Backlog auf den aktuellen Stand bringen. Es ist eine Vorbereitung für die nächste Planning Session.
Product Owner	Neben dem Scrum Master und dem Entwicklungsteam ist der Product Owner eine der zentralen Rollen in Scrum. Der Product Owner ist eine Person, die für die Maximierung des Produktwertes «wirtschaftlicher Erfolg» verantwortlich ist. Er stellt auch sicher, dass das Team, basierend auf dem in seiner Verantwortung stehenden Product Backlog, «Wert» liefert. Er ist somit auch letztendlich für das hergestellte Endprodukt verantwortlich.
Product Roadmap	Die Product Roadmap gibt einen Überblick über die geplante Entwicklung eines Produktes und die nächsten Releases [Kus 2018].
Product Vision	Eine Product Vision ist ein klares, deutliches, attraktives und emotionalisierendes Bild des angestrebten Produkts. Die Vision wird vom Product Owner in Zusammenarbeit mit dem Kunden erstellt. Folglich ist die Vision nicht nur ein Gefühl, sondern auch ein klar definiertes Ziel, auf welches das Projekt hinarbeiten soll (siehe Canvas). Product Vision wird bei der kontinuierlichen agilen Produktentwicklung erstellt.
Produktinkrement	Ein Produktinkrement ist ein verwendbares, getestetes und gemäss den Anforderungen dokumentiertes (Zwischen-)Ergebnis eines Produkts am Ende eines Sprints. Das Produktinkrement enthält die im Product Backlog spezifizierten und im Sprint Backlog konkretisierten Anforderungen [Tim 2017].
Produkt-Roadmap	Eine Roadmap gibt einen Überblick über die geplante Entwickung eines Produktes und die nächsten Releases [Kus 2018].
Program Increment (PI)	Gemäss SAFe ist ein Program Increment (PI) eine Zeitbox, in der ein agiler Release Train (ART) einen inkrementellen Wert in Form von funktionierender, getesteter Software und Systemen liefert. PIs dauern normalerweise acht bis zwölf Wochen. Das häufigste Muster für einen PI sind vier Entwicklungsiterationen, gefolgt von einer IP-Iteration (Innovation and Planning) [SAFe 2020].
Projektvision	Zu Beginn eines agilen Projekts gibt der Auftraggeber, der Product Owner oder der Projektleiter 5.0 dem Team seine Vision in Form eines Vision Statement des fertigen Projektprodukts vor. Das Projektteam finalisiert dieses Statement zu einer Projektvision, welches sie als agiles Team tragen können.
Pull-Prinzip	Das Scrum-Team bekommt eine Backlog Item nicht zugewiesen, sondern nimmt sie sich eigenständig aus dem sortierten Product Backlog. In konventionellen Projekten herrscht dagegen oft das Push-Prinzip, bei dem fremdbestimmt vorgegeben wird, woran ein Mitarbeiter arbeiten soll [Röp 2016]. Dieses Prinzip führt zu einer gänzlich anderen Arbeitskultur mit mehr Eigenverantwortung.
Rapid Learning Cycle	Das Rapid Learning Cycle ist eine Synthese der besten Ideen der agilen Entwicklung für Software und der Methoden der Lean Product Development in der Hardware. Die dafür zugeschnittenen Frameworks sind für Teams, die an physikalischen, chemischen und biologischen Produkten arbeiten – einschliesslich gemischter Hardware-/Softwareprojekte. In diesen Bereichen beschleunigen schnelle Lernzyklen den langen, langsamen Prozess von Forschung und Entwicklung, indem sie die Grundursachen kostspieliger Änderungen in der späten Entwicklungsphase beseitigen.

Refactoring	Refactoring (deutsch auch Refrakturierung, Restrukturierung oder schlicht Umgestaltung) bezeichnet in der Softwareentwicklung die manuelle oder automatisierte Strukturverbesserung von Programm-Quelltexten unter Beibehaltung des beobachtbaren Programmverhaltens. Dabei sollen die Lesbarkeit, Verständlichkeit, Wartbarkeit und Erweiterbarkeit verbessert werden, mit dem Ziel, den jeweiligen Aufwand für Fehleranalyse und funktionale Erweiterungen deutlich zu senken [Wiki 2021].
Reference Item (Referenzstory)	Für einige Schätzmethoden, wie z.B. Planning Poker, wird zu Beginn ein Backlog Item als Reference Item festgelegt, das in der Regel relativ klein ist und von allen Beteiligten komplett verstanden und gleich bewertet werden kann. Neu zu schätzende Backlog Items werden in Bezug zum Reference Item geschätzt [Röp 2016].
Release	Das Release ist in der Softwaretechnik der Fertigstellungszustand, den ein zu erstellendes Softwareprodukt (Produktinkremente) zu einem bestimmten Zeitpunkt erreicht hat oder erreichen soll.
Release Backlog	Das Release Backlog ist das gleiche Instrument wie der Product Backlog. Es hat allenfalls bereits weitere Sprints für ein geplantes Releasedatum definiert. Das Ziel eines bestimmten Releases ist die Bereitstellung einer Teilmenge des Product Backlog, welche bereits in mehrere Sprints unterteilt ist und eine logische einführbare Einheit von Inkrementen bildet.
Releaseplan	Der Releaseplan ist ein Übersichtsplan, aus dem ersichtlich wird, in welchem Sprint welche User Stories umgesetzt werden sollen. Er umfasst folglich die Priorität der User Stories, deren geschätzten Grössen, die Velocity des Teams und die strategischen und wirtschaftlichen Rahmenbedingungen des Projektprodukts [Tim 2017].
Retrospective	Siehe Sprint-Retrospektive.
Risk-adjusted Backlog	Werden von einem Sprintteam Risk Items in das Backlog mit aufgenommen, so können diese zusammen mit den anderen Backlog Items priorisiert werden.
Risk Backlog Items	Entdeckt ein Team ein Risiko, wird dieses zum Backlog als Risk Backlog Item hinzugefügt. Dieses wird genau wie die anderen Items auch nach Wert und Aufwand priorisiert.
Risk Walling	Mit dem Einsetzen von Risk Walling (Risikomauerwerk) erhält man ein kontinuierliches Feedback bezüglich der Risikosituation innerhalb eines Sprints oder Releases. Das heisst nichts anderes, als die agilen Risikoinstrumente (Risk Tasking, Risk Exploitation, Risk Tagging etc.) proaktiv einzusetzen.
Rolling Wave Planning (rollierende Planung)	Eine iterative Planungstechnik, bei der die kurzfristig zu leistenden Arbeiten im Detail geplant werden, während die Arbeiten in der Zukunft auf einem höheren Niveau geplant werden.
Root Cause Analyse	Die Root Cause Analyse (Ursachenanalyse oder auch Fehler-Ursache-Methode genannt) nutzt Methoden zur Identifikation der eigentlichen Ursachen von Fehlern bzw. Problemen bei Produkten und Prozessen. Die Idee ist, keine Symptome zu behandeln, sondern Problemquellen zu identifizieren und zu beseitigen.
Scaled Agile Framework (SA-Fe®)	SAFe ist eine Wissensbasis, welche auf bewährten, integrierten Prinzipien, Praktiken und Kompetenzen des Leanansatzes aufbaut. Es bietet ein agiles Framework für die Team-, die Programm- wie auch Unternehmensebene (Portfolioebene).

Schätzpoker (Planning Poker)	Schätzpoker ist eine effiziente und relativ genaue Aufwandschätztechnik bezüglich des Backlog Items (Backlog Refinement). Bei der Scrum-Methode wird das gesamte Entwicklungsteam in die Schätzung einbezogen, was zu einem hohen Commitment führt. Die Schätzwerte sind Story Points (nicht Tage oder nicht ein Betrag). Es wird jeweils anhand eines «Referenzobjekts» geschätzt, z.B. es ist zwei Mal grösser als das Referenzobjekt.
Scope (Projektscope)	Der Projektscope ist die zwischen Projektsponsor und Projektteam vereinbarte und dokumentierte Arbeit für die Planung und Lieferung des Lösungsumfangs eines Projekts. Das, was nicht umgesetzt werden soll, ist out of Scope.
Scrum	Scrum («Gedränge») ist ein agiles Framework für die Entwicklung und Wartung einfacher wie komplexer Produkte mit spezifischen Rollen, Ereignissen und Artefakten.
Scrum Board	Mit Scrum-Board als Tool können Teams Sprint-Backlog-Elemente sichtbar machen. Die Task-Karte kann unterschiedliche physische und virtuelle Formen annehmen. Sie erfüllt jedoch unabhängig vom Aussehen die gleiche Funktion. Das Board wird vom Team aktualisiert und zeigt alle Elemente an, die für den aktuellen Sprint abgeschlossen werden müssen. Wird auch Kanban Board genannt.
Scrum Master	Neben dem Product Owner und dem Entwicklungsteam ist der Scrum Master eine der zentralen Rollen in Scrum. Die Rolle sorgt für die richtige Umsetzung und Anwendung der Scrum-Methode. Der Scrum Master beseitigt Hindernisse, unterstützt das Team in seiner Entwicklung und der effizienten Zusammenarbeit.
Scrum of Scrum	Eine Technik zum skalierbaren Betrieb von Scrum für mehrere Teams, die an demselben Produkt arbeiten. Scrum of Scrum koordiniert die Diskussionen über den Fortschritt der Gruppe sowie über ihre Interdependenzen und konzentriert sich darauf, wie die Bereitstellung von Software optimal integriert werden kann, insbesondere in Bereichen mit Überschneidungen. Damit sich die verschiedenen Scrum-Teams untereinander abstimmen können, kommt das sogenannte Scrum of Scrum zum Einsatz.
Scrum-Team	Mit dem Scrum-Team ist die Zusammensetzung des Teams mit den Rollen Product Owner, Scrum Master und Entwicklungsteam gemeint.
Servant Leadership	Dienende Führung (Servant Leadership) – Das Modell der dienenden Führungskraft stellt die klassische Führungshierarchie auf den Kopf. Nicht die Mitarbeitenden sind dafür da, der Führungskraft zu dienen, sondern genau andersherum: die wichtigen Personen sind die Mitarbeitenden und die Führungskraft hat alles in ihrer Macht Stehende zu tun, um ihre Mitarbeitenden bestmöglich zu unterstützen [Agi 2019].
Silent Grouping / Poker	Silent Grouping (stille Gruppierung) ist eine Optimierung der Schätzpoker. Personen gruppieren verwandte Elemente, ohne zu sprechen. Mit dieser Technik können Teams grosse Informationsmengen schnell verarbeiten. Nacheinander holt sich jedes Teammitglied z.B. eine User Story (in beliebiger Reihenfolge aus dem Stapel von User Stories) und fügt es in die Spalte ein, von der es der Meinung ist, dass es den Aufwand z.B. T-Shirt am genauesten für die Aufgabe darstellt.

Skills-Matrix	Die agile Skills-Matrix unterscheidet sich nur unwesentlich von der Technik des konventionellen PM. Mit der agilen Skills-Matrix wird einerseits verdeutlicht, welche Skills (technisch, fachlich, sozial, methodisch etc.) das Team für die kommenden Sprints benötigt, und andererseits zeigt es auf, wie die aktuellen Skill-Levels im Team verteilt sind und wo möglicherweise Entwicklungspotenziale und -bedarf liegen. Sie ist somit auch ein geeignetes Hilfsmittel, um den Wissenstransfer und die Weiterentwicklung innerhalb eines agilen Entwicklungsteams zu befördern.
Slicing	Zur Aufsplittung von User Stories, welche zu gross sind, um in einem Sprint realisiert zu werden, setzt man verschiedene Techniken ein, mit welchen die User Stories so zurechtgeschnitten (Slicing) werden können, dass sie trotzdem für den Nutzer ein wertvolles Teilresultat erbringen.
Smoke Testing	Mit Smoke Testing werden alle einfachen Testfälle verwendet, um sicherzustellen, dass die wichtigsten Funktionen des Systems, wie vorgesehen, im Rahmen der Entwicklung funktionieren. Smoke Testing bezieht sich meistens auf den ersten grundlegenden Probelauf einer Software.
Spike (-Story) (Architektur-Spikes, Spikes Solutions)	Durchstich durch sämtliche Schichten der Lösung, mit dem Ziel, eine vollständig lauffähige Lösung (allenfalls mit geringem Umfang) zu erstellen. In der Architektursicht betrachtet, sind Spikes immer ein vertikaler Schnitt über alle Schichten der technischen Architektur. Er wird eingesetzt, um zu prüfen, ob ein bestimmtes technisches Vorgehen funktioniert. Teams nutzen einen Architektur-Spike gern, wenn es verschiedene Meinungen zum Design einer technischen Lösung gibt oder sie nicht wissen, ob ein bestimmter Ansatz funktionieren wird. Auch Spike Solution genannt [Ste 2019].
Spike risikobasiert	Ein risikobasierter Spike funktioniert wie ein Architektur-Spike, nur hat dieser Spike zum Ziel, dass er das Projekt vor einem Risiko bewahren soll.
Sprint	Als Sprint wird eine Iteration bezeichnet, welche z.B. bei der Scrum-Methode zwei bis vier Wochen dauert und die vereinbarten Anforderungen umsetzt. In jedem Sprint wird ein definierter Teil der Anforderungen, z.B. User Stories, umgesetzt, normalerweise so, dass dieser im Sinne eines eigenständiges Inkrements end-to-end überprüft werden kann.
Sprint Backlog	Das Sprint Backlog stellt denjenigen Teil des Product Backlog dar, den das Scrum-Team ausgewählt hat und der während des aktuellen (nächsten) Sprints umgesetzt wird. Das Sprint Backlog wird aufgrund der Priorisierung und Velocity festgelegt und muss vom gesamten Team als «umsetzbar im Sprint» akzeptiert sein. Es umfasst das aus dem Selected Product Backlog selektierte Item und die abgeleiteten Tasks.
Sprint Planning	Mit dem Sprint Planning wird festgelegt, was im nächsten Sprint zu erledigen ist. Dabei gilt es, drei Fragen zu beantworten: Sprint Planning 1: Was ist das Ziel des kommenden Sprints? Welche User Stories müssen umgesetzt werden, dass man dieses Ziel erreicht? Ergebnis = Sprint Backlog selected. Sprint Planning 2: Wie erfolgt die Umsetzung der ausgewählten User Stories? Ergebnis: Sprint Backlog mit Backlog Task.

Sprint-Retrospektive	Retrospektiven sind ein institutionalisierte Lessons Learned Meeting mit klarer zeitlicher Begrenzung. Ein retrospektives Meeting wird normalerweise einmal am Ende pro Sprint durchgeführt. Mit fortlaufender Projektdauer wird es weniger häufig durchgeführt. In der Sprint-Retrospektive wird der Sprint selbst inspiziert und dazu Feedback über das Zusammenwirken, über den Prozess der Erstellung des Sprintergebnisses oder auch die Zielerreichung gegeben. Das Ergebnis einer Sprint-Retrospektive sind Verbesserungsmassnahmen für den Prozess, die eingesetzte Infrastruktur, Instrumente oder die Zusammenarbeit. Nach jedem Sprint wird geprüft: was ist gut (keep); Ideen, die einmal ausprobiert werden sollten (try), und was hat nicht gefallen (drop).
Sprint Review	Im Sprint Review wird das Sprintergebnis inspiziert und Feedback von Kunden und Stakeholdern an das Scrum-Team präsentiert. Dabei geht es primär darum, das Vertrauen der Kunden zu festigen, in dem sie erkennen können, welcher Mehrwert im Sprint erarbeitet worden ist und dass dieser auch funktioniert. Ein zusätzliches Ergebnis können z.B. neue oder geänderte Anforderungen in Form von Product-Backlog-Einträgen sein.
Sprint Zero (Initial Sprint)	Der Sprint Zero dient der Vorbereitung des Product Backlog, dem Aufsetzen der Infrastruktur und der Klärung, wie das Scrum-Team zusammenarbeiten möchte [Prö 2012]. Dabei werden meist noch keine funktionalen Anforderungen umgesetzt. Er ist aus diesem Grund umstritten [Kus 2018].
Sprintziel	Um allen Sprintbeteiligten das fokussierte Arbeiten zu erleichtern, definiert der Product Owner ein kurz und präzis formuliertes Sprintziel eines geplanten Sprints.
Stabilisierungs-sprints	Bei den Stabilisierungssprints, welche alle vier bis sechs Sprints oder vor einer Auslieferung eines (Teil-)Produkts eingeplant werden sollten, geht es darum, die Qualität des erstellten Systems entsprechend abzurunden und die verpasste Qualität nachzuholen.
Standup Meeting (Daily Scrum Meetings)	Ein Standup Meeting stellt eine effiziente Meetingform zur Koordination der aktuellen Arbeiten dar. Standup Meetings sind zeitlich begrenzt und dauern normalerweise max. 15–20 Minuten. Das Ziel dieses Meetings ist die Synchronisierung sowie die operativ/taktische Planung, um z.B. das Sprintziel zu erreichen. An diesem Meeting werden die Führungsinstrumente wie z.B. das Kanban Board und der Brun-down-Chart aktualisiert und vom Scrum Master das Impediment Backlog geführt.
Story Card	Eine Story Card ist eine Visualisierung einer User Story. Sie enthält neben der eigentlichen Story auch die Akzeptanzkriterien [Röp 2016].
Story Map (Story Mapping)	Story Maps ermöglichen Teams, den Releaseplan zu visualisieren. Oder anders formuliert. Story Maps sind eine Möglichkeit, das Backlog aufgrund grosser Anwendererfahrung (user Experience) in Form eines Big Picture zu visualisieren. Darin werden die zentralen Features des Produkts zunächst als dessen Backbone herausgearbeitet. Dann wird diese Funktionalität in die für das Backbone wichtigsten User Stories aufgeteilt, die als Walking Skeleton bezeichnet werden. Die ersten Sprints sollten sich darauf konzentrieren, vom Walking Skeleton so viel wie möglich auszuliefern [Ste 2019].
Story Point	Anforderungen (User Stories) werden bei den agilen Methoden häufig mittels Story Points geschätzt. Es ist eine relative Grösse und hat keinen direkten Bezug zu Aufwand und Dauer. Es ist eine abstrakte Einheit, mit der die Komplexität eines Backlog Items bewertet wird.

Swarming	Man bezeichnet es als Swarming, wenn Teammitglieder mit gewissen Fähigkeiten zusammenarbeiten, um eine Aufgabe fertig zu bekommen, die ein Teammitglied nicht allein fertig bekommt.
Tailoring	Mit dem Tailoring werden die nicht relevanten Tätigkeiten und Lieferobjekte, die im Projektmanagement-Leitfaden aufgeführt sind, gestrichen. Damit wird gewährleistet, dass der eingesetzte Aufwand für jedes Projekt situationsgerecht ist.
Task	Bei Tasks handelt sich um kleinere Arbeitseinheiten, durch die gemeinsam eine User Story oder allgemein eine grössere Arbeitseinheit umgesetzt werden kann. Es ist damit gleichzeitig der Plan, wie die Umsetzung schrittweise erfolgen soll [Kus 2018].
Taskboard	Siehe Scrum Board.
Tdd (Test-driven Development), «Test First»	Tdd, auch testgetriebene Entwicklung oder in Kurzform «Test First» genannt, ist eine Softwareentwicklungsmethode. Bei der testgetriebenen Entwicklung erstellt der Programmierer Softwaretests konsequent vor den zu testenden Komponenten. Das heisst, dass man vor Beginn der Codierung das Sollverhalten des zu erstellenden Codes in Form von Testfällen spezifiziert. Und indem man diese Testfälle automatisiert, erzeugt man nichts anderes als eine maschinenlesbare, sehr genaue funktionale Spezifikation des zu erstellenden Codes [Lin 2017].
Team Charter	Dies ist ein Dokument, das Zweck, Grenzen und «Spielregeln» zeigt, die sich ein Team für seine Zusammenarbeit gibt [Kus 2018].
Technical Debt	Technical Debt sind technische Schulden mit möglichen negativen Konsequenzen von Software, welche technisch schlecht umgesetzt wurde – sprich zusätzlicher Aufwand, den man für Änderungen und Erweiterungen an schlecht geschriebener Software im Vergleich zu gut geschriebener Software einplanen muss.
Theme	Ein Thema ist eine Sammlung von Backlog Items (User Story, Anforderungen). Themen dienen zur Gliederung der User Stories (z.B. einzelne Workflowschritte einer Produktfunktionalität). Themen werden manchmal auch Cluster oder Feature Group genannt [Röp 2016].
Timebox	Eine Timebox ist ein Zeitabschnitt, der nicht überschritten werden darf und in dessen Grenzen Meetings oder Entwicklungsinkremente ablaufen. Die Timebox ist eines der grundlegenden Konzepte in Scrum, aber auch bei eXtreme Programming und sie trägt massgeblich zur Effizienz des Prozesses bei. Wie beim Studentensyndrom führt sie das ganze Team dazu, unter dem bestehenden Zeitdruck sehr effizient zu arbeiten. Bezogen auf das Gesamtprojekt spricht man von Timeboxing, wenn der Endtermin des Projekts vorgegeben (beschränkt) ist und daher die Vorgangsziele, Inhalt und Ressourcen an der Zeit orientiert werden.
Tracking Points	Das Tracking-Point-Verfahren wurde von der SPOL AG entwickelt und ist eine Methode zur Überwachung des Lieferantenfortschritts (interne wie auch externe Lieferanten). Tracking Points (TP) dienen der Überwachung des Projektfortschritts auf der Basis der definierten Lieferobjekte bzw. deren Fortschritt zu einem definierten Zeitpunkt. TP überprüfen, ob die zu einem Zeitpunkt vorliegende Leistung, wie geplant, erbracht worden ist.

T-Shaped	Das Konzept von T-förmigen Fertigkeiten oder T-förmigen Personen ist eine Metapher, die bei der Rekrutierung von Arbeitsplätzen verwendet wird, um die Fähigkeiten von Personen seiner eigentlichen Professionalisierung in der Belegschaft zu beschreiben [Wiki 2021 (englisch)]. Der vertikale Strich eines T deutet auf die Tiefe des Wissens in einem Fachgebiet hin, während der horizontale Strich weitere Wissensgebiete kennzeichnet.
T-Shirt Planning, T-Shirt Sizing	Statt Story Points werden für das relative Schätzen auch gerne T-Shirt-Grössen (S, M, XL, XXL) als Schätzwerte verwendet, um die einzelnen User Stories in Beziehung zu setzen.
TTM-Matrix (Things That Matter)	In der Things-That-Matter-Matrix kann der Zusammenhang zwischen Aufgabe, Funktion, Merkmal (Backlog Item) einerseits und Anforderung der Kunden oder Anwender andererseits sichtbar gemacht werden. Dabei wird deutlich, welche Anforderung besonders aufwendig wird.
Use Case / UC Slices (Anwendungsfall)	Ein Use Case respektive ein Anwendungsfall erbringt aus Sicht des Akteurs ein messbares, wertvolles Resultat. Er modelliert oder beschreibt alle möglichen Szenarien, was ein Benutzer zu einem Zeitpunkt (d.h. zeitlich «nah beieinander») macht, um mit einem System einen Geschäftsvorfall zu bearbeiten. Er löst damit ein Problem respektive er erreicht damit ein konkretes Ziel. Use Cases sind normalerweise mit den verschiedenen Szenarien zu umfangreich, um sie in einer Iteration umzusetzen. Daher «schneidet» man sie in Slices. Aus Sicht des Benutzers/Kunden sind meist auch nicht alle Szenarien eines Use Case gleich wichtig (-> Priorisierung). Per Definition bestehen Use Case Slices aus einem Szenario eines Use Case sowie dazugehörigen Testfällen.
User	Der Personenkreis, welcher das Projektergebnis nutzt, wird als User oder Endnutzer genannt.
User Story	Eine User Story ist die einfache, in der Alltagssprache formulierte Beschreibung einer umzusetzenden Anforderung aus der Sicht eines konkreten Benutzers (User), welcher das System benutzen wird. Die Beschreibung einer User Story dient als Grundlage für Kommunikation und als Ausgangspunkt für die Umsetzung von Produktfunktionalitäten. Eine User Story besteht aus einem Hauptsatz, allenfalls ergänzt um eine Motivation, eine Frage-Antwort-Sektion, in welcher die wesentliche Kommunikation zwischen Ingenieuren und Kunden festgehalten wird, sowie einer Liste von Akzeptanzkriterien.
Value Proposition	Wiki 2021: Die Value Proposition Canvas ist eine Ergänzung der Business Model Canvas, welche die beiden Komponenten Kundensegmente und Wertversprechen näher beleuchtet. Ziel des Value Proposition Design ist es, Produkte und Dienstleistungen anhand der zu bewältigenden Aufgaben mit Kundenbedürfnissen in Einklang zu bringen.
Value Stream (Wertstrom)	Der Wertstrom, engl. Value Stream, umfasst alle Aktivitäten, sprich die Gesamtheit aller wertschöpfenden und nicht wertschöpfenden Geschäftsprozesse, die notwendig sind, um ein Produkt beziehungsweise eine Dienstleistung herzustellen und anzubieten, wobei der Strom auch über die Unternehmensgrenzen hinausgehen kann [Wiki 2021].

Value Stream Mapping	Die Wertstromanalyse ist eine betriebswirtschaftliche Methode zur Verbesserung der Prozessführung in Produktion und Dienstleistung. Sie wird auch als Wertstromaufnahme eines Istzustandes bezeichnet. Dieser erste Verfahrensschritt des sogenannten Wertstrommanagements (Value Stream Management) liefert ein Modell der Material- und Informationsflüsse der einzelnen Wertströme. Der zweite und dritte Schritt von Value Stream Management sind Value Stream Design und Value Stream Planning.
Velocity	Velocity ist die Leistung (in Form des für die umgesetzten Anforderungen benötigten Aufwands, z.B. in Story Points), die von einem agilen Entwicklungsteam während einer Iteration (Sprint o.Ä.) erreicht wird (Entwicklungsgeschwindigkeit). Achtung: Entspricht nicht der verfügbaren Personenpower, sondern der Summe der effektiv erarbeiteten Anforderungen in einer Iteration. Es wird in tatsächliche und geplante Velocity unterschieden.
Virtuelle Projekträume	Virtuelle Projekträume sind kollaborative Informationssysteme für geschlossene Benutzergruppen, die Dokumente oder Informationen für zugriffsberechtigte Projektbeteiligte rund um die Uhr von jedem internetfähigen Rechner der Welt aus bereitstellen.
Vorgehensmodell	Unter Vorgehensmodell wird eine projektübergreifende Vorgehensmethode oder Regelung verstanden, wie die Aktivitäten und Ergebnisse eines Vorhabens aus Sicht des gesamten Lebenszyklus umgesetzt respektive bearbeitet werden können.
Walking Skeleton	Ein Walking Skeleton bezeichnet in der Softwareentwicklung die einfachste Umsetzung eines kompletten Funktionsbereiches einer Software. «Walking» bedeutet, dass die minimale Umsetzung bereits lauffähig ist. «Skeleton» bedeutet, dass wesentliche Teile bereits funktionsfähig implementiert wurden, der überwiegende Teil der Funktionalität aber noch fehlt. Ziel des Walking Skeleton ist es, ein frühzeitiges Feedback von Anwendern oder Stakeholdern zu erhalten [Ste 2019]. Ist auch ein Begriff zu Story Map.
WAP	Widely Adopted Practices – Praktiken, die nicht zu Scrum gehören, sich aber in sehr vielen Scrum-Implemtierungen durchgesetzt haben. Dazu zählen z.B. User Stories, Story Point, Backlog Refinement etc. [Röp 2016].
War Room	Der War Room ist ein zentraler Besprechungsraum, welcher als Informations- und Entscheidungsort für das Projektmanagement dient. Der War Room kann physisch, virtuell oder eine Kombination aus beiden sein. Der physische War Room ist mit Laptops, Flipcharts, Pinboards, Post-it und anderen Workshop-Materialien ausgerüstet. Die Idee des War Room besteht darin, das gesamte Team an einem einzigen Ort zu versammeln, um Kommunikation, Problemlösung, Risikominderung und Statusberichte zu erleichtern. Auch die Visualisierung der wichtigsten Leistungskennzahlen wie Budget, Zeitplan, Themen, Risiken und Gesamtzustand des Projekts gehören dazu.
Waste	Waste basiert auf der Wertstromanalyse beim Denkansatz von Lean. Waste im Sinne von Abfall. Arbeitsabfall, den man in einem Prozess wie Projektabwicklung vermeiden oder beseitigen sollte. Der Leanansatz kennt sieben Arten von Waste (Verschwendungen): teilweise abgeschlossene Arbeit, zusätzliche Prozesse, Aufgabenwechsel, Wartezeiten, Bewegung (z.B. unterschiedliche Standorte), Überproduktion und Korrekturen/Defekte.
Weighted Shortest Job First	WSJF (Weighted Shortest Job First) dient der Priorisierung von Aufgaben, insbesondere von Backlogs in agil gemanagten Projekten. WSJF berücksichtigt verschiedene Aspekte des geschäftlichen Nutzens einer Aufgabe und stellt dies in Relation zum Aufwand. So entsteht eine aus betriebswirtschaftlicher Sicht optimale Priorisierung der Aufgaben [Projektmagazin].

WIP-Grenzwerte «Limit» (Work in Progress)	Bei der agilen Entwicklung wird durch WIP-Grenzwerte (Work in Progress) festgelegt, wie viel Arbeitseinheiten maximal in jedem Status eines Workflows vorhanden sein dürfen. Durch die Begrenzung dieser Einheiten können Ineffizienzen im Arbeitsablauf eines Teams leichter erkannt werden. Die Begrenzung der Anzahl laufenden Arbeiten steigert den Durchsatz und verringert die Menge der «fast erledigten» Aufgaben, da das Team gezwungen ist, sich auf eine kleinere Sammlung von Aufgaben zu konzentrieren. Engpässe in der Lieferpipeline eines Teams sind deutlich sichtbar, bevor eine Situation düster wird; z.B. die WIP-Limite sind sieben Einheiten pro Status.
Wireframes	Wireframes sind Skizzen, die per Hand oder mit einem Programm gezeichnet werden, das ihnen ein handgezeichnetes Aussehen verleiht. Im Gegensatz zu ausgefeilten Grafiken ermutigt das Anwender, Änderungen vorzuschlagen [Ste 2019].
Work Items	Geschlossene Aufgabe, die die Bearbeitungsschritte auf dem Kanban Board durchläuft.

8.3 Abkürzungsverzeichnis

Im Buch verwendete gebräuchliche Abkürzungen:

Abb.	Abbildung
AC	Agile Coach
AG	Auswirkungsgrad
AKV	Aufgaben, Kompetenzen und Verantwortungen
AM	Agile Modeling
AMDD	Agile Model-Driven Development
ANSI	American National Standard Institut
AP	Arbeitspaket
ARC	Architekt
API	Application Programming Interface
APM	Adapitve Project Management
AR	Architectural Release
ART	Agile Release Train
ASD	Adaptive Software Development
ATDD	Acceptance Test-Driven Development
ATG	Auftraggeber
AUP	Agile Unified Process
AVOR	Arbeitsvorbereitung

BA	Business Analyst
BABOK	Business Analysis Body of Knowledge
BC	Business Case
BDD	Behavioral-Driven Development
BI	Backlog Item
BizDevOps	Business, Development, Operations
BRM	Backlog Refinement Meeting
BSC	Balanced Scorecard
BU	Business Unit
BV	Betriebsverantwortlicher
BVI	Business Value Index
bzgl.	bezüglich
bzw.	beziehungsweise

CCC	Card, Conversation, Confirmation
CCPM	Critical Chain Project Management
CD	Continuous Delivery
CD3	Cost of Delay Divided by Duration
CFD	Cumulative Flow Diagram
CI	Continuous Integration
CM	Changemanagement
CMMI	Capability Maturity Modell Integration
CMS	Configuration Management System
CoD	Cost of Delay
COSO	Committee of Sponsoring Organizations of the Treadway Commission
CR	Change Request
CtB	Change the Business

DA	Disciplined Agile
DAD	Disciplined Agile Delivery
DDD	Domain Driven Design
DEEP	Detailed, estimated, emergent, prioritized
DevOps	Entwicklungsmethode, zusammengesetzt aus Development und Operations
d.h.	das heisst
DIN	Deutsche Industrienorm
DIU	Digital Innovation Unit
DM	Dynamische Investitionsrechnungsmethode
DoD	Definition of Done
DoR	Defnition of Ready
DPP	Distributed Pair Programming
DSDM	Dynamic System Development Method
DTS	Defect Tracking System – Fehlerverwaltung

EAM	Enterprise Architecture Management
EFQM	European Foundation for Quality Management
EnT	Entwickler
ERP	Enterprise Resource Planning
ESVP	Explorer, Shopper, Vacationer or Prisoner
ET	Entwicklungsteam
EW	Eintrittswahrscheinlichkeit
EXMA	Externe Mitarbeitende

FaV	Fachvertreter
FDD	Feature Driven Development

GP	Gesamtprojekt
GUI	Graphical User Interface

ICB4	Individual Competence Baseline Version 4
ICT	Information and Communication Technology
IDEAL	Initiating, Diagnosing, Establishing, Acting, Learning
IEEE	Institute of Electrical and Electronics Engineers
IIBA	International Institute of Business Analysis
INMA	Interne Personalmittel
INVEST	Independent, Negotiable, Valuable, Estimatable, Small, Testable
IPMA	International Project Management Association
IR	Internal Release
IRR	Internal Rate of Return (interner Zinsfuss)
ISDS	Informationssicherheits- und Datenschutz
ISO	International Organization for Standardization
IT	Informationstechnik

JIT	Just in Time

Kap.	Kapitel
KISS	Keep it simple, stupid
KM	Konfigurationsmanagement
KPIs	Key Performance Indicators
KVP	Kontinuierlicher Verbesserungsprozess

LeSS	Large Scale Scrum
LO	Lieferobjekte
LPM	Lean Portfolio Management

MBO	Management by Objectives and Self-Control
MDSD	Model-Driven Software Development (Modellgetriebene Softwareentwicklung)
MMF	Minimum Marketable Feature
MMP	Minimal Marketable Product
MOLAS	Mid-Term-Goals (Jahresziele)
MR	Major Release
MS	Meilenstein
MuSCoW	Must-Have, Should-Have, Could-Have, Won't-Have
MVP	Minimum Viable Product

NE	Netzwerkelemente
NPV	Net Present Value

OKR	Objectives and Key Results

P&HLD	Planung & High-Level-Design-Phase
PABI	Projektabwicklungs-Backlog-Items
PB	Product Backlog
PBI	Product Backlog Item
PBP	Pay-back Period
PBR	Product Backlog Refinement
PDCA	Plan Do Check Act
PI	Program Increment
PL	Projektleiter 5.0
PM	Projektmanagement
PMF	Problem-Market-Fit
PMI	Project Management Institute
PMO	Projektmanagement-Office
PMS	Projektmanagementsystem
PMT	Projektmanagementteam
PO	Product Owner
PP	Projektportfolio
PPB	Projektportfolio-Board
PPB-M	Projektportfolio-Board-Meetings
PPM	Projektportfoliomanagement
PPMo	Projektportfolio-Monitoring
PPM-B	Projektportfolio-Board
PPP-T	PP-Planungs- oder Sprintstrategieteam

PPR-M	Portfolio-Pipeline-Review-Meeting
PPS-WS	Projektportfolio-Strategieworkshops
PrBI	Projektabwicklungs-Backlog-Item
PrM	Produktmanager
PRM	Pipeline-Review-Meeting
PSF	Problem-Solution-Fit
PSP	Produktstrukturplan
PSPI	Potentially Shippable Product Increment
PT	Personentage
PTM	Projekt-Team-Meeting

QM	**Qualitätsmanagement**
QS	Qualitätssicherung

R&D	**Research and Development**
RE	Requirements Engineer
ReM	Ressourcenmanagement
resp.	respektive
RG	Risikograd
RI	Release-Iterationen
RM	Risikomanagement
ROI	Return on Investment
RTE	Release Train Engineer
RUP	Rational Unified Process

SAFe	**Scaled Agile Framework**
SCHUBAN	Schutzbedarfsanalyse
SDLC	System Development Life Cycle
SGE	Strategische Geschäftseinheiten
SGF	Strategische Geschäftsfelder
SGU	Sicherheit, Gesundheit und Umweltschutz
SH	Stakeholder
SI	Statische Investitionsrechnungsmethode
SIA	Schweizerischer Ingenieur- und Architektenverein
SLA	Service Level Agreements
SM	Scrum Master
SMART	Spezifisch, messbar, attraktiv, realistisch, terminiert
SoS	Scrum of Scrums
SPM	Schweizerische Gesellschaft für Projektmanagement
SRM	Sprint Review Meeting
SRS	Software Requirements Specification
STE	Solution Train Engineer
SW	Software
SWOT	Strengths, Weaknesses, Opportunities, and Threats

TDD	**Test-Driven Development**
TDM	Testdatenmanagement
TK	Testkoordinator
TM	Teammanagement

TOGAF	The Open Group Architecture Framework
TP	Teilprojekt
TrP	Tracking Points
TTM	Things that matter

UAT	**User Acceptance Test**
UC	Use Case
UI	User Interface
UML	Unified Modeling Language
US	User Story
USP	Unique Selling Proposition
UX	User Experience

VC	**Velocity**
VUCA	Volatility (Volatilität), Uncertainty (Unsicherheit), Complexity (Komplexität) and Ambiguity (Mehrdeutigkeit)
VV	Versionsverwaltung
VZPM	Verein zur Zertifizierung im Projektmanagement

WBC	**Wertbeitragscontrolling**
WBS	Work Breakdown Structure
WIP	Work in Progress
WRM	Wirkungs-Review-Meeting
WS	Workshop
WSJF	Weighted Shortest Job First

XP	**eXtreme Programming**

YAGNI	**You aren't gonna need it**

8.4 Literaturverzeichnis

In diesem Buch verwendete Textpassagen aus den Publikationen «Projektmanagement – Das Wissen für den Profi» (4. Auflage) und «Projektmanagement – Das Wissen für eine erfolgreiche Karriere» (8. Auflage) von Bruno Jenny sind im Inhalt nicht an Ort und Stelle ausgewiesen.

Adz	2012	Adzic G., Impact Mapping: Making a Big Impact With Software Products and Projects, Provoking Thoughts, Woking 2012
Agi	2019	Agile Praktiken, agilecoach.de, Baden-Baden 2019, http://agilecoach.de/themen/werte-prinzipien-und-praktiken/agile-praktiken/
Agi	2020	Agiles Wertesystem, agilecoach.de, Baden-Baden 2020, http://agilecoach.de/themen/werte-prinzipien-und-praktiken/agiles-wertesystem/
Aie	2007	Aier S., Modellbasierter Entwurf strukturanaloger Architekturen auf Basis der Partitionierung von Graphen, eOrganisation Service-, Prozess-, Market-Engineering, 8. Internationale Tagung Wirtschaftsinformatik, Band 2, Universitätsverlag Karlsruhe, Karlsruhe 2007
Alm	2015	Almseidin M., Alrfou K., Alnidami N., Tarawneh A., A Comparative Study of Agile Methods: XP versus SCRUM, International Journal von Computer Wissenschaft und Software Engineering (IJCSSE), Vol. 4, Ausgabe 5. Mai 2015, S. 126–129, www.IJCSSE.org
Amb	2012	Ambler S., Lines M., Disciplined Agile Delivery: A Practitioner's Guide to Agile Software Delivery in the Enterprise, IBM press, Upper Saddle River 2012
Amb	2019	Ambler S., Lines M., Choose Your WoW!, A Disciplined Agile Delivery Handbook for Optimizing Your Way of Working, Project Management Institute, Newtown Square 2019
AMM	2018	AAMI Medical Device Software Committee, AAMI Technical Information Report – AAMI TIR45:2012 /(R)2018, Guidance on the Use of AGILE Practices in the Development of Medical Device Software, Association for the Advancement of Medical Instrumentation, Arlington 2018
Anu	2016	Anuff E., Two-Speed IT & APIs, Using APIs to build an agile digital business platform, APIGEE, 2016
Arq	2015	Arquint G., Requirements Engineering in agilen Projekten, BBV Software Services, München 2015
Arn	2012	Arnold J., Cost of Delay: A Retrospective, Implementing an Economic Decision Framework, LESS2012, Tallin 2012
Arn	2017	Arnold J., Cost of Delay, WSJF – Weighted Shortest Job First, Black Swan Farming, 2017, https://blackswanfarming.com/wsjf-weighted-shortest-job-first/
Aue	2011	Auer A., Enterprise Risk Management, Auch Projektrisiken sind Unternehmensrisiken, Hochschule Luzern, Luzern 2011

Ave	2015	Avedillok J., Begonha D., Peyracchia A., Two Ways to Modernize IT Systems for the Digital Era, McKinsey, Madrid 2015, https://www.mckinsey.com/business-functions/mckinsey-digital/our-insights/two-ways-to-modernize-it-systems-for-the-digital-era
Bal	1998	Balzert H., Lehrbuch der Software-Technik, Spektrum Akademischer Verlag, Berlin 1998
Bau	2014	Bauernfeind M., Wertorientierte Unternehmenssteuerung: Die Integration von Qualitäts- und Risikomanagement in Managementsystemen, Igel Verlag, Hamburg 2014
Bau	2018	Baumgartner M., Klonk M., Pichler H., Seidl R., Tanczos S., Agile Testing, Der agile Weg zur Qualität, 2. Auflage, Hanser Verlag, München 2018
Bec	2000	Beck K., Extreme Programming – das Manifest, Die revolutionäre Methode für Softwareentwicklung in kleinen Teams, Addison-Wesley, München 2000
Bec	2000b	Beck K., Fowler M., Planning Extreme Programming, Addison-Wesley, Boston 2000
Bec	2002	Becker M., Haberfellner R., Liebetrau G., EDV-Wissen für Anwender, 12. Auflage, Verlag Industrielle Organisation, Zürich 2002
Bec	2019	Becker W., Ulrich P., Strategic Value Management, Theorien, Methoden und Konzepte, Verlag Kohlhammer, Stuttgart 2019
Ben	2015	Beneken G., Agile Methoden – Ein Überblick und Vergleich zu traditionellen Methoden, Software & Systems Engineering, TU München, München 2015
Bes	2021	Beschnitt M., Methodenmatrizen als Unterstützung bei der Methodenwahl, Newsletter 2021, eresult, Göttingen 2021
Bic	2017	Bickler M., Relatives Schätzen mit Story Points, 2017, https://mercedespunk.wordpress.com/2017/02/20/
Ble	2014	Bless M., Scrum und die IEC62304, Medizinische Software mit agilen Methoden normkonform entwickeln, epubli, Berlin 2014
Ble	2021	Bleicher K., Abegglen Ch., Das Konzept integriertes Management. Visionen, Missionen, Programme, 10. Auflage, Campus Verlag, Frankfurt am Main 2021
Boe	1981	Boehm B., Software Engineering Economics, Prentice-Hall, Englewood Cliffs 1981
Boe	1986	Boehm B., A Spiral Model of Software Development and Enhancement, ACM SIGSOFT Software Engineering Notes, Vol. 11, No. 4, S. 22–42
Boe	2018	Boeselager von F., Der Chief Digital Officer, die Schlüsselposition für eine erfolgreiche Digitalisierungsstrategie, Springer Vieweg, Wiesbaden 2018
Bon	2010	De Bono E., Lateral Thinking – Creativity Step by Step, HarperCollins, New York 2010

Bor	2018	Borkert K., Best Practice bei der Gestaltung und Verhandlung von Verträgen für agile Projekte, White Paper, GULP Corporate, München 2018
Bos	2014	Bossert O., Ip C., Laartz, J., A two-speed IT architecture for the digital enterprise, Mc Kinsey 2014, https://www.mckinsey.com/business-functions/mckinsey-digital/our-insights/a-two-speed-it-architecture-for-the-digital-enterprise
BQI	2010	BQI Research Agile Software Development, The Most Important Methods – Status Report, Best Quality Institute 2010
Büh	2015	Stan Bühne S., Herrmann A., Handbuch Requirements Management nach IREB Standard Version 1.01, IREB International Requirements Engineering Board e.V., Karlsruhe 2015
Bur	2020	Burrows W., What is DEEP in Product Backlog?, University of Washington, Seattle 2020, https://www.visual-paradigm.com/scrum/what-is-deep-in-agile-product-backlog/
Cam	2010	Campey D., Magic-estimation, 2010, http://campey.blogspot.de/2010/09/magic-estimation.html
Cat	1965	Catell R.B., The Scientific Analysis of Personality, Penguin, Baltimore 1965
Cha	2017	Chanton F., Schumacher S., Agile Softwareentwicklung mit Feature-Driven Development, Berner Fachhochschule, Bern 2017
Chi	2018	Chin D., A Team Charter Template You Can Use Today, 2018, https://www.mural.co/blog/team-charter
Cla	2019	Claassen A., OKR-Guide, Alles Wichtige über Objectives & Key Results (OKR) auf einen Blick, t2informatik, Berlin 2019
Cob	2015	Cobb Ch., The Project Manager's Guide to Mastering Agile Principles and Practices for an Adaptive Approach, Wiley, New York 2015
Coc	1998	Cockburn A., Surviving Object-Oriented Projects, Addison-Wesley, Reading 1998
Coc	2004	Cockburn A., Crystal Clear: A Human-Powered Methodology for Small Teams: A Human-Powered Methodology for Small Teams, Addison-Wesley, Boston 2004
Coc	2006	Cockburn A., Agile Software Development: Software Through People (Agile Software Development Series), October 2006
Coh	2004	Cohn M., User Stories Applied for Agile Software Development, Addison-Wesley, Boston 2004
Coh	2005	Cohn M., Agile Estimating and Planning, Prentice Hall, Upper Saddle River, 2005, Deutsche Übersetzung: https://www.scrum-academy.de/product-owner/wissen/sprint-zero/
Col	1998	Coleman G., Verbruggen R., A Quality Software Process for Rapid Application Development, Software Quality Journal, Vol. 7, p. 107–122
Col	2002	Coldewey J., Multi-Kulti – Ein Überblick über die agile Entwicklung, Objekt Spektrum Januar/Februar 002

Col	2012	Colosio M., Vollmar B., Die deutsche Healthcare-Branche im Jahr 2015: Zukunftsszenarien mit strategischen Implikationen, Forschungspapiere Research Papers, PFH Private Hochschule Göttingen, Göttingen 2012
Cor	2019	Corti S., Create an Impact Map for Your Product/Project, 2019, Blog, https://www.mindsettlers.com/guide/3POxvlO2QUmmakkwmo6wwc
Cou	1997	Courney H., Kirkland J., Viguerie P., Strategy Under Uncertainty, in: Harvard Business Review, November/December 1997
Cri	2021	Crispin L., Gregory J., Nogens M., Agile Testing Condensed, Verlag Leanpub, Deutsche Ausgabe 2021
Cro	2011	Cromarty S., 5S Your Scrum Board – (Part 1) – A Place for Everything, 2011, Blog https://theagilepirate.net/archives/874
Cuz	2015	Cuzdek S., Ist SAFe das neue Scrum?, Ausgabe17/2015, www.netzwoche.ch
Die	2016	Diebold P., Schmitt A., Zehler T., Agile Potenzialanalyse: Der Weg zum passenden Grad an Agilität. In: OBJEKTspektrum (2016), Nr. Online Themenspecial Agilität, 2016
DIN	69901	DIN, DIN-Normen für Projektwirtschaft und Projektmanagement, Beuth Verlag, Berlin 1989
DIN	69901-5	DIN, DIN-Normen Projektmanagement – Projektmanagementsysteme – Teil 5, Begriffe, «Status: Entwurf» 2007-10, Beuth Verlag, Berlin 2007
DIN	69905	DIN, DIN-Normen für Projektwirtschaft, Projektabwicklung, Begriffe, Beuth Verlag, Berlin 1997
DIN	2016	DIN, QM-Systeme und -Verfahren, 9. Auflage, Beuth Verlag, Berlin 2016
Don	2011	Donig J., Mühlbauer S., Denn sie wissen nicht, was sie tun – Den Überblick über agile Backlogs behalten, Online-Themenspezial Agility, Advertorial 2011
Dra	2017	Dragosits M., Agile Patterns – Teil 3/4: Beispiele Crystal Family, 2017, http://www.anecon.com/blog/agile-patterns-teil-3-beispiele-crystal-family/
Dra	2019	Draba Th., Klingelberg Th., Alles Wichtige über Scrum, die zentralen Begriffe, Rollen, Events, und Herausforderungen auf einen Blick, White Paper, Berlin 2019
Dub	2011	Dubbel D., Money for Nothing, Change for Free, Blog by derDoubleD on 31. August 2011, https://www.inspectandadapt.de/money-for-nothing-change-for-free/#.YLN_eKgzauc
Duv	2007	Duvall P., Matyas St., Glover A., Continuous Integration: Improving Software Quality and Reducing Risk, Addison-Wesley, Upper Saddle River 2007
Eck	2016	Eckert R., Lean Startup in Konzernen und Mittelstandsunternehmen, Ergebnisse einer Expertenbefragung und Handlungsempfehlungen, Springer Verlag, Wiesbaden 2017

Eck	2019	Eckert M., E-Guide – Erfolg mit Low-Code-Plattformen, Publikation ComputerWeeckly.de, TechTarget, München 2019
End	1990	End W., Gotthardt H., Winkelmann R., Softwareentwicklung, Verlag Siemens Aktiengesellschaft, Berlin/München 1990
Epp	2011	Epping T., Kanban für die Softwareentwicklung, Springer Verlag, Berlin/Heidelberg 2011
Erp	2003	Erpenbeck J., Rosenstiel L. v., Handbuch Kompetenzmessung, Schäffer-Poeschel, Stuttgart 2003
Err	2016	Erretkamps H., Wie «Agile» die Produktentwicklung revolutioniert, Projekt Magazin, Ausgabe 10/2016
Est	2015	Estácio B., Prikladnicki R., Verteilte Paarprogrammierung: Eine systematische Literaturübersicht, Artikel von Informations- und Softwaretechnologie, Bd. 63 Juli, Elsevier BV, 2015
Eve	2017	Everson M., Chesley L., Martens J., Enterprise Risk Management Integrating With Strategy and Performance, COSO, Committee of Sponsoring Organizations of the Treadway Commission, 2017
Fan	2006	Fan C., Chang T., Wu L., Chin-Tsuan Liang J., Chen L., CMMI Practices and Experiences. Implementing CMMI With the IDEAL Model, Journal of Software Engineering Studies, Vol. 1, No. 1, p. 18–28
Fas	2017	Faschingbauer M., Effectuation, Wie erfolgreiche Unternehmer denken, entscheiden und handeln, 3. Auflage, Schäffer-Poeschel, Stuttgart 2017
Faz	2019	Fazal-Baqaie M., Strüwer J., Schmelter D., Dziwok S., Coaching on the Job bei Unternehmen des Maschinen- und Anlagenbaus, Wissenslücken schließen zur Weiterpflege modernisierter IT-Anwendungen, In: Linssen O. et al. (Hrsg.), Projektmanagement und Vorgehensmodelle […], Gesellschaft für Informatik e.V., Bonn 2019
Fel	2018	Felchlin J., Drei Erfolgsfaktoren für agiles Projektportfoliomanagement, Projekt Magazin, Ausgabe 04/2018
Fie	2001	Fidler R., Controlling von Projekten, Projektplanung, Projektsteuerung und Risikomanagement, Vieweg, Braunschweig/Wiesbaden 2001
Fie	2017	Fiestas H., Verschwendung vermeiden: Lean Prinzipien im Projektmanagement, 2017, www.management-circle.de/
Fin	2016	Fink A., Siebe A., Szenario-Management, Von strategischem Vorausdenken zu zukunftsrobusten Entscheidungen, Campus Verlag, Frankfurt am Main/New York, 2016
Fle	2006	Flemming R., Enterprise Risk Management, Das COSO-ERMFramework, Der Schweizer Treuhänder, Heft 3, S. 126–131
Fle	2021	Fleig J., Produktplanung, Vorgehensweise und Prozess der Produktplanung, Business-Wissen.de, Karlsruhe 2021
Fle	2021a	Fleig J., Szenario-Technik, Business-Wissen.de, Karlsruhe 2021
Flo	1994	Floyd C., A Systematic Look at Prototyping, Approaches to Prototyping, Springer Verlag, Berlin 1994

For	2018	Forsgren N., Humble J., Kim G., Accelerate: The Science of Lean Software and DevOps: Building and Scaling High Performing Technology Organizations, IT Revolution Press, Portland 2018
Fow	2000	Fowler M., Refactoring – Wie Sie das Design vorhandener Software verbessern, Addison-Wesley, München 2000
Fri	2004	Frick D., Robert K. Greenleaf, A life of servant Leadership, Berrett-Koehler Publishers, San Francisco 2004
Fri	2018	Friedland P., Prototyping versus Walking Skeleton, 2018, Blog https://t2informatik.de/blog/softwareentwicklung/prototyping-versus-walking-skeleton
Fur	2013	Furgler I., Strategie-Leitfaden, WEKA Business Media Verlag, Zürich 2013
Gär	2012	Gärtner M., ATDD by Example: A Practical Guide to Acceptance Test-Driven Development, Addison-Wesley, Upper Saddle River 2012
Gar	2008	Gartner Research Publication, Cannes, France, Symposium/ITxpo 2008, November 2008
Gar	2011	Garnatz S., Qualitätssicherung im SCRUM Prozess – ein Praxisbericht, Software-QS-Tag 2011
Gau	2009	Gausemeier J., Plass C., Wenzelmann C., Zukunftsorientierte Unternehmensgestaltung – Strategien, Geschäftsprozesse und IT-Systeme für die Produktion von morgen. Hanser Verlag, München/Wien 2009
Gei	2012	Geisen S., Güldali B., Agiles Testen in Scrum – Testtypen und Abläufe, Online Themenspecial Agility, www.objektspektrum.de, 2012
Glä	2020	Gläser W., Qualifizierung VUKA Facilitator, 2020, https://www.vuca-welt.de/wohervuca/
Glo	2006	Glossar, Angermeier G., Projektmanagement-Glossar, Projekt Magazin 2006, www.projektmagazin.de/glossar
Glo	2010	Gloger B.,«10 Tipps zum richtigen Impediment Backlog», 2010 Blog http://borisgloger.com/2010/10/04/das-impediment-backlog-10-tipps/
Glo	2019	Glossar, Angermeier G., Projektmanagement-Glossar, Projekt Magazin 2019, www.projektmagazin.de/glossar
Gol	1997	Goldratt E.M., Critical Chain, North River Press, Great Barrington 1997
Got	2020	Gothelf J., Seiden J., Lean UX Produktentwicklung und -design mit agilen Teams, mitp-Verlag, Frechen 2020
Gra	2015	Grau R., LEAN PPM STEP 2: About items in our Portfolio Kanban Systems, 2015, https://rainergrau.com/wordpress/lean-ppm-step-2/
Gri	2015	Griffiths M., MI-ACP Exam Prep : A Course in a Book for Passing the PMI Agile Certified Practitioner (PMI-ACP) Exam (Updated Second Edition), RMC Publishing, Inc., October 2015
Gür	2013	Gürtler J., Meyer J., 30 Minuten Design Thinking, Gabal Verlag, Offenbach 2013
Han	2013	Hanschke I., Strategisches Management der IT-Landschaft, Ein praktischer Leitfaden für das Enterpries Architecture Management, Hanser Verlag, München 2013

Han	2016	Hanschke I., Enterprise Architecture Management – einfach und effektiv, Ein praktischer Leitfaden für die Einführung von EAM, Hanser Verlag, München 2016
Har	2016	Hardy A-Ch., The Sprint Review: The Product Owners Meeting, 2019, https://achardypm.medium.com/the-sprint-review-the-product-owners-meeting-6f2ddcc18748
Has	2013	Hassa, Ch., Story Maps, Liefern was wirklich zählt, Techtalk, Swiss ICT, Lean, Agile & Scrum Konferenz 2013
Hau	2006	Haunerdinger M., Probst H.-J., Böke P., Finanz- und Liquiditätsplanung in kleinen und mittleren Unternehmen: Finanzen kontrollieren, zahlungsfähig bleiben, Rating verbessern, Haufe-Lexware Verlag, München 2006
Hei	2005	Van der Heijden K., Scenarios, The Art of Strategic Conversation, 2nd Edition, Wiley, Chichester 2005
Hel	2015	Held C., Agil oder klassisch – für jedes Projekt das passende Vorgehen finden, Projekt Magazin, Ausgabe 01/2015
Her	2013	HERMES 5, Schweizerische Bundesverwaltung, Führen und Abwickeln von Projekten der Informations- und Kommunikationstechnik (IKT), Bern 2013
Hin	2004	Hinterhuber H., Strategische Unternehmensführung 1, Strategisches Denken, Vision – Unternehmenspolitik – Strategie, Erich Schmidt Verlag, Berlin 2004
Hin	2015	Hinchcliffe D., Mann S., The Elements of Digital Business, How Will the Enterprise Operate at the End of this Decade? How Will We Get There? Adjuvi 2015
Hub	2015	Huber A., Praxishandbuch strategische Planung: die neun Elemente des Erfolgs, Erich Schmidt Verlag, Berlin 2015
Hun	2014	Hungenberg H., Strategisches Management in Unternehmen: Ziele – Prozesse – Verfahren, Springer Verlag, Wiesbaden 2014
IEEE	2002	IEEE 610.12-1990 Standard Glossary of Software Engineering Terminology, Institute of Electrical and Electronics Engineers, Reaffirmed:2002-09-12, New York 2002
IIBA	2015	IIBA, BABOK®, A Guide to the Business Analysis Body of Knowledge®, V3.0, International Institute of Business Analysis, 2015
Ita	2021	IT-Agile, Was ist Story Mapping? Story Maps – Landkarten für das Product Backlog, https://www.it-agile.de/agiles-wissen/agiles-produktmanagement/story-mapping/, 2021
Jab	2019	Jabłońsk M., Strategic Value Management: A Dynamic Perspective, WSB University Poznań, Faculty Chorzów, 2019
Jac	2011	Jacobson I., Spence I., Bittner K., Use Case 2.0, The Guide to Succeeding With Use Cases, Ivar Jacobson International SA, 2011
Jef	2015	Jeffries R., The Nature of Software Development – Keep It Simple, Make It Valuable, Build It Piece by Piece, Pragmatic Bookshelf publishing, 2015
Jen	2019	Jenny B., Projektmanagement – Das Wissen für den Profi, 4. Auflage, vdf Hochschulverlag AG an der ETH Zürich, Zürich 2019

Jen	2021	Jenny B., Projektmanagement – Das Wissen für eine erfolgreiche Karriere, 8. Auflage, vdf Hochschulverlag AG an der ETH Zürich, Zürich 2021
Joh	2016	Johner Ch., TIR45: Agile Software-Entwicklung für Medizinprodukte, 2016, https://www.johner-institut.de/blog/iec-62304-medizinische-software/tir-45-agile-software-entwicklung/
Juh	2014	Juhola T., Yip M.H., Hyrynsalmi S., Makila T., Leppanen V., The Connection of the Stakeholder Cooperation Intensity and Team Agility in Software Development, In: Management of Innovation and Technology (ICMIT), 2014 IEEE International Conference on, IEEE, 2014
Kaa	2017	Kaack A., Eine empirische Studie zum Stand von agiler Software-Entwicklung in der Praxis, Masterarbeit 2017, Hochschule für Angewandte Wissenschaften Hamburg, Hamburg 2017
Kam	2003	Kamenz U., Applied Marketing – Anwendungsorientierte Marketingwissenschaft der deutschen Fachhochschulen, Springer Verlag, Heidelberg 2003
Kan	2019	Kanbanize, Was ist Hoshin Kanri?, 2019, kanbanize.com/de/lean-management-de/hoshin-kanri-de/was-ist-hoshin-kanri
Kap	1997	Kaplan R.S., Norton D.P., The Balanced Scorecard, Translating Strategy into Action, Harvard Business School Press, Boston 1997
Kap	2004	Kaplan R.S., Norton D.P., Strategy Maps: Der Weg von immateriellen Werten zum materiellen Erfolg, Schäffer-Poeschel, Stuttgart 2004
Kap	2009	Kaplan, R.S., Norton, D.P., Der Effektive Strategieprozess, Campus Verlag, Frankfurt am Main 2009
Kat	1982	Katz R., The Effects of Group Longevity on Project Communication and Performance, Administrative Science Quarterly, Vol 27, No. 1, Mar, Sage Publications Inc. 1982
Kat	2015	Katzenbach J., Smith D., The Wisdom of Teams: Creating the High-Performance Organization, Harvard Business Review Press, 2015
Kei	2009	Keidel Ch., Entwicklung und Gestaltung eines Unternehmenscontrolling in mittelständischen Bauunternehmen, Gabler, Wiesbaden 2009
Ker	2011	Kerth K., Asum H., Stich V., Die besten Strategietools in der Praxis, 5. Auflage, Hanser Verlag, München 2011
Khe	2013	Khendry A., Transforming your Development to Agile, 2013, www.slideshare.net
Kim	2017	Kim G., Humble J., Debois P., Willis J., Das DevOps Handbuch, Teams, Tools und Infrastrukturen erfolgreich umgestalten, dpunkt.verlag, Heidelberg 2017
Kir	2012	Kirchhof M., Kraft B., Agile und klassische Methoden im Projekt passend kombinieren, Projekt Magazin, Ausgabe 11/2012
Kli	2008	Klikovics T., Externes Risikoreporting, Dissertation der Universität St. Gallen, Gutenberg, Schaan 2008

Klo	2006	Van't Klooster S.A., van Asselt M.B.A., Practising the Scenario-Axes Technique, Futures, Vol. 38, No. 1, p. 15–30
Kne	2015	Knechtel K., Gerdes A., Meiler K., Be Stragile!, Unternehmensteuerung 2.0 – agil und zukunftssicher, Withepaper, Prozess Consulting, München 2015
Kni	2009	Kniberg H., Kanban and Scrum – Making the Most of Both, C4Media Inc., 2009, https://www.infoq.com/minibooks/kanban-scrum-minibook/
Kni	2012	Kniberg H., Ivarsson A., Scaling Agile @ Spotify – With Tribes, Squads, Chapters & Guids, 2012, http://blog.crisp.se/2012/11/14/henrikkniberg/scaling-agile-at-spotify, https://blog.crisp.se/author/henrikkniberg
Kof	2018	Kofler T., Das digitale Unternehmen, Systematische Vorgehensweise zur zielgerichteten Digitalisierung, Springer Verlag, Berlin 2018
Koh	2019	Kohnke O., Wieser D., Agiles Change Management, Revolution der Change Beratung?, Reflexion, Ausgabe 1/2019
Kol	2014	Kolb C., Der Agile Projektleiter – Bindeglied zwischen Scrum und klassischem Umfeld, Projekt Magazin, Ausgabe 23/2014
Kom	2018	Komus A., Bell L., Skalierung als Herausforderung – Agile Skalierungsansätze und Frameworks nutzen, Projekt Management aktuell, Ausgabe 4/2018
Kot	2019	Kotler P., Armstrong G., Harris L., Piercy N., Grundlagen des Marketing, 7. aktualisierte Auflage, Pearson, Hallbergmoos 2019
Kra	2010	Kraus G., Becker-Kolle C., Fischer T., Handbuch Change-Management, Gründe, Ablauf und Steuerung, Cornelsen Verlag, Berlin 2010
Kum	2016	Kumar N., Sind Sie ein Business Analyst in einem agilen Projekt oder ein agiler Business Analyst?, 2016, Blog https://www.nagarro.com/de/blog/post/41/are-you-a-ba-in-an-agile-project-or-an-agile-ba-
Kus	2018	Kusay-Merkle U., Agiles Projektmanagement im Berufsalltag, Springer Verlag, Berlin 2018
Lan	2012	Lang M., Kammerer S., Amberg M., Portfoliomanagement in der IT, Symposion Publishing, Düsseldorf 2012
Lan	2016	Lang M., Bente S., Fuhrer K., CIO-Handbuch: Lean EAM – Architektur gestalten, Transformationen steuern, Symposion Publishing, Düsseldorf 2016
Lan	2017	Lange S. Schätzungen von Scrum über Noestimates zu Kanban Teil 1, 2017, https://www.agile-rabbits.de/schaetzungen-von-scrum-ueber-noestimates-zu-kanban-teil-1/
Lar	2017	Larman C., Vodde B., Large-Scale scrum, Scrum erfolgreich skalieren mit LeSS, dpunkt.verlag, Heidelberg 2017
Lat	2017	Lattenkamp K., How I use User Story Mapping in Release Planning, 2017, https://blogs.itemis.com/en/how-i-use-user-story-mapping-in-release-planning

Lau	2015	Laufer T., Projektmanagementerfahrung bei agilen Projekten im Bereich Operations Support Systems (OSS), Publikation Praktische Tipps zu Ihrer Projektarbeit, Unterschleissheim 2015, https://www.wolf-pmt.de/wp-content/uploads/2015/12/Encrypted_Erfahrungsbericht-OSS_WOLF-PMT.pdf
Lef	2009	Leffingwell, D., A Lean, Economic Approach to Prioritizing Work, 2009, https://scalingsoftwareagility.wordpress.com/2011/06/13/a-lean-economic-approach-to-prioritizing-work/
Lef	2011	Leffingwell D., Lean Requirements Practices for Teams, Programs, and the Enterprise, Addison-Wesley, Upper Saddle River 2011
Leh	2012	Lehmann C., Ratzmann M., Ricarda B., «Nutzungsstrategien der Zeitarbeit in Industrieunternehmen». In: Bouncken R.B. und Bornewasser M. (Hrsg.), Beiträge zur Flexibilisierung, Band 4, Zeitarbeit und Flexibilisierung, Ergebnisse des Forschungsprojektes Flex4Work, Hampp-Verlag, München/Mering 2012, S. 192–218
Leo	2018	Leopold K., Agilität neu denken. Warum agile Teams nichts mit Business-Agilität zu tun haben, Verlag LEANability PRESS, Wien 2018
Lew	1947	Lewin K., Frontiers in Group Dynamics: I. Concept of Group Life, Social Planning and Action Research, Human Relation, No. 1, p. 149–157
Lic	2017	Lichtenfeld D., The Two Speed Organization, Merging the Speed of Business With the Speed of Digital Engagement, 2017, https://www.sygnific.com/insights/the-two-speed-organization/
Lin	2017	Linz T., Testen in Scrum-Projekten, Leitfaden für Softwarequalität in der agilen Welt, Aus- und Weiterbildung zum ISTQB Certified Agile Tester – Foundation Extension, dpunkt.verlag, Heidelberg 2016
Lin	2019	Linssen O., Mikusz M., Volland A., Yigitbas E., Engstler M., Fazal-Baqaie M., Kuhrmann M. (Hrsg.), Projektmanagement und Vorgehensmodelle 2019, Neue Vorgehensmodelle in Projekten – Führung, Kulturen und Infrastrukturen im Wandel, Gesellschaft für Informatik e.V., Bonn 2019
Lom	2012	Lombriser R., Abplanalp P.A., Strategisches Management, Visionen entwickeln, Erfolgspotentiale aufbauen, Strategien umsetzen, 5. Auflage, Versus Verlag, Zürich 2012
Mad	1994	Madauss B.J., Projektmanagement, Schäffer-Poeschel, Stuttgart 1994
Mar	2003	Marick B., Exploration Through Examples, 2003, Blog http://www.exampler.com/old-blog/2003/08/21/
Mei	2017	Meindl F., Schweizer J., Hybrides Projektmanagement in Logistik- und Produktionsplanungsprojekten, Projekt Magazin, Ausgabe 07/2017
Mei	2020	Meisterplan, Projektportfolio-Tool, Demoversion, Tübingen 2020, https://meisterplan.com/de/projektportfoliomanagement-software/
Mer	2019	Merel P., xScale Structures, A Learning Ecosystem for eXponential, Simple, Continuous, Autonomous, Learning, Ecosystems, 2019, www.xscalealliance.org
Mey	1992	Meyer C., Betriebswirtschaftliches Rechnungswesen, Schulthess Polygraphischer Verlag, Zürich 1992

Mic	2017	microTOOL, Die wichtigsten Instrumente im agilen Projektcontrolling, «Agiles Projektcontrolling», microTOOL, Berlin 2017
Mic	2018	microTOOL, User Storys, Backlogs und Backlog Grooming kompakt, White Paper, microTOOL, Berlin 2018
Mic	2018a	Microtool Whitepaper, Lean Traceability, MicroTOOL, Berlin 2018
Mic	2020	microTOOL, Traceability, Beziehungen zwischen Artefakten nachvollziehen, microTOOL, Berlin 2020
Mid	2007	Middeke S., Integration von Akzeptanztests in agile Vorgehensmodelle, Diplomarbeit an der Universität Hamburg, Hamburg 2007
Mid	2019	Midy M., What is Traceability in Software Development, 2019, https://blog.tuleap.org/how-traceability-requirements-tests-hits-compliance-and-quality-software-development
Min	1994	Mintzberg H., The Rise and Fall of Strategic Planning: Reconceiving Roles for Planning, Plans, Planners, Free Press, Toronto 1994
Mit	2013	Mitchell R., Agle B., Wood D., Toward a Theory of Stakeholder Identification and Salience: Defining the Principle of Who and What Really Counts. The Academy of Management Review, Vol. 22, No. 4, p. 853–886
Mor	2014	Moran A., Agil Risk Management, Springer Verlag, Cham 2014
Mor	2015	Moran A., Managing Agile, Strategy, Implementation, Organisation and People, Springer Verlag, Berlin 2015
Mor	2017	Morales K., 5 Fun Sprint Retrospective Ideas With Templates, 2017, https://www.atlassian.com/blog/jira-software/5-fun-sprint-retrospective-ideas-templates
Müh	2015	Mühlbauer D., Das Q in Agile Qualitätssicherung in agilen Projekten, 2015, Blog https://www.sogeti.de
Mül	2016	Müller-Stewens G., Lechner Ch., Strategisches Management, Wie strategische Initiativen zum Wandel führen, 4. Auflage Schäffer-Poeschel Verlag, Stuttgart 2011
Nes	2015	Nester T., Seifert M., Wende Ch., Einführung in Acceptance Test-Driven Development (ATDD), 2015, www.informatik-aktuell.de
Neu	2013	Neubacher M., Projektorganisation und Vorgehen in agilen Projekten, Noser Technologieimpulse, München 2013
Neu	2017	Neugebauer G., Erfolgsfaktoren für eine Two Speed IT, 2017, Tech-Blog https://www.iteratec.de/tech-blog/artikel/erfolgsfaktoren-fuer-eine-two-speed-it-1
Oes	2019	Oestereich B., Schröder C., Agile Organisationsentwicklung, Handbuch zum Aufbau anpassungsfähiger Organisationen, Vahlen Verlag, München 2019
OMG	2007	OMG, Unified Modeling Language, Superstructure, Version 2.1.1, OMG document for-mal/2007-01-05
Ope	2014	Opelt A., Ein Vertrag für erfolgreiche IT-Projekte, In sechs Schritten zum Agilen Festpreis, Projekt Magazin, Ausgabe 6/2014

Ost	2011	Osterwalder A., Business Model Generation, Ein Handbuch für Visionäre, Spielveränderer und Herausforderer, Campus Verlag, Frankfurt am Main 2011
Oyn	2018	Öynhausen C., Digitale Transformation: Werkstattbericht aus der Deutschen Leasing Gruppe, 2018
Pac	2019	Pacuet J., What Links Between MVP, MMF, MMR and MMP?, 2019, Blog https://www.myagilepartner.com/blog/index.php/2019/06/27/what-links-between-mvp-mmf-mmr-and-mmp/
Pal	2002	Palmer S.R., Felsing J.M., A Practical Guide to Feature-Driven Development, Prentice Hall, Upper Saddle River 2002
Pat	2014	Patton J., User Story Mapping – Discover the Whole Story, Build the Right Product, O'Reilly, Bejing 2014
Pat	2015	Patton, J., User Story Mapping, Deutsche Ausgabe, O'Reilly, 2015
Per	2010	Perlet J., Themendossier Agile Methoden im Konfigurationsmanagement, Software Foren Leipzig, 2010
Pic	2008	Pichler R., Scrum: Agiles Projektmanagement erfolgreich einsetzen, dpunkt.verlag, Heidelberg 2008
Pic	2010	Pichler R., Agile Product Management with Scrum Creating Products that Customers Love. Forewords by Jeff Sutherland and Brett Queener, Addison-Wesley, Upper Saddle River 2010
Pic	2012	Pichler R., Agiles Produktmanagement mit Scrum, Addison-Wesley, München 2012
Pic	2013	Pichler R., 10 Tipps zum Erstellen agiler Personas, 2013, https://www.romanpichler.com/blog/10-tips-agile-personas/
Pic	2014	Pichler R. 10 Persona Tips for Agile Product Management, 2014, https://www.javacodegeeks.com/2014/01/10-persona-tips-for-agile-product-management.html
Pic	2015	Pichler R., Elemente einer effektiven Produktstrategie, 2015, https://www.romanpichler.com/blog/elements-definition-product-strategy
Pic	2018	Pichler R., Etablierung eines effektiven Produktstrategieprozesses, 2018, https://www.romanpichler.com/blog/establishing-an-effective-product-strategy-process/
Pic	2020	Pichler R., The Product Strategy Defined, 2020, https://www.romanpichler.com/blog/the-product-strategy-cycle/
PMI	2013	Project Management Institute (Hrsg.), A Guide to the Project Management Body of Knowledge (PMBOK Guide), Project Management Institute, Newtown Square 2013
Pohl	2011	Pohl K., Rupp Ch., Basiswissen Requirements Engineering, dpunkt.verlag, Heidelberg 2011
Pop	2006	Poppendieck T., Poppendieck M., Lean Software Development, An Agile Toolkit, Addison-Wesley, Upper Saddle River 2006
Pop	2007	Poppendieck M., Implementing Lean Software Development: From Concept to Cash, Addison-Wesley, Upper Saddle River 2007

Pop	2018	Popli R., Automatisierungstests, 2018, Blog https://www.nagarro.com/de/automation-testing
Por	1990	Porter M., The Competitive Advantage of Nations, Free Press, New York 1990
Pow	2014	Power K., Impediment Impact Diagrams: Understanding the Impact of Impediments in Agile Teams and Organizations. In: Agile Conference 41-51 2014.07.28, IEEE 2014
Pro	2018	Popli R., 5 Megatrends, die die Zukunft der Testautomatisierung prägen, 2018, https://www.nagarro.com/de/blog/5-mega-trends-shaping-the-future-of-testing-automation-
Prö	2012	Pröpper N., Agile Techniken für klassisches Projektmanagement, Qualifizierung zum PMI-ACP, Hüthing Jehle Rehm, 2012
Pug	2011	Pugh K., Lean-agile Acceptance Test-driven Development: Better Software Through Collaboration, Addison-Wesley, Boston 2011
Raa	2019	Raaschou S., Agile Planning Circles, Leading in a complex world, Manage Complexity, 2019, http://www.managecomplexity.dk/blog/
Rab	2020	Rabbi M., VA In Depth – Function Analysis System Technique (Fast), 2020, Blog https://www.valueanalysis.ca/fast.php
Rad	2017	Radeka K., The Shortest Distance Between You and Your New Product, How Innovators Use Rapid Learning Cycles to Get Their Best Ideas to Market Faster, 2. Version, Chesapeake Research Press, Columbia 2017
Rat	2014	Rathnow P., Internationales Management, Praxiserprobte Instrumente für den General Manager, de Gruyter, Oldenbourg 2014
Red	2017	Redhat, Whitepaper Continuous Integration und Delivery mit Ansible, 2017, https://www.redhat.com/rhdc/managed-files/ContinuousDelivery-WhitePaper-de.pdf
Rei	2009	Reinertsen D., The Principles of Product Development Flow, Second Generation Lean Product Development, Celeritas, Redondo Beach 2009
Rey	2013	Reymann F., Verfahren zur Strategieentwicklung und -umsetzung auf Basis einer Retropolation von Zukunftsszenarien, Heinz Nixdorf Institut, Universität Paderborn, Paderborn 2013
Ric	2021	Richterich J., Die Product Vision in Scrum, Online-Projektmanagement, 2021, https://www.online-projektmanagement.info/agiles-projektmanagement-scrum-methode/scrum-artfakte/product-vision/
Rie	2009	Richter E., Adopting Agile Software Development in a Multi-project Environment, Master Thesis at Graz University of Technology, Graz 2009
Rie	2021	Ries E., Lean Startup, Schnell, risikolos und erfolgreich Unternehmen gründen, 8. Auflage, Redline Verlag, München 2021
Roh	2018	Rohles B., Digitalisierung von Organisationen, Was ist eine digitale Strategie?, 2018, https://rohles.net/artikel/digitale-strategie

Roo	2018	Roock S., Hoffmann J., Agile Unternehmen Veränderungsprozesse gestalten, agile Prinzipien verankern, Selbstorganisation und neue Führungsstile etablieren, dpunkt.verlag, Heidelberg 2018
Röp	2016	Röpstorff S., Wiechmann R., Scrum in der Praxis, Erfahrungen, Problemfelder und Erfolgsfaktoren, dpunkt.verlag, Heidelberg 2016
Ros	2018	Roschanski B., Kubitza A., Vorausschauend Potenziale nutzen und Fehler vermeiden, 2018, https://www.dev-insider.de/agile-projekte-mit-scrum-effizient-und-einfach-starten-a-724504/index2.html
Ros	2020	Rosenthal C., Jones N., Chaos Engineering, Explore a Preview Version of Chaos Engineering Right Now, O'Reilly Media Inc., 2020
Rub	2015	Rubin K., Demystifying Product Backlog Concepts, 2015, Blog https://innolution.com/blog/demystifying-product-backlog-concepts
Run	2020	Runscrum, Story Points: Wieso, weshalb, warum und vor allem wie?, 2020, https://blog.runscrum.io/de/story-points/
Ryb	2018	Ryba M., Zum Kunden- und Wertbegriff im Lean PM, 2018, www.process-and-project.net/2018/09/17/02-zum-kunden-und-wertbegriff-im-lean-pm/
SAFe	2020	Leffingwell D., Knaster R., SAFe 5.0 Distilled, Achieving Business Agility With the Scaled Agile Framework®, Addison-Wesley, London 2020
Sch	2001	Schwaber K., Beedle M., Agile Software Development With Scrum, Prentice Hall, Upper Saddle River 2001
Sch	2007	Schwaber K., The Enterprise and Scrum, Microsoft Press, Redmond 2007
Sch	2012	Schwaber K., Sutherland J., A Playbook for Achieving Enterprise Agility, Software in 30 Days: How Agile Managers Beat the Odds, Delight Their Customers, And Leave Competitors in the Dus, Wiley, New York 2012
Sch	2014	Schmidt G., Methoden und Techniken der Organisation, Band 1, Verlag Dr. Götz Schmidt, Giessen 2014
Sch	2014b	Schmidt G., Organisatorische Grundbegriffe, Verlag Dr. Götz Schmidt, Giessen 2014
Sch	2016	Schmitt A., Diebold P., Zehler T., Agile Potenzialanalyse: Der Weg zum passenden Grad an Agilität. In: OBJEKTspektrum (2016), Nr. Online Themenspecial Agilität, 2016, https://www.sigs-datacom.de/uploads/tx_dmjournals/Diebold_Schmitt_Zehler_OTS_Agility_16.pdf
Sch	2017	Schmidt S., Die agile Organisation «in a Nutshell», 2017, https://www.schwarmorganisation.de/2017/08/21/die-agile-organisation-in-a-nutshell/
Sch	2020	Schwaber K., Sutherland J., The Scrum Guide, The Definitive Guide to Scrum: The Rules of the Game, Prentice Hall, Upper Saddle River 2020
Sche	2012	von Scheel H., Cost of Delay Calculation, 2012, https://www.researchgate.net/figure/Variation-of-Cost-of-Delay-calculation_fig6_329222591

Schm	2019	Schmidt-Sibeth A., Taktische Ressourcenplanung, Der Weg zur erfolgreichen Abstimmung zwischen Projekt und Linie, TGP e-Kurs, The Project Group, München 2019
Schn	2017	Schneider S., Pfeffer J., WSJF – Weighted Shortest Job First, Fachportal Projektmagazin, 2017, https://www.projektmagazin.de/methoden/wsjf-weighted-shortest-job-first
Scho	2003	Schott E., Campana C., Von Steinbüchel A., Dammer H., Ressourcenmanagement – Ergebnisse einer qualitativen Fallstudienauswertung, Campana & Schott Realisierungsmanagement, Frankfurt am Main 2003
Scho	2017	Schott E., Wie kann agiles Projektportfolio-Management aussehen?, 2017, https://www.campana-schott.com/at
Scho	2018	Schott E., Warum Wave Planning ein zentrales Vorgehen für den digitalen Wandel ist, 2018, https://www.campana-schott.com/at
Schu	2009	Schulze H., Ryser T., Kollaborative Projektkultur – Ein Erfolgsfaktor für globale und virtuelle Teams, Projekte als Kulturerlebnis, In: Beiträge zur Konferenz «interPM», dpunkt.verlag, Heidelberg 2009, S. 195–216
Schu	2016	Schubert M., Von der Impact Map zu User-Storys: Wie Stakeholder und Entwickler gemeinsam eine Strategie verfolgen, 2016, https://thecattlecrew.net/
Schü	2019	Schütte R., Seufert S., Wulfert T., Das Wertbeitragscontrolling als Anreicherung bestehender Vorgehensmodelle des Software Engineering, In: Linssen O. et al. (Hrsg.): Projektmanagement und Vorgehensmodelle […], Gesellschaft für Informatik e.V., Bonn 2019
Schw	2018	Schwentner H., Heimeshoff M., Viele bunte Klebezettel, Event Storming: Die Domäne im Sturm erobern, Javamagazin, Ausgabe 12/2018
SEB	2008	Software Engineering for Business Informations Systems: Enterprise Architecture Management Tool Survey TU München, 2008
Sig	2020	Sieg M., Sechs Schritte zur Einführung von Agilität auf Unternehmensebene, Eine Vorgehensweise zur erfolgreichen Transformation hin zu einer agilen Organisation, Projekt Magazin, Ausgabe 07/2020
Sin	2021	Singh V., Crystal Method in Agile, 2021, https://www.toolsqa.com/agile/crystal-method/
Sma	2019	Smartsheet, E-Book Agile Project Management 101 – A Beginner's Guide for Non-Project Managers, Smartsheet, Boston 2019
Sno	2007	Snowden D., Boone M., Das Cynefin-Framework in der Harvard Business Review «A Leader's Framework for Decision Making». Harvard Business Review, S. 69–76, November 2007, https://hbr.org/2007/11/a-leaders-framework-for-decision-making
Sor	2017	Sorge M., Schätzungen von Scrum über Noestimates zu Kanban Teil 1, 2017, https://www.agile-rabbits.de/
Spe	2009	Spengler G., Strategie- und Organisationsentwicklung, Konzeption und Umsetzung eines integrierten, dynamischen Ansatzes zum strategischen Management, GWV Fachverlage, Wiesbaden 2009

Spi	2005	Spillner A., Linz T., Basiswissen Softwaretest, dpunkt.verlag, Heidelberg 2005
Spi	2019	Spiller M., «Agile» – Von der IT-Methodik zur Universalwaffe, Detecon Journal, Ausgabe 10.2019
Sta	2014	Stacey R., Griffin D., Complexity and the Experience of Values, Conflict and Compromise in Organizations, Routledge, London 2014
Sta	2020	Starke G., Effektive Softwarearchitekturen, Ein praktischer Leitfaden, Hanser Verlag, München 2020
Ste	2019	Stellman A., Greene J., Agile Methoden von Kopf bis Fuss, O'Reilly Media und dpunkt.verlag, Heidelberg 2019
Sti	1996	Stieger D., Körsgen M., SKA-Projekthandbuch, Fides Informatik, Zürich 1996
Str	2021	Strategyzer AG, Business Model Canvas, 2021 https://www.strategyzer.com/canvas/business-model-canvas
Sun	2013	Sundman Y., Continuous Delivery vs Continuous Deployment 2013, https://blog.crisp.se/2013/02/05/yassalsundman/continuous-delivery-vs-continuous-deployment
Sut	2001	Sutherland J., Agile Can Scale: Inventing and Reinventing SCRUM in Five Companies, IT-Journal, Vol. 14, No. 12
Sut	2021	Sutherland J., Definition von Ready, 2021, Blog https://www.scruminc.com/definition-of-ready/
T2I	2018	T2Informatik, Alles Wichtige über Requirements Engineering auf einen Blick, White Paper, t2Informatik, Berlin 2018
The	2018	Theobald E., PESTEL – Analyse, Die wichtigsten Einflussfaktoren der Makroumwelt, Management Monitor, Pforzheim 2018
Tho	2016	Thommen J.P., Betriebswirtschaft und Management, Verlag Versus, Zürich 2016
Tim	2017	Timinger H., Modernes Projektmanagement, M.P. Media-Print Informationstechnologie, Paderborn 2017
TOG	2018	TOGAF® Series Guide: A Practitioners' Approach to Developing Enterprise Architecture Following the TOGAF® ADM, Download Version 2018, https://www.opengroup.org/togaf-series-guides
Tuk	1965	Tuckmann B.W., Development Sequence Small Companies, Group and Organizational Studies, Vol. 2, S. 419–427
Ver	2003	Versteegen G., Konfigurationsmanagement, Springer Verlag, Berlin/Heidelberg 2003
Vig	2015	Vigenschow U., APM – Agiles Projektmanagement – Anspruchsvolle Softwareprojekte erfolgreich steuern, dpunkt. verlag, Heidelberg 2015
Wag	2016	Wagner R., Erfolgreiches Projektportfoliomanagement, Symposion Publishing, Düsseldorf 2016
Wak	2003	Wake B., INVEST in Good Stories, and SMART Tasks, The INVEST Checklist for Quickly Evaluating User Stories Originates in an Article by Bill Wake, Posted on August, 2003, https://xp123.com/articles/invest-in-good-stories-and-smart-tasks/

Wal	1990	Wallmüller E., Software-Qualitätssicherung, Hanser Verlag, München 1990
Wal	2021	Walter F., Was ist Geschäftswert (Business Value), 2021, Blog https://erfolgreich-projekte-leiten.de/geschaeftswert-business-value/
Wan	2018	Wanner R., Agiles Projektmanagement und Scrum erfolgreich anwenden, Proconis Publishing, 2018
Wel	2009	Wells D., A Project Heartbeat, Agile Process, 2009, http://www.agile-process.org/heartbeat.html
Wie	2012	Wieland A., Wallenburg C.M., Dealing With Supply Chain Risks: Linking Risk Management Practices and Strategies to Performance, International Journal of Physical Distribution & Logistics Management, Vol. 42, No.10
Wie	2013	Wiegers K., Beatty J., Software Requirements, 3. Auflage, Microsoft Press, Redmond 2013
Wiki	2021	Wikipedia, Systems Development Life cycle, 2021
Wil	2017	Willkommer J., Storz S., Orthwein M., Haller D., Schubart M., Agiles Projektmanagement – Projektentwicklung mit Scrum, Kanban & Co., Das Whitepaper für Entscheider! TechDivision GmbH, Lübeck 2017, https://docplayer.org/960248-Agiles-projektmanagement-projektentwicklung-mit-scrum-kanban-co-das-whitepaper-fuer-entscheider.html
Win	2019	Windolph A., Über Probleme und Fischgräten: Das Ishikawa-Diagramm, 2019, Blog https://projekte-leicht-gemacht.de/blog/pm-methoden-erklaert
Wir	2017	Wirdemann R., Scrum mit User Stories, Hanser Verlag, München 2017
Wol	2005	Wolf H., Roock S., Lippert M., eXtreme Programming, 2., überarbeitete Auflage, dpunkt.verlag, Heidelberg 2005
Wol	2011	Wolf H., Bleek W., Agile Softwareentwicklung, Werte, Konzepte, Methoden, dpunkt.verlag, Heidelberg 2011
Wom	2003	Womack J., Jones D., Lean Thinking, Banish Waste and Create Wealth in Your Corporation, Simon & Schuster, London 2003
Wul	2010	Wulf T., Meissner P., Stubner St., A Scenario-based Approach to Strategic Planning, Integrating Planning and Process Perspecti-ve of Strategy, HHL Leipzig Graduate School of Management, Leipzig 2010
Wul	2012	Wulf T., Stubner St., Meissner P., Brands Ch., Szenariobasierte strategische Planung in volatilen Umfeldern, Whitepaper «Simulationen und Szenarien», ZfCM – Controlling & Management, Sonderheft 2, 2012
Wys	2014	Wysocki R., Effective Project Management, Traditional, Agile, Extreme, 7th ed., Wiley, Indianapolis 2014
Yuk	2013	Yukl G., Leadership in Organizations, 8. ed., Prentice Hall, Upper Saddle River 2013

8.5 Register

Symbole
4-Layer-Modell 329
4-Schritte-Prozesse 462
360°-Stakeholder-Feedbacks 159

A
Abnahme 345
Abnahmekriterien 346
Abwicklungsrisiko 254
Adaptive Software Development 99
Affinity Estimating 563
Agile 674
Agile Business Analyst 381
Agile Coach 382, 599
Agile Leader 8
Agile Praktiken 83
Agile Prinzipien 83
Agile Requirements Engineer 381
Agiles Framework 700
Agiles Manifest 83
Agiles Planen 350
Agiles Projektmanagement 117
Agile Strategieentwicklung 154
Agile Team Space 389
Agile Tooling 386
Agile Unified Process 99
Agile Werte 83
Agilitätsgrad 305
Aktivitätenmodell 329
Akzeptanzkriterien 389
Akzeptanztest 389
Antrag 346
Äquivalenzklassenanalyse 646
Arbeit 68
Architectural Releases 359
Architektur 194
Artefakte 59, 615
Aufgaben 68
Aufträge 68
Ausbildungsprojekte 306
Ausführungsprojekte 306
Auslieferung 348
Auslieferungsprozess 345
Ausschreibungsverfahren 529

B
Backbone 395
Backlog Estimation Meeting 484
Backlog Grooming 484
Backlogkonzeption 366
Backlogmanagement 305
Backlog Refinement 270, 484, 531
Backlog Refinement Meeting 57, 91
Backlog Tasks 353
Balanced Scorecard 170
Bauprojekt 70, 73, 306
Befunde 346
Beyond 62, 388
Big Room Planning 238
BizDevOps 115
Black-Box-Test 647
Branch 628
Budgeting 62, 388
Budgetplan 414
Budgetumrechnung 537
Build 554, 628
Built-in Quality 389
Burndown-Chart 322
Business-Architektur 657
Business Case 250, 335
Business Value 39, 233, 237, 573
Business Value Point 389
BYOSM-Retrospektive 464

C
Canvas 206
Card 622
Card Sorting 388, 664
Cause and Effect 205
Change for free 556
Changemanagement 539
Change the Business 197
«Change the Business»-Bereich 36
Change within Agile 541
Change without Agile 541
Chapters 45
CI/CD-Pipeline 630
CI-Pipeline 629
Claimmanagement 529
Coaching 543, 634
Collaboration Charter 495
Constraints 614
Contingency 524
Continuous Delivery 324, 631
Continuous Integration 322
Controlling 423
Cost of Delay 291
Critical Chain Project Management 122
crossfunktional 127, 129, 507
Crystal Family 99, 103
CTB-Herzschlag 56
Cumulative Flow Diagrams 342, 389
Customer Journey Maps 388
Customer Value 50
Customer-Valued-Prioritization 335, 590

Cutover 324
Cut-Over-Plans 654
Cynefin 209

D
Daily Stand-up 91
Dashboard 183
Datenschutz 339
DEEP 371
DEEP-Methode 340
Definition of Done 56, 322
Definition of Ready 322
Deploy 630
Design Thinking 210
Development 112
DevOps 46
Diamond 201
Digitales Geschäftsmodell 146
Digitalisierungsstrategie 142, 145
Diplomatie 134
Disciplined Agile Delivery 134
Distributed Teams 499
Diversity 692
DoD 517
Domain Driven Design 320
DoR 517
Double Loop Learning 343

E
Early Testing 458
Einführung 73
Einführungsphase 73
Embbeded 288
Empirisch 586
End-to-End 411
Entscheidung 73
Entscheidungsgremium 134
Entwicklertest 642
Entwicklungsprojekte 306
Epic 270
Epic Mapping 422
Escaped Defects 342, 389
Estimation Meeting 92
Event Storming 318
Explorativer Test 651
Exploratory 360° 402

F
Fail-Fast 345
Fast 321
Fast-Speed-Organisation 62
Feature-Driven Development 99
Features 609
Fehlerreport 437
Festpreis 533
Flight-Levels 212
Forschungsprojekte 306
Frequent Verification 639
Führungsarchitektur 42
Führungsprinzipien 39
Funktionstest 650

G
Geplante Strategie 148
Geschäftseinheit 171
Geschäftsfeld 171
Geschäfts(feld)strategie 143
Geschäftswert 573
Gesprächsführung 495
Gilden 46
Grenzwertanalyse 646
Grey-Box-Test 647
Guild 46

H
Hoshin Kanri 203
Hybrides Projektmanagement 119

I
ICT-Security 657
Impact Map 318
Impact Mapping 330, 395
Impediment 478
Impediment Backlog 370, 478
Impuls 241
Informatikprojekte 306
Infrastrukturprojekte 306
Initialauftrag 316
Initialisierungsphase 72, 316, 317
Initial Product Backlog 368
Inkrementelles Vorgehen 77
Inkrementtest 642
Integrationsabnahme 346
Integrationsprojekte 306
Integrationstest 629, 650
Internal Releases 359
INVEST 518
ISDS-Konzept 469
Iterationsplan 353
Iterationszyklus 76

K
Kanban 297
Kanban-«Projektmanagement» 120
Kano-Modell 568
Kernstrategie 149
Kneten 293
Kompetenzräume 42
Komponententest 650
Konfigurationsmanagement 549
Kontext 72
Konventionelles Projektmanagement 116
Konzeptionsphase 73
KPI 432
Kundenmehrwert 573
Kundenpriorität 87

L
Lane 321
Laterale Führung 696
Lead-Architekt 394
Leader 674
Lead Time 389
Lean 99, 119
Lean Coffee 464
Lean-Projektmanagement 124
Lean Startup 204
Legacy-Systeme 658
LeSS 134
Lieferantenrisiko 328
Logging 523
Lösungsvarianten 335

M
Magic Estimation 389, 565
Main Merge 629
Major Releases 359
Make 529
Make-or-Buy-Analyse 529
Management 119
Managementlenkungsmodell 261
Marketingprojekte 306
Markt 242
Marktumfeldszenarien 161
Masterplan 225
Mediation 495, 543
Mehrwert 434
Meilensteine 71
Mentoren 383
Mindset 60
Minimal Marketable Product 364
Minimum Marketable Feature 364
Minimum Viable Product 320, 364
Mission 163
Mitigation 524
Mob Programming 639
Mockups 334
Modell 212
Multi-Channel 64
MuSCoW 320

N
Needs 295
Net Present Value 291
Normal Lane 322
Normen 379
Nutzung 72

O
OKR 57, 214
Onion-Prinzip 59
Open Space 698
Organisation 68
Organisationsprojekte 306
Organisationsstruktur 44

P
Pair-Engineering 638
Pairing 647
Pay-back-Periode 291
PDCA 56, 426
Performance-Management 196, 197
Personalmittel 279
Personas 388, 543
Pessimieren 464
PESTEL 200
Phasen 70, 71
Phasenbacklog 370
Pipeline-Review 235
Plan-Do-Check-Act 204
Planning Poker 562
Planung 149
PM-Governance 47
PMO 235
PM-Team 376
Portfolio-Backlog 225, 283
Portfolioebene 232
Portfolio-Planungsteam 152
Potential Shippable Item 652
Praktiken 615
Priority Poker 320, 322, 389
Product Backlog 366
Product Backlog Items 467
Product Owner 90
Product Owner Team 377
Product Vision 93
Produkt 73, 335
Produktfehlentwicklung 72
Produktionstest 345
Produktkonzept 585
Produktstrategie 305
Produktstrukturplan 407
Produktvision 586
Program Increment 262
Progressive Elaboration 389
Project Backlog 369
Projekt 68
Projektabschlussbericht 466
Projektabwicklung 68
Projektabwicklungsarten 309
Projektabwicklungskonfiguration 406
Projektcharakter 233
Projektimpuls 72, 316
Projektinitiierung 318
Projektklasse 298
Projektkonfigurationsworkshop 90
Projektleiter 5.0 131
Projektmanagement-Office 397
Projektmanagementsystem 33
Projektmanagementteam 376
Projektmarketing 548
Projektmonitoring 431
Projektnutzen 316

Projektphase 72
Projektportfolio-Board 397, 466
Projektportfoliomanagement 44
Projektprodukt 321
Projekt-Review 269
Projektvertrag 72
Proof of Concept 595
Prototyping 334
Prüfplan 416
Pull-Prinzip 389

Q
Qualitätsmanagement 190
Quality Gate 71
Querschnittsprojekte 306
Querschnittsthemen 273
Quick Retrospektive 462

R
Radiator 342
Rapid Learning Cycle 318, 670
Realisierungsphase 73
Refactoring 389, 554, 636
Regressionstest 652
Release 68
Release Backlog 369
Release-Reviews 269
Releasetest 643
Repository 552, 628
Ressourcenallokation 282
Ressourcenmanagement 188
Risiko-Backlog 285
Risikomanagement 191
Risiko of not doing 253
Risk Mitigation Plan 193
Rollierende Planung 149
Round-Robin-Review 456
Run the Business 36, 197

S
SAFe 134
Sanierungsprojekte 306
SCHUBAN 396
Scouts 384
Scrum-Artefakte 82
Scrum Master 90
Scrum-Methode 89
Scrum of Scrums 133, 134
Scrum-Prozessschritte 82
Scrum-Rollen 82
Scrum Team 93
Sechs Denkhüte 317
Servant Leadership 40
Side-by-Side Programming 639
Smoke Testing 345
Software Development 99
Solution-Architekten 236
Solution Manager 132
Spezialservices 656
Spike 623
Spiralen-Vorgehensmodell 75
Spotify 45
Sprintabbruch 491
Sprint Backlog 94, 367
Sprintcontrolling 424, 475
Sprintmanagement 131
Sprint Planning 90, 470
Sprint-Retrospektiven 92
Sprintreview 389
Sprint-Review-Meeting 57, 92
Sprint zero 489
Sprintziel 389
Squad 45
Stabilisierungssprint 491
Stacey-Matrix 312
Stakeholder 383
Stakeholdermanagement 545
Stammorganisation 86
Starfish-Retrospektive 464
Steckbrief 72
Steuerungsgremium 133
Story Points 452
Story Time 484
Strategiebeitrag 290
Strategiedefinition 169
Strategieebene 49
Strategie-Map 171
Strategie-Mapping 167
Strategieszenarien 163
Strategieteams 151
Strategische Agilität 141
Strategische Initiativen 176
Strategische Lücke 185
Strategische Planung 142
Strategischer Nutzen 254
Strategische Sprints 149
Stresstest 651
Sub Task 610
SWOT 193
Systemabnahme 346
Systemtest 629, 651
Systemziele 76
Szenariobasierte Strategieentwicklung 141
Szenario-Cockpits 181
Szenarioentwicklung 150, 153

T
Tagging 523
Tasking 523
Teamcharta 402
Teamreifegrad 498
Technical Debts 452
Testdatenmanagement 645
Test-Framing 641
Testkoordinatorin 382

Testprozess 641
Teststrategie 644
Timeboxing 389, 557
Traceability 632
Traveler 383
Tribes 46
Truck-Faktor 638
T-Shaped 389
T-Shirt Sizing 320, 409
TTM-Matrix 295, 335
Two-Speed 61
Two-Speed-ICT-Strategie 288

U
Umfeldanalyse 157
Ungeplante Strategie 148
Unit Tests 628
Unsicherheitsanalyse 150
Unternehmensherzschlag 56
Ursachen-Wirkungs-Analyse 525
Use Case 600
Use Case Slices 601
User Acceptance Tests 650
User Stories 600
User Stories Slicing 388
User Value 573

V
Validation 660
Value Management 197
Value Proposition 330
Value-Stream-Analyse 335
Value Stream Map 669
Velocity 342, 389
Veranstaltungsprojekte 306
Verdeckter Boss 465
Verifikation 660
Verschwendung 670
Vertical Slicing 340
Vertragsmanagement 533
Virtuelle Organisationen 499
Virtuelle Teams 500
Vision Statement 244
Vorgehensmodell 74
VUCA 35

W
Wahrnehmungsanalyse 150
Walking Skeleton 333, 361
Walkthrough 456
Wandlungsbedarf 34
Wartungsprojekte 306
Wave Planning 296
Weighted Shortest Job First 291
Werte 168, 196
Wertgenerierung 197
White-Box-Test 647
Widely Adopted Practices 89
Wireframes 334, 388, 667
Wirkungsprüfung 233
Wirkungssicherheit 253
Work in Progress 389
WSJF 571

X
xScale 134
Xtreme Programming 99

Z
Zerlegen 245
Zukunftsmatrix 167